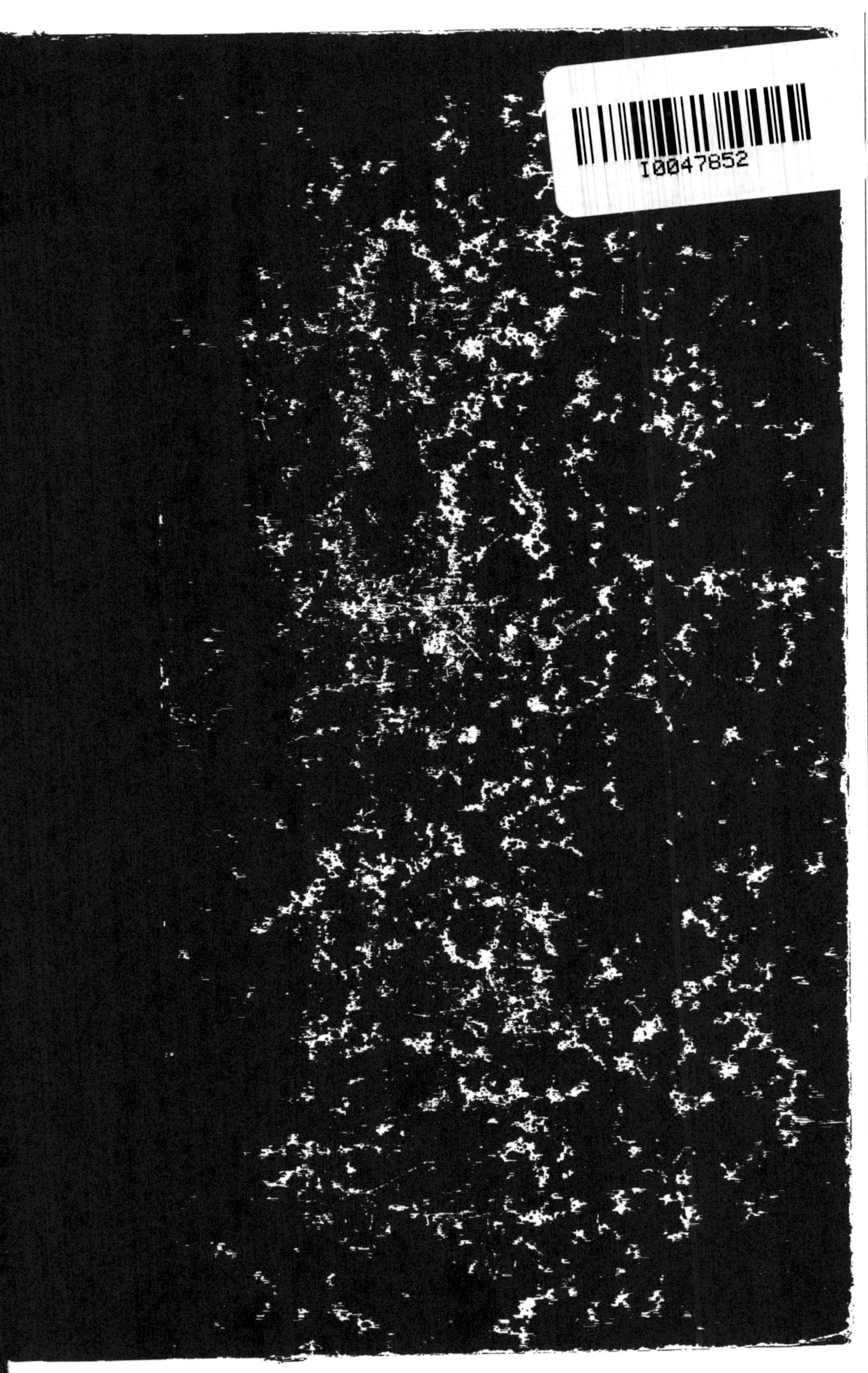
I0047852

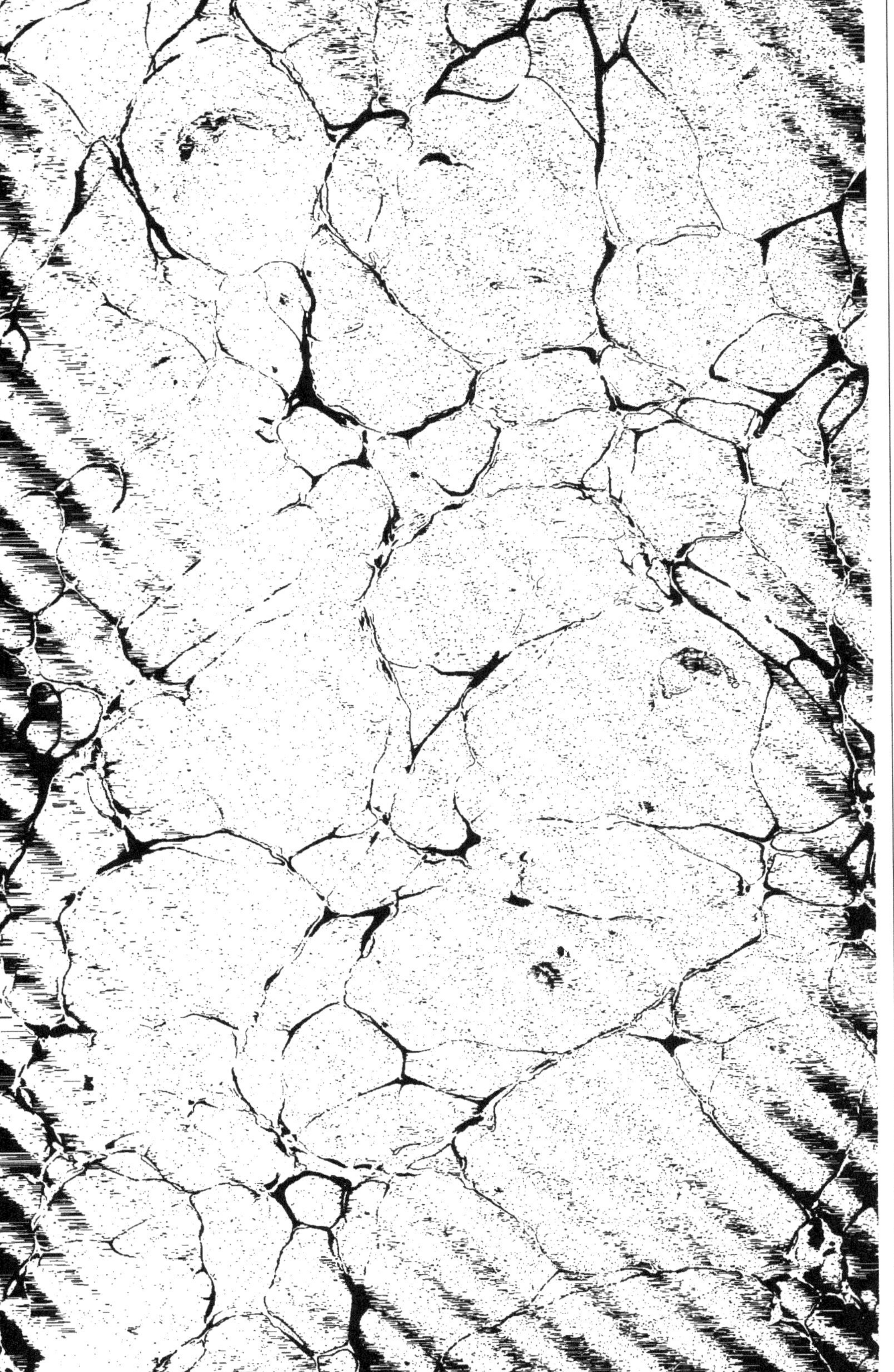

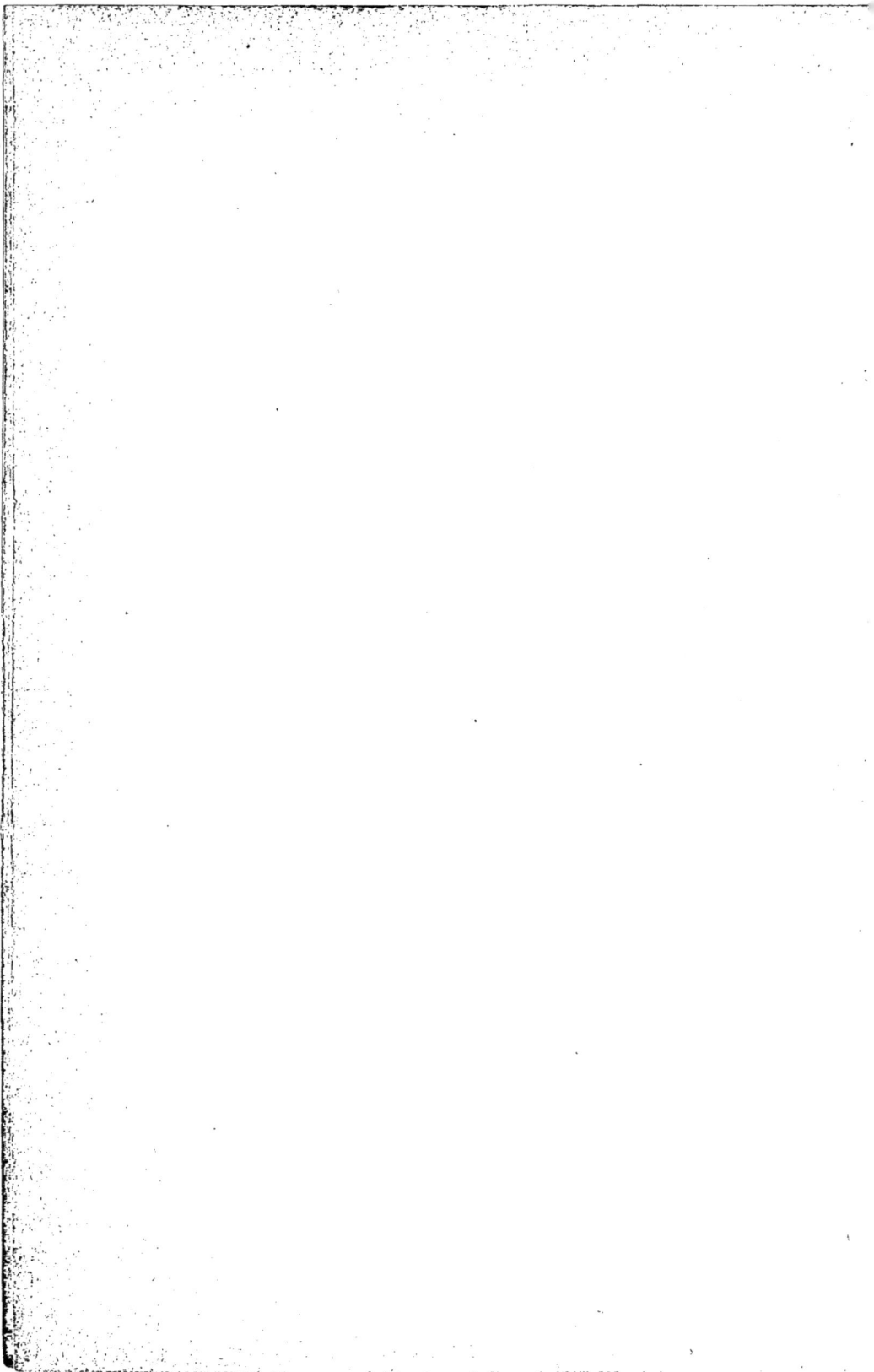

OEUVRES RÉUNIES

DE

CUVIER ET LACÉPÈDE

CONTENANT

Le Complément de Buffon à l'Histoire des Mammifères et des Oiseaux
l'histoire des Cétacés, Batraciens, Serpents et Poissons

SUPPLÉMENT AUX OEUVRES COMPLÈTES DE BUFFON

Annotées par M. FLOURENS

Secrétaire perpétuel de l'Académie des sciences, membre de l'Académie française
Professeur au Muséum d'histoire naturelle, etc.

50 PLANCHES, 125 SUJETS COLORIÉS AVEC LE PLUS GRAND SOIN

TOME TROISIÈME
POISSONS

PARIS
GARNIER FRÈRES, LIBRAIRES-ÉDITEURS

6, RUE DES SAINTS-PÈRES, 6

ŒUVRES

DE

CUVIER ET LACÉPÈDE

TOME TROISIÈME

1

2

Acarie Baron del

Imp. R. Taneur Paris

Schmelz sc

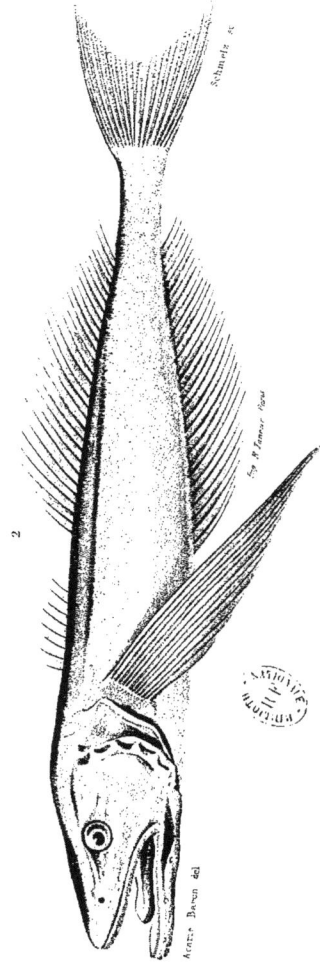

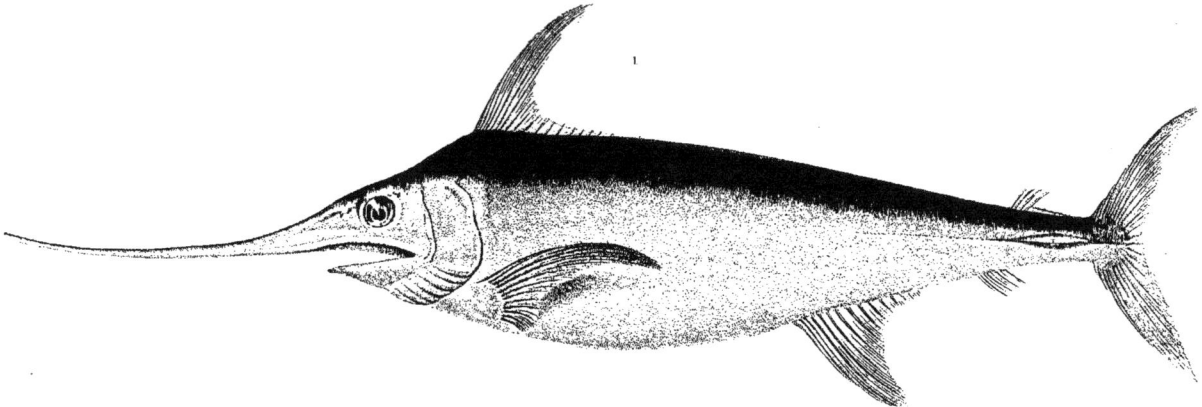

1 LE XIPHIAS ÉPÉE (Xiphias gladius) 2 LE COMEPHORE BAIKAL (Comephorus Baikalensis)

d'après le RÈGNE ANIMAL de Cuvier édition V. Masson

Garnier frères Editeurs

ŒUVRES

DE

CUVIER ET LACÉPÈDE

CONTENANT

LE COMPLÉMENT DE BUFFON A L'HISTOIRE DES MAMMIFÈRES
ET DES OISEAUX

L'HISTOIRE DES CÉTACÉS, BATRACIENS
SERPENTS ET POISSONS

Illustrés de 50 planches
Environ 125 sujets coloriés avec le plus grand soin

SUPPLÉMENT AUX ŒUVRES COMPLÈTES DE BUFFON

ANNOTÉES PAR M. FLOURENS

SECRÉTAIRE DE L'ACADÉMIE DES SCIENCES, MEMBRE DE L'ACADÉMIE FRANÇAISE
PROFESSEUR AU MUSÉUM D'HISTOIRE NATURELLE, ETC.

TOME TROISIÈME

POISSONS

PARIS

GARNIER FRÈRES, LIBRAIRES-ÉDITEURS

6, RUE DES SAINTS-PÈRES, 6

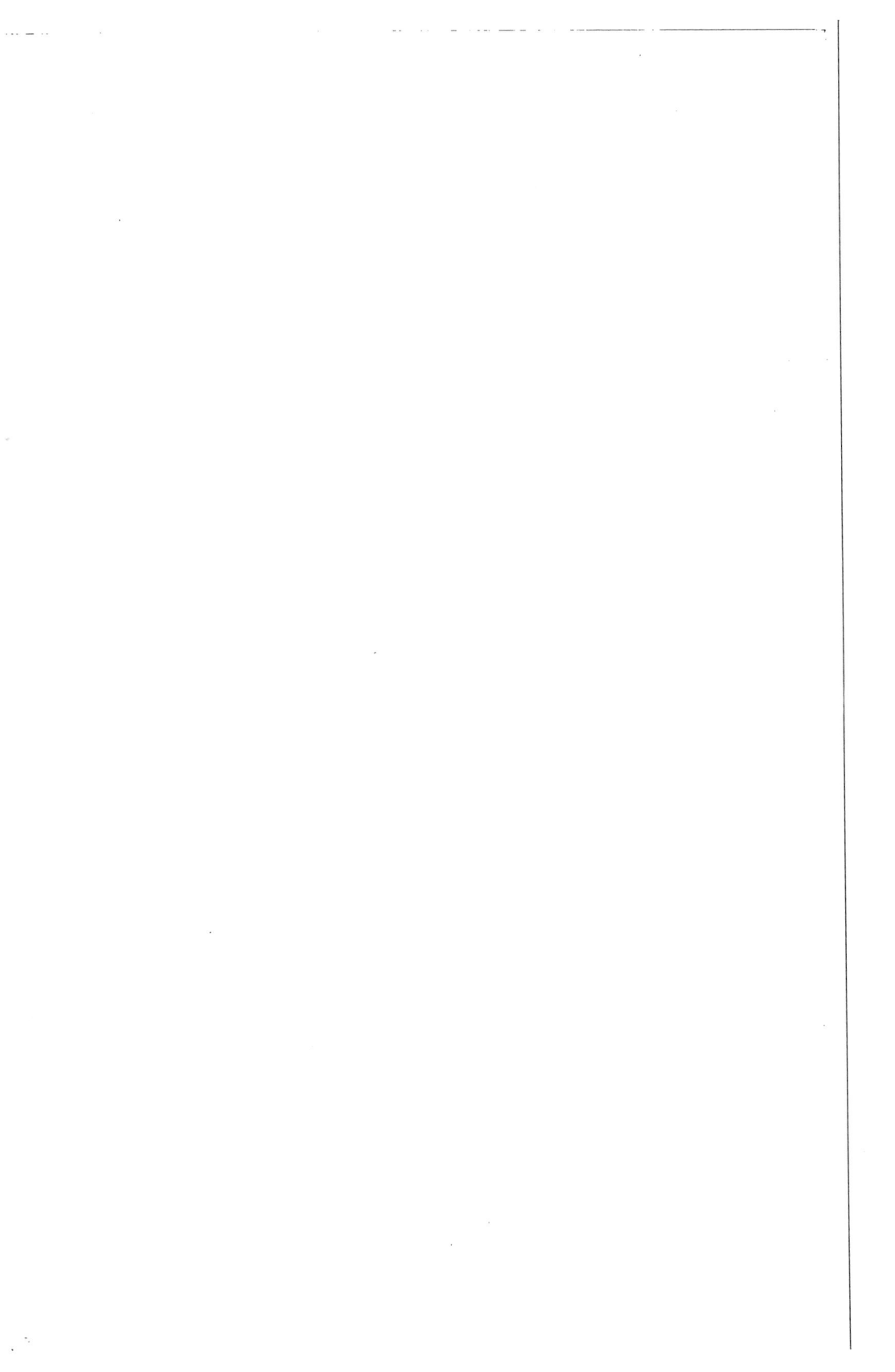

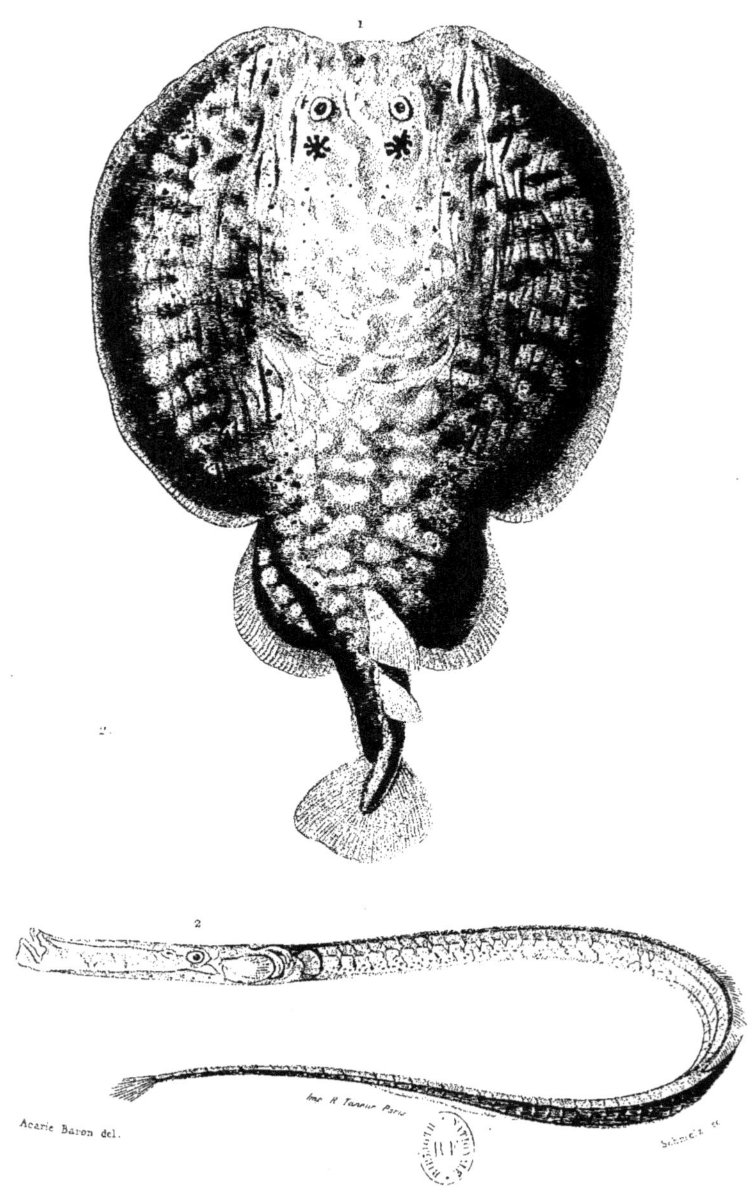

1 LA RAIE-TORPILLE (Torpedo marmorata)

2 LE SYNGNATHE-AIGUILLE (Syngnathus acus Lin.)

d'après le RÈGNE ANIMAL de Cuvier édition V Masson

Garnier frères, Éditeurs.

HISTOIRE NATURELLE

DES

POISSONS

LA RAIE BLANCHE[1]

Raia alba, Lacép., Blainv.

LA RAIE BORDÉE

Raia marginata, Lacép., Blainv.

Ces deux raies ne sont pas encore connues des naturalistes. M. Noël, de Rouen, a examiné plus de deux cents individus de l'espèce à laquelle nous avons conservé le nom de *blanche*, que lui donnent les pêcheurs. La couleur du dos de cette raie n'est pas aussi claire que celle du ventre, mais beaucoup moins foncée que les nuances offertes par la plupart des poissons de son genre. L'échancrure que la forme de la tête fait paraître entre cette partie et les pectorales donne à ces nageoires un jeu plus libre et des mouvements plus faciles. L'épaisseur, ou, ce qui est la même chose, la hauteur du corps de la raie blanche doit être remarquée.

La raie bordée ne parvient pas à de grandes dimensions. M. Noël en a vu des individus à Dieppe, à Liverpool, à Brighton. La peau du dos est très fine sur ce poisson et la couleur de cette peau paraît d'un fauve clair. Le museau présente la même nuance tant en dessus qu'en dessous, et d'ailleurs il est transparent. Une teinte noire, semblable à celle de la bordure inférieure, distingue la queue et les nageoires attachées à cette partie.

Nous devons la description et le dessin de ces deux espèces au zèle de M. Noël.

LA RAIE TORPILLE[2]

Raia Torpedo, Linn., Lacép. — *Torpedo inimaculata, Narke, marmorata* et *Galvani*, Riss., Cuv.

La forme, les habitudes et une propriété remarquable de ce poisson l'ont rendu depuis longtemps l'objet de l'attention des physiciens. Le vul-

1. *Raie à zone brune*. Noël, notes manuscrites.

2. *Troupille, Dormilliouse*, à Marseille. — *Poule de mer*, dans plusieurs départements méridionaux. — *Tremoise*, à Bordeaux. — *Icara*, sur les côtes voisines de Saint-Jean-de-Luz. — *Tremorise, Batte potta*, à Gênes. — *Ochiatiella, Oculatella*, à Rome. — *Cramp-fish*, en Angleterre. — *Raie torpille*. Daubenton, Encyclopédie méthodique. — Bloch., pl. 123. — *Raie torpille*.

gaire l'a admiré, redouté, métamorphosé dans un animal doué d'un pouvoir presque surnaturel; et la réputation de ses qualités vraies ou fausses s'est tellement répandue, même parmi les classes les moins instruites des différentes nations, que son nom est devenu populaire, et la nature de sa force, le sujet de plusieurs adages. La tête de la torpille est beaucoup moins distinguée du corps proprement dit et des nageoires pectorales que celle de presque toutes les autres raies; l'ensemble de son corps, si l'on en retranchait la queue, ressemblerait assez bien à un cercle, ou, pour mieux dire, à un ovale dont on aurait supprimé un segment vers le milieu du bord antérieur. L'ouverture supérieure de ses évents est ordinairement entourée d'une membrane plissée, qui fait paraître cet orifice comme dentelé. Autour de la partie supérieure de son corps et auprès de l'épine dorsale, on voit une assez grande quantité de petits trous d'où suinte une liqueur muqueuse, plus ou moins abondante dans tous les poissons et qui ne sont que les ouvertures des canaux ou vaisseaux particuliers destinés à transmettre ce suc visqueux aux différentes portions de la surface de l'animal. Deux nageoires nommées dorsales sont placées sur la queue, et l'extrémité de cette partie est garnie d'une nageoire et divisée, pour ainsi dire, par cette même extrémité en deux lobes, dont le supérieur est le plus grand.

La torpille est blanche par-dessous; mais la couleur de son côté supérieur varie suivant l'âge, le sexe et le climat. Quelquefois cette couleur est d'un brun cendré, et quelquefois elle est rougeâtre; quelques individus présentent une seule nuance, et d'autres ont un très grand nombre de taches. Le plus souvent on en voit sur le dos cinq très grandes, rondes, disposées comme aux cinq angles d'un pentagone, ordinairement d'un bleu foncé, entourées tantôt d'un cercle noir, tantôt d'un cercle blanc, tantôt de ces

Bonnaterre, planches de l'Encyclopédie méthodique. — *Raja tota lævis.* Artedi, gen. 73, syn. 102. — Mus. Adol. Fr. 2, p. 50. — Gronov. *Zooph.* 153, tab. 9, fig. 3.

Arist., l. II, c. XIII, XV; l. V, c. V, XI; liv. VI, c. X, XI; l. IX, c. XXXVII. — Ælian, l. I, c. XXXVI; l. V, c. XXXVII; l. IX, c. XIV. — Oppian, l. I, p. 5; l. II, p. 32. — Athen., l. VII, p. 314. — *Narcos.* Cub., l. III, c. LXII, fol. 85. — *Torpedo.* Pline, l. IX, c. XVI, XXIV, XLII, LI; et l. XXXII, c. XI. — P. Jov., c. XXVIII, p. 100. — *Torpille.* Rondelet, p. 1, l. XII, c. XVIII. — *Occhiatella.* Salvian., f. 142, 143.

Jonston, lib. I, tit. I, cap. III, a. 3, punct. 1, tab. 9, fig. 3, 4. — Charlet., p. 129. — Matthiol. in Diosc., liv. II, c. XV, p. 288. — Balk. mus. princ., paragr. 38. — Mus. berler., p. 57, tab. 26. — Blas., *Anat. anim.*, p. 305. — Redi, *Exper.*, p. 35. — Kœmpfer, *Amœnit. exot.*, p. 509, tab. 510. — Mus. richter., p. 368. — J. Scortia nat. et inct. Nili, l. I, c. VII, p. 48.

« Narcocion dempta cauda circularis. » Klein, *Miss. pisc.* 3, p. 31, n. 1. — « Torpedo maculis pentagonice positis nigris. » Shaw, *Trav. app.*, p. 51, n. 35. — *Torpedo.* Ray. — *Torpedo.* Willughby, p. 81.

« Torpedo oculata prima, torpedo maculosa, et torpedo maculosa supina. » Gesner (germ.), fol. 74 b. et 75 a. — *Torpedo Salviani maculosa.* Aldrovand., lib. III, cap. XLV, p. 417. — *Torpo oculata.* Belon. — *Torpedo, torpigo, stupescor.* Lemery, *Dict. des drogues simples*, p. 887.

Cramp-ray. Pennant, *Brit. zoolog.*, t. III, p. 67. — *Torpille, torpède, tremble.* Duhamel, *Traité des pêches*, seconde partie, neuvième section, chap. III, p. 286, pl. 13. — *Raja torpedo. Tota lævis.* Brünn. *Pisc. mass.*, p. 1. — Barthol. *Acta hafn.* 5, obs. 97. — Réaumur, Mémoires de l'Académie des sciences de Paris, 1714. — Ringle, *Disc. on the torpedo,* Lond. 1774.

deux cercles placés l'un dans l'autre, ou ne montrant aucun cercle coloré[1]. Ces grandes taches ont assez de rapports avec celles que l'on observe sur le miralet; on les a comparées à des yeux; elles ont fait donner à l'animal l'épithète d'*œillé;* et c'est leur absence, ou des variations dans leurs nuances et la disposition de leurs couleurs, qui ont fait penser à quelques naturalistes que l'on devait compter quatre espèces différentes de torpille, ou du moins quatre races constantes dans cette espèce de raie[2].

L'odorat de la torpille semble être beaucoup moins parfait que celui de la plupart des raies et de plusieurs autres poissons cartilagineux; aussi sa sensibilité paraît-elle beaucoup moindre. Elle nage avec moins de vitesse; elle s'agite avec moins d'impétuosité; elle fuit plus difficilement; elle poursuit plus faiblement; elle combat avec moins d'ardeur. Avertie de bien moins loin de la présence de sa proie ou de celle de son ennemi, on dirait qu'elle est bien plus exposée à être prise par les pêcheurs, ou à succomber à la faim, ou à périr sous la dent meurtrière de très gros poissons.

Elle ne parvient pas non plus à une grandeur aussi considérable que la batis et quelques autres raies; on n'en trouve que très rarement et qu'un bien petit nombre d'un poids supérieur à vingt-cinq kilogrammes (cinquante livres, ou environ)[3]; et ses muscles paraissent bien moins forts à proportion que ceux de la batis.

Ses dents sont très courtes; la surface de son corps ne présente aucun piquant ni aiguillon. Petite, faible, indolente, sans armes, elle serait donc livrée sans défense aux voraces habitants des mers dont elle peuple les profondeurs, ou dont elle habite les bords ; mais, indépendamment du soin qu'elle a de se tenir presque toujours cachée sous le sable ou sous la vase, soit lorsque la belle saison l'attire vers les côtes, soit lorsque le froid l'éloigne des rivages et la repousse dans les abîmes de la haute mer, elle a reçu de la nature une faculté particulière bien supérieure à la force des dents, des dards et des autres armes dont elle aurait pu être pourvue. Elle possède la puissance remarquable et redoutable de lancer, pour ainsi dire, la foudre; elle accumule dans son corps et en fait jaillir le fluide électrique avec la rapidité de l'éclair; elle imprime une commotion soudaine et paralysante au bras le plus robuste qui s'avance pour la saisir, à l'animal le plus terrible qui veut la dévorer; elle engourdit pour des instants assez longs les poissons les plus agiles dont elle cherche à se nourrir; elle frappe quelquefois ses coups invisibles à une distance assez grande. Par cette action prompte, et qu'elle peut souvent renouveler, annulant les mouvements de

1. C'est le *Torpedo narke*. Risso, Rondelet, 358 et 362.

2. Voyez l'ouvrage de Rondelet, à l'endroit déjà cité.

3. M. Walsh, membre du parlement d'Angleterre et de la société de Londres, prit, dans la baie de Tor, une torpille qui avait quatre pieds de long, deux pieds et demi de large et quatre pouces et demi dans sa plus grande épaisseur; elle pesait cinquante-trois livres. (*Of torpedos found on the coast of England*, p. 4.)

ceux qui l'attaquent et de ceux qui se défendent contre ses efforts, on croirait la voir réaliser au fond des eaux une partie de ces prodiges que la poésie et la fable ont attribués aux fameuses enchanteresses dont elles avaient placé l'empire au milieu des flots ou près des rivages.

Mais quel est donc dans la torpille l'organe dans lequel réside cette électricité particulière, et comment s'exerce ce pouvoir que nous n'avons encore vu départi à aucun des animaux que l'on trouve sur l'échelle des êtres, lorsqu'on en descend les degrés depuis l'homme jusqu'au genre des raies?

De chaque côté du crâne et des branchies est un organe particulier qui s'étend communément depuis le bout du museau jusqu'à ce cartilage demi-circulaire qui fait partie du diaphragme, et qui sépare la cavité de la poitrine de celle de l'abdomen. Cet organe aboutit d'ailleurs, par son côté extérieur, presque à l'origine de la nageoire pectorale. Il occupe donc un espace d'autant plus grand relativement au volume de l'animal, qu'il remplit tout l'intérieur compris entre la peau de la partie supérieure de la torpille et celle de la partie inférieure. On doit voir aisément que la plus grande épaisseur de chacun des deux organes est dans le bord qui est tourné vers le centre et vers la ligne dorsale du poisson, et qui suit dans son contour toutes les sinuosités de la tête et des branchies, contre lesquelles il s'applique. Chaque organe est attaché aux parties qui l'environnent par une membrane cellulaire dont le tissu est serré, et par des fibres tendineuses, courtes, fortes et droites, qui vont depuis le bord extérieur jusqu'au cartilage demi-circulaire du diaphragme.

Sous la peau qui revêt la partie supérieure de chaque organe électrique, on voit une espèce de bande étendue sur tout l'organe, composée de fibres prolongées dans le sens de la longueur du corps, et qui, excepté ses bords, se confond, dans presque toute sa surface supérieure, avec le tissu cellulaire de la peau.

Immédiatement au-dessous de cette bande, on en découvre une seconde de même nature que la première, et dont le bord intérieur se mêle avec celui de la bande supérieure, mais dont les fibres sont situées dans le sens de la largeur de la torpille.

Cette bande inférieure se continue dans l'organe proprement dit par un très grand nombre de prolongements membraneux qui y forment des prismes verticaux à plusieurs pans, ou, pour mieux dire, des tubes creux, perpendiculaires à la surface du poisson, et dont la hauteur varie et diminue à mesure qu'ils s'éloignent du centre de l'animal ou de la ligne dorsale. Ordinairement la hauteur des plus longs tuyaux égale six vingtièmes de la longueur totale de l'organe; celle des plus petits en égale un vingtième; et leur diamètre, presque le même dans tous, est aussi d'un vingtième ou à peu près.

Les formes des différents tuyaux ne sont pas toutes semblables. Les uns sont hexagones, d'autres pentagones et d'autres carrés; quelques-uns sont réguliers, mais le plus grand nombre est d'une figure irrégulière.

Les prolongations membraneuses qui composent les pans de ces prismes sont très déliées, assez transparentes, étroitement unies l'une à l'autre par un réseau lâche de fibres tendineuses qui passent obliquement et transversalement entre les tuyaux; ces tubes sont d'ailleurs attachés ensemble par des fibres fortes et non élastiques, qui vont directement d'un prisme à l'autre. On a compté, dans chacun des deux organes d'une grande torpille, jusqu'à près de douze cents de ces prismes. Au reste, entre la partie inférieure de l'organe et la peau qui revêt le dessous du corps du poisson, on trouve deux bandes entièrement semblables à celles qui recouvrent les extrémités supérieures des tubes.

Non seulement la grandeur de ces tuyaux augmente avec l'âge de la torpille, mais encore leur nombre s'accroît à mesure que l'animal se développe.

Chacun de ces prismes creux est d'ailleurs divisé dans son intérieur en plusieurs intervalles par des espèces de cloisons horizontales, composées d'une membrane déliée et très transparente, paraissant se réunir par leurs bords, attachées par une membrane cellulaire très fine, communiquant ensemble par de petits vaisseaux sanguins, placées l'une au-dessous de l'autre à de très petites distances, et formant un grand nombre de petits interstices qui semblent contenir un fluide.

De plus, chaque organe est traversé par des artères, des veines et un grand nombre de nerfs qui se divisent dans toutes sortes de directions entre les tubes et étendent de petites ramifications sur chaque cloison où ils disparaissent[1].

Tel est le double instrument que la nature a accordé à la torpille ; tel est le double siège de sa puissance électrique. Nous venons de voir que lorsque cette raie est parvenue à un certain degré de développement, les deux organes réunis renferment près de deux mille quatre cents tubes ; ce grand assemblage de tuyaux représente *les batteries électriques*, si bien connues des physiciens modernes, et que composent *des bouteilles fulminantes*, appelées *bouteilles de Leyde*, disposées dans ces batteries de la même manière que les tubes dans les organes de la torpille, beaucoup plus grandes à la vérité, mais aussi bien moins nombreuses.

Voyons maintenant quels sont les effets de ces instruments fulminants ; exposons de quelle manière la torpille jouit de son pouvoir électrique. Depuis très longtemps on avait observé, ainsi que nous l'avons dit, cette curieuse faculté ; mais elle était encore inconnue dans sa nature et dans plusieurs de ses phénomènes, lorsque Redi chercha à en avoir une idée plus

1. Ceux qui désireront des détails plus étendus sur les organes que nous venons de décrire pourront ajouter aux résultats de nos observations ceux qu'ils trouveront dans l'excellent ouvrage de J. Hunter, intitulé *Observations anatomiques sur la torpille*.

nette que les savants qui l'avaient précédé. Il voulut éprouver la vertu d'une torpille que l'on venait de pêcher. « A peine l'avais-je touchée et serrée avec la main, dit cet habile observateur[1], que j'éprouvai dans cette partie un picotement qui se communiqua dans le bras et dans toute l'épaule, et qui fut suivi d'un tremblement désagréable et d'une douleur accablante et aiguë dans le coude, en sorte que je fus obligé de retirer aussitôt la main. » Cet engourdissement a été aussi décrit par Réaumur, qui a fait plusieurs observations sur la raie torpille. « Il est très différent des engourdissements ordinaires, a écrit ce savant naturaliste ; on ressent dans toute l'étendue du bras une espèce d'*étonnement* qu'il n'est pas possible de bien peindre, mais lequel (autant que les sentiments peuvent se faire connaître par comparaison) a quelque rapport avec la sensation douloureuse que l'on éprouve dans le bras lorsqu'on s'est frappé rudement le coude contre quelque corps dur[2]. »

Redi, en continuant de rendre compte de ses expériences sur la raie dont nous écrivons l'histoire, ajoute : « La même impression se renouvelait toutes les fois que je m'obstinais à toucher de nouveau la torpille. Il est vrai que la douleur et le tremblement diminuèrent à mesure que la mort de la torpille approchait. Souvent même je n'éprouvais plus aucune sensation semblable aux premières ; et lorsque la torpille fut décidément morte, ce qui arriva dans l'espace de trois heures, je pouvais la manier en sûreté et sans ressentir aucune impression fâcheuse. D'après cette observation, je ne suis pas surpris qu'il y ait des gens qui révoquent cet effet en doute et regardent l'expérience de la torpille comme fabuleuse, apparemment parce qu'ils ne l'ont jamais faite que sur une torpille morte ou près de mourir. »

Mais ce n'est pas seulement lorsque la torpille est très affaiblie et près d'expirer qu'elle ne fait plus ressentir de commotion électrique ; il arrive assez souvent qu'elle ne donne aucun signe de sa puissance invisible, quoiqu'elle jouisse de toute la plénitude de ses forces. Je l'ai éprouvé à la Rochelle, en 1777, avec trois ou quatre raies de cette espèce, qui n'avaient été pêchées que depuis très peu de temps, qui étaient pleines de vie dans de grands baquets remplis d'eau, et qui ne me firent ressentir aucun coup que près de deux heures après que j'eus commencé de les toucher et de les manier en différents sens. Réaumur rapporte même, dans les Mémoires que je viens de citer, qu'il toucha impunément et à plusieurs reprises des torpilles qui étaient encore dans la mer, et qu'elles ne lui firent éprouver leur vertu engourdissante que lorsqu'elles furent fatiguées en quelque sorte de ses attouchements réitérés. Mais revenons à la narration de Redi et à l'exposition des premiers phénomènes relatifs à la torpille et bien observés par les physiciens modernes.

1. *Experimenta circa res diversas naturales.*
2. Mémoires de l'Académie des sciences, année 1714.

« Quant à l'opinion de ceux qui prétendent que la vertu de la torpille agit de loin, a écrit encore Redi, je ne puis prononcer ni pour ni contre avec la même confiance. Tous les pêcheurs affirment constamment que cette vertu se communique du corps de la torpille à la main et au bras de celui qui la pêche, par l'intermède de la corde du filet et du bâton auquel il est suspendu. L'un d'eux m'assura même qu'ayant mis une torpille dans un grand vase et étant sur le point de remplir ce vase avec de l'eau de mer qu'il avait mise dans un second bassin, il s'était senti les mains engourdies, quoique légèrement. Quoi qu'il en soit, je n'oserais nier le fait; je suis même porté à le croire. Tout ce que je puis assurer, c'est qu'en approchant la main de la torpille sans la toucher, ou en plongeant mes mains dans l'eau où elle était, je n'ai ressenti aucune impression. Il peut se faire que la torpille, lorsqu'elle est encore pleine de vigueur dans la mer et que sa vertu n'a éprouvé aucune dissipation, produise tous les effets rapportés par les pêcheurs. »

Redi observa, de plus, que la vertu de la torpille n'est jamais plus active que lorsque cet animal est serré fortement avec la main et qu'il fait de grands efforts pour s'échapper.

Indépendamment des phénomènes que nous venons d'exposer, il remarqua les deux organes particuliers situés auprès du crâne et des branchies, et que nous venons de décrire; il conjectura que ces organes devaient être le siège de la puissance de la torpille. Mais, lorsqu'il voulut remonter à la cause de l'engourdissement produit par cette raie, il ne trouva pas dans les connaissances physiques de son siècle les secours nécessaires pour la découvrir; se conformant, ainsi que Perrault et d'autres savants, à la manière dont on expliquait de son temps presque tous les phénomènes, il eut recours à une infinité de corpuscules qui, sortant continuellement, selon lui, du corps de la torpille, sont cependant plus abondants dans certaines circonstances que dans d'autres, et engourdissent les membres dans lesquels ils s'insinuent, soit parce qu'ils s'y précipitent en trop grande quantité, soit parce qu'ils y trouvent des routes peu assorties à leurs figures.

Quelque inadmissible que soit cette hypothèse, on verra aisément, pour peu que l'on soit familier avec les théories électriques, qu'elle n'est pas aussi éloignée de la vérité que celle de Borelli, qui eut recours à une explication plus mécanique.

Ce dernier auteur distinguait deux états dans la torpille, l'un où elle est tranquille, l'autre où elle s'agite par un violent tremblement; il attribue la commotion que l'on éprouve en touchant le poisson, aux percussions réitérées que cette raie exerce à l'aide de son agitation, sur les tendons et les ligaments des articulations.

Réaumur vint ensuite; mais, ayant observé la torpille avec beaucoup d'attention et ne l'ayant jamais vue agitée du mouvement dont parle Borelli, même dans l'instant où elle allait déployer sa puissance, il adopta une opinion différente, quoique rapprochée, à beaucoup d'égards, de celle de ce dernier savant.

« La torpille, dit-il, n'est pas absolument plate ; son dos, ou plutôt tout le dessus de son corps, est un peu convexe. Je remarquai que, pendant qu'elle ne produisait ou ne voulait produire aucun engourdissement dans ceux qui la touchaient, son dos gardait la convexité qui lui est naturelle. Mais se disposait-elle à agir, insensiblement elle diminuait la convexité des parties de son corps qui sont du côté du dos, vis-à-vis de la poitrine ; elle aplatissait ces parties ; quelquefois même, de convexes qu'elles sont, elles les rendait concaves : alors l'instant était venu où l'engourdissement allait s'emparer du bras ; le coup était prêt à partir, le bras se trouvait engourdi ; les doigts qui pressaient le poisson étaient obligés de lâcher prise ; toute la partie du corps de l'animal qui s'était aplatie redevenait convexe. Mais, au lieu qu'elle s'était aplatie insensiblement, elle devenait convexe si subitement qu'on n'apercevait pas le passage d'un état à l'autre... Par la contraction lente qui est l'effet de l'aplatissement, la torpille bande, pour ainsi dire, tous ses ressorts ; elle rend plus courts tous ses cylindres, elle augmente en même temps leurs bases. La contradiction s'est-elle faite jusqu'à un certain point, tous les ressorts se débandent, les fibres longitudinales s'allongent ; les transversales, ou celles qui forment les cloisons, se raccourcissent ; chaque cloison, tirée par les fibres longitudinales qui s'allongent, pousse en haut la matière molle qu'elle contient, à quoi aide encore beaucoup le mouvement d'ondulation qui se fait dans les fibres transversales lorsqu'elles se contractent. Si un doigt touche alors la torpille, dans un instant il reçoit un coup, ou plutôt il reçoit plusieurs coups successifs de chacun des cylindres sur lesquels il est appliqué... Ces coups réitérés donnés par une matière molle ébranlent les nerfs ; ils suspendent ou changent le cours des esprits animaux ou de quelque fluide équivalent ; ou, si on l'aime mieux encore, ces coups produisent dans les nerfs un mouvement d'ondulation qui ne s'accommode pas avec celui que nous devons leur donner pour mouvoir le bras. De là naissent l'impuissance où l'on se trouve d'en faire usage et le sentiment douloureux. »

Après cette explication, qui, malgré les erreurs qu'elle renferme relativement à la cause immédiate de l'engourdissement, ou, pour mieux dire, d'une commotion qui n'est qu'une secousse électrique, montre les mouvements de contraction et d'extension que la torpille imprime à son double organe lorsqu'elle veut paralyser un être vivant qui la touche, Réaumur rapporte une expérience qui peut donner une idée du degré auquel s'élève le plus souvent la force de l'électricité de la raie dont nous traitons. Il mit une torpille et un canard dans un vase qui contenait de l'eau de mer, et qui était recouvert d'un linge, afin que le canard ne pût pas s'envoler. L'oiseau pouvait respirer très librement, et néanmoins au bout de quelques heures on le trouva mort : il avait succombé sous les coups électriques que lui avait portés la torpille; il avait été, pour ainsi dire, foudroyé par elle.

Cependant la science de l'électricité fit des progrès rapides et fut cultivée dans tout le monde savant. Chaque jour on chercha à en étendre le domaine; on retrouva la puissance électrique dans plusieurs phénomènes dont on n'avait encore pu donner aucune raison satisfaisante. Le docteur Bancroft soupçonna l'identité de la vertu de la torpille et de l'action du fluide électrique; enfin M. Walsh, de la société de Londres, démontra cette identité par des expériences très nombreuses qu'il fit auprès des côtes de France, dans l'île de Ré, et qu'il répéta à la Rochelle, en présence des membres de l'académie de cette ville[1]. Voici les principales de ces expériences.

On posa une torpille vivante sur une serviette mouillée. On suspendit au plancher, et avec des cordons de soie, deux fils de laiton; tout le monde sait que le laiton, ainsi que tous les métaux, est un très bon conducteur d'électricité, c'est-à-dire qu'il conduit ou transmet facilement le fluide électrique, et que la soie est au contraire non conductrice, c'est-à-dire qu'elle oppose un obstacle au passage de ce même fluide. Les fils de laiton employés par M. Walsh furent donc, par une suite de leur suspension avec de la soie, *isolés*, ou, ce qui est la même chose, séparés de toute substance perméable à l'électricité; car l'air, au moins quand il est sec, est aussi un très mauvais conducteur électrique.

Auprès de la torpille étaient huit personnes disposées ainsi que nous allons le dire, et *isolées* par le moyen de tabourets faits de matières non conductrices et sur lesquelles elles étaient montées.

Un bout d'un des fils de laiton était appuyé sur la serviette mouillée qui soutenait la torpille, et l'autre bout aboutissait dans un premier bassin plein d'eau[2]. La première personne avait un doigt d'une main dans le bassin où était le fil de laiton, et un doigt de l'autre main dans un second bassin également rempli d'eau; la seconde personne tenait un doigt d'une main dans le second bassin, et un doigt de l'autre main dans un troisième; la troisième plongeait un doigt d'une main dans le troisième bassin, et un doigt de l'autre main dans un quatrième, et ainsi de suite; les huit personnes communiquaient l'une avec l'autre par le moyen de l'eau contenue dans neuf bassins. Un bout du second fil de laiton était plongé dans le neuvième bassin; M. Walsh ayant pris l'autre bout de ce second fil métallique et l'ayant fait toucher au dos de la torpille, il est évident qu'il y eut à l'instant un cercle conducteur de plusieurs pieds de contour, et formé sans interruption par la surface inférieure de l'animal, la serviette mouillée, le premier fil de laiton, le premier bassin, les huit personnes, les huit autres bassins, le second fil de laiton et le dos de la torpille. Aussi les huit personnes ressentirent-elles soudain une commotion qui ne différait de celle que fait

1. *Of the electric property of the torpedo. London,* 1774.
2. Nous n'avons pas besoin d'ajouter que l'eau est un excellent conducteur.

éprouver une batterie électrique que par sa moindre force ; de même que dans les expériences que l'on tente avec cette batterie, M. Walsh, qui ne faisait pas partie du cercle déférent ou de la chaîne conductrice, ne reçut aucun coup, quoique beaucoup plus près de la raie que les huit personnes du cercle.

Lorsque la torpille était *isolée*, elle faisait éprouver à plusieurs personnes *isolées* aussi quarante ou cinquante secousses successives dans l'espace d'une minute et demie; ces secousses étaient toutes sensiblement égales, et chaque effort que faisait l'animal pour donner ces commotions était accompagné d'une dépression de ses yeux, qui, très saillants dans leur état naturel, rentraient alors dans leurs orbites, tandis que le reste du corps ne présentait presque aucun mouvement très sensible[1].

Si l'on ne touchait que l'un des deux organes de la torpille, il arrivait quelquefois qu'au lieu d'une secousse forte et soudaine on n'éprouvait qu'une sensation plus faible et, pour ainsi dire, plus lente; on ressentait un engourdissement plutôt qu'un coup. Quoique les yeux de l'animal fussent alors aussi déprimés que dans les moments où il allait frapper avec plus d'énergie et de rapidité, M. Walsh présumait que l'engourdissement causé par cette raie provient d'une décharge successive des tubes très nombreux qui composent les deux sièges de son pouvoir, tandis que la secousse subite est due à une décharge simultanée de tous ses tuyaux.

Toutes les substances propres à laisser passer facilement le fluide électrique, et qu'on a nommées conductrices, transmettaient rapidement la commotion produite par la torpille, et tous les corps appelés non conducteurs, parce qu'ils ne peuvent pas livrer un libre passage à ce même fluide, arrêtaient également la secousse donnée par la raie et opposaient à sa puissance un obstacle insurmontable. En touchant, par exemple, l'animal avec un bâton de verre ou de cire d'Espagne, on ne ressentait aucun effet; mais on était frappé violemment lorsqu'on mettait à la place de la cire ou du verre une barre métallique ou un corps très mouillé.

Tels sont les principaux effets de l'électricité des torpilles, très bien observés et très exactement décrits par M. Walsh, et obtenus depuis par un grand nombre de physiciens. Ils sont entièrement semblables aux phénomènes analogues produits par l'électricité naturelle des nuages, ou par l'électricité artificielle des bouteilles de Leyde et des autres instruments fulminants. De même que la foudre des airs, ou la foudre bien moins puissante de nos laboratoires, l'électricité de la torpille, d'autant plus forte que les deux surfaces des batteries fulminantes sont réunies par un contact plus grand et plus immédiat, parcourt un grand cercle, traverse tous les corps

1. Kœmpfer a écrit (*Amœnit., exot.*, 1721, p. 514) que l'on pouvait, en retenant son haleine, se garantir de la commotion que donne la torpille; mais M. Walsh et plusieurs autres physiciens qui se sont occupés de l'électricité de cette raie ont éprouvé que cette précaution ne diminuait en aucune manière la force de la secousse produite par ce poisson électrique.

conducteurs, s'arrête devant les substances non conductrices, engourdit, ou agite violemment et met à mort les êtres sensibles qui ne peuvent se soustraire à ses coups que par l'*isolement*, qui les garantit des effets terribles des nuages orageux.

Une différence très remarquable paraît cependant séparer cette puissance des deux autres : la torpille, par ses contractions, ses dilatations et les frottements qu'elle doit produire dans les diverses parties de son double organe, charge à l'instant les milliers de tubes qui composent ses batteries; elle y condense subitement le fluide auquel elle doit son pouvoir, tandis que ce n'est que par des degrés successifs que ce même fluide s'accumule dans les plateaux fulminants, ou dans les batteries de Leyde.

D'un autre côté, on n'a pas pu jusqu'à présent faire subir à des corps légers suspendus auprès d'une torpille les mouvements d'attraction et de répulsion que leur imprime le voisinage d'une bouteille de Leyde; le fluide électrique lancé par cette raie n'a pas pu, en parcourant son cercle conducteur, traverser un intervalle assez grand d'une partie de ce cercle à une autre, et être assez condensé dans cet espace pour agir sur le sens de la vue, produire la sensation de la lumière et paraître sous la forme d'une étincelle. Mais on ne doit pas désespérer de voir de très grandes torpilles faire naître, dans des temps favorables et avec le secours d'ingénieuses précautions, ces divers phénomènes que l'on a obtenus d'un poisson plus électrique encore que la torpille, et dont nous donnerons l'histoire en traitant de la famille des gymnotes, à laquelle il appartient[1]. On doit s'attendre d'autant plus à voir ces effets produits par un individu de l'espèce que nous examinons, qu'il est aisé de calculer que chacune des deux principales surfaces de l'organe double et électrique d'une des plus larges torpilles pêchées jusqu'à présent devait présenter une étendue de cent décimètres (près de vingt-neuf pieds) carrés; tous les physiciens savent quelle vertu redoutable l'électricité artificielle peut imprimer à un seul plateau fulminant de quatorze décimètres carrés (quatre pieds carrés ou environ) de surface.

Au reste, ce n'est pas seulement dans la Méditerranée et dans la partie de l'Océan qui baigne les côtes de l'Europe que l'on trouve la torpille; on rencontre aussi cette raie dans le golfe Persique, dans la mer Pacifique, dans celle des Indes, auprès du cap de Bonne-Espérance et dans plusieurs autres mers.

1. Voyez le Discours sur la nature des poissons, et l'article Gymnote électrique, vulgairement connu sous le nom d'anguille de Cayenne ou de Surinam.

LA RAIE AIGLE[1]

Raia Aquila, LINN., GMEL., LACÉP. — *Myliobatis Aquila*, DUMÉRIL. — *Aetobatis Aquila*, BLAINV.

C'est avec une sorte de fierté que ce grand animal agite sa large masse au milieu des eaux de la Méditerranée et des autres mers qu'il habite; cette habitude, jointe à la lenteur que cette raie met quelquefois dans ses mouvements et à l'espèce de gravité avec laquelle on dirait alors qu'elle les exécute, lui a fait donner l'épithète de *glorieuse* sur plusieurs rivages. La forme et la disposition de ses nageoires pectorales, terminées de chaque côté par un angle aigu et peu confondues avec le corps proprement dit, les a d'ailleurs fait comparer à des ailes plus particulièrement encore que celles des autres espèces de raies ; elles en ont reçu plus souvent le nom ; et, comme leur étendue est très grande, elles ont rappelé l'idée des oiseaux à la plus grande envergure, et la raie que nous décrivons a été appelée *aigle* dès les premiers temps où elle a été observée. Ce qui a paru ajouter à la ressemblance entre l'aigle et le poisson dont nous traitons, c'est que cette raie a aussi la tête beaucoup plus distincte du corps que presque toutes les autres espèces du même genre, et que cette partie plus avancée est terminée par un museau allongé et très souvent peu arrondi. De plus, ses yeux sont assez gros et très saillants; ce qui lui donne un nouveau trait de conformité, ou du moins une nouvelle analogie, avec le dominateur des airs, avec l'oiseau aux yeux les plus perçants. C'est principalement sur les côtes de la Grèce, dans ces pays favorisés par la nature, où une heureuse imagination ne rapprochait les êtres que pour les embellir ou les ennoblir l'un par l'autre, que la raie dont nous traitons a été distinguée par le nom d'aigle ; mais, sur d'autres rivages, des pêcheurs grossiers, dont les conceptions moins poétiques n'enfantaient pas des images aussi nobles ni aussi gracieuses, n'ont

1. *Glorieuse*, *Perce ratto*, *Rate penade* (*chauve-souris*), *Tare franke*, dans plusieurs départements méridionaux de France. *Faucon de mer*. — *Erago e ferraza*. — *Rospo* (*crapaud*), sur la côte de Gênes. — *Aquila*, sur d'autres côtes d'Italie. — *Raie Mourine*. Daubenton, Encyclopédie méthodique.

Mus. Ad. Fr. 2, p. 51. — « Raja cauda pinnata, aculeoque unico. » Bloch, *Histoire des poissons*, part. 3, p. 59, n. 3, pl. 81. — *Raie Mourine*, Bonnaterre, planches de l'Encyclopédie méthodique. — « Raja corpore glabro, aculeo longo, serrato in cauda pinnata. » Artedi, gen. 72, syn. 100. — « Loiobatus capite exserto, etc. » Klein, *Miss. pisc.* 3, p. 33, n. 4.

Arist., *Hist. animal.*, lib. V, c. v. — Plin., *Hist. mundi*, lib. IX, cap. XXIV. — Salvian., *Aquat.*, p. 146 b. 147. — Aldrovand., *Pisc.*, p. 438, 440, Jonston, *Pisc.*, p. 33, tab. 9, fig. 8 et 9. — Willughby, *Icht.*, p. 64, tab. c. 2, app., tab. 10. — Ray., *Pisc.*, p. 23. — Belon, *Aquat.*, p. 97.

Aquila marina. Gesner, *Aquat.*, p. 75, icon. anim., p. 121, 122. Thierb., p. 67, 68, paral., p. 38. — *Pastinaca* (*secunda species*). Rondelet, première partie, liv. XII, chap. II.

Pastenaque (troisième espèce), ou aigle-poisson. Valmont de Bomare, *Dictionnaire d'histoire naturelle*. — « Raja aculeata, pastinaca marina dicta. » Plumier, dessins enluminés sur vélin, déposés dans la bibliothèque du Muséum d'histoire naturelle.

vu dans cette tête plus avancée et dans ces yeux plus saillants que les yeux et la tête d'un animal dégoûtant, que le portrait du crapaud, et ils l'ont nommé *crapaud de mer*.

Cette tête, que l'on a comparée à deux objets si différents l'un de l'autre, présente, au reste, par-dessus et par-dessous, au moins le plus souvent, un sillon plus ou moins étendu et plus ou moins profond. Les dents, comme celles de toutes les raies du sous-genre qui nous occupe, sont plates et disposées sur plusieurs rangs.

On a écrit que la raie aigle n'avait pas de nageoires ventrales, parce que celles de ses nageoires qui sont les plus voisines de l'anus ne sont pas doubles de chaque côté et ne montrent pas une sorte d'échancrure qui puisse les faire considérer comme divisées en deux parties, dont l'une serait appelée nageoire ventrale, et l'autre nageoire de l'anus; mais, en recherchant où s'attachent les cartilages des nageoires de la raie aigle, qui se rapprochent le plus de l'origine de la queue, on s'aperçoit aisément qu'elle a de véritables nageoires ventrales, mais qu'elle manque de nageoires de l'anus.

La queue, souvent deux fois plus longue que la tête et le corps, est très mince, presque arrondie, très mobile et terminée, pour ainsi dire, par un fil très délié. Quelques observateurs ont vu dans la forme, la longueur et la flexibilité de cette queue, les principaux caractères de la queue des rats; ils se sont empressés de nommer *rat de mer* la raie qui est l'objet de cet article, tandis que d'autres, réunissant à cet attribut celui de nageoires semblables à des ailes, ont vu un rat ailé, une chauve-souris, et ont nommé la raie aigle *chauve-souris marine*. On connaît maintenant l'origine des diverses dénominations de rat, de chauve-souris, de crapaud, d'aigle, données à la raie dont nous parlons; et, comme il est impossible de confondre un poisson avec un aigle, un crapaud, un rat ou une chauve-souris, nous aurions pu sans inconvénient conserver indifféremment l'une ou l'autre de ces quatre désignations; mais nous avons préféré celle d'aigle comme rappelant la beauté, la force et le courage, comme employée par les plus anciens écrivains, et comme conservée par le plus grand nombre des naturalistes modernes.

La queue de la raie aigle ne présente qu'une petite nageoire dorsale placée au-dessus de cette partie, et beaucoup plus près de son origine que de l'extrémité opposée. Entre cette nageoire et le petit bout de la queue, on voit un gros et long piquant, ou plutôt un dard très fort, dont la pointe est tournée vers l'extrémité la plus déliée de la queue. Ce dard est un peu aplati et dentelé des deux côtés comme le fer de quelques espèces de lances : les pointes dont il est hérissé sont d'autant plus grandes qu'elles sont plus près de la racine de ce fort aiguillon; et, comme elles sont tournées vers cette même racine, elles le rendent une arme d'autant plus dangereuse qu'elle peut pénétrer facilement dans les chairs et qu'elle ne peut en sortir qu'en tirant ces pointes à contresens et en déchirant profondément les bords de la blessure. Ce dard parvient d'ailleurs à une longueur qui le rend encore plus redoutable. Plusieurs naturalistes, et notamment Gronovius, ont décrit des aiguillons d'aigle qui avaient un décimètre (quatre pouces, ou à peu près) de longueur; Pline a écrit que ces piquants étaient quelquefois longs de douze ou treize centimètres (cinq pouces, ou environ)[1]; et j'en ai mesuré de plus longs encore.

Cette arme se détache du corps de la raie après un certain temps; c'est ordinairement au bout d'un an qu'elle s'en sépare, suivant quelques observateurs ; mais avant qu'elle tombe, un nouvel aiguillon et souvent deux commencent à se former et paraissent comme deux piquants de remplacement auprès de la racine de l'ancien. Il arrive même quelquefois que l'un de ces nouveaux dards devient aussi long que celui qu'il doit remplacer, et alors on voit la raie aigle armée sur sa queue de deux forts aiguillons dentelés. Mais cette sorte d'accident, cette augmentation du nombre des piquants, ne constitue pas même une simple variété, bien loin de pouvoir fonder une diversité d'espèce, ainsi que l'ont pensé plusieurs naturalistes tant anciens que modernes, et particulièrement Aristote.

Lorsque cette arme particulière est introduite très avant dans la main, dans le bras, ou dans quelque autre endroit du corps de ceux qui cherchent à saisir la raie aigle; lorsque surtout elle y est agitée en différents sens et qu'elle en est à la fin violemment retirée par des efforts multipliés de l'animal, elle peut blesser le périoste, les tendons, ou d'autres parties plus ou moins délicates, de manière à produire des inflammations, des convulsions et d'autres symptômes alarmants. Ces terribles effets ont été bientôt regardés comme les signes de la présence d'un venin des plus actifs; et, comme si ce n'était pas assez que d'attribuer à ce dangereux aiguillon dont la queue de la raie aigle est armée, les qualités redoutables, mais réelles, des poissons, on a bientôt adopté sur sa puissance délétère les faits les plus merveilleux, les contes les plus absurdes. On peut voir ce qu'ont écrit de ce venin mortel Oppien, Ælien, Pline ; car, relativement aux effets funestes que nous indiquons, ces trois auteurs ont entendu par leur pastenaque ou leur raie trigone, non seulement la pastenaque proprement dite, mais la raie aigle, qui a les plus grands rapports de conformation avec cette dernière. Non seulement ce dard dentelé a paru aux anciens plus prompt à donner la mort que les flèches empoisonnées des peuples à demi sauvages, non seulement ils ont cru qu'il conservait sa vertu malfaisante longtemps après avoir été détaché du corps de la raie; mais son simple contact tuait l'animal le plus vigoureux, desséchait la plante la plus vivace, faisait périr le plus gros arbre dont il attaquait la racine. C'était l'arme terrible que la fameuse Circé remettait à ceux qu'elle voulait rendre supérieurs à tous leurs ennemis; et

1. Pline, liv. IX, chap. XLVIII.

quels effets plus redoutables, selon Pline, que ceux que produit cet aiguillon, qui pénètre dans tous les corps avec la force du fer et l'activité d'un poison funeste?

Cependant ce dard, devenu l'objet d'une si grande crainte, n'agit que mécaniquement sur l'homme ou sur les animaux qu'il blesse. Sans répéter ce que nous avons dit[1] des prétendues qualités venimeuses des poissons, l'on peut assurer que l'on ne trouve auprès de la racine de ce grand aiguillon aucune glande destinée à filtrer une liqueur empoisonnée; on ne voit aucun vaisseau qui puisse conduire un venin plus ou moins puissant jusqu'à ce piquant dentelé; le dard ne renferme aucune cavité propre à transmettre ce poison jusque dans la blessure; et aucune humeur particulière n'imprègne ou n'humecte cette arme, dont toute la puissance provient de sa grandeur, de sa dureté, de ses dentelures et de la force avec laquelle l'animal s'en sert pour frapper.

Les vibrations de la queue de la raie aigle peuvent en effet être si rapides, que l'aiguillon qui y est attaché paraisse en quelque sorte lancé comme un javelot, ou décoché comme une flèche, et reçoive de cette vitesse, qui le fait pénétrer très avant dans les corps qu'il atteint, une action des plus délétères. C'est avec ce dard ainsi agité, avec sa queue déliée et plusieurs fois contournée, que la raie aigle atteint, saisit, cramponne, retient et met à mort les animaux qu'elle poursuit pour en faire sa proie, ou ceux qui passent auprès de son asile, lorsqu'à demi couverte de vase elle se tient en embuscade au fond des eaux salées. C'est encore avec ce piquant très dur et dentelé qu'elle se défend avec le plus d'avantage contre les attaques auxquelles elle est exposée; voilà pourquoi lorsque les pêcheurs ont pris une raie aigle, ils s'empressent de séparer de sa queue l'aiguillon qui la rend si dangereuse.

Mais si sa queue présente un piquant si redouté, on n'en voit aucun sur son corps. La couleur de son dos est d'un brun plus ou moins foncé, qui se change en olivâtre vers les côtés, et le dessous de l'animal est d'un blanc plus ou moins éclatant. La peau est épaisse, coriace et enduite d'une liqueur gluante. Sa chair est presque toujours dure; mais son foie, qui est très volumineux et très bon à manger, fournit une grande quantité d'huile.

Au reste, on trouve les raies aigles beaucoup plus rarement dans les mers septentrionales de l'Europe que dans la Méditerranée et d'autres mers situées dans des climats chauds ou tempérés; c'est particulièrement dans ces mers moins éloignées des tropiques que l'on en a pêché du poids de quinze myriagrammes (plus de trois cents livres).

Nous avons trouvé parmi les papiers du célèbre voyageur Commerson un dessin dont on pourra voir la gravure dans cet ouvrage, et qui représente une raie. Cet animal, figuré par Commerson, est évidemment de l'espèce de

1. Discours sur la nature des poissons.

la raie aigle; mais il en diffère par des caractères assez remarquables pour former une variété très distincte et plus ou moins constante.

1° La raie de Commerson, à laquelle ce naturaliste avait donné le nom de mourine, qui a été aussi appliqué à la raie aigle par plusieurs auteurs, a la tête beaucoup plus avancée et plus distincte des nageoires pectorales et du reste du corps que l'aigle que nous venons de décrire; 2° la nageoire dorsale, située sur la queue, et l'aiguillon dentelé qui l'accompagne, sont beaucoup plus près de l'anus que sur la raie aigle; 3° le dessus du corps, au lieu de présenter des couleurs d'une seule nuance, est parsemé d'un grand nombre de petites taches plus ou moins blanchâtres. C'est dans la mer voisine des îles de France et de Madagascar qu'on avait pêché cette variété de la raie aigle dont Commerson nous a laissé la figure.

LA RAIE PASTENAQUE [1]

Raia Pastinaca, LINN., GMEL., LACÉP., BLOCH. — *Trygon Pastinaca,* CUV. — *Trygonobatis Pastinaca,* BLAINV.

La forme et les habitudes de cette raie sont presque en tout semblables à celles de la raie aigle que nous avons décrite. Mais voici les traits principaux par lesquels la pastenaque diffère de ce dernier poisson. Son museau se termine en pointe au lieu d'être plus ou moins arrondi; la queue est moins longue que celle de la raie aigle, à proportion de la grandeur du corps, quoique cependant elle soit assez étendue en longueur, très mince et très déliée; enfin cette même partie non seulement ne présente point de nageoire dorsale auprès de l'aiguillon dentelé dont elle est armée, mais même est entièrement dénuée de nageoires.

La pastenaque paraît répandue dans un plus grand nombre de mers que la raie aigle et ne semble pas craindre le froid des mers du Nord.

1. *Pastinaque.* — *Tareronde,* auprès de Bordeaux. — *Pastenago,* sur les côtes de France voisines de Montpellier. — *Bastango* et *vastango,* dans plusieurs départements méridionaux de France.

Bruccho, à Rome. — *Ferraza,* sur la côte de Gênes. — *Bastonago,* en Sicile. — *Fire flaire* en Angleterre. — *Turtur,* par plusieurs auteurs. — *Raie pastenague.* Daubenton, Encyclopédie méthodique.

« Raja cauda apterygia, aculeo sagittato. » Bloch, *Histoire naturelle des poissons,* troisième partie, pl. 82. — Artedi, gen. 71, syn. 100. — *Raie pastenague.* Bonnaterre, planches de l'Encyclopédie méthodique. — Mus. Ad., Fr. 2, p. 51. — Müller, *Prodrom. Zool. dan.,* p. 37, n. 310. — Gronov., mus. 1, 141. *Zooph.* 158. — « Leiobatus, in medio crassus, etc. » Klein, *Miss. pisc.* 3, p. 33, n. 5.

Aristote, *Hist. anim.,* lib. I, cap. V. — *Pastinaca.* Pline, *Hist. mundi,* lib. IX, c. XXIV, XLII. — *Pastenague.* Rondelet, première partie, liv. XII, chap. I. — *Pastinaca.* Salv. *Aquat.,* p. 144, 145. — Gesner, *Aquat.,* p. 679, icon. anim., p. 121, 122. Thierb., p. 63 a. — *Pastinaca marina.* Jonston, *Pisc.,* p. 32, tab. 9, fig. 7. — *Pastinaca marina lævis.* Ray, *Pisc.,* p. 24.

Belon, *Aquat.,* p. 95. — *Pastinaca marina nostra.* Aldrovand., *Pisc.,* p. 426. — *Pastinaca marina prima.* Willughby, *Icht.,* p. 67, tab. c. 3. — *Gej.* Kœmpfer, *Voyage au Japon,* p. 55. — *Sting ray.* Pennant, *Brit. zool.,* t. III, p. 71, n. 6. — *Pastinaca marina oxyrinchos.* Schonev., p. 58. — *Pastenaque.* Valmont de Bomare, *Dictionnaire d'histoire naturelle.*

Son piquant dentelé est souvent double et même triple, comme celui de la raie aigle; nous croyons en conséquence devoir rapporter à cette espèce toutes les raies qu'on n'en a séparées jusqu'à présent qu'à cause d'un aiguillon triple ou double. D'un autre côté, la nuance des couleurs et même la présence ou l'absence de quelques taches ne peuvent être regardées comme des caractères constants dans les poissons, et particulièrement les cartilagineux, qu'après un très grand nombre d'observations répétées en différents temps et en divers lieux. Nous ne considérerons donc, quant à présent, que comme des variétés plus ou moins constantes de la pastenaque, les raies qu'on n'a indiquées comme d'une espèce différente qu'à cause de la dissemblance de leurs couleurs avec celles de ce cartilagineux. Au reste, il nous semble important de répéter plusieurs fois dans nos ouvrages sur l'histoire naturelle, ainsi que nous l'avons dit très souvent dans les cours que nous avons donnés sur cette science, que toutes les fois que nous sommes dans le doute sur l'identité de l'espèce d'un animal avec celle d'un autre, nous aimons mieux regarder le premier comme une variété que comme une espèce distincte de celle du second Nous préférons de voir le temps venir par des observations nouvelles séparer tout à fait ce que nous n'avions en quelque sorte distingué qu'à demi, plutôt que de le voir réunir ce que nous avions séparé; nous désirons qu'on ajoute aux listes que nous donnons des productions naturelles, et non pas qu'on en retranche. Nous chercherons toujours à éviter de surcharger la mémoire des naturalistes, d'espèces nominales, et le tableau de la nature, de figures fantastiques.

D'après toutes ces considérations, nous plaçons à la suite de la paste naque, et nous considérons comme des variétés de ce poisson, jusqu'à ce que de nouvelles observations nous obligent de les en écarter :

1° L'*Altavelle*[1], que l'on n'a distinguée de la pastenaque qu'à cause de ses deux aiguillons dentelés;

2° L'*Uarnak*[2], que l'on aurait confondu avec la raie que nous décrivons, sans les taches que tout son corps présente sur un fond pour ainsi dire argenté;

3° L'*Arnak*[3], auquel on n'a donné pour caractères distinctifs et diffé-

1. *Raie pastenague altavelle*, var. *b*. Daubenton, Encyclopédie méthodique. — *Raja pastinaca altavela*, var. *b*. Linné, édition de Gmelin. — *Raie pastenague altavelle*. Bonnaterre, planches de l'Encyclopédie méthodique.

« Raja corpore glabro, aculeis sæpe duobus postice serratis in cauda apterygia. » Artedi, gen. 71, syn. 100. — « Pastinaca marina altera, pteryplateja, altavela dicta. » Columm., *Aquat.*, c. II, p. 4, tab. 2. — « Et altavella Neapoli dicta. » Willughby, p. 65. — Ray, p. 24.

2. *Raie sive uarnak*, var. *a*. Bonnaterre, planches de l'Encyclopédie méthodique. — *Raja pastinaca uarnak*. Linné, édition de Gmelin, — *Raja tota maculata*. Forskael, *Faun. arab.*, p. 18.

3. *Raja arnak*. Linné, édition de Gmelin. — « Raja corpore orbiculato argenteo, cauda tereti apterygia, spinis duabus. » Forskael, *Faun. arab.*, p. 9, n. 13.

« Raja ommes scherit. » Linné, édition de Gmelin. — « Raie scherit. » Bonnaterre, planches de l'Encyclopédie méthodique. — « R. cauda tereti maculata. » Forskael, *Faun. arab.*, p. 9, n. 12.

rents de ceux de la pastenaque, que deux aiguillons dentelés, la couleur argentée du dos et le contour du corps plus arrondi ;

4° L'*Ommes Scherit*[1], qui ne paraît avoir été éloigné de la pastenaque qu'à cause des taches de sa queue.

Les deux dernières de ces raies se trouvent dans la mer Rouge, où elles ont été observées par Forskael. La seconde s'y trouve également et y a été vue par le même naturaliste ; mais on la rencontre aussi dans les mers d'Europe et dans celles des Indes.

Forskael a parlé de deux autres raies de la mer Rouge, que l'on ne connaît qu'imparfaitement, et que nous ne croyons pas, d'après ceux de leurs caractères qu'on a énoncés, pouvoir placer encore comme deux espèces distinctes sur le tableau général du genre des raies, mais dont la notice nous paraît dans ce moment devoir accompagner celle des quatre variétés de la pastenaque.

Ces deux raies sont la mule[1], dont le dessous du corps est d'un blanc de neige, et dont la queue déliée et tachetée est armée d'un piquant dangereux ; et la raie tajara[2], dont on a dit que le dessous du corps était aussi d'un blanc de neige et la queue déliée.

LA RAIE LYMME[3]

Raia Lyma, Forsk., Gmel., Lacép.

C'est dans la mer Rouge que le voyageur Forskael a trouvé cette raie, qu'il a le premier fait connaître. Elle ressemble beaucoup à la raie aigle, ainsi qu'à la pastenaque ; elle a les dents aplaties comme ces deux raies et tous les cartilagineux qui composent le même sous-genre ; mais exposons les différences qu'elle montre. Le corps proprement dit et les nageoires pectorales forment un ensemble presque ovale ; la partie postérieure des nageoires pectorales est terminée par un angle plus ou moins ouvert ; les nageoires ventrales sont arrondies. Toute la partie supérieure du dos est d'un brun tirant sur la couleur de brique, parsemé d'une grande quantité de taches bleues, ovales et inégales en grandeur.

La queue est un peu plus longue que le corps et garnie, vers le milieux de sa longueur, d'un et quelquefois de deux aiguillons, longs, larges, dentelés comme ceux de la raie aigle et de la pastenaque, et revêtus à leur base

1. *Raia Mula*. Linné, édition de Gmelin. — *Raie mule*. Bonnaterre, planches de l'Encyclopédie méthodique. — « R. subtus nivea, cauda tereti variegata. » Forskael, *Faun. arab.*, p. 9. n. 16.

2. *Raia tajara*. Linné, édition de Gmelin. — *Raia tajara*. Bonnaterre, planches de l'Encyclopédie méthodique. — « R. subtus nivea, cauda tereti. » Forskael, *Faun. arab.*, p. 9, n. 14.

3. *Raie lymme*. Bonnaterre, planches de l'Encyclopédie méthodique. — « Raja corpore lævi testaceo, maculis cæruleis, cauda pinnata, aculeo unico. » Forskael, *Faun. arab.*, p. 17, n. 15.

d'une peau d'un brun bleuâtre. Depuis son origine jusqu'à ces aiguillons, la queue est un peu aplatie, blanche par-dessous et rougeâtre dans sa partie supérieure, où l'on voit régner deux petites bandes bleues et longitudinales ; depuis les piquants jusqu'à son extrémité, qui est blanche et très déliée, elle est toute bleue, comprimée par les côtés et garnie en haut et en bas d'une petite membrane frangée qui représente une nageoire, et qui est plus large au-dessous qu'au-dessus de la queue.

La lymme n'a point de nageoire dorsale; et par là elle se rapproche plus de la pastenaque, qui en est dénuée, que de la raie aigle qui en présente une.

C'est à cette jolie espèce qu'il faut rapporter une raie pêchée par Commerson aux environs des îles Praslin et à laquelle il a donné le nom de raie sans piquant[1], parce qu'en effet elle n'en présente aucun sur le dos, non plus que les individus observés par Forskael. Ce naturaliste a fait de cette raie sans aiguillon sur le corps une description très détaillée, qui fait partie des manuscrits déposés dans le Muséum d'histoire naturelle, et qui s'accorde presque dans tous les points avec celle que nous venons de donner d'après Forskael. La seule différence entre ces deux descriptions, c'est que Commerson parle d'une rangée de petits tubercules, qui règne sur la partie la plus élevée du dos et s'étend jusqu'à la queue, et de deux autres tubercules semblables à des verrues, et placés l'un d'un côté, et l'autre de l'autre de l'origine de cette dernière partie.

Au reste, parmi les individus qui ont été l'objet de l'attention de Commerson, un avait près de cinq décimètres (un pied six pouces huit lignes) de longueur totale; et l'on pourra voir dans cet ouvrage la figure d'une lymme mâle et d'une lymme femelle, que nous avons fait graver d'après les dessins originaux apportés en France par ce voyageur célèbre. Nous nous sommes déterminés d'autant plus aisément à enrichir de ces deux figures l'histoire que nous décrivons, que l'on n'a pas encore publié de planche représentant l'espèce qui nous occupe. Au reste, nous ne croyons pas avoir besoin de dire que le mâle est distingué de la femelle par deux appendices placés auprès de l'anus, et semblables à ceux que nous avons fait connaître en traitant de la batis.

La lymme, que quelques naturalistes ont crue confinée dans la mer Rouge, habite donc aussi une partie de la mer des Indes. On doit la trouver dans d'autres mers, surtout aux environs des tropiques ; en effet, il vient d'arriver de Cayenne, au Muséum d'histoire naturelle, une petite collection de poissons, parmi lesquels j'ai reconnu un individu de l'espèce de la lymme. Ces poissons ont été envoyés par M. Le Blond, voyageur naturaliste, qui nous a appris, dans des notes relatives aux animaux qu'il a fait parve-

1. « Raja lævis e testaceo fuscescens, guttis cæruleis innumeris prono corpore sparsis, aculeis geminis in media cauda. » Commerson, ouvrage manuscrit sur la zoologie, quatrième cahier, 1768.

nir au Muséum, que l'individu que nous avons considéré comme une lymme avait été pris au moment où il venait de sortir de l'œuf, mais où il était encore dans le ventre de sa mère. Les raies de la même espèce, dit M. Le Blond, qui les appelle *raies rouges*, à cause de la couleur de la partie supérieure de leur corps, semblable par conséquent, ou presque semblable à celle des lymmes d'Arabie ou des environs des îles Praslin, sont très bonnes à manger lorsqu'elles sont jeunes, et parviennent quelquefois au poids de dix ou quinze myriagrammes (deux ou trois cents livres, ou environ). Au reste, le petit individu arrivé de l'Amérique méridionale avait la queue trois fois plus longue que le corps et la tête, et par conséquent beaucoup plus longue que les lymmes d'Afrique et d'Arabie. Mais tous les autres traits de la conformation réunissant ces cartilagineux de la mer Rouge et des îles Praslin avec les *raies rouges* de Cayenne, on peut tout au plus regarder ces dernières comme une variété dans l'espèce des raies rougeâtres des îles Praslin et d'Arabie; mais on n'en doit pas moins les considérer comme appartenant à l'espèce de la lymme, qui dès lors se trouve dans les eaux chaudes de l'Asie, de l'Afrique et de l'Amérique.

LA RAIE TUBERCULÉE

Raia tuberculata, Lacép. — *Trygon tuberculata*, Cuv.

Cet animal a les dents très obtuses; il présente d'ailleurs des tubercules pointus, ou aiguillons très forts, sur le corps et sur la queue; il doit donc être compris dans le troisième sous-genre que nous avons établi dans le genre des raies, et dont les caractères distinctifs consistent dans la forme obtuse des dents et dans la présence d'aiguillons plus ou moins nombreux sur la queue ou sur le corps.

Le bout du museau de ce cartilagineux est pointu. L'ensemble formé par le corps proprement dit et par les nageoires pectorales présente un rhombe assez régulier. La queue est longue et déliée; elle est d'ailleurs armée d'un aiguillon très long, dentelé de deux côtés, et dont les petites dents, semblables à celles d'une scie, sont de plus tournées vers la base de ce piquant.

La tuberculée n'a aucune nageoire sur le dos; le dessus de la plus grande partie de sa queue n'en montre pas non plus; cependant, comme dans l'individu que j'ai sous les yeux, l'extrémité de cette portion de l'animal avait été détruite par un accident, il se pourrait que l'espèce que nous décrivons eût une petite nageoire supérieure vers le bout de la queue.

L'animal ne présente que dix aiguillons, indépendamment de celui qui est dentelé; ces protubérances sont des tubercules plus ou moins pointus, assez gros, très courts, très durs, très blancs et comme écaillés. Cinq de ces tubercules sont très rapprochés et forment sur le dos une rangée longitudinale ; les autres sont placés sur la queue, plus près du dos que du grand aiguillon dentelé, et à des distances inégales les uns des autres.

Pour peu qu'on jette les yeux sur le tableau du genre des raies, que nous avons publié, on verra que celles dont nous décrivons les formes a beaucoup de rapports, par son aiguillon dentelé et par sa queue déliée, avec la raie aigle, la pastenaque, la lymme, et que, d'un autre côté, elle se rapproche, par ses tubercules, de la raie sephen, dont j'ai découvert que la dépouille était apportée en France sous le nom de *peau de requin*, pour y servir à fabriquer le plus beau *galuchat*, celui qui est à grains très gros et très aplatis. C'est donc entre la lymme et la sephen qu'il faut placer la raie que nous venons de faire connaître ; et le caractère spécifique qui la sépare tant de l'aigle, de la pastenaque et de la lymme que de la séphen de toutes les raies inscrites dans le troisième sous-genre, est le nombre de tubercules émaillés et très durs dont j'ai tiré le nom que je lui ai donné.

Je n'ai pu juger de la couleur de cette espèce, à cause de l'état de desséchement dans lequel était l'individu que j'ai vu et qui avait à peu près quatre décimètres de longueur. Elle vit dans les mers voisines de Cayenne, et l'individu que j'ai examiné m'a été envoyé par M. Le Blond.

LA RAIE ÉGLANTIER[1]

Raia Eglanteria, LACÉP.

M. Bosc, connu depuis longtemps par la variété de ses connaissances en histoire naturelle, par son zèle infatigable pour le progrès des sciences et par sa manière habile et fidèle d'observer et de décrire, a eu l'attention de me faire parvenir, de l'Amérique septentrionale, des dessins et des descriptions de plusieurs poissons encore inconnus des naturalistes. Il a bien voulu me faire témoigner en même temps par notre confrère commun, le professeur Alexandre Brongniart, le désir de voir ce travail publié dans l'*Histoire des poissons*. J'ai accepté avec empressement l'offre agréable et utile de M. Bosc. Je ferai donc usage, dans ce volume et dans le suivant, des descriptions qu'il m'a envoyées, ainsi que des dessins qu'il a faits lui-même, et qui ont été gravés avec soin sous mes yeux ; la raie églantier est un de ces poissons dont le public devra la connaissance à ce savant naturaliste.

Le corps de la raie églantier présente à peu près la forme d'un rhomboïde dont toutes les parties saillantes seraient émoussées ; il est parsemé d'épines très courtes, souvent même peu sensibles, excepté sur le milieu du dos, où l'on voit une rangée longitudinale de petits aiguillons qui ont deux ou trois centimètres de longueur.

Les yeux sont saillants ; l'iris est blanc ; le museau obtus ; la langue

1. « Raja eglanteria. — Raja dentibus obtusis, corpore rhombeo, aculeato, aculeis minutis, cauda bipinnata, spinis numerosis muricata. — Habitat in mari Americam alluente. » Bosc, manuscrits communiqués.

large, lisse ; la forme courte, des dents plus ou moins arrondies ; la queue presque aussi longue que le corps et garnie de plusieurs rangs longitudinaux d'épines recourbés de différentes grandeurs, et dont les plus longues forment les trois rangées du milieu et des côtés.

A l'extrémité de cette queue est une petite nageoire, auprès de laquelle on voit, sur la face supérieure de cette même partie de l'animal, une autre nageoire que l'on doit nommer *dorsale*, d'après tout ce que nous avons déjà dit, quoiqu'elle ne soit pas placée sur le corps proprement dit de la raie églantier.

On compte cinq rayons à chaque nageoire ventrale.

La raie que nous décrivons est d'une couleur brunâtre en dessus et blanche en dessous. Elle est assez commune dans la baie de Charleston ; elle y parvient à un demi-mètre de largeur.

D'après les traits de conformation que nous venons d'exposer, on ne sera pas étonné que sur notre tableau méthodique, nous placions la raie églantier entre la raie tuberculée et la raie bouclée.

LA RAIE SEPHEN[1]

Raia Sephen, Forsk., Gmel., Lacép. — *Trygon Sephen*, Cuv.

Dans cette même mer Rouge où Forskael a trouvé plusieurs variétés de la pastenaque et la raie lymme, ce voyageur a vu aussi la sephen. Elle a de très grands rapports de conformation avec la raie aigle, la pastenaque et la lymme ; mais elle en diffère par des caractères assez nombreux pour qu'elle constitue une espèce distincte.

Sa couleur est, sur le corps, d'un cendré brun, et par-dessous d'un blanc rougeâtre. Elle parvient à une grandeur très considérable, puisqu'on a vu des individus de cette espèce dont les nageoires pectorales et le corps réunis avaient trente-six décimètres (onze pieds, ou à peu près) de largeur. L'extrémité postérieure des nageoires pectorales est arrondie, et, dans plusieurs des positions ou des mouvements de l'animal, cache en partie les nageoires ventrales, qui sont très petites à proportion du volume de la raie.

Malgré la grande étendue du corps, la queue est deux fois plus longue que le corps proprement dit, comme celle de la raie aigle, et est armée de même d'un ou de deux aiguillons assez longs, forts, dentelés des deux côtés et revêtus en partie d'une peau épaisse ; mais, au lieu d'être entièrement dénuée de nageoires et de petits piquants, comme la queue de la raie aigle ; au lieu de présenter une nageoire dorsale, comme celle de la pastenaque, ou de montrer sans aucune petite pointe, une sorte de nageoire particulière

1. *Raie sif*. Bonnaterre, planches de l'Encyclopédie méthodique. — « R. Corpore suborbiculato, cauda duplo longiore subtus alata, supra aculeis duobus longis, utrinque serratis. » Forskael, *Faun. arab.*, p. 17, n. 16.

composée d'une membrane longue et étroite, comme la queue de la lymme; elle est garnie, depuis la place des deux grands dards jusqu'à son bout le plus délié, d'une rangée longitudinale de très petits aiguillons qui règne sur sa partie supérieure, et d'une membrane longue, étroite et noire, qui s'étend uniquement le long de sa partie inférieure.

L'un de ses caractères véritablement distinctifs est d'avoir le dessus du corps et la partie supérieure de la queue jusqu'à la base des deux pointes dentelées, couverts de tubercules plats, au milieu desquels on en distingue trois plus grands que les autres, d'une forme hémisphérique, d'une couleur blanchâtre et formant au milieu du dos un rang longitudinal.

Presque tout le monde connaît cette peau dure, forte et tuberculée, employée dans le commerce sous le nom de *galuchat*, que l'on peint communément en vert, et dont on garnit l'extérieur des boîtes et des étuis les plus recherchés. Cette peau a aussi reçu le nom de *peau de requin*; c'est par cette dénomination qu'on a voulu la distinguer d'une peau couverte de tubercules beaucoup plus petits, beaucoup moins estimée, destinée à revêtir des étuis ou des boîtes moins précieuses appelée, *peau de chien de mer*, et qui appartient en effet au squale ou chien de mer désigné par le nom de *roussette*[1]. Ceux qui ont observé une dépouille de requin savent que le galuchat présente des tubercules plus gros et plus ronds que la peau de ce squale, et ne peut pas être cette dernière peau plus ou moins préparée. C'est donc une fausse dénomination que celle de *peau de requin* donnée au galuchat. Mais j'ai désiré de savoir à quel animal il fallait rapporter cette production, qui forme une branche de commerce plus étendue qu'on ne le pense, et qui nous parvient le plus souvent par la voie de l'Angleterre. J'ai examiné les prétendues peaux de requin déposées dans les magasins où vont se pourvoir les faiseurs d'étuis et de boîtes; quoique aucune de ces peaux ne montrât en entier le dessus du corps et des nageoires pectorales, et ne présentât qu'une portion de la partie supérieure de la queue, je me suis assuré sans peine qu'elles étaient les dépouilles de raies sephens. Elles ne consistent que dans la partie supérieure de la tête, du corps et du commencement de la queue; mais autour de ces portions tuberculées, et les seules employées par les faiseurs d'étuis, il y a assez de peau molle pour qu'on puisse être convaincu qu'elles ne peuvent provenir que d'un poisson cartilagineux et même d'une raie. D'ailleurs, elles offrent la même forme, la même grosseur, la même disposition de tubercules que la sephen; elles présentent également trois tubercules hémisphériques et blanchâtres du dos. A la vérité, toutes les prétendues *peaux de requin* que j'ai vues, au lieu de montrer une couleur uniforme, comme les sephens observées par Forskael, étaient parsemées d'un grand nombre de taches inégales, blanches et presque rondes; mais l'on doit savoir déjà que, dans presque toutes les espèces de raies, la présence

1. Voyez l'article du *Squale Roussette*.

d'un nombre plus ou moins grand de taches ne peut constituer tout au plus qu'une variété plus ou moins constante.

Ces tubercules s'étendent non seulement au-dessus du corps, mais encore au-dessus d'une grande partie de la tête. Ils s'avancent presque jusqu'à l'extrémité du museau et entourent l'endroit des évents et des yeux, dont ils sont cependant séparés par un intervalle.

On reçoit d'Angleterre de ces dépouilles de sephens, de presque toutes les grandeurs, jusqu'à la longueur de soixante-cinq centimètres (deux pieds ou environ. La peau des sephens parvenue à un développement plus étendu ne pourrait pas être employée comme celles des petites, à cause de la grosseur trop considérable de ses tubercules. Sur une de ces dépouilles, la partie tuberculée qui couvre la tête et le corps avait cinquante-quatre centimètres (un pied sept pouces) de long, et deux décimètres (sept pouces) dans sa plus grande largeur; celle qui revêtait la portion du dessus de la queue, la plus voisine du dos, était longue de deux décimètres (sept pouces, ou à peu près) [1].

J'ai pensé que l'on apprendrait avec plaisir dans quelle mer se trouve le poisson dont la peau, recherchée depuis longtemps par plusieurs artistes, nous a été jusqu'à présent apportée par des étrangers, qui nous ont laissé ignorer la patrie de l'animal qui la fournit. Il est à présumer que l'on rencontrera la sephen dans presque toutes les mers placées sous le même climat que la mer Rouge, et nous devons espérer que nos navigateurs, en nous procurant directement sa peau tuberculée, nous délivreront bientôt d'un des tributs que nous payons à l'industrie étrangère.

Voilà donc quatre raies, l'aigle, la pastenaque, la lymme et la sephen dont la queue est armée de piquants dentelés. Ces dards, également redoutables dans ces différentes espèces de poissons cartilagineux, les ont fait regarder toutes les quatre comme venimeuses; mais les mêmes raisons qui nous ont montré que l'aigle et la pastenaque ne contenaient aucun poison doivent nous faire penser que l'arme de la sephen et de la lymme ne distille aucun venin et n'est à craindre que par ses effets mécaniques.

LA RAIE BOUCLÉE [2]

Raia clavata, Linn., Gmel., Lacép., Cuv.

Cette raie, à laquelle on a donné le nom de *bouclée* ou de *clouée*, à cause des gros aiguillons dont elle est armée, et qu'on a comparés à des clous ou

1. On peut voir, dans les galeries du Muséum d'histoire naturelle, une de ces dépouilles de sephen.

2. *Raie clouée.* — *Clavelade*, dans plusieurs départements méridionaux. — *Tornback*, et *maids*, en Angleterre. — *Raie bouclée.* Daubenton, Encyclopédie méthodique.

« Raja ordine aculeorum unguiformium, unico in dorso caudaque. » Bloch, *Histoire des poissons*, en allemand, troisième partie, p. 65, n. 5, pl. 83. — *Raja clavata. Fauna suecica*, 293.

à des crochets, habite dans toutes les mers de l'Europe. Elle y parvient jusqu'à la longueur de quatre mètres (plus de douze pieds). Elle est donc une des plus grandes ; et comme elle est en même temps une des meilleures à manger, elle est, ainsi que la batis, très recherchée par les pêcheurs l'on ne voit même le plus souvent dans les marchés d'Europe que la bouclée et la batis. Elle ressemble à la batis par ses habitudes, excepté le temps de sa ponte, qui paraît plus retardé et exiger une saison plus chaude ; elle est aussi, à beaucoup d'égards, conformée de même.

La couleur de la partie supérieure de son corps est ordinairement d'un brunâtre semé de taches blanches, mais quelquefois blanche avec des taches noires.

La tête est un peu allongée et le museau pointu ; les dents sont petites, plates, en losange, disposées sur plusieurs rangs et très serrées les unes contre les autres.

La queue, plus longue que le corps et un peu aplatie par-dessous, présente, auprès de son extrémité la plus menue, deux petites nageoires dorsales, et une véritable nageoire caudale qui la termine.

Chaque nageoire ventrale, organisée comme celles de la batis, offre également deux portions plus larges l'une que l'autre, et qui paraissent représenter, l'une une nageoire ventrale proprement dite, et l'autre une nageoire de l'anus. Mais ce n'est qu'une fausse apparence ; et ces deux portions, dont la plus large a communément trois rayons cartilagineux, et l'autre six, ne forment qu'une seule nageoire.

Presque toute la surface de la raie bouclée est hérissée d'aiguillons. Le nombre de ces piquants varie cependant suivant le sexe et les parages fréquentés par l'animal ; il paraît aussi augmenter avec l'âge. Mais voici quelle est en général la disposition de ces pointes sur une raie bouclée qui a atteint un degré assez avancé de développement.

Un rang d'aiguillons grands, forts et recourbés, attachés à des cartilages un peu lenticulaires, durs et cachés en grande partie sous la peau qui les retient et affermit les piquants, règne sur le dos et s'étend jusqu'au bout de la queue. L'on voit deux piquants semblables au-dessus et au-dessous du bout du museau. Deux autres sont placés au-devant des yeux, et trois derrière ces organes ; quatre autres très grands sont situés sur le dos, de manière à y représenter les quatre coins d'un carré ; une rangée d'ai-

— *Idem* Westgoth., 175. — « Raja aculeata, dentibus tuberculosis, cartilagine transversa in ventre. » Artedi, gen. 71, syn. 99, spec. 103.

Raie bouclée. Bonnaterre, planches de l'Encyclopédie méthodique. — Gronov., mus. 1, 140, Zooph., 154. — « Dasybatus clavatus, corpore toto maculis albidis rotundis, etc. » Klein, *Miss. pisc.* 3, p. 35, n. 4, tab. 4, n. 7. — *Raja clavata*, Act. sien. 4, p. 353. — *Raie bouclée*. Rondelet, première partie, liv. XII, chap. XII. — *Raja clavata*. Gesn. *Aquat.*, 795.

Willughby, *Icht.*, 74. — Ray., *Pisc.* 26. — *Raie bouclée*. Belon, *Aquat* , p. 70. — *Thornback*. Pennant, *Zool. brit.* 3, p. 69, n. 5. — *Raie bouclée*. Valmont de Bomare, *Dict. d'histoire naturelle*. — Duhamel, *Traité des pêches*, seconde partie, sect. 9, p. 280.

guillons moins forts garnit longitudinalement chaque côté de la queue. Ce sont toutes ces pointes plus ou moins longues, dures et recourbées, que l'on a comparées à des clous, à des crochets. Mais, indépendamment de ces grands piquants, le dessus du corps, de la tête et des nageoires pectorales présente des aiguillons plus petits, de longueurs inégales, et qui, lorsqu'ils tombent, laissent à leur place une tache blanche comme les piquants grands et crochus. Enfin on voit, sur la partie inférieure de la raie bouclée, quelques autres pointes encore plus petites et plus clairsemées.

Cette tache blanche qui marque l'endroit que les aiguillons séparés du corps avaient ombragé, recouvert et privé de l'influence de la lumière, cette place décolorée, n'est-elle pas une preuve de ce que nous avons exposé sur les causes des différentes couleurs que les poissons présentent, et des dispositions que ces nuances affectent[1] ?

La foie de la raie bouclée est divisé en trois lobes, dont celui du milieu est le moins grand, et les deux latéraux sont très longs ; il est très volumineux ; il fournit une grande quantité d'huile, que les pêcheurs de Norvège recueillent particulièrement avec beaucoup de soin.

La vésicule du fiel, rougeâtre, allongée et triangulaire, est entre le lobe du milieu du foie et l'estomac.

Ce dernier viscère est assez grand, allongé et situé un peu du côté gauche de l'abdomen. Il se rétrécit et se recourbe un peu vers le pylore, qui est très étroit et n'est garni d'aucun appendice.

Au delà du pylore le canal intestinal s'élargit et parvient à l'anus sans beaucoup de sinuosités.

Mais pourquoi nous étendre davantage sur un poisson que l'on a si souvent entre les mains, que l'on peut si aisément connaître, et qui a tant de rapports avec la batis dont nous avons examiné très en détail et la forme et la manière de vivre?

Qu'il nous suffise donc d'ajouter que l'on pêche les raies bouclées, comme les autres raies, avec des cordes flottantes[2], des folles[3], des demi-folles[4] et des seines[5].

1. Discours sur la nature des poissons, et plusieurs autres articles de cette histoire.

2-3-4-5. Il y a trois manières principales de pêcher avec des cordes.

1° On peut se servir d'une longue corde à laquelle on attache, de distance en dist nce, des *lignes* ou *empiles* garnies de leurs *haims*. Cette corde principale porte le nom de *maîtresse corde*, ou de *bouffe*, sur les bords de l'Océan, et celui de *maître de palangre* sur les côtes de la Méditerranée, où la dénomination de *palangre* remplace celle de *corde*, et où les pêcheurs qui emploient des cordes et des empiles sont appelés *palangriers*, au lieu de *cordiers*. Par *empile* ou *pile* on entend un fil de crin, de chanvre ou de laiton, auquel un *haim* est attaché, que l'on suspend aux lignes, et qui, variant dans sa grosseur suivant la force des haims et l'espèce du poisson que l'on se propose de prendre, est simple, ou double, rond, ou tressé en cadenette. Par *haim*, presque tout le monde sait que l'on désigne un crochet d'os, de bois dur, ou de métal, auquel on attache une amorce, et qui, recevant quelquefois le nom d'*hameçon*, le porte surtout lorsqu'il est garni de son appât.

Lorsque la bouclée a été prise, on la conserve pendant quelques jours, ainsi que presque tous les poissons du même genre, afin que sa chair acquière de la délicatesse et perde toute odeur de marécage ou de marine. Sur plusieurs côtes, on recherche beaucoup de jeunes et très petites raies bouclées que l'on nomme *rayons*, *raietons*, *ratillons*, et, dans quelques ports, *papillons*; dénominations dont on se sert aussi quelquefois pour désigner des morceaux détachés de grandes raies desséchées et préparées pour de longs voyages.

LA RAIE NÈGRE[1]

Raia nigra, LACÉP., BLAINV.

On ne voit que rarement cette raie auprès de l'embouchure de la Seine. On la prend avec les raies bouclées, les oxyrinques et d'autres raies plus ou moins blanches, dont les nuances font ressortir la couleur noire dont elle est peinte. Ses dents sont mamelonnées ou aplaties. Le sillon longitudinal de son museau est d'une couleur plus foncée que ses autres parties. Le dessous du poisson est très blanc et très doux au toucher; il présente d'ailleurs une teinte bleuâtre vers les nageoires pectorales. Au reste, un pêcheur a dit à M. Noël qu'il avait pris des individus de cette espèce noirs par-dessous comme par-dessus. La peau, qui est légèrement chagrinée, est aussi très épaisse et s'enlève facilement en entier, après la cuisson de

2° On pêche avec *cordes par fond*, c'est-à-dire avec des maîtresses cordes chargées de plomb ou de cailloux, qui les assujettissent au fond des eaux.

3° On peut employer une *corde flottante*. Cette dernière, moins grosse ordinairement que les cordes par fond, est soutenue par des *flottes* ou *corcerons* de liège, qui la font quelquefois flotter entièrement à la surface de l'eau. On s'en sert pour prendre les poissons qui nagent très près de la superficie des mers ou des rivières.

La *folle* est un filet à larges mailles, que l'on tend de manière qu'il fasse des plis, tant dans le sens horizontal que dans le sens vertical, afin que les poissons s'enveloppent plus facilement dans ses différentes parties. La plupart des auteurs qui ont écrit sur les instruments employés dans les pêches ont dit que les mouvements irréguliers et multipliés produits par les plis de ce filet lui ont fait donner le nom de *folle*. Au reste, il est lesté par le bas et légèrement flotté ou garni de liège par le haut; c'est communément auprès du fond des mers ou de celui des rivières qu'il est tendu.

La *demi-folle* diffère de la *folle*, en ce qu'elle a moins d'étendue et que les mailles qui la composent sont plus étroites.

On nomme *seine*, ou *senne*, un filet composé d'une nappe simple et propre à arrêter les poissons qu'on veut prendre. Elle diffère de la *folle*, en ce qu'elle est destinée à être traînée par les pêcheurs. Elle est garnie de lest dans sa partie inférieure, et de *flottes* ou morceaux de liège dans sa partie supérieure. La corde qui borde et termine cette partie supérieure, et à laquelle les flottes sont attachées, se nomme *ralingue*. Aux extrémités de cette *ralingue* sont des cordes plus ou moins longues qu'on appelle *bras*, et qui servent à tendre le filet ou à le traîner. Lorsqu'on traîne la *seine*, elle forme, dans le sens horizontal, une courbure dont le creux est tourné vers le point auquel on tend; et comme il est très rare que les poissons que l'on poursuit avec ce filet soient de grandeur ou de forme à s'embarrasser et se prendre dans ses mailles, on ne relève la seine qu'en rapprochant et réunissant tout à fait les deux bouts de la *ralingue*, et en renfermant les poissons dans le contour que l'on produit par cette manœuvre.

1. *Raie-rat*, par les pêcheurs des environs de l'embouchure de la Seine.

l'animal. La chair est ferme et peu agréable au goût. La raie nègre, dont M. Noël a eu la bonté de m'envoyer un dessin que j'ai fait graver, pesait soixante-cinq hectogrammes (treize livres), et avait été pêchée par une barque de Honfleur.

LA RAIE AIGUILLE

Raia Acus, Lacép.

Les naturalistes devront être étonnés d'entendre parler pour la première fois d'un si grand nombre de raies remarquables par leurs dimensions, leurs formes, leurs couleurs, et qui habitent la plupart auprès des côtes de France ou d'Angleterre les plus fréquentées.

Voici encore une de ces espèces dont nous ignorerions l'existence sans la constance de M. Noël. La tête de cette raie est ovale ; ses dents sont comme mamelonnées.

LA RAIE THOUIN

Raia Thouin, Lacép. — *Rhinobatus Thouin*, Cuv.

Cette belle espèce de raie, très remarquable par sa forme, ainsi que par la disposition de ses couleurs, et dont la description n'a encore été publiée par aucun naturaliste, est un des innombrables trophées de la valeur des armées françaises. L'individu que nous avons fait graver fait partie de la célèbre collection d'objets d'histoire naturelle, conservée pendant longtemps à la Haye, cédée à la France par la nation hollandaise son alliée, après que la victoire a eu fait flotter le drapeau tricolore jusque sur les bords du Zuyderzée, et qui décore maintenant les galeries du Muséum d'histoire naturelle de Paris. Ces précieux objets ayant été recueillis en Hollande et transportés en France par les soins de deux de mes collègues, les professeurs Thouin et Faujas Saint-Fond, que le gouvernement français avait envoyés au milieu de nos légions conquérantes pour accroître le domaine des sciences naturelles, pendant que nos braves soldats ajoutaient à notre territoire, j'ai cru devoir chercher à perpétuer les témoignages de reconnaissance qu'ils ont reçus des naturalistes, en donnant leurs noms à deux des espèces de poissons dont on va leur devoir la connaissance et la publication[1]. J'ai distingué en conséquence, par le nom de *Faujas*, une des lophies dont nous allons donner l'histoire, et, par celui de *Thouin*, la raie dont nous nous occupons dans cet article.

La raie thouin a les dents aplaties et disposées sur plusieurs rangs, comme celles de toutes les raies comprises dans le troisième et dans le quatrième sous-genre.

Son museau, beaucoup plus transparent que celui de la plupart des

1. Voyez l'article relatif à la nomenclature des poissons.

autres raies, est terminé par une prolongation souple assez étendue, et plus longue que l'intervalle qui sépare les deux yeux.

Le dessus du corps et des nageoires pectorales est d'une couleur noire ou très foncée ; mais le museau est d'un blanc de neige très éclatant, excepté à son extrémité, où il est brun, et dans le milieu de sa longueur, où il présente la même couleur obscure. Cette raie longitudinale brune s'étend sur le devant de la tête, qui, dans tout le reste de sa partie antérieure, est d'un blanc très pur ; elle s'y réunit à la couleur très foncée de l'entre-deux des yeux, de la partie postérieure de la tête et du dessus du corps.

Tout le dessous de l'animal est d'un beau blanc.

Les yeux sont recouverts presque à demi par une prolongation de la peau de la tête, comme ceux de la batis ; et derrière ces organes on voit de très grands évents.

L'ouverture des narines, située obliquement au-dessous du museau et au-devant de la bouche, présente la forme d'un ovale irrégulier et très allongé, et est assez grande pour que son diamètre le plus long soit égal à plus de la moitié de celui de la bouche. Cette ouverture aboutit à un organe composé de membranes plissées et frangées, dont nous avons fait graver la figure, et dont le nombre et les surfaces sont assez considérables pour le rendre très délicat. Comme, d'un autre côté, nous venons de voir que le museau, ce principal organe du toucher des raies, est très prolongé, très mobile, et par conséquent très sensible, dans la raie thouin, nous devons présumer que ce dernier poisson jouit d'un toucher et d'un odorat plus actifs que ceux de la plupart des autres raies, et doit avoir par conséquent un sentiment plus exquis et un instinct plus étendu.

La queue est à peu près de la longueur de la tête et du corps pris ensemble ; mais, au lieu d'être très déliée comme celle de presque toutes les raies, elle présente à son origine une largeur égale à celle de la partie postérieure du corps à laquelle elle s'attache. Son diamètre va ensuite en diminuant par degrés insensibles jusqu'à l'extrémité, qui s'insère, pour ainsi dire, dans une nageoire. Cette dernière partie termine le bout de la queue et le garnit par-dessus et par-dessous, mais en ne composant qu'un seul lobe et en formant un triangle dont le sommet est dans le bas.

Indépendamment de cette nageoire caudale, on en voit deux dorsales, à peu près de la même grandeur, un peu triangulaires et échancrées dans celle de leurs faces qui est opposée à la tête. La première de ces deux nageoires dorsales est placée beaucoup plus près du corps que sur presque toutes les autres raies ; on la voit à peu près au tiers de la longueur de la queue, à compter de l'anus ; et la seconde nageoire est située vers les deux tiers de cette même longueur.

Le dessus de la tête et de la prolongation du museau est garni d'un très grand nombre de petits aiguillons tournés vers la queue, et beaucoup plus sensibles sur les portions colorées en brun que sur celles qui le sont en blanc. D'ailleurs, le dessus et le dessous du corps et de la queue sont revêtus de petits tubercules plus rapprochés et moins saillants sur la partie inférieure de la queue et du corps. De plus, l'on voit une rangée de tubercules plus gros et terminés par un aiguillon tourné vers la queue, s'étendre depuis les évents jusqu'à la seconde nageoire dorsale ; et l'on aperçoit encore autour des yeux quelques-uns de ces derniers tubercules.

Les nageoires pectorales sont un peu sinueuses et arrondies dans leur contour ; les ventrales, à peu près de la même largeur dans toute leur étendue, ne peuvent pas être considérées comme séparées en portion ventrale et en portion anale. Les nageoires latérales sont beaucoup plus difficiles à confondre que dans presque toutes les autres raies, avec le corps proprement dit, qui, d'un autre côté, beaucoup moins distingué de la queue, donne à la thouin un caractère que nous n'avons retrouvé que dans la rhinobate, où on le verra reparaître d'une manière encore plus marquée. Mais malgré cette conformation ; l'ensemble de l'animal est très plat, et beaucoup plus déprimé que celui de la rhinobate.

LA RAIE BOHKAT[1]

Raia djiddensis, Gmel. — *Raia Bohkat*, Lacép. — *Rhinobatus djiddensis*, Cuv.

Cette raie, que Forskael a vue dans la mer Rouge, et qu'il a le premier fait connaître, a, comme la raie thouin, la queue garnie de trois nageoires : une, divisée en deux lobes, placée à l'extrémité de cette partie, et par conséquent véritablement caudale ; et les autres deux dorsales. De même que sur la thouin, ces deux nageoires dorsales sont beaucoup plus avancées vers la tête que sur un très grand nombre de raies ; elles en sont même plus rapprochées que dans la raie thouin, puisque la première de ces deux nageoires est située au-dessus des nageoires ventrales, et par conséquent de l'anus, et quelquefois prend son origine encore plus près des yeux ou des évents. Un des individus observés par Forskael avait plus de deux mètres de longueur. La couleur de sa partie supérieure était d'un cendré pâle, parsemé de taches ovales et blanchâtres ; et celle de sa partie inférieure, d'un blanchâtre plus ou moins clair, avec quelques raies inégales brunes et blanches auprès de l'anus. Le dos s'élevait un peu au-devant de la première nageoire dorsale ; les nageoires pectorales, triangulaires et terminées dans leur bord extérieur par un angle obtus, étaient quatre fois plus grandes que les ventrales. On apercevait un rang de piquants autour des yeux, trois rangées d'aiguillons sur la partie antérieure du dos ; une rangée de ces pointes s'étendait d'une nageoire dorsale à l'autre.

La raie bohkat est, selon Forskael, très bonne à manger.

1. « Raja pinna caudæ biloba, aculeorum ordine dorsi initio triplici, dein simplici, pinna dorsi prima supra pinnas ventrales. » Forskael, *Faun. arab.*, p. 18, n. 17.
Raie Bohkat. Bonnaterre, planches de l'Encyclopédie méthodique.

LA RAIE CUVIER

Raia Cuvier, Lacép.

Je nomme ainsi cette raie, parce que j'en dois la connaissance à mon savant confrère, le professeur Cuvier, membre de l'Institut de France. Il a bien voulu, dès le mois de mars 1792, m'envoyer du département de la Seine-Inférieure, le dessin et la description d'un individu de cette espèce, qu'il avait vu desséché. La raie Cuvier a beaucoup de rapport avec la thouin, et surtout avec la bohkat, par la position de sa première nageoire dorsale. Cette nageoire est, en effet, très rapprochée des yeux, comme celle de la thouin et de la bohkat. Mais ce qui sépare ce poisson des autres raies déjà connues et forme même son caractère distinctif le plus saillant, c'est que cette même nageoire dorsale est située non seulement au-dessus des nageoires ventrales, ou à une petite distance de ces nageoires, et vers la tête, comme sur la bohkat, mais qu'elle est implantée sur le dos, vers le milieu des nageoires pectorales, et plus près des évents que de l'origine de la queue. Cette place de la première nageoire dorsale est un nouveau lien entre la raie Cuvier, et par conséquent tout le genre des raies, et celui des squales, dont plusieurs espèces ont la première nageoire dorsale très proche de la tête.

Le museau de la raie que nous décrivons est pointu ; les nageoires pectorales sont très grandes et anguleuses ; les nageoires ventrales se divisent chacune en deux portions, dont l'une représente une nageoire ventrale proprement dite, et l'autre une nageoire de l'anus. Les appendices qui caractérisent le mâle sont très courts et d'un très petit diamètre. La queue, très mobile, déliée et à peu près de la longueur de la tête et du corps pris ensemble, est garnie à son extrémité d'une petite nageoire caudale, et présente de plus, sur la partie supérieure de cette même extrémité, deux petites nageoires contiguës l'une à l'autre, ou, pour mieux dire, une seconde nageoire dorsale, divisée en deux lobes, et qui touche la caudale.

On ne voit aucun piquant autour des yeux ; mais une rangée d'aiguillons s'étend depuis la première nageoire dorsale jusqu'à l'origine de la queue, qui est armée de trois rangées longitudinales de pointes aiguës.

Au reste, la partie supérieure de l'animal est parsemée d'une grande quantité de taches foncées et irrégulières.

La nageoire dorsale, qui se fait remarquer sur cette raie, est un peu ovale, plus longue que large et un peu plus étroite à sa base que vers le milieu de sa longueur, à cause de la divergence des rayons dont elle est composée.

Sa place, beaucoup plus rapprochée des évents que celle des premières nageoires dorsales de la plupart des raies, avait donné quelques soupçons à M. Cuvier sur la nature de cette nageoire ; il avait craint qu'elle ne fût le produit de quelque supercherie et n'eût été mise artificiellement sur le dos de l'individu qu'il décrivait : « Cependant un examen attentif, m'a écrit dans le temps cet habile observateur, ne me montra rien d'artificiel ; et le possesseur de cette raie, homme de bonne foi, m'assura avoir préparé cet animal tel qu'on le lui avait apporté du marché[1]. »

Mais quand même il faudrait retrancher de la raie Cuvier cette première nageoire dorsale, elle serait encore une espèce distincte de toutes celles que nous connaissons. En effet, la raie avec laquelle elle paraît avoir le plus de ressemblance est la ronce. Elle en diffère néanmoins par plusieurs traits, et particulièrement par les trois caractères suivants :

1° Elle n'a point, comme la ronce, de gros piquants auprès des narines, autour des yeux, sur les côtés du dos, sur la partie inférieure du corps, ni de petits aiguillons sur ses nageoires pectorales et sur tout le reste de sa surface.

2° Les appendices qui distinguent les mâles sont très petits, tandis que les appendices des raies ronces mâles sont très longs et très gros, surtout vers leur extrémité.

3° La raie ronce et la raie Cuvier n'appartiennent pas au même sous-genre, puisque la ronce a les dents pointues et aiguës, et que la Cuvier les a arrondies comme la pastenaque et la raie bouclée, suivant les expressions employées par mon confrère dans la lettre qu'il m'a adressée dès 1792.

LA RAIE RHINOBATE[2]

Raia Rhinobatos, Gmel., Lacép. — *Rhinobatis Duhameli*, Blainv.

Cette raie se rapproche de la Cuvier et de la bohkat par la position de sa première nageoire dorsale ; elle a de grandes ressemblances avec la thouin par cette même position et par plusieurs autres particularités de sa conformation extérieure ; comme elle est le plus allongé de tous les poissons de son genre, elle se réunit de plus près que les autres raies, avec les squales, et surtout avec le squale ange, qui, de son côté, présente plus de rapports que les autres squales avec la famille des raies.

Les nageoires pectorales de la rhinobate sont moins étendues à proportion du volume total de l'animal, que celles des autres espèces de son genre. Cette conformation la lie encore avec l'ange ; et, en tout, ce squale et cette raie offrent assez de parties semblables pour que l'on ait cru, dès le temps d'Aristote, que l'ange s'accouplait avec les raies, que cette union était féconde

1. Lettre de M. Cuvier à M. de Lacépède, datée de Fiquainville près de Valmont, département de la Seine Inférieure, le 9 mars 1792.

2. *Raie rhinobate*. Daubenton, Encyclopédie méthodique. — *Raie rhinobate*. Bonnaterre, planches de l'Encyclopédie méthodique. — « R. oblonga, unico aculeorum ordine in dorso. » Mus. Ad. Fr. 2, p. 24. — Artedi, gen. 10, syn. 99. — « Raja dorso dipterygio, aculeorum ordine solitario, cauda lata pinnata inermi, rostro trigono productiore. » Gronov., *Zoophyt.*, 156. — Belon, *Pisc.*, 78. — « Squats-raja, seu rhinobatos. » Gesn., *Pisc.*, 903. — « Rhinobatos, seu squatina raja. » Salv., *Pisc.*, 153. — Willughby, 79. — Ray, *Pisc*, 28.

et que le produit de ce mélange était un animal moitié raie et moitié squale, auquel on avait en conséquence donné le nom composé de *rhino-batos*[1]. Pline a partagé cette opinion[2] ; elle a été adoptée par plusieurs auteurs bien postérieurs à Pline ; et elle a servi à faire donner ou conserver à la rhinobate la dénomination de *squatina-raja*, le squale ange ayant été appelé *squatine* par plusieurs naturalistes.

La rhinobate est cependant une espèce existante par elle-même, et qui peut se renouveler sans altération, ainsi que toutes les autres espèces d'animaux que l'on n'a pas imaginé de regarder comme métisses. Elle est véritablement une raie, car son corps est plat par-dessous ; et, ce qui forme le véritable caractère distinctif par lequel les raies sont séparées des squales, les ouvertures de ses branchies ne sont pas placées sur les côtés, mais sur la partie inférieure du corps.

Son museau est très allongé et très étroit ; le bord de ses évents présente quelquefois deux espèces de petites dents ; elle a deux nageoires dorsales un peu conformées comme le fer d'une faux et placées à peu près comme celles de la bohkat. La première de ces deux nageoires est en effet située au-dessus des nageoires ventrales, et la seconde un peu plus près de l'extrémité de la queue que de la première. Une troisième nageoire, une véritable nageoire caudale, garnit le bout de la queue ; et cette dernière partie, de la même grosseur à son origine que la partie postérieure du corps, ne diminue de diamètre jusqu'à son extrémité que par des degrés insensibles. La surface de l'animal est revêtue d'une grande quantité de tubercules ; et une rangée d'autres tubercules forts et aigus, ou, pour mieux dire, de pointes, part de l'entre-deux des yeux et s'étend jusqu'à la seconde nageoire dorsale.

La partie supérieure de l'animal est d'une couleur obscure, et le dessous d'un blanc rougeâtre.

Telle est la véritable rhinobate, l'espèce que nous avons fait dessiner et graver d'après un individu de plus d'un mètre de longueur, conservé dans le Muséum d'histoire naturelle. La courte description que nous venons d'en faire d'après ce même individu suffirait pour que personne ne la confondît avec la raie thouin ; cependant, afin d'éviter toute erreur, mettons en opposition quelques principaux caractères de ces deux poissons cartilagineux ; on n'en connaîtra que mieux ces deux espèces remarquables de la famille des raies.

1° La couleur du dessus du museau et du reste de la tête de la rhinobate ne présente qu'une seule teinte : le museau et le devant de la tête de la thouin offrent une nuance très foncée et un blanc très éclatant, distribués avec beaucoup de régularité et contrastés d'une manière frappante.

2° L'angle que présente l'extrémité du museau est beaucoup plus aigu

1. *Batos*, en grec, veut dire raie.
2. *Hist. natur.*, liv. IX, chap. LI.

dans la rhinobate que dans la thouin, et la base de l'espèce de triangle que forme ce museau est par conséquent beaucoup moins étendue.

3° La surface supérieure de cette même partie et du devant de la tête n'est point hérissée de petits aiguillons sur la rhinobate, comme sur la thouin.

4° La forme des pointes qui règnent le long du dos de la raie que nous décrivons dans cet article est souvent différente de celle des piquants dont le dos de la thouin est armé.

5° Le dessus du corps de la rhinobate est moins aplati que celui de la thouin.

6° Le corps de la rhinobate ne commence à diminuer de diamètre que vers les nageoires ventrales ; celui de la thouin montre cette diminution vers le milieu des nageoires pectorales.

7° Les nageoires pectorales de la rhinobate ne présentent pas le même contour et sont moins rapprochées des ventrales que celles de la thouin.

8° Une membrane quelquefois frangée, quelquefois sans découpure, s'étend longitudinalement de chaque côté de la rhinobate et marque, pour ainsi dire, la séparation de la partie supérieure de l'animal d'avec l'inférieure; on ne voit rien de semblable sur la raie à laquelle nous la comparons.

9° La première nageoire dorsale de la rhinobate est située beaucoup plus près des évents que celle de la raie thouin.

10° La nageoire de la queue de la rhinobate, au lieu d'être peu échancrée comme celle de la thouin, est divisée en deux lobes très marqués, dont le supérieur est beaucoup plus grand que l'inférieur.

Ces deux raies sont donc éloignées l'une de l'autre par dix caractères distinctifs; comment confondre ensemble deux espèces que tant de dissemblances séparent? Des variétés plus ou moins constantes de la rhinobate ou de la thouin pourront bien se placer, pour ainsi dire, entre ces deux animaux, et, par quelques altérations dans la conformation que nous venons d'exposer, servir en apparence de points de communication, et même les rapprocher un peu ; mais de trop grands intervalles resteront toujours entre ces deux espèces pour qu'on puisse les identifier.

La rhinobate ayant le museau plus délié, et par conséquent plus mobile que la thouin, doit avoir le toucher pour le moins aussi exquis, et la sensibilité aussi vive que cette dernière.

Au reste, c'est à l'espèce de la rhinobate que nous rapportons, avec le professeur Gmelin[1], la raie halavi[2], décrite par Forskael dans sa *Faune d'Arabie*, et qui ne présente aucun trait d'après lequel on doive l'en séparer.

1. Linné, édition de Gmelin.

2. *Raja Halavi.* Forskael, *Faun. arab.*, p. 19, n. 18. — *Raie Halavi.* Bonnaterre, planches de l'Encyclopédie méthodique.

LA RAIE GIORNA

Raia Giorna, LACÉP. — *Cephaloptera Giorna*, RISSO.

Que l'on se rappelle les cinq raies gigantesques que nous avons décrites, et sur lesquelles nous avons fait remarquer un attribut particulier, un double organe du toucher, que la nature a placé au-devant de leur tête ; que l'on se souvienne de ce que nous avons dit au sujet de ces grandes raies, la *mobular*, la *manatia*, la *fabronienne*, la *banksienne* et la *frangée*, dont l'instinct, par un effet de leur organe double et mobile, doit être supérieur à celui des autres raies, de même que leurs dimensions surpassent celles des cartilagineux de leur genre. On éprouvera une vive reconnaissance pour M. Giorna, qui a reconnu une sixième raie dont la conformation et la grandeur obligent à la placer dans cette famille si favorisée. Cet académicien, qui dirige si dignement le muséum d'histoire naturelle de Turin, a bien voulu nous adresser un dessin et une description de cette raie, à laquelle nous nous sommes empressés de donner le nom du savant naturaliste qui nous la faisait connaître.

Un individu de cette espèce avait été pêché dans la mer qui baigne Nice et envoyé à M. Giorna par M. Vay son beau-fils.

La *raie Giorna* est d'un brun obscur par-dessus, olivâtre sur les bords et blanche en dessous. On voit au-devant de sa tête, qui est large, deux appendices qu'on serait tenté de comparer à des cornes, et qui, présentant une couleur noirâtre, des stries longitudinales, huit rangs obliques de tubercules, s'attachent à la lèvre supérieure par une sorte de rebord membraneux. Les yeux sont placés sur les côtés de la tête. Derrière chaque œil paraît un évent large et demi-circulaire. La dorsale a, comme les pectorales, la forme d'un triangle isocèle. La queue, très déliée, est lisse jusqu'au quart de sa longueur, et ensuite tuberculée des deux côtés. Un petit appendice, placé à côté de chaque ventrale, tient lieu de nageoire de l'anus.

L'individu décrit par M. Giorna avait près de deux mètres de longueur totale et près d'un mètre et demi d'envergure, c'est-à-dire de largeur, à compter du bout extérieur d'une pectorale au bout extérieur de l'autre. La queue était trois fois plus longue que la tête et le corps pris ensemble ; la base de chaque pectorale avait, avec chacun des autres côtés de cette nageoire triangulaire, le rapport de 14 à 26 ou à peu près. La longueur de chaque appendice du front était près du dixième de la longueur de la queue.

LA RAIE MOBULAR[1]

Raia Mobular, GMEL., LACÉP.

C'est Duhamel qui a fait connaître cette énorme espèce de poisson cartilagineux[2], dont un individu, du poids de plus de vingt-neuf myriagrammes (six cents livres), fut pris en 1723 dans la madrague[3] de Montredon, près de Marseille. Cette raie, supérieure en volume et en poids à toutes celles que nous venons de décrire, en est encore distinguée par sa forme extérieure. L'individu pêché à Montredon avait plus de trente-quatre décimètres (dix pieds et demi) de longueur totale; sa tête, dont la partie antérieure était terminée par une ligne presque droite, présentait, vers les deux bouts de cette ligne, un appendice étendu en avant, étroit, terminé en pointe et long de six décimètres (un pied onze pouces). Chaque appendice avait l'apparence d'une longue oreille extérieure et en a reçu le nom, quoiqu'il ne renfermât aucun organe que l'on pût supposer le siège de l'ouïe; voilà pourquoi on a nommé la mobular *raie à oreilles*. D'un autre côté, comme ses deux appendices ont été comparés à des cornes, on l'a appelée *raie cornue*; et cependant elle n'a ni cornes ni oreilles, elle n'a reçu que des appendices allongés.

Les yeux de la raie mobular, prise auprès de Marseille, occupaient les extrémités de la face antérieure de la tête ; on les voyait presque à la base et sur le côté extérieur des appendices; et leur position était par là très analogue à celle des yeux du *squale marteau* et du *squale tiburon*.

L'ouverture de la gueule, située au-dessous de la tête, avait plus de quatre décimètres (un pied trois pouces) de large; et l'on apercevait un peu au delà les dix ouvertures branchiales disposées de la même manière que celles des autres raies.

De chaque côté du corps et de la tête pris ensemble, on voyait une nageoire pectorale très grande, triangulaire, et dont la face antérieure, formant un angle aigu avec la direction de l'appendice le plus voisin, se ter-

1. *Raie cornue*. — *R. squatina*. — *Raie ange de mer* (à cause de la forme de ses nageoires appelées ailes). — *Mobular*, par les Caraïbes. — *Diable de mer*, aux Antilles. — *Raie Mobular*. Duhamel, *Traité des pêches*, seconde partie, sect. 9. chap. III, p. 293. — *Raie Mobular*. Bonnaterre, planches de l'Encyclopédie méthodique.

2. Voyez l'ouvrage déjà cité.

3. La *mandrague*, ou *madrague*, est une espèce de grand parc composé de filets et qui reste tendu dans la mer pendant un temps plus ou moins long. Ce parc forme une vaste enceinte distribuée par des cloisons en plusieurs chambres disposées à la suite l'une de l'autre, et qui portent différents noms, suivant le pays où la mandrague est établie. Les filets qui forment l'enceinte et les cloisons sont soutenus, dans la situation qu'ils doivent présenter, par des flottes de liège, maintenus par un lest de pierres et arrêtés de plus par une corde dont une extrémité est attachée à la tête de la mandrague, et l'autre amarrée à une ancre. On place entre l'enceinte et la côte une longue cloison de filet, nommée *cache*, ou *chasse*, que les poissons suivent et qui les conduit dans la mandrague, où ils passent d'une chambre dans une autre jusqu'à ce qu'ils soient parvenus dans la dernière, que l'on nomme *chambre de la mort*. Il y a des mandragues qui ont jusqu'à mille brasses de longueur.

minait à l'extérieur par un autre angle aigu dont le sommet se recourbait vers la pointe de l'appendice. Cette face antérieure avait six pieds de longueur; et l'étendue qu'elle donnait à la nageoire, ainsi que la conformation qui résultait de la position de cette face, rendait la nageoire pectorale beaucoup plus semblable à l'aile d'un énorme oiseau de proie que celles des autres raies déjà connues.

Le milieu du dos était un peu élevé et représentait une sorte de pyramide très basse, mais à quatre faces, tournées l'une vers la tête, l'autre vers la queue, et les deux autres vers les côtés.

Entre la face postérieure de cette pyramide et l'origine de la queue, on voyait une nageoire dorsale allongée et inclinée en arrière; cette position de la nageoire dorsale rapprochait l'individu figuré dans l'ouvrage de Duhamel, de la raie Cuvier, de la bohkat, de la rhinobate et de la raie Thouin.

Les nageoires ventrales avaient près de quatre décimètres (un pied deux pouces) de long; la queue, très déliée, terminée en pointe et entièrement dénuée de nageoires, était longue de plus de quatorze décimètres (quatre pieds six pouces).

Aucune portion de la surface de cet animal ne présentait de tubercules ni de piquants.

Au reste, la mobular habite le plus souvent dans l'Océan. On l'y trouve auprès des Açores, ainsi qu'aux environs des Antilles, où elle a reçu le nom que nous avons cru devoir lui conserver.

Duhamel, après l'avoir décrite, parle d'une autre raie qu'il en rapproche, mais dont il n'a pas publié un dessin qu'il avait reçu, et dont il s'est contenté de dire, pour montrer les différences qui la distinguaient de la mobular, qu'elle avait le corps plus allongé et les nageoires pectorales plus petites que ce dernier cartilagineux.

Nous comparerons aussi la mobular avec une raie nommée *manatia*, qui, par son immense volume ainsi que par sa conformation, a de très grands rapports avec la mobular. Mais suivons l'ordre tracé dans le tableau que nous avons donné de la famille des raies.

LA RAIE SCHOUKIE[1]

Raia Schoukie, Gmel., Lacép.

Forskael, en parlant de cette raie qu'il avait vue dans la mer Rouge, s'est contenté d'indiquer, pour le caractère distinctif de ce poisson, les aiguillons un peu éloignés les uns des autres dont elle est armée; mais ce qui montre que sa peau est hérissée de tubercules plus ou moins petits et très serrés les uns contre les autres, c'est que, selon le même naturaliste, on se

1. *Raja Schoukie*. Forskael, *Faun. arab.*, p. 9, n. 16. — *Raie Schoukie*. Bonnaterre, planches de l'Encyclopédie méthodique.

sert de la peau de cette shoukie, dans la ville arabe de Suaken, pour revêtir des fourreaux de sabre, comme on revêt en Europe des fourreaux d'épée ou des étuis avec des dépouilles de squales garnies de tubercules plus ou moins durs.

Ces callosités ou tubercules de la shoukie, réunis avec ses aiguillons, ne permettent de la confondre avec aucune autre espèce de raie déjà décrite par les auteurs.

Osbeck a parlé, dans son *Ichtyologie espagnole*, d'une raie qu'il nomme *machuelo*[1], et de laquelle il dit qu'elle a la tête armée d'aiguillons, le dessus du corps brun, semé de taches blanchâtres et dénué de piquants, et la nageoire de la queue divisée en deux lobes. Mais la description qu'il donne de ce poisson n'est pas assez étendue pour que nous puissions le rapporter à une raie déjà bien connue, ou le considérer comme une espèce distincte.

LA RAIE CHINOISE

Raia sinensis, Lacép. (Espèce douteuse.)

La collection d'histoire naturelle que renfermait le muséum de la Haye et qui, cédée à la France par la nation hollandaise, est maintenant déposée dans les galeries du museum de Paris, comprend un recueil de dessins en couleurs exécutés à la Chine, et qui représentent des poissons dont les uns sont déjà très connus des naturalistes, mais dont les autres leur sont encore entièrement inconnus[2]. Les traits des premiers sont rendus avec trop de fidélité pour qu'on puisse douter de l'exactitude de ceux sous lesquels les seconds sont dessinés; les caractères de tous ces animaux sont d'ailleurs présentés à l'œil de manière qu'il est très aisé de les décrire. J'ai donc cru devoir enrichir mon ouvrage et la science par l'exposition des espèces figurées dans ce recueil, et qui n'ont encore été inscrites sur aucun catalogue rendu public. Parmi ces espèces nouvelles pour les naturalistes, se trouve une raie à laquelle j'ai donné le nom de *chinoise*, pour indiquer le pays dans lequel son image a été représentée pour la première fois, et sur les rivages duquel elle doit avoir été observée.

La raie chinoise est d'un brun jaunâtre par-dessus et d'une couleur de rose faible par-dessous. L'ensemble de la tête, du corps et des nageoires pectorales est un peu ovale; mais le museau est avancé, en présentant cependant un contour arrondi. C'est principalement la réunion de cette forme générale, un peu rapprochée de celle de la torpille, avec le nombre et la disposition des aiguillons dont nous allons parler, qui distingue la chinoise

1. Raja machuelo. « Raja corpore oblongo, lævi; capite depresso aculeato, pinna caudali biloba. » Osbeck, *Fragm. ichtyol. hisp.* — *Raie Machuele.* Bonnaterre, planches de l'Encyclopédie méthodique.

2. Ce recueil compose une suite de dessins plus larges que hauts, réunis ensemble; et c'est l'avant-dernier numéro qui représente la raie chinoise.

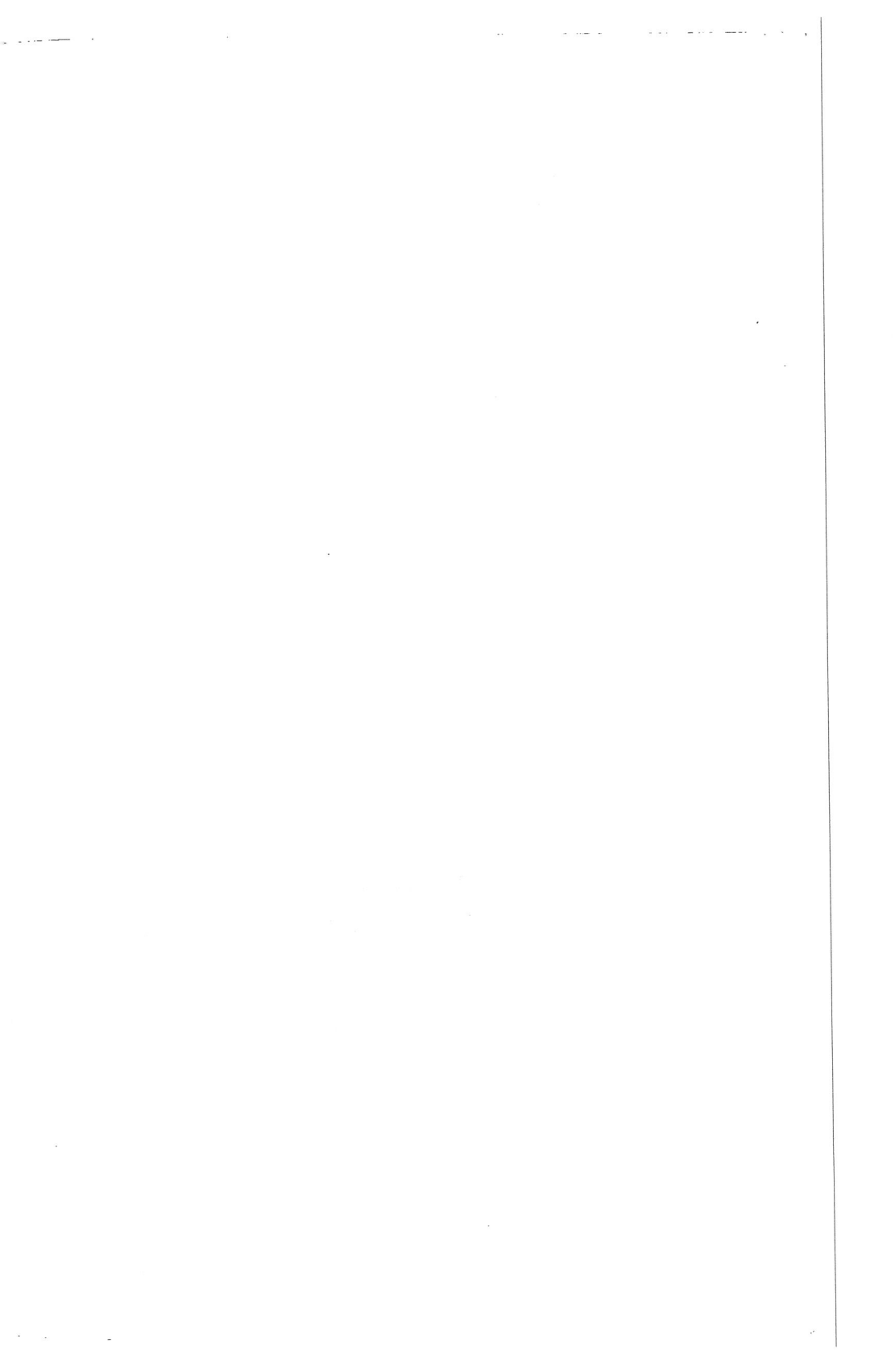

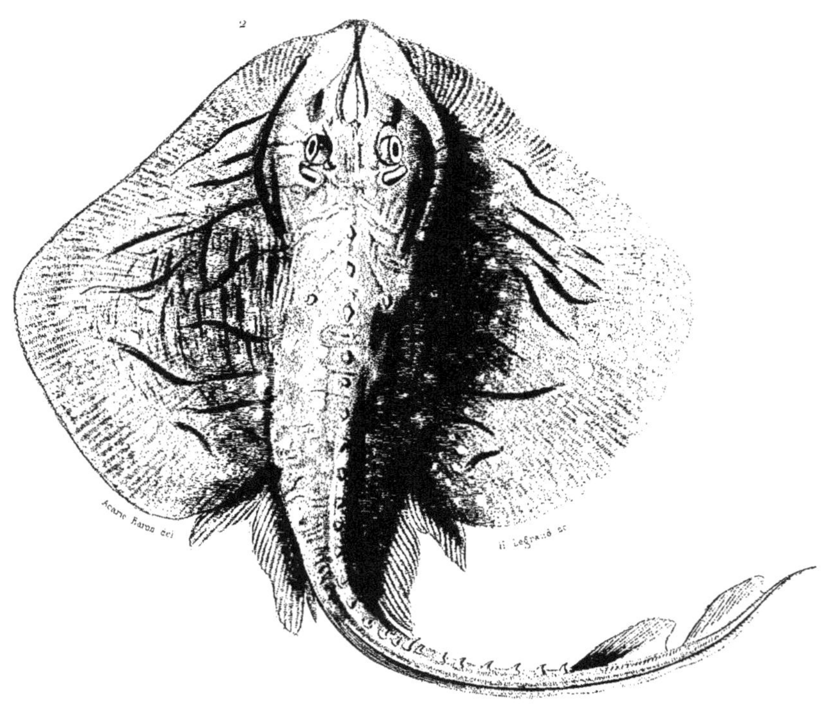

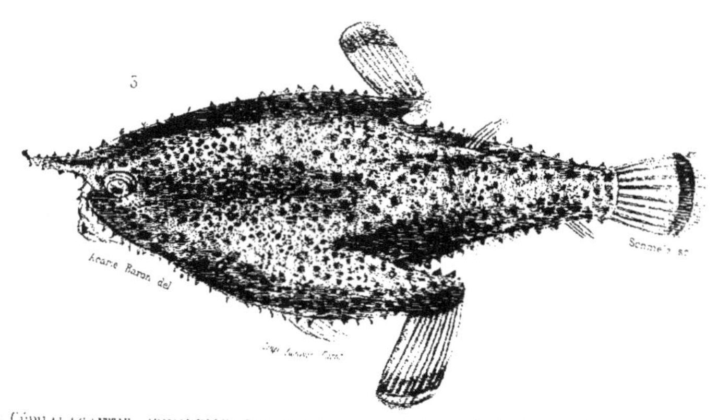

1 LE CÉPHALACANTHE SPINARELLE (Cephalacanthus Spinarella Lin) 2 LA RAIE ONDULÉE (Raia undulata Lacep)

3 LA LOPHIE VESPERTILION (Malthea vespertilia Cuv)

d'apres le RÈGNE ANIMAL de Cuvier, edition V Masson

Garnier frères, Editeurs

des autres raies décrites par les auteurs. On voit trois piquants derrière chaque œil ; on en compte plusieurs autres sur le dos ; et d'ailleurs deux rangées d'autres pointes s'étendent le long de la queue. Cette dernière partie est terminée par une nageoire caudale divisée en deux lobes, dont le supérieur est un peu plus grand que l'inférieur ; et sa partie supérieure présente deux nageoires dorsales.

Le dessin n'indique point si les dents sont aplaties ou pointues, et par conséquent nous ne pouvons encore rapporter à aucun des quatre sous-genres que nous avons établis dans la famille des raies, ce poisson chinois dont les couleurs sont très agréables.

LA RAIE MOSAIQUE

Raia mosaica, LACÉP., CUV., BLAINV., RISSO.

LA RAIE ONDULÉE

Raia undulata, LACÉP.

La distribution remarquable des couleurs dont la mosaïque est ornée a fait donner à ce poisson le nom que j'ai cru devoir lui conserver. C'est la plus belle des raies ; mais vraisemblablement elle n'est pas la meilleure, puisqu'elle est restée inconnue jusqu'à présent, quoique habitant entre les rivages si fréquentés de la France et de l'Angleterre. Les mâles ont des appendices d'une très grande longueur.

La parure de l'ondulée est moins riche que celle de la mosaïque ; mais elle est peut-être plus élégante, tant la couleur grisâtre qu'elle montre se marie agréablement avec les teintes grises et douces des bandelettes qui serpentent ou plutôt ondulent sur sa surface supérieure.

LA RAIE GRONOVIENNE [1]

Raia gronoviana, LACÉP. (Espèce douteuse.) — *Raia capensis*, LINN., GMEL.

On trouve aux environs du cap de Bonne-Espérance cette raie que Gronovius a fait connaître. Elle montre de très grands rapports avec la torpille. Elle a, comme ce dernier poisson, la tête, le corps et les nageoires pectorales conformés de manière que leur ensemble représente presque un ovale ; d'ailleurs on ne voit de piquants sur aucune partie de sa surface, non plus que sur celle de la torpille ; mais l'on voit sur la queue de la torpille deux nageoires dorsales, et la partie supérieure de la queue de la gronovienne n'en présente qu'une.

Le dos de la gronovienne est un peu convexe ; la partie inférieure de son corps est au contraire très plate. Les nageoires ventrales sont grandes ;

1. Gronov., *Zooph.*, 152.

elles ont un peu la forme d'un parallélogramme et n'ont aucune portion qu'on puisse appeler nageoire de l'anus.

A l'extrémité de la queue est une nageoire caudale divisée en deux lobes.

On n'a encore vu que des gronoviennes d'un diamètre peu considérable ; et l'on ignore si, conformée comme la torpille, la raie que nous décrivons jouit aussi, comme cette dernière, de la faculté de faire ressentir des commotions électriques plus ou moins fortes.

LA RAIE APTÉRONOTE

Raia apteronota, Lacép. (Espèce douteuse.)

Les nageoires pectorales de cette raie sont très grandes relativement aux autres parties de l'animal. Si l'on retranchait ces nageoires, la tête et le corps de l'aptéronote ressembleraient à deux ovales irréguliers et presque égaux, placés au-devant l'un de l'autre. Cette forme se fait même apercevoir malgré la présence de ces pectorales, qui sont très distinctes et qui doivent réunir à leurs dimensions étendues des mouvements assez rapides pour donner une grande vitesse à la natation du poisson. On doit aussi remarquer la forme cylindrique ou plutôt conique de la queue, qui s'avance, pour ainsi dire, au milieu du corps proprement dit, jusque vers le diaphragme.

LA RAIE MANATIA

Raia Manatia, Lacép. (Espèce douteuse.)

J'ai reçu, il y a plusieurs années, un dessin que j'ai fait graver, et une courte description écrite en italien, d'une raie qui a beaucoup de ressemblance avec la mobular, et qui, comme ce dernier cartilagineux, parvient à une très grande longueur. L'individu dont on m'a envoyé dans le temps la figure avait plus de cinq mètres (quinze pieds huit pouces) de long, depuis la partie antérieure de la tête jusqu'à l'extrémité de la queue.

Le corps proprement dit et les nageoires pectorales, considérées ensemble, offraient un losange assez régulier, dont la diagonale, qui marquait la plus grande largeur de l'animal, était longue de près de trois mètres ou neuf pieds. Chaque nageoire pectorale représentait ainsi un triangle isocèle, dont la base s'appuyait sur le corps proprement dit, et dont le sommet très aigu, placé à l'extérieur, répondait au milieu du dos.

A l'angle antérieur du losange, était la tête, d'un volume assez petit relativement à celui du corps, et terminée par devant par une ligne presque droite. Cette ligne avait près d'un demi-mètre, ou un pied et demi de longueur, et à chacun de ses bouts on voyait un appendice pointu, étroit, en forme d'oreille extérieure, semblable à ceux que nous avons décrits sur la mobular, et long de dix pouces, ou près de trois décimètres, à compter du bout du museau de la manatia. Chacun de ces deux appendices s'étendait au-dessous de la tête jusqu'à l'angle de la bouche; mais on ne remarquait dans ses excroissances ni cavité ni aucun organe qui pût les faire considérer, même au premier coup d'œil, comme les sièges de l'ouïe.

L'ouverture de la bouche, située dans la partie inférieure de la tête, n'était séparée de l'extrémité du museau que par un intervalle de quinze centimètres (de cinq à six pouces), et n'avait que trois décimètres (dix pouces ou environ) de largeur; les narines étaient placées au devant, de chaque côté de la tête, un peu plus près du bout du museau que l'ouverture de la bouche. Derrière chaque œil, à l'endroit où le côté de la tête proprement dite se réunissait avec la nageoire pectorale, on distinguait un évent.

On ne voyait d'aiguillon sur aucune portion de la surface de l'animal; mais sa partie supérieure, recouverte d'une peau épaisse, s'élevait, au milieu du dos, en une bosse semblable à celle du chameau, suivant l'auteur de la description qui m'est parvenue.

Les nageoires ventrales étaient petites et recouvertes en partie par les nageoires pectorales; il n'y avait aucune nageoire dorsale ni sur le corps ni sur la queue, qui était très étroite dans toute son étendue et terminée par une nageoire fourchue.

Cette nageoire caudale paraît horizontale dans le dessin que j'ai fait graver; mais je crois que cette apparence ne vient que d'une défectuosité de ce même dessin.

Il est donc bien aisé de distinguer la manatia de la mobular. Ces deux raies, que leur volume étendu rapproche l'une de l'autre, sont cependant séparées par quatre caractères très remarquables.

Les appendices du devant de la tête sont beaucoup plus courts sur la manatia que sur la mobular, à proportion de la longueur totale de l'animal, puisqu'ils ne sont sur la manatia que le dix-neuvième de cette longueur totale, tandis que sur la mobular ils en sont le cinquième, ou à peu près.

Les nageoires pectorales sont conformées si différemment sur la manatia et sur la mobular, que dans ce dernier cartilagineux l'angle extérieur de ces nageoires est au niveau des yeux, et dans la manatia au niveau du milieu du dos. Il y a une nageoire dorsale sur la mobular; il n'y en a point sur la manatia.

Enfin la queue de la mobular n'est terminée par aucune nageoire, et l'on en voit une fourchue au bout de la queue de la manatia.

La couleur de la partie supérieure de la raie, que nous cherchons à faire connaître, est d'un noir plus ou moins foncé; celle de la partie inférieure, d'un blanc assez éclatant.

La forme, la mobilité et la sensibilité des appendices de la tête de la manatia doivent faire de ces prolongations des sortes de tentacules qui, s'appliquant avec facilité à la surface des corps, augmentent la délicatesse du sens du toucher et la vivacité de l'instinct de cette raie ; et, comme un sens plus exquis, et par conséquent des ressources plus multipliées pour l'attaque et pour la défense se trouvent joints ici à un volume des plus grands et une force très considérable, il n'est pas surprenant que sur les rivages de l'Amérique voisins de l'équateur qu'elle fréquente, elle ait reçu le nom de *manatia*, presque semblable à celui de *manati*, imposé dans les mêmes contrées à un autre habitant des eaux, très remarquable aussi par l'étendue de ses dimensions, ainsi que par sa puissance, au *lamantin*[1], décrit par Buffon. C'est à cause de cette force, de ce volume et de cet instinct, qu'il faut particulièrement rapporter à la manatia ce que Barrère[2] et d'autres voyageurs ont dit de très grandes raies des mers américaines et équinoxiales, qui, s'élançant avec effort à une certaine hauteur au-dessus de la surface de l'Océan et se laissant ensuite retomber avec vitesse, frappent les ondes avec bruit et par une surface très plate, très longue et très large, et les font rejaillir très au loin et avec vivacité.

LA RAIE FABRONIENNE[3]

Raia fabroniana, Lacép.

La raie mobular et la raie manatia ne sont pas les seules qui parviennent à une grandeur, pour ainsi dire, gigantesque ; nous connaissons maintenant deux autres raies qui présentent aussi de très grandes dimensions, et qui d'ailleurs se rapprochent de la manatia et de la mobular par plusieurs traits de leur conformation, et particulièrement par un caractère dont on ne retrouve pas d'analogue sur les autres cartilagineux du même genre. Ces deux autres raies sont la fabronienne et la banksienne. Nous allons les faire connaître successivement. Un individu de la première de ces deux espèces a été pris dans la partie de la mer Méditerranée voisine de Livourne, et on le conserve maintenant dans le muséum de Florence. Nous en devons un dessin et une courte description à l'habile naturaliste et ingénieux physicien Fabroni, l'un de ceux qui dirigent ce beau muséum de Toscane, ainsi qu'un des savants envoyés à Paris par les gouvernements étrangers pour y travailler, avec l'Institut, à la fixation définitive des nouveaux poids et mesures de la république française ; voilà pourquoi nous avons cru devoir donner à cette espèce de cartilagineux le nom de *raie fabronienne*, qui exprimera notre reconnaissance. L'individu qui fait partie de la collection de Florence a quatre mètres environ d'envergure, c'est-à-dire depuis la pointe d'une nageoire pectorale jusqu'à celle de l'autre nageoire latérale. L'espace compris entre le bout du museau et l'origine de la queue est à peu près de deux mètres. L'envergure est donc plus que double de la longueur

1. « Trichecus manatus, mamm. brut. » — Linn., édit. de Gmelin.
2. *Histoire naturelle de la France équinoxiale*, par Barrère.
3. *Raja vacca*, aux environs de Livourne.

du corps proprement dit, tandis que ces deux dimensions sont égales dans la mobular[1], celle de toutes les raies avec laquelle on pourrait être le plus tenté de confondre la fabronienne. Chaque nageoire pectorale est d'ailleurs très étroite, et la base du triangle que présente sa surface, au lieu de s'étendre depuis la tête jusqu'au commencement de la queue, ainsi que sur la mobular, ne s'étend que jusque vers le milieu de la longueur du corps. Le bord antérieur de chaque nageoire latérale est d'ailleurs convexe, et le bord postérieur concave; ce qui est différent de ce qu'on voit dans la mobular, où le bord de devant et le bord de derrière de la nageoire pectorale présentent l'un et l'autre une convexité auprès du corps et une concavité auprès de la pointe de la nageoire. Lorsqu'on regarde la fabronienne par dessous, on aperçoit deux nageoires ventrales et deux portions de la nageoire de l'anus; lorsque la mobular est également vue par-dessous, les nageoires ventrales cachent une portion des nageoires pectorales, et on ne distingue pas de nageoire de l'anus.

La queue ayant été tronquée, par un accident particulier, dans l'individu de la collection de Toscane, nous ne pouvons rien dire sur la forme de cette partie dans la raie fabronienne.

Mais ce qui mérite particulièrement l'attention des naturalistes, c'est que le devant de la tête de la fabronienne est garni, comme le devant de la tête de la mobular et de la manatia, de deux appendices longs, étroits et mobiles, qui prennent naissance auprès des orbites des yeux, et que l'on a comparés à des cornes. Chacun de ces appendices a quarante-cinq centimètres environ de longueur, à compter de l'orbite, et par conséquent, à peu près le quart de la longueur du corps et de la tête considérés ensemble; il est donc beaucoup plus court, à proportion des autres parties de l'animal, que les appendices de la mobular, lesquels ont de longueur près du tiers de celle de la tête et du corps réunis.

D'après le dessin qui m'a été remis, et une note écrite sur ce même dessin, les deux appendices de la fabronienne sont deux espèces d'*ailerons*, ou de nageoires, composés de plusieurs portions cartilagineuses réunies par des membranes ou d'autres parties molles, organisées de manière à pouvoir se déployer comme un éventail et servant à l'animal non seulement à tâter devant lui, mais encore à approcher sa nourriture de sa bouche.

Voilà donc dans la mobular, dans la manatia et dans la fabronienne une conformation particulière que nous allons retrouver dans la banksienne, mais que nous ne connaissons dans aucune autre espèce de poisson, un organe particulier du toucher, un instrument remarquable d'appréhension, une sorte de main propre à saisir les objets avec plus ou moins de facilité. Cette faculté extraordinaire attribuée à ces appendices si dignes par là de

1. On lit, dans l'article de la mobular, que la face antérieure de chaque nageoire pectorale a *six pieds* de longueur : c'est une faute typographique; il faut lire *près de trois pieds*. Voyez p. 302.

l'observation des physiologistes est une nouvelle preuve de l'instinct supérieur qui, tout égal d'ailleurs, nous a paru devoir appartenir aux raies qui offrent ces protubérances.

Au reste, la grandeur de la raie que nous décrivons et la ressemblance vague des cornes des ruminants avec de grandes portions saillantes placées sur la tête, allongées, un peu cylindriques et souvent contournées, ont fait donner à la fabronienne le nom de *raie vache* par plusieurs pêcheurs des côtes de la Toscane.

LA RAIE BANKSIENNE

Raia banksiana, Lacép.

Le célèbre naturaliste Fabroni ayant adressé au chevalier Banks, président de la Société royale de Londres, une lettre relative à la raie que nous venons de décrire, cet illustre savant lui fit parvenir, avec sa réponse, une notice et un dessin d'une autre grande raie remarquable, comme la mobular, la manatia et la fabronienne, par de longs appendices placés sur le devant de la tête. Fabroni a bien voulu mettre à ma disposition ce dessin et cette notice; et en m'en servant pour le complément de l'histoire des cartilagineux, je me suis empressé de distinguer cette raie par le nom de *banksienne*, afin de donner un témoignage public de la gratitude qu'ont inspirée à tous les amis de l'humanité les progrès que le respectable président de la Société royale de Londres a fait faire aux sciences naturelles, et les marques d'estime qu'il n'a cessé de donner, dans toutes les circonstances, à ceux de mes compatriotes qui se sont dévoués comme lui au perfectionnement des connaissances humaines.

La banksienne n'a point de nageoire sur le dos ni au bout de la queue; cette conformation la sépare de la mobular et de la manatia. Elle en est aussi séparée par d'autres caractères. Chaque nageoire pectorale, plus longue que le corps proprement dit, est plus étroite encore dans la plus grande partie de son étendue et relativement aux différentes dimensions des autres parties de l'animal, que les nageoires pectorales de la fabronienne; elle représente un triangle isocèle, dont la base repose sur un des côtés du corps à une distance à peu près égale de la tête et de la queue, et dont le sommet est aussi à peu près également éloigné de la queue et de la tête.

Les yeux, au lieu d'être situés sur les côtés de la tête, comme dans la fabronienne, la manatia et la mobular, sont placés sur la surface supérieure de cette partie de la raie. On voit trois taches longues, étroites, longitudinales, inégales et irrégulières, derrière les yeux; trois autres semblables auprès de l'origine de la queue, et deux autres également semblables auprès de la base de chaque nageoire pectorale.

Le chevalier Banks dit dans sa note manuscrite que le dessin de l'animal lui est parvenu des Indes orientales, que les marins donnent à cette raie le nom de *diable de mer*, et qu'elle parvient à un volume si considérable, qu'un individu de la même espèce, pris sur les côtes de la Barbade, n'a pu être tiré à terre que par le moyen de *sept paires de bœufs*. C'est la réunion d'une grandeur peu commune, d'une force analogue, et d'une tête en apparence cornue, qui aura fait nommer la banksienne *diable de mer*, aussi bien que la mobular. Au reste, il paraît que la manatia et la banksienne n'ont encore été observées que dans les mers chaudes de l'ancien ou du nouveau continent, pendant qu'on a pêché la mobular et la fabronienne près des rivages septentrionaux de la mer Méditerranée.

Dans le dessin envoyé par le chevalier Banks, on voit un barbillon, ou très long filament, à l'extrémité de chacun des appendices de la tête ; on a même représenté un petit poisson embarrassé et retenu par la raie au milieu de plusieurs contours de l'un de ses filaments. Mais Banks pense que ces barbillons déliés n'ont jamais existé que dans la tête du dessinateur. Nous partageons d'autant plus l'opinion de ce savant, que le dessin qu'il a envoyé au physicien Fabroni n'a pas été fait sur l'animal tiré à terre et observé avec facilité, mais sur ce poisson nageant encore auprès de la surface de la mer; voilà pourquoi nous avons désiré qu'on retranchât ces filaments dans la copie de ce dessin que nous avons fait faire; voilà pourquoi encore nous n'avons choisi, pour désigner cette espèce, que des caractères sur lesquels il est impossible à un œil un peu attentif de se méprendre même au travers d'une couche d'eau assez épaisse, et surtout quand il s'agit d'un poisson en quelque sorte gigantesque. Quoi qu'il en soit, si des observations exactes infirment ce que l'on doit être porté à conclure de l'inspection du dessin transmis par Banks à Fabroni, il sera très aisé, d'après ce que nous avons dit au sujet de la mobular, de la manatia et de la fabronienne, d'indiquer les véritables traits distinctifs de la grande raie à appendices, dont on a fait parvenir au président de la Société royale de Londres un dessin fait dans les Indes orientales, ou de la rapporter à la fabronienne, à la manatia ou à la mobular.

LA RAIE FRANGÉE

Raia fimbriata, Lacép.

La conformation de cette raie mérite l'attention des naturalistes. M. Noël m'en a fait parvenir un dessin que j'ai fait graver, et que l'on avait trouvé dans les papiers de M. de Montéclair, officier supérieur de la marine française. Ce capitaine de vaisseau commandait *le Diadème*, de 74 canons, dans la guerre d'Amérique ; une note écrite sur le dessin que j'ai entre les mains annonce que le poisson représenté avait été pris à bord de ce vaisseau de guerre, à trois heures après midi, le 23 juillet 1782, à 58 degrés 38 minutes de latitude septentrionale, et à 42 degrés 10 minutes du méridien de Paris.

D'après une échelle jointe au dessin, cette raie frangée, vue par le capitaine de vaisseau Montéclair, avait cinq mètres et demi de longueur depuis le bout du museau jusqu'à l'extrémité de la queue, qui, d'après le dessin, avait été vraisemblablement un peu tronquée. La pointe extérieure d'une nageoire pectorale était éloignée de la pointe de l'autre nageoire de la poitrine, de près de six mètres.

Voilà donc une raie dont le volume doit être comparé à celui de la mobular, de la manatia, de la fabronienne et de la banksienne. La frangée est d'ailleurs liée à ces quatre énormes raies par un rapport bien remarquable : elle a sur le devant de la tête, et de même que ces quatre grands cartilagineux, deux appendices, deux instruments du toucher, deux organes propres à reconnaître et même à saisir les objets. Nous devons donc compter maintenant cinq raies gigantesques, qui réunissent, à beaucoup de force, des attributs extraordinaires, une source particulière d'instinct, de ruse, d'habileté dans quelques manœuvres, et forme comme une famille privilégiée au milieu d'un genre très nombreux.

La frangée se distingue des autres raies géantes par sa forme générale qui est celle d'un losange presque parfait, par les barbillons ou filaments qui garnissent la partie postérieure du corps, les deux pectorales et les côtés de la queue, et par l'absence de nageoires ou de bosse sur le dos. Ajoutons à ces traits que la queue est très déliée, que la longueur de cette partie excède le tiers de la longueur totale ; que l'extrémité latérale de chaque pectorale se termine en pointe, que cette pointe est mobile en différents sens, à la volonté de l'animal, et que la couleur de la partie supérieure du poisson est d'un brun très foncé et tirant sur le noir.

TROISIÈME GENRE

LES SQUALES

Cinq, ou six, ou sept ouvertures branchiales de chaque côté du corps.

PREMIER SOUS-GENRE

UNE NAGEOIRE DE L'ANUS SANS ÉVENTS

	ESPÈCES.	CARACTÈRES.
1.	LE SQUALE REQUIN.	Les dents triangulaires et dentelées des deux côtés.
2.	LE SQUALE TRÈS GRAND.	Les dents un peu coniques et sans dentelures.
3.	LE SQUALE POINTILLÉ.	De petits points blancs sous le corps et sous la queue ; la couleur de la partie inférieure de l'animal plus foncée que celle de la partie supérieure.
4.	LE SQUALE GLAUQUE.	Les dents aplaties de devant en arrière, triangulaires et sans dentelures ; le dessus du corps glauque ; une fossette à l'extrémité du dos.
5.	LE SQUALE LONG-NEZ.	Un pli longitudinal de chaque côté de la queue.
6.	LE SQUALE PHILIPP.	Quelques dents arrondies ; un fort aiguillon à chaque nageoire dorsale.
7.	LE SQUALE PERLON.	Sept ouvertures branchiales de chaque côté.

SECOND SOUS-GENRE

UNE NAGEOIRE DE L'ANUS ET DEUX ÉVENTS

ESPÈCES.	CARACTÈRES.
8. LE SQUALE ROUSSETTE.	Les narines garnies d'un appendice vermiculaire; les dents dentelées et garnies, aux deux bouts de leur base, d'un pointe dentelée.
9. LE SQUALE ROCHIER.	Deux lobes aux narines; les nageoires du dos égales l'une à l'autre.
10. LE SQUALE MILANDRE.	Les dents presque triangulaires, échancrées et dentelées.
11. LE SQUALE ÉMISSOLE.	Les dents petites et très obtuses.
12. LE SQUALE BARBILLON.	Un appendice vermiforme aux narines; des écailles grandes et unies sur le corps.
13. LE SQUALE BARBU.	Le tour de l'ouverture de la bouche garni d'appendices vermiformes.
14. LE SQUALE TIGRÉ.	Des bandes noires transversales sur le corps; des barbillons auprès de l'ouverture de la bouche.
15. LE SQUALE GALONNÉ.	Sept bandes noirâtres et longitudinales sur le corps.
16. LE SQUALE ŒILLÉ.	Une tache noire entourée d'un cercle blanc de chaque côté du cou.
17. LE SQUALE ISABELLE.	La première nageoire du dos placée au-dessus des nageoires ventrales.
18. LE SQUALE MARTEAU.	La tête et le corps représentant ensemble un marteau.
19. LE SQUALE PANTOUFLIER.	La tête festonnée par devant et un peu en forme de cœur.
20. LE SQUALE RENARD.	Le lobe supérieur de la nageoire de la queue, de la longueur du corps.
21. LE SQUALE GRISET.	Six ouvertures branchiales de chaque côté.

TROISIÈME SOUS-GENRE

DEUX ÉVENTS SANS NAGEOIRES DE L'ANUS

ESPÈCES.	CARACTÈRES.
22. LE SQUALE AIGUILLAT.	Un aiguillon à chaque nageoire du dos; le corps très allongé.
23. LE SQUALE SAGRE.	Le dessous du corps noirâtre; les narines placées dans la partie antérieure de la tête.
24. LE SQUALE HUMANTIN.	Le corps un peu triangulaire.
25. LE SQUALE LICHE.	Les deux nageoires du dos sans aiguillon; la seconde plus grande que la première; les nageoires ventrales grandes et placées très près de la queue.
26. LE SQUALE GRONOVIEN.	Les deux nageoires du dos sans aiguillon; la première plus éloignée de la tête que les nageoires ventrales; la seconde placée très loin de la première.
27. LE SQUALE DENTELÉ.	Une rangée de tubercules un peu gros, s'étendant depuis les yeux jusqu'à la première nageoire dorsale; des taches rousses et irrégulières sur la partie supérieure du corps et de la queue.
28. LE SQUALE BOUCLÉ.	Des tubercules gros et épineux sur tout le corps.
29. LE SQUALE ÉCAILLEUX.	Le corps revêtu d'écailles ovales et relevées par une arête.

	ESPÈCES.	CARACTÈRES.
30.	LE SQUALE SCIE.	Le museau très allongé et garni de dents de chaque côté.
31.	LE SQUALE ANISODON.	Le museau très allongé et garni, de chaque côté, de dents très inégales; un long filament, placé au-dessous de chaque côté du museau.
32.	LE SQUALE ANGE.	Les nageoires pectorales très grandes et échancrées par devant; le corps un peu aplati.

LE SQUALE REQUIN[1]

Squalus Carcharias, LINN., GMEL., CUV., BLAINV.

Les squales[2] et les raies ont les plus grands rapports entre eux; ils ne sont en quelque sorte que deux grandes divisions de la même famille. Que l'on déplace en effet les ouvertures des branchies des raies, que ces orifices soient transportés de la surface inférieure du corps sur les côtés de l'animal, qu'on diminue la grandeur des nageoires pectorales, qu'on grossisse dans quelques-uns de ces cartilagineux l'origine de la queue, et qu'on donne à cette origine le même diamètre qu'à la partie postérieure du corps, et les raies seront entièrement confondues avec les squales. Les espèces seront toujours distinguées les unes des autres; mais aucun caractère véritablement

1. *Requiem*. — *Lamia*. — *Lamie*. — *Frax*, sur quelques côtes de l'Océan européen. — *Haj*, sur quelques rivages du nord de l'Europe. — *Haye*, en Hollande. — *Haafisk*, *Hauwkal*, en Danemark. — *Haakal*, en Islande. — *White shark*, en Angleterre.

Chien de mer requin. Daubenton, Encyclopédie méthodique. — « Squalus corpore cinereo, dorso lato. » Bloch, *Histoire naturelle des poissons*, quatrième partie, édition allemande, p. 33, n. 119. — « Squalus dorso plano, dentibus plurimis ad latera serratis. » Artedi, gen. 70, syn. 98.

2. Nous avons préféré, pour le genre dont nous allons traiter, le nom de *squale*, admis par un très grand nombre de naturalistes modernes, à celui de *chien de mer*, qui est composé et qui présente une idée fausse. En effet, les squales sont bien des habitants de la mer; mais ils sont certainement, dans l'ordre des êtres, bien éloignés du genre des chiens.

« De Pline, dit Rondelet (première partie, liv. XIII, chap. I), sont nommés *squali*, quasi *squallidi*, laids à voir et rudes; car ils sont tous couverts de peau âpre. »

Ot. Fabric., *Faun. Groenl.*, p. 127.—Müller, *Prodrom. zoolog. danic.*, p. 38, n. 316. — Gunner, *Act. nidros.* II, p. 370, tab. 10 et 11. — *Chien de mer requin*. Bonnaterre, planches de l'Encyclopédie méthodique. — Gronov. mus. 1, 138. Zooph. 143. — Browne, *Jam.*, p. 458, n. 2. — *Cynocephalus albus*. Klein, *Miss. pisc.* 3, p. 5, n. 1.

Aristote, *Hist. anim.*, l. V, c. V; lib. IX, c. XXXVII. — Pline, *Hist. mundi*, l. IX, c. XXIV. — *Lamie*. Rondelet, première partie, liv. XIII, chap. XI. — Athen. l. VII, p. 306-310. — Belon, *Aquat.*, p. 58. — Gesn., *Aquat.*, p. 173, icon. anim. p. 151-153, thierb. p. 81, 82. — *Carcharias canis, seu lamia*. Aldrovand. *Pisc.*, p. 381, 382, 387. — *Id.*, Jonston, *Pisc.*, p. 24, tab. 6, fig. 6. — Fermin, *Surin.*, II, p. 248. — Dutertre, *Antil.*, p. 202.

Requin. Broussonet, Mém. de l'Acad. des sciences de Paris, pour l'an 1780, p. 670, n. 19. — *White shark*. Willughby, *Icht.*, p. 47, tab. b. 7. — Ray, *Pisc.*, p. 18. — *Brit. zool.* III, p. 82, n. 4.

Requin. Valmont de Bomare, *Dict. d'histoire naturelle*. — *Tiburone*, Marcgrav., lib. IV. — Nieremb., lib. XII, c. XX. — *Piscis Jonæ, seu anthropophagus*, quorumdam. — *Canis galeus*. Salviani, 132. — *Tubaron* ou *hays*. Sloan, *Voyage*, p. 24.

Duhamel, *Traité des pêches*, seconde partie, sect. 9, chap. IV, art. 1, pl. 19. — « Squalus dentibus serratis, multiplici ordine stipatis, fovea ad basim caudæ lunulata. » Commerson, manuscrits déposés au Muséum d'histoire naturelle.

générique ne pourra les diviser en deux groupes : on comptera le même nombre de petits rameaux; mais on ne verra plus deux grandes branches principales s'élever séparément sur leur tige commune.

Quelques squales ont, comme les raies, des évents placés auprès et derrière les yeux; quelques autres ont, indépendamment de ces évents, une véritable nageoire de l'anus, très distincte des nageoires ventrales, et qu'aucune raie ne présente; il en est enfin qui sont pourvus de cette même nageoire de l'anus et qui sont dénués d'évents. Les premiers ont évidemment plus de conformité avec les raies que les seconds, et surtout que les troisièmes. Nous n'avons pas cru cependant devoir exposer les formes et les habitudes des squales dans l'ordre que nous venons d'indiquer et que l'on pourrait à certains égards regarder comme le plus naturel. La nécessité de commencer par montrer les objets les mieux connus et de les faire servir de terme de comparaison, pour juger de ceux qui ont été moins bien et moins fréquemment observés, nous a forcés de préférer un ordre inverse et de placer les premiers dans cette histoire, les squales qui n'ont pas d'évents et qui ont une nageoire de l'anus.

Au reste, les espèces de squales ne diffèrent dans leurs formes et dans leurs habitudes que par un petit nombre de points. Nous indiquerons ces points de séparation dans des articles particuliers ; mais c'est en nous occupant du plus redoutable des squales, que nous allons tâcher de présenter en quelque sorte l'ensemble des habitudes et des formes du genre. Le requin va être, pour ainsi dire, le type de la famille entière ; nous allons le considérer comme le squale par excellence, comme la mesure générale à laquelle nous rapporterons les autres espèces ; et l'on verra aisément combien cette sorte de prééminence ,due à la supériorité de son volume, de sa force et de sa puissance, est d'ailleurs fondée sur le grand nombre d'observations dont la curiosité et la terreur qu'il inspire l'ont rendu dans tous les temps l'objet.

Ce formidable squale parvient jusqu'à une longueur de plus de dix mètres (trente pieds ou environ) ; il pèse quelquefois près de cinquante myriagrammes (mille livres)[1] ; et il s'en faut de beaucoup que l'on ait prouvé que l'on doit regarder comme exagérée l'assertion de ceux qui ont prétendu qu'on avait pêché un requin du poids de plus de cent quatre-vingt-dix myriagrammes (quatre mille livres)[2].

Mais la grandeur n'est pas son seul attribut : il a reçu aussi la force et des armes meurtrières ; féroce autant que vorace, impétueux dans ses mouvements, avide de sang et insatiable de proie, il est véritablement le tigre de la mer. Recherchant sans crainte tout ennemi, poursuivant avec plus d'obstination, attaquant avec plus de rage, combattant avec plus d'acharnement que les autres habitants des eaux ; plus dangereux que plusieurs cétacés, qui presque toujours sont moins puissants que lui ; inspirant même

1. Rondelet, à l'endroit déjà cité.

2. Gillius, dans Ray et d'autres auteurs.

plus d'effroi que les baleines, qui, moins bien armées et douées d'appétits bien différents, ne provoquent presque jamais ni l'homme ni les grands animaux ; rapide dans sa course, répandu sous tous les climats, ayant envahi, pour ainsi dire, toutes les mers ; paraissant souvent au milieu des tempêtes ; aperçu facilement par l'éclat phosphorique dont il brille au milieu des ombres des nuits les plus orageuses ; menaçant de sa gueule énorme et dévorante les infortunés navigateurs exposés aux horreurs du naufrage, leur fermant toute voie de salut, leur montrant en quelque sorte leur tombe ouverte et plaçant sous leurs yeux le signal de la destruction, il n'est pas surprenant qu'il ait reçu le nom sinistre qu'il porte, et qui, réveillant tant d'idées lugubres, rappelle surtout la mort, dont il est le ministre. *Requin* est en effet une corruption de *requiem*, qui désigne depuis longtemps, en Europe, la mort et le repos éternel, et qui a dû être souvent, pour des passagers effrayés, l'expression de leur consternation, à la vue d'un squale de plus de trente pieds de longueur, et des victimes déchirées ou englouties par ce tyran des ondes. Terrible encore lorsqu'on a pu parvenir à l'accabler de chaînes, se débattant avec violence au milieu de ses liens, conservant une grande puissance lors même qu'il est déjà tout baigné dans son sang, et pouvant d'un seul coup de sa queue répandre le ravage autour de lui, à l'instant même où il est près d'expirer, n'est-il pas le plus formidable de tous les animaux auxquels la nature n'a pas départi des armes empoisonnées ? Le tigre le plus furieux au milieu des sables brûlants, le crocodile le plus fort sur les rivages équatoriaux, le serpent le plus démesuré dans les solitudes africaines, doivent-ils inspirer autant d'effroi qu'un énorme requin au milieu des vagues agitées ?

Mais examinons le principe de cette puissance si redoutée et la source de cette voracité si funeste.

Le corps du requin est très allongé, et la peau qui le recouvre est garnie de petits tubercules très serrés les uns contre les autres. Comme cette peau tuberculée est très dure, on l'emploie, dans les arts, à polir différents ouvrages de bois et d'ivoire ; on s'en sert aussi pour faire des liens et des courroies, ainsi que pour couvrir des étuis et d'autres meubles ; mais il ne faut pas la confondre avec la peau de la raie sephen[1], dont on fait le galuchat, et qui n'est connue dans le commerce que sous le faux nom de *peau de requin*, tandis que la véritable peau de requin porte la dénomination très vague de *peau de chien de mer*. La dureté de cette peau, qui la fait rechercher dans les arts, est aussi très utile au requin et a dû contribuer à augmenter sa hardiesse et sa voracité en le garantissant de la morsure de plusieurs animaux assez forts et doués de dents meurtrières.

La couleur de son dos et de ses côtés est d'un cendré brun ; celle du dessous de son corps, d'un blanc sale.

1. Article de la *Raie Sephen*.

La tête est aplatie et terminée par un museau un peu arrondi. Au-dessous de cette extrémité et à peu près à une distance égale du bout du museau et du milieu des yeux, on voit les narines, organisées dans leur intérieur presque de la même manière que celles de la raie batis, et qui, étant le siège d'un odorat très fin et très délicat, donnent au requin la facilité de reconnaître de loin sa proie et de la distinguer au milieu des eaux les plus agitées par les vents, ou des ombres de la nuit la plus noire, ou de l'obscurité des abîmes les plus profonds de l'Océan. Le sens de l'odorat étant dans le requin, ainsi que dans les raies et dans presque tous les poissons, celui qui règle les courses et dirige les attaques, les objets qui répandent l'odeur la plus forte doivent être, tout égal d'ailleurs, ceux sur lesquels il se jette avec le plus de rapidité. Ils sont pour le requin ce qu'une substance très éclatante placée au milieu de corps très peu éclairés serait pour un animal qui n'obéirait qu'au sens de la vue. On ne peut donc guère se refuser à l'opinion de plusieurs voyageurs qui assurent que lorsque des blancs et des noirs se baignent ensemble dans les eaux de l'Océan, les noirs, dont les émanations sont plus odorantes que celles des blancs, sont plus exposés à la féroce avidité du requin, et qu'immolés les premiers par cet animal vorace, ils donnent le temps aux blancs d'échapper par la fuite à ses dents acérées. Et pourquoi, à la honte de l'humanité, est-on encore plus forcé de les croire lorsqu'ils racontent que des blancs ont pu oublier les lois sacrées de la nature, au point de ne descendre dans les eaux de la mer qu'en plaçant autour d'eux de malheureux nègres dont ils faisaient la part du requin ?

L'ouverture de la bouche est en forme de demi-cercle et placée transversalement au-dessous de la tête et derrière les narines. Elle est très grande ; l'on pourra juger facilement de ses dimensions, en sachant que nous avons reconnu, d'après plusieurs comparaisons, que le contour d'un côté de la mâchoire supérieure, mesuré depuis l'angle des deux mâchoires jusqu'au sommet de la mâchoire d'en haut, égale à peu près le onzième de la longueur totale de l'animal. Le contour de la mâchoire supérieure d'un requin de trente pieds (près de dix mètres) est donc environ de six pieds ou deux mètres de longueur. Quelle immense ouverture ! Quel gouffre pour engloutir la proie du requin ! Et comme son gosier est d'un diamètre proportionné, on ne doit pas être étonné de lire dans Rondelet et dans d'autres auteurs, que les grands requins peuvent avaler un homme tout entier, et que, lorsque ces squales sont morts et gisants sur le rivage, on voit quelquefois des chiens entrer dans leur gueule, dont quelque corps étranger retient les mâchoires écartées, et aller chercher jusque dans l'estomac les restes des aliments dévorés par l'énorme poisson.

Lorsque cette gueule est ouverte, on voit au delà des lèvres, qui sont étroites et de la consistance du cuir, des dents plates, triangulaires, dentelées sur leurs bords et blanches comme de l'ivoire. Chacun des bords de cette partie émaillée, qui sort hors des gencives, a communément cinq centimètres (près de deux pouces) de longueur dans les requins de trente pieds. Le nombre des dents augmente avec l'âge de l'animal. Lorsque le requin est encore très jeune, il n'en montre qu'un rang dans lequel on n'aperçoit même quelquefois que de bien faibles dentelures ; mais à mesure qu'il se développe, il en présente un plus grand nombre de rangées; lorsqu'il a atteint un degré plus avancé de son accroissement et qu'il est devenu adulte, sa gueule est armée, dans le haut comme dans le bas, de six rangs de ces dents fortes, dentelées et si propres à déchirer ses victimes. Ces dents ne sont pas enfoncées dans des cavités solides ; leurs racines sont uniquement logées dans des cellules membraneuses qui peuvent se prêter aux différents mouvements que les muscles placés autour de la base de la dent tendent à imprimer. Le requin, par le moyen de ses différents muscles, couche en arrière ou redresse à volonté les divers rangs de dents dont sa bouche est garnie ; il peut les mouvoir ainsi ensemble ou séparément ; il peut même, selon les besoins qu'il éprouve, relever une portion d'un rang et en incliner une autre portion. Suivant qu'il lui est possible de n'employer qu'une partie de sa puissance, ou qu'il lui est nécessaire d'avoir recours à toutes ses armes, il ne montre qu'un ou deux rangs de ses dents meurtrières, ou, les mettant toutes en action, il menace et atteint sa proie de tous ses dards pointus et relevés.

Les rangs intérieurs des dents du requin, étant les derniers formés, sont composés de dents plus petites que celles que l'on voit dans les rangées extérieures, lorsque le requin est encore jeune; mais à mesure qu'il s'éloigne du temps où il a été adulte, les dents des différentes rangées que présente sa gueule sont à peu près de la même longueur, ainsi qu'on peut le vérifier en examinant, dans les collections d'histoire naturelle, de très grandes mâchoires, c'est-à-dire celles qui ont appartenu à des requins âgés, et surtout en observant les requins d'une taille un peu considérable que l'on parvient à prendre. Je ne crois pas en conséquence devoir adopter l'opinion de ceux qui ont regardé les dents intérieures comme destinées à remplacer celles de devant, lorsque le requin est privé de ces dernières par une suite d'efforts violents, de résistances opiniâtres, ou d'autres accidents. Les dents intérieures sont un supplément de puissance pour le requin : elles concourent, avec celles de devant, à saisir, à retenir, à dilacérer la proie dont il veut se nourrir ; mais elles ne remplacent pas les extérieures ; elles agissent avec ses dents plus éloignées du fond de la bouche, et non pas uniquement après la chute de ces dernières. Lorsque celles-ci cèdent leur place à d'autres, elles la laissent à des dents produites auprès de leur base et plus ou moins développées, à de véritables dents de remplacement, très distinctes de celles que l'on voit dans les six grandes rangées, à des dents qui parviennent plus ou moins rapidement aux dimensions des dents intérieures, et qui cependant très souvent sont moins grandes que ces dernières, lorsqu'elles sont substituées aux dents extérieures arrachées de la gueule du requin.

Les dents intérieures tombent aussi et abandonnent, comme les extérieures, l'endroit qu'elles occupaient, à de véritables dents de remplacement formées autour de leur racine.

Les dents de la mâchoire inférieure présentent ordinairement des dimensions moins grandes et une dentelure plus fine que celles de la mâchoire supérieure.

La langue est courte, large, épaisse et cartilagineuse, retenue en dessous par un frein, libre dans ses bords, blanche et rude au toucher comme le palais.

Toute la partie antérieure du museau est criblée, par-dessus et par-dessous, d'une grande quantité de pores répandues sans ordre, très visibles, et qui, lorsqu'on comprime fortement le devant de la tête, répandent une espèce de gelée épaisse, cristalline et phosphorique, suivant Commerson[1], qui, dans ses voyages, a très bien observé et décrit le requin.

Les yeux sont petits et presque ronds; la cornée est très dure; l'iris d'un vert foncé et doré; la prunelle, qui est bleue, consiste dans une fente transversale.

Les ouvertures des branchies sont placées de chaque côté plus haut que les nageoires pectorales. Ces branchies, semblables à celles des raies, sont engagées chacune dans une membrane très mince, et toutes présentent deux rangs de filaments sur leur partie convexe, excepté la branchie la plus éloignée du museau, laquelle n'en montre qu'une rangée. Une mucosité visqueuse, sanguinolente et peut-être phosphorique, dit Commerson, arrose ces branchies et les entretient dans la souplesse nécessaire aux opérations relatives à la respiration.

Toutes les nageoires sont fermes, raides et cartilagineuses. Les pectorales, triangulaires et plus grandes que les autres, s'étendent au loin de chaque côté et n'ajoutent pas peu à la rapidité avec laquelle nage le requin et dont il doit la plus grande partie à la force et à la mobilité de sa queue.

La première nageoire dorsale, plus élevée et plus étendue que la seconde, placée au delà du point auquel correspondent les nageoires pectorales, et égalant presque ces dernières en surface, est terminée dans le haut par un bout un peu arrondi.

Plus près de la queue et au-dessous du corps, on voit les deux nageoires ventrales, qui s'étendent jusqu'aux deux côtés de l'anus et l'environnent comme celles des raies.

De chaque côté de cette ouverture, on aperçoit, ainsi que dans les raies, un orifice qu'une valvule ferme exactement, et qui, communiquant avec la cavité du ventre, sert à débarrasser l'animal des eaux qui, filtrées par différentes parties du corps, se ramassent dans cet espace vide.

La seconde nageoire du dos et celle de l'anus ont à peu près la même

1. Manuscrits déjà cités.

forme et les mêmes dimensions ; elles sont les plus petites de toutes, situées presque toujours l'une au-dessus de l'autre et très près de celle de la queue.

Au reste, les nageoires pectorales, dorsales, ventrales et de l'anus sont terminées en arrière par un côté plus ou moins concave, et ne tiennent point au corps dans toute la longueur de leur base, dont la partie postérieure est détachée et prolongée en pointe plus ou moins déliée.

La nageoire de la queue se divise en deux lobes très inégaux ; le supérieur est deux fois plus long que l'autre, triangulaire, courbé et augmenté, auprès de sa pointe, d'un petit appendice également triangulaire.

Auprès de cette nageoire se trouve souvent, sur la queue, une petite fossette faite en croissant, dont la concavité est tournée vers la tête. Au reste, le requin a des muscles si puissants dans la partie postérieure de son corps, ainsi que dans sa queue proprement dite, qu'un animal de cette espèce, encore très jeune, et à peine parvenu à la longueur de deux mètres, environ six pieds, peut, d'un seul coup de sa queue, casser la jambe de l'homme le plus fort.

Nous avons vu, dans notre Discours sur la nature des poissons, que les squales étaient, comme les raies, dénués de cette vésicule aérienne, dont la compression et la dilatation donnent à la plupart des animaux dont nous avons entrepris d'écrire l'histoire, tant de facilité pour s'enfoncer ou s'elever au milieu des eaux ; mais ce défaut de vésicule aérienne est bien compensé dans les squales, et particulièrement dans le requin, par la vigueur et la vitesse avec lesquelles ils peuvent mouvoir et agiter la queue proprement dite, cet instrument principal de la natation des poissons[1].

Nous avons vu aussi, dans ce même discours, que presque tous les poissons avaient de chaque côté du corps une ligne longitudinale saillante et plus ou moins sensible, à laquelle nous avons conservé le nom de *ligne latérale*, et que nous avons regardée comme l'indice des principaux vaisseaux destinés à répandre à la surface du corps une humeur visqueuse, nécessaire aux mouvements et à la conservation des poissons. Cette ligne, que l'on ne remarque pas sur les raies, est très visible sur le requin et elle s'y étend communément depuis les ouvertures des branchies jusqu'au bout de la queue, presque sans se courber, et toujours plus près du dos que de la partie inférieure du corps.

Telles sont les formes extérieures du requin[2]. Son intérieur présente aussi des particularités que nous devons faire connaître.

1. Discours sur la nature des poissons.

2. Principales dimensions d'un requin :

	Pieds	Pouces	Lignes
Depuis le bout du museau jusqu'à l'extrémité de la queue ou longueur totale	5	7	6
— jusqu'aux narines	0	3	0
— jusqu'au milieu des yeux	0	5	4
— jusqu'au bord antérieur de la bouche	0	4	0
— jusqu'aux angles postérieurs de la bouche	0	8	0

Le cerveau est petit, gris à sa surface, blanchâtre dans son intérieur et d'une substance plus molle et plus flasque que le cervelet.

	Pieds	Pouces	Lignes
Depuis le bout du museau jusqu'au sommet de la mâchoire postérieure	0	5	0
— jusqu'à l'angle antérieur de la base des nageoires pectorales	1	2	0
— jusqu'à l'angle postérieur et rentrant de la base des mêmes nageoires	1	6	6
— jusqu'à l'angle supérieur de la première ouverture des branchies	1	1	0
— — de la seconde	1	2	0
— — de la troisième	1	3	0
— — de la quatrième	1	4	0
— — de la cinquième	1	5	0
— jusqu'à l'angle inférieur de la première ouverture des branchies	1	0	0
— — de la seconde	1	1	0
— — de la troisième	1	2	0
— — de la quatrième	1	3	0
— — de la cinquième	1	4	0
— jusqu'à l'angle antérieur de la première nageoire dorsale.	1	9	0
— — postérieur et rentrant de la même nageoire.	2	4	0
— — supérieur de la même nageoire	2	7	0
— — antérieur des nageoires du ventre	2	9	6
— — postérieur et rentrant des mêmes nageoires.	3	2	0
— — extérieur des mêmes nageoires	3	3	0
— jusqu'au milieu de l'ouverture de l'anus	3	0	0
— jusqu'à l'angle antérieur de la base de la seconde nageoire du dos	3	6	0
— jusqu'à l'angle postérieur et rentrant de la base de la seconde nageoire du dos	3	8	0
— jusqu'à l'angle supérieur de la seconde nageoire du dos. .	3	8	6
— jusqu'à la fossette du dessus de la queue	3	11	6
— jusqu'à l'angle antérieur de la base de la nageoire caudale.	4	0	0
— jusqu'à l'extrémité du lobe inférieur de la nageoire de la queue	4	8	0
— jusqu'à l'angle antérieur de la base de la nageoire de l'anus.	3	6	0
— — inférieur de la nageoire de l'anus	3	8	6
Diamètre perpendiculaire auprès des yeux	0	4	0
— auprès de la dernière ouverture des branchies	0	6	0
— — la première nageoire dorsale	0	6	6
— — l'anus	0	5	0
— — la nageoire de la queue	0	2	0
Diamètre horizontal auprès des yeux	0	5	0
— auprès de la dernière ouverture des branchies	0	9	0
— — la première nageoire dorsale	0	9	0
— — l'anus	0	5	0
— — la nageoire de la queue	0	2	5
— depuis le bout d'une nageoire pectorale jusqu'au bout de l'autre	1	3	6
Grand diamètre de l'œil	0	1	4 1/2
Petit diamètre de l'œil	0	1	3 1/2
Base des plus grandes dents	0	0	6
Côtés des plus grandes dents	0	0	6 3/4

Le cœur n'a qu'un ventricule et une oreillette ; mais cette dernière partie, dont le côté gauche reçoit la veine-cave, a une grande capacité.

A la droite, le cœur se décharge dans l'aorte, dont les parois sont très fortes. La valvule qui la ferme est composée de trois pièces presque triangulaires, cartilagineuses à leur sommet, par lequel elles se réunissent au milieu de la cavité de l'aorte, et mobiles dans celui de leurs bords qui est attaché aux parois de ce vaisseau.

En s'éloignant du cœur et en s'avançant vers la tête, l'aorte donne naissance de chaque côté à trois artères qui aboutissent aux trois branchies postérieures ; parvenue à la base de la langue, elle se divise en deux branches, dont chacune se sépare en deux rameaux ou artères qui vont arroser les deux branchies antérieures. L'artère, en arrivant à la branchie parcourt la surface convexe du cartilage qui en soutient les membranes et y forme d'innombrables ramifications qui, en s'étendant sur la surface de ces mêmes membranes, y produisent d'autres ramifications plus petites, et dont le nombre est, pour ainsi dire, infini.

L'œsophage, situé à la suite d'un gosier très large, est très court et d'un diamètre égal à celui de la partie antérieure de l'estomac.

Ce dernier viscère a la forme d'un sac très dilatable dans tous les sens, trois fois plus long que large, et qui, dans son état d'extension ordinaire, a une longueur égale au quart de celle de l'animal entier. Dans un requin de dix mètres, ou d'environ trente pieds, l'estomac, lors même qu'il n'est que très peu dilaté, a donc deux mètres et demi, ou un peu plus de sept pieds et demi, dans sa plus grande dimension ; voilà comment on a pu trouver dans de très grands requins des cadavres humains tout entiers.

La tunique intérieure qui tapisse l'estomac est rougeâtre, muqueuse, gluante et inondée de suc gastrique ou digestif.

Le canal intestinal ne montre que deux portions distinctes, dont l'une représente les intestins grêles, et l'autre les gros intestins de l'homme et des quadrupèdes. La première portion de ce canal est très courte et n'a ordinairement qu'un peu plus de trois décimètres, ou un pied de long, dans les requins, qui ne sont encore parvenus qu'à une longueur de deux mètres, ou d'environ six pieds ; et comme elle est si étroite, que sa cavité peut à peine, dans les individus dont nous venons de parler, laisser passer une *plume à écrire*, ainsi que le rapporte Commerson, l'on doit penser, avec ce savant naturaliste, que le principal travail de la digestion s'opère dans l'estomac, et que les aliments doivent être déjà réduits à une substance fluide, pour pouvoir pénétrer par la première partie du canal jusqu'à la seconde.

Cette seconde portion du tube intestinal, beaucoup plus grosse que l'autre, est très courte ; mais elle présente une structure très remarquable, et dont les effets compensent ceux de sa brièveté. Au lieu de former un tuyau continu et de représenter un simple sac, comme les intestins de presque tous les animaux, elle ne consiste que dans une espèce de toile très grande, qui s'étend inégalement lorsqu'on la développe, et qui, repliée sur elle-même en spirale, composant ainsi un tube assez allongé, et maintenue dans cette situation uniquement par la membrane interne du péritoine, présente un grand nombre de sinuosités propres à retenir ou à absorber les produits des aliments. Cette conformation, qui équivaut à de longs intestins, a été très bien observée et très bien décrite par Commerson.

Le foie se divise en deux lobes très allongés et inégaux. Le lobe droit a communément une longueur égale au tiers de la longueur totale du requin ; le gauche est plus court à peu près d'un quart et plus large à sa base.

La vésicule du fiel, pliée et repliée en forme d'S, et placée entre les deux lobes du foie, est pleine d'une bile verte et fluide.

La rate, très allongée, tient par un bout au pylore, et par l'autre bout à la fin de l'intestin grêle ; sa couleur est très variée par le pourpre et le blanc des vaisseaux sanguins qui en parcourent la surface[1].

La grandeur du foie et d'autres viscères, l'abondance des liquides qu'ils fournissent, la quantité des sucs gastriques qui inondent l'estomac, donnent au requin une force digestive active et rapide ; elles sont les causes puissantes de cette voracité qui le rend si terrible, et que les aliments les plus copieux semblent ne pouvoir pas apaiser ; mais elles ne sont pas les seuls aiguillons de cette faim dévorante. Commerson a fait à ce sujet une observation curieuse que nous allons rapporter. Ce voyageur a toujours trouvé dans l'estomac et dans les intestins des requins un très grand nombre de tænias, qui non seulement en infestaient les cavités, mais pénétraient et se logeaient dans les tuniques intérieures de ces viscères. Il a vu plus d'une fois le fond de leur estomac gonflé et enflammé par les efforts d'une multitude de petits vers, de véritables tænias, renfermés en partie dans les cellules qu'ils s'étaient pratiquées entre les membranes internes, et qui, s'y retirant tout entiers lorsqu'on les fatiguait, conservaient encore la vie quelque temps après la mort du requin. Nous n'avons pas besoin de montrer combien cette quantité de piqûres ajoute de vivacité aux appétits du requin. Aussi avale-t-il quelquefois si goulument et se presse-t-il tant de se débarrasser d'aliments encore mal digérés, pour les remplacer par une nouvelle proie, que ses intestins, forcés de suivre en partie des excréments imparfaits et chassés trop tôt, sortent par l'anus et paraissent hors du corps de l'animal, d'une longueur assez considérable[2].

Dans le mâle, les vaisseaux spermatiques, ou *la laite*, sont divisés en deux portions et ont une longueur égale au tiers de celle de l'animal considéré dans son entier. Le requin mâle a d'ailleurs entre chaque nageoire de

1. Commerson a observé, dans le mâle ainsi que dans la femelle du requin, un viscère particulier, situé dans le bas-ventre, enveloppé et suspendu dans la membrane intérieure du péritoine, semblable à la rate par sa couleur et par sa substance, mais très petit, en forme de cylindre très étroit et très allongé, et s'ouvrant par un orifice très resserré, près de l'anus, et dans le gros intestin.

2. Manuscrits de Commerson déjà cités.

l'anus et cette dernière ouverture, un appendice douze fois plus long que large, égalant dans sa plus grande dimension le douzième de la longueur totale du squale, organisé à l'intérieur comme les appendices des mâles des raies batis, contenant ordinairement un nombre moins grand de parties dures et solides, mais se recourbant également par le bout et servant de même à saisir le corps de la femelle, et à la retenir avec force hors de l'accouplement.

Chacun des deux ovaires de la femelle du requin est à peu près égal en grandeur à l'une des deux portions des vaisseaux spermatiques du mâle.

Le temps où le mâle et la femelle se recherchent et s'unissent varie suivant les climats ; mais c'est presque toujours lorsque la saison chaude de l'année a commencé de se faire sentir, qu'ils éprouvent le besoin impérieux de se débarrasser, l'une des œufs qu'elle porte, et l'autre de la liqueur destinée à les féconder. Ils s'avancent alors vers les rivages ; ils se rapprochent et souvent, lorsque le mâle a soutenu contre un rival un combat dangereux et sanglant, ils s'appliquent l'un contre l'autre, de manière à faire toucher leurs anus. Maintenus dans cette position par les appendices crochus du mâle, par leurs efforts mutuels et par une sorte de croisement de plusieurs nageoires et des extrémités de leur queue, ils voguent dans cette situation contrainte, mais qui doit être pour eux pleine de charmes, jusqu'à ce que la liqueur vivifiante du mâle ait animé les œufs déjà parvenus au degré de développement susceptible de recevoir la vie. Et telle est la puissance de cette flamme si active, qui s'allume même au milieu des eaux, et dont la chaleur pénètre jusqu'au plus profond des abîmes de la mer, que ce mâle et cette femelle, qui, dans d'autres saisons, seraient si redoutables l'un pour l'autre et ne chercheraient qu'à se dévorer mutellement s'ils étaient pressés par une faim violente, radoucis maintenant et cédant à des affections bien différentes d'un sentiment destructeur, mêlent sans crainte leurs armes meurtrières, rapprochent leurs gueules énormes et leurs queues terribles Bien loin de se donner la mort, ils s'exposeraient à la recevoir plutôt que de se séparer et ne cesseraient de défendre avec fureur l'objet de leurs vives jouissances.

Cet accouplement, plus ou moins prolongé, est aussi répété plus ou moins fréquemment pendant le temps des chaleurs, soit que le hasard ramène le même mâle auprès de la même femelle, ou qu'il les unisse avec de nouveaux individus. Dans cette espèce sanguinaire, le mouvement qui entraîne le mâle vers sa femelle n'a en effet aucune constance ; il passe avec le besoin qui l'a produit ; et le requin, rendu bientôt à ses affreux appétits, moins susceptible encore de tendresse que le tigre le plus féroce, ne connaissant ni femelle, ni famille, ni semblable, redevenu le dépopulateur des mers, et véritable image de la tyrannie, ne vit plus que pour combattre, mettre à mort et anéantir.

Ces divers accouplements fécondent successivement une assez grande quantité d'œufs qui éclosent à différentes époques dans le ventre de la mère; et de ces développements commencés après des temps inégaux, il résulte que, même encore vers la fin de l'été, la femelle donne le jour à des petits. On sait que ces petits sortent du ventre de leur mère, au nombre de deux ou trois à la fois, plus fréquemment que les jeunes raies; on a même écrit que ceux de ces squales qui venaient ensemble à la lumière étaient souvent en nombre plus grand que trois ou quatre; mais la longue durée de la saison pendant laquelle s'exécutent ces sorties successives de jeunes requins a empêché de savoir avec précision quel nombre de petits une femelle pouvait mettre au jour pendant un printemps ou un été. Des observations assez multipliées et faites avec exactitude paraissent néanmoins prouver que ce nombre est plus considérable qu'on ne l'a pensé jusqu'à présent; l'on n'en sera pas étonné, si l'on se rappelle ce que nous avons dit[1] de la fécondité des grandes espèces de poissons, supérieure en général à celle des petites, quoiqu'un rapport contraire ait été reconnu dans les quadrupèdes à mamelles, et que plusieurs grands naturalistes aient été tentés de le généraliser. Je ne serais point éloigné de croire, d'après la comparaison de plusieurs relations qui m'ont été envoyées, que ce nombre va quelquefois au delà de trente. J'ai même reçu une lettre de M. Odiot de Saint-Léger, qui m'a assuré[2] avoir aidé à pêcher un requin de plus de trois mètres, ou d'environ dix pieds de longueur, et dans le corps duquel il avait trouvé une quarantaine d'œufs ou de petits squales. Cette même lettre fait mention de l'assertion d'un autre marin, qui a dit avoir vu prendre dans la rade du fort appelé alors *Fort Dauphin*, auprès du cap François (île Saint-Domingue), une femelle de requin, dans le ventre de laquelle il compta, ainsi que plusieurs autres personnes, quarante-neuf œufs, ou squales déjà sortis de leur enveloppe.

Il arrive quelquefois que les femelles se débarrassent de leurs œufs avant qu'ils soient assez développés pour éclore; mais, comme cette expulsion prématurée a lieu moins souvent pour les requins et les autres squales que pour les raies, on a connu la forme des œufs des premiers plus difficilement que celle des œufs des raies. Ces enveloppes, que l'on a prises pendant longtemps, ainsi que celles des jeunes raies, non pas pour de simples coques, mais pour des animaux particuliers, présentent presque entièrement la même substance, la même couleur et la même forme que les œufs des raies; mais leurs quatre angles, au lieu de montrer de courtes prolongations, sont terminés par des filaments extrêmement déliés et si longs, que nous en avons mesuré de cent sept centimètres (près de quarante pouces) de longueur, dans les coins d'une coque qui n'avait que huit centimètres dans sa plus grande dimension[3].

1. Discours sur la nature des poissons.

2. Lettre de M. Odiot de Saint-Léger, du 2 juillet 1793.

3. Nous avons fait graver un dessin d'œuf de roussette. L'enveloppe de ce squale est presque en tout semblable à celle du requin.

Lorsque le requin est sorti de son œuf et qu'il a étendu librement tous ses membres, il n'a encore que près de deux décimètres, ou quelques pouces de longueur; nous ignorons quel nombre d'années doit s'écouler avant qu'il présente celle de dix mètres, ou de plus de trente pieds. Mais à peine a-t-il atteint quelques degrés de cet immense développement, qu'il se montre avec toute sa voracité. Il n'arrive que lentement, et par des différences nombreuses, au plus haut point de sa grandeur et de sa puissance ; mais il parvient pour ainsi dire tout à coup à la plus grande intensité de ses appétits véhéments; il n'a pas encore une masse très étendue à entretenir, ni des armes bien redoutables pour exercer ses fureurs, et déjà il est avide de proie : la férocité est son essence et devance sa force.

Quelquefois le défaut d'aliments plus substantiels l'oblige de se contenter de sépies, de mollusques ou d'autres vers marins; mais ce sont les plus grands animaux qu'il recherche avec le plus d'ardeur. Par une suite de la perfection de son odorat, ainsi que de la préférence qu'elle lui donne pour les substances dont l'odeur est la plus exaltée, il est surtout très empressé de courir partout où l'attirent des corps morts de poissons ou de quadrupèdes et des cadavres humains. Il s'attache, par exemple, aux vaisseaux négriers qui, malgré les lumières de la philosophie, la voix du véritable intérêt et le cri plaintif de l'humanité outragée, partent encore des côtes de la malheureuse Afrique. Digne compagnon de tant de cruels conducteurs de ces funestes embarcations, il les escorte avec constance, il les suit avec acharnement jusque dans les ports des colonies américaines, et, se montrant sans cesse autour des bâtiments, s'agitant à la surface de l'eau et, pour ainsi dire, sa gueule ouverte, il y attend, pour les engloutir, les cadavres des noirs qui succombent sous le poids de l'esclavage ou aux fatigues d'une dure traversée. On a vu un de ces cadavres de noir pendre au bout d'une vergue élevée de plus de six mètres (vingt pieds) au-dessus de l'eau de la mer, et un requin s'élancer, à plusieurs reprises, vers cette dépouille, y atteindre enfin et la dépecer sans crainte membre par membre[2]. Quelle énergie dans les muscles de la queue et de la partie postérieure du corps ne doit-on pas supposer, pour qu'un animal aussi gros et aussi pesant puisse s'élever comme un trait à une aussi grande hauteur[1]! Quelle preuve de la force que nous avons cru devoir lui attribuer! Comment être surpris maintenant des autres traits de l'histoire de la voracité des requins? Et tous les navigateurs ne savent-ils pas quel danger court un passager qui tombe dans la mer, auprès des endroits les plus infestés par ces animaux? S'il s'efforce de se sauver à la nage, bientôt il se sent saisi par un de ces squales, qui l'entraîne au fond des ondes. Si l'on parvient à jeter jusqu'à lui une corde secourable et à l'élever au-dessus des flots, le requin s'élance et se retourne avec tant de promptitude, que, malgré la position de l'ouverture de sa bouche au-des-

1. Manuscrits de Commerson.
2. Discours sur la nature des poissons.

sous de son museau, il arrête le malheureux qui se croyait près de lui échapper, le déchire en lambeaux et le dévore aux yeux de ses compagnons effrayés. Oh! quels périls environnent donc la vie de l'homme, et sur la terre et sur les ondes! et pourquoi faut-il que ses passions aveugles ajoutent à chaque instant à ceux qui le menacent!

On a vu quelquefois cependant des marins, surpris par le requin au milieu de l'eau, profiter, pour s'échapper, des effets de cette situation de la bouche de ce squale dans la partie inférieure de sa tête, et de la nécessité de se retourner, à laquelle cet animal est condamné par cette conformation, lorsqu'il veut saisir les objets qui ne sont pas placés au-dessous de lui.

C'est par une suite de cette même nécessité que lorsque les requins s'attaquent mutuellement (car comment des êtres aussi atroces, comment les tigres de la mer pourraient-ils conserver la paix entre eux?), ils élèvent au-dessus de l'eau leur tête et la partie antérieure de leur corps; et c'est alors que, faisant briller leurs yeux sanguinolents et enflammés de colère, ils se portent des coups si terribles, que, suivant plusieurs voyageurs, la surface des ondes en retentit au loin[1].

Un seul requin a suffi, près du banc de Terre-Neuve, pour déranger toutes les opérations relatives à la pêche de la morue, soit en se nourrissant d'une grande quantité de morues que l'on avait prises, et en éloignant plusieurs des autres, soit en mordant aux appâts, et en détruisant les lignes disposées par les pêcheurs.

Mais quel est donc le moyen que l'on peut employer pour délivrer les mers d'un squale aussi dangereux?

Il y a, sur les côtes d'Afrique, des nègres assez hardis pour s'avancer en nageant vers un requin, le harceler, prendre le moment où l'animal se retourne et lui fendre le ventre avec une arme tranchante. Mais dans presque toutes les mers, on a recours à un procédé moins périlleux pour pêcher le requin. On préfère un temps calme; et, sur quelques rivages, comme, par exemple, sur ceux d'Islande[2], on attend les nuits les plus longues et les plus obscures. On prépare un hameçon garni ordinairement d'une pièce de lard et attaché à une chaîne de fer longue et forte. Si le requin n'est pas très affamé, il s'approche de l'appât, tourne autour, l'examine, pour ainsi dire, s'en éloigne, revient, commence de l'engloutir, et en détache sa gueule déjà ensanglantée. Si alors on feint de retirer l'appât hors de l'eau, ses appétits se réveillent, son avidité se ranime, il se jette sur l'appât, l'avale goulument et veut se replonger dans les abîmes de l'Océan. Mais comme il se sent retenu par la chaîne, il la tire avec violence pour l'arracher et l'entraîner; ne pouvant vaincre la résistance qu'il éprouve, il s'élance, il bondit, il devient furieux; et, suivant plusieurs relations[3], il s'efforce de

1. Voyez particulièrement Bosman, dans sa Description de la Guinée.
2. Anderson, *Histoire naturelle du Groenland, de l'Islande*, etc.
3. Labat, *Voyage en Afrique et en Amérique*.

vomir tout ce qu'il a pris et de retourner, en quelque sorte, son estomac. Lorsqu'il s'est débattu pendant longtemps et que ses forces commencent à être épuisées, on tire assez la chaîne de fer vers la côte ou le vaisseau-pêcheur, pour que la tête du squale paraisse hors de l'eau ; on approche des cordes avec des nœuds coulants, dans lesquels on engage son corps, que l'on serre étroitement, surtout vers l'origine de la queue. Après l'avoir ainsi entouré de liens, on l'enlève et on le transporte sur le bâtiment ou sur le rivage, où l'on n'achève de le mettre à mort qu'en prenant les plus grandes précautions contre sa terrible morsure et les coups que sa queue peut encore donner. Au reste, ce n'est que difficilement qu'on lui ôte la vie ; il résiste sans périr à de larges blessures ; et lorsqu'il a expiré, on voit encore pendant longtemps les différentes parties de son corps donner tous les signes d'une grande irritabilité.

La chair du requin est dure, coriace, de mauvais goût et difficile à digérer. Les nègres de Guinée, et particulièrement ceux de la Côte-d'Or, s'en nourrissent cependant et ôtent à cet aliment presque toute sa dureté en le gardant très longtemps. On mange aussi sur plusieurs côtes de la Méditerranée les très petits requins que l'on trouve dans le ventre de leur mère et près de venir à la lumière ; et l'on n'y dédaigne pas quelquefois le dessous du ventre des grands requins, auquel on fait subir diverses préparations pour lui ôter sa qualité coriace et son goût désagréable. Cette même chair du bas-ventre est plus recherchée dans plusieurs contrées septentrionales, telles que la Norvège et l'Islande, où on l'a fait sécher avec soin, en la tenant suspendue à l'air pendant plus d'une année. Les Islandais font d'ailleurs un grand usage de la graisse de requin : comme elle a la propriété de se conserver longtemps et de se durcir en se séchant, ils s'en servent à la place du lard de cochon, ou la font bouillir pour en tirer de l'huile. Mais c'est surtout le foie du requin qui leur fournit cette huile qu'ils nomment *thran*, et dont un seul foie peut donner un grand nombre de litres ou pintes[1].

On a écrit que la cervelle des requins, séchée et mise en poudre, était apéritive et diurétique. On a vanté les vertus des dents de ces animaux, également réduites en poudre, pour arrêter le cours du ventre, guérir les hémorrhagies, provoquer les urines, détruire la pierre dans la vessie ; ce sont ces mêmes dents de requins qui, enchâssées dans des métaux plus ou moins précieux, ont été portées en amulettes pour calmer les douleurs de dents et préserver du plus grand des maux, de celui de la peur. Ces amulettes ont entièrement perdu leur crédit, et nous ne voyons aucune cause de différence entre les propriétés de la poudre des dents ou de la cervelle des requins, et celles de la cervelle desséchée ou des dents broyées des autres poissons.

Malgré les divers usages auxquels les arts emploient la peau du requin,

1. Suivant Pontoppidan, auteur d'une *Histoire naturelle de la Norvège*, le foie d'un squale de vingt pieds de longueur fournit communément deux tonnes et demie d'huile.

ce squale serait donc peu recherché dans les contrées où un climat tempéré, une population nombreuse et une industrie active produisent en abondance des aliments sains et agréables, si sa puissance n'était pas très dangereuse. Lorsqu'on lui tend des pièges, lorsqu'on s'avance pour le combattre, ce n'est pas uniquement une proie utile que l'on cherche à saisir, mais un ennemi acharné que l'on veut anéantir. Il a le sort de tout ce qui inspire un grand effroi : on l'attaque dès qu'on peut espérer de le vaincre ; on le poursuit parce qu'on le redoute ; il périt, parce qu'il peut donner la mort. Telle est en tout la destinée des êtres dont la force paraît en quelque sorte sans égale. De petits vers, de faibles ascarides, tourmentent souvent dans son intérieur le plus énorme requin ; ils déchirent ses entrailles sans avoir rien à craindre de sa puissance. D'autres animaux presque autant sans défense relativement à sa force, des poissons mal armés, tels que l'*Echeneis Remora*, peuvent aussi impunément s'attacher à sa surface extérieure. Presque toujours, à la vérité, sa peau dure et tuberculeuse l'empêche de s'apercevoir de la présence de ces animaux ; mais si quelquefois ils s'accrochent à quelque partie plus sensible, le requin fait de vains efforts pour échapper à la douleur ; et le poisson qui n'a presque reçu aucun moyen de nuire est pour lui au milieu des eaux ce que l'aiguillon d'un seul insecte est pour le tigre le plus furieux au milieu des sables ardents de l'Afrique.

Les requins de dix mètres, ou d'un peu plus de trente pieds de longueur étant les plus grands des poissons qui habitent la mer Méditerranée et surpassant par leurs dimensions la plupart des cétacés que l'on voit dans ses eaux, c'est vraisemblablement le squale dont nous essayons de présenter les traits, qu'ont eu en vue les inventeurs des mythologies, ou les auteurs des opinions religieuses adoptées par les Grecs et par les autres peuples placés sur les rivages de cette même mer. Il paraît que c'est dans le vaste estomac d'un immense requin qu'ils ont annoncé qu'un de leurs héros ou de leurs demi-dieux avait vécu pendant trois jours et trois nuits ; et ce qui doit faire croire d'autant plus aisément qu'ils ont, dans leur récit, voulu parler de ce squale, et qu'ils n'ont désigné aucun des autres animaux marins qu'ils comprenaient avec ce poisson sous la dénomination générale de *cete*, c'est que l'on a écrit qu'un très long requin pouvait avoir l'œsophage et l'estomac assez étendus pour engloutir de très grands animaux sans les blesser, et pour les rendre encore en vie à la lumière.

Les requins sont très répandus dans toutes les mers. Il n'est donc pas surprenant que leurs dépouilles pétrifiées et plus ou moins entières se trouvent dans un si grand nombre de montagnes et d'autres endroits du globe autrefois recouverts par les eaux de l'Océan. On a découvert une de ces dépouilles presque complète dans l'intérieur du Monte-Bolca, montagne volcanique des environs de Vérone, célèbre par les pétrifications de poissons qu'elle renferme, et qui, devenue depuis le XVIIIe siècle l'objet des recherches des savants véronois, leur a fourni plusieurs collections précieuses[1], et particulièrement celle que l'on a due aux soins éclairés de M. Vincent Bozza et du comte Jean-Baptiste Gazola. C'est à cette dernière collection qu'appartient ce requin pétrifié qui a près de sept décimètres (vingt-cinq pouces six lignes) de longueur, et dont on peut voir la figure dans l'*Ichtyolithologie véronoise*[2], bel ouvrage que publie dans ce moment une société de physiciens de Vérone. Mais il est rare de voir, dans les différentes couches du globe, des restes un peu entiers de requin ; on n'en trouve ordinairement que des fragments ; et celles des portions de cet animal qui sont répandues presque dans toutes les contrées sont ses dents amenées à un état de pétrification plus ou moins complet. Ces parties sont les substances les plus dures de toutes celles qui composent le corps du requin ; il est donc naturel qu'elles soient les plus communes dans les couches de la terre. Les premières dont les naturalistes se soient beaucoup occupés avaient été apportées de l'île de Malte, où l'on en voit en très grande quantité ; comme ces corps pétrifiés, ou ces espèces de pierres d'une forme extraordinaire pour beaucoup de personnes, se sont liés dans le temps et dans beaucoup de têtes, avec l'histoire de l'arrivée de saint Paul à Malte, ainsi qu'avec la tradition de grands serpents qui infestaient cette île, et que cet apôtre changea en pierres, on a voulu retrouver dans ces dents de requins les langues pétrifiées des serpents métamorphosés par saint Paul. Cette erreur, comme toutes celles qui se sont mêlées avec des idées religieuses, a même été assez générale pour faire donner à ces parties de requin un nom qui rappelât l'opinion que l'on avait sur leur origine ; on les a distingués par la dénomination de *glossopètres*, qui signifie *langues de pierre* ou *pétrifiées*. Il aurait été plus convenable de les appeler, avec quelques auteurs, *odontopètres*, c'est-à-dire *dents pétrifiées*, ou *ichtyodontes*, qui veut dire *dents de poisson*, ou encore mieux *lamiodontes, dents de lamie* ou *requin*.

Au reste, on remarque, dans quelques cabinets, de ces dents de requin, ou lamiodontes, pétrifiées, d'une grandeur très considérable. Et comme, lorsqu'on a su que ces dépouilles avaient appartenu à un requin, on leur a attribué les mêmes vertus chimériques qu'aux dents de cet animal non pétrifiées et non fossiles, on voit pourquoi plusieurs muséums présentent de ces lamiodontes enchâssées avec art dans de l'argent ou du cuivre, et montées de manière à pouvoir être suspendues et portées au cou en guise d'amulettes.

Il y a, dans le Muséum d'histoire naturelle, une très grande dent fossile et pétrifiée qui réunit à un émail assez bien conservé tous les caractères des dents de requin. Elle a été trouvée aux environs de Dax, auprès des Pyrénées, et envoyée dans le temps au Muséum par M. de Borda. J'ai mesuré

1. Deux de ces riches collections, formées l'une par l'illustre marquis Scipion Maffei, et l'autre par M. Jean-Jacques Spada, ont appastenu au célèbre Seguier de Nîmes, et ont été dans le temps transportées dans cette dernière ville.

2. Seconde partie, p. 10, pl. 3, fig. 1.

avec exactitude la partie émaillée qui, dans l'animal vivant, paraissait hors des alvéoles ; j'ai trouvé que le plus grand côté du triangle formé par cette partie émaillée avait cent quinze millimètres (quatre pouces trois lignes) de longueur : la note suivante[1] indiquera les autres dimensions. J'ai désiré de savoir quelle grandeur on pouvait supposer dans le requin auquel cette dent a appartenu. J'ai, en conséquence, pris avec exactitude la mesure des dents d'un grand nombre de requins parvenus à différents degrés de développement. J'ai comparé les dimensions de ces dents avec celles de ces animaux. J'ai vu qu'elles ne croissaient pas dans une proportion aussi grande que la longueur totale des requins, et que, lorsque ces squales avaient obtenu une taille un peu considérable, leurs dents étaient plus petites qu'on ne l'aurait pensé d'après celles des jeunes requins. On ne pourra déterminer la loi de ces rapports que lorsqu'on aura observé plusieurs requins beaucoup plus près du dernier terme de leur croissance, que ceux que j'ai examinés. Mais il me paraît déjà prouvé par le résultat de mes recherches que nous serons en deçà de la vérité, bien loin d'être au delà, en attribuant au requin dont une des dents a été découverte auprès des Pyrénées une longueur aussi supérieure à celle du plus grand côté de la partie émaillée de cette dent fossile, que la longueur totale d'un jeune requin que j'ai mesuré très exactement l'emportait sur le côté analogue de ses plus grandes dents. Ce côté analogue avait dans le jeune requin cinq millimètres de long, et l'animal en avait mille. Le jeune requin était donc deux cents fois plus long que le plus grand côté de la partie émaillée de ses dents les plus développées. On doit donc penser que le requin dont une portion de la dépouille a été trouvée auprès de Dax était au moins deux cents fois plus long que le grand côté de la partie émaillée de sa dent fossile. Nous venons de voir que ce côté avait cent quinze millimètres de longueur : on peut donc assurer que le requin était long au moins de vingt-trois mètres, ou, ce qui est la même chose, de soixante-dix pieds neuf pouces. Maintenant, si nous déterminons les dimensions que sa gueule devait présenter, d'après celles que nous a montrées la bouche d'un nombre très considérable de requins de différentes tailles, nous verrons que le contour de sa mâchoire supérieure devait être au moins de treize pieds trois pouces (quatre cent

	Millim.	Pouces	Lignes
1. Plus grande largeur de la partie émaillée de la dent........	90	3	3
Longueur de la partie émaillée, mesurée sur le côté convexe, et depuis le sommet de l'angle saillant jusqu'à celui de l'angle rentrant formé par la base de cette même partie émaillée..	82	3	0
Longueur de la partie émaillée, mesurée sur le côté concave, et depuis le sommet de l'angle saillant jusqu'à celui de l'angle rentrant formé par la base de cette même partie émaillée..	82	3	0

Je n'ai point cherché à connaître les dimensions de la portion non émaillée, parce que je ne pouvais pas être sûr de son intégrité.

vingt-huit centimètres), et comme les parties molles qui réunissent les deux mâchoires peuvent se prêter à une assez grande extension, on doit dire que la circonférence totale de l'ouverture de la bouche était au moins de vingt-six pieds, et que cette même ouverture avait près de neuf pieds de diamètre moyen.

Quel abîme dévorant! Quelle grandeur, quelles armes, quelle puissance présentait donc ce squale géant qui exerçait ses ravages au milieu de l'Océan, à cette époque reculée au delà des temps historiques, où la mer couvrait encore la France, ou, pour mieux dire, la Gaule méridionale, et baignait de ses eaux les hautes sommités de la chaîne des Pyrénées! Et que l'on ne dise pas que cet animal remarquable était de la famille ou du genre des squales, mais qu'il appartenait à une espèce différente de celle des requins de nos jours. Tout œil exercé à reconnaître les caractères distinctifs des animaux, et surtout ceux des poissons, verra aisément sur la dent fossile des environs de Dax, non seulement les traits de la famille des squales, mais encore ceux des requins proprement dits. Et si, rejetant des rapports que l'on regarderait comme trop vagues, on voulait rapporter cette dent de Dax à un des squales dont nous allons nous occuper, on l'attribuerait à une espèce beaucoup plus petite maintenant que celle du requin, et on ne ferait qu'augmenter l'étonnement de ceux qui ne s'accoutument pas à supposer vingt-trois mètres de longueur dans une espèce dont on ne voit aujourd'hui que des individus de dix mètres.

Au reste, dans ces parties de l'Océan que ne traversent pas les routes du commerce, et dont les navigateurs sont repoussés par l'âpreté du climat ou par la violence des tempêtes, ne pourrait-on pas trouver d'immenses requins qui, ayant joui, dans ces parages écartés, d'une tranquillité aussi parfaite, ou, pour mieux dire, d'une impunité aussi grande que ceux qui infestaient, il y a plusieurs milliers d'années, les bords des Pyrénées, y auraient vécu assez longtemps pour y atteindre au véritable degré d'accroissement que la nature a marqué pour leur espèce? Quoi qu'il en soit, il n'est pas indifférent, pour l'histoire des révolutions du globe, de savoir que les animaux marins dont on trouve la dépouille fossile aux environs de Dax étaient de véritables requins et avaient plus de soixante-dix pieds de longueur.

LE SQUALE TRÈS GRAND[1]

Squalus maximus, Linn., Gmel., Lacép. — *Selache maximus*, Cuv.

Ce squale mérite bien le nom qu'il porte. Il parvient, en effet, à une grandeur presque aussi considérable que celle du requin. Il vogue, pour

1. *Le chien de mer très grand.* Daubenton, Encyclopédie méthodique. — « Squalus dentibus conicis, pinna dorsali anteriore majore. » Ot. Fab., *Faun. Groenl.*, p. 130, n. 90. — *Le très grand chien de mer*. Broussonnet, Mémoires de l'Académie des sciences de Paris, pour l'an 1780. — *Le*

ainsi dire, son égal en volume et en puissance, et il partage en quelque sorte son empire dans les froides mers qu'il habite. Plusieurs auteurs ont même écrit que ses dimensions surpassaient celles du requin; mais nous sommes persuadé que la supériorité resterait à ce dernier, si l'on pouvait comparer le requin et le très grand, parvenus l'un et l'autre à leur entier développement. L'opinion contraire n'a été adoptée que parce que le très grand, beaucoup moins répandu dans les mers que le requin, ne s'éloigne guère du cercle polaire. Beaucoup moins troublé, poursuivi, attaqué, dans les mers glaciales et reculées qu'il préfère, il y parvient assez fréquemment à un degré d'accroissement très avancé; à proportion du nombre des individus de chaque espèce, il est par conséquent moins ordinaire de rencontrer de vieux requins que de vieux squales très grands. D'ailleurs, on a presque toujours regardé la longueur de dix mètres, ou de trente pieds comme la limite de la grandeur pour le requin; ce dernier poisson nous paraît, d'après tout ce que nous avons dit, pouvoir présenter même aujourd'hui, et dans des parages peu fréquentés, une dimension beaucoup plus étendue.

Mais si le très grand ne doit être placé qu'après le requin dans l'ordre des grandeurs et des forces, il précède tous les autres squales, et c'est vers trente pieds qu'il faut supposer l'accroissement ordinaire de cet animal. Les habitudes et la conformation de ce poisson ressemblent beaucoup à celles du requin; mais il en diffère par les dents qui ne sont pas dentelées, et qui, beaucoup moins aplaties que celles de presque tous les autres squales, ont un peu la forme d'un cône. On en trouve de pétrifiées, mais beaucoup plus rarement que de celles du requin. La seconde nageoire du dos, plus petite que la première, est d'ailleurs placée plus près de la tête que la nageoire de l'anus; enfin l'on voit de chaque côté de la queue et près de sa nageoire une sorte d'appendice, ou de saillie longitudinale et comme carénée. Au reste, la peau est, comme celle du requin, épaisse, forte, tuberculeuse et âpre au toucher.

Nous venons de voir que le très grand ne quittait guère les mers glaciales et arctiques. Cependant des tempêtes violentes, la poursuite active d'une proie, la fuite devant un grand nombre d'ennemis, ou d'autres accidents, le chassent quelquefois vers des mers plus tempérées. Nous citerons,

chien de mer très grand. Bonnaterre, planches de l'Encyclopédie méthodique. — *Brugd.* Gunner, *Act. nidros.*, 3, p. 33, t. II. — Pennant, *Zoologie britannique*, t. III, p. 101.

Principales dimensions du squale très grand décrit dans la *Zoologie britannique*, à l'endroit que nous venons de citer.

	Pieds	Pouces
Longueur totale	26	4
Longueur de la première nageoire du dos	3	1
Longueur des nageoires pectorales	4	0
Longueur des nageoires ventrales	2	0
Longueur du lobe supérieur de la nageoire de la queue	5	0
Longueur du lobe inférieur de la même nageoire	3	0

entre plusieurs exemples de ces migrations, celui d'un squale très grand dont j'ai vu la dépouille à Paris en 1788, et dont on y montra au public la peau préparée sous le nom de peau de baleine, jusqu'à ce que le propriétaire de cette dépouille m'eût demandé le véritable nom de cet animal. Ce poisson avait échoué sur le sable à Saint-Cast, près de Saint-Malo, en décembre 1787. Il fut remorqué jusqu'à ce dernier port, où il fut acheté par M. Delattre, de qui je tiens ces détails. Au moment où ce poisson fut pris, il avait trente-trois pieds de longueur totale, sur vingt-quatre pieds de circonférence à l'endroit de sa plus grande grosseur[1]. Mais la dessiccation et les autres préparations que l'on fut obligé de faire subir à la peau avaient réduit cette dépouille à de plus petites dimensions ; et lorsque je l'examinai, elle n'avait plus que vingt-cinq pieds de longueur. En voyant ces restes, on n'était pas étonné que les squales très grands pussent avaler de petits cétacés tout entiers, ainsi que l'ont écrit plusieurs naturalistes.

LE SQUALE POINTILLÉ

Squalus punctulatus, Lacép.

C'est M. Leblond, voyageur naturaliste, qui nous a fait parvenir de l'Amérique méridionale un individu de cette espèce. Ce squale pointillé habite, comme la raie tuberculée, les mers voisines de la Guyane. Ce cartilagineux a une nageoire de l'anus et n'a point d'évents. Il appartient donc au premier sous-genre des squales ; il est aisé de voir, par ce que nous allons dire de sa forme extérieure, combien il diffère des espèces déjà comprises dans ce sous-genre, où il faudra le placer entre le squale très grand et le squale glauque.

Sa tête est déprimée et très arrondie par devant ; ses dents sont conformées comme celles du squale roussette ; on voit de chaque côté cinq ouvertures branchiales ; les nageoires pectorales sont assez grandes ; et la partie antérieure de leur base est presque aussi avancée vers le museau que la troisième ouverture des branchies. Les nageoires ventrales sont séparées l'une de l'autre ; la première nageoire dorsale est placée au-dessus des ventrales, la seconde plus près de la tête que celle de l'anus, et le lobe inférieur de la caudale, très échancré.

On voit un roux uniforme sur le dessus du corps et de la queue ; la partie inférieure de l'animal présente un fauve plus foncé, parsemé de petits points blancs, qui nous ont indiqué le nom que nous avons cru devoir préférer pour ce cartilagineux.

Au reste, nous devons prévenir que de chaque côté de la tête, et auprès de l'endroit où un évent aurait pu avoir une ouverture, nous avons aperçu une dépression presque imperceptible, qui, malgré un examen attentif, ne

1. Lettre de M. Delattre à M. de Lacépède du 20 août 1788.

nous a montré aucun orifice, mais que l'on voudrait peut-être considérer comme l'extrémité d'un évent proprement dit. Nous ne croyons pas que l'on dût adopter cette opinion, dont nous ne pouvons pas cependant démontrer le peu de fondement, parce que M. Leblond n'a envoyé au Muséum d'histoire naturelle qu'une simple dépouille d'un squale pointillé. Mais quand bien même le cartilagineux que nous venons de décrire aurait des évents, et qu'il fallût le transporter, si je puis m'exprimer ainsi, du premier sous-genre dans le second, il n'en appartiendrait pas moins à une espèce encore inconnue aux naturalistes. Il faudrait l'inscrire après le squale isabelle, avec lequel il aurait des rapports d'autant plus grands, que la première nageoire dorsale de l'isabelle s'élève, comme celle du pointillé, au-dessus des ventrales. Il différerait néanmoins de ce même poisson, en ce que les ouvertures des évents de l'isabelle sont très grandes, pendant que celles du pointillé seraient au moins très petites. D'ailleurs, l'isabelle a une ligne latérale très sensible. Il présente sur la partie inférieure du corps et de la queue une couleur beaucoup plus claire que celle du dos, tandis que, par une disposition de nuances très rare sur les animaux, et particulièrement sur les poissons, la couleur de la partie inférieure de la queue et du corps du pointillé est plus foncée que la teinte des parties supérieures de ce dernier squale. Il n'a point de petites taches sur le ventre, comme le pointillé ; il en montre de plus ou moins grandes sur le dos, où la couleur du pointillé est au contraire très uniforme; enfin on n'a vu jusqu'à présent l'isabelle que dans quelques portions de la mer Pacifique.

LE SQUALE GLAUQUE[1]

Squalus glaucus, Gmel., Lacép., Cuv.

Ce squale présente de très belles couleurs lorsqu'il est en vie. Tout le dessus de sa tête, de son corps, de sa queue et de ses nageoires est de ce bleu verdâtre auquel le nom de *glauque* a été donné, et qui est semblable à la nuance la plus ordinaire de toutes celles que présentent les eaux de la

1. *Cagnot blanc*, dans plusieurs départements méridionaux. — *Haa e brand*, en Norvège.— *Blue shark*, en Angleterre. — *Chien de mer bleu*. Daubenton, Encyclopédie méthodique. — Artedi, gen. 69, n. 13, syn. 98. — Muller, *Prodrom. zool. dan.*, p. 39, n. 318. — Gunner, *Act. nidros.*, 4, p. 1, tab. 1, fig. 1. — *Voyage en Islande* d'Eggert Olafsens.— Bloch, *Histoire naturelle des poissons*, troisième partie, pl. 86.

Squalus Ascensionis. Obs. It. chin. p. 385. — *Chien de mer bleu*. Bonnaterre, planches de l'Encyclopédie méthodique. — *Cynocephalus glaucus*. Klein, *Miss. pisc.* 3, p. 6, n. 2. — « Chien de mer bleu, galeus glaucus. » Rondelet, première partie, liv. XIII, chap. v. — Gesner, *Aquat.*, p. 609. — Willughby, *Icht.*, 49, tab. B. 8. — Ray., *Pisc.*, 20.

Squalus glaucus. Ascagne, planches d'histoire naturelle, p. 7, pl. 31. — *Chien de mer glauque*. Broussonnet, Mémoires de l'Académie des sciences pour 1780. — *Blue shark*. Pennant, *Zool. britann.*, 3, p. 84, n. 5. — *Glaucus*. Charleton, p. 127.

Duhamel, *Traité des pêches*, seconde partie, sect. 9, p. 298. — « Glauque, *id.* canis carcharias, *vulgo* requiem. » Plumier, dessins sur vélin du Muséum d'histoire naturelle. — *Cagnot bleu*. Valmont de Bomare, *Dictionnaire d'histoire naturelle*.

mer lorsqu'elles ne sont pas agitées par les vents, ni dorées par les rayons du soleil. Ce bleu verdâtre est relevé par le blanc éclatant de la partie inférieure de l'animal; et comme les anciens mythologues et les poètes voisins des temps héroïques n'auraient pas manqué de voir dans cette distribution de couleurs la représentation du manteau d'une divinité de l'Océan, ils auraient d'autant plus adopté la dénomination de *glauque*, employée par les naturalistes pour désigner le squale dont nous nous occupons, qu'en indiquant la nuance qui est propre à sa peau, elle leur aurait rappelé le nom de *Glaucus*, un de leurs demi-dieux marins. Mais ce dieu de l'onde était pour les anciens une puissance tutélaire, en l'honneur de laquelle on sacrifiait sur le rivage lorsqu'on avait évité la mort au milieu des tempêtes ; et le squale glauque est un être funeste, aux armes meurtrières duquel on cherche à se soustraire. En effet, ce squale a non seulement reçu la beauté, mais a encore eu la grandeur en partage. Il parvient ordinairement à la longueur de quinze pieds (près de cinq mètres) ; suivant Pontoppidan, qui a écrit l'*Histoire naturelle de la Norvège* et qui a pu voir un très grand nombre d'individus de cette espèce, le squale glauque a quelquefois dix brasses de longueur[1]. Il est d'ailleurs très dangereux, parce que sa couleur empêche qu'on ne le distingue de loin au milieu des eaux, parce qu'il s'approche à l'improviste, et qu'il joint à la force due à sa taille toute celle qu'il peut tenir d'une grande audace.

Plusieurs voyageurs, et particulièrement Plumier[2], lui ont appliqué en conséquence les dénominations que la puissance redoutable du requin a fait donner à ce dernier, et ils l'ont nommé *requiem* et *carcharias*.

Ses dents triangulaires, allongées et aiguës, ne sont pas dentelées comme celles du requin, ni un peu coniques comme celles du très grand : on en trouve de fossiles dans un très grand nombre d'endroits ; et cela ne doit pas surprendre, puisque le glauque habite à toutes les latitudes, depuis l'île de l'Ascension jusqu'aux mers polaires. Sa première nageoire dorsale est plus près de la tête que les nageoires ventrales ; il a une fossette sur la partie supérieure de l'extrémité de la queue ; le lobe supérieur de la nageoire caudale est trois fois plus long que l'inférieur ; et sa peau est moins rude que celle de presque tous les autres squales.

LE SQUALE LONG-NEZ[3]

Squalus cornubicus, LACÉP., GMEL., BLOCH.

La longueur du museau de ce squale lui a fait donner le nom qu'il porte. Ce museau est d'ailleurs conique et criblé de pores. Les dents sont

1. Suivant Ascagne, lorsqu'un squale glauque a huit pieds de long, il en a quatre de circonférence, et il pèse deux cents livres.

2. Dessins sur vélin déjà cités.

3. *Squalus cornubicus*. Linné, édition de Gmelin. — *Chien de mer nez*. Broussonnet, Mémoires

longues et aiguës, et les yeux assez grands. La première nageoire du dos est vers le milieu de la longueur du corps ; la seconde, beaucoup plus petite, a sa base plus près de l'extrémité de la queue, que celle de l'anus, qui l'égale en étendue ; celle de la queue se divise en deux lobes, dont le supérieur est un peu plus long que l'autre ; les pectorales occupent à peu près le milieu de la distance qui sépare les nageoires ventrales du bout du museau ; et, ce qu'il faut surtout remarquer dans cet animal, la ligne latérale qui commence au-dessus des yeux se termine vers la nageoire caudale par un pli longitudinal.

Il paraît que le squale dont Duhamel[1] a parlé en lui conservant le nom de *touille-bœuf*, et celui que Pennant[2] a fait connaître, et qu'il a désigné par la dénomination de *beaumaris*, ne sont que des variétés plus ou moins constantes du long-nez, que l'on rencontre particulièrement dans la mer qui baigne le pays de Cornouailles.

LE SQUALE PHILIPP[3]

Squalus Port-Jackson, Lacép. — *Squalus Philippi*, Schn. — *Cestracion Philippi*, Cuv.

C'est pendant le voyage du capitaine Philipp à Botany-Bay que l'on a vu ce squale dans le port Jackson de la Nouvelle-Hollande. J'ai cru en conséquence devoir donner à ce poisson un nom qui rappelât le navigateur à l'entreprise duquel on en doit la connaissance. La conformation de cet animal est remarquable. Auprès des yeux on voit une proéminence dont la longueur est à peu près égale au huitième de la longueur totale. L'intérieur de la bouche est garni d'un très grand nombre de dents disposées sur dix ou onze rangées. Les dents les plus extérieures étaient les plus petites dans l'individu pêché dans le port Jackson. Peut-être ces dents extérieures n'étaient-elles que des dents de remplacement, substituées depuis peu de temps à des dents plus anciennes, et qui seraient devenues plus grandes, si l'animal avait vécu plus longtemps. Mais, quoi qu'il en soit, cette infériorité de grandeur dans les dents extérieures du squale philipp prouve évidemment que les intérieures ne sont pas destinées à les remplacer, puisque jamais les dents de remplacement ne sont plus développées que celles auxquelles elles doivent succéder. Ce fait ne confirme-t-il pas ce que nous avons dit sur les fonctions et la destination des différentes dents du requin ?

Au reste, toutes les dents du squale philipp ne sont pas aiguës et tran-

de l'Académie des sciences de Paris pour 1780. — *Chien de mer nez*. Bonnaterre, planches de l'Encyclopédie méthodique. — *Porbeagle*. Borlase, *Cornub.*, t. XXVI, p. 265, n. 4.

1. *Touille-bœuf*. Duhamel, *Traité des pêches*, t. II, sect. 9.

2. *Beaumaris shark*. Pennant, *Zool. britann.* (seconde édition), t. XVII, p. 104.

3. *Squalus Port-Jakcson*. *Voyage du capitaine Philipp à Botany-Bay*, quatrième édition, publiée en 1790, en anglais et à Londres.

chantes; on en voit plusieurs à la mâchoire supérieure, et surtout à la mâchoire inférieure, qui sont presque demi-sphériques. Au-devant de chacune des deux nageoires dorsales est un aiguillon très fort et assez long. La nageoire de l'anus est placée à une égale distance des ventrales et de celle de la queue, qui se divise en deux lobes, et dont le lobe supérieur est plus long que l'inférieur.

Ce squale de la mer Pacifique est brun par-dessus et blanchâtre par-dessous.

L'individu décrit dans le *Voyage du capitaine Philipp* n'avait que deux pieds de long et cinq pouces et demi dans sa plus grande largeur.

LE SQUALE PERLON [1]

Squalus cinereus, Gmel., Lacép.

C'est mon confrère M. Broussonnet, membre de l'Institut de France, qui a parlé le premier dè ce poisson dans le beau travail qu'il a publié sur la famille des squales[2]. Il a donné à cet animal le nom de *perlon*, que nous lui avons conservé. Ce cartilagineux est, dans sa partie supérieure, d'un gris cendré, distribué communément comme le bleu verdâtre du glauque, auquel il ressemble d'ailleurs par sa peau moins tuberculeuse et moins rude que celle de plusieurs autres squales. Ses lignes latérales sont très sensibles. Mais ce qui sert principalement à le faire distinguer des poissons de son genre, c'est qu'il n'a qu'une nageoire dorsale, placée à peu près vers le milieu du corps, et surtout qu'au lieu de cinq ouvertures branchiales, il en présente sept de chaque côté. Les voyageurs qui pourront le voir dans les différentes circonstances de sa vie observeront sans doute avec beaucoup d'intérêt quelle influence exerce sur ses habitudes cette conformation particulière de ses organes respiratoires.

LE SQUALE ROUSSETTE [3]

Squalus Canicula, Gmel., Cuv.

Occupons-nous maintenant des squales qui ont une nageoire de l'anus comme ceux que nous venons d'examiner, mais qui ont en même temps

1. *Chien de mer perlon.* Broussonnet, Mémoires de l'Académie des sciences pour 1780. — *Squalus cinereus.* Linné, édition de Gmelin. — *Chien de mer perlon.* Bonnaterre, planches de l'Encyclopédie méthodique.

2. Dans le volume déjà cité des Mémoires de l'Académie des sciences.

3. Noms donnés au mâle et à la femelle :

Chat marin, dans plusieurs départements méridionaux. — *Pesce gatto*, dans plusieurs endroits de l'Italie. — *Haay*, sur plusieurs côtes des Indes orientales. — *Chien de mer roussette.* Broussonnet, Mém. de l'Acad. des sciences de Paris pour 1780. — Daubenton, Encyclopédie méthodique. — Bonnaterre, planches de l'Encyclopédie méthodique.

Noms donnés uniquement au mâle :

Roussette tigrée. — *Rough-hound* et *morgay*, en Angleterre. — *Squalus catulus.* Linné, édit.

derrière chaque œil un évent dont ces derniers sont dénués, et dont nous avons exposé l'usage en traitant de la raie batis. Le premier animal qui se présente à notre étude, dans le sous-genre dont nous allons parler, est la roussette.

On a observé, et M. Broussonnet a particulièrement remarqué que, dans les squales en général, ainsi que dans plusieurs autres animaux carnassiers, et surtout parmi les oiseaux de proie, la femelle est plus grande que le mâle. Nous retrouverons cette même différence de grandeur dans plusieurs autres genres ou espèces de poissons ; et peut-être cette supériorité de volume que les femelles des poissons ont sur leurs mâles n'a-t-elle lieu que dans les espèces où les œufs parviennent, dans le ventre de la mère, à un accroissement très considérable, ou s'y développent en très grand nombre. Mais, quoi qu'il en soit, c'est principalement dans l'espèce du squale roussette que se montre cette inégalité de dimensions entre le mâle et la femelle. Elle y est même assez grande pour que plusieurs auteurs anciens et plusieurs naturalistes modernes les aient considérés comme formant deux espèces distinctes, dont on a nommé une *le grand chat de mer*, ou *chien marin* (*canicula* vel *catulus major*), et l'autre *le petit chat de mer*, ou *petit chien marin* (*canicula* vel *catulus minor*).

Ces auteurs se sont d'ailleurs déterminés à établir cette séparation, parce que le mâle et la femelle du squale roussette ne se ressemblent pas dans la position de leurs nageoires ventrales ni dans la disposition de leurs couleurs. Mais lorsqu'on aura pris la peine d'examiner un assez grand nombre de roussettes mâles et femelles, de peser les observations des navigateurs et de comparer les descriptions des naturalistes, on adoptera facilement avec nous l'opinion de M. Broussonnet, qui ne regarde les différences qui séparent le grand et le petit chat de mer que comme le signe de deux

de Gmelin. (Le professeur Gmelin n'est pas éloigné de considérer ce squale comme le mâle de la roussette proprement dite.) — « Squalus dorso vario, pinnis ventralibus concretis. » Artedi, gen. 69, syn. 97.

Müller, *Prodrom. zoolog.*, p. 38, n. 314. — Gronov. mus. 2, n. 199. — Bloch, *Histoire naturelle des poissons*, pl. 114. — « Galeus, dorso pulverulento tantillum rubente. » Klein, *Miss. pisc.*, 3, p. 10, n. 6. — *Galeus stellaris min.* Belon, *Aquat.*, p. 74. — Aldrov. *Pisc.*, p. 390, f. 2.

Catulus minor. Willughby, *Icht.*, p. 64, tab. B. 4, fig. 2. — Ray., *Pisc.*, p. 22, n. 13. — *Catulus* et *catulus minor*. Salvian. *Aquat.*, 137 b, et 138 a, lib. XXXII; et 138 b, lib. VIII, XIII et XXIX. — *Lesser dog-fish.* Pennant, *Brit. zool.*, 3, p. 90, n. 9. — Gunner, *Act. nidros.* 2, p. 235, tab. 1, a.

Noms donnés uniquement à la femelle :

Scorzone, à Rome. — *Bounce*, en Angleterre. — *Squalus catulus*. Linné, édition de Gmelin. — « Squalus varius inermis, pinna ani media inter anum caudamque pinnatam. » Artedi, gen. 68. syn. 97. — « Galeus capite rostroque brevissimis, etc. « Klein, *Miss. pisc.*, 3, p. 10, n. 4. — *Squalus conductus.* Osbeck, *Ichtyol.* 70.

Salvian, *Aquat.*, p. 137. — Aldrov. *Pisc.*, p. 390. — Jonston, *Pisc.*, p. 25, tab. 8, fig. 1. — *Catulus major vulgaris.* Willughby, *Icht.*, p. 62. — Ray, *Pisc.*, p. 22. — *Roussette, canicula Aristotelis.* Rondelet, première partie, liv. XIII, chap. VI. — Gesn., *Aquat.*, p. 168.

Greater dog-fish. Pennant, *Brit. zool.*, 3, p. 88, n. 8. — Aristote, l. VI, c. X et XI. — *Roussette.* Valmont de Bomare, *Dictionnaire d'histoire naturelle.* — *Roussette*, dessins sur vélin, de la collection du Muséum d'histoire naturelle.

sexes, et non pas de deux espèces distinctes. Le grand chat de mer, ou la canicule marine, est la roussette femelle, et le petit chat marin est la roussette mâle.

La roussette femelle l'emporte donc sur le mâle par l'étendue de ses dimensions. Cependant, comme les attributs caractéristiques de l'espèce résident toujours par excellence dans les mâles, nous allons commencer par décrire le mâle de la roussette.

La tête est grande, le museau plus transparent que dans quelques autres squales[1], l'iris blanc et la prunelle noire. Les narines sont recouvertes, à la volonté de l'animal, par une membrane qui se termine en languette déliée et vermiculaire. Les dents sont dentelées et garnies, aux deux bouts de la base de la partie émaillée, d'une pointe ou d'un appendice dentelé ; ce qui donne à chaque dent trois pointes principales. Elles forment ordinairement quatre rangées; celles du milieu de chaque rang sont les plus longues. Les nageoires ventrales se touchent de très près et sont, pour ainsi dire, réunies ; la place qu'elles occupent est d'ailleurs plus rapprochée de la tête que celle de la première nageoire dorsale. La seconde nageoire du dos est située au-dessus de celle de l'anus ; la nageoire caudale est étroite et échancrée, et la longueur de la queue surpasse celle du corps proprement dit.

La partie supérieure de l'animal est d'un gris brunâtre, mêlé de nuances rousses ou rouges, et parsemé de taches plus ou moins grandes, dont les unes sont blanchâtres et les autres d'une couleur très foncée.

Ce mâle a communément deux ou trois pieds de longueur.

Voici maintenant les différences que présente la femelle.

1° Sa longueur est ordinairement de trois à quatre pieds.

2° La tête est plus petite à proportion du volume du corps.

3° Les nageoires ventrales ne sont pas réunies.

4° Les couleurs de la partie supérieure du corps ne sont pas toujours distribuées comme celles du mâle ; les taches que cette partie présente ressemblent quelquefois davantage à celles que l'on voit sur la peau d'un léopard. Ces taches sont souvent rousses ou noires, mêlées à d'autres taches cendrées.

Telles sont les formes et les nuances qu'offrent le mâle et la femelle.

Mais ne considérons plus que l'espèce et indiquons ses habitudes.

La roussette est très vorace : elle se nourrit principalement de poissons et en détruit un grand nombre ; elle se jette même sur les pêcheurs et sur ceux qui se baignent dans les eaux de la mer. Mais, comme elle est moins grande et plus faible que plusieurs autres squales, elle n'attaque pas le plus souvent ses ennemis à force ouverte ; elle a besoin de recourir à la ruse et elle se tient presque toujours dans la vase, où elle se cache et se met en embuscade comme les raies pour surprendre sa proie : aussi est-il très

1. Voyez au sujet de la transparence des poissons, le Discours sur la nature de ces animaux.

rare de pêcher des individus de cette espèce qui ne soient couverts de fange.

La chair de la roussette est dure et répand une odeur forte qui approche de celle du musc. On en mange rarement, et, lorsqu'on veut s'en nourrir, on la fait macérer pendant quelque temps dans l'eau. Mais sa peau séchée est très répandue dans le commerce ; elle y est connue sous le nom de *peau de roussette, peau de chien de mer, peau de chagrin*. Les petits tubercules dont elle est revêtue la rendent très propre à polir des corps très durs, du bois, de l'ivoire et même du fer; comme celle du requin, elle est employée non seulement à faire des liens, mais encore à couvrir des malles, et, après avoir été peinte en vert ou en d'autres couleurs, à garnir des étuis sous le nom de *galuchat*. Il ne faut cependant pas confondre ce galuchat commun avec celui que l'on obtient en préparant la peau de la raie sephen, duquel les grains ou tubercules sont plus gros, et dont nous avons parlé dans l'article de cette raie. Ce second galuchat, plus beau et plus recherché, est aussi plus rare, la sephen n'ayant été pêchée que dans un petit nombre de mers, et le squale roussette habitant non seulement dans la Méditerranée, mais encore dans toute l'étendue de l'Océan, depuis un cercle polaire jusqu'à l'autre, et depuis les Indes occidentales jusqu'aux grandes Indes, d'où un individu de cette espèce a été envoyé dans le temps à la Haye sous le nom de *haay* [1].

On retire par la cuisson une assez grande quantité d'huile du foie de la roussette. Mais il paraît qu'il est très dangereux de se nourrir de ce viscère, que les pêcheurs ont ordinairement le soin de rejeter avant de vendre l'animal. Le séjour de la roussette dans la fange, l'infériorité de sa force et la violence de son appétit peuvent l'obliger à se contenter souvent d'une proie très corrompue, d'aliments fétides, et même de mollusques ou d'autres vers marins plus ou moins venimeux, qui altèrent ses humeurs, vicient particulièrement sa bile, donnent à son foie une qualité très malfaisante, et rendraient aussi plus ou moins funeste, dans plusieurs circonstances, l'usage intérieur d'autres parties de cet animal [2]. Mais, quoi qu'il en soit, nous croyons devoir rapporter ici les observations faites par M. Sauvages, habile médecin de Montpellier, sur les effets d'un foie de roussette pris intérieurement [3]. Un savetier de Bias auprès d'Agde, nommé Gervais, mangea d'un foie de ce squale, avec sa femme et deux enfants, dont l'un était âgé de quinze ans et l'autre de dix. En moins d'une demi-heure, ils tombèrent tous les quatre dans un grand assoupissement, se jetèrent sur de la paille, et ce ne fut que le troisième jour qu'ils revinrent à eux assez parfaitement pour connaître leur état. Ils furent alors plus ou moins réveillés, suivant qu'ils avaient pris une quantité moins grande ou plus considérable de foie. La femme, qui en

1. Cet individu desséché fait partie de la collection cédée à la France par la Hollande.

2. Nous ne saurions trop recommander de vider avec la plus grande attention les poissons dont on veut manger, lorsqu'ils se sont nourris d'aliments corrompus ou de vers marins.

3. Dissertation sur les animaux venimeux couronnée par l'Académie de Rouen en 1745.

avait mangé le plus, fut cependant la première rétablie. Elle eut, en sortant de son sommeil, le visage très rouge, et elle ressentit le lendemain une démangeaison universelle, qui ne passa que lorsque tout son épiderme se fut séparé du corps en lames plus ou moins grandes, excepté sur la tête, où cette exfoliation eut lieu par petites parties et n'entraîna pas la chute des cheveux. Son mari et ses enfants éprouvèrent les mêmes effets.

La roussette est très féconde ; elle s'accouple plusieurs fois ; elle a plusieurs portées chaque année, et, suivant la plupart des observateurs, chaque portée est de neuf à treize petits ; on a même écrit qu'il y avait quelquefois des portées de dix-neuf jeunes squales ; mais peut-être a-t-on appliqué faussement à la roussette ce qui paraît vrai du *rochier*, avec lequel elle a de très grands rapports, et auquel le nom de *roussette* a été aussi donné.

Les œufs qui éclosent dans le ventre de la mère, au moins le plus souvent, sont semblables à ceux du requin ; on les a également comparés à des sortes de coussins, de poches, de bourses ; ces coques membraneuses sont également terminées, dans leurs quatre angles, par un filament délié et treize ou quatorze fois plus long que l'œuf proprement dit. Plusieurs auteurs anciens ont cru, d'après Aristote, que ces filaments si allongés étaient creux et formaient de petits tuyaux ; mais dans quelque état qu'on observe ces sortes de cordons, on les trouve toujours sans aucune espèce de cavité[1].

Lorsque les roussettes mâles sont accouplées avec leurs femelles, elles les retiennent avec des crochets ou des appendices mobiles placés auprès de l'anus, comme les mâles des autres squales et des raies se tiennent collés contre leurs femelles ; mais l'organisation intérieure de ces appendices est plus simple que celle des parties analogues de la batis ; on n'y voit que trois cartilages, dont deux ont une très grande dureté.

La roussette étant répandue dans toutes les mers, sa dépouille a dû se trouver et se trouve en effet fossile dans un grand nombre de contrées. Ses dents sont surtout très abondantes dans plusieurs endroits ; on en voit dans presque toutes les collections ; elles y ont porté longtemps le nom de *glossopètres*, ou de *langues pétrifiées*, donné à celles du requin, et ayant une forme plus allongée que ces dernières, elles ont même dû être prises moins difficilement pour des langues converties en pierres. Parmi celles que renferme le Muséum d'histoire naturelle, il y en a de très grandes. Nous avons mesuré la plus grande de toutes, et nous nous sommes assuré que l'un des deux côtés les plus longs de la portion émaillée de cette dent triangulaire avait, par le moyen de ses petites sinuosités, une longueur de soixante-dix-huit millimètres[2]. Nous avons désiré ensuite de connaître, comme nous

1. Voyez Rondelet, à l'endroit déjà cité.

2. Autres dimensions de la grande dent fossile de roussette :

	Millim.	Pouces	Lignes
Plus grande largeur de la partie émaillée.................	75	2	7
Longueur de l'une des pointes ou appendices dentelées placées l'une à un bout de la base et l'autre à l'autre......	10	0	4 1/2

l'avions cherché pour le requin, la proportion la plus ordinaire entre les dimensions des dents et celles de l'animal considéré dans son entier; mais quoique nous ayons été à même d'examiner un grand nombre de roussettes, nous en avons observé trop peu de parvenues à un grand degré de développement pour que nous ayons pu croire avoir trouvé cette proportion très variable dans les très jeunes squales, même lorsque leurs longueurs sont égales. Nous pensons cependant qu'en général les dents des roussettes sont plus petites que celles des requins, relativement à la grandeur totale du squale. Mais, de peur de dépasser la limite du vrai, supposons ce qu'il est difficile de contester, et admettons, pour les roussettes et pour les requins, le même rapport entre les dimensions de l'animal et celles de ses dents. D'après la proportion que nous avons adoptée pour les requins, la roussette à laquelle a appartenu la dent fossile que nous avons mesurée dans le Muséum a dû être deux cents fois plus longue que l'un des plus grands côtés de la partie émaillée de cette dent, et par conséquent avoir un peu plus de quinze mètres et demi (cinquante pieds) de longueur. Cette énorme extension étonnera sans doute dans une espèce dont on ne voit plus que des individus de quelques pieds; mais la dent fossile qui nous a fait admettre cet immense développement a tous les caractères des dents de roussettes; et si on voulait la rapporter à d'autres squales qui ont aussi leurs dents garnies de trois pointes principales, diminuerait-on la surprise que peut causer cette étendue de cinquante pieds que nous proposons de reconnaître dans les anciennes roussettes? Mais, quelle qu'ait été l'espèce du squale dont cette dent fossile est une partie de la dépouille, cette dent existe; elle a les dimensions que nous venons de rapporter; elle indique un squale long au moins de quinze mètres et demi; et cette conséquence, réunie avec celles que nous avons tirées de la grandeur de la dent du requin trouvée aux environs de Dax, ne sera-t-elle pas de quelque intérêt pour ceux qui voudront écrire l'histoire des changements physiques que la terre a éprouvés?

LE SQUALE ROCHIER[1]

Squalus stellaris et *Squalus Catulus,* Linn., Gmel., Lacép.

Ce squale a été souvent confondu avec le mâle ou la femelle de la roussette, que l'on a pris souvent aussi pour le mâle ou la femelle du rochier.

	Millim.	Pouces	Lignes
Longueur mesurée sur la face extérieure et convexe, depuis le sommet de la dent jusqu'au sommet de l'angle rentrant formé par la base de la portion émaillée	42	1	6 1/2
Longueur mesurée sur la face concave et intérieure, depuis le sommet de la dent jusqu'au sommet de l'angle rentrant formé par la base de la portion émaillée	50	1	10

1. *Roussette,* sur plusieurs côtes de France. — *Catto rochiero,* dans plusieurs départements

Cette double erreur est venue de ce que ces animaux ont plusieurs rapports les uns avec les autres, et particulièrement de ce que leurs couleurs assez peu constantes, et variant non seulement dans la nuance, mais encore dans la grandeur et dans la distribution des taches, ont été plusieurs fois les mêmes sur le rochier et sur le mâle ou sur la femelle de la roussette. Ces méprises ont donné lieu à d'autres fausses applications. Lorsque, par exemple, on a eu donné le nom de roussette mâle ou de roussette femelle à un squale rochier, on n'a pas manqué de lui attribuer en même temps les habitudes de la roussette mâle ou femelle, sans examiner si l'individu que l'on avait sous les yeux, et que l'on revêtait d'une fausse dénomination, présentait réellement les habitudes auxquelles on le disait soumis. Pour éviter toutes ces suppositions contraires à la vérité, il ne faut pas perdre de vue la variabilité des couleurs des roussettes et du rochier, et il ne faut distinguer ces espèces que par les formes et non par les nuances qu'elles montrent. Si nous recherchons en conséquence les différences dans la conformation qui séparent le rochier de la roussette, et si nous rassemblons en même temps les traits qui empêchent de le confondre avec les autres squales, nous trouverons que ses narines sont fermées en partie par deux lobules, dont l'extérieur est le plus grand et chagriné ; que son museau est un peu plus allongé que celui de la roussette, et que sa queue est plus courte, à proportion de la longueur du corps, que celle de ce dernier animal. Il parvient d'ailleurs à une grandeur plus considérable que le mâle, et même quelquefois que la femelle de la roussette ; et voilà pourquoi Willughby et d'autres auteurs, en nommant la roussette mâle le *petit chat de mer*, en appelant la roussette femelle, qu'ils ont prise pour une espèce particulière, *grand chat de mer*, ont réservé pour le rochier la dénomination de *très grand chat marin*.

La première nageoire dorsale est plus près de l'extrémité de la queue que du bout du museau ; la seconde, presque aussi grande que la première et plus éloignée de celle-ci que de la nageoire de la queue, est placée, au moins le plus souvent, en partie au-dessus et en partie au delà de la nageoire de l'anus.

Communément le rochier est d'une couleur grise ou roussâtre, avec des taches noirâtres, rondes, inégales, répandues sur tout le corps, et plus grandes que les taches qui sont semées sur le dos de la roussette mâle, ou groupées sur celui de la roussette femelle.

méridionaux. — *Chien de mer, Chat rochier*. Broussonnet, Mémoires de l'Académie des sciences pour 1780. — Daubenton, Encyclopédie méthodique. — *Squalus stellaris*. Linné, édition de Gmelin. — « Squalus cinereus, pinnis ventralibus discretis. » Artedi, gen. 69, syn. 97.

Catulus maximus. Willughby, p. 63. — Ray, p. 22. — Gesner, p. 169-199; et germ. fol. 80, *b*. — *The greater cat-fish*. Edw., *Glan.*, p. 169, tab. 289. — *The greater spotted cat-fish*. Pennant, *Brit. zool.*, 3, p. 99, tab. 15, n. 4. — *Petite roussette, Chat rochier*. Duhamel, *Traité des pêches*, seconde partie, sect. 9, p. 304, pl. 22. — *Chat rochier, canicula saxatilis*. Rondelet, première partie, liv. XIII, chap. VII. — *Chien de mer, Chat rochier mâle*. Bonnaterre, planches de l'Encyclopédie méthodique.

La roussette vit dans la vase et parmi les algues ; elle s'approche des rivages : le rochier s'en tient presque toujours éloigné ; il préfère la haute mer ; il aime à habiter les rochers, où il se nourrit de mollusques, de crustacés et de poissons, et qui lui ont fait donner le nom de *rochier*, de *chat rochier*, de *chat marin des rochers*. Aussi tombe-t-il moins souvent dans les pièges des pêcheurs, et est-il pris moins fréquemment, quoique cette espèce soit assez nombreuse, chaque femelle, suivant M. Broussonnet qui a très bien observé ce squale, portant dix-neuf ou vingt petits à la fois. On le recherche cependant, parce que sa peau est employée dans le commerce aux mêmes usages et sous le même nom que celle de la roussette, et que sa chair est un peu moins désagréable au goût que la chair de ce dernier animal. On le pêche avec des haims, ainsi qu'avec des filets ou *demi-folles*[1], connus dans la Méditerranée sous la dénomination de *roussetières*, de *bretelières*, ou de *bretelles ;* et, dans quelques parages, on les prend dans les mêmes filets que le *scombre*, auquel le nom de *thon* a été donné.

LE SQUALE MILANDRE[2]

Squalus Galeus, LACÉP., GMEL., BLAINV.

Ce squale parvient à une longueur assez considérable, et voilà pourquoi, sur plusieurs des rivages de la Méditerranée, on l'a nommé *lamiola*, c'est-à-dire petit requin. On n'a pas cru devoir le comparer à un animal moins grand. Le milandre a le museau aplati et allongé. Ses dents, nombreuses, placées sur plusieurs rangs et un peu inclinées vers l'angle de la gueule le plus voisin, ont une forme particulière qui seule peut faire distinguer ce cartilagineux de tous les autres poissons de sa famille : elles sont aplaties, triangulaires et dentelées, comme celles du requin ; mais elles présentent sur un de leurs bords verticaux une profonde échancrure qui y forme un grand angle rentrant, et dont les côtés sont dentelés. Nous avons fait graver la figure d'une grande mâchoire de milandre, qui fait partie de

1. Voyez, à l'article de la *Raie bouclée*, la description de la *Folle* et de la *demi-Folle*.

2. *Cagnot, milandre*, dans plusieurs départements méridionaux. — *Pal*, dans quelques endroits de France et d'Italie. — *Lamiola*, dans d'autres contrées de l'Italie. — *Tope*, en Angleterre. — *Chien de mer milandre*. Broussonnet, Mémoires de l'Académie des sciences pour 1780.

Daubenton, Encyclopédie méthodique. — *Squalus galeus*. Linné, édition de Gmelin. — « Squalus naribus ori vicinis, foraminibus ad oculos. » Artedi, gen. 68, n. 9, syn. 97. — *Chien de mer milandre*. Bonnaterre, planches de l'Encyclopédie méthodique.

Klein, *Miss. pisc.*, 3, p. 9, n. 3. — Arist., *Hist. anim.*, lib. VI, cap. XI. — *Canicula*. Pline, *Hist. mundi*, lib. I, cap. XLVI; et lib. XXXII, cap. XI. — *Canosa*. Salv., *Aquat.*, p. 132. — Gesn., *Aquat.*, p. 167. *Ic. anim.*, p. 144. Thierb., p. 80. — *Milandre*. Rondelet, première partie, liv. XIII, chap. IV. — Aldrov., *Pisc.*, p. 388. — Jonston, *Pisc.*, p. 25, tab. 8. fig. 4. — Willughby, *Icht.*, p. 51, tab. B, 6, fig. 1.

Canis galeus. Ray., *Pisc.*, p. 50, n. 5. — *Tope*. Pennant, *Brit. zool.*, 3, p. 98, n. 45. — *Milandre*. Duhamel, *Traité des pêches*, part. 3, sect. 9, p. 299, pl. 20, fig. 1 et 2.

la collection du Muséum d'histoire naturelle, et dont les dimensions doivent faire supposer, dans le squale auquel elle a appartenu, au moins une longueur de plus de quatre mètres (douze pieds trois pouces huit lignes). C'est donc avec raison qu'on a rapproché ce squale du requin, sur l'échelle des grandeurs auxquelles parviennent les différentes espèces de son genre.

Le milandre a d'ailleurs la langue arrondie et assez large; les narines placées près de l'ouverture de la bouche, et en partie fermées par un lobule court; les évents très petits et d'une forme allongée ; les nageoires pectorales longues et légèrement échancrées à leur extrémité.

La première nageoire dorsale est presque également éloignée de la base des pectorales et de celles des ventrales; et la seconde est située en partie au-dessus et en partie au devant de la nageoire de l'anus, qui est moins près de cette ouverture que de la nageoire de la queue.

Cette dernière nageoire est, au reste, divisée en deux lobes inégaux et la peau est chagrinée, ou revêtue de petits tubercules.

M. Broussonnet, qui a décrit un individu de cette espèce dans le port de Cette, assure, d'après le témoignage des marins, que la chair du milandre est très dure et répand une odeur très désagréable. On la fait cependant quelquefois sécher. « L'abondance et le bon marché de cet aliment, dit ce naturaliste, peuvent seuls déterminer des pêcheurs affamés à s'en nourrir. »

D'un autre côté, le milandre doit être moins fréquemment et moins vivement recherché que plusieurs autres squales, parce qu'on ne peut le pêcher qu'avec beaucoup de précautions. Il est en effet très fort et très grand; n'étant pas très éloigné du requin par sa taille, il est, comme lui, très féroce, très sanguinaire et très hardi. Sa voracité et son audace lui font même quelquefois oublier le soin de sa sûreté, au point de s'élancer hors de l'eau jusque sur la côte, et de se jeter sur les hommes qui n'ont pas encore quitté le rivage. Nous croyons, en conséquence, et avec Rondelet, que le milandre est le squale auquel Pline donne le nom de *canicula*, et que cet éloquent écrivain peint avec des couleurs si vives, attaquant et immolant les plongeurs qu'il surprend occupés à la recherche du corail, des éponges ou d'autres productions marines. C'est un combat terrible, selon Pline, que celui qu'il livre au plongeur dont il veut faire sa proie. Il se jette particulièrement sur les parties du corps qui frappent ses yeux par leur blancheur. Le seul moyen de sauver sa vie est d'aller avec courage au-devant de lui, de lui présenter un fer aigu et de chercher à lui rendre la terreur qu'il inspire. L'avantage peut être égal de part et d'autre, tant qu'on se bat dans le fond des mers ; mais à mesure que le plongeur gagne la surface de l'eau, son danger augmente, les efforts qu'il fait pour s'élever s'opposent à ceux qu'il devrait faire pour s'avancer contre le squale, et son espoir ne peut plus être que dans ses compagnons, qui s'empressent de tirer à eux la corde qui le tient attaché. Sa main gauche ne cesse de secouer cette corde en signe de détresse, et sa droite, armée du fer, ne cesse de combattre. Il arrive enfin auprès de la barque son unique asile ; et si cependant il n'est remonté avec violence dans ce bâtiment et s'il n'aide lui-même ce mouvement rapide en se repliant en boule avec force et promptitude, il est englouti par le milandre, qui l'arrache des mains mêmes de ses compagnons. En vain ont-ils assailli le squale à coups redoublés de tridents ; le redoutable milandre sait échapper à leurs attaques, en plaçant son corps sous le vaisseau, et en n'avançant sa gueule que pour dévorer l'infortuné plongeur.

Le milandre exerce son pouvoir secondaire, et néanmoins très dangereux, non seulement dans la Méditerranée, mais encore dans l'Océan d'Europe et dans plusieurs autres mers. Cette espèce est très répandue sur le globe ; dès lors la partie de sa dépouille la plus difficile à détruire, c'est-à-dire ses dents, ont dû se trouver fossiles dans plusieurs contrées de la terre où, en effet, on les a rencontrées.

LE SQUALE ÉMISSOLE[1]

Squalus Mustelus, Lacép., Gmel., Blainv. — *Mustelus stellatus*, Risso.

La forme des dents de ce poisson suffit pour le distinguer de tous ceux que nous avons compris avec ce cartilagineux dans le second sous-genre de squales. Très comprimées du haut en bas et seulement un peu convexes, très serrées les unes contre les autres, figurées en losange, ou en ovale, ou en cercle, ne s'élevant en pointe dans aucune de leurs parties, et disposées sur plusieurs rangs avec beaucoup d'ordre, elles paraissent comme incrustées dans les mâchoires, forment une sorte de mosaïque très régulière et obligent à placer la bouche de l'animal parmi celles auxquelles on a donné le nom de *pavées*. Nous avons déjà vu une conformation presque semblable dans plusieurs espèces de raies, et dans le squale indien que nous avons appelé le *philipp*.

L'émissole a d'ailleurs de nombreux rapports de conformation avec le milandre, ainsi qu'avec plusieurs autres cartilagineux de la même famille

1. *Émissole*, dans plusieurs départements méridionaux. — *Pesce columbo*, dans plusieurs contrées de l'Italie. — *Smooth hound, Prickly hound*, en Angleterre. — *Chien de mer émissole*. Broussonnet, Mém. de l'Acad. des sciences pour 1780. — *Chien de mer émissole*. Daubenton, Encyclopédie méthodique.

Bonnaterre, planches de l'Encyclopédie méthodique. — Gronov., *Zooph.* 142. — Gesner, *Aquat.*, 608. — *Émissole, galeus lævis*. Rondelet, première partie, liv. XIII, chap. II. — *Mustelus lævis*. Salv., *Aquat.*, 135, 136. — *Mustelus lævis primus*. Willughby, *Icht.*, p. 60, tab. B, 4, fig. 2. — Ray., *Pisc.*, p. 22.

Smooth hound. Pennant, *Brit. zool.*, t. III, p. 91, n. 10. — « Squalus dentibus obtusis seu granulosis. » Artedi, gen. 66, syn. 93. — Arist., lib. VI, cap. XVIII. — Athen., lib. VII, cap. CCXCIV. — Oppian., lib. I, fol. 113, 4.

Galeus lævis. Belon. — Gesner, p. 608, 613, 717, et germ., fol. 77, *a*. — Charleton, p. 128.

« Galei species ex Gesnero. » Aldrov., lib. III, cap. XXXV, p. 392. Jonston, lib. I, tit. 3, cap. III, *a*, 2, punct. 3. — « Squalus pinnis dorsalibus muticis, anali præsente, dentibus granulosis. » *Act. Helvet.* 4, p. 258, n. 113.

que nous avons décrits. Et pour achever d'en donner une idée assez étendue, il suffit d'ajouter que sa première nageoire dorsale est presque triangulaire et plus avancée vers la tête que les nageoires ventrales; que ces dernières sont une fois plus petites que les pectorales; que la seconde nageoire dorsale est une fois plus grande que celle de l'anus, qui est à peu près carrée; et enfin que la nageoire de la queue s'élargit vers son extrémité.

L'estomac de l'émissole est garni de plusieurs appendices situés auprès du pylore, ce qui doit augmenter sa faculté de digérer. Ses dents pouvant d'ailleurs broyer et diviser les aliments, plus complètement que celles de plusieurs autres squales, ce poisson a moins besoin que beaucoup d'autres animaux de son genre de sucs digestifs très puissants.

La partie supérieure de l'émissole est d'un gris cendré ou brun, et l'inférieure est blanchâtre. Mais les couleurs de cette espèce ne sont pas les mêmes dans tous les individus et il paraît qu'il faut regarder comme une variété de ce poisson, le squale qu'on a nommé *étoilé* et *lentillat*[1], qui est conformé comme l'émissole, mais qui en diffère par des taches blanches répandues sur tout le corps, plus grandes et moins nombreuses sur le dos que sur les côtés, semblables, a-t-on dit, à des lentilles, ou figurées comme de petites étoiles.

Au reste, l'émissole non seulement habite dans les mers de l'Europe, mais encore se retrouve dans la mer Pacifique.

LE SQUALE BARBILLON[2]

Squalus cirrhatus, Lacép., Gmel.

M. Broussonnet a le premier fait connaître cette espèce de cartilagineux qui se trouve dans la mer Pacifique, et que l'on voit quelquefois auprès de plusieurs rivages d'Amérique. Ce squale parvient au moins à la longueur de cinq pieds; il est d'une couleur rousse comme la roussette; et, quand il est jeune, il présente des taches noires; il a aussi, comme la roussette, les narines garnies d'un appendice allongé et vermiforme; mais ce qui empêche de le confondre avec cet animal, c'est qu'il a sur son corps des écailles grandes, plates et luisantes. Nous n'avons encore examiné que des poissons couverts d'écailles presque insensibles, ou de tubercules plus ou moins gros ou d'aiguillons plus ou moins forts; et c'est la première fois que nous voyons la matière qui forme ces écailles presque invisibles, ces aiguillons et

1. « Chien de mer estellé, galeus asterias, lentillat. » Rondelet, première partie, liv. XIII, chap. III.

Willughby, p. 61.

2. *Chien de mer barbillon*. Broussonnet, Mémoires de l'Académie des sciences pour 1780. — *Chien de mer barbillon*. Bonnaterre, planches de l'Encyclopédie méthodique.

ces tubercules, s'étendre en lames larges et plates, et produire de véritables écailles[1].

Le museau est court et un peu arrondi. Les dents sont nombreuses, allongées, aiguës et élargies à leur base. Les deux dernières ouvertures branchiales de chaque côté sont assez rapprochées pour qu'on ait pu croire que l'animal n'en avait que huit au lieu de dix. On voit la première nageoire dorsale au-dessus des ventrales et la seconde plus près de la tête que celle de l'anus. La queue est courte et la nageoire qui la termine se divise en deux lobes.

LE SQUALE BARBU[2]

Squalus barbatus, GMEL., LACÉP.

La description de ce squale de la mer Pacifique, dans les eaux de laquelle il a été vu par le capitaine Cook, a été publiée, pour la première fois, par M. Broussonnet. Il est très aisé de distinguer ce cartilagineux des autres animaux de son genre, à cause des appendices vermiformes qui garnissent sa lèvre supérieure. Les plus grands de ces appendices ou barbillons ont communément de longueur le quatre-vingtième de la longueur totale. Ces prolongations membraneuses sont d'ailleurs divisées le plus souvent en trois petits rameaux et on les voit ordinairement au nombre de huit.

La tête est large, courte et déprimée; les dents, en forme de fer de lance et sans dentelures, sont disposées sur plusieurs rangs; les évents sont grands et la première nageoire dorsale est placée plus loin de la tête que les nageoires ventrales.

Le corps recouvert de tubercules, ou, pour mieux dire, d'écailles très petites, dures, lisses et brillantes, présente dans sa partie supérieure, des taches noires, rondes ou anguleuses, et renfermées dans un cercle blanc.

C'est à cette espèce qu'il faut rapporter le squale décrit et figuré dans le *Voyage du capitaine Philipp à Botany-Bay*, chapitre XXII, et qui avait été pris dans la crique de Sydney du port Jackson de la Nouvelle-Hollande, par le lieutenant Watts.

En réunissant la description donnée par M. Broussonnet, avec celle que l'on trouve dans le *Voyage du capitaine Philipp*, on voit que la bouche du squale barbu est située à l'extrémité du museau, au lieu de l'être au-dessous comme dans le plus grand nombre des animaux de sa famille. L'entre-deux des yeux est large et concave. La nageoire de l'anus touche celle de la queue, et cette dernière, composée de deux lobes, dont l'antérieur est arrondi dans son contour et plus étroit, ainsi que beaucoup plus long

1. Voyez, dans le Discours sur la nature des poissons, ce qui concerne la formation des écailles.

2. *Chien de mer barbu*. Broussonnet, Mémoires de l'Académie des sciences, 1780. — *Chien de mer moucheté*. Bonnaterre, planches de l'Encyclopédie méthodique.

que le postérieur, ne garnit que le dessous de la queue, dont le bout est comme émoussé.

LE SQUALE TIGRÉ[1]

Squalus longicaudus et *tigrinus*, Gmel. — *Squalus fasciatus*, Bloch.

C'est dans l'océan Indien qu'habite ce squale remarquable par sa grandeur et par la disposition des couleurs qu'il présente. On a vu, en effet, des individus de cette espèce parvenus à une longueur de cinq mètres ou de quinze pieds ; de plus, le dessus de son corps et ses nageoires sont noirs, avec quelques taches blanches et avec des bandes transversales de cette dernière couleur, placées comme celles que l'on voit sur le dos du tigre. De là vient le nom que nous lui avons conservé.

D'ailleurs, ce squale est épais ; la tête est large et arrondie par devant l'ouverture de la bouche, placée au-dessous du museau et garnie de deux barbillons ; la lèvre supérieure est proéminente. Les dents sont très petites et les ouvertures des branchies au nombre de cinq ; mais les deux dernières de chaque côté sont si rapprochées qu'elles se confondent l'une dans l'autre, et que d'habiles naturalistes ont cru que le tigré n'en avait que huit. L'on voit la première nageoire du dos au-dessus des ventrales, la seconde au-dessus de celle de l'anus, et la caudale divisée en deux lobes qui ne règnent communément que le long de la partie inférieure de la queue.

On a écrit que le tigré vivait le plus souvent de cancres et de coquillages. La petitesse de ses dents rend cette assertion vraisemblable ; ce fait curieux dans l'histoire de très grands squales pourrait confirmer, s'il était bien constaté, une des habitudes que l'on a attribuées à cette espèce, celle de vivre plusieurs individus ensemble sans chercher à se dévorer les uns les autres. Mais ne nous pressons pas d'admettre l'existence de mœurs si opposées à celles d'animaux carnivores, tourmentés par un appétit vorace et ne pouvant l'apaiser que par une proie abondante.

LE SQUALE GALONNÉ[2]

Squalus Africanus, Gmel., Lacép.

Les mers qui baignent les côtes d'Afrique, et particulièrement celle qui avoisine le cap de Bonne-Espérance, sont l'habitation ordinaire de ce squale

1. *Barbu, Chien de mer barbu, Wannan-polica*, par les Cingalais. — *Squalus tigrinus. Zoologia indica selecta.*, auctore Joanne Reinoldo Forster, fol. 24, tab. 13, fig. 2. — Bloch, *Histoire naturelle des poissons étrangers*, en allemand, part. 1, p. 19, n. 4.

Chien de mer tigré. Broussonnet, Mémoires de l'Académie des sciences, 1780. — *Chien de mer barbu*. Bonnaterre, planches de l'Encyclopédie méthodique. — Gronov. mus. 1, n. 136, *Zooph.*, n. 147. — Séba, mus. 3, p. 105, tab. 34, fig. 1. — Hermann, *Tab. affin. anim.*, p. 302.

2. *Chien de mer galonné*. Broussonnet, Mémoires de l'Académie des sciences de Paris, 1780. — *Chien de mer galonné*. Bonnaterre, planches de l'Encyclopédie méthodique.

dont M. Broussonnet est le premier qui ait publié la description. Son caractère distinctif consiste dans sept grandes bandes noirâtres, parallèles entre elles et qui s'étendent longitudinalement sur son dos.

Il est d'ailleurs revêtu de petits tubercules ou d'écailles presque carrées. Sa tête est déprimée et un peu plus large que le corps; ses yeux sont trois fois plus grands que les évents, et au travers de l'ouverture de sa bouche, qui est demi-circulaire, on voit des tubercules mous sur la langue et le palais, et plusieurs rangées, transversales dans la mâchoire supérieure et obliques dans l'inférieure, de dents longues, aiguës et comprimées de dehors en dedans.

Deux lobes inégaux servent à fermer les narines.

Les ouvertures des branchies sont au nombre de cinq de chaque côté, comme dans tous les squales dont nous écrivons l'histoire, excepté le perlon et le griset.

La première nageoire dorsale est au delà du milieu de la longueur du corps; la seconde est placée au-dessus de la partie postérieure de la nageoire de l'anus et celle de la queue est arrondie.

LE SQUALE ŒILLÉ[1]

Squalus ocellatus, Gmel., Lacép.

De chaque côté du cou de ce cartilagineux, on voit une grande tache ronde, noire et entourée d'un cercle blanc, et qui, ressemblant à une prunelle noire placée au milieu d'un iris de couleur très claire, a été considérée comme l'image d'un œil et a fait donner le nom d'*œillé* au poisson que nous décrivons. C'est encore à l'ouvrage de M. Broussonnet que nous devons la connaissance de ce squale que l'on a trouvé dans la mer Pacifique, auprès de la Nouvelle-Hollande.

L'œillé est, dans sa partie supérieure, d'une couleur grise et tachetée, et, dans sa partie inférieure, d'un cendré verdâtre, qui, dans l'animal vivant, doit être plus clair que les nuances du dessus du corps.

La tête est courte et sans taches. Les dents sont aiguës, comprimées de dehors en dedans, larges à leur base, mais petites. Les narines avoisinent le bout du museau ; et, de chaque côté, les deux dernières ouvertures des branchies sont très rapprochées.

La place qu'occupent les nageoires ventrales est plus près de la tête que le milieu de la longueur du corps. Elles sont arrondies, noirâtres et bordées de gris comme les pectorales.

On voit deux taches noires sur le bord antérieur de la première nageoire dorsale, qui est échancrée par derrière et située plus loin de la tête que

1. *Chien de mer œillé*. Broussonnet, Mémoires de l'Académie des sciences, 1780. — *Chien de mer œillé*. Bonnaterre, planches de l'Encyclopédie méthodique.

celle de l'anus. La seconde, un peu plus petite que la première, ressemble d'ailleurs à cette première dorsale ; et la nageoire de l'anus touche presque celle de la queue, qui est échancrée.

LE SQUALE ISABELLE[1]

Squalus isabella, Gmel., Lacép.

Ce poisson vit auprès des côtes de la Nouvelle-Zélande. C'est un de ces squales que l'on n'a rencontrés jusqu'à présent que dans la mer Pacifique et qui paraissent en préférer le séjour à celui de toutes les autres mers. Quel contraste cependant présentent les idées de ravage et de destruction que réveille ce grand nombre d'êtres voraces et féroces et les images douces et riantes que font naître dans l'imagination le nom de cette mer fameuse et tout ce que l'on raconte des îles qu'elle arrose, et où la nature semble avoir prodigué ses plus chères faveurs !

Le nom du squale dont nous traitons vient de la couleur du dessus de son corps, qui est, en effet, isabelle, avec des taches noires ; le dessous est blanchâtre.

Ces taches, ces nuances le rapprochent de la roussette, avec laquelle les principaux détails de sa conformation lui donnent d'autres grands rapports ; mais il en diffère en ce que sa tête est plus déprimée et surtout parce que la première nageoire dorsale est placée au-dessus des ventrales, au lieu d'être plus éloignée de la tête que ces dernières, comme sur la roussette.

Le museau est arrondi ; les dents sont comprimées de devant en arrière, courtes, triangulaires, aiguës, garnies, aux deux bouts de leur base, d'un appendice ou grande pointe, et disposées ordinairement sur six rangées ; la langue est courte et épaisse, les évents sont assez grands ; les nageoires pectorales très étendues et attachées au corps auprès de la troisième ouverture des branchies ; les ventrales séparées l'une de l'autre et les lignes latérales suivent le contour du dos, dont elles sont voisines.

LE SQUALE MARTEAU[2]

Squalus Zygæna, Lacép., Gmel. — *Zygæna Malleus,* Valenciennes.

Il est peu de poissons aussi connus des marins et de tous ceux qui, sans oser se livrer au hasard des tempêtes ou sans pouvoir s'abandonner à

1. *Chien de mer isabelle.* Broussonnet, Mémoires de l'Académie des sciences, 1780. — *Id.* Bonnaterre, planches de l'Encyclopédie méthodique.

2. « Poisson juif, pesce jouziou », à Marseille (à cause de sa ressemblance avec l'ornement de tête que les juifs portaient autrefois en Provence). — *Pesce martello,* dans plusieurs départements méridionaux. — « Peis limo, limada, toilandolo », en Espagne. — *Ciambetta,* à Rome. — *Balista,* dans plusieurs endroits d'Italie. — *Balance-fish,* en Angleterre. — *Chien de mer mar-*

un courage qui les porterait à les affronter, aiment à suivre par la pensée les hardis navigateurs dans leurs courses lointaines. Toutes les mers sont habitées par le marteau; sa conformation est frappante; elle le fait aisément distinguer de presque tous les autres poissons; et son souvenir est d'autant plus durable, que sa voracité l'entraîne souvent autour des bâtiments, au milieu des rades, auprès des côtes, qu'il s'y montre fréquemment à la surface de l'eau, et que sa vue est toujours accompagnée du danger d'être la victime de sa férocité. Aussi n'est-il presque aucune relation de voyage sur mer qui ne fasse mention de l'apparition de quelque marteau, qui n'indique quelqu'une de ses habitudes redoutables, n'expose au moins imparfaitement sa forme, ne soit ornée d'une figure plus ou moins exacte de cet animal. Depuis longtemps on ne voit presque aucune collection d'objets d'histoire naturelle, ni même de substances pharmaceutiques, qui ne présente quelque individu de cette espèce.

Cette conformation singulière du marteau consiste principalement dans la très grande largeur de sa tête, qui s'étend de chaque côté, de manière à représenter un marteau, dont le corps serait le manche, et de là vient le nom que nous avons cru devoir lui conserver. Cette figure, considérée dans un autre sens et vue dans tes moments où le squale a la tête en bas et l'extrémité de la queue en haut, ressemble aussi à celle d'une balance ou à celle d'un niveau; et voilà pourquoi les noms de *niveau* et de *balance* ont été donnés au poisson que nous décrivons.

Le devant de cette tête, très étendue à droite et à gauche, est un peu festonné, mais assez légèrement et par portions assez grandes pour que cette partie, observée d'un peu loin, paraisse terminée par une ligne presque droite; le milieu de ce long marteau est un peu convexe par-dessus et par-dessous.

Les yeux sont placés au bout de ce même marteau. Ils sont gros, saillants, et présentent dans leur iris une couleur d'or que les appétits violents de l'animal changent souvent en rouge de sang. Pour peu que l'animal

teau. Daubenton, Encyclopédie méthodique. — Id. Bonnaterre, planches de l'Encyclopédie méthodique. — *Id*. Broussonnet, Mémoires de l'Académie des sciences, 1780.

Squalus corpore malleiformi. Bloch, *Histoire des poissons étrangers*, première partie, pl. 117. — *Cestracion fronte artus forma*. Klein, *Miss. pisc.*, 3, p. 13, n. 1. — *Libella ciambetta*. Salv., *Aquat.*, p. 128, 129. — *Libella, balista, cagnolu*. Belon, *Aquat.*, p. 61.

« Squalus capite latissimo transverso malleiformi. » Mus. Ad. Fri. 1, p. 52. — « Squalus capite latissimo transverso mallei instar. » Artedi, gen. 67, syn. 96. — Gronov. mus. 1, n. 139; *Zooph.*, n. 146. — *Sphyræna Gillii*. Mus. besler, p. 55, tab. 25.

Arist., *Anim.*, lib. II, cap. xv. — Ælian, an., lib. IX, cap. XLIX. — Gesner, *Aquat.*, p. 1050; *Icon. an.*, p. 150. — Aldrov., *Pisc.*, p. 408. — Jonston, *Pisc.*, p. 29, tab. 7, fig. 8 et 9. — « Marteau, poisson juif, zygæna, libella. » Rondelet, première partie, liv. XIII, chap. x.

Zigène. Du Tertre, *Ant.* 2, p. 207. — *Requin*. Fermin, *Surin.* t. II, p. 248. — *Pantouflier*. Labat. *Amer.* 4, p. 301. — Willughby, *Ichtyol.*, p. 55, tab. B, 1. — *Balance-fish*. Ray., *Pisc.*, p. 20, n. 7. — *Marteau*. Valmont-Bomare, *Dict. d'histoire naturelle*. — Charleton, p. 128. — Oppian, lib. I, p. 14. — *Marteau*. Duhamel, *Traité des pêches*, seconde partie, sect. 9, p. 303, pl. 21, fig. 3, 8.

s'irrite, il tourne et anime d'une manière effrayante ses yeux qui s'enflamment.

Au dessous de la tête et près de l'endroit où le tronc commence, l'on voit une ouverture demi-circulaire: c'est celle de la bouche, qui est garnie, dans chaque mâchoire, de trois ou quatre rangs de dents larges, aiguës et dentelées de deux côtés et dans la cavité de laquelle on aperçoit une langue large, épaisse et assez semblable à la langue humaine.

Au devant de cette ouverture et très près du bord antérieur de la tête sont placées les narines, qui ont une forme allongée et qu'une membrane recouvre.

Le corps est un peu étroit, ce qui rend la largeur de la tête plus sensible. Les nageoires sont grises, noires à leur base et un peu en croissant dans leur bord postérieur. La première dorsale est grande et très près de la tête; les ventrales sont séparées l'une de l'autre; la nageoire de la queue est longue, et les tubercules qui revêtent la peau sont moins gros que sur plusieurs autres squales.

Ce cartilagineux, dont la femelle donne ordinairement le jour à dix ou douze petits à la fois, parvient communément à la longueur de sept ou huit pieds (plus de deux mètres et demi) et au poids de cinq cents livres (plus de vingt-cinq myriagrammes) ; mais il peut atteindre à une dimension et à un poids plus considérables. Sa hardiesse, sa voracité, son ardeur pour le sang sont cependant bien au-dessus de sa taille ; et si, malgré la faim dévorante qui l'excite et l'énergie qui l'anime, il cède en puissance aux grands requins, il les égale et peut-être les surpasse quelquefois en fureur.

LE SQUALE PANTOUFLIER[1]

Squalus Tiburo, GMEL., LACÉP. — *Zygæna tudes*, VALENCIENNES.

Ce squale a de si grands rapports avec le marteau, qu'on les a très souvent confondus ensemble, et que la plupart des auteurs, qui ont voulu distinguer l'un de l'autre, n'ont pas indiqué les véritables différences qui les séparent. Comme la collection conservée dans le Muséum d'histoire naturelle renferme plusieurs individus de cette espèce, nous avons pu saisir les caractères qui lui sont propres. Nous allons les indiquer particulièrement d'après un pantouflier envoyé très récemment de Cayenne par M. Le Blond et dont nous avons fait graver la figure; pour donner une bonne descrip-

1. *Demoiselle*, dans la Guyane française. — *Chien de mer pantouflier*. Broussonnet, Mémoires de l'Académie des sciences, 1780. — *Id.* Daubenton, Encyclopédie méthodique. — *Id.* Bonnaterre, planches de l'Encyclopédie méthodique.

« Cestracion capite cordis figura vel triangulari. » Klein, *Miss. pisc.*, 3, p. 13, n. 2, tab. 2, fig. 3 et 4. — « Zygænæ affinis capite triangulo. » Willughby, *Icht.*, p. 55, tab. B, 9, fig. 4. — *Papana*. Guill. Pison, *Histoire naturelle et médicale des Indes occidentales*, liv. III, sect. 1. — « Tiburonis species minor. » Marcg., *Brasil.*, p. 181.

tion de l'espèce qui nous occupe, nous avons d'ailleurs fait usage de notes très détaillées que nous avons trouvées, au sujet de ce squale, dans les manuscrits de Commerson.

Le trait principal qui empêche de regarder le pantouflier comme un marteau est la forme de sa tête. Cette partie est beaucoup moins courte, à proportion de sa largeur, que la tête du marteau. Au lieu de représenter une sorte de traverse très allongée, placée au bout du tronc de l'animal, on peut comparer sa figure à celle d'un segment de cercle dont la corde serait le derrière de la tête, et dont l'arc serait découpé en six larges festons. Il résulte de cette conformation que le milieu du bout du museau répond à la sinuosité rentrante qui sépare les trois festons d'un côté des trois festons de l'autre, et par conséquent que ce milieu n'est pas la partie la plus avancée de la tête, comme dans le marteau. Ces six festons ne sont pas tous égaux : les deux du milieu sont plus grands que ceux qui les avoisinent, mais plus petits que les deux extérieurs, qui par conséquent sont les plus larges des six. Et lorsque toute cette circonférence est bien développée et que l'échancrure du milieu est un peu profonde, ce qu'on voit dans quelques individus, l'ensemble de la tête considéré surtout avec le devant du tronc, a dans sa forme quelque ressemblance avec un cœur, ainsi que l'ont écrit plusieurs naturalistes.

On n'aperçoit aucune tache sur ce squale, dont la partie supérieure est grise et l'inférieure blanchâtre. Sa peau est garnie de tubercules très petits et qui sont placés de manière qu'on n'en sent bien la rudesse que lorsque la main qui les touche va de la queue vers la tête.

Le dessus et le dessous du museau sont percés d'une quantité innombrable de pores que leur petitesse empêche de distinguer, mais qui, lorsqu'on les comprime, laissent échapper une humeur gélatineuse et visqueuse.

Les narines sont placées en partie sur la circonférence du segment formé par la tête; et c'est aux deux bouts de la corde de ce segment que sont situés les yeux, plus propres par leur position à regarder les objets qui sont sur les côtés de l'animal que ceux qu'il a en face.

Suivant Commerson, l'iris est blanchâtre et entouré d'un cercle blanc, et la prunelle d'un vert de mer.

L'ouverture de la bouche est placée sous la tête et à une assez grande distance du bout du museau.

Les dents, un peu courbées en arrière et non dentelées dans les jeunes pantoufliers, sont placées sur plusieurs rangs.

La langue est cartilagineuse, rude, large, épaisse, courte, arrondie par devant, attachée par-dessous, mais libre dans son contour.

La ligne dorsale suit la courbure du dos, dont elle est un peu plus voisine que du dessous du ventre.

La forme, la proportion et la position des nageoires sont à peu près les mêmes que dans le marteau[1].

L'extrémité du dos présente une fossette ou cavité, comme sur le requin et le squale glauque.

Le cœur est très rouge, triangulaire et assez grand ainsi que son oreillette ; l'estomac a une forme conique; le canal intestinal est replié deux fois ; le rectum assez long ; et le foie blanc, et divisé en deux lobes allongés, dont le gauche est le moins étendu[2].

Les habitudes du pantouflier ressemblent beaucoup à celles du marteau ; mais il est beaucoup moins féroce que ce dernier squale; d'ailleurs il pourrait moins satisfaire sa voracité, ne parvenant pas à une grandeur aussi considérable. M. Le Blond écrit de la Guyane française, qu'on ne voit pas d'individus de cette espèce qui aient plus d'un mètre, ou de trois pieds de longueur. La proie de ce squale, ne devant pas être si copieuse que celle du marteau, peut être mieux choisie, et d'autant plus que l'animal est moins

1. Commerson a compté de vingt-cinq à trente rayons cartilagineux dans chaque nageoire pectorale, et de quinze à dix-huit dans la première nageoire du dos.

2. Principales dimensions d'un pantouflier mesuré, presque dès sa sortie de mer, par Commerson :

	Pieds	Pouces	Lignes
Longueur depuis le bout du museau jusqu'à l'angle antérieur de la bouche	0	1	10
— aux narines	0	1	8
— aux yeux	0	2	6
— aux angles postérieurs de la tête	0	3	3
— à la première ouverture des branchies	0	3	8
— à la seconde — —	0	3	11
— à la troisième — —	0	4	2
— à la quatrième — —	0	4	5
— à la cinquième — —	0	4	8
— à l'extrémité antérieure de la base des nageoires pectorales	0	4	9
— à l'extrémité antérieure de la base de la première nageoire dorsale	0	6	3
— à la base des nageoires ventrales	0	9	0
— à l'anus	0	9	6
— à l'origine de la nageoire de l'anus	0	11	9
— à la base de la seconde nageoire dorsale	1	0	3
— à l'extrémité antérieure de la base de la nageoire de la queue	1	2	6
— au bout de la queue	1	8	0
Distance d'une narine à l'autre	0	3	6
— d'un œil à l'autre	0	3	8
Plus grande largeur du corps	0	2	0
Épaisseur à l'extrémité du museau	0	0	1
— au sommet de la mâchoire inférieure	0	0	8
— auprès des nageoires pectorales	0	1	6
— — de la première nageoire dorsale	0	2	6
— — de l'anus	0	2	3
— — de la seconde nageoire dorsale	0	1	10
— — de la nageoire de la queue	0	1	0

Poids de l'animal, une livre un quart (six hectogrammes).

goulu. Aussi sa chair est-elle moins désagréable au goût que celle du marteau ; elle a même quelquefois une saveur qui ne déplaît pas, et les nègres en mangent sans peine.

Les rivages de la Guyane et ceux du Brésil sont ceux que fréquente le pantouflier. On ne l'a point encore observé dans les mers des Indes orientales ; mais non seulement Commerson l'a vu dans celles qui baignent l'Amérique méridionale, il l'a encore rencontré dès le mois de février ou de pluviôse, auprès des côtes de la Méditerranée.

LE SQUALE RENARD[1]

Squalus Vulpes, Gmel., Lacép., Cuv. — *Carcharias Vulpes*, Risso.

Tous les squales ont reçu le nom de chien de mer ; mais cette dénomination a été particulièrement consacrée par plusieurs auteurs à ceux de ces poissons cartilagineux qui parviennent à la grandeur la plus considérable ; les petites espèces de squales ont été appelées chats marins ou belettes de mer. Voici un animal de la même famille qui, présentant une queue très longue et très raide, a été nommé *renard marin*. On le trouve non seulement dans la Méditerranée, mais encore dans l'Océan, et particulièrement dans la partie de cette mer qui baigne les côtes d'Écosse et celles d'Angleterre. Il est ordinairement long de sept à huit pieds (deux mètres et demi) ; sa peau, revêtue de très petits tubercules ou écailles, est d'un gris bleuâtre sur la partie supérieure de l'animal, et blanchâtre sur la partie inférieure.

Il a le museau pointu, la tête courte et conique, les yeux grands, les mâchoires garnies de trois ou quatre rangs de dents triangulaires, comprimées de devant en arrière, aiguës et non dentelées.

La ligne latérale est droite. La première nageoire dorsale est placée au milieu de la longueur du dos, à peu près comme sur le marteau ; les nageoires ventrales sont très rapprochées, et l'on voit une fossette triangulaire vers l'origine de la queue.

Cette dernière partie est très longue, et, ce qui fait le caractère distinctif du squale renard, elle est garnie par-dessous d'une nageoire divisée en deux lobes, dont l'inférieur est très court, et dont le supérieur est en forme de faux et plus long que le corps de l'animal.

Cette nageoire, très étendue, est comme une rame puissante qui donne au squale renard une nouvelle force pour atteindre ou éviter ses ennemis ;

1. *Peis spaso*, dans plusieurs départements méridionaux, où l'on a comparé sa queue à une longue épée. — *Chien de mer, renard.* Broussonnet, Mémoires de l'Académie des sciences, 1780. — *Id.* Bonnaterre, planches de l'Encyclopédie méthodique. — « Squalus cauda longiore quam ipsum corpus. » Artedi, syn. 96. — Salv., *Aquat.*, p. 130.

Vulpecula. Willughby, *Icht.*, p. 54, tab. B, 5, fig. 2. — *Renard.* Rondelet, première partie, liv. XIII, chap. IX. — *Sea-fox.* Pennant, *Zool. brit.*, 3, p. 86, n. 6, tab. 4. — *Renard marin.* Valmont de Bomare, *Dictionn. d'hist. naturelle.* — *Vulpes marinus.* Plin., *Hist. mundi*, lib. IX, cap. XLIII.

et comme, indépendamment de sa grande vitesse, il paraît avoir l'odorat des plus sensibles, il n'est pas surprenant qu'il soit très vorace et que ses manœuvres au milieu des eaux aient quelque ressemblance avec les ruses du véritable renard sur terre[1] ; ce qui a contribué à lui faire donner le nom que nous lui conservons ici.

SUPPLÉMENT A L'ARTICLE DU SQUALE RENARD.

Il nous paraît utile, pour faire bien connaître cette espèce très remarquable de squale, de donner ici l'extrait d'une notice que nous avons reçue de M. Noël, de Rouen. Cet observateur, dont les naturalistes estiment depuis longtemps le zèle éclairé et la sévère exactitude, a pu décrire, tant à l'intérieur qu'à l'extérieur, un très grand individu mâle de cette espèce, qui avait échoué à Dieppe, sur le sable, le premier frimaire de l'an VIII de l'ère française. La longueur totale de cet énorme poisson était de 484 centimètres, ou quinze pieds ; et sa circonférence dans l'endroit le plus gros du corps, de 162 centimètres, ou cinq pieds. Un gris nuancé de bleuâtre distinguait la partie supérieure de l'animal de l'inférieure qui était blanchâtre. La tête était noirâtre ; la langue arrondie, grasse, ferme ; l'œil très mobile dans son orbite et dénué non seulement de membrane clignotante, mais encore de voile formé par une continuation de la peau. Deux lobes composaient la nageoire caudale : le supérieur avait 234 centimètres de longueur, et 32 centimètres de hauteur, ainsi que 8 centimètres d'épaisseur à l'endroit où il se séparait du lobe de dessous.

Le cœur, composé d'une oreillette et d'un ventricule, présentait la forme d'un triangle allongé ; les cinq branchies de chaque côté étaient longues, attachées à sept cartilages très forts et d'un rouge foncé après la mort de l'animal.

Un œsophage très extensible précédait l'estomac, sur la tunique intérieure duquel on voyait de petits globules blanchâtres.

La figure du foie, qui offrait deux lobes, ressemblait un peu à celle d'une fourche, ou d'un Y.

Le diaphragme était triangulaire, et chacun des deux reins noirâtre.

Les vaisseaux spermatiques régnaient le long de la région de l'épine du dos ; on apercevait les testicules dans le fond de l'abdomen ; et des deux lobes qui formaient la laite, le droit avait 13 décimètres de longueur sur 3 décimètres de largeur et pesait 13 kilogrammes ; le gauche, qui pesait 9 kilogrammes, était long de 108 centimètres.

DIMENSIONS DE PLUSIEURS PARTIES DU SQUALE RENARD, DÉCRIT PAR M. NOEL.

	Centim.
Depuis le bout du museau jusqu'à l'ouverture de la bouche	11
— jusqu'à l'œil	12

1. Pline a écrit que lorsque ce squale avait mordu à l'hameçon, il savait l'avaler de manière à parvenir jusqu'à la ligne, qu'il coupait avec ses dents.

	Centim.
Depuis le bout du museau jusqu'à la partie antérieure de la nageoire dorsale	118
— jusqu'à l'une des deux pectorales	64
De la partie postérieure de l'une des pectorales à la ventrale correspondante	67
De la partie postérieure de l'une des ventrales, à l'origine du lobe inférieur de la première nageoire caudale	53
Largeur de l'ouverture de la bouche	20
Diamètre de l'œil	5
Longueur de l'ouverture des narines	1 1/2
Hauteur de la première nageoire dorsale	32
Longueur de chacune des deux nageoires pectorales	72
— de la nageoire de l'anus	7
— du lobe inférieur de la nageoire caudale	21
— du cœur	18
Largeur du cœur	10
Longueur de l'œsophage	27
— de l'estomac	75
Largeur de l'estomac	18
Longueur du grand lobe du foie	32
— du petit lobe du foie	24
— de la vésicule du fiel	16
Largeur de la vésicule du fiel	8
Longueur de la rate	30
Largeur de la rate	3
Longueur du rectum	100
— de l'un des reins	100
Largeur de chacun des testicules, mesuré à sa base	31

LE SQUALE GRISET [1]

Squalus griseus, Gmel., Lacép.

Ce cartilagineux, dont le nom indique la couleur, a de chaque côté six ouvertures branchiales, et ce nombre d'ouvertures suffit pour le distinguer de tous les autres squales compris dans le sous-genre dont il fait partie.

Le museau est arrondi ; l'ouverture de la bouche, grande et demi-circulaire. Les dents, dont la mâchoire inférieure est hérissée, sont très grandes, très minces, presque carrées et dentelées ; et celles qui garnissent la mâchoire supérieure sont allongées, aiguës, non dentelées, plus étroites, plus courtes et plus pointues sur le devant de la gueule que sur les côtés. On voit les narines situées très près de l'extrémité du museau, dont cependant elles sont moins voisines que les yeux. Ces derniers sont grands, ovales et assez éloignés des évents, qui sont très petits. Les six ouvertures branchiales de chaque côté sont très grandes et très rapprochées. Il n'y a qu'une nageoire dorsale ; elle est placée plus près de la tête que celle de l'anus, à laquelle elle ressemble, mais qu'elle surpasse en grandeur.

1. *Chien de mer griset.* Broussonnet, Mémoires de l'Académie des sciences, 1780. — *Chien de mer griset.* Bonnaterre, planches de l'Encyclopédie méthodique.

LE SQUALE AIGUILLAT[1]

Squalus Acanthias, Gmel., Lacép., Blainv. — *Acanthius vulgaris*, Risso.

Nous allons maintenant nous occuper du troisième sous-genre compris dans le genre des squales. Cette branche particulière de cette famille remarquable et nombreuse renferme les squales qui ont des évents auprès des yeux, et qui d'ailleurs sont dénués de nageoire de l'anus ; ce qui leur donne une nouvelle conformité avec les raies.

Un des squales le plus anciennement connus de ce sous-genre est l'aiguillat, qui habite dans toutes les mers, et particulièrement dans la Méditerranée, où il a été observé par un très grand nombre de naturalistes depuis le temps d'Aristote jusqu'à nos jours. La tête de ce poisson est aplatie, façonnée en forme de coin, mince par devant, arrondie vers l'extrémité du museau, et plus transparente que celle de plusieurs autres squales. Chaque narine a deux ouvertures petites, presque rondes, et également éloignées du bout du museau et de l'ouverture de la bouche. On voit auprès des yeux huit rangs de pores destinés à laisser échapper une humeur muqueuse. Les dents, qui forment ordinairement trois rangées, sont allongées, aiguës et garnies, de chaque côté de leur base, d'une pointe assez grande ; elles ressemblent beaucoup à celles du squale roussette ; mais il est aisé de les en distinguer, parce que celles de la roussette sont dentelées, et que si celles de l'aiguillat le sont, ce n'est que légèrement, et lorsque l'animal est déjà très développé.

La ligne latérale est droite. La première nageoire dorsale est presque aussi avancée vers la tête que les pectorales ; la seconde l'est plus vers le bout de la queue que les ventrales ; l'une et l'autre sont armées, dans la partie antérieure de leur base, d'un aiguillon ou premier rayon épineux très dur,

1. *Chien de mer.* — *Aguillat,* dans plusieurs départements méridionaux. — *Aziol,* auprès de Venise.— *Aguzeo,* auprès de Gênes. — *Scazone,* à Rome. — *Picked dog, Hound-fish,* en Angleterre. — *Chien de mer aiguillat.* Daubenton, Encyclopédie méthodique. — *Id.* Broussonnet, Mémoires de l'Académie des sciences, 1780.

Bloch, *Histoire naturelle des poissons,* troisième partie, pl. 85. — *Chien de mer aiguillat.* Bonnaterre, planches de l'Encyclopédie méthodique. — *Aiguillat.* Valmont de Bomare, *Dictionnaire d'histoire naturelle.* — *Fauna suecica,* 295. — Mus. Ad. Fr., p. 53. — It. Wgoth. 174. — « Squalus pinna ani nulla, corpore rotundo. » Art. gen. 66, syn. 94, spec. 102.

Muller, *Prodrom. zool. dan.,* p. 37, n. 311. — Gronov. mus. 1, n. 134 ; *Zooph.,* n. 149. — Browne, *Jamai.,* p. 458, n. 3. (Browne a considéré les deux nageoires ventrales comme deux nageoires de l'anus.) — Salvian. *Aquat.,* p. 135, *b, f,* p. 136. — *Mustelus spinax.* Belon, *Aquat.,* p. 65. — *Acanthias,* etc. Arist., *Hist. anim.,* lib. VI, cap. x. — *Aiguillat, galeus acanthias.* Rondelet, première partie, liv. III, chap. i.

Klein, *Miss. pisc.,* 3, p. 8, n. 1, tab. 1, fig. 5 et 6. — Gesner, *Aquat.,* 607. — *Dorhundt. Id.* (Germ.) *f,* 77, *a.* — Willughby, *Icht.,* p. 56, tab. B, 4, fig. 1. — *Galeus acanthias, sive spinax.* Ray, *Pisc.,* p. 21. — *Picked dog-fish.* Pennant, *Zool. brit.,* 3, p. 77, n. 2. — Charleton, p. 128. — *Galeus acanthias.* Jonston, lib. I, tit. 1, cap. iii, *a* 2, punct. 5, tab. 8, fig. 5. — *Galeus acanthias, sive spinax.* Aldrov., lib. III, cap. xl, p. 399. — *Canis acanthias, spinax.* Schonev. p. 29. — *Mustelus spinus.* Scaliger.

très fort, blanc et presque triangulaire. Cet aiguillon, dont chaque nageoire dorsale est garnie, est formé dans le fœtus, de manière à être très sensible, quoique un peu mou. On a prétendu que ce dard était venimeux. Nous avons vu que l'on avait attribué la même qualité venimeuse aux piquants des raies aigle et pastenaque. L'aiguillat, non plus que ces raies, ne contient cependant aucun poison ; mais ce sont des effets semblables à ceux qu'on éprouve lorsqu'on a été blessé par l'arme de la raie aigle ou de la pastenaque, qui ont fait penser que celle de l'aiguillat était empoisonnée.

Nous n'avons pas besoin de faire remarquer que des piquants semblables à ceux de ce dernier poisson sont placés auprès des nageoires dorsales du squale philipp.

L'extrémité de la queue de l'aiguillat est comme engagée dans une nageoire divisée en deux lobes, dont le supérieur est le plus long.

Au reste, toutes les nageoires sont noirâtres. Le dessus du corps est d'un noirâtre tirant sur le bleu et relevé par des taches blanches plus nombreuses dans les jeunes individus ; le dessous est blanc, et les côtés sont blanchâtres avec quelques nuances de violet ; des rides ou sillons, dirigés obliquement vers la ligne latérale, les uns de haut en bas et les autres de bas en haut, s'y réunissent de manière à y former des angles saillants tournés vers la tête.

La chair de l'aiguillat est filamenteuse, dure et peu agréable au goût ; mais il est des pays du nord de l'Europe où le jaune de ses œufs est très recherché. Sa peau est aussi employée dans les arts et y sert aux mêmes usages que celles du requin et de la roussette.

C'est évidemment à cette espèce qu'il faut rapporter le squale décrit sous le nom de *tollo* et de *squalus Fernandinus*, dans l'*Essai sur l'histoire naturelle du Chili*, par Molina[1], et qui ne diffère de l'aiguillat par aucun caractère constant. Ce sont les piquants de ce squale que les habitants du Chili regardent comme un spécifique contre le mal de dents, pourvu qu'on en appuie la pointe contre la dent malade ; il serait superflu de faire observer combien leur confiance est peu fondée.

LE SQUALE SAGRE[2]

Squalus Spinax, GMEL., LACÉP., BLAINV. — *Acanthias Spinax*, RISSO.

Ce poisson ressemble beaucoup à l'aiguillat et a été souvent confondu avec ce dernier. Mais voici les caractères qui font de ce cartilagineux une

1. « Squalus pinna anali nulla, dorsalibus spinosis, corpore tereti occllato. » Mollina, etc., p. 208. — *Squale* dit *tollo*, au Chili. Note communiquée par le célèbre voyageur Dombey, qui a péri victime de son zèle pour les progrès des sciences naturelles.

2. *Sagree*, sur la côte de Gênes. — *Chien de mer sagre*. Daubenton, Encyclopédie méthodique. — *Chien de mer sagre*. Bonnaterre, planches de l'Encyclopédie méthodique. — *Id.* Broussonnet, Mémoiresde l'Académie des sciences, 1780. — « Squalus pinna ani carens, naribus in

espèce distincte. Les narines sont placées presque à l'extrémité du museau, au lieu d'être situées à une distance à peu près égale de cette extrémité et de l'ouverture de la bouche. Le dos est plus aplati que celui de l'aiguillat. La couleur générale de l'animal est très brune; et, ce qui paraîtra surtout remarquable à ceux qui se rappelleront ce que nous avons exposé sur les couleurs et les téguments des poissons dans notre premier discours, la partie inférieure du corps présente des tubercules plus gros et une couleur plus foncée et plus noirâtre que la partie supérieure. Nous trouverons, dans la classe entière des poissons, bien peu d'exemples de cette disposition extraordinaire et inverse de couleur et de tubercules, qui, ainsi que nous l'avons dit, indique une distribution particulière dans les différents vaisseaux qui avoisinent la partie inférieure de l'animal, et suffit pour séparer une espèce de toutes celles qui ne montrent pas ce caractère.

Le sagre vit dans la Méditerranée; il habite aussi l'Océan, même à des latitudes très septentrionales.

LE SQUALE HUMANTIN[1]

Squalus Centrina, Gmel., Lacép., Blainv.

Le humantin, qui habite l'Océan et la Méditerranée, a, comme l'aiguillat et le sagre, un piquant très dur et très fort à chacune de ses deux nageoires dorsales. Ce piquant est néanmoins incliné vers la tête dans la première nageoire du dos, au lieu de l'être dans les deux vers la queue, ainsi que sur le sagre et l'aiguillat. Mais, indépendamment de cette disposition des dards du humantin, il est très aisé de le distinguer de tous les autres squales par la forme générale de son corps, qui représente un prisme triangulaire, dont le ventre forme une des faces. Le dos est, par conséquent, élevé en carène; et comme cette dernière partie, exhaussée dans le milieu de sa longueur, s'abaisse vers la queue et vers la tête qui est petite et aplatie,

extremo rostro. » Artedi, gen. 67, syn. 95. — Mus. Ad. Fr. 2, p. 49. — *Fauna suecica,* 296. — *Squalus niger.* Gunner, *Act. nidros.*, 2, p. 213, tab. 7 et 8. — « Galeus acanthias, seu spinax fuscus. » Willughby, *Ichtyol.*, p. 57. — Ray, *Pisc.*, p. 21. — *Mustelus seu spinax.* Edw. *Glan.*, tab. 289.

1. *Bernadet, renard, humanthin, porc,* dans plusieurs départements méridionaux. — *Pesce porco,* à Rome. — *Chien de mer humantin.* Daubenton, Encyclopédie méthodique. — *Chien de mer humantin.* Bonnaterre, planches de l'Encyclopédie méthodique. — *Id.* Broussonnet, Mémoires de l'Académie des sciences pour 1780. — *Humantin.* Dessins sur vélin de la Bibliothèque du Muséum d'histoire naturelle.

Artedi, gen. 67, 5, syn. 95. — Muller, *Prodr. zool. dan.*, p. 37, n. 313. — Bloch, *Histoire naturelle des poissons,* pl. 115. — Klein, *Miss. pisc.*, 3, p. 10, n. 7. — *Vulpecula.* Bel., *Aquat.*, p. 62, 64. — Elian, *Animal.*, lib. I, cap. LV; lib. II, cap. VIII. — Gesn., *Aquat.*, p. 609, ic. anim., p. 146; Thierb., p. 78, *b.* — Salvian, *Aquat.*, p. 156, *b.*

Porc et *Centrina.* Rondelet, première partie, liv. XIII, chap. VIII. — Aldrov. *Pisc.*, p. 401. — Jonston, *Pisc.*, p. 28, tab. 8, fig. 4 et 5. — *Centrica.* Willughby, *Icht.*, p. 58, tab. B. et 2. — *Id.* Ray., *Pisc.*, p. 21. — *Porc marin.* Valmont de Bomare, *Dictionnaire d'histoire naturelle.*

l'animal montre encore une sorte de pyramide triangulaire, très basse et irrégulière, à ceux qui le regardent par le côté.

Le humantin est brun par-dessus et blanchâtre par-dessous. Sa peau, qui recouvre une tunique épaisse et adipeuse, est revêtue de tubercules gros, durs et saillants. Sa chair est si dure et si filamenteuse, qu'elle est constamment dédaignée ; aussi pêche-t-on très peu le humantin, et va-t-on d'autant moins à sa poursuite qu'il ne fréquente guère les rivages et qu'il aime à vivre dans la vase et dans la fange du fond des mers, ce qui lui a fait donner le nom de cochon marin. Sa peau sert néanmoins à polir les corps durs.

Les individus de cette espèce ont un mètre et demi (un peu plus de quatre pieds) de longueur, lorsqu'ils paraissent avoir atteint la plus grande partie de leur développement. La mâchoire supérieure est armée de trois rangs, et l'inférieure d'un seul rang de dents aiguës. Les nageoires dorsales sont très rapprochées de la tête ; la seconde est au-dessus des ventrales ; la queue et la nageoire qui en garnit l'extrémité sont assez courtes à proportion de la longueur du corps.

LE SQUALE LICHE[1]

Squalus americanus, Gmel., Lacép. — *Scymnus nycæensis*, Risso.

C'est auprès du cap Breton, dans l'Amérique septentrionale, qu'a été vu ce poisson. Sa tête est grande, son museau court et arrondi. Ses dents sont aplaties de devant en arrière, allongées, pointues et disposées sur plusieurs rangs ; les plus grandes sont dentelées ; peut-être le sont-elles dans tous les individus plus âgés que ceux que l'on a observés, et qui n'avaient qu'un mètre, ou environ trois pieds de longueur. L'on voit, sur les bords du bout du museau, les ouvertures des narines, qui sont assez larges. Les deux dernières ouvertures branchiales de chaque côté sont très rapprochées, et les évents éloignés des yeux. Les nageoires dorsales ne présentent aucun aiguillon : la première, qui est moins grande que la seconde, est plus près de la tête que le milieu de la longueur du corps ; la seconde en est un peu plus éloignée que celle de l'anus. Les nageoires ventrales sont grandes et rapprochées de la queue, qui se termine par une nageoire dont la forme imite celle d'un fer de lance ; et tout le corps est revêtu d'écailles ou tubercules petits et anguleux.

LE SQUALE GRONOVIEN[2]

Squalus indicus, Gmel., Lacép. (Espèce incertaine.)

Nous nommons ainsi un cartilagineux dont les naturalistes doivent la connaissance à Gronovius. C'est dans les mers de l'Inde qu'il a été pêché.

1. *Chien de mer liche.* Broussonnet, Mémoires de l'Académie des sciences de Paris pour 1780. — *Chien de mer liche.* Bonnaterre, planches de l'Encyclopédie méthodique.

2. « Squalus dorso vario inermi, dentibus acutis. » Gronov. mus. I, n. 133, *Zooph.*, 150.

Le caractère distinctif par lequel il est séparé des autres squales compris dans le même sous-genre consiste dans la position de ses deux nageoires dorsales, dont la première est plus près du bout de la queue que les ventrales, et dont la seconde est très éloignée de la première vers cette même extrémité. Ces deux nageoires sont d'ailleurs petites. Le museau est arrondi, chaque mâchoire présente sept rangs de dents aiguës ; les nageoires ventrales sont rapprochées l'une de l'autre; celle de la queue n'a qu'un lobe, et des taches noires relèvent la couleur grise de la tête et du dos.

LE SQUALE DENTELÉ

Squalus denticulatus, Lacép.

Nous donnons ce nom à un squale dont la description n'a pas encore été publiée, et dont le dos, qui est très relevé, paraît en effet dentelé, à cause d'une rangée de petits tubercules qui s'étend presque depuis l'entre-deux des yeux jusqu'à la première nageoire dorsale. L'individu de cette espèce que nous avons observé fait partie de la collection cédée par la Hollande à la France, et déposée maintenant dans les galeries du Muséum d'histoire naturelle. Tout le dessus du corps et de la queue présente des taches rousses, assez grandes et irrégulières; et une couleur foncée règne sur la partie postérieure de toutes les nageoires, excepté de la caudale.

Les dents sont triangulaires. Une membrane qui se termine en un sorte de barbillon ferme l'ouverture de chaque narine ; la lèvre supérieure est un peu échancrée dans son milieu ; les évents sont très près des yeux ; on compte cinq ouvertures branchiales de chaque côté du corps. La première nageoire dorsale est plus éloignée de la tête que de l'anus ; la seconde est voisine de la première ; la nageoire caudale est divisée en deux lobes, qui sont séparés l'un de l'autre à l'extrémité de la queue, et dont l'inférieur, plus grand que le supérieur, est découpé de manière à être sous-divisé en trois petits lobes.

Nous ignorons dans quelles mers habite ce poisson.

LE SQUALE BOUCLÉ[1]

Squalus spinosus, Gmel., Lacép. — *Scymnus spinosus*, Risso.

Le caractère distinctif de cette espèce consiste dans des tubercules inégaux en grandeur, larges et ronds à leur base, garnis à leur sommet d'une ou deux pointes recourbées, à peu près conformés comme ceux que l'on voit sur la raie bouclée, et répandus sur toute la surface du squale. M. Broussonnet a publié, le premier, et dès 1780, la description de ce pois-

1. *Chien de mer bouclé*. Broussonnet, Mémoires de l'Académie des sciences pour 1780. — *Chien de mer bouclé*. Bonnaterre, planches de l'Encyclopédie méthodique.

son, qu'il avait faite sur un individu de quatre pieds, conservé dans le Muséum d'histoire naturelle.

Le museau du bouclé est avancé et conique; l'ouverture de la bouche n'est pas très grande; les dents sont comprimées, presque carrées, découpées sur leurs bords et disposées sur plusieurs rangs. La première nageoire du dos est aussi éloignée de la tête que les ventrales, qui cependant sont plus rapprochées du bout de la queue que dans plusieurs autres espèces du même genre. Ces dernières sont d'ailleurs presque aussi grandes que les pectorales.

LE SQUALE ÉCAILLEUX[1]

Squalus squamosus, GMEL., LACÉP.

Nous avons vu les tubercules qui revêtent le corps du requin et d'autres cartilagineux de la même famille se changer en écailles plus ou moins distinctes et plus ou moins polies et luisantes, sur le barbu, sur le barbillon et sur quelques autres squales; mais c'est surtout le poisson dont nous traitons dans cet article qui présente, dans les parties dures dont sa peau est garnie, la forme véritablement écailleuse, et de là vient le nom que nous croyons devoir lui conserver. Les écailles qu'il montre sont assez grandes, mais inégales en étendue, ovales et relevées par une arête longitudinale.

Le museau est allongé et aplati de haut en bas; l'ouverture de la bouche, un peu petite et arquée; les dents sont presque carrées, découpées dans leurs bords à peu près comme celles du squale bouclé, et plus grandes dans la mâchoire inférieure que dans la supérieure. Les nageoires dorsales sont allongées, occupent une partie du dos assez étendue et sont armées chacune d'un aiguillon, comme celles de l'aiguillat, du sagre et du humantin; et la seconde de ces nageoires est moins près de la tête que les ventrales, qui cependant en sont assez éloignées. M. Broussonnet a parlé le premier, et dès 1780, de cette espèce, dont il a vu un individu d'un mètre, ou environ trois pieds de longueur, dans le Muséum d'histoire naturelle.

LE SQUALE SCIE[2]

Squalus pristis, GMEL., LACÉP. — *Squalus rastrifer*, COMMERS. — *Pristis antiquorum*, LATH., BLAINV. — *Pristis pectinata*.

Le nom que les anciens et les modernes ont donné à cet animal indique l'arme terrible dont sa tête est pourvue, et qui seule le séparerait de toutes

1. *Chien de mer écailleux*. Broussonnet, Mémoires de l'Académie des sciences pour 1780. — *Chien de mer écailleux*. Bonnaterre, planches de l'Encyclopédie méthodique.

2. *Espadon*, *Épée de mer*. — *Sag-fish*, en Suède. — *Saw-fish*, en Angleterre. — *Chien de mer scie*. Daubenton, Encyclopédie méthodique. — *Id.*, Bonnaterre, planches de l'Encyclopédie méthodique. — *Fauna suecica*, 297. — Mus. Ad. Fr. I, p. 52. — O. Fabric., *Faun. groenl.*, p. 130, n. 91. — Muller, *Prodrom. zool. dan.*, p. 38, n. 319.

« Squalus rostro longo cuspidato osseo plano utrinque dentato. » Artedi, gen. 66, syn. 93.

les espèces de poissons connues jusqu'à présent. Cette arme forte et redoutable consiste dans une prolongation du museau, qui, au lieu d'être arrondi ou de finir en pointe, se termine par une extension très ferme, très longue, très aplatie de haut en bas et très étroite. Cette extension est composée d'une matière osseuse, ou, pour mieux dire, cartilagineuse et très dure. On peut la comparer à la lame d'une épée, et elle est recouverte d'une peau dont la consistance est semblable à celle du cuir. Sa longueur est communément égale au tiers de la longueur totale de l'animal; sa largeur augmente en allant vers la tête, auprès de laquelle elle égale ordinairement le septième de la longueur de cette même arme, pendant qu'elle n'en est qu'un douzième à l'autre extrémité. Le bout de cette prolongation du museau ne présente cependant pas de pointe aiguë, mais un contour arrondi, et les deux côtés de cette sorte de lame montrent un nombre plus ou moins considérable de dents, ou appendices dentiformes très forts, très durs, très grands et très allongés. Ils font partie du cartilage très endurci qui compose cette même prolongation; ils sont de même nature que ce cartilage, dans lequel ils ne sont pas enchâssés comme de véritables dents, mais dont ils dérivent comme des branches sortent d'un tronc, et, perçant le cuir qui enveloppe cette lame, ils paraissent nus à l'extérieur. La longueur de ces sortes de dents, qui sont assez séparées les unes des autres, égale souvent la moitié de la largeur de la lame, à laquelle elle donne la forme d'un long peigne garni de pointes des deux côtés, ou, pour mieux dire, du râteau dont les jardiniers et les agriculteurs se servent; aussi plusieurs naturalistes ont-ils nommé le squale scie *râteau* ou *porte-râteau*. Pendant que l'animal est encore renfermé dans son œuf, ou lorsqu'il n'en est sorti que depuis peu de temps, la lame cartilagineuse qui doit former son arme est molle, ainsi que les dents que produisent les découpures de cette lame, et qui sont, à cette époque de la vie du squale, cachées presque en entier sous le cuir. Au reste, le nombre des dents de cette scie varie dans les différents individus, et le plus souvent il y en a de vingt-cinq à trente de chaque côté.

Nous allons voir l'usage que le poisson scie fait de cette longue épée; mais achevons auparavant de faire connaître les particularités de la conformation de ce squale.

— Gronov. mus. I, n. 132, *Zooph.*, n. 148. — Browne, *Jamaic.*, p. 458, n. 1. — Bloch, pl. 120, — Klein, *Miss. pisc.*, 3, p. 12, n. 11, tab. 3, fig. 1 et 2.

Squalus rastrifer. Commerson, manuscrits déjà cités. — *Araguagua*. Marcgr. *Brasil.*, p. 158. — *Id.* Pis, *Ind.*, p. 54. — *Serra*. Pline, *Hist. mundi*, lib. XXXII, cap. XI. — Clus., *Exot.*, p. 135. — Aldrov. *Cet.*, p. 692. — Olear. Kunstk., p. 41, tab. 26, fig. 1. — Gesner, *Aquat.*, p. 739, ic. anim., p. 171; Thierb., p. 101. — Willughby, *Icht.*, p. 61, tab. B, 9, fig. 5. — Ray. *Pisc.*, p. 23,

Vivelle. Rondelet, première partie, liv. XVI, chap. XI. — *Xiphias*, vel *Gladius*. Jonston, *Pisc.*, p. 15, tab. 4, fig. 1. — Blas., *Anat.*, p. 307, tab. 49, fig. 13. — *Spadon*. Du Tertre, *Antil.*, p. 207 — « Serra marina, langue de serpent. » Belon, *Aquat.*, p. 66. — *Chien de mer scie*. Broussonnet. Mémoires de l'Académie des sciences pour 1780. — *Scie, Espadon, Épée de mer*. Valmont de Bomare, *Dictionnaire d'histoire naturelle*, article des *Baleines*. — Arist., *Hist. anim.*, lib. VI, cap. XXII. — Athen., lib. VIII, p. 333.

La couleur de la partie supérieure de ce cartilagineux est grise et presque noire ; celle des côtés est plus claire, et la partie inférieure est blanchâtre. On voit sur la peau de très petits tubercules, dont l'extrémité est tournée vers la queue, et qui par conséquent ne rendent cette même peau rude au toucher que pour la main qui en parcourt la surface en allant de la queue vers le museau.

La tête et la partie antérieure du corps sont aplaties. L'ouverture de la bouche est demi-circulaire et placée dans la partie inférieure de la tête, à une plus grande distance du bout du museau que les yeux. Les mâchoires sont garnies de dents aplaties de haut en bas, ou, pour mieux dire, un peu convexes, serrées les unes contre les autres et formant une sorte de pavé.

Les nageoires pectorales présentent une grande étendue ; la première dorsale est située au-dessus des ventrales, et celle de la queue est très courte[1].

Les anciens naturalistes et quelques auteurs modernes ont placé la scie parmi les cétacés, que l'on a si souvent confondus avec les poissons, parce qu'ils habitent les uns et les autres au milieu des eaux. Cette première erreur a fait supposer par ces mêmes auteurs, ainsi que par Pline, que la scie parvenait à la très grande longueur attribuée aux baleines, et l'on a écrit et répété que, dans des mers éloignées, elle avait quelquefois jusqu'à deux cents coudées de long. Quelle distance entre cette dimension et celles que l'observation a montrées dans les squales scies les plus développés ! On n'en a guère vu au delà de cinq mètres, ou de quinze pieds, de longueur ; mais comme tous les squales ont des muscles très forts, et que d'ailleurs une scie de quinze pieds a une arme longue de près de deux mètres, nous ne devons

1. Principales dimensions d'un squale scie mesuré par Commerson au moment où cet animal venait de mourir :

	Pieds	Pouces	Lignes
Longueur depuis le bout du museau jusqu'aux pointes de la prolongation de cette partie, les plus voisines de la tête proprement dite	0	7	6
— au bord antérieur des narines	0	7	10
— au milieu des yeux	0	8	6
— aux évents	0	9	3
— à la première ouverture branchiale	1	0	6
— à la cinquième ouverture branchiale	1	1	8
— au bout antérieur de la base des nageoires pectorales	1	0	6
— à l'origine des nageoires ventrales	1	7	10
— à l'anus	1	11	0
— à l'origine de la première nageoire dorsale	1	8	0
— à l'origine de la seconde nageoire dorsale	2	3	0
— à l'origine de la nageoire de la queue	2	6	8
— au bout de la nageoire de la queue, le plus éloigné de la tête	2	11	0
Largeur de la tête auprès de l'ouverture de la bouche	0	2	8
— du corps, auprès des nageoires pectorales, à l'endroit où elle est la plus grande	0	4	6
— du corps, auprès de la seconde nageoire du dos	0	1	3

pas être surpris de voir les grands individus de l'espèce que nous examinons attaquer sans crainte et combattre avec avantage des habitants de la mer les plus dangereux par leur puissance. La scie ose même se mesurer avec la baleine mysticète, ou baleine franche, ou grande baleine ; et, ce qui prouve quel pouvoir lui donne sa longue et dure épée, son audace va jusqu'à une sorte de haine implacable. Tous les pêcheurs qui fréquentent les mers du Nord assurent que toutes les fois que ce squale rencontre une baleine, il lui livre un combat opiniâtre. La baleine tâche en vain de frapper son ennemi de sa queue, dont un seul coup suffirait pour le mettre à mort : le squale, réunissant l'agilité à la force, bondit, s'élance au-dessus de l'eau, échappe au coup, et, retombant sur le cétacé, lui enfonce dans le dos sa lame dentelée. La baleine, irritée de sa blessure, redouble ses efforts ; mais souvent, les dents de la lame du squale pénétrant très avant dans son corps, elle perd la vie avec son sang avant d'avoir pu parvenir à frapper mortellement un ennemi qui se dérobe trop rapidement à sa redoutable queue.

Martens a été témoin d'un combat de cette nature derrière la Hitlande, entre une autre espèce de baleine nommée *nord caper* et une grande scie. Il n'osa pas s'approcher du champ de bataille ; mais il les voyait de loin s'agiter, s'élancer, s'éviter, se poursuivre et se heurter avec tant de force, que l'eau jaillissait autour d'eux et retombait en forme de pluie. Le mauvais temps l'empêcha de savoir de quel côté demeura la victoire. Les matelots qui étaient avec ce voyageur lui dirent qu'ils avaient souvent sous les yeux de ces spectacles imposants ; qu'ils se tenaient à l'écart jusqu'au moment où la baleine était vaincue par la scie, qui se contentait de lui dévorer la langue et qui abandonnait en quelque sorte aux marins le reste du cadavre de l'immense cétacé.

Mais ce n'est pas seulement dans l'Océan septentrional que la scie donne, pour ainsi dire, la chasse aux baleines ; elle habite en effet dans les deux hémisphères, et on l'y trouve dans presque toutes les mers. On la rencontre particulièrement auprès des côtes d'Afrique, où la forme, la grandeur et la force de ses armes ont frappé l'imagination de plusieurs nations nègres, qui l'ont, pour ainsi dire, divinisée, et conservent les plus petits fragments de son museau dentelé, comme un fétiche précieux.

Quelquefois ce squale, jeté avec violence par la tempête contre la carène d'un vaisseau, ou précipité par sa rage contre le corps d'une baleine, y enfonce sa scie qui se brise ; et une portion de cette grande lame dentelée reste attachée au doublage du bâtiment ou au corps du cétacé, pendant que l'animal s'éloigne avec son museau tronqué et son arme raccourcie. On conserve, dans les galeries du Muséum d'histoire naturelle, un fragment considérable d'une très grande lame de squale scie, qui y a été envoyé dans le temps par M. de Capellis, capitaine de vaisseau, et qui a été trouvé implanté dans le côté d'une baleine.

LE SQUALE ANISODON[1]

Pristis cirrhatus, LATH.

M. Jean Latham a décrit, dans les *Actes de la Société linnéenne de Londres*[2], quatre squales auxquels il donne les noms de *pristis antiquorum*, *pristis pectinatus*, *pristis cuspidatus* et *pristis microdon*, et que nous croyons devoir considérer comme des variétés produites par l'âge, le sexe ou le pays, dans l'espèce de notre squale scie. Mais ce savant naturaliste a fait connaître, dans le même ouvrage, un cinquième squale que nous regardons comme une espèce distincte de la scie et de tous les autres squales, et que nous nous empressons d'inscrire dans notre catalogue des poissons cartilagineux.

Ce squale, que nous nommons *anisodon*, a été pêché auprès des rivages de la Nouvelle-Hollande. De chaque côté de son museau très long et très étroit on voit une vingtaine de dents aiguës et un peu recourbées; auprès de chacune de ces grandes dents, on en compte depuis trois jusqu'à six qui sont beaucoup plus courtes. Les filaments flexibles qui pendent au-dessous du museau ont de longueur le quart ou environ de la longueur totale du poisson. Au reste, l'individu décrit par M. Latham était mâle et devait être très jeune.

LE SQUALE ANGE[3]

Squalus Squatina, GMEL., LACÉP. — *Squatina lævis*, CUV. — *Squatina Angelus*, BLAINV., RISSO.

De tous les squales connus, l'ange est celui qui a le plus de rapport avec les raies et particulièrement avec la rhinobate. Non seulement il est, comme ces dernières, dénué de nageoire de l'anus et pourvu d'évents, mais encore il s'en rapproche par la forme de sa queue, par l'aplatissement de

1. *Squalus anisodon*. (*Anisodon* vient de deux mots grecs, *odon*, dent, et *anisos*, inégal.) — *Pristis cirrhatus*. John Latham, Act. de la Soc. linn. de Lond., t. II, p. 273.

2. Vol. et pag. déjà cités.

3. *Créac de busc*, auprès de Bordeaux. — *Squaqua*, *Squala*, dans plusieurs pays d'Italie. — *Pesce angelo*, à Gênes. — *The monk*, or *angel-fish*, en Angleterre.— *Chien de mer ange*. Daubenton, Encyclopédie méthodique.

Id. Bonnaterre, planches de l'Encyclopédie méthodique. — Mus. Ad. Fr. II, p. 40. — « Squalus pinna ani carens, ore in apice capitis. » Artedi, gen. 67, n. 6, syn. 95. — Gronov. mus. 1, 137; *Zooph.* 151. — Bloch, *Histoire des poissons étrangers*, etc., pl. 116. — « Rhina sive squatina auctorum. » Klein, *Miss. pisc.*, III, p. 14, n. 1, tab. 2, fig. 5 et 6.

Aristote, *Hist. anim.*, lib. II, cap. XV; lib. V, cap. V, X, XI; lib. IX, cap. XXXVII. — *Squadro*. Salvian, *Aquat.*, p. 151. — *Squatina*. Pline, *Hist. mundi*, lib. IX, cap. XII, XXIV, XLII, LI. — *L'ange*. Rondelet, première partie, liv. XII, chap. XX. — Gesn., *Aquat.*, p. 899, 902; icon. anim., p. 39, 40; Thierb., p. 165, *b*, 166. — Aldrovand, *Pisc.*, p. 472. — Jonston, *Pisc.*, p. 39, tab. 11, fig. 7. — Belon, *Aquat.*, p. 78.

Squatina. Willughby, *Icht.*, p. 97, tab. D, 3. — Ray, *Pisc.*, p. 26. — *Chien de mer ange*. Broussonnet, Mémoires de l'Académie des sciences pour 1780. — *Angel-fish*. Pennant, *Brit. zool.* III, p. 74, n. 1. — Oppian, lib. I, cap. XV. — Charleton, p. 131. — Athen., lib. VII, p. 319. — *Squatine* et *Ange*. Valmont de Bomare, *Dictionnaire d'histoire naturelle*.

son corps et par la grande étendue des nageoires pectorales. Il s'en éloigne cependant par un autre caractère très sensible qui le lie au contraire avec le squale barbu, par la position de l'ouverture de la bouche, qui, au lieu d'être placée au-dessous du museau, en occupe l'extrémité. Cette ouverture, qui est d'ailleurs assez grande, forme une partie de la circonférence de la tête, qui est arrondie, aplatie et plus large que le corps.

Les mâchoires sont garnies de dents pointues et recourbées, disposées sur des rangs dont le nombre augmente avec l'âge de l'animal et est toujours plus grand dans la mâchoire inférieure que dans la supérieure.

Les narines sont situées, comme la bouche, sur le bord antérieur de la tête, et la membrane qui les recouvre se termine par deux barbillons.

C'est sur la queue que l'on voit les deux nageoires dorsales; les ventrales sont grandes; la caudale est un peu en demi-cercle et les pectorales sont très étendues et assez profondément échancrées par devant. Au reste, ce sont les dimensions ainsi que la forme de ces dernières qui les ont fait comparer à des ailes comme les pectorales des raies et qui ont fait donner le nom d'*ange* au squale que nous décrivons.

Ce cartilagineux ressemble d'ailleurs à plusieurs raies par les aiguillons recourbés en arrière qu'il a auprès des yeux et des narines, sur les nageoires pectorales et ventrales et sur le dos et la queue. Il est gris par-dessus et blanc par-dessous; les nageoires pectorales sont souvent bordées de brun par-dessous et blanches par-dessus; ce qui leur donne de l'éclat, les fait contraster avec la nuance cendrée du dos et n'a pas peu contribué à les faire considérer comme des ailes.

L'ange donne le jour à treize petits à la fois. Les grands individus de cette espèce ont communément sept ou huit pieds (près de trois mètres) de longueur; mais les appétits de ce squale ne doivent pas être très violents, puisqu'il va quelquefois par troupes et qu'il ne se nourrit guère que de petits poissons. Il les prend souvent en se tenant en embuscade dans le fond de la mer, en s'y couvrant de vase, et en agitant ses barbillons qui, passant au travers du limon, paraissent comme autant de vers aux petits poissons, et les attirent, pour ainsi dire, jusque dans la gueule de l'ange.

Il habite dans l'Océan septentrional, aussi bien que dans la Méditerranée sur plusieurs rivages de laquelle on emploie sa peau à polir des corps durs, à garnir des étuis et à couvrir des fourreaux de sabre ou de cimeterre.

QUATRIÈME GENRE

LES AODONS

Les mâchoires sans dents; cinq ouvertures branchiales de chaque côté du corps.

	ESPÈCES.	CARACTÈRES.
1.	AODON MASSASA.	Les nageoires pectorales très longues.
2.	AODON KUMAL.	Les nageoires pectorales courtes; quatre barbillons auprès de l'ouverture de la bouche.
3.	AODON CORNU.	Un long appendice au-dessous de chaque œil.

L'AODON MASSASA[1]

Aodon Massasa, LACÉP. — *Squalus Massasa,* FORSK., GMEL.

L'AODON KUMAL[2]

Aodon Kumal, LACÉP. — *Squalus Kumal,* FORSK., LACÉP.

Ces deux espèces de cartilagineux ont été comprises jusqu'à présent dans le genre des squales; mais nous avons cru devoir séparer de cette famille des animaux qui en diffèrent par un caractère aussi remarquable que le défaut total de dents mis en opposition avec la présence de dents très grandes, très fortes et très nombreuses, telles que celles des squales. Nous en avons composé un genre particulier, que nous distinguons par le nom d'*aodon,* qui veut dire *sans dents,* et qui exprime leur dissemblance avec les cartilagineux parmi lesquels on les a comptés. Au reste, le massasa et le kumal, qui habitent tous les deux dans la mer Rouge, ne sont encore connus que d'après de très courtes descriptions données par Forskael; nous n'avons en conséquence rien à ajouter à ce que nous venons d'en dire, dans le tableau méthodique du genre qu'ils forment.

L'AODON CORNU[3]

Aodon cornutus, LACÉP. — *Squalus edentulus,* GMEL.

C'est aussi dans le genre de l'aodon que nous avons cru devoir placer l'animal sans dents, dont la tête a été décrite par Brunnich dans son *Histoire naturelle des poissons de Marseille,* et qui a été compris parmi les squales par cet observateur, ainsi que par M. Bonnaterre. On ne connaît encore ce poisson que par Brunnich, qui n'en a vu qu'une tête desséchée dans la collection de l'Académie de Pise; mais les caractères que présente cette tête suffisent pour distinguer l'animal non seulement des autres aodons, mais encore de tous les poissons dont on a publié jusqu'à présent la description ou la figure. Elle est plate, large de trois palmes, dit Brunnich, et comme tronquée vers le museau. Les deux mâchoires sont garnies d'une bande osseuse et large d'un pouce. Cette bande est lisse dans la mâchoire inférieure et raboteuse dans la supérieure, qui est plus avancée que l'autre. Les yeux sont grands, et un peu au-dessous de chacun de ces organes on voit s'élever un appendice cutané, long d'un palme et demi et en forme de corne un peu contournée.

1. *Squalus massasa.* Forskael, *Faun. arab.,* p. 10, n. 17. — *Chien de mer massasa.* Bonnaterre, planches de l'Encyclopédie méthodique.

2. *Squalus kumal.* Forskael, *Faun. arab.,* p. 10, n. 19. — *Chien de mer kumal.* Bonnaterre, planches de l'Encyclopédie méthodique.

3. *Squalus edentulus.* Brunnich, *Ichtyol. massiliens.,* p. 6. — *Chien de mer cornu.* Bonnaterre, planches de l'Encyclopédie méthodique.

SECONDE DIVISION

POISSONS CARTILAGINEUX QUI ONT UNE MEMBRANE DES BRANCHIES SANS OPERCULE

SIXIÈME ORDRE DE LA CLASSE ENTIÈRE DES POISSONS

OU SECOND ORDRE DE LA SECONDE DIVISION DES CARTILAGINEUX[1]

POISSONS JUGULAIRES, OU QUI ONT DES NAGEOIRES SITUÉES SOUS LA GORGE

SIXIÈME GENRE

LES LOPHIES

Un très grand nombre de dents aiguës ; une seule ouverture branchiale de chaque côté du corps ; les nageoires pectorales attachées à des prolongations en forme de bras.

PREMIER SOUS-GENRE

LE CORPS APLATI DE HAUT EN BAS

	ESPÈCES.	CARACTÈRES.
1.	LOPHIE BAUDROIE.	La tête très grosse et arrondie.
2.	LOPHIE VESPERTILION.	Le corps tuberculeux ; le museau pointu.
3.	LOPHIE FAUJAS.	Le corps très déprimé, aiguillonné et en forme de disque.

SECOND SOUS-GENRE

LE CORPS COMPRIMÉ LATÉRALEMENT

	ESPÈCES.	CARACTÈRES.
4.	LOPHIE HISTRION.	Un long filament placé au-dessus de la lèvre supérieure et terminé par deux appendices charnus.
5.	LOPHIE CHIRONECTE.	Un long filament placé au-dessus de la lèvre supérieure et terminé par une très petite masse charnue ; le corps rougeâtre et présentant quelques taches noires.
6.	LOPHIE DOUBLE-BOSSE.	Un long filament placé au-dessus de la lèvre supérieure et terminé par une très petite masse charnue ; le corps varié de noir et de gris.
7.	LOPHIE COMMERSON.	Un long filament placé au-dessus de la lèvre supérieure et terminé par une très petite masse charnue ; le corps noir ; un point blanc de chaque côté.

TROISIÈME SOUS-GENRE

LE CORPS DE FORME CONIQUE

	ESPÈCE.	CARACTÈRES.
8.	LOPHIE FERGUSON.	Deux filaments situés au-dessus de la lèvre supérieure ; des protubérances anguleuses sur la partie supérieure de la tête.

1. On ne connaît encore aucune espèce de poisson dont on puisse former un premier ordre, ou un ordre d'*apodes*, dans la seconde division des cartilagineux.

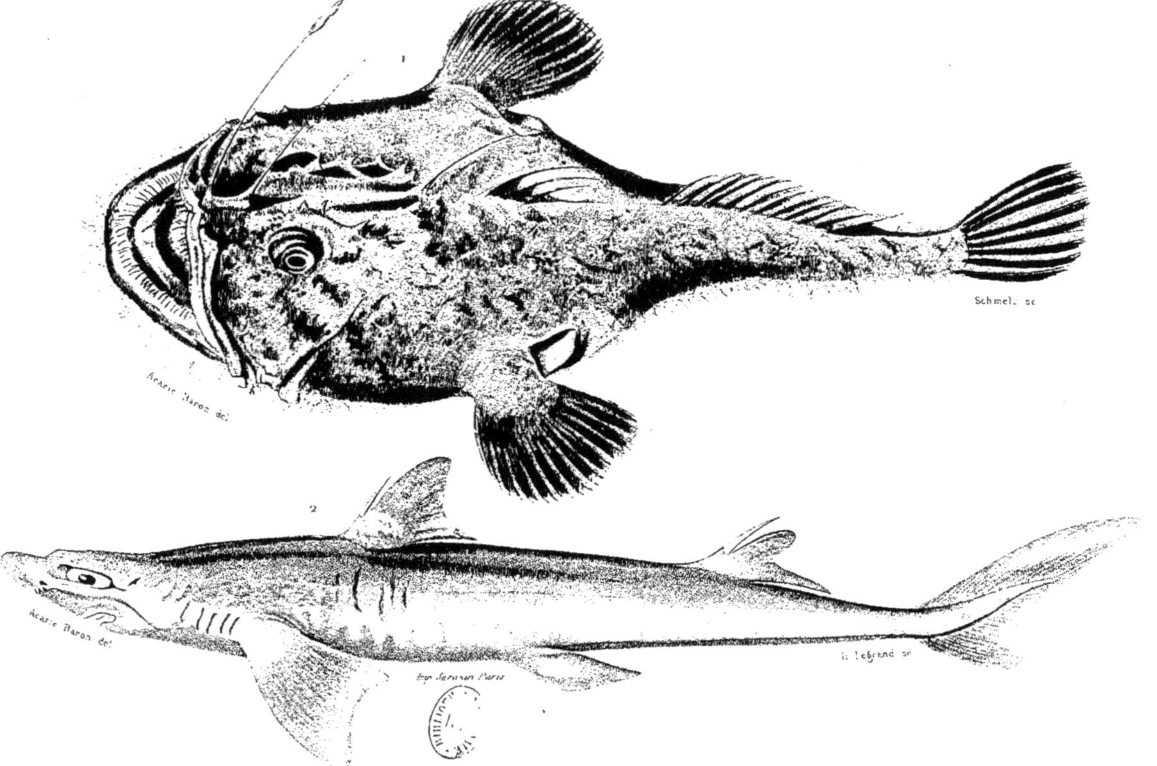

1 LA LOPHIE-BAUDROIE (Lophius Piscatorius Lin.) 2 LE SQUALE-AIGUILLAT (Squalus acanthias Lin.)

d'après le Règne animal de Cuvier, édition V. Masson

Garnier frères Éditeurs

LA LOPHIE BAUDROIE[1]

Lophius piscatorius, GMEL., LACÉP., CUV., RISSO.

Les poissons que nous avons décrits jusqu'à présent sont dénués d'opercule et de membrane particulière destinés à fermer, à leur volonté, les ouvertures de l'organe de la respiration. Ceux qui composent la seconde division des cartilagineux, et dont nous allons exposer les habitudes et les formes, présentent dans cet organe une conformation différente ; ils n'ont pas, à la vérité, d'opercule, mais ils ont reçu une membrane propre à fermer l'ouverture des branchies. Le premier genre que nous rencontrons sur le tableau méthodique des quatre ordres qui forment cette division pourvue d'une membrane branchiale sans opercule est celui des lophies. Le nom de *lophie*, en latin, *lophius*, vient du mot grec *lophia*, qui signifie *nageoire* et *élévation*, et qui désigne la grande quantité d'éminences, de prolongements et de nageoires, que l'on voit en effet sur le dos de toutes les espèces comprises dans le genre que nous allons chercher à faire connaître. Nous examinerons ce caractère avec d'autant plus d'attention, que nous le voyons pour la première fois; mais les lophies en montrent d'autres que nous devons considérer auparavant. Et d'abord jetons les yeux sur celui qui les a fait inscrire dans le second ordre de la seconde division[2], sur la manière dont sont placées les nageoires inférieures, celles que dans tous les poissons on a comparées à des pieds. Au lieu d'être très voisines de l'anus, comme dans les différentes espèces de raies et de squales, ces nageoires sont situées très près de l'ouverture de la bouche et, pour ainsi dire, sous la gorge ; elles sont par là bien plus antérieures que les nageoires pectorales, qui, d'ailleurs, sont

1. *Rana piscatrix.* — *Marino piscatore, Martino piscatore, Diavolo di mare*, en Italie. — *Baudroie, Peschetcau, Galanga*, dans plusieurs départements méridionaux. — *Toad-fish, Frog-fish, Sea-devil*, en Angleterre. — *Baudroie (la grande)*. Daubenton, Encyclopédie méthodique. — *Lophius piscatorius. Fauna suecica*, 298.

Müller, *Prodrom zoolog. danic.*, p. 38, n. 321. — It. scan. 327. — Mus. Ad. Fr. 55. — *Lophius ore cirroso.* Artedi, gen. 36, syn. 87. — Gronov. mus. 1, p. 57, *Zooph.*, p. 58. — Bloch, *Histoire naturelle des poissons*, pl. 87. — *Lophius.* Strom. sondm., 271.

« Batrachus capite rictuque ranæ. » Klein, *Miss. pisc.*, 3, p. 15. — « Batrachus altero pinnarum parc ad exortum caudæ carens. » — Charleton, *Onom.* 199. — Olear, mus. 37, tab. 23, fig. 1. — *Baudroie (la grande)*. Bonnaterre, planches de l'Encyclopédie méthodique. — Cicer., *de Natura deorum*, lib. II. — Belon, *Aquat.*, p. 85.

Rana marina. Jonston, *Pisc.*, p. 36, tab. 11, fig. 8. — *Rana*, Pline, *Hist. mundi*, lib. IX, cap. XXIV. — *Fishing frog. Brit. zool.* 3, p. 93, 95, n. 1, 2, tab. 94. — « Toad-fish, frog-fish, sea-devil. » Willughby, *Icht.*, p. 85, tab. E, 1. — *Baudroie.* Camper, *Mém. des savants étrangers*, 6, p. 177. — *Galanga.* Rondelet, première partie, liv. XII, chap. XIX. — Valmont de Bomare, *Dictionnaire d'histoire naturelle.*

Arist., lib. IX, cap. XXXVII ; lib. II, cap. XIII ; lib. V, cap. V. *De partibus animalium*, lib. IV, cap. XIV. — Ælian, lib. IX, cap. XXIV ; et lib. XIII, cap. I et II. — Athen., lib. VII, p. 286. — Oppian, lib. II, p. 33. — Salv. fol. 139, *b*, 140, 141. — Gesner, p. 813, 815. — Ray, p 29. — Schonev., p. 59. — *Rana piscatrix vulgaris.* Aldrovand., lib. III, cap. LXIV. — *Baudroie.* Dessins sur vélin déposés dans la bibliothèque du Muséum d'histoire naturelle.

2. Article intitulé : *Nomenclature des poissons.*

plus reculées que dans plusieurs autres poissons. Voilà ce qui a causé la méprise de plusieurs naturalistes, qui ont regardé les nageoires jugulaires comme des nageoires pectorales et les nageoires de la poitrine comme des nageoires ventrales.

Cependant, pour mieux faire connaître ce qui caractérise les lophies, décrivons-en l'espèce la plus remarquable, en indiquant ce qui est particulier à ce cartilagineux, auquel nous conservons le nom de *baudroie*, et ce qui est commun à tous les animaux qui composent sa famille. Les nageoires inférieures, placées sous la gorge, ainsi que nous venons de le dire, et de même que dans les autres lophies, sont courtes, fortes et composées de rayons assez mobiles pour servir à la baudroie à s'attacher, et, pour ainsi dire, à s'accrocher au fond des mers. Ces rayons sont d'ailleurs au nombre de cinq et réunis par une membrane assez lâche ; aussi a-t-on cru voir dans chacune de ces deux nageoires ventrales ou plutôt jugulaires, une sorte de main à cinq doigts et palmée. D'un autre côté, les nageoires pectorales, au lieu de tenir immédiatement au corps de l'animal, sont situées, ainsi que celles des autres lophies, à l'extrémité d'une prolongation charnue et un peu coudée, que l'on a voulu comparer à un bras et un avant-bras, ou à une jambe et un pied. On a regardé en conséquence les rayons des nageoires pectorales comme autant de doigts d'une main ou d'un pied ; la baudroie n'a plus paru qu'une sorte d'animal marin à deux mains et à deux pieds, ou plutôt à quatre mains.

On en a fait un quadrumane; on a dit qu'elle était, au milieu des eaux de la mer, le représentant des singes, des mongous et des autres animaux terrestres auxquels le nom de quadrumane a été aussi donné ; et comme lorsque l'imagination a secoué le joug d'une saine analogie et qu'elle a pris son essor, elle cède avec facilité au plaisir d'enfanter de faux rapports et de vaines ressemblances, on est allé jusqu'à supposer dans la baudroie des traits de l'espèce humaine. On a surtout métamorphosé en mains d'homme marin ses nageoires jugulaires, et, il faut en convenir, la forme de ces nageoires, ainsi que les attaches de celles de la poitrine, pouvaient non pas présenter à un naturaliste exact, mais rappeler à un observateur superficiel quelque partie de l'image de l'homme. Quel contraste néanmoins que celui de cette image auguste avec toutes celles que réveille en même temps la vue de la baudroie! Cette forte antipathie qu'inspire la réunion monstrueuse de l'être le plus parfait que la nature ait créé, avec le plus hideux de ceux que sa main puissante a, pour ainsi dire, laissé échapper, ne doit-on pas l'éprouver en retrouvant dans la baudroie une espèce de copie, bien informe sans doute, mais cependant un peu reconnaissable, du plus noble des modèles, auprès d'une tête excessivement grosse et d'une gueule énorme, presque entièrement semblable à celle d'une grenouille, ou plutôt d'un crapaud horrible et démesuré? On croirait que cette tête disproportionnée qui a fait donner à la baudroie le nom de *grenouille de mer*, placée au-devant d'un corps terminé par une queue et doué en apparence de mains ou de pieds d'homme, surmontée par de longs filaments qui imitent des cornes et tout entourée d'appendices vermiculaires, a fait de la grande lophie qui nous occupe le type de ces images ridicules de démons et de lutins par lesquels une pieuse crédulité ou une coupable fourberie a effrayé pendant tant de siècles l'ignorance superstitieuse et craintive et de ces représentations comiques avec lesquelles la riante poésie a su égayer même l'austère philosophie. Aussi la baudroie a-t-elle souvent fait naître une sorte de curiosité inquiète dans l'âme des observateurs peu instruits qui l'ont vue pour la première fois, surtout lorsqu'elle est parvenue à son entier développement et qu'elle a atteint une longueur de plus de deux mètres ou de près de sept pieds. Elle a été appelée *diable de mer*; sa dépouille, préparée de manière à être très transparente et rendue lumineuse par une lampe allumée renfermée dans son intérieur, a servi plusieurs fois à faire croire des esprits faibles à de fantastiques apparitions.

L'intérieur de la bouche est garni d'un grand nombre de dents longues, crochues et aiguës, comme dans toutes les lophies. Mais on en voit non seulement à la mâchoire supérieure, où elles forment trois rangées et à la mâchoire inférieure où elles sont disposées sur deux rangs et où celles de derrière peuvent se baisser en arrière, mais encore au palais et sur deux cartilages très durs et allongés placés auprès du gosier. La langue, qui est large, courte et épaisse, est hérissée de dents semblables ; et l'on aperçoit d'autant plus aisément cette multitude de dents plus ou moins recourbées, cette distribution de ces crochets sur la langue, au gosier, sur le palais et aux mâchoires et tout cet arrangement qui est soumis pour la première fois à notre examen, que l'ouverture de la bouche s'étend d'un côté de la tête à l'autre, presque dans l'endroit où cette dernière partie a le plus de largeur et que cette même tête est très grande relativement au volume du corps qu'elle déborde des deux côtés.

C'est cet excès de grandeur du diamètre transversal de la tête sur celui du corps, qui, réuni avec le contour arrondi du devant du museau, forme le caractère spécifique de la baudroie.

L'ouverture de la bouche est d'ailleurs placée dans la partie supérieure du museau, et, par conséquent, la mâchoire inférieure est la plus avancée.

Derrière la lèvre supérieure, on voit les narines. Elles présentent dans la baudroie une conformation particulière. Les membranes qui composent l'organe de l'odorat ou l'intérieur de ces narines sont renfermées dans une espèce de calice à ouverture étroite, que soutient une sorte de pédoncule ; le nerf olfactif parcourt la partie interne de ces pédoncules pour aller se déployer sur la surface des membranes contenues dans le creux du calice ; et cette coupe, un peu mobile sur sa tige, peut se tourner, à la volonté de l'animal, contre les courants odorants, et rendre plus forte l'impression des odeurs sur l'organe de la baudroie.

L'organe de l'ouïe de cette grande lophie a beaucoup plus de rapports avec celui des poissons osseux qu'avec celui des raies et des squales[1]; la cavité qui le contient n'est pas séparée de celle du cerveau par une cloison cartilagineuse comme les squales et les raies, mais par une simple membrane. De plus, les trois canaux nommés demi-circulaires, qui composent une des principales portions de cet organe, communiquent ensemble; et, dans l'endroit où leur réunion s'opère, on voit un osselet particulier, que l'on retrouve dans le brochet, que Scarpa a découvert dans l'anguille, dans la morue, dans la truite, et qu'il soupçonne dans tous les poissons osseux[2].

L'ouverture branchiale est unique de chaque côté; et ce caractère, qui est commun à toutes les lophies, est un de ceux qui servent à distinguer le genre de ces animaux de ceux des autres poissons, ainsi qu'on a pu le voir dans le tableau méthodique de cette famille. On a pu voir aussi, sur ce même tableau, que les lophies n'avaient pas d'opercule pour fermer leurs ouvertures branchiales, mais qu'elles étaient pourvues d'une membrane des branchies. Dans la baudroie, cette membrane est soutenue par six rayons qui servent à la plier ou à la déployer pour ouvrir ou fermer l'orifice par lequel l'eau de la mer peut pénétrer jusqu'à l'organe respiratoire. Cet organe ne consiste de chaque côté que dans trois branchies engagées dans une membrane qui les fixe plus ou moins au corps de l'animal; et l'orifice en est situé très près de la nageoire pectorale, qui, dans certaines positions, empêche de le distinguer avec facilité.

Les yeux sont placés sur la partie supérieure de la tête et très rapprochés l'un de l'autre, ce qui donne à l'animal la faculté de reconnaître très distinctement les objets qui passent au-dessus de lui.

On aperçoit entre les yeux une rangée longitudinale composée de trois longs filaments, dont ordinairement le plus antérieur a plus de longueur que les autres, s'élève à une hauteur égale au moins à la moitié de la plus grande largeur de la tête, et se termine par une membrane assez large et assez longue. Cette membrane se divise en deux lobes et l'on voit une seconde membrane beaucoup plus petite et un peu triangulaire, implantée vers sa base et sur sa partie postérieure. Les autres deux filaments offrent quelques fils le long de leur tige.

Au delà de ces trois filaments très déliés, sont deux nageoires dorsales, dont la première a une membrane beaucoup plus courte que les rayons qui y sont attachés. La nageoire de la queue est très arrondie, ainsi que les pectorales[3]. Celle de l'anus est au-dessous de la seconde dorsale.

1. Discours sur la nature des poissons.
2. Ouvrage de Scarpa, déjà cité.
3. Communément la première nageoire dorsale a.................. 3 rayons.
— la seconde.................................. 11 —
— chaque pectorale................................ 24 —
— celle de l'anus.................................. 9 —
— celle de la queue.................................. 8 —

Des barbillons vermiformes garnissent les côtés du corps, de la queue et de la tête, au-dessus de laquelle paraissent quelques tubercules ou aiguillons, particulièrement entre les yeux et la première nageoire du dos.

Au reste, la baudroie est brune par-dessus et blanche par-dessous; la nageoire de la queue est noire, ainsi que le bord des nageoires pectorales.

Nous avons déjà dit qu'elle parvenait à la longueur de sept pieds; Pontoppidan assure même qu'on en a pris qui avaient plus de douze pieds de long[1]. Cependant la peau de la baudroie est molle et flasque dans beaucoup d'endroits; ses muscles paraissent faibles; sa queue, qui n'est ni très souple ni déliée, ne peut pas être agitée avec assez de vitesse pour imprimer une grande rapidité à ses mouvements. N'ayant donc ni armes très défensives dans ses téguments, ni force dans ses membres, ni célérité dans sa natation, la baudroie, malgré sa grandeur, est obligée d'employer la ressource de ceux qui n'ont reçu qu'une puissance très limitée : elle est contrainte, pour ainsi dire, d'avoir recours à la ruse, et de réduire sa chasse à des embuscades, auxquelles d'ailleurs sa conformation la rend très propre. Elle s'enfonce dans la vase, elle se couvre de plantes marines, elle se cache sous les pierres et les saillies des rochers. Se tenant avec patience dans son réduit, elle ne laisse apercevoir que ses filaments, qu'elle agite en différents sens, auxquels elle donne toutes les fluctuations qui peuvent les faire ressembler davantage à des vers ou à d'autres appâts, et par le moyen desquels elle attire les poissons qui nagent au-dessus d'elle, et que la position de ses yeux lui permet de distinguer facilement. Lorsque sa proie est descendue assez près de son énorme gueule, qu'elle laisse presque toujours ouverte, elle se jette sur ces animaux qu'elle veut dévorer, et les engloutit dans cette grande bouche où une multitude de dents fortes et crochues les déchirent et les empêchent de s'échapper.

Cette manière adroite et constante de se procurer les aliments dont elle a besoin, et de pêcher en quelque sorte les poissons à la ligne, lui a fait donner l'épithète de *pêcheuse ;* voilà pourquoi on l'a nommée *grenouille pêcheuse* et *martin pêcheur*, en réunissant les idées que ses habitudes ont fait naître, avec celles que réveille sa conformation.

Cette espèce est peu féconde et se trouve dans presque toutes les mers de l'Europe.

LA LOPHIE VESPERTILION[2]

Lophius Vespertilio, Gmel., Lacép. — *Malthe Vespertilio,* Cuv.

Cette lophie diffère de la baudroie en ce que sa tête, au lieu d'être arrondie par devant, s'y termine par un museau très avancé, pointu, en forme

1. *Histoire naturelle de Norvège*, etc., par Pontoppidan.
2. *Baudroie chauve-souris*. Daubenton, Encyclopédie méthodique. — *Id.* Bonnaterre,

de cône, et que l'on a comparé au soc d'une charrue. D'ailleurs l'ouverture de la bouche est étroite à proportion de la grandeur de l'animal ; bien loin d'être placée dans la partie supérieure de la tête, elle est située sous l'inférieure, et même très reculée au-dessous du museau, ce qui rapproche la vespertilion des raies et des squales. Au-devant de cette ouverture sont les narines, et auprès de ces organes on voit s'élever un appendice ou filament de substance dure et comme cornée, et qui est terminé par un tubercule. Cette extension, ainsi que la pointe que le museau présente, a fait donner à la vespertilion le nom de *petite licorne*, de *licorne marine*.

La tête et le corps vont en s'élargissant jusque vers l'insertion des nageoires pectorales, où la largeur du corps diminue tout d'un coup, à peu près de moitié ; ensuite la diminution de cette même largeur s'opère jusqu'au bout de la queue par des degrés insensibles, de telle sorte que l'ensemble de la vespertilion offre l'image d'un triangle isocèle, à côtés un peu curvilignes, et au milieu de la base duquel est attaché un long cône formé par la queue et le derrière du corps de l'animal.

Les prolongations charnues auxquelles tiennent les nageoires pectorales sont assez longues et assez coudées pour imiter, moins imparfaitement que dans plusieurs autres lophies, un bras et un avant-bras, ou une jambe et un pied[1]. Cette dernière conformation, considérée en même temps que le museau pointu, que la bouche placée sous la tête, que la grande largeur des côtés étendus comme des ailes, et que la queue conique, a réveillé, pour plusieurs observateurs, l'idée d'une chauve-souris, et de là vient le nom de *vespertilion*, que nous lui avons conservé.

Les dents qui garnissent les mâchoires sont petites, crochues, et disposées ordinairement sur un rang.

L'ouverture des branchies est un peu circulaire et placée, de chaque côté, auprès de la prolongation charnue qui soutient la nageoire pectorale.

Tout le dessus de la lophie vespertilion présente un grand nombre de tubercules faits en forme de *patelles*, ou de petites coupes renversées, rayonnés sur leur surface supérieure et terminés par un sommet aigu ; le des-

planches de l'Encyclopédie méthodique. — Bloch, *Histoire naturelle des poissons*, pl. 110. — Mus. Ad. Fr. 1, p. 55. — *Lophius fronte unicorni*. Artedi, syn. 88. — Gronov., mus. 1, n. 129, *Zooph.*, n. 209. — « Batrachus capite vomeris instar, cornuto, — batrachus capite scuto osseo. » Klein, *Miss. pisc.*, 3, p. 16 et 17, n. 8 et 9.

Rana piscatrix americana. Séba, mus. 1, p. 118, tab. 74, fig. 2. — *Guacucuja*. Marcgrave. *Brasil.*, p. 143. — Ray, *Pisc.*, p. 30, n. 3, *f*, 1, 3. — Jonston, *Pisc.*, p. 207, tab. 29, fig. 2. — *American toad-fish*. Willughby, *Icht.*, p. 218, tab. E, 2, fig. 3. — *Sea-bat*. Edw. *Glanur.*, tab. 283, fig. 1. — *Guacucuja*. Valmont de Bomare, *Dictionnaire d'histoire naturelle*. — Browne, *Jamaic.*, p. 457, tab., 48, fig. 3.

1. La nageoire du dos a communément........ 9 rayons.
Les pectorales en ont........ 10 —
Les ventrales........ 6 —
Celle de l'anus en a........ 6 —
Et celle de la queue, qui est arrondie, en a........ 11 —

sous de l'animal est hérissé de petits aiguillons, et, excepté les nageoires de la queue et de la poitrine, qui sont blanchâtres, et celles du dos et du ventre, qui sont brunes, la couleur de la vespertilion est rougeâtre sur presque toutes les parties du corps.

C'est dans la mer qui baigne l'Amérique méridionale que l'on pêche le plus souvent cette lophie, qui est peu mangeable, qui parvient à la longueur d'un pied et demi, ou de près d'un demi-mètre, et dont les habitudes sont analogues à celles de la baudroie.

LA LOPHIE FAUJAS

Lophius Faujas, LACÉP. — *Lophius stellatus,* WAHL. — *Malthe stellatus,* CUV.

Nous avons dit, en traitant de la raie thouin, pourquoi nous avons désiré que les services rendus par notre collègue, M. Faujas, aux sciences naturelles, fussent rappelés par le nom de la lophie que nous allons décrire, qui faisait partie de la belle collection de la Haye, et qui est encore inconnue aux naturalistes.

La conformation de cette lophie est très remarquable. Son corps est très aplati de haut en bas : il l'est plus que celui de la baudroie et que celui de la vespertilion ; si l'on retranchait la queue et les nageoires pectorales, il offrirait l'image d'un disque parfait.

L'ouverture de la bouche est un peu au-dessous de la partie antérieure de la tête. Au-dessus du museau, et presque à son extrémité, paraît une petite cavité, au milieu de laquelle s'élève une protubérance arrondie. Les narines sont très près de cette cavité ; chacun de ces organes a deux ouvertures, dont la plus antérieure est la plus étroite et placée au bout d'un petit tube.

Les yeux, très peu gros et assez rapprochés l'un de l'autre, forment presque un carré avec les deux narines.

Les ouvertures des branchies sont placées sur le disque, et plus près de l'origine de la queue que sur presque toutes les autres lophies, quoique, sur ces poissons, elles soient, en général, très éloignées du museau. Le canal qui va de chacune de ces ouvertures à la cavité de la bouche doit donc être assez long ; mais nous n'avons pas pu connaître exactement ses dimensions, parce que nous n'avons pas voulu sacrifier à des recherches anatomiques l'individu apporté de Hollande, et qui était unique et très entier.

La membrane branchiale présente cinq rayons.

Les nageoires inférieures ou jugulaires sont attachées à des prolongements charnus, composées de cinq rayons divisés à leurs extrémités, assez semblables à des mains, ou au moins à des pattes, mais plus reculées que sous la baudroie et la vespertilion ; elles sont situées vers le milieu de la partie inférieure du disque et à une distance à peu près égale de l'ouverture de la bouche et des nageoires pectorales.

Ces dernières sont, en effet, très voisines de l'anus, et par là elles sont rapprochées des ouvertures des branchies, presque autant que dans la plupart des autres lophies. On voit au-dessous de l'animal les prolongations charnues auxquelles elles tiennent.

L'anus est situé à l'endroit où la queue touche le disque, c'est-à-dire le corps proprement dit. Cette même queue représente un cône aplati par-dessous, et dont la longueur égale à peine la moitié du diamètre du disque. Elle se termine par une nageoire arrondie et montre au-dessus de son origine une petite nageoire dorsale et une nageoire de l'anus vers le milieu de sa surface inférieure[1].

Tout le dessus du corps et de la queue de la lophie faujas est semé de très petits tubercules et de piquants dont la racine se divise en plusieurs branches ; mais, indépendamment de ces tubercules et de ces aiguillons, on voit, dans la circonférence de la partie inférieure du disque, deux ou trois rangs d'espèces de mamelons garnis de filaments plus sensibles dans la rangée la plus extérieure ; et on retrouve des élévations de même nature le long de la lèvre de dessous.

Nous avons cru devoir faire connaître un peu en détail cette curieuse espèce de lophie, que nous avons d'ailleurs fait représenter vue par-dessus et par-dessous, et dont l'individu que nous avons décrit avait quatre pouces, ou plus d'un décimètre, de longueur.

LA LOPHIE HISTRION[2]

Lophius Histrio, Gmel., Lacép. — *Antennarius Histrio*, Cuv.

Ce poisson, comme tous ceux que renferme le sous-genre à la tête duquel nous le trouvons, présente un corps très comprimé par les côtés, au lieu d'être aplati de haut en bas, ainsi que ceux de la baudroie, de la vespertilion et de la lophie faujas. Sa tête est petite ; sa mâchoire inférieure est plus avancée que la supérieure, et garnie, ainsi que cette dernière, de dents très déliées. Des barbillons bordent les lèvres ; et, immédiatement derrière

1. On trouve dans chaque nageoire pectorale........................ 12 rayons.
— à la nageoire dorsale.. 5 —
— à celle de l'anus... 5 —
— et à celle de la queue...................................... 7 —

2. *Baudroie tachée*. Daubenton, Encyclopédie méthodique. — *Id*. Bonnaterre, planches de l'Encyclopédie méthodique. — *Lophius compressus*. Van Bracin Houckgrest, *Act. Haarl*. 15. — Bloch, *Hist. naturelle des poissons*, pl. 111. — *Lophius pinnis dorsalibus tribus*. Lagerstr. *Chin*. 21. — *Lophius tumidus*. Osb. *It*. 305. — Gronov., *Zooph*. 210. — *Batrachus*, etc. Klein, *Miss. pisc*. 3, p. 16, n. 3, 7, tab. 3, fig. 4. — *Rana piscatrix minima*. Plumier, dessins sur vélin déposés dans la bibliothèque du Muséum d'histoire naturelle.

Mus. Ad. Fr. 1, p. 56. — It. Wgoth, 137, tab. 3, fig. 5. — *Guaperva*. Marcgrav. *Brasil*. 150. — Willughby, *Icht*., p. 50, tab. E, 2, fig. 2. — *Rana piscatrix americana*. Séba, mus. 1, p. 118, n. 3, 7, tab. 54, fig. 3, 7. — *Piscis brasiliensis cornutus*. Petiv. *Gazoph*., tab. 20, fig. 6. — *American toad-fish*. Ray ; *Pisc*., p. 29, n. 2.

l'ouverture de la bouche, on voit une prolongation, ou un filament cartilagineux et élastique, qui soutient deux appendices allongés et charnus. Derrière ce filament, paraissent deux autres éminences charnues, élevées, un peu coniques, parsemées de barbillons, et dont la postérieure est la plus grosse et la plus exhaussée. Vient enfin une nageoire dorsale. Les nageoires de la poitrine et les jugulaires sont conformées à peu près comme dans les autres lophies ; mais les jugulaires ont une ressemblance moins imparfaite avec une main humaine, ou plutôt avec un pied de quadrupède. On compte quatre branchies dans chacun des deux organes de la respiration. Le corps est hérissé, en beaucoup d'endroits, de petits aiguillons crochus et de courts filaments ; il est d'ailleurs brun par-dessous et couleur d'or par-dessus, avec des bandes, des raies et des taches irrégulières et brunes[1].

Les habitudes de la lophie histrion sont semblables à celles de la baudroie. On lui a donné le nom qu'elle porte à cause des mouvements prompts et variés qu'elle imprime à ses nageoires et à ses filaments, et desquels on a dit qu'ils avaient beaucoup de rapport avec des gestes comiques. Elle a d'ailleurs paru mériter ce nom par l'usage fréquent qu'elle fait, lorsqu'elle nage, de la faculté qu'elle a d'étendre et de gonfler une portion considérable de la partie inférieure de son corps, d'arrondir ainsi son volume avec vitesse et de changer rapidement sa figure. Nous nous sommes déjà occupés dans notre Discours sur la nature des poissons, de cette faculté, que nous retrouverons dans plusieurs espèces de ces animaux à un degré plus ou moins élevé, sur laquelle nous reporterons plusieurs fois notre attention, et que nous examinerons particulièrement de nouveau en traitant du genre des tétrodons.

La lophie histrion habite non seulement dans la mer du Brésil, mais encore dans celle qui baigne les côtes de la Chine, et elle y parvient à la longueur de neuf ou dix pouces.

Nous avons trouvé, dans les manuscrits de Commerson, la description d'une lophie[2], dont nous avons fait graver la figure d'après un des dessins de ce célèbre voyageur. Ce cartilagineux a de trop grands rapports avec l'histrion, pour que nous n'ayons pas dû les rapporter l'un et l'autre à la même espèce. Voici, en effet, la seule différence qui les distingue, et qui, si elle est constante, ne peut constituer qu'une variété d'âge, ou de sexe, ou de pays. Le filament élastique qui s'élève derrière l'ouverture de la bouche, au lieu de porter un appendice chacun, divisé uniquement en deux parties, en soutient un partagé en trois lobes, dont les deux extérieurs sont les plus

1. Il y a ordinairement à la nageoire dorsale.................... 12 rayons.
— à chaque nageoire pectorale.................... 11 —
— à chaque nageoire jugulaire.................... 5 —
— à la nageoire de l'anus.................... 7 —
— à celle de la queue, qui est arrondie.................... 10 —

2. *Antennarius antenna tricorni.* Commerson, manuscrits déposés dans le Muséum d'histoire naturelle.

épais[1]. C'est dans la mer voisine des côtes orientales de l'Afrique que Commerson a trouvé l'individu qu'il a décrit, et qui avait près de cinq pouces de long sur deux pouces, ou environ, de large.

LA LOPHIE CHIRONECTE[2]

Lophius Chironectes, LACÉP. — *Antennarius Chironectes*, CUV.

LA LOPHIE DOUBLE-BOSSE[3]

Lophius bigibbus, LACÉP.

Nous réunissons dans cet article ce que nous avons à dire de deux espèces de lophies dont la description n'a point encore été publiée, et dont nous devons la connaissance à Commerson, qui en a traité dans ses manuscrits.

La première de ces deux espèces, à laquelle le voyageur que nous venons de citer a donné le nom grec de *chironecte*, qui signifie nageant avec des mains, ou ayant des nageoires faites en forme de mains, a le corps comprimé par les côtés comme l'histrion ; mais le filament qui s'élève derrière l'ouverture de la bouche est beaucoup plus délié et plus long que sur cette dernière lophie ; et, au lieu de soutenir un appendice charnu et divisé en deux ou trois lobes, il est surmonté d'un petit bouton ou d'une petite masse entièrement semblable à celle que l'on voit au bout des antennes de plusieurs genres d'insectes. Les deux prolongations charnues et filamenteuses qui sont placées sur l'histrion, derrière le filament élastique, sont remplacées, sur la chironecte, par deux bosses dénuées de barbillons, et dont la postérieure est la plus grande et la plus haute. La couleur générale de l'animal est d'un rouge obscur avec des taches noires très clairsemées[4]. Au reste, on le trouvera représenté d'après un dessin de Commerson, sur la même planche que l'histrion.

La lophie double-bosse est variée de noir et de gris. Voilà la seule dissemblance avec la lophie chironecte, que nous avons trouvée indiquée dans les manuscrits de Commerson, qui n'en a laissé d'ailleurs aucune figure.

1. On ne distingue pas, dans la figure qui a dû être scrupuleusement copiée sur le dessin de Commerson, les petits barbillons et les aiguillons courts et crochus que l'on voit sur la tête et le corps de l'histrion; mais ces aiguillons et ces barbillons sont décrits dans la partie du texte de Commerson qui concerne son *Antennarius antenna tricorni.*

2. « Antennarius chironectes, obscure rubens, maculis nigris raris inspersus.» Commerson, manuscrits déjà cités.

3. « Antennarius bigibbus, nigro et griseo variegatus. » Commerson, manuscrits déjà cités.

4.

A la nageoire dorsale	14	rayons.
A chaque nageoire pectorale	8	—
A chaque nageoire jugulaire	5 ou 6	—
A celle de l'anus	7	—
A celle de la queue, qui est arrondie	10 ou 11	—

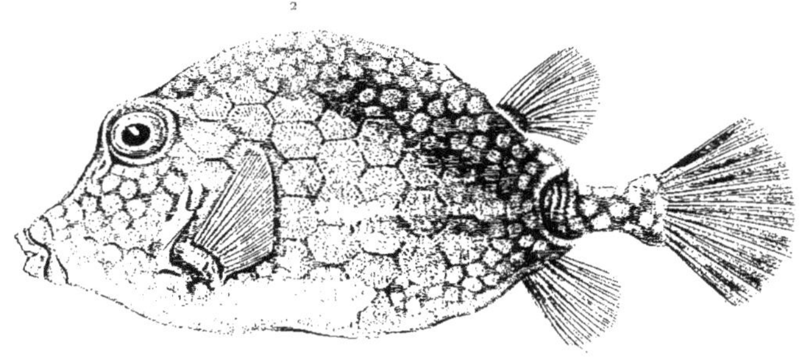

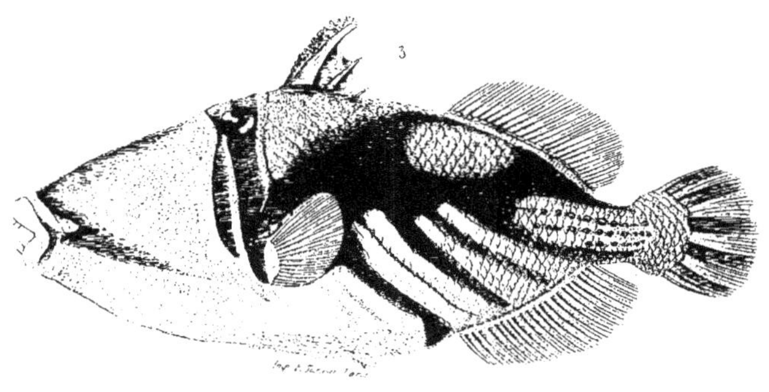

1. La Lophie chironecte (Chironectes Scaber Cuv.)

2. L'Ostracion triangulaire (Ostracion triqueter Lin.)

3. Le Baliste armé (Balistes armatus Lin.)

Garnier frères Éditeurs

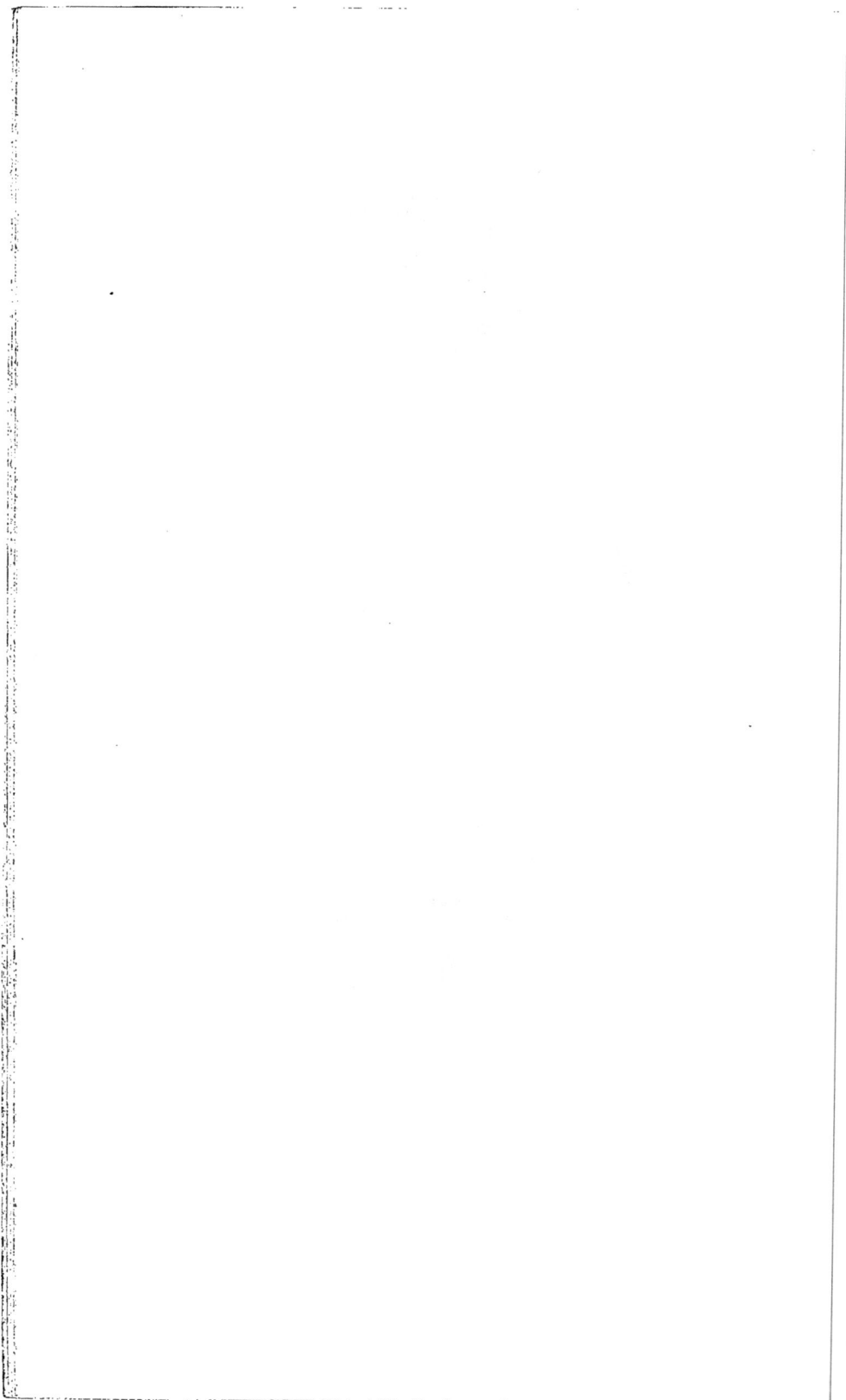

Mais Commerson était un trop habile naturaliste, et il a dit trop expressément que la double-bosse était une espèce différente de la chironecte et des autres lophies, pour que nous n'ayons pas dû la séparer de ces derniers cartilagineux.

LA LOPHIE COMMERSON[1]

Lophius Commersonii, LACÉP. — *Antennarius Commersonii*, CUV.

Ce poisson a été vu dans les mêmes mers que les deux lophies précédentes, par le voyageur Commerson, qui l'a décrit avec beaucoup de soin, et dont nous avons cru devoir lui donner le nom. Sa couleur est d'un noir sans mélange. On remarque seulement sur chacun de ses côtés une petite tache ronde et très blanche ; on en voit une moins sensible sur le bord supérieur de la nageoire de la queue, et les extrémités des rayons des nageoires jugulaires et des nageoires pectorales sont d'une nuance un peu pâle, et colorées de manière qu'elles imitent des ongles au bout des mains ou des pieds représentés par ces nageoires de la poitrine et par les jugulaires. La commerson ressemble d'ailleurs beaucoup, par sa conformation, à la chironecte et à la double-bosse, quoique plus petite que la chironecte ; elle présente cependant quelques traits particuliers que nous ferons remarquer.

Le corps, très comprimé par les côtés, est, comme celui de presque toutes les lophies, et particulièrement des deux dernières dont nous venons de parler, revêtu d'une peau épaisse, grenue et rude au toucher.

L'ouverture de la bouche est située à l'extrémité et un peu dans la partie supérieure du museau ; la mâchoire d'en haut, dont la lèvre peut s'allonger et se raccourcir à la volonté de l'animal, représente un orifice demi-circulaire, que Commerson trouve semblable à la bouche d'un petit four et que la mâchoire inférieure vient fermer en se relevant. Ces deux mâchoires sont hérissées de dents menues et serrées ; et l'on trouve des dents semblables sur la langue, sur le palais et sur deux petits corps situés auprès du gosier.

Deux bosses paraissent derrière l'ouverture de la gueule. La postérieure est plus grande que l'antérieure, comme sur la chironecte ; mais la seconde est plus grosse à proportion et plus arrondie que sur cette dernière lophie ; quoiqu'elle soit penchée vers la queue, elle ne forme pas une sorte de courbure ou de crochet, comme la seconde bosse de la chironecte. Le filament très long et très délié qui s'élève au-devant de ces deux bosses a été appelé *antenne* par Commerson, qui l'a trouvé conformé comme les antennes d'un grand nombre de papillons diurnes ; il est, en effet, comme ces dernières et comme le filament de la chironecte, terminé par une petite masse.

Les branchies sont très petites, maintenues par une membrane, au

1. « Antennarius bivertex, totius ater, puncto mediorum laterum albo. » Commerson, manuscrits déjà cités.

nombre de trois de chaque côté ; c'est derrière chaque nageoire pectorale qu'il faut chercher une des deux ouvertures rondes et à peine visibles par lesquelles l'eau de la mer peut parvenir à ces organes. En examinant attentivement la membrane destinée à fermer de chaque côté l'ouverture branchiale, on s'aperçoit qu'elle est soutenue par cinq rayons.

Commerson a écrit que les nageoires jugulaires, qu'il nomme ventrales, rappellent assez bien l'image des pattes de devant d'une taupe.

Les derniers rayons de la nageoire dorsale sont plus courts que ceux qui les avoisinent, au lieu d'être plus longs, comme sur la chironecte[1].

Cette lophie a été disséquée par Commerson, qui a trouvé que l'estomac était très grand, le péritoine noirâtre et la vessie à air très blanche, en forme d'œuf et adhérente au dos.

LA LOPHIE FERGUSON[2]

Lophius Ferguson, LACÉP. — *Lophius cornubicus*, SHAW. (Espèce factice.)

M. James Ferguson[3] a fait connaître cette grande espèce de lophie, dont un individu de quatre pieds neuf pouces, ou de plus d'un mètre et demi de longueur, fut pris dans la rade de Bristol en 1763. Le corps de ce cartilagineux n'est point très aplati de haut en bas ou comprimé par les côtés, mais en quelque sorte cylindrique et terminé par une forme un peu conique. L'ouverture de la bouche, placée au bout du museau, au lieu d'être située dans la partie supérieure de la tête comme sur la baudroie, fait voir trois rangées de dents pointues. Le dessus de la tête présente des protubérances noirâtres et aiguës ; derrière la lèvre supérieure sont implantés, l'un à la suite de l'autre, deux filaments durs, élastiques et très longs, mais dénués de membrane à leur extrémité. On a représenté[4] les rayons des nageoires jugulaires comme finissant par un ongle ; nous n'avons pas besoin d'avertir que c'est une inexactitude. La couleur générale de la lophie ferguson est d'un brun foncé avec des teintes noirâtres [5].

1. Il y a à la nageoire dorsale .... 13 rayons.
   — à chaque nageoire pectorale .... 10 —
   — à chaque jugulaire .... 6 —
   — à la nageoire de l'anus .... 7 —
   — à celle de la queue .... 9 ou 10 —
2. *Baudroie à cinq doigts*. Bonnaterre, planches de l'Encyclopédie méthodique.
3. *Transact. philosoph.*, t. LIII, p. 13.
4. Planche des *Transactions philosophiques*, déjà citée.
5. Les nageoires jugulaires ont chacune .... 5 rayons.
   Chaque pectorale a .... 8 —
   La dorsale, qui est unique, présente .... 10 —
   Celle de l'anus .... 14 —
   Et celle de la queue .... 10 —

SEPTIÈME ORDRE DE LA CLASSE ENTIÈRE DES POISSONS

OU TROISIÈME ORDRE DE LA SECONDE DIVISION DES CARTILAGINEUX

POISSONS THORACINS, OU QUI ONT UNE OU DEUX NAGEOIRES SITUÉES SOUS LE CORPS, AU-DESSOUS OU PRESQUE AU-DESSOUS DES NAGEOIRES PECTORALES.

SEPTIÈME GENRE

LES BALISTES

La tête et le corps comprimés latéralement; huit dents au moins à chaque mâchoire; l'ouverture des branchies très étroite; les écailles ou tubercules qui revêtent la peau, réunis par une forte membrane.

PREMIER SOUS-GENRE

PLUS D'UN RAYON A LA NAGEOIRE INFÉRIEURE OU THORACIQUE, ET A LA PREMIÈRE NAGEOIRE DORSALE

	ESPÈCES.	CARACTÈRES.
1.	Baliste vieille.	Douze rayons, ou plus, à la nageoire dite ventrale; point d'aiguillons sur les côtés de la queue.
2.	Baliste étoilé.	De très petites taches semées sur la partie supérieure du corps; huit ou dix rayons contenus par une membrane épaisse à la nageoire dite ventrale; point d'aiguillons sur les côtés de la queue.
3.	Baliste écharpe.	Une large bande noire étendue obliquement depuis les yeux jusqu'à la nageoire de l'anus; huit ou dix rayons contenus par une membrane épaisse à la nageoire dite ventrale; quatre rangs d'aiguillons sur les côtés de la queue.
4.	Baliste buniva.	Trois rayons aiguillonnés à la première nageoire du dos; sept rayons à chaque ventrale; la caudale rectiligne et sans échancrure.
5.	Baliste double-aiguillon	Quatre rayons à la première nageoire dorsale, deux grands rayons à la thoracique.

SECOND SOUS-GENRE

PLUS D'UN RAYON A LA NAGEOIRE THORACIQUE OU INFÉRIEURE; UN SEUL A LA PREMIÈRE NAGEOIRE DORSALE

	ESPÈCE.	CARACTÈRES.
6.	Baliste chinois.	Douze rayons ou plus à la nageoire dite ventrale.

TROISIÈME SOUS-GENRE

UN SEUL RAYON A LA NAGEOIRE THORACIQUE OU INFÉRIEURE; PLUS D'UN RAYON A LA PREMIÈRE NAGEOIRE DORSALE

	ESPÈCES.	CARACTÈRES.
7.	Baliste velu.	Deux rayons à la première nageoire dorsale; trente rayons à la seconde; la queue hérissée de piquants.
8.	Baliste mamelonné.	Deux rayons à la première nageoire du dos; le corps garni de papilles.
9.	Baliste tacheté.	Deux rayons à la première nageoire du dos; un grand nombre de taches sur tout le corps.

ESPÈCES.	CARACTÈRES.
10. BALISTE PRALIN.	Deux rayons à la première nageoire du dos; vingt-cinq à la seconde; la tête très grande; trois ou quatre rangs d'aiguillons sur chaque côté de la queue; plusieurs raies sur le devant du corps; une grande tache noire de chaque côté.
11. BALISTE KLEINIEN.	Deux rayons à la première nageoire du dos; le museau avancé; l'ouverture de la bouche très petite et garnie de barbillons; quarante-cinq rayons au moins à la seconde nageoire du dos et à celle de l'anus.
12. BALISTE CURASSAVIEN.	Deux rayons à la première nageoire du dos; le museau arrondi; la nageoire de la queue terminée par une ligne droite.
13. BALISTE ÉPINEUX.	Trois rayons à la première nageoire du dos; depuis deux jusqu'à six rangs d'aiguillons de chaque côté de la queue; le rayon de la nageoire ventrale fort, dentelé et placé au-devant d'une rangée d'aiguillons.
14. BALISTE SILLONNÉ.	Trois rayons à la première nageoire dorsale; la queue sillonnée; la nageoire caudale en croissant.
15. BALISTE CAPRISQUE.	Trois rayons à la première nageoire dorsale; point de grands aiguillons auprès du rayon de la nageoire ventrale; la nageoire de la queue arrondie; les couleurs du corps brillantes et variées.
16. BALISTE QUEUE-FOURCHUE.	Trois rayons à la première nageoire du dos; des taches sur la seconde; la nageoire de la queue fourchue.
17. BALISTE BOURSE.	Trois rayons à la première nageoire du dos; celle de la queue terminée par une ligne droite; une tache noire en forme de croissant entre les yeux et les nageoires pectorales.
18. BALISTE AMÉRICAIN.	Trois rayons à la première nageoire dorsale; celle de la queue arrondie; de grandes taches blanches sur la partie inférieure du corps.
19. BALISTE VERDATRE.	Trois rayons à la première nageoire dorsale; quatre rangs d'aiguillons de chaque côté de la queue, dont la nageoire est légèrement arrondie; de très petites taches noires sur le corps.
20. BALISTE GRANDE-TACHE.	Trois rayons à la première nageoire dorsale; six rangs de verrues de chaque côté de la tête; la queue sans aiguillons; la nageoire caudale en forme de croissant; une grande tache blanche de chaque côté du corps.
21. BALISTE NOIR.	Trois rayons à la première nageoire du dos; plus de trente rayons à la seconde et à celle de l'anus; la nageoire caudale en forme de croissant; point d'aiguillons sur la queue; tout le corps d'une couleur noire.
22. BALISTE BRIDÉ.	Trois rayons à la première nageoire dorsale; celle de la queue en forme de croissant; point d'aiguillons sur la queue; un anneau de couleur très claire autour du museau; un demi-anneau de la même teinte au-dessous de l'ouverture de la bouche, et une raie longitudinale de chaque côté.

	ESPÈCES.	CARACTÈRES.
23.	BALISTE ARMÉ.	Trois rayons à la première nageoire du dos; celle de la queue un peu en forme de croissant et bordée de blanc; six rangées d'aiguillons de chaque côté de la queue.
24.	BALISTE CENDRÉ.	Quatre rayons à la première nageoire du dos; trois bandes bleues, étroites et courbes, sur la queue.
25.	BALISTE MUNGO-PARK.	Trois rayons à la première dorsale; vingt-sept à la seconde; sept rangées d'aiguillons petits et recourbés de chaque côté de la queue; le corps garni de papilles; caudale à peine échancrée; couleur noire.
26.	BALISTE ONDULÉ.	Trois rayons à la première dorsale; vingt-six à la seconde; des piquants très forts de chaque côté de la queue; des tubercules au-devant de ces piquants; caudale à peine échancrée; couleur générale noire, onze ou douze raies longitudinales ondées et rouges.
27.	BALISTE ASSASI.	Plusieurs rangs de verrues sur le corps, et trois rangs de verrues sur la queue.

QUATRIÈME SOUS-GENRE

UN SEUL RAYON A LA NAGEOIRE INFÉRIEURE OU THORACIQUE ET A LA PREMIÈRE DORSALE

	ESPÈCES.	CARACTÈRES.
28.	BALISTE MONOCÉROS.	Cinquante rayons, ou à peu près, à la nageoire de l'anus.
29.	BALISTE HÉRISSÉ.	Une trentaine de rayons au plus à la nageoire de l'anus; cent petits aiguillons de chaque côté de la queue.

LE BALISTE VIEILLE[1]

Balistes Vetula, GMEL., LACÉP., CUV..

La nombreuse famille des squales et celle des raies nous ont présenté la grandeur, la force, des armes terribles, des mouvements rapides, tous les attributs de la puissance. Le genre des lophies nous a montré ensuite les ressources de la ruse qui supplée au pouvoir. Toutes ces finesses d'un instinct assez étendu et ces armes redoutables d'énormes espèces, nous les avons vues également employées pour attaquer de nombreux ennemis, pour saisir une proie abondante, pour vaincre des résistances violentes. Le genre des balistes va maintenant déployer devant nous des moyens multipliés de

1. *Bourse*, à la Martinique. — *Old wife*, en anglais. — *Baliste vieille*. Daubenton, Encyclopédie méthodique. — *Id.* Bonnaterre, planches de l'Encyclopédie méthodique. — « Balistes aculeis dorsi tribus, cauda bifurca. » Art. gen. 53, syn. 82. — *Balistes vetula*. Osb. *It.* 294. — Bloch, pl. 150. — Gronov., *Zooph.*, n. 195. — Browne, *Jamaic.*, p. 456, n. 1. — *Turdus oculo radiato*. Catesby, *Caroline*, II, p. 22, tab. 22.

Séba, mus. 3, p. 62, n. 14, tab. 24, fig. 14. — « Capriscus, extrema cauda et pinna dorsali in tenuissima et longissima fila productis, etc., et capriscus rubro iride, etc. » Klein, *Miss. pisc.* 3, p. 25, n. 4 et 11. — *Guaperva peisce-porco*. Marcgr., *Bras.*, p. 161. — Pis., *Ind.*, p. 57. — Johnston, *Pisc.*, p. 188, tab. 34, fig. 3. — *Guaperva maxime caudata*. Willughby, *Ichth.* app., p. 21, tab. 1, 23. — Ray., *Pisc.*, p. 49, n. 4.

Sultan ternate. Valent., *Ind.* 3, p. 410, n. 202, f. 202. — *File-Fish*, Grew. mus. p. 113. — « Capriscus variegatus, cauda fuscinulata. » Plumier, dessins sur vélin déjà cités.

défense ; mais nous chercherons en vain dans cette famille tranquille cette conformation intérieure qui donne le besoin d'assaillir des adversaires dangereux et ces formes extérieures qui assurent le succès. En répandant dans le sein des mers les lophies et les squales, la nature y a semé et des périls cachés et des dangers évidents, souvent inévitables ; on dirait que, suspendant son souffle créateur et réagissant en quelque sorte contre elle-même, elle a eu la destruction pour but, lorsqu'elle a produit les squales et les lophies. En plaçant au contraire les balistes au milieu de ces mêmes mers, elle paraît avoir repris plus que jamais l'exercice de sa puissance vivifiante et ne l'avoir dirigée que vers la conservation. Ce ne sont pas des animaux impétueux qu'elle a armés pour les combats, mais des êtres paisibles qu'elle a munis pour leur sûreté. Aussi lorsque nous retirons nos regards de dessus les genres que nous venons d'examiner, lorsque nous cessons d'observer et leurs diverses embuscades et leurs attaques à force ouverte, lorsque surtout, nous dégageant du milieu des requins et des autres squales très grands et très voraces, nous ne voyons plus les flots de la mer rougis par le sang de nombreuses victimes ou des gouffres animés et insatiables engloutissant à chaque instant une nouvelle proie et que nous arrêtons notre vue sur cette famille de balistes, que la nature a si favorablement traitée, puisqu'elle a été destinée à ne faire ni recevoir aucune offense, à n'inspirer ni éprouver aucune crainte, nous ressentons une affection un peu voisine du sentiment auquel se livrent avec tant d'attraits ceux qui, parcourant l'histoire des actes de l'espèce humaine, soulagent par la douce contemplation des époques de vertu et de bonheur leur cœur tourmenté par le spectacle des temps d'infortunes et de crimes.

Le contraste offert par les genres que nous venons d'examiner et par celui qui se présente à nous est d'autant plus marqué et la sensation qu'il fait naître est d'autant plus vive que rien ne répugne ni à l'œil ni à l'esprit dans la considération de cette intéressante famille des balistes. Si elle ne recherche pas les combats, elle ne fuit pas lâchement, même devant des ennemis très supérieurs en force ; elle se défend avec courage ; elle use de toutes ses ressources avec adresse et elle a reçu la plus brillante des parures. Nous ferons voir, en décrivant les différentes espèces qui la composent, qu'elle présente les couleurs les plus vives, les plus agréables et les mieux opposées. En observant même les balistes les mieux traitées à cet égard, on dirait que la distribution, la nuance et l'opposition de leurs couleurs ont souvent servi de modèle au goût délicat, préparant pour la beauté les ornements les plus propres à augmenter le don de plaire.

Et que l'on ne soit pas étonné de cette empreinte de la magnificence de la nature, que l'on voit sur les différentes espèces de balistes : c'est dans les climats les plus chauds qu'elles habitent. Excepté une seule de ces espèces, que l'on trouve dans le bassin de la Méditerranée, elles n'ont été encore vues que dans ces contrées équatoriales, où des flots de lumière et toutes les influences d'une chaleur productive, pénètrent, pour ainsi dire, et l'air, et la terre, et les eaux; où volent dans l'atmosphère les oiseaux-mouches, ceux de paradis, les colibris, les perroquets et tant d'autres oiseaux richement décorés; où bourdonnent au milieu des plus belles fleurs tant d'insectes resplendissants d'or, de vert et d'azur; où les teintes de l'arc-en-ciel se déploient avec tant d'éclat sur les écailles luisantes des serpents et des quadrupèdes ovipares et où, jusqu'au sein de la terre, se forment ces diamants et ces pierres précieuses, que l'art sait faire briller de tant de feux diversement colorés. Les balistes ont aussi reçu une part distinguée des dons de la chaleur et de la lumière répandues dans les mers équatoriales, aussi bien que sur les continents dont ces mers arrosent les bords. Ils ajoutent d'autant plus, sur ces plages échauffées par un soleil toujours voisin, à la pompe du spectacle qu'y présentent les eaux et tout ce qu'elles récèlent, qu'ils forment des troupes très nombreuses. Chaque espèce de baliste renferme en effet beaucoup d'individus et le genre entier de ces beaux poissons contient tant d'espèces, qu'un des naturalistes les plus habiles et les plus exercés à ordonner avec convenance et à observer avec fruit des légions d'animaux, le célèbre Commerson, s'écrie dans son ouvrage[1], en traitant des balistes : *Quelle vie pourrait suffire pour décrire, pour comparer, pour bien connaître tous ceux que l'on a déjà vus?*

Mais sachons quelles sont les formes sur lesquelles la nature a disposé les couleurs diversifiées dont nous venons de parler. Examinons en quoi consistent les moyens de défense dont les balistes sont pourvus.

Leur corps est très comprimé par les côtés et se termine le plus souvent le long du dos et sous le ventre, par un bord aigu que l'on a comparé à une carène. Il est tout couvert de petits tubercules, ou d'écailles très dures, réunis par groupes, distribués par compartiments plus ou moins réguliers, et fortement attachés à un cuir épais. Ce tégument particulier revêt non seulement le corps proprement dit des balistes, mais encore leur tête, qui paraît le plus souvent peu distincte du corps; il cache ainsi tout l'animal sous une sorte de cuirasse et de casque, que des dents très acérées ont beaucoup de peine à percer. Mais, indépendamment de cette espèce d'armure défensive et complète, ils ont encore, pour protéger leur vie, des moyens puissants de faire lâcher prise aux ennemis qui les attaquent.

Des aiguillons, à la vérité très petits, mais très durs, hérissent souvent une partie de leur queue et comme ils sont recourbés vers la tête, ils auraient bientôt ensanglanté la gueule des gros poissons qui voudraient saisir et retenir un baliste par la queue.

Les cartilagineux du genre dont nous traitons ont d'ailleurs deux nageoires dorsales; la première de ces nageoires présente toujours un rayon très fort, très gros, très long et souvent garni de pointes, qui, couché dans

1. Manuscrits déjà cités.

une fossette placée sur le dos et se relevant avec vitesse à la volonté de l'animal, pénètre très avant dans le palais de ceux de leurs ennemis qui les attaquent par la partie supérieure de leur corps, et les contraint bientôt à s'enfuir, ou leur donne quelquefois la mort par une suite de blessures multipliées qu'il peut faire en s'abaissant et se redressant plusieurs fois[1].

Les nageoires inférieures, ou, pour mieux dire, la nageoire thoracique, improprement appelée ventrale, présente dans les balistes une conformation que l'on n'a encore observée dans aucun genre de poissons. Non seulement les nageoires dites ventrales sont ici rapprochées de très près, comme sur le mâle du squale roussette ; non seulement elles sont réunies, comme nous le verrons, sur les *cycloptères* parmi les cartilagineux, et sur les *gobies* parmi les poissons osseux, mais encore elles sont confondues l'une dans l'autre, réduites à une seule et même quelquefois composées d'un seul rayon.

Ce rayon, soit isolé, soit accompagné d'autres rayons plus ou moins nombreux, est presque toujours caché en grande partie sous la peau ; cependant il est assez gros, assez fort et souvent assez hérissé de petites aiguilles, pour faire de la nageoire thoracique une arme presque aussi redoutable que la première nageoire dorsale et mettre le dessous du corps de l'animal à couvert d'une dent ennemie.

Cet isolement, dans certains balistes, du rayon très allongé que l'on voit à la première nageoire dorsale et à l'inférieure, et sa réunion avec d'autres rayons moins puissants, dans d'autres animaux de la même famille, sont les caractères dont nous nous sommes servis pour répandre quelque clarté dans la description des diverses espèces de ce genre, et pour en faire retenir les attributs avec plus de facilité. C'est par le moyen de ces caractères que nous avons établi quatre sous-genres, dans lesquels nous avons distribué les balistes connus.

Nous avons placé dans le premier ceux de ces poissons qui ont plus d'un rayon à la première nageoire du dos et à la nageoire dite ventrale ; nous avons mis dans le second les balistes qui, n'ayant qu'un rayon à la première nageoire du dos, en ont cependant plusieurs à la thoracique ; nous avons compris dans le troisième ceux qui, au contraire, n'ayant qu'un rayon à la nageoire inférieure, en ont plus d'un à la première du dos ; enfin nous avons composé le quatrième sous-genre des balistes qui ne présentent qu'un seul rayon tant à la nageoire inférieure qu'à la première dorsale.

L'ouverture des branchies est étroite, située au-dessus et très près des nageoires pectorales, et garnie d'une membrane qui est ordinairement soutenue par deux rayons.

1. La manière rapide dont les balistes redressent le rayon long et épineux de leur première nageoire dorsale a été comparée à celle avec laquelle se débandaient autrefois certaines parties d'instruments de guerre propres à lancer des dards; et voilà d'où vient le nom de ces animaux.

L'ouverture de la bouche est aussi très peu large; et l'on compte à chaque mâchoire au moins huit dents, dont les deux antérieures sont les plus longues, qui, étant larges et aplaties de devant en arrière et ne se terminant pas en pointe, ressemblent beaucoup à celles que l'on a nommées *incisives* dans l'homme et dans les quadrupèdes vivipares. Elles sont, pour ainsi dire, fortifiées, au moins le plus souvent, par des dents à peu près semblables, placées à l'intérieur et appliquées contre les intervalles des dents extérieures. Ces dents auxiliaires sont quelquefois au nombre de six de chaque côté; et comme les extérieures et les intérieures sont toutes d'ailleurs assez grandes et assez fortes par elles-mêmes, il n'est pas surprenant que les balistes s'en servent avec avantage pour briser des corps très durs, et pour écraser non seulement les coraux dont ils recherchent les polypes, et l'enveloppe solide qui revêt les crustacées, dont ils sont plus ou moins avides, mais encore les coquilles épaisses qui récèlent les animaux marins dont ils aiment à se nourrir.

Des crabes, de petits mollusques, des polypes bien plus petits encore, tels sont en effet les aliments qui conviennent aux balistes; et s'il leur arrive d'employer à attaquer une proie d'une autre nature des armes dont ils se servent pour se défendre avec courage et avec succès, ce n'est que lorsqu'une faim cruelle les presse et que la nécessité les y contraint.

Au reste, nous avons ici un exemple de ce que nous avons fait remarquer dans notre Discours sur la nature des poissons. Nous avons dit que ceux qui se nourrissent de coquillages présentent ordinairement les plus belles couleurs : les balistes, qui préfèrent les animaux des coquilles presque à tout autre aliment, n'offrent-ils pas en effet des couleurs aussi vives qu'agréables ?

Il est des saisons et des rivages où ceux qui se sont nourris de balistes en ont été si gravement incommodés, que l'on a regardé ces poissons comme renfermant un poison plus ou moins actif. Que l'on se rappelle ce que nous avons dit, au sujet des animaux venimeux, dans le discours que nous venons de citer. Il n'est pas surprenant que, dans certaines circonstances de temps ou de lieu, des balistes nourris de mollusques et de polypes, dont les sucs peuvent être mortels pour l'homme et pour quelques animaux, aient eu dans leurs intestins quelques restes de ces vers malfaisants qu'on n'aura pas eu le soin d'en ôter, et, par le moyen de ce poison étranger, aient causé des accidents plus ou moins funestes à l'homme ou aux animaux qui en auront mangé. Il peut même se faire qu'une longue habitude de ces aliments nuisibles ait détérioré les sucs et altéré les chairs de quelques balistes, au point de leur donner des qualités presque aussi délétères que celles que possèdent ces vers marins; mais les balistes n'en sont pas moins par eux-mêmes dénués de tout venin proprement dit. Les effets qu'éprouvent ceux qui s'en nourrissent ne peuvent ressembler aux suites d'un poison réel que lorsque ces cartilagineux ont perdu la véritable nature de leur chair et de leurs sucs, ou qu'ils contiennent une substance étrangère et dangereuse. On ne doit donc manger de balistes qu'après les plus grandes précautions ; mais il ne faut pas moins retrancher le terrible pouvoir d'empoisonner, des qualités propres à ces animaux.

Les balistes s'aident, en nageant, d'une vessie à air qu'ils ont auprès du dos ; ils ont cependant reçu un autre moyen d'augmenter la facilité avec laquelle ils peuvent s'élever ou s'abaisser au milieu des eaux de la mer. Les téguments qui recouvrent leur ventre sont susceptibles d'une grande extension, et l'animal peut, quand il le veut, introduire dans cette cavité une quantité de gaz assez considérable pour y produire un gonflement très marqué. En accroissant ainsi son volume par l'admission d'un fluide plus léger que l'eau, il diminue sa pesanteur spécifique et s'élève au sein des mers. Il s'enfonce dans leurs profondeurs, en faisant sortir de l'intérieur de son corps le gaz qu'il y avait fait pénétrer ; et lorsque la crainte produite par quelque attouchement soudain, ou quelque autre circonstance, fait naître dans le baliste une compression subite, le gaz, qui s'échappe avec vitesse, passe avec assez de rapidité et de force au travers des intestins, du gosier, de l'ouverture de la bouche et de celle des branchies, pour faire entendre une sorte de sifflement. Nous avons déjà vu des effets très analogues dans les tortues ; nous en trouverons de presque semblables dans plusieurs genres de poissons osseux, tels que les zées, les trigles et les cobites.

Malgré le double secours d'une vessie aérienne et de la dilatation du ventre, les balistes paraissent nager avec difficulté : c'est que la peau épaisse, dure et tuberculeuse, qui enveloppe la queue, ôte à cette partie la liberté de se mouvoir avec assez de rapidité pour donner à l'animal une grande force progressive. Ceci confirme ce que nous avons déjà dit sur la véritable cause de la vitesse de la natation des poissons.

Tels sont les caractères généraux qui appartiennent à tous les balistes. Chaque espèce en présente d'ailleurs de particuliers que nous allons indiquer, en commençant par celle à laquelle nous avons conservé le nom de *vieille*, et que nous devons faire connaître la première.

Cette dénomination de *vieille* vient de la nature du sifflement qu'elle produit, et dans lequel on a voulu trouver des rapports avec les sons d'une voix affaiblie par l'âge, et de la forme de ses dents de devant, que l'on a considérées comme un peu semblables à des dents décharnées.

Le baliste vieille parvient quelquefois jusqu'à la longueur de trois pieds, ou de près d'un mètre. L'ouverture des branchies est plus grande que sur la plupart des autres balistes ; trois rangs d'aiguillons sont ordinairement placés au-devant de la nageoire thoracique ou inférieure, qui est très longue et ne contribue pas peu à défendre le dessous du corps. La nageoire de la queue est en forme de croissant[1], les deux rayons qui en composent les

1. Il y a communément à la membrane des branchies.............. 2 rayons.
— à la première nageoire dorsale............. 3 —

pointes se prolongent en très longs filaments. De semblables prolongations terminent les rayons antérieurs de la seconde nageoire du dos, et le premier rayon de la première dorsale est très fort et dentelé par devant.

Voyons maintenant la nuance et la distribution des couleurs dont est peinte le plus souvent cette belle espèce de baliste.

Le dessus du corps est d'un jaune foncé et rayé de bleu; ce jaune s'éclaircit sur les côtés et se change en gris dans la partie inférieure du corps. L'iris est rouge ; de chaque œil partent, comme d'un centre, sept ou huit petites raies d'un beau bleu. Cette même couleur bleue borde les lèvres, les nageoires pectorales qui sont jaunes, celle de l'anus qui est grise, et la caudale qui est jaune; elle s'étend sur la queue en bandes transversales, dont la teinte devient plus claire à mesure qu'elles sont plus éloignées de la tête.

La vieille se nourrit des animaux des coquilles. Elle est quelquefois la proie des gros poissons, malgré sa grandeur, sa conformation et ses piquants ; mais alors elle est presque toujours saisie par la queue, qui, dénuée d'aiguillons, est moins bien défendue que le devant du corps, et d'ailleurs est douée d'une force à proportion beaucoup moins considérable ; ce qui s'accorde avec ce que nous venons de dire sur la lenteur des mouvements des balistes.

On trouve la vieille non seulement dans les mers de l'Inde, mais encore dans celles d'Amérique, où cette espèce, en subissant quelque changement[1] dans le nombre des rayons de ses nageoires et dans les teintes de ses couleurs, a produit plus d'une variété.

LE BALISTE ÉTOILÉ[2]

Balistes stellatus, LACÉP., CUV.

Ce cartilagineux, décrit par Commerson et vu par lui dans la mer qui entoure l'Ile de France, ne présente pas des couleurs aussi variées ni aussi vives que celles de la plupart des autres balistes ; mais celles qu'il montre

Il y a communément à la seconde	29	rayons.
— aux nageoires pectorales	18	—
— à la thoracique, improprement dite ventrale	12	—
— à celle de l'anus	28	—
— à celle de la queue	14	—

1. On compte dans une de ces variétés :

A la première nageoire du dos	3	rayons.
A la seconde	27	—
Aux pectorales	14	—
A la thoracique	14	—
A celle de l'anus	25	—
A celle de la queue	12	—

2. « Balistes griseus, dorso maculis lenticularibus et exalbidis consperso, ventrali unica spuria. » Commerson, manuscrits déjà cités.

sont agréables à l'œil, distribuées avec ordre, et d'une manière qui nous a indiqué le nom que nous lui donnons. Il est gris par-dessus et blanchâtre par-dessous : des raies longitudinales et d'un blanc mêlé de gris s'étendent sur la seconde nageoire du dos et sur celle de l'anus ; des taches presque blanches, très petites et semées sur la partie supérieure du corps la font paraître étoilée. Cette parure simple, mais élégante, fait ressortir les formes qui suivent.

Un sillon assez profond est creusé sur le devant de la tête ; l'ouverture de chaque narine est double ; celle des branchies est très étroite, placée presque perpendiculairement au-dessus de l'origine des nageoires pectorales, et située au-devant d'un petit assemblage d'écailles osseuses plus grandes que les autres.

On compte à la première nageoire dorsale trois rayons, dont le premier est très long, très fort et dentelé par devant[1].

La nageoire dite ventrale consiste dans un rayon très court et très dur, ainsi que dans huit ou dix autres beaucoup plus courts, mais très forts et rendus comme immobiles par la peau épaisse dans laquelle ils sont engagés. Celle de la queue est un peu échancrée en croissant. La seconde dorsale et celle de l'anus renferment presque un égal nombre de rayons, et par conséquent paraissent presque égales.

Peut-être faudrait-il rapporter à l'étoilé un baliste que le professeur Gmelin a nommé *le ponctué*[2], qu'il ne paraît avoir connu que par ce qu'en a écrit le voyageur Nieuhof, et duquel il dit seulement qu'il habite dans les mers de l'Inde et qu'il a le corps ponctué, ou semé de petites taches.

LE BALISTE ÉCHARPE[3]

Balistes rectangulus, SCHN., CUV.

La forme de ce poisson ressemble beaucoup à celle de presque tous les autres balistes ; mais ses couleurs très belles, très vives et distribuées d'une manière remarquable le font distinguer parmi les différentes espèces de sa nombreuse famille.

L'extrémité du museau de l'*écharpe* est peinte d'un très beau bleu de ciel, qui y représente comme une sorte de demi-anneau. La tête est d'ailleurs d'un

1. L'individu observé par Commerson avait seize pouces, ou près d'un demi-mètre de longueur.

Il y avait à la seconde nageoire dorsale	26	rayons.
— à celle de l'anus	24	—
— aux pectorales	15	—
— et à la nageoire de la queue	12	—

Tous ces rayons étaient mous, excepté le premier de la seconde dorsale, le premier de la nageoire de l'anus et le premier et le dernier de la queue.

2. *Balistes punctatus.* Linné, édition de Gmelin. — *Stipvisch*, Nieuhof, *Ind.* 2, p. 275.

3. « Balistes, rostri semi-annulo cæruleo; genis luteis; interstitio oculorum smaragdino cum lineis tribus nigris transversis; fascia nigra latissima ab oculis ad unum obliquata; aculeis caudæ triangulo nigro interclusis. » Commerson, manuscrits déjà cités.

jaune vif qui devient plus clair sur les côtés, et qui se change, dans l'entre-deux des yeux, en un fond d'aigue-marine, sur lequel s'étendent trois raies noires et transversales. Une autre ligne bleuâtre descend depuis le devant de l'œil jusque vers la base de la nageoire pectorale ; au delà de cette ligne, une bande d'un noir très foncé part de l'œil, et, allant obliquement et en s'élargissant jusqu'à l'anus et à la nageoire anale, forme sur le corps du baliste une sorte d'écharpe noire, que les nuances voisines font ressortir avec beaucoup d'éclat, et qui nous a indiqué le nom que nous avons cru devoir donner au cartilagineux que nous décrivons.

Cette écharpe est d'autant plus facile à distinguer, que son bord postérieur présente un liséré bleuâtre, qui, vers le milieu du corps, donne naissance à une raie de la même couleur ; cette dernière raie parvient jusqu'aux rayons postérieurs de la seconde nageoire du dos, en formant sur le côté de l'animal le sommet d'un angle aigu.

Entre les deux branches de cet angle, on voit sur le côté de la queue un triangle noir et bordé d'un bleu verdâtre ; un anneau d'un noir très foncé entoure la base de la nageoire caudale.

Tout le reste du corps est d'un rouge brun, excepté la partie inférieure comprise entre le museau et le bout de l'écharpe ; cette partie inférieure est blanche.

La seconde nageoire du dos et celle de l'anus sont transparentes, ainsi que les pectorales, dont la base est noire et dont le bout est marqué d'une belle tache rouge.

Voilà donc toutes les couleurs de l'arc-en-ciel distribuées avec agrément et régularité sur ce baliste, et leurs teintes relevées par cette espèce d'écharpe noire qui traverse obliquement le corps de l'animal.

A l'égard des formes particulières à ce poisson, il suffira de faire remarquer que sa tête est allongée ; que l'on compte dans la première nageoire du dos trois rayons, dont le premier est dentelé, et le troisième très court et éloigné des deux autres ; que celle dite du ventre est composée d'un rayon gros, osseux, hérissé de pointes, et de huit ou dix petits rayons contenus par une membrane épaisse[1] ; et que sur chaque côté de la queue il y a quatre rangées d'aiguillons recourbés vers la tête.

Nous avons tiré ce que nous venons de dire des manuscrits de Commerson, qui a trouvé et décrit le *baliste écharpe* dans la mer voisine de l'Ile de France.

1. Il y a à la seconde nageoire du dos........................ 23 rayons.
— aux nageoires pectorales........................ 23 —
— à la thoracique........................ 9 ou 11 —
— à celle de l'anus........................ 20 —
— et à celle de la queue........................ 12 —

La nageoire de la queue est en arc de cercle, suivant le texte de Commerson, et terminée par une ligne droite, suivant le dessin du même auteur.

LE BALISTE BUNIVA

Balistes Buniva, Lacép., Risso.

La description et le dessin de ce baliste encore inconnu nous ont été envoyés par M. Giorna, de l'académie de Turin. M. Buniva, savant collègue de M. Giorna, a bien voulu se charger de nous le remettre. La physique animale et particulièrement celle des poissons vont être enrichies par les grandes recherches, les observations précieuses, les belles expériences de ce naturaliste, qui vient de publier les premiers résultats de ses travaux importants. Nous lui dédions ce baliste, que l'on a pêché dans la mer de Nice, dans celle qui est la plus voisine de la patrie qu'il honore.

Ce baliste a les deux mâchoires également avancées, vingt-sept rayons à la seconde nageoire du dos, quatorze à chaque pectorale, quatorze à l'anale, et douze à la nageoire de la queue.

Il est nécessaire de faire observer avec soin que voilà la seconde espèce de baliste pêchée dans la Méditerranée. Le caprisque est la première de ces deux espèces, dont les congénères n'ont été encore vus que dans les mers de l'ancien ou du nouveau continent voisines des tropiques. Mais une chose plus digne de l'attention des ichtyologistes, c'est que M. Giorna a vu dans le Muséum de Turin, dont l'inspection lui a été confiée avec tant de raison, une chimère arctique femelle prise auprès de Nice, dans la Méditerranée.

LE BALISTE DOUBLE-AIGUILLON[1]

Balistes biaculeatus, Gmel., Lacép.

Les mers de l'Inde, si fécondes en poissons et particulièrement en balistes, nourrissent le cartilagineux auquel nous avons conservé le nom de *double-aiguillon*, d'après le savant professeur Bloch, de Berlin, qui le premier l'a fait connaître avec exactitude aux naturalistes. Cet animal présente plusieurs caractères fortement prononcés : son museau est très long et terminé par une sorte de groin ; quatre rayons composent la première nageoire dorsale ; une ligne latérale très sensible part de l'œil, suit à peu près la courbure du dos et s'étend jusqu'à la nageoire caudale, qui est fourchue ; la queue est plus étroite à proportion que dans plusieurs autres balistes ; et, pour représenter la nageoire dite ventrale, on voit, derrière une tache noire, deux rayons très longs, très forts, très dentelés, et qui, placés à côté l'un de l'autre, peuvent être couchés vers la queue, et renfermés, pour ainsi dire, chacun dans une fossette particulière.

1. Bloch, pl. 148, fig. 2. — Gronov., mus. 1, p. 52, n. 115; *Zooph.*, n. 194. — *Piscis cornutus.* Willughby, *Icht.* app., p. 5, tab. 10, fig. 2. — Ray, *Pisc.*, p. 151, n. 12. — *Baliste à deux piquants.* Bonnaterre, planches de l'Encyclopédie méthodique. — *Hoorn-visch*, Nieuhof, *Ind.* 2, p. 212, tab. 228, fig. 3.

Le baliste double-aiguillon est d'ailleurs gris par-dessus et blanchâtre par-dessous[1].

LE BALISTE CHINOIS[2]

Balistes sinensis, GMEL., LACÉP. — *Balistes chinensis*, BLOCH.

C'est dans la mer qui arrose les rivages de la Chine, que l'on trouve ce baliste, que l'on voit aussi dans celle du Brésil. La première nageoire dorsale de ce poisson ne consiste que dans un rayon très long, très fort, garni par derrière de deux rangs de petites dents, et que l'animal peut coucher et renfermer à volonté dans une fossette creusée entre les deux nageoires du dos. La ligne latérale commence derrière les yeux, se courbe ensuite vers le bas et devient à peine sensible au milieu de quatre rangées d'aiguillons qui hérissent chaque côté de la queue. La nageoire qui termine cette dernière partie est arrondie ; celle du ventre présente treize rayons renfermés, pour ainsi dire, dans une peau épaisse, excepté le premier[3].

Le baliste chinois est gris par-dessus, blanchâtre par-dessous et communément tout parsemé de petites taches couleur d'or. Sa chair est à peine mangeable.

LE BALISTE VELU[4]

Balistes tomentosus, LACÉP.

LE BALISTE MAMELONNÉ[5]

Balistes papillosus, GMEL., LACÉP.

Nous plaçons dans le même article ce qui concerne ces deux balistes,

1. A la première nageoire du dos.......... 4 rayons.
A la seconde.......... 23 —
Aux pectorales.......... 13 —
A celle de l'anus.......... 17 —
A celle de la queue.......... 12 —

2. *Baliste chinois*. Bonnaterre, planches de l'Encyclopédie méthodique. — Bloch, pl. 152, fig. 1. — *Balistes chinensis*. Osb. *It.*, p. 147. — Gronov., mus. 4, n. 196. *Zooph.*, n. 189. — *Pira aca*, Marcgr., *Brasil*, p. 154. — Willughby, *Icht.*, p. 250, tab. 1, 4, fig. 1. — Ray, *Pisc.*, p. 47. — « Monoceros, piscis Clusii, pira aca Marcgr. » — Plumier, dessins sur vélin, déjà cités.

3. A la seconde nageoire du dos.......... 30 rayons.
Aux nageoires pectorales.......... 13 —
A la nageoire dite ventrale.......... 13 —
A celle de l'anus.......... 30 —
A celle de la queue.......... 12 —

4. *Baliste velu*. Daubenton, Encyclopédie méthodique. — *Id.* Bonnaterre, planches de l'Encyclopédie méthodique. — « Balistes aculeis dorsi *duobus*, lateribus versus caudam hirsutis. » Gronov., mus. 1, n. 114, tab. 6, fig. 5, *Zooph.*, n. 191. — Bloch, pl. 148, fig. 1. — Bloch n'a compté qu'un rayon à la première nageoire du dos; mais Gronovius et d'autres naturalistes en ont compté deux; il paraît que l'individu observé par Bloch était défectueux.

Séba, mus. 3, tab. 24, fig. 18. — *Ewauve hoorn-fish*. Renard, *Poiss.* 1, p. 27, tab. 25, fig. 134. — *Ikan kipas, wajer-visch*. Valent., *Ind.*, 3, p. 356, n. 28, fig. 28.

5. *Baliste mamelonné*. Daubenton, Encyclopédie méthodique. — *Id.* Bonnaterre, planches

parce qu'ils ont de très grands rapports l'un avec l'autre, et parce qu'ils sont séparés par un petit nombre de différences d'avec les poissons de leur genre.

Le baliste velu, qui se trouve dans les mers de l'Inde, a le corps assez mince ; sa première nageoire dorsale ne présente que deux rayons, dont l'antérieur est court, mais fort et garni par derrière de deux rangées de pointes ; de petits aiguillons recourbés sont placés sur les côtés de la queue. La couleur de l'animal est d'un brun qui se change, sur les côtés, en jaune, ensuite en gris, et enfin en jaune plus ou moins clair, et qui est souvent varié par des taches noires et allongées [1].

Le mamelonné n'a que deux rayons à la première nageoire du dos, comme le velu ; mais son corps est parsemé de petites papilles ou de petits mamelons [2]. Il a été pêché auprès des rivages de la Nouvelle-Galles méridionale. Suivant le texte de la relation citée dans la note de la page précédente, ce poisson est d'un gris blanchâtre ; suivant la figure coloriée qui accompagne ce texte, il est d'un jaune noirâtre avec la tête lilas.

LE BALISTE TACHETÉ [3]

Balistes maculatus, Gmel., Lacép.

Ce poisson habite dans les mers chaudes du nouveau et de l'ancien continent. Il ressemble un peu au mamelonné par les petites papilles ou verrues qui, dans plusieurs endroits de son corps, rendent sa peau rude au toucher ; mais il en diffère par le nombre des rayons de ses nageoires et par d'autres caractères dont nous allons exposer quelques-uns.

Il est violet dans sa partie supérieure et d'un blanc jaunâtre dans l'inférieure ; ses nageoires pectorales sont jaunes, et presque tout l'animal est couvert de taches bleues. Cet agréable assortiment de couleurs s'étend sur un corps assez grand. L'orifice de chaque narine est double, et les quatre

de l'Encyclopédie méthodique. — « Balistes granulatus, pinna dorsali anteriore biradiata, corpore granoso. » — Décrit par Hunter, dans l'appendice de la relation anglaise du *Voyage à la Nouvelle-Galles méridionale*, par Jean White, premier chirurgien de l'expédition commandée par le capitaine Philipp, pl. 39, fig. 2.

1. A la seconde nageoire dorsale .... 31 rayons.
   Aux pectorales .... 9 ou 10 —
   A celle de l'anus .... 27 —
   A celle de la queue .... 9 —

2. A la seconde nageoire du dos .... 29 —
   Aux nageoires pectorales .... 13 —
   A celle de l'anus .... 21 —
   A celle de la queue .... 12 —

3. *Baliste tacheté*. Bonnaterre, planches de l'Encyclopédie méthodique. — Bloch, pl. 151. — « Capriscus murium dentibus minutis, etc. » Klein, *Miss. pisc.*, 3, p. 25, n. 6, tab. 3, fig. 9. — *Guaperva longa*. Willughby, *Icht.* append., p. 21, tab. I, 20. — Ray., *Pisc.*, p. 48, n. 2. — *Little old wife*. Browne, *Jam.*, p. 456, n. 2. — « Prickle, or long file fish. » Grew. mus., p. 113, tab. 7. — « Maan visch, poisson de lune, turin saratfe. » Renard, *Poiss.*, 2, tab. 38, fig. 138.

ouvertures de ces organes sont placées dans une petite fossette située au-devant des yeux. On aperçoit quelques aiguillons au delà du rayon fort et hérissé de la nageoire dite ventrale ; celle de l'anus, qui vient ensuite, est très large; on ne voit pas de piquants sur les côtés de la queue, dont la nageoire est arrondie[1].

LE BALISTE PRALIN[2]

Balistes Pralin, Lacép.

De très belles couleurs parent ce baliste. Celle de la partie supérieure de son corps est d'un vert foncé ; sa partie inférieure est d'un beau blanc. Une tache très grande et très noire relève chaque côté de l'animal ; l'on voit également sur chacun des côtés une raie pourpre qui s'étend depuis le bout du museau jusqu'à la base de la nageoire pectorale. Cinq autres raies, dont les deux extérieures et celle du milieu sont bleuâtres, et dont les deux autres sont rougeâtres et un peu plus larges, s'élèvent de cette même base jusqu'à l'œil. Le baliste Pralin est d'ailleurs remarquable par le rouge de ses nageoires pectorales et par le jaune que l'on voit sur les bords supérieur et inférieur de la nageoire de la queue.

Ce poisson, que Commerson a décrit et dont il a dit que la longueur était à peu près égale à celle de la perche, a la tête assez grande pour qu'elle compose seule près du tiers de la longueur totale de ce cartilagineux. Malgré l'épaisseur de la peau qui recouvre la tête aussi bien que le corps, les lèvres peuvent être, comme dans les autres balistes, un peu allongées et retirées en arrière, à la volonté de l'animal.

On voit, auprès de l'ouverture des branchies, un petit groupe d'écailles assez grandes et très distinctes des autres, que l'on serait tenté de prendre pour des rudiments d'un opercule placé trop en arrière.

Le rayon qui forme la nageoire dite ventrale est articulé, hérissé de pointes comme une lime, précédé d'une double rangée de tubercules très durs, et suivi d'un rang d'aiguillons très courts, et qui va jusqu'à l'anus[3].

1. A la première nageoire du dos .... 2 rayons.
A la seconde .... 24 —
Aux pectorales .... 14 —
A celle de l'anus .... 21 —
A celle de la queue .... 12 —

2. « Balistes pinna dorsi prima radiata ; triplici aculeorum ordine ad basim caudæ ; linea purpurea a supremo rostro ad basim pinnarum pectoralium ducta : macula latissima nigra medium utrinque latus occupante. » Commerson, manuscrits déjà cités, quatrième cahier de zoologie.

3. A la membrane des branchies .... 2 rayons.
A la première nageoire dorsale .... 2 —
A la seconde nageoire du dos .... 25 —
Aux nageoires pectorales .... 13 —
A la nageoire thoracique .... 1 —
A celle de l'anus .... 21 —
A celle de la queue .... 12 —
Cette dernière est terminée par une ligne presque droite.

Chaque côté de la queue est d'ailleurs armé de trois ou quatre rangs de petits piquants recourbés vers la tête, et dont chacun est renfermé en partie dans une sorte de gaine noire à sa base.

Ce baliste, dit Commerson, doit être compté parmi les poissons saxatiles : il se tient en effet au milieu des rochers voisins des rivages de l'île Pralin ; et c'est le nom de cette île, auprès de laquelle se trouve son habitation la plus ordinaire, que nous avons cru devoir lui faire porter.

Il mord avec force, lorsqu'on le prend sans précaution. Sa chair est agréable et saine.

LE BALISTE KLEINIEN[1]

Balistes Kleinii, Gmel., Lacép.

La longueur de la seconde nageoire du dos et de celle de l'anus, qui renferment chacune plus de quarante-cinq rayons, est un des caractères qui servent à distinguer ce baliste, dont on doit particulièrement la connaissance à Klein. Le museau de ce poisson est d'ailleurs avancé ; l'ouverture de sa bouche, petite et garnie de barbillons ; le rayon antérieur de la première nageoire, dentelé de deux côtés ; et la nageoire de la queue arrondie.

Ce poisson habite dans les mers de l'Inde.

LE BALISTE CURASSAVIEN[2]

Balistes curassavicus, Gmel., Lacép. (Espèce incertaine.)

Auprès de Curaçao habite ce poisson, dont la nageoire de la queue est terminée par une ligne droite, et dont les côtés brillent d'une couleur d'or très éclatante. Cette dorure est relevée par un point noir placé au milieu de chacune des écailles sur lesquelles elle s'étend. Le dos est brun, et le museau arrondi[3].

1. Gronov., *Zooph.*, n. 193. — « Capriscus capite triangulato gutturoso, ore admodum parvo barbato, etc. » Klein, *Miss. pisc.*, 3, p. 25, n. 8, tab. 3, fig. 12. — *Ikan auwawa.* Valent., *Ind.*, 3, p. 377, n. 92, fig. 92.

2. Gronov., *Zooph.*, 196.

3.

A la première nageoire du dos	2	rayons.
A la seconde	27	—
Aux pectorales	13	—
A celle de l'anus	26	—
A celle de la queue	9	—

LE BALISTE ÉPINEUX[1]

Balistes aculeatus; Gmel., Lacép., Bloch.

Les balistes compris dans le second sous-genre, et que nous venons de faire connaître, n'ont que deux rayons à la première nageoire du dos. Nous allons maintenant voir un plus grand nombre de rayons à cette première nageoire dorsale. Le baliste épineux en présente trois dans cette partie de son corps. Plusieurs piquants sont placés sur son ventre à la suite du rayon garni de pointes qui compose la nageoire thoracique; de plus on voit de chaque côté de la queue des aiguillons recourbés en avant, et dont le nombre des rangées varie depuis deux jusqu'à cinq, suivant l'âge, le sexe ou le climat. Les couleurs de ce poisson sont très belles. Les voici telles que les décrit Commerson, qui a observé plusieurs fois ce baliste en vie et nageant au milieu des eaux qu'il préfère. L'animal est d'un brun foncé; mais, sur ce fond obscur, des raies transversales, rouges sur le devant du corps et dorées sur le derrière, s'étendent obliquement et répandent un éclat très vif. Les yeux, les lèvres et la base des nageoires pectorales sont d'ailleurs d'un rouge vermillon, dont on aperçoit des traces plus ou moins fortes, et mêlées avec un peu de jaune sur les autres nageoires, et particulièrement sur celle de la queue, où les intervalles qui séparent les rayons sont bleuâtres[2].

Ce baliste habite la mer Rouge et la mer de l'Inde, au milieu de laquelle Commerson l'a pêché parmi les rochers, les coraux et les récifs qui avoisinent l'île Pralin. Ce voyageur dit que ce poisson est très bon à manger.

Nous croyons devoir rapporter à cette espèce le baliste décrit par le professeur Gmelin sous le nom de *verruqueux*[3], et que Linné avait déjà fait connaître dans l'exposition des objets qui composaient la collection du prince Adolphe-Frédéric de Suède. Ce baliste verruqueux ne diffère en effet de l'épineux qu'en ce que le rayon qui représente la nageoire dite ventrale est

1. *Baliste épineux*. Daubenton, Encyclopédie méthodique. — *Id.* Bonnaterre, planches de l'Encyclopédie méthodique. — It. Wgoth. 138. — Gronov., *Zooph.*, 188. — Bloch, pl. 150. — Séba, mus. 3, tab. 24, fig. 15. — « Capriscus cornutus supra oculum, etc. » Klein, *Miss. pisc.*, 3, p. 25, n. 5, 7, tab. 3, fig. 10. — *Guaperva hystrix*. Willughby, *Icht.* app., p. 21, tab. 1, 21.
« Sounck hoornvisch, man visch, gros poupou. » Renard, *Poiss.*, 1, pl. 28, fig. 154; 2, pl. 28, fig. 136, et pl. 34, fig. 157. — « Balistes fuscus ex rubro et aureo oblique virgatus, pinna dorsi prima triacantha, ossiculo xyphoide scaberrimo; pinnarum ventralium loco, aculeis antrorsum versis duplici ordine utrinque ad caudam. » Commerson, manuscrits déjà cités, quatrième cahier de zoologie.

2. | | | |
|---|---|---|
| A la membrane des branchies | 2 | rayons. |
| A la première dorsale | 3 | — |
| A la seconde | 25 | — |
| Aux pectorales | 13 | — |
| A celle de l'anus | 23 | — |
| A celle de la queue | 10 | — |

Cette dernière est terminée par une ligne presque droite.

3. *Balistes verrucosus*. Linné, édition de Gmelin. — Mus. Ad. Fr. 1, p. 57, tab. 27, fig. 4.

garni de verrues, au lieu de l'être de pointes plus aiguës. Mais si ce caractère doit être regardé comme constant, il ne peut servir à établir qu'une simple variété.

LE BALISTE SILLONNÉ[1]

Balistes ringens, Gmel., Lacép.

Lorsque ce baliste est en vie, il présente une couleur d'un beau noir sur toutes les parties de son corps, excepté sur la base de sa seconde nageoire dorsale et de celle de l'anus. Une raie longitudinale blanche, quelquefois bleue, s'étend sur ses bases. Une rangée de tubercules garnit l'intervalle compris entre l'anus et le rayon qui tient lieu de nageoire thoracique. Les côtés de la queue sont comme sillonnés; chacune des écailles qui les revêtent présente dans son centre un tubercule ou petit aiguillon obtus tourné vers la tête; et, par une suite de cette conformation, ces côtés sont plus rudes au toucher que la partie antérieure du corps[2]. On trouve le *sillonné* dans la mer de la Chine et dans celle qui borde les côtes orientales de l'Afrique.

LE BALISTE CAPRISQUE[3]

Balistes Capriscus, Gmel., Lacép., Cuv.

On ne trouve pas seulement ce poisson dans les mers chaudes de l'Inde et de l'Amérique, on le rencontre aussi dans la Méditerranée. C'est à ce cartilagineux que Pline a, d'après Aristote, appliqué le nom de *caper*, et qu'il a attribué la faculté de faire entendre une sorte de bruit ou de petit

1. *Baliste sillonné*. Daubenton, Encyclopédie méthodique. — *Id.* Bonnaterre, planches de l'Encyclopédie méthodique. — Mus. Ad. F., 1, p. 48. — It. Wgoth. 139. — *Balistes nigra*. Osbeck, *It.*, 295. — Gronov., *Zooph.* 195. — Bloch, pl. 152, fig. 2. — Artedi, gen., p. 54, n. 4.
« Guaperva lata ad caudam striata, Listeri. » Willughby, *Icht.* app., p. 21, n. 5, tab. 1, 24. — Ray, *Pisc.*, 49, n. 5. — « Balistes niger, linea alba dorsi. » Commerson, manuscrits déjà cités. — *Ikan kandawara*. Valent., *Ind.*, 3, p. 359, fig. 42. — « Baliste noir, kolkenboati et kandawar. » Renard, *Poiss.*, 1, p. 26, tab. 17, fig. 96; et p. 27, tab. 18, fig. 98.

2. A la première nageoire dorsale .... 3 rayons.
A la seconde .... 35 —
Aux pectorales .... 15 —
A celle de l'anus .... 31 —
A celle de la queue .... 10 —
Cette dernière est en forme de croissant.

3. *Porc*, dans plusieurs départements méridionaux. — *Porco*, en Sicile et dans d'autres contrées de l'Italie. — *Caper*, *Aper*, *Porcus*, *Sus*, *Mus marinus*, par plusieurs auteurs anciens.
Gronov., *Zooph.*, n. 187, mus. 1, p. 53, n. 117 — Séba mus. 3, tab. 24, fig. 16. — Klein, *Miss. pisc.*, 3, p. 24, n. 1. — Gesn. *ic.*, p. 57. — Aldrov. *Pisc.*, p. 516. — Jonston, *Pisc.*, tab. 23, fig. 7. — Ray, *Pisc.*, p. 47. — *Caper*. Pline, *Hist. mundi*, lib. II, cap. LI. — *Id.* Salvian., *Aquat.* p. 207, 208, tab. 206, *b.* — *Poupou noble*. Renard, *Poiss.*, tab. 1, fig. 7. — *Capriscus Rondeletii*. Plumier, dessins sur vélin, déjà cités. — *Porc*. Rondelet, première partie, livre V, chap. XXVI.
Aristote, *Hist. anim.*, lib. II, cap. XIII, et lib. IV, cap. IX. — Athen., lib. VII, fol. 152, 40, et 163, 5. — Ælian., lib. XII, cap. XXVI.

sifflement, lequel appartient en effet à tous les balistes, ainsi que nous l'avons vu. Les couleurs du caprisque sont belles et chatoyantes. Il présente en Amérique, et d'après les dessins enluminés de Plumier, une teinte générale d'un violet clair et chatoyant, qui donne à tout son corps les nuances variées que l'on admire sur la gorge des pigeons; et l'iris de ses yeux, assez grand, d'un bleu très vif et bordé d'un jaune éclatant, paraît, au milieu du fond violet dont nous venons de parler, comme un beau saphir entouré d'un cercle d'or. A des latitudes plus élevées, et particulièrement dans la Médierranée, le caprisque est quelquefois semé de taches bleues sur le corps, bleues et rouges sur les nageoires; et des nuances vertes se font remarquer sur plusieurs parties de l'animal. Il ne diffère d'ailleurs des poissons de sa famille que par les caractères distinctifs que l'on a déjà pu voir sur le tableau de son genre et par le nombre des rayons qui composent ses nageoires.

LE BALISTE QUEUE-FOURCHUE[1]

Balistes forcipatus, Willughby, Gmel., Lacép.

La première nageoire du dos de ce poisson est composée de trois rayons, dont l'extérieur, très long et très fort, représente une sorte de corne, et est hérissé, de tous les côtés, de tubercules et de petites dents. La seconde nageoire est d'ailleurs remarquable par les taches qu'elle présente; celle de la queue est fourchue.

LE BALISTE BOURSE[2]

Balistes Bursa, Lacép., Schn.

LE BALISTE AMÉRICAIN[3]

Balistes americanus, Gmel., Lacép. (Espèce incertaine.)

Il faut prendre garde de confondre le premier de ces poissons avec le baliste vieille, qui, selon Plumier et d'autres voyageurs, a reçu, dans quelques colonies occidentales, particulièrement à la Martinique, le nom de *bourse.* Celui dont il est question dans cet article, non seulement n'est pas

1. « Balistes cauda bifurca, pinna dorsi maculosa. » Artedi, gen. 54, syn. 82. — Willughby, *Icht.* app., p. 21, tab. I, 22.

2. *Baliste bourse.* Sonnerat, *Journal de physique,* an. 1774. — *Id.* Bonnaterre, planches de l'Encyclopédie méthodique.

3. Gronov., *Zooph.*, n. 192. — « Balistes nigricans; rostro, maculis, pinnis, pectoris, dorsi, ani, dimidiaque cauda, exalbidis; triplici aculeorum serie ad caudam. » Commerson, manuscrits déjà cités. — *Baliste tacheté.* Sonnerat, *Journal de physique,* t. III, p. 445. — *Baliste noir.* Bonnaterre, planches de l'Encyclopédie méthodique.

de la même espèce que la vieille, mais encore appartient à un sous-genre différent. Ce cartilagineux présente une couleur d'un gris plus ou moins foncé sur toutes ses parties, excepté sur la portion antérieure et inférieure du corps, qui est blanche ; et ce blanc du dessous du corps est séparé du gris d'une manière si tranchée, que la limite qui divise les deux nuances forme une ligne très droite, placée obliquement depuis l'ouverture de la bouche jusqu'à la nageoire de l'anus. On voit d'ailleurs de chaque côté de l'animal une bandelette noire en forme de croissant, située entre l'œil et la nageoire pectorale, et qui renferme dans sa concavité une tache également noire et faite en forme d'une sorte d'*y* grec[1]. Ce poisson habite auprès de l'Ile de France ; c'est M. Sonnerat, l'un des plus anciens correspondants du Muséum d'histoire naturelle, qui l'a fait connaître.

Malgré les rapports qui lient le baliste bourse avec le baliste américain, il est aisé de les distinguer l'un de l'autre, même au premier coup d'œil, en regardant la nageoire de la queue : elle est terminée par une ligne droite sur la bourse, et on la voit arrondie sur le baliste américain. Ce dernier a de plus sur chaque côté de la queue trois rangées de petits aiguillons recourbés, que l'on ne trouve pas sur le baliste bourse ; et les nuances ainsi que la distribution des couleurs sont très différentes sur l'un et l'autre de ces poissons. L'américain ne présente que du blanc et du noir, mais disposés d'une manière qui lui est particulière. Tout son corps est noir ; sur ce fond un blanc très éclatant environne l'ouverture de la bouche comme un double cercle, s'étend en petite bandelette au-devant des yeux, occupe la gorge, paraît en grandes taches irrégulières de chaque côté du baliste et se montre sur les nageoires pectorales ; sur la seconde du dos, sur celle de l'anus et sur la base de celle de la queue. Telle est la parure de goût que montre l'américain non seulement dans les mers voisines de l'Amérique équatoriale, dans lesquelles il a été observé par plusieurs voyageurs, mais encore dans celle qui sépare l'Afrique de l'Asie, et dans laquelle il a été examiné par Commerson, qui l'a décrit avec beaucoup de soin[2].

1.	A la première nageoire dorsale	3	rayons.
	A la seconde	29	—
	A chaque nageoire pectorale	14	—
	A celle de l'anus	26	—
	A celle de la queue	12	—
2.	A la première nageoire du dos	3	—
	A la seconde	28	—
	Aux pectorales	15 ou 16	—
	A celle de l'anus	28	—
	A celle de la queue	12	—

LE BALISTE VERDATRE [1]

Balistes viridescens, Lacép., Schn.

LE BALISTE GRANDE-TACHE [2]

Balistes fuscus, Schn.

LE BALISTE NOIR [3], LE BALISTE BRIDÉ

Balistes niger, Lacép. — *Balistes capistratus nob.*

LE BALISTE ARMÉ [4]

Balistes armatus, Lacép.

Nous plaçons dans le même article ce que nous avons à exposer relativement à cinq espèces de balistes que les naturalistes n'ont pas encore connues, et dont nous avons trouvé des dessins ou des descriptions plus ou moins étendues dans les manuscrits de Commerson.

Le verdâtre est un des plus grands de son genre. Nous avons tiré le nom que nous lui avons donné de la couleur qui domine le plus sur ce cartilagineux. La plus grande partie de son corps est, en effet, d'un vert mêlé de teintes de brun et de jaune ; mais on voit un point noir au centre de presque toutes les écailles, ou, pour mieux dire, de tous les groupes que les écailles forment. Les deux côtés de la tête sont d'ailleurs d'une couleur d'or foncé ; le sommet en est d'un bleu noirâtre avec de petites taches presque jaunes ; un bleu plus clair règne sur la partie inférieure du museau, ainsi que sur la poitrine. Une bande noire et un peu indéterminée descend des yeux jusqu'aux bases des nageoires pectorales. Ces nageoires, la seconde du dos, celle de l'anus et celle de la queue sont blanchâtres et bordées de noir ; enfin on voit une belle couleur jaune à l'extrémité des nageoires pectorales et sur les côtés de la queue, à l'endroit où ils sont garnis de quatre rangs d'aiguillons recourbés.

La membrane des branchies est soutenue par six rayons cachés sous une peau épaisse. On compte plusieurs aiguillons à la suite de la nageoire thoracique. Celle de la queue est légèrement arrondie, et on n'aperçoit aucune ligne latérale [5].

1. « Balistes e fusco viridescens, genis aureis, gula subterius pallide cærulescente ; pinnis dorsi, ani, et caudæ, basi obsolete flavescentibus, extimo limbo nigris. » Commerson, manuscrits déjà cités.

2. « Balistes fuscus, macula pectorali maxima, postremisque pinnarum marginibus albis, cauda inermi longe bifurca, genis sextuplici verrucarum serie notatis. » Commerson.

3. « Balistes totus niger. » Commerson.

4. « Balistes sextuplici aculeorum ordine ad caudam utrinque, cauda margine extremo et lateribus alba. » Commerson.

5. A la membrane des branchies .... 6 rayons.
A la première nageoire du dos .... 3 —
A la seconde .... 25 —
A chacune des pectorales .... 15 —
A celle de l'anus .... 24 —
A celle de la queue .... 12 —

La vessie aérienne est argentée. L'individu observé par Commerson, et qui était femelle, contenait des milliers d'œufs; cette femelle était ainsi pleine au mois de janvier, dans la mer qui baigne l'Ile de France, mer dont les eaux servent aussi d'habitation aux autres espèces dont nous allons parler dans cet article.

Le baliste *grande tache*, la première de ces quatre espèces, est, comme le verdâtre, un des plus grands balistes. Sa couleur est d'un brun tirant sur le livide et plus clair sur le ventre que sur le dos; ce fond est relevé par une tache blanche très étendue que l'on voit de chaque côté du corps, et par une ligne blanche qui borde l'extrémité de presque toutes les nageoires.

Il n'y a aucune pointe sur les côtés de la queue; mais ceux de la tête présentent un caractère que nous n'avons encore fait remarquer sur aucun baliste; ces deux faces latérales montrent six rangs de verrues disposées longitudinalement et séparées par une peau unie. La nageoire de la queue est en forme de croissant; les deux pointes en sont très prolongées[1].

Occupons-nous maintenant du baliste noir. Son nom indique la couleur que ce cartilagineux présente, et qui est en effet d'un noir plus ou moins foncé sur toutes les parties du corps, excepté le milieu du croissant formé par la nageoire caudale, qui est bordé de blanc. Indépendamment de cette teinte sombre et presque unique, ce baliste est séparé de celui que nous appelons la grande tache par l'absence de verrues disposées sur des rangs longitudinaux de chaque côté de la tête; mais il s'en rapproche en ce que sa queue est dénuée d'aiguillons comme celle de la grande tache, et terminée par une nageoire qui représente un croissant à pointes très longues[2]. On voit plusieurs petits piquants au delà de la nageoire dite ventrale.

Il nous reste à parler du bridé et de l'armé.

Nous avons trouvé parmi les dessins de Commerson la figure d'un baliste dont les caractères ne peuvent convenir à aucune des espèces du même genre déjà connues des naturalistes, ni à aucune de celles dont nous traitons dans cette histoire. Les manuscrits de ce savant voyageur, qui nous ont été remis, ne nous ayant présenté aucun détail relatif à cette figure, nous ne pouvons faire connaître le baliste auquel elle appartient, que par les traits que son portrait a pu nous montrer. Le premier rayon de la nageoire

1.	A la première nageoire du dos	3	rayons.
	A la seconde	27	—
	Aux pectorales	15	—
	A celle de l'anus	22	—
	A celle de la queue	12	—
2.	A la première nageoire dorsale	3	—
	A la seconde	34	—
	A chaque pectorale	16	—
	A celle de l'anus	32	—
	A celle de la queue	12	—

du dos, qui en renferme trois, est long, très fort et dentelé par devant ; celui qui remplace ou représente la nageoire dite ventrale est articulé, c'est-à-dire composé de plus d'une pièce ; de plus, il est suivi de plusieurs piquants. Il n'y a point d'aiguillons sur la queue, et la nageoire qui termine cette dernière partie est un peu en forme de croissant. On voit auprès de l'ouverture des branchies, et comme sur l'*étoilé*, un groupe d'écailles assez grandes, qui rappelle en quelque sorte l'opercule que la nature a donné à presque tous les poissons. La couleur de l'animal est uniforme et foncée, excepté sur la tête où, de chaque côté, une bandelette d'une couleur très claire part d'auprès des nageoires pectorales, s'étend jusqu'au museau, qu'elle entoure, et au-dessous duquel elle se lie avec un demi-anneau d'une nuance également très claire. Ce demi-anneau, l'anneau qui environne l'ouverture de la bouche, et les deux raies qui s'avancent vers les nageoires pectorales forment un assemblage qui ressemble à une sorte de *bride ;* de là vient le nom de *bridé* que nous avons donné au baliste que nous examinons.

Nous appelons *baliste armé* une autre espèce de la même famille, dont nous avons vu, parmi les manuscrits de Commerson, un dessin et une courte description. Lorsque ce voyageur voulut examiner un individu de cette espèce qu'on avait pêché quelques heures auparavant, ce poisson avait perdu presque toutes ses couleurs ; il ne lui restait qu'une bandelette blanche à l'extrémité et de chaque côté de la nageoire de la queue, qui était un peu conformée en croissant. On voyait sur chaque face latérale de cette même queue six rangs d'aiguillons recourbés ; et c'est à cause du grand nombre de ces petits dards, que nous avons donné à l'animal le nom d'*armé*. La première nageoire du dos était soutenue par trois rayons, et celui de la nageoire thoracique était suivi de plusieurs piquants. On s'apercevra aisément que l'armé a beaucoup de rapports avec l'épineux ; mais, indépendamment de la distribution de ses couleurs et d'autres différences que l'on trouvera sans peine, il a sur la queue un plus grand nombre de rangs de pointes recourbées, et les aiguillons qui accompagnent son rayon thoracique sont plus petits et plus courts.

LE BALISTE CENDRÉ[1]

Balistes cinereus, LACÉP.

Les mers voisines de l'Ile de France sont encore l'habitation de ce poisson, dont la tête est très grande, la couleur générale d'un gris cendré, et qu'il est aisé de distinguer de tous les balistes qui le précèdent sur le tableau du troisième sous-genre de ces cartilagineux, par les quatre rayons

1. *Baliste cendré*. Sonnerat, *Journal de physique*, t. IV, p. 78. — *Id.* Bonnaterre, planches de l'Encyclopédie méthodique.

qui composent sa première nageoire dorsale. On le sépare facilement de tous les animaux déjà connus de sa famille, en réunissant à ce caractère la présence de trois bandelettes bleues et courbes, qui sont placées sur chaque côté de la queue, et celle d'une bande noire qui va de chaque œil à la nageoire pectorale la plus voisine. Indépendamment des trois raies bleues, on voit des piquants sur les deux faces latérales de la queue de ce baliste, dont M. Sonnerat a publié le premier la description, et dont Commerson a dessiné la figure [1].

LE BALISTE MUNGO-PARK [2]

Balistes Mungo-Park, Lacép.

LE BALISTE ONDULÉ [3]

Balistes undulatus, Lacép.

Ces deux balistes ont été vus dans les eaux de Sumatra et au milieu de coraux ou madrépores. On en doit la connaissance au célèbre voyageur Mungo-Park. Le premier, auquel nous avons donné le nom de cet observateur, a la dorsale antérieure noire, la caudale jaunâtre avec l'extrémité blanche, et les autres nageoires jaunes. Le second a également la première dorsale noire, et les autres nageoires jaunes ; mais indépendamment des raies longitudinales qui serpentent sur son corps, on voit trois bandelettes rouges régner depuis ses lèvres jusqu'à la base de sa pectorale [4].

LE BALISTE ASSASI [5]

Balistes Assasi, Linn., Gmel., Lacép.

Forskael a observé sur les rivages de l'Arabie ce poisson de la mer Rouge, qui montre sur son corps un grand nombre de verrues brunes, et, sur chaque face latérale de sa queue, trois rangées de verrues noires. Cet animal, dont on mange la chair, quoiqu'elle ne soit pas très succulente, pré-

1. A la première nageoire dorsale........ 4 rayons.
A la seconde........ 24 —
Aux pectorales........ 14 —
A celle de l'anus........ 21 —
A celle de la queue, qui est un peu arrondie........ 12 —
2. *Balistes niger*. Mungo-Park. Actes de la Société linnéenne de Londres, t. III, p. 33.
3. Mungo-Park. Actes de la Société linnéenne de Londres, t. III, p. 33.
4. A chaque pectorale du baliste Mungo-Park........ 14 rayons.
A l'anale........ 24 —
A la caudale........ 10 —
A la membrane branchiale du baliste ondulé........ 2 —
A chaque pectorale........ 13 —
A l'anale........ 24 —
A la nageoire de la queue........ 12 —
5. Forskael, *Faun. arab.*, p. 75, n. 112.

sente d'ailleurs une disposition de couleurs assez régulière, assez variée et très agréable. La partie supérieure de ce baliste est brune, l'inférieure est blanche ; et sur ce double fond on voit du jaune autour des lèvres, quatre raies bleues et trois raies noires placées en travers et alternativement au-devant des yeux, une raie d'une teinte foncée et tirée de la bouche à chaque nageoire pectorale, chacune de ces deux raies obscures surmontée d'une bandelette jaune, lancéolée, et bordée de bleu, et d'une seconde bandelette noire également lancéolé e une tache allongée et blanche sur la queue, une autre tache noire et entourée de fauve à l'endroit de l'anus, et enfin du roussâtre sur presque toutes les nageoires.

LE BALISTE MONOCÉROS [1]

Balistes monoceros, Linn., Gmel., Lacép.

Nous voici parvenus au quatrième sous-genre de balistes. Nous ne trouverons maintenant qu'un seul rayon à la première nageoire dorsale et à la thoracique. A la tête de ce sous-genre, nous avons inscrit le *monocéros*. Ce nom de *monocéros*, qui désigne la sorte de corne unique que l'on voit sur le dos du poisson, a été donné à plusieurs balistes. Nous avons déjà vu que Plumier l'avait appliqué au chinois ; mais, à l'exemple de Linné et d'un grand nombre d'autres naturalistes, nous l'employons uniquement pour l'espèce que nous décrivons dans cet article.

Le baliste monocéros, que l'on trouve dans les mers chaudes de l'Asie et du nouveau continent, parvient ordinairement à la longueur d'un pied. Il est varié de brun et de cendré ; la couleur brune est distribuée sur la nageoire de la queue en trois bandes transversales, qui ressortent d'autant plus que le fond de cette nageoire est d'un jaune couleur d'or, comme toutes les autres nageoires de ce cartilagineux et comme l'iris de ses yeux.

L'entre-deux de ces organes de la vue est plus élevé au-dessus de l'ouverture de la bouche que sur plusieurs autres balistes. Le rayon qui représente la première nageoire dorsale est très long, recourbé vers la queue, retenu par une petite membrane qui attache au dos la partie postérieure de sa base, et garni des deux côtés de piquants tournés vers cette même base.

La nageoire de l'anus et la seconde du dos renferment un très grand nombre de rayons [2].

Le monocéros vit de polypes et de jeunes crabes.

1. *Baliste monocéros*. Daubenton, Encyclopédie méthodique. — *Id.* Bonnaterre, planches de l'Encyclopédie méthodique. — Bloch, pl. 147. — *Balistes monoceros*, Osb. *It.* 110. — *Capriscus longus*, etc. Klein, *Miss. pisc.*, 3, p. 25, n. 10. — *Acaramucu*. Marcgr., *Brasil.*, p. 163. — Willughby, *Icht.*, p. 336, tab. E.

2.

A la seconde nageoire du dos	48	rayons.
Aux pectorales	15	—
A celle de l'anus	51	—
A celle de la queue, qui est arrondie	12	—

Il paraît que l'on doit rapporter à cette espèce un baliste qui a une grande ressemblance avec le monocéros, mais qui parvient jusqu'à la longueur d'un mètre, ou d'environ trois pieds, qui présente des taches noires, rouges et bleues, figurées de manière à ressembler à des lettres, et qui, par une suite de cette disposition de couleur, a été nommé le *baliste écrit*[1]. On ne sera pas étonné d'apprendre que ce baliste, paré de nuances plus variées que le monocéros ordinaire, se nourrit fréquemment d'animaux à coquille, et de ceux qui construisent les coraux. Sa chair passe pour malfaisante et même venimeuse, vraisemblablement par une suite des effets funestes de quelques-uns des aliments qu'il préfère.

LE BALISTE HÉRISSÉ[2]

Balistes hispidus, LINN., GMEL., LACÉP.

Ce poisson est d'un brun noir sur toute sa surface, excepté sur ses nageoires pectorales, la seconde du dos et celle de l'anus, qui sont ordinairement d'un jaune très pâle. On le trouve dans les mers de l'Inde, et particulièrement auprès de l'Ile de France, où il a été très bien observé par Commerson. On le voit aussi auprès des rivages de la Caroline et il y présente souvent sur la queue une tache noire entourée d'un cercle d'une nuance plus claire. Sa hauteur est à peu près égale à la moitié de sa longueur totale. L'iris paraît d'un brun très clair et la prunelle bleuâtre. Le rayon de la première nageoire dorsale est énormément long, épais et garni de pointes plus nombreuses et plus courtes que sur le monocéros[3]; celui qui compose la nageoire thoracique est armé de piquants plus longs et plus forts.

De chaque côté de la queue, et un peu avant la nageoire caudale, on voit une centaine de petites pointes inclinées vers la tête et disposées de manière que Commerson en compare l'ensemble à une *vergette* et a donné le nom de *porte-vergette* au baliste que nous décrivons. Le même voyageur rapporte que le hérissé peut se servir de ces deux cents petites pointes comme d'autant de crochets, pour se tenir attaché dans les fentes des rochers au milieu desquels il cherche un asile. Aussi est-il très difficile de le prendre; Commerson ne dut l'individu qu'il a examiné qu'au violent ouragan qui ravagea l'Ile de France en 1772 et qui jeta ce poisson sur la côte.

1. *Balistes monoceros scriptus.* Linné, édition de Gmelin. — Osb. Chin., p. 144. — *Unicornu piscis bahamensis.* Catesb., *Carol.*, tab. 19.

2. *Baliste hérissé.* Daubenton, Encyclopédie méthodique. — Bonnaterre, planches de l'Encyclopédie méthodique. — Séba, mus. 3, tab. 34, fig. 2. — *Porte-vergette :* « Balistes e fusco nigrescens; capitis radio singulari, undequaque spinuloso; lateribus caudæ setis acicularibus centum circiter, scoparum more compactis. » Commerson, manuscrits déjà cités.

3. A la seconde nageoire du dos........ 27 rayons.
Aux pectorales........ 13 —
A celle de l'anus........ 24 —
A celle de la queue........ 12 —

Ce baliste a d'ailleurs, sur la nageoire même de la queue, plusieurs épines plus petites encore que celles dont nous venons de parler et qui sont sensibles plutôt au tact qu'à la vue.

On n'aperçoit pas de ligne latérale ; la nageoire caudale est un peu arrondie.

HUITIÈME ORDRE DE LA CLASSE ENTIÈRE DES POISSONS

OU QUATRIÈME ORDRE DE LA SECONDE DIVISION DES CARTILAGINEUX

POISSONS ABDOMINAUX OU QUI ONT DES NAGEOIRES SITUÉES SOUS LE VENTRE

HUITIÈME GENRE

LES CHIMÈRES

Une seule ouverture branchiale de chaque côté du cou ; la queue longue et terminée par un long filament.

ESPÈCES.	CARACTÈRES.
1. La Chimère arctique.	Des plis poreux sur le museau.
2. La Chimère antarctique.	Le museau garni d'un long appendice.

LA CHIMÈRE ARCTIQUE[1]

Chimæra monstrosa, Linn., Gmel., Lacép., Cuv.

C'est un objet très digne d'attention que ce grand poisson cartilagineux, dont la conformation remarquable lui a fait donner le nom de *chimère*, et même celui de *chimère monstrueuse*, par Linné et par d'autres naturalistes, et dont les habitudes l'ont fait nommer aussi le singe de la mer.

L'agilité et en même temps l'espèce de bizarrerie de ses mouvements, la mobilité de sa queue très longue et très déliée, la manière dont il montre fréquemment ses dents, et celle dont il remue inégalement les différentes parties de son museau souples et flexibles, ont, en effet, retracé aux yeux de ceux qui l'ont observé, l'allure, les gestes et les contorsions des singes les plus connus. D'un autre côté, tout le monde sait que l'imagination poétique des anciens avait donné à l'animal redoutable qu'ils appelaient *chimère*, une

1. *Roi des harengs du Nord*. Daubenton, Encyclopédie méthodique. *Id.* Bonnaterre, planches de l'Encyclopédie méthodique. — *Fauna suecica*, 294. — Gunner, *Act. nidros.* 2, p. 270, tab. 5, 6. — Mull. *Prodrom. zool. danic.*, p. 38, n. 320. — Olaff., *Island.*, 1, p. 192. — Bloch, pl. 124. — Mus. Ad. Fr. 1, p. 53, tab. 25.

Chimæra argentea. Linné (*mas*), Ascan. icon. rerum natural., tab. 15. — *Galeus acanthias Clusii exoticus*. Willughby, *Icht.*, p. 56, tab. B, 9, fig. 9. — Ray, p. 23, n. 15. — Gesner, *Aquat.*, p. 877, icon. an., p. 153. *Simia marina*. Jonst. *Pisc.*, p. 19, tab. 1, fig. 6. « Centrina prima, centrina vera, simia marina dicta. » Aldrov., *Pisc.*, p. 402, 403, 405. — *Vulpecula*. Stræm. sændm., p. 289.

C'est à tort qu'on a cru devoir rapporter à la chimère arctique le poisson décrit par Artedi, sous le nom de *squale à queue plus longue que le corps* (gen. 68). Il est évident que cet auteur a parlé du squale, auquel nous avons conservé le nom de *renard*.

tête de lion et une queue de serpent. La longue queue du cartilagineux que nous examinons rappelle celle d'un reptile; et la place ainsi que la longueur des premiers rayons de la nageoire du dos représentent, quoique très imparfaitement, une sorte de crinière, située derrière la tête qui est très grosse, ainsi que celle du lion, et sur laquelle s'élève dans le mâle, à l'extrémité d'un petit appendice, une petite touffe de filaments déliés. D'ailleurs, les différentes parties du corps de cet animal ont des proportions que l'on ne rencontre pas fréquemment dans la classe cependant très nombreuse des poissons et qui lui donnent, au premier coup d'œil, l'apparence d'un être monstrueux. Enfin la conformation particulière des parties sexuelles, tant dans le mâle que dans la femelle, et surtout l'appareil extérieur de ces parties, ajoutent à l'espèce de tendance que l'on a, dans les premiers moments où l'on voit la chimère arctique, à ne la considérer que comme un monstre, et doivent la faire observer avec un intérêt encore plus soutenu.

On a assimilé en quelque sorte sa tête à celle du lion. On a voulu, en conséquence, la couronner comme celle de ce dernier et terrible quadrupède. Le lion a été nommé le roi des animaux. On a donné aussi un empire à la chimère; et, si on n'a pu supposer sa puissance établie que sur une seule espèce, on l'a fait régner sur une des plus nombreuses, et plusieurs auteurs l'ont appelé le roi des harengs, dont elle agite et poursuit les immenses colonnes.

On ne connaît encore dans le genre de la chimère que deux espèces: l'arctique dont nous nous occupons et celle à laquelle nous avons donné le nom d'antarctique. Leurs dénominations indiquent les contrées du globe qu'elles habitent; et c'est encore un fait digne d'être observé, que ces deux espèces, qui ont de très grands rapports dans leurs formes et leurs habitudes, soient séparées sur le globe par les plus grands intervalles; que l'une ne se trouve qu'au milieu des mers qui environnent le pôle septentrional et qu'on ne rencontre l'autre que dans les eaux situées auprès du pôle antarctique et particulièrement dans la partie de la mer du Sud qui avoisine ce dernier pôle. On dirait qu'elles se sont partagé les zones glaciales. Aucune de ces deux espèces ne s'approche que rarement des contrées tempérées; elles ne se plaisent, pour ainsi dire, qu'au milieu des montagnes de glace et des tempêtes qui bouleversent si souvent les plages polaires. Si l'antarctique s'avance au milieu des flots de la mer du Sud, beaucoup plus près des tropiques, que la chimère arctique au milieu des ondes agitées de l'Océan boréal, c'est que l'hémisphère austral, plus froid que celui que nous habitons, offre une température moins chaude à une égale distance de la ligne équatoriale; et que la chimère antarctique peut trouver dans cet hémisphère, quoique à une plus grande proximité de la zone torride, le même degré de froid, la même nature ou la même abondance d'aliments et les mêmes facilités pour la fécondation de ses œufs, que dans l'hémisphère septentrional.

Mais, avant de parler plus au long de cette espèce antarctique, continuons de faire connaître la chimère qui habite dans notre hémisphère, qui de loin ressemble beaucoup à un squale, et qui parvient au moins à trois pieds de longueur.

Le corps de la chimère arctique est un peu comprimé par les côtés, très allongé, et va en diminuant très sensiblement de grosseur depuis les nageoires pectorales jusqu'à l'extrémité de la queue. La peau qui la revêt est souple, lisse, et présente des écailles si petites, qu'elles échappent, pour ainsi dire, au toucher, et cependant si argentées, que tout le corps de la chimère brille d'un éclat assez vif. Quelquefois des taches brunes, répandues sur ce fond, en relèvent la blancheur.

La tête est grande et représente une sorte de pyramide, dont le bout du museau forme la pointe et dont le sommet est presque à la même hauteur que les yeux. Le tégument mou et flexible qui la couvre est plissé dans une très grande étendue du côté inférieur et percé dans cette même partie, ainsi que sur les faces latérales, d'un nombre assez considérable de pores arrondis, grands et destinés à répandre une mucosité plus ou moins gluante.

Les yeux sont très gros. A une petite distance de ces organes, on voit de chaque côté du corps une ligne latérale blanche, et quelquefois bordée de brun qui s'étend jusque vers le milieu de la queue, y descend sous la partie inférieure de l'animal, et va s'y réunir à la ligne latérale du côté opposé. Vers la tête, la ligne latérale se divise en plusieurs branches plus ou moins sinueuses, dont une s'élève sur le dos et va joindre un rameau analogue de la ligne latérale opposée. Deux autres branches entourent l'œil et se rencontrent à l'extrémité du museau; un quatrième va à la commissure de la bouche; et une cinquième, placée au-dessus de cette dernière, serpente sur la portion inférieure du museau, où elle se confond avec une branche semblable, partie du côté correspondant à celui qu'elle a parcouru. Tous ces rameaux forment des sillons plus ou moins profonds et plus ou moins interrompus par des pores arrondis.

Les nageoires pectorales sont très grandes, un peu en forme de faux et attachées à une prolongation charnue. Celle du dos commence par un rayon triangulaire, très allongé, très dur et dentelé par derrière ; sa hauteur diminue ensuite tout d'un coup; mais bientôt après elle se relève et s'étend jusque assez loin au delà de l'anus, en montrant toujours à peu près la même élévation. Là un intervalle très peu sensible la sépare quelquefois d'une espèce de seconde nageoire dorsale, dont les rayons ont d'abord la même longueur que les derniers de la première et qui s'abaisse ensuite insensiblement jusque vers l'extrémité de la queue, où elle disparaît. D'autres fois cet intervalle n'existe point; et bien loin de pouvoir compter trois nageoires sur le dos de la chimère arctique, ainsi que plusieurs naturalistes l'ont écrit, on n'y en voit qu'une seule.

Le bout de la queue est terminé par un filament très long et très délié. Il y a deux nageoires de l'anus: la première, qui est très courte et un peu en forme de faux, ne commence qu'au delà de l'endroit où les lignes latérales aboutissent l'une à l'autre ; la seconde est très étroite et se prolonge peu. Les nageoires ventrales environnent l'anus et tiennent, comme les pectorales, à un appendice charnu.

La bouche est petite ; l'on voit à chaque mâchoire deux lames osseuses, à bords tranchants, et sillonnées assez profondément pour ressembler à une rangées de dents incisives et très distinctes l'une de l'autre ; il y a, de plus, au palais deux dents communément aplaties et triangulaires.

Indépendamment de la petite houppe qui orne le bout du museau du mâle, et dont nous avons parlé, il a, au-devant des nageoires ventrales, deux espèces de petits pieds, ou plutôt d'appendices, garnis d'ongles destinés à retenir la femelle dans l'accouplement. La chimère s'accouple donc comme les raies et les squales ; les œufs sont fécondés dans le ventre de la mère, et l'on doit penser que le plus souvent ils éclosent dans ce même ventre, comme ceux des squales et des raies. Ce qui est plus digne de remarque, ce qui lie la classe des poissons avec celle des serpents, et ce qui rend les chimères des êtres plus extraordinaires et plus singuliers, c'est que, seules parmi tous les poissons connus jusqu'à présent, elles paraissent féconder leurs œufs non seulement pendant un accouplement réel, mais encore pendant une réunion intime et par une véritable intromission. Plusieurs auteurs ont écrit en effet que les chimères mâles avaient une sorte de verge double; j'ai vu sur une femelle assez grande, un peu au delà de l'anus, deux parties très rapprochées, saillantes, arrondies, assez grandes, membraneuses, plissées, extensibles, et qui présentaient chacune l'origine d'une cavité que j'ai suivie jusque dans l'ovaire correspondant. Ces deux appendices doivent être considérés comme une double vulve destinée à recevoir le double membre génital du mâle, et nous devions d'autant plus les faire connaître, que cette conformation, très rare dans plusieurs classes d'animaux, est très éloignée de celle que présentent le plus souvent les parties sexuelles des femelles des poissons.

La chimère arctique, cet animal extraordinaire par sa forme, vit, ainsi que nous l'avons dit au commencement de cet article, au milieu de l'Océan septentrional. Ce n'est que rarement qu'il s'approche des rivages ; le temps de son accouplement est presque le seul pendant lequel il quitte la haute mer ; il se tient presque toujours dans les profondeurs de l'Océan, où il se nourrit le plus souvent de crabes, de mollusques et des animaux à coquille. S'il vient à la surface de l'eau, ce n'est guère que pendant la nuit, ses yeux grands et sensibles ne pouvant supporter qu'avec peine l'éclat de la lumière du jour, augmenté par la réflexion des glaces boréales. On l'a vu cependant attaquer ces légions innombrables de harengs dont la mer du Nord est couverte à certaines époques de l'année, les poursuivre et faire sa proie de plusieurs de ces faibles animaux.

Au reste, les Norvégiens et d'autres habitants des côtes septentrionales, vers lesquelles il s'avance quelquefois, se nourrissent de ses œufs et de son foie, qu'ils préparent avec plus ou moins de soin.

LA CHIMÈRE ANTARCTIQUE[1]

Callorhynchus antarcticus, Cuv. — *Chimæra callorynchus*, Linn., Gmel., Lacép.

Cette chimère, qui se trouve dans les mers de l'hémisphère méridional, et particulièrement dans celles qui baignent les rivages du Chili et les côtes de la Nouvelle-Hollande, ressemble beaucoup, non seulement par ses habitudes, mais encore par sa conformation, à la chimère arctique. Elle en est cependant séparée par plusieurs différences, que nous allons indiquer en la décrivant d'après un individu apporté de l'Amérique méridionale par le célèbre voyageur Dombey. La peau qui la recouvre est, comme celle de la chimère arctique, blanche, lisse et argentée; le corps est également très allongé et plus gros vers les nageoires pectorales que dans tout autre endroit. Mais la ligne latérale, au lieu de se réunir à celle du côté opposé, se termine à la nageoire de l'anus; le filament placé au bout de la queue est plus court que sur l'arctique; on voit sur le dos trois nageoires très distinctes, très séparées l'une de l'autre, dont la dernière est très basse, la seconde en forme de faux, ainsi que la première, et la première soutenue vers la tête par un rayon très long, très fort et très dur. Les nageoires pectorales et ventrales sont attachées à des espèces de prolongations charnues. La tête est arrondie; elle présente plusieurs branches des deux lignes latérales qui serpentent sur ses côtés, entourent les yeux, aboutissent aux lèvres ou au museau, ou se réunissent les unes aux autres; mais ces rameaux ne sont pas creusés en sillons ni disposés de la même manière que sur l'arctique. Ce qui forme véritablement le caractère distinctif de la chimère antarctique, c'est que le bout de son museau, et en quelque sorte sa lèvre supérieure, se termine par un appendice cartilagineux qui s'étend en avant et se recourbe ensuite vers la bouche. Cette extension, assimilée à une crête par certains auteurs, a fait nommer la chimère antarctique *le poisson coq*, et, comparée à une trompe par d'autres écrivains, a fait appeler la même chimère *poisson éléphant*. La chaire de ce cartilagineux est insipide, mais on en mange cependant quelquefois. Il parvient ordinairement à la longueur de trois pieds.

1. *Chalgua, achagual*, en langue arauque. — *Roi des harengs du Sud*. Daubenton, Encyclopédie méthodique. — *Id.* Bonnaterre, planches de l'Encyclopédie méthodique. — *Callorhinchus*. Gronov. mus. 59, n. 130, tab. 4. — *Pejegallo*. Frez., *It.* 1, p. 211, tab. 47, fig. 4. — *Elephant-fish*. Ellis, premier voyage de Cook. — *Poisson-coq*. *Essai sur l'histoire naturelle du Chili*, par M. l'abbé Molina, p. 207.

TROISIÈME DIVISION

POISSONS CARTILAGINEUX QUI ONT UN OPERCULE DES BRANCHIES SANS MEMBRANE BRANCHIALE

DOUZIÈME ORDRE DE LA CLASSE ENTIÈRE DES POISSONS

OU QUATRIÈME ORDRE DE LA TROISIÈME DIVISION DES CARTILAGINEUX

POISSONS ABDOMINAUX, OU QUI ONT DEUX NAGEOIRES SITUÉES SOUS LE VENTRE

NEUVIÈME GENRE

LES POLYODONS

Des dents aux mâchoires et au palais.

ESPÈCE.	CARACTÈRES.
LE POLYODON FEUILLE.	Le museau presque aussi long que le corps et garni, de chaque côté, d'une bande membraneuse, dont la contexture ressemble un peu à celle des feuilles des arbres.

LE POLYODON FEUILLE

Polyodon Spatula, Lacép. Cuv. — *Spatularia,* Schn. — *Squalus Spatula,* Bonnaterre.

L'on conserve depuis longtemps, dans les galeries du Muséum d'histoire naturelle, plusieurs individus de cette espèce qui ont été apportés sous le nom de *chien de mer feuille*, et qui ont même été indiqués sous ce nom, dans l'*Encyclopédie méthodique*, par M. Bonnaterre, qui ne les a vus que de loin, au travers de verres épais, et sans pouvoir en donner aucune description. Ayant examiné de près ces poissons, je me suis aperçu sans peine qu'ils étaient de la sous-classe des cartilagineux, et qu'ils avaient de très grands rapports de conformation avec les squales ou chiens de mer, mais qu'ils devaient être placés dans un genre très différent de celui de ces derniers animaux. En effet, les squales ont, de chaque côté du corps, au moins quatre ouvertures branchiales ; et ces poissons nommés *feuilles* n'en ont qu'une de chaque côté. D'ailleurs, les branchies des squales et celles des poissons feuilles ne sont pas organisées de même, ainsi qu'on va le voir ; de plus, les cartilagineux dont il est question dans cet article ont un très grand opercule sur les ouvertures de leurs branchies, et les squales n'en présentent aucun. J'ai donc séparé les polyodons des squales ; et comme leurs ouvertures branchiales sont garnies d'un opercule et que cependant elles n'ont pas de membrane, j'ai dû les placer dans la seconde division des cartilagineux. Les nageoires véritablement ventrales placées sur l'abdomen de ces animaux déterminent d'ailleurs leur position dans l'ordre des abdominaux de cette seconde division ; et cet ordre n'ayant encore renfermé que le genre des acipensères, ces derniers poissons sont les seuls avec lesquels on pourrait être tenté de confondre les polyodons. Mais les acipensères n'ont pas de dents proprement dites, et les polyodons en ont un très grand nombre. J'ai donc été obligé de rapporter à un genre particulier les poissons feuilles ; et c'est à ce genre, que l'on n'avait pas encore reconnu, que je donne le nom de *polyodons*, qui désigne le grand nombre de ses dents et le caractère qui le distingue le plus de tous les animaux placés dans l'ordre auquel il appartient.

La feuille est la seule espèce de poisson déjà connue qui doive faire partie de ce genre. Elle est très aisée à distinguer par l'excessive prolongation de son museau dont la longueur égale presque celle de la tête, du corps et de la queue. Ce museau, très allongé, serait aussi très étroit et ressemblerait beaucoup à celui du xiphias espadon, dont nous parlerons dans un des articles suivants, s'il n'était pas élargi de chaque côté par une sorte de bande membraneuse. Ces deux bandes sont légèrement arrondies, de manière à donner un peu à l'ensemble du museau la forme d'une spatule ; elles laissent voir, à leurs surfaces, une très grande quantité de petits vaisseaux ramifiés, dont l'assemblage peut être comparé au réseau des feuilles ; et voilà d'où vient le nom de *feuille*, que nous avons cru devoir laisser à ce polyodon.

L'ouverture de la bouche est arrondie par devant et située dans la partie inférieure de la tête. La mâchoire supérieure est garnie de deux rangs de dents fortes, serrées et crochues ; la mâchoire inférieure n'en présente qu'une rangée ; mais on en voit sur deux petits cartilages arrondis, qui font partie du palais. Il y en a d'autres très petites sur la partie antérieure des deux premières branchies de chaque côté.

Les narines sont doubles et placées au-devant et très près des yeux. Chacun des deux opercules est très grand ; il recouvre le côté de la tête, s'avance vers le but du museau jusqu'au delà des yeux qu'il entoure, et se termine, du côté de la queue, par une portion triangulaire et beaucoup plus molle que le reste de cet opercule. Lorsqu'on le soulève, on aperçoit une large ouverture; l'on voit au delà cinq branchies cartilagineuses demi-ovales et garnies de franges sur leurs deux bords. La frange extérieure de la quatrième est à demi engagée, et celle de la cinquième est entièrement renfermée dans une membrane qui s'attache à la partie de la tête la plus voisine ; mais celle des trois premières sont libres, ce qu'on ne voit pas dans les squales.

Les deux ouvertures branchiales se réunissent dans la partie inférieure de la tête et s'y terminent à une peau molle qui joint ensemble les deux opercules.

Les nageoires pectorales sont petites. Il n'y en a qu'une sur le dos ; elle est un peu en forme de faux, et le commencement de sa base est à peu près au-dessus des nageoires ventrales. La nageoire de l'anus est assez grande, et celle de la queue se divise en deux lobes. Le supérieur garnit les deux côtés de la queue proprement dite qui se dirige vers le haut ; et l'inférieur se prolonge de manière à former, avec le premier, une sorte de grand croissant.

On voit une ligne latérale très marquée qui s'étend depuis l'opercule jusqu'à la nageoire caudale ; mais la peau ne présente ni tubercules ni écailles visibles.

Les individus que j'ai examinés ayant été conservés dans de l'alcool, je n'ai pu juger qu'imparfaitement de la couleur du polyodon feuille. Le corps ne paraissait avoir été varié par aucune raie, tache, ni bande ; mais les opercules étaient encore parsemés de petites taches rondes et assez régulières.

L'intérieur du polyodon feuille que j'ai disséqué ne m'a montré aucun trait de conformation remarquable, excepté la présence d'une vessie aérienne assez grande, qui rapproche le genre dont nous nous occupons de celui des acipensères et l'éloigne de celui des squales.

Le plus grand des polyodons feuilles que j'ai vus n'avait guère que dix ou onze pouces (un peu plus de trois décimètres) de longueur ; mais il avait tous les caractères qui appartiennent, dans les poissons, aux individus très jeunes. On peut donc présumer que l'espèce que nous décrivons parvient à une grandeur plus considérable que celle de ces individus. Nous ne pouvons cependant rien conjecturer avec beaucoup de certitude relativement à ses habitudes, sur lesquelles nous n'avons reçu aucun renseignement, non plus que sur les mers qu'elle habite ; tout ce que nous pouvons dire, c'est que, par suite de la conformation de ce polyodon, elles doivent, pour ainsi dire, tenir le milieu entre celles des squales et celles des acipensères.

On serait tenté, au premier coup d'œil, de comparer le parti que le polyodon feuille peut tirer de la forme allongée de son museau à l'usage que le squale scie fait de la prolongation du sien. Mais, dans le squale scie, cette extension est comme osseuse et très dure dans tous ses points, et elle est de plus armée, de chaque côté, de dents longues et fortes, au lieu que, dans le polyodon feuille, la partie correspondante n'est dure et solide que dans son milieu et n'est composée dans ses côtés que de membranes plus ou moins souples. On pourrait plutôt juger des effets de cette prolongation par ceux de l'arme du xiphias espadon, avec laquelle elle aurait une très grande ressemblance sans les bandes molles et membraneuses dont elle est bordée d'un bout à l'autre. Au reste, pour peu qu'on se rappelle ce que nous avons dit, dans le Discours sur la nature des poissons, au sujet de la natation de ces animaux, on verra aisément que cet allongement excessif de la tête du polyodon feuille doit être un obstacle assez grand à la rapidité de ses mouvements.

DIXIÈME GENRE

LES ACIPENSÈRES

L'ouverture de la bouche située dans la partie inférieure de la tête, rétractile et sans dents; des barbillons au-devant de la bouche ; le corps allongé et garni de plusieurs rangs de plaques dures.

PREMIER SOUS-GENRE

LES LÈVRES FENDUES

ESPÈCE.	CARACTÈRES.
1. L'Acipensère esturgeon.	Quatre barbillons plus près ou aussi près de l'extrémité du museau que de l'ouverture de la bouche.

SECOND SOUS-GENRE

LES LÈVRES NON FENDUES

ESPÈCES.	CARACTÈRES.
2. L'Acipensère huso.	Le museau à peu près de la longueur du grand diamètre de l'ouverture de la bouche.
3. L'Acipensère strelet.	Le museau trois ou quatre fois plus long que le grand diamètre de l'ouverture de la bouche.
4. L'Acipensère étoilé.	Le museau un peu recourbé, élargi vers son extrémité, et cinq ou six fois plus long que le grand diamètre de l'ouverture de la bouche.

L'ACIPENSÈRE ESTURGEON [1]

Acipenser Sturio, Linn., Gmel., Lacép., Cuv.

L'on doit compter les acipensères parmi les plus grands poissons. Quelques-uns de ces animaux parviennent, en effet, à une longueur de plus de vingt-cinq pieds (près de neuf mètres). Mais s'ils atteignent aux dimensions du plus grand nombre de squales, avec lesquels leur conformation extérieure leur donne d'ailleurs beaucoup de rapports; s'ils voguent, au milieu des

1. *Estourgeon*, *Sturium*, *Créac*, dans plusieurs départements méridionaux. — *Porcelleto*, *Adello*, *Adano*, *Adeno*, *Attilus*, *Sturione*, en Italie. — *The sturgeon*, en Angleterre. — *Steut*, en flamand. — *Store*, en Danemark. — *Stor*, en Suède.

Guldenst. *Nov. Com. petropol.* 16, p. 532. — Bloch, pl. 88. — *Acipe estourgeon*. Daubenton, Encyclopédie méthodique. — *Id.* Bonnaterre, planches de l'Encyclopédie méthodique. — Mus. Ad. Fr. 1, p. 54, tab. 18, fig. 2. — *Fauna succica*, 299. — *It.* scan. 187.

Muller, *Prodrom. zool. dan.*, p. 31, n. 322. — « Acipenser corpore tuberculis spinosis exasperato. » Artedi, gen. 65, syn. 91. — Gronov. mus. 1, p. 60, n. 131 ; *Zooph.*, p. 39, n. 140. — Klein, *Miss. pisc.*, 4, p. 12, n. 1 ; p. 13, n. 2. — *Acipenser*. Gesner, *Aquat.*, 2. — *Estourgeon*. Rondelet, première partie, liv. XIV, chap. VIII. — *Adello du pau*, *id.*, seconde partie, des poissons de rivière, chap. IV. — *Cops*, ibid., chap. V.

« Sturio sive silurus. » Salvian, *Aquat.*, p. 113. — Athen. 8, p 315. — Séba, mus. 3, tab. 29, fig. 19. — *Esturgeon*. Belon, *Aquat.*, p. 89. — *Brit. zool.*, 3, p. 96, n. 1. — Willughby, *Icht.*, 239, tab., p. 7, fig. 3. — Ray, *Pisc.*, p. 112. — *Schirk*. Kram. El. 383. — *Stoer*, Sander naturf., 15, p. 165.

Pline, *Hist. mundi*, lib. IX, cap. XV. — Schonev., p. 9. — Blas. nat., p. 259, tabl. 49, fig. 2, 3, 12. — Aldrov., lib. IV, cap. IX, p. 517, 526. — Jonston, lib. II, cap. VII, tab. 23, fig. 8, 9. — Charleton, p. 152. — Bloch, *Ichtyol.*, pl. 88.

ondes, leurs égaux en grandeur, ils sont bien éloignés de partager leur puissance. Ayant reçu une chair plus délicate et des muscles moins fermes, ils ont été réduits à une force bien moindre ; et leur bouche plus petite ne présente que des cartilages plus ou moins endurcis, au lieu d'être armée de plusieurs rangs de dents aiguës, longues et menaçantes. Aussi ne sont-ils le plus souvent dangereux que pour les poissons mal défendus par leur taille ou par leur conformation; et, comme ils se nourrissent assez souvent de vers, ils ont même des appétits peu violents, des habitudes douces et des inclinations paisibles. Extrêmement féconds, ils sont répandus dans toutes les mers et dans presque tous les grands fleuves qui arrosent la surface du globe, comme autant d'agents pacifiques d'une nature créatrice et conservatrice, au lieu d'être, comme les squales, les redoutables ministres de la destruction. Et comment l'absence seule des dents meurtrières dont la gueule des squales est hérissée ne déterminerait-elle pas cette grande différence? Que l'on arrache ses armes à l'espèce la plus féroce et bientôt la nécessité aura amorti cette ardeur terrible qui la dévorait; obligée de renoncer à une proie qu'elle ne pourra plus vaincre, forcée d'avoir recours à de nouvelles allures, condamnée à des précautions qu'elle n'avait pas connues, contrainte de chercher des asiles qui lui étaient inutiles, imprégnée de nouveaux sucs, nourrie de nouvelles substances, elle sera, au bout d'un petit nombre de générations, assez profondément modifiée dans toute son organisation, pour n'offrir plus que de la faiblesse dans ses appétits, de la réserve dans ses habitudes et même de la timidité dans son caractère.

Parmi les différentes espèces de ces acipensères, qui attirent l'attention du philosophe, non seulement par leurs formes, leurs dimensions, leurs affections et leurs manières de vivre, mais encore par la nourriture saine, agréable, variée et abondante qu'elles fournissent à l'homme, ainsi que par les matières utiles dont elles enrichissent les arts, la mieux connue et la plus anciennement observée est celle de l'esturgeon, qui se trouve dans presque toutes les contrées de l'ancien continent. Elle ressemble aux squales, comme les autres poissons de sa famille, par l'allongement de son corps, la forme de la nageoire caudale, qui est divisée en deux lobes inégaux et celle du museau, dont l'extrémité plus ou moins prolongée en avant est aussi plus ou moins arrondie. L'ouverture de la bouche est placée comme dans le plus grand nombre de squales, au-dessus de ce museau avancé. Des cartilages assez durs garnissent les mâchoires et tiennent lieu de dents; les lèvres supérieure et inférieure, divisées au moins en deux lobes; l'animal peut les avancer ou les retirer à volonté.

Entre cette ouverture de la bouche et le bout du museau, on voit quatre filaments déliés, rangés sur une ligne transversale, aussi éloignés de cette ouverture que de l'extrémité de la tête et même quelquefois plus rapprochés de cette dernière partie que de la première. Ces barbillons, très menus, très mobiles et un peu semblables à de petits vers, attirent souvent de petits poissons imprudents jusqu'auprès de la gueule de l'esturgeon qui avait caché presque toute sa tête au milieu des plantes marines ou fluviatiles.

L'ouverture des branchies est fermée de chaque côté par un opercule, dont la surface supérieure montre un grand nombre de stries plus ou moins droites et réunies presque toutes dans un point commun et à peu près central.

Au-devant des yeux sont les narines, dont l'intérieur présente une organisation un peu différente de celle que nous avons vue dans le siège de l'odorat des raies et des squales, mais qui offre une assez grande étendue de surface pour donner à l'animal un grand nombre de sensations plus ou moins vives. Dix-neuf membranes doubles s'y élèvent en forme de petits feuillets et aboutissent à un centre commun, comme autant de rayons.

Des stries disposées de même et plus ou moins saillantes paraissent le plus souvent sur les plaques dures que l'on voit former plusieurs rangées sur le corps de l'esturgeon. Ces plaques rayonnées et osseuses, que l'on a nommées de petits boucliers, sont convexes par-dessus, concaves par-dessous, un peu arrondies dans leur contour, relevées dans leur centre et terminées, dans cette partie exhaussée, par une pointe recourbée et tournée vers la queue. Elles forment cinq rangs longitudinaux qui partent de la tête et qui s'étendent jusqu'auprès de la nageoire de la queue, excepté celui du milieu qui se termine à la nageoire dorsale. Cette rangée du milieu est placée sur la partie la plus élevée du dos et composée des plus grandes pièces ; les deux rangées les plus voisines sont situées un peu sur les côtés de l'esturgeon, et les deux les plus extérieures bordent d'un bout à l'autre le dessous du corps de ce cartilagineux. Ces cinq séries de petits boucliers sont assez élevées pour faire paraître l'ensemble de l'animal comme une sorte de prisme à cinq faces et par conséquent à cinq arêtes.

Le nombre de ces plaques varie dans chaque rang ; il est quelquefois de onze ou douze dans la rangée du dos, et il n'est pas rare de voir la plus grande de ces pièces avec un diamètre de quatre ou cinq pouces, sur des esturgeons déjà parvenus à la longueur de dix ou onze pieds. L'épaisseur des boucliers répondant à leur volume et leur dureté étant très grande, les cinq rangées qu'ils composent seraient donc une excellente défense pour l'esturgeon et le rendraient un des mieux cuirassés des poissons, si ces rangées n'étaient pas séparées l'une de l'autre par de grands intervalles.

La nageoire dorsale commence par un rayon très gros et très fort et est située plus loin de la tête que les nageoires ventrales ; celle de l'anus est plus éloignée encore du museau. Le lobe inférieur de la nageoire caudale est en forme de faux, plus long et surtout plus large que le supérieur.

L'esturgeon a une conformité de plus avec les raies, par deux trous garnis chacun d'une valvule mobile à volonté, et qui, placés dans le rectum très près de l'anus, l'un à droite et l'autre à gauche, font communiquer cet intestin avec la cavité de l'abdomen. L'eau de la mer, ou celle des rivières, pénètre dans cette cavité par ces deux ouvertures ; elle s'y mêle avec celle que les vaisseaux sanguins y déposent, ou que d'autres parties du corps peuvent y laisser filtrer, et parvient ensuite jusque dans la vessie.

La couleur de l'esturgeon est bleuâtre, avec de petites taches brunes sur le dos et noires sur la partie inférieure du corps. Sa grandeur est considérable; lorsqu'il a atteint son développement, il a plus de six mètres de longueur.

Cet énorme cartilagineux habite non seulement dans l'Océan, mais encore dans la Méditerranée, dans la mer Rouge, dans le Pont-Euxin, dans la mer Caspienne. Mais, au lieu de passer toute sa vie au milieu des eaux salées, comme les raies, les squales, les lophies, les balistes et les chimères, il recherche les eaux douces comme le pétromyzon lamproie, lorsque le printemps arrive, qu'une chaleur nouvelle se fait sentir jusqu'au milieu des ondes, y ranime le sentiment le plus actif et que le besoin de pondre ou de féconder ses œufs le presse et l'aiguillonne. Il s'engage alors dans presque tous les grands fleuves. Il remonte particulièrement dans le Volga, le Tanaïs, le Danube, le Pô, la Garonne, la Loire, le Rhin, l'Elbe et l'Oder. On ne le voit même le plus souvent que dans les fleuves larges et profonds, soit qu'il y trouve avec plus de facilité l'aliment qu'il préfère, soit qu'il obéisse dans ce choix à d'autres causes presque aussi énergiques et que, par exemple, ayant une assez grande force dans ses diverses parties, dans ses nageoires et particulièrement dans sa queue, quoique cette puissance musculaire soit inférieure, ainsi que nous l'avons dit, à celle des squales, il se plaise à vaincre, en nageant, des courants rapides, des flots nombreux, des masses d'eau volumineuses, et ressente, comme tous les êtres, le besoin d'exercer de temps en temps, dans toute sa plénitude, le pouvoir qui lui a été départi. D'ailleurs, l'esturgeon présente un grand volume; il lui faut donc une grande place pour se mouvoir sans obstacle et sans peine; et cette place étendue et favorable, il ne la trouve que dans les fleuves qu'il préfère.

Il grandit et engraisse dans ces rivières fortes et rapides, suivant qu'il y rencontre la tranquillité, la température et les aliments qui lui conviennent le mieux; et il est de ces fleuves dans lesquels il est parvenu à un poids énorme et jusqu'à celui de mille livres, ainsi que le rapporte Pline de quelques-uns de ceux que l'on voyait de son temps dans le Pô.

Lorsqu'il est encore dans la mer ou près de l'embouchure des grandes rivières, il se nourrit de harengs, ou de maquereaux et de gades; lorsqu'il est engagé dans les fleuves, il attaque les saumons, qui les remontent à peu près dans le même temps que lui et qui ne peuvent lui opposer qu'une faible résistance. Comme il arrive quelquefois dans les parties élevées des rivières considérables avant ces poissons, ou qu'il se mêle à leurs bandes, dont il cherche à faire sa proie, et qu'il paraît semblable à un géant au milieu de ces légions nombreuses, on l'a comparé à un chef et on l'a nommé le conducteur des saumons.

Lorsque le fond des mers ou des rivières qu'il fréquente est très limoneux, il préfère souvent les vers qui peuvent se trouver dans la vase dont le fond des eaux est recouvert et qu'il trouve avec d'autant plus de facilité au milieu de la terre grasse et ramollie, que le bout de son museau est dur et un peu pointu, et qu'il sait fort bien s'en servir pour fouiller dans le limon et dans les sables mous.

Il dépose dans les fleuves une immense quantité d'œufs ; et sa chair y présente un degré de délicatesse très rare, surtout dans les poissons cartilagineux. Ce goût fin et exquis est réuni dans l'esturgeon avec une sorte de compacité que l'on remarque dans ses muscles, et qui les rapproche un peu des parties musculaires des autres cartilagineux : aussi sa chair a-t-elle été prise très souvent pour celle d'un jeune veau, et a-t-il été de tous les temps très recherché. Non seulement on le mange frais; mais dans tous les pays où l'on en prend en grand nombre, on emploie plusieurs sortes de préparations pour le conserver et pouvoir l'envoyer au loin. On le fait sécher ou on le marine, ou on le sale. La laite du mâle est la portion de cet animal que l'on préfère à toutes les autres. Mais quelque prix que l'on attache aux diverses parties de l'esturgeon, et même à sa laite, les nations modernes, qui en font la plus grande consommation et le payent le plus cher, n'ont pas pour les poissons en général un goût aussi vif que plusieurs peuples anciens de l'Europe et de l'Asie, et particulièrement que les Romains enrichis des dépouilles du globe. N'étant pas d'ailleurs tombées encore dans ces inconcevables recherches du luxe, qui ont marqué les derniers degrés de l'asservissement des habitants de Rome, elles sont bien éloignées d'avoir de la bonté et de la valeur de l'esturgeon une idée aussi extraordinaire que celle qu'on en avait dans la capitale du monde, au milieu des temps de corruption qui ont précipité sa ruine. On n'a pas encore vu, dans nos temps modernes, des esturgeons portés en triomphe, sur des tables fastueusement décorées, par des ministres couronnés de fleurs, et au son des instruments, comme on l'a vu dans Rome avilie, esclave de ses empereurs, et expirant sous le poids des richesses excessives des uns, de l'affreuse misère des autres, des vices ou des crimes de tous.

L'esturgeon peut être gardé hors de l'eau pendant plusieurs jours, sans cependant périr, et l'une des causes de cette faculté qu'il a de se passer, pendant un temps assez long, d'un fluide aussi nécessaire que l'eau à la respiration des poissons est la conformation de l'opercule, qui ferme de chaque côté l'ouverture des branchies et qui, étant bordé dans presque tout son contour d'une peau assez molle, peut s'appliquer plus facilement à la circonférence de l'ouverture et la clore plus exactement[1].

Nous pensons que l'acipensère décrit sous le nom de *schypa* par Guldenstaedt[2], et qui se trouve non seulement dans la mer Caspienne, mais

1. Voyez le Discours sur la nature des poissons.

2. « Acipenser schypa, rostro obtuso, oris diametro tertiam partem longiore, cirris rostri apici propioribus, labiis bifidis. » Guldenst. *Nov. Comm. petropol.* 16, p. 532. — *Acipenser schypa*, Linné, édition de Gmelin. — Gmelin, *It.* p. 238. — *Acipenser kostera*. Lepech., *It.* 1, p. 54. — *Acipe schype*. Bonnaterre, planches de l'Encyclopédie méthodique.

encore dans le lac Oka en Sibérie, doit être rapporté à l'esturgeon, comme une simple variété, ainsi que l'a soupçonné le professeur Gmelin[1]. Il a, en effet, les plus grands rapports avec ce dernier poisson; il en présente les principaux caractères, et il ne paraît en différer que par les attributs des jeunes animaux, une taille moins allongée et une chair plus agréable au goût.

L'ACIPENSÈRE HUSO[2]

Acipenser Huso, Linn., Gmel., Lacép., Cuv.

Le huso n'est pas aussi répandu dans les différentes mers tempérées de l'Europe et de l'Asie que l'esturgeon. On ne le trouve guère que dans la Caspienne et dans la mer Noire ; on ne le voit communément remonter que dans le Volga, le Danube et les autres grands fleuves qui portent leurs eaux dans ces deux mers. Mais les légions que cette espèce y forme sont bien plus nombreuses que celles de l'esturgeon, et elle est bien plus féconde que ce dernier acipensère. Elle parvient d'ailleurs à des dimensions plus considérables : il y a des husos de plus de vingt-quatre pieds (huit mètres) de longueur ; et l'on en pêche qui pèsent jusqu'à deux mille huit cents livres (plus de cent quarante myriagrammes). Il a cependant dans sa conformation de très grands rapports avec l'esturgeon ; il n'en diffère d'une manière remarquable que dans les proportions de son museau et dans la forme de ses lèvres. Le museau de cet animal est, en effet, plus court que le grand diamètre; l'ouverture de sa bouche et ses lèvres ne sont pas divisées de manière à présenter chacune deux lobes.

Le nombre de pièces que l'on voit dans les cinq rangées de grandes plaques disposées longitudinalement sur son corps est très sujet à varier ; à mesure que l'animal vieillit, plusieurs de ces boucliers tombent sans être remplacés par d'autres ; lors même que le huso est arrivé à un âge avancé, il est quelquefois entièrement dénué de ces plaques très dures ; et voilà pourquoi Artedi et d'autres naturalistes ont cru devoir distinguer cette espèce par le défaut de boucliers.

1. Voyez l'endroit déjà cité.

2. *Copse*, *Colpesce*, dans quelques parties de l'Italie. — *Husen*, *Collano*, *Barbota*, dans quelques contrées d'Allemagne. — *Morona*, par quelques Grecs modernes. — *Belluge*, *Belouga*, *Belluga*, dans plusieurs pays du Nord. — *Exos*, par plusieurs auteurs latins. — *Acipe ichtyocolle.* Daubenton, Encyclopédie méthodique. — *Id.* Bonnaterre, planches de l'Encyclopédie méthodique.

Guldenst. *Nov. Comm. petrop.* 16, p. 532. — Kœlreuter, *ib.* 17, p. 531, f. 12, 17. — « Acipenser tuberculis carens. » Art., gen. 60, syn. 92. — Kram. El. 385. — *Mario.* Pline, *Hist. mundi*, l. IX, c. xv. — Aldrov., *Pisc.*, 534. — Jonston, *Pisc.*, tab. 25, fig. 1, 3. — Gesner, *Aquat.*, p. 59.

Huso Germanorum. Willughby, *Icht.*, p. 243. — Ray, *Pisc.*, 113. — *Copso*, ou *colpesce.* Rondelet, seconde partie des poissons de rivière, chap. vi. (La figure ne se rapporte point à un acipensère, mais à un silure.) — *Antacée de Neper*, ibid., c. ix. (La figure est défectueuse.)

Bloch, *Ichtyol.*, pl. 129.

Il est le plus souvent d'un bleu presque noir sur le dos et d'un jaune clair sur le ventre.

C'est avec les œufs que les femelles de cette espèce pondent en très grande quantité, au commencement du retour des chaleurs, que les habitants des rives des mers Noire et Caspienne, et des grandes rivières qui s'y jettent, composent ces préparations connues sous le nom de *caviar*, et plus ou moins estimées, suivant que les œufs, qui en font la base, ont été plus ou moins bien choisis, nettoyés, maniés, pressés, mêlés avec du sel ou d'autres ingrédients. Au reste, l'on se représentera aisément le grand nombre de ces œufs, lorsqu'on saura que le poids des deux ovaires égale presque le tiers du poids total de l'animal, et que ces ovaires ont pesé jusqu'à huit cents livres dans un huso femelle qui en pesait deux mille huit cents.

Ce n'est cependant pas uniquement avec les œufs du huso que l'on fait le caviar ; ceux des autres acipensères servent à composer cette préparation. Outre les œufs noirs de ces cartilagineux, on pourrait même employer dans la fabrication du caviar, selon M. Guldenstaedt, les œufs jaunes d'autres grands poissons, comme du brochet, du sandat, de la carpe, de la brême, et d'autres cyprins appelés en russe *yaze, beresna*, ou *jeregh*, et *virczou*, dont la pêche est très abondante dans le bas des fleuves de la Russie méridionale, l'Oural, le Volga, le Terek, le Don et le Dniéper[1].

Mais ce n'est pas seulement pour ses œufs que le huso est recherché ; sa chair est très nourrissante, très saine et très agréable au goût. Aussi est-il peu de poissons qui aient autant exercé l'industrie et animé le commerce des habitants des côtes maritimes ou des bords des grands fleuves que l'acipensère dont nous nous occupons. On emploie, pour le prendre, divers procédés qu'il est bon d'indiquer, et qui ont été décrits très en détail par d'habiles observateurs. Le célèbre naturaliste de Russie, le professeur Pallas, nous a particulièrement fait connaître la manière dont on pêche le huso dans le Volga et dans le Jaïck, qui ont leurs embouchures dans la mer Caspienne. Lorsque le temps pendant lequel les acipensères remontent de la mer dans les rivières est arrivé, on construit, dans certains endroits du Volga ou du Jaïck, une digue composée de pieux, et qui ne laisse aucun intervalle assez grand pour laisser passer le huso. Cette digue forme vers son milieu un angle opposé au courant, et par conséquent elle présente un angle rentrant au poisson qui remonte le fleuve, et qui, cherchant une issue au travers de l'obstacle qui l'arrête, est déterminé à s'avancer vers le sommet de cet angle. A ce sommet est une ouverture qui conduit dans une espèce de chambre ou d'enceinte formée avec des filets sur la fin de l'hiver, et avec des claies d'osier pendant l'été. Au-dessus de l'ouverture est une sorte d'échafaud sur lequel des pêcheurs s'établissent. Le fond de la chambre est, comme l'enceinte, d'osier ou de filet, suivant les saisons, et peut être levé facilement à la hau-

1. Guldenstaedt, Discours sur les productions de Russie; Saint-Pétersbourg, 1776, p. 11.

teur de la surface de l'eau. Le huso s'engage dans la chambre par l'ouverture que lui offre la digue ; mais à peine y est-il entré, que les pêcheurs, placés sur l'échafaud, laissent tomber une porte qui lui interdit le retour vers la mer. On lève alors le fond mobile de la chambre, et l'on se saisit facilement du poisson. Pendant le jour, les acipensères qui pénètrent dans la grande enceinte avertissent les pêcheurs de leur présence par le mouvement qu'ils sont forcés de communiquer à des cordes suspendues à de petits corps flottants; et pendant la nuit ils agitent nécessairement d'autres cordes disposées dans la chambre et les tirent assez pour faire tomber derrière eux la fermeture dont nous venons de parler. Non seulement ils sont pris par la chute de cette porte, mais encore cette fermeture, en s'enfonçant, fait sonner une cloche qui avertit et peut éveiller le pêcheur resté en sentinelle sur l'échafaud.

Le voyageur Gmelin, qui a parcouru différentes contrées de la Russie, a décrit d'une manière très animée l'espèce de pêche solennelle qui a lieu de temps en temps, et au commencement de l'hiver, pour prendre les husos retirés vers cette saison dans les cavernes et les creux des rivages voisins d'Astrakan. On réunit un grand nombre de pêcheurs ; on rassemble plusieurs petits bâtiments; on se prépare comme pour une opération militaire importante et bien ordonnée ; on s'approche avec concert, et par des manœuvres régulières, des asiles dans lesquels les husos sont cachés; on interdit avec sévérité le bruit le plus faible, non seulement aux pêcheurs, mais encore à tous ceux qui peuvent naviguer auprès de la flotte ; on observe le plus profond silence ; et tout d'un coup poussant de grands cris, que les échos grossissent et multiplient, on agite, on trouble, on effraye si vivement les husos, qu'ils se précipitent en tumulte hors de leurs cavernes et vont tomber dans les filets de toute espèce tendus ou préparés pour les recevoir.

Le museau des husos, comme celui de plusieurs cartilagineux et particulièrement d'un grand nombre de squales, est très sensible à toute espèce d'attouchement. Le dessous de leur corps, qui n'est revêtu que d'une peau assez molle, et qui ne présente pas de boucliers, comme leur partie supérieure, jouit aussi d'une assez grande sensibilité ; et Marsigli nous apprend, dans son *Histoire du Danube*[1], que les pêcheurs de ce fleuve se sont servis de cette sensibilité du ventre et du museau des husos pour les prendre avec plus de facilité. En opposant à leur museau délicat des filets ou tout autre corps capable de les blesser, ils ont souvent forcé ces animaux à s'élancer sur le rivage; et lorsque ces acipensères ont été à sec et étendus sur la grève, ils ont pu les contraindre, par les divers attouchements qu'ils ont fait éprouver à leur ventre, à retourner leur longue masse et à se prêter, malgré leur excessive grandeur, à toutes les opérations nécessaires pour les saisir et pour les attacher.

1. Marsigli, *Histoire du Danube*, t. IV.

Lorsque les husos sont très grands, on est, en effet, obligé de prendre des précautions contre les coups qu'ils peuvent donner avec leur queue ; il faut avoir recours à ces précautions, lors même qu'ils sont hors de l'eau et gisants sur le sable. On doit alors chercher d'autant plus à arrêter les mouvements de cette queue très longue par les liens dont on l'entoure, que leur puissance musculaire, quoique inférieure à celle des squales, ne peut qu'être dangereuse dans des individus de plus de vingt pieds de long, et que les plaques dures et relevées qui revêtent l'extrémité postérieure du corps sont trop séparées les unes des autres pour en diminuer la mobilité, et ne pas ajouter, par leur nature et par leur forme, à la force du coup.

D'ailleurs, la rapidité des mouvements n'est point ralentie dans le huso, non plus que dans les autres acipensères, par les vertèbres cartilagineuses qui composent l'épine dorsale, et dont la suite s'étend jusqu'à l'extrémité de la queue. Ces vertèbres se prêtent, par leur peu de dureté et par leur conformation, aux diverses inflexions que l'animal veut imprimer à sa queue et à la vitesse avec laquelle il tend à les exécuter.

Cette chaîne de vertèbres cartilagineuses, qui règne depuis la tête jusqu'au bout de la queue, présente, comme dans les autres poissons du même genre, trois petits canaux, trois cavités longitudinales[1]. La supérieure renferme la moelle épinière, et la seconde contient une manière tenace, susceptible de se durcir par la cuisson, qui commence à la base du crâne, et que l'on retrouve encore auprès de la nageoire caudale.

C'est au-dessous de cette épine dorsale qu'est située la vésicule aérienne qui est simple et conique, qui a sa pointe tournée vers la queue, et qui sert à faire, sur les bords de la mer Caspienne et des fleuves qui y versent leurs eaux, cette colle de poisson si recherchée, que l'on distribue dans toute l'Europe, et que l'on y vend à un prix considérable. Les diverses opérations que l'on emploie dans cette partie de la Russie, pour la préparation de cette colle si estimée, se réduisent à plonger les vésicules aériennes dans l'eau, à les y séparer avec soin de leur peau extérieure et du sang dont elles peuvent être salies, à les couper en long, à les renfermer dans une toile, à les ramollir entre les mains, à les façonner en tablettes et en espèces de petits cylindres recourbés, à les percer pour les suspendre, et à les exposer, pour les faire sécher, à une chaleur modérée et plus douce que celle du soleil.

Cette colle, connue depuis longtemps sous le nom d'*ichtyocolle* ou de *colle de poisson*, et qui a fait donner au huso le nom d'*ichtyocolle*, a été souvent employée dans la médecine contre la dysenterie, les ulcères de la gorge, ceux des poumons et d'autres maladies. On s'en sert aussi beaucoup dans les arts, et particulièrement pour éclaircir les liqueurs et pour lustrer les étoffes. Mêlée avec une colle plus forte, elle peut réunir les morceaux séparés de la porcelaine et d'un verre cassé ; elle porte alors le nom de *colle à*

1. Marsigli, ouvrage déjà cité.

verre et à porcelaine; on la nomme *colle à bouche*, lorsqu'on l'a préparée avec une substance agréable au goût et à l'odorat, laquelle permet d'en ramollir les fragments dans la bouche, sans aucune espèce de dégoût.

Mais ce n'est pas seulement avec les vésicules aériennes du huso que l'on compose, près de la mer Caspienne, cette colle si utile, que l'on connaît dans plusieurs contrées russes, sous le nom d'*usblat*; on y emploie celles de tous les acipensères que l'on y pêche. On peut très bien imiter en Europe les procédés des Russes pour la fabrication d'une matière qui forme une branche de commerce plus importante qu'on ne le croit; et je puis assurer que particulièrement en France l'on peut parvenir aisément à s'affranchir du payement de sommes considérables auquel nous nous sommes soumis envers l'industrie étrangère pour en recevoir cette colle si recherchée. Il n'est ni dans nos étangs, ni dans nos rivières, ni dans nos mers, presque aucune espèce de poisson dont la vésicule aérienne et toutes les parties minces et membraneuses ne puissent fournir, après avoir été nettoyées, séparées de toute matière étrangère, lavées, divisées, ramollies et séchées avec soin, une colle aussi bonne, ou du moins presque aussi bonne que celle qu'on nous apporte de la Russie méridionale. On l'a essayé avec succès; je n'ai pas besoin de faire remarquer à quel bas prix et dans quelle quantité on aurait une préparation que l'on ferait avec des matières rejetées maintenant de toutes les poissonneries et de toutes les cuisines, et dont l'emploi ne diminuerait en rien la consommation des autres parties des poissons. On aurait donc le triple avantage d'avoir en plus grande abondance une matière nécessaire à plusieurs arts, de la payer moins cher et de la fabriquer en France; on devrait surtout se presser de se la procurer dans un moment où mon savant confrère, M. Rochon, membre de l'Institut, a trouvé et fait adopter pour la marine le moyen ingénieux de remplacer le verre, dans un grand nombre de circonstances, par des toiles très claires de fil de métal, enduites de colle de poisson.

La graisse du huso est presque autant employée que sa vessie aérienne, par les habitants des contrées méridionales de la Russie. Elle est de très bon goût lorsqu'elle est fraîche; on s'en sert alors à la place du beurre ou de l'huile. Elle peut d'autant plus remplacer cette dernière substance, que la graisse des poissons est toujours plus ou moins huileuse.

On découpe la peau des grands husos, de manière à pouvoir la substituer au cuir de plusieurs animaux; celle des jeunes, bien sèche et bien débarrassée de toutes les matières qui pourraient en augmenter l'épaisseur et en altérer la transparence, tient lieu de vitre dans une partie de la Russie et de la Tartarie.

La chair, les œufs, la vessie à air, la graisse, la peau, tout est donc utile à l'homme dans cette féconde et grande espèce d'acipensère[1]. Il n'est donc

1. On mange jusqu'à l'épine cartilagineuse et dorsale du huso et de l'esturgeon, et on la prépare de diverses manières dans les pays du Nord.

pas surprenant que, dans les contrées où elle est le plus répandue, elle porte différents noms. Partout où les animaux ont été très observés et très recherchés, ils ont reçu différentes appellations ; chaque observateur, chaque artiste, chaque ouvrier, les ont vus sous une face particulière, et tant de rapports différents ont dû nécessairement introduire une grande variété dans les signes de ces rapports, et par conséquent dans les désignations du sujet de ces diverses relations.

Comme les husos vivent à des latitudes éloignées de la ligne et qu'ils habitent des pays exposés à des froids rigoureux, ils cherchent à se soustraire pendant l'hiver à une température trop peu convenable à leur nature, en se renfermant plusieurs ensemble dans de grandes cavités des rivages. Ils remontent même quelquefois dans les fleuves, quoique la saison de la ponte soit encore éloignée, afin d'y trouver, sur les bords, des asiles plus commodes. Leur grande taille les contraint à être très rapprochés les uns des autres dans ces cavernes, quelque spacieuses qu'elles soient. Ils conservent plus facilement, par ce voisinage, le peu de chaleur qu'ils peuvent posséder ; ils ne s'y engourdissent pas, ils n'y sont pas soumis du moins à une torpeur complète, ils y prennent un peu de nourriture ; mais le plus souvent ils ne font que mettre à profit les humeurs qui s'échappent de leurs corps, et ils sucent la liqueur visqueuse qui enduit la peau des poissons de leur espèce, auprès desquels ils se trouvent.

Ils sont cependant assez avides d'aliments dans des saisons plus chaudes et lorsqu'ils jouissent de toute leur activité ; et, en effet, ils ont une masse bien étendue à entretenir. Leur estomac est, à la vérité, beaucoup moins musculeux que celui des autres acipensères ; mais il est d'un assez grand volume ; suivant Pallas, il peut contenir, même dans les individus éloignés encore du dernier terme de leur accroissement, plusieurs animaux tout entiers et d'un volume considérable. Leurs sucs digestifs paraissent d'ailleurs jouir d'une grande force : aussi avalent-ils quelquefois, indépendamment des poissons dont ils se nourrissent, de jeunes phoques et des canards sauvages qu'ils surprennent sur la surface des eaux qu'ils fréquentent, et qu'ils ont l'adresse de saisir par les pattes avec leur gueule et d'entraîner au fond des flots. Lorsqu'ils ne trouvent pas à leur portée l'aliment qui leur convient, ils sont même obligés, dans certaines circonstances, pour remplir la vaste capacité de leur estomac, de le lester, pour ainsi dire, et d'employer en quelque sorte ses sucs digestifs surabondants, d'y introduire les premiers corps qu'ils rencontrent, du jonc, des racines, ou des morceaux de ces bois que l'on voit flotter sur la mer ou sur les rivières.

L'ACIPENSÈRE STRELET[1]

Acipenser Ruthenus, Linn., Gmel., Lacép., Cuv.

Cet acipensère présente des couleurs agréables. La partie inférieure de son corps est blanche, tachetée de rose ; son dos est noirâtre, et les boucliers qui y forment des rangées longitudinales sont d'un beau jaune. Les nageoires de la poitrine, du dos et de la queue sont grises ; celles du ventre et de l'anus sont rouges. Mais le strelet est particulièrement distingué des acipensères du second sous-genre, dans lequel il est compris, par la forme de son museau, qui est trois ou quatre fois plus long que le grand diamètre de l'ouverture de sa bouche. Il l'est d'ailleurs de l'esturgeon et du huso par la petitesse de sa taille ; il ne parvient guère à la longueur de trois pieds, et ce n'est que très rarement qu'on le voit atteindre à celle de quatre pieds et quelques pouces.

Il a sur le dos cinq rangs de boucliers, comme l'esturgeon et le huso. La rangée du milieu est composée ordinairement de quinze pièces assez grandes ; les deux qui viennent ensuite en comprennent chacune cinquante-neuf ou soixante, qui, par conséquent, ont un diamètre très peu étendu ; les deux rangs qui bordent le ventre sont formés de plaques plus petites encore, et qui, au lieu d'être relevées dans leur centre comme celles des trois rangées intérieures, sont presque entièrement plates.

On trouve cet acipensère dans la mer Caspienne, ainsi que dans le Volga et dans l'Oural, qui y ont leur embouchure ; on le voit aussi, mais rarement, dans la Baltique ; et telles sont les habitations qu'il a reçues de la nature. Mais l'art de l'homme, qui sait si bien détourner, combiner, accroître, modifier, dompter même les forces de la nature, l'a transporté dans des lacs où l'on est parvenu, avec très peu de précautions, à le faire prospérer et multiplier. Frédéric Ier, roi de Suède, l'a introduit avec succès dans le lac Mæler et dans d'autres lacs de la Suède, et ce roi de Prusse, qui, philosophe et homme de lettres sur le trône, a su créer par son génie, et les États qu'il devait régir, et l'art de la guerre qui devait les défendre, et l'art d'administrer, plus rare encore, qui devait leur donner l'abondance et le bonheur, a répandu le strelet dans un très grand nombre d'endroits de la Poméranie et de la marche de Brandebourg.

Voilà deux preuves remarquables de la facilité avec laquelle on peut

1. *Acipe strelet.* Daubenton, Encyclopédie méthodique. — *Id.* Bonnaterre, planche de l'Encyclopédie méthodique. — Guldenstaedt, *Nov. Com. petropol.* 16, p. 533. — *Bloch*, pl. 89. — Mus. Ad. Fr. 1, p. 54, tab. 27, fig. 2 ; et tab. 28, fig. 1. — *Fauna suecica*, 300. — Wulff, *Ichtyol.* borussens., p. 17, n. 23.— Gmelin, *It.* 1, p. 142 ; 3, p. 234. — Kœlreuter, *Nov. Comm. petropol.* 16, p. 511, tabl. 14 et 17, p. 521.

« Acipenser ordinibus 5 squamarum osscarum ; intermedio ossiculis 15. » *Fauna suec.*, 272. — « Acipenser ex cinereo, flavo et rosacco varius. » Klein, *Miss. pisc.*, 4, p. 13, n. 4, tab. 1. — *Sterlet.* Bruyn, *It.* 93, tab. 33. — Bloch, *Ichtyol.*, pl. 89.

1

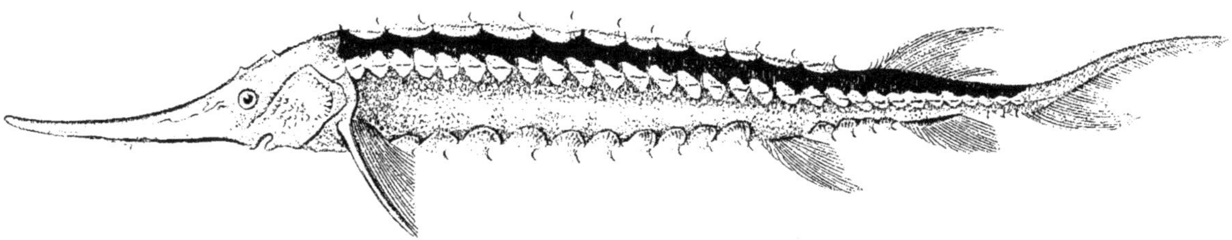

2

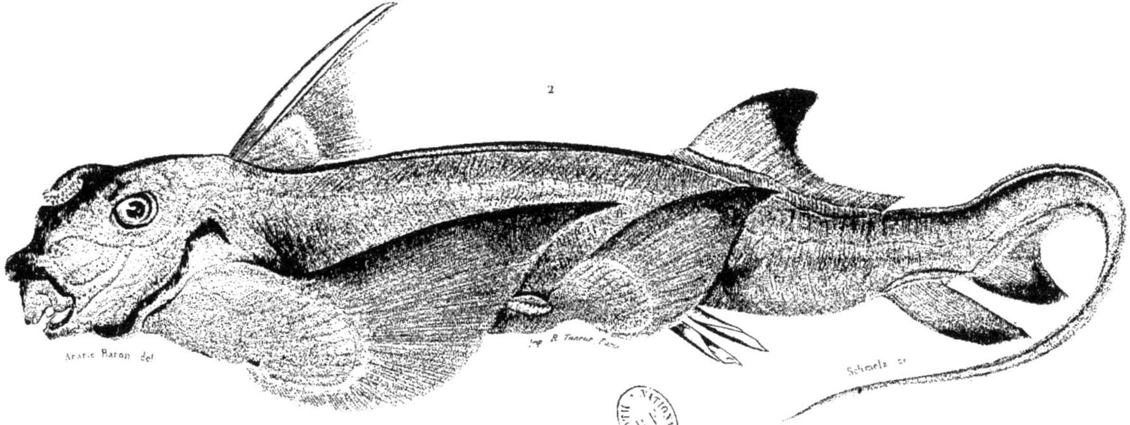

Arnie Baron del.

Imp. R. Taneur Paris

Schmelz sc.

1. L'ACIPENSÈRE STERLET (Acipenser Ruthenus) — 2. LA CHIMÈRE ANTARCTIQUE (Chimæra monstrosa)

d'après le RÈGNE ANIMAL de Cuvier, édité par V. Masson

Garnier Frères, Éditeurs.

donner à une contrée les espèces de poissons les plus utiles. Ces deux faits importants seront réunis à un grand nombre d'autres, dans le discours que l'on trouvera dans cette histoire, sur les usages économiques des poissons et sur les divers moyens d'en acclimater, d'en perfectionner, d'en multiplier les espèces et les individus.

Et que l'on ne soit pas étonné d'apprendre les soins que se sont donné les chefs de deux grandes nations pour procurer à leur pays l'acipensère strelet. Cette espèce est très féconde : elle ne montre jamais, à la vérité, une très grande taille; mais sa chair est plus tendre et plus délicate que ceux des autres cartilagineux de sa famille. Elle est d'ailleurs facile à nourrir; elle se contente de très petits individus et même d'œufs de poissons dont les espèces sont très communes et elle peut n'avoir d'autre aliment que les vers qu'elle trouve dans le limon des mers, des fleuves ou des lacs qu'elle fréquente.

C'est vers la fin du printemps que le strelet remonte dans les grandes rivières ; et comme le temps de la ponte et de la fécondation de ses œufs n'est pas très long, on voit cet acipensère descendre ces mêmes rivières avant la fin de l'été, et tendre, même avant l'automne, vers les asiles d'hiver que la mer lui présente.

L'ACIPENSÈRE ÉTOILÉ[1]

Acipenser stellatus, Linn., Gmel., Lacép.

Vers le commencement du printemps, on voit cet acipensère remonter le Danube et les autres fleuves qui se jettent dans la mer Noire ou dans la mer Caspienne. Il parvient à quatre ou cinq pieds de longueur, et par conséquent il est pour le moins aussi long que le strelet; mais il est plus mince. Son museau, un peu recourbé et élargi vers son extrémité, est cinq ou six fois plus long que le grand diamètre de l'ouverture de la bouche; cette conformation du museau suffirait seule pour séparer l'étoilé des autres acipensères; au reste, le dessus de cette partie est hérissé de petites raies dentelées.

Les lèvres peuvent être étendues en avant beaucoup plus que dans les autres poissons du même genre. La tête, aplatie par-dessus et par les côtés, est garnie de tubercules pointus et de petits corps durs, dentelés et en forme d'étoiles. Le devant de la bouche présente quatre barbillons, comme dans tous les acipensères.

On remarque, sur différentes parties du corps de l'étoilé, des rudiments crénelés d'écailles; et l'on voit particulièrement, sur son dos, de petites callosités blanches, rudes, étoilées et disposées sans ordre. Il a d'ailleurs cinq rangs de boucliers relevés et pointus, dont la rangée du milieu contient

1. *Acipe étoilé*. Bonnaterre, planches de l'Encyclopédie méthodique. — Guldenst. *Nov. Comm. petropol.* 16, p. 533. — Pallas, *It.* 1, p. 131, 460, n. 20.

communément treize pièces, et dont les deux suivantes renferment chacune trente-cinq plaques plus petites. Trois autres pièces sont placées au delà de l'anus.

La couleur de cet animal est noirâtre sur le dos, tachetée et variée de blanc sur les côtés, et d'un blanc de neige sur le ventre.

Cette espèce est très féconde; l'on compte plus de trois cent mille œufs dans une seule femelle.

QUATRIÈME DIVISION

POISSONS CARTILAGINEUX QUI ONT UN OPERCULE ET UNE MEMBRANE DES BRANCHIES

TREIZIÈME ORDRE DE LA CLASSE ENTIÈRE DES POISSONS

OU PREMIER ORDRE DE LA QUATRIÈME DIVISION DES CARTILAGINEUX

POISSONS APODES, OU QUI N'ONT POINT DE NAGEOIRES DITES VENTRALES

ONZIÈME GENRE

LES OSTRACIONS

Le corps dans une enveloppe osseuse; des dents incisives à chaque mâchoire.

PREMIER SOUS-GENRE

POINT D'AIGUILLONS AUPRÈS DES YEUX, NI AU-DESSOUS DE LA QUEUE

ESPÈCES.	CARACTÈRES.
1. L'Ostracion triangulaire.	Le corps triangulaire et garni de tubercules saillants sur des plaques bombées.
2. L'Ostracion maillé.	Le corps triangulaire et garni de tubercules peu sensibles, mais dont la disposition imite un ouvrage à mailles.
3. L'Ostracion pointillé.	Le corps quadrangulaire; de petits points rayonnants et point de figures polygones sur l'enveloppe osseuse; de petites taches blanches sur tout le corps.
4. L'Ostracion quatre tubercules.	Le corps quadrangulaire; quatre grands tubercules disposés en carré sur le dos.
5. L'Ostracion museau allongé.	Le corps quadrangulaire; le museau allongé.
6. L'Ostracion deux tubercules.	Le corps quadrangulaire; deux tubercules, l'un au-dessus et l'autre au-dessous de l'ouverture de la bouche.
7. L'Ostracion moucheté.	Le corps quadrangulaire; un grand nombre de taches noires chargées chacune d'un point blanc ou bleuâtre.
8. L'Ostracion bossu.	Le corps quadrangulaire; le dos relevé en bosse.

SECOND SOUS-GENRE

DES AIGUILLONS AUPRÈS DES YEUX, ET NON AU-DESSOUS DE LA QUEUE

ESPÈCE.	CARACTÈRES.
9. L'Ostracion trois aiguillons.	Le corps triangulaire; un aiguillon sur le dos et auprès de chaque œil.

TROISIÈME SOUS-GENRE

DES AIGUILLONS AU-DESSOUS DE LA QUEUE, ET NON AUPRÈS DES YEUX

ESPÈCES.	CARACTÈRES.
10. L'OSTRACION TRIGONE.	Le corps triangulaire; deux aiguillons cannelés au-dessous de la queue; des tubercules saillants sur des plaques bombées; quatorze rayons à la nageoire du dos.
11. L'OSTRACION DOUBLE AIGUILLON.	Le corps triangulaire; deux aiguillons sillonnés au-dessous de la queue; des tubercules peu élevés; dix rayons à la nageoire du dos.

QUATRIÈME SOUS-GENRE

DES AIGUILLONS AUPRÈS DES YEUX ET AU-DESSOUS DE LA QUEUE

ESPÈCES.	CARACTÈRES.
12. L'OSTRACION QUATRE AIGUILLONS.	Le corps triangulaire; deux aiguillons auprès des yeux et deux autres sous la queue.
13. L'OSTRACION LISTER.	Le corps triangulaire; un grand aiguillon sur la partie de la queue qui est hors du têt.
14. L'OSTRACION QUADRANGULAIRE.	Le corps quadrangulaire; deux aiguillons auprès des yeux et deux autres sous la queue.
15. L'OSTRACION DROMADAIRE.	Le corps quadrangulaire; une bosse garnie d'un aiguillon sur le dos.

L'OSTRACION TRIANGULAIRE [1]

Ostracion triqueter, LINN., GMEL., LACÉP., CUV.

On dirait que la nature, en répandant la plus grande variété parmi les êtres vivants et sensibles dont elle a peuplé le globe, n'a cependant jamais cessé d'imprimer à ses productions des traits de quelques formes remarquables, dont on retrouve des images plus ou moins imparfaites dans presque toutes les classes d'animaux. Ces formes générales, vers lesquelles les lois qui régissent l'organisation des êtres animaux paraissent les mener sans cesse, sont comme des modèles dont la puissance créatrice semble avoir voulu s'écarter d'autant moins, que les résultats de ces conformations principales tendent presque tous à une plus sûre conservation des espèces et des individus. Le genre dont nous allons nous occuper va nous présenter un exemple frappant de cette multiplication de copies plus ou moins ressemblantes d'un type préservateur et de leur dissémination dans presque toutes les classes des êtres organisés et sensibles. Cette arme défensive, cette enve-

1. Mus. Ad. Fr. 1, p. 60. — « Ostracion triangulus, tuberculis exiguis innumeris, aculeis carens. » Artedi, gen. 57, syn. 85. — « Piscis triangularis ex toto cornibus carens. » Lister. Appen. Willughby, *Icht.*, p. 20, tab. j, n. 18. Ray, p. 4, 5. — Séba, mus. 3, tab. 24, fig. 6, 12.

Coffre triangulaire sans épines. Daubenton, Encyclopédie méthodique. — *Coffre triangulaire*. Bonnaterre, planches de l'Encyclopédie méthodique. — *Piscis triangularis Clusii, couchon, cochon*, ou *coffre à la Martinique*. Plumier, dessins sur vélin déjà cités. — *L'un des poissons-coffres*. Valmont de Bomare, *Dictionnaire d'histoire naturelle*. — *Ostracion triqueter, coffre lisse*, Bloch, pl. 130.

loppe solide, cette cuirasse tutélaire, sous laquelle la nature a mis à l'abri plusieurs animaux dont Buffon, ou nous, avons déjà donné l'histoire, nous allons la retrouver autour du corps des ostracions. Si nous poursuivons nos recherches jusqu'au milieu de ces légions innombrables d'êtres connus sous le nom d'animaux à sang blanc, nous la reverrons, avec des dissemblances plus ou moins grandes, sur des familles entières et sur des ordres nombreux en familles. L'épaisse cuirasse et les bandes osseuses qui revêtent les tatous, la carapace et le plastron qui défendent les tortues, les gros tubercules et les lames très dures qui protègent les crocodiles, la croûte crétacée qui environne les oursins, le têt solide qui revêt les crustacés et enfin les coquilles pierreuses qui cachent un si grand nombre de mollusques, sont autant d'empreintes d'une première forme conservatrice, sur laquelle a été aussi modelée la couverture la plus extérieure des ostracions; et voilà pourquoi ces derniers animaux ont reçu le nom qu'ils portent, et qui rappelle sans cesse le rapport, si digne d'attention, qui les lie avec les habitants des coquilles. Ils ont cependant de plus grandes ressemblances superficielles avec les oursins; leur enveloppe est, en effet, garnie d'une grande quantité de petites élévations qui la font paraître comme ciselée; ces petits tubercules qui la rehaussent sont disposés avec assez d'ordre et de régularité, pour que leur arrangement puisse être comparé à la distribution si régulière et si bien ordonnée que l'on voit dans les petites inégalités de la croûte des oursins, lorsque ces derniers ont été privés de leurs piquants.

La nature de la cuirasse des ostracions n'est ni crétacée ni pierreuse; elle est véritablement osseuse, et les diverses portions qui la composent sont si bien jointes les unes aux autres, que l'ensemble de cette enveloppe qui recouvre le dessus et le dessous du corps ne paraît formé que d'un seul os et représente une espèce de boîte ou de coffre allongé à trois ou quatre faces, dans lequel on aurait placé le corps du poisson pour le garantir contre les attaques de ses ennemis, et qui, en quelque sorte, ne laisserait à découvert que les organes extérieurs du mouvement, c'est-à-dire les nageoires et une partie plus ou moins grande de la queue. Aussi plusieurs voyageurs plusieurs naturalistes et les habitants de plusieurs contrées équatoriales ont-ils donné le nom de *poisson coffre* aux différentes espèces d'ostracions dont ils se sont occupés. On croirait que cette matière dure et osseuse, que nous avons vue ramassée en boucliers relevés et pointus, et distribuée en plusieurs rangs très séparés les uns des autres sur le corps des acipensères, rapprochée autour de celui des ostracions, y a été disposée en plaques plus minces et étroitement attachées les unes aux autres, et que par là une armure complète a été substituée à des moyens de défense très isolés et par conséquent bien moins utiles.

Nous venons de voir que l'espèce de coffre dans lequel le corps des ostracions est renfermé est en forme tantôt de solide triangulaire, et tantôt de solide quadrangulaire, c'est-à-dire que les deux faces qui revêtent le côtés se réunissent quelquefois sur le dos et y produisent une arête longitudinale plus ou moins aiguë, et que d'autres fois elles vont s'attacher à une quatrième face placée horizontalement et au-dessus du corps. Mais indépendamment de cette différence, il en est d'autres qui nous ont servi à distinguer plus facilement les espèces de cette famille, en les distribuant dans quatre sous-genres. Il est de ces poissons sur lesquels la matière osseuse qui compose la cuirasse s'étend en pointes ou aiguillons assez longs, le plus souvent sillonnés ou cannelés, et auxquels le nom de *cornes* a été donné par plusieurs auteurs. D'autres ostracions n'ont, au contraire, aucune de ces proéminences. Parmi les premiers, parmi les ostracions cornus ou aiguillonnés, les uns ont de longues pointes auprès des yeux; d'autres vers le bord inférieur de l'enveloppe, qui touche la queue; d'autres enfin présentent de ces pointes non seulement dans cette extrémité, mais encore auprès des yeux. Nous avons, en conséquence, mis dans le premier sous-genre ceux de ces poissons qui n'ont point d'aiguillons; nous avons placé dans le second ceux qui en ont auprès des yeux; le troisième comprend ceux qui en présentent dans la partie de leur couverture osseuse la plus voisine du dessous de la queue; le quatrième renferme les ostracions qui sont armés d'aiguillons dans cette dernière partie de l'enveloppe et auprès des yeux.

Le triangulaire est le premier des cartilagineux de cette famille que nous ayons à examiner. Comme tous les poissons de son genre, le solide allongé que représente sa couverture peut être considéré comme composé de deux sortes de pyramides irrégulières, tronquées et réunies par leur base.

Au-devant de la pyramide antérieure, on voit, dans presque tous les ostracions, l'ouverture de la bouche. Les mâchoires peuvent s'écarter d'autant plus l'une de l'autre, qu'elles sont plus indépendantes de la croûte osseuse, dont une interruption plus ou moins grande laisse passer et déborder les deux, ou seulement une des deux mâchoires. La partie qui déborde est revêtue d'une matière quelquefois assez dure et presque toujours de nature écailleuse.

Chaque mâchoire est ordinairement garnie de dix ou douze dents serrées, allongées, étroites, mousses et assez semblables aux dents incisives de plusieurs quadrupèdes vivipares.

Dans le triangulaire, les yeux sont situés à une distance à peu près égale du milieu de dos et du bout du museau, et la place qu'ils occupent est saillante.

L'ouverture des branchies est située de chaque côté au-devant de la nageoire pectorale. Elle est très allongée, très étroite et placée presque perpendiculairement à la longueur du corps. On a été pendant longtemps dans l'incertitude sur la manière dont cette ouverture peut être fermée à la volonté de l'animal; mais diverses observations faites sur des ostracions vivants par le savant Commerson et par d'autres voyageurs, réunies avec celles que j'ai pu faire moi-même sur un grand nombre d'individus de cette famille conservés dans différentes collections, ne permettent pas de douter qu'il n'y ait sur l'ouverture des branchies des ostracions un opercule et une membrane. L'opercule est couvert de petits tubercules disposés comme sur le reste du corps, mais moins régulièrement; la membrane est mince, flottante et attachée du même côté que l'opercule.

On ne trouve les ostracions que dans les mers chaudes des deux continents, dans la mer Rouge, dans celle des Indes, dans celle qui baigne l'Amérique équinoxiale. Ils se nourrissent de crustacés et des animaux qui vivent dans les coquilles et dont ils peuvent briser facilement avec leurs dents l'enveloppe, lorsqu'elle n'est ni très épaisse ni très volumineuse. Ces poissons ont, en général, peu de chair; mais elle est de bon goût dans plusieurs espèces.

Le triangulaire habite dans les deux Indes. Sur cet animal, ainsi que sur presque tous les ostracions, les tubercules qui recouvrent l'enveloppe osseuse sont placés de manière à la faire paraître divisée en pièces hexagones et plus ou moins régulières, mais presque toutes de la même grandeur.

Sur le triangulaire, ces hexagones sont relevés dans leur centre, et les tubercules qui les composent sont très sensibles. Cette conformation suffit pour distinguer le triangulaire des autres cartilagineux compris dans le premier sous-genre des ostracions, et qui n'ont que trois faces longitudinales.

Le milieu du dos de l'ostracion que nous décrivons est d'ailleurs très relevé, de telle sorte que chacune des faces latérales de l'enveloppe de ce poisson est presque triangulaire. De plus, la forme bombée des hexagones et les petits tubercules dont ils sont hérissés font paraître la ligne dorsale, lorsqu'on la regarde par côté, non seulement festonnée, mais encore finement dentelée.

Au reste, sur tous les ostracions, et par conséquent sur le triangulaire, l'ensemble de l'enveloppe osseuse est recouvert d'un tégument très peu épais, d'une sorte de peau ou d'épiderme très mince, qui s'applique très exactement à toutes les inégalités, et n'empêche de distinguer aucune forme. Après un commencement d'altération ou de décomposition, on peut facilement séparer les unes des autres, et cette peau, et les diverses pièces qui composent la croûte osseuse.

Les nageoires du triangulaire sont toutes à peu près de la même grandeur et presque également arrondies. Celle du dos et celle de l'anus sont aussi éloignées l'une que l'autre du bout du museau[1].

1. Il y a communément à chaque nageoire pectorale................ 12 rayons.
— à celle du dos.......................... 10 —
— à celle de l'anus........................ 10 —
— à celle de la queue....................... 10 —

La queue sort de l'intérieur de la croûte osseuse par une couverture échancrée de chaque côté, et l'on en voit au moins les deux tiers hors de l'enveloppe solide. Une plus grande partie de la queue n'est libre dans presque aucune espèce d'ostracions; et il est, au contraire, des poissons du même genre dans lesquels la queue est encore plus engagée sous la couverture osseuse. Les ostracions sont donc bien éloignés d'avoir, dans la totalité de leur queue et dans la partie postérieure de leur corps, cette liberté de mouvement nécessaire pour frapper l'eau avec vitesse, rejaillir avec force et s'avancer avec facilité. On doit donc supposer que, tout égal d'ailleurs, les ostracions nagent avec beaucoup moins de rapidité que plusieurs autres cartilagineux et il paraît qu'en tout ils sont, comme les balistes, formés pour la défense bien plus que pour l'attaque.

Le triangulaire parvient à la longueur d'un pied et demi ou d'un demi-mètre. Sa chair est plus recherchée que celle de presque tous les poissons des mers d'Amérique, dans lesquelles on le trouve. Quoi qu'il ne paraisse se plaire que dans les contrées équatoriales, on pourrait chercher à l'acclimater dans des pays bien plus éloignés de la ligne, les différences de température que les eaux peuvent présenter à différents degrés de latitude étant moins grandes que celles que l'on observe dans l'atmosphère. D'un autre côté, on sait avec quelle facilité on peut habituer à vivre, au milieu de l'eau douce, les poissons que l'on n'avait cependant jamais trouvés que dans les eaux salées. Le goût exquis et la nature très salubre de la chair du triangulaire devraient engager à faire avec constance des tentatives bien dirigées à ce sujet ; on pourrait tendre à cette acclimatation, qui serait utile à plus d'un égard, par des degrés bien ordonnés ; on n'exposerait que successivement l'espèce à une température moins chaude; on attendrait peut-être plusieurs générations de cet animal pour l'abandonner entièrement, sans secours étranger, au climat dans lequel on voudrait le naturaliser. On pourrait faire pour le triangulaire ce que l'on fait pour plusieurs végétaux ; on apporterait des individus de cette espèce, et on les soignerait pendant quelque temps dans de l'eau que l'on conserverait à une température presque semblable à celle des mers équatoriales auprès de leur surface ; on diminuerait la chaleur artificielle des petits bassins dans lesquels seraient les triangulaires, par degrés presque insensibles et par des variations extrêmement lentes. Dans les endroits de l'Europe éloignés des tropiques et où coulent des eaux thermales, on pourrait du moins profiter de ces eaux naturellement échauffées, pour donner aux triangulaires la quantité de chaleur qui leur serait absolument nécessaire, ou les amener insensiblement à supporter la température ordinaire des eaux douces ou des eaux salées de ces divers pays.

Le corps et la queue du triangulaire sont bruns, avec de petites taches blanches ; les nageoires sont jaunes.

L'OSTRACION MAILLÉ[1]

Ostracion concatenatus, Bloch, Lacép., Cuv.

C'est d'après un dessin trouvé dans des manuscrits de Plumier que le professeur Bloch a publié la description de ce poisson. Son enveloppe est triangulaire, comme celle de l'ostracion que nous venons d'examiner. A l'aide d'une loupe, ou avec des yeux très bons et très exercés, on distingue des rangées de tubercules, placées sur des lignes blanches, formant des triangles de différentes grandeurs et de diverses formes, et se réunissant de manière à représenter un réseau ou un ouvrage à mailles. La mâchoire supérieure est plus avancée que l'inférieure. La tête est d'un gris cendré avec des raies violettes; les facettes latérales sont d'un violet grisâtre; le dessous du corps est blanc; les nageoires sont un peu rouges[2].

L'OSTRACION POINTILLÉ[3]

Ostracion punctatus et *O. lentiginosus*, Schn.

Le voyageur Commerson a trouvé ce cartilagineux dans les mers voisines de l'Ile de France. Il n'a vu de cette espèce que des individus d'un demi-pied de longueur. Ce poisson a une enveloppe osseuse, quadrangulaire, c'est-à-dire composée de quatre grandes faces, dont une est placée sur le dos. Cette couverture solide présente un grand nombre de petits points un peu rayonnants, qui la font paraître comme ciselée; mais elle n'est pas garnie de tubercules qui en divisent la surface en compartiments polygones et plus ou moins réguliers. J'ai tiré le nom que j'ai donné à cet ostracion de cette sorte de pointillage que présente sa croûte osseuse, ainsi que de la disposition de ses couleurs. On voit, en effet, sur tout l'animal, tant sur l'espèce de cuirasse qui le recouvre que sur les parties de son corps que ce têt ne cache pas, une quantité innombrable de très petites taches lenticulaires et blanches, un peu moins petites sur le dos, un peu moins petites encore et réunies quelquefois plusieurs ensemble sur le ventre, et paraissant d'autant mieux qu'elles sont disséminées sur un fond brun.

Les deux mâchoires sont également avancées; les dents sont souvent d'une couleur foncée et ordinairement au nombre de dix à la mâchoire d'en haut et à celle d'en bas.

1. *Ostracion concatenatus, coffre maillé*, Bloch, pl. 131. — *Coffre maillé*. Bonnaterre, planches de l'Encyclopédie méthodique.

2. Aux nageoires pectorales........ 12 rayons.
A celle du dos........ 10 —
A celle de l'anus........ 9 —
A celle de la queue, qui est arrondie........ 8 —

3. « Ostracion tetragonus oblongus muticus, scutis testæ indistinctis, toto corpore maculis lenticularibus, sub ventre majoribus, guttato. » Commerson, manuscrits déjà cités.

Au-dessous de chaque œil, on voit une place assez large, aplatie, déprimée même et ciselée d'une manière particulière.

La nageoire de la queue est arrondie[1].

L'OSTRACION QUATRE TUBERCULES[2]

Ostracion tuberculatus, Linn., Gmel., Lacép., Cuv.

Cet ostracion est quadrangulaire comme le pointillé ; mais il est distingué de tous les cartilagineux compris dans le premier sous-genre par quatre gros tubercules placés sur le dos, disposés en carré et assez éloignés de la tête. On le trouve dans l'Inde.

L'OSTRACION MUSEAU ALLONGÉ[3]

Ostracion nasus, Bloch, Lacép., Cuv.

Cet ostracion est remarquable par la forme de son museau avancé, pointu et prolongé de manière que l'ouverture de la bouche est placée au-dessous de cette extension. On trouve quatorze dents à la mâchoire supérieure et douze à l'inférieure. L'iris est d'un jaune verdâtre et la prunelle noire. La croûte osseuse présente quatre faces; elle est toute couverte de pièces figurées en losange et réunies de six en six, de manière à offrir l'image d'une sorte de fleur épanouie en roues et à six feuilles ou pétales. Au milieu de chacune de ces espèces de fleurs paraissent quelques tubercules rouges. On voit d'ailleurs des taches rouges sur la tête et le corps, qui sont gris; d'autres taches brunes sont répandues sur la tête et la queue les nageoires sont rougeâtres[4].

L'OSTRACION DEUX TUBERCULES[5]

Ostracion bituberculatus, Lacép.

L'enveloppe dure et solide qui revêt ce cartilagineux est à quatre faces.

1. On compte aux nageoires pectorales.......... 10 rayons.
— à la nageoire dorsale.......... 9 —
— à celle de l'anus, qui était un peu plus étendue que celle du dos.......... 11 —
— à celle de la queue.......... 10 —

2. « Ostracion quadrangulus, tuberculis quatuor majoribus in dorso. » Artedi, gen. 55, syn. 83. — *Coffre quadrangulaire à quatre tubercules*. Bonnaterre, planches de l'Encyclopédie méthodique. — *Id.* Daubenton, Encyclopédie méthodique. — « Piscis maximus quadrangularis, quatuor tuberculis in dorso, longe a capite, insignitus. » Willughby, *Icht.*, append., p. 20.

3. Artedi, gen. 56, n. 3. — *Ostracion nasus, coffre à bec*, Bloch, 138. — *Coffre à bec*. Bonnaterre, planches de l'Encyclopédie méthodique.

4. Aux nageoires pectorales.......... 9 rayons.
A celle du dos.......... 9 —
A celle de l'anus.......... 9 —
A celle de la queue, qui est arrondie.......... 9 —

5. « Ostracion oblongus, quadrangularis (muticus), tuberculo cartilagineo supra et infra

Elle est toute couverte de petites plaques hexagones, marquées de points disposés en rayons, moins régulières sur la tête, moins distinguées l'une de l'autre sur le dos, et cependant aussi faciles à séparer que celles que l'on voit sur les autres ostracions. Celles de ces plaques qui garnissent le dos sont noires dans leur centre. D'ailleurs, la couleur générale de la croûte osseuse est d'un rouge obscur. Toutes les nageoires sont brunes ; l'extrémité de la queue, l'iris et les intervalles des pièces situées auprès des opercules des branchies sont d'un beau jaune ; le dessous du corps est d'un jaune sale et blanchâtre.

Le museau est comme tronqué, l'ouverture de la bouche petite; les dents sont brunes et au nombre de dix à chaque mâchoire ; mais ce qui distingue principalement l'ostracion que nous cherchons à faire connaître, c'est qu'il a deux tubercules cartilagineux et blanchâtres, l'un au-devant de l'ouverture de la bouche, et l'autre au-dessous. Ce dernier est le plus grand.

La langue est une sorte de cartilage informe, un peu arrondi et blanchâtre.

L'ouverture des narines est étroite et située au-devant et très près des yeux.

Les branchies sont au nombre de quatre de chaque côté, et la partie concave des demi-cercles qui les soutiennent est finement dentelée[1].

Nous devons la connaissance de cette espèce à Commerson, qui l'a observée dans la mer voisine de l'île Pralin, où elle parvient au moins à la longueur d'un pied.

L'OSTRACION MOUCHETÉ[2]

Ostracion cubicus, Linn., Gmel, Bloch, Cuv.

Cet ostracion est peint de couleurs plus belles que celles qui ornent le deux-tubercules, avec lequel il a cependant de très grands rapports. Chacune des pièces hexagones que l'on voit sur la croûte osseuse présente une tache blanche ou d'un bleu très clair, entourée d'un cercle noir qui la rend plus éclatante et lui donne l'apparence d'un iris avec sa prunelle. Les na-

os; scutis corporis hexagonis punctato radiatis: dorsalibus centro nigricantibus; caudæ basi crocea. » Commerson, manuscrits déjà cités.

1. Aux nageoires pectorales .... 10 rayons.
   A celle du dos .... 9 —
   A celle de l'anus .... 9 —
   A celle de la queue, qui est arrondie .... 10 —

2. Mus. Ad. Fr. 1, p. 59. — *It.* Wgoth., p. 138. — « Ostracion quadrangulus, maculis variis plurimis. » Artedi, gen. 56, syn. 85, n. 8. — *Coffre quadrangulaire, sans épines*. Daubenton. Encyclopédie méthodique. — *Coffre tigré*. Bonnaterre, planches de l'Encyclopédie méthodique. « Piscis mediocris quadrangularis, maculosus. » Lister, ap. Willughby, p. 20.

Ray, p. 45. — Pet. Gaz. 1, tab. 1, fig. 2. — Séba, mus. 3, tab. 24, fig. 4 et 5. — « Ostracion tetragonus oblongus, muticus, scutis, testæ hexagonis punctato scabris, ocello nigro cæruleo in singulis. » Commerson, manuscrits déjà cités. — *Ostracion cubicus, coffre tigré*, Bloch, pl. 137

geoires pectorales du dos et de l'anus sont jaunâtres[1]. Le dessous du corps offre des taches blanches sur les petits boucliers de l'enveloppe solide, et jaunes et blanchâtres sur les intervalles ; enfin, la portion de la queue qui déborde la couverture osseuse est brune et parsemée de points noirs. Mais ce qui différencie le plus le moucheté d'avec l'espèce précédente, c'est qu'il n'a pas de tubercule cartilagineux au-dessus ni au-dessous de la bouche. D'ailleurs, il n'y a ordinairement, suivant Commerson, que huit dents à la mâchoire supérieure et six à l'inférieure. Au reste, la sorte de coffre dans lequel la plus grande partie de l'animal est renfermée est à quatre faces longitudinales, ou quadrangulaire.

Le moucheté vit dans les mers chaudes des Indes orientales et particulièrement dans celles qui avoisinent l'Ile de France. Sa chair est exquise. On le nourrit avec soin en plusieurs endroits ; on l'y conserve dans des bassins ou dans des étangs. Il y devient, selon Renard, si familier, qu'il accourt à la voix de ceux qui l'appellent, vient à la surface de l'eau et prend sans crainte sa nourriture jusque dans la main qui la lui présente.

L'OSTRACION BOSSU [2]

Ostracion gibbosus, Linn., Gmel., Lacép.

Ce cartilagineux quadrangulaire, ou dont la couverture solide présente quatre faces longitudinales, a pour caractère distinctif une élévation en forme de bosse qu'offre sur le dos la croûte osseuse. Cette élévation et la conformation de son enveloppe suffisent, étant réunies, pour empêcher de confondre cet animal avec les autres poissons inscrits dans le premier sous-genre des ostracions. On pêche le bossu dans les mers africaines.

On trouve dans Knorr[3] la figure et la description d'un cartilagineux que l'on a pris pour un ostracion, auquel on a donné le nom d'*ostracion porte-crête*[4], et qui, n'ayant point de cornes ou grands piquants, devrait être compris dans le premier sous-genre de cette famille, comme le bossu et les autres véritables ostracions dont nous venons de nous occuper. Mais si l'on examine avec attention cette description et cette figure, on verra que l'animal auquel elles se rapportent n'a aucun des véritables traits distinctifs des ostracions, mais qu'il a ceux des lophies, et particulièrement des lophies comprimées

1. Aux nageoires pectorales .... 10 rayons.
A celle du dos .... 9 —
A celle de l'anus .... 9 —
A celle de la queue, qui est arrondie .... 10 —

2. *Coffre bossu*. Daubenton, Encyclopédie méthodique. — *Id.* Bonnaterre, planches de l'Encyclopédie méthodique. — *Ostracion oblongus, quadrangulus gibbosus*. Artedi, gen. 55, syn. 83. *Ostracion alter*. Aldrov., l. IV, c. xix, p. 561. — Jonston, t. xxv, n. 7. — *Ostracion alter gibbosus*. Aldrov. Lister, ap. Willughby, p. 156. — *Piscis quadrangularis gibbosus*, ibid., p. 20. — Ray, p. 44.

3. Knorr, *Del. nat. selectæ*, p. 56, tab. H, 4, fig. 3.

4. Planches de l'Encyclopédie méthodique.

par les côtés. Au reste, il est figuré d'une manière trop inexacte et décrit d'une manière trop peu étendue, pour que l'on puisse facilement déterminer son espèce, qui est d'ailleurs d'autant plus difficile à reconnaître que le dessin et la description paraissent avoir été faits sur un individu altéré.

L'OSTRACION TROIS AIGUILLONS[1]

Ostracion tricornis, LINN., GMEL.

L'OSTRACION TRIGONE[2]

Ostracion trigonus, LINN., GMEL., CUV.

L'OSTRACION DEUX AIGUILLONS[3]

Ostracion bicaudalis.

Nous plaçons dans le même article ce que nous avons à dire sur ces trois espèces, parce qu'elles ne présentent que peu de différences à indiquer. Le trois-aiguillons, inscrit dans le second sous-genre, montre auprès des yeux deux longues prolongations de sa croûte osseuse, façonnées en pointes et dirigées en avant. Il a d'ailleurs un troisième aiguillon sur la partie supérieure du corps. Il vit dans les mers de l'Inde, ainsi que le trigone et le deux-aiguillons.

Ces deux derniers ostracions ont beaucoup de traits de ressemblance l'un avec l'autre. Placés tous les deux dans le troisième sous-genre, ils n'ont point de piquants sur la tête; mais leur enveloppe solide, triangulaire ou composée de trois faces longitudinales comme celle du trois-aiguillons, se termine, du côté de la queue et à chacun des deux angles qu'y présente la face inférieure, par un long aiguillon dirigé en arrière.

Au premier coup d'œil, on est embarrassé pour distinguer le trigone du deux-aiguillons; voici cependant les différences principales qui les séparent. Les boucliers ou pièces hexagones du premier de ces deux poissons sont plus bombés que ceux du second; d'ailleurs ils sont relevés par des tuber-

1. *Ostracion tricornis.* (Les passages de divers auteurs rapportés au trois-aiguillons par Gmelin ont trait à d'autres ostracions; ce qu'ont dit Daubenton et Bonnaterre dans l'Encyclopédie méthodique, du coffre triangulaire à trois épines, doit être appliqué à l'ostracion Lister.)

2. *It.* scan. 160. — « Ostracion triangulus, limbis figurarum hexagonarum eminentibus, aculeis duobus in imo ventre. » Artedi, gen. 56, syn. 85. — *Ibid.*, n. 12. — *Ostracion trigonus, Coffre à perles.* Bloch, pl. 135.

« Piscis triangularis Clusii, cornibus carens. » Willughby, p. 156. — Ray, p. 44. — Coffre triangulaire tuberculé à deux épines. Daubenton, Encyclopédie méthodique. — *Id.* Bonnaterre, planches de l'Encyclopédie méthodique.

3. « Ostracion triangulatus, tuberculis hexagonis radiatis, aculeis duobus in imo ventre. » Artedi, gen. 57, syn. 85 — Séba, mus. 3, tab. 24, fig. 3. — « Piscis triangularis parvus, non nisi imo ventre cornutus. » Lister, app. Willughby, p. 20. — Ray, p. 45.

Coffre triangulaire chagriné à deux épines. Daubenton, Encyclopédie méthodique. — *Id.* Bonnaterre, planches de l'Encyclopédie méthodique. — *Ostracion bicaudalis, coffre deux-piquants.* Bloch, pl. 132.

cules plus saillants, que l'on a comparés à des perles; de plus, les deux piquants qui s'étendent sous la queue sont cannelés longitudinalement dans le trigone, au lieu qu'ils sont presque lisses dans le deux-aiguillons; enfin la nageoire dorsale comprend ordinairement quatorze rayons sur le trigone[1], tandis que sur le deux-aiguillons elle n'en renferme que dix[2].

Lorsqu'on veut saisir le trigone, il fait entendre, comme le baliste vieille, et vraisemblablement comme d'autres ostracions, une sorte de petit bruit produit par l'air, ou par les gaz aériformes qui s'échappent avec vitesse de l'intérieur de son corps qu'il comprime. On a donné le nom de *grognement* à ce bruissement qu'il fait naître; et voilà pourquoi ce cartilagineux a été nommé *cochon de mer*, de même que plusieurs autres poissons. Au reste, sa chair est dure et peu agréable au goût.

L'OSTRACION QUATRE AIGUILLONS[3]

Ostracion quadricornis, LINN., GMEL., CUV.

L'OSTRACION LISTER[4]

Ostracion Lister, LACÉP.

Ces deux cartilagineux sont compris dans le quatrième sous-genre de leur famille. Ils ont tous les deux l'enveloppe triangulaire; tous les deux ont quatre piquants, deux auprès des yeux et deux au-dessous de la queue, aux deux angles qui y terminent la face inférieure de la croûte osseuse; mais ils diffèrent l'un de l'autre par la conformation de la queue, qui, dans le lister, présente un piquant dur, pointu et aussi long que la nageoire de l'anus, tandis que cette partie du corps n'en montre aucun dans le quatre-aiguil-

1. Aux nageoires pectorales........ 12 rayons.
A celle du dos........ 14 —
A celle de l'anus........ 12 —
A celle de la queue, qui est arrondie........ 7 —

2. Aux nageoires pectorales........ 12 —
A celle du dos........ 10 —
A celle de l'anus........ 10 —
A celle de la queue, qui est arrondie........ 10 —

3. « Ostracion triangulatus, aculeis duobus in fronte, et totidem in imo ventre. » Artedi, gen. 56, syn. 85. — Coffre triangulaire à quatre épines. Daubenton, Encyclopédie méthodique. — *Id.* Bonnaterre, planches de l'Encyclopédie méthodique. — « Piscis triangularis Clusii cornutus. » Ray, *Pisc.*, p. 44. — *Ostracium quadricornis*, coffre quatre-piquants. Bloch, pl. 134.

4. Lister, ap. Willughby, *Ichtyol.*, p. 19. — « Ostracion triangulatus, aculeis duobus in capite, et unico longiore superne ad caudam. » Artedi, gen. 56, syn. 85. — Coffre triangulaire à trois épines. Daubenton, Encyclopédie méthodique. — Coffre triangulaire à trois épines. Bonnaterre, planches de l'Encyclopédie méthodique. — Artedi, Daubenton et Bonnaterre n'ont pas vu les deux aiguillons situés à l'extrémité de la face inférieure du têt et au-dessous de la queue; et voilà pourquoi les deux derniers de ces trois naturalistes et le professeur Gmelin ont confondu l'ostracion que nous nommons *lister*, avec le trois-aiguillons.

lons[1]. Cette pointe longue et dure est placée sur la portion de la queue du lister qui est hors de l'enveloppe, et elle y est plus rapprochée de la nageoire caudale que de l'extrémité de la croûte solide. La nageoire dorsale du lister est plus près de la tête que celle de l'anus. On ne voit pas sur la queue de ce cartilagineux d'écailles sensibles pendant la vie de l'animal; le dos et les côtés de sa tête présentent de grandes taches ondées. Nous avons donné à ce poisson le nom sous lequel il est inscrit dans cet ouvrage, parce que c'est au savant Lister que l'on en doit la connaissance. L'on ne sait dans quelles mers vit cet ostracion; le quatre-aiguillons se trouve dans celles des Indes et près des côtes de Guinée.

L'OSTRACION QUADRANGULAIRE[2]

Ostracion cornutus, LINN., GMEL., CUV.

L'OSTRACION DROMADAIRE[3]

Ostracion turritus, LINN., GMEL., CUV.

Ces deux ostracions ont le corps recouvert d'une enveloppe à quatre faces longitudinales ; mais ces quatre côtés sont bien plus réguliers dans le premier de ces poissons que dans le second. Le quadrangulaire a d'ailleurs, comme le quatre-aiguillons et comme le lister, quatre pointes ou espèces de cornes fortes et longues : deux situées au-dessous de la queue, dirigées en arrière et attachées aux deux angles de la croûte osseuse; les deux autres placées auprès des yeux, tournées en avant et assez semblables en petit aux armes menaçantes d'un taureau, pour avoir fait donner au quadrangulaire le nom de *taureau marin*. Il habite les mers de l'Inde, et sa chair est dure[4].

Le dromadaire se trouve également dans les mers des Indes orientales ; mais il a été aussi observé dans la mer Rouge. Au milieu de la face supérieure de sa couverture solide, s'élève une bosse très grosse, quelquefois en

1. Il y a aux nageoires pectorales du trois-aiguillons .... 11 rayons.
A la nageoire dorsale .... 10 —
A celle de l'anus .... 10 —
A celle de la queue................................... 10 —

2. Mus. Ad. Fr. 1, p. 59. — Gronov., mus. 1, n. 118. — Willughby, *Ichtyol.*, tab. I, 13 fig. 1. — *Piscis cornutus*. Bont., *Jav.*, 79. — Edw. *Glan.*, pl. 284, fig. 1. — Séba, mus. 3, tab. 24, fig. 8 et 13.

Coffre triangulaire à quatre épines. Daubenton, Encyclopédie méthodique. — *Id.* Bonnaterre, planches de l'Encyclopédie méthodique. — *Ostracion cornutus*, coffre taureau de mer, Bloch., pl. 133. — *Holosteus cornutus*, Plumier, dessins sur vélin déjà cités.

3. Forsk. *Faun. arabic.*, p. 75, n. 113. — *Ostracion turritus*, coffre chameau marin. Bloch, pl. 136. — *Ikan toe tombo ekor tiga*. Valentyn, *Ind.*, 3, p. 396, n. 159. — Coffre chameau marin. Bonnaterre, planches de l'Encyclopédie méthodique. — Knorr. *Délices de la nature*, pl. H, 1, fig. et 2.

4. Aux nageoires pectorales du quadrangulaire.................... 10 rayons.
A celle du dos.. 9 —
A celle de l'anus....................................... 9 —
A celle de la queue, qui est arrondie............................ 10 —

forme de cône, d'autres fois un peu semblable à une pyramide triangulaire, le plus souvent très large dans sa base, et toujours terminée par un gros aiguillon recourbé, cannelé et un peu dirigé vers l'arrière. Un aiguillon plus petit, mais figuré de même, est placé verticalement au-dessus de chaque œil, et d'autres piquants cannelés, aussi très forts et recourbés, garnissent les deux côtés de la face inférieure du coffre. Ces pointes inférieures et latérales varient en nombre suivant l'âge de l'animal, et depuis trois jusqu'à cinq de chaque côté. Les tubercules semés sur la croûte osseuse y forment des figures triangulaires, lesquelles, réunies, donnent naissance à des hexagones, comme sur presque tous les ostracions, et ces hexagones sont séparés par des intervalles un peu transparents[1].

Le coffre est d'un cendré jaunâtre, les autres parties de l'animal sont brunes, et l'on voit sur plusieurs endroits du corps et de la queue, des taches brunes et rondes.

Cette espèce a été nommée *chameau marin* ; mais nous avons préféré à ce nom celui de *dromadaire*, l'animal n'ayant qu'une bosse sur le dos. Au reste, elle parvient à la longueur d'un pied et demi, et sa chair est coriace et désagréable au goût.

Voilà donc la chair du dromadaire, du quadrangulaire, du quatre-aiguillons, du trigone, qui est dure et dénuée de saveur agréable. Il paraît que tous ou du moins presque tous les ostracions armés de pointes l'ont coriace, tandis qu'elle est tendre et savoureuse dans tous les poissons de cette famille qui ne présentent aucun piquant. La différence dans la bonté de la chair est souvent un signe de la diversité de sexe. La présence de piquants ou d'autres armes plus ou moins puissantes peut aussi être la marque de cette même diversité. L'on n'a point encore d'observations exactes sur les variétés de forme qui peuvent être attachées à l'un ou à l'autre des deux sexes dans le genre dont nous nous occupons ; peut-être, lorsque les ostracions seront mieux connus, trouvera-t-on que ceux de ces cartilagineux qui présentent des piquants sont les mâles de ceux qui n'en présentent pas; peut-être, par exemple, regardera-t-on le dromadaire comme le mâle du bossu, le quadrangulaire comme celui du moucheté, le quatre-aiguillons, dont la croûte n'a que trois faces longitudinales, comme le mâle du triangulaire. Mais, dans l'état actuel de nos connaissances, nous ne pouvons que décrire comme des espèces diverses, des ostracions aussi différents les uns des autres par leur conformation, que ceux que nous venons de considérer comme appartenant, en effet, à des espèces distinctes.

1. Aux nageoires pectorales du dromadaire........................ 10 rayons.
A celle du dos.. 9 —
A celle de l'anus.. 9 —
A celle de la queue, qui est arrondie........................ 10 —

DOUZIÈME GENRE

LES TÉTRODONS

Les mâchoires osseuses, avancées et divisées chacune en deux dents.

PREMIER SOUS-GENRE

LES DEUX MACHOIRES INÉGALEMENT AVANCÉES; LE CORPS NON COMPRIMÉ

	ESPÈCES.	CARACTÈRES.
1.	Tétrodon perroquet.	La mâchoire supérieure plus avancée que l'inférieure, de très petits piquants sur le ventre.
2.	Tétrodon étoilé.	La mâchoire supérieure plus avancée que l'inférieure, de petits piquants sur tout le corps; la base des piquants répandus sur les côtés et sur le ventre, étoilée à cinq ou six rayons.
3.	Tétrodon pointillé.	La mâchoire supérieure plus avancée que l'inférieure; de petits piquants sur tout le corps; la base des piquants répandus sur les côtés et sur le ventre, étoilée à cinq ou six rayons; des taches noires sur le ventre; la nageoire dorsale presque linéaire et sans rayons distincts.
4.	Tétrodon sans tache.	La mâchoire supérieure plus avancée que l'inférieure; de petits piquants sur tout le corps, dont toutes les parties sont sans tache; les yeux petits et très rapprochés du bout du museau.
5.	Tétrodon hérissé.	La mâchoire inférieure plus avancée que la supérieure; tout le corps hérissé de très petits piquants.
6.	Tétrodon moucheté.	La mâchoire inférieure plus avancée que la supérieure; tout le corps hérissé de très petits piquants; des taches noires sur le dos, sur la queue et sur la nageoire caudale; les nageoires pectorales arrondies.
7.	Tétrodon honckénien.	La mâchoire inférieure plus avancée que la supérieure; des aiguillons sur le ventre; la ligne latérale très marquée.

SECOND SOUS-GENRE

LES DEUX MACHOIRES ÉGALEMENT AVANCÉES; LE CORPS NON COMPRIMÉ

	ESPÈCES.	CARACTÈRES.
8.	Tétrodon lagocéphale.	Le ventre garni d'aiguillons à trois racines.
9.	Tétrodon rayé.	Des raies longitudinales; un tubercule surmonté de deux filaments au-devant de chaque œil.
10.	Tétrodon croissant.	Une bande en croissant sur le dos.
11.	Tétrodon mal armé.	Des piquants répandus presque uniquement sur la partie antérieure du ventre; deux lignes latérales de chaque côté.
12.	Tétrodon spenglérien.	Des barbillons et des piquants sur le corps.
13.	Tétrodon allongé.	Le corps très allongé; deux lignes latérales très marquées de chaque côté; une pointe à l'opercule des branchies.
14.	Tétrodon museau allongé.	Les mâchoires très avancées.

ESPÈCES.	CARACTÈRES.
15. TÉTRODON PLUMIER.	Une élévation pyramidale à quatre faces, jaune et recourbée en arrière à la place d'une première nageoire dorsale.
16. TÉTRODON MÉLÉAGRIS.	La tête, toutes les parties du corps, la queue et les nageoires brunes et parsemées de petites taches lenticulaires et blanches.
17. TÉTRODON ÉLECTRIQUE.	Un grand nombre de taches rouges, vertes, blanches et quelquefois d'autres couleurs.
18. TÉTRODON GROSSE TÊTE.	La tête très grosse.

TROISIÈME SOUS-GENRE

LE CORPS TRÈS COMPRIMÉ PAR LES COTÉS

ESPÈCE.	CARACTÈRES.
19. TÉTRODON LUNE.	Point d'aiguillons; les nageoires du dos, de la queue et de l'anus réunies.

LE TÉTRODON PERROQUET [1]

Tetrodon testudineus, LINN., GMEL., CUV.

Les poissons cartilagineux que nous allons examiner ont reçu le nom de *tétrodon*, qui signifie *quatre dents*, à cause de la conformation singulière de leurs mâchoires. Elles sont, en effet, larges, dures, osseuses, saillantes, quelquefois arrondies sur le devant et séparées chacune, dans cette partie antérieure, par une fente verticale, en deux portions auxquelles le nom de *dents* a été donné. Ces quatre dents, ou ces quatre portions de mâchoires osseuses, qui débordent les lèvres, sont ordinairement dentelées et ont beaucoup de rapports avec les mâchoires dures et dentelées des tortues. Dans les espèces où leur partie antérieure se prolonge un peu en pointe, ces portions de mâchoires ressemblent un peu aux mandibules du bec d'un perroquet; et de là vient le nom que nous avons conservé au tétrodon que nous allons décrire dans cet article.

Ces mâchoires, placées hors des lèvres, fortes et crénelées, sont très propres à écraser les crustacés et les coquillages, dont les tétrodons se nourrissent souvent. Ces poissons ont, par la nature de cet appétit pour les animaux revêtus d'un têt ou d'une coquille, un rapport d'habitude avec les ostracions, auxquels ils ressemblent aussi par des traits de leur conformation. Comme les ostracions, ils ont une membrane branchiale et un opercule; la membrane est communément dénuée de rayons; et l'opercule, plus ou

1. *Tetrodon testudineus*. Linné, édition de Gmelin. — *Amœnit. academ.*, 1, p. 309, tab. 14, fig. 3. — « Ostracion oblongus glaber, capite longo, corpore figuris variis ornato. » Artedi, gen. 60, syn. 86, n. 23.

Tetrodon testudineus, tête de tortue. Bloch, pl. 139. — « Orbis oblongus testudinis capite. » Clusii exot., lib. VI, cap. XXVI. — Willughby, p. 147. — Ray, p. 43. — Quatre-dents perroquet. Daubenton, Encyclopédie méthodique. — *Id.* Bonnaterre, planches de l'Encyclopédie méthodique.

moins difficile à distinguer, surtout dans les individus desséchés ou altérés d'une autre manière, consiste ordinairement dans une petite plaque cartilagineuse. Ils n'ont pas reçu de la puissance créatrice cette enveloppe solide dans laquelle la plus grande partie du corps des ostracions est garantie de la dent de plusieurs poissons assez forts et assez bien armés; la nature ne leur a pas donné les boucliers larges et épais qu'elle a disposés sur le dos des acipensères; elle ne les a pas revêtus de la peau épaisse des balistes; mais une partie plus ou moins grande de leur surface est hérissée, dans presque toutes les espèces de cette famille, de petits piquants dont le nombre compense la brièveté. Ces pointes blessent assez la main qui veut retenir le poisson, ou l'animal qui veut le saisir, pour contraindre souvent à lâcher prise et à cesser de poursuivre le tétrodon. Il est à remarquer que la seule espèce de ce genre que l'on ait vue absolument sans aiguillons a été douée, pour se défendre, de la force et de la grandeur.

Mais indépendamment de ces armes, au moins très multipliées, si elles sont peu visibles, les tétrodons jouissent d'une faculté qui leur est utile dans beaucoup de circonstances, et qu'ils possèdent à un plus haut degré que presque tous les poissons connus.

Nous avons vu les balistes et d'autres cartilagineux gonfler une partie de leur corps à volonté et d'une manière plus ou moins sensible. Les tétrodons enflent ainsi leur partie inférieure; mais ils peuvent donner à cette partie une extension si considérable, qu'elle devient comme une grosse boule soufflée, dans la portion supérieure de laquelle disparaît, pour ainsi dire, quelquefois le corps proprement dit, quelque cylindrique ou quelque conique que soit sa forme. Ils usent de cette faculté et s'arrondissent plus ou moins suivant les différents besoins qu'ils veulent satisfaire; et de ces gonflements plus ou moins considérables sont venues des erreurs de plusieurs observateurs qui ont rapporté à différentes espèces, des individus de la même, enflés et étendus à des degrés inégaux.

Mais quelle est précisément la partie de leur corps dont les tétrodons peuvent augmenter le volume, en y introduisant ou de l'air atmosphérique, ou un gaz, ou un fluide quelconque? C'est une sorte de sac formé par une membrane située entre les intestins et le péritoine qui les couvre; cette pellicule très souple est la membrane interne de ce même péritoine. Au reste, un habile ichtyologiste[1] s'est assuré de la communication de l'intérieur de ce sac avec la cavité qui contient les branchies; il l'a, en effet, gonflé, en soufflant par l'ouverture branchiale. Ce fait ne pourrait-il pas être regardé comme une espèce de confirmation des idées que nous avons exposées[2] sur l'usage et les effets des branchies des poissons? Mais, quoi qu'il en soit, les parties voisines de cette poche partagent sa souplesse, se prêtent à son gonflement, s'étendent elles-mêmes. La peau de l'animal, ordinairement assez

1. Le docteur Bloch, de Berlin.
2. Voyez le Discours sur la nature des poissons.

mince et plissée, pouvant recevoir aussi un grand développement, toute la portion inférieure du corps du tétrodon et même ses côtés s'enflent et se dilatent au point de représenter un globe plus ou moins parfait, et si grand à proportion du volume du poisson, que l'on croirait, en le voyant nager dans cet état, n'avoir sous les yeux qu'un ballon flottant entre deux eaux, ou sur la surface des mers.

C'est principalement lorsque les tétrodons veulent s'élever, qu'ils gonflent ainsi leur corps, le remplissent d'un fluide moins pesant que l'eau et augmentent leur légèreté spécifique. Ils compriment, au contraire, le sac de leur péritoine, lorsqu'ils veulent descendre avec plus de facilité dans les profondeurs de l'Océan ; la partie inférieure de leur corps est pour ces cartilagineux une seconde vessie natatoire, plus puissante même peut-être que leur véritable vessie aérienne, quoique cette dernière soit assez étendue, relativement à la grandeur de l'animal,

Les tétrodons s'enflent aussi et s'arrondissent, lorsqu'ils veulent résister à une attaque ; et ils se boursouflent ainsi non seulement pour opposer à leurs ennemis un volume plus grand et plus embarrassant, mais encore parce que, dans cet état de tension des téguments, les petits aiguillons qui garnissent la peau sont aussi saillants et aussi dressés qu'ils peuvent l'être.

Le perroquet, le premier de ces tétrodons que nous ayons à examiner, a été nommé ainsi, à cause de la forme de ses mâchoires, dont la supérieure est plus avancée que l'inférieure, et qui ont avec le bec des oiseaux appelés perroquets, plus de ressemblance encore que celles des autres cartilagineux de la même famille.

Lorsque ce poisson n'est pas gonflé, il a le corps allongé comme presque tous les tétrodons vus dans ce même état de moindre extension. Les yeux sont gros ; et au-devant de chacun de ces organes, est une narine fermée par une membrane, aux deux bouts de laquelle on voit une ouverture que le perroquet peut clore à volonté, en étendant cette même membrane ou pellicule.

L'orifice des branchies est étroit, un peu en croissant, placé verticalement et situé, de chaque côté, au-devant de la nageoire pectorale, qui est arrondie et souvent aussi éloignée de l'extrémité du museau que de la nageoire de l'anus. Cette dernière et celle du dos sont presque au-dessus l'une de l'autre et présentent à peu près la même surface et la même figure. La nageoire de la queue est arrondie ; et comme aucune couverture épaisse ou solide ne gêne dans le perroquet ni dans les autres tétrodons, le mouvement de la queue et de sa nageoire, et que d'ailleurs ils peuvent s'élever avec facilité au milieu de l'eau, on peut croire que ces animaux, n'ayant besoin, en quelque sorte, d'employer leur force que pour s'avancer, jouissent de la faculté de nager avec vitesse.

C'est dans l'Inde qu'habite ce cartilagineux, dont la partie supérieure est communément brune avec des taches blanches et de diverses figures, et dont les côtés sont blancs avec des bandes irrégulières, longitudinales et de couleurs foncées.

Des aiguillons revêtent la peau du ventre et sont renfermés presque en entier dans des espèces de petits enfoncements, qui disparaissent lorsque l'animal se gonfle et que la peau est tendue[1].

LE TÉTRODON ÉTOILÉ[2]

Tetraodon cinereus, Commers., Lacép.

Nous avons trouvé la description de ce cartilagineux dans les écrits de Commerson, qui l'avait vu parmi d'autres poissons apportés au marché de l'île Maurice, auprès de l'Ile de France. Ce voyageur compare la grandeur que présente le tétrodon étoilé, lorsqu'il est aussi gonflé qu'il puisse l'être, à celle d'un ballon à jouer, dont ce cartilagineux montrerait assez exactement la figure, sans sa queue, qui est plus ou moins prolongée. Cet animal est grisâtre, mais d'une couleur plus sombre sur le dos, lequel est semé, ainsi que la queue, de taches petites, presque rondes et très rapprochées. La partie inférieure du corps est d'une couleur plus claire et sans taches, excepté auprès de l'anus, où l'on voit une espèce d'anneau coloré et d'un noir très foncé.

L'ensemble du poisson est hérissé de piquants raides et d'une ou deux lignes de longueur. Ceux qui sont sur le dos sont les plus courts et tournés en arrière; les autres sont droits, au moins lorsque le ventre est enflé, et attachés par une base étoilée à cinq ou six rayons. Nous verrons une base analogue retenir les piquants de plusieurs autres poissons, et particulièrement de la plupart de ceux auxquels le nom de *diodon* a été donné. Au reste, ces piquants tiennent lieu, sur l'étoilé, ainsi que sur le plus grand nombre d'autres tétrodons, d'écailles proprement dites.

La mâchoire supérieure est un peu plus avancée que l'inférieure. Les deux dents qui garnissent chacune de ces mâchoires sont blanches, larges, à bords incisifs et attachées de très près l'une à l'autre, sur le devant du museau.

Les yeux, séparés par un intervalle un peu déprimé, sont situés de manière à regarder avec plus de facilité en haut que par côté.

On n'aperçoit pas de ligne latérale.

La nageoire du dos, arrondie par le bout et plus haute que large, est

1. On compte aux nageoires pectorales............................ 14 rayons.
— à celle du dos.................................... 6 —
— à celle de l'anus.................................... 6 —
— à celle de la queue.................................... 9 —

2. « Tetraodon cinereus, nigro guttatus, hispidus setis e basi stellata exortis. » Commerson, manuscrits déjà cités.

attachée à un appendice qui la fait paraître comme pédonculée[1]. La caudale est arrondie, et la partie de la queue, qui l'avoisine, est dénuée de piquants.

L'individu observé par Commerson avait treize pouces de longueur. Il pesait à peu près deux livres.

LE TÉTRODON POINTILLÉ [1]

Tetraodon punctulatus, Lacép.

C'est encore d'après les manuscrits de l'infatigable Commerson, que nous donnons la description de ce cartilagineux, dont un individu avait été remis à ce naturaliste par son ami Deschamps.

Ce tétrodon est conformé comme l'étoilé dans presque toutes ses parties ; il a particulièrement sa mâchoire supérieure plus avancée que celle de dessous, et la base de ses piquants étoilée, comme le cartilagineux décrit dans l'article précédent. Mais ses couleurs ne sont pas les mêmes que celles de l'étoilé. Il a, en effet, non seulement de petits points noirs semés sur la partie supérieure de son corps, qui est brune, mais encore des taches plus grandes, irrégulières et d'un noir plus foncé sur la partie inférieure, qui est blanchâtre. Ses nageoires pectorales présentent, à leur base, une raie large et noire et sont livides et sans taches sur tout le reste de leur surface. D'ailleurs, la nageoire dorsale est très étroite, presque linéaire, ne montre aucun rayon distinct; et ce dernier caractère suffit, ainsi que l'a pensé Commerson, pour le séparer de l'étoilé[2].

LE TÉTRODON SANS TACHE [3]

Tetraodon immaculatus, Cuv.

Ce poisson a la mâchoire supérieure plus avancée que l'inférieure ; et il diffère des tétrodons, qui ont également la mâchoire d'en bas moins avancée que celle d'en haut, par la place et les dimensions de ses yeux, qui sont petits et très rapprochés du bout du museau, et par sa couleur, qui est plus claire sur le ventre et à l'extrémité des nageoires pectorales que sur le reste du corps, mais qui ne présente absolument aucune tache. Presque toute la surface de l'animal est d'ailleurs hérissée de petits piquants. C'est dans les dessins de Commerson que nous avons trouvé la figure de ce cartilagineux.

1. Aux nageoires pectorales........ 17 rayons.
A celle du dos........ 10 —
A celle de l'anus........ 10 —
A celle de la queue........ 9 —

2. « Tetraodon hispidus, punctis in dorso, guttis in ventre defluentibus atris, pinnâ dorsi lineari spuriâ. » Commerson, manuscrits déjà cités.

3. Aux nageoires pectorales........ 20 rayons.
A celle de la queue, qui est arrondie........ 9 —

LE TÉTRODON HÉRISSÉ[1]

Tetraodon hispidus, Linn., Gmel., Lacép., Cuv.

Ce n'est pas seulement dans les mers de l'Inde qu'habite ce tétrodon ; il vit aussi dans la Méditerranée, où on le trouve particulièrement auprès des côtes septentrionales de l'Afrique, et où il se tient quelquefois dans l'embouchure du Nil et des autres rivières dont les eaux descendent des montagnes plus ou moins voisines de ces rivages africains. Aussi les anciens l'ont-ils connu, et Pline en a parlé en lui donnant le nom d'*orbis*. Il mérite, en effet, cette dénomination, qui lui a été conservée par plusieurs auteurs ; il la justifie du moins par sa forme, plus que la plupart des autres tétrodons, lorsqu'en se gonflant il s'est donné toute l'extension dont il est susceptible. Dans cet état d'enflure, il ressemble d'autant plus à un globe, que la dilatation s'étend au-dessous de la queue, presque jusqu'à l'extrémité de cette partie, et que l'on n'aurait besoin de retrancher de l'animal qu'une très petite portion de son museau et sa nageoire caudale, pour en faire une véritable boule. Aussi Pline a-t-il dit que ce poisson était, en quelque sorte, composé d'une tête sans corps; mais, comme l'ont observé Rondelet et d'autres auteurs, on devrait plutôt le croire formé d'un ventre sans tête, puisque c'est sa partie inférieure qui, en se remplissant d'un fluide quelconque, lui donne son grand volume et son arrondissement,

Sa mâchoire inférieure est plus avancée que la supérieure, et la surface de tout son corps est parsemée de très petits piquants.

Sa couleur est foncée sur le dos et très claire sur les côtés, ainsi que sous le ventre. Mais ces deux nuances sont séparées l'une de l'autre par une ligne très sinueuse, de manière que la teinte brune descend de chaque côté au milieu de la teinte blanchâtre, par quatre bandes transversales plus ou moins larges, longues et irrégulières.

Nous avons trouvé, dans les dessins de Commerson, une figure du hérissé, qui a été faite d'après nature, et que nous avons fait graver. Le dessus du corps y paraît parsemé de taches très petites, rondes, blanches et disposées en quinconces. Nous ignorons si ces taches blanches sont le signe d'une

1. *Pesce colombo*, dans plusieurs endroits d'Italie. — *Flascopsaro*, dans plusieurs contrées du Levant. — Lagerstr. *Chin.* 23. « Ostracion tetraodon sphæricus, aculeis undique exiguis. » Artedi, gen. 58, syn. 83. — « Ostracion maculosus, aculeis undique densis exiguis. » *Idem*, gen. 58, syn. 85, n. 15.

Quatre-dents hérissé. Daubenton, Encyclopédie méthodique. — *Id*. Bonnaterre, planches de l'Encyclopédie méthodique. — *Flascopsaro*. Rondelet, *Histoire des poissons*, première partie, liv. XV, chap. i. — *Orbis*. Pline, *Hist. mundi*, lib. XXXII, cap. ii. — *Orbis primus Rondeletii*, Willughby, p. 143. — *Flascopsari, orbis, orchis*. Belon, liv. II, chap. xxxii. — Isidor., *Hisp.*, lib. II, cap. vi. — Salv., fol. 208, *b*, ad iconem, et 209. — Jonston, lib. II, XII, tab. 2, cap. v; tab. 24, n. 9.

Orbis vulgaris. Charleton, *Onomast.*, p. 154. — *Orbis*, vel *orchis*. Gesner, p. 631, 744. — *Orbis species ex Gesnero*. Aldrov., lib. IV, cap. xv, p. 554. — *Tetrodon hispidus, flascopsaro*, Bloch, pl. 142.

variété d'âge, de pays, ou de sexe, ou si, dans les divers dessins et les descriptions que l'on a donnés du hérissé, on a oublié ces taches, uniquement par une suite de l'altération des individus qui ont été décrits ou figurés.

Les nageoires pectorales se terminent en croissant; celles de l'anus et du dos sont très petites; celle de la queue est arrondie[1].

Le tétrodon hérissé n'est pas bon à manger; il renferme trop de parties susceptibles d'extension et trop peu de portions charnues. Dans plusieurs contrées voisines des bords de la Méditerranée, ou des rivages des autres mers dans lesquelles habite ce cartilagineux, on l'a souvent fait sécher avec soin dans son état de gonflement; on l'a rempli de matières légères, pour conserner sa rondeur; on l'a suspendu autour des temples et d'autres édifices, à la place de girouettes. En effet, la queue d'un hérissé ainsi préparé et rendu très mobile a dû toujours se tourner vers le point de l'horizon opposé à la direction du vent.

Le tétrodon hérissé vivant au milieu des eaux salées de la Méditerranée, on ne sera pas étonné qu'on ait reconnu des individus de cette espèce parmi les poissons pétrifiés que l'on trouve en si grand nombre dans le mont Bolca près de Vérone, et dont on a commencé de publier la description dans un très bel ouvrage, déjà cité dans cet histoire, et entrepris par le comte Gazola, ainsi que par d'autres savants physiciens de cette ville italienne[2].

LE TÉTRODON MOUCHETÉ[3]

Tetraodon Commersonii, SCHN., RUSSEL., CUV.

Dans les divers enfoncements que présentent les côtes des îles Pralin, ce poisson a été observé par le voyageur Commerson, qui l'a décrit avec beaucoup de soin. Ce naturaliste a comparé la grosseur de cet animal dans son état de gonflement, à la tête d'un enfant qui vient de naître. Comme le hérissé, ce tétrodon a sa surface garnie, dans toutes ses parties, de petites pointes longues d'une ligne ou deux, et sa mâchoire inférieure plus avancée que la supérieure. Mais il diffère du hérissé par la disposition et les nuances de ses couleurs. Il est d'un brun sale par-dessus et blanchâtre par-dessous. De petites taches noires sont répandues sans ordre et avec profusion sur le dos, sur les côtés et sur la nageoire de la queue. Les nageoires pectorales sont d'un jaune rougeâtre; celle de l'anus et l'extrémité de celle du dos sont jaunâtres; l'on voit une teinte livide autour des yeux et de l'ouverture de la bouche.

1. Aux nageoires pectorales........ 17 rayons.
   A celle du dos........ 9 —
   A celle de l'anus........ 10 —
   A celle de la queue........ 10 —

2. Ichtyolithologia veronensis, pars secunda, tab. 8, fig. 3.

3. « Tetraodon hispidus superne fuscus, deorsum exalbidus, guttis nigris toto corpori temere inspersis, ore et oculis squalide liventibus. » Commerson, manuscrits déjà cités.

La langue est comme une masse informe, cartilagineuse, blanchâtre et un peu arrondie.

L'iris présente les couleurs de l'or et de l'argent.

Les branchies ne sont de chaque côté qu'au nombre de trois, et chacune est composée de deux rangs de filaments. Ce nombre de branchies, que l'on retrouve dans les autres tétrodons, suffirait pour séparer le genre de ces poissons d'avec celui des ostracions, qui en ont quatre de chaque côté.

Les nageoires pectorales sont arrondies, ainsi que celles de la queue, au lieu d'être en demi-cercle comme celles du hérissé[1].

Le moucheté fait entendre, lorsqu'on veut le saisir, un petit bruit semblable à celui que produisent les balistes et les ostracions : plus on le manie, et plus il se gonfle ; plus il cherche, en accroissant ainsi son volume, à se défendre contre la main qui le touche et qui l'inquiète.

LE TÉTRODON HONCKÉNIEN[2]

Tetraodon Honckenii, Bl., Linn., Gmel., Cuv.

Ce tétrodon a la mâchoire de dessus moins avancée que celle de dessous, comme le hérissé et le moucheté; mais au lieu d'avoir de petits piquants sur tout son corps, il n'en montre que sur son ventre et sur ses côtés. Il a d'ailleurs une ligne latérale très marquée, l'ouverture de la bouche très grande, le front large et les yeux petits.

On voit sur son dos des taches jaunes et d'autres bleues; les nageoires sont brunâtres, mais celles de la poitrine sont bordées de bleu[3].

Ce poisson se trouve dans la mer du Japon. M. Honckeny a envoyé dans le temps un individu de cette espèce au docteur Bloch; et de là vient le nom qu'a donné à ce cartilagineux le naturaliste de Berlin, qui l'a décrit et fait graver.

Nous avons vu que l'on avait trouvé, parmi les poissons pétrifiés du mont Bolca près de Vérone, le tétrodon hérissé, qui vit dans la Méditerranée; il est bien plus utile pour les progrès de la géologie, de savoir qu'on a découvert aussi, parmi ces monuments des catastrophes du globe et des bouleversements produits par le feu et par l'eau dans la partie de l'Italie voisine des Alpes, des restes pétrifiés du tétrodon honckénien, que l'on n'a pêché jusqu'à

1. Aux nageoires pectorales .... 17 rayons.
A celle du dos .... 10 —
A celle de l'anus .... 10 —
A celle de la queue .... 10 —

2. « Tetraodon Honckenii, hérisson tigré. » Bloch, pl. 143. — « Quatre-dents tigré. » Bonnaterre, planches de l'Encyclopédie méthodique.

3. Aux nageoires pectorales .... 14 rayons.
A la nageoire dorsale .... 8 —
A celle de l'anus .... 7 —
A celle de la queue, qui est arrondie .... 7 —

présent que sur des rivages du Japon, vers l'extrémité orientale de l'Asie, et non loin des mers véritablement équatoriales[1].

LE TÉTRODON LAGOCÉPHALE[2]

Tetraodon lagocephalus, LACÉP., CUV.

Parvenus au second sous-genre des tétrodons, nous n'avons maintenant à examiner parmi ces cartilagineux que ceux dont les deux mâchoires sont également avancées.

Le lagocéphale a les côtés et le dessous du corps garnis de piquants, dont la base se divise en trois racines ou en trois rayons. Ce caractère, qui le sépare de tous les poissons renfermés dans le sous-genre dont il fait partie, le rapproche de l'étoilé, dont il diffère cependant par un très grand nombre de traits et particulièrement par l'égal avancement de ses deux mâchoires, l'absence de toute espèce de pointes sur son dos, le nombre des rayons de ses nageoires, la distribution de ses couleurs, et même par les racines ou rayons de ses piquants inférieurs ou latéraux, qui n'ont que trois de ses rayons ou racines, tandis qu'il y en a cinq ou six à la base des pointes de l'étoilé. Au reste, cette division en trois de la base des petits dards du lagocéphale lui a fait donner par quelques naturalistes le nom d'*étoilé*, qui m'a paru convenir bien mieux au tétrodon que nous avons, en effet, décrit sous cette dénomination, puisque, dans ce dernier, la base des aiguillons est partagée en cinq ou six prolongations, et, par conséquent, bien plus rayonnante, bien plus stellaire.

Le lagocéphale a ses piquants étoilés disposés en rangées longitudinales, un peu courbées vers le bas et ordinairement au nombre de vingt.

Le dessus du corps est jaune avec des bandes brunes et transversales; le ventre est blanc avec des taches rondes et brunes[3].

On trouve le lagocéphale non seulement dans l'Inde et auprès des côtes de la Jamaïque, mais encore dans le Nil; ce qui doit faire présumer qu'on pourrait le pêcher dans la Méditerranée, auprès des rivages de l'Afrique.

1. *Tetrodon Honckenii*. Ichtyolithologia veronensis, pars secunda, tab. 8, fig. 2.

2. *Quatre-dents blanc*. Daubenton, Encyclopédie méthodique. — *Id*. Bonnaterre, planches de l'Encyclopédie méthodique. Mus. Ad. Fr. 1, p. 59. — *Amœnit. acad.* 1, p. 310, fig. 4. — « Ostracion cathetoplateo-oblongus, ventre tantum aculeato et subrotundo. » Artedi, gen. 58, syn. 86.

Gronov., mus. 1, n. 120, *Zooph.* 183. — Séba, mus. 3, tab. 23, fig. 5. — Willughby, *Icht.*, p. 144, tab. 3, fig. 2. — Ray., *Pisc.*, p. 43. — *Kan*, *kascasre*. Valent., *Pisc. Amb.*, fig. 19, p. 353, n. 19. — « Tedrodon lagocephalus, orbe étoilé. » Bloch, p. 140.

3. Aux nageoires pectorales .... 15 rayons.
A celle du dos .... 12 —
A celle de l'anus .... 10 —
A celle de la queue .... 10 —

LE TÉTRODON RAYÉ[1]

Tetraodon lineatus, Linn., Gmel., Cuv.

LE TÉTRODON CROISSANT[2]

Tetraodon ocellatus, Linn., Gmel., Cuv.

LE TÉTRODON MAL ARMÉ[3]

Tetraodon lævigatus, Linn., Gmel., Cuv.

LE TÉTRODON SPENGLÉRIEN[4]

Tetraodon Spengleri, Linn., Gmel., Cuv.

Ces quatre tétrodons se ressemblent par un trop grand nombre de traits pour que nous n'ayons pas dû présenter ensemble leurs quatre images, afin qu'on puisse les mieux comparer et les distinguer plus facilement l'un de l'autre.

Le rayé se trouve dans le Nil.

Depuis la tête jusqu'au milieu du corps, il est hérissé de piquants extrêmement courts, tournés vers la queue, et qui occasionnent des démangeaisons et d'autres accidents assez analogues à ceux que l'on éprouve lorsqu'on a touché des orties, pour qu'on ait regardé cet animal comme venimeux. Depuis le milieu du corps jusqu'à l'extrémité de la queue, la partie inférieure du rayé ne présente que de petits creux qui le font paraître pointillé. Au-devant de chaque œil est un tubercule terminé à son sommet par deux filaments très courts; les deux tubercules se touchent[5]. La ligne latérale passe au-dessous de l'œil, descend ensuite, se relève et s'étend enfin presque directement jusqu'à la mâchoire caudale.

Le rayé est, par-dessus, d'un vert bleuâtre; par-dessous, d'un jaune roux; sur les côtés, d'un bleuâtre foncé; et, sur ce fond, on voit régner

1. Mus. Ad. Fr. 2, p. 55. — *Quatre-dents rayé*. Daubenton, Encyclopédie méthodique. — *Id*. Bonnaterre, planches de l'Encyclopédie méthodique. — *Tetraodon fahaca*. Hasselquist, *Iter*., etc., 400. — *Tetraodon lineatus*. Forskael, *Faun. arab*., p. 76, n. 114. — « Tetraodon lineatus, tétrodon rayé. » Bloch, pl. 141.

2. « Tetraodon fascia humerali ocellata. » Mus. Ad. Fr. 2, p. 55. *It*. scan. 260. — « Diodon ocellatus, kai-po-y. » Osbeck, *Iter*., etc., 226. — « Tetraodon ocellatus, tétrodon croissant. » Bloch, pl. 145. — *Fu-rube*. Kæmpfer, *Jap*., 1, p. 152. — Séba, mus. 3, tab. 23, fig. 7 et 8. — Rumph., *Amb*. 49.

Quatre-dents petit monde. Daubenton. Encyclopédie méthodique. — *Id*. Bonnaterre, planches de l'Encyclopédie méthodique. — *Orbis asper maculosus*, Willughby, 157. — Ray, p. 43.

3. *Quatre-dents lisse*. Bonnaterre, planches de l'Encyclopédie méthodique.

4. *Quatre-dents penton*. Bonnaterre, planches de l'Encyclopédie méthodique. — « Tetraodon Spengleri, penton de mer. » Bloch, pl. 144.

5. Le rayé a aux nageoires pectorales .... 19 rayons.
— à celle du dos .... 12 —
— à celle de l'anus .... 9 —
— à celle de la queue, qui est arrondie .... 12 —

longitudinalement et de chaque côté quatre raies brunes et blanchâtres, dont les deux supérieures sont courbes et dont la troisième se partage en deux.

Le croissant vit en Égypte comme le rayé ; mais il habite aussi en Asie et particulièrement dans les eaux de la Chine et dans celles du Japon. Il est regardé, dans toutes les contrées où on le pêche, comme une nourriture très dangereuse, lorsqu'il n'a pas été vidé avec un très grand soin. La qualité funeste qu'on lui attribue vient peut-être le plus souvent de la nature des aliments qu'il préfère, et qui, salutaires pour ce poisson, sont très malfaisants pour d'autres animaux, et surtout pour l'homme ; mais il se pourrait qu'une longue habitude de convertir en sa propre substance des aliments nuisibles fît contracter à la chair même du croissant, ou aux sucs renfermés dans l'intérieur de son corps, des propriétés vénéneuses. Cette qualité délétère du croissant est reconnue depuis plusieurs siècles au Japon et en Égypte, où la superstition a fait croire pendant longtemps que l'espèce entière de ce tétrodon avait été condamnée à renfermer ainsi un poison actif, parce que des individus de cette même espèce avaient autrefois dévoré le corps d'un Pharaon tombé dans le Nil. Au reste, le venin que renferme le croissant, à quelque cause qu'il faille le rapporter, est très puissant, au moins dans le Japon, puisque, suivant Osbeck, cet animal peut y donner la mort, dans deux heures, à ceux qui s'en nourrissent[1]. Aussi les soldats de cette contrée orientale et tous ceux de ses habitants sur lesquels on peut exercer une surveillance exacte ont-ils reçu une défense rigoureuse de manger du tétrodon croissant.

Mais si l'on doit redouter de se nourrir de ce cartilagineux, on doit aimer à le voir, à cause de la beauté de ses couleurs. Le dessous de son corps est blanc ; ses nageoires sont jaunâtres ; sa partie supérieure est d'un vert foncé ; et sur son dos on voit une tache, et au-devant de la tache une bande transversale, large et en croissant, toutes les deux noires et bordées de jaune.

Il n'y a de piquants que sur la partie inférieure du corps. La ligne latérale commence au-devant de l'œil, passe au-dessous de cet organe, se relève ensuite et s'étend jusqu'à la nageoire caudale, en suivant à peu près la courbure du dos[2].

Le mal-armé a été observé dans la Caroline, où il parvient à une grandeur assez considérable. Il n'a d'aiguillons que depuis le museau jusque vers les nageoires pectorales ; il est ordinairement bleuâtre par-dessus et blanc

1. Suivant Rumphius, l'antidote du poison contenu dans le tétrodon croissant est la plante à laquelle il a donné le nom de *rex amoris*.

2. Le croissant a aux nageoires pectorales........................ 18 rayons.
— à celle du dos........................ 15 —
— à celle de l'anus........................ 12 —
— à celle de la queue, qui est arrondie............ 8 —

par-dessous; ce qui sert à le distinguer des autres tétrodons, c'est principalement la double ligne latérale qu'il a de chaque côté[1].

Quant au spenglérien, qui vit dans les Indes, et auquel le docteur Bloch a donné le nom de M. Spengler, de Copenhague, qui lui avait envoyé un individu de cette espèce, il se fait remarquer par deux ou trois rangées longitudinales de filaments ou barbillons, que l'on voit de chaque côté de son corps, indépendamment des aiguillons dont son ventre est hérissé. Sa partie supérieure est d'ailleurs rougeâtre, avec plusieurs taches d'un brun foncé; et sa partie inférieure, d'une blancheur qui n'est communément variée par aucune autre nuance[2].

LE TÉTRODON ALLONGÉ[3]

Orthagoriscus oblongus, Cuv. — *Tetraodon oblongus*, Linn., Gmel., Lacép.

LE TÉTRODON MUSEAU ALLONGÉ[4]

Tetraodon rostratus, Linn., Gmel., Cuv.

Ces deux tétrodons habitent dans les Indes. Le premier a tiré son nom de la forme de son corps, qui est beaucoup plus allongé que haut et cylindrique. Ce poisson présente de plus deux lignes latérales de chaque côté. La supérieure passe au-dessus de l'œil, se baisse, se contourne, se relève et suit à peu près la courbure du dos jusqu'à la nageoire caudale. La seconde commence auprès de la mâchoire d'en bas et suit assez régulièrement le contour de la partie inférieure du corps jusqu'à la nageoire de la queue, excepté auprès de la nageoire pectorale, où elle se relève et forme un petit angle.

L'ouverture des narines est double; une pointe très sensible et triangulaire est attachée à l'opercule des branchies et tournée vers la queue; le dessus du corps offre des bandes transversales brunes, variables dans leur nombre; les côtés sont argentés, les narines jaunâtres; et de petits piquants hérissent presque toute la surface du poisson[5].

1. Le mal-armé a aux nageoires pectorales........................ 18 rayons.
 — à la nageoire dorsale.............................. 13 —
 — à celle de l'anus.................................. 12 —
 — à celle de la queue, qui est un peu festonnée..... 11 —

2. Aux nageoires pectorales du tétrodon spenglérien............... 13 —
 A celle du dos... 8 —
 A celle de l'anus.. 6 —
 A celle de la queue, qui est arrondie.................... 8 —

3. « Tetraodon oblongus, maxillis æqualibus ; hérisson oblong. » Bloch, pl. 146, fig. 1. — *Quatre-dents hérisson oblong.* Bonnaterre, planches de l'Encyclopédie méthodique.

4. « Tetraodon rostratus, tétrodon à bec. » Bloch, pl. 146, fig. 2. — *Quatre-dents hérisson à bec.* Bonnaterre, planches de l'Encyclopédie méthodique.

5. Il y a aux nageoires pectorales de l'allongé..................... 16 rayons.
 — à la nageoire dorsale.................................. 12 —
 — à celle de l'anus...................................... 11 —
 — à celle de la queue, qui est arrondie.................. 19 —

Le museau-allongé n'a de petits aiguillons que sur le dos et sur le devant du ventre. Il est gris par-dessus et blanc par-dessous ; les nageoires sont jaunâtres, surtout les pectorales, qui sont courtes et larges ; on voit autour des yeux des taches brunes disposées en rayons. Il n'y a qu'une ouverture à chaque narine ; on n'aperçoit pas de ligne latérale, et les mâchoires sont en forme de petit cylindre et très allongées[1].

LE TÉTRODON PLUMIER[2]

Tetraodon Plumieri, Cuv.

Ce tétrodon, dont la description n'a pas encore été publiée, est représenté dans les dessins sur vélin que renferme la collection du Muséum d'histoire naturelle, et qui ont été faits d'après ceux du naturaliste Plumier ; comme ce n'est qu'à ce voyageur que nous devons la connaissance de cet animal, j'ai donné à ce poisson le nom de l'habile observateur qui en a transmis la figure.

Lorsque le tétrodon plumier n'est pas gonflé, son corps est assez allongé relativement à sa hauteur. Au delà de sa tête, on voit une sorte d'élévation pyramidale à quatre faces, jaune, et recourbée en arrière, qui tient lieu, pour ainsi dire, d'une première nageoire du dos.

Au-dessus de la nageoire de l'anus, qui est de la même couleur, on voit d'ailleurs une nageoire dorsale qui est également jaune, aussi bien que celle de la queue. Cette dernière est arrondie et présente deux bandes transversales brunes.

L'iris est bleu ; le dessus du corps, brun et lisse ; le dessous, blanchâtre, très extensible et garni de très petits piquants. Deux rangées longitudinales de taches d'un brun verdâtre règnent de chaque côté de l'animal et ajoutent à sa beauté.

LE TÉTRODON MÉLÉAGRIS[3]

Tetraodon Meleagris, Lacép.

Commerson a laissé dans ses manuscrits une description très étendue de ce poisson, qu'il a vu dans les mers de l'Asie, et auquel il a donné le nom de *meleagris*, à cause de la ressemblance des nuances et de la distribution des couleurs de ce cartilagineux avec celles de la pintade que l'on a désignée par la même dénomination. Ce tétrodon est en effet brun, avec des taches innombrables, lenticulaires, blanches et distribuées sur la tête, le dos, les

1. Le museau-allongé a aux nageoires pectorales.................. 16 rayons.
— à celle du dos.............................. 9 —
— à celle de l'anus........................... 8 —
— à celle de la queue, qui est arrondie....... 10 —

2. « Orbis minimus non aculeatus. » Plumier, dessins sur vélin déjà cités.

3. « Tetraodon brunneus, hispidulus, maculis lenticularibus albis undequaque conspersus. » Commerson, manuscrits déjà cités.

côtés, le ventre, la queue et même les nageoires. La peau est d'ailleurs hérissée de très petites pointes un peu plus sensibles sur la tête.

Chaque narine n'a qu'un orifice. Les branchies sont au nombre de trois de chaque côté; leur ouverture est en forme de croissant, leur membrane mince et flottante est attachée au bord antérieur de cette ouverture; et les demi-cercles solides qui les soutiennent sont dentelés dans leur partie concave.

Ce poisson fait entendre le bruissement que l'on a remarqué dans la plupart des cartilagineux de son genre, d'une manière peut-être plus sensible que ces derniers, au moins à proportion de son volume [1].

LE TÉTRODON ÉLECTRIQUE [2]

Tetraodon electricus, Linn., Gmel., Lacép., Cuv.

Les plus belles couleurs parent ce poisson. Il est, en effet, brun sur le dos, jaune sur les côtés, vert de mer en dessous; ses nageoires sont rousses ou vertes; son iris est rouge; et cet agréable assortiment est relevé par des taches rouges, vertes, blanches et quelquefois d'autres nuances très vives. Mais il est encore plus remarquable par la propriété de faire éprouver de fortes commotions à ceux qui veulent le saisir. Cette qualité est une faculté véritablement électrique, que nous avons déjà vue dans la torpille, que nous examinerons de nouveau dans un gymnote, et que nous retrouverons encore dans un silure, et peut-être même dans d'autres poissons.

Ce cartilagineux habite au milieu des bancs de corail creusés par la mer et qui entourent l'île Saint-Jean, près de celle de Comorre, dans l'océan Indien. Lorsqu'il a été pêché, l'eau était à la température de seize degrés du thermomètre auquel on donne le nom de Réaumur. Il parvient au moins à a longueur de sept pouces; c'est M. Paterson qui l'a décrit le premier.

LE TÉTRODON GROSSE TÊTE [3]

Tetraodon sceleratus, Linn., Gmel., Lacép. (Espèce douteuse.)

Voici encore un tétrodon très aisé à distinguer des autres espèces de sa famille. Il en est, en effet, séparé par la grosseur de sa tête, beaucoup plus volumineuse, à proportion des dimensions du corps, que dans les autres cartilagineux de son genre. Il devient très grand relativement àl a longueur ordinaire de presque tous les autres tétrodons; il est quelquefois long de deux pieds et demi. Il fait éprouver à ceux qui en mangent les mêmes acci-

1. Aux nageoires pectorales.......... 18 rayons.
A celle du dos.......... 10 —
A celle de l'anus.......... 10 —
A celle de la queue, qui est arrondie.......... 9 —

2. Guillaume Paterson, *Act. anglic.* 76, p. 382, tabl. 13.

3. G. Forster, *It.*, p. 403.

dents qu'un poison très actif. Il se trouve dans les mers chaudes de l'Amérique et dans la mer Pacifique, et l'on en doit la connaissance au voyageur Forster.

LE TÉTRODON LUNE[1]

Orthagoriscus Mola, Schneid., Cuv., Lacép. — *Cephalus Mola*, Schneid. — *Tetraodon Mola*, Linn., Gmel.

Ce poisson, un des plus remarquables par sa forme, habite non seulement dans la Méditerranée, où on le trouve très fréquemment, mais encore dans l'Océan, où on le pêche à presque toutes les latitudes, depuis le cap de Bonne-Espérance jusque vers l'extrémité septentrionale de la mer du Nord. Il est très aisé de le distinguer d'un très grand nombre de poissons, et particulièrement de ceux de son genre, par l'aplatissement de son corps, si comprimé latéralement et ordinairement si arrondi dans le contour vertical qu'aperçoivent ceux qui regardent un de ses côtés, qu'on a comparé son ensemble à un disque. Voilà pourquoi le nom de soleil lui a été donné, ainsi que celui de *lune*, qui a été cependant plus généralement adopté. Il a, d'ailleurs, sur cette grande surface presque circulaire, que chaque côté présente, cet éclat blanchâtre qui distingue la lumière de la lune. En effet, si son dos est communément d'une nuance très foncée et presque noire, ses côtés et son ventre brillent d'une couleur argentine très resplendissante, surtout lorsque le tétrodon est exposé aux rayons du soleil. Mais ce n'est pas seulement pendant le jour qu'il répand ainsi cet éclat argentin qu'il ne doit alors qu'à la réflexion d'une clarté étrangère ; pendant la nuit il brille de sa propre lumière ; il montre, de même qu'un très grand nombre de poissons, et plus vivement que plusieurs de ces animaux, une splendeur phosphorique qu'il tient de la matière huileuse dont il est imprégné. Cette splendeur paraît d'autant plus vive que la nuit est plus obscure ; lorsque le poisson lune est un peu éloigné de la surface de la mer, la lumière qui émane de presque toutes les parties de son corps, et qui est doucement modifiée et rendue ondulante par les couches d'eau qu'elle traverse, ressemble

1. *Molle*, dans plusieurs départements méridionaux. — *Meule*. — *Bout*, dans plusieurs contrées d'Espagne. — *Mole bout, Lune de mer, Poisson d'argent*. — *Sun-fish*, en anglais. — *Quatre-dents lune*. Daubenton, Encyclopédie méthodique.

Id. Bonnaterre, planches de l'Encyclopédie méthodique. — *Mola, lune*, Bloch, p. 128. — Artedi, gen. 61, syn. 83, 4. — *Mola*. Monti, *Act. Bonon.*, 2, p. 2, p. 297, tab. 3, fig. 1. — *Orthragoriscus, luna piscis.*, Gesn. *Hist. anim.*, 4, p. 640. — *Klump-fish*. Plancus, *Promptuar. Hamb.*, 18, p. 1, tab. 4, fig. 1. — *Short sun-fish*. Pennant, *Brit. zool.*, 3, p. 102, n° 2.

« Ostracion cathetoplateus, subcompressus, brevis, latus, scaber, pinnis dorsi anique lanceolatis caudæ proximis. » Gronov., *Zooph.*, n° 186. — *Orthragoriscus*. Pline. lib. XXXII, cap. I et XI. — *Lune* ou *Mole*. Rondelet, première partie, liv. XV, chap. VI. — *Mola*. Salvian, fol. 153 et 154, *a*. ad iconem. — Jonst., *Thaumat.*, p. 419, 420.

Charleton, p. 426. — Willughby, p. 151. — Ray, p. 51. — *Lune de mer*. Valmont de Bomare, *Dictionnaire d'histoire naturelle*. — *Sun-fish of ray*. Borlase, *Hist. nat. of Cornwall*, tab. 26, fig. 6.

beaucoup à cette clarté tremblante dont la lune remplit l'atmosphère, lorsqu'elle est un peu voilée par des nuages légers. Ceux qui s'approchent, au milieu de ténèbres épaisses, des rivages de la mer auprès desquels nage le tétrodon dont nous nous occupons éprouvent souvent un moment de surprise en jetant les yeux sur ce disque lumineux, et en le prenant, sans y songer, pour l'image de la lune, qu'ils cherchaient cependant en vain dans le ciel. Plusieurs individus de cette espèce très phosphorique, voguant assez près les uns des autres, multiplient cette sorte d'images; les figures lumineuses, nombreuses et très mobiles, que présentent ces poissons, composent un spectacle d'autant plus étendu, que ces tétrodons peuvent être vus de très loin. Ils parviennent, en effet, à la longueur de quatre mètres, ou un peu plus de douze pieds; et comme leur hauteur est à peu près égale à leur longueur, on peut dire qu'ils peuvent montrer de chaque côté une surface resplendissante de plus de cent pieds carrés. On assure même qu'en 1735 on prit, sur les côtes d'Irlande, un tétrodon lune qui avait vingt-cinq pieds anglais de longueur[1], et qui, par conséquent, paraissait pendant la nuit comme un disque lumineux de plus de quatre cents pieds carrés de surface.

Tout le monde sait que les objets opaques et non resplendissants ne disparaissent pendant le jour et n'échappent à une bonne vue qu'a peu près à la distance de trois mille six cents fois leur diamètre. Le tétrodon lune pêché sur les côtes d'Irlande aurait donc pu être aperçu, pendant le jour, à la distance au moins de quatorze mille toises, s'il avait été placé hors de l'eau de la manière la plus favorable. Mais, pendant la nuit, dans quel éloignement bien plus grand à proportion ne voit-on pas le corps lumineux le plus petit! Cependant comme l'eau et surtout les vagues agitées de la mer interceptent une très grande quantité de rayons lumineux, on ne doit voir de très loin les plus grands tétrodons lunes, malgré toute leur phosphorescence, que lorsqu'ils sont très près de la surface des mers et que lorsqu'on est placé sur des côtes ou d'autres points très élevés, cette double position ne laissant aux rayons de lumière qui partent de l'animal et aboutissent à l'œil de l'observateur qu'un court trajet à faire au travers des couches d'eau.

Lorsque le tétrodon lune est parvenu à de grandes dimensions, lorsqu'il a atteint la longueur de plusieurs pieds, il pèse quelquefois jusqu'à cinq cents livres. On a pris, en effet, auprès de Plymouth, il n'y a pas très longtemps, un poisson de cette espèce, dont le poids était de cinq cents livres, ou près de vingt-cinq myriagrammes.

Les tétrodons lunes peuvent donc, relativement à la grandeur, être placés à côté des cartilagineux dont les dimensions sont les plus prolongées; et comme leurs deux surfaces latérales sont très étendues à proportion

1. *Hist. of Waterford*, p. 271. — Borlase, *Hist. nat. of Cornwall*, p. 267.

de leur masse totale, on peut particulièrement les rapprocher des grandes raies, dont le corps est également comprimé de manière à présenter un déploiement très considérable, quoique dans un sens différent. Mais s'ils offrent la longueur des grands squales, s'ils les surpassent même en hauteur, ils n'en ont reçu ni la force ni la férocité. Leurs muscles sont bien moins puissants que ceux de ces squales très allongés; leur bouche, quoique garnie de quatre dents larges et fortes, montre une ouverture trop petite, pour qu'ils aient jamais pu contracter l'habitude de poursuivre un ennemi redoutable et de livrer des combats hasardeux[1].

Les nageoires pectorales sont assez éloignées de l'extrémité du museau, et leur mouvement se fait de haut en bas, beaucoup plus que d'avant en arrière. Celle du dos et celle de l'anus sont très allongées et composées de rayons très inégaux, dont les plus antérieurs sont les plus longs. La nageoire de la queue peut être comparée à une bande étroite placée à la partie postérieure de l'animal, que l'on serait tenté de regarder comme tronquée; elle est étroitement liée avec les nageoires du dos et de l'anus par une membrane commune à ces trois organes; ce qui distingue particulièrement le tétrodon lune de tous les autres cartilagineux de son genre[2].

La hauteur de ce poisson est presque égale à sa longueur. Il est cependant dans cette espèce une variété plusieurs fois observée et dans laquelle la longueur est double de la hauteur[3]. Indépendamment de cette différence très notable dans les dimensions, cette variété présente une petite bosse ou saillie au-dessus de ses yeux et à une distance plus ou moins grande de l'extrémité du museau. Au reste, je me suis assuré, par l'observation de plusieurs tétrodons lunes, que des individus de l'espèce que nous examinons présentaient différentes figures intermédiaires entre celle qui donne la hauteur égale à la longueur, et celle qui produit une longueur double de la hauteur.

Mais cette espèce ne varie pas seulement dans sa forme, elle varie aussi dans ses couleurs. Nous avons trouvé, parmi les manuscrits de Commerson, le dessin d'une lune, dont la longueur est presque double de la hauteur, qui n'a pas cependant d'élévation particulière au-dessus du museau, et qui, au lieu des nuances que nous avons déjà exposées, est peinte de couleurs disposées dans un ordre remarquable. Un grand nombre de taches irrégulières, les unes presque rondes, les autres allongées, sont distribuées sur chaque face

1. Le plus grand diamètre de la bouche n'était que d'un pouce et demi dans un individu long de trois pieds un pouce. Note communiquée par M. Cuvier.

2. Aux nageoires pectorales .... 12 ou 13 rayons.
A celle du dos .... 11 ou 12 —
A celle de l'anus .... 11 —
A celle de la queue .... 17 ou 18 —

3. *Tetraodon mola truncatus*, Linné, édition de Gmelin. — Retzius, *Nov. Act. Stock.*, 6, 2, p. 116. — Planc. *Promt. Hamb.*, 18, tab. 1, fig. 2. — Monti, *Act. Bonon.*, 2, p. 2, p. 297, tab. 2, fig. 1. — *Oblong sun-fisch. Brit. zool.*, p. 100, n° 1. — Borlase, *Hist. nat. of Cornwall*, tab. 26, fig. 7.

latérale de l'animal et s'y réunissent plusieurs ensemble, de manière à y former, surtout vers la tête et les nageoires pectorales, des bandelettes qui, serpentant dans le sens de la longueur ou dans celui de la largeur de la lune, se séparent en bandelettes plus petites, ou se rapprochent et se touchent dans plusieurs endroits, et sont presque toutes couvertes de petits points d'une couleur très foncée. Mais, quelles que soient les couleurs dont la lune soit peinte, sa peau est épaisse, tenace et revêtue le plus souvent de tubercules assez sensibles pour donner un peu de rudesse à ce tégument.

Immédiatement au-dessous de la peau proprement dite se trouve une couche assez considérable d'une substance qui a été très bien observée par mon confrère M. Cuvier, dans une lune qu'il avait disséquée[1]. Cette matière est d'une grande blancheur, assez semblable au lard du cochon, mais plus compacte et plus homogène : lorsqu'on la presse, elle laisse échapper beaucoup d'eau limpide ; elle se dessèche sans se fondre, quand on l'expose à la chaleur. Si on la fait bouillir dans l'eau, elle se ramollit et se dissout en partie.

M. Cuvier a aussi vu dans la cavité de l'orbite de l'œil, et contre cet organe, un tissu remarquable, composé de vésicules, lesquelles sont formées de membranes molles et peu distinctes, et sont remplies d'une substance semblable à du blanc d'œuf par la couleur et par la consistance. Ce tissu a un très grand nombre de vaisseaux et de nerfs propres ; il cède à la moindre impression[2].

L'ouverture de la peau, au travers de laquelle on aperçoit en partie le globe de l'œil, n'a ordinairement, dans son plus grand diamètre, que la moitié de celui de ce globe. Elle est garnie intérieurement d'une sorte de membrane molle et ridée ; autour de cette ouverture on découvre, immédiatement au-dessous de la peau, un anneau charnu, derrière lequel l'animal peut retirer son œil, qui est alors caché par la membrane ridée comme par une paupière.

L'on doit encore observer, dans l'organe de la vue du tétrodon lune, deux parties qui ont été très bien décrites par M. Cuvier, ainsi que celles dont nous venons de parler. Premièrement, on peut voir une glande rougeâtre, un peu cylindrique, irrégulièrement placée autour du nerf optique, à l'endroit où il a déjà pénétré dans le globe de l'œil, recouverte par la membrane intérieure de cet organe, à laquelle le nom de *choroïde* a été donné, et tenant à la membrane plus intérieure encore de ce même organe par un très grand nombre de petits vaisseaux blancs qui serpentent de manière à former une sorte de réseau.

Secondement, il y a une espèce de poche ou bourse conique, composée d'une membrane très mince, d'une couleur brune, et qui va depuis le nerf

1. Notes manuscrites communiquées par M. Cuvier.
2. *Idem.*

optique jusqu'au cristallin, en paraissant occuper un sillon de l'humeur vitrée.

Au reste, les nerfs optiques se croisent au-dessous du cerveau, sans se confondre : le droit passe au-dessus du gauche pour aller jusqu'à l'œil et ils sont l'un et l'autre très renflés et comme divisés en plusieurs filets, à l'endroit du croisement.

La cavité du crâne est près de dix fois plus grande qu'il ne faut pour contenir le cerveau. Elle forme un triangle isocèle dont la pointe est vers le museau et dont les côtés sont courbés irrégulièrement. A chaque angle de la base, cette cavité s'agrandit pour renfermer l'organe de l'ouïe.

Le diamètre de l'estomac n'est guère plus grand que celui du reste du canal intestinal. Ses membranes ainsi que celles du duodénum et du rectum sont fort épaisses ; ce canal alimentaire renferme souvent, ainsi que celui d'un très grand nombre de poissons, une quantité considérable de vers intestinaux de différentes espèces.

Les reins sont situés dans la partie supérieure de la cavité abdominale ; ils se terminent vers la tête par deux longs prolongements ; ces prolongations sont reçues dans deux sinus de la cavité de l'abdomen ; ces sinus sont séparés l'un de l'autre par une cloison musculeuse, et ils s'étendent horizontalement jusqu'auprès des yeux.

Le péritoine contient une grande quantité d'eau salée et limpide, qui a beaucoup de rapports avec celle que l'on trouve dans la cavité abdominale des raies, des squales, des acipensères et d'autres poissons cartilagineux ou osseux, et qui doit y parvenir au travers des membranes assez perméables des intestins et d'autres parties intérieures du tétrodon lune.

Le foie est très grand ; il occupe presque la moitié de la cavité abdominale et est situé dans la partie supérieure de cette cavité, au-dessous des reins. Il est d'ailleurs demi-sphérique, jaune, gras, mou, parsemé de vaisseaux sanguins ; il ne paraît pas divisé en lobes, et on le dit assez bon à manger.

La chair de la lune n'est pas aussi agréable au goût que le foie de cet animal ; elle déplaît non seulement par sa nature, en quelque sorte trop gluante et visqueuse, mais encore par l'odeur assez mauvaise que répand le tétrodon pendant sa vie et qu'elle conserve souvent après avoir été préparée ; elle fournit, par la cuisson, une quantité assez considérable d'huile bonne à brûler, mais dont on ne se sert presque pas pour les aliments : aussi la lune est-elle peu recherchée. Lorsqu'on veut la saisir, elle fait entendre, de même que la plupart des tétrodons et plusieurs autres poissons osseux ou cartilagineux, un bruissement très marqué ; et comme cette sorte de bruit est souvent assez grave dans le tétrodon lune, on l'a comparé au grognement du cochon ; voilà pourquoi la lune a été nommée *porc*, même dès le temps des anciens Grecs.

TREIZIÈME GENRE

LES OVOÏDES

Le corps ovoïde ; les mâchoires osseuses, avancées et divisées chacune en deux dents ; point de nageoires du dos, de la queue, ni de l'anus.

ESPÈCE.	CARACTÈRES.
L'Ovoïde fascé.	Des bandes blanches, étroites, transversales et divisées à leur extrémité de manière à représenter un Y.

L'OVOÏDE FASCÉ [1]

Tetraodon lineatus, Cuv. (mutilé). — *Ovum Commersonii*, Schn.

Nous avons cru devoir séparer de la famille des tétrodons et inscrire dans un genre particulier ce poisson très remarquable, non seulement par la forme de son corps, qui paraît encore semblable à un œuf, lors même que son ventre n'est pas gonflé, mais encore par le défaut absolu de nageoires de la queue, du dos et de l'anus. Il ne présente que deux nageoires pectorales, aussi petites que les ailes d'une mouche ordinaire, dans un individu d'un pouce et demi de longueur, rapprochées du sommet du museau et composées de dix-huit rayons très déliés. C'est dans les manuscrits de Commerson que nous avons trouvé la description de cette espèce. Ce savant voyageur n'en avait vu qu'un individu desséché ; mais il avait réuni à ces observations celles que lui avait communiquées son ami Deschamps, habile chirurgien de la marine, qui avait observé des ovoïdes fascés dans toute leur intégrité.

Le fascé examiné par Commerson était allongé, mais arrondi dans tous ses contours, véritablement conformé comme un œuf et tenant le milieu pour la grandeur entre un œuf de poule et un œuf de pigeon. Son grand et son petit diamètre étaient dans le rapport de trente et un à vingt-six.

Non seulement on ne voit pas, dans cette espèce, de nageoire caudale ; mais il n'y a pas même d'apparence de queue proprement dite. La tête est renfermée dans l'espèce de sphéricité de l'ensemble de l'animal ; le museau est à peine proéminent ; et on ne voit saillir que les deux dents de chaque mâchoire, qui sont blanches comme de l'ivoire et semblables d'ailleurs à celles des tétrodons.

Les yeux sont petits, allongés, éloignés du bout du museau et voilés par une membrane transparente qui n'est qu'une continuation de la peau de la tête.

L'on aperçoit les ouvertures des branchies au-devant des nageoires pectorales. L'anus est, suivant Deschamps, situé à l'extrémité du dos, mais un peu dans la partie supérieure de l'animal ; et la position de cette ouverture

1. « Tetraodon oviformis, pinnis tantum pectoralibus gaudens, hispidulus niger, rivulis albis e dorso ad ventrem descendentibus. » Commerson, manuscrits déjà cités.

est par conséquent absolument sans exemple dans la classe entière des poissons.

Tout l'animal est d'un brun noirâtre; ce fond obscur relève des bandelettes blanches placées en travers sur le ventre, disposées en demi-cercles irréguliers au-dessous du museau, et divisées vers le dos en deux branches, de manière à imiter une fourche ou un Y.

La peau du fascé est d'ailleurs hérissée de très petits piquants, blancs sur les bandelettes et noirâtres sur les endroits foncés; en les regardant à la loupe, on s'aperçoit que leur base est étoilée.

Le poisson que nous décrivons habite dans la mer des Indes.

QUATORZIÈME GENRE

LES DIODONS

Les mâchoires osseuses, avancées, et chacune d'une seule pièce.

	ESPÈCES.	CARACTÈRES.
1.	DIODON ATINGA.	Le corps allongé; des piquants très rapprochés les uns des autres; la nageoire de la queue arrondie.
2.	DIODON PLUMIER.	Le corps allongé; point de piquants sur les côtés de la tête qui est plus grosse que la partie antérieure du corps; la nageoire de la queue arrondie.
3.	DIODON HOLOCANTHE.	Le corps allongé; des piquants très rapprochés les uns des autres; la nageoire de la queue fourchue.
4.	DIODON TACHETÉ.	Le corps un peu allongé; des piquants très rapprochés les uns des autres, et deux ou trois fois plus longs sur le dos que sur le ventre; la nageoire de la queue arrondie; trois grandes taches de chaque côté du corps, une tache en forme de croissant sur la nuque.
5.	DIODON ORBE.	Le corps sphérique ou presque sphérique; des piquants forts, courts et clairsemés.
6.	DIODON MOLE.	Très comprimé; demi-ovale; comme tronqué par derrière.

LE DIODON ATINGA[1]

Diodon Atinga, LINN., GMEL., LACÉP. — *Diodon hystrix*, BLOCH. — *Diodon punctatus*, CUV.

Les diodons ont de très grands rapports, dans leur conformation et dans leurs habitudes, avec les tétrodons et les ovoïdes; mais ils en diffèrent par

1. Nous devons prévenir qu'en rapportant aux différentes espèces de poissons que nous décrivons dans cet ouvrage le texte ou la figure publiés par différents auteurs, nous n'entendons, en aucune manière, adopter l'opinion de ces écrivains relativement à l'application qu'ils ont pu faire de telle ou telle description ou de telles planches qu'ils ont citées, à l'animal dont ils se sont occupés. Cet avertissement nous a paru surtout nécessaire au commencement de l'histoire des diodons.

Diodon atinga, Bloch, pl. 125. — *Deux-dents courte-épine.* Bonnaterre, planches de l'Encyclopédie méthodique, pl. 19, fig. 60. — Hérisson de mer. « Diodon superne fuscus, maculis len-

la forme de leurs mâchoires osseuses, dont chacune ne présente qu'une pièce; et de là vient le nom qu'on leur a donné, et qui désigne qu'ils n'ont que deux dents, l'une en haut et l'autre en bas. Ils en diffèrent encore par la nature de leurs piquants beaucoup plus longs, beaucoup plus gros, beaucoup plus forts, que ceux des tétrodons les mieux armés. Ces piquants sont d'ailleurs très mobiles et répandus sur toute la surface de la plupart des diodons. Cette dissémination, ce nombre, cette mobilité, cette grandeur, ont fait regarder, avec raison, les diodons comme les analogues des porcs-épics et des hérissons, dans la classe des poissons. La diversité de couleurs que montrent fréquemment ces aiguillons a dû contribuer encore à ce rapprochement; et comme on a pu en faire un presque semblable entre les cartilagineux que nous examinons et les vers que l'on a nommés *oursins*, on doit considérer la famille des diodons comme formant un des principaux liens qui réunissent et attachent ensemble la classe des quadrupèdes à mamelles, celle des poissons et celle des vers.

Ce genre remarquable ne renferme qu'un petit nombre d'espèces ; mais le plus grand nombre des naturalistes en ont mal saisi les caractères distinctifs, et comme d'ailleurs elles sont presque toutes très variables dans plusieurs points de leur conformation extérieure, une grande confusion a régné dans la détermination de ces espèces, dont on a très souvent trop étendu ou resserré le nombre. Le même désordre s'est trouvé dans l'application que plusieurs auteurs ont faite aux espèces qu'ils avaient admises, des noms donnés aux diodons, ou des descriptions de ces animaux déjà publiées. Ce n'est que parce que nous avons été à portée de comparer de ces cartilagineux de différents âges, de différents sexes, de différents pays, et pris à des époques de l'année très éloignées l'une de l'autre, que nous avons pu parvenir à fixer le nombre des espèces de diodons connus jusqu'à présent, à reconnaître leurs formes distinctives et invariables, et à composer la table méthodique qui précède cet article.

L'atinga a le corps très allongé ; chaque narine n'a qu'une ouverture placée dans une sorte de petit tube ; les yeux sont assez près du museau ; l'anus en est, au contraire, à une assez grande distance, et par conséquent la queue proprement dite est très courte. Les nageoires du dos et de l'anus se ressemblent beaucoup, sont petites et placées au-dessus l'une de l'autre; celle de la queue est arrondie[1].

ticularibus nigris undique inspersus, ventre albo immaculato. » Commerson, manuscrits déjà cités.

Deux-dents longue-épine. Daubenton, Encyclopédie méthodique. — Browne, *Jamaic.*, p. 456, n° 4. — Séba, mus. 3, pl. 23, fig. 1 et 2; et pl. 24, fig. 10. — *Guamajacu atinga.* Margrave, *Brasil.*, pl. 168. — Willughby, *Icht.*, pl. I, 5; I, 6; et I, 7. — Jonston, tab. 3, fig. 1; et tab. 39, fig. 3.

1. A la nageoire du dos........ 15 ou 16 rayons.
Aux nageoires pectorales........ 24 ou 25 —
A celle de l'anus........ 15 ou 16 —
A celle de la queue........ 9 —

Les piquants mobiles dont l'atinga peut se hérisser sont très forts, très longs, creux vers leur racine, variés de blanc et de noir, et divisés à leur base en trois pointes qui s'écartent, s'étendent et vont s'attacher au-dessous des téguments de l'animal. Ils sont revêtus d'une membrane plus ou moins déliée, qui n'est qu'une continuation de la peau du diodon. Cette membrane s'élève autour de l'aiguillon, jusqu'au-dessus de l'extrémité de ce piquant, ou jusqu'à une distance plus ou moins grande de la pointe de ce dard, qui le plus souvent perce cette membrane et paraît à découvert.

L'atinga est brun ou bleuâtre sur le dos et blanc sur le ventre; ses nageoires sont quelquefois jaunes dans le milieu de leur surface, et ces mêmes nageoires, ainsi que toute la partie supérieure du poisson, sont semées de petites taches lenticulaires et noires, que l'on voit fréquemment répandues aussi sur le dessous de l'atinga.

Ce cartilagineux vit au milieu des mers de l'Inde et de l'Amérique, voisines des tropiques, ainsi que dans les environs du cap de Bonne-Espérance. Il s'y nourrit de petits poissons, de cancres et d'animaux à coquille, dont il brise aisément l'enveloppe dure par le moyen de ses fortes mâchoires. Il ne s'éloigne guère des côtes; quoiqu'il ne parvienne qu'à la longueur de quinze pouces ou d'un pied et demi, il sait si bien, lorsqu'on l'attaque, se retourner en différents sens, exécuter des mouvements rapides, s'agiter, se couvrir de ses armes, en présenter la pointe, qu'il est très difficile et même dangereux de le prendre. Aussi le poursuit-on d'autant moins que sa chair est dure et peu savoureuse.

C'est principalement dans les moments où l'on veut le saisir qu'il gonfle sa partie inférieure. Il a la faculté de l'enfler comme les tétrodons et les ovoïdes, quoique cependant il paraisse ne pouvoir pas donner à cette portion de son corps un aussi grand degré d'extension. Il augmente ainsi son volume pour donner plus de force à sa résistance et pour s'élever et nager avec plus de facilité; il se grossit et se tuméfie particulièrement, lorsqu'après l'avoir saisi, on cherche à le tenir un moment suspendu par sa nageoire dorsale; mais, quelque cause qui le contraigne à se boursoufler, il détend souvent tout d'un coup sa partie inférieure, et, faisant alors sortir avec rapidité par l'ouverture de sa bouche, par celle de ses branchies, ou par son anus, le fluide contenu dans son intérieur, il produit un bruissement semblable à celui que font entendre les balistes, les ostracions et les tétrodons.

La vessie natatoire de l'atinga est très grande, ainsi que celle des tétrodons; d'après la nature de la membrane qui la compose, il paraît que, préparée comme celle de l'acipensère huso, elle donnerait une colle supérieure par sa bonté à celle que l'on pourrait obtenir de la vésicule aérienne d'un très grand nombre d'autres espèces de poissons.

L'estomac du diodon que nous décrivons n'est composé que d'une membrane assez mince; mais il est garni de beaucoup d'appendices, qui, comme autant de petites poches ou d'intestins ouverts uniquement par un bout, peuvent ou augmenter la quantité des sucs digestifs, ou contribuer à l'élaboration, à la perfection, à l'activité de ces sucs, ou prolonger la durée de l'action de ces liquides sur les aliments, en retardant le passage des substances nutritives dans la partie des intestins la plus voisine de l'anus.

Ces aliments, quelque dure que soit leur nature, peuvent arriver à l'estomac, d'autant plus broyés et par conséquent susceptibles de subir l'action des liqueurs digestives, qu'indépendamment des mâchoires osseuses qui tiennent lieu à l'animal de deux dents très larges et très fortes, l'atinga a deux véritables dents molaires très grandes, relativement à l'étendue de la cavité de la bouche, à peine convexes et sillonnées transversalement. L'une occupe presque tout le palais; l'autre, qui ne cède que très peu en grandeur à la première, revêt la partie opposée de la gueule dans l'endroit le plus voisin du devant de la mâchoire inférieure.

Lorsqu'on a mangé de l'atinga, non seulement on peut éprouver des accidents graves, si on a laissé dans l'intérieur de cet animal quelques restes des aliments qu'il préfère, et qui peuvent être très malsains pour l'homme, mais encore, suivant Pison, la vésicule du fiel de ce cartilagineux contient un poison si actif, que si elle crève quand on vide l'animal, ou qu'on l'oublie dans le corps du poisson, elle produit sur ceux qui mangent de l'atinga les effets les plus funestes : les sens s'émoussent, la langue devient immobile, les membres se raidissent; et, à moins qu'on ne soit promptement secouru, une sueur froide ne précède la mort que de quelques instants.

Au reste, si la vésicule du fiel, ou quelque autre portion intérieure du corps de l'atinga, contient un venin dangereux, il ne peut point faire perdre la vie, en parvenant jusqu'au sang des personnes blessées par ce cartilagineux, et en y arrivant par le moyen des longs piquants dont la surface du poisson est hérissée, ainsi que quelques voyageurs l'ont redouté. Ces piquants ne sont point creux jusqu'à leur extrémité; leur cavité ne présente à l'extérieur aucun orifice par lequel le poison pût être versé jusque dans la plaie; et l'on ne découvre aucune communication entre l'intérieur de ces aiguillons et quelque vésicule propre à contenir et à répandre un suc délétère.

LE DIODON PLUMIER[1]

Diodon Plumieri, Lacép.

Il était convenable de désigner ce cartilagineux par le nom du naturaliste auquel nous devons la figure de cette belle espèce de diodon, que l'on trouve dans la zone torride, auprès des côtes orientales de l'Amérique. Ce poisson, que l'on voit aussi auprès des rivages de plusieurs îles américaines,

1. « Orbis piscis aculeatis major. » Plumier, dessins sur vélin, déjà cités. — « Orbis aculeatus, maculis albis notatus, apud insulas americanas vulgo *poisson armé*. » Plumier, dessins déposés dans le Cabinet des estampes de la bibliothèque du roi.

a beaucoup de ressemblance avec l'atinga ; mais il en diffère par plusieurs caractères. Premièrement, il est souvent plus allongé, sa longueur totale étant presque toujours quatre fois aussi étendue que sa hauteur. Secondement, il présente un étranglement très marqué à l'endroit où la tête est attachée au corps, et par conséquent entre les yeux et les nageoires pectorales. Troisièmement, il n'y a pas de piquants sur les côtés de la tête, au-dessous ni sur le devant de cette partie ; et, au delà de la nageoire dorsale, la queue est également dénuée d'aiguillons.

Le diodon plumier est bleuâtre avec des taches blanches, presque rondes, assez petites et très nombreuses[1].

LE DIODON HOLOCANTHE[2]

Diodon Atinga, LINN., GMEL. — *Diodon punctatus*, CUV.

Le trait le plus constant et le plus sensible par lequel la conformation extérieure de l'holocanthe diffère de celle de l'atinga est la forme de la nageoire de la queue. Cette nageoire, au lieu d'être arrondie comme dans l'atinga, est échancrée, et par conséquent fourchue ou un peu en croissant dans l'holocanthe. L'ensemble de la tête, du corps et de la queue est aussi, au moins le plus souvent, moins allongé dans l'holocanthe que dans l'atinga; le dos est plus convexe, et les piquants sont quelquefois plus longs[3] ; mais d'ailleurs toutes les formes sont presque semblables ; les nuances et la distribution des couleurs ne le sont pas moins; et l'on remarque les mêmes habitudes dans les deux espèces.

Comme l'atinga, l'holocanthe se livre à divers mouvements très violents et très rapides lorsqu'il se sent saisi, et particulièrement lorsqu'il est pris à l'hameçon. Il se gonfle et se comprime, redresse et couche ses dards, s'élève et s'abaisse avec vitesse pour se débarrasser du crochet qui le retient. Ses piquants étant quelquefois plus longs et plus forts que ceux de l'atinga, ses efforts multipliés pour s'échapper et se défendre sont plus redoutés que ceux de cet autre diodon. Bien loin d'oser le prendre au milieu de l'eau et lorsqu'il jouit encore de toute sa force, on n'ose approcher sa main de son corps jeté et gisant sur le rivage qu'au moment où sa puissance affaiblie et

1. A la nageoire du dos .... 7 rayons.
A chaque nageoire pectorale .... 9 —
A celle de l'anus .... 6 ou 7 —
A celle de la queue, qui est arrondie .... 9 ou 10 —

2. *Diodon hystrix, guara*, Bloch, pl. 126. — *Le deux-dents longue-épine*. Bonnaterre, planches de l'Encyclopédie méthodique, pl. 19, fig. 61. — « Ostracion oblongus holocanthus, aculeis longissimis teretiformibus, in capite imprimis et in collo. » Artedi, gen. 60, syn. 86.

3. On trouve souvent à la nageoire du dos .... 14 rayons.
— aux pectorales .... 21 —
— à celle de l'anus .... 17 —
— à celle la queue .... 10 —

sa vie près de s'éteindre rendent ses mouvements à peine sensibles et ses armes presque nulles.

Au reste, se nourrissant des mêmes animaux que l'atinga, il fréquente les côtes, ainsi que ce cartilagineux et ainsi que la plupart des poissons qui vivent de crabes et d'animaux à coquille. On le trouve dans les mêmes mers que celles où l'on pêche l'atinga.

LE DIODON TACHETÉ [1]

Diodon quadrimaculatus, Cuv.

Commerson a laissé dans ses manuscrits la description de cette espèce de cartilagineux, au sujet de laquelle aucun naturaliste n'a encore rien publié, que l'on a trouvée auprès des côtes de la Nouvelle-Cythère, et à laquelle les navigateurs qui l'ont vue ont donné le nom de *crapaud marin* et de *hérisson de mer*. A mesure qu'on s'éloigne de l'atinga, en continuant cependant d'observer les diodons dans l'ordre suivant lequel nous les avons placés, on voit l'allongement du corps diminuer dans les espèces que l'on examine, et la sphéricité presque parfaite succéder enfin à une très grande différence entre la longueur et les autres dimensions de l'animal. Les holocanthes sont, en effet, moins allongés en général que le tacheté ; le tacheté paraît l'être moins que l'holocanthe ; des variétés de l'orbe se rapprochent encore davantage de la forme globuleuse, que l'on retrouve presque dans toute son intégrité, lorsqu'on a sous les yeux d'autres individus de cette dernière espèce.

Indépendamment de sa forme moins allongée, le tacheté est séparé de l'atinga et de l'holocanthe par la disposition de ses couleurs. Il est brun par-dessus et blanchâtre par-dessous ; il présente sur sa nuque une très grande tache en forme de croissant, un peu festonnée, et dont les pointes sont tournées vers les yeux. On en voit de chaque côté du corps une autre un peu ovale, située au-dessus de la nageoire pectorale, et deux autres transversales, dont la première est au-dessous de l'œil et la seconde entre l'œil et la nageoire pectorale ; le dessous du museau est comme entouré d'une tache nuageuse ; enfin on en trouve une presque ronde au-dessus du dos, autour de la nageoire dorsale. Au reste, ces différentes taches sont d'un noir plus ou moins foncé.

Toutes les nageoires sont d'un jaune verdâtre[2]. Les piquants sont blancs et montrent leurs pointes au-dessus de gaines très brunes.

Ces mêmes aiguillons, mobiles à la volonté de l'animal, ainsi que ceux

1. « Diodon muricatum, brunneum, spinis albis, maculis dorsalibus quinque majusculis nigris, occipitali maxima semilunata. » Commerson, manuscrits déjà cités.

2. A la nageoire du dos . . . . 14 rayons.
Aux nageoires pectorales . . . . 24 —
A celle de l'anus . . . . 14 —
A celle de la queue . . . . 9 —

de presque tous les autres diodons, sont très longs sur le dos, mais deux ou trois fois plus courts sur le ventre.

Les narines, situées entre les yeux et l'extrémité du museau, ont les bords de leurs ouvertures relevés de manière à représenter une verrue.

Les yeux sont voilés par une continuation transparente du tégument le plus extérieur de l'animal ; cependant ils sont gros et très saillants.

L'ouverture branchiale a la forme d'un segment de cercle et est placée verticalement.

On ne compte de chaque côté que trois branchies.

La nageoire de la queue est arrondie ; ce qui rapproche un peu le tacheté de l'atinga, mais l'éloigne de l'holocanthe.

LE DIODON ORBE[1]

Diodon rivulatus, Cuv. — *Diodon maculato-striatus*, Mitchill.

Ce nom d'*orbe* désigne la forme presque entièrement sphérique que présente ce cartilagineux. Il ressemble d'autant plus à une boule, surtout lorsqu'il s'est tuméfié, que ses nageoires sont très courtes, et que son museau étant très peu avancé, aucune grande proéminence n'altère la rondeur de son ensemble. Les piquants dont sa surface est hérissée sont très forts; mais ils sont plus courts et plus clairsemés, à proportion du volume du poisson, que ceux de l'atinga, de l'holocanthe et du tacheté. Ils paraissent d'ailleurs retenus sous la peau par des racines à trois pointes, plus étendues et plus dures ; ils ressemblent davantage à un cône, ou plutôt à une sorte de pyramide triangulaire dont les faces seraient plus ou moins marquées; ils peuvent faire des blessures plus larges ; ils sont moins fragiles ; ils donnent à l'animal des moyens de défense plus capables de résister à une longue attaque; voilà pourquoi l'orbe a été nommé par excellence, et au milieu des autres diodons, le *poisson armé*. C'est sous ce nom que sa dépouille a été conservée pendant si longtemps, suspendue à la voûte de presque tous les muséums d'histoire naturelle, et même dans un grand nombre de cabinets de physique, de laboratoires de pharmacie et de magasins de drogues étrangères.

1. *Deux-dents hérisson*. Bonnaterre, planches de l'Encyclopédie méthodique, pl. 19, fig. 62. — *Diodon orbicularis, orbe hérisson*. Bloch, pl. 127. — *Deux-dents courte-épine*. Daubenton, Encyclopédie méthodique. — « Ostracion bidens sphæricus, aculeis undique densis triquetris. » Artedi, gen. 59, syn. 86. — Séba, mus. 3, tab. 23, fig. 3. — « Poisson rond et piquant. Orbis echinatus, orbis muricatus. » Rondelet, première partie, liv. XV, chap. III.

Willughby, *Icht.*, tab. I, 4, fig. 6; I, 8, fig. 1 et 2. — « Guamajacu, guara, piquitingua, araguagua, camuri. » Margr., *Brasil.*, p. 158. — « Ikan docrian, terpandjang. doeri, doeri-nja. » Valent., *Ind.*, 5, p. 458, n° 357. — *Poisson armé*. Dutertre, *Antill.* 2, p. 209. — *Diodon hystrix reticulatus*, *B.* Linné, édition de Gmelin.

« Ostracion subrotundus, aculeis undique brevibus triquetris raris. » Artedi, gen. 59, syn. 86. — « Diodon subsphæricus aculeatus, aculeis ventralibus singulis macula flavicante notatis, præter maculas quinque nigras. » Commerson, manuscrits déja cités.

Commerson, qui a vu ce poisson en vie dans la mer voisine de Rio-Janeiro, a très bien décrit les couleurs de cet animal ; et c'est d'après lui que nous allons les faire connaître. L'orbe est d'un gris livide sur toute sa surface ; mais ce fond est varié par des taches de formes et de nuances différentes. Premièrement, des gouttes blanchâtres sont répandues sur tout le dos ; secondement, quatre taches plus grandes, noires et presque arrondies, sont situées, une auprès de chaque nageoire pectorale, et une sur chaque côté du corps ; troisièmement, une cinquième tache, également noire, mais très échancrée, paraît auprès de la nageoire caudale ; quatrièmement, un croissant noirâtre est au-dessous de chaque œil ; et cinquièmement, la base de chacun des aiguillons placés sur le ventre est d'un jaune plus ou moins pâle.

Au reste, on remarque souvent des variétés dans la forme du corps de l'orbe et dans celle de ses aiguillons. Ces piquants sont quelquefois, par exemple, taillés, pour ainsi dire, à pans plus sensibles et attachés par des racines plus fortes et plus divisées. D'un autre côté, la sphéricité de l'animal se change en une sorte d'ovoïde, ou de petit cône, qui le rapproche du tacheté, ou de l'holocanthe, ou de l'atinga, surtout lorsque ces derniers, ayant accidentellement leur partie inférieure très gonflée, s'éloignent davantage de la figure allongée et sont plus près de la rondeur d'une boule. Mais les atingas, les holocanthes et les tachetés les plus voisins de la forme globuleuse seront toujours séparés de l'orbe dont la sphéricité sera la moins parfaite, par la conformation des piquants de ce dernier, plus courts, plus forts, plus clairsemés, mieux enracinés et plus comprimés latéralement et sur plusieurs faces, que ceux des autres diodons[1].

L'orbe a, comme d'autres cartilagineux de sa famille, deux dents molaires presque plates, très étendues en surface et situées l'une au palais, l'autre en bas vers le bout du museau. Sa chair est un aliment plus ou moins dangereux, au moins dans certaines circonstances, comme celle de l'atinga et d'autres diodons.

C'est principalement dans l'orbe que l'on avait cru voir de véritables poumons en même temps que des branchies ; et c'est cette observation qui avait particulièrement engagé Linné à séparer les cartilagineux des poissons proprement dits et à les considérer comme appartenant à la classe que ce grand naturaliste a désignée par le nom d'amphibie[2].

1. A la nageoire du dos........ 14 rayons.
Aux nageoires pectorales........ 22 —
A celle de l'anus........ 12 —
A celle de la queue, qui est arrondie........ 10 —

2. Voyez le Discours sur la nature des poissons.

LE DIODON MOLE[1]

Orthagoriscus spinosus, Bl., Schn., Cuv.

Ce diodon, que le savant naturaliste Pallas a fait connaître, a beaucoup de ressemblance avec le tétrodon lune par le grand aplatissement de son corps, qui est très comprimé par les côtés, et par la forme demi-ovale qu'il présente lorsqu'on regarde une de ses faces latérales. Mais ces deux poissons appartiennent à deux familles différentes; il est donc très aisé de les distinguer l'un de l'autre ; d'ailleurs le diodon mole, au lieu de parvenir aux dimensions très étendues de la lune, n'a encore été vu que de la longueur de quelques pouces; et l'on n'a encore comparé la grandeur de l'espèce de disque qu'offre le corps de ce cartilagineux qu'à celle de la paume de la main.

Le sommet de la tête du mole est creusé en petit canal dont les deux bouts sont garnis d'une petite pointe; le museau est saillant; la grande dent qui compose la partie antérieure de chaque mâchoire est plutôt cartilagineuse qu'osseuse. Le dos est armé de deux piquants et de trois tubercules ; on voit aussi deux aiguillons auprès de la gorge, et d'autres piquants sur les côtés du corps ou sur la carène formée par le dessous de l'animal. La partie postérieure du mole paraît comme tronquée. On compte quatorze rayons à chacune de ses nageoires pectorales. On le trouve dans les mers voisines des tropiques, ainsi que les autres espèces de diodons, qui habitent, au reste, non seulement dans les eaux salées qui baignent l'ancien continent, mais dans celles qui avoisinent les rivages du nouveau.

QUINZIÈME GENRE

LES SPHÉROÏDES

Point de nageoires du dos, de la queue, ni de l'anus; quatre dents au moins à la mâchoire supérieure.

ESPÈCE.	CARACTÈRES.
Sphéroïde tuberculé.	Un grand nombre de petits tubercules sur la plus grande partie du corps.

LE SPHÉROIDE TUBERCULÉ[2]

Sphæroides tuberculatus, Lacép.

Le naturaliste Plumier a laissé parmi les dessins originaux que l'on doit à son zèle éclairé, et qui sont déposés dans le Cabinet des estampes de la bi-

1. Pallas, *Spicil. zoolog.*, 8, p. 30, tab. 4, fig. 7. — Kœlreuter, *Nov. Comm. petropol.*, 10, p. 440, tab. 6.

2. « Orbis minimus non aculeatus. » Plumier, dessins déposés dans le Cabinet des estampes de la bibliothèque du roi.

bliothèque royale, la figure de ce cartilagineux, que je n'ai pu inscrire, d'après sa forme extérieure, dans aucun des genres de poissons déjà connus. Il a beaucoup de rapports avec l'ovoïde fascé; mais il en diffère, ainsi qu'on va le voir, par plusieurs traits essentiels. Il est presque entièrement sphérique, et voilà pourquoi le nom générique de *sphéroïde* m'a paru lui convenir. Sa forme globuleuse n'est altérée que par deux saillies très marquées, dans chacune desquelles un des deux yeux est placé. Les deux narines, très rapprochées, sont situées entre les yeux et l'ouverture de la bouche, dans l'intérieur de laquelle on voit au moins quatre dents attachées à la mâchoire supérieure et deux à la mâchoire d'en bas. Une portion assez considérable des environs de la bouche n'est recouverte que d'une peau lisse; mais tout le reste de la surface du corps est parsemé d'un très grand nombre de petits tubercules qui m'ont suggéré le nom spécifique de ce cartilagineux. L'animal ne présente aucun aiguillon; il n'a que deux nageoires : ce sont deux nageoires pectorales assez étendues, et dont chacune est soutenue par six ou sept rayons. Il est à présumer que c'est dans la mer qui baigne les côtes orientales de la partie de l'Amérique comprise entre les tropiques que l'on trouve ce tuberculé, dont les habitudes doivent ressembler beaucoup à celles de l'ovoïde fascé.

SEIZIÈME GENRE

LES SYNGNATHES

L'ouverture de la bouche très petite et placée à l'extrémité d'un museau très long et presque cylindrique; point de dents; les ouvertures des branchies sur la nuque.

PREMIER SOUS-GENRE

UNE NAGEOIRE DE LA QUEUE, DES NAGEOIRES PECTORALES ET UNE NAGEOIRE DE L'ANUS

ESPÈCES.	CARACTÈRES.
1. SYNGNATHE TROMPETTE.	Le corps à six pans.
2. SYNGNATHE AIGUILLE.	Le corps à sept pans.

SECOND SOUS-GENRE

UNE NAGEOIRE DE LA QUEUE, DES NAGEOIRES PECTORALES; POINT DE NAGEOIRE DE L'ANUS

ESPÈCE.	CARACTÈRE.
3. SYNGNATHE TUYAU.	Le corps à sept pans.

TROISIÈME SOUS-GENRE

UNE NAGEOIRE DE LA QUEUE; POINT DE NAGEOIRES PECTORALES, NI DE NAGEOIRE DE L'ANUS

ESPÈCE.	CARACTÈRES.
4. SYNGNATHE PIPE.	Trente rayons à la nageoire du dos; cinq à celle de la queue.

QUATRIÈME SOUS-GENRE

POINT DE NAGEOIRE DE LA QUEUE; DES NAGEOIRES PECTORALES; UNE NAGEOIRE DE L'ANUS

ESPÈCES.	CARACTÈRES.
5. SYNGNATHE HIPPOCAMPE.	Cinq excroissances barbues et cartilagineuses au-dessus de la tête.
6. SYNGNATHE DEUX PIQUANTS.	Deux piquants sur la tête.

CINQUIEME SOUS-GENRE

POINT DE NAGEOIRE DE LA QUEUE; DES NAGEOIRES PECTORALES; POINT DE NAGEOIRE DE L'ANUS

ESPÈCE.	CARACTÈRE.
7. SYNGNATHE BARBE.	Le corps à six pans.

SIXIÈME SOUS-GENRE

POINT DE NAGEOIRE DE LA QUEUE, DE NAGEOIRES PECTORALES, NI DE NAGEOIRE DE L'ANUS

ESPÈCE.	CARACTÈRES.
8. SYNGNATHE OPHIDION.	Le corps très délié; trente-quatre rayons à la nageoire du dos.

LE SYNGNATHE TROMPETTE [1]

Syngnathus Typhle, LINN., GMEL., LACÉP., CUV.

De toutes les manières dont les poissons viennent au jour, il n'en est point de plus digne d'attention que celle que l'on observe dans la famille des syngnathes, de ces cartilagineux très allongés, dont les nageoires sont très petites, et qui par ces deux traits ressemblent beaucoup aux serpents les plus déliés. En effet, non seulement les femelles des syngnathes ne déposent pas leurs œufs, comme celles du plus grand nombre de poissons, sur des bancs de sable, sur des rochers, sur des côtes plus ou moins favorables au développement des fœtus ; non seulement elles ne les abandonnent point sur des rivages, mais on dirait que, modèles de la véritable tendresse maternelle, elles consentent à perdre la vie pour la donner aux petits êtres qui leur devront leur existence. On croirait même qu'elles s'exposent à périr au milieu de douleurs cruelles pour sauver les jeunes produits de leur propre substance. Jamais l'imagination poétique, qui a voulu quelquefois élever l'instinct

1. *Gagnole*, dans plusieurs départements méridionaux. — *Cheval marin trompette.* Daubenton, Encyclopédie méthodique. — *Id.* Bonnaterre, planches de l'Encyclopédie méthodique. — *Fauna suecica*, 377. — « Syngnathus corpore medio hexagono, cauda pinnata. » Artedi, gen. 1, syn. 1, spec. 3. — Bloch, pl. 91, fig. 1. — Klein, *Miss. pisc.*, 4, p. 42, n° 2. — *Piscis septimus*, Salvian, *Aquat.*, p. 68. — *Typhle marina.* Bel., *Aquat.*, p. 448. — *Trompette, aiguille d'Aristote.* Rondelet, première partie, liv. VIII, chap. IV.

Willughby, *Icht.*, p. 158. — Ray, *Pisc.*, p. 46. — Gesner, *Aquat.*, p. 9 ; icon. anim., p. 92. — *Sea-adder.* Borlase, *Cornw.*, p. 267. — *Shorter pipe-fish.* Pennant, *Brit. zool.*, 3, p. 108, n° 2 tab. 6, fig. 2. — « Syngnathus pinnis caudæ, ani, pectoralibusque, radiatis, corpore hexagono. ». Commerson, manuscrits déjà cités.

des animaux, animer leur sensibilité, ennoblir leurs affections, embellir leurs qualités et les rapprocher de celles de l'homme, autant qu'une philosophie trop sévère et trop prompte dans ses jugements a cherché à les dégrader et à les repousser loin d'elle, n'a pu être si facilement séduite lorsqu'elle a erré au milieu des divers groupes d'animaux dont nous avons entrepris d'écrire l'histoire, et même de tous ceux que l'on a placés, avec raison, plus près de l'homme, ce fils privilégié de la nature, qu'elle ne l'aurait été par le tableau de soins des syngnathes mères et de toutes les circonstances qui accompagnent le développement de leurs faibles embryons ; jamais elle ne se serait plu à parer de plus de charmes les résultats de l'organisation des êtres vivants et sensibles. Et combien de fois les syngnathes mères n'auraient-elles pas été célébrées dans ces ouvrages charmants, heureux fruits d'une invention brillante et d'un sentiment touchant, que la sagesse reçoit des mains de la poésie pour le bonheur du monde, si le génie qui préside aux sciences naturelles avait plus tôt révélé à celui des beaux-arts le secret des phénomènes dérobés à presque tous les yeux, et par les eaux des mers dans lesquelles ils s'opèrent, et par la petitesse des êtres qui les produisent !

Mais au travers de ces voiles précieux et transparents dont l'imagination du poète les aurait enveloppés, qu'aurait vu le physicien? Que peut remarquer dans la reproduction des syngnathes l'observateur le plus froid et le plus exact? Quels sont ces faits à la vue desquels la poésie aurait allumé son flambeau? Oublions les douces images qu'elle aurait fait naître, et ne nous occupons que des devoirs d'un historien fidèle.

On a pensé que les syngnathes étaient hermaphrodites; un savant naturaliste, le professeur Pallas, l'a écrit[1], et ses soupçons à ce sujet ont été fondés sur ce que dans tous les individus de ce genre qu'il a disséqués, il a trouvé des ovaires et des œufs. Peut-être dans cette famille, ainsi que dans plusieurs autres de la classe des poissons, le nombre des femelles l'emporte-t-il de beaucoup sur celui des mâles. Mais, quoi qu'il en soit, les observations d'autres habiles physiciens, et particulièrement celles d'Artedi, qui a vu des syngnathes mâles, ne permettent pas de regarder comme hermaphrodites les cartilagineux dont nous traitons dans cet article ; et nous sommes dispensés d'admettre une exception qui aurait été unique non seulement parmi les poissons, mais même parmi tous les animaux à sang rouge.

Les jeunes syngnathes sortent des œufs dans lesquels ils ont été renfermés pendant que ces mêmes œufs sont encore attachés au corps de la femelle. L'intérieur de ces petites enveloppes a donc dû être fécondé avant leur séparation du corps de la mère. Il en est donc des syngnathes comme des raies et des squales : le mâle est obligé de chercher sa femelle, de s'en approcher, de demeurer auprès d'elle au moins pendant quelques moments, de faire

1. Pallas, *Spicileg. zoologic.*, 8, p. 33.

arriver jusqu'à elle sa liqueur séminale. Il y a donc un véritable accouplement du mâle et de la femelle dans la famille que nous examinons ; et la force qui les entraîne l'un vers l'autre est d'autant plus remarquable, qu'elle peut faire supposer l'existence d'une sorte d'affection mutuelle, très passagère à la vérité, mais cependant assez vive, et que ce sentiment, quelque peu durable qu'il soit, doit influer beaucoup sur les habitudes de l'animal, et par conséquent sur l'instinct qui est le résultat de ces habitudes.

Lorsque la liqueur séminale du mâle est parvenue jusqu'aux œufs de la femelle, ils reçoivent de ce fluide vivifiant une action analogue à celle que l'on voit dans tous les œufs fécondés, soit dans le ventre, soit hors du corps des mères, à quelque espèce d'animal qu'il faille d'ailleurs les rapporter. L'œuf, imprégné de la liqueur du mâle, s'anime, se développe, grossit ; et le jeune embryon croît, prend des forces et se nourrit de la matière alimentaire renfermée avec lui dans sa petite coque. Cependant le nombre des œufs que contiennent les ovaires est beaucoup plus grand, à proportion de leur volume et de la capacité du ventre qui les renferme, dans les syngnathes que dans les raies ou dans les squales. Lorsque ces œufs ont acquis un certain degré de développement, ils sont trop pressés dans l'espace qu'ils occupent, ils en compriment trop les parois sensibles et élastiques, pour n'être pas repoussés hors de l'intérieur du ventre, avant le moment où les fœtus doivent éclore. Mais ce n'est pas seulement alors par l'anus qu'ils s'échappent, ils sortent par une fente longitudinale qui se fait dans le corps, ou, pour mieux dire, dans la queue de la femelle, auprès de l'anus, et entre cette ouverture et la nageoire caudale. Cette fente non seulement sépare des parties molles de la femelle, mais encore elle désunit des pièces un peu dures et solides. Ces pièces sont plusieurs portions de l'enveloppe presque osseuse dans laquelle les syngnathes sont engagés en entier. Ces poissons sont, en effet, revêtus d'une longue cuirasse qui s'étend depuis la tête jusqu'à l'extrémité de la queue. Cette cuirasse est composée d'un très grand nombre d'anneaux placés à la suite l'un de l'autre, et dont chacun est articulé avec celui qui le précède et celui qui le suit. Ces anneaux ne sont pas circulaires, mais à plusieurs côtés ; et comme les faces analogues de ces anneaux se correspondent d'un bout à l'autre de l'animal, l'ensemble de la cuirasse, ou, pour mieux dire, du très long étui qu'ils forment, ressemble à un prisme à plusieurs pans. Le nombre de ces pans varie suivant les espèces, ainsi que celui des anneaux qui recouvrent le corps et la queue proprement dite.

En même temps que la sorte de gaine qui renferme le poisson présente plusieurs faces disposées dans le sens de la longueur du syngnathe, elle doit offrir aussi, aux endroits où ces pans se touchent, des arêtes, ou lignes saillantes et longitudinales, en nombre égal à celui des côtés longitudinaux de cet étui prismatique. Une de ces arêtes est placée, au moins le plus souvent, au milieu de la partie inférieure du corps et de la queue, dont elle parcourt la longueur. C'est une portion de cette arête qui, au delà de l'anus, se change en fente allongée, pour laisser passer les œufs; cette fente se prolonge plus ou moins, suivant les individus et suivant l'effort occasionné par le nombre des œufs, soit vers le bout de la queue, soit vers l'autre extrémité du syngnathe.

Cependant les deux pans les plus inférieurs du fourreau prismatique, non seulement se séparent à l'endroit de cette fente, mais ils s'enfoncent, vers l'intérieur du corps de l'animal, dans le bord longitudinal qui touche la fente, et se relèvent dans l'autre, de manière qu'au lieu d'une arête saillante, on voit un petit canal qui s'étend souvent vers la tête et vers le bout de la queue du syngnathe, bien au delà de la place où la division a lieu. En effet, une dépression semblable à celle que nous exposons s'opère alors au delà de la fente, tant vers le bout de la queue que vers la tête, quoique les deux pans longitudinaux les plus inférieurs n'y soient pas détachés l'un de l'autre et qu'ils s'inclinent uniquement l'un sur l'autre, d'une manière très différente de celle qu'ils présentaient avant la production de la séparation.

Lorsqu'une arête saillante ne règne pas longitudinalement dans le milieu de la partie inférieure de l'animal, le pan qui occupe cette partie inférieure se partage en deux, et les deux lames allongées qui résultent de cette fracture, ainsi que les pans collatéraux, s'inclinent de manière à produire un canal analogue à celui que nous venons de décrire.

C'est dans ce canal, dont la longueur varie suivant les espèces et même suivant les individus, que se placent les œufs, à mesure qu'ils sortent du ventre de la mère; ils y sont disposés sur des rangs plus ou moins nombreux selon leur grosseur et la largeur du canal; et ils y sont revêtus d'une peau mince, que les jeunes syngnathes déchirent facilement lorsqu'ils ont été assez développés pour percer la coque qui les contenait.

La femelle porte ainsi ses petits encore renfermés dans leurs œufs, pendant un temps dont la longueur varie suivant les diverses circonstances qui peuvent influer sur l'accroissement des embryons; elle nage ainsi chargée d'un poids qu'elle conserve avec soin, et qui lui donne d'assez grands rapports avec plusieurs cancres dont les œufs sont également attachés pendant longtemps au-dessous de la queue de la mère.

Peut-être n'est-ce qu'au moment où les œufs des syngnathes sont parvenus dans le petit canal qui se creuse au-dessous du corps de la femelle, que le mâle s'approche, s'accouple et les arrose de sa liqueur séminale, laquelle peut pénétrer aisément au travers de la membrane très peu épaisse qui les maintient. Mais, quoi qu'il en soit, il paraît que, dans la même saison, il peut y avoir plusieurs accouplements entre le même mâle et la même femelle, et que plusieurs fécondations successives ont lieu comme dans les raies et les squales; les premiers œufs qui sont un peu développés et vivifiés par la liqueur séminale du mâle passent dans le petit canal, qu'ils remplissent, et dans lequel ils sont ensuite remplacés par d'autres œufs dont l'accroissement moins précoce avait retardé la fécondation, en les retenant plus longtemps dans le fond de la cavité des ovaires.

Au reste, le phénomène que nous venons de décrire est une nouvelle preuve de l'étendue des blessures, des déchirements et des autres altérations que les poissons peuvent éprouver dans certaines parties de leur corps, non seulement sans en périr, mais même sans ressentir de graves accidents.

La tête de tous les syngnathes, et particulièrement de la trompette dont nous traitons dans cet article, est très petite; le museau est très allongé, presque cylindrique, un peu relevé par le bout; et c'est à cette extrémité qu'est placée l'ouverture de la bouche, qui est très étroite et se ferme par le moyen de la mâchoire inférieure proprement dite, que l'on a prise à tort pour un opercule, et qui, en se relevant, va s'appliquer contre celle d'en haut. Le long tuyau formé par la partie antérieure de la tête a été regardé comme composé de deux mâchoires réunies l'une contre l'autre dans la plus grande partie de leur étendue, et de là vient le nom de *syngnathe* que porte la famille de cartilagineux dont nous nous occupons.

La trompette, non plus que les autres syngnathes, n'a point de langue, ni même de dents. Ce défaut de dents, la petitesse de l'ouverture de sa bouche et le peu de largeur du long canal que forme la prolongation du museau forcent la trompette à ne se nourrir que de vers, de larves, de fragments d'insectes, d'œufs de poissons.

La membrane des branchies des syngnathes, que deux rayons soutiennent, s'étend jusque vers la gorge; l'opercule de cet organe est grand et couvert de stries disposées en rayons; mais cet opercule et cette membrane sont attachés à la tête et au corps proprement dit, dans une si grande partie de leur contour, qu'il ne reste pour le passage de l'eau qu'un orifice placé sur la nuque. On voit donc sur le derrière de la tête deux petits trous que l'on prendrait pour des évents analogues à ceux des raies et des squales, mais qui ne sont que les véritables ouvertures des branchies.

Ces branchies sont au nombre de quatre de chaque côté. Ces organes, un peu différents dans leur conformation des branchies du plus grand nombre de poissons, ressemblent, selon Artedi et plusieurs autres naturalistes qui l'ont copié, à une sorte de viscosité pulmonaire d'un rouge obscur; mais je me suis assuré, en examinant plusieurs individus et même plusieurs espèces de la famille que nous décrivons, qu'ils étaient composés à peu près comme dans la plupart des poissons, excepté que chacune des branchies est quelquefois un peu épaisse à proportion de sa longueur, et que les quatre de chaque côté sont réunies ensemble par une membrane très mince, laquelle, ne s'appliquant qu'à leur côté extérieur, forme, entre ces quatre parties, trois petits canaux ou cellules qui ont pu suggérer à Artedi l'expression qu'il a employée. Au reste, cette couleur rougeâtre, qu'il a très bien vue, indique les vaisseaux sanguins très ramifiés et disséminés sur ces branchies.

Les yeux des syngnathes sont voilés par une membrane très mince, qui est une continuation du tégument le plus extérieur de l'animal.

Le canal intestinal de la trompette est court et presque sans sinuosités.

La série de vertèbres cartilagineuses, qui s'étend depuis la tête jusqu'à l'extrémité de la queue, ne présente aucune espèce de côte ; mais les vertèbres qui sont renfermées dans le corps proprement dit offrent des apophyses latérales assez longues, qui ont quelque ressemblance avec des côtes. Elles montrent ainsi une conformation intermédiaire entre celle des vertèbres des raies et des squales, sur lesquelles on ne voit pas de ces apophyses, et celle des vertèbres des poissons osseux qui sont de véritables côtes.

L'étui dans lequel elle est enveloppée présente six pans, tant sur le corps que sur la queue, autour de laquelle cependant ce fourreau n'offre quelquefois que quatre pans longitudinaux.

Le nombre des anneaux qui composent cette cuirasse est ordinairement de dix-huit autour du corps et de trente-six autour de la queue.

La trompette a une nageoire dorsale comme tous les syngnathes ; mais elle a de plus des nageoires pectorales, une nageoire de l'anus et une nageoire caudale[1] ; organes dont les trois, ou du moins un ou deux, manquent à quelques espèces de ces animaux, ainsi qu'on peut le voir sur le tableau méthodique des cartilagineux de cette famille.

Elle n'a guère plus d'un pied ou d'un pied et demi de longueur ; sa couleur générale est jaune et variée de brun ; les nageoires sont grises et très petites.

On la trouve non seulement dans l'Océan, mais encore dans la Méditerranée, où elle a été assez anciennement et assez bien observée, pour qu'Aristote et Pline aient connu une partie de ses habitudes, et notamment la manière dont elle vient au jour.

Sa chair est si peu abondante, que ce poisson est à peine recherché pour la nourriture de l'homme ; mais comme il perd difficilement la vie, qu'il ressemble à un ver et que, malgré sa cuirasse, qui se prête à plusieurs mouvements, il peut s'agiter et se contourner en différents sens, on le pêche pour l'employer à amorcer des hameçons.

1. A la nageoire du dos.......... 18 rayons.
Aux pectorales.......... 12 —
A celle de l'anus.......... 5 —
A celle de la queue, qui est un peu arrondie.......... 10 —

Un individu de l'espèce de la trompette, observé par Commerson, différait assez des autres individus de cette même espèce par le nombre des rayons de ses nageoires, pour qu'on pût le considérer comme formant une variété distincte.

Il avait, en effet, à la nageoire dorsale.......... 45 rayons.
— à chacune des nageoires pectorales.......... 24 —
— à celle de l'anus.......... 3 —
— à celle de la queue.......... 6 —

LE SYNGNATHE AIGUILLE[1]

Syngnathus Acus, LINN., GMEL., LACÉP., CUV.

LE SYNGNATHE TUYAU[2]

Syngnathus pelagicus, LINN., GMEL., CUV.

LE SYNGNATHE PIPE[3]

Syngnathus æquoreus, LINN., GMEL., MONTAGU.

L'aiguille habite, comme la trompette, dans l'Océan septentrional; elle présente la même conformation, excepté dans le nombre des faces de sa cuirasse, qui offre sept pans longitudinaux autour de son corps proprement dit, tandis qu'on n'en compte que six sur le fourreau analogue de la trompette. Elle parvient d'ailleurs à une grandeur plus considérable; elle a quelquefois trois pieds de long; et l'on voit, sur presque toute sa surface, des taches et des bandes transversales alternativement brunes et rougeâtres. Son anus est un peu plus rapproché de la tête que celui de la trompette, et l'on a écrit que la femelle donnait le jour à soixante-dix petits[4].

Le syngnathe tuyau a autour de son corps une longue enveloppe à sept pans, comme l'aiguille; mais il s'éloigne de la trompette plus que de ce dernier poisson : il n'a point de nageoire de l'anus. On le trouve dans des mers bien éloignées l'une de l'autre : on le voit, en effet, dans la mer Caspienne, dans celle qui baigne les rivages de la Caroline, et dans celle dont les flots agités par les tempêtes battent si fréquemment le cap de Bonne-Espérance et les côtes africaines voisines de ce cap. On l'observe souvent au milieu des

1. « Syngnathus corpore medio heptagono, cauda pinnata. » Artedi, gen. 1, syn. 2, spect. 2. — Bloch, pl. 91, fig. 2. — « Solenostomus a capite ad caudam heptagonus. » Klein, *Miss. Pisc.*, 4, p. 24, n. 3. — *Typhle*. Gesner, *Aquat.*, p. 1025. — *Acus Aristotelis*. Aldrov., *Pisc.*, p. 105.

Willughby, *Icht.*, p. 159, tab. I, 25, fig. 1. — Ray, *Pisc.*, p. 46, nº 2. — *Secnadel, sacknadel*. Wulff, *Icht.*, boruss., p. 70. — *Cheval marin aiguille*. Daubenton. Encyclopédie méthodique. — *Id.* Bonnaterre, planches de l'Encyclopédie méthodique.

2. *Cheval marin tuyau de plume*. Daubenton, Encyclopédie méthodique. — *Id.* Bonnaterre, planches de l'Encyclopédie méthodique. — *Syngnathus pelagicus*. Osbeck, *It.*, 105.

3. *Cheval marin pipe*. Daubenton, Encyclopédie méthodique. — *Id.* Bonnaterre, planches de l'Encyclopédie méthodique.

4. A la membrane des branchies du syngnathe aiguille............. 2 rayons.
A chaque nageoire pectorale.................................. 14 —
A celle du dos.. 36 —
A celle de l'anus... 6 —
A celle de la queue... 10 —

fucus ; il est d'un jaune foncé, plus clair sur les nageoires du dos et de la queue, et relevé par de petites bandes transversales brunes[1].

La forme de la trompette se dégrade encore plus dans le syngnathe pipe que dans les deux autres cartilagineux de la même famille, décrits dans cet article. La pipe n'est pas seulement dénuée de nageoire de l'anus ; elle n'a pas même de nageoires pectorales[2].

SUPPLÉMENT A L'ARTICLE DU SYNGNATHE TUYAU.

Nous avons vu que le syngnathe tuyau habitait dans des mers très éloignées l'une de l'autre, et particulièrement dans la Caspienne, auprès des rivages de la Caroline et dans les environs du cap de Bonne-Espérance. Nous avons reçu de M. Noël, de Rouen, plusieurs individus de cette même espèce de syngnathe, qui avaient été pêchés auprès de l'embouchure de la Seine. « Les tuyaux, nous écrit cet estimable observateur, sont pêchés sur les fonds du Tot, de Quillebeuf, de Berville, de Grestain. » On les prend avec des *guideaux*, sorte de filet dont nous parlerons à l'article du gade colin. M. Noël les a nommés *aiguillettes*, ou petites aiguilles, parce qu'ils ne parviennent guère, près des côtes de la Manche, qu'à la longueur de deux décimètres. Le corps de ces poissons représente une sorte de prisme à sept faces ; mais les trois pans supérieurs se réunissent auprès de la nageoire dorsale et les deux inférieurs auprès de l'anus, de manière que la queue proprement dite n'offre que quatre faces longitudinales. La couleur de ces cartilagineux est d'un gris pâle, verdâtre dans leur partie supérieure et d'un blanc sale dans leur partie inférieure. M. Noël a vu dans l'œsophage d'un de ces animaux une très petite chevrette, qui, malgré son peu de volume, en remplissait toute la capacité, et n'avait pu être introduite par l'ouverture de la bouche qu'après de très grands efforts. Il a trouvé aussi dans chacune des deux femelles qu'il a disséquées une quarantaine d'œufs assez gros, relativement aux dimensions de l'animal.

1. A la nageoire du dos du syngnathe tuyau........................ 31 rayons.
Aux nageoires pectorales.. 14 —
A celle de la queue.. 10 —

A la cuirasse qui recouvre le corps............................. 18 anneaux.
A celle qui revêt la queue....................................... 32 —

On a compté vingt-cinq anneaux dans une variété de cette espèce, vue auprès de la Caroline.

2. Thumberg, *Act. soc. physiogr. lund.*, 1, 4, p. 301, n. 30, tab. 1, fig. 1 et 2. — *Syngnathus biaculeatus, épine double.* Bloch, pl. 121, fig. 1 et 2. — *Cheval marin, épine double.* Bonnaterre, planches de l'Encyclopédie méthodique.

LE SYNGNATHE HIPPOCAMPE [1]

Hippocampus brevirostris et *Hippocampus guttulatus*, Cuv. — *Syngnathus hippocampus*, Linn., Gmel.

LE SYNGNATHE DEUX PIQUANTS [2]

Syngnathus tetragonus, Linn., Gmel.

Quel contraste que celui des deux images rappelées par ce mot *hippocampe*, qui désigne en même temps un cheval et une chenille! Quel éloignement dans l'ensemble des êtres vivants et sensibles sépare ces deux animaux, dont on a voulu voir les traits réunis dans l'hippocampe, et dont on s'est efforcé de combiner ensemble les deux idées pour en former l'idée composée du syngnathe que nous décrivons! L'imagination, qui, au lieu de calculer avec patience les véritables rapports des objets, se plaît tant à se laisser séduire par de vaines apparences et à se laisser entraîner vers les rapprochements les plus bizarres, les ressemblances les plus trompeuses et les résultats les plus merveilleux, a dû d'autant plus jouir en s'abandonnant pleinement au sens de ce mot *hippocampe*, que, par l'adoption la plus entière de cette expression, elle a exercé, pour ainsi dire, en même temps une triple puissance. Reconnaître, en quelque manière, un cheval dans un petit cartilagineux, voir dans le même moment une chenille dans un poisson, et lier ensemble et dans un même être une chenille et un cheval, ont été trois opérations simultanées, trois espèces de petits miracles compris dans un seul acte, trois signes de pouvoir devenus inséparables, dans lesquels l'imagination s'est complu sans réserve, parce qu'elle ne trouve de véritable attrait que dans ce qui lui permet de s'attribuer une sorte de force créatrice ; et voilà pourquoi cette dénomination d'*hippocampe* a été très anciennement adoptée; et voilà pourquoi, lors même qu'elle n'a rappelé qu'une erreur bien reconnue, elle a conservé assez de charmes secrets pour être généralement maintenue par les naturalistes. Quelles sont cependant ces légères appa-

1. A la nageoire dorsale du syngnathe pipe .... 30 rayons.
A celle de la queue .... 5 —

2. *Cavallo marino*, en Italie. — Brunn., *Pisc. Massil.*, n° 19. — Mull., *Prodrom. zool. danic.*, n. 327. — « Syngnathus corpore quadrangulo, pinna caudæ carens. » Artedi, gen. 1, syn. 1. — Bloch, pl. 109, fig. 3.

Cheval marin, hippocampe. Daubenton, Encyclopédie méthodique. — *Id.* Bonnaterre, planches de l'Encyclopédie méthodique. — Gronov., *Zooph.*, n. 170. — Browne, *Jamaïc.*, p. 441. — *Crayracion corpore circonflexo*, etc., Klein, *Miss. pisc.*, 3, p. 23. — Ælian, lib. XIV, cap. xiv. — *Cheval marin.* Rondelet, des insectes et Zoophytes, chap. ix.

Gesner, *Aquat.*, p. 414. — Willughby, *Icht.*, p. 157, fig. 3 et 4. — Ray, *Pisc.*, p. 45, 46, — *Hippocampus æquivoca.* Aldrov., *Pisc.*, p. 716. — *Cheval marin.* Belon, *Aquat.*, p. 444. — *Geel zeepaardje.* Valent., *Mus.*, p. 338. — *Syngnathus hippocampus, le cheval marin.* Appendice du *Voyage à la Nouvelle-Galles méridionale*, par Jean White, premier chirurgien de l'expédition commandée par le capitaine Philipp. — *Syngnathus hippocampus*, Commerson, manuscrits déjà cités.

rences qui ont introduit ce mot *hippocampe?* Et d'abord, quel sont les traits de la conformation extérieure du syngnathe dont nous nous occupons, qui ont réveillé l'idée du cheval à l'instant où on a vu ce cartilagineux? Une tête un peu grosse; la partie antérieure du corps plus étroite que la tête et le corps proprement dit; ce même corps plus gros que la queue, qui se recourbe; une nageoire dorsale dans laquelle on a trouvé de la ressemblance avec une selle; de petits filaments qui, garnissant l'extrémité de tubercules placés sur la tête et le devant du corps, ont paru former une petite crinière : tels sont les rapports éloignés qui ont fait penser au cheval ceux qui ont examiné un hippocampe, pendant que ces mêmes filaments, ainsi que les anneaux qui revêtent ce cartilagineux, comme ils recouvrent les autres syngnathes, l'ont fait rapporter aux chenilles à anneaux hérissés de bouquets de poil.

En écartant ces deux idées trop étrangères de chenille et de cheval, déterminons ce qui différencie l'hippocampe d'avec les autres poissons de sa famille.

Il parvient ordinairement à la longueur de trois ou quatre décimètres, ou d'environ un pied. Ses yeux sont gros, argentés et brillants. Les anneaux qui l'enveloppent sont à sept pans sur le corps et à quatre pans sur la queue ; chacun de ces pans, qui quelquefois sont très peu sensibles, est ordinairement indiqué par un tubercule garni le plus souvent d'une petite houppe de filaments déliés. Ces tubercules sont communément plus gros au-dessus de la tête, et l'on en voit particulièrement cinq d'assez grands au-dessus des yeux. On compte treize anneaux à l'étui qui enveloppe le corps, et de trente-cinq à trente-huit à celui qui renferme la queue, laquelle est armée, de chaque côté, de trois aiguillons, deux en haut et un en bas. Au reste, ce nombre d'anneaux varie beaucoup, au moins suivant les mers dans lesquelles on trouve l'hippocampe.

Les couleurs de ce poisson sont aussi très sujettes à varier, suivant les pays et même suivant les individus. Il est ou d'un livide plombé, ou brun, ou noirâtre, ou verdâtre ; et quelque nuance qu'il présente, il est quelquefois orné de petites raies ou de petits points blancs ou noirs[1].

Les branchies de l'hippocampe ont été mal vues par un grand nombre de naturalistes, et leur petitesse peut avoir aisément induit en erreur sur leur forme. Mais je me suis assuré, par plusieurs observations, qu'elles étaient frangées sur deux bords et semblables, à très peu près, à celles que nous avons examinées dans plusieurs autres syngnathes, et que nous avons décrites dans l'article de la trompette.

La vésicule aérienne est assez grande ; le canal intestinal est presque sans sinuosités. La bouche de l'hippocampe étant d'ailleurs conformée comme

1. Il y a à la membrane des branchies .... 2 rayons.
— à chacune des nageoires pectorales .... 9 —
(On en a compté 18, parce que chaque rayon se divise en deux, presque dès son origine.)
— à celle de la queue .... de 16 à 20 —
— à celle de l'anus .... 4 —

celle des autres cartilagineux de son genre, il vit, ainsi que ces derniers, de petits vers marins, de larves, d'insectes aquatiques, d'œufs de poissons peu développés. On le trouve dans presque toutes les mers, dans l'Océan, dans la Méditerranée, dans la mer des Indes. Pendant qu'il est en vie, son corps est allongé comme celui des autres syngnathes; mais lorsqu'il est mort, et surtout lorsqu'il commence à se dessécher, sa queue se replie en plusieurs sens, sa tête et la partie antérieure de son corps se recourbent. C'est dans cet état de déformation qu'on le voit dans les cabinets, et qu'il a été le plus comparé au cheval.

On a attribué à l'hippocampe un grand nombre de propriétés médicinales et d'autres facultés utiles ou funestes, combinées d'une manière plus ou moins absurde; comment n'aurait-on pas cherché à douer des vertus les plus merveilleuses et des qualités les plus bizarres un être dans lequel on s'est obstiné, pendant tant de temps, à réunir par la pensée un poisson, un cheval et une chenille!

Le syngnathe deux piquants habite dans la mer des Indes. Il est varié de jaune et de brun. Les anneaux qui composent sa longue cuirasse ne présentent chacun que quatre pans; et au-dessus des yeux on voit deux aiguillons courbés en arrière[1].

LE SYNGNATHE BARBE[2]

Syngnathus barbarus, Linn., Gmel., Lacép., Cuv.

LE SYNGNATHE OPHIDION[3]

Syngnathus Ophidion, Linn., Gmel., Lacép., Cuv.

Non seulement le barbe n'a point de nageoire caudale, mais encore il n'a pas de nageoire de l'anus. Aussi le voit-on placé dans un cinquième sous-genre sur le tableau méthodique de la famille que nous décrivons. Son corps est d'ailleurs à six pans longitudinaux[4].

L'ophidion est encore plus dénué de nageoires; il n'en a pas de pecto-

1. A la membrane des branchies........ 2 rayons.
A chaque nageoire pectorale........ 21 —
A celle du dos........ 34 —
A celle de l'anus........ 4 —
Sur le corps........ 17 anneaux.
Sur la queue........ 45 —

2. *Cheval marin sexangulaire.* Daubenton, Encyclopédie méthodique. — *Id.* Bonnaterre, planches de l'Encyclopédie méthodique.

3. *Sea-adder*, sur quelques côtes d'Angleterre. — *Hav-höl*, en Suède. — *Fauna succ.*, 275. — Otto, *Schrift. der Berlin. naturf.*, fr. 3, p. 436. — « Syngnathus teres, pinnis pectoralibus caudeæque carens. » Artedi, gen. 1, syn. 2, spec. 3. — Gronov, mus., 1, n. 2. — Bloch, pl. 91. fig. 3.

Klein, *Miss. pisc.*, 4, p. 26, n. 15, tab. 5. fig. 4. — Willughby, *Icht.*, p. 160. — Ray, *Pisc.*, p. 47. — *Sajori.* Kæmpfer, *Japon*, 1, p. 155. — *Little pipe-fish. Brit. zool.* 3, p. 109, n. 3, pl. 6, fig. 3. — *Cheval marin serpent.* Daubenton, Encyclopédie méthodique. — *Id.* Bonnaterre, planches de l'Encyclopédie méthodique.

4. A chaque nageoire pectorale du barbe........ 22 rayons.
A celle du dos........ 43 —

rales, il n'en montre qu'une qui est située sur le dos[1] et qui est assez peu élevée. De tous les syngnathes il est celui qui ressemble le plus à un serpent, et voilà pourquoi le nom d'*ophidion* lui a été donné, le mot grec *ophis* désignant un serpent. Nous avons cru d'autant plus devoir lui conserver cette dénomination, que son corps est plus menu et plus délié à proportion que celui des autres cartilagineux de son genre. Il parvient quelquefois à la longueur de deux pieds, ou de plus de sept décimètres. Son museau est moins allongé que celui de la trompette. Cet animal est verdâtre avec des bandes transversales et quatre raies longitudinales, plus ou moins interrompues, d'un très beau bleu. Il habite dans l'Océan septentrional.

QUINZIÈME ORDRE DE LA CLASSE ENTIÈRE DES POISSONS

OU TROISIÈME ORDRE DE LA QUATRIÈME DIVISION DES CARTILAGINEUX

POISSONS THORACINS, OU QUI ONT UNE OU DEUX NAGEOIRES SITUÉES SOUS LE CORPS, AU-DESSOUS OU PRESQUE AU-DESSOUS DES NAGEOIRES PECTORALES

DIX-SEPTIÈME GENRE

LES CYCLOPTÈRES

Des dents aiguës aux mâchoires; les nageoires pectorales simples; les nageoires inférieures réunies en forme de disque.

PREMIER SOUS-GENRE

LES NAGEOIRES DU DOS, DE LA QUEUE ET DE L'ANUS SÉPARÉES L'UNE DE L'AUTRE

	ESPÈCES.	CARACTÈRES.
1.	Cycloptère lompe.	Le corps garni de plusieurs rangs de tubercules très durs.
2.	Cycloptère épineux.	De petites épines sur le corps; des rayons distincts à la première nageoire du dos.
3.	Cycloptère menu.	Trois tubercules sur le museau.
4.	Cycloptère double épine.	Le derrière de la tête garni, de chaque côté, d'une épine.
5.	Cycloptère gélatineux.	Les nageoires pectorales très larges; l'ouverture de la bouche tournée vers le haut.
6.	Cycloptère denté.	L'ouverture de la bouche presque égale à la largeur de la tête; les dents fortes, coniques et distribuées en nombre très inégal des deux côtés des deux mâchoires.
7.	Cycloptère ventru.	Le ventre très gonflé par une double et très grande vessie urinaire.
8.	Cycloptère bimaculé.	Les nageoires pectorales situées vers le derrière de la tête; une tache noire sur chaque côté du corps.
9.	Cycloptère spatule.	Le museau en forme de spatule.

SECOND SOUS-GENRE

LES NAGEOIRES DU DOS, DE LA QUEUE ET DE L'ANUS RÉUNIES

	ESPÈCES.	CARACTÈRES.
10.	Cycloptère liparis.	Sept rayons à la membrane des branchies.
11.	Cycloptère rayé.	Un seul rayon à la membrane des branchies; des raies longitudinales.

1. A la membrane des branchies de l'ophidion........ 2 rayons.
A la nageoire dorsale........ 34 —

LE CYCLOPTÈRE LOMPE[1]

Cyclopterus Lumpus, Linn., Gmel., Lacép., Cuv.

Que ceux dont la douce sensibilité recherche avec tant d'intérêt et trouve avec tant de plaisir les images d'affections touchantes que présentent quelques êtres heureux au milieu de l'immense ensemble des produits de la création, sur lesquels la nature a si inégalement répandu le souffle de la vie et le feu du sentiment, écoutent un instant ce que plusieurs naturalistes ont raconté du poisson dont nous décrivons l'histoire. Qu'ils sachent que parmi ces innombrables habitants des mers, qui ne cèdent qu'à un besoin du moment, qu'à un appétit grossier, qu'à une jouissance aussi peu partagée que fugitive, qui ne connaissent ni mère, ni compagne, ni petits, on a écrit qu'il se trouvait un animal favorisé, qui, par un penchant irrésistible, préférait une femelle à toutes les autres, s'attachait à elle, la suivait dans ses courses, l'aidait dans ses recherches, la secourait dans ses dangers, en recevait des soins aussi empressés que ceux qu'il lui donnait, facilitait sa ponte par une sorte de jeux amoureux et de frottements ménagés; ne perdait pas sa tendresse avec la laite destinée à féconder les œufs, mais étendait le sentiment durable qui l'animait jusqu'aux petits êtres prêts à éclore; gardait avec celle qu'il avait choisie les fruits de leur union; les défendait avec un courage que la mère éprouvait aussi, et déployait même avec plus de succès, comme plus grande et plus forte. Après les avoir préservés de la dent cruelle de leurs ennemis jusqu'au temps où, déjà un peu développés, ils pouvaient au moins se dérober à la mort par la fuite, il attendait, toujours constant et toujours attentif auprès de sa compagne, qu'un nouveau printemps leur redonnât de nouveaux plaisirs. Que ce tableau fasse goûter au moins un moment de bonheur aux âmes pures et tendres. Mais pourquoi cette satisfac-

1. *Lièvre de mer.* — *Lump,* ou *sea-owl,* en Angleterre. — *Cock-padd,* en Écosse. — *Haff-podde,* en Irlande. — *Snottolff,* en Belgique. — *Steinbeit,* en Danemark. — *Sjurygg-fish,* en Suède. — *Rongkiegse,* en Norvège. — Mus. Ad. Fr. 1, p. 57.

Fauna suecica, 320. — *It.* scan. 188. — Mull. *Prodrom. Zool. danic.*, p. 39, n. 23. — *Bouclier lompe.* Daubenton, Encyclopédie méthodique. — *Id.* Bonnaterre, planches de l'Encyclopédie méthodique. — Gronov., mus. 1, 127; *Zooph.* 197. — Bloch, pl. 90.

Oncotion. Klein, *Miss. pisc.*, 4, p. 49, n°s 1, 2, 3, tab. 14, fig. 3. — Willughby, *Ichtyol.*, p. 208, tab. X, 11. — Ray, *Pisc.*, p. 77. — *Lump-fish.* Pennant, *Brit. zool.*, 3, p. 103, n° 1. — *Seel-nase, haff-padde.* Wulff, *Icht. borussens.*, p. 24. — *Cyclopterus.* Artedi, gen. 62, syn. 87. — « Ostracion rotundo-oblongus, tuberculis utrinque, pinna dorsi longissima. » Artedi, gen. 59, syn. 86.

« Orbis britannici sive Oceani species. » Gesner, *German.*, fol. 85. — *Lumpus Anglorum.* Gesner, *Paral.*, p. 25, v. 1284. — Aldrov., lib. III, cap. LXVIII, p. 479. — *Suetolt* et *Bufolt.* Rondelet, première partie, liv. XV, chap. II. — Jouston, lib. I, tit. 1, cap. III, *a.* 3, punct. 12, p. 42, tab. 13, fig. 1. — Charleton, p. 131. — Schelham, *Anat. xiphi.*, p. 20. — « Lepus marinus nostras, orbis species. » Schonev., p. 41.

Merret, *Pin.* 186. — Dale, *Hist. of Harv.*, p. 110. — *Orbis ranæ rictu.* Clus., *Exot.*, lib. VI, cap. XXV. — *Cyclopterus lumpus.* Ascagne, quatrième cahier, pl. 34.

tion, toujours si rare, doit-elle être pour eux aussi courte que le récit qui l'aura fait naître? Pourquoi l'austère vérité ordonne-t-elle à l'historien de ne pas laisser subsister une illusion heureuse? Amour sans partage, tendresse toujours vive, fidélité conjugale, dévouement sans bornes aux objets de son affection, pourquoi la peinture attendrissante des doux effets que vous produisez n'a-t-elle été placée au milieu des mers que par un cœur aimant et une imagination riante? Pourquoi faut-il réduire ces habitudes durables que l'on s'est plu à voir dans l'espèce entière du lompe, et qui seraient pour l'homme une leçon sans cesse renouvelée de vertus et de félicité, à quelques faits isolés, à quelques qualités individuelles et passagères, aux produits d'un instinct un peu plus étendu, combinés avec les résultats de circonstances locales, ou d'autres causes fortuites?

Mais, après que la rigoureuse exactitude du naturaliste aura éloigné du lompe des attributs que lui avait accordés une erreur honorable pour ses auteurs, le nom de ce cartilagineux rappellera néanmoins encore une supposition toujours chère à ceux qui ne sont pas insensibles; il aura une sorte de charme secret qui naîtra de ce souvenir, et n'attirera pas peu l'attention de l'esprit même le plus désabusé.

Voyons donc quelles sont les formes et les habitudes réelles du lompe.

Sa tête est courte, mais son front est large. On ne voit qu'un orifice à chaque narine, et ce trou est placé très près de l'ouverture de sa bouche, qui est très grande. La langue a beaucoup d'épaisseur et assez de mobilité; le gosier est garni, ainsi que les mâchoires, d'un grand nombre de dents aiguës.

Le long du corps et de la tête règnent ordinairement sept rangs de gros tubercules, disposés de manière que l'on en compte trois sur chaque côté, et qu'un septième occupe l'espèce de carène longitudinale formée par la partie la plus élevée du corps et de la queue. Ces tubercules varient non seulement dans le nombre de rangées qu'ils composent, mais encore dans leur conformation, les uns étant aplatis, d'autres arrondis, d'autres terminés par un aiguillon, et ces différentes figures étant même quelquefois placées sur le même individu.

Les deux nageoires inférieures sont arrondies dans leur contour et réunies de manière à représenter, lorsqu'elles sont bien déployées, une sorte de bouclier ou, pour mieux dire, de disque; et c'est cette réunion, ainsi que cette forme, qui, se retrouvant dans toutes les espèces de la même famille et constituant un des principaux caractères distinctifs de ce genre, ont fait adopter ce nom de *cycloptère*, qui désigne cette disposition de nageoires en cercle, ou plutôt en disque plus ou moins régulier.

Le lompe a deux nageoires dorsales, mais la plus antérieure n'est soutenue par aucun rayon; et étant principalement composée de membranes, de tissu cellulaire et d'une sorte de graisse, elle a reçu le nom d'*adipeuse*.

Ses cartilages sont verdâtres.

Son organe de l'ouïe a paru plus parfait que celui d'un grand nombre d'autres poissons et plus propre à faire éprouver des sensations délicates ; on a vu, dans le fond de ses yeux, des ramifications de nerfs plus distinctes; ses nageoires inférieures, réunies en disque, ont été considérées comme un siège particulier du toucher et une sorte de main assez étendue; sa peau n'est revêtue que d'écailles peu sensibles; et enfin nous venons de voir que sa langue présente une surface assez molle, et qu'elle est assez mobile pour s'appliquer facilement et par plusieurs points à plusieurs corps savoureux.

Voilà donc bien des raisons pour que l'instinct du lompe soit plus élevé que celui de plusieurs autres cartilagineux, ainsi qu'on l'a observé; et cette petite supériorité des résultats de l'organisation du lompe a dû servir à propager l'erreur qui l'a supposé attaché à sa femelle par un sentiment aussi constant que tendre.

Il est très rare qu'il parvienne à une longueur d'un mètre, ou d'environ trois pieds; mais son corps est, à proportion de cette dimension, très large et très haut.

Sa couleur varie avec son âge; le plus souvent il est noirâtre sur le dos, blanchâtre sur les côtés, orangé sur le ventre ; les rayons de presque toutes les nageoires sont d'un jaune qui tire sur le rouge; celle de l'anus et la seconde du dos sont d'ailleurs grises avec des taches presque noires.

On rencontre ce poisson dans un grand nombre de mers; c'est néanmoins dans l'Océan septentrional qu'on le voit le plus fréquemment. Il est très fécond, et sa femelle y dépose ses œufs à peu près vers le temps où l'été y commence.

Il s'y tient souvent attaché au fond de la mer, et aux rochers, sous les saillies desquels il se place pour éviter plus facilement ses ennemis, pour trouver une plus grande quantité des vers marins qu'il recherche, ou pour surprendre avec plus d'avantage les petits poissons dont il se nourrit. C'est par le moyen de ses nageoires inférieures, réunies en forme de disque, qu'il se cramponne, pour ainsi dire, contre les rocs, les bancs et le fond des mers. Il s'y colle en quelque sorte d'autant plus fortement que son corps est enduit, beaucoup plus que celui de plusieurs autres cartilagineux, d'une humeur visqueuse, assez abondante surtout auprès des lèvres, et que quelques auteurs ont, en conséquence, comparée à de la bave. Cette liqueur gluante étant répandue sur tous les cycloptères, et tous ces animaux ayant d'ailleurs leurs nageoires inférieures conformées et rapprochées comme celles du lompe, ils présentent une habitude analogue à celle que nous remarquons dans le poisson que nous décrivons.

On doit avoir observé plusieurs fois deux lompes placés ainsi très près l'un de l'autre et longtemps immobiles sur les rochers et le sable des mers. On les aura supposés mâle et femelle; on aura pris leur voisinage et leur repos pour l'effet d'une affection mutuelle; et on ne se sera pas cru faiblement autorisé à leur accorder cette longue fidélité et ces attentions durables que l'on s'est plu à représenter sous des couleurs si gracieuses.

Au reste, le suc huileux qui s'épanche sur la surface du lompe pénètre aussi très profondément dans l'intérieur de ce poisson; et voilà pourquoi sa chair, quoique mangeable, est muqueuse, molle et peu agréable.

LE CYCLOPTÈRE ÉPINEUX[1]

Cyclopterus spinosus, SCHNEID., CUV.

Ce poisson diffère du lompe en ce qu'il a le dos et les côtés recouverts d'écailles inégales en grandeur, disposées sans ordre, et dont chacune est garnie dans son milieu d'un piquant assez long. La première nageoire du dos est d'ailleurs soutenue par six rayons[2]. L'épineux est noirâtre par-dessus et blanc par-dessous. On voit à son palais deux tubercules dentelés. On le trouve dans les mers du Nord.

LE CYCLOPTÈRE MENU[3]

Cyclopterus minutus, LINN., GMEL., CUV.

Trois tubercules sont placés sur le museau de cet animal. Un long aiguillon tient lieu de première nageoire dorsale[4]. L'on voit de plus, auprès de l'ouverture de chaque branchie, deux tubercules blancs, dont le premier est armé de deux épines, et dont le second est moins saillant et hérissé d'aspérités. Les lèvres sont doubles; le contour du palais est garni, ainsi que les mâchoires, de très petites dents. L'océan Atlantique est l'habitation ordinaire de cette espèce de cycloptère, dont un individu observé par le professeur Pallas n'avait qu'un pouce de longueur.

1. Oth. Fabricius, *Groenlandica*, p. 134. — *Bouclier épineux*. Bonnaterre, planches de l'Encyclopédie méthodique.

2. A la seconde nageoire du dos.................. 11 rayons.
A chaque nageoire pectorale.................. 24 —
A chaque nageoire inférieure.................. 6 —
A celle de l'anus.................. 10 —
A celle de la queue.................. 10 —

3. Pallas, *Spicil. zool.*, 7, p. 12, tab. 2, fig. 7 et 9. — *Bouclier menu*. Bonnaterre, planches de l'Encyclopédie méthodique

4. A la membrane des branchies.................. 4 rayons.
A la première nageoire dorsale.................. 1 —
A la seconde.................. 8 —
A chaque nageoire pectorale.................. 16 —
A chaque nageoire inférieure.................. 7 —
A celle de la queue, qui est arrondie.................. 10 —

LE CYCLOPTÈRE DOUBLE ÉPINE[1]

Lepadogaster dentex, SCHNEID., PALL.

Les individus de cette espèce, qui paraît réduite à des dimensions presque aussi petites que celles du cycloptère menu, ne présentent pas de tubercules sur leur surface ; mais le derrière de leur tête est armé, de chaque côté, d'un double aiguillon. Les nageoires inférieures du cycloptère double épine ont d'ailleurs une forme particulière à ce cartilagineux. Elles sont réunies ; mais chacune de ces nageoires offre deux portions assez distinctes: la portion antérieure est soutenue par quatre rayons, et l'autre en contient un nombre extrêmement considérable[2]. Ce cycloptère vit dans les Indes.

LE CYCLOPTÈRE GÉLATINEUX[3]

Cyclopterus gelatinosus, LINN., GMEL , CUV.

LE CYCLOPTÈRE DENTÉ[4]

Cyclopterus dentex, PALLAS.

LE CYCLOPTÈRE VENTRU[5]

Cyclopterus ventricosus, LINN., GMEL., LACÉP.

C'est au professeur Pallas que nous devons la première description de ces trois cycloptères. Le premier ne pouvait pas mieux être désigné que par le nom de *gélatineux*, que nous lui avons conservé. En effet, sa peau est molle, dénuée d'écailles facilement visibles, gluante et abondamment enduite d'une humeur visqueuse, qui découle particulièrement par vingt-quatre orifices, dont deux sont placés entre chaque narine et l'ouverture de la bouche, et dont dix autres règnent depuis chaque commissure des lèvres jusque vers l'opercule branchial qui correspond à cette commissure. Les lèvres sont doubles, épaisses, charnues, et l'inférieure est aisément étendue en avant et retirée en arrière par l'animal; les opercules des branchies sont mollasses; les nageoires pectorales qui sont très larges, les inférieures qui

1. Mus. Ad. Fr. 1, p. 57, tab. 27, fig. 1. — *Bouclier sans tubercules*. Daubenton, Encyclopédie méthodique. — *Id*. Bonnaterre, planches de l'Encyclopédie méthodique.

2. A la nageoire dorsale .... 6 rayons.
A la membrane des branchies 1
A chaque nageoire pectorale .... 21 —
A chaque nageoire inférieure .... 100 —
A celle de la queue .... 10 —

3. Pallas, *Spicil. zool.*, 7, p. 19, tab. 3, fig. 1, 6. — *Bouclier gélatineux*. Bonnaterre, planches de l'Encyclopédie méthodique.

4. Pallas, *Spicil. zool.*, 7, p. 6, tab. 1, fig. 1, 4. — *Bouclier denté*. Bonnaterre, planches de l'Encyclopédie méthodique.

5. Pallas, *Spicil. zool.*, 7, p. 15, tab. 2, fig. 1, 3. — *Bouclier ventru*. Bonnaterre, planches de l'Encyclopédie méthodique.

sont très petites, la dorsale et celle de l'anus qui sont très longues et vont jusqu'à celle de la queue, sont flasques et soutenues par des rayons très mous. L'ensemble du corps du poisson est pénétré d'une si grande quantité de matière huileuse, qu'il présente une assez grande transparence ; et tous ses muscles sont d'ailleurs si peu fermes, que, même dans l'état du plus grand repos du cycloptère, et quelque temps après sa mort, ils sont soumis à cette sorte de tremblement que tout le monde connaît et qui appartient à la gelée animale récente. Aussi la chair de ce cartilagineux est-elle très mauvaise à manger ; et dans les pays voisins du Kamtschatka, auprès desquels on pêche ce cycloptère, et où on est accoutumé à ne nourrir les chiens que de restes de poissons, ces animaux mêmes, quoique affamés, ont-ils le dégoût le plus insurmontable pour toutes les portions du gélatineux.

Ce cycloptère parvient ordinairement à la longueur d'un demi-mètre, ou d'environ un pied et demi ; son corps est un peu allongé et va en diminuant de grosseur vers la queue ; l'ouverture de sa bouche est tournée vers le haut ; sa langue est si petite, qu'on peut à peine la distinguer. Un blanc mêlé de rose compose sa couleur générale ; les opercules sont d'un pourpre foncé, et les nageoires du dos et de l'anus, d'un violet presque noir[1].

Le denté est ainsi nommé à cause de la force de ses dents, de leur forme et de leur distribution irrégulière et remarquable. Elles sont coniques et inégales ; on en compte, à la mâchoire supérieure, quatre à droite et trois à gauche ; et la mâchoire inférieure en présente sept à gauche, trois à droite et dix dans le milieu. La peau qui le revêt est un peu dure, maigre, sans aiguillons, tubercules ni écailles aisément visibles, rougeâtre sur la partie supérieure du corps, et blanchâtre sur l'inférieure. La tête est aplatie par-dessus et par-dessous, très grande, beaucoup plus large que le corps ; et cependant le diamètre transversal de l'ouverture de la bouche en égale la largeur. Les lèvres sont épaisses, doubles et garnies, sur leur surface intérieure, de caroncules charnues et très molles. Les opercules des branchies sont durs et étendus. On voit enfin auprès de l'anus du mâle une prolongation charnue, creuse, percée par le bout, que nous remarquerons dans plusieurs autres espèces de poissons, et qui sert à répandre sur les œufs la liqueur destinée à les féconder[2].

Le denté a le ventre assez gros ; mais le cycloptère ventru a cette partie

1. A chaque membrane branchiale du cycloptère gélatineux......... 7 rayons.
A la nageoire dorsale.. 51 —
A chaque nageoire pectorale.................................. 30 —
A celle de l'anus.. 45 —
A celle de la queue.. 6 —

2. A la membrane des branchies du denté......................... 2 —
A la nageoire dorsale.. 8 —
A chaque nageoire pectorale.................................. 23 —
A chaque nageoire inférieure................................. 4 —
A celle de l'anus.. 6 —
A celle de la queue, qui est arrondie........................ 10 —

bien plus étendue encore. Elle est, dans ce dernier cartilagineux, très proéminente, ainsi que son nom l'indique; et elle est maintenue dans cet état de très grand gonflement par une vessie urinaire double et très volumineuse. L'ouverture de la bouche, qui est très large et placée à la partie supérieure de la tête, laisse voir à chaque mâchoire un grand nombre de petites dents recourbées, inégales en longueur et distribuées sans ordre. Les opercules des branchies sont attachés, dans presque tout leur contour, aux bords de l'ouverture qu'ils doivent fermer. La peau dont l'animal est revêtu est d'ailleurs enduite d'une mucosité épaisse ; toutes les portions de ce cycloptère sont un peu flasques, et une couleur olivâtre règne sur presque tout le dessus de ce poisson [1].

Le ventru vit, ainsi que le gélatineux, dont il partage jusqu'à un certain point la mollesse, dans la mer qui sépare du Kamtschatka le nord de l'Amérique ; on n'y a pas encore observé le denté, on n'a encore vu ce dernier animal que dans les eaux salées qui baignent les rivages de l'Amérique méridionale. Au reste, le denté est quelquefois long de près d'un mètre, tandis que le ventru ne parvient guère qu'à la longueur de trois décimètres, ou d'environ un pied.

LE CYCLOPTÈRE BIMACULÉ [2]

Cyclopterus bimaculatus, PENN., LACÉP.

On rencontre auprès des côtes d'Angleterre ce cartilagineux, sur lequel on n'aperçoit aucun tubercule ni aucune écaille, non plus que sur les trois cycloptères que nous venons de décrire dans l'article précédent. La tête de ce poisson, qui n'a présenté jusqu'à présent que de petites dimensions, est aplatie par-dessus et plus large que le corps. Les nageoires pectorales sont attachées presque sur la nuque, et au delà de chacune de ces nageoires on voit sur le côté une tache noire et arrondie. La tête et le dos sont d'ailleurs d'un rouge tendre, relevé par la couleur des nageoires qui sont d'un très beau blanc. Pennant a le premier fait connaître ce joli cycloptère, dont la nageoire caudale est terminée par une ligne droite.

1. A la membrane des branchies du ventru........................ 4 rayons.
A la nageoire dorsale.. 10 —
A chaque nageoire pectorale.................................. 20 —
A chaque nageoire inférieure................................. 6 —
A celle de l'anus.. 9 —
A celle de la queue.. 10 —
(Cette dernière est terminée par une ligne presque droite.)

2. Pennant, *Zool. britann.*, 3, supplém., p. 397. — *Bouclier à deux taches*. Bonnaterre planches de l'Encyclopédie méthodique.

LE CYCLOPTÈRE SPATULE[1]

Cyclopterus Spatula, Lacép. (Espèce douteuse.)

Ce poisson est dénué d'écailles facilement visibles, ainsi que presque tous les cartilagineux de sa famille. Sa couleur est d'un rouge foncé; et ce qui le distingue des autres cycloptères, c'est que son museau aplati, très long et élargi à son extrémité, a la forme d'une spatule.

LE CYCLOPTÈRE LIPARIS[2]

Cyclopterus Liparis, Linn., Gmel., Lacép., Cuv.

LE CYCLOPTÈRE RAYÉ[3]

Cyclopterus lineatus, Linn., Gmel., Lacép.

Ces deux cycloptères ont beaucoup de rapports l'un avec l'autre. Tous les deux se rencontrent dans ces mers septentrionales qui paraissent être l'habitation de choix de presque toutes les espèces de leur genre connues jusqu'à présent. Ils semblent même affectionner tous les deux les portions de ces mers les plus voisines du pôle et les plus exposées à la rigueur du froid. On voit le liparis auprès de presque toutes les côtes de la mer Glaciale jusque vers le Kamtschatka, et souvent dans les embouchures des fleuves qui y roulent leurs glaces et leurs eaux; et c'est particulièrement dans la mer Blanche que l'on observe le rayé. Ces deux cartilagineux ont la nageoire du dos et celle de l'anus longues et réunies avec celle de la queue; leur surface ne présente aucune écaille que l'on puisse facilement apercevoir. D'ailleurs, le liparis, qui a ordinairement un demi-mètre, ou environ un pied et demi de longueur, montre une ligne latérale très sensible et placée vers le milieu de la hauteur du corps. Son museau est un peu arrondi, sa tête large et aplatie, l'ouverture de sa bouche assez grande, sa lèvre d'en haut garnie de deux courts barbillons; sa mâchoire supérieure un peu plus avancée que l'inférieure et hérissée, comme cette dernière, de dents petites et aiguës; sa chair grasse et muqueuse, sa peau lâche et enduite d'une viscosité

1. Borlase, *Histoire naturelle de Cornouailles*, pl. 25, fig. 28. — *Bouclier pourpré*. Bonnaterre, planches de l'Encyclopédie méthodique.

2. *Cyclopterus liparis, barbu*. Bloch, pl. 123, fig. 3. — *Bouclier liparis*. Daubenton, Encyclopédie méthodique. — *Id*. Bonnaterre, planches de l'Encyclopédie méthodique. — Gronov., mus. 2, 157. — *Act. helvetic.*, 4, p. 265, tab. 23. — *Act. Harlem*, 1, p. 581, tab. 9, fig. 3 et 4. Kœlreuter, *Nov. Comment. petropol.*, 9, p. 6, tab. 9, fig. 5 et 6. — *Brit. zool.*, 3, p. 105, n. 2.— Willughby, *Icht.*, app., p. 17, tabl. H, 6, fig. 1. — Ray, *Pisc.*, p. 74, n° 24. — Borlase, *Cornw.*, f. 28 et 29.

3. Lepechin, *Nov. comment. petropol.*, 18, p. 522, tab. 5, fig. 2 et 3. — *Bouclier rayé*. Bonnaterre, planches de l'Encyclopédie méthodique.

épaisse[1]. Brun sur le dos, jaune sur les côtés et sur la tête, blanc par-dessous et quelquefois varié par de petites raies et par des points bruns, il a les nageoires brunes, excepté les inférieures, qui sont bleuâtres. Il se nourrit d'insectes aquatiques, de vers marins, de jeunes poissons, et répand ou féconde ses œufs sur la fin de l'hiver ou au commencement du printemps.

Le rayé est couleur de marron avec des bandes longitudinales blanchâtres, dont les unes sont droites et les autres ondées ; ses lèvres sont recouvertes d'une peau épaisse, garnie de papilles du côté de l'intérieur de la bouche ; son dos est comme relevé en bosse ; et l'espèce de bouclier formé par les nageoires inférieures est entourée de papilles rougeâtres[2].

DIX-HUITIÈME GENRE

LES LÉPADOGASTÈRES

Les nageoires pectorales doubles ; les nageoires inférieures réunies en forme de disque.

ESPÈCE.	CARACTÈRES.
LÉPADOGASTÈRE GOUAN.	Deux barbillons entre les narines et les yeux ; cinq rayons à la membrane des branchies.

LE LÉPADOGASTÈRE GOUAN[3]

Lepadogaster Gouan, LACÉP., CUV.

La famille des lépadogastères a beaucoup de traits de ressemblance avec celle des cycloptères ; elle est liée particulièrement avec cette dernière par la forme et par la réunion des nageoires inférieures ; mais nous avons cru devoir la comprendre dans un genre différent, à cause du caractère remarquable qu'elle présente, et qui consiste dans le nombre des nageoires pectorales. Ces dernières nageoires sont, en effet, au nombre de deux de chaque côté sur les lépadogastères, au lieu qu'on n'en compte que deux en tout sur les cycloptères et sur presque tous les autres poissons déjà décrits. Nous n'avons encore pu inscrire dans le genre dont nous nous occupons, qu'une seule espèce, dont nous devons la connaissance au professeur Gouan. Cet habile naturaliste lui a donné le nom de *lépadogastère*, à cause de la conformation de ses nageoires inférieures, qui, réunies ensemble, offrent l'image d'une sorte de conque. Mais comme nous avons adopté cette même déno-

1. A la membrane des branchies du lipari........................ 7 rayons.
A la nageoire dorsale........................ 41 —
A chaque nageoire pectorale........................ 34 —
A chaque nageoire inférieure........................ 6 —
A celle de l'anus........................ 33 —
A celle de la queue, qui est arrondie........................ 10 —

2. La nageoire de la queue du rayé est terminée en pointe.

3. Gouan, *Histoire des poissons*, p. 106. — *Bouclier porte-écuelle*. Bonnaterre, planches de l'Encyclopédie méthodique.

mination pour désigner le genre de ce poisson, nous avons dû donner à cet animal un autre nom qui indiquât son espèce, et nous n'avons pas cru pouvoir choisir une appellation plus convenable que celle qui retracera au souvenir des ichtyologistes le nom du savant professeur qui a décrit le premiér et très exactement ce cartilagineux.

Le lépadogastère gouan n'a le corps revêtu d'aucune écaille que l'on puisse apercevoir facilement ; mais il est couvert de petits tubercules bruns. Son museau est pointu, sa tête plus large que le tronc, sa mâchoire supérieure plus avancée que l'inférieure. Deux appendices ou filaments déliés s'élèvent entre les narines et les yeux ; et l'on voit, dans l'intérieur de la bouche, des dents de deux sortes : les unes sont mousses et comme granuleuses, et les autres aiguës, divisées en deux lobes et recourbées en arrière. Chaque côté du corps présente deux nageoires pectorales, dont l'antérieure est placée un peu plus bas que la postérieure. Celle du dos est opposée à celle de l'anus ; la caudale est arrondie[1]. Il y a sur la tête trois taches brunes en forme de croissant, et sur le corps une tache ovale parsemée de points blancs. L'individu observé par M. Gouan avait un peu plus de trois décimètres de longueur et avait été pêché dans la Méditerranée.

SEIZIÈME ORDRE DE LA CLASSE ENTIÈRE DES POISSONS

OU QUATRIÈME ORDRE DE LA QUATRIÈME DIVISION DES CARTILAGINEUX

POISSONS ABDOMINAUX, OU QUI ONT UNE OU DEUX NAGEOIRES SITUÉES SOUS L'ABDOMEN

DIX-NEUVIÈME GENRE

LES MACRORHINQUES

Le museau allongé ; des dents aux mâchoires ; de petites écailles sur le corps.

ESPÈCE.	CARACTÈRE.
MACRORHINQUE ARGENTÉ.	Un seul rayon à chaque nageoire ventrale.

LE MACRORHINQUE ARGENTÉ[2]

Macrorhynchus argenteus, LACÉP.

Cette espèce de poisson décrite par Osbeck lors de son voyage à la Chine, lie par un assez grand nombre de rapports les syngnathes avec les pégases. Elle ne peut cependant appartenir à aucune de ces deux familles, et nous avons dû la placer dans un genre particulier, auquel nous avons

1. A la membrane des branchies.................................. 5 rayons.
A la nageoire dorsale.................................. 11 —
A chaque nageoire inférieure.................................. 4 —
A celle de l'anus.................................. 9 —

2. Osbeck, *Voyage à la Chine*, p. 107. — *Syngnathe argenté*. Bonnaterre, planches de l'Encyclopédie méthodique.

donné le nom de *macrorhinque*, pour désigner la forme du museau des animaux que nous y avons inscrits. Le macrorhinque argenté, la seule espèce que nous ayons encore comprise dans ce genre, a, en effet, le museau non seulement pointu, mais très long. Les deux mâchoires sont d'ailleurs garnies de dents ; on en compte plus de trente à la mâchoire supérieure et celles de la mâchoire inférieure sont moins larges et pointues. La nageoire du dos s'étend depuis la tête jusqu'à la queue ; celles de la poitrine sont très près de la tête ; chacune des ventrales ne présente qu'un seul rayon ; et le corps de ce cartilagineux, qui est très allongé, est, de plus, couvert d'écailles argentées. Ce poisson vit dans la mer.

VINGTIÈME GENRE

LES PÉGASES

Le museau très allongé ; des dents aux mâchoires ; le corps couvert de grandes plaques et cuirassé.

	ESPÈCES.	CARACTÈRES.
1.	PÉGASE DRAGON.	Le museau très peu aplati et sans dentelures ; les nageoire pectorales très grandes.
2.	PÉGASE VOLANT.	Le museau aplati et dentelé ; les nageoires pectorales très grandes.
3.	PÉGASE SPATULE.	Le museau en forme de spatule et sans dentelures ; les nageoires pectorales peu grandes.

LE PÉGASE DRAGON [1]

Pegasus Draco, LINN., GMEL., BLOC., LACÉP., CUV.

Presque tous les pégases ont leurs nageoires pectorales conformées et étendues de manière à les soutenir aisément et pendant un temps assez long, non seulement dans le sein des eaux, mais encore au milieu de l'air de l'atmosphère qu'elles frappent avec force. Ce sont en quelque sorte des poissons ailés, que l'on a bientôt voulu regarder comme les représentants des animaux terrestres qui possèdent également la faculté de s'élever au-dessus de la surface du globe. Une imagination riante les a particulièrement comparés à ce coursier fameux que l'antique mythologie plaça sur la doubl colline : elle leur en a donné le nom à jamais célèbre. Le souvenir de suppositions plus merveilleuses, d'images plus frappantes, de formes plus extraordinaires, de pouvoirs plus terribles, a vu, d'un autre côté, dans l'espèce de ces animaux que l'on a connue la première, un portrait un peu ressemblant, quoique composé dans de très petites proportions, de cet être fabu-

1. *Pegasus draconis, dragon de mer*. Bloch, pl. 109, fig. 1 et 2. — *Pégase dragon*. Daubenton, Encyclopédie méthodique. — *Id.* Bonnaterre, planches de l'Encyclopédie méthodique. — Gronov., *Zooph.*, 356. tab. 12, fig. 2 et 3. — « Naja lavet jang kitsjil, klein zeedraakje. » Valent., *Ind.*, 3, p. 428, tab. 271. — Séba., mus. 3, tab. 34, fig. 4.

leux, qui, enfanté par le génie des premiers maîtres des nations, adopté par l'ignorance, divinisé par la crainte, a traversé tous les âges et tous les peuples, toujours variant sa figure fantastique, toujours accroissant sa vaine grandeur, toujours ajoutant à sa puissance idéale, et vivra à jamais dans les productions immortelles de la céleste poésie. Ah! sans doute, ils sont bien légers, ces rapports que l'on a voulu indiquer entre de faibles poissons volants découverts au milieu de l'Océan des grandes Indes et l'énorme dragon dont la peinture, présentée par une main habile, a si souvent effrayé l'enfance, charmé la jeunesse et intéressé l'âge mûr et ce cheval ailé consacré au dieu des vers par les premiers poètes reconnaissants. Mais quelle erreur pourrait ici alarmer le naturaliste philosophe? Laissons subsister des noms sur le sens desquels personne ne peut se méprendre et qui seront comme le signe heureux d'une nouvelle alliance entre les austères scrutateurs des lois de la nature et les peintres sublimes de ses admirables ouvrages. Qu'en parcourant l'immense ensemble des êtres innombrables que nous cherchons à faire connaître, les imaginations vives, les cœurs sensibles des poètes ne se croient pas étrangers parmi nous. Qu'ils trouvent au moins des noms hospitaliers qui leur rappellent et leurs inventions hardies, et leurs allégories ingénieuses, et leurs tableaux enchanteurs, et leurs illusions douces; et que, retenus par cet attrait puissant au milieu de nos conceptions sévères, ils augmentent le charme de nos contemplations en les animant par leur feu créateur.

Comme tous les animaux de sa famille, le pégase dragon ne parvient guère qu'à un décimètre de longueur : il est donc bien éloigné d'avoir dans l'étendue de ses dimensions quelque trait de ressemblance avec les êtres poétiques dont il réunit les noms. Mais tout son corps est recouvert de pièces inégales en étendue, assez grandes, dures, écailleuses et, par conséquent, analogues à celles que l'on a supposées sur le corps des dragons; elles sont presque carrées sur le milieu du dos, triangulaires sur les côtés; et, indépendamment de cette cuirasse, la queue, qui est longue, étroite et très distincte du corps, est renfermée dans un étui composé de huit ou neuf anneaux écailleux. Ces anneaux, placés à la suite l'un de l'autre et articulés ensemble, ont beaucoup de rapports avec ceux qui entourent la queue et le corps des syngnathes; comprimés de même par-dessus, par-dessous, et par les côtés, ils offrent ordinairement quatre faces et composent par leur réunion un prisme à quatre pans.

Au-dessous du museau, qui est très allongé, un peu conique et échancré de chaque côté, on voit l'ouverture de la bouche située à peu près comme celle des squales et des acipensères, et qui, de même que celle de ces derniers cartilagineux, a des bords que l'animal peut un peu retirer et allonger à volonté. Les mâchoires sont garnies de très petites dents; les yeux sont gros, saillants, très mobiles et placés sur les faces latérales de la tête; l'iris est jaune; l'opercule des branchies est rayonné.

De chaque côté du corps s'avance une prolongation couverte d'écailles, et à l'extrémité de laquelle est attachée la nageoire pectorale. Cette nageoire est grande, arrondie et peut être d'autant plus aisément déployée, qu'une portion assez considérable de membrane sépare chaque rayon, et que tous les rayons simples et non articulés partent d'un centre ou d'une base très étroite. Aussi le pégase dragon peut-il, quand il veut, éviter plus sûrement la dent de son ennemi, s'élancer au-dessus de la surface de l'eau et ne retomber qu'après avoir parcouru un espace assez long.

On aperçoit sur la partie inférieure du corps, qui est très large, une petite éminence longitudinale, à laquelle tiennent les nageoires ventrales dont chacune ne consiste que dans une sorte de rayon très long, très délié, très mou et très flexible.

La nageoire dorsale est située sur la queue ; elle est très petite, ainsi que la caudale et celle de l'anus, au-dessus de laquelle elle est placée[1].

Au reste, le pégase dragon est communément bleuâtre, et le dessus de son corps est garni de tubercules rayonnés et bruns.

Il vit de petits vers marins, d'œufs de poisson et des débris de substances organisées qu'il trouve dans la terre grasse du fond des mers.

LE PÉGASE VOLANT[2]

Pegasus volans, Linn., Gmel., Lacép., Cuv.

Nous avons trouvé dans les manuscrits de Commerson une description très étendue et très bien faite de ce pégase, dont on n'a jusqu'à présent indiqué que quelques traits, et dont on ne connaît que très imparfaitement la forme. C'est d'après le travail de ce laborieux naturaliste que nous allons marquer les différences qui séparent du dragon ce cartilagineux.

Le museau est très allongé, aplati, arrondi et un peu élargi à son extrémité. La face inférieure de ce museau présente un petit canal longitudinal, ainsi que des stries disposées en rayons, et la face supérieure, qui montre un sillon semblable, a ses bords relevés et dentelés.

Sur la tête et derrière les yeux, on voit une fossette rhomboïdale et derrière le crâne on aperçoit deux cavités profondes et presque pentagones.

Les derniers anneaux de la queue sont garnis d'une petite pointe dans chacun de leurs angles antérieurs et postérieurs.

1. A la nageoire dorsale .... 4 rayons.
A chaque nageoire pectorale .... 9 ou 10 —
A chaque nageoire ventrale .... 1 —
A celle de l'anus .... 5 —
A celle de la queue .... 8 —
(Cette dernière est arrondie.)

2. *Pégase volant*. Daubenton, Encyclopédie méthodique. — *Id*. Bonnaterre, planches de l'Encyclopédie méthodique. — « Pegasus rostro ensiformi utrinque serrato, caudæ articulis duodecim. » Commerson, manuscrits déjà cités.

On compte communément douze rayons à chacune des nageoires pectorales, qui sont arrondies, très étendues et très propres à donner à l'animal une faculté de s'élancer dans l'air assez grande pour justifier l'épithète de *volant* qui lui a été assignée.

Chaque nageoire ventrale est composée d'un ou deux rayons très déliés très longs et très mobiles[1].

Le volant habite, comme les autres pégases, dans les mers de l'Inde; mais il paraît qu'on le voit assez rarement aux environs de l'Ile de France, où Commerson n'a pu observer qu'un individu desséché de cette espèce, individu qui lui avait été donné par l'officier général Boulocq.

LE PÉGASE SPATULE[2]

Pegasus natans, Bloch., Lacép., Cuv.

Ce poisson diffère des deux pégases que nous venons de décrire par la forme de la queue, dont la partie antérieure est aussi grosse que la partie postérieure du corps proprement dit. Le corps est d'ailleurs moins large à proportion de la longueur de l'animal; le museau, très allongé, aplati, élargi et arrondi à son extrémité, de manière à représenter une spatule, n'est point dentelé sur les côtés, et les nageoires pectorales, beaucoup plus petites que celles des autres pégases, ne paraissent pas pouvoir donner au cartilagineux dont nous nous occupons le pouvoir de s'élancer au-dessus de la surface des eaux. Les anneaux écailleux qui recouvrent la queue sont plus nombreux que sur les autres poissons de la même famille; on en compte quelquefois une douzaine; le prisme, ou plutôt la pyramide qu'ils composent est à quatre faces, dont l'intérieure est plus large que les trois autres; l'anneau le plus éloigné de la tête est armé de deux petites pointes.

Le pégase spatule est d'un jaune foncé par-dessus et d'un blanc assez pur par-dessous. Ses nageoires pectorales sont violettes; les autres sont brunes[3].

Cet animal n'a été vu vivant que dans les mers des grandes Indes; et cependant parmi les poissons pétrifiés que l'on trouve dans le mont Bolca, près de Vérone, on distingue très facilement les restes de ce pégase[4].

1. A la nageoire dorsale .... 5 rayons.
A celle de l'anus .... 5 —
A celle de la queue, qui est arrondie .... 8 —

2. *Pégase nageur*. Bloch, pl. 121, fig. 3, 4. — *Pégase spatule*. Daubenton, Encyclopédie méthodique. — *Id.* Bonnaterre, planches de l'Encyclopédie méthodique.

3. A la nageoire dorsale .... 5 rayons.
A chaque nageoire pectorale .... 9 —
A chaque nageoire inférieure .... 1 —
A celle de l'anus .... 5 —
A celle de la queue, qui est arrondie .... 8 —

4. « Pegasus natans, rostro elongato spatulæ formi, corpore oblongo, tetragono. » Ichtyolithologie de Vérone, par une société de physiciens, seconde partie, pl. 5, fig. 3.

VINGT ET UNIÈME GENRE

LES CENTRISQUES

Le museau très allongé ; les mâchoires sans dents ; le corps très comprimé ; les nageoires ventrales réunies.

	ESPÈCES.	CARACTÈRES.
1.	CENTRISQUE CUIRASSÉ.	Une cuirasse placée sur le dos et aussi longue que le corps et la queue réunis.
2.	CENTRISQUE SUMPIT.	Une cuirasse placée sur le dos et plus courte que le corps et la queue réunis.
3.	CENTRISQUE BÉCASSE.	Le dos garni de petites écailles.

LE CENTRISQUE CUIRASSÉ [1]

Centriscus scutatus, LINN., GMEL., LACÉP.

Nous avons vu les ostracions, dont la tête, le corps et une partie de la queue sont entourés d'une croûte solide et préservatrice, représenter, au milieu de la nombreuse classe des poissons, la tribu remarquable des tortues, qu'une carapace et un plastron très durs environnent aussi d'une enveloppe presque impénétrable. Mais parmi ces tortues, et particulièrement parmi celles qui, plus rapprochées des poissons, passent la plus grande partie de leur vie au milieu des eaux salées, il en est qui n'ont reçu que des moyens de défense moins complets : la tortue luth, par exemple, qui habite dans la mer Méditerranée, n'est à l'abri que sous une carapace ; elle est dénuée de plastron ; elle n'a qu'une sorte de cuirasse placée sur son dos. Elle a aussi son analogue parmi les poissons ; et c'est la famille des centrisques, et surtout le centrisque cuirassé, qui, comme la tortue luth, a sur son dos une longue cuirasse, terminée, du côté de la queue, par une pointe aiguë, laquelle a fait donner à tout le genre le nom de *centrisque* ou d'*aiguillonné*. Si les centrisques sont, à quelques égards, une sorte de portrait de la tortue luth, ils n'en sont cependant qu'une image bien diminuée. Quelle différence de grandeur, en effet, entre une tortue qui parvient à deux mètres de longueur et des centrisques qui le plus souvent ne sont longs que de deux décimètres ! Tant la nature, cette cause puissante de toute existence, cette source féconde de toute beauté, ne cesse de varier, par tous les degrés de la grandeur aussi bien que par toutes les nuances des formes, ces admirables copies par lesquelles elle multiplie avec tant de profusion, sur la surface sèche du globe et au milieu des eaux, les modèles remarquables sur les-

1. *Centriscus scutatus, bécasse bouclier*. Bloch, pl. 123, fig. 2. — *Centrisque cuirassé*. Daubenton, Encyclopédie méthodique. — *Id.* Bonnaterre, planches de l'Encyclopédie méthodique. — Gronov., mus. 2, p. 18, n° 171, tab. 7, fig. 3 ; *Zooph.*, p. 129, n° 396. — *Amphisilen*. Klein, *Miss. pisc.*, 4, p. 28, tab. 6, fig. 6. — Séba, mus. 3, p. 107, tab. 34, fig. 5.

Ikan pisan, mesvich. Valent., *Ind.*, 3, p. 420, n° 243, fig. 243, 254. — *Ikan peixe*. Ruysch, *Theatr. anim.*, p. 5, tab. 3, fig. 7.

quels on serait tenté de croire qu'elle s'est plu à répandre d'une manière plus particulière le feu de la vie et le principe de la reproduction.

D'ailleurs, la cuirasse longue et pointue qui revêt le dos des centrisques, au lieu de s'étendre presque horizontalement sur un corps aplati comme dans les tortues, se plie dans le sens de sa longueur, au-dessus des animaux que nous allons décrire, pour descendre sur les deux côtés d'un corps très comprimé. Cette forme est surtout très marquée dans le centrisque cuirassé. Ce dernier cartilagineux est, en effet, si aplati par les côtés, qu'il ressemble quelquefois à une lame longue et large. La cuirasse qui le couvre est composée de pièces écailleuses très lisses, attachées ensemble, unies de si près, que l'on ne peut quelquefois les distinguer que très difficilement l'une de l'autre, et si transparentes, que l'on aperçoit très aisément la lumière au travers du dos de l'animal. Au reste, cette sorte de demi-transparence appartient, d'une manière plus ou moins sensible, à presque toutes les parties du corps du centrisque cuirassé.

La couverture solide qui garantit sa partie postérieure est terminée, du côté de la nageoire de la queue, par une pointe très allongée, qui dépasse de beaucoup le bout de cette nageoire caudale; et cette espèce d'aiguillon se divise en deux parties d'égale longueur, dont celle de dessus emboîte à demi l'inférieure, et peut être un peu soulevée au-dessus de cette dernière.

Au-dessous de ce piquant, et à un grand éloignement du corps proprement dit, est la première nageoire dorsale, qui le plus souvent ne renferme que trois rayons, et dont la membrane est communément attachée à ce même piquant, lequel alors peut être considéré comme un rayon de plus de cette première nageoire dorsale.

Le museau est très allongé; il est d'ailleurs fait en forme de tube, et c'est à l'extrémité de ce long tuyau qu'est placée l'ouverture de la bouche. Cet orifice est très étroit; mais quelquefois, et surtout après la mort de l'animal, la membrane qui réunit les deux longues mâchoires dont le tube est composé se déchire et s'oblitère; les deux mâchoires se séparent presque jusqu'au-dessous du siège de l'odorat; l'ouverture de la bouche devient très grande, et la mâchoire supérieure se divise longitudinalement en deux ou trois pièces qui sont comme les éléments du tuyau formé par le museau. La planche sur laquelle on pourra voir la figure du centrisque cuirassé représente l'effet de cet accident

L'ouverture des narines est double; celle des branchies est grande et curviligne, l'opercule lisse et transparent.

Chaque côté du corps est garni de dix ou onze pièces écailleuses, minces et placées transversalement. Elles sont relevées dans leur milieu par une arête horizontale, et la suite de toutes les arêtes qui aboutissent l'une à l'autre forme une ligne latérale assez saillante. Ces lames sont un peu arrondies dans leur partie inférieure et réunies avec les lames du côté opposé par une portion membraneuse, très mince, qui fait paraître le dessous du corps très caréné.

Les nageoires pectorales sont un peu éloignées des branchies ; les ventrales sont réunies, et de plus si petites et si déliées, que souvent elles échappent à l'œil, ou sont détachées, par divers accidents, du corps de l'animal[1]. La seconde dorsale et celle de l'anus sont très près de celle de la queue dont la colonne vertébrale est détournée de sa direction et fléchie, pour ainsi dire, en en-bas, par la partie postérieure de la cuirasse qui la recouvre.

Les différentes formes remarquables que nous venons de décrire attirent d'ailleurs l'attention par la beauté et la richesse des couleurs qu'elles présentent : le dos est d'un brun doré brillant, quoique foncé ; les côtés sont argentés et jaunes ; le dessous du corps est rouge avec des raies transversales blanches, et presque toutes les nageoires sont jaunâtres.

Le poisson qui montre cet éclatant assortiment de plusieurs nuances vit, comme les pégases, de petits vers marins et des débris de corps organisés qu'il peut trouver dans la vase ; mais bien loin de jouir, ainsi que les pégases, de la faculté de s'élancer avec force au-dessus de la surface de l'eau, il est réduit, par la petitesse de ses nageoires et la raideur d'une grande partie de son corps, à n'exécuter que des mouvements peu rapides. Il habite dans les mers de l'Inde, ainsi que l'espèce dont nous allons parler.

LE CENTRISQUE SUMPIT[2]

Centriscus velitaris, LINN., GMEL., LACÉP.

Ce poisson est très petit ; il ne parvient ordinairement qu'à la longueur de cinq ou six centimètres ; sa parure est élégante ; l'éclat de l'argent brille sur les côtés de son corps et se change sur sa partie supérieure en une sorte de couleur d'or un peu pâle, que relèvent quelques raies de différentes couleurs et placées obliquement. On ne voit sur son dos qu'une cuirasse assez courte, en comparaison de celle qui garantit l'espèce de centrisque que nous avons déjà décrite ; et c'est parce que cette arme défensive ne s'étend pas jusqu'à l'extrémité de la queue que Pallas, auquel nous devons la connaissance de cet animal, l'a désigné par l'épithète d'*armé à la légère*. Cette armure moins étendue lui donne d'ailleurs des mouvements plus libres, qui

1. A la première nageoire du dos .... 3 rayons.
A la seconde .... 11 —
A chaque nageoire pectorale .... 11 —
A la ventrale .... 5 —
A celle de l'anus .... 13 —
A celle de la queue, qui est rectiligne .... 12 —

2. *Centriscus sumpit.* — Pallas, *Spicil. zoolog.*, 8, p. 36, tab. 4, fig. 8. — *Centrisque sumpit.* Daubenton, Encyclopédie méthodique. — *Id.* Bonnaterre, planches de l'Encyclopédie méthodique.

s'allient fort bien avec l'agrément des couleurs dont il est peint. Au reste, cette couverture se termine en pointe et se réunit, pour ainsi dire, à une sorte de piquant couché en arrière, un peu mobile, très aigu, dentelé, creusé par-dessous et placé au-dessus d'un second aiguillon que le poisson cache à volonté dans une fossette longitudinale. A la suite de ces pointes, que l'on peut considérer comme une première nageoire dorsale, d'autant plus qu'elles sont réunies par une membrane, on voit la seconde nageoire du dos, dans laquelle on compte douze rayons[1]. Une petite raie saillante s'étend de chaque côté, depuis le bout du museau jusqu'à l'œil; un petit aiguillon recourbé vers l'anus est placé au-devant de cette dernière ouverture.

LE CENTRISQUE BÉCASSE[2]

Centriscus scolopax, Linn., Gmel., Lacép., Cuv.

Cet animal, que l'on voit quelquefois dans le marché de Rome et dans ceux des pays voisins, n'est pas tout à fait aussi petit que le sumpit; il présente ordinairement une longueur de plus d'un décimètre et se distingue facilement de plusieurs autres poissons avec lesquels on l'apporte par sa couleur qui est d'un rouge tendre et agréable. Les pièces qui composent la couverture supérieure du cuirassé et du sumpit sont remplacées sur le centrisque bécasse par des écailles dures, pointues et placées les unes au-dessus des autres; mais on voit un piquant à l'extrémité du dos de ce cartilagineux, comme sur celui des poissons de son genre qui sont déjà connus. Cet aiguillon très fort, dentelé des deux côtés et mobile de manière à pouvoir être couché dans une fossette, est le premier rayon de la nageoire dorsale antérieure, dans laquelle on compte quatre rayons en tout; la seconde nageoire dorsale est composée de dix-sept rayons[3]. L'extrémité du long museau du

1. A la membrane des branchies.................................. 3 rayons.
A chaque nageoire pectorale.................................. 13 —
A chaque nageoire ventrale.................................. 4 —
A celle de l'anus.................................. 20 —
A celle de la queue.................................. 12 —

2. *Centriscus scolopax*. — *Trombetta*, sur la côte de Gênes. — *Soffietta*, aux environs de Rome. — *Elephas*. — *Centrisque bécasse*. Daubenton, Encyclopédie méthodique. — *Id.* Bonnaterre, planches de l'Encyclopédie méthodique. — *Bécasse*, *scolopax*, *ascalopax*. Rondelet, *Histoire des poissons*, liv. XV, ch. IV. — *Centriscus squamosus*. Bloch, pl. 123, fig. 1.
Gronov., *Zooph.*, p. 128, n° 395. — *Meerschnepf*. Jonston, lib. I, tit. 1, cap. I, *a*. tab. 1, n° 9. « Solenostomus rostro trientem totius piscis æquante. » Klein, *Miss. pisc.*, 4, p. 24, n° 1. — Gesner, *Aquat.*, p. 838, icon. anim., p. 11, thierb., p. 4. — *Scolopax*. Aldrov., *Pisc.*, p. 298. — Willughby, *Ichtiol.*, p. 160, tab. I, 25, fig. 2. — *Trumpet*, or *bellows fish*. Ray, *Pisc.*, p. 50. — Charleton, *Onom.*, p. 123. — « Balistes aculeis duobus, loco pinnarum ventralium, solitario intra anum. » Artedi, gen. 54, syn. 82.

3. A la membrane des branchies.................................. 3 rayons.
A chaque nageoire pectorale.................................. 17 —
A chaque nageoire inférieure.................................. 5 —
A celle de l'anus.................................. 18 —
A celle de la queue, qui est arrondie.................................. 9 —

poisson que nous décrivons est un peu relevée et présente l'ouverture de la bouche, que l'animal peut fermer à volonté par le moyen d'un opercule attaché au bout de la mâchoire inférieure. C'est la grande prolongation de ce museau et la forme assez ténue de cette sorte de tuyau, qui ont fait comparer le cartilagineux dont nous nous occupons, tantôt à une bécasse, tantôt à l'un des quadrupèdes les plus éloignés de ce poisson par les divers traits de leur conformation, ainsi que par l'énormité de leur taille, à l'éléphant, dont le nez s'étend cependant en une trompe bien différente, dans son organisation, du museau d'un centrisque. La figure de ce même museau a fait aussi donner le nom de *soufflet* à la bécasse, dont on s'est beaucoup occupé, parce que ce poisson a une chair délicate. Le premier rayon des nageoires pectorales de ce centrisque est très long; les nageoires inférieures sont très petites, et l'animal peut les cacher aisément dans un sillon osseux.

POISSONS OSSEUX

Lorsque nous avons, par la pensée, réuni autour de nous les diverse, espèces de poissons qui peuplent les mers ou les eaux douces du globes lorsque nous les avons contraintes, pour ainsi dire, à se distribuer en différents groupes suivant l'ordre des rapports qui les distinguent, nous les avons vues se séparer en deux immenses tribus. D'un côté ont paru les poissons cartilagineux ; de l'autre, les osseux. Nous nous sommes occupés des premiers, examinons avec soin les seconds. Nous avons assez indiqué les différences qui les séparent ; exposons donc, au moins rapidement, les ressemblances qui les rapprochent. Elles sont grandes, en effet, ces ressemblances qui les lient. Les formes extérieures, les organes intérieurs, les armes pour attaquer, les boucliers pour se défendre, la puissance pour nager, l'appareil pour le vol et jusqu'à cette faculté invisible et terrible de faire éprouver à de grandes distances des commotions violentes et soudaines, tous ces attributs que nous avons remarqués dans les cartilagineux, nous allons les retrouver dans les osseux. Nous pouvons, par exemple, opposer aux pétromyzons et aux gastrobranches, les cécilies, les murènes, les ophis ; aux raies, les pleuronectes ; aux squales, les ésoces ; aux acipensères, les loricaires ; aux syngnathes, les fistulaires ; aux pégases, les trigles et les exocets ; aux torpilles et au tétrodon électrique, le gymnote et le silure, également électriques ou engourdissants.

A la vérité, les diverses conformations des cartilagineux ne se rencontrent dans les osseux qu'altérées, accrues, diminuées, ou du moins différemmen combinées ; mais elles reparaissent avec un assez grand nombre de leurs premiers traits, pour qu'on les reconnaisse sans peine. Elles annoncent toujours l'identité de leur origine ; elles attestent l'unité du modèle d'après lequel la nature a façonné toutes les espèces de poissons qu'elle a répandues au milieu des eaux. Et que ce type de la vitalité et de l'animalité de ces innombrables animaux est digne de l'attention des philosophes ! Il n'appartient pas, en effet, exclusivement à la grande classe dont nous cherchons à dévoiler les propriétés : son influence irrésistible embrasse tous les êtres qui ont reçu la sensibilité. Bien plus, son image est empreinte sur tous les produits de la matière organisée. La nature n'a, pour ainsi dire, créé sur notre globe qu'un seul être vivant, dont elle a ensuite multiplié des copies plus ou moins modifiées. Sur la planète que nous habitons, avec la matière brute que nous foulons aux pieds, au milieu de l'atmosphère qui nous environne, à la distance où nous sommes placés des différents corps célestes qui circulent dans l'espace et sous l'empire de cette loi qui commande à tous les corps et les fait sans cesse graviter les uns vers les autres, il n'y avait peut-être qu'un moyen unique de départir aux agrégations de la matière la force organique, c'est-à-dire le mouvement de la vie et la chaleur du sentiment.

Comme cette cause première présente une quantité infinie de degrés de force et de développement, et que, par conséquent, elle a donné naissance à un nombre incalculable de résultats produits par les différentes combinaisons de cette série immense de degrés, la nature a pu être aussi admirable par la variété des détails qu'elle a créés, que par la sublime simplicité du plan unique auquel elle s'est asservie. C'est ainsi qu'en parcourant le vaste ensemble des êtres qui s'élèvent au-dessus de la matière brute, nous voyons une diversité, pour ainsi dire, sans bornes, de grandeur, de formes et d'organes, devenir, par une suite de toutes les combinaisons qui ont pu être réalisées, le principe et le résultat d'une intussusception de substances très divisées, de l'élaboration de ces substances dans des vaisseaux particuliers, de leur réunion dans des canaux plus ou moins étendus, de leur mélange pour former un liquide nutritif. C'est ainsi qu'elle est la cause et l'effet de l'action de ce liquide, qui, présenté dans un état de division plus ou moins grand aux divers fluides que renferment l'air de l'atmosphère, ou l'eau des rivières et des mers, se combine avec celui de ces fluides vers lequel son essence lui donne la tendance la plus forte, en reçoit des qualités nouvelles, parcourt toutes les parties susceptibles d'accroissement ou de conservation, maintient dans les fibres l'irritabilité à laquelle il doit son mouvement, devient souvent, en terminant sa course plus ou moins longue et plus ou moins sinueuse, une nouvelle substance plus active encore, donne par cette métamorphose à l'être organisé le pouvoir de sentir, ajoute à la faculté d'être mû celle de se mouvoir, convertit une sujétion passive en une volonté efficace et complète ainsi la vie et l'animalité.

Nous venons de voir que les mêmes formes extérieures et intérieures se présentent dans les poissons cartilagineux et dans les poissons osseux : les résultats de la conformation prise dans toute son étendue doivent donc être à peu près les mêmes dans ces deux sous-classes remarquables. Et voilà pourquoi les osseux nous offriront des habitudes analogues à celles que nous avons déjà considérées en traitant des cartilagineux, non seulement dans la manière de venir à la lumière, mais dans celle de combattre, de fuir, de se cacher, de se mettre en embuscade, de se nourrir, de rechercher les eaux les plus salutaires, la température la plus convenable, les abris les plus sûrs. Voilà pourquoi encore nous verrons dans les osseux, comme dans les cartilagineux, l'instinct se dégrader à mesure que des formes très déliées et un corps très allongé seront remplacés par des proportions moins propres à une grande variété de mouvements, et surtout par un aplatissement très marqué. Nous verrons même ce décroissement de l'intelligence conservatrice, dont nous avons déjà parlé[1], se montrer avec bien plus de régularité dans les poissons osseux que dans les cartilagineux, parce qu'il n'y est pas contre-balancé, comme dans plusieurs de ces derniers, par des organes particuliers propres à rendre à l'instinct plus de vivacité que ne peuvent lui en ôter les autres portions de l'organisation.

En continuant de considérer dans tout leur ensemble les osseux et les cartilagineux, nous remarquerons que les premiers comprennent un bien plus grand nombre d'espèces rapprochées de nos demeures par leurs habitations, de nos besoins par leur utilité, de nos plaisirs par leurs habitudes. C'est principalement leur histoire qui, entraînant facilement la pensée hors des limites, des lieux et des temps, rappelle à notre esprit, ou, pour mieux dire, à notre cœur attendri, et les ruisseaux, et les lacs, et les fleuves, et les jeux innocents de l'enfance, et les joyeux amusements d'une jeunesse aimante sur les bords verdoyants de ces eaux romantiques. On ébranle vivement l'imagination en peignant l'immense Océan qui soulève majestueusement ses ondes, et les flots tumultueux mugissant sous la violence des tempêtes, et les énormes habitants des mers resplendissants au milieu de l'éclatante lumière de la zone torride, ou luttant avec force contre les énormes montagnes de glace des contrées polaires ; mais on émeut profondément l'âme en lui retraçant la surface tranquille d'un lac qui réfléchit la clarté mélancolique de la lune, ou le murmure léger d'une rivière paisible qui serpente au milieu de bocages sombres, ou les mouvements agiles, les courses rapides, et, pour ainsi dire, les évolutions variées de poissons argentés, qui, en se jouant au milieu d'un ruisseau limpide, troublent seuls le silence et la paix d'une rive ombragée et solitaire. Les premiers tableaux sont pour le génie ; les seconds appartiennent à la touchante sensibilité.

1. Discours sur la nature des poissons.

TABLEAU
DES GENRES DES POISSONS OSSEUX

CLASSE DES POISSONS

Le sang rouge; des vertèbres; des branchies au lieu de poumons.

SECONDE SOUS-CLASSE

POISSONS OSSEUX

Les parties solides de l'intérieur du corps osseuses.

PREMIÈRE DIVISION DE LA SECONDE SOUS-CLASSE

OU CINQUIÈME DIVISION DE LA CLASSE DES POISSONS

Un opercule branchial et une membrane branchiale.

DIX-SEPTIÈME ORDRE DE LA CLASSE ENTIÈRE DES POISSONS

OU PREMIER ORDRE DE LA PREMIÈRE DIVISION DES OSSEUX

POISSONS APODES

Point de nageoires inférieures entre le museau et l'anus.

	GENRES.	CARACTÈRES.
22.	CÉCILIE.	Point de nageoires; l'ouverture des branchies sous le cou.
23.	MONOPTÈRE.	Point d'autre nageoire que celle de la queue; les ouvertures des narines placées entre les yeux.
24.	LEPTOCÉPHALE.	Point de nageoires pectorales ni caudales; l'ouverture des branchies située en partie au-dessous de la tête.
25.	GYMNOTE.	Des nageoires pectorales et de l'anus; point de nageoires du dos ni de la queue.
26.	TRICHIURE.	Point de nageoire caudale; le corps et la queue très allongés, très comprimés et en forme de lame; les opercules des branchies placés très près des yeux.
27.	NOTOPTÈRE.	Des nageoires pectorales, de l'anus et du dos; point de nageoire caudale; le corps très court.
28.	OPHISURE.	Point de nageoire caudale; le corps et la queue cylindriques et très allongés relativement à leur diamètre; la tête petite; les narines tubulées; la nageoire dorsale et celle de l'anus très longues et très basses.
29.	TRIURE.	La nageoire de la queue très courte; celle du dos et celle de l'anus étendues jusqu'au-dessus et au-dessous de la queue; le museau avancé en forme de tube; une seule dent à chaque mâchoire.
30.	APTÉRONOTE.	Une nageoire de la queue; point de nageoire du dos; les mâchoires non extensibles.
31.	RÉGALEC.	Des nageoires pectorales, du dos et de la queue; point de nageoire de l'anus, ni de série d'aiguillons à la

	GENRES.	CARACTÈRES.
31.	RÉGALEC.	place de cette dernière nageoire ; le corps et la queue très allongés.
32.	ODONTOGNATHE.	Une lame longue, large, recourbée, dentelée, placée de chaque côté de la mâchoire supérieure et entraînée par tous les mouvements de la mâchoire de dessous.
33.	MURÈNE.	Des nageoires pectorales, dorsale, caudale et de l'anus; les nageoires tubulées; les yeux voilés par une membrane; le corps serpentiforme et visqueux.
34.	AMMODYTE.	Une nageoire de l'anus; celle de la queue séparée de la nageoire de l'anus et de celle du dos; la tête comprimée et plus étroite que le corps; la lèvre supérieure double; la mâchoire inférieure étroite et pointue; le corps très allongé.
35.	OPHIDIE.	La tête couverte de grandes pièces écailleuses ; le corps et la queue comprimés en forme de lame et garnis de petites écailles; la membrane des branchies très large; les nageoires du dos, de la queue et de l'anus réunies.
36.	MACROGNATHE.	La mâchoire supérieure très avancée et en forme de trompe; le corps et la queue comprimés comme une lame; les nageoires du dos et de l'anus distinctes de celle de la queue.
37.	XIPHIAS.	La mâchoire supérieure prolongée en forme de lame d'épée, et d'une longueur au moins égale au tiers de la longueur totale de l'animal.
38.	MAKAIRA.	La mâchoire supérieure prolongée en forme de lame d'épée, et d'une longueur égale au cinquième ou tout au plus au quart de la longueur totale de l'animal; deux boucliers osseux et lancéolés de chaque côté de l'extrémité de la queue; deux nageoires dorsales.
39.	ANARHIQUE.	Le museau arrondi; plus de cinq dents coniques; des dents molaires en haut et en bas; une longue nageoire dorsale.
40.	COMÉPHORE.	Le corps allongé et comprimé; la tête et l'ouverture de la bouche très grandes; le museau large et déprimé; les dents très petites; deux nageoires dorsales; plusieurs rayons de la seconde garnis de longs filaments.
41.	STROMATÉE.	Le corps très comprimé et ovale.
42.	RHOMBE.	Le corps très comprimé et assez court; chaque côté de l'animal représentant une sorte de rhombe; des aiguillons ou rayons non articulés aux nageoires du dos ou de l'anus.

DIX-HUITIÈME ORDRE DE LA CLASSE ENTIÈRE DES POISSONS
OU SECOND ORDRE DE LA PREMIÈRE DIVISION DES OSSEUX

POISSONS JUGULAIRES

Des nageoires situées sous la gorge.

	GENRE.	CARACTÈRES.
43.	MURÉNOÏDE.	Un seul rayon à chacune des nageoires jugulaires; trois rayons à la membrane des branchies; le corps allongé, comprimé et en forme de lame.

	GENRES.	CARACTÈRES.
44.	CALLIONYME.	La tête plus grosse que le corps; les ouvertures branchiales sur la nuque; les nageoires jugulaires très éloignées l'une de l'autre; le corps et la queue garnis d'écailles à peine visibles.
45.	CALLIOMORE.	La tête plus grosse que le corps; les ouvertures branchiales placées sur les côtés de l'animal; les nageoires jugulaires très éloignées l'une de l'autre; le corps et la queue garnis d'écailles à peine visibles.
46.	URANOSCOPE.	La tête déprimée et plus grosse que le corps; les yeux sur la partie supérieure de la tête et très rapprochés; la mâchoire inférieure beaucoup plus avancée que la supérieure; l'ensemble formé par le corps et la queue presque conique et revêtu d'écailles très faciles à distinguer; chaque opercule branchial composé d'une seule pièce et garni d'une membrane ciliée.
47.	TRACHINE.	La tête comprimée et garnie de tubercules ou d'aiguillons; une ou plusieurs pièces de chaque opercule dentelées; le corps et la queue allongés, comprimés et couverts de petites écailles; l'anus situé très près des nageoires pectorales.
48.	GADE.	La tête comprimée; les yeux peu rapprochés l'un de l'autre et placés sur les côtés de la tête, le corps allongé, peu comprimé et revêtu de petites écailles; les opercules composés de plusieurs pièces et bordés d'une membrane non ciliée.
49.	BATRACHOÏDE.	La tête très déprimée et très large; l'ouverture de la bouche très grande; un ou plusieurs barbillons attachés autour ou au-dessous de la mâchoire inférieure.
50.	BLENNIE.	Le corps et la queue allongés et comprimés; deux rayons au moins, et quatre rayons au plus à chacune des nageoires jugulaires.
51.	OLIGOPODE.	Une seule nageoire dorsale; cette nageoire du dos commençant au-dessus de la tête et s'étendant jusqu'à la nageoire caudale, ou à peu près; un seul rayon à chaque nageoire jugulaire.
52.	KURTE.	Le corps très comprimé et caréné par-dessus ainsi que par dessous; le corps élevé.
53.	CHRYSOSTROME.	Le corps et la queue très hauts, très comprimés et aplatis latéralement de manière à représenter un ovale; une seule nageoire dorsale.

DIX-NEUVIÈME ORDRE DE LA CLASSE ENTIÈRE DES POISSONS

OU TROISIÈME ORDRE DE LA PREMIÈRE DIVISION DES OSSEUX

POISSONS THORACINS

Des nageoires inférieures placées sous la poitrine et au-dessous des pectorales.

	GENRE.	CARACTÈRES.
54.	LÉPIDOPE.	Le corps très allongé et comprimé en forme de lame; un seul rayon aux nageoires thoracines et à celle de l'anus.

	GENRES.	CARACTÈRES.
55.	HIATULE.	Point de nageoire de l'anus.
56.	CÉPOLE.	Une nageoire de l'anus; plus d'un rayon à chaque nageoire thoracine; le corps et la queue très allongés et comprimés en forme de lame; le ventre à peu près de la longueur de la tête; les écailles très petites.
57.	TÆNIOÏDE.	Une nageoire de l'anus; les nageoires pectorales en forme de disque et composées d'un grand nombre de rayons; le corps et la queue très allongés et comprimés en forme de lame; le ventre à peu près de la longueur de la tête; les écailles très petites; les yeux à peine visibles; point de nageoire caudale.
58.	GOBIE.	Les deux nageoires thoracines réunies l'une à l'autre; deux nageoires dorsales.
59.	GOBIOÏDE.	Les deux nageoires thoracines réunies l'une à l'autre; une seule nageoire dorsale; la tête petite; les opercules attachés dans une grande partie de leur contour.
60.	GOBIOMORE.	Les deux nageoires thoracines non réunies l'une à l'autre; une seule nageoire dorsale; la tête petite; les yeux rapprochés; les opercules attachés dans une grande partie de leur contour.
61.	GOBIOMOROÏDE.	Les deux nageoires thoracines non réunies l'une à l'autre; une seule nageoire dorsale; la tête petite; les yeux rapprochés; les opercules attachés dans une grande partie de leur contour.
62.	GOBIÉSOCE.	Les deux nageoires thoracines non réunies l'une à l'autre; une seule nageoire dorsale; cette nageoire courte et placée au-dessus de l'extrémité de la queue, très près de la nageoire caudale; la tête très grosse et plus large que le corps.
63.	SCOMBRE.	Deux nageoires dorsales; une ou plusieurs petites nageoires au-dessus et au-dessous de la queue; les côtés de la queue carénés, ou une petite nageoire composée de deux aiguillons réunis par une membrane au-devant de la nageoire de l'anus.
64.	SCOMBÉROÏDE.	De petites nageoires au-dessus et au-dessous de la queue; une seule nageoire dorsale; plusieurs aiguillons au-devant de la nageoire du dos.
65.	CARANX.	Deux nageoires dorsales; point de petites nageoires au-dessus ni au-dessous de la queue; les côtés de la queue relevés longitudinalement en carène, ou une petite nageoire composée de deux aiguillons et d'une membrane au-devant de la nageoire de l'anus.
66.	TRACHINOTE.	Deux nageoires dorsales; point de petites nageoires au-dessus ni au-dessous de la queue; les côtés de la queue relevés longitudinalement en carène, ou une petite nageoire composée de deux aiguillons et d'une membrane au-devant de la nageoire de l'anus; des aiguillons cachés sous la peau au-devant des nageoires dorsales.

	GENRES.	CARACTÈRES.
67.	CABANXOMORE.	Une seule nageoire dorsale; point de petites nageoires au-dessus ni au-dessous de la queue; les côtés de la queue relevés longitudinalement en carène, ou une petite nageoire composée de deux aiguillons et d'une membrane-au devant de la nageoire de l'anus, ou la nageoire dorsale très prolongée vers celle de la queue; la lèvre supérieure très peu extensible ou non extensible, point d'aiguillons isolés au-devant de la nageoire du dos.
68.	CÆSIO.	Une seule nageoire dorsale; point de petites nageoires au-dessus ni au-dessous de la queue; les côtés de la queue relevés longitudinalement en carène, ou une petite nageoire composée de deux aiguillons et d'une membrane au-devant de la nageoire de l'anus, ou la nageoire dorsale très prolongée vers celle de la queue; la lèvre supérieure très extensible; point d'aiguillons isolés au-devant de la nageoire du dos.
69.	CÆSIOMORE.	Une seule nageoire dorsale; point de petites nageoires au-dessus ni au-dessous de la queue; point de carène latérale à la queue, ni de petite nageoire au-devant de celle de l'anus; des aiguillons isolés au-devant de la nageoire du dos.
70.	CORIS.	La tête grosse et plus élevée que le corps; le corps comprimé et très allongé; le premier ou le second rayon de chacune des nageoires thoracines une ou deux fois plus allongé que les autres; point d'écailles semblables à celles du dos sur les opercules ni sur la tête, dont la couverture lamelleuse et d'une seule pièce représente une sorte de casque.
71.	GOMPHOSE.	Le museau allongé en forme de clou ou de masse; la tête et les opercules dénués d'écailles semblables à celles du dos.
72.	NASON.	Une protubérance en forme de corne ou de grosse loupe sur le nez; deux plaques ou boucliers de chaque côté de l'extrémité de la queue; le corps et la queue recouverts d'une peau rude et comme chagrinée.
73.	KIPHOSE.	Le dos très élevé au-dessus d'une ligne tirée depuis le bout du museau jusqu'au milieu de la nageoire caudale; une bosse sur la nuque; des écailles semblables à celles du dos sur la totalité ou une grande partie des opercules, qui ne sont pas dentelés.
74.	OSPHRONÈME.	Cinq ou six rayons à chaque nageoire thoracine; le premier de ces rayons aiguillonné, et le second terminé par un filament très long.
75.	TRICHOPODE.	Un seul rayon beaucoup plus long que le corps à chacune des nageoires thoracines; une seule nageoire dorsale.
76.	MONODACTYLE.	Un seul rayon très court et à peine visible à chaque nageoire thoracine; une seule nageoire dorsale.
77.	PLECTORHINQUE.	Une seule nageoire dorsale; point d'aiguillons isolés au-devant de la nageoire du dos, de carène latérale ni de

	GENRES.	CARACTÈRES.
77.	PLECTORHINQUE.	petite nageoire au-devant de celle de l'anus; les lèvres plissées et contournées; une ou plusieurs lames de l'opercule branchial dentelées.
78.	POGONIAS.	Une seule nageoire dorsale; point d'aiguillons isolés au-devant de la nageoire du dos, de carène latérale ni de petite nageoire au-devant de celle de l'anus; un très grand nombre de petits barbillons à la mâchoire inférieure.
79.	BOSTRYCHE.	Le corps allongé et serpentiforme; deux nageoires dorsales, la seconde séparée de celle de la queue; deux barbillons à la mâchoire supérieure; les yeux assez grands et sans voile.
80.	BOSTRYCHOÏDE.	Le corps allongé et serpentiforme; une seule nageoire dorsale; celle de la queue séparée de celle du dos, deux barbillons à la mâchoire supérieure; les yeux assez grands et sans voile.
81.	ÉCHÉNÉIS.	Une plaque très grande, ovale, composée de lames transversales et placée sur la tête, qui est déprimée.
82.	MACROURE.	Deux nageoires sur le dos; la queue deux fois plus longue que le corps.
83.	CORYPHÈNE.	Le sommet de la tête très comprimé et comme tranchant par le haut, ou très élevé et finissant sur le devant par un plan presque vertical, ou terminé antérieurement par un quart de cercle, ou garni d'écailles semblables à celles du dos; une seule nageoire dorsale, et cette nageoire du dos presque aussi longue que le corps et la queue.
84.	HÉMIPTÉRONOTE.	Le sommet de la tête très comprimé et comme tranchant par le haut, ou très élevé et finissant sur le devant par un plan presque vertical, ou terminé antérieurement par un quart de cercle, ou garni d'écailles semblables à celles du dos; une seule nageoire dorsale, et la longueur de cette nageoire du dos ne surpassant pas ou surpassant à peine la moitié de la longueur du corps et de la queue pris ensemble.
85.	CORYPHÉNOÏDE.	Le sommet de la tête très comprimé et comme tranchant par le haut, ou très élevé et finissant sur le devant par un plan presque vertical, ou terminé antérieurement par un quart de cercle, ou garni d'écailles semblables à celles du dos; une seule nageoire dorsale; l'ouverture des branchies ne consistant que dans une fente transversale.
86.	ASPIDOPHORE.	Le corps et la queue couverts d'une sorte de cuirasse écailleuse; deux nageoires sur le dos; moins de quatre rayons aux nageoires thoracines.
87.	ASPIDOPHOROÏDE.	Le corps et la queue couverts d'une sorte de cuirasse écailleuse; une seule nageoire sur le dos; moins de quatre rayons aux nageoires thoracines.
88.	COTTE.	La tête plus large que le corps, la forme générale un peu conique; deux nageoires sur le dos; des aiguillons

GENRES.		CARACTÈRES.
88.	COTTE.	ou des tubercules sur la tête ou sur les opercules des branchies; plus de trois rayons aux nageoires thoracines.
89.	SCORPÈNE.	La tête garnie d'aiguillons, ou de protubérances, ou de barbillons et dépourvue de petites écailles; une seule nageoire dorsale.
90.	SCOMBÉROMORE.	Une seule nageoire dorsale; de petites nageoires au-dessus et au-dessous de la queue; point d'aiguillons isolés au-devant de la nageoire du dos.
91.	GASTÉROSTÉE.	Une seule nageoire dorsale; des aiguillons isolés, ou presque isolés, au-devant de la nageoire du dos; une carène longitudinale de chaque côté de la queue; un ou deux rayons au plus à chaque nageoire thoracine; ces rayons aiguillonnés.
92.	CENTROPODE.	Deux nageoires dorsales; un aiguillon et cinq ou six rayons articulés très petits à chaque nageoire thoracine; point de piquants isolés au-devant des nageoires du dos, mais les rayons de la première dorsale à peine réunis par une membrane; point de carène latérale à la queue.
93.	CENTROGASTÈRE.	Quatre aiguillons et six rayons articulés à chaque nageoire thoracine.
94.	CENTRONOTE.	Une seule nageoire dorsale; quatre rayons au moins à chaque thoracine; des piquants isolés au-devant de la nageoire du dos; une saillie longitudinale sur chaque côté de la queue, ou deux aiguillons au-devant de la nageoire de l'anus.
95.	LÉPISACANTHE.	Les écailles du dos grandes, ciliées et terminées par un aiguillon; les opercules dentelés dans leur partie postérieure et dénués de petites écailles; des aiguillons isolés au-devant de la nageoire dorsale.
96.	CÉPHALACANTHE.	Le derrière de la tête garni, de chaque côté, de deux piquants dentelés et très longs; point d'aiguillons isolés au-devant de la nageoire du dos.
97.	DACTYLOPTÈRE.	Une petite nageoire composée de rayons soutenus par une membrane, auprès de la base de chaque nageoire pectorale.
98.	PRIONOTE.	Des aiguillons dentelés entre les deux nageoires dorsales; des rayons articulés et non réunis par une membrane auprès de chacune des nageoires pectorales.
99.	TRIGLE	Point d'aiguillons dentelés entre les deux nageoires dorsales; des rayons articulés et non réunis par une membrane, auprès de chacune des nageoires pectorales.
100.	PÉRISTÉDION.	Des rayons articulés et non réunis par une membrane auprès des nageoires pectorales; une seule nageoire dorsale; point d'aiguillons dentelés sur le dos; une ou plusieurs plaques osseuses au-dessous du corps.
101.	ISTIOPHORE.	Point de rayons articulés et libres auprès des nageoires pectorales, ni de plaques osseuses au-dessous du corps; la première nageoire du dos arrondie, très lon-

	GENRES.	CARACTÈRES.
101.	Istiophore.	gue, et d'une hauteur supérieure à celle du corps, deux rayons à chaque thoracine.
102.	Gymnètre.	Point de nageoire de l'anus; une seule nageoire dorsale; les rayons des nageoires thoracines très allongés.
103.	Mulle.	Le corps couvert de grandes écailles qui se détachent aisément; deux nageoires dorsales; plus d'un barbillon à la mâchoire inférieure.
104.	Apogon.	Les écailles grandes et faciles à détacher; le sommet de la tête élevé, deux nageoires dorsales; point de barbillons au-dessous de la mâchoire inférieure.
105.	Lonchure.	La nageoire de la queue lancéolée; cette nageoire et les pectorales aussi longues, au moins, que le quart de la longueur totale de l'animal; la nageoire dorsale longue et profondément échancrée; deux barbillons à la mâchoire inférieure.
106.	Macropode.	Les thoracines au moins de la longueur du corps proprement dit; la nageoire caudale très fourchue et à peu près aussi longue que le tiers de la longueur totale de l'animal; la tête proprement dite et les opercules revêtus d'écailles semblables à celles du dos; l'ouverture de la bouche très petite.
107.	Labre.	La lèvre supérieure extensible; point de dents incisives ou molaires; les opercules des branchies dénués de piquants et de dentelure; une seule nageoire dorsale; cette nageoire du dos très séparée de celle de la queue, ou très éloignée de la nuque, ou composée de rayons terminés par un filament.
108.	Cheiline.	La lèvre supérieure extensible; les opercules des branchies dénués de piquants et de dentelure; une seule nageoire dorsale; cette nageoire du dos très séparée de celle de la queue, ou très éloignée de la nuque, ou composée de rayons terminés par un filament; de grandes écailles ou des appendices placés sur la base de la nageoire caudale, ou sur les côtés de la queue.
109.	Cheilodiptère.	La lèvre supérieure extensible; point de dents incisives ni molaires; les opercules des branchies dénués de piquants et de dentelure; deux nageoires dorsales.
110.	Ophicéphale.	Point de dents incisives ni molaires; les opercules des branchies dénués de piquants et de dentelure; une seule nageoire dorsale; la tête aplatie, arrondie par devant, semblable à celle d'un serpent, et couverte d'écailles polygones plus grandes que celles du dos et disposées à peu près comme celles que l'on voit sur la tête de la plupart des couleuvres; tous les rayons des nageoires articulés.
111.	Hologymnose.	Toute la surface de l'animal dénuée d'écailles facilement visibles; la queue représentant deux cônes tronqués, appliqués le sommet de l'un contre le sommet de l'autre, et inégaux en longueur; la caudale très courte; chaque thoracine composée d'un ou de plusieurs rayons

GENRES.		CARACTÈRES.
111.	Hologymnose.	mous et réunis ou enveloppés de manière à imiter un barbillon charnu.
112.	Scare.	Les mâchoires osseuses très avancées et tenant lieu de véritables dents; une seule nageoire dorsale.
113.	Ostorhinque.	Les mâchoires osseuses très avancées et tenant lieu de véritables dents; deux nageoires dorsales.
114	Spare.	Les lèvres supérieures peu extensibles ou non extensibles; ou des dents incisives, ou des dents molaires disposées sur un ou plusieurs rangs; point de piquants ni de dentelure aux opercules; une seule nageoire dorsale; cette nageoire éloignée de celle de la queue, ou la plus grande hauteur du corps proprement dit, supérieure ou égale, ou presque égale à la longueur de ce même corps.
115.	Diptérodon.	Les lèvres supérieures peu extensibles, ou non extensibles; ou des dents incisives, ou des dents molaires disposées sur un ou plusieurs rangs; point de piquants ni de dentelure aux opercules; deux nageoires dorsales; la seconde nageoire du dos éloignée de celle de la queue; ou la plus grande hauteur du corps proprement dit, supérieure ou égale, ou presque égale à la longueur de ce même corps.
116.	Lutjan.	Une dentelure à une ou à plusieurs pièces de chaque opercule; point de piquants à ces pièces; une seule nageoire dorsale; un seul barbillon ou point de barbillons aux mâchoires.
117.	Centropome.	Une dentelure à une ou plusieurs pièces de chaque opercule; point d'aiguillons à ces pièces; un seul barbillon ou point de barbillons aux mâchoires; deux nageoires dorsales.
118.	Bodian.	Un ou plusieurs aiguillons et point de dentelure aux opercules; un seul barbillon ou point de barbillons aux mâchoires; une seule nageoire dorsale.
119.	Tænianote.	Un ou plusieurs aiguillons et point de dentelure aux opercules; un seul barbillon ou point de barbillons aux mâchoires; une nageoire dorsale étendue depuis l'entre-deux des yeux jusqu'à la nageoire de la queue, ou très longue et composée de plus de quarante rayons.
120.	Sciène.	Un ou plusieurs aiguillons et point de dentelure aux opercules; un seul barbillon ou point de barbillons aux mâchoires; deux nageoires dorsales.
121.	Microptère.	Un ou plusieurs aiguillons et point de dentelure aux opercules; un barbillon ou point de barbillons aux mâchoires; deux nageoires dorsales; la seconde très basse, très courte et comprenant au plus cinq rayons.
122.	Holocentre.	Un ou plusieurs aiguillons et une dentelure aux opercules; un barbillon ou point de barbillons aux mâchoires; une seule nageoire dorsale.
123.	Persèque.	Un ou plusieurs aiguillons et une dentelure aux opercules; un barbillon ou point de barbillons aux mâchoires; deux nageoires dorsales.

	GENRES.	CARACTÈRES.
124.	HARPÉ.	Plusieurs dents très longues, fortes et recourbées au sommet et auprès de l'articulation de chaque mâchoire; des dents petites, comprimées et triangulaires, de chaque côté de la mâchoire supérieure, entre les grandes dents voisines de l'articulation et celles du sommet; un barbillon comprimé et triangulaire de chaque côté et auprès de la commissure des lèvres; les thoracines, la dorsale et l'anale, très grandes et en forme de faux; la caudale convexe dans son milieu et étendue en forme de faux très allongée dans le haut et dans le bas; l'anale attachée autour d'une prolongation charnue, écailleuse, très grande, comprimée et triangulaire.
125.	PIMELEPTÈRE.	La totalité ou une grande partie de la dorsale, de l'anale et de la nageoire de la queue, adipeuse ou presque adipeuse; les nageoires inférieures situées plus loin de la gorge que les pectorales.
126.	CHEILION.	Le corps et la queue très allongés; le bout du museau aplati; la tête et les opercules dénués de petites écailles; les opercules sans dentelure et sans aiguillons, mais ciselés; les lèvres, et surtout celle de la mâchoire inférieure, très pendantes; les dents très petites; la dorsale basse et très longue; les rayons aiguillonnés ou non articulés de chaque nageoire aussi mous ou presque aussi mous que les articulés; une seule dorsale; les thoracines très petites.
127.	POMATOME.	L'opercule entaillé dans le haut de son bord postérieur et couvert d'écailles semblables à celles du dos; le corps et la queue allongés; deux nageoires dorsales; la nageoire de l'anus très adipeuse.
128.	LÉIOSTOME.	Les mâchoires dénuées de dents et entièrement cachées sous les lèvres; ces mêmes lèvres extensibles; la bouche placée au-dessous du museau; point de dentelure ni de piquants aux opercules; deux nageoires dorsales.
129.	CENTROLOPHE.	Une crête longitudinale et un rang longitudinal de piquants très séparés les uns des autres et cachés en partie sous la peau au-dessus de la nuque; une seule nageoire du dos; cette dorsale très basse et très longue; les mâchoires garnies de dents très petites, très fines, égales et un peu écartées les unes des autres, moins de cinq rayons à la membrane branchiale.
130.	CHEVALIER.	Plusieurs rangs de dents à chaque mâchoire; deux nageoires dorsales; la première presque aussi haute que le corps, triangulaire et garnie de très longs filaments à l'extrémité de chacun de ses rayons; la seconde basse et très longue; l'anale très courte et moins grande que chacune des thoracines; cette anale, les deux nageoires du dos et celle de la queue couvertes presque en entier de petites écailles; l'opercule sans piquants ni dentelure; les écailles grandes et dentelées.

GENRES.		CARACTÈRES.
131.	LÉIOGNATHE.	Les mâchoires dénuées de dents proprement dites; une seule nageoire du dos; un aiguillon recourbé et très fort, des deux côtés de chacun des rayons articulés de la dorsale; un appendice écailleux, long et aplati auprès de chaque thoracine; l'opercule dénué de petites écailles et un peu ciselé; la hauteur du corps égale ou presque égale à la moitié de la longueur totale du poisson.
132.	CHÉTODON.	Les dents petites, flexibles et mobiles; le corps et la queue très comprimés; de petites écailles sur la dorsale ou sur d'autres nageoires, ou la hauteur du corps supérieure ou du moins égale à sa longueur; l'ouverture de la bouche petite; le museau plus ou moins avancé; une seule nageoire dorsale; point de dentelure ni de piquants aux opercules.
133.	ACANTHINION.	Les dents petites, flexibles et mobiles; le corps et la queue très comprimés; de petites écailles sur la dorsale ou sur d'autres nageoires, ou la hauteur du corps supérieure ou du moins égale à sa longueur; l'ouverture de la bouche petite; le museau plus ou moins avancé; une seule nageoire dorsale; plus de deux aiguillons dénués ou presque dénués de membrane au-devant de la nageoire du dos.
134.	CHÉTODIPTÈRE.	Les dents petites, flexibles et mobiles; le corps et la queue très comprimés; de petites écailles sur la dorsale ou sur d'autres nageoires, ou la hauteur du corps supérieure ou du moins égale à sa longueur; l'ouverture de la bouche petite; le museau plus ou moins avancé; point de dentelure ni de piquants aux opercules ; deux nageoires dorsales.
135.	POMACENTRE.	Les dents petites, flexibles et mobiles; le corps et la queue très comprimés; de petites écailles sur la dorsale ou sur d'autres nageoires, ou la hauteur du corps supérieure ou du moins égale à sa longueur; l'ouverture de la bouche petite; le museau plus ou moins avancé; une dentelure, et point de longs piquants aux opercules; une seule nageoire dorsale.
136.	POMADASYS.	Les dents petites, flexibles et mobiles; le corps et la queue très comprimés; de petites écailles sur la dor sale ou sur d'autres nageoires, ou la hauteur du corps supérieure ou du moins égale à sa longueur; l'ouverture de la bouche petite; le museau plus ou moins avancé; une dentelure, et point de longs piquants aux opercules; deux nageoires dorsales.
137.	POMACANTHE.	Les dents petites, flexibles et mobiles; le corps et la queue très comprimés; de petites écailles sur la dorsale ou sur d'autres nageoires, ou la hauteur du corps supérieure ou du moins égale à sa longueur; l'ouverture de la bouche petite; le museau plus ou moins avancé; un ou plusieurs longs piquants, et point de dentelure aux opercules; une seule nageoire dorsale.

GENRES.	CARACTÈRES.
138. HOLACANTHE.	Les dents petites, flexibles et mobiles; le corps et la queue très comprimés; de petites écailles sur la dorsale ou sur d'autres nageoires, ou la hauteur du corps supérieure ou du moins égale à sa longueur; l'ouverture de la bouche petite; le museau plus ou moins avancé; une dentelure et un ou plusieurs longs piquants à chaque opercule; une seule nageoire dorsale.
139. ÉNOPLOSE.	Les dents petites, flexibles et mobiles; le corps et la queue très comprimés; de très petites écailles sur la dorsale ou sur d'autres nageoires, ou la hauteur du corps supérieure ou du moins égale à sa longueur; l'ouverture de la bouche petite; le museau plus ou moins avancé; une dentelure et un ou plusieurs piquants à chaque opercule; deux nageoires dorsales.
140. GLYPHISODON.	Les dents crénelées ou découpées; le corps et la queue très comprimés; de très petites écailles sur la dorsale ou sur d'autres nageoires, ou la hauteur du corps supérieure ou du moins égale à sa longueur; l'ouverture de la bouche petite; le museau plus ou moins avancé; une nageoire dorsale.
141. ACANTHURE.	Le corps et la queue très comprimés; de très petites écailles sur la dorsale ou sur d'autres nageoires, ou la hauteur du corps supérieure ou du moins égale à sa longueur; l'ouverture de la bouche petite; le museau plus ou moins avancé; une nageoire dorsale; un ou plusieurs piquants de chaque côté de la queue.
142. ASPISURE.	Le corps et la queue très comprimés; de très petites écailles sur la dorsale ou sur d'autres nageoires, ou la hauteur du corps supérieure ou du moins égale à sa longueur; l'ouverture de la bouche petite; le museau plus ou moins avancé; une nageoire dorsale; une plaque dure en forme de petit bouclier, de chaque côté de la queue.
143. ACANTHOPODE.	Le corps et la queue très comprimés; de très petites écailles sur la dorsale ou sur d'autres nageoires, ou la hauteur du corps supérieure ou du moins égale à sa longueur; l'ouverture de la bouche petite; le museau plus ou moins avancé; une nageoire dorsale; un ou deux piquants à la place de chaque thoracine.
144. SELÈNE.	L'ensemble du poisson très comprimé et présentant de chaque côté la forme d'un pentagone ou d'un tétragone; la ligne du front presque verticale; la distance du plus haut de la nuque au-dessus du museau égale au moins à celle de la gorge, à la nageoire de l'anus; deux nageoires dorsales; un ou plusieurs piquants entre les deux dorsales; les premiers rayons de la seconde nageoire du dos s'étendant au moins au delà de l'extrémité de la queue.
145. ARGYRÉIOSE.	Le corps et la queue très comprimés; une seule nageoire dorsale; plusieurs rayons de cette nageoire terminés par des filaments très longs, ou plusieurs piquants le

	GENRES.	CARACTÈRES.
145.	ARGYRÉIOSE.	long de chaque côté de la nageoire du dos; une membrane verticale placée transversalement au-dessous de la lèvre supérieure; les écailles très petites; les thoracines très allongées; des aiguillons au-devant de la nageoire du dos et de celle de l'anus.
146.	ZÉE.	Le corps et la queue très comprimés; des dents aux mâchoires; une seule nageoire dorsale; plusieurs rayons de cette nageoire terminés par des filaments très longs, ou plusieurs piquants le long de chaque côté de la nageoire du dos; une membrane verticale placée transversalement au-dessous de la lèvre supérieure; les écailles très petites; point d'aiguillons au-devant de la nageoire du dos ni de celle de l'anus.
147.	GAL.	Le corps et la queue très comprimés; des dents aux mâchoires; deux nageoires dorsales; plusieurs rayons de l'une de ces nageoires terminés par des filaments très longs, ou plusieurs piquants le long de chaque côté des nageoires du dos; une membrane verticale placée transversalement au-dessous de la lèvre supérieure; les écailles très petites; point d'aiguillons au-devant de la première nageoire ni de la seconde dorsale, ni de la nageoire de l'anus.
148.	CHRYSOTOSE.	Le corps et la queue très comprimés; la plus grande hauteur de l'animal, égale ou presque égale à la longueur du corps et de la queue pris ensemble; point de dents aux mâchoires; une seule nageoire dorsale; les écailles très petites; point d'aiguillons au-devant de la nageoire du dos, ni de celle de l'anus; plus de huit rayons à chaque thoracine.
149.	CAPROS.	Le corps et la queue très comprimés et très hauts; point de dents aux mâchoires; deux nageoires dorsales; les écailles très petites; point d'aiguillons au-devant de la première ni de la seconde dorsale, ni de la nageoire de l'anus.
150.	PLEURONECTE.	Les deux yeux du même côté de la tête.
151.	ACHIRE.	La tête, le corps et la queue très comprimés; les deux yeux du même côté de la tête; point de nageoires pectorales.

VINGTIÈME ORDRE DE LA CLASSE ENTIÈRE DES POISSONS
OU QUATRIÈME ORDRE DE LA PREMIÈRE DIVISION DES OSSEUX

POISSONS ABDOMINAUX

Des nageoires inférieures placées sur l'abdomen au delà des pectorales et en deçà de la nageoire de l'anus.

	GENRE.	CARACTÈRES.
152.	CIRRHITE.	Sept rayons à la membrane des branchies; le dernier très éloigné des autres; des barbillons réunis par une membrane et placés auprès de la pectorale de manière à représenter une nageoire semblable à cette dernière.

	GENRES.	CARACTÈRES.
153.	CHEILODACTYLE.	Le corps et la queue très comprimés; la lèvre supérieure double et extensible; la partie antérieure et supérieure de la tête terminée par une ligne presque droite et qui ne s'éloigne de la verticale que de 40 à 50 degrés; les derniers rayons de chaque pectorale très allongés au delà de la membrane qui les réunit; une seule nageoire dorsale.
154.	COBITE.	La tête, le corps et la queue cylindriques; les yeux très rapprochés du sommet de la tête; point de dents et des barbillons aux mâchoires; une seule nageoire du dos; la peau gluante et revêtue d'écailles très difficiles à voir.
155.	MISGURNE.	Le corps et la queue cylindriques; la peau gluante et dénuée d'écailles facilement visibles; les yeux très rapprochés du sommet de la tête; des dents et des barbillons aux mâchoires; une seule dorsale; cette nageoire très courte.
156.	ANABLEPS.	Le corps et la queue presque cylindriques; des barbillons et des dents aux mâchoires; une seule nageoire du dos; cette nageoire très courte; deux prunelles à chaque œil.
157.	FUNDULE.	Le corps et la queue presque cylindriques; des dents et point de barbillons aux mâchoires; une seule nageoire du dos.
158.	COLUBRINE.	La tête très allongée; sa partie supérieure revêtue d'écailles conformées et disposées comme celles qui recouvrent le dessus de la tête des couleuvres; le corps très allongé; point de nageoire dorsale.
159.	ARMÉ.	La tête dénuée de petites écailles, rude, recouverte de grandes lames qui réunissent des sutures très marquées; des dents aux mâchoires et au palais; des barbillons à la mâchoire supérieure; la dorsale longue, basse et rapprochée de la caudale; l'anale très courte; plus de dix rayons à la membrane des branchies.
160.	BUTYRIN.	La tête dénuée de petites écailles et ayant de longueur à peu près le quart de la longueur totale de l'animal; une seule nageoire sur le dos.
161.	TRIPTÉRONOTE.	Trois nageoires dorsales; une seule nageoire de l'anus.
162.	OMPOK.	Des barbillons et des dents aux mâchoires; point de nageoires dorsales; une longue nageoire de l'anus.
163.	SILURE.	La tête large, déprimée et couverte de lames grandes et dures, ou d'une peau visqueuse; la bouche à l'extrémité du museau; des barbillons aux mâchoires; le corps gros; la peau enduite d'une mucosité abondante; une seule nageoire dorsale; cette nageoire très courte.
164.	MACROPTÉRONOTE.	La tête large, déprimée et couverte de lames grandes et dures, ou d'une peau visqueuse; la bouche à l'extrémité du museau; des barbillons aux mâchoires; le corps gros; la peau enduite d'une mucosité abondante une seule nageoire dorsale; cette nageoire très longue.

	GENRES.	CARACTÈRES.
165.	MALAPTÉRURE.	La tête déprimée et couverte de lames grandes et dures, ou d'une peau visqueuse; la bouche à l'extrémité du museau; des barbillons aux mâchoires; le corps gros; la peau du corps et de la queue enduite d'une mucosité abondante; une seule nageoire dorsale; cette nageoire adipeuse et placée assez près de la caudale.
166.	PIMÉLODE.	La tête déprimée et couverte de lames grandes et dures, ou d'une peau visqueuse; la bouche à l'extrémité du museau; des barbillons aux mâchoires; le corps gros; la peau du corps et de la queue enduite d'une mucosité abondante; deux nageoires dorsales; la seconde adipeuse.
167.	DORAS.	La tête déprimée et couverte de lames grandes et dures, ou d'une peau visqueuse; la bouche à l'extrémité du musaau; des barbillons aux mâchoires; le corps gros; la peau du corps et de la queue enduite d'une mucosité abondante; deux nageoires dorsales; la seconde adipeuse; des lames larges et dures, rangées longitudinalement de chaque côté du poisson.
168.	POGONATHE.	La tête déprimée et couverte de lames grandes et dures, ou d'une peau visqueuse; la bouche à l'extrémité du museau; des barbillons aux mâchoires; le corps gros; la peau du corps et de la queue enduite d'une mucosité abondante; deux nageoires dorsales, soutenues l'une et l'autre par des rayons; des lames larges et dures, rangées longitudinalement de chaque côté du poisson.
169.	CATAPHRACTE.	La tête déprimée et couverte de lames grandes et dures, ou d'une peau visqueuse; la bouche à l'extrémité du museau; des barbillons aux mâchoires; le corps gros; la peau du corps et de la queue enduite d'une mucosité abondante; deux nageoires dorsales; la seconde soutenue par un seul rayon; des lames larges et dures rangées longitudinalement de chaque côté du poisson.
170.	PLOTOSE.	La tête déprimée et couverte de lames grandes et dures, ou d'une peau visqueuse; la bouche à l'extrémité du museau; des barbillons aux mâchoires; le corps gros; la peau du corps et de la queue enduite d'une mucosité abondante; deux nageoires dorsales; la seconde et celle de l'anus réunies avec la nageoire de la queue qui est pointue.
171.	AGÉNÉIOSE.	La tête déprimée et couverte de lames grandes et dures, ou d'une peau visqueuse; la bouche à l'extrémité du museau; point de barbillons; le corps gros; la peau du corps et de la queue enduite d'une mucosité abondante; deux nageoires dorsales; la seconde adipeuse.
172.	MACRORHAMPHOSE.	La tête déprimée et couverte de lames grandes et dures, ou d'une peau visqueuse; la bouche à l'extrémité du museau; point de barbillons aux mâchoires; le corps gros; la peau du corps et de la queue enduite d'une

GENRES.		CARACTÈRES.
172.	MACRORHAMPHOSE.	mucosité abondante; deux nageoires dorsales; l'une et l'autre soutenues par des rayons; le premier rayon de la première nageoire dorsale, fort, très long et dentelé; le museau très allongé.
173.	CENTRANODON.	La tête déprimée et couverte de lames grandes et dures, ou d'une peau visqueuse; la bouche à l'extrémité du museau; point de barbillons ni de dents aux mâchoires; le corps gros; la peau du corps et de la queue enduite d'une mucosité abondante; deux nageoires dorsales; l'une et l'autre soutenues par des rayons; un ou plusieurs piquants à chaque opercule.
174.	LORICAIRE.	Le corps et la queue couverts en entier d'une sorte de cuirasse à lames; la bouche au-dessous du museau; les lèvres extensibles; une seule nageoire dorsale.
175.	HYPOSTOME.	Le corps et la queue couverts en entier d'une sorte de cuirasse à lames; la bouche au-dessous du museau; les lèvres extensibles; deux nageoires dorsales.
176.	CORYDORAS.	Deux grandes lames de chaque côté du corps et de la queue; la tête couverte de pièces larges et dures; la bouche à l'extrémité du museau; point de barbillons; deux nageoires dorsales; plus d'un rayon à chaque nageoire du dos.
177.	TACHYSURE.	La bouche à l'extrémité du museau; des barbillons aux mâchoires; le corps et la queue très allongés et revêtus d'une peau visqueuse; le premier rayon de la première nageoire du dos et de chaque pectorale, très fort; deux nageoires dorsales, l'une et l'autre soutenues par plus d'un rayon.
178.	SALMONE.	La bouche à l'extrémité du museau; la tête comprimée; des écailles facilement visibles sur le corps et sur la queue; point de grandes lames sur les côtés, de cuirasse, de piquants aux opercules, de rayons dentelés, ni de barbillons; deux nageoires dorsales; la seconde adipeuse et dénuée de rayons; la première plus près ou aussi près de la tête que les ventrales; plus de quatre rayons à la membrane des branchies; des dents fortes aux deux mâchoires.
179.	OSMÈRE.	La bouche à l'extrémité du museau; la tête comprimée; des écailles facilement visibles sur le corps et sur la queue; point de grandes lames sur les côtés, de cuirasse, de piquants aux opercules, de rayons dentelés, ni de barbillons; deux nageoires dorsales; la seconde adipeuse et dénuée de rayons; la première plus éloignée de la tête que les ventrales; plus de quatre rayons à la membrane des branchies; des dents fortes aux deux mâchoires.
180.	CORÉGONE.	La bouche à l'extrémité du museau; la tête comprimée; des écailles facilement visibles sur le corps et sur la queue; point de grandes lames sur les côtés, de cuirasse, de piquants aux opercules, de rayons dentelés,

GENRES.		CARACTÈRES.
180.	Corégone.	ni de barbillons; deux nageoires dorsales; la seconde adipeuse et dénuée de rayons; plus de quatre rayons à la membrane des branchies; les mâchoires sans dents, ou garnies de dents très petites et difficiles à voir.
181.	Characin.	La bouche à l'extrémité du museau; la tête comprimée; des écailles facilement visibles sur le corps et sur la queue; point de grandes lames sur les côtés, de cuirasse, de piquants aux opercules, de rayons dentelés, ni de barbillons; deux nageoires dorsales; la seconde adipeuse et dénuée de rayons; quatre rayons au plus à la membrane des branchies.
182.	Serrasalme.	La bouche à l'extrémité du museau; la tête, le corps et la queue comprimés; des écailles facilement visibles sur le corps et sur la queue; point de grandes lames sur les côtés, de cuirasse, de piquants aux opercules, de rayons dentelés, ni de barbillons; deux nageoires dorsales; la seconde adipeuse et dénuée de rayons; la partie inférieure du ventre carénée et dentelée comme une scie.
183.	Élope.	Trente rayons ou plus à la membrane des branchies; les yeux gros, rapprochés l'un de l'autre et presque verticaux; une seule nageoire dorsale; un appendice écailleux auprès de chaque nageoire du ventre.
184.	Mégalope.	Les yeux très grands; vingt-quatre rayons ou plus à la membrane des branchies.
185.	Notacanthe.	Le corps et la queue très allongés; la nuque élevée et arrondie; la tête grosse, la nageoire de l'anus très longue et réunie avec celle de la queue; point de nageoire dorsale; des aiguillons courts, gros, forts et dénués de membrane à la place de cette dernière nageoire.
186.	Ésoce.	L'ouverture de la bouche grande; le gosier large; les mâchoires garnies de dents nombreuses, fortes et pointues; le museau aplati; point de barbillons; l'opercule et les branchies très grands; le corps et la queue très allongés et comprimés latéralement; les écailles dures; point de nageoire adipeuse; les nageoires du dos et de l'anus courtes; une seule dorsale; cette dernière nageoire placée au-dessus de l'anale ou à peu près, et beaucoup plus éloignée de la tête que les ventrales.
187.	Synode.	L'ouverture de la bouche grande; le gosier large; les mâchoires garnies de dents nombreuses, fortes et pointues; point de barbillons; l'opercule et l'orifice des branchies très grands; le corps et la queue très allongés et comprimés latéralement; les écailles dures; point de nageoire adipeuse; les nageoires du dos et de l'anus courtes; une seule dorsale; cette dernière nageoire placée au-dessus ou un peu au-dessus des ventrales, ou plus près de la tête que ces dernières.

	GENRES.	CARACTÈRES.
188.	SPHYRÈNE.	L'ouverture de la bouche grande; le gosier large; les mâchoires garnies de dents nombreuses, fortes et pointues; point de barbillons; l'opercule et l'orifice des branchies très grands; le corps et la queue très allongés et comprimés latéralement; point de nageoire adipeuse; les nageoires du dos et de l'anus courtes; deux nageoires dorsales.
189.	LÉPISOSTÉE.	L'ouverture de la bouche grande; les mâchoires garnies de dents nombreuses, fortes et pointues; point de barbillons ni de nageoire adipeuse; le corps et la queue très allongés; une seule nageoire du dos; cette nageoire plus éloignée de la tête que les ventrales; le corps et la queue revêtus d'écailles très grandes, placées les unes au-dessus des autres, très épaisses, très dures et de nature osseuse.
190.	POLYPTÈRE.	Un seul rayon à la membrane des branchies; deux évents; un grand nombre de nageoires du dos.
191.	SCOMBRESOCE.	Le corps et la queue très allongés; les deux mâchoires très longues, très minces, très étroites et en forme d'aiguille; la nageoire dorsale située au-dessus de celle de l'anus; un grand nombre de petites nageoires au-dessus et au-dessous de la queue, entre la caudale et les nageoires de l'anus et du dos.
192.	FISTULAIRE.	Les mâchoires très étroites, très allongées et en forme de tube; l'ouverture de la bouche à l'extrémité du museau; le corps et la queue très allongés et très déliés; les nageoires petites; une seule dorsale; cette nageoire située au delà de l'anus et au-dessus de l'anale.
193.	AULOSTOME.	Les mâchoires étroites, très allongées et en forme de tube; l'ouverture de la bouche à l'extrémité du museau; le corps et la queue très allongés; les nageoires petites; une nageoire dorsale située au delà de l'anus et au-dessus de l'anale; une rangée longitudinale d'aiguillons, réunis chacun à une petite membrane placée sur le dos et tenant lieu d'une première nageoire dorsale.
194.	SOLÉNOSTOME.	Les mâchoires étroites, très allongées et en forme de tube; l'ouverture de la bouche à l'extrémité du museau; deux nageoires dorsales.
195.	ARGENTINE.	Moins de trente rayons à la membrane des branchies, ou moins de rayons à la membrane branchiale d'un côté qu'à celle de l'autre; des dents aux mâchoires, sur la langue et au palais; plus de neuf rayons à chaque ventrale; point d'appendice auprès des nageoires du ventre; le corps et la queue allongés; une seule nageoire du dos; la couleur générale argentée et très brillante.
196.	ATHÉRINE.	Moins de huit rayons à chaque ventrale et à la membrane des branchies; point de dents au palais; le corps et la queue allongés et plus ou moins transparents;

	GENRES.	CARACTÈRES.
196.	ATHÉRINE.	deux nageoires du dos; une raie longitudinale et argentée de chaque côté du poisson.
197.	HYDRARGIRE.	Moins de huit rayons à chaque ventrale et à la membrane des branchies ; point de dents au palais ; le corps et la queue allongés et plus ou moins transparents ; une nageoire du dos ; une raie longitudinale plus ou moins large, plus ou moins distincte et argentée, de chaque côté du poisson.
198.	STOLÉPHORE.	Moins de neuf rayons à chaque ventrale et à la membrane des branchies; point de dents; le corps et la queue allongés et plus ou moins transparents; une nageoire sur le dos; une raie longitudinale et argentée de chaque côté du poisson.
199.	MUGE.	La mâchoire inférieure carénée en dedans; la tête revêtue de petites écailles ; les écailles striées ; deux nageoires du dos.
200.	MUGILOÏDE.	La mâchoire inférieure carénée en dedans ; la tête revêtue de petites écailles ; les écailles striées ; une nageoire du dos.
201.	CHANOS.	La mâchoire inférieure carénée en dedans; point de dents aux mâchoires; les écailles striées; une seule nageoire du dos; la caudale garnie vers le milieu de chacun de ses côtés d'une sorte d'aile membraneuse.
202.	MUGILOMORE.	La mâchoire inférieure carénée en dedans; les mâchoires dénuées de dents et garnies de petites protubérances; plus de trente rayons à la membrane des branchies ; une seule nageoire du dos ; un appendice à chacun des rayons de cette dorsale.
203.	EXOCET.	La tête entièrement ou presque entièrement couverte de petites écailles ; les nageoires pectorales larges et assez longues pour atteindre jusqu'à la caudale; dix rayons à la membrane des branchies; une seule dorsale; cette nageoire située au-dessus de celle de l'anus.
204.	POLYNÈME.	Des rayons libres auprès de chaque pectorale; la tête revêtue de petites écailles; deux nageoires dorsales.
205.	POLYDACTYLE.	Des rayons libres auprès de chaque pectorale; la tête dénuée de petites écailles ; deux nageoires dorsales.
206.	BURO.	Un double piquant entre les nageoires ventrales ; une seule nageoire du dos ; cette nageoire du dos très longue; les écailles très petites et très difficiles à voir ; cinq rayons à la membrane branchiale.
207.	CLUPÉE.	Des dents aux mâchoires; plus de trois rayons à la membrane des branchies ; une seule nageoire du dos ; le ventre caréné; la carène du ventre dentelée ou très aiguë.
208.	MYSTE.	Plus de trois rayons à la membrane des branchies; le ventre caréné; la carène du ventre dentelée ou très aiguë; la nageoire de l'anus très longue et réunie à celle de la queue; une seule nageoire sur le dos.

	GENRES.	CARACTÈRES.
209.	CLUPANODON.	Plus de trois rayons à la membrane des branchies; le ventre caréné; la carène du ventre dentelée ou très aiguë; la nageoire de l'anus séparée de celle de la queue; une seule nageoire du dos; point de dents aux mâchoires.
210.	SERPE.	La tête, le corps et la queue très comprimés; la partie inférieure de l'animal terminée en dessous par une carène très aiguë et courbée en demi-cercle; deux nageoires dorsales; les ventrales extrêmement petites.
211.	MÉNÉ.	La tête, le corps et la queue très comprimés; la partie inférieure de l'animal terminée par une carène aiguë courbée en demi-cercle; le dos relevé de manière que chaque face latérale du poisson représente un disque; une seule nageoire du dos; cette dorsale et surtout l'anale très basses et très longues; les ventrales étroites et très allongées.
212.	DORSUAIRE.	La partie antérieure du dos relevée en une bosse très comprimée et terminée dans le haut par une carène très aiguë; une seule dorsale.
213.	XYSTÈRE.	La tête, le corps et la queue très comprimés; le dos terminé comme le ventre par une carène aiguë et courbée en portion de cercle; sept rayons à la membrane branchiale; la tête et les opercules garnis de petites écailles; les dents échancrées de manière qu'à l'extérieur elles ont la forme d'incisives, et qu'à l'intérieur elles sont basses et un peu renflées; une fossette au-dessous de chaque ventrale.
214.	CYPRINODON.	La tête, le corps et la queue ayant un peu la forme d'un ovoïde; trois rayons à la membrane des branchies; des dents aux deux mâchoires.
215.	CYPRIN.	Quatre rayons au plus à la membrane des branchies; point de dents aux mâchoires; une seule nageoire du dos.

SECONDE DIVISION DE LA SECONDE SOUS-CLASSE

OU SIXIÈME DIVISION DE LA CLASSE DES POISSONS

Un opercule; point de membrane branchiale.

VINGT ET UNIÈME ORDRE DE LA CLASSE ENTIÈRE DES POISSONS

OU PREMIER ORDRE DE LA SECONDE DIVISION DES OSSEUX

POISSONS APODES

Point de nageoires inférieures entre l'anus et le museau.

	GENRE.	CARACTÈRES.
216.	STERNOPTYX.	Le corps et la queue comprimés; le dessous du corps caréné et transparent; une seule nageoire dorsale.

TROISIÈME DIVISION DE LA SECONDE SOUS-CLASSE

OU SEPTIÈME DIVISION DE LA CLASSE DES POISSONS

Point d'opercule; une membrane branchiale.

VINGT-CINQUIÈME ORDRE DE LA CLASSE ENTIÈRE DES POISSONS

OU PREMIER ORDRE DE LA TROISIÈME DIVISION DES OSSEUX[1]

POISSONS APODES

Point de nageoires inférieures entre l'anus et le museau

	GENRE.	CARACTÈRES.
217.	STYLÉPHORE.	Le museau avancé, relevé et susceptible d'être courbé en arrière par le moyen d'une membrane, au point d'aller toucher la partie antérieure de la tête proprement dite; l'ouverture de la bouche au bout du museau; point de dents; le corps et la queue très allongés et comprimés; la queue terminée par un filament très long.

VINGT-HUITIÈME ORDRE DE LA CLASSE ENTIÈRE DES POISSONS

OU QUATRIÈME ORDRE DE LA TROISIÈME DIVISION DES OSSEUX[2]

POISSONS ABDOMINAUX

Des nageoires inférieures placées sur l'abdomen, au delà des pectorales et en deçà de la nageoire de l'anus.

	GENRE.	CARACTÈRES.
218.	MORMYRE.	Le museau allongé; l'ouverture de la bouche à l'extrémité du museau; des dents aux mâchoires; une seule nageoire dorsale.

QUATRIÈME DIVISION DE LA SECONDE SOUS-CLASSE

OU HUITIÈME DIVISION DE LA CLASSE DES POISSONS

Point d'opercule ni de membrane branchiale.

VINGT-NEUVIÈME ORDRE DE LA CLASSE ENTIÈRE DES POISSONS

OU PREMIER ORDRE DE LA QUATRIÈME DIVISION DES OSSEUX[3]

POISSONS APODES

Point de nageoires inférieures entre l'anus et le museau.

	GENRE.	CARACTÈRES.
219.	MURÉNOPHIS.	Point de nageoires pectorales; une ouverture branchiale sur chaque côté du poisson; le corps et la queue presque cylindriques; la dorsale et l'anale réunies à la nageoire de la queue.

1. On ne connaît point encore de poissons qui appartiennent au vingt-deuxième, au vingt-troisième, ni au vingt-quatrième ordre.

2. On ne connaît point de poissons qui appartiennent au vingt-sixième ni au vingt-septième ordre.

3. On ne connaît pas encore de poissons qui appartiennent au trentième, au trente et unième ni au trente-deuxième ordre, c'est-à-dire au second, au troisième ni au quatrième ordre de la huitième et dernière division des animaux dont nous écrivons l'histoire.

	GENRES.	CARACTÈRES.
220.	GYMNOMURÈNE.	Point de nageoires pectorales; une ouverture branchiale sur chaque côté du poisson; le corps et la queue presque cylindriques; point de nageoire du dos, ni de nageoire de l'anus, ou ces deux nageoires si basses et si enveloppées dans une peau épaisse, qu'on ne peut reconnaître leur présence que par la dissection.
221.	MURÉNOBLENNE.	Point de nageoires pectorales; point d'apparence d'autres nageoires, le corps et la queue presque cylindriques; la surface de l'animal répandant en très grande abondance une humeur laiteuse et gluante.
222.	SPHAGEBRANCHE.	Point de nageoires pectorales ni d'autres nageoires; les deux ouvertures branchiales sous la gorge; le corps et la queue presque cylindriques.
223.	UNIBRANCHAPERTURE.	Point de nageoires pectorales; le corps et la queue serpentiformes; une seule ouverture branchiale, et cet orifice situé sous la gorge; la dorsale et l'anale basses et réunies à la nageoire de la queue.

SECONDE SOUS-CLASSE

POISSONS OSSEUX

Les parties solides de l'intérieur du corps osseuses.

PREMIÈRE DIVISION

POISSONS QUI ONT UN OPERCULE ET UNE MEMBRANE DES BRANCHIES

DIX-SEPTIÈME ORDRE DE LA CLASSE ENTIÈRE DES POISSONS

OU PREMIER ORDRE DE LA PREMIÈRE DIVISION DES OSSEUX

POISSONS APODES, OU QUI N'ONT PAS DE NAGEOIRES INFÉRIEURES ENTRE LE MUSEAU ET L'ANUS

VINGT-DEUXIÈME GENRE

LES CÉCILIES

Point de nageoires; l'ouverture des branchies sous le cou.

ESPÈCE.	CARACTÈRES.
LA CÉCILIE BRANDÉRIENNE.	Le corps anguilliforme; le museau très pointu; les dents aiguës; huit petits trous sur le devant de la tête, sept sur le sommet de cette même partie, sept sur l'occiput.

LA CÉCILIE BRANDÉRIENNE [1]

Cæcilia branderiana, LACÉP. — *Muræna cæca*, LINN., GMEL. — *Sphagebranchus cæcus*, BL., CUV.

Nous avons dû nous déterminer d'autant plus aisément à placer les céci-

1. *Murène aveugle.* Bonnaterre, planches de l'Encyclopédie méthodique.

lies dans un genre différent de toutes les autres familles de poissons osseux, et particulièrement des murènes, parmi lesquelles elles ont été inscrites, qu'elles présentent un caractère distinctif des plus remarquables : elles n'ont absolument aucune sorte de nageoire, et ce défaut constant est d'autant plus digne d'attention, que, pendant longtemps, on a regardé la présence de plusieurs nageoires, ou au moins d'une de ces parties, comme une marque caractéristique de la classe des poissons. Cette absence totale de ces organes extérieurs de mouvement suffirait même pour séparer les cécilies de tous les poissons cartilagineux, puisqu'elle n'a encore été observée sur aucun de ces derniers animaux, ainsi qu'on a pu s'en convaincre en lisant leur histoire.

D'ailleurs, on n'a pas encore découvert un organe de la vue dans les cécilies; elles en paraissent entièrement privées; par cette cécité, elles s'éloignent non seulement de presque tous les poissons, mais même de presque tous les animaux vertébrés et à sang rouge, parmi lesquels on ne connaît encore qu'un mammifère nommé *typhle* et le genre des cartilagineux nommés *gastrobranches*, qui aient paru complètement aveugles. C'est donc avec les gastrobranches qu'il faut surtout comparer les cécilies. D'autres rapports que celui de la privation de la vue les lient d'assez près. Les ouvertures des branchies sont placées sous le corps, dans ces deux genres; mais dans les gastrobranches, elles sont situées sous le ventre, pendant que, dans les cécilies, on les voit sur la partie inférieure du cou. Ces deux familles ont le corps très allongé, cylindrique, serpentiforme, souple comme celui des murènes, enduit d'une humeur abondante, et on distingue aisément sur la tête des cécilies les principales ouvertures par lesquelles se répand cette viscosité. Dans la seule espèce de ce genre décrite jusqu'à présent, on remarque aisément huit pores ou petits trous sur le devant de la tête, sept au sommet de cette même partie et sept autres sur l'occiput; ces vingt-deux orifices sont certainement les extrémités des vaisseaux destinés à porter à la surface du corps la liqueur onctueuse propre à la ramollir et à la lubrifier. Cette même espèce dont Linné a dû la première connaissance à Brander, et que nous avons cru devoir, en conséquence, nommer *la brandérienne*, a les mâchoires très avancées et garnies de dents aiguës; c'est au-dessous de son museau, qui est très pointu, que l'on voit de chaque côté, au bout d'un très petit tube, l'ouverture des narines. De plus, l'anus est plus près de la tête que de l'extrémité de la queue. Cette cécilie vit dans les eaux de la Méditerranée, auprès des côtes de la Barbarie, où elle a été observée par Brander.

Nous n'avons pas vu cette espèce. Nous soupçonnons qu'elle n'a ni opercule ni membrane des branchies. Si notre conjecture à cet égard était fondée, il faudrait ôter les cécilies de la place que nous leur avons donnée dans le tableau général et les transporter de la tête du premier ordre de la première division des osseux au premier rang du premier ordre de la quatrième division de ces mêmes osseux.

VINGT-TROISIÈME GENRE

LES MONOPTÈRES

Point d'autre nageoire que celle de la queue ; les ouvertures des narines placées entre les yeux.

ESPÈCE.	CARACTÈRES.
MONOPTÈRE JAVANAIS.	Le corps plus long que la queue et dénué d'écailles facilement visibles.

LE MONOPTÈRE JAVANAIS[1]

Monopterus javanensis, Lacép., Commers., Cuv.

Ce poisson n'est pas entièrement privé de nageoires, comme la cécilie brandérienne ; mais il n'en a qu'à la queue, et même l'extrémité de cette partie est une sorte de pointe assez déliée, autour de laquelle on n'aperçoit qu'à peine la nageoire caudale. C'est de ce caractère que nous avons tiré le nom de *monoptère*, ou de *poisson à une seule nageoire*, que nous avons donné au genre, non encore connu des naturalistes, dans lequel nous avons inscrit le javanais ; et cette dénomination de *javanais* indique le pays qu'habite l'espèce dont nous allons décrire rapidement les formes. Cette espèce se trouve, en effet, dans le détroit de la Sonde, auprès des côtes de l'île de Java : elle y a été vue par Commerson, auquel nous devons d'être instruits de son existence, et qui a laissé dans ses manuscrits des observations très détaillées au sujet des formes et des dimensions de cet animal, qu'il avait rapporté au genre des anguilles ou des congres, parce qu'il n'avait pas fait attention au caractère tiré du nombre des nageoires. Elle y est très bonne à manger et si nombreuse en individus, que chaque jour les naturels du pays apportaient une très grande quantité de ces monoptères javanais au vaisseau sur lequel était Commerson. Son goût doit ressembler beaucoup à celui des murènes, dont elle a eu très grande partie la conformation et particulièrement le corps serpentiforme, visqueux et dénué d'écailles facilement visibles. La tête est épaisse, comprimée, bombée cependant vers l'occiput et terminée en devant par un museau arrondi. L'ouverture de la bouche est assez grande : la mâchoire supérieure n'avance guère au delà de l'inférieure ; elles sont toutes les deux garnies de dents courtes et serrées comme celles d'une lime, et une rangée de dents semblables est placée dans l'intérieur de la gueule, tout autour du palais. La base de la langue, qui est cartilagineuse et creusée pardessous en gouttière, présente deux tubercules blanchâtres. Les ouvertures des narines ne sont pas placées au haut d'un petit tube ; on ne les voit pas au-devant des yeux, comme sur le plus grand nombre de poissons, mais au-dessus de ces mêmes organes. L'opercule des branchies, mollasse et flasque,

1. *Monopterus javanensis*. « Conger sive anguilla, desuper e livido nigricans, subterius ferruginea, cauda pinnata, apice subnudiusculo peracuto, naribus in oculorum intercapedine. » Manuscrits de Commerson, cinquième cahier des descriptions zoologiques, 1768.

paraît comme une duplicature de la peau ; la membrane branchiale n'est soutenue que par trois rayons, que l'on ne distingue qu'en disséquant cette même membrane ; les branchies ne sont qu'au nombre de trois de chaque côté ; les os qui les soutiennent sont très peu courbés et ne montrent, dans leur côté concave, aucune sorte de denticule ni d'aspérité. Si la nageoire caudale renferme des rayons, ils sont imperceptibles, tant que cette nageoire n'est pas altérée ; et comme la queue est très comprimée, cette dernière partie ressemble assez à une lame d'épée à deux tranchants. La ligne latérale, plus rapprochée du dos que du ventre, s'étend depuis les branchies jusqu'à l'extrémité de cette même queue ; elle est presque de la couleur de l'or. Le dos est d'un brun livide et noirâtre ; les côtés présentent la même nuance, avec de petites bandes transversales couleur de fer : cette dernière teinte s'étend sur tout le ventre, qui est sans tache. La longueur des monoptères javanais est ordinairement de près de sept décimètres ; leur circonférence, dans l'endroit le plus gros de leur corps, d'un décimètre ; et leur poids, de plus d'un hectogramme.

VINGT-QUATRIÈME GENRE

LES LEPTOCÉPHALES

Point de nageoires pectorales ni caudale ; l'ouverture des branchies située en partie au-dessous de la tête.

ESPÈCE.	CARACTÈRES.
LEPTOCÉPHALE MORRISIEN.	Le corps très allongé et comprimé ; les nageoires du dos et de l'anus très longues et très étroites.

LE LEPTOCÉPHALE MORRISIEN[1]

Leptocephalus Morrisii, PENN., LINN., GMEL., LACÉP. CUV.

Cette espèce est la seule que l'on connaisse dans le genre des leptocéphales. Elle n'est point entièrement privée de nageoires, comme les cécilies ; elle n'est pas réduite à une seule nageoire, comme les monoptères ; mais elle n'a point de nageoire de la queue ni même de nageoires pectorales ; elle ne présente qu'une nageoire dorsale et une nageoire de l'anus, toutes les deux très longues, mais très étroites, et dont l'une garnit presque toute la partie supérieure de l'animal, pendant que l'autre s'étend depuis l'anus jusque vers l'extrémité de la queue. Le morrisien se rapproche encore des cécilies par la position des ouvertures branchiales, qui sont situées en partie au-dessous de la tête. Son corps n'est cependant pas cylindrique comme celui des cécilies ; il est très comprimé latéralement ; et, comme ses téguments extérieurs sont minces, mous et souples, ils indiquent par leurs plis le nombre et la place des différentes parties musculaires qui composent les grands

1. Gronov., *Zooph.*, n. 409, tab. 13, fig. 3. — *Brit. zoolog.* 3, p. 125. — *Petite tête, hameçon de mer.* Bonnaterre, planches de l'Encyclopédie méthodique.

muscles du dos, des côtés et du dessous du corps. Ces plis ou ces sillons sont transversaux, mais inclinés et trois fois coudés, de telle sorte qu'ils forment un double rang longitudinal d'espèces de chevrons brisés, dont le sommet est tourné vers la queue. Ces deux rangées sont situées l'une au-dessus et l'autre au-dessous de la ligne latérale, qui est droite et règne d'un bout à l'autre du corps et de la queue, à une distance à peu près égale du bord supérieur et du bord inférieur du poisson. Chacun des chevrons brisés de la rangée d'en haut rencontre, le long de cette ligne latérale, un de ceux de la rangée d'en bas, en formant avec ce dernier un angle presque droit.

La tête est très petite et comprimée comme le corps, de manière que l'ensemble du poisson ressemblant assez à une lame mince, il n'est pas surprenant que l'animal ait une demi-transparence très remarquable. Les yeux sont gros; les dents qui garnissent les deux mâchoires très petites. Les individus les plus grands n'ont guère plus de douze centimètres de longueur. On trouve les leptocéphales dont nous nous occupons auprès de la côte de Holyhead, et d'autres rivages de la Grande-Bretagne; on leur a donné le nom qu'ils portent à cause du savant anglais Morris, qui les a observés avec soin.

VINGT-CINQUIÈME GENRE

LES GYMNOTES

Des nageoires pectorales et de l'anus; point de nageoires du dos ni de la queue.

PREMIER SOUS-GENRE

LA MACHOIRE INFÉRIEURE PLUS AVANCÉE

ESPÈCES.	CARACTÈRES.
1. GYMNOTE ÉLECTRIQUE.	La tête parsemée de petites ouvertures; la nageoire de l'anus s'étendant jusqu'à l'extrémité de la queue.
2. GYMNOTE PUTAOL.	La tête petite; la queue courte; les raies transversales.
3. GYMNOTE BLANC.	Deux lobes à la lèvre supérieure; la couleur blanche.

SECOND SOUS-GENRE

LA MACHOIRE SUPÉRIEURE PLUS AVANCÉE

ESPÈCES.	CARACTÈRES.
4. GYMNOTE CARAPE.	La nageoire de l'anus étendue presque jusqu'à l'extrémité de la queue.
5. GYMNOTE FIERASFER.	Une saillie sur le dos; la nageoire de l'anus ne s'étendant pas jusqu'à l'extrémité de la queue.
6. GYMNOTE LONG MUSEAU.	Le museau très allongé; la nageoire de l'anus ne s'étendant pas jusqu'à l'extrémité de la queue.

LE GYMNOTE ÉLECTRIQUE

Gymnotus electricus, LINN., GMEL., LACÉP., BL., CUV.

Il est bien peu d'animaux que le physicien doive observer avec plus

Sidderais, en hollandais. — *Zitter fish, zitter aal* et *trill fish*, en allemand. — *Gymnote anguille électrique*. Daubenton, Encyclopédie méthodique. — *Id.* Bonnaterre, planches de l'En-

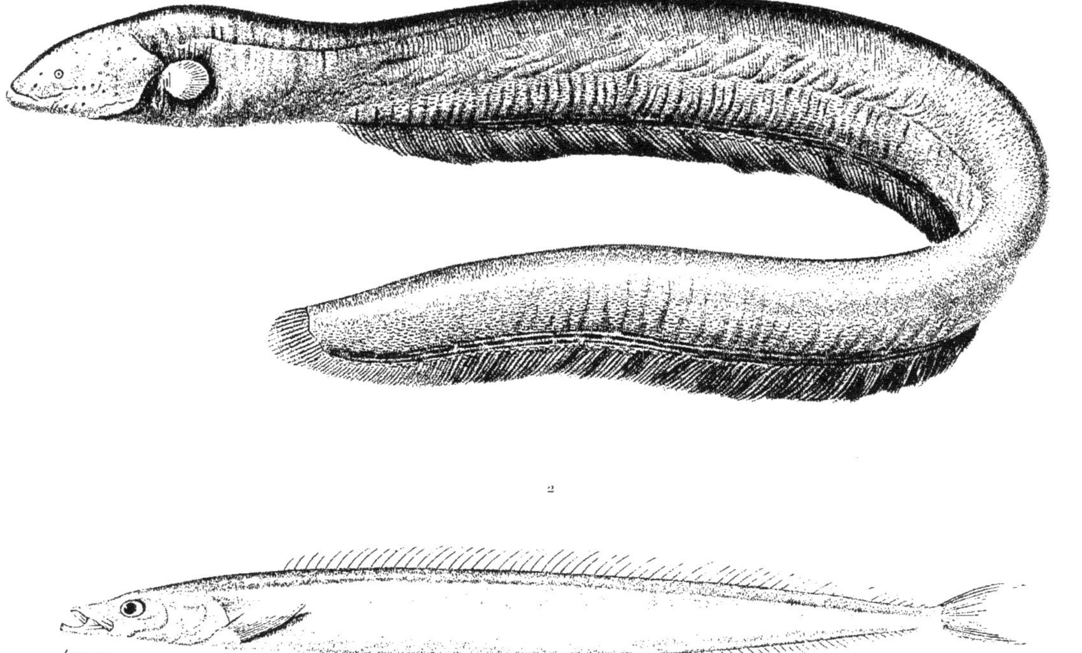

1 LA GYMNOTE ÉLECTRIQUE (Gymnotus electricus). — 2 L'AMMODYTE APPAT (Ammodytes tobianus)

d'après le RÈGNE ANIMAL de Cuvier, édition V. Masson

Garnier Frères Éditeurs

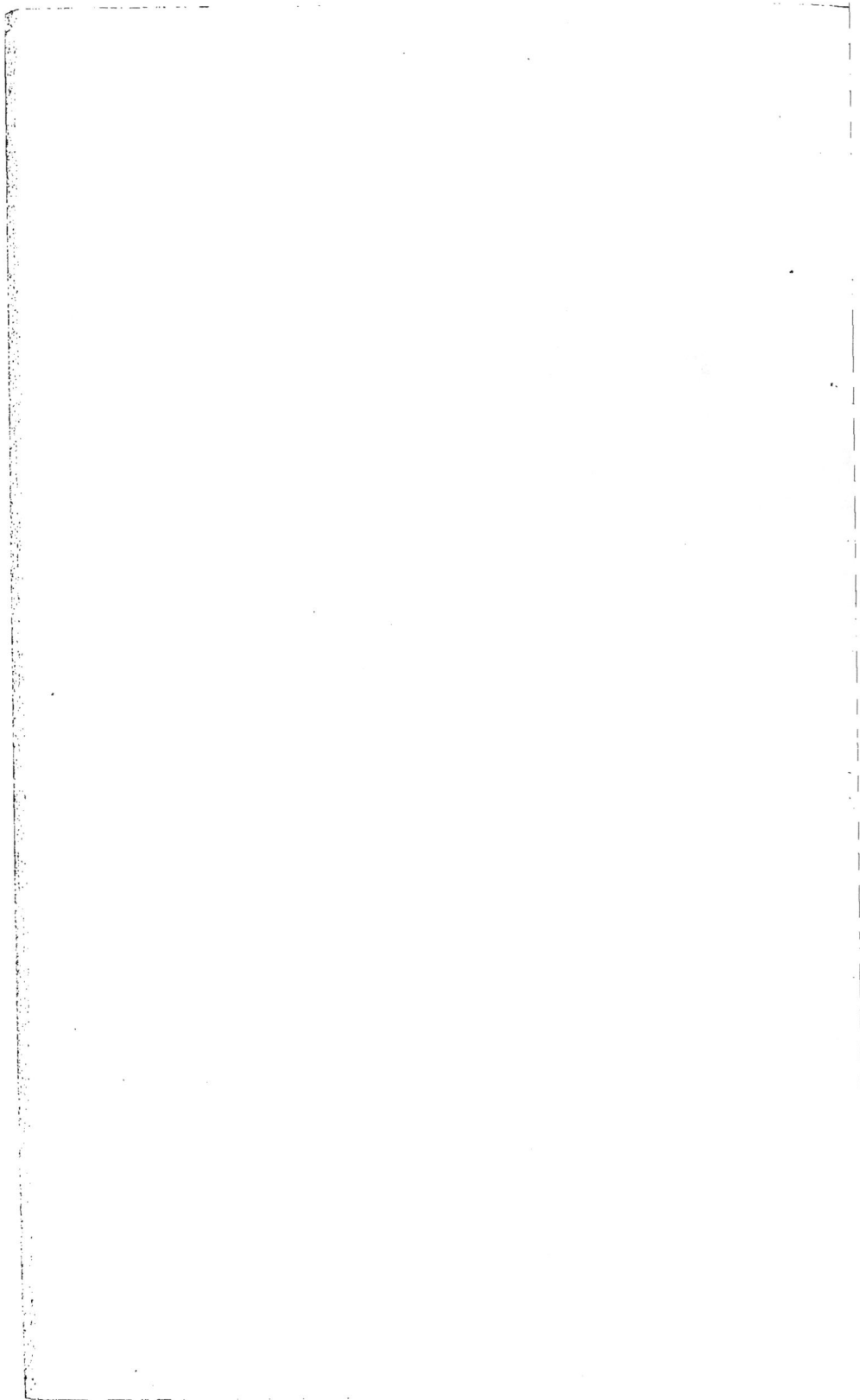

d'attention que le gymnote auquel on a donné jusqu'à présent le nom d'*électrique*. L'explication des effets remarquables qu'il produit dans un grand nombre de circonstances se lie nécessairement avec la solution de plusieurs questions des plus importantes pour le progrès de la physiologie et de la physique proprement dite. Tâchons donc, en rapprochant quelques vérités éparses, de jeter un nouveau jour sur ce sujet; mais pour suivre avec exactitude le plan que nous nous sommes tracé et pour ordonner nos idées de la manière la plus convenable, commençons par exposer les caractères véritablement distinctifs du genre auquel appartient le poisson dont nous allons écrire l'histoire.

Les cécilies ne présentent aucune sorte de nageoires ; les monoptères n'en ont qu'une, qui est située à l'extrémité de la queue ; on n'en voit que sur le dos et auprès de l'anus des leptocéphales. Les trois genres d'osseux que nous venons de considérer sont donc dénués de nageoires pectorales. En jetant les yeux sur les gymnotes, nous apercevons ces nageoires latérales pour la première fois, depuis que nous avons passé à la considération de la seconde sous-classe de poissons. Les gymnotes n'ont cependant pas autant de sortes de nageoires que le plus grand nombre des autres poissons osseux qu'il nous reste à examiner. En effet, ils n'en ont ni sur le dos ni au bout de la queue, et c'est ce dénuement, cette espèce de nudité de leur dos, qui leur a fait donner le nom qu'ils portent, et qui vient du mot grec *gymnotos*, *dos nu*.

L'ensemble du corps et de la queue des gymnotes est, comme dans les poissons osseux que nous avons déjà fait connaître, très allongé, presque cylindrique et serpentiforme. Les yeux sont voilés par une membrane qui n'est qu'une continuation du tégument le plus extérieur de la tête. Les opercules des branchies sont très grands ; on compte ordinairement cinq rayons à la membrane branchiale. Le corps proprement dit est très court, souvent un peu comprimé et quelquefois terminé par-dessous en forme de carène ; l'anus est, par conséquent, très près de la tête. Et comme cependant, ainsi que nous venons de le dire, l'ensemble de l'animal, dans le genre des gym-

cyclopédie méthodique. — Bloch, pl. 156. — Gronov., *Zooph.* 169, tab. 8, fig. 1. — *Act. Helv.*, 4, p. 27, tab. 3, fig. 1 et 3. — J.-B. Leroy, *Journal de physique*, t. VIII, p. 331.

Anguille trembleuse, anguille torpille de Cayenne. Valmont de Bomare, *Dictionnaire d'histoire naturelle.* — *Siddervis*, J.-Nic.-Séba, Allamand, *Act. Haarl.*, 2, p. 372. — Frantz vander Lott, *Act. Haarl.*, 6, 2, p. 87. — *Gymnotus*. Muschenbroeck, introd., 1, p. 290. — *Electrical eel* Hunter, *Trans. philosoph.*, 65, 2, pl. 9. — Bajon, *Journal de physique*, janv. 1774; et *Histoire de Cayenne*, t. II, p. 287. — Schilling, Diatribe de morbo jaws. Traject. 1770, 8, p. 52; et *Act. acad. Berol.* ad an. 1770, p. 68. — Séba, Mus. 3, p. 108, tab. 34, fig. 6.

Poisson trembleur, ou *torpille*. Gumilla, *Orenoq.*, 3, p. 136. — *Toorpedo*, etc. Descrip. Zurinam. Leeward, 1718, p. 194. — *Meer-ael, id est anguilla marina Nieuhoffi.* Ray, *Synops. pisc.*, p. 149, n. 4. — Blumenbach, *Hanbuch der naturgesch.*, p. 268. — Behn, *Description de l'Orénoque.* — Williamson, *Trans. philos.*, t. LXV, p. 94. — *Torpedo of Surinam*. W. Bryant, *Trans. of the Americ. society*, t. II, p. 166. — *Numb fish,* or *torporific eel*. H. Collins Flagg, *ibid.*, t. II, p. 170. — R. Maria de Termeyer, *Sielta di opuscoli*, t. IV, p. 324. — Garden, *Trans. philos.*, t. LXV, p. 102.

notes, forme une sorte de long cylindre, on voit facilement que la queue proprement dite de tous ces poissons doit être extrêmement longue relativement aux autres parties du corps. Le dessous de cette portion est ordinairement garni, presque dans la totalité de sa longueur, d'une nageoire d'autant plus remarquable, que non seulement elle s'étend sur une ligne très étendue, mais qu'elle offre même une largeur assez considérable. De plus, les muscles dans lesquels s'insèrent les ailerons osseux auxquels sont attachés les nombreux rayons qui la composent, et les autres muscles très multipliés qui sont destinés à mouvoir ces rayons sont conformés et disposés de manière qu'ils représentent comme une seconde nageoire de l'anus, placée entre la véritable et la queue très prolongée du poisson, ou pour mieux dire, qu'ils paraissent augmenter de beaucoup, et souvent même du double, la largeur de la nageoire de l'anus.

Tels sont les traits généraux de tous les vrais gymnotes; quelles sont les formes qui distinguent celui que l'on a nommé *électrique?*

Cette épithète d'*électrique* a déjà été donnée à cinq poissons d'espèces très différentes : à deux cartilagineux et à trois osseux ; à la raie torpille, ainsi qu'à un tétrodon dont nous avons déjà parlé ; à un trichiure, à un silure, et au gymnote que nous décrivons. Mais c'est celui dont nous nous occupons dans cet article qui a le plus frappé l'imagination du vulgaire, excité l'admiration des voyageurs et étonné le physicien. Quelle a dû être, en effet, la surprise des premiers observateurs, lorsqu'ils ont vu un poisson en apparence assez faible, assez semblable, d'après le premier coup d'œil, à une anguille ou à un congre, arrêter soudain, et malgré d'assez grandes distances, la poursuite de son ennemi ou la fuite de sa proie, suspendre à l'instant tous les mouvements de sa victime, la dompter par un pouvoir aussi invisible qu'irrésistible, l'immoler avec la rapidité de l'éclair au travers d'un très large intervalle, les frapper eux-mêmes comme par enchantement, les engourdir et les enchaîner, pour ainsi dire, dans le moment où ils se croyaient garantis, par l'éloignement, de tout danger et même de toute atteinte! Le merveilleux a disparu même pour les yeux les moins éclairés; mais l'intérêt s'est accru et l'attention a redoublé, lorsqu'on a rapproché de ces effets remarquables les phénomènes de l'électricité, que chaque jour l'on étudiait avec plus de succès. Peut-être cependant croira-t-on, en lisant la suite de cette histoire, que cette puissance invisible et soudaine du gymnote ne peut être considérée que comme une modification de cette force redoutable et en même temps si féconde, qui brille dans l'éclair, retentit dans le tonnerre, renverse, détruit, disperse dans les foudres, et qui, moins resserrée dans ses canaux, moins précipitée dans ses mouvements, plus douce dans son action, se répand sur tous les points des êtres organisés, en pénètre toute la profondeur, en parcourt toutes les sinuosités, en vivifie tous les éléments. Peut-être faudrait-il, en suivant ce principe et pour éviter toute erreur, ne donner, avec quelques naturalistes, au poisson que nous examinons, que le nom de *gymnote engourdissant*, de *gymnote torporifique*, qui désigne un fait bien prouvé et indépendant de toute théorie. Néanmoins, comme la puissance qu'il exerce devra être rapportée dans toutes les hypothèses à une espèce d'électricité, comme ce mot *électricité* peut être pris pour un mot générique, commun à plusieurs forces plus ou moins voisines et plus ou moins analogues ; comme les phénomènes les plus imposants de l'électricité proprement dite sont tous produits par le gymnote qui fait l'objet de cet article, et enfin comme le plus grand nombre de physiciens lui ont donné depuis longtemps cette épithète d'*électrique*, nous avons cru devoir, avec ces derniers savants, la préférer à toute autre dénomination.

Mais avant de montrer en détail ces différents effets, de les comparer et d'indiquer quelques-unes des causes auxquelles il faut les rapporter, achevons le portrait du gymnote électrique : voyons quelles formes particulières lui ont été départies, comment et par quels organes il naît, croît, se meut, voyage et se multiplie au milieu des grands fleuves qui arrosent les bords orientaux de l'Amérique méridionale, de ces contrées ardentes et humides, où le feu de l'atmosphère et l'eau des mers et des rivières se disputent l'empire, où tous les éléments de la reproduction ont été prodigués, où une surabondance de force vitale fait naître les végétaux et les animaux venimeux ; où, si je puis employer cette expression, les excès de la nature, indépendamment de ceux de l'homme, sacrifient chaque jour tant d'individus aux espèces ; où tous les degrés du développement, entassés, pour ainsi dire, les uns contre les autres, produisent nécessairement toutes les nuances du dépérissement ; où des arbres immenses étendent leurs branches innombrables, pressées, garnies des fleurs les plus suaves et chargées d'essaims d'oiseaux resplendissants des couleurs de l'iris, au-dessus de savanes noyées, ou d'une vase impure que parcourent de très grands quadrupèdes ovipares, et que sillonnent d'énormes serpents aux écailles dorées ; où les eaux douces et salées montrent des légions de poissons dont les rayons du soleil réfléchis avec vivacité changent, en quelque sorte, les lames luisantes en diamants, en saphirs, en rubis ; où l'air, la terre, les mers, les êtres vivants et les corps inanimés, tout attire les regards du peintre, enflamme l'imagination du poète, élève le génie du philosophe.

C'est, en effet, auprès de Surinam qu'habite le gymnote électrique, et il paraît même qu'on n'a encore observé de véritable gymnote que dans l'Amérique méridionale, dans quelques parties de l'Afrique occidentale et dans la Méditerranée, ainsi que nous le ferons remarquer de nouveau en traitant des notoptères.

Le gymnote électrique parvient ordinairement jusqu'à la longueur d'un mètre un ou deux décimètres ; et la circonférence de son corps, dans l'endroit le plus gros, est alors de trois à quatre décimètres : il a donc onze ou douze fois plus de longueur que de largeur. Sa tête est percée de petits trous ou pores très sensibles, qui sont les orifices des vaisseaux destinés à répandre sur sa surface une liqueur visqueuse ; des ouvertures plus petites, mais analogues, sont disséminées en très grand nombre sur son corps et sur sa queue ; il n'est donc pas surprenant qu'il soit enduit d'une matière gluante très abondante. Sa peau ne présente d'ailleurs aucune écaille facilement visible. Son museau est arrondi ; sa mâchoire inférieure est plus avancée que la supérieure, ainsi qu'on a pu le voir sur le tableau du genre des gymnotes ; ses dents sont nombreuses et acérées ; et on voit des verrues sur son palais, ainsi que sur sa langue qui est large.

Les nageoires pectorales sont très petites et ovales; celle de l'anus s'étend jusqu'à l'extrémité de la queue, dont le bout, au lieu de se terminer en pointe, paraît comme tronqué.

La couleur de l'animal est noirâtre et relevée par quelques raies étroites et longitudinales d'une nuance plus foncée.

Quoique la cavité du ventre s'étende au delà de l'endroit où est située l'ouverture de l'anus, elle est cependant assez courte relativement aux principales dimensions du poisson ; mais les effets de cette brièveté sont compensés par les replis du canal intestinal qui se recourbe plusieurs fois.

Je n'ai pas encore pu me procurer des observations bien sûres et bien précises sur la manière dont le gymnote électrique vient à la lumière ; il paraît cependant qu'au moins le plus souvent la femelle pond ses œufs et qu'ils n'éclosent pas dans le ventre de la mère, comme ceux de la torpille, de plusieurs autres cartilagineux et même de quelques individus de l'espèce de l'anguille et d'autres osseux, avec lesquels le gymnote que nous examinons a de très grands rapports.

On ignore également le temps qui est nécessaire à ce même gymnote pour parvenir à son entier développement ; mais comme il n'a pas fallu une aussi longue suite d'observations pour s'assurer de la manière dont il exécute ses différents mouvements, on connaît bien les divers phénomènes relatifs à sa natation, phénomènes qu'il était d'ailleurs aisé d'annoncer d'avance, d'après une inspection attentive de sa conformation extérieure et intérieure.

Nous avons déjà fait voir[1] que la queue des poissons était le principal instrument de leur natation. Plus cette partie est étendue, et plus, tout égal d'ailleurs, le poisson doit se mouvoir avec facilité. Mais le gymnote électrique, ainsi que les autres osseux de son genre, a une queue beaucoup plus longue que l'ensemble de la tête et du corps proprement dit ; la hauteur de cette partie est assez considérable ; cette hauteur est augmentée par la nageoire de l'anus, qui en garnit la partie inférieure ; l'animal a donc à sa disposition une rame beaucoup plus longue et beaucoup plus haute à proportion que celle de presque tous les autres poissons ; cette rame peut donc agir à la fois sur de grandes lames d'eau. Les muscles destinés à la mouvoir sont

1. Discours sur la nature des poissons.

très puissants; le gymnote la remue avec une agilité très remarquable : les deux éléments de la force, la masse et la vitesse, sont donc ici réunis ; et, en effet, l'animal nage avec vigueur et rapidité.

Comme tous les poissons très allongés, plus ou moins cylindriques, et dont le corps est entretenu dans une grande souplesse par une viscosité copieuse et souvent renouvelée, il agit successivement sur l'eau qui l'environne par diverses portions de son corps ou de sa queue, qu'il met en mouvement les unes après les autres, dans l'ordre de leur moindre éloignement de la tête. Il ondule, il partage son action en plusieurs actions particulières, dont il combine les degrés de force et les directions de la manière la plus convenable pour vaincre les obstacles et parvenir à son but; il commence à recourber les parties antérieures de sa queue, lorsqu'il veut aller en avant; il contourne, au contraire, avant toutes les autres, les parties postérieures de cette même queue, lorsqu'il désire aller en arrière[1]; et, ainsi que nous l'expliquerons un peu plus en détail en traitant de l'anguille, il se meut de la même manière que les serpents qui rampent sur la terre; il nage comme eux; il *serpente* véritablement au milieu des eaux.

On a cru pendant quelque temps, et même quelques naturalistes très habiles ont publié que le gymnote électrique n'avait pas de vessie aérienne ou natatoire. On a pu être induit en erreur par la position de cette vessie dans l'électrique, position sur laquelle nous allons revenir en décrivant l'organe torporifique de cet animal. Mais, quoi qu'il en soit de la cause de cette erreur, cette vessie est entourée de plusieurs rameaux de vaisseaux sanguins que Hunter a fait connaître, et qui partent de la grande artère qui passe au-dessous de l'épine dorsale du poisson. Il nous paraît utile de faire observer que cette disposition de vaisseaux sanguins favorise l'opinion du savant naturaliste Fischer, bibliothécaire de l'école centrale de Mayence, qui, dans un ouvrage très intéressant sur la respiration des poissons, a montré comment il serait possible que la vessie aérienne de ces animaux servît non seulement à faciliter leur natation, mais encore à suppléer à leur respiration et à maintenir leur sang dans l'état le plus propre à conserver leur vie.

Il ne manque donc rien au gymnote électrique de ce qui peut donner des mouvements prompts et longtemps soutenus; et comme parmi les causes de la rapidité avec laquelle il nage, nous avons compté la facilité avec laquelle il peut se plier en différents sens, et par conséquent appliquer des parties plus ou moins grandes de son corps aux divers objets qu'il rencontre, il doit jouir d'un toucher plus délicat et présenter un instinct plus relevé que ceux d'un très grand nombre de poissons.

Cette intelligence particulière lui fait distinguer aisément les moyens d'atteindre les animaux marins dont il fait sa nourriture et ceux dont il doit

1. Garden, à l'endroit déjà cité.

éviter l'approche dangereuse. La vitesse de sa natation le transporte dans des temps très courts auprès de sa proie ou loin de ses ennemis ; et lorsqu'il n'a plus qu'à immoler des victimes dont il s'est assez approché, ou à repousser ceux des poissons supérieurs en force auxquels il n'a point échappé par la fuite, il déploie la puissance redoutable qui lui a été accordée, il met en jeu sa vertu engourdissante, il frappe à grands coups et répand autour de lui la mort ou la stupeur. Cette qualité torporifique du gymnote électrique découvert, dit-on, auprès de Cayenne, par Van Berkel[1], a été observée dans le même pays par le naturaliste Richer, dès 1671. Mais ce n'est que quatre-vingts ans ou environ après cette époque, que ce même gymnote a été de nouveau examiné avec attention par La Condamine, Ingram, Gravesand, Allamand, Muschenbroeck, Gronou, Vander-Lott, Fermin, Bankroft et d'autres habiles physiciens qui l'ont vu dans l'Amérique méridionale, ou l'ont fait apporter avec soin en Europe. Ce n'est que vers 1773 que Williamson à Philadelphie, Garden dans la Caroline, Walsh, Pringle, Magellan, etc., à Londres, ont aperçu les phénomènes les plus propres à dévoiler le principe de la force torporifique de ce poisson. L'organe particulier dans lequel réside cette vertu, et que Hunter a si bien décrit, n'a été connu qu'à peu près dans le même temps, pendant que l'organe électrique de la torpille a été vu par Stenon, dès avant 1673, et peut-être vers la même année par Lorenzini. On ne doit pas être étonné de cette différence entre un gymnote qu'on n'a rencontré en quelque sorte que dans une partie de l'Amérique méridionale ou de l'Afrique, et une raie qui habite sur les côtes de la mer d'Europe. D'un autre côté, le gymnote torporifique n'ayant été fréquemment observé que depuis le commencement de l'époque brillante de la physique moderne, il n'a point été l'objet d'autant de théories plus ou moins ingénieuses, et cependant plus ou moins dénuées de preuves, que la torpille. On n'a eu, dans le fond, qu'une même manière de considérer la nature des divers phénomènes présentés par le gymnote : on les a rapportés ou à l'électricité proprement dite ou à une force dérivée de cette puissance. Et comment des physiciens instruits de l'électricité n'auraient-ils pas été entraînés à ne voir que des faits analogues dans les produits du pouvoir du gymnote engourdissant?

Lorsqu'on touche cet animal avec une seule main, on n'éprouve pas de commotion, ou on n'en ressent qu'une extrêmement faible ; mais la secousse est très forte lorsqu'on applique les deux mains sur le poisson, et qu'elles sont séparées l'une de l'autre par une distance assez grande. N'a-t-on pas ici une image de ce qui se passe lorsqu'on cherche à recevoir un coup électrique par le moyen d'un plateau de verre garni convenablement de plaques métalliques et connu sous le nom de *carreau fulminant* ? Si on n'approche qu'une main et qu'on ne touche qu'une surface, à peine est-on frappé ; mais

1. *Sammlung seltener und merkwürdiger reisegeschichten* ; t. Ier, Memmingen, 1789, p. 220.

on reçoit une commotion violente si on emploie les deux mains, et si en s'appliquant aux deux surfaces, elles les déchargent à la fois.

Comme dans les expériences électriques, le coup reçu par le moyen des deux mains a pu être assez fort pour donner aux deux bras une paralysie de plusieurs années[1].

Les métaux, l'eau, les corps mouillés et toutes les autres substances conductrices de l'électricité transmettent la vertu engourdissante du gymnote; et voilà pourquoi on est frappé au milieu des fleuves, quoiqu'on soit encore à une assez grande distance de l'animal; et voilà pourquoi encore les petits poissons, pour lesquels cette secousse est beaucoup plus dangereuse, éprouvent une commotion dont ils meurent à l'instant, quoiqu'ils soient éloignés de plus de cinq mètres de l'animal torporifique.

Ainsi qu'avec l'électricité, l'espèce d'arc de cercle que forment les deux mains et que parcourt la force engourdissante peut être très agrandi, sans que la commotion soit sensiblement diminuée. Vingt-sept personnes se tenant par la main et composant une chaîne dont les deux bouts aboutissaient à deux points de la surface du gymnote, séparés par un assez grand intervalle, ont ressenti, pour ainsi dire, à la fois une secousse très vive. Les différents observateurs, ou les diverses substances facilement perméables à l'électricité, qui sont comme les anneaux de cette chaîne, peuvent même être éloignés l'un de l'autre de près d'un décimètre, sans que cette interruption apparente dans la route préparée arrête la vertu torporifique qui en parcourt également tous les points.

Mais pour que le gymnote jouisse de tout son pouvoir, il faut souvent qu'il se soit, pour ainsi dire, progressivement animé. Ordinairement les premières commotions qu'il fait éprouver ne sont pas les plus fortes; elles deviennent plus vives à mesure qu'il s'évertue, s'agite, s'irrite; elles sont terribles, lorsque, si je puis employer les expressions de plusieurs observateurs, il est livré à une sorte de rage.

Quand il a ainsi frappé à coups redoublés autour de lui, il s'écoule fréquemment un intervalle assez marqué avant qu'il fasse ressentir de secousse, soit qu'il ait besoin de donner quelques moments de repos à des organes qui viennent d'être violemment exercés, ou soit qu'il emploie ce temps plus ou moins court à ramasser dans ces mêmes organes une nouvelle quantité d'un fluide foudroyant ou torporifique.

Cependant il paraît qu'il peut produire non seulement une commotion, mais même plusieurs secousses successives, quoiqu'il soit plongé dans l'eau *d'un vase isolé*, c'est-à-dire d'un vase entouré de matières qui ne laissent passer dans l'intérieur de ce récipient aucune quantité de fluide propre à remplacer celle qu'on pourrait supposer dissipée dans l'acte qui frappe et engourdit.

1. Henri Collins Flagg, à l'endroit déjà cité.

Quoi qu'il en soit, on a assuré qu'en serrant fortement le gymnote par le dos, on lui ôtait le libre exercice de ses organes extérieurs et on suspendait les effets de la vertu dite *électrique* qu'il possède. Ce fait est bien plus d'accord avec les résultats du plus grand nombre d'expériences faites sur le gymnote que l'opinion d'un savant physicien qui a écrit que l'aimant attirait ce poisson, et que par son contact cette substance lui enlevait sa propriété torporifique. Mais, s'il est vrai que des nègres soient parvenus à manier et à retenir impunément hors de l'eau le gymnote électrique, on pourrait croire, avec plusieurs naturalistes, qu'ils emploient, pour se délivrer ainsi d'une commotion dangereuse, des morceaux de bois qui, par leur nature, ne peuvent pas transmettre la vertu électrique ou engourdissante, qu'ils évitent tout contact immédiat avec l'animal, et qu'ils ne le touchent que par l'intermédiaire de ces bois non conducteurs de l'électricité.

Au reste, le gymnote torporifique présente un autre phénomène bien digne d'attention, que nous tâcherons d'expliquer avant la fin de cet article et qui ne surprendra pas les physiciens instruits des belles expériences relatives aux divers mouvements musculaires que l'on peut exciter dans leur vie ou après leur mort et que l'on a nommées *galvaniques*, à cause de leur premier auteur, M. Galvani. Il est arrivé plusieurs fois[1] qu'après la mort du gymnote, il était encore, pendant quelque temps, impossible de le toucher sans éprouver de secousse.

Mais nous avons à exposer encore de plus grands rapports entre les effets de l'électricité et ceux de la vertu du gymnote engourdissant. Le premier de ces rapports très remarquables est l'analogie des instruments dont on se sert dans les laboratoires de physique pour obtenir de fortes commotions électriques, avec les organes particuliers que le gymnote emploie pour faire naître des ébranlements plus ou moins violents. Voici en quoi consistent ces organes, que Hunter a très bien décrits.

L'animal renferme quatre organes torporifiques, deux grands et deux petits. L'ensemble de ces quatre organes est si étendu, qu'il compose environ la moitié des parties musculeuses et des autres parties molles du gymnote et peut-être le tiers de la totalité du poisson.

Chacun des deux grands organes engourdissants occupe un des côtés du gymnote, depuis l'abdomen jusqu'à l'extrémité de la queue; et comme nous avons vu que cet abdomen était très court et qu'on pourrait croire, au premier coup d'œil, que l'animal n'a qu'une tête et une queue très prolongée, on peut juger aisément de la longueur très considérable de ces deux grands organes. Ils se terminent vers le bout de la queue comme par un point; ils sont assez larges pour n'être séparés l'un de l'autre que vers le haut par les muscles dorsaux, vers le milieu du corps par la vessie natatoire, et vers le bas par une cloison particulière avec laquelle ils s'unissent intimement,

1. Voyez Henri Collins Flagg, à l'endroit que nous avons déjà indiqué.

pendant qu'ils sont attachés par une membrane cellulaire, lâche, mais très forte, aux autres parties qu'ils touchent.

De chaque côté du gymnote, un petit organe torporifique, situé au-dessous du grand, commence et finit à peu près aux mêmes points que ce dernier, se termine de même par une sorte de pointe, présente par conséquent la figure d'un long triangle, ou, pour mieux dire, d'une longue pyramide triangulaire, et s'élargit néanmoins un peu vers le milieu de la queue.

Entre le petit organe de droite et le petit organe de gauche, s'étendent longitudinalement les muscles sous-caudaux et la longue série d'*ailerons* ou soutiens osseux des rayons très nombreux de la nageoire de l'anus.

Ces deux petits organes sont d'ailleurs séparés des deux grands organes supérieurs par une membrane longitudinale et presque horizontale, qui s'attache d'un côté à la cloison verticale par laquelle les deux grands organes sont écartés l'un de l'autre dans leur partie inférieure, et qui tient, par le côté opposé, à la peau de l'animal,

De plus, cette disposition générale est telle, que lorsqu'on enlève la peau de l'une des faces latérales de la queue du gymnote, on voit facilement le grand organe, tandis que, pour apercevoir le petit qui est au-dessous, il faut ôter les muscles latéraux qui accompagnent la longue nageoire de l'anus.

Mais quelle est la composition intérieure de chacun de ces quatre organes grands ou petits?

L'intérieur de chacun de ces instruments, en quelque sorte électrique, présente un grand nombre de séparations horizontales, coupées presque à angles droits par d'autres séparations à peu près verticales.

Les premières séparations sont non seulement horizontales, mais situées dans le sens de la longueur du poisson et parallèles les unes aux autres. Leur largeur est égale à celle de l'organe, et, par conséquent, dans beaucoup d'endroits, à la moitié de la largeur de l'animal ou environ. Elles ont des longueurs inégales. Les plus voisines du bord supérieur sont aussi longues ou presque aussi longues que l'organe, les inférieures se terminent plus près de leur origine; l'organe finit, vers l'extrémité de la queue, par un bout trop aminci pour qu'on puisse voir s'il y est encore composé de plus d'une de ces séparations longitudinales.

Ces membranes horizontales sont éloignées l'une de l'autre, du côté de la peau, par un intervalle qui est ordinairement de près d'un millimètre; du côté de l'intérieur du corps, on les voit plus rapprochées et même, dans plusieurs points, réunies deux à deux ; elles sont comme onduleuses dans les petits organes. Hunter en a compté trente-quatre dans un des deux grands organes d'un gymnote de sept décimètres, ou à peu près, de longueur, et quatorze dans un des petits organes du même individu.

Les séparations verticales qui coupent à angles droits les membranes longitudinales sont membraneuses, unies, minces et si serrées l'une contre l'autre, qu'elles paraissent se toucher. Hunter raconte qu'il en a vu environ deux cent quarante dans une longueur de vingt-cinq millimètres ou à peu près.

C'est avec ce quadruple et très grand appareil dans lequel les surfaces ont été multipliées avec tant de profusion, que le gymnote parvient à donner des ébranlements violents et à produire le phénomène qui établit le second des deux principaux rapports par lesquels sa vertu engourdissante se rapproche de la force électrique. Ce phénomène consiste dans des étincelles entièrement semblables à celles que l'on doit à l'électricité. On les voit, comme dans un grand nombre d'expériences électriques proprement dites, paraître dans les petits intervalles qui séparent les diverses portions de la chaîne le long de laquelle on fait circuler la force engourdissante. Ces étincelles ont été vues, pour la première fois, à Londres par Walsh, Pringle et Magellan. Il a suffi à Walsh, pour les obtenir, de composer une partie de la chaîne destinée à être parcourue par la force torporifique, de deux lames de métal, isolées sur un carreau de verre et assez rapprochées pour ne laisser entre elles qu'un très petit intervalle ; et on a distingué avec facilité ces lueurs lorsque l'ensemble de l'appareil s'est trouvé placé dans une chambre entièrement dénuée de toute autre lumière. On obtient une lueur semblable lorsqu'on substitue une grande torpille à un gymnote électrique, ainsi que l'a appris Galvani dans un mémoire que nous avons déjà cité[1] ; mais elle est plus faible que le petit éclair dû à la puissance du gymnote, et l'on doit presque toujours avoir besoin d'un microscope dirigé vers le petit intervalle dans lequel on l'attend pour le distinguer sans erreur.

Au reste, pour voir bien nettement comment le gymnote électrique donne naissance à de petites étincelles et à de vives commotions, formons-nous de ces organes engourdissants la véritable idée que devons en avoir.

On peut supposer qu'un grand assemblage de membranes horizontales ou verticales est un composé de substances presque aussi peu capables de transmettre la force électrique que le verre et les autres matières auxquelles on a donné le nom d'*idio-électriques*, ou de *non conductrices*, et dont on se sert pour former ces vases foudroyants appelés *bouteilles de Leyde*, ou ces carreaux aussi fulminants, dont nous avons déjà parlé plus d'une fois. Il faut considérer les quatre organes du gymnote comme nous avons considéré les deux organes de la torpille : il faut voir dans ces instruments une suite nombreuse de petits carreaux de la nature des carreaux foudroyants, une batterie composée d'une quantité extrêmement considérable de pièces en quelque sorte électriques. Comme la force d'une batterie de cette sorte doit s'évaluer par l'étendue plus ou moins grande de la surface des carreaux ou des vases qui la forment, j'ai calculé quelle pourrait être la grandeur d'un ensemble que l'on supposerait produit par les surfaces réunies de toutes les membranes verticales et horizontales que renferment les quatre organes torporifiques d'un gymnote long de treize décimètres, en ne comp-

1. Discours sur la nature des poissons.

tant cependant pour chaque membrane que la surface d'un des grands côtés de cette cloison; j'ai trouvé que cet ensemble présenterait une étendue au moins de treize mètres carrés, c'est-à-dire à peu près de cent vingt-trois pieds également carrés. Si l'on se rappelle maintenant que nous avons cru expliquer d'une manière très satisfaisante la puissance de faire éprouver de fortes commotions qu'a reçue la torpille, en montrant que les surfaces des diverses portions de ses deux organes électriques pouvaient égaler par leur réunion cinquante-huit pieds carrés, et si l'on se souvient en même temps des effets terribles que produisent dans nos laboratoires des carreaux de verre dont la surface n'est que de quelques pieds, on ne sera pas étonné qu'un animal qui renferme dans son intérieur et peut employer à volonté un instrument électrique de cent vingt-trois pieds carrés de surface puisse frapper des coups tels que ceux que nous avons déjà décrits[1].

Pour rendre plus sensible l'analogie qui existe entre un carreau fulminant et les organes torporifiques du gymnote, il faut faire voir comment cette grande surface de treize mètres carrés peut être électrisée par le frottement, de la même manière qu'un carreau foudroyant ou magique. Nous avons déjà fait remarquer que le gymnote nage principalement par une suite des ondulations successives et promptes qu'il imprime à sa queue, c'est-à-dire à cette longue partie de son corps qui renferme ses quatre organes. Sa natation ordinaire, ses mouvements extraordinaires, ses courses rapides, ses agitations, l'espèce d'irritation à laquelle il peut se livrer, toutes ces causes doivent produire sur les surfaces des membranes horizontales et verticales un frottement suffisant pour y accumuler d'un côté et raréfier de l'autre, ou du moins pour y exciter, réveiller, accroître ou diminuer le fluide unique ou les deux fluides auxquels on a rapporté les phénomènes électriques et tous les effets analogues. Comme par une suite de la division de l'organe engourdissant du gymnote en deux grands et deux petits et de la sous-division de ces quatre organes ou membranes horizontales et verticales, les communications peuvent n'être pas toujours très faciles ni très promptes entre les diverses parties de ce grand instrument, on peut croire que le rétablissement du fluide ou des fluides dont nous venons de parler, dans leur premier état, ne se fait souvent que successivement dans plusieurs portions des quatre organes. Les organes ne se déchargent donc que par des coups successifs; voilà pourquoi, indépendamment d'autre raison, un gymnote placé dans un vase isolé peut continuer, pendant quelque temps, de donner des commotions; de plus, voilà pourquoi il peut rester, dans les organes d'un gymnote qui vient de mourir, assez de parties chargées pour qu'on en reçoive un certain nombre de secousses plus ou moins vives[2].

1. Nous croyons devoir faire observer ici que, dans l'article de la torpille, il s'est glissé deux fautes d'impression. A la dernière ligne de la page 275 du cinquième volume, au lieu de *cent décimètres*, il faut lire *trois cents*; et quatre lignes plus bas, au lieu de *quatorze*, il faut lire *quarante*.

2. Un des meilleurs moyens de parvenir à la véritable théorie des effets produits par le

Et ces fluides, quels qu'ils soient, d'où peut-on présumer qu'ils tirent leur origine? ou, pour éviter le plus possible toute hypothèse, quelle est la source plus ou moins immédiate de cette force électrique, ou presque électrique, départie aux quatre organes dont nous venons d'exposer la structure?

Cette source est dans les nerfs, qui, dans le gymnote engourdissant, ont des dimensions et une distribution qu'il est utile d'examiner rapidement.

1° Les nerfs qui partent de la moelle épinière sont plus larges que dans les poissons d'une grandeur égale, et plus que cela ne paraît nécessaire pour l'entretien de la vie du gymnote.

2° Hunter a fait connaître un nerf remarquable qui, dans plusieurs poissons, s'étend depuis le cerveau jusqu'auprès de l'extrémité de la queue en donnant naissance à plusieurs ramifications, passe à peu près à une égale distance de l'épine et de la peau du dos dans la murène anguille, et se trouve immédiatement au-dessous de la peau dans le gade morue. Ce nerf est plus large, tout égal d'ailleurs, et s'approche de l'épine dorsale dans le gymnote électrique, beaucoup plus que dans plusieurs autres poissons.

3° Des deux côtés de chaque vertèbre du gymnote torporifique part un nerf qui donne des ramifications aux muscles du dos. Ce nerf se répand entre ces muscles dorsaux et l'épine ; il envoie de petites branches jusqu'à la surface extérieure du grand organe, dans lequel pénètrent plusieurs de ces rameaux, et sur lequel ces rameaux déliés se distribuent en passant entre cet organe et la peau du côté de l'animal. Il continue cependant sa route, d'abord entre les muscles dorsaux et la vessie natatoire, et ensuite entre cette même vessie natatoire et l'organe électrique. Là il se divise en nouvelles branches. Ces branches vont vers la cloison verticale que nous avons déjà indiquée, et qui est située entre les deux grands organes électriques. Elles s'y séparent en branches plus petites qui se dirigent vers les ailerons et les muscles de la nageoire de l'anus, et se perdent, après avoir répandu des ramifications dans cette même nageoire, dans ses muscles, dans le petit organe et dans le grand organe électrique.

Les rameaux qui entrent dans les organes électriques sont, à la vérité, très petits ; mais cependant ils le sont moins que ceux de toute autre partie du système sensitif.

Tels sont les canaux qui font circuler dans les quatre instruments du gymnote le principe de la force engourdissante ; et ces canaux le reçoivent eux-mêmes du cerveau, d'où tous les nerfs émanent. Comment, en effet, ne pas considérer dans le gymnote, ainsi que dans les autres poissons engourdissants, le cerveau comme la première source de la vertu particulière qui les distingue, lorsque nous savons, par les expériences d'un habile physicien,

gymnote engourdissant et par les autres poissons torporifiques est d'avoir recours aux belles expériences électriques et aux idées très ingénieuses dont on trouvera l'exposition dans une lettre qui m'a été adressée par M. Aldini, de l'Institut de Bologne, et que cet habile physicien a publiée dans cette ville, il y a environ un an (en 1797).

que la soustraction du cerveau d'une torpille anéantit l'électricité ou la force torporifique de ce cartilagineux, lors même qu'il paraît encore aussi plein de vie qu'avant d'avoir subi cette opération, pendant qu'en arrachant le cœur de cette raie, on ne la prive pas, avant un temps plus ou moins long, de la faculté de faire éprouver des commotions et des tremblements[1] ?

Au reste, ne perdons jamais de vue que si nous ne voyons pas de mammifère, de cétacé, d'oiseau, de quadrupède ovipare, ni de serpent, doué de cette faculté électrique ou engourdissante, que l'on a déjà bien constatée au moins dans deux poissons cartilagineux et dans trois poissons osseux, c'est parce qu'il faut, pour donner naissance à cette faculté, et l'abondance d'un fluide ou d'un principe quelconque que les nerfs paraissent posséder et fournir, et un ou plusieurs instruments organisés de manière à présenter une très grande surface, capables par conséquent d'agir avec efficacité sur des fluides voisins[2], et composés d'ailleurs d'une substance peu conductrice d'électricité, telle, par exemple, que des matières visqueuses, huileuses et résineuses. Or, de tous les animaux qui ont un sang rouge et des vertèbres, aucun, tout égal d'ailleurs, ne présente, comme les poissons, une quantité plus ou moins grande d'huile et de liqueurs gluantes et visqueuses.

On remarque surtout dans le gymnote engourdissant une très grande abondance de cette matière huileuse, de cette substance non conductrice, ainsi que nous l'avons déjà observé. Cette onctuosité est très sensible, même sur la membrane qui sépare de chaque côté le grand organe du petit; et voilà pourquoi, indépendamment de l'étendue de la surface de ses organes torporifiques, bien supérieure à celle des organes analogues de la torpille, il paraît posséder une plus grande vertu électrique que cette dernière. D'ailleurs, il habite un climat plus chaud que celui de cette raie, et par conséquent dans lequel toutes les combinaisons et toutes les décompositions intérieures peuvent s'opérer avec plus de vitesse et de facilité ; de plus, qu'elle différence entre la fréquence et l'agilité des évolutions du gymnote, et la nature ainsi que le nombre des mouvements ordinaires de la torpille!

Mais si les poissons sont organisés d'une manière plus favorable que les autres animaux à vertèbres et à sang rouge, relativement à la puissance d'ébranler et d'engourdir, étant doués d'une très grande irritabilité, ils doivent être aussi beaucoup plus sensibles à tous les effets électriques, beaucoup plus soumis au pouvoir des animaux torporifiques, et par conséquent plus exposés à devenir la victime du gymnote de Surinam[3].

1. Mémoires de Galvani, Bologne, 1797.

2. J'ai publié, en 1781, que l'on devait déduire l'explication du plus grand nombre de phénomènes électriques, de l'accroissement que produit, dans l'affinité que les corps exercent sur les fluides qui les environnent, la division de ces mêmes corps en plusieurs parties, et par conséquent l'augmentation de leur surface.

3. C'est par une raison semblable que lorsqu'une torpille ne donne plus de commotion sensible, on obtient des signes de la vertu qui lui reste encore, en soumettant à son action une grenouille préparée comme pour les expériences galvaniques. Voyez les Mémoires de Galvani, déjà cités.

Cette considération peut servir à expliquer pourquoi certaines personnes, et particulièrement les femmes qui ont une fièvre nerveuse, peuvent toucher un gymnote électrique sans ressentir de secousse. Ces faits curieux, rapportés par le savant et infatigable Frédéric-Alexandre de Humboldt, s'accordent avec ceux qui ont été observés dans la Caroline méridionale par Henri Collins Flagg. D'après ce dernier physicien, on ne peut pas douter que plusieurs nègres, plusieurs Indiens et d'autres personnes ne puissent arrêter le cours de la vertu électrique ou engourdissante du gymnote de Surinam et interrompre une chaîne préparée pour son passage; cette interruption a été produite spécialement par une femme que l'auteur connaissait depuis longtemps, et qui avait la maladie à laquelle plusieurs médecins donnent le nom de *fièvre hectique*.

C'est en étudiant les ouvrages de Galvini, de Humboldt et des autres observateurs qui s'occupent de travaux analogues à ceux de ces deux physiciens, qu'on pourra parvenir à avoir une idée plus précise des ressemblances et des différences qui existent entre la vertu engourdissante du gymnote ainsi que des autres poissons appelés *électriques*, et l'électricité proprement dite. Mais pourquoi faut-il qu'en terminant cet article, j'apprenne que les sciences viennent de perdre l'un de ces savants justement célèbres, M. Galvani, pendant que Humboldt, commençant une longue suite de voyages lointains, utiles et dangereux, nous force de mêler l'expression de la crainte que le sentiment inspire, à celle des grandes espérances que donnent ces lumières, et de la reconnaissance que l'on doit à son zèle toujours croissant!

LE GYMNOTE PUTAOL[1]

Gymnotus fasciatus, LINN., GMEL. — *Gymnotus Putaol*, LACÉP. — *Carapus fasciatus*, CUV.

Ce gymnote ressemble beaucoup à l'électrique; indépendamment d'autres traits de conformité, il a de même la mâchoire inférieure plus avancée que la supérieure. Sa tête est petite, sa queue courte, sa couleur jaunâtre, avec des raies transversales, souvent ondées, brunes, rousses, ou blanches. Il vit dans les eaux du Brésil[2].

LE GYMNOTE BLANC[3]

Gymnotus albus, LINN., GMEL., LACÉP. — *Carapus albus*, CUV.

Ce gymnote a la mâchoire inférieure plus avancée que la supérieure ; il appartient donc au premier sous-genre, comme l'électrique et le putaol. Il

1. *Gymnote putaol*. Bonnaterre, planches de l'Encyclopédie méthodique. — Pallas, *Spicil. zoolog.*, 7, p. 35. — Séba, Mus. 3, tab. 32, fig. 1 et 2. — *Carapo*, 2. Marcgrave, *Bras.*, p. 120. — Piso, *Ind.*, p. 72. — *Kurz schwanz*. Bloch, pl. 107, fig. 1.

2. On compte à chaque nageoire pectorale........................ 13 rayons.
Et à celle de l'anus.. 193 —

3. *Gymnotus albus*. — Séba, Mus. 3, pl. 32, fig. 3. — Pallas, *Spicil. zool.*, 7, p. 36.

en diffère par sa couleur, qui est ordinairement d'un blanc presque sans tache, par les proportions de quelques parties de son corps, particulièrement par le rapport de son diamètre à sa longueur, et par une espèce de lobe que l'on voit de chaque côté de la lèvre supérieure, auprès de la commissure des lèvres. Ce poisson se trouve à Surinam et dans les environs, comme l'électrique[1].

LE GYMNOTE CARAPE[2]

Gymnotus Carapo, Linn., Gmel., Lacép. — *Gymnotus macrourus,* Bl.

LE GYMNOTE FIERASFER[3]

Gymnotus Acus, Linn., Gmel. — *Gymnotus Fierasfer,* Lacép.

LE GYMNOTE LONG MUSEAU[4]

Gymnotus rostratus, Linn., Gmel. — *Gymnotus longirostratus,* Lacép., Schn. — *Carapus rostratus,* Cuv.

Nous croyons pouvoir réunir dans cet article la description de trois poissons qui, indépendamment des caractères communs à tous les gymnotes, et par lesquels ils se rapprochent l'un de l'autre, sont encore liés par un trait particulier, distinctif du second sous-genre des osseux dont nous nous occupons, et qui consiste dans la prolongation de la mâchoire supérieure, plus avancée que celle de dessous.

Le carape, le premier de ces trois gymnotes, dont on dit que la chair est presque toujours agréable au goût, habite dans les eaux douces de l'Amérique méridionale, et particulièrement dans celles du Brésil. Sa nageoire de l'anus ne s'étend pas tout à fait jusqu'à l'extrémité de la queue, qui se termine par un filament délié. Sa couleur générale est brune. Son dos est noirâtre, tacheté de brun[5].

Le fierasfer a été décrit pour la première fois par Brunnich, dans son histoire des poissons des environs de Marseille. Il est blanchâtre, avec des

1. Il y a à chaque nageoire pectorale................................ 13 rayons.
   Et à celle de l'anus... 180 —

2. *Gymnote carape.* Daubenton, Encyclopédie méthodique. — *Id.* Bonnaterre, planches de l'Encyclopédie méthodique. — Gronov., *Zooph.* 168, Mus. 1, p. 29, n. 72. — *Gymnotus.* Artedi, gen. 65, syn. 43. — *Amœnit. acad. Lugd. Batav.*, 1749, p. 600, tab. 11, fig. 6. — Mus. Ad. Fr. 1, p. 76. — *Carapo Brasiliensibus.* Marcgrave, *Bras.*, lib. IV, cap. XIV, p. 170. — Piso, *Hist. nat. Ind. utr.*, p. 72.
   Willughby, p. 115, tab. G, 7, fig. 4. — Ray, *Pisc.* p. 41, n. 10. — *Lang, schwanz.* Bloch, pl. 157, fig. 2. — Séba, Mus. 3, pl. 52, fig. 1.

3. *Gymnotus fierasfer.* — Gymnote fierasfer. Bonnaterre, planches de l'Encyclopédie méthodique. — Brunn., *Pisc. Massil.*, p. 13, n. 24.

4. *Gymnote museau long.* Daubenton, Encyclopédie méthodique. — *Id.* Bonnaterre, planches de l'Encyclopédie méthodique. — Séba, Mus. 3, p. 99, tab. 32, fig. 5. — Gronov., *Zooph.*, 167; Mus. 73.

5. On compte à la membrane des branchies........................ 5 rayons.
   A chacune des nageoires pectorales.............................. 10 —
   A celle de l'anus... 230 —

tâches rougeâtres et brunes, qui font paraître son dos comme nuageux; le bleuâtre règne sur sa partie inférieure. La nageoire de l'anus ne s'étend pas jusqu'au bout de la queue. On voit sur le dos une saillie qui n'est pas une nageoire, mais que l'on peut considérer en quelque sorte comme un rudiment de cet organe, comme une indication de l'existence de cette partie dans un si grand nombre de poissons, et qui rapproche le genre des gymnotes de presque toutes les autres familles de ces animaux. Au reste, il est à remarquer que le seul gymnote qui ne vit pas dans les eaux de l'Amérique méridionale, et qu'on trouve dans celles de la mer Méditerranée, est aussi le seul qui présente sur sa partie supérieure une sorte de commencement de cette nageoire dorsale qui appartient à tant d'osseux et de cartilagineux[1].

Des mâchoires très avancées et conformées, ainsi que rapprochées l'une de l'autre, de manière à ressembler à un tube, suffiraient seules pour distinguer le long-museau de tous les autres gymnotes. On voit aisément l'origine de son nom. La nageoire de l'anus est beaucoup plus courte que la queue, qui d'ailleurs finit par une sorte de fil très délié, comme celle du carape. La couleur est blanchâtre et diversifiée par des taches irrégulières et brunes. On trouve le long-museau dans l'Amérique méridionale, ainsi que nous venons de l'indiquer[2].

VINGT-SIXIÈME GENRE

LES TRICHIURES

Point de nageoire caudale; le corps et la queue très allongés, très comprimés et en forme de lame; les opercules des branchies placés très près des yeux.

ESPÈCES.	CARACTÈRES.
1. TRICHIURE LEPTURE.	La mâchoire inférieure plus avancée que la supérieure.
2. TRICHIURE ÉLECTRIQUE.	Les deux mâchoires également avancées.

LE TRICHIURE LEPTURE[3]

Trichiurus Lepturus, LINN., GMEL., LACÉP., CUV.

Les trichiures sont encore de ces poissons apodes qui ne présentent aucune nageoire à l'extrémité de la queue. On les sépare cependant très aisé-

1.	A la membrane des branchies	5	rayons.
	A chacune des nageoires pectorales	16	—
	A celle de l'anus	60	—
2.	A chaque nageoire pectorale	19	—
	A celle de l'anus	296	—

3. *Paille-en-cul,* par plusieurs voyageurs et naturalistes. — *Trichiure ceinture d'argent.* Daubenton, Encyclopédie méthodique. — *Id.* Bonnaterre, planches de l'Encyclopédie méthodique. — *Lepturus,* Artedi, spec. 111. — *Gymnogaster.* Gronov., Mus. 1, n. 47. — *Id.* Browne, *Jamaïc.,* 444, tab. 45, fig. 4.

Enchelyopus. Séba, Mus. 3, tab. 33, fig. 1. — *Id.* Klein, *Miss., 4,* p. 52, n. 3. — *Mucu, Brasil.* Willughby, *Ich.,* tab. G, 7, fig. 7. — *Mucu.* Marcgr., *Brasil.,* 161. — *Ubirre.* De Laet, *Annot. ad. Marcgr.* — *Lepturus.* Mus. Ad. Fr. 1, p. 76, tab. 26, fig. 2. — *Spitz schwanz.* Bloch, pl. 158.

ment de ces osseux qui n'ont pas de véritable nageoire caudale. En effet, leur corps très allongé et très comprimé ressemble à une lame d'épée, ou, si l'on veut, à un ruban ; voilà pourquoi le lepture, qui réunit à cette conformation la couleur et l'éclat de l'argent, a été nommé *ceinture d'argent* ou *ceinture argentée*. D'ailleurs, les opercules des branchies sont placés beaucoup plus près des yeux sur les trichiures que sur les autres poissons avec lesquels on pourrait les confondre.

A ces traits généraux réunissons les traits particuliers du lepture et voyons, si je puis employer cette expression, cette bande argentine et vivante se dérouler, pour ainsi dire, s'agiter, se plier, s'étendre, se raccourcir, s'avancer en différents sens, décrire avec rapidité mille courbes enlacées les unes dans les autres, monter, descendre, s'élancer et s'échapper enfin avec la vitesse d'une flèche, ou plutôt, en quelque sorte, avec celle de l'éclair.

La tête du lepture est étroite, allongée et comprimée comme son corps et sa queue. L'ouverture de sa bouche est grande. Ses dents sont mobiles, au moins en très grand nombre ; et ce caractère que nous avons vu dans les squales, et par conséquent dans les plus féroces des cartilagineux, observons d'avance que nous le remarquerons dans la plupart des osseux qui se font distinguer par leur voracité. Indépendamment de cette mobilité qui donne à l'animal la faculté de présenter ses crochets sous l'angle le plus convenable et de retenir sa proie avec plus de facilité, plusieurs des dents des mâchoires du lepture, et particulièrement celles qui avoisinent le bout du museau, sont longues et recourbées vers leur pointe ; les autres sont courtes et aiguës. On n'en voit pas sur la langue, ni sur le palais ; mais on en aperçoit de très petites sur deux os placés vers le gosier.

Les yeux sont grands, très rapprochés du sommet de la tête et remarquables par un iris doré et bordé de blanc autour de la prunelle.

L'opercule, composé d'une seule lame et membraneux dans une partie de son contour, forme une large ouverture branchiale[1]. Une ligne latérale couleur d'or s'étend sans sinuosités depuis cet opercule jusqu'à l'extrémité de la queue. L'anus est assez près de la tête.

Les nageoires pectorales sont très petites et ne renferment que onze rayons ; mais la nageoire dorsale en comprend ordinairement cent dix-sept et règne depuis la nuque jusqu'à une très petite distance du bout de la queue.

On ne voit pas de véritable nageoire de l'anus : à la place qu'occuperait cette nageoire, on trouve seulement de cent à cent vingt, et le plus souvent cent dix aiguillons très courts, assez éloignés les uns des autres, dont la première moitié, ou à peu près, est recourbée vers la queue, et dont la seconde moitié est fléchie vers la tête.

1. On compte sept rayons à la membrane des branchies.

La queue du lepture, presque toujours très déliée et terminée par une sorte de prolongation assez semblable à un fil ou à un cheveu, a fait donner à ce poisson le nom de *lepture*, qui signifie *petite queue*, ainsi que celui de *trichiure*, qui veut dire *queue en cheveu*, et que l'on a étendu, comme nom générique, à toute la petite famille dont nous nous occupons. Cependant, comme cette queue très longue est en même temps assez comprimée pour avoir été comparée à une lame, comme le corps et la tête présentent une conformation semblable, et que tous les muscles de l'animal paraissent doués d'une énergie très soutenue, on supposera sans peine dans le lepture une mobilité rare, une natation très rapide, une grande souplesse dans les mouvements, pour peu que l'on se rappelle ce que nous avons déjà exposé plus d'une fois sur la cause de la natation célère des poissons[1]. En effet, les voyageurs s'accordent à attribuer au lepture une agilité singulière et une vélocité extraordinaire. S'agitant presque sans cesse par de nombreuses sinuosités, ondulant en différents sens, serpentant aussi facilement que tout autre habitant des eaux, il s'élève, s'abaisse, arrive et disparaît avec une promptitude dont à peine on peut se former une idée. Frappant violemment l'eau par ses deux grandes surfaces latérales, il peut se donner assez de force pour s'élancer au-dessus de la surface des fleuves et des lacs. Comme il est couvert partout de très petites écailles blanches et éclatantes, et, si je puis parler ainsi, d'une sorte de poussière d'argent que relève l'or de ses iris et de ses lignes latérales, il brille dans le sein des ondes et au milieu de l'air, particulièrement lorsque, cédant à sa voracité qui est très grande, animé par une affection puissante, ajoutant par l'effet de ses mouvements à la vivacité de ses couleurs, et déployant sa riche parure sous un ciel enflammé, il jaillit de dessus les eaux. Poursuivant sa proie avec plus d'ardeur que de précautions, il saute jusque dans les barques et au milieu des pêcheurs. Cette bande d'argent, si décorée, si élastique, si vive, si agile, a quelquefois plus d'un mètre de longueur.

Le lepture vit au milieu de l'eau douce. On le trouve, comme plusieurs gymnotes, dans l'Amérique méridionale. Il n'est pas étranger néanmoins aux contrées orientales de l'ancien continent : il se trouve dans la Chine. Nous avons vu une image très fidèle de ce poisson dans un recueil de peintures chinoises données par la Hollande à la France, déposées maintenant dans le Muséum d'histoire naturelle, et dont nous avons déjà parlé dans cet ouvrage.

1. La collection du Muséum renferme une variété du lepture, qu'il est aisé de distinguer par la forme du bout de la queue. Cette partie, au lieu de se terminer par une prolongation filamenteuse, paraît comme tronquée assez loin de sa véritable extrémité ; elle présente, à l'endroit où elle finit, une ligne droite et verticale. Quoique nous ayons vu deux individus avec cette conformation particulière, nous ne savons pas si, au lieu d'une variété plus ou moins constante, nous n'avons pas eu uniquement sous les yeux deux produits d'accidents semblables ou analogues, deux résultats d'une sorte d'amputation extraordinaire, dont on trouve plusieurs exemples parmi les animaux à sang froid, qu'ils peuvent subir sans en périr, et qui, pour les deux individus dont nous parlons, aurait emporté la portion la plus déliée de leur queue.

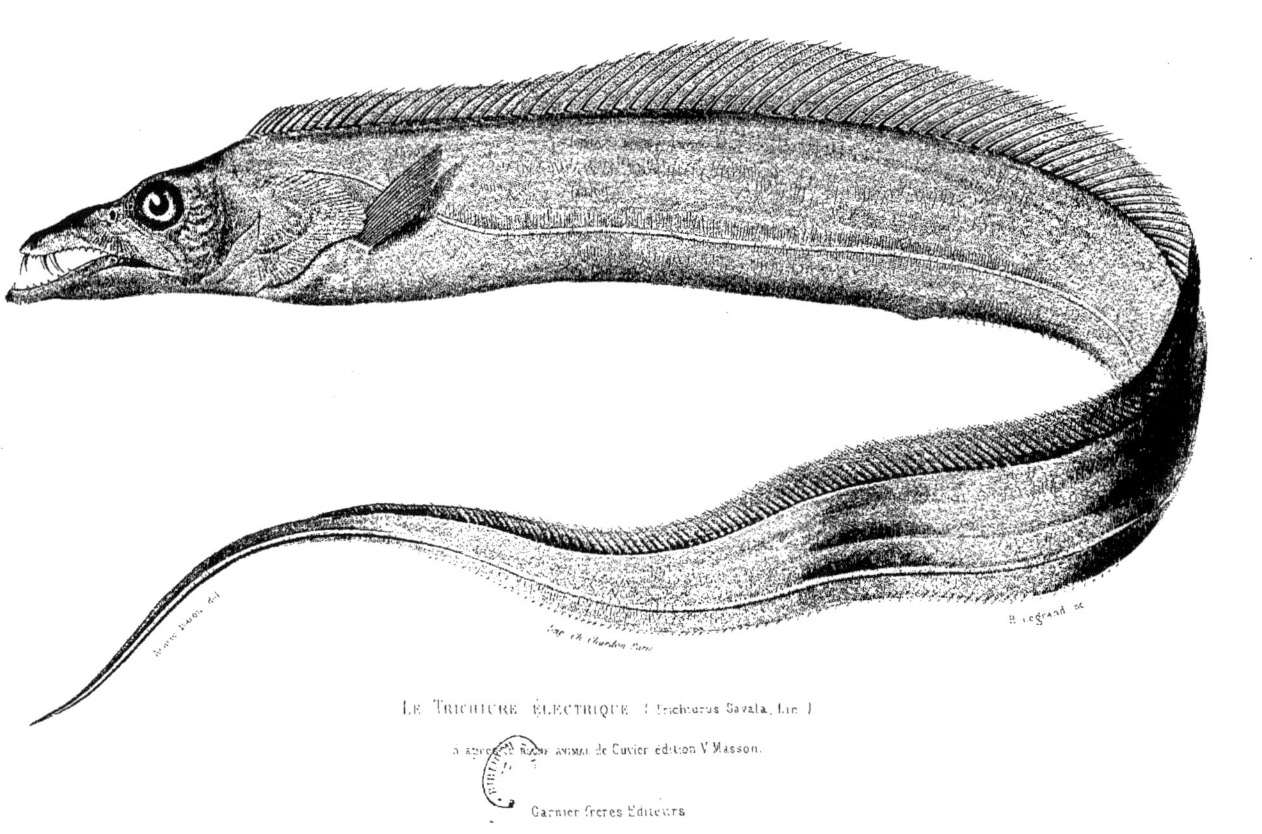

LE TRICHIURE ÉLECTRIQUE (Trichiurus Savala, Lin.)

d'après le Règne animal de Cuvier édition V. Masson.

Garnier frères Éditeurs

Au reste, la beauté et la vivacité du lepture sont si propres à plaire aux yeux, à parer une retraite, à charmer des loisirs, qu'il n'est pas surprenant que les Chinois l'aient remarqué, observé, dessiné ; et vraisemblablement ce peuple, qui a su tirer un si grand parti des poissons pour ses plaisirs, pour son commerce, pour sa nourriture, ne se sera pas contenté de multiplier les portraits de cette espèce ; il aura voulu aussi en répandre les individus dans ses nombreuses eaux, dans ses larges rivières, dans ses lacs enchanteurs.

LE TRICHIURE ÉLECTRIQUE[1]

Trichiurus electricus, Linn., Gmel., Lacép. — *Trichiurus Savala,* Cuv.

On a reconnu dans ce trichiure une faculté analogue à celle de la torpille et du gymnote torporifique. Mais comme, en découvrant ses effets, on n'a observé aucun phénomène particulier propre à jeter un nouveau jour sur cette puissance que nous avons longtemps considérée en traitant du gymnote engourdissant et de la torpille, nous croyons devoir nous contenter de dire que le trichiure électrique est séparé du lepture, non seulement par la conformation de ses mâchoires, qui sont toutes les deux également avancées, mais encore par la forme de ses dents, toutes extrêmement petites. D'ailleurs, le bout de la queue n'est pas aussi aigu que dans le lepture. De plus, au lieu de présenter l'or et l'argent qui décorent ce dernier poisson, il n'offre que des couleurs ternes ; il est brun et tacheté. S'il a été doué de la puissance, il est donc bien éloigné d'avoir reçu l'éclat de la beauté. C'est dans les mers de l'Inde qu'il exerce le pouvoir qui lui a été départi.

VINGT-SEPTIÈME GENRE

LES NOTOPTÈRES

Des nageoires pectorales de l'anus et du dos ; point de nageoire caudale ; le corps très court.

ESPÈCES.	CARACTÈRES.
1. Notoptère kapirat.	La nageoire du dos très courte.
2. Notoptère écailleux.	La nageoire du dos très longue ; le corps couvert de petites écailles arrondies.

LE NOTOPTÈRE KAPIRAT[2]

Notopterus Kapirat, Lacép., Cuv. — *Gymnotus notopterus,* Pallas. — *Clupea Synuda,* Schneid.

Les deux poissons dont nous allons donner la description ont été jus-

1. *Paille-en-cul,* par quelques naturalistes et voyageurs. — *Anguilla indica.* Willughby, Append., tab. 3, fig. 3. — Ray, *Pisc.*, p. 171. — Nieuh. *It. Ind.*, 2, p. 270.

2. *Ikan pengay,* dans l'Inde. — *Gymnotus kapirat.* Bonnaterre, planches de l'Encyclopédie méthodique. — *Pengay* seu *kapirat.* Renard, *Poiss.*, 1, p. 16, n. 99. — *Tima marina,* seu *hippuris.* Bontius, *Ind.*, cap. xxv, pl. 78.

qu'à présent confondus avec les gymnotes ; mais la précision que nous croyons devoir introduire dans la distribution des objets de notre étude, et les principes sur lesquels la classification des animaux nous a paru devoir être fondée, ne nous ont pas permis de laisser réunis des poissons dont les uns n'ont reçu le nom de *gymnotes* que parce que leur dos est entièrement dénué de nageoire, et d'autres osseux qui, au contraire, ont une nageoire dorsale plus ou moins étendue. Nous avons donné à l'ensemble de ces derniers le nom générique de *notoptère*, dont plusieurs naturalistes se sont servis jusqu'à présent pour désigner le kapirat, la première espèce de ce groupe, et qui, venant de deux mots grecs, dont l'un signifie *dos*, et l'autre *aile* ou *nageoire*, indique la présence d'une nageoire dorsale. Les noms de ces deux genres très voisins annoncent donc la véritable différence qui les sépare ; on pourrait même, à la rigueur, dire la seule différence générique bien sensible et bien constante qui les écarte l'un de l'autre. Le kapirat surtout serait aisément assimilé en tout, ou presque en tout, à un gymnote, si on le privait de la nageoire qu'il a sur le dos.

Ce poisson, qui fait le sujet de cet article, se trouve dans la mer voisine d'Amboine. Il ne parvient ordinairement qu'à la longueur de deux ou trois décimètres. Son museau est court et arrondi ; on aperçoit une petite ouverture, ou un pore très sensible, au-dessus de ses yeux qui sont grands. La mâchoire supérieure est garnie de dents égales et très peu serrées; la mâchoire inférieure en présente sur son bord extérieur de plus grandes et de plus éloignées encore les unes des autres ; de plus, on voit sur le bord intérieur de cette même mâchoire d'en bas, ainsi que sur celui du palais, une série de dents très petites. L'opercule des branchies est garni d'écailles et membraneux dans son contour. La gorge et l'anus sont très rapprochés. L'étendue de la nageoire de l'anus[1] et la forme très allongée de la queue sont assez remarquables pour avoir fait donner au kapirat, par Bontius, le nom d'*hippuris*, qui veut dire *queue de cheval*. Et enfin ce notoptère brille des couleurs de l'or et de l'argent qui sont répandues sur les très petites écailles dont sa peau est revêtue.

LE NOTOPTÈRE ÉCAILLEUX

Notopterus squamosus, Lacép. — *Gymnotus asiaticus*, Linn., Gmel.

Comme nous n'avons pas vu ce poisson, nous ne pouvons que présumer qu'il ne présente pas de véritable nageoire caudale. Si le bout de sa queue était cependant garni d'une nageoire distincte et véritablement propre à cette extrémité, il faudrait le séparer des notoptères et le comprendre dans

1. A la membrane des branchies .... 6 rayons.
A la nageoire du dos .... 7 —
A chacune des nageoires pectorales .... 13 —
A la nageoire de l'anus .... 116 —

un genre particulier. Mais si au contraire, et comme nous le pensons, il n'a point de nageoire que l'on doive appeler *caudale*, il offre tous les caractères que nous avons assignés au genre des notoptères, et il doit être inscrit à la suite du kapirat. Il diffère néanmoins de ce dernier animal, non seulement parce que sa nageoire dorsale, au lieu d'être courte et de ne renfermer que sept rayons, en comprend un très grand nombre et s'étend presque depuis la nuque jusqu'à la queue, mais encore parce qu'il est revêtu, même sur la tête, d'écailles assez grandes et presque toujours arrondies, qui nous ont suggéré son nom spécifique.

On voit au-devant de chacune de ses narines un petit barbillon qui paraît comme tronqué. Il y a sur la tête plusieurs pores très visibles et cinq très petits enfoncements. Les dents sont acérées, et l'entre-deux des branches de la mâchoire supérieure en est garni. La ligne latérale est droite, excepté au-dessus de l'anus, où elle se fléchit vers le bas. La couleur de l'écailleux est obscure, avec des bandes transversales brunes. Il devient ordinairement un peu plus grand que le kapirat, et il habite, comme ce dernier poisson, dans les mers de l'Asie[1].

Tous les vrais gymnotes connus jusqu'à présent vivent dans les eaux de l'Amérique méridionale ou de l'Afrique occidentale, excepté le fierasfer, que l'on a pêché dans la Méditerranée pendant qu'on ne trouve que dans les mers de l'Asie les notoptères déjà découverts.

VINGT-HUITIÈME GENRE

LES OPHISURES

Point de nageoire caudale; le corps et la queue cylindriques et très allongés relativement à leur diamètre; la tête petite; les narines tubulées; la nageoire dorsale et celle de l'anus très longues et très basses.

	ESPÈCES.	CARACTÈRES.
1.	OPHISURE OPHIS.	De grandes taches rondes ou ovales.
2.	OPHISURE SERPENT.	Point de taches ou de très petites taches.
3.	OPHISURE FASCÉ.	Vingt-cinq bandes transversales séparées l'une de l'autre par des intervalles moindres que leur largeur; la mâchoire supérieure plus avancée que l'inférieure; le museau un peu pointu.

L'OPHISURE OPHIS[2]

Ophisurus Ophis, LACÉP., LINN. — *Murœna maculosa*, CUV.

Ceux qui auront un peu réfléchi aux différents principes qui nous dirigent dans nos distributions méthodiques ne seront pas surpris que nous séparions les deux espèces suivantes du genre des murènes, dans lequel elles

1. A la membrane des branchies, 5 rayons.

2. *Murène serpent taché.* Daubenton, Encyclopédie méthodique. — *Id.* Bonnaterre, planches de l'Encyclopédie méthodique. — *Murœna teres, gracilis, maculosa*, etc. Artedi, gen. 21, syn. 41. — Bloch, pl. 151. — *Serpens marinus maculosus*. Lister, Append., p. 19. — Ray, p. 37.

ont été inscrites jusqu'à présent. En effet, elles en diffèrent par l'absence d'une nageoire caudale. On leur a depuis longtemps donné le nom de *serpents marins;* et comme un des grands rapports qui les lient avec les véritables serpents consiste dans la forme déliée du bout de leur queue, dénué de nageoire, ainsi que l'extrémité de la queue des vrais reptiles, nous avons cru devoir donner au groupe qu'elles vont composer le nom d'*ophisure*, qui veut dire *queue de serpent.*

La première de ces deux espèces est celle à laquelle j'ai conservé le nom particulier d'*ophis*, qui, en grec, signifie *serpent.* Son ensemble a beaucoup de conformité avec celui des véritables reptiles ; sa manière de se mouvoir, sinueuse, vive et rapide, rapproche ses habitudes de celles de ces derniers animaux. Il se contourne d'ailleurs avec facilité ; il se roule et déroule; et ses évolutions sont d'autant plus agréables à voir, que ses proportions sont très sveltes, et ses couleurs gracieuses. Le plus souvent, son diamètre le plus grand n'est que la trentième ou même la quarantième partie de sa longueur totale, qui s'étend quelquefois au delà de plus d'un mètre ; sa petite tête, son corps, sa queue, ainsi que sa longue et très basse nageoire dorsale, présentent sur un fond blanc, ou blanchâtre, plusieurs rangs longitudinaux de taches rondes ou ovales, qui, par leur nuance foncée et leur demi-régularité, contrastent très bien avec la teinte du fond.

On voit des dents recourbées, non seulement le long des mâchoires mais encore au palais. L'ophis habite dans les mers européennes[1].

L'OPHISURE SERPENT[2]

Ophisurus Serpens, Lacép., Cuv. — *Muræna Serpens*, Linn., Gmel.

Cette seconde espèce d'ophisure est plus grande que la première : ell parvient fréquemment à la longueur de près de deux mètres. Elle habite non seulement dans les eaux salées voisines de la campagne de Rome, mais encore dans plusieurs autres parties de la mer Méditerranée. Elle y a été nommée plus souvent que presque tous les autres poissons, *serpent marin*, et elle y a été connue d'Aristote, qui la distinguait par le même nom de *serpent marin*, de *serpent de mer*. Ses habitudes ressemblent beaucoup à celles

1.	A la membrane des branchies	10 rayons.
	A chacune des nageoires pectorales	10 —
	A la nageoire du dos	136 —
	A celle de l'anus	79 —

2. *Murène serpent sans tache.* — Daubenton, Encyclopédie méthodique. — *Id.*, Bonnaterre, planches de l'Encyclopédie méthodique. — *Muræna exacte teres*, etc. Artedi, gen. 24, syn. 41. — *Ophis thalattios.* Aristote, lib. II, cap. xiv; et lib. IX, cap. xxxvii. — *Serpens marinus.* Salv., fol. 57, *a*, ad iconem, et fol. 58, *a*. — *Serpent marin.* Rondelet, première partie, liv. XIV, chap. vi.

Gesner, p. 862, 864, 1037, et (germ.) fol. 47, *b*. — Aldrov., lib. III, cap. xxiv, p. 346. — Jonston, lib. I, tit. 1, cap. ii, *a*, 4, p. 16, tab. 5, fig. 5. — Charlet. *Onom.*, p. 155. Willughby, p. 107. — Ray, p. 36. — *Serpent marin.* Valmont de Bomare, *Dictionn. d'histoire naturelle.*

de l'ophis : ses mouvements sont aussi agiles, ses inflexions aussi multipliées, ses circonvolutions aussi faciles, sa natation aussi rapide, et ses courses ou ses jeux plus propres encore à charmer les yeux de ceux qui sont à portée de l'observer, parce qu'elle offre des dimensions plus grandes, sans cesser d'avoir des proportions aussi sveltes. On ne voit pas sur son corps les taches rondes ou ovales qui distinguent l'ophis. Elle est jaunâtre sur le dos, blanchâtre sur sa partie inférieure ; et sa nageoire dorsale ainsi que celle de l'anus sont lisérées de noir.

On compte dix rayons à la membrane des branchies et seize à chacune des nageoires pectorales.

L'OPHISURE FASCÉ

Ophisurus fasciatus, Lacép.

Nous avons vu, dans la collection donnée à la France par la Hollande, un ophisure que nous avons cru devoir nommer *fascé*. Sa tête était noire ; ses yeux étaient voilés par une membrane transparente ; son corps, très délié, était aussi un peu comprimé, et il avait des pectorales arrondies et très petites.

VINGT-NEUVIÈME GENRE

LES TRIURES

La nageoire de la queue très courte ; celle du dos et celle de l'anus étendues jusqu'au-dessus et au-dessous de celle de la queue ; le museau avancé en forme de tube ; une seule dent à chaque mâchoire.

ESPÈCE.	CARACTÈRES.
Triure bougainvillien.	Une valvule en forme de croissant, et fermant, à la volonté de l'animal, la partie de l'ouverture des branchies laissée libre par la membrane branchiale qui est attachée à la tête ou au corps dans presque tout son contour.

LE TRIURE BOUGAINVILLIEN[1]

Triurus bougainvillianus, Lacép.

Nous venons d'écrire l'histoire des poissons apodes renfermés dans la première division des osseux, et qui sont dénués de nageoire caudale ; examinons maintenant ceux du même ordre qui en sont pourvus et commençons par ceux qui, n'en ayant qu'une assez courte, lient, par une nuance intermédiaire, les premiers avec les seconds. Plaçons ici, en conséquence, ce que nous avons à dire d'un poisson du premier ordre des osseux, dont les manuscrits du savant Commerson nous ont présenté la description, qui n'a

1. « Tricaud, *ou* Bacha de mer ; triurus, vel triplurus, vel tricaudus, bidens, ictu fistulari, pinnis ventralibus carens, cauda subfimbriata, abortiva, pinnis dorsi et ani huic abjectitiis succedaneisque. » Commerson, manuscrits déjà cités.

été encore observé par aucun autre naturaliste, et que nous avons dû inscrire dans un genre particulier.

Nous avons déjà donné le nom de *Commerson* à une lophie; donnons au poisson que nous allons décrire le nom de notre fameux navigateur et mon respectable confrère Bougainville, avec lequel Commerson voyageait dans la mer du Sud, lorsqu'il eut occasion d'examiner le triure dont nous allons parler.

Ce fut entre le 26e et le 27e degré de latitude australe, et près du 103e ou du 104e degré de longitude, qu'un hasard mit Commerson à même de voir cette espèce très digne d'attention par ses formes extérieures. On venait de prendre plusieurs poissons du genre des scombres. Commerson, les ayant promptement disséqués, trouva dans l'estomac d'un seul de ces animaux cinq triures très entiers, et que la force digestive du scombre n'avait encore altérés en aucune manière. Leur forme extraordinaire frappa, dit Commerson, les gens de l'équipage, qui s'écrièrent tous qu'ils n'avaient jamais vu de semblables poissons. Quant à lui, il crut bientôt, après avoir retiré ces cinq triures de l'estomac du scombre, en voir plusieurs de la même espèce se jouer sur la surface de la mer. Il était alors dans le mois de février de 1768. Quoi qu'il en soit, voici quels sont les traits de cette espèce d'osseux apode, dont les individus, examinés par le très exact et très éclairé Commerson, avaient à peu près la grandeur et l'aspect d'un hareng ordinaire,

La couleur du triure bougainvillien est d'un brun rougeâtre qui se change en argenté sous la tête et en incarnat, ou plutôt en vineux blanchâtre, sur les côtés, ainsi que sur la partie inférieure du corps et de la queue, et qui est relevé par une tache d'un blanc très éclatant derrière la base des nageoires pectorales.

L'ensemble du corps et de la queue est comprimé et allongé de manière que la longueur totale de l'animal, sa plus grande hauteur et sa plus grande largeur sont dans le même rapport que 71, 18 et 10. Ce même ensemble est d'ailleurs entièrement dénué de piquants et revêtu d'écailles si petites et si enfoncées, pour ainsi dire, dans la peau à laquelle elles sont attachées, qu'à la première inspection on pourrait croire l'animal entièrement sans écailles.

La tête, qui est comprimée comme le corps et qui de plus est un peu aplatie par-dessus, se termine par un museau très prolongé, fait en forme de tube assez étroit, et dont l'extrémité présente, pour toute ouverture de la bouche, un orifice rond que l'animal ne peut pas fermer.

Dans le fond de cette sorte de tuyau sont les deux mâchoires osseuses, composées chacune d'une seule dent incisive et triangulaire. On n'aperçoit pas d'autres dents ni sur le palais ni sur la langue, qui est très courte, cartilagineuse et cependant un peu charnue dans son bout antérieur, lequel est arrondi.

Les ouvertures des narines sont très petites et placées plus près des orbites que de l'extrémité du museau. Les yeux sont assez grands, peu convexes, dépourvus de ce voile membraneux que nous avons fait remarquer sur ceux des gymnotes, des ophisures et d'autres poissons; l'iris brille des couleurs de l'or et de l'argent.

C'est au-dessous de la peau qu'est placé chaque opercule branchial, qui d'ailleurs est composé d'une lame osseuse, longue et en forme de faux. La membrane branchiale renferme cinq rayons un peu aplatis et courbés, qu'on ne peut cependant apercevoir qu'à l'aide de la dissection. Cette membrane est attachée à la tête ou au corps dans presque tout son contour, de manière qu'elle ne laisse pour toute ouverture des branchies qu'un très petit orifice situé dans le point le plus éloigné du museau. Nous avons vu une conformation analogue en traitant des syngnathes; nous la retrouverons sur les callionymes et sur quelques autres poissons; mais ce qui la rend surtout très remarquable dans le triure que nous faisons connaître, c'est qu'elle offre un trait de plus dont nous ne connaissons pas d'exemple dans la classe entière des poissons; et voilà pourquoi nous en avons tiré le caractère distinctif du bougainvillien. Cette particularité consiste dans une valvule en forme de croissant, charnue, mollasse, et qui, attachée au bord antérieur de l'orifice branchial, le ferme à la volonté de l'animal, en se rabattant sur le côté postérieur. Le triure bougainvillien est donc de tous les poissons connus celui qui a reçu l'appareil le plus compliqué pour empêcher l'eau d'entrer dans la cavité branchiale ou de sortir de cette cavité en passant par l'ouverture des branchies; il a un opercule, une membrane et une valvule. La réunion, dans cet animal, de ces trois moyens d'arrêter l'entrée ou la sortie de l'eau est d'autant plus digne d'attention, que, d'après les expressions de Commerson, il paraît que ce triure ne peut pas fermer à sa volonté l'orifice placé à l'extrémité du long tube formé par son museau, et que ce tube peut servir de passage à l'eau pour entrer par la bouche dans la véritable cavité branchiale, ou pour en sortir.

Mais nous avons assez parlé des organes du triure relatifs à la respiration.

On ne voit pas de ligne latérale bien sensible. Le bas du ventre se termine en carène aiguë dans presque toute sa longueur; et l'anus, qui est situé à l'extrémité de l'abdomen, consiste dans une ouverture un peu allongée.

Les nageoires pectorales sont petites, délicates, transparentes, paraissent presque triangulaires lorsqu'elles sont déployées, et renferment douze ou treize rayons.

La nageoire de l'anus, composée de quinze rayons mous ou environ, se dirige en arrière; sa pointe aiguë s'étend presque aussi loin que le bord postérieur de la nageoire de la queue, dont elle représente un supplément et paraît même former une partie.

La nageoire dorsale ne se montre pas moins comme une auxiliaire de la nageoire de la queue. Formée d'un égal nombre de rayons que celle de l'anus, partant d'un point plus éloigné de la tête et ayant un tiers de longueur de plus, elle s'étend en arrière non seulement presque autant que la nageoire caudale, mais encore plus loin que cette dernière. Et comme les deux nageoires dorsale et de l'anus touchent d'ailleurs la nageoire de la queue, cette nageoire caudale semble, au premier coup d'œil, être composée de trois parties bien distinctes; on croit voir trois queues à l'animal. De là viennent les dénominations de *triurus*, de *triplurus*, de *tricaud*, c'est-à-dire d'animal *à trois queues*, de *bacha de la mer*, etc., employées par Commerson, et dont nous avons conservé le nom générique de *triurus*, triure.

Au reste, la nageoire caudale proprement dite est si courte, que, quoique composée d'une vingtaine de rayons, elle ressemble beaucoup plus à l'ébauche d'un organe qu'à une partie entièrement formée. Elle paraît frangée, parce que les rayons qu'elle renferme sont mous, articulés et très divisés vers leur extrémité.

Le triure bougainvillien n'aurait donc pas vraisemblablement une grande force pour nager au milieu des eaux de la mer, si la nature et le peu de surface de sa véritable nageoire caudale n'étaient compensés par la forme, la position et la direction de la nageoire du dos et de celle de l'anus; mais nous pensons, avec Commerson, que, par le secours de ces deux nageoires accessoires, le triure doit se mouvoir avec facilité et s'élancer avec vitesse dans le sein des mers qu'il habite.

Telle est l'image que nous pouvons former du triure bougainvillien, en réunissant les traits précieux transmis par Commerson.

Quant à l'organisation intérieure de ce poisson, voici ce qu'en a écrit notre voyageur :

Le foie est d'un rouge très pâle, parsemé de points sanguins et composé de deux lobes convexes, inégaux, et dont le droit est le plus grand.

Le canal intestinal est étroit, diminue insensiblement de grosseur depuis le pylore, se recourbe et se replie sur sa direction quatre ou cinq fois.

Commerson n'a trouvé qu'une matière liquide et blanchâtre dans l'estomac, qui est petit et placé transversalement.

Le cœur est presque triangulaire, d'un rouge pâle, avec une oreillette très rouge.

Commerson n'a pas vu de vésicule natatoire; mais il ne sait pas si son scalpel ne l'a pas détruite.

Le poids du plus grand des triures bougainvilliens examinés par ce naturaliste était, à très peu près, de 132 grammes.

TRENTIÈME GENRE

LES APTÉRONOTES

Une nageoire de la queue; point de nageoire du dos; les mâchoires non extensibles.

ESPÈCE.	CARACTÈRE.
APTÉRONOTE PASSAN.	Un long filament charnu placé au-dessus de la partie supérieure de la queue.

L'APTÉRONOTE PASSAN[1]

Apteronotus passan, Lacép., Cuv. — *Sternachus albifrons*, Schn. — *Gymnotus albifrons*, Pall., Linn., Gmel.

Le nom d'*aptéronote*, qui veut dire *sans nageoire sur le dos*, désigne la même conformation que celui de *gymnote*, qui signifie *dos nu*. Et en effet, le passan, comme les gymnotes, n'a pas de nageoire dorsale; mais nous avons dû le séparer de ces derniers, parce qu'indépendamment d'autres grandes différences, il a une nageoire caudale, dont ils ne présentent aucun linéament. Nous l'avons donc inscrit dans un genre particulier, auquel cependant nous avons été bien aises de donner un nom qui, en faisant éviter toute équivoque, rappelât ses rapports et, pour ainsi dire, sa parenté avec la famille des gymnotes.

Le passan a le museau très obtus, la tête dénuée d'écailles sensibles et parsemée de très petits trous destinés à répandre une humeur visqueuse; l'ouverture de la bouche étendue jusqu'au delà des yeux, qui sont voilés par une membrane comme ceux des gymnotes; les orifices des narines à une distance à peu près égale des yeux et du bout du museau, et les deux mâchoires festonnées de manière que la mâchoire supérieure présente une portion saillante à son extrémité, ainsi que quatre autres parties avancées, deux d'un côté et deux de l'autre, et que la mâchoire inférieure oppose un enfoncement à chaque saillie et une saillie à chaque enfoncement de la mâchoire d'en haut, dans laquelle d'ailleurs elle s'emboîte.

Les opercules des branchies sont attachés dans la plus grande partie de leur contour, et les ouvertures branchiales un peu en demi-cercle.

Par une conformation bien rare et bien remarquable, même à côté de celles qu'offrent les apodes de la première division des osseux et particulièrement les gymnotes, l'anus est si près de la tête, qu'il est situé dans le petit espace anguleux qui sépare les deux membranes branchiales et très près du point où elles se réunissent. Derrière l'anus, on voit un orifice que l'on croit destiné à la sortie de la laite ou des œufs.

Mais nous allons décrire une conformation plus singulière encore.

Vers le milieu de la partie supérieure de l'animal comprise entre la tête et la nageoire caudale, commence une sorte de filament ou de lanière charnue très longue et très déliée. Le savant naturaliste du Nord, le célèbre Pallas, auquel on doit un si grand nombre de découvertes en histoire naturelle, a le premier fait attention à cette espèce de lanière. En voyant que ce long filament convexe par-dessus et comme excavé par-dessous répondait à une sorte de canal longitudinal dont les dimensions paraissent se rapporter exactement à celles du filament, il fut d'abord tenté de croire que l'on avait

1. *Gymnote passan*. Daubenton, Encyclopédie méthodique. — *Id*. Bonnaterre, planches de l'Encyclopédie méthodique. — Pallas., *Spicil. zoolog.*, p. 7, 35, tab. 6, fig. 1.

entaillé le dos de l'animal et que l'on en avait détaché une lanière, au point qu'elle ne fût retenue que par son extrémité antérieure. Il s'aperçut cependant bientôt que la conformation qu'il avait sous les yeux était naturelle ; mais l'état d'altération dans lequel était apparemment le passan de la collection de l'Académie de Pétersbourg empêcha ce savant professeur de connaître dans tous ses détails la véritable conformation du filament ; et comme depuis la description publiée par ce naturaliste on n'a pas cru devoir chercher à ajouter à ce qu'il a écrit, la vraie forme de cette portion du passan n'est pas encore connue de ceux qui cultivent les sciences naturelles. La voici telle que j'ai pu la voir sur un individu très bien conservé qui faisait partie de la collection donnée à la France par la Hollande ; la figure que j'ai fait dessiner et graver en donnera une idée très nette.

Cette lanière charnue est en effet convexe par-dessus, concave par-dessous, attachée par son gros bout vers le milieu du dos de l'aptéronote et répondant à un canal dont les dimensions diminuent à mesure qu'elle devient plus déliée, ainsi que l'a très bien dit le professeur Pallas ; mais ce que ce naturaliste n'a pas été à même de voir et ce qui est plus extraordinaire, c'est que ce filament est attaché aussi, par son bout le plus menu, très près de l'origine de la nageoire de la queue. Lorsqu'on le soulève, on le voit retenu par ses deux bouts, formant une espèce d'arc dont la queue de l'animal est la corde ; de plus on aperçoit très distinctement une douzaine de petits fils qui vont du canal longitudinal à cette lanière, la retiennent comme par autant de liens, sont inclinés vers la nageoire caudale, et se couchent dans le canal longitudinal, lorsqu'on laisse retomber le grand filament dans la longue gouttière qu'il remplit alors en entier.

C'est de la présence de cette lanière que nous avons tiré le caractère spécifique du passan.

La nageoire de l'anus commençant très près de cette dernière ouverture s'étend presque depuis la gorge jusqu'à la base de la nageoire caudale ; elle comprend de 147 à 152 rayons[1].

Le corps et la queue sont couverts d'écailles petites et arrondies.

L'animal est de deux couleurs, d'un noir plus ou moins foncé et d'un blanc éclatant. Ce blanc de neige s'étend sur le museau ; il règne ensuite en forme de bande étroite depuis le devant de la tête jusqu'à la partie postérieure de la queue, qui est blanche ainsi que la nageoire caudale et la dernière partie de celle de l'anus. C'est cette portion très blanche de la nageoire de l'anus, dont l'image a été oubliée par quelques-uns de ceux qui ont représenté le passan ; et voilà pourquoi on lui a attribué une nageoire de l'anus beaucoup plus courte que celle qu'il a réellement.

Cet aptéronote parvient quelquefois jusqu'à la longueur de quatre décimètres. On le trouve dans les environs de Surinam.

1. A chacune des nageoires pectorales, de .... 15 à 16 rayons.
A celle de la queue, de .... 20 à 24 —

TRENTE ET UNIÈME GENRE

LES RÉGALECS

Des nageoires pectorales, du dos et de la queue; point de nageoire de l'anus, ni de série d'aiguillons à la place de cette dernière nageoire; le corps et la queue très allongés.

ESPÈCES.	CARACTÈRES.
1. RÉGALEC GLESNE.	Un long filament auprès de chaque nageoire pectorale; une nageoire dorsale régnant depuis la nuque jusqu'à la nageoire de la queue, avec laquelle elle est réunie.
2. RÉGALEC LANCÉOLÉ.	La nageoire de la queue lancéolée; les opercules composés seulement de deux ou trois pièces.

LE RÉGALEC GLESNE[1]

Regalecus Glesne, LACÉP., CUV. — *Gymnetrus remipes*, SCHNEID.

Plus on fait de progrès dans l'étude des corps organisés et plus on est convaincu de cette vérité importante que toutes les formes compatibles avec la conservation des espèces, non seulement existent, mais encore sont combinées les unes avec les autres de toutes les manières qui peuvent se concilier avec la durée de ces mêmes espèces. L'histoire des poissons apodes de la première division des osseux nous fournit un exemple remarquable de cette variété de combinaisons. Dans les dix-neuf genres de cet ordre, les diverses nageoires du dos, de la poitrine, de l'anus et de la queue montrent, en effet, par leur présence ou par leur absence, un assez grand nombre de modes différents. Les cécilies sont absolument sans nageoire; les monoptères n'en ont qu'une qui est placée au bout de la queue; on en voit deux sur les leptocéphales, dont le dos est garni d'une de ces deux nageoires pendant que l'autre est située entre leur queue et leur anus. Les trichiures n'en ont que sur le dos et des deux côtés de la poitrine; les gymnotes qui en ont de pectorales et une de l'anus, en sont dénués sur le dos et à l'extrémité de la queue. Les notoptères et les ophisures en déploient uniquement sur le dos au delà de l'anus, et des deux côtés de la partie antérieure de leur corps; les triures ne réunissent aux nageoires du dos, de la poitrine et de l'anus, que des rudiments d'une nageoire de la queue. On aperçoit une nageoire caudale, deux pectorales et une nageoire de l'anus sur les aptéronotes; mais leur dos est sans nageoire; les quatre sortes de nageoires ont été données aux odontognathes, aux murènes, aux amodytes, aux ophidies, aux macrognathes, aux xiphias, aux anarhiques, aux coméphores, aux stromatées, aux rhombes. Enfin les régalecs ont reçu une nageoire du dos, une nageoire de la queue et deux pectorales, sans aucune apparence de nageoire de l'anus.

1. *Sild konge, sild tulst*, en Norvège. — *Regalecus glesne*. Ascagne, figures enluminées d'histoire naturelle, cah. 2, p. 5, pl. 11. — Muller, *Zoologiæ danicæ Prodromus*. — *Régalec glesne*. Bonnaterre, planches de l'Encyclopédie méthodique.

Cette absence d'une nageoire anale suffirait seule pour séparer le genre des régalecs de tous les autres genres de son ordre, excepté de celui des cécilies, de celui des monoptères et de celui des trichiures ; mais comme les trichiures ont une série d'aiguillons à la place de la nageoire anale, que les monoptères n'ont qu'une seule nageoire, et que les cécilies n'en ont pas du tout, on peut dire que cet entier dénuement de nageoire de l'anus distingue véritablement les régalecs de tous les apodes inscrits dans la première division des poissons osseux, et avec lesquels on pourrait les confondre.

Le naturaliste Ascanius est le premier auteur qui ait fait mention du régalec. On n'a compté jusqu'à présent dans ce genre qu'une espèce que l'on nomme *glesne*, et qui habite auprès des côtes de Norvège. Le régalec glesne a d'assez grands rapports avec les trichiures et les ophisures. Le corps et la queue sont très allongés et comprimés, les mâchoires armées de dents nombreuses, les opercules composés de cinq ou six pièces, les membranes branchiales soutenues par cinq ou six rayons, les nageoires pectorales très petites. Au-dessous de chacune de ces deux dernières nageoires, on voit un filament renflé par le bout, et dont la longueur est égale ordinairement au tiers de celle de l'animal. On compte, en quelque sorte, deux nageoires dorsales : la première, qui cependant est une série de piquants plutôt qu'une véritable nageoire, commence dès le sommet de la tête et est composée de huit aiguillons ; la seconde s'étend depuis la nuque jusqu'à la nageoire caudale, avec laquelle elle se réunit et se confond.

Tout le corps du poisson est argenté, semé de petits points noirs disposés en raies longitudinales et varié dans ses nuances par trois bandes brunes placées transversalement sur la partie postérieure de la queue.

Comme on le rencontre souvent, ainsi que la chimère arctique, au milieu des innombrables légions de harengs, qu'il est argenté comme ces derniers animaux, qu'il a l'air de les conduire, et qu'il parvient à des dimensions assez considérables, on l'a nommé, ainsi que la chimère du Nord, *roi des harengs ;* et c'est ce que désigne le nom générique de *régalec*, qui lui a été conservé.

LE RÉGALEC LANCÉOLÉ [1]

Regalecus lanceolatus, LACÉP.

Nous plaçons dans le même genre que le glesne une espèce de poisson dont nous avons vu une figure coloriée, exécutée avec beaucoup de soin, et parmi les dessins chinois cédés par la Hollande à la France, et desquels nous avons déjà parlé plusieurs fois. Nous avons donné à ce régalec, dont les naturalistes d'Europe n'ont encore publié aucune description, le nom

1. Ce régalec est représenté sous le nom d'*ophidie chinoise*, dans la planche vingt-deuxième du premier volume de cette histoire des poissons.

spécifique de *lancéolé*, parce que la nageoire qui termine sa queue a la forme d'un fer de lance. Cet animal est dénué d'une nageoire de l'anus comme le glesne ; il a, comme ce dernier osseux, deux nageoires dorsales, très basses et très rapprochées; mais ces deux nageoires sont, en quelque sorte, triangulaires: la première n'est point composée d'aiguillons détachés, et la seconde ne se confond pas avec l'anale comme sur le glesne. Chacun des opercules n'est composé que de deux ou trois pièces, tandis qu'on en compte cinq ou six dans chaque opercule du régalec de Norvège. Le lancéolé a, d'ailleurs, le corps très allongé et serpentiforme, comme le régalec d'Europe; mais ce poisson chinois, au lieu d'être argenté, est d'une couleur d'or mêlée de brun.

TRENTE-DEUXIÈME GENRE

LES ODONTOGNATHES

Une lame longue, large, recourbée, dentelée, placée de chaque côté de la mâchoire supérieure et entraînée par tous les mouvements de la mâchoire de dessous.

ESPÈCE.	CARACTÈRES.
ODONTOGNATHE AIGUILLONNÉ.	Huit aiguillons recourbés situés sur la poitrine; vingt-huit autres aiguillons disposés sur deux rangs longitudinaux et placés sur le ventre.

L'ODONTOGNATHE AIGUILLONNÉ[1]

Odontognathus mucronatus, LACÉP., CUV. — *Gnathobolus mucronatus*, SCHNEID.

Parmi plusieurs poissons que M. Leblond nous a fait parvenir assez récemment de Cayenne, s'est trouvé celui que j'ai cru devoir nommer *odontognathe aiguillonné*. Non seulement cet osseux n'a encore été décrit par aucun naturaliste, mais il ne peut être placé dans aucun des genres admis jusqu'à présent par ceux qui cultivent l'histoire naturelle. Sa tête, son corps et sa queue sont très comprimés. Mais ce qui doit le faire observer avec le plus d'attention, c'est le mécanisme particulier que présentent ses mâchoires, et dont on ne trouve d'exemple dans aucun poisson connu. Montrons en quoi consiste ce mécanisme.

La mâchoire inférieure, plus longue que la supérieure, est très relevée contre cette dernière, lorsque l'animal a sa bouche entièrement fermée; elle est même si redressée dans cette position, qu'elle paraît presque verticale. Elle s'abaisse, en quelque sorte, comme un pont-levis, lorsque le poisson ouvre sa bouche; et on s'aperçoit facilement alors qu'elle forme une espèce de petite nacelle écailleuse, très transparente, sillonnée par-dessous et finement dentelée sur ses bords.

Cette mâchoire de dessous entraîne en avant, lorsqu'elle s'abaisse, deux pièces très longues, ou, pour mieux dire, deux lames très plates, irrégulières, de substance écailleuse, un peu recourbées à leur bout postérieur, plus larges à leur origine qu'à leur autre extrémité, dentelées sur leur bord antérieur et attachées, l'une d'un côté, l'autre de l'autre, à la partie la plus saillante de la mâchoire supérieure. Lorsque ces deux lames ont obéi le plus possible au mouvement en en-bas de la mâchoire inférieure, elles se trouvent avancées de manière que leurs extrémités dépassent la verticale que l'on peut supposer tirée du bout du museau vers le plan horizontal sur lequel le poisson repose. C'est au milieu de ces deux pièces que l'on voit alors la mâchoire inférieure abaissée et étendue en avant; dans cette attitude, le contour de la bouche est formé par cette même mâchoire de dessous et par les deux lames dentelées qui sont devenues comme les deux côtés de la mâchoire supérieure.

Tant que la bouche reste ouverte, les lames dépassent par le bas la mâchoire inférieure ; mais lorsque celle-ci remonte pour s'appliquer de nouveau contre la mâchoire supérieure et fermer la bouche, chacune des deux pièces se couche contre un des opercules et paraît n'en être que le bord antérieur dentelé.

C'est des dentelures que nous venons d'indiquer en montrant le singulier mécanisme des mâchoires de l'aiguillonné que nous avons tiré le nom générique de cet animal, *odontognathe* signifiant par un seul mot, ainsi que cela est nécessaire pour la dénomination d'un genre, *à mâchoires dentelées*.

Au milieu de ces mâchoires organisées d'une manière si particulière, on voit une langue pointue et assez libre dans ses mouvements. Les opercules, composés de plusieurs pièces, sont très transparents dans leur partie postérieure, écailleux et très argentés dans leur partie antérieure. La membrane des branchies, qui est soutenue par cinq rayons, est aussi argentée par-dessus ; et il n'est pas inutile de faire observer à ceux qui auront encore présentes à leur esprit les idées que notre premier discours renferme sur les couleurs des poissons que, dans un très grand nombre d'osseux qui vivent aux environs de la Guyane et d'autres contrées équatoriales de l'Amérique, la membrane branchiale est plus ou moins couverte de ces écailles très petites et très éclatantes qui argentent les diverses parties sur lesquelles elles sont répandues.

La poitrine, terminée vers le bas en carène aiguë, présente sur cette sorte d'arête huit aiguillons recourbés. On distingue de plus, au travers des téguments et de chaque côté du corps, quatorze côtes peu courbées, dont chacune est terminée par un aiguillon saillant à l'extérieur et se réunit, pour former le dessous du ventre, à celle qui lui est analogue dans le côté du corps opposé à celui auquel elle appartient. Il résulte de cet arrangement que la carène du ventre est garnie de vingt-huit aiguillons disposés sur deux rangs longitudinaux, et c'est de cette double rangée que vient le nom spécifique d'*aiguillonné*, par lequel nous avons cru devoir distinguer le poisson osseux que nous décrivons.

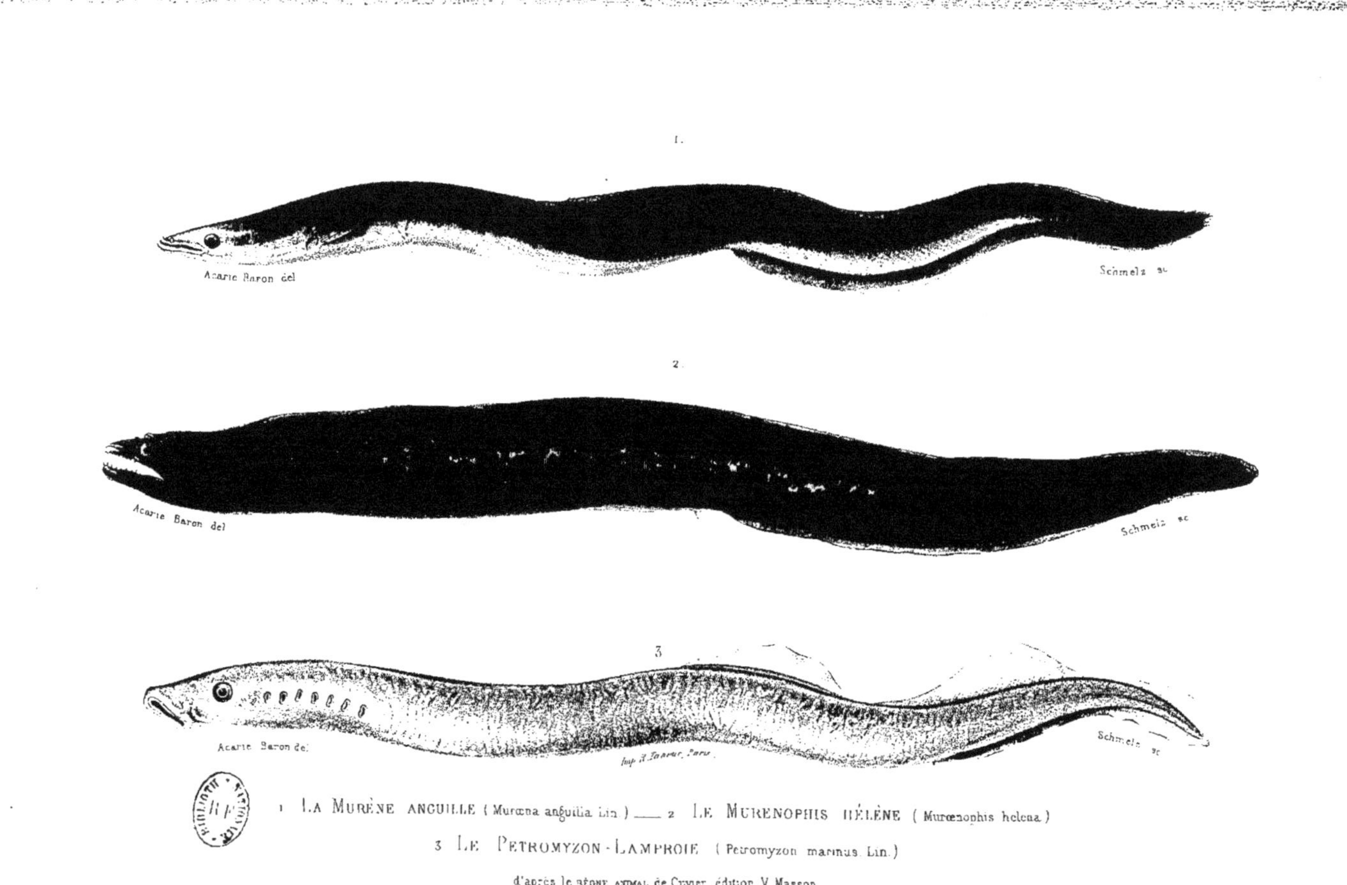

1 LA MURÈNE ANGUILLE (Murœna anguilla Lin.) — 2 LE MURENOPHIS HÉLÈNE (Murœnophis helena)

3 LE PETROMYZON-LAMPROIE (Petromyzon marinus Lin.)

d'après le RÈGNE ANIMAL de Cuvier_édition V. Masson

Garnier frères Editeurs

La nageoire de l'anus est très longue et s'étend presque jusqu'à la base de celle de la queue, qui est fourchue [1].

Celle du dos est placée sur la queue proprement dite, vers les trois quarts de la longueur totale de l'animal ; mais elle est très petite.

D'après l'état dans lequel nous avons vu l'individu envoyé au Muséum d'histoire naturelle par M. Leblond et conservé déjà depuis quelque temps dans de l'alcool affaibli, nous pouvons seulement conjecturer que l'odontognathe aiguillonné présente, sur presque tout son corps, le vif éclat de l'argent. Nous le présumons d'autant plus que cet animal a reçu dans les environs de Cayenne, suivant M. Leblond, le nom vulgaire de *sardine;* nom donné depuis longtemps à une clupée argentée sur une grande partie de son corps, et qui d'ailleurs n'a aucune ressemblance extérieure bien frappante avec l'aiguillonné. Comme la sardine, l'odontognathe dont nous parlons est bon à manger et vit dans l'eau salée. Il parvient à la longueur de trois décimètres.

TRENTE-TROISIÈME GENRE

LES MURÈNES

Des nageoires pectorales, dorsale, caudale et de l'anus; les narines tubulées; les yeux voilés par une membrane; le corps serpentiforme et visqueux.

	ESPÈCES.	CARACTÈRES.
1.	MURÈNE ANGUILLE.	La mâchoire inférieure plus avancée que la supérieure; cent rayons ou environ à la nageoire de l'anus; le dessus du corps et de la queue sans tache.
2.	MURÈNE TACHETÉE.	La mâchoire inférieure plus avancée que la supérieure; trente-six rayons ou environ à la nageoire de l'anus; la couleur verdâtre; de petites taches noires; une grande tache de chaque côté et auprès de la tête.
3.	MURÈNE MYRE.	Le museau un peu pointu; deux petits appendices un peu cylindriques à la lèvre supérieure; la nageoire du dos toute cendrée, ou blanche et liserée de noir.
4.	MURÈNE CONGRE.	Deux appendices un peu cylindriques à la lèvre supérieure; la ligne latérale blanche.

LA MURÈNE ANGUILLE [2]

Murœna Anguilla, LINN., CUV., LACÉP.

Il est peu d'animaux dont on doive se retracer l'image avec autant de plaisir que celle de la murène anguille. Elle peut être offerte, cette image

1. A chacune des nageoires pectorales .... 12 rayons.
A la nageoire du dos .... 6 ou 7 —
A celle de l'anus .... 80 —
A celle de la queue .... 19 —

2. *Margaignon (anguille mâle), Fine (anguille femelle),* dans plusieurs départements méridionaux de France. — *Paglietane, Gavonchi, Musini,* dans plusieurs contrées d'Italie. *Miglioramenti,* lorsqu'elle pèse six kilogrammes; auprès des lacs ou marais de Comachio,

gracieuse, et à l'enfance folâtre que la variété des évolutions amuse, et à la vive jeunesse que la rapidité des mouvements enflamme, et à la beauté que la grâce, la souplesse, la légèreté intéressent et séduisent, et à la sensibilité que les affections douces et constantes touchent si profondément, et à la philosophie même, qui se plaît à contempler et le principe et l'effet d'un instinct supérieur. Nous l'avons déjà vu, cet instinct supérieur, dans l'énorme et terrible requin; mais il y était le ministre d'une voracité insatiable, d'une cruauté sanguinaire, d'une force dévastatrice.

Nous avons trouvé dans les poissons électriques une puissance magique; mais ils n'ont pas eu la beauté en partage. Nous avons eu à représenter des formes remarquables; presque toujours leurs couleurs étaient ternes et obscures. Des nuances éclatantes ont frappé nos regards; rarement elles ont été unies avec des proportions agréables; plus rarement encore elles ont servi de parure à un être d'un instinct élevé. Et cette sorte d'intelligence, ce mélange de l'éclat des métaux et des couleurs de l'arc céleste, cette rare conformation de toutes les parties qui forment un même tout et qu'un heureux accord a rassemblées, quand les avons-nous vus départis avec des habitudes, pour ainsi dire, sociales, des affections douces et des jouissances en quelque sorte sentimentales? C'est cette réunion si digne d'intérêt que nous allons cependant montrer dans l'anguille. Et lorsque nous aurons compris sous un seul point de vue sa forme déliée, ses proportions sveltes, ses couleurs éclatantes, ses flexions gracieuses, ses circonvolutions faciles, ses élans rapides, sa natation soutenue, ses mouvements semblables à ceux du serpent, son industrie, son instinct, son affection pour sa compagne, son espèce de sociabilité, et les avantages que l'homme en retire chaque jour, on ne sera pas surpris que les Grecques et les Romaines les plus fameuses par leurs charmes aient donné sa forme à un de leurs ornements les plus recherchés, et que l'on doive en reconnaître les traits, de même que ceux des murénophis, sur des riches bracelets antiques, peut-être aussi souvent que ceux des couleuvres venimeuses dont on a voulu

d'Orbitello, etc., en Italie; *Capitoni*, lorsqu'elle a le même poids; *Rocche*, lorsque son poids est de deux kilogrammes; *Anguillacei*, lorsque son poids n'est que d'un kilogramme et demi; *Presciatti*, lorsqu'elle est très petite. — *Ahl*, en allemand. — *Al*, en suédois. — *El*, en anglais.

Murène anguille. Daubenton, Encyclopédie méthodique. — *Id*. Bonnaterre, planches de l'Encyclopédie méthodique. — *Muræna unicolor*. Artedi, spec. 66, gen. 24, syn. 39. — Gronov., Mus. 1, p. 16, n. 45; *Zooph*., p. 40, n. 66. — *Eel. Brit. zoolog*., 3, p. 142, n. 12. — Bloch, pl. 73.

Anguille. Valmont de Bomare, *Dictionnaire d'histoire naturelle*. — *Éegchélys*. Homère, *Iliade*, lib. XXI. — Arist., lib. II, cap. XIII, XV, XVII; lib. IV, cap. VIII, XI; lib. V, cap. V; lib. VI, cap. XIII, XVI; et lib. VIII, cap. II. — Athen., lib. VII. — Ælian, lib. XIV, cap. VIII. — Oppian, Hal., lib. I.

Anguilla, Varro, lib. IV. — Pline, lib. IX, cap. XXI, XXII, LI; et lib. XXXII, cap. II. — Cuba, lib. III, cap. II, fol. 71, *a*. — Rondelet, seconde partie, des poissons de rivière, chap. XX. — Salvian, fol. 74, *a*, 66, etc. — Gesner, p. 40; et germ. 1. 177, *b*. — Schonev., p. 14. — Aldrov., lib. IV, cap. XIV, p. 544. — Jonston, lib. II, tit. 2, cap. IV, p. 114, tab. 24, fig. 7. — Charlet, p. 153. — Willughby, p. 109. — Ray, p. 37. — Laurent. Roberg, *Pisc. Upsal*., p. 4.

pendant longtemps retrouver exclusivement l'image dans ces objets de luxe et de parure ; on ne sera pas même étonné que ce peuple ancien et célèbre qui adorait tous les objets dans lesquels il voyait quelque empreinte de la beauté, de la prévoyance, du pouvoir ou du courroux célestes, et qui se prosternait devant les ibis et les crocodiles, eût aussi accordé les honneurs divins à l'animal que nous examinons. C'est ainsi que nous avons vu l'énorme serpent devin obliger, par l'effroi, des nations encore peu civilisées des deux continents à courber une tête tremblante devant sa force redoutable, que l'ignorance et la terreur avait divinisée ; et c'est ainsi encore que par l'effet d'une mythologie plus excusable sans doute, mais bien plus surprenante, car, fille cette fois de la reconnaissance et non de la crainte, elle consacrait l'utilité et non la puissance, les premiers habitants de l'île de Saint-Domingue, de même que les troglodytes dont Pline a parlé dans son histoire naturelle, vénéraient leur dieu sous la forme d'une tortue[1].

On ne s'attendait peut-être pas à trouver dans l'anguille tant de droits à l'attention. Quel est néanmoins celui qui n'a pas vu cet animal ? Quel est celui qui ne croit pas être bien instruit de ce qui concerne un poisson que l'on pêche sur tant de rivages, que l'on trouve sur tant de tables frugales ou somptueuses, dont le nom est si souvent prononcé, et dont la facilité à s'échapper des mains qui le retiennent avec trop de force est devenue un objet de proverbe pour le sens borné du vulgaire aussi bien que pour la prudence éclairée du sage ? Mais depuis Aristote jusqu'à nous, les naturalistes, les Apicius, les savants, les ignorants, les têtes fortes, les esprits faibles, se sont occupés de l'anguille ; et voilà pourquoi elle a été le sujet de tant d'erreurs séduisantes, de préjugés ridicules, de contes puérils, au milieu desquels très peu d'observateurs ont distingué les formes et les habitudes propres à inspirer ainsi qu'à satisfaire une curiosité raisonnable.

Tâchons de démêler le vrai d'avec le faux ; représentons l'anguille telle qu'elle est.

Ses nageoires pectorales sont assez petites, et ses autres nageoires assez étroites, pour qu'on puisse la confondre de loin avec un véritable serpent : elle a de même le corps très allongé et presque cylindrique. Sa tête est menue, le cerveau un peu pointu, et la mâchoire inférieure plus avancée que la supérieure.

L'ouverture de chaque narine est placée au bout d'un très petit tube qui s'élève au-dessous de la partie supérieure de la tête ; et une prolongation des téguments les plus extérieurs s'étend en forme de membrane au-dessus des yeux et les couvre d'un voile demi-transparent, comme celui que nous avons observé sur les yeux des gymnotes, des ophisures et des aptéronotes.

1. M. François (de Neufchâteau), membre de l'Institut, m'écrivait, le 5 avril 1798, pendant qu'il était encore membre du Directoire exécutif, et dans une lettre savante et philosophique : « J'ai vu à Saint-Domingue des vases qui servaient dans les cérémonies des premiers habitants de l'île. Ces vases, composés d'une sorte de lave grossièrement taillée, figurent des tortues. »

Les lèvres sont garnies d'un grand nombre de petits orifices par lesquels se répand une liqueur onctueuse ; une rangée de petites ouvertures analogues compose, de chaque côté de l'animal, la ligne que l'on a nommée *latérale;* et c'est ainsi que l'anguille est perpétuellement arrosée de cette substance qui la rend si visqueuse. Sa peau est, sur tous les points de son corps, enduite de cette humeur gluante qui là fait paraître comme vernie. Elle est pénétrée de cette sorte d'huile qui rend ses mouvements très souples ; et l'on voit déjà pourquoi elle glisse si facilement au milieu des mains inexpérimentées qui, la serrant avec trop de force, augmentent le jeu de ses muscles, facilitent ses efforts, et, ne pouvant la saisir par aucune aspérité, la sentent couler et s'échapper comme un fluide[1]. A la vérité, cette même peau est garnie d'écailles dont on se sert même, dans plusieurs pays du Nord, pour donner une sorte d'éclat argentin au ciment dont on enduit les édifices ; mais ces écailles sont si petites, que plusieurs physiciens en ont nié l'existence, et elles sont attachées de manière que le toucher le plus délicat ne les fait pas reconnaître sur l'animal vivant, et que même un œil perçant ne les découvre que lorsque l'anguille est morte, et la peau assez desséchée pour que les petites lames écailleuses se séparent facilement.

On aperçoit plusieurs rangs de petites dents, non seulement aux deux mâchoires, à la partie antérieure du palais et sur deux os situés au-dessus du gosier, mais encore sur deux autres os un peu plus longs et placés à l'origine des branchies.

L'ouverture de ces branchies est petite, très voisine de la nageoire pectorale, verticale, étroite et un peu en croissant.

On a de la peine à distinguer les dix rayons que contient communément la membrane destinée à fermer cette ouverture ; et les quatre branchies de chaque côté sont garnies de vaisseaux sanguins dans leur partie convexe et dénuées de toute apophyse et de tout tubercule dans leur partie concave.

Les nageoires du dos et de l'anus sont si basses, que la première s'élève à peine au-dessus du dos d'un soixantième de la longueur totale. Elles sont d'ailleurs réunies à celle de la queue, de manière qu'on a bien de la peine à déterminer la fin de l'une et le commencement de l'autre; et on peut les considérer comme une bande très étroite, qui commence sur le dos à une certaine distance de la tête, s'étend jusqu'au bout de la queue, entoure cette extrémité, y forme une pointe assez aiguë, revient au-dessous de l'animal jusqu'à l'anus, et présente toujours assez peu de hauteur pour laisser subsister les plus grands rapports entre le corps du serpent et celui de l'anguille.

L'épaisseur de la partie membraneuse de ces trois nageoires réunies

1. Le mot *murœna,* qui vient du grec *murein,* lequel signifie *couler, s'échapper,* désigne cette faculté de l'anguille et des autres poissons de son genre.

fait qu'on ne compte que très difficilement les petits rayons qu'elles renferment et qui sont ordinairement au nombre de plus de mille, depuis le commencement de la nageoire dorsale jusqu'au bout de la queue.

Les couleurs que l'anguille présente sont toujours agréables, mais elles varient assez fréquemment; et il paraît que leurs nuances dépendent beaucoup de l'âge de l'animal[1] et de la qualité de l'eau au milieu de laquelle il vit. Lorsque cette eau est limoneuse, le dessus du corps de la murène que nous décrivons est d'un beau noir, et le dessous d'un jaune plus ou moins clair. Mais si l'eau est pure et limpide, si elle coule sur un fond de sable, les teintes qu'offre l'anguille sont plus vives et plus riantes : sa partie supérieure est d'un vert nuancé, quelquefois même rayé d'un brun qui le fait ressortir; et le blanc de lait, ou la couleur de l'argent, brille sur la partie inférieure du poisson. D'ailleurs, la nageoire de l'anus est communément lisérée de blanc, et celle du dos, de rouge. Le blanc, le rouge et le vert, ces couleurs que la nature sait marier avec tant de grâce et fondre les unes dans les autres par des nuances si douces, composent donc l'une des parures élégantes que l'espèce de l'anguille a reçues, et celle qu'elle déploie lorsqu'elle passe sa vie au milieu d'une eau claire, vive et pure.

Au reste, les couleurs de l'anguille paraissent quelquefois d'autant plus variées par les différents reflets rapides et successifs de la lumière plus ou moins intense qui parvient jusqu'aux diverses parties de l'animal, que les mouvements très prompts et très multipliés de cette murène peuvent faire changer à chaque instant l'aspect de ces mêmes portions colorées. Cette agilité est secondée par la nature de la charpente osseuse du corps et de la queue de l'animal. Ses vertèbres un peu comprimées et par conséquent un peu étroites à proportion de leur longueur, pliantes et petites, peuvent se prêter aux diverses circonvolutions qu'elle a besoin d'exécuter. A ces vertèbres, qui communément sont au nombre de cent seize, sont attachées des côtes très courtes, retenues par une adhérence très légère aux apophyses des vertèbres, et très propres à favoriser les sinuosités nécessaires à la natation de la murène. De plus, les muscles sont soutenus et fortifiés dans leur action par une quantité considérable de petits os disséminés entre leurs divers faisceaux et connus sous le nom d'*arêtes* proprement dites, ou de *petites arêtes*. Ces os intermusculaires, que l'on ne voit dans aucune autre classe d'animaux que dans celle des poissons, et qui n'appartiennent même qu'à un certain nombre de poissons osseux, sont d'autant plus grands qu'ils sont placés plus près de la tête; et ceux qui occupent la partie antérieure de l'animal sont communément divisés en deux petites branches.

Un instinct relevé ajoute aussi à la fréquence des mouvements; nous avons déjà indiqué[2] que l'anguille, ainsi que les autres poissons osseux et

1. *Voyage de Spallanzani dans les deux Siciles*, traduction du savant et élégant écrivain M. Toscan, bibliothécaire du Muséum d'histoire naturelle.

2. Discours sur la nature des poissons.

serpentiformes, avait le cerveau plus étendu, plus allongé, composé de lobes moins inégaux, plus développés et plus nombreux, que le cerveau de la plupart des poissons dont il nous reste à parler, et particulièrement de ceux qui ont le corps très aplati, comme les pleuronectes.

Le cœur est quadrangulaire ; l'aorte grande ; le foie rougeâtre, divisé en deux lobes, dont le gauche est le plus volumineux ; la vésicule du fiel séparée du foie comme dans plusieurs espèces de serpents ; la rate allongée et triangulaire ; la vessie natatoire très grande, attachée à l'épine et garnie par devant d'un long conduit à gaz. Le canal intestinal est dénué de ces appendices que l'on remarque auprès du pylore de plusieurs espèces de poissons, et presque sans sinuosités, ce qui indique la force des sucs digestifs de l'anguille et en général l'activité de ses humeurs et l'intensité de son principe vital.

Les murènes anguilles parviennent à une grandeur très considérable : il n'est pas rare d'en trouver en Angleterre, ainsi qu'en Italie, du poids de huit à dix kilogrammes. Dans l'Albanie, on en a vu dont on a comparé la grosseur à celle de la cuisse d'un homme, et des observateurs très dignes de foi ont assuré que, dans des lacs de la Prusse, on en avait pêché qui étaient longues de trois à quatre mètres. On a même écrit que le Gange en avait nourri de plus de dix mètres de longueur ; mais ce ne peut être qu'une erreur, et l'on aura vraisemblablement donné le nom d'*anguille* à quelque grand serpent, à quelque boa devin que l'on aura aperçu de loin, nageant au-dessus de la surface du grand fleuve de l'Inde.

Quoi qu'il en soit, la croissance de l'anguille se fait très lentement ; nous avons sur la durée de son développement quelques expériences précises et curieuses qui m'ont été communiquées par un très bon observateur, M. Septfontaines, auquel j'ai eu plusieurs fois, en écrivant cette histoire naturelle, l'occasion de témoigner ma juste reconnaissance.

Au mois de juin 1779, ce naturaliste mit soixante anguilles dans un réservoir ; elles avaient alors environ dix-neuf centimètres. Au mois de septembre 1783, leur longueur n'était que de quarante à quarante-trois centimètres ; au mois d'octobre 1786, cette même longueur n'était que de cinquante et un centimètres ; enfin, en juillet 1788, ces anguilles n'étaient longues que de cinquante-cinq centimètres au plus. Elles ne s'étaient donc allongées en neuf ans que de vingt-six centimètres.

Avec de l'agilité, de la souplesse, de la force dans les muscles, de la grandeur dans les dimensions, il est facile à la murène que nous examinons de parcourir des espaces étendus, de surmonter plusieurs obstacles, de faire de grands voyages, de remonter contre des courants rapides[1]. Aussi va-t-elle périodiquement, tantôt des lacs ou des rivages voisins de la source des rivières vers les embouchures des fleuves, et tantôt de la mer vers les sources

1. *Voyage de Spallanzani dans les deux Siciles*, traduit par M. Toscan, t. VI, p. 143.

ou les lacs. Mais, dans ces migrations régulières, elle suit quelquefois un ordre différent de celui qu'observent la plupart des poissons voyageurs. Elle obéit aux mêmes lois; elle est régie de même par les causes dont nous avons tâché d'indiquer la nature dans notre premier discours; mais tel est l'ensemble de ses organes extérieurs et de ceux que son intérieur renferme, que la température des eaux, la qualité des aliments, la tranquillité ou le tumulte des rivages, la pureté du fluide, exercent, dans certaines circonstances, sur ce poisson vif et sensible, une action très différente de celle qu'ils font éprouver au plus grand nombre des autres poissons non sédentaires. Lorsque le printemps commence de régner, ces derniers remontent des embouchures des fleuves vers les points les plus élevés des rivières; quelques anguilles, au contraire, s'abandonnant alors au cours des eaux, vont des lacs dans les fleuves qui en sortent, et des fleuves vers les côtes maritimes.

Dans quelques contrées, et particulièrement auprès des lagunes de Venise, les anguilles remontent, dans le printemps ou à peu près, de la mer Adriatique vers les lacs et les marais, et notamment vers ceux de Comachio, que la pêche des anguilles a rendus célèbres. Elles y arrivent par le Pô, quoique très jeunes; mais elles n'en sortent pendant l'automne pour retourner vers les rivages de la mer, que lorsqu'elles ont acquis un assez grand développement et qu'elles sont devenues presque adultes[1]. La tendance à l'imitation, cette cause puissante de plusieurs actions très remarquables des animaux et la sorte de prudence qui paraît diriger quelques-unes des habitudes des anguilles les déterminent à préférer la nuit au jour pour ces migrations dans les lacs, et pour ces retours des lacs dans la mer. Celles qui vont, vers la fin de la belle saison, des marais de Comachio dans la mer de Venise, choisissent même pour leur voyage les nuits les plus obscures, et surtout celles dont les ténèbres sont épaissies par la présence de nuages orageux. Une clarté plus ou moins vive, la lumière de la lune, des feux allumés sur le rivage, suffisent souvent pour les arrêter dans leur natation vers les côtes marines. Mais lorsque ces lueurs qu'elles redoutent ne suspendent pas leurs mouvements, elles sont poussées vers la mer par un instinct si fort, ou, pour mieux dire, par une cause si énergique, qu'elles s'engagent entre des rangées de roseaux que les pêcheurs disposent au fond de l'eau pour les conduire à leur gré, et que, parvenant sans résistance et par le moyen de ces tranchées aux enceintes dans lesquelles on a voulu les attirer, elles s'entassent dans ces espèces de petits parcs, au point de surmonter la surface de l'eau, au lieu de chercher à revenir dans l'habitation qu'elles viennent de quitter[2].

Pendant cette longue course, ainsi que pendant le retour des environs

1. *Voyage de Spallanzani dans les deux Siciles*, traduit par M. Toscan, t. VI, p. 143.
2. *Idem*, t. VI, p. 148 et 150.

de la mer vers les eaux douces élevées, les anguilles se nourrissent, aussi bien que pendant qu'elles sont stationnaires, d'insectes, de vers, d'œufs et de petites espèces de poissons. Elles attaquent quelquefois des animaux un peu plus gros. M. Septfontaines en a vu une de quatre-vingt-quatre centimètres présenter un nouveau rapport avec les serpents en se jetant sur deux jeunes canards éclos de la veille, et en les avalant assez facilement pour qu'on pût les retirer presque entiers de ses intestins. Dans certaines circonstances, elles se contentent de la chair de presque tous les animaux morts qu'elles rencontrent au milieu des eaux; mais elles causent souvent de grands ravages dans les rivières. M. Noël nous écrit que dans la basse Seine elles détruisent beaucoup d'éperlans, de clupées feintes et de brèmes.

Ce n'est pas cependant sans danger qu'elles recherchent l'aliment qui leur convient le mieux; malgré leur souplesse, leur vivacité, la vitesse de leur fuite, elles ont des ennemis auxquels il leur est très difficile d'échapper. Les loutres, plusieurs oiseaux d'eau et les grands oiseaux de rivages, tels que les grues, les hérons et les cigognes, les pêchent avec habileté et les retiennent avec adresse; les hérons surtout ont, dans la dentelure d'un de leurs ongles, des espèces de crochets qu'ils enfoncent dans le corps de l'anguille et qui rendent inutiles tous les efforts qu'elle fait pour glisser au milieu de leurs doigts. Les poissons qui parviennent à une longueur un peu considérable, par exemple, le brochet et l'acipensère esturgeon, en font aussi leur proie; comme les esturgeons l'avalent tout entière et souvent sans la blesser, il arrive que, déliée, visqueuse et flexible, elle parcourt toutes les sinuosités de leur canal intestinal, sort par leur anus et se dérobe par une prompte natation à une nouvelle poursuite. Il n'est presque personne qui n'ait vu un lombric avalé par des canards sortir de même des intestins de cet oiseau, dont il avait suivi tous les replis; et cependant c'est le fait que nous venons d'exposer qui a donné lieu à un conte absurde accrédité pendant longtemps, à l'opinion de quelques observateurs très peu instruits de l'organisation intérieure des animaux, et qui ont dit que l'anguille entrait ainsi volontairement dans le corps de l'esturgeon, pour aller y chercher des œufs dont elle aimait beaucoup à se nourrir.

Mais voici un trait très remarquable dans l'histoire d'un poisson, et qui a été vu trop de fois pour qu'on puisse en douter. L'anguille, pour laquelle les petits vers de prés, et même quelques végétaux, comme, par exemple, les pois nouvellement semés, sont un aliment peut-être plus agréable encore que des œufs ou des poissons, sort de l'eau pour se procurer ce genre de nourriture. Elle rampe sur le rivage par un mécanisme semblable à celui qui la fait nager au milieu des fleuves; elle s'éloigne de l'eau à des distances assez considérables, exécutant avec son corps serpentiforme tous les mouvements qui donnent aux couleuvres la faculté de s'avancer ou de reculer. Après avoir fouillé dans la terre avec son museau pointu, pour se saisir des pois ou des petits vers, elle regagne en serpentant le lac ou la rivière dont elle était sortie, et vers lequel elle tend avec assez de vitesse, lorsque le terrain ne lui oppose pas trop d'obstacles, c'est-à-dire de trop grandes inégalités.

Au reste, pendant que la conformation de son corps et de sa queue lui permet de se mouvoir sur la terre sèche, l'organisation de ses branchies lui donne la faculté d'être pendant un temps assez long hors de l'eau douce ou salée sans en périr. En effet, nous avons vu qu'une des grandes causes de la mort des poissons que l'on retient dans l'atmosphère est le grand dessèchement qu'éprouvent leurs branchies, et qui produit la rupture des artères et des veines branchiales, dont le sang, qui n'est plus alors contre-balancé par un fluide aqueux environnant, tend d'ailleurs sans contrainte à rompre les membranes qui le contiennent. Mais l'anguille peut conserver plus facilement que beaucoup d'autres poissons l'humidité, et par conséquent la ductilité et la ténacité des vaisseaux sanguins de ses branchies ; elle peut clore exactement l'ouverture de sa bouche ; l'orifice branchial, par lequel un air desséchant paraîtrait devoir s'introduire en abondance, est très étroit et peu allongé ; l'opercule et la membrane sont placés et conformés de manière à fermer parfaitement cet orifice ; de plus, la liqueur gluante et copieuse dont l'animal est imprégné entretient la mollesse de toutes les portions des branchies.

Nous devons ajouter que, soit pour être moins exposée aux attaques des animaux qui cherchent à la dévorer, et à la poursuite des pêcheurs qui veulent en faire leur proie, soit pour obéir à quelque autre cause que l'on pourrait trouver sans beaucoup de peine, et qu'il est, dans ce moment, inutile de considérer, l'anguille ne va à terre, au moins le plus fréquemment, que pendant la nuit. Une vapeur humide est très souvent alors répandue dans l'atmosphère ; le dessèchement de ses branchies ne peut avoir lieu que plus difficilement ; l'on doit voir maintenant pourquoi, dès le temps de Pline[1], on avait observé en Italie que l'anguille peut vivre hors de l'eau jusqu'à six jours, lorsqu'il ne souffle pas un vent méridional, dont l'effet le plus ordinaire, dans cette partie de l'Europe, est de faire évaporer l'humidité avec beaucoup de vitesse.

Pendant le jour, la murène anguille, moins occupée de se procurer l'aliment qu'elle désire, se tient presque toujours dans un repos réparateur et dérobée aux yeux de ses ennemis par un asile qu'elle prépare avec soin. Elle se creuse avec son museau une retraite plus ou moins grande dans la terre molle du fond des lacs et des rivières ; et par une attention particulière, résultat remarquable d'une expérience dont l'effet se maintient de génération en génération, cette espèce de terrier a deux ouvertures, de telle sorte que si elle est attaquée d'un côté, elle peut s'échapper de l'autre. Cette industrie, pareille à celle des animaux les plus précautionnés, est une nouvelle preuve de cette supériorité d'instinct que nous avons dû attribuer à l'anguille dès le

1. Pline, liv. IX, chap. I.

moment où nous avons considéré dans ce poisson le volume et la forme du cerveau, l'organisation plus soignée des sièges de l'odorat, et enfin la flexibilité et la longueur du corps et de la queue, qui, souples et continuellement humectés, s'appliquent dans toute leur étendue à presque toutes les surfaces, en reçoivent des impressions que des écailles presque insensibles ne peuvent ni arrêter ni en quelque sorte diminuer, et doivent donner à l'animal un toucher assez vif et assez délicat.

Il est à remarquer que les anguilles, qui, par une suite de la longueur et de la flexibilité de leur corps, peuvent, dans tous les sens, agir sur l'eau presque avec la même facilité et par conséquent reculer presque aussi vite qu'elles avancent, pénètrent souvent la queue la première dans les trous qu'elles forment dans la vase, et qu'elles creusent quelquefois cette cavité avec cette même queue aussi bien qu'avec leur tête[1].

Lorsqu'il fait très chaud, ou dans quelques autres circonstances, l'anguille quitte cependant quelquefois, même vers le milieu du jour, cet asile qu'elle sait se donner. On la voit très souvent alors s'approcher de la surface de l'eau, se placer au-dessous d'un amas de mousse flottante ou de plantes aquatiques, y demeurer immobile et paraître se plaire dans cette sorte d'inaction et sous cet abri passager[2]. On serait même tenté de croire qu'elle se livre quelquefois à une espèce de demi-sommeil sous ce toit de feuilles et de mousse. M. Septfontaines nous a écrit, en effet, dans le temps, qu'il avait vu plusieurs fois une anguille dans la situation dont nous venons de parler, qu'il était parvenu à s'en approcher, à élever progressivement la voix, à faire tinter plusieurs clefs l'une contre l'autre, à faire sonner très près de la tête du poisson plus de quarante coups d'une montre à répétition, sans produire dans l'animal aucun mouvement de crainte, et que la murène ne s'était plongée au fond de l'eau que lorsqu'il s'était avancé brusquement vers elle, ou qu'il avait ébranlé la plante touffue sous laquelle elle goûtait le repos.

De tous les poissons osseux, l'anguille n'est cependant pas celui dont l'ouïe est la moins sensible. On sait depuis longtemps qu'elle peut devenir familière au point d'accourir vers la voix ou l'instrument qui l'appelle et qui lui annonce la nourriture qu'elle préfère.

Les murènes anguilles sont en très grand nombre partout où elles trouvent l'eau, la température, l'aliment qui leur conviennent, et où elles ne sont pas privées de toute sûreté. Voilà pourquoi, dans plusieurs des endroits où l'on s'est occupé de la pêche de ces poissons, on en a pris une immense quantité. Pline a écrit que dans le lac Benaco des environs de Vérone, les tempêtes, qui, vers la fin de l'automne, en bouleversaient les flots, agitaient, entraînaient et roulaient, pour ainsi dire, un nombre si considérable d'anguilles, qu'on les prenait par milliers à l'endroit où le fleuve venait de sortir

1. *Voyage de Spallanzani*, t. VI, p. 154.
2. Lettre de M. Septfontaines à M. de Lacépède, datée d'Ardres, le 13 juillet 1788.

du lac. Martini rapporte, dans son dictionnaire, qu'autrefois on en pêchait jusqu'à soixante mille dans un seul jour et avec un seul filet. On lit dans l'ouvrage de Redi sur les animaux vivant dans les animaux vivants, que, lors du second passage des anguilles dans l'Arno, c'est-à-dire lorsqu'elles remontent de la mer vers les sources de ce fleuve de Toscane, plus de deux cent mille peuvent tomber dans les filets, quoique dans un très court espace de temps. Il y en a une si grande abondance dans les marais de Comachio, qu'en 1782, on en pêcha 990,000 kilogrammes[1]. Dans le Jutland, il est des rivages vers lesquels, dans certaines saisons, on prend quelquefois d'un seul coup de filet plus de neuf mille anguilles, dont quelques-unes pèsent de quatre à cinq kilogrammes. Et nous savons, par M. Noël, qu'à Cléon près d'Elbeuf, et même auprès de presque toutes les rives de la basse Seine, il passe des troupes ou plutôt des légions si considérables de petites anguilles, qu'on remplit des seaux et des baquets.

Cette abondance n'a pas empêché le goût le plus difficile en bonne chère et le luxe même le plus somptueux de rechercher l'anguille et de la servir dans leurs banquets. Cependant sa viscosité, le suc huileux dont elle est imprégnée, la difficulté avec laquelle les estomacs délicats en digèrent la chair, sa ressemblance avec un serpent, l'ont fait regarder dans certains pays comme un animal un peu malsain par les médecins et comme un être impur par les esprits superstitieux. Elle est comprise parmi les poissons en apparence dénués d'écailles, que les lois religieuses des Juifs interdisaient à ce peuple ; et les règlements de Numa ne permettaient pas de les servir dans les sacrifices, sur les tables des dieux[2]. Mais les défenses de quelques législateurs et les recommandations de ceux qui ont écrit sur l'hygiène ont été peu suivies et peu imitées ; la saveur agréable de la chair de l'anguille et le peu de rareté de cette espèce l'ont emporté sur ces ordres ou ces conseils. On s'est rassuré par l'exemple d un grand nombre d'hommes, à la vérité, laborieux, qui, vivant au milieu des marais et ne se nourrissant que d'anguilles, comme les pêcheurs des lacs de Comachio auprès de Venise, ont cependant joui d'une santé assez forte, présenté un tempérament robuste, atteint une vieillesse avancée[3] On a, dans tous les temps et dans presque tous les pays, consacré d'autant plus d'instants à la pêche assez facile de cette murène, que sa peau peut servir à beaucoup d'usages, que dans plusieurs contrées on en fait des liens assez forts, et que dans d'autres, comme, par exemple, dans quelques parties de la Tartarie et particulièrement dans celles qui avoisinent la Chine, cette même peau remplace, sans trop de désavantage, les vitres des fenêtres.

Dans plusieurs pays de l'Europe, et notamment à l'embouchure de la Seine, on prend les anguilles avec des *haims* ou *hameçons*. Les plus

1. Spallanzani, *Voyage dans les deux Siciles*, t. VI, p. 151.
2. Pline, liv. XXXII, chap. II.
3. Spallanzani, *Voyage*, etc., t. VI, p. 143.

petites sont attirées par des lombrics ou vers de terre, plus que par toute autre amorce ; on emploie contre les plus grandes des haims garnis de moules, d'autres animaux à coquilles, ou de jeunes éperlans. Lorsqu'on pêche les anguilles pendant la nuit, on se sert d'un filet nommé *seine drue*, et pour la description duquel nous renvoyons le lecteur à l'article de la *raie bouclée*.

On substitue quelquefois à cette *seine* un autre filet appelé, dans la rivière de Seine, *dranguel* ou *dranguet dru*, dont les mailles sont encore plus serrées que celles de la *seine drue*. M. Noël nous fait observer, dans une note qu'il nous a adressée, que c'est par une suite de cette substitution, et parce qu'en général on exécute mal les lois relatives à la police des pêches, que les pêcheurs de la Seine détruisent une grande quantité d'anguilles du premier âge et qui n'ont atteint encore qu'une longueur d'un ou deux décimètres, pendant qu'ils prennent peut-être plus inutilement encore, dans ce même dranguet, beaucoup de frai de barbeau, de vaudoise, de brème et d'autres poissons recherchés. Mais l'usage de ce filet à mailles très serrées n'est pas la seule cause contraire à l'avantageuse reproduction, ou, pour mieux dire, à l'accroissement convenable des anguilles dans la Seine ; M. Noël nous en fait remarquer deux autres dans la note que nous venons de citer. Premièrement, les pêcheurs de cette rivière ont recours quelquefois, pour la pêche de ces murènes, à la *vermille*, sorte de corde garnie de vers, à laquelle les très jeunes individus de cette espèce viennent s'attacher très fortement, et par le moyen de laquelle on enlève des milliers de ces petits animaux. Secondement, les fossés qui communiquent avec la basse Seine ont assez peu de pente pour que les petites anguilles, poussées par le flux dans ces fossés, y restent à sec lorsque la marée se retire, et y périssent en nombre extrêmement considérable, par l'effet de la grande chaleur du soleil de juin.

Au reste, c'est le plus souvent depuis le commencement du printemps jusque vers la fin de l'automne qu'on pêche les murènes anguilles avec facilité. On a communément assez de peine à les prendre au milieu de l'hiver, au moins à des latitudes un peu élevées ; elles se cachent, pendant cette saison, ou dans les terriers qu'elles se sont creusés, ou dans quelques autres asiles à peu près semblables. Elles se réunissent même en assez grand nombre, se serrent de très près et s'amoncellent dans ces retraites, où il paraît qu'elles s'engourdissent lorsque le froid est rigoureux. On en a quelquefois trouvé cent quatre-vingts dans un trou de quarante décimètres cubes ; et M. Noël nous mande qu'à Aisiey, près de Quillebeuf, on en prend souvent, pendant l'hiver, de très grandes quantités, en fouillant dans le sable, entre les pierres du rivage. Si l'eau dans laquelle elles se trouvent est peu profonde, si par ce peu d'épaisseur des couches du fluide elles sont moins à couvert des impressions funestes du froid, elles périssent dans leur terrier, malgré toutes leurs précautions [1]; et le savant Spallanzani rapporte qu'un

1. Pline, liv. IX, chap. XXI.

hiver fit périr, dans les marais de Comachio, une si grande quantité d'anguilles, qu'elles pesaient 1,800,000 kilogrammes[1].

Dans toute autre circonstance, une grande quantité d'eau n'est pas aussi nécessaire aux murènes dont nous nous occupons que plusieurs auteurs l'ont prétendu. M. Septfontaines a pris dans une fosse qui contenait à peine quatre cents décimètres cubes de ce fluide une anguille d'une grosseur très considérable; et la distance de la fosse à toutes les eaux de l'arrondissement, ainsi que le défaut de toute communication entre ces mêmes eaux et la petite mare, ne lui ont pas permis de douter que cet animal n'eût vécu très longtemps dans cet étroit espace, des effets duquel l'état de sa chair prouvait qu'il n'avait pas souffert[2].

Nous devons ajouter néanmoins que si la chaleur est assez vive pour produire une très grande évaporation et altérer les plantes qui croissent dans l'eau, ce fluide peut être corrompu au point de devenir mortel pour l'anguille, qui s'efforce en vain, en s'abritant alors dans la fange, de se soustraire à l'influence funeste de cette chaleur desséchante.

On a écrit aussi que l'anguille ne supportait pas des changements rapides et très marqués dans la qualité des eaux au milieu desquelles elle habitait. Cependant M. Septfontaines a prouvé plusieurs fois qu'on pouvait la transporter, sans lui faire courir aucun danger, d'une rivière bourbeuse dans le vivier le plus limpide, du sein d'une eau froide dans celui d'une eau tempérée. Il s'est assuré que des changements inverses ne nuisaient pas davantage à ce poisson ; sur trois cents individus qui ont éprouvé sous ses yeux ces diverses transmigrations et qui les ont essuyées dans différentes saisons, il n'en a péri que quinze, qui lui ont paru ne succomber qu'à la fatigue du transport et aux suites de leur réunion et de leur séjour très prolongé dans un vaisseau trop peu spacieux.

Néanmoins, lorsque leur passage d'un réservoir dans un autre, quelle que soit la nature de l'eau de ces viviers, a lieu pendant des chaleurs excessives, il arrive souvent que les anguilles gagnent une maladie épidémique pour ces animaux, et dont les symptômes consistent dans les taches blanches qui leur surviennent. Nous verrons, dans notre Discours sur la manière de multiplier et de conserver les individus des diverses espèces de poisson, quels remèdes on peut opposer aux effets de cette maladie, dont des taches blanches et accidentelles dénotent la présence.

Les murènes dont nous parlons sont sujettes, ainsi que plusieurs autres poissons, et particulièrement ceux que l'homme élève avec plus ou moins de soin, à d'autres maladies dont nous traiterons dans la suite de cet ouvrage, et dont quelques-unes peuvent être causées par une grande abondance de vers dans quelque partie intérieure de leur corps, comme, par exemple, dans leurs intestins.

1. *Voyage de Spallanzani*, t. VI, p. 154.
2. Lettre de M. Septfontaines du 13 juillet 1788.

Pendant la plupart de ces dérangements, lorsque les suites peuvent en être très graves, l'anguille se tient renfermée dans son terrier, ou, si elle manque d'asile, elle remonte souvent vers la superficie de l'eau; elle s'y agite, va, revient sans but déterminé, tournoie sur elle-même, ressemble par ses mouvements à un serpent prêt à se noyer et luttant encore un peu contre les flots. Son corps, enflé d'un bout à l'autre et par là devenu plus léger relativement au fluide dans lequel elle nage, la soulève et la retient ainsi vers la surface de l'eau. Au bout de quelque temps, sa peau se flétrit et devient blanche; lorsqu'elle éprouve cette altération, signe d'une mort prochaine, on dirait qu'elle ne prend plus soin de conserver une vie qu'elle sent ne pouvoir plus retenir; ses nageoires se remuent encore un peu; ses yeux paraissent encore se tourner vers les objets qui l'entourent, mais sans force, sans précaution, sans intérêt inutile pour sa sûreté, elle s'abandonne, pour ainsi dire, et souffre qu'on l'approche, qu'on la touche, qu'on l'enlève même sans qu'elle cherche à s'échapper[1].

Au reste, lorsque des maladies ne dérangent pas l'organisation intérieure de l'anguille, lorsque sa vie n'est attaquée que par des blessures, elle la perd assez difficilement; le principe vital paraît disséminé d'une manière assez indépendante, si je puis employer ce mot, dans les diverses parties de cette murène, pour qu'il ne puisse être éteint que lorsqu'on cherche à l'anéantir dans plusieurs points à la fois. De même que dans plusieurs serpents et particulièrement dans la vipère, une heure après la séparation du tronc et de la tête, l'une et l'autre de ces portions peuvent donner encore des signes d'une grande irritabilité.

Cette vitalité tenace est une des causes de la longue vie que nous croyons devoir attribuer aux anguilles, ainsi qu'à la plupart des autres poissons. Toutes les analogies indiquent cette durée considérable, malgré ce qu'ont écrit plusieurs auteurs, qui ont voulu limiter la vie de ces murènes à quinze ans et même à huit années. D'ailleurs, nous savons, de manière à ne pouvoir pas en douter, qu'au bout de six ans une anguille ne pèse quelquefois que cinq hectogrammes[2]; que des anguilles conservées pendant neuf ans n'ont acquis qu'une longueur de vingt-six centimètres; que ces anguilles, avant d'être devenues l'objet d'une observation précise, avaient déjà dix-neuf centimètres, et par conséquent devaient être âgées de cinq ou six ans; qu'à la fin de l'expérience elles avaient au moins quatorze ans; qu'à cet âge de quatorze ans elles ne présentaient encore que le quart ou tout au plus le tiers de la longueur des grandes anguilles pêchées dans les lacs de Prusse[3], et qu'elles n'auraient pu parvenir à cette dernière dimension qu'après un intervalle de quatre-vingts ans. Les anguilles de trois ou quatre mètres de longueur, vues dans des lacs de la Prusse par des observateurs dignes de foi,

1. Lettre, déjà citée, de M. Septfontaines.
2. Actes de l'Académie de Stockholm, Mém. de Hans Hederstrœm.
3. Lettre de M. Septfontaines.

avaient donc au moins quatre-vingt-quatorze ans ; nous devons dire que des preuves de fait et des témoignages irrécusables se réunissent aux probabilités fondées sur les analogies les plus grandes pour nous faire attribuer une longue vie à la murène anguille.

Mais comment se perpétue cette espèce utile et curieuse? L'anguille vient d'un véritable œuf, comme tous les poissons. L'œuf éclôt le plus souvent dans le ventre de la mère, comme celui des raies, des squales, de plusieurs blennies, de plusieurs silures ; la pression sur la partie inférieure du corps de la mère facilite la sortie des petits déjà éclos. Ces faits bien vus, bien constatés par les naturalistes récents, sont simples et conformes aux vérités physiologiques les mieux prouvées, aux résultats les plus sûrs des recherches anatomiques sur les poissons et particulièrement sur l'anguille ; cependant combien, depuis deux mille ans, ils ont été altérés et dénaturés par une trop grande confiance dans des observations précipitées et mal faites, qui ont séduit les plus beaux génies, parmi lesquels nous comptons non seulement Pline, mais même Aristote ! Lorsque les anguilles mettent bas leurs petits, communément elles reposent sur la vase du fond des eaux ; c'est au milieu de cette terre ou de ce sable humecté qu'on voit frétiller les murènes qui viennent de paraître à la lumière : Aristote a pensé que leur génération était due à cette fange[1]. Les mères vont quelquefois frotter leur ventre contre des rochers ou d'autres corps durs, pour se débarrasser plus facilement des petits déjà éclos dans leur intérieur ; Pline a écrit que par ce frottement elles faisaient jaillir des fragments de leur corps, qui s'animaient, et que telle était la seule origine des jeunes murènes dont nous exposons la véritable manière de naître[2]. D'autres anciens auteurs ont placé cette même origine dans les chairs corrompues des cadavres des chevaux ou d'autres animaux jetés dans l'eau, cadavres autour desquels doivent souvent fourmiller de très jeunes anguilles forcées de s'en nourrir par le défaut de tout autre aliment placé à leur portée. A des époques plus rapprochées de nous, Helmont a cru que les anguilles venaient de la rosée du mois de mai.

Leuwenhoeck a pris la peine de montrer la cause de cette erreur, en faisant voir que dans cette belle partie du printemps, lorsque l'atmosphère est tranquille et que le calme règne sur l'eau, la portion de ce fluide la plus chaude est la plus voisine de la surface, et que c'est cette couche plus échauffée, plus vivifiante et plus analogue à leur état de faiblesse, que les jeunes anguilles peuvent alors préférer. Schwenckfeld, de Breslau en Silésie, a fait naître les murènes anguilles des branchies du cyprin bordelière ; Schoneveld, de Kiel dans le Holstein, a voulu qu'elles vinssent à la lumière sur la peau des gades morues ou des salmones éperlans. Ils ont pris l'un et l'autre pour de très petites murènes anguilles des gordius, des sangsues, ou d'autres vers qui s'attachent à la peau ou aux branchies de plusieurs poissons. Eller,

1. Aristote, *Histoire des animaux,* liv. VI, chap. XVI.
2. Pline, liv. IX, chap. LI.

Charleton, Fahlberg, Gesner, Birckholtz, ont connu, au contraire, la véritable manière dont se reproduit l'espèce que nous décrivons. Plusieurs observateurs des temps récents sont tombés, à la vérité, dans une erreur combattue même par Aristote, en prenant les vers qu'ils voyaient dans les intestins des anguilles qu'ils disséquaient pour des fœtus de ces animaux. Leuwenhoeck a eu tort de chercher les œufs de ces poissons dans leur vessie urinaire, et Vallisnieri dans leur vessie natatoire ; mais Muller et peut-être Mondini ont vu les ovaires ainsi que les œufs de la femelle ; et la laite du mâle a été également reconnue.

D'après toutes ces considérations, on doit éprouver un assez grand étonnement et ce vif intérêt qu'inspirent les recherches et les doutes d'un des plus habiles et des plus célèbres physiciens, lorsqu'on lit dans le *Voyage de Spallazani*[1] que des millions d'anguilles ont été pêchées dans les marais, les lacs ou les fleuves de l'Italie et de la Sicile, sans qu'on ait vu dans leur intérieur ni œufs ni fœtus. Ce savant observateur explique ce phénomène en disant que les anguilles ne multiplient que dans la mer ; et voilà pourquoi, continue-t-il, on n'en trouve pas, suivant Senebier, dans le lac de Genève, jusqu'auquel la chute du Rhône ne leur permet pas de remonter, tandis qu'on en pêche dans le lac de Neufchâtel, qui communique avec la mer par le Rhin et le lac de Brenna. Il invite, en conséquence, les naturalistes à faire de nouvelles recherches sur les anguilles qu'ils rencontreront au milieu des eaux salées et de la mer proprement dite, dans le temps du frai de ces animaux, c'est-à-dire vers le milieu de l'automne ou le commencement de l'hiver.

Les œufs de l'anguille, éclosant presque toujours dans le ventre de la mère, y doivent être fécondés ; il est donc nécessaire qu'il y ait dans cette espèce un véritable accouplement du mâle avec la femelle, comme dans celles des raies, des squales, des syngnathes, des blennies et des silures ; ce qui confirme ce que nous avons déjà dit de la nature de ces affections. Et comme la conformation des murènes est semblable en beaucoup de points à celle des serpents, l'accouplement des serpents et celui des murènes doivent avoir lieu à peu près de la même manière. Rondelet a vu, en effet, le mâle et la femelle entrelacés dans le moment de leur réunion la plus intime, comme deux couleuvres le sont dans des circonstances analogues, et ce fait a été observé depuis par plusieurs naturalistes.

Dans l'anguille, comme dans tous les autres poissons qui éclosent dans le ventre de leur mère, les œufs renfermés dans l'intérieur de la femelle sont beaucoup plus volumineux que ceux qui sont pondus par les espèces de poissons auxquelles on n'a pas donné le nom de *vivipares* ou de *vipères* : le nombre de ces œufs doit donc être beaucoup plus petit dans les premiers que dans les seconds, et c'est ce qui a été reconnu plus d'une fois.

1. Pages 167, 177, 181.

L'anguille est féconde au moins dès sa douzième année. M. Septfontaines a trouvé des petits bien formés dans le ventre d'une femelle qui n'avait encore que trente-cinq centimètres de longueur, et qui, par conséquent, pouvait n'être âgée que de douze ans. Cette espèce croissant au moins jusqu'à sa quatre-vingt-quatorzième année, chaque individu femelle peut produire pendant un intervalle de quatre-vingt-deux ans; et ceci sert à expliquer la grande quantité d'anguilles que l'on rencontre dans les eaux qui leur conviennent. Cependant, comme le nombre de petits qu'elles peuvent mettre au jour chaque année est très limité, et que, d'un autre côté, les accidents, les maladies, l'activité des pêcheurs, et la voracité des grands poissons, des loutres et des oiseaux d'eau en détruisent fréquemment une multitude, on ne peut se rendre raison de leur multiplication qu'en leur attribuant une vie et même un temps de fécondité beaucoup plus longs qu'un siècle, et beaucoup plus analogues à la nature des poissons, ainsi qu'à la longévité qui en est la suite.

Au reste, il paraît que dans certaines contrées et dans quelques circonstances, il arrive aux œufs de l'anguille ce qui survient quelquefois à ceux des raies, des squales, des blennies, des silures, etc.; c'est que la femelle s'en débarrasse avant que les petits soient éclos; et l'on peut le conclure des expressions employées par quelques naturalistes en traitant de cette murène, et notamment par Redi dans son ouvrage des animaux vivant dans les animaux vivants.

Tous les climats peuvent convenir à l'anguille : on la pêche dans des contrées très chaudes, à la Jamaïque, dans d'autres portions de l'Amérique voisines des tropiques, dans les Indes orientales; elle n'est point étrangère aux régions glacées, à l'Islande, au Groenland. On la trouve dans toutes les contrées tempérées, depuis la Chine, où elle a été figurée très exactement pour l'intéressante suite de dessins donnés par la Hollande à la France et déposés dans le Muséum d'histoire naturelle, jusqu'aux côtes occidentales du royaume et à ses départements méridionaux, dans lesquels les murènes de cette espèce deviennent très belles et très bonnes, particulièrement celles qui vivent dans le bassin si célébré de la poétique fontaine de Vaucluse[1].

Dans des temps plus reculés et antérieurs aux dernières catastrophes que le globe a éprouvées, ces mêmes murènes ont dû être aussi très répandues en Europe, ou du moins très multipliées dans un grand nombre de contrées, puisqu'on reconnaît leurs restes ou leur empreinte dans presque tous les amas de poissons pétrifiés ou fossiles que les naturalistes ont été à portée d'examiner, surtout dans celui que l'on a découvert à Æningen, auprès du lac de Constance, et dont une notice a été envoyée dans le temps par le célèbre Lavater à l'illustre Saussure[2].

1. Note communiquée vers 1788 par l'évêque d'Uzès, ami très zélé et très éclairé des sciences naturelles.

2. *Voyage dans les Alpes*, par Horace-Bénédict Saussure, t. IV.

Nous ne devons pas cesser de nous occuper de l'anguille sans faire mention de quelques murènes que nous considérerons comme de simples variétés de cette espèce, jusqu'au moment où de nouveaux faits nous les feront regarder comme constituant des espèces particulières. Ces variétés sont au nombre de cinq : deux diffèrent par leur couleur de l'anguille commune ; les trois autres en sont distinguées par leur forme. Nous devons la connaissance de la première à Spallanzani ; la notice des autres nous a été envoyée par M. Noël, de Rouen, que nous avons si souvent le plaisir de citer.

1° Celle de ces variétés qui a été indiquée par Spallanzani se trouve dans les marais de Chiozza, auprès de Venise. Elle est jaune sous le ventre, constamment plus petite que l'anguille ordinaire, et ses habitudes ont cela de remarquable, qu'elle ne quitte pas périodiquement ses marais, comme l'espèce commune, pour aller, vers la fin de la saison des chaleurs, passer un temps plus ou moins long dans la mer. Elle porte un nom particulier : on la nomme *acerine*.

2° Des pêcheurs de la Seine disent avoir remarqué que les premières anguilles qu'ils prennent sont plus blanches que celles qui sont pêchées plus tard. Selon d'autres, de même que les anguilles sont communément plus rouges sur les fonds de roche et deviennent en peu de jours d'une teinte plus foncée lorsqu'on les a mises dans des réservoirs, elles sont plus blanches sur des fonds de sable. Mais, indépendamment de ces nuances plus ou moins constantes que présentent les anguilles communes, on observe dans la Seine une anguille qui vient de la mer lorsque les marées sont fortes, et qui remonte dans la rivière en même temps que les merlans. Sa tête est un peu menue. Elle est d'ailleurs très belle et communément assez grosse. On la prend quelquefois avec la *seine*[1], mais le plus souvent on la pêche avec une ligne dont les appâts sont des éperlans et d'autres petits poissons.

3° Le *pimperneau* est, suivant plusieurs pêcheurs, une autre anguille de la Seine, qui a la tête menue comme l'anguille blanche, mais qui de plus l'a très allongée, et dont la couleur est brune.

4° Une autre anguille de la même rivière est nommée *guiseau*. Elle a la tête plus courte et un peu plus large que l'anguille commune. Le guiseau a d'ailleurs le corps plus court; son œil est plus gros, sa chair plus ferme, sa graisse plus délicate. Sa couleur varie du noir au brun, au gris sale, au roussâtre.

On le prend depuis le Hoc jusqu'à Villequier, et rarement au-dessus. M. Noël pense que le bon goût de sa chair est dû à la nourriture substantielle et douce qu'il trouve sur les bancs de l'embouchure de la Seine, ou au grand nombre de jeunes et petits poissons qui pullulent sur les fonds voisins de la mer. Il croit aussi que cette murène a beaucoup de rapports, par la

1. Voyez, à l'article de la *raie bouclée*, la description du filet appelé *seine*.

délicatesse de sa chair, avec l'anguille que l'on pêche dans l'Eure et que l'on désigne par le nom de *breteau*. Les troupes de guiseaux sont quelquefois *détrillées*, suivant l'expression des pêcheurs, c'est-à-dire qu'ils ne sont, dans certaines circonstances, mêlés avec aucune murène; et d'autres fois on pêche, dans le même temps, des quantités presque égales d'anguilles communes et de guiseaux. Un pêcheur de Villequier a dit à M. Noël qu'il avait pris, un jour, d'un seul coup de filet, cinq cents guiseaux au pied du château d'Orcher.

5° L'*anguille chien* a la tête plus longue que la commune, comme le pimperneau, et plus large, comme le guiseau. Cette partie du corps est d'ailleurs aplatie. Ses yeux sont gros. Ses dimensions sont assez grandes ; mais son ensemble est peu agréable à la vue, et sa chair est filamenteuse. On dit qu'elle a des barbillons à la bouche. Je n'ai pas été à même de vérifier l'existence de ces barbillons, qui peut-être ne sont que les petits tubes à l'extrémité desquels sont placés les orifices des narines. L'*anguille chien* est très goulue; et de là vient le nom qu'on lui a donné. Elle dévore les petits poissons qu'elle peut saisir dans les nasses, déchire les filets, ronge même les fils de fer des lignes. Lorsqu'elle est prise à l'hameçon, on remarque qu'elle a avalé l'haim de manière à le faire parvenir jusqu'à l'œsophage, tandis que les anguilles ordinaires ne sont retenues avec l'hameçon que par la partie antérieure de leur palais. On la pêche avec plus de facilité vers le commencement de l'automne; elle paraît se plaire beaucoup sur les fonds qui sont au-dessus de Canteleu. Dans l'automne de 1798, une troupe d'*anguilles chiens* remonta jusqu'au passage du Croisset : elle y resta trois ou quatre jours, et n'y trouvant pas apparemment une nourriture suffisante ou convenable, elle redescendit vers la mer.

LA MURÈNE TACHETÉE [1]

Murœna maculata, LACÉP. — *Murœna guttata,* LINN., GMEL.

LA MURÈNE MYRE [2]

Murœna longicollis, CUV. — *Murœna myrus,* LACÉP.

Forskael a vu dans l'Arabie la murène tachetée et en a publié le premier la description. Cette murène a la mâchoire inférieure plus avancée que la supérieure, comme l'anguille, avec laquelle elle a d'ailleurs beaucoup de ressemblance ; mais elle en diffère par une callosité placée entre les yeux, par le nombre des rayons de ses nageoires ainsi que de sa membrane bran-

1. Forskael, *Faune arab.*, p. 22, n. 1. — *Murène ponctuée*. Bonnaterre, planches de l'Encyclopédie méthodique.

2. *Murène myre*. Daubenton, Encyclopédie méthodique. — *Id.* Bonnaterre, planches de l'Encyclopédie méthodique. — « Serpens marinus alter, cauda compressa. » Willughby, p. 108. — Ray, p. 36. — Muræna rostro acuto, lituris albidis vario, etc. » Artedi, gen. 24, syn. 40.

chiale[1], et par la disposition de ses couleurs. Elle est d'un vert de mer, relevé par un grand nombre de taches noires ; et une tache plus grande est placée auprès de la tête, de chaque côté du corps.

La myre habite dans une mer très voisine des contrées dans lesquelles on a pêché la tachetée ; on la trouve dans la Méditerranée. Son museau est un peu pointu ; les bords des mâchoires et le milieu du palais sont garnis de deux ou trois rangées de petites dents presque égales ; deux appendices très courts et un peu cylindriques sont placés sur la lèvre supérieure[2]. Plusieurs raies blanchâtres, les unes longitudinales et les autres transversales, règnent sur la partie supérieure de la tête. La nageoire du dos, celle de la queue et celle de l'anus, qui sont réunies, présentent une belle couleur blanche et un liséré d'un noir foncé. Telles sont du moins les couleurs que l'on remarque sur le plus grand nombre de myres ; mais Forskael a fait connaître une murène qu'il regarde comme une variété de l'espèce que nous décrivons, et qui est d'un gris cendré sur toute sa surface[3]. On a soupçonné que cette variété contenait dans sa tête un poison plus ou moins actif. Pour peu qu'on se souvienne de ce que nous avons dit au sujet des qualités venimeuses des poissons, on verra sans peine de quelle nature devront être les observations dont cette variété sera l'objet, pour que l'opinion des naturalistes soit fixée sur la faculté malfaisante attribuée à ces murènes myres d'une couleur cendrée. Au reste, si l'existence d'un véritable poison dans quelque vaisseau de la tête de cette variété est bien constatée, il faudra, sans hésiter, la considérer comme une espèce différente de toutes les murènes déjà connues.

LA MURÈNE CONGRE[4]

Murœna Conger, Linn., Lacép.

Le congre a beaucoup de rapports avec l'anguille, mais il en diffère par

1.	A la membrane branchiale de la murène tachetée	6 rayons.
	A la nageoire du dos	43 —
	A chacune des pectorales ou à peu près.	9 —
	A la nageoire de l'anus	36 rayons.
	A celle de la queue	10 —
2.	A la membrane des branchies de la murène myre	10 —
	A chacune de ses nageoires pectorales	16 —

3. Forskael, *Faun. arab.*, p. 22, n. 2.

4. *Anguille de mer.* — *Filat*, auprès des côtes méridionales de France. — *Conger eel*, en Angleterre. — *Bronco*, dans plusieurs contrées de l'Italie. — *Murène congre*. Daubenton, Encyclopédie méthodique. — *Id.* Bonnaterre, planches de l'Enclopédie méthodique.

Bloch, pl. 155. — *Okoggros*, Arist., lib. I, cap. v, lib. II, cap. xiii, xv, xvii ; lib. III, cap. x ; lib. VI, cap. xvii ; lib. VIII, cap. xii, xiii, xv ; et lib. IX, cap. ii. — *Goggros*, Ath., lib. VII, p. 288. — Oppian, *Hal.*, lib. I, p. 5 et 20. — *Gonger*. Plinc. lib. IX, cap. xvi, xx. — Cub., lib. III, cap. xxii, f. 75, *b*. — P. Jove, cap. xxx, p. 102.

Wotton, lib. VIII, cap. clxvi, f. 148, *b*.— *Congre*. Rondelet, première partie, liv. XIV, chap. i.

les proportions de ses diverses parties, par la plus grande longueur des petits appendices cylindriques placés sur le museau, et que l'on a nommés *barbillons*, par le diamètre de ses yeux, qui sont plus gros ; par la nuance noire que présente presque toujours le bord supérieur de sa nageoire dorsale ; par la place de cette nageoire, ordinairement plus rapprochée de la tête ; par la manière dont se montre aux yeux la ligne latérale composée d'une longue série de points blancs ; par sa couleur, qui, sur sa partie supérieure, est blanche ou cendrée, ou noire, suivant les plages qu'il fréquente, qui sur sa partie inférieure est blanche, et qui d'ailleurs offre fréquemment des teintes vertes sur la tête, des teintes bleues sur le dos, et des teintes jaunes sous le corps ainsi que sous la queue ; par ses dimensions supérieures à celles de l'anguille, puisqu'il n'est pas très rare de lui voir de trente à quarante décimètres de longueur, avec une circonférence de près de cinq décimètres, et que, suivant Gesner, il peut parvenir à une longueur de près de six mètres ; et enfin par la nature de son habitation, qu'il choisit presque toujours au milieu des eaux salées. On le trouve dans toutes les grandes mers de l'ancien et du nouveau continent ; il est très répandu surtout dans l'Océan d'Europe, sur les côtes d'Angleterre et de France, dans la Méditerranée, où il a été très recherché des anciens, et dans la Propontide, où il l'a été dans des temps moins reculés[1]. Ses œufs sont enveloppés d'une matière graisseuse très abondante.

Il est très vorace ; et comme il est grand et fort, il peut se procurer aisément l'aliment qui lui est nécessaire.

La recherche à laquelle le besoin et la faim le réduisent est d'ailleurs d'autant moins pénible, qu'il vit presque toujours auprès de l'embouchure des grands fleuves, où il se tient comme en embuscade pour faire sa proie des poissons qui descendent des rivières dans la mer, et de ceux qui remontent de la mer dans les rivières. Il se jette avec vitesse sur ces animaux ; il les empêche de s'échapper, en s'entortillant autour d'eux, comme un serpent autour de sa victime ; il les renferme, pour ainsi dire, dans un filet, et c'est de là que vient le nom de *filat* (filet) qu'on lui a donné dans plusieurs départements méridionaux de France. C'est aussi de cette manière qu'il attaque et retient dans ses contours sinueux les poulpes ou sépies, ainsi que les crabes qu'il rencontre dépouillés de leur têt. Mais s'il est dangereux pour un grand nombre d'habitants de la mer, il est exposé à beaucoup d'ennemis : l'homme le poursuit avec ardeur dans les pays où sa chair est estimée ; les très grands poissons le dévorent ; la langouste le combat avec avantage ; et les murénophis, qui sont les murènes des anciens, le

— *Conger*. Salvian, fol. 66, *b* ; 67, *a*, *b*. — Gesner, p. 290. — Jonston, lib. I, tit. 1, cap. II, art. 6, tab. 4, fig. VII ; Thaum., 411. — *Congrus*. Aldrov., lib. III, cap. XXV, p. 349. — Charleton, p. 125. — Willughby, p. 111. — Ray, p. 37. — *Congre, anguille de mer*. Valmont de Bomare, *Dictionn. d'histoire naturelle*.

1. Belon, liv. Ier, chap. LXIV.

pressent avec une force supérieure. En vain, lorsqu'il se défend contre ces derniers animaux, emploie-t-il la faculté qu'il a reçue de s'attacher fortement avec sa queue qu'il replie ; en vain oppose-t-il par là une plus grande résistance à la murénophis qui veut l'entraîner : ses efforts sont bientôt surmontés ; et cette partie de son corps, dont il voudrait le plus se servir pour diminuer son infériorité dans une lutte trop inégale, est d'ailleurs dévorée souvent dès la première approche par la murénophis. On a pris souvent des congres ainsi mutilés et portant l'empreinte des dents acérées de leur ennemie. Au reste, on assure que la queue du congre se reproduit quelquefois, ce qui serait une nouvelle preuve de ce que nous avons dit de la vitalité des poissons dans notre premier discours.

Redi a trouvé dans plusieurs parties de l'intérieur des congres qu'il a disséqués, et, par exemple, sur la tunique externe de l'estomac, le foie, les muscles du ventre, la tunique externe des ovaires, et entre les deux tuniques de la vessie urinaire, des hydatides à vessie blanche de la grosseur d'une plume de coq et de la longueur de vingt-cinq à trente centimètres[1].

Sur plusieurs côtes de l'Océan européen, on prend les congres par le moyen de plusieurs lignes longues chacune de cent trente ou cent quarante mètres, chargées, à une de leurs extrémités, d'un plomb assez pesant pour n'être pas soulevé par l'action de l'eau sur la ligne, et garnies de vingt-cinq ou trente piles ou cordes, au bout de chacune desquelles sont un haim et un appât.

Lorsqu'on veut faire sécher des congres pour les envoyer à des distances assez grandes des rivages sur lesquels on les pêche, on les ouvre par-dessous, depuis la tête jusque vers l'extrémité de la queue ; on fait des entailles dans les chairs trop épaisses ; on les tient ouvertes par le moyen d'un bâton qui va d'une extrémité à l'autre de l'animal ; on les suspend à l'air ; et, lorsqu'ils sont bien secs, on les rassemble ordinairement par paquets dont chacun pèse dix myriagrammes, ou environ.

TRENTE-QUATRIÈME GENRE

LES AMMODYTES

Une nageoire de l'anus; celle de la queue séparée de la nageoire de l'anus et de celle du dos; la tête comprimée et plus étroite que le corps; la lèvre supérieure double; la mâchoire inférieure étroite et pointue; le corps très allongé.

ESPÈCE.	CARACTÈRE.
AMMODYTE APPAT.	La nageoire de la queue fourchue.

1. A la membrane des branchies .... 10 rayons.
A chacune des nageoires pectorales .... 19 —
Aux trois nageoires réunies du dos, de la queue et de l'anus, plus de .... 300 —

L'AMMODYTE APPAT[1]

Ammodytes tobianus. — *Ammodytes alliciens*, LACÉP.

On n'a encore inscrit que cette espèce dans le genre de l'ammodyte : elle a beaucoup de rapports avec l'anguille, ainsi qu'on a pu en juger par la seule énonciation des caractères distinctifs de son genre ; et, comme elle a l'habitude de s'enfoncer dans le sable des mers, elle a été appelée *anguille de sable* en Suède, en Danemark, en Angleterre, en Allemagne, en France, et a reçu le nom générique d'*ammodyte*, lequel désigne un animal qui plonge, pour ainsi dire, dans le sable. Sa tête, comprimée, plus étroite que le corps, et pointue par devant, est l'instrument qu'on emploie pour creuser la vase molle et pénétrer dans le sable des rivages jusqu'à la profondeur de deux décimètres ou environ. Elle s'enterre ainsi par une habitude semblable à l'une de celles que nous avons remarquées dans l'anguille, à laquelle nous venons de dire qu'elle ressemble par tant de traits; deux causes la portent à se cacher dans cet asile souterrain : non seulement elle cherche dans le sable les dragonneaux et les autres vers dont elle aime à se nourrir, mais encore elle tâche de se dérober dans cette retraite à la dent de plusieurs poissons voraces, et particulièrement des scombres, qui la préfèrent à toute autre proie. De petits cétacés même en font souvent leur aliment de choix : et on a vu des dauphins poursuivre l'ammodyte jusque dans le limon du rivage, retourner le sable avec leur museau et y fouiller assez avant pour déterrer et saisir le faible poisson. Ce goût très marqué des scombres et d'autres grands osseux pour cet ammodyte le fait employer comme appât dans plusieurs pêches, et voilà d'où vient le nom spécifique que nous lui avons conservé.

C'est vers le printemps que la femelle dépose ses œufs très près de la côte. Mais nous avons assez parlé des habitudes de cette espèce ; voyons rapidement ses principales formes.

Sa mâchoire inférieure est plus avancée que la supérieure ; deux os

1. *Sül*, en Norvège. — *Sandspiring*, en Allemagne. — *Sand-eel*, *launce*, en Angleterre. — *Grig*, dans son jeune âge, en Angleterre. — *Lançon*, sur plusieurs côtes de France. — *Tobis*, en Suède et en Danemark. — *Ammodyte appât de vase.* Daubenton, Encyclopédie méthodique. — *Id.* Bonnaterre, planches de l'Encyclopédie méthodique. — *Ammodytes.* Artedi, gen, 16, spec. 35, syn. 29.

Gronov. *Zooph.*, p. 113, n. 104; Mus. 1, p. 13, n. 35. — *Faun. suecic.* 302. — It. scan., 141. — It. Oel. 87. — Mus. Adol. Frid. 1, p. 75. — Bloch, pl. 75, fig. 2.

Piscis sandilz dictus. Salv. *Aquat.*, p. 69, *b*, et 70, *b.* — *Sandilz Anglorum.* Aldrov., *Pisc.*, p. 252, 254. — *Sandilz.* Jonston, *Pisc.*, p. 90, tab. 21, fig. 1. — *Sandels or launce.* — Ray, *Pisc.*, p. 38, n. 165, tab. 11, fig. 12. — *Sand-launce, Brit. zool.*, 3, p. 156, n. 65, pl. 25. — *Tobis sandaal*, Fisch. naturg. Liefl., p. 114. — *Anguilles de sable.* Valmont de Bomare, *Dictionnaire d'histoire naturelle.* — *Tobianus*, Shonev. p. 76.

Ammocœtus, exocœtus marinus, ammodytes. Gesner., germ., fol. 39. — *Ammodytes Gesneri*, Willughby, p. 113. — *Ammodytes Anglorum verus*, Jago (Ray, *Syn.*), p 165. — *Anguilla de arena*, Charl., p. 146. — *Ammodytes tobianus*, Ascagne, pl. 1.

hérissés de petites dents sont placés autour du gosier : la langue est allongée, libre en grande partie et lisse ; l'orifice de chaque narine est double ; les yeux ne sont pas voilés par une peau demi-transparente, comme ceux de l'anguille. La membrane des branchies est soutenue par sept rayons[1] ; l'ouverture qu'elle forme est très grande ; et les deux branchies antérieures sont garnies, dans leur concavité, d'un seul rang d'apophyses, tandis que les deux autres en présentent deux rangées. On voit de chaque côté du corps trois lignes latérales ; mais au moins une de ces trois lignes paraît n'indiquer que la séparation des muscles. Les écailles qui recouvrent l'ammodyte appât sont très petites ; la nageoire dorsale est assez haute et s'étend presque depuis la tête jusqu'à une très petite distance de l'extrémité de la queue, dont l'ouverture de l'anus est plus près que de la tête.

Le foie ne paraît pas divisé en lobes ; un cœcum ou grand appendice est placé auprès du pylore ; le canal intestinal est grêle, long et contourné, et la surface du péritoine parsemée de points noirs.

On compte ordinairement soixante-trois vertèbres avec lesquelles les côtes sont légèrement articulées ; ce qui donne à l'animal la facilité de se plier en différents sens et même de se rouler en spirale, comme une couleuvre. Les intervalles des muscles présentent de petites arêtes qui sont appuyées contre l'épine du dos. La chair est peu délicate.

La couleur générale de l'ammodyte appât est d'un bleu argentin, plus clair sur la partie inférieure du poisson que sur la supérieure. On voit des raies blanches et bleuâtres placées alternativement sur l'abdomen, et une tache brune se fait remarquer auprès de l'anus.

TRENTE-CINQUIÈME GENRE

LES OPHIDIES

La tête couverte de grandes écailles ; le corps et la queue comprimés en forme de lame et garnis de petites écailles ; la membrane des branchies très large ; les nageoires du dos, de la queue et de l'anus réunies.

PREMIER SOUS-GENRE

DES BARBILLONS AUX MACHOIRES

	ESPÈCE.	CARACTÈRES.
1.	OPHIDIE BARBU.	Quatre barbillons à la mâchoire inférieure ; la mâchoire supérieure plus avancée que l'inférieure.

SECOND SOUS-GENRE

POINT DE BARBILLONS AUX MACHOIRES

	ESPÈCES.	CARACTÈRES.
2.	OPHIDIE IMBERBE.	La nageoire de la queue un peu arrondie.
3.	OPHIDIE UNERNAK.	Une ou plusieurs cannelures longitudinales au-dessus du museau ; la nageoire de la queue pointue ; la mâchoire inférieure un peu plus avancée que la supérieure.

1. A la nageoire du dos........ 60 rayons.
A chaque nageoire pectorale........ 12 —
A la nageoire de l'anus........ 28 —
A celle de la queue........ 16 —

L'OPHIDIE BARBU [1]

Ophidium barbatum, Bl., Lacép., Cuv.

L'OPHIDIE IMBERBE [2]

Ophidium imberbe, Linn., Sch., Lacép.

L'OPHIDIE UNERNAK [3]

Ophidium Unernak, Lacép.

C'est au milieu des eaux salées qu'on rencontre les ophidies. Le barbu habite particulièrement dans la mer Rouge et dans la Méditerranée, dont il fréquente même les rivages septentrionaux. Il a beaucoup de ressemblance, ainsi que les autres espèces de son genre, avec les murènes et les ammodytes; mais la réunion des nageoires du dos, de la queue et de l'anus suffirait pour qu'on ne confondît pas les ophidies avec les ammodytes; et les traits génériques que nous venons d'exposer à la tête du tableau méthodique du genre que nous décrivons séparent ce même genre de celui des murènes. Pour achever de donner une idée nette de la conformation du barbu, nous pouvons nous contenter d'ajouter aux caractères génériques, sous-génériques et spécifiques, que nous avons tracés dans cette table méthodique des ophidies, que le barbu a les yeux voilés par une membrane demi-transparente, comme les gymnotes, les murènes et d'autres poissons; que sa lèvre supérieure est double et épaisse; que l'on voit de petites dents à ses mâchoires, sur son palais, auprès de son gosier; que sa langue est étroite, courte et lisse; que sa membrane branchiale présente sept rayons [4]; que sa

1. *Ophidium barbatum*. — *Donzelle*, sur les côtes françaises de la Méditerranée. — Broussonnet, *Act. anglic.*, 71, 1, p. 436, tab. 23. — *Donzelle barbue*. Daubenton, Encyclopédie méthodique. — *Id.* Bonnaterre, planches de l'Encyclopédie méthodique.

« Ophid. maxilla inferiore cirris quatuor. » Artedi, gen. 25, syn. 42. — « Ophidion pisciculis congro similis. » Pline, lib. XXXII, cap. IX. — *Ophidion, Donzelle*. Rondelet, première partie, liv. XIII, chap. II. — « Grillus vulgaris, aselli species. » Belon, *Aquat.*, p. 132. — *Ophidion Plinii*. Gesner, p. 91, 104. — *Id.* Aldrov., lib. III, cap. XXVI, p. 353. — *Id.* Jonst., lib. I, tit. 1, cap. II, *a*, 6, tab. 5, f. 2. — *Ophidion Plinii et Rondeletii*. Willughby, *Icht.*, p. 112, tab. G, 7, fig. 6.

Ray, p. 38. — Bloch, pl. 159, fig. 1. — *Enchelyopus barbatus*. Klein, *Miss. pisc.*, 4, p. 52, n. 4. — *Ophidium maxilla inferiore breviore*, etc. Brunn., *Pisc. massil.*, p. 15, n. 25.

2. *Nügnogen*, sur plusieurs rivages de l'Europe septentrionale. — *Donzelle imberbe*. Daubenton, Encyclopédie méthodique. — Bonnaterre, planches de l'Encyclopédie méthodique. — *Ophidion cirris carens*, Artedi, gen. 24, syn. 42. — *Ophidion flavum*, vel *Ophidion imberbe*. Rondelet, première partie, liv. XIII, chap. II.

Willughby, p. 113. — Ray, p. 39. — Schonev., p. 53. — *Ophidion*. Schelhamer, *Anat. xiph.*, p. 23, 24. — *Fauna suecica*, 319. *Brit. zoolog.*, app., t. XCIII. — *Enchelyopus, flavus imberbis*. Klein, *Miss. pisc.*, 4, p. 55, n. 5.

3. Ot. Fabricii. *Faun. Groenland.*, p. 141, n. 99. — *Donzelle unernack*. Bonnaterre, planches de l'Encyclopédie méthodique.

4. A la nageoire du dos du barbu........ 124 rayons.
A chacune des pectorales........ 20 —
A celle de l'anus........ 115 —

ligne latérale est droite, et que l'anus est plus près de la tête que du bout de la queue.

Quant à ses couleurs, en voici l'ordre et les nuances. Le corps et la queue sont d'un argenté mêlé de teintes couleur de chair, relevé sur le dos par du bleuâtre et varié par un grand nombre de petites taches. La ligne latérale est brune; les nageoires pectorales sont également brunes, mais avec un liséré gris; et celles du dos, de l'anus et de la queue sont ordinairement blanches et bordées de noir.

Cet ophidie a la chair délicate, aussi bien que l'imberbe. Ce dernier, qui n'a pas de barbillons, ainsi qu'on peut le voir sur le tableau méthodique de son genre et comme son nom l'indique, est d'une couleur jaune. On le trouve non seulement dans la Méditerranée, où on le pêche particulièrement auprès des côtes méridionales de France, mais encore dans l'Océan d'Europe, et même auprès des rivages septentrionaux[1].

C'est vers ces mêmes plages boréales et jusque dans la mer du Groenland, qu'habite l'unernak dont on doit la connaissance au naturaliste Othon Fabricius. Sa couleur n'est ni argentée comme celle du barbu, ni jaune comme celle de l'imberbe, mais d'un beau vert que l'on voit régner sur toutes les parties de son corps, excepté sur les nageoires du dos, de l'anus, de la queue et le dessous du ventre, qui sont blancs. Ses mâchoires sont sans barbillons, comme celles de l'imberbe; sa tête est large; ses yeux sont gros; l'ouverture de sa bouche est très grande[2]. Il est très bon à manger comme les autres ophidies; mais comme il passe une grande partie de sa vie dans la haute mer, on le rencontre plus rarement.

Il parvient aux dimensions de plusieurs gades, avec lesquels on l'a souvent comparé, et par conséquent devient plus grand que le barbu, dont la longueur n'est ordinairement que de trois à quatre décimètres.

TRENTE-SIXIÈME GENRE

LES MACROGNATHES

La mâchoire supérieure très avancée et en forme de trompe; le corps et la queue comprimés comme une lame; les nageoires du dos et de l'anus distinctes de celle de la queue.

ESPÈCES.	CARACTÈRES.
1. Macrognathe aiguillonné.	Quatorze aiguillons au-devant de la nageoire du dos.
2. Macrognathe armé.	Trente-trois aiguillons au-devant de la nageoire du dos.

1. A la nageoire du dos de l'imberbe.............................. 79 rayons.
A chacune des pectorales.............................. 11 —
A celle de l'anus.............................. 41 —
A celle de la queue.............................. 18 —

2. A chacune des nageoires pectorales de l'unernak, 10 ou 11 rayons.

LE MACROGNATHE AIGUILLONNÉ[1]

Macrognathus aculeatus, LACÉP. — *Rhinchobdella orientalis*, BL., SCHNEID., CUV. — *Ophidium aculeatum*, BL.

Ce nom générique de *macrognathe*, qui signifie *longue mâchoire*, désigne le très grand allongement de la mâchoire supérieure de l'espèce que nous allons décrire, et que nous avons cru devoir séparer des ophidies, non seulement à cause de sa conformation qui est très différente de celle de ces derniers osseux, mais encore à cause de ses habitudes. En effet, les ophidies se tiennent au milieu des eaux salées, et l'aiguillonné habite dans les eaux douces : il y vit des petits vers et des débris de corps organisés qu'il trouve dans la vase du fond des lacs ou des rivières. Sa mâchoire supérieure lui donne beaucoup de facilité pour fouiller dans la terre humectée et y chercher sa nourriture; elle est un peu pointue et extrêmement prolongée; aussi a-t-elle été comparée à une sorte de trompe.

Le docteur Bloch, qui a examiné et décrit avec beaucoup de soin un individu de cette espèce, n'a vu de dents ni à cette mâchoire supérieure, ni à l'inférieure, ni au palais, ni au gosier; ce qui s'accorde avec la nature molle des petits animaux sans défense, ou des parcelles végétales ou animales que recherche l'aiguillonné. L'opercule des branchies n'est composé que d'une lame. Au-devant de la nageoire du dos, on voit une rangée longitudinale de quatorze aiguillons recourbés et séparés l'un de l'autre ; deux autres aiguillons semblables sont placés entre la nageoire de l'anus et l'ouverture du même nom, qui est plus loin de la tête que du bout de la queue [2].

D'ailleurs, les couleurs de l'animal sont agréables ; sa partie supérieure est rougeâtre, et l'inférieure argentée. Les nageoires pectorales sont brunes à leur base et violettes dans le reste de leur surface. Celle du dos est rougeâtre varié de brun et remarquable par deux taches rondes, noires, bordées de blanchâtre, et semblables à une prunelle entourée de son iris. La nageoire de l'anus est rougeâtre avec un liséré noir ; un bleu nuancé de noir règne sur la nageoire de la queue, qui est un peu arrondie.

La chair de l'aiguillonné est très bonne à manger. On le pêche dans les grandes Indes. Il parvient ordinairement à la longueur de seize à vingt et un centimètres

1. Bloch, pl. 159, fig. 2. — *Donzelle trompe*. Bonnaterre, planches de l'Encyclopédie méthodique. — Willughby, *Icht.*, append., tab. 10, fig. 1. — *Pentophthalmos*. Ray, *Pisc.*, p. 159, n. 19. — Nieuhof, *Ind.* 2, p. 228, fig. 1.

2. A la membrane des branchies.................... 16 rayons.
A la nageoire du dos.................... 51 —
A chacune des nageoires pectorales.................... 16 —
A celle de l'anus.................... 53 —
A celle de la queue.................... 14 —

LE MACROGNATHE ARMÉ

Macrognathus armatus, Lacép. — *Rhinchobdella polyacanta*, Bl., Schn.

Nous avons trouvé un individu de cette espèce encore inconnue aux naturalistes, dans une collection de poissons desséchés cédée par la Hollande à la France avec un grand nombre d'autres objets précieux d'histoire naturelle. Elle diffère de l'armé par plusieurs traits de sa conformation et par sa grandeur; l'individu que nous avons décrit était long de près de trente-six centimètres, tandis que l'aiguillonné n'en a communément qu'une vingtaine de longueur totale. La mâchoire supérieure est façonnée en trompe; mais elle n'est pas aussi prononcée que dans l'aiguillonné; elle ne dépasse l'inférieure que de la moitié de sa longueur. Les deux mâchoires sont garnies de plusieurs rangs de très petites dents, et l'aiguillonné n'en a ni aux mâchoires, ni au gosier, ni au palais. On voit un piquant auprès de chaque œil de l'armé et trois piquants à chacun de ses opercules. Au lieu de quatorze rayons recourbés, on en compte trente-trois au-devant de la nageoire du dos, et chacun de ces aiguillons disposés en série longitudinale est renfermé en partie dans une sorte de gaine. Les nageoires du dos et de l'anus ne sont pas séparées par un grand intervalle de celle de la queue, comme dans l'aiguillonné; mais elles la touchent immédiatement et n'en sont distinguées que par une petite échancrure dans leur membrane. L'état dans lequel était l'individu que nous avons examiné ne nous a pas permis de compter exactement le nombre des rayons de ses nageoires; mais nous en avons trouvé plus de soixante-dix dans celle du dos et plus de vingt dans chaque pectorale. Cependant le docteur Bloch n'en a vu que seize dans chacune des pectorales de l'aiguillonné et cinquante et un dans la nageoire dorsale de ce dernier macrognathe.

Au reste, l'armé a, comme l'espèce décrite par le docteur Bloch, deux aiguillons recourbés au-devant de la nageoire de l'anus.

Nous ignorons dans quel pays vit le macrognathe armé.

TRENTE-SEPTIÈME GENRE

LES XIPHIAS

La mâchoire supérieure prolongée en forme de lame ou d'épée, et d'une longueur au moins égale au tiers de la longueur totale de l'animal.

	ESPÈCES.	CARACTÈRES.
1.	Xiphias espadon.	La prolongation du museau plate, sillonnée par-dessus et par-dessous, et tranchante sur ses bords.
2.	Xiphias épée.	La prolongation du museau convexe par-dessus, non sillonnée et émoussée sur ses bords.

LE XIPHIAS ESPADON[1]

Xiphias Gladius, Linn., Bl., Lacép., Cuv.

Voici un de ces géants de la mer, de ces émules de plusieurs cétacés dont ils ont reçu le nom, de ces dominateurs de l'Océan qui réunissent une grande force à des dimensions très étendues. Au premier aspect, le xiphias espadon nous rappelle les grands acipensères, ou plutôt les énormes squales et même le terrible requin. Il est l'analogue de ces derniers ; il tient parmi les osseux une place semblable à celle que les squales occupent parmi les cartilagineux ; il a reçu comme eux une grande taille, des muscles vigoureux, un corps agile, une arme redoutable, un courage intrépide, tous les attributs de la puissance ; et cependant tels sont les résultats de la différence de ses armes à celles du requin et des autres squales, qu'abusant bien moins de son pouvoir, il ne porte pas sans cesse autour de lui, comme ces derniers, le carnage et la dévastation. Lorsqu'il mesure ses forces contre les grands habitants des eaux, ce sont plutôt des ennemis dangereux pour lui qu'il repousse, que des victimes qu'il poursuit. Il se contente souvent, pour sa nourriture, d'algues et d'autres plantes marines; bien loin d'attaquer et de chercher à dévorer les animaux de son espèce, il se plaît avec eux; il aime surtout à suivre sa femelle, lors même qu'il n'obéit pas à ce besoin passager, mais impérieux, que ne peut vaincre la plus horrible férocité. Il paraît donc avoir des habitudes douces et des affections vives. On peut lui supposer une assez grande sensibilité ; et si on peut comparer le requin au tigre, le xiphias peut être considéré comme l'analogue du lion.

Mais les effets de son organisation ne sont pas seuls remarquables ; sa forme est aussi très digne d'attention. Sa tête surtout frappe par sa conformation singulière. Les deux os de la mâchoire supérieure se prolongent en avant, se réunissent et s'étendent de manière que leur longueur égale est à peu près le tiers de la longueur totale de l'animal. Dans cette prolongation, leur matière s'organise de manière à présenter un grand nombre de petits cylin-

1. *Sward fisk*, en Suède. — *Sword fish*, en Angleterre. — *Pesce spado*, *Emperador*, en Italie. — *Glaive espadon*. Daubenton, Encyclopédie méthodique. — Bonnaterre, planches de l'Encyclopédie méthodique. — *Xiphias*, Arist., lib. II, cap. XIII, XV; et lib. VIII, cap. XIX.

Athen., lib. VII, p. 314. — Ælian, lib. IX, cap. XL, p. 548; et lib. XIV, cap. XXIII. — Oppian, lib. I, p. 8; et lib. II, p. 48. — *Xiphias*, seu *gladius*. Pline, lib. IX, cap. XV; et lib. XXXII, cap. II et XI. — Wotton, lib. VIII, cap. CLXXXIX, fol. 167, *b*. — *Empereur*. Rondelet, première partie, liv. VIII, chap. XIV. — *Zifius*, par plusieurs anciens auteurs. — *Xiphias*, id est *gladius piscis*, Gesner, p. 1049. — *Xiphias*, seu *gladius*. Jonston, lib. I, tit. 1, cap. II, *a*, 3, tab. 4, fig. 2. — *Xiphias piscis, Latinis gladius*, Willughby, p. 161.

Ray, p. 52. — *Gladius*, vel *xiphias*, Schonev., p. 35. — *Gladius*. Cuba, lib. III, cap. XXXIX, fol. 80, *a*. — Salv., fol. 126, ad iconem, et 127. — *Gladius*. Aldrov., lib. III, cap. XXI, p. 332. — Bloch, pl. 76.

Xiphias. Klein, *Miss. pisc.*, 4, p. 17, n. 1, 2, tab. 1, fig. 2 et tab. 2, fig. 1. — *Empereur*. Valmont de Bomare, *Dictionnaire d'histoire naturelle*. — Schelhamer, *Anat. xiphii piscis.*, Hamb. 1707. — Berthol. cent. 2, cap. XVI.

dres, ou plutôt de petits tubes longitudinaux ; ils forment une lame étroite et plate, qui s'amincit et se rétrécit de plus en plus jusqu'à son extrémité, et dont les bords sont tranchants comme ceux d'un espadon ou d'un sabre antique. Trois sillons longitudinaux règnent sur la surface supérieure de cette longue lame, au bout de laquelle parvient celui du milieu ; et l'on aperçoit un sillon semblable sur la face inférieure de cette même prolongation. Une extension de l'os frontal triangulaire, pointue et très allongée, concourt à la formation de la face supérieure de la lame, en s'étendant entre les deux os maxillaires, au moins jusque vers le tiers de la longueur de cette arme; sur la face inférieure de cette lame osseuse on voit une extension analogue et également triangulaire des os palatins s'avancer entre les deux os maxillaires, mais moins loin que l'extension pointue de l'os frontal. Ce sabre à deux tranchants est d'ailleurs revêtu d'une peau légèrement chagrinée.

La mâchoire inférieure est pointue par devant; et sa longueur égalant le tiers de la longueur de la lame tubulée, c'est-à-dire le neuvième de la longueur totale de l'animal, il n'est pas surprenant que l'ouverture de la bouche soit grande ; ses deux bords sont garnis d'un nombre considérable de petits tubercules très durs, ou plutôt de petites dents tournées vers le gosier, auprès duquel sont quelques os hérissés de pointes. La langue est forte et libre dans ses mouvements. Les yeux sont saillants, et l'iris est verdâtre.

L'espadon a d'ailleurs le corps et la queue très allongés. L'orifice des branchies est grand, et son opercule composé de deux pièces ; sept ou huit rayons soutiennent la membrane branchiale. Les nageoires sont en forme de faux, excepté celle de la queue, qui est en croissant [1]. Une membrane adipeuse, placée au-dessous d'une peau mince, couvre tout le poisson.

La ligne latérale est pointillée de noir ; cette même couleur règne sur le dos de l'animal, dont la partie inférieure est blanche. Les nageoires pectorales sont jaunâtres ; celle du dos est brune, et toutes les autres présentent un gris cendré.

L'espadon habite dans un grand nombre de mers. On le trouve dans l'Océan d'Europe, dans la Méditerranée et jusque dans les mers australes. On le rencontre aussi entre l'Afrique et l'Amérique ; mais, dans ces derniers parages, sa nageoire du dos paraît être constamment plus grande et tachetée; et c'est aux espadons qui, par les dimensions et les couleurs de leur nageoire dorsale, composent une variété plus ou moins durable, que l'on doit, ce me semble, rapporter le nom brasilien de *guebucu* [1].

1. A la nageoire du dos............ 42 rayons.
A chacune des nageoires pectorales............ 17 —
A celle de l'anus............ 18 —
A celle de la queue............ 26 —

2. Voyez Marcgrave, *Brasil.*, lib. IV, cap. xv, p. 171.

Les xiphias espadons ont des muscles très puissants ; leur intérieur renferme de plus une grande vessie natatoire ; ils nagent avec vitesse, ils peuvent atteindre avec facilité de très grands habitants de la mer. Parvenus quelquefois à la longueur de plus de sept mètres, frappant leurs ennemis avec un glaive pointu et tranchant de plus de deux mètres, ils mettent en fuite ou combattent avec avantage les jeunes et les petits cétacés, dont les téguments sont aisément traversés par leur arme osseuse, qu'ils poussent avec violence, qu'ils précipitent avec rapidité, et dont ils accroissent la puissance de toute celle de leur masse et de leur vitesse. On a écrit que dans les mers dont les côtes sont peuplées d'énormes crocodiles, ils savaient se placer avec agilité au-dessous de ces animaux cuirassés et leur percer le ventre avec adresse à l'endroit où les écailles sont le moins épaisses et le moins fortement attachées. On pourrait même à la rigueur croire, avec Pline, que lorsque leur ardeur est exaltée, que leur instinct est troublé, ou qu'ils sont le jouet des vagues furieuses qui les roulent et les lancent, ils se jettent avec tant de force contre les bords des embarcations, que leur arme se brise, que la pointe de leur glaive pénètre dans l'épaisseur du bord et y demeure attachée, comme on a vu quelquefois également implantés des fragments de l'arme dentelée du squale scie, ou de la dure défense du narval.

Malgré cette vitesse, cette vigueur, cette adresse, cette agilité, ces armes, ce pouvoir, l'espadon se contente souvent, ainsi que nous venons de le dire, d'une nourriture purement végétale. Il n'a pas de grandes dents incisives ni laniaires, et les rapports de l'abondance et de la nature des sucs digestifs avec la longueur de la forme de son canal intestinal sont tels qu'il préfère fréquemment aux poissons qu'il pourrait saisir des algues et autres plantes marines; aussi sa chair est-elle communément bonne à manger et même très agréable au goût ; aussi, lorsque la présence d'un ennemi dangereux ne le contraint pas à faire usage de sa puissance, a-t-il des habitudes assez douces. On ne le rencontre presque jamais seul ; lorsqu'il voyage, c'est quelquefois avec un compagnon, et presque toujours avec une compagne ; et cette association par paires prouve d'autant plus que les espadons sont susceptibles d'affection les uns pour les autres, qu'on ne doit pas supposer qu'ils sont réunis pour atteindre la même proie ou éviter le même ennemi, ainsi qu'on peut le croire de l'assemblage désordonné d'un très grand nombre d'animaux. Un sentiment différent de la faim ou de la crainte peut seul, en produisant une sorte de choix, faire naître et conserver cet arrangement deux à deux ; de plus, leur sensibilité doit être considérée comme assez vive, puisque la femelle ne donne pas le jour à des petits tout formés, que par conséquent il n'y a pas d'accouplement dans cette espèce, et que cette même femelle ne va déposer ses œufs vers les rivages de l'Océan que lors de la fin du printemps ou au commencement de l'été, et que cependant le mâle suit fidèlement sa compagne dans toutes les saisons de l'année.

La saveur agréable et la qualité très nourrissante de la chair de l'espadon font que dans plusieurs contrées on le pêche avec soin. Souvent la recherche qu'on fait de cet animal est d'autant plus infructueuse, qu'avec son long sabre il déchire et met en mille pièces les filets par le moyen desquels on a voulu le saisir. Mais d'autres fois, et dans certains temps de l'année, des insectes aquatiques s'attachent à sa peau au-dessous de ses nageoires pectorales, ou dans d'autres endroits d'où il ne peut les faire tomber, malgré tous ses efforts; quoiqu'il se frotte contre les algues, le sable ou les rochers, ils se cramponnent avec obstination et le font souffrir si vivement, qu'agité, furieux, en délire comme le lion et les autres grands animaux terrestres sur lesquels se précipite la mouche du désert, il va au-devant du plus grand des dangers, se jette au milieu des filets, s'élance vers le rivage, ou s'élève au-dessus de la surface de l'eau et retombe jusque dans les barques des pêcheurs.

LE XIPHIAS ÉPÉE

Xiphias Ensis, Lacép.

La description de cette espèce n'a encore été publiée par aucun naturaliste. Nous n'avons vu de ce poisson que la partie antérieure de la tête ; mais comme c'est dans cette portion du corps que sont placés les caractères distinctifs des xiphias, nous avons pu rapporter l'épée à ce genre ; et comme d'ailleurs cette même partie antérieure ne nous a pas seulement présenté les formes particulières à la famille dont nous nous occupons, mais nous a montré de plus des traits remarquables et très différents de ceux de l'espadon, nous avons dû séparer de cette dernière espèce l'animal auquel avait appartenu cette portion, et nous avons donné le nom d'*épée* à ce xiphias encore inconnu.

Voici les grandes différences qui distinguent l'épée de l'espadon et qui suffiraient seules pour empêcher de les réunir, quand bien même le corps et la queue de l'épée seraient entièrement semblables à la queue et au corps de l'espadon.

Dans ce dernier animal, la prolongation est plate : elle est convexe dans l'épée.

L'arme de l'espadon est aiguë sur ses bords comme un sabre à deux tranchants; celle de l'épée est très arrondie le long de ses côtés, et par conséquent n'est point propre à tailler ou couper.

La lame de l'espadon est très mince ; la défense de l'épée est presque aussi épaisse, ou, ce qui est ici la même chose, presque aussi haute que large.

On voit trois sillons longitudinaux sur la face supérieure du sabre de l'espadon et un sillon également longitudinal sur la face inférieure de ce même sabre; on n'aperçoit de sillon sur aucune des surfaces de la prolongation osseuse de l'épée.

Une extension de l'os frontal, pointue et triangulaire, s'avance au milieu des os maxillaires supérieurs de l'espadon, jusqu'au delà de sa mâchoire inférieure ; une extension analogue n'est presque pas sensible dans l'épée.

Une seconde extension pointue et triangulaire, appartenant aux os intermaxillaires, se prolonge dans l'espadon sur la face inférieure de l'arme, mais ne va pas jusqu'au-dessus du bout de la mâchoire inférieure ; dans l'épée, elle dépasse de beaucoup cette dernière extrémité.

La peau qui couvre la lame de l'espadon est légèrement chagrinée ; celle qui revêt la défense de l'épée présente des grains bien plus gros ; et sous les os maxillaires, à l'endroit qui répond à la mâchoire inférieure, les tubercules de cette peau se changent, pour ainsi dire, en petites dents recourbées vers le gosier.

Voilà donc sept différences qui ne permettent pas de rapporter à la même espèce l'espadon et l'épée. Il peut d'ailleurs résulter de cette diversité dans la forme des armes une variété assez grande dans les habitudes, une espèce ayant un glaive qui tranche et coupe, et l'autre espèce une épée qui perce et déchire.

Au reste, la portion de la tête d'un xiphias épée, qui nous a montré la conformation que nous venons d'exposer, fait partie de la collection du Muséum d'histoire naturelle.

TRENTE-HUITIÈME GENRE

LES MAKAIRAS

La mâchoire supérieure prolongée en forme de lame ou d'épée, et d'une longueur égale au cinquième ou tout au plus au quart de la longueur totale de l'animal ; deux boucliers osseux et lancéolés de chaque côté de l'extrémité de la queue ; deux nageoires dorsales.

ESPÈCE.	CARACTÈRES.
MAKAIRA NOIRATRE.	La première nageoire du dos très grande ; les deux dorsales et l'anale triangulaires ; la caudale grande et en croissant.

LE MAKAIRA NOIRATRE

Makaira nigricans, LACÉP., CUV. — *Xiphias Makaira*, SHAW.

Ce poisson est digne de l'attention des naturalistes qui ne le connaissent pas encore. Il doit être compté parmi les grands habitants de la mer. L'individu dont nous avons fait graver la figure avait trois mètres et près de trois décimètres de longueur, sur une hauteur d'un mètre. Le makaira doit jouir d'ailleurs d'une puissance redoutable. Ses mouvements doivent être prompts ; le nombre de ses nageoires, leur étendue et la forme de sa queue lui donnent une natation rapide ; comme les xiphias, à côté desquels il faut le placer, il porte, à l'extrémité de sa mâchoire supérieure, une arme dangereuse, une épée qui perce et qui frappe. Ce glaive est sans doute plus court que celui des xiphias, à proportion des dimensions principales de l'animal ;

mais il est peut-être plus fort; et nous voyons ainsi réunies dans le makaira, la taille, la vitesse, l'adresse, les armes, la vigueur, tout ce qui peut donner l'empire et même faire exercer une tyrannie terrible sur les faibles habitants de l'Océan.

Il est surprenant qu'avec tous ces attributs, et surtout avec son grand volume, le makaira noirâtre n'ait jamais été remarqué par un observateur, d'autant plus que cette espèce ne paraît pas habiter loin des côtes occidentales de France. Vraisemblablement il aura été vu très souvent, mais confondu avec un xiphias. Quoi qu'il en soit, l'individu dont nous avons fait graver un dessin avait été jeté très récemment par une tempête sur un rivage de la mer voisin de la Rochelle, où il a fait l'étonnement des pêcheurs et l'admiration des curieux. On lui a donné, je ne sais pourquoi, le nom de *makaira*, dont nous avons fait son nom générique. M. Traversay, sous-préfet de la Rochelle, qui est venu à Paris peu de temps après que cet énorme poisson a échoué sur la côte, a eu la complaisance de m'apporter un dessin de cet animal et une note qui renfermait, avec quelques particularités sur cet osseux, l'indication des principales dimensions de cet apode, que l'on avait mesuré avec exactitude[1].

Ce makaira pesait trois cent soixante-cinq kilogrammes. Des habitants de l'île de Ré en ont mangé avec plaisir. Sa chair était cependant un peu sèche.

La mâchoire inférieure n'atteignait qu'au milieu de la longueur de la mâchoire supérieure. On ne voyait pas de dents. Le sommet de la tête était élevé et arrondi, l'œil gros et rond; l'opercule arrondi par derrière et composé de deux pièces; chaque pectorale très étroite, mais presque aussi longue que la mâchoire d'en haut. L'animal pouvait incliner et replier sa première dorsale; et lorsque cette nageoire était couchée le long du dos, elle ne saillait plus que de deux centimètres. L'étendue de l'anale égalait à peu près celle de la seconde nageoire du dos. Les deux boucliers osseux qui revêtaient de chaque côté l'extrémité de la queue étaient placés l'un au-dessus de l'autre, et avaient chacun sa pointe tournée vers la tête.

1. *Principales dimensions du makaira noirâtre.*

	Centimetres.
Longueur totale	330
Longueur de la mâchoire supérieure	65
Hauteur de la première dorsale	62
Longueur de chaque pectorale	62
Hauteur de la seconde dorsale	24
Longueur de chaque bouclier osseux	6
Longueur du côté le plus long de la nageoire de l'anus	41
Distance d'une pointe du croissant formé par la caudale à l'autre pointe du même croissant	130

Je reçois de M. Fleuriau-Bellevue, de la Rochelle, une note que M. Lamothe le fils a bien voulu lui remettre pour moi, et par laquelle ce dernier observateur, qui demeure à Ars dans l'île de Ré, m'apprend que le palais du makaira est extrêmement rude, que la chair de ce poisson est blanche, que sa défense ou son épée est unie, sans sillons, arrondie sur ses bords, et que la partie osseuse de cette arme a quelques rapports avec l'ivoire.

TRENTE-NEUVIÈME GENRE

LES ANARHIQUES

Le museau arrondi ; plus de cinq dents coniques à chaque mâchoire ; des dents molaires en haut et en bas ; une longue nageoire dorsale.

ESPÈCES.	CARACTÈRES.
1. ANARHIQUE LOUP.	Quatre os maxillaires à chaque mâchoire ; les dents osseuses et très dures.
2. ANARHIQUE KARRAK.	Huit dents cartilagineuses et très aiguës à la partie antérieure de chaque nageoire.
3. ANARHIQUE PANTHÉRIN.	Les lèvres doubles ; la nageoire de la queue un peu lancéolée ; des taches rondes et brunes sur le corps et la queue.

L'ANARHIQUE LOUP[1]

Anarhichas Lupus, LINN., BL., CUV., LACÉP.

Ce poisson peut figurer avec avantage à côté du xiphias, et par sa force et par sa grandeur. Il parvient quelquefois, au moins dans les mers très profondes, jusqu'à la longueur de cinq mètres ; et s'il n'est point armé d'un glaive comme l'espadon et l'épée, s'il ne paraît pas se mouvoir au milieu des ondes avec autant d'agilité que ces derniers animaux, il a reçu des dents redoutables et par leur nombre, et par leur forme, et par leur dureté ; il présente même des moyens plus puissants de destruction que le xiphias, et il nage avec assez de vitesse pour atteindre facilement sa proie. Son organisation intérieure lui donne d'ailleurs une très grande voracité. Féroce comme les squales, terrible pour la plupart des habitants des mers, vrai loup de l'Océan, il porte le ravage parmi le plus grand nombre de poissons, comme la bête sauvage dont il a reçu le nom, parmi les troupeaux sans défense. Bien loin d'offrir ces marques d'une affection douce, cette durée dans l'attachement, ces traits d'une sorte de sociabilité que nous avons vus dans le xiphias, il montre, par l'usage constant qu'il fait de ses armes, tous les signes de la cruauté et justifie le nom de *ravisseur* qui lui a été donné dans presque toutes les contrées et par divers observateurs. Son corps et sa queue sont allongés et comprimés ; aussi nage-t-il en serpentant comme les trichiures, ou plutôt comme les murènes et le plus grand nombre de poissons de

1. *Anarhichas lupus.* — *Sea-wolf*, en Angleterre. — *Loup marin crapaudine.* — Daubenton, Encyclopédie méthodique. — Bonnaterre, planches de l'Encyclopédie méthodique. — *Lupus marinus nostras*, Schonev., p. 45. — *Lupus marinus Schoneveldii*, Jonston, tab. 47, fig. 2. — *Lupus marinus nostras et Schoneveldii.* Willughby, p. 130, tab. H, 3, fig. 1. — *Lupus marinus.* Ray, *Pisc.*, 40.

Anarhichas scansor, Gesner (Germ.), fol. 63, *a*. — *Anarhichas*. Artedi, gen. 23, syn. 38. — Gronov., mus. 1, p. 16, n. 44 ; *Zooph.*, p. 131, n. 400. — *Anarhichas lupus non maculatus.* Müller, *Prodrom. Zool. dan.*, p. 40, n. 332. — Ot. Fabric., *Fauna Groenland.*, p. 138, n. 7. — Bloch, pl. 74.

Latargus. Klein, *Miss. pisc.*, 4, p. 16. — *Ravenous. Brit. zool.*, 3, p. 157, tab. 24. — *Sea-wolf.* Olear., mus. 53, tab. 27, fig. 2. — *Loup marin, lupus marinus piscis.* Valmont de Bomare, *Dictionnaire d'histoire naturelle.*

l'ordre que nous examinons. C'est vraisemblablement parce que les diverses ondulations de son corps et de sa queue lui permettent quelquefois, et pendant quelques moments, de ramper comme l'anguille et de s'avancer le long des rivages, qu'il a été appelé *grimpeur* par quelques naturalistes. Sa peau est forte, épaisse, gluante, ainsi que celle de l'anguille; ce qui lui donne la facilité de s'échapper comme cette murène, lorsqu'on veut le saisir; les petites écailles dont ce tégument est revêtu sont attachées à cette peau visqueuse, ou cachées sous l'épiderme, de manière qu'on ne peut pas aisément les distinguer.

La tête de l'anarhique que nous décrivons est grosse, le museau arrondi, le front un peu élevé, l'ouverture de la bouche très grande; les lèvres sont membraneuses, mais fortes, et les mâchoires d'autant plus puissantes, que chacune de ces deux parties de la tête est composée, de chaque côté, de deux os bien distincts, grands, durs, solides, réunis par des cartilages et s'arc-boutant mutuellement. C'est au-devant de ces doubles mâchoires qu'on voit, tant en haut qu'en bas, au moins six dents coniques propres à couper ou plutôt à déchirer, divergentes, et cependant ressemblant un peu, par leur forme, leur volume et leur position, à celles du loup et de plusieurs autres quadrupèdes carnassiers. On voit d'ailleurs cinq rangs de dents molaires supérieures, plus ou moins irrégulières, plus ou moins convexes, et trois rangs de molaires inférieures semblables. La langue est courte, lisse et un peu arrondie à son extrémité. Les yeux sont ovales.

Il résulte donc de l'ensemble de toutes ces formes que présente la tête de l'anarhique loup, que lorsque la gueule est ouverte, cette même tête a beaucoup de rapports avec celle de quelques quadrupèdes, et particulièrement de plusieurs phoques; et voilà donc cet anarhique rapproché des mammifères carnassiers, non seulement par ses habitudes, mais encore par la nature de ses armes et par ses organes extérieurs les plus remarquables.

Au reste, comment le loup ne serait-il pas compris parmi les dévastateurs de l'Océan ? Il montre ces dents terribles avec lesquelles une proie est si facilement saisie, retenue, déchirée ou écrasée; de plus, ses intestins étant très courts, ne doit-il pas avoir des sucs digestifs d'une grande activité, et qui, par l'action qu'ils exercent sur ce canal intestinal, ainsi que sur son estomac, dans les moments où ils ne contiennent pas une nourriture copieuse, lui font éprouver vivement le tourment de la faim et le forcent à poursuivre avec ardeur, et souvent à immoler avec une sorte de rage, de nombreuses victimes? Quelques dents de moins, ou plutôt quelques décimètres de plus dans la longueur du canal intestinal, auraient rendu ses habitudes assez douces.

Mais les animaux n'ont pas, comme l'homme, cette raison céleste, cette intelligence supérieure qui rappelle, embrasse ou prévoit tous les instants et tous les lieux, qui combat avec succès la puissance de la nature par la force du génie, et, compensant le moral par le physique et le physique par le moral, accroît ou diminue à son gré l'influence de l'habitude et donne à la volonté l'indépendance et l'empire.

L'anarhique loup, condamné donc, par sa conformation et par la qualité de ses habitudes, à rechercher presque sans cesse un nouvel aliment, est non seulement féroce, mais très vorace; il se jette goulument sur ce qui peut apaiser ses appétits violents. Il dévore non seulement des poissons, mais des crabes et des coquillages; il les avale même avec tant de précipitation, que souvent de gros fragments de dépouilles d'animaux testacés et des coquilles entières parviennent jusque dans son estomac, quoiqu'il eût pu les concasser et les broyer avec ses nombreuses molaires. Des coquilles entières et ces fragments ne sont cependant pas digérés ou dissous par ses sucs digestifs, quelque actives que soient ces humeurs, pendant le peu de séjour qu'ils font dans un canal intestinal très court, et dont le loup est pressé de les chasser, pour les remplacer par des substances nouvelles propres à apaiser sa faim sans cesse renaissante. D'ailleurs, l'estomac de cet anarhique n'a pas la force nécessaire pour les réduire, par la trituration, en très petites parties; mais ce poisson s'en débarrasse presque toujours avec beaucoup de facilité, parce que l'ouverture de son anus est très considérable et susceptible d'une assez grande extension.

C'est dans l'Océan septentrional que se trouve le loup. On ne le voit ordinairement en Europe qu'à des latitudes un peu élevées; on l'a reconnu à Botany-Bay sur la côte orientale de la Nouvelle-Hollande[1]; mais il se tient communément pendant une grande partie de l'année à des distances considérables de toute terre et dans les profondeurs des mers; il ne se montre pas pendant l'hiver près des rivages septentrionaux de l'Europe et de l'Amérique, et c'est à la fin du printemps que sa femelle dépose ordinairement ses œufs sur les plantes marines qui croissent auprès des côtes.

Il s'élance avec impétuosité; malgré cette rapidité, au moins momentanée, plusieurs naturalistes ont écrit que sa natation paraît lente quand on la compare à celle des xiphias; sa force est néanmoins très grande, et ses dimensions sont favorables à des mouvements rapides. Ne pourrait-on pas dire que les muscles de sa tête, qui serre, déchire ou écrase avec tant de facilité, sont beaucoup plus énergiques que ceux de sa queue, tandis que, dans dans le xiphias, les muscles de la queue sont plus puissants que ceux de la tête, armée, sans doute, d'un glaive redoutable, mais dénuée de dents, et qui ne concasse ni ne brise? Nous devons d'autant plus le présumer, que la natation, dont les vrais principes accélérateurs sont dans la queue, n'est ordinairement soumise à aucune cause retardatrice très marquée, qui ne réside dans une partie antérieure de l'animal trop pesante ou trop étendue en avant. N'avons-nous pas vu que la prolongation de la tête des xiphias égale en longueur le tiers de l'ensemble du poisson? et de quel pouvoir ne doivent pas

1. Voyage de Tench, capitaine de *la Charlotte*, à la baie Botanique, en 1787.

être doués les muscles caudaux de ces animaux, pour leur imprimer, malgré la résistance de leur partie antérieure, la vitesse dont on les voit jouir ?

Ne pourrait-on pas d'ailleurs ajouter que quand bien même la nature, la forme, le volume et la position des muscles caudaux leur donneraient à proportion la même force dans le loup et dans les xiphias, cet anarhique devrait s'avancer, tout égal d'ailleurs, avec moins de rapidité que ces derniers, parce que sa tête assez grosse, arrondie et relevée, doit fendre l'eau de la mer avec moins de facilité que le glaive mince et étroit des xiphias ?

Quoi qu'il en soit de la force de la queue du loup, celle de sa tête est si considérable, et ses dents sont si puissantes, qu'on ne le pêche dans beaucoup d'endroits qu'avec des précautions particulières. Dans la mer d'Okotsk, auprès du Kamtchatka, vers le cinquante-troisième degré de latitude, on cherche à prendre le loup avec des *seines* ou filets faits de lanières de cuir, et par conséquent, plus propres à résister à ses efforts. Dans ce même Kamtchatka, le célèbre voyageur Steller a vu un individu de cette espèce que l'on venait de pêcher, irrité de ses blessures et de sa captivité, saisir avec fureur et briser comme un verre une sorte de coutelas avec lequel on voulait achever de le tuer, et mordre avec rage des bâtons et des morceaux de bois dont on se servait pour le frapper. Au reste, on va avec d'autant plus de constance à la poursuite du loup, qu'il peut fournir une grande quantité d'aliments, et que sa chair, suivant Ascagne, est, dans certaines circonstances, aussi bonne que celle de l'anguille. Les habitants du Groenland le pêchent aussi pour sa peau, qui sert à faire des bourses et quelques autres ustensiles.

Le loup a été nommé *crapaudine*, parce qu'on a regardé comme provenant de cet animal, de petits corps fossiles, connus depuis longtemps sous le nom de *bufonites* ou de *crapaudines*. Ces bufonites ont reçu la dénomination qu'on leur a donnée dès les premiers moments où l'on s'en est occupé, à cause de l'origine qu'on leur a dès lors attribuée. On a supposé que ces petits corps étaient des pierres sorties de la tête d'un crapaud, en latin *bufo*. Ils sont d'une forme plus ou moins convexe d'un côté, plane ou concave de l'autre, d'une figure quelquefois régulière et quelquefois irrégulière, et communément gris, ou bruns, ou roux, ou d'un rouge noirâtre. Par une suite de la fausse opinion qu'on avait adoptée sur leur nature, on les a considérés pendant quelque temps comme des pierres fines du second ordre ; mais lorsque l'histoire naturelle a eu fait de plus grands progrès, on s'est bientôt aperçu que ces prétendues pierres fines n'étaient que des dents de poisson pétrifiées, et presque toujours des molaires. Les uns les ont regardées comme des dents d'anarhique, d'autres comme des dents du spare dorade, d'autres comme des dents de poissons osseux différents de la dorade et de l'anarhique. Ils ont tous eu raison, en ce sens qu'on doit rapporter ces fossiles à plusieurs espèces de poissons, très peu semblables l'une à l'autre ; et telle a été l'opinion de Wallérius. La plus grande partie de ces dents nous ont paru néanmoins avoir appartenu à des dorades ou à des anarhiques. Au reste, il est très aisé de séparer parmi ces fossiles les dents molaires du loup d'avec celles du spare dorade : les dernières ont une régularité et une convexité que l'on ne voit pas dans les premières. Mais, pour être de quelque utilité aux géologues et leur donner des bases certaines d'après lesquelles ils puissent lire sur les corps pétrifiés et fossiles quelques points de l'histoire des anciennes révolutions du globe, nous tâcherons de montrer, dans notre discours sur les parties solides des poissons, les véritables caractères des dents d'un assez grand nombre d'espèces de ces animaux.

Le loup est d'un noir cendré par dessus, et d'un blanc plus ou moins pur par-dessous, ce qui lui donne un nouveau rapport extérieur avec plusieurs cétacés. Mais peut-être ne doit-on regarder que comme une variété de cette espèce, l'anarhique que l'on a désigné par le nom de *strié*[1], qui présente en effet des stries irrégulières, presque transversales et brunes, et qui a été pêché auprès des rivages de la Grande-Bretagne[2].

L'ANARHIQUE KARRAK[3]

Anarhichas Karrak, Lacép. — *A. minor*, Clus., Cuv.

L'ANARHIQUE PANTHÉRIN[4]

Anarhichas pantherinus, Lacép.

Ces deux espèces habitent dans l'Océan septentrional ; la première dans la mer du Groenland, et la seconde dans la mer Glaciale. Elles ont d'ailleurs beaucoup de rapports l'une avec l'autre.

Le karrak a les yeux très gros et rapprochés du sommet de la tête, qui a, dit-on, quelque ressemblance vague avec celle d'un chien. L'ouverture de sa bouche est grande ; les deux mâchoires présentent de chaque côté trois dents aiguës et inégales ; et dans l'intervalle qui sépare par devant ces deux triolets, on compte deux autres dents plus petites.

La nageoire dorsale s'étend depuis le cou jusqu'à une très petite distance de la nageoire de la queue[5].

1. *Anarhichas strigosus*. Linné, édition de Gmelin.— *Brit. zool.*, 3, n. 65, p. 119.

2. A la membrane des branchies du loup........ 6 rayons.
A la nageoire dorsale........ 74 —
A chacune des nageoires pectorales........ 20 —
A celle de l'anus........ 46 —
A celle de la queue........ 16 —
A chacune des pectorales de l'anarhique strié........ 18 —
A celle de la queue du même animal........ 13 —

3. *Loup marin karrak*. Bonnaterre, planches de l'Encyclopédie méthodique.. — Ot. Fabric., *Faun. Groenland.*, p. 139, n. 930. — *Anarhichas minor*. Müller, *Prodrom. Zool. dan.* — Olafs., *Island.*, p. 592, t. XLII.

4. *Kusaischka*, en Russie. — Zoview, *Act. Petrop.*, 1781, 1, p. 271, tab. 6.

5. A la nageoire dorsale du karrak........ 70 rayons.
A chacune des pectorales........ 20 —
A celle de l'anus........ 44 —
A celle de la queue........ 21 —

Le karrak est ordinairement d'un gris noirâtre et ne parvient pas à des dimensions aussi considérables que le loup.

Peut-être le panthérin est-il communément encore moins grand que le karrak ; peut-être a-t-on eu raison d'écrire que sa longueur ordinaire n'est que d'environ un mètre. On lui a donné le nom que j'ai cru devoir lui conserver, parce que sur un fond plus ou moins jaunâtre, et par conséquent d'une teinte assez semblable à la couleur de la panthère, il présente sur presque toute sa surface des taches rondes et brunes.

Sa tête est un peu sphérique ; ses lèvres sont doubles. Au travers de la large ouverture de sa gueule, on aperçoit aisément, de chaque côté de la mâchoire supérieure, deux rangs de dents coniques et plus ou moins recourbées, et deux rangées de dents molaires. Entre les quatre rangs de dents coniques, on voit quatre autres dents placées longitudinalement ; entre les quatre rangées de dents molaires, paraît sur le palais une série longitudinale de sept dents très fortes, et dont les deux premières sont ordinairement séparées des autres. La mâchoire inférieure est armée, de chaque côté, de deux rangs de dents molaires et de deux ou trois rangées de dents coniques.

Les yeux sont grands et assez éloignés l'un de l'autre. La nageoire du dos, qui ne commence qu'à une certaine distance de la nuque, touche celle de la queue ; ces deux derniers caractères suffiraient pour séparer le panthérin du karrak, dont la nageoire caudale est un peu éloignée de celle du dos, et dont les yeux sont rapprochés sur le sommet de la tête. Deux lames composent chaque opercule branchial ; on ne voit pas de ligne latérale. Les nageoires pectorales sont arrondies comme celles du loup ; la nageoire de la queue est un peu lancéolée[1].

Au reste, suivant l'auteur russe Zoview, qui a fait connaître le panthérin, on ne mange guère en Russie de cet anarhique, quoiqu'on y vante la bonté de sa chair.

QUARANTIÈME GENRE

LES COMÉPHORES

Le corps allongé et comprimé ; la tête et l'ouverture de la bouche très grandes ; le museau large et déprimé ; les dents très petites ; deux nageoires dorsales ; plusieurs rayons de la seconde garnis de longs filaments.

ESPÈCE.	CARACTÈRE.
COMÉPHORE BAÏKAL.	Les nageoires pectorales de longueur de la moitié du corps

1. A la membrane branchiale du panthérin........................ 7 rayons.
A la nageoire dorsale.. 67 —
A chacune des pectorales..................................... 20 —
A celle de l'anus.. 44 —
A celle de la queue.. 20 —

LE COMÉPHORE BAIKAL[1]

Comephorus baïkalensis, LACÉP. — *Callionymus baïkalensis,* PALLAS.

Ce poisson a déjà été décrit sous le nom de *callionyme;* mais il manque de nageoires inférieures placées au-devant de l'anus. Dès lors il ne peut être inscrit ni dans le genre ni même dans l'ordre des vrais callionymes, qui sont des jugulaires; il doit être compris parmi les apodes; et les caractères remarquables qui le distinguent exigent qu'on le place, parmi ces derniers, dans un genre particulier.

Le célèbre professeur Pallas l'a fait connaître. Il l'a découvert dans le Baïkal, ce lac fameux de l'Asie russe, et si voisin du territoire chinois. Le coméphore que nous décrivons se tient pendant l'hiver dans les endroits de ce lac où les eaux sont le plus profondes; et ce n'est que pendant l'été qu'il s'approche des rivages en troupes nombreuses. Comme plusieurs autres apodes de la division des osseux, il a le corps allongé, comprimé et enduit d'une matière huileuse très abondante. La tête est grande, aplatie par-dessus et par les côtés, garnie de deux tubercules auprès des tempes; le museau large; la bouche très ouverte; la mâchoire inférieure plus avancée que la supérieure, et hérissée comme cette dernière, excepté à son sommet, de dents très petites, crochues et aiguës; la membrane branchiale très lâche et soutenue par des rayons très éloignés l'un de l'autre; la ligne latérale est assez rapprochée du dos.

La première nageoire dorsale est peu étendue; mais quinze rayons au moins de la seconde sont terminés par de longs filaments semblables à des cheveux; cette conformation nous a suggéré le nom générique de *porte-cheveux* (coméphore), que nous avons donné au baïkal. Les nageoires pectorales sont si prolongées, qu'elles égalent en longueur la moitié de l'animal; pour peu qu'elles eussent plus de surface, qu'elles fussent plus facilement extensibles, et que le baïkal pût les agiter avec plus de vitesse, ce poisson pourrait non seulement nager avec rapidité, mais s'élever et parcourir un arc de cercle considérable au-dessus de la surface des eaux, comme quelques pégases, les trigles, les exocets[2], etc.

La nageoire de la queue est fourchue[3].

1. Pallas, *It.* 3, p. 707, n. 49. — *Callionyme baïkal.* Bonnaterre, planches de l'Encyclopédie méthodique.

2. Discours sur la nature des poissons.

3.

A la membrane des branchies	6	rayons.
A la première nageoire du dos	8	—
A la seconde	28	—
A chacune des nageoires pectorales	13	—
A celle de l'anus	32	—
A celle de la queue	13	—

QUARANTE ET UNIÈME GENRE

LES STROMATÉES

Le corps très comprimé et ovale.

ESPÈCES.	CARACTÈRES.
1. Stromatée fiatole.	Des dents au palais; deux lignes latérales de chaque côté; plusieurs bandes transversales.
2. Stromatée paru.	Point de dents au palais; une seule ligne latérale de chaque côté; point de bandes transversales.
3. Stromatée gris.	Trente-cinq rayons à la nageoire du dos; une seule ligne latérale; point de bandes transversales; le lobe inférieur de la caudale beaucoup plus long que le supérieur.
4. Stromatée argenté.	Trente-huit rayons à la dorsale; une seule ligne latérale; point de bandes transversales; les écailles petites, argentées et faiblement attachées à la peau; le museau avancé en forme de nez, au-dessous de la mâchoire supérieure.
5. Stromatée noir.	Quarante-six rayons à la nageoire du dos; une seule ligne latérale; point de bandes transversales; point de saillie du museau; la couleur noirâtre.

LE STROMATÉE FIATOLE[1]

Stromateus fiatola, Linn., Bl., Lacép., Cuv.

Tous les apodes de la première division des osseux que nous avons déjà examinés ont le corps plus ou moins allongé, cylindrique et serpentiforme. Dans les stromatées, les proportions générales sont bien différentes : l'animal est très comprimé par les côtés, et les deux surfaces latérales que produit cette compression sont assez hautes, relativement à leur longueur, pour représenter un ovale plus ou moins régulier. Cette conformation, unique parmi les apodes que nous décrivons, suffit pour empêcher de confondre les stromatées avec les autres genres de son ordre.

Parmi ces stromatées, l'espèce la plus anciennement connue est celle que l'on nomme *fiatole*, et que l'on trouve dans la mer Méditerranée, ainsi que dans la mer Rouge. Ses couleurs sont agréables et brillantes, et leur éclat frappe d'autant plus les yeux, qu'elles sont répandues sur les larges surfaces latérales dont nous venons de parler. Ordinairement ce beau pois-

1. *Stromateus fiatola*. — *Lisette*, sur quelques rivages de la mer Adriatique. — *Lampuga*, dans quelques contrées de l'Italie. — *Stromate fiatole*. Daubenton, Encyclopédie méthodique. — Bonnaterre, planches de l'Encyclopédie méthodique. — *Stromateus*. Artedi, gen. 19, syn. 33. — *Fiatole* et *Stromatée*. Rondelet, première partie, liv. VIII, chap. xx.

Trouchou. Rondelet, première partie, liv. VIII, chap. xix. — Nous verrons, dans la suite de cet ouvrage, que le stromatée décrit dans Rondelet, première partie, liv. V, chap. xxiv, et le *Stromateus* d'Athénée, liv. VII, p. 322, rapporté par Artedi à l'espèce que nous examinons, non seulement n'appartiennent pas à cette espèce ni au genre que nous décrivons, mais même ne doivent pas être compris dans l'ordre des apodes de la première division des osseux.

Fiatola Romæ dicta. Jonston, lib. I, titre 3, cap. I, *a*, 13, tab. 19, n. 8. — *Fiatola Romæ dicta*. Gesner, p. 925, et (Germ.) fol. 31. — Willughby, *Icht.*, p. 156. — Ray, p. 50. — *Fiatole*. Valmont de Bomare, *Dictionnaire d'histoire naturelle*.

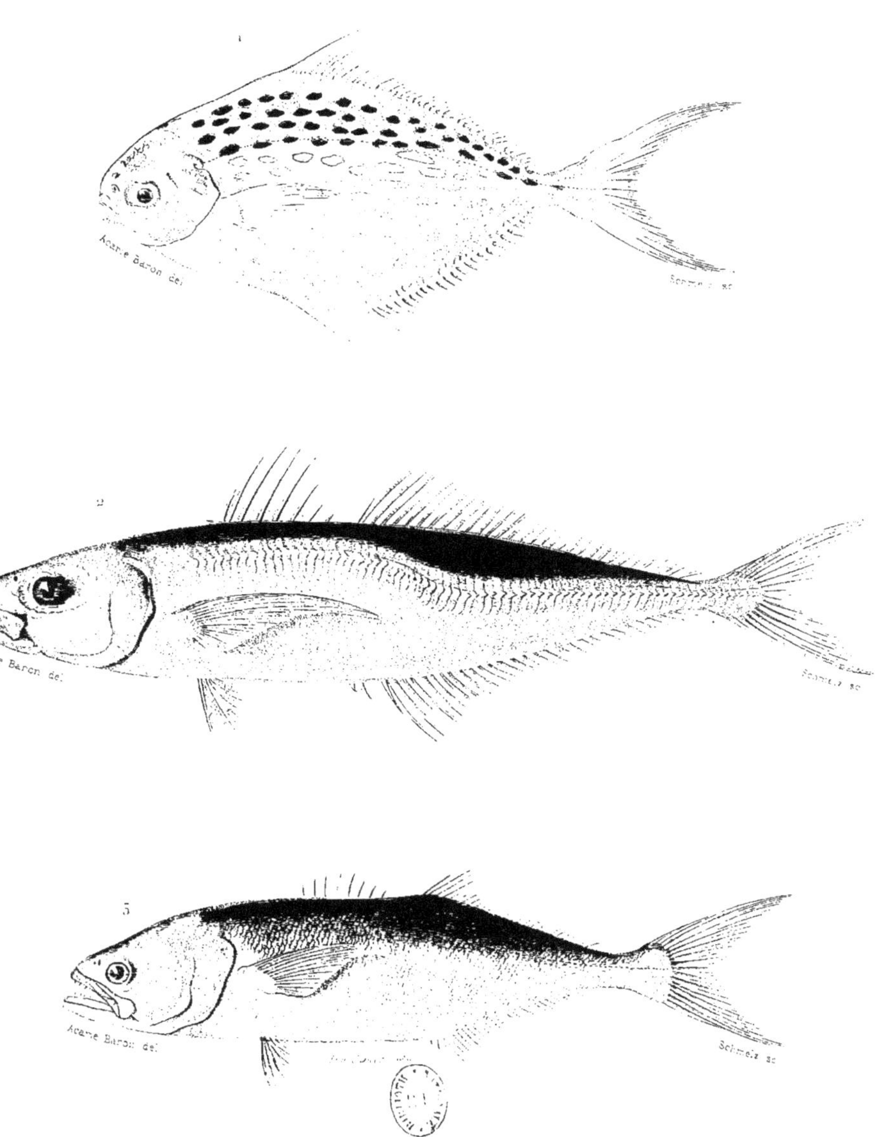

1 Le Stromatée Fiatole (Stromateus fiatola Lin.) 2 Le Caranx Trachure (Caranx Trachurus Lin.)

3 Le Scombéroïde sauteur (Temnodon saltator Cuv.)

d'après le Règne animal de Cuvier édition V. Masson

Garnier frères, Éditeurs

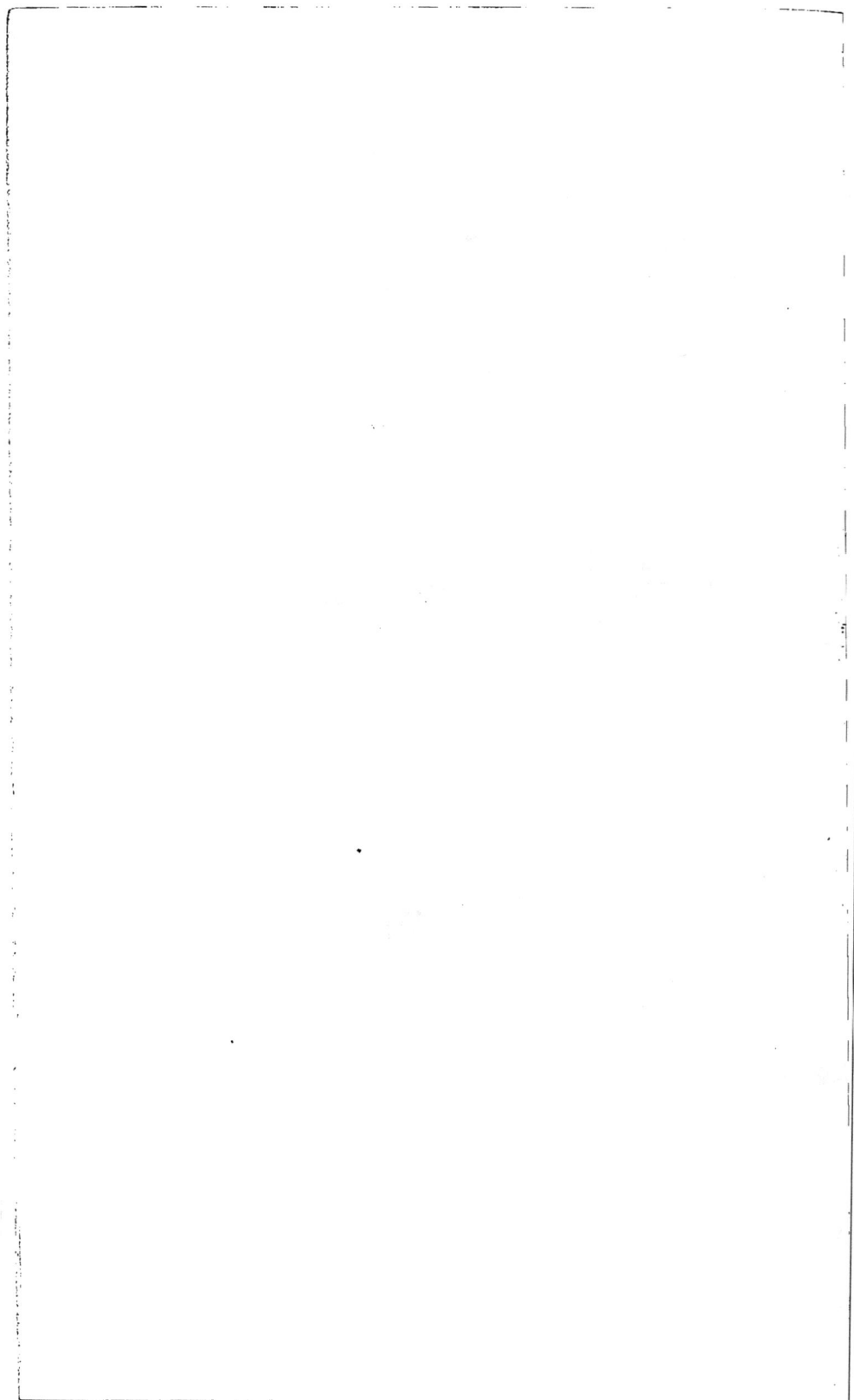

son est bleu dans sa partie supérieure et blanc dans sa partie inférieure, avec du rouge autour des lèvres; ces trois couleurs, que leurs nuances et leurs reflets marient et fondent les unes dans les autres, plaisent d'autant plus sur la fiatole, qu'elles sont relevées par des raies transversales étroites, mais nombreuses, et communément dorées, qui s'étendent en zigzag sur chacun des côtés de l'animal.

La bouche est petite; les mâchoires et le palais sont garnis de dents; la langue est large et lisse; chaque côté du corps présente deux lignes latérales, l'une courbe et l'autre presque droite; la nageoire de la queue est très fourchue[1]. Si on cherche, par le moyen de la dissection, à connaître les formes intérieures de la fiatole, on trouve un estomac rendu en quelque sorte double par un étranglement et un très grand nombre d'appendices ou de petits tubes intestinaux ouverts seulement par un bout et placés auprès du pylore.

LE STROMATÉE PARU[2]

Stromateus Paru, SLOAN., LACÉP.

Cette espèce n'est pas peinte de couleurs aussi variées que la fiatole, mais elle resplendit de l'éclat de l'or et de l'argent; l'or brille sur sa partie supérieure, et le dessous de ce poisson réfléchit une teinte argentée très vive. Elle habite dans l'Amérique méridionale et dans les grandes Indes, particulièrement auprès de Tranquebar; sa chair est blanche, tendre et exquise.

Sa langue est large, lisse et assez libre dans ses mouvements; ses mâchoires sont hérissées de dents petites et aiguës; mais on n'en voit pas sur le palais, comme dans la fiatole, et quelques osselets arrondis paraissent aux environs du gosier.

L'ouverture des branchies est très grande; l'opercule composé d'une seule lame bordée d'une membrane. Une seule ligne latérale assez large et argentée règne de chaque côté de l'animal. Les écailles du paru sont petites, minces, et tombent facilement. Cet osseux ne présente jamais que de petites dimensions, non plus que la fiatole; aussi ne se nourrit-il que de vers marins et de poissons très jeunes et très faibles[3].

1. A la nageoire dorsale.. 46 rayons.
A chacune des nageoires pectorales........................ 25 —
A celle de l'anus.. 34 —

2. *Stromateus unicolor*. Linné, douzième édition. — *Stromateus striis carens*. Bloch, pl. 160. — *Stromate paru*. Daubenton, Encyclopédie méthodique. — Bonnaterre, planches de l'Encyclopédie méthodique. — *Pampus*. Sloan., *Jamaic.*, 2, p. 281, tab. 250, fig. 4. — *Pampus*. Ray, *Pisc.*, 51.

3. A la membrane des branchies.. 2 rayons.
A la nageoire du dos.. 50 —
A chacune des pectorales.. 24 —
A celle de l'anus.. 42 —
A celle de la queue, qui est très fourchue........................ 18 —

On trouve dans les eaux du Chili un stromatée décrit par Molina[1], dont le dos, au lieu d'être doré, est d'un bleu céleste, et qui ne parvient guère qu'à la longueur de deux ou trois décimètres. Nous pensons, avec le professeur Gmelin, que ce stromatée, qui ne paraît différer du paru que par la couleur du dos, n'est peut-être qu'une variété de cette dernière espèce.

LE STROMATÉE GRIS[2]

Stromateus cinereus, LACÉP. — *S. griseus*, CUV.

LE STROMATÉE ARGENTÉ[3]

Stromateus argenteus, LACÉP., CUV.

LE STROMATÉE NOIR[4]

Stromateus niger, LACÉP., CUV.

Ces trois poissons, que Bloch a fait connaître, vivent dans les Indes orientales; leur dorsale et leur nageoire de l'anus sont en forme de faux.

Le gris a le museau un peu avancé; l'ouverture de la bouche petite; les deux mâchoires aussi longues l'une que l'autre et garnies toutes les deux d'une rangée de dents fines et très serrées; le palais uni; deux orifices à chaque narine; les rayons articulés et cependant très cassants; la couleur générale grise; les pectorales rougeâtres; une longueur de trois ou quatre décimètres et une épaisseur de cinq ou six centimètres.

Il n'entre jamais dans les rivières; on le prend avec de grands filets, à une certaine distance des côtes de la mer. On croit qu'il n'a pas de temps fixe pour frayer; aussi le pêche-t-on dans toutes les saisons; mais il est plus gras et sa chair est plus succulente vers le commencement du printemps; il est aussi d'un goût plus agréable quand il est un peu âgé; et lorsque ces deux circonstances se réunissent, il doit être d'autant plus recherché qu'il a très peu d'arêtes. Sa tête est surtout un morceau très délicat. On le conserve pendant quelques jours, en le faisant frire et en le mettant dans du vinaigre avec du poivre et de l'ail; on peut le garder plusieurs mois, lorsqu'on l'a coupé en tronçons, qu'on l'a salé, pressé et séché ou mariné avec du vinaigre, du cacao et du tamarin. Quand il est ainsi préparé, on le nomme *karawade*.

L'on doit remarquer dans le stromatée argenté l'ouverture des narines, qui est souvent en forme de croissant, et l'organisation ainsi que la couleur des nageoires, qui ne renferment que des rayons articulés, et qui sont blanchâtres à leur base et bleues à leur extrémité.

1. Molin., *Hist. nat. Chil.*, p. 199, n. 8. — *Stromateus cumarca.* Linné, édition de Gmelin. — *Stromate cumarca.* Bonnaterre, planches de l'Encyclopédie méthodique.
2. Bloch, pl. 420.
3. *Wallei-wawal*, par les habitants de la côte de Coromandel. — Bloch, pl. 421.
4. *Karu-wawal*, en langue malabare. — Bloch, pl. 422.

Observez dans le noir les dents qui sont un peu plus fortes que celles du gris et de l'argenté, la double ouverture de chaque narine et les écailles qui sont mieux attachées à la peau que celles du stromatée gris[1].

QUARANTE-DEUXIÈME GENRE

LES RHOMBES

Le corps très comprimé et assez court; chaque côté de l'animal représentant une sorte de rhombe; des aiguillons ou rayons non articulés aux nageoires du dos et de l'anus.

ESPÈCE.	CARACTÈRES.
RHOMBE ALÉPIDOTE.	Le corps dénué d'écailles facilement visibles; les nageoires du dos et de l'anus en forme de faux.

LE RHOMBE ALÉPIDOTE[2]

Rhombus alepidotus, LACÉP.

Ce poisson, que le docteur Garden avait envoyé de la Caroline à Linné et que l'illustre naturaliste de Suède a fait connaître aux amis des sciences, a été inscrit jusqu'à présent dans le genre des chétodons; mais indépendamment de plusieurs autres traits qui le séparent de ces derniers osseux, l'absence de nageoires inférieures placées au-devant de l'anus, non seulement l'écarte du genre des chétodons, mais oblige à ne pas le placer dans le même ordre que ces thoracins et à le comprendre dans celui des apodes dont nous nous occupons. Nous l'y avons mis à la suite des stromatées, avec lesquels la très grande compression, la hauteur et la brièveté de l'ensemble formé par son corps et par sa queue lui donnent beaucoup de rapports. Il en diffère cependant par plusieurs caractères, notamment par la figure rhomboïdale des faces latérales, qui sont ovales dans les stromatées, et par la nature de plusieurs rayons de la nageoire du dos ou de celle de l'anus, dans lesquels on ne remarque aucune articulation, et qui sont de véritables aiguillons.

La peau de l'alépidote ne présente d'ailleurs aucune écaille facilement visible; cette sorte de nudité qui lui a fait attribuer le nom de *nud*, ainsi que celui que j'ai cru devoir lui conserver, empêcherait seule de le confondre

1. A la membrane branchiale du stromatée gris... 7 rayons.
A chaque pectorale... 20 —
A la nageoire de l'anus... 29 —
A la nageoire de la queue... 20 —
A la membrane branchiale du stromatée argenté... 7 —
A chaque pectorale... 24 —
A l'anale... 38 —
A la nageoire de la queue... 19 —
A la membrane branchiale du stromatée noir... 7 —
A chaque pectorale... 16 —
A la nageoire de l'anus... 36 —
A la caudale... 20 —

2. *Chétodon nud.* Daubenton, Encyclopédie méthodique. — Bonnaterre, planches de l'Encyclopédie méthodique.

avec les stromatées et lui donne une nouvelle ressemblance avec les cécilies, les gymnotes, les murènes et plusieurs autres apodes de la première division des osseux.

Ses mâchoires ne présentent qu'un seul rang de dents; on voit sur chaque côté de l'animal deux lignes latérales, dont la supérieure suit le contour du dos, et dont l'inférieure est droite et paraît indiquer les intervalles des muscles. Les nageoires du dos et de l'anus sont placées au-dessus l'une de l'autre et offrent la forme d'une faux ; celle de la queue est fourchue[1].

Le rhombe alépidote est bleuâtre dans sa partie supérieure. Nous ignorons si on le trouve dans quelque autre contrée que la Caroline.

SUPPLÉMENT AU TABLEAU DU GENRE DES CYCLOPTÈRES

PREMIER SOUS-GENRE

LES NAGEOIRES DU DOS, DE LA QUEUE ET DE L'ANUS SÉPARÉES L'UNE DE L'AUTRE

ESPÈCE.	CARACTÈRES.
10. CYCLOPTÈRE SOURIS.	Cinq rayons à la membrane des branchies; trente-cinq rayons à la dorsale ; les deux mâchoires presque également avancées et garnies l'une et l'autre de dents très fines et très rapprochées; l'ouverture de l'anus assez grande et plus voisine de la tête que de la caudale; la peau dénuée d'écailles facilement visibles; la couleur d'un gris roux et clair vers la tête, et d'un gris brun vers l'extrémité de la queue.

LE CYCLOPTÈRE SOURIS[2]

Cyclopterus musculus, LACÉP.

M. Noël nous a envoyé une note très détaillée sur ce cycloptère. Cet habile observateur a pêché plusieurs individus de cette espèce dans les parcs de la digue de l'Eure, auprès du Havre. La souris, que l'on prend ordinairement pendant l'automne, a un décimètre de longueur sur vingt-cinq millimètres de largeur. La tête est plus large que haute. La langue occupe une grande partie de la gueule. Le palais est lisse ; mais on voit auprès du gosier deux os garnis de petites dents. Les yeux sont petits et ronds. L'ouverture de chaque narine est ovale. Une peau molle recouvre chaque opercule, qui se prolonge vers la queue en appendice émoussé. Le corps et la queue sont revêtus d'une peau très souple. Une petite gouttière, légèrement creusée, est

1. A la membrane branchiale .... 6 rayons.
A la nageoire dorsale, 3 aiguillons et articulés .... 48 —
A chaque nageoire pectorale .... 24 —
A la nageoire de l'anus, 3 aiguillons et articulés .... 44 —
A la nageoire de la queue .... 23 —

2. *Cyclopterus musculus*. — *Souris de mer*, par les pêcheurs des environs du Havre.

située sur la nuque. Au milieu des thoracines, qui sont réunies en disque, comme sous tous les cycloptères, et frangées à l'extérieur, on trouve des mamelons plus ou moins nombreux. La caudale est d'un gris cendré ; les autres nageoires sont brunâtres.

Ce cycloptère souris, qui tire son nom de sa petitesse, de sa couleur ou de la rapidité de ses mouvements, se nourrit de petits poissons et de chevrettes, ou d'autres crustacés très jeunes[1].

DIX-HUITIÈME ORDRE DE LA CLASSE ENTIÈRE DES POISSONS
OU SECOND ORDRE DE LA PREMIÈRE DIVISION DES OSSEUX

POISSONS JUGULAIRES OU QUI ONT DES NAGEOIRES SITUÉES SOUS LA GORGE

QUARANTE-TROISIÈME GENRE

LES MURÉNOÏDES

Un seul rayon à chacune des nageoires jugulaires; trois rayons à la membrane des branchies; le corps allongé, comprimé et en forme de lame.

ESPÈCE.	CARACTÈRE.
MURÉNOÏDE SUJEF.	Les mâchoires également avancées.

LE MURÉNOIDE SUJEF[2]

Blennius murenoides, SUJEF. — *Murænoides Sujef*, LACÉP.

Ce poisson a été inscrit parmi les blennies ; mais il nous a paru en être séparé par de grandes différences. De plus, ses caractères ne permettent de le placer dans aucun autre genre des jugulaires. Nous nous sommes donc vus obligés de le comprendre dans un genre particulier ; et comme les deux nageoires qu'il a sous la gorge sont très petites, composées d'un seul rayon et quelquefois difficiles à apercevoir, nous l'avons mis à la tête des jugulaires, qu'il lie avec les apodes par cette forme de nageoires inférieures. Il a d'ailleurs des rapports très nombreux avec les murènes et les trichiures. Son corps est allongé, aplati latéralement et fait en forme de lame d'épée, ainsi que celui des trichiures ; les écailles qui le revêtent sont aussi difficiles à distinguer que celles des murènes, et particulièrement de l'anguille. Un double rang de dents garnit les deux mâchoires. La tête présente quelquefois de petits tubercules ; le dessus de cette partie est triangulaire et un peu convexe. Trois rayons soutiennent seuls la membrane des branchies. L'ouverture de l'anus est située à peu près vers le milieu de la longueur du corps. La couleur de l'animal est d'un gris cendré qui s'éclaircit et se change en blanchâtre sur la tête et sur le ventre. Ce murénoïde est ordinairement long

1. A chaque pectorale du cycloptère souris........................ 33 rayons.
A l'anale.. 19 —
A la nageoire de la queue.. 5 —

2. Sujef, *Act. acad. Petropol.*, 1779, 2, p. 195, tab. 6, fig. 1.

de deux décimètres ; et nous lui avons donné le nom de *sujef*, afin de consacrer la reconnaissance que l'on doit au savant qui l'a fait connaître.

QUARANTE-QUATRIÈME GENRE

LES CALLIONYMES

La tête plus grosse que le corps; les ouvertures branchiales sur la nuque; les nageoires jugulaires très éloignées l'une de l'autre; le corps et la queue garnis d'écailles à peine visibles.

PREMIER SOUS-GENRE

LES YEUX TRÈS RAPPROCHÉS L'UN DE L'AUTRE

ESPÈCES.	CARACTÈRES.
1. CALLIONYME LYRE.	Le premier rayon de la première nageoire dorsale de la longueur du corps et de la queue; l'ouverture de la bouche très grande; la nageoire de la queue arrondie.
2. CALLIONYME DRAGONNEAU.	Les rayons de la première nageoire du dos beaucoup plus courts que le corps et la queue; l'ouverture de la bouche très grande; la nageoire de la queue arrondie.
3. CALLIONYME FLÈCHE.	Trois rayons à la membrane des branchies; l'ouverture de la bouche petite; la nageoire de la queue arrondie.
4. CALLIONYME JAPONAIS.	Le premier rayon de la première nageoire dorsale terminé par deux filaments; la nageoire de la queue fourchue.

SECOND SOUS-GENRE

LES YEUX TRÈS PEU RAPPROCHÉS L'UN DE L'AUTRE

ESPÈCE.	CARACTÈRES.
5. CALLIONYME POINTILLÉ.	L'ouverture de la bouche très petite; la nageoire de la queue arrondie.

LE CALLIONYME LYRE[1]

Callionymus Lyra, Linn., Lacép., Cuv.

Callionyme[2], lyre ; quelles images agréables, quels souvenirs touchants rappellent ces deux noms ! Beauté céleste, art enchanteur de la musique, toi

1. *Lavandière*, sur quelques côtes françaises de l'Océan. — *Callionyme lacert.* Daubenton, Encyclopédie méthodique. — *Id.* Bonnaterre, planches de l'Encyclopédie méthodique. — *Faun. suec.*, 304. — Strom. sond.

« Uranoscopus, ossiculo primo, etc. » Gronov., Mus. 1, n. 64. — « Cottus, ossiculis pinnæ dorsalis longitudine corporis. » Gronov., *Act. ups.*, 1740, p. 121, tabl. 8. — Bloch, pl. 161. — « Corystion ossiculo pinnæ dorsalis primo longissimo. » Klein, *Miss. pisc.*, 5, p. 93, n. 14. — « Lyra harvicensis. » Petiv., *Gazoph.*, 1, p. 1, n. 1, tab. 22, fig. 2. — « Exocœti tertium genus. » Séba, mus. 3. tab. 30, fig. 7. — Belon, *Aquat.*, p. 223.

Yellow gurnard. Tyson, *Act. angl.*, 24, n. 293, 1749, fig. 1. — *Dracunculus.* Gesn., *Aquat.*, p. 80; Icon. anim., p. 84. — « Cottus, pinna secunda dorsi alba. » Artedi, gen. 49, syn. 77. — Aldrov., *Pisc.*, p. 262. — Jonst., *Pisc.*, p. 91, tab. 21, fig. 4. — Willughby, *Icht.*, tab. H, 6, fig. 3.

Lacert. Rondelet, première partie, liv. X, chap. XI. — *Gemmeous dragoned.* Pennant, *Brit. zool.*, 3, p. 164, n. 69, tab. 27. — *Doucet* et *souris de mer.* Duhamel, *Traité des pêches*, seconde partie, cinquième section, chap. V, art. 2.

2. *Callionyme* vient du grec et signifie *beau nom*.

qui charmes les yeux, et toi qui émeus si profondément les cœurs sensibles, ces deux noms ingénieusement assortis renouvellent, pour ainsi dire, en la retraçant à la mémoire, votre douce, mais irrésistible puissance ! Vous que la plus aimable des mythologies fit naître du sein des flots azurés ou sur des rives fortunées, qui près des poétiques rivages de la Grèce héroïque formâtes une alliance si heureuse, confondîtes vos myrtes avec vos lauriers, et échangeâtes vos couronnes, que vos images riantes embellissent à jamais les tableaux des peintres de la nature ! Béni soit celui qui, par deux noms adroitement rapprochés, associa vos emblèmes comme vos deux pouvoirs magiques avaient été réunis, et qui ne voulut pas qu'un des plus beaux habitants d'une mer témoin de votre double origine pût exposer aux regards du naturaliste attentif ses couleurs brillantes, ni l'espèce de lyre qui paraît s'élever sur son dos, sans ramener l'imagination séduite et vers le dieu des arts, et vers la divinité qui les anime, et dont le berceau fut placé sur les ondes ! Non, nous ne voudrons pas séparer deux noms dont l'union est d'ailleurs consacrée par le génie ; nous ne ferons pas de vains efforts pour empêcher les amis de la science de l'être aussi des grâces ; nous ne croirons pas qu'une sévérité inutile doive repousser avec austérité des sentiments consolateurs ; et si nous devons chercher à dissiper les nuages que l'ignorance et l'erreur ont rassemblés devant la nature, à déchirer ces voiles ridicules et surchargés d'ornements étrangers dont la main maladroite d'un mauvais goût froidement imitateur a entouré le sanctuaire de cette nature si admirable et si féconde, nous n'oublierons pas que nous ne pouvons la connaître telle qu'elle est, qu'en ne blessant aucun de ses attraits.

Nous dirons donc toujours *callionyme lyre*. Mais voyons ce qui a mérité au poisson que nous allons examiner l'espèce de consécration qu'on en a faite, lorsqu'on lui a donné la dénomination remarquable que nous lui conservons.

Nous avons sous les yeux l'un des premiers poissons jugulaires que nous avons cru devoir placer sur notre tableau ; et déjà nous pouvons voir des traits très prononcés de ces formes qui attireront souvent notre attention, lorsque nous décrirons les osseux thoracins et les osseux abdominaux. Mais à des proportions particulières dans la tête, à des nageoires élevées ou prolongées, à des piquants plus ou moins nombreux, les callionymes et surtout la lyre réunissent un corps et une queue encore un peu serpentiformes, et une peau dénuée d'écailles facilement visibles. Ils montrent un grand nombre de titres de parenté avec les apodes que nous venons d'étudier.

Si de ce coup d'œil général nous passons à des considérations plus précises, nous trouverons que la tête est plus large que le corps, très peu convexe par-dessus et plus aplatie encore par-dessous. Les yeux sont très rapprochés l'un de l'autre. On a écrit qu'ils étaient garnis d'une membrane clignotante ; mais nous nous sommes assurés que ce qu'on a pris pour une telle membrane n'est qu'une saillie du tégument le plus extérieur de la tête, laquelle se prolonge un peu au-dessus de chaque œil, ainsi qu'on a pu l'observer sur le plus grand nombre de raies et de squales.

L'ouverture de la bouche est très grande ; les lèvres sont épaisses, les mâchoires hérissées de plusieurs petites dents, et les mouvements de la langue assez libres. On voit à l'extrémité des os maxillaires un aiguillon divisé en branches dont le nombre paraît varier. L'opercule branchial n'est composé que d'une seule lame ; mais il est attaché, ainsi que la membrane branchiale, à la tête ou au corps de l'animal, dans une si grande partie de sa circonférence, qu'il ne reste d'autre ouverture pour la sortie ou pour l'introduction de l'eau, qu'une très petite fente placée de chaque côté au-dessus de la nuque et qui, par ses dimensions, sa position et sa figure, ressemble beaucoup à un évent.

L'ouverture de l'anus est beaucoup plus près de la tête que de la nageoire de la queue. La ligne latérale est droite.

Sur le dos s'élèvent deux nageoires : la plus voisine de la tête est composée de quatre ou de cinq, et même quelquefois de sept rayons. Le premier est si allongé et dépasse la membrane en s'étendant à une si grande hauteur que sa longueur égale l'intervalle qui sépare la nuque du bout de la queue. Les trois ou quatre qui viennent ensuite sont beaucoup moins longs et décroissent dans une telle proportion, que le plus souvent ils paraissent être entre eux et avec le premier dans les mêmes rapports que des cordes d'un instrument destinées à donner, par les seules différences de leur longueur, les tons *ut*, *ut* octave, *sol*, *ut* double octave, et *mi*, c'est-à-dire l'accord le plus parfait de tous ceux que la musique admet. Au delà, deux autres rayons plus courts encore se montrent quelquefois et paraissent représenter des cordes destinées à faire entendre des sons plus élevés que le *mi* ; et voilà donc une sorte de lyre à cordes harmoniquement proportionnées, qu'on a cru, pour ainsi dire, trouver sur le dos du callionyme dont nous parlons. Comment dès lors se serait-on refusé à l'appeler *lyre* ou *porte-lyre*[1] !

Les autres nageoires, particulièrement celle de l'anus et la seconde du dos, qui se prolongent vers l'extrémité de la queue en bandelette membraneuse, ont une assez grande étendue et forment de larges surfaces sur lesquelles les belles nuances de la lyre peuvent, en se déployant, justifier son nom de *callionyme*. Les tons de couleur qui dominent au milieu de ces nuances sont le jaune, le bleu, le blanc et le brun, qui les encadre, pour ainsi dire.

Le jaune règne sur les côtés du dos, sur la partie supérieure des deux

1.

A la membrane des branchies	6	rayons.
A la première nageoire dorsale	4 à 7	—
A la seconde nageoire du dos	10	—
A chacune des pectorales	18	—
A chacune des nageoires jugulaires	6	—
A celle de l'anus	10	—
A celle de la queue, qui est arrondie	9	—

nageoires dorsales et sur toutes les autres nageoires, excepté celle de l'anus. Le bleu paraît avec des teintes plus ou moins foncées sur cette nageoire de l'anus, sur les deux nageoires dorsales où il forme des raies souvent ondées, sur les côtés où il est distribué en taches irrégulières. Le blanc occupe la partie inférieure de l'animal.

Ces nuances, dont l'éclat, la variété et l'harmonie distinguent le callionyme lyre, sont une nouvelle preuve des rapports que nous avons indiqués, dans notre discours sur la nature des poissons, entre les couleurs de ces animaux et la nature de leurs aliments ; nous avons vu que très fréquemment les poissons les plus richement colorés étaient ceux qui se nourrissaient de mollusques ou de vers. La lyre a reçu une parure magnifique, et communément elle recherche des oursins et des astéries.

Au reste, ce callionyme ne parvient guère qu'à la longueur de quatre ou cinq décimètres ; on le trouve non seulement dans la Méditerranée, mais encore dans d'autres mers australes ou septentrionales ; et on dit que, dans presque tous les climats qu'il habite, sa chair est blanche et agréable au goût.

LE CALLIONYME DRAGONNEAU[1]

Callionymus Dracunculus, Linn., Lacép.

Ce callionyme habite les mêmes mers que la lyre, avec laquelle il a de très grands rapports ; il n'en diffère même d'une manière très sensible que par la brièveté et les proportions des rayons qui soutiennent la première nageoire dorsale, par le nombre des rayons des autres nageoires[2], par la forme de la ligne latérale qu'on a souvent de la peine à distinguer, et par les nuances et la disposition de ses couleurs. Beaucoup moins brillantes que celles de la lyre, ces teintes sont brunes sur la tête et le dos, argentées avec des taches sur la partie inférieure de l'animal. Ces tons simples et très peu éclatants ne sont relevés communément que par un peu de verdâtre que l'on voit sur les nageoires de la poitrine et de l'anus, du verdâtre mêlé à du jaune qui distingue les nageoires jugulaires, et du jaune qui s'étend par raies sur la seconde nageoire dorsale, ainsi que sur celle de la queue.

D'ailleurs, la chair du dragonneau est, comme celle de la lyre, blanche et d'un goût agréable. Il n'est donc pas surprenant que quelques natura-

1. *Callionyme dragonneau.* Daubenton, Encyclopédie éthodique. — *Id.* Bonnaterre, planches de l'Encyclopédie méthodique. — Müller, *Zoolog. d*a , tab. 20. — « Uranoscopus ossiculo primo pinnæ dorsalis primæ unciali. » Gronov., Mus. 1, n. 3. — Bloch, pl. 162, fig. 2. — *Sordid dragoned.* Pennant, *Brit. zool.*, 3, p. 167, tab. 27.

2.

A la première nageoire dorsale	4	rayons.
A la seconde nageoire du dos	10	—
A chacune des pectorales	19	—
A chacune des jugulaires	6	—
A celle de l'anus	9	—
A celle de la queue	10	—

listes, et particulièrement le professeur Gmelin, aient soupçonné que ces deux callionymes pourraient bien être de la même espèce, mais d'un sexe différent. Nous n'avons pas pu nous procurer assez de renseignements précis pour nous assurer de l'opinion que l'on doit avoir relativement à la conjecture de ces savants. Dans le doute, nous nous sommes conformés à l'usage du plus grand nombre des auteurs qui ont écrit sur l'ichtyologie, en séparant de la lyre le callionyme dragonneau, qu'il sera, au reste, aisé de retrancher de notre tableau méthodique.

LE CALLIONYME FLÈCHE[1]

Callionymus Sagitta, Pall., Lacép., Cuv.

LE CALLIONYME JAPONAIS[2]

Callionymus japonicus, Lacép.

Ces deux espèces appartiennent, comme la lyre et le dragonneau, au premier sous-genre des callionymes, c'est-à-dire elles ont les yeux très rapprochés l'un de l'autre. L'illustre Pallas a fait connaître la première, et le savant Houttuyn la seconde.

La flèche décrite par le naturaliste de Saint-Pétersbourg avait à peine un décimètre de longueur. L'espèce à laquelle appartenait cet individu vit dans la mer qui entoure l'île d'Amboine ; elle est, dans sa partie supérieure, d'un brun mêlé de taches irrégulières et nuageuses d'un gris blanchâtre qui règne en s'éclaircissant sur la partie inférieure. Des taches ou des points bruns paraissent sur le haut de la nageoire caudale et sur les nageoires jugulaires ; une bande très noire se montre sur la partie postérieure de la première nageoire dorsale ; et la seconde du dos, ainsi que les pectorales, sont très transparentes et variées de brun et de blanc[3]. Voici, d'ailleurs, les principaux caractères par lesquels la flèche est séparée de la lyre. L'ouverture de la bouche est très petite ; les lèvres sont minces et étroites ; les opercules des branchies sont mous et composés au moins de deux lames, dont la première se termine par une longue pointe et présente, dans son bord postérieur, une dentelure très sensible ; on ne voit que trois rayons à la membrane branchiale ; la première nageoire du dos et celle de l'anus sont très basses, ou, ce qui est la même chose, forment une bande très étroite.

1. Pallas, *Spicil. zool.*, 8, p. 29, tab. 4, fig. 4 et 5. — *Callionyme flèche.* Daubenton, Encyclopédie méthodique. — Bonnaterre, planches de l'Encyclopédie méthodique.

2. Houttuyn, *Act. Haarlem.*, 20, 2, p. 313, n. 1. — *Callionyme du Japon.* Bonnaterre, planches de l'Encyclopédie méthodique.

3.

A la membrane des branchies	3	rayons.
A la première dorsale	4	—
A la seconde	9	—
A chacune des pectorales	11	—
A chacune des jugulaires	5	—
A la nageoire de l'anus	8	—
A celle de la queue	10	—

Le nom de *callionyme japonais* indique qu'il vit dans les mers assez voisines de celles dans lesquelles on trouve la flèche. Il parvient à la longueur de trois décimètres ou environ. Il présente différentes nuances. Sa première nageoire dorsale montre une tache noire, ronde et entourée de manière à représenter l'iris d'un œil; les rayons de cette même nageoire sont noirs, et le premier de ces rayons se termine par deux filaments assez longs, ce qui forme un caractère extrêmement rare dans les divers genres de poissons. La seconde nageoire du dos est blanchâtre; les nageoires pectorales sont arrondies, les jugulaires très grandes, et celle de la queue est très allongée et fourchue[1].

LE CALLIONYME POINTILLÉ[2]

Callionymus ocellatus, PALL., CUV. — *Callionymus punctulatus*, LACÉP.

Ce poisson, qui appartient au second sous-genre des callionymes et, par conséquent, a les yeux assez éloignés l'un de l'autre, ne présente que de très petites dimensions. L'individu mesuré par le naturaliste Pallas, qui a fait connaître cette espèce, n'était que de la grandeur du *petit doigt de la main*. Ce callionyme est d'ailleurs varié de brun et de gris et parsemé, sur toutes les places grises, de points blancs et brillants; le blanchâtre règne sur la partie inférieure de l'animal; la seconde nageoire du dos est brune avec des raies blanches et parallèles; les pectorales sont transparentes et pointillées de blanc à leur base, ainsi que celle de la queue; les rayons de ces trois nageoires présentent une ou deux places brunes; les jugulaires sont noires dans leur centre et blanches dans leur circonférence; la nageoire de l'anus est blanche à sa base et noire dans le reste de son étendue.

Telles sont les couleurs des deux sexes; mais voici les différences qu'ils offrent dans leurs nuances : la première nageoire du dos du mâle est toute noire; celle de la femelle montre une grande variété de tons qui se déploient d'autant plus facilement que cette nageoire est plus haute que celle du mâle. Sur la partie inférieure de cet instrument de natation s'étendent des raies brunes relevées par une bordure blanche et par une bordure plus extérieure et noire; sur la partie supérieure, on voit quatre ou cinq taches rondes, noires dans leur centre, entourées d'un cercle blanc bordé de noir et imitant un iris avec sa prunelle.

Ces dimensions plus considérables et ces couleurs plus vives et plus

1. A la première nageoire dorsale ..... 4 rayons.
A la seconde ..... 10 —
A chacune des pectorales ..... 17 —
A chacune des jugulaires ..... 5 —
A celle de l'anus ..... 8 —
A celle de la queue ..... 9 —

2. Pallas, *Spicil. zoolog.*, 8, p. 25, tabl. 4, fig. 13. — *Callionyme œillé*. Daubenton, Encyclopédie méthodique. — *Callionyme petit argus*. Bonnaterre, planches de l'Encyclopédie méthodique.

variées d'un organe sont ordinairement dans les poissons, comme dans presque tous les autres animaux, un apanage du mâle plutôt que de la femelle. L'on doit remarquer de plus dans la femelle du callionyme pointillé un appendice conique situé au delà de l'anus, qui, étant très petit, peut être couché et caché aisément dans une sorte de fossette, et qui vraisemblablement sert à l'émission des œufs[1].

Dans les deux sexes, l'ouverture de la bouche est très petite ; les lèvres sont épaisses ; la supérieure est double, l'opercule branchial garni d'un piquant, et la ligne latérale assez droite.

QUARANTE-CINQUIÈME GENRE

LES CALLIOMORES

La tête plus grosse que le corps; les ouvertures branchiales placées sur les côtés de l'animal; les nageoires jugulaires très éloignées l'une de l'autre; le corps et la queue garnis d'écailles à peine visibles.

ESPÈCE.	CARACTÈRES.
CALLIOMORE INDIEN.	Sept rayons à la membrane des branchies; deux aiguillons à la première pièce, et un aiguillon à la seconde de chaque opercule.

LE CALLIOMORE INDIEN [2]

Calliomorus indicus, Lacép. — *Callionymus indicus*, Linn. — *Platycephalus Spatula*, Bloch, Cuv.

Ce mot *calliomore*, formé par contraction de deux mots grecs, dont l'un est *kallionymos*, et l'autre veut dire *limitrophe*, *voisin*, etc., désigne les grands rapports qui rapprochent le poisson que nous allons décrire des vrais callionymes; il a même été inscrit jusqu'à présent dans le même genre que ces derniers animaux ; mais il nous a paru en différer par trop de caractères essentiels pour que les principes qui nous dirigent dans nos distributions méthodiques nous aient permis de ne pas l'en séparer.

Le colliomore indien a des teintes bien différentes, par leur éclat et leur uniformité, des couleurs variées et brillantes qui parent les callionymes, et surtout la lyre ; il est d'un gris plus ou moins livide. L'ensemble de son corps et de sa queue est d'ailleurs très déprimé, c'est-à-dire aplati de haut en bas ; ce qui le lie avec les uranoscopes dont nous allons parler et ne contribue pas peu à déterminer la place qu'il doit occuper dans un tableau gé-

1.

A la membrane des branchies	5 ou 6 rayons.
A la première nageoire dorsale	4 —
A la seconde	8 —
A chacune des pectorales	20 —
A chacune des jugulaires	5 —
A celle de l'anus	7 —
A celle de la queue	10 —

2. *Callionyme indien*. Bonnaterre, planches de l'Encyclopédie méthodique.

néral des poissons. Les ouvertures de ses branchies sont placées sur les côtés de la tête, au lieu de l'être sur la nuque, comme celles des branchies des callionymes ; ces orifices ont de plus beaucoup de largeur ; la membrane qui sert à les former est soutenue par sept rayons ; et l'opercule, composé de deux lames, présente deux piquants sur la première de ces deux pièces et un piquant sur la seconde.

La mâchoire inférieure est un peu plus avancée que celle de dessus ; l'on voit sur la tête des rugosités disposées longitudinalement ; le premier rayon de la première nageoire dorsale est très court et séparé des autres[1].

C'est en Asie que l'on trouve le calliomore indien.

QUARANTE-SIXIÈME GENRE

LES URANOSCOPES

La tête déprimée et plus grosse que le corps ; les yeux sur la partie supérieure de la tête et très rapprochés ; la mâchoire inférieure beaucoup plus avancée que la supérieure ; l'ensemble formé par le corps et la queue presque conique et revêtu d'écailles très faciles à distinguer ; chaque opercule branchial composé d'une seule pièce et garni d'une membrane ciliée.

ESPÈCES.	CARACTÈRES.
1. URANOSCOPE RAT.	Le dos dénué d'écailles épineuses.
2. URANOSCOPE HOUTTUYN.	Le dos garni d'écailles épineuses.

L'URANOSCOPE RAT [2]

Uranoscopus scaber, LINN., BLOCH. — *Uranoscopus Mus*, LACÉP.

Les noms de *callionyme* et de *trachine* donnés à cet animal annoncent

1. A la première nageoire dorsale .... 7 rayons.
A la seconde .... 13 —
A chacune des pectorales .... 20 —
A chacune des jugulaires .... 6 —
A la nageoire de l'anus .... 13 —
A celle de la queue .... 11 —

2. *Tapecon*, *Raspecon*, sur les côtes de plusieurs départements méridionaux de France. — *Mesoro*, *Pesce prete*, *Rascassa bianca*, *Bocca in capo*, dans quelques contrées de l'Italie. — *Nycteris*.

Uranoscope rat. Daubenton, Encyclopédie méthodique. — Bonnaterre, planches de l'Encyclopédie méthodique. — *Kalliónymos*. Aristote, lib. II, cap. XV ; et lib. VIII, cap. XIII. — *Id.* Ælian, lib. XIII, cap. IV, p. 753. — *Oyranoscopos*, Athen., lib. VII, f. 142, 5. — *Agnos*, Idem, lib. VIII, f. 177, 33. — *Emerocoites*. Oppian, lib. II, p. 37. — *Callionymus*, seu *Uranoscopus*. Pline, lib. XXXII, cap. VII et XI. — Galen., class. 1, fol. 125, A.

Uranoscopus. Cub., l. III, cap. CI, fol. 93, *b*. — *Raspecon*, ou *Tapecon*. Rondelet, première partie, liv. X, chap. XII. — Salvian., fol. 195, *b*, ad. icon. et 197, *b*, et 198. — Aldrov., lib. II, cap. LI, p. 265. — Jonston, lib. I, tit. 3, cap. III, *a*, 1 ; punct. 4, tab. 21, fig. 7. — *Uranoscopus*, seu *cœli speculator*, Charlet, p. 147. — Wotton, lib. VIII, cap. CLXXI, fol. 154, *b*. — *Pulcher piscis*, Gaz. — « Trachinus ciris multis in maxilla inferiore. » Artedi, gen. 42, syn. 71. — Bloch, pl. 163. — *Corystion*. Klein, *Miss. pisc.*, 4, p. 46, n. 1. — *Ruysch*, Theatr., p. 62, tab. 21, fig. 7.

Belon, *Aquat.*, p. 219. — Gesner, *Aquat.*, p. 135, icon. anim., p. 138. — *Callionymus*, vel *Uranoscopus*. Willughby, *Icht.*, p. 287, tab. S, 9. — Ray, *Pisc.*, p. 97, n. 22. — *Raspecon*, ou *Tapecon*. Valmont de Bomare, *Dictionn. d'histoire naturelle*. — *Rascasse blanche*. Duhamel, *Traité des pêches*, seconde partie, cinquième section, chap. 1er, art. 4.

les ressemblances qu'il présente avec les vrais callionymes et avec le genre dont nous nous occuperons après avoir décrit celui des uranoscopes. Nous n'avons pas besoin d'indiquer ces similitudes ; on les remarquera aisément. D'un autre côté, cette dénomination d'*uranoscope* (qui regarde le ciel) désigne le caractère frappant que montre le dessus de la tête du rat et des autres poissons du même genre. Leurs yeux sont, en effet, non seulement très rapprochés l'un de l'autre et placés sur la partie supérieure de la tête, mais tournés de manière que lorsque l'animal est en repos, ses prunelles sont dirigées vers la surface des eaux ou le sommet des cieux.

La tête, très aplatie et beaucoup plus grosse que le corps, est d'ailleurs revêtue d'une substance osseuse et dure, qui forme comme une sorte de casque garni d'un très grand nombre de petits tubercules, s'étend jusqu'aux opercules qui sont aussi très durs et verruqueux, présente, à peu près au-dessus de la nuque, deux ou plus de deux piquants renfermés quelquefois dans une peau membraneuse, et se termine sous la gorge par trois ou cinq autres piquants. Chaque opercule est aussi armé de pointes tournées vers la queue et engagées en partie dans une sorte de gaine très molle.

L'ouverture de la bouche est située à l'extrémité de la partie supérieure de la tête, et l'animal ne peut la fermer qu'en portant vers le haut le bout de sa mâchoire inférieure, qui est beaucoup plus longue que la mâchoire supérieure. La langue est épaisse, forte, courte, large et hérissée de très petites dents. De l'intérieur de la bouche et près du bout antérieur de la mâchoire inférieure, part une membrane, laquelle se rétrécit, s'arrondit et sort de la bouche en filament mobile et assez long.

Le tronc et la queue représentent ensemble une espèce de cône recouvert de petites écailles, et sur chaque côté duquel s'étend une ligne latérale qui commence aux environs de la nuque, s'approche des nageoires pectorales[1], va directement ensuite jusqu'à la nageoire de la queue, et indique une série de pores destinés à laisser échapper cette humeur onctueuse si nécessaire aux poissons, et dont nous avons déjà eu tant d'occasions de parler.

Il y a deux nageoires sur le dos ; celles de la poitrine sont très grandes, ainsi que la caudale. Des teintes jaunâtres distinguent ces nageoires pectorales ; celle de l'anus est d'un noir éclatant : l'animal est d'ailleurs brun par-dessus, gris sur les côtés et blanc par-dessous.

Le canal intestinal de l'uranoscope rat n'est pas très long, puisqu'il n'est replié qu'une fois; mais la membrane qui forme les parois de son estomac

1. A la membrane des branchies	5	rayons.
A la première nageoire dorsale	4	—
A la seconde	14	—
A chacune des pectorales	17	—
A chacune des jugulaires	6	—
A la nageoire de l'anus	13	—
A celle de la queue, qui est rectiligne	12	—

est assez forte, et l'on compte auprès du pylore, depuis huit jusqu'à douze appendices ou petits *cæcums* propres à prolonger le séjour des aliments dans l'intérieur du poisson, et par conséquent à faciliter la digestion.

Le rat habite particulièrement dans la Méditerranée. Il y vit le plus souvent auprès des rivages vaseux; il s'y cache sous les algues; il s'y enfonce dans la fange; et par une habitude semblable à celles que nous avons déjà observées dans plusieurs raies, dans la lophie baudroie, et dans quelques autres poissons, il se tient en embuscade dans le limon, ne laissant paraître qu'une petite partie de sa tête, mais étendant le filament mobile qui est attaché au bout de sa mâchoire inférieure, et attirant, par la ressemblance de cette sorte de barbillon avec un ver, de petits poissons qu'il dévore. C'est Rondelet qui a fait connaître le premier cette manière dont l'uranoscope rat parvient à se saisir facilement de sa proie. Ce poisson ne peut se servir de ce moyen de pêcher, qu'en demeurant pendant très longtemps immobile et paraissant plongé dans un sommeil profond. Voilà pourquoi, apparemment, on a écrit qu'il dormait plutôt pendant le jour que pendant la nuit, quoique, dans son organisation, rien n'indique une sensibilité aux rayons lumineux moins vive que celle des autres poissons, desquels on n'a pas dit que le temps de leur sommeil fût le plus souvent celui pendant lequel le soleil éclaire l'horizon[1].

Il parvient jusqu'à la longueur de trois décimètres : sa chair est blanche, mais quelquefois dure et de mauvaise odeur; elle indique par ces deux mauvaises qualités les petits mollusques et les vers marins dont le rat aime à se nourrir, et les fonds vaseux qu'il préfère. Dès le temps des anciens naturalistes grecs et latins, on savait que la vésicule du fiel de cet uranoscope est très grande, et l'on croyait que la iqueur qu'elle contient était très propre à guérir des plaies et quelques maladies des yeux[2].

L'URANOSCOPE HOUTTUYN[3]

Uranoscopus japonicus, Linn., Gmel. — *Uranoscopus Houttuyn*, Lacép.

Le nom que nous donnons à cet uranoscope est un témoignage de la reconnaissance que les naturalistes doivent au savant Houttuyn, qui en a publié le premier la description.

On trouve ce poisson dans la mer qui baigne les îles du Japon. Il est, par ses couleurs, plus agréable à voir que l'uranoscope rat; en effet, il est jaune dans sa partie supérieure et blanc dans l'inférieure. Les nageoires

1. Voyez, dans le Discours sur la nature des poissons, ce qui concerne le sommeil de ces animaux.

2. Pline, lib. XXXII, cap. VII.

3. Houttuyn, *Act. Haarlem*, 20, 2, p. 314. — *Uranoscope astrologue*. Bonnaterre, planches de l'Encyclopédie méthodique.

jugulaires sont assez courtes[1]; des écailles épineuses sont rangées longitudinalement sur le dos de l'houttuyn.

QUARANTE-SEPTIÈME GENRE

LES TRACHINES

La tête comprimée et garnie de tubercules ou d'aiguillons; une ou plusieurs pièces de chaque opercule dentelées; le corps et la queue allongés, comprimés et couverts de petites écailles; l'anus situé très près des nageoires pectorales.

	ESPÈCES.	CARACTÈRES.
1.	TRACHINE VIVE.	La mâchoire inférieure plus avancée que la supérieure.
2.	TRACHINE OSBECK.	Les deux mâchoires également avancées.

LA TRACHINE VIVE[2]

Trachinus Draco, LINN. — *Trachinus Vividus*, LACÉP.

Cet animal a été nommé *dragon marin* dès le temps d'Aristote. Et comment n'aurait-il pas, en effet, réveillé l'idée du dragon? Ses couleurs sont souvent brillantes et agréables à la vue; il les anime par la vivacité de ses mouvements; il a de plus reçu le pouvoir terrible de causer des blessures cruelles, par des armes pour ainsi dire inévitables. Une beauté peu com-

1. A la première nageoire dorsale........ 4 rayons.
A la seconde........ 15 —
A chacune des pectorales........ 12 —
A chacune des jugulaires........ 5 —
A celle de la queue........ 8 —

2. *Viver*, sur plusieurs côtes françaises de l'Océan. — *Araigne*, sur les rivages de plusieurs départements méridionaux de France. — *Saccaraïlla blanc*, auprès de Bayonne. — *Tragina*, en Sicile. — *Pisce ragno*, dans plusieurs contrées de l'Italie. — *Fiæsing*, en Danemark. — *Fjarsing*, par les Danois et les Suédois. — *Schwerl fish*, dans plusieurs pays du nord de l'Europe. — *Pieterman*, *Weever*, par les Anglais. — *Dracaina*, par les Grecs modernes. — *Aranéole*, *Boisdereau* et *Bois de roc*, pendant la jeunesse de l'animal, et sur quelques côtes méridionales de France.

Trachine vive. Daubenton, Encyclopédie méthodique. — Bonnaterre, planches de l'Encyclopédie méthodique. — Bloch, pl. 61. « Trachinus maxilla inferiore longiore, cirris destituta. » Artedi, gen. 42, syn. 70. — *Dracón*, Arist., lib. VIII, cap. XIII. *Dracón dalattion*. Ælian, t. XI, cap. XLI; et lib. XIV, cap. XII. Oppian, lib. I, p. 7; et lib. II, p. 46. *Draco marinus*. Pline, lib. IX, cap. XXVII. *Aruneus*, lib. IX, cap. XLVIII.

Wotton, lib. VIII, cap. CLXXVIII, fol. 158, *b*. — *Draco*, sive *Araneus piscis*. Salvian., fol. 71, *b*. — *Araignée de mer*, ou *Vive*. Rondelet, première partie, liv. X, chap. X. — *Draco marinus*. Aldrov., lib. II, cap. L, p. 256.

Jonston, lib. I, tit. III, cap. III, *a*, 1, punct. 2, tab. 21, fig. 2, 3, 5. — Charleton, p. 146. — *Draco* sive *Araneus Plinii*, Gesner, p. 77. — Willughby, p. 288, tab. S, 10, fig. 1. — Ray, p. 91. — *Aranea*, Cuba, lib. III, cap. III, fol. 71, *b*. — *Araneus*, vel *Draco marinus*, Schonev., p. 16. — Belon, *Aquat.*, p. 215. — *It. scan.*, 325. — *Faun. suecic.* 305. — Müll. *Prodrom. Zool. danic.*, n. 309.

Trach nus. Gronov., *Act. ups.*, 1742, p. 95. — Mus. 1, 42, n. 97; *Zooph.*, p. 80, n. 274.

Trachinus draco. Brünn., *Pisc. massil.*, p. 19, n. 30. — *Corystion simplici galea*. Klein, *Miss. pisc.*, 4, p. 46, n. 9. — *Wever*. Pennant, *Brit. zool.*, 3, p. 169, n. 71, tab. 28. — *La Vive*. Duhamel, *Traité des pêches*, seconde partie, sixième section, chap. I, art. 3. — *Dragon de mer*. Valmont de Bomare, *Dictionn. d'histoire naturelle*. — *Trachinus draco*. Ascagne, pl. 7.

mune et une puissance dangereuse n'ont-elles pas toujours été les attributs distinctifs des enchanteresses créées par l'antique mythologie, ainsi que des fées auxquelles une poésie plus moderne a voulu donner le jour? Ne doivent-elles pas, lorsqu'elles se trouvent réunies, rappeler le sinistre pouvoir de ces êtres extraordinaires, retracer l'image de leurs ministres, présenter surtout à l'imagination amie du merveilleux ce composé fantastique, mais imposant, de formes, de couleurs, d'armes, de qualités effrayantes et douées cependant d'un attrait invincible, qui, servant, sous le nom de *dragon*, les complots ténébreux des magiciennes de tous les âges, au char desquelles on l'a attaché, ne répand l'épouvante qu'avec l'admiration, séduit avant de donner la mort, éblouit avant de consumer, enchante avant de détruire?

Et afin que cette même imagination fût plus facilement entraînée au delà de l'intervalle qui sépare le dragon de la fable, la *vive* de la nature, n'a-t-on pas attribué à ce poisson un venin redoutable? ne s'est-on pas plu à faire remarquer les brillantes couleurs de ses yeux, dans lesquels on a voulu voir resplendir, comme dans ceux du dragon poétique, tous les feux des pierres les plus précieuses?

Il en est cependant du dragon marin comme du dragon terrestre[1]. Son nom fameux se lie à d'immortels souvenirs ; mais à peine l'a-t-on aperçu que toute idée de grandeur s'évanouit ; il ne lui reste plus que quelques rapports vagues avec la brillante chimère dont on lui a appliqué la fastueuse dénomination ; et du volume gigantesque qu'on était porté à lui attribuer, il se trouve tout d'un coup réduit à de très petites dimensions. Ce dragon des mers, ou, pour mieux dire, et pour éviter toute cause d'erreurs, la trachine vive ne parvient, en effet, très souvent qu'à la longueur de trois ou quatre décimètres.

Sa tête est comprimée et garnie dans plusieurs endroits de petites aspérités. Les yeux, rapprochés l'un de l'autre, ont la couleur et la vivacité de l'émeraude avec l'iris jaune tacheté de noir. L'ouverture de la bouche est assez grande, la langue pointue ; et la mâchoire inférieure, qui est plus avancée que la supérieure, est armée, ainsi que cette dernière, de dents très aiguës. Chaque opercule recouvre une large ouverture branchiale et se termine par une longue pointe tournée vers la queue. Le dos présente deux nageoires : les rayons de la première ne sont qu'au nombre de cinq; mais ils sont non articulés, très pointus et très forts. La peau qui revêt l'animal est couverte d'écailles arrondies, petites et faiblement attachées ; mais elle est si dure, qu'on peut écorcher une trachine vive presque aussi facilement qu'une murène anguille. Il en est de même de l'uranoscope rat, et c'est une nouvelle ressemblance entre la vive et cet uranoscope.

Le dos du poisson est d'un jaune brun ; ses côtés et sa partie inférieure sont argentés et variés dans leurs nuances par des raies transversales ou

1. Voyez l'article du *Dragon* dans notre Histoire naturelle des quadrupèdes ovipares.

obliques, brunâtres, et fréquemment dorées; la première nageoire dorsale est presque toujours noire[1].

On trouve dans son intérieur et auprès du pylore au moins huit appendices ou petits *cæcums*.

La vive habite non seulement dans la Méditerranée, mais encore dans l'Océan. Elle se tient presque toujours dans le sable, ne laissant paraître qu'une partie de sa tête; et elle a tant de facilité à creuser son petit asile dans le limon, que lorsqu'on la prend et qu'on la laisse échapper, elle disparaît en un clin d'œil et s'enfonce dans la vase. Lorsque la vive est ainsi retirée dans le sable humide, elle n'en conserve pas moins la faculté de frapper autour d'elle avec force et promptitude par le moyen de ses aiguillons et particulièrement de ceux qui composent sa première nageoire dorsale. Aussi doit-on se garder de marcher nu-pieds sur le sable ou le limon au-dessous duquel on peut supposer des vives; leurs piquants font des blessures très douloureuses. Mais malgré le danger de beaucoup souffrir, auquel on s'expose lorsqu'on veut prendre ces trachines, leur chair est d'un goût si délicat, que l'on va très fréquemment à la pêche de ces poissons, et qu'on emploie plusieurs moyens pour s'en procurer un grand nombre.

Pendant la fin du printemps et le commencement de l'été, temps où les vives s'approchent des rivages pour déposer leurs œufs, ou pour féconder ceux dont les femelles se sont débarrassées, on en trouve quelquefois dans les *manets* ou filets à nappes simples, dont on se sert pour la pêche des maquereaux. On emploie aussi pour les prendre, lorsque la nature du fond le permet, des *drèges* ou espèces de filets qui reposent légèrement sur ce même fond et peuvent dériver avec la marée.

On s'efforce d'autant plus de pêcher une grande quantité de vives, que ces animaux non seulement donnent des signes très marqués d'irritabilité après qu'ils ont été vidés ou qu'on leur a coupé la tête, mais encore peuvent vivre assez longtemps hors de l'eau et, par conséquent, être transportés encore en vie à d'assez grandes distances. D'ailleurs, par un rapport remarquable entre l'irritabilité des muscles et leur résistance à la putridité, la chair des trachines vives ne se corrompt pas aisément et peut être conservée pendant plusieurs jours, sans cesser d'être très bonne à manger. C'est à cause de ces trois propriétés qu'elles ont reçu le nom spécifique que j'ai cru devoir leur laisser.

Cependant si plusieurs marins vont sans cesse à la recherche de ces trachines, la crainte fondée d'être cruellement blessés par les piquants de

1. A la première nageoire dorsale........ 5 rayons.
A la seconde........ 24 —
A chacune des nageoires pectorales........ 16 —
A chacune des jugulaires........ 6 —
A la nageoire de l'anus........ 25 —
A celle de la queue, qui est un peu fourchue........ 15 —

ces animaux, et surtout par les aiguillons de la première nageoire dorsale, leur fait prendre de grandes précautions; les accidents occasionnés par ces dards ont été regardés comme assez graves pour que, dans le temps, l'autorité publique ait cru, en France, devoir donner à ce sujet des ordres très sévères. Les pêcheurs s'attachent surtout à briser ou arracher les aiguillons des vives qu'ils tirent de l'eau. Lorsque, malgré toute leur attention, ils ne peuvent pas parvenir à éviter la blessure qu'ils redoutent, ceux de leurs membres qui sont piqués présentent une tumeur accompagnée de douleurs très cuisantes et quelquefois de fièvre. La violence de ces symptômes dure ordinairement pendant douze heures; et comme cet intervalle de temps est celui qui sépare une haute marée de celle qui la suit, les pêcheurs de l'Océan n'ont pas manqué de dire que la durée des accidents occasionnés par les piquants des vives avait un rapport très marqué avec les phénomènes du flux et du reflux, auxquels ils sont forcés de faire une attention continuelle, à cause de l'influence des mouvements de la mer sur toutes leurs opérations. Au reste, les moyens dont les marins de l'Océan ou de la Méditerranée se servent pour calmer leurs souffrances, lorsqu'ils ont été piqués par des trachines vives, ne sont pas peu nombreux; et plusieurs de ces remèdes sont très anciennement connus. Les uns se contentent d'appliquer sur la partie malade le foie ou le cerveau encore frais du poisson; les autres, après avoir lavé la plaie avec beaucoup de soin, emploient une décoction de lentisque, ou les feuilles de ce végétal, ou des fèves de marais. Sur quelques côtes septentrionales, on a recours quelquefois à de l'urine chaude; le plus souvent on y substitue du sable mouillé dont on enveloppe la tumeur, en tâchant d'empêcher tout contact de l'air avec les membres blessés par la trachine.

L'enflure considérable et les douleurs longues et aiguës qui suivent la piqûre de la vive ont fait penser que cette trachine était véritablement venimeuse; et voilà pourquoi, sans doute, on lui a donné le nom de l'araignée, dans laquelle on croyait devoir supposer un poison assez actif. Mais la vive ne lance, dans la plaie qu'elle fait avec ses piquants, aucune liqueur particulière; elle n'a aucun instrument propre à déposer une humeur venimeuse dans un corps étranger, aucun réservoir pour la contenir dans l'intérieur de son corps, ni aucun organe pour la filtrer ou la produire. Tous les effets douloureux de ses aiguillons doivent être attribués à la force avec laquelle elle se débat lorsqu'on la saisit, à la rapidité de ses mouvements, à l'adresse avec laquelle elle se sert de ses armes, à la promptitude avec laquelle elle se redresse et enfonce ses petits dards dans la main, par exemple, qui s'efforce de la retenir, à la profondeur à laquelle elle les fait parvenir et à la dureté ainsi qu'à la forme très pointue de ces piquants.

La vive n'emploie pas seulement contre les marins qui la pêchent et les grands poissons qui l'attaquent, l'énergie, l'agilité et les armes dangereuses que nous venons de décrire; elle s'en sert aussi pour se procurer plus facilement sa nourriture, lorsque, ne se contentant pas d'animaux à coquille, de mollusques ou de crabes, elle cherche à dévorer des poissons d'une taille presque égale à la sienne.

Tels sont les faits certains dont on peut composer la véritable histoire de la trachine vive. Elle a eu aussi son histoire fabuleuse, comme toutes les espèces d'animaux qui ont présenté quelque phénomène remarquable. Nous ne la rapporterons pas, cette histoire fabuleuse. Nous ne parlerons pas des opinions contraires aux lois de la physique maintenant les plus connues, ni des contes ridicules que l'on trouve, au sujet de la vive, dans plusieurs auteurs anciens, particulièrement dans Élien, ainsi que dans quelques écrivains modernes, et qui doivent principalement leur origine au nom de *dragon* que porte cette trachine, et à toutes les fictions vers lesquelles ce nom ramène l'imagination. Nous ne dirons rien du pouvoir merveilleux de la main droite ou de la main gauche lorsqu'on touche une vive, ni d'autres observations presque du même genre ; en tâchant de découvrir les propriétés des ouvrages de la nature et les divers effets de sa puissance, nous n'avons qu'un trop grand nombre d'occasions d'ajouter à l'énumération des erreurs de l'esprit humain.

Il paraît que, selon les mers qu'elle habite, la vive présente dans ses dimensions, ou dans la disposition et les nuances de ses couleurs, des variétés plus ou moins constantes. Voici les deux plus dignes d'attention.

La première est d'un gris cendré avec des raies transversales, d'un brun tirant sur le bleu. Elle a trois décimètres, ou à peu près, de longueur.

La seconde est blanche, parsemée, sur sa partie supérieure, de points brunâtres, et distinguée, d'ailleurs, par des taches de la même teinte, mais grandes et ovales, que l'on voit également sur sa partie supérieure. Elle parvient à une longueur de plus de trois décimètres.

C'est vraisemblablement de cette variété qu'il faut rapprocher les trachines vives de quelques côtes de l'Océan, que l'on nomme *saccarailles blancs* [1], et qui sont longues de cinq ou six décimètres.

LA TRACHINE OSBECK [2]

Trachinus Osbeck, Lacép.

C'est dans l'océan Atlantique et auprès de l'île de l'Ascension qu'habite cette trachine, dont la description a été publiée par le savant voyageur Osbeck. Les deux mâchoires de ce poisson sont également avancées et garnies de plusieurs rangs de dents longues et pointues, dont trois en haut et trois en bas sont plus grandes que les autres ; des dents aiguës sont aussi

1. Duhamel, à l'endroit déjà cité.

2. Osbeck. *Voy. to China*, p. 96. — *Trachine ponctuée*. Bonnaterre, planches de l'Encyclopédie méthodique.

placées auprès du gosier. Chaque opercule se termine par deux aiguillons inégaux en longueur. La nageoire de la queue est rectiligne [1]. Tout l'animal est blanc avec des taches noires. Telles sont les principales différences qui écartent cette espèce de la trachine vive.

QUARANTE-HUITIÈME GENRE

LES GADES

La tête comprimée; les yeux peu rapprochés l'un de l'autre et placés sur les côtés de la tête: le corps allongé, peu comprimé et revêtu de petites écailles; les opercules composés de plusieurs pièces et bordés d'une membrane non ciliée.

PREMIER SOUS-GENRE

TROIS NAGEOIRES SUR LE DOS; UN OU PLUSIEURS BARBILLONS AU BOUT DU MUSEAU

	ESPÈCES.	CARACTÈRES.
1.	GADE MORUE.	La nageoire de la queue fourchue; la mâchoire supérieure plus avancée que l'inférieure; le premier rayon de la première nageoire de l'anus non articulé et épineux.
2.	GADE ÆGLEFIN.	La nageoire de la queue fourchue; la mâchoire supérieure plus avancée que l'inférieure; la couleur blanchâtre; la ligne latérale noire.
3.	GADE BIB.	La nageoire de la queue fourchue; la mâchoire supérieure un peu plus avancée que l'inférieure; le premier rayon de chaque nageoire jugulaire terminé par un long filament.
4.	GADE SAIDA.	La nageoire de la queue fourchue; la mâchoire inférieure un peu plus avancée que la supérieure; le second rayon de chaque nageoire jugulaire terminé par un long filament.
5.	GADE BLENNIOÏDE.	La nageoire de la queue fourchue; le premier rayon de chaque nageoire jugulaire plus long que les autres et divisé en deux.
6.	GADE CALLARIAS.	La nageoire de la queue en croissant; la mâchoire supérieure plus avancée que l'inférieure; la ligne latérale large et tachetée.
7.	GADE TACAUD.	La nageoire de la queue en croissant; la mâchoire supérieure plus avancée que l'inférieure; la hauteur du corps égale à peu près au tiers de la longueur totale de l'animal.
8.	GADE ROUGE.	La nageoire de la queue rectiligne et sans échancrure; un enfoncement auprès du bout du museau; le second rayon de chaque jugulaire plus long que les autres et terminé par un filament; le premier rayon de la première nageoire de l'anus non épineux.
9.	GADE CAPELAN.	La nageoire de la queue arrondie; la mâchoire supérieure plus avancée que l'inférieure; le ventre très caréné; l'anus placé à peu près à une égale distance de la tête et de l'extrémité de la queue.

1. A la membrane des branchies........................ 6 rayons.
A chacune des nageoires pectorales........................ 18 —
A chacune des jugulaires........................ 5 —
A la nageoire de l'anus........................ 11 —
A celle de la queue........................ 16 —

SECOND SOUS-GENRE

TROIS NAGEOIRES SUR LE DOS; POINT DE BARBILLONS AU BOUT DU MUSEAU

	ESPÈCES.	CARACTÈRES.
10.	GADE COLIN.	La nageoire de la queue fourchue; la mâchoire inférieure plus avancée que la supérieure; la ligne latérale presque droite; la bouche noire.
11.	GADE POLLACK.	La nageoire de la queue fourchue; la mâchoire inférieure plus avancée que la supérieure; la ligne latérale très courbe.
12.	GADE SEY.	La nageoire de la queue fourchue; les deux mâchoires également avancées; la couleur du dos verdâtre.
13.	GADE MERLAN.	La nageoire de la queue en croissant; la mâchoire supérieure plus avancée que l'inférieure; la couleur blanche.

TROISIÈME SOUS-GENRE

DEUX NAGEOIRES DORSALES; UN OU PLUSIEURS BARBILLONS AU BOUT DU MUSEAU

	ESPÈCES.	CARACTÈRES.
14.	GADE NÈGRE.	La nageoire de la queue fourchue; la dorsale adipeuse; cinquante-deux rayons à la nageoire de l'anus; toute la surface du poisson d'un noir plus ou moins foncé.
15.	GADE MOLVE.	La nageoire de la queue arrondie; la mâchoire supérieure plus avancée que l'inférieure.
16.	GADE DANOIS.	La mâchoire inférieure plus avancée que la supérieure; la nageoire de l'anus très longue et composée de soixante-dix rayons ou environ.
17.	GADE LOTE.	La nageoire de la queue arrondie; les deux mâchoires également avancées.
18.	GADE MUSTELLE.	La nageoire de la queue arrondie; la première nageoire du dos très basse, excepté le premier ou le second rayon; la ligne latérale très courbe auprès des nageoires pectorales, et ensuite droite.
19.	GADE CIMBRE.	La nageoire de la queue arrondie; deux barbillons auprès des narines; un barbillon à la lèvre supérieure et un à l'inférieure; le premier rayon de la première nageoire dorsale terminé par deux filaments disposés horizontalement comme les branches d'un T.

QUATRIÈME SOUS-GENRE

DEUX NAGEOIRES DORSALES; POINT DE BARBILLONS AUPRÈS DU BOUT DU MUSEAU

	ESPÈCE.	CARACTÈRES.
20.	GADE MERLUS.	La nageoire de la queue rectiligne; la mâchoire inférieure plus avancée que la supérieure.

CINQUIÈME SOUS-GENRE

UNE SEULE NAGEOIRE DORSALE; DES BARBILLONS AU BOUT DU MUSEAU

	ESPÈCES.	CARACTÈRES.
21.	GADE BROSME.	La nageoire de la queue lancéolée; des bandes transversales sur les côtés.
22.	GADE LUBB.	La nageoire de la queue arrondie; soixante-quinze rayons à l'anale; point de bandes ou taches transversales sur le corps ou sur la queue.

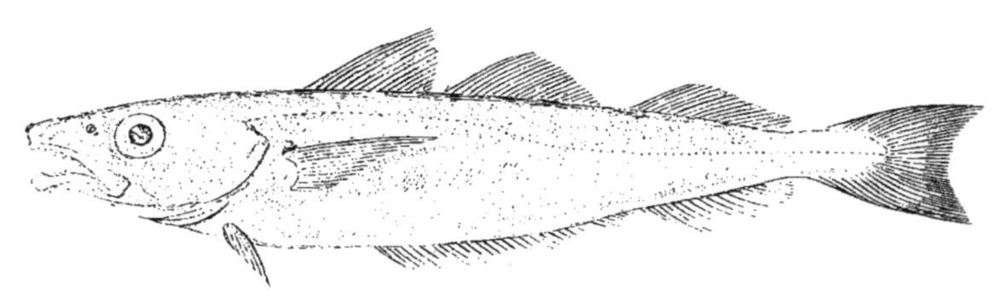

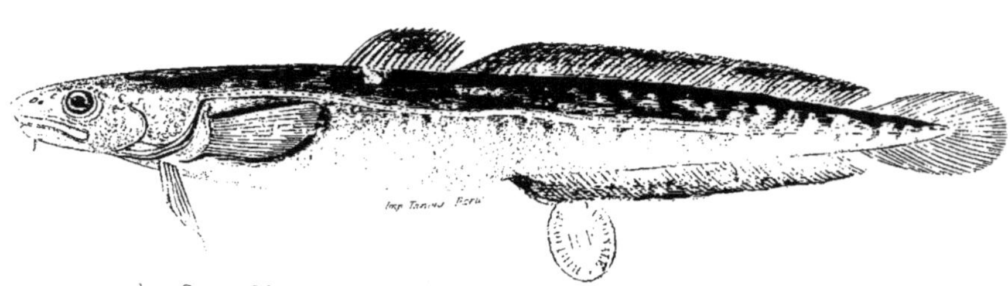

1 Le Gade Morue (Gadus morrhua Linn.) 2 Le Gade Merlan (Gadus merlangus Linn.)

3 Le Gade Lote (Gadus Lota Linn.)

d'après le Règne animal de Cuvier édition V. Masson

Garnier frères Editeurs

LE GADE MORUE

Gadus Morrhua, LINN., GMEL., LACÉP., CUV.

Parmi tous les animaux qui peuplent l'air, la terre ou les eaux, il n'est qu'un très petit nombre d'espèces utiles dont l'histoire puisse paraître aussi digne d'intérêt que celle de la morue, à la philosophie attentive et bienfaisante qui médite sur la prospérité des peuples. L'homme a élevé le cheval pour la guerre, le bœuf pour le travail, la brebis pour l'industrie, l'éléphant pour la pompe, le chameau pour l'aider à traverser les déserts, le dogue pour sa garde, le chien courant pour la chasse, le barbet pour le sentiment, la poule pour sa table, le cormoran pour la pêche, l'aigrette pour sa parure, le serin pour ses plaisirs, l'abeille pour remplacer le jour ; il a donné la morue au commerce maritime ; et, en répandant, par ce seul bienfait, une nouvelle vie sur un des grands objets de la pensée, du courage et d'une noble ambition, il a doublé les liens fraternels qui unissaient les différentes parties du globe.

Dans toutes les contrées de l'Europe et dans presque toutes celles de l'Amérique, il est bien peu de personnes qui ne connaissent le nom de la morue, la bonté de son goût, la nature de ses muscles et les qualités qui distinguent sa chair suivant les diverses opérations que ce gade a subies ; mais combien d'hommes n'ont aucune idée précise de la forme extérieure, des organes intérieurs, des habitudes de cet animal fécond, ni des diverses précautions que l'on a imaginées pour le pêcher avec facilité ! Parmi ceux qui s'occupent avec le plus d'assiduité d'étudier ou de régler les rapports politiques des nations, d'augmenter leurs moyens de subsistance, d'accroître leur population, de multiplier leurs objets d'échange, de créer ou de ranimer leur marine ; parmi ceux mêmes qui ont consacré leur existence aux

1. *Morhuel*, dans plusieurs pays septentrionaux de l'Europe. — *Molüe, Cabiliau, Cabillau*, dans plusieurs contrées de France. — *Cabillaud*, particulièrement dans les départements les plus septentrionaux. — *Kablag*, en Danemark. — *Ciblia*, en Suède.

Gade morue. Daubenton, Encyclopédie méthodique. — Bonnaterre, planches de l'Encyclopédie méthodique. — *Gadus squamis majoribus*, Bloch, pl. 64. — *Gadus, dorso tripterygio, ore cirrato*. Artedi, gen. 6, syn. 35. — *Morrhua vulgaris, maxima asellorum species*. Belon, *Aquat.*, p. 128. — *Morrhua*, sive *Molva altera*. Aldrov., lib. III, cap. VI, p. 289. — *Molva, morrhua*. Jonst., lib. I, tit. 1, cap. I, art. 2, tab. 2, fig. 1. — *Molva*, vel *Morrhua altera, minor*. Gesner, p. 68, 102 ; Icon. anim., p. 71. — *Molue*, ou *Morhue*. Rondelet, première partie, liv. IX, chap. XIII. — *Asellus major*, Schonev., p. 18.

Charleton, p. 121. — « Asellus major vulgaris, Belgis cabiliau. » Willughby, p. 165. — « Asellus major vulgaris. » Ray, p. 53, n. 1. — *Fauna suecica*, 308. — Müller, *Prodrom. Zool. danic.*, p. 42, n. 349. — *Gadus kabelja*. It. Wgoth, 176. — *Cabliau*. Strom. sondm. 317.

« Callarias sordide olivaceus, maculis flavicantibus variis, etc. » Klein, *Miss. pisc.*, 5, p. 5, n. 1. — *Morue*. Camper, Mémoires des savants étrangers, 6, p. 79. — Pennant, *Brit. zool.*, 3, p. 172, n. 73. — *Morue franche*. Duhamel, *Traité des pêches*, seconde partie, première section, chap. I. — *Morue*. Valmont de Bomare. *Dictionnaire d'histoire naturelle*. — *Gadus morhua*. Ascagne, cah. 3, p. 5, pl. 27.

voyages de long cours ou aux vastes spéculations commerciales, n'est-il pas plusieurs esprits élevés et très instruits, aux yeux desquels cependant une histoire bien faite du gade morue dévoilerait des faits importants pour le sujet de leurs estimables méditations ?

Aristote, Pline, ni aucun des anciens historiens de la nature, n'ont connu le gade morue; mais les naturalistes récents, les voyageurs, les pêcheurs, les préparateurs, les marins, les commerçants; presque tous les habitants des rivages, et même de l'intérieur des terres de l'Europe ainsi que de l'Amérique et particulièrement de l'Amérique et de l'Europe septentrionales, se sont occupés si fréquemment et sous tant de rapports de ce poisson ; ils l'ont vu, si je puis employer cette expression, sous tant de faces et sous tant de formes, qu'ils ont dû nécessairement donner à cet animal un très grand nombre de dénominations différentes. Néanmoins sous ces divers noms, aussi bien que sous les déguisements que l'art a pu produire, et même sous les dissemblances plus ou moins variables et plus ou moins considérables que la nature a créées dans les différents climats, il sera toujours aisé de distinguer la morue non seulement des autres jugulaires de la première division des osseux, mais encore de tous les autres gades, pour peu qu'on veuille se rappeler les caractères que nous allons indiquer.

Comme tous les poissons de son genre, la morue a la tête comprimée ; les yeux, placés sur les côtés, sont très peu rapprochés l'un de l'autre, très gros, voilés par une membrane transparente. Cette dernière conformation donne à l'animal la faculté de nager à la surface des mers septentrionales, au milieu des montagnes de glace, auprès des rivages couverts de neige congelée et resplendissante, sans être ébloui par la grande quantité de lumière réfléchie sur ces plages boréales ; mais hors de ces régions voisines du cercle polaire, la morue doit voir avec plus de difficulté que la plupart des poissons, dont les yeux ne sont pas ainsi recouverts par une pellicule diaphane ; et de là est venue l'expression d'*yeux de morue* dont on s'est servi pour désigner des yeux grands, à fleur de tête et cependant mauvais.

Les mâchoires sont inégales en longueur : la supérieure est plus avancée que l'inférieure, au bout de laquelle on voit pendre un assez grand barbillon. Elles sont armées toutes les deux de plusieurs rangées de dents fortes et aiguës. La première rangée en présente de beaucoup plus longues que les autres, et toutes ne sont pas articulées avec l'un des os maxillaires, de manière à ne se prêter à aucun mouvement. Plusieurs de ces dents sont au contraire très mobiles, c'est-à-dire peuvent être, comme celles des squales, couchées et relevées sous différents angles, à la volonté de l'animal, et lui donner ainsi des armes plus appropriées à la nature, au volume et à la résistance de la proie qu'il cherche à dévorer.

La langue est large, arrondie par devant, molle et lisse ; mais on voit des dents petites et serrées au palais et auprès du gosier.

Les opercules des branchies sont composés chacun de trois pièces et bordés d'une bande souple et non ciliée. Sept rayons soutiennent chaque membrane branchiale.

Le corps est allongé, légèrement comprimé et revêtu d'écailles plus grandes que celles qui recouvrent presque tous les autres gades. La ligne latérale suit à peu près la courbure du dos jusque vers les deux tiers de la longueur totale du poisson.

On voit sur la morue trois grandes nageoires dorsales. Ce nombre de trois, dans les nageoires du dos, distingue les gades du premier et du second sous-genre, ainsi que l'indique le tableau qui est à la tête de cet article ; il est d'autant plus remarquable, qu'excepté les espèces renfermées dans ces deux sous-genres, les eaux douces, aussi bien que les eaux salées, doivent comprendre un très petit nombre de poissons osseux ou cartilagineux dont les nageoires soient plus que doubles, et qu'on n'en trouve particulièrement aucun à trois nageoires dorsales parmi les habitants des mers ou des rivières que nous avons déjà décrits dans cet ouvrage.

Les poissons qui ont trois nageoires du dos ont deux nageoires de l'anus placées comme les dorsales, à la suite l'une de l'autre. La morue a donc deux nageoires anales comme tous les gades du premier et du second sous-genre ; on a pu voir sur le tableau de sa famille que le premier aiguillon de la première de ces deux nageoires est épineux et non articulé.

Les nageoires jugulaires sont étroites et terminées en pointe, comme celles de presque tous les gades ; la caudale est un peu fourchue[1].

Les morues parviennent très souvent à une grandeur assez considérable pour peser un myriagramme ; mais ce n'est pas ce poids qui indique la dernière limite de leurs dimensions. Suivant le savant Pennant, on en a vu, auprès des côtes d'Angleterre, une qui pesait près de quatre myriagrammes, et qui avait plus de dix-huit décimètres de longueur, sur seize décimètres de circonférence à l'endroit le plus gros du corps.

L'espèce que nous décrivons est d'ailleurs d'un gris cendré, tacheté de jaunâtre sur le dos. La partie inférieure du corps est blanche et quelquefois rougeâtre, avec des taches couleur d'or dans les jeunes individus. Les nageoires pectorales sont jaunâtres ; une teinte grise distingue les jugulaires, ainsi que la seconde de l'anus. Toutes les autres nageoires présentent des taches jaunes.

C'est principalement en examinant avec soin les organes intérieurs de la morue, que Camper, Monro et d'autres habiles anatomistes sont parvenus

1. A la première nageoire du dos .... 15 rayons.
A la seconde .... 19 —
A la troisième .... 21 —
A chacune des nageoires pectorales .... 16 —
A chacune des jugulaires .... 6 —
A la première de l'anus .... 17 —
A la seconde .... 16 —
A la nageoire de la queue .... 30 —

à jeter un grand jour sur la structure interne des poissons, et particulièrement sur celle de leurs sens. On peut voir, par exemple, dans Monro, une très belle description de l'ouïe de la morue; mais nous nous sommes déjà assez occupé de l'organe auditif des poissons, pour devoir nous contenter d'ajouter à tout ce que nous avons dit, relativement au gade morue, que le grand os auditif contenu dans un sac placé à côté des canaux appelés *demi-circulaires* et le petit os renfermé dans la cavité qui réunit le canal supérieur au canal moyen présentent un volume assez considérable, proportionnellement à celui de l'animal; que c'est à ces deux os qu'il faut rapporter les petits corps que l'on trouve dans les cabinets d'histoire naturelle, sous le nom de *pierres de morue;* qu'un troisième os que l'on a découvert aussi dans l'anguille et dans d'autres osseux dont nous traiterons avant de terminer cet ouvrage est situé dans le creux qui sert de communication aux trois canaux demi-circulaires; et que la grande cavité qui comprend ces mêmes canaux est remplie d'une matière visqueuse, au milieu de laquelle sont dispersés de petits corps sphériques auxquels aboutissent des ramifications nerveuses.

De petits corps semblables sont attachés à la cervelle et aux principaux rameaux des nerfs.

Si de la considération de l'ouïe de la morue nous passons à celle de ses organes digestifs, nous trouverons qu'elle peut avaler dans un très court espace de temps une assez grande quantité d'aliments : elle a en effet un estomac très volumineux, et l'on voit auprès du pylore six appendices ou petits canaux branchus. Elle est très vorace; elle se nourrit de poissons, de mollusques et de crabes. Elle a des sucs digestifs si puissants et d'une action si prompte, qu'en moins de six heures un petit poisson peut être digéré en entier dans son canal intestinal. De gros crabes y sont aussi bientôt réduits en chyle; et avant qu'ils soient amenés à l'état de bouillie épaisse, leur têt s'altère, rougit comme celui des écrevisses que l'on met dans de l'eau bouillante et devient très mou[1].

La morue est même si goulue, qu'elle avale souvent des morceaux de bois ou d'autres substances qui ne peuvent pas servir à sa nourriture; mais elle jouit de la faculté qu'ont reçue les squales, d'autres poissons destructeurs et les oiseaux de proie : elle peut rejeter facilement les corps qui l'incommodent.

L'eau douce ne paraît pas lui convenir; on ne la voit jamais dans les fleuves ou les rivières; elle ne s'approche même des rivages, au moins ordinairement, que dans le temps du frai; pendant le reste de l'année elle se tient dans les profondeurs des mers, et par conséquent elle doit être placée parmi les véritables poissons pélagiens. Elle habite particulièrement dans la portion de l'Océan septentrional comprise entre le quarantième degré de latitude et le soixante-sixième; plus au nord ou plus au sud, elle perd de

1. Voyez l'*Histoire d'Islande*, par Anderson.

ses qualités, et voilà pourquoi apparemment elle ne doit pas être comptée parmi les poissons de la Méditerranée ou des autres mers intérieures, dont l'entrée, plus rapprochée de l'équateur que le quarantième degré, est située hors des plages qu'elle fréquente.

On la pêche dans la Manche et on la prend auprès des côtes du Kamtchatka, vers le soixantième degré[1]; mais, dans la vaste étendue de l'Océan boréal qu'occupe cette espèce, on peut distinguer deux grands espaces qu'elle semble préférer. Le premier de ces espaces remarquables peut être conçu comme limité d'un côté par le Groenland et par l'Islande de l'autre; par la Norvège, les côtes du Danemark, de l'Allemagne, de la Hollande, de l'est et du nord de la Grande-Bretagne, ainsi que des îles Orcades; il comprend les endroits désignés par les noms de *Doggerbank*, *Well-bank* et *Cromer*; et on peut y rapporter les petits lacs d'eau salée des îles de l'ouest de l'Écosse, où des troupes considérables de grandes morues attirent, principalement vers Garloch, les pêcheurs des Orcades, de Peterhead, de Portsoy, de Firth et de Murray.

Le second espace, moins anciennement connu, mais plus célèbre parmi les marins, renferme les plages voisines de la Nouvelle-Angleterre, du cap Breton, de la Nouvelle-Écosse, et surtout de l'île de Terre-Neuve, auprès de laquelle est ce fameux banc de sable désigné par le nom de *Grand Banc*, qui a près de cinquante myriamètres de longueur sur trente ou environ de largeur, au-dessus duquel on trouve depuis vingt jusqu'à cent mètres d'eau, et près duquel les morues forment des légions très nombreuses, parce qu'elles y rencontrent en très grande abondance les harengs et les autres animaux marins dont elles aiment à se nourrir.

Lorsque, dans ces deux immenses portions de mer, le besoin de se débarrasser de la laite ou des œufs, ou la nécessité de pourvoir à leur subsistance, chasse les morues vers les côtes, c'est principalement près des rives et des bancs couverts de crabes ou de moules qu'elles se rassemblent; et elles déposent souvent leurs œufs sur des fonds rudes au milieu des rochers.

Ce temps du frai, qui entraîne les morues vers les rivages, est très variable, suivant les contrées qu'elles habitent et l'époque à laquelle le printemps ou l'été commence à régner dans ces mêmes contrées. Communément c'est vers le mois de février que ce frai a lieu auprès de la Norvège, du Danemark, de l'Angleterre, de l'Écosse, etc.; mais comme l'île de Terre-Neuve appartient à l'Amérique septentrionale, et par conséquent à un continent beaucoup plus froid que l'ancien, l'époque de la ponte et de la fécondation des œufs y est reculée jusqu'en avril.

Il est évident, d'après tout ce que nous venons de dire, que cette époque du frai est celle que l'on a dû choisir pour celle de la pêche. Il y a donc eu

1. Voyage de Lesseps, du Kamtchatka en France.

diversité de temps pour cette grande opération de la recherche des morues, selon le lieu où on a désiré les prendre ; de plus, il y a eu différence dans les moyens de parvenir à les saisir, suivant les nations qui se sont occupées de leur poursuite ; mais depuis plusieurs siècles les peuples industrieux et marins de l'Europe ont senti l'importance de la pêche des morues et s'y sont livrés avec ardeur. Dès le XIVe siècle, les Anglais et les habitants d'Amsterdam ont entrepris cette pêche, pour laquelle les Islandais, les Norvégiens, les Français et les Espagnols ont rivalisé avec eux plus ou moins heureusement; vers le commencement du XVIe les Français ont envoyé sur le grand banc de Terre-Neuve les premiers vaisseaux destinés à en rapporter des morues. Puisse cet exemple mémorable n'être pas perdu pour les descendants de ces Français! Lorsque la grande nation verra luire le jour fortuné où l'olivier de la paix balancera sa tête sacrée au milieu des lauriers de la victoire et des palmes éclatantes du génie, au-dessus des innombrables monuments élevés à sa gloire, qu'elle n'oublie pas que son zèle éclairé pour les entreprises relatives aux pêches importantes sera toujours suivi de l'accroissement le plus rapide de ses subsistances, de son commerce, de son industrie, de sa population, de sa marine, de sa puissance, de son bonheur!

Dans la première des deux grandes surfaces où l'on rencontre des troupes très nombreuses de morues, et par conséquent dans celle où l'on s'est livré plus anciennement à leur recherche, on n'a pas toujours employé les moyens les plus propres à atteindre le but que l'on aurait dû se proposer. Il a été un temps, par exemple, où sur les côtes de Norvège on s'était servi de filets composés de manière à détruire une si grande quantité de jeunes morues et à dépeupler si vite les plages qu'elles avaient affectionnées, que, par une suite de ce sacrifice mal entendu de l'avenir au présent, un bateau monté de quatre hommes ne rapportait plus que six ou sept cents de ces poissons, de tel endroit où il en aurait pris, quelques années auparavant, près de six mille.

Mais rien n'a été négligé pour les pêches faites dans les XVIIe et XVIIIe siècles, aux environs de l'île de Terre-Neuve.

Premièrement, on a recherché avec le plus grand soin les temps les plus favorables; c'est d'après les résultats des observations faites à ce sujet, que, vers ces parages, il est très rare qu'on continue la poursuite des morues après le mois de juin, époque à laquelle les gades dont nous décrivons l'histoire s'éloignent à de grandes distances de ces plages, pour chercher une nourriture plus abondante, ou éviter la dent meurtrière des squales et d'autres habitants des mers redoutables par leur férocité. Les morues reparaissent auprès des côtes dans le mois de septembre ou aux environs de ce mois ; mais dans cette saison, qui touche d'un côté à l'équinoxe de l'automne, et de l'autre aux frimas de l'hiver, et d'ailleurs auprès de l'Amérique septentrionale, où les froids sont plus rigoureux et se font sentir plus tôt que sous le même degré de la partie boréale de l'ancien continent, les tempêtes et même les glaces peuvent rendre très souvent la pêche trop incertaine et trop dangereuse, pour qu'on se détermine à s'y livrer de nouveau, sans attendre le printemps suivant.

En second lieu, les préparatifs de cette importante et lointaine recherche des morues qui se montrent auprès de Terre-Neuve ont été faits, depuis un très grand nombre d'années, avec une prévoyance très attentive. C'est dans ces opérations préliminaires qu'on a suivi avec une exactitude remarquable le principe de diviser le travail pour le rendre plus prompt et plus voisin de la perfection que l'on désire, et ce sont les Anglais qui ont donné à cet égard l'exemple à l'Europe commerçante.

La force des cordes ou lignes, la nature des hameçons, les dimensions des bâtiments, tous ces objets ont été déterminés avec précision. Les lignes ont eu depuis un jusqu'à deux centimètres, ou à peu près, de circonférence, et quelquefois cent quarante-cinq mètres de longueur ; elles ont été faites d'un très bon chanvre et composées de fils très fins et cependant très forts, afin que les morues ne fussent pas trop effrayées, et que les pêcheurs pussent sentir aisément l'agitation du poisson pris, relever avec facilité les cordes et les retirer sans les rompre.

Le bout de ces lignes a été garni d'un plomb qui a eu la forme d'une poire ou d'un cylindre, a pesé deux ou trois kilogrammes selon la grosseur de ces cordes et a soutenu une empile longue de quatre à cinq mètres[1]. Communément les vaisseaux employés pour la pêche des morues ont été de cent cinquante tonneaux au plus et de trente hommes d'équipage. On a emporté des vivres pour deux, trois et jusqu'à huit mois, selon la longueur du temps que l'on a cru devoir consacrer au voyage. On n'a pas manqué de se pourvoir de bois pour aider le desséchement des morues, de sel pour les conserver, de tonnes et de petits barils pour y renfermer les différentes parties de ces animaux déjà préparées.

Des bateaux particuliers ont été destinés à aller pêcher, même au loin, les mollusques et les poissons propres à faire des appâts, tels que des sépies, des harengs, des éperlans, des trigles, des maquereaux, des capelans, etc.

On se sert de ces poissons quelquefois lorsqu'ils sont salés, d'autres fois lorsqu'ils n'ont pas été imprégnés de sel. On en emploie souvent avec avantage de digérés à demi. On remplace avec succès ces poissons corrompus par des fragments d'écrevisse ou d'autres crabes, du lard et de la viande gâtée. Les morues sont même si imprudemment goulues, qu'on les trompe aussi en ne leur présentant que du plomb ou de l'étain façonné en poisson, et des morceaux de drap rouge semblables par la couleur à de la chair ensanglantée, et si l'on a besoin d'avoir recours aux appâts les plus puissants, on attache aux hameçons le cœur de quelque oiseau d'eau, ou même une jeune

1. Nous avons vu, dans l'article de la *Raie bouclée*, que l'empile est un fil de chanvre, de crin ou de métal, auquel le *haim* ou *hameçon* est attaché.

morue encore saignante; car la voracité des gades que nous décrivons est telle, que, dans les moments où la faim les aiguillonne, ils ne sont retenus que par une force supérieure à la leur et n'épargnent pas leur propre espèce.

Lorsque les précautions convenables n'ont pas été oubliées, que l'on n'est contrarié ni par de gros temps ni par des circonstances extraordinaires, et qu'on a bien choisi le rivage ou le banc, quatre hommes suffisent pour prendre par jour cinq ou six cents morues.

L'usage le plus généralement suivi sur le grand banc est que chaque pêcheur, établi dans un baril dont les bords sont garnis d'un bourrelet de paille, laisse plus ou moins filer sa ligne, en raison de la profondeur de l'eau, de la force du courant, de la vitesse de la dérive, et fasse suivre à cette corde les mouvements du vaisseau, en la traînant sur le fond contre lequel elle est retenue par le poids de plomb dont elle est lestée. Néanmoins, d'autres marins halent ou retirent de temps en temps leur ligne de quelques mètres et la laissent ensuite retomber tout à coup, pour empêcher les morues de flairer les appâts et pour leur faire plus d'illusion par les divers tournoiements de ces mêmes appâts, qui dès lors ont plus de rapports avec leur proie ordinaire.

Les morues devant être consommées à des distances immenses du lieu où on les pêche, on a été obligé d'employer divers moyens propres à garantir de toute altération leur chair et plusieurs autres de leurs parties. Ces moyens se réduisent à les faire saler ou sécher. Ces opérations sont souvent exécutées par les pêcheurs, sur les vaisseaux qui les ont amenés; et on imagine bien, surtout d'après ce que nous avons déjà dit, qu'afin de ne rien perdre de la durée ni des objets du voyage, on a établi sur ces bâtiments le plus grand ordre dans la disposition du local, dans la succession des procédés et dans la distribution des travaux entre plusieurs personnes dont chacune n'est jamais chargée que des mêmes détails.

Les mêmes arrangements ont lieu sur la côte, mais avec de bien plus grands avantages, lorsque les marins occupés de la pêche des morues ont à terre, comme les Anglais, des établissements plus ou moins commodes, et dans lesquels on est garanti des effets nuisibles que peuvent produire les vicissitudes de l'atmosphère.

Mais soit à terre, soit sur les vaisseaux, on commence ordinairement toutes les préparations de la morue par détacher la langue et couper la tête de l'animal. Lorsqu'on veut ensuite saler ce gade, on l'ouvre dans sa partie inférieure; on met à part le foie, et si c'est une femelle qu'on a prise, on ôte les œufs de l'intérieur du poisson; on *habille* ensuite la morue, c'est-à-dire, en termes de pêcheur, on achève de l'ouvrir depuis la gorge jusqu'à l'anus, que les marins nomment *nombril*, et on sépare des muscles, dans cette étendue, la colonne vertébrale, ce qu'on nomme *désosser* la morue.

Pour mettre les gades dont nous nous occupons, dans leur premier sel, on remplit le plus qu'on peut l'intérieur de leur corps de sel marin, ou muriate de soude; on en frotte leur peau; on les range par lits dans un endroit particulier de l'établissement construit à terre, ou de l'entrepont ou encore de la cale du bâtiment, si elles sont préparées sur un vaisseau, et on place une couche de sel au-dessus de chaque lit. Les morues restent ainsi en piles pendant un, deux ou plusieurs jours, et quelquefois aussi entassées sur une sorte de gril, jusqu'à ce qu'elles aient jeté leur sang et leur eau; puis on les change de place, et on les sale à demeure, en les arrangeant une seconde fois par lits, entre lesquels on étend de nouvelles couches de sel.

Lorsqu'en habillant les morues, on se contente de les ouvrir depuis la gorge jusqu'à l'anus, ainsi que nous venons de le dire, elles conservent une forme arrondie du côté de la queue, et on les nomme *morues rondes ;* mais le plus grand nombre des marins occupés de la pêche de Terre-Neuve remplacent cette opération par la suivante, surtout lorsqu'ils salent de grands individus. Ils ouvrent la morue dans toute sa longueur, enlèvent la colonne vertébrale tout entière, habillent le poisson à plat, et la morue ainsi habillée se nomme *morue plate.*

Si, au lieu de saler les gades morues, on veut les faire sécher, on emploie tous les procédés que nous avons exposés, jusqu'à celui par lequel elles reçoivent leur premier sel. On les lave alors, et on les étend une à une sur la grève ou sur des rochers[1], la chair en haut, de manière qu'elles ne se touchent pas; quelques heures après on les retourne. On recommence ces opérations pendant plusieurs jours, avec cette différence, qu'au lieu d'arranger les morues une à une, on les met par piles, dont on accroît successivement la hauteur, de telle sorte que, le sixième jour, ces paquets sont de cent cinquante, ou deux cents, et même quelquefois de cinq ces myriagrammes. On empile de nouveau les morues à plusieurs reprises, mais à des intervalles de temps beaucoup plus grands et qui croissent successivement ; le nombre ainsi que la durée de ces reprises sont proportionnés à la nature du vent, à la sécheresse de l'air; à la chaleur de l'atmosphère, à la force du soleil.

Le plus souvent, avant chacune de ces reprises, on étend les morues une à une, et pendant quelques heures. On désigne les divers empilements, en disant que les morues sont *à leur premier, à leur second, à leur troisième soleil,* suivant qu'on les met en tas pour la première, la seconde ou la troisième fois, et communément les morues reçoivent dix soleils, avant d'être entièrement séchées.

Lorsque l'on craint la pluie, on les porte sur des tas de pierres placés dans des cabanes, ou, pour mieux dire, sous des hangars qui n'arrêtent point l'action des courants d'air.

Quelques peuples du nord de l'Europe emploient, pour préparer ces poissons, quelques procédés, dont un des plus connus consiste à dessécher

1. Le nom allemand de *Klipfisch* (poisson de rocher), que l'on donne aux morues sèches vient de la nature du terrain sur lequel elles sont souvent desséchées.

ces gades sans sel, en les suspendant au-dessus d'un fourneau, ou en les exposant aux vents qui règnent dans leurs contrées pendant le printemps. Les morues acquièrent par cette opération une dureté égale à celle du bois, d'où leur est venu le nom de *stock-fish* (poisson en bâton) ; dénomination qui, selon quelques auteurs, dérive aussi de l'usage où l'on est, avant d'apprêter du *stock-fish* pour le manger, de le rendre plus tendre en le battant sur un billot.

Les commerçants appellent dans plusieurs pays *morue blanche*, celle qui a été salée, mais séchée promptement, et sur laquelle le sel a laissé une sorte de croûte blanchâtre. La *morue noire*, *pinnée* ou *brumée*, est celle qui, par un dessèchement plus lent, a éprouvé un commencement de décomposition, de telle sorte qu'une partie de sa graisse, se portant à la surface, et s'y combinant avec le sel, y a produit une espèce de poussière grise ou brune, répandue par taches.

On donne aussi le nom de *morue verte* à la morue salée, de *merluche* à la morue sèche, et de *cabillaud* à la morue préparée et arrangée dans des barils du poids de dix à quinze myriagrammes, et dont une douzaine s'appelle un *leth*, dans plusieurs ports septentrionaux d'Europe.

Mais d'ailleurs un grand nombre de places de commerce ont eu ou ont encore différentes manières de désigner les morues distribuées en assortiments, d'après les divers degrés de leurs dimensions ou de leur bonté. A Nantes, par exemple, on appelait *grandes morues* les morues salées qui étaient assez longues pour que cent de ces poissons pesassent quarante-cinq myriagrammes ; *morues moyennes*, celles dont le cent ne pesait que trente myriagrammes ; *raguets*, ou *petites morues*, celles de l'assortiment suivant ; et *rebuts*, *lingues*, ou *très petites morues*, celles d'un assortiment plus inférieur encore.

Sur quelques côtes de la Manche, le nom de *morue goffe* indiquait les très grandes morues ; cinq autres assortiments inférieurs étaient indiqués par les dénominations de *morue marchande*, de *morue trie*, de *raguet* ou *lingue*, de *morue valide* ou *patelet*, et de *morue viciée*, appellation qui appartenait en effet à la plus mauvaise qualité.

Dans ce même port de Nantes, dont nous venons de parler, les morues sèches étaient divisées en sept assortiments, dont les noms étaient, suivant l'ordre de la supériorité des uns sur les autres, *morue privée*, *morue grise*, *grand marchand*, *moyen marchand*, *petit marchand* ou *fourillon*, *grand rebut* et *petit rebut*.

A Bordeaux, à Bayonne et dans plusieurs ports de l'Espagne occidentale, on ne distinguait que trois assortiments de morue, le *marchand*, le *moyen* et le *rebut*.

Au reste, les muscles des morues ne sont pas les seules portions de ces poissons dont on fasse un grand usage ; il n'est presque aucune de leurs parties qui ne puisse servir à la nourriture de l'homme ou des animaux.

Leur langue fraîche et même salée est un morceau délicat, et voilà pourquoi on la coupe avec soin dès le commencement de la préparation de ces poissons.

Les branchies de la morue peuvent être employées avec avantage comme appât dans la pêche que l'on fait de ce gade.

Son foie peut être mangé avec plaisir ; mais d'ailleurs il est très grand relativement au volume de l'animal, comme celui de presque tous les poissons, et on en retire une huile plus utile dans beaucoup de circonstances que celle des baleines, laquelle cependant est très recherchée dans le commerce. Elle conserve bien plus longtemps que ce dernier fluide la souplesse des cuirs qui en ont été pénétrés, et, lorsqu'elle a été clarifiée, elle répand, en brûlant, une bien moindre quantité de vapeurs.

On obtient avec la vessie natatoire de la morue une colle qui ne le cède guère à celle de l'acipensère huso, que l'on fait venir de Russie dans un si grand nombre de contrées d'Europe[1]. Pour la réduire ainsi en colle, on la prépare à peu près de la même manière que celle du huso ; on la détache avec attention de la colonne vertébrale, on en sépare toutes les parties étrangères, on ôte la première peau, on la met dans l'eau de chaux pour achever de la dégraisser, on la lave, on la ramollit, on la pétrit, on la façonne, on la fait sécher avec soin ; on suit enfin tous les procédés que nous avons indiqués dans l'histoire du huso. Si des circonstances de temps et de lieu ne permettent pas aux pêcheurs, comme, par exemple, à ceux de Terre-Neuve, de s'occuper de tous ces détails immédiatement après la prise de la morue, on mange la vessie natatoire, dont le goût n'est pas désagréable, ou bien on la sale ; on la transporte ainsi imprégnée de muriate de soude à des distances plus ou moins grandes ; on la conserve plus ou moins longtemps, et, lorsqu'on veut en faire usage, il suffit presque toujours de la faire dessaler et ramollir, pour la rendre susceptible de se prêter aux mêmes opérations que lorsqu'elle est fraîche.

La tête des morues nourrit les pêcheurs de ces gades et leurs familles. En Norvège, on la donne aux vaches, et on y a éprouvé que, mêlée avec des plantes marines, elle augmente la quantité du lait de ces animaux et doit être préférée, pour leur aliment, à la paille et au foin.

Les vertèbres, les côtes et les autres os ou arêtes des gades morues ne sont pas non plus inutiles : ils servent à nourrir le bétail des Islandais. On en donne à ces chiens de Kamtchatka que l'on attelle aux traîneaux destinés à glisser sur la glace, dans cette partie septentrionale de l'Asie ; dans d'autres contrées boréales, ils sont assez imprégnés de substance huileuse pour être employés à faire du feu, surtout lorsqu'ils ont été séchés au point convenable.

On ne néglige même pas les intestins de la morue, que l'on a nommés

1. Voyez, dans cette Histoire, l'article de l'*Acipensère huso*.

dans plusieurs endroits *noues*, ou *nos*; et enfin on prépare avec soin et on conserve pour la table les œufs de ce gade, auxquels on a donné la dénomination de *rogues*, ou de *raves*.

Tels sont les procédés et les fruits de ces pêches importantes et fameuses qui ont employé dans la même année jusqu'à vingt mille matelots d'une seule nation[1].

On aura remarqué sans doute que nous n'avons parlé que des pêcheries établies dans l'hémisphère boréal, soit auprès des côtes de l'ancien continent, soit auprès de celles du nouveau. A mesure que l'on connaîtra mieux la nature des rivages, des îles ou des continents particuliers de l'hémisphère austral, et particulièrement de ceux de l'Amérique méridionale, tant du côté de l'Orient que du côté de l'Occident, il est à présumer que l'on découvrira des plages où la température de la mer, la profondeur des eaux, la nature du fond, l'abondance de petits poissons, l'absence d'animaux dangereux et la rareté de tempêtes très violentes et de très grands bouleversements de l'Océan, ont appelé, nourrissent et multiplient l'espèce de la morue, que certains peuples pourraient aller y pêcher avec moins de peine et plus de succès que sur les rives boréales de l'hémisphère arctique.

De nouveaux pays profiteraient ainsi d'un des plus grands bienfaits de la nature; et l'espèce de la morue, qui alimente une si grande quantité d'hommes et d'animaux en Islande, en Norvège, en Suède, en Russie et dans d'autres régions asiatiques ou européennes, pourrait d'autant plus suffire aussi aux besoins des habitants des rives antarctiques, qu'elle est très remarquable par sa fécondité. L'on est étonné du nombre prodigieux d'œufs que portent les poissons femelles; aucune de ces femelles n'a cependant été favorisée à cet égard comme celle de la morue. Ascagne parle d'un individu de cette dernière espèce, qui avait treize décimètres de longueur et pesait vingt-cinq kilogrammes; l'ovaire de ce gade en pesait sept et renfermait neuf millions d'œufs. On en a compté neuf millions trois cent quarante-quatre mille dans une autre morue. Quelle immense quantité de moyen de reproduction! Si le plus grand nombre de ces œufs n'étaient ni privés de la laite fécondante du mâle, ni détruits par divers accidents, ni dévorés par différents animaux, on voit aisément combien peu d'années il faudrait pour que l'espèce de la morue eût, pour ainsi dire, comblé le vaste bassin des mers.

Quelque agréable au goût que l'on puisse rendre les diverses préparations de la morue séchée, ou de la morue salée, on a toujours préféré avec raison de la manger fraîche. Pour jouir de ce dernier avantage sur plusieurs côtes de l'Europe, et particulièrement sur celles d'Angleterre et de France, on ne s'est pas contenté d'y pêcher les morues que l'on y voit de temps en temps; mais afin d'être plus sûr d'en avoir de plus grandes à sa disposition, on est parvenu à y apporter en vie un assez grand nombre de celles que l'on

1. La nation anglaise.

avait prises sur les bancs de Terre-Neuve : on les a placées, pour cet objet, dans de grands vases fermés, mais attachés aux vaisseaux, plongés dans la mer et percés de manière que l'eau salée pût aisément parvenir dans leur intérieur. Des pêcheurs anglais ont ajouté à cette précaution un procédé dont nous avons déjà parlé dans notre premier Discours ; ils ont adroitement fait parvenir une aiguille jusqu'à la vessie natatoire de la morue et l'ont percée, afin que l'animal, ne pouvant plus se servir de ce moyen d'ascension, demeurât plus longtemps au fond du vase et fût moins exposé aux divers accidents funestes à la vie des poissons.

Au reste, il est convenable d'observer ici que, dans quelques gades, Monro n'a pas pu trouver la communication de la vessie natatoire avec l'estomac ou quelque autre partie du canal intestinal ; mais qu'il a vu autour de cette vessie un organe rougeâtre composé d'un très grand nombre de membranes pliées et extensibles, et qu'il le croit propre à la sécrétion de l'air ou des gaz de la vessie ; sécrétion qui aurait beaucoup de rapports, selon ce célèbre naturaliste anglais, avec celle qui a lieu pour les vésicules à gaz ou aériennes des œufs d'oiseau et des plantes aquatiques. Cet organe rougeâtre ne pourrait-il pas être au contraire destiné à recevoir et à transmettre, par les diverses ramifications du système artériel et veineux que sa couleur seule indiquerait, une portion des gaz de la vessie natatoire dans les différentes parties du corps de l'animal? ce qui, réuni aux résultats d'observations très voisines de celles de Monro, faites sur d'autres poissons que des gades, et que nous rapporterons dans la suite, confirmerait l'opinion de M. Fischer, bibliothécaire de Mayence, sur les usages de la vessie natatoire, qu'il considère comme étant, dans plusieurs circonstances, un supplément des branchies et un organe auxiliaire de respiration[1]. »

On trouve dans les environs de l'île de Man, entre l'Angleterre et l'Irlande, un gade que l'on y nomme *red cod* ou *rock-cod* (morue rouge et morue de roche). Nous pensons avec M. Noël, de Rouen, qui nous a écrit au sujet de ce poisson, que ce gade n'est qu'une variété de la morue grise ou ordinaire que nous venons de décrire ; mais nous croyons devoir insérer, dans l'article que nous allons terminer, l'extrait suivant de la lettre de M. Noël.

« J'ai lu, dit cet observateur, dans un ouvrage sur l'île de Man, que la couleur de la peau du *red cod* est d'un rouge vermillon. Quelques habitants de Man pensent que cette morue acquiert cette couleur brillante, parce qu'elle se nourrit de jeunes écrevisses de mer; mais les écrevisses de mer sont, dans l'eau, d'une couleur noirâtre ; elles ne deviennent rouges qu'après avoir été cuites. La morue rouge n'est qu'une variété de l'espèce commune ; je suis disposé à croire que la couleur rouge qui la distingue lui est communiquée par les algues et les mousses marines qui couvrent les rochers sur lesquels on la pêche, puisque ces mousses sont de couleur

1. Nous avons déjà parlé de cette opinion de M. Fischer.

rouge ; je le crois d'autant plus volontiers, que les baies de l'île de Man ont aussi une variété de *mules* et de *gourneaux*, dont la couleur est rouge. Cette morue rouge est très estimée pour l'usage de la table. »

LE GADE ÆGLEFIN[1]

Gadus Æglefinus, Linn., Gmel., Bl., Lacép., Cuv.

Ce gade a beaucoup de rapports avec la morue ; sa chair s'enlève facilement par feuillets, ainsi que celle de ce dernier animal et de presque tous les autres poissons du même genre. On le trouve, comme la morue, dans l'Océan septentrional ; mais il ne parvient communément qu'à la longueur de quatre ou cinq décimètres. Il voyage par grandes troupes qui couvrent quelquefois un espace de plusieurs myriares carrés. Et ce qu'il ne faut pas négliger de faire observer, on assure qu'il ne va jamais dans la Baltique, et que par conséquent il ne passe point par le Sund. On ne peut pas dire cependant qu'il redoute le voisinage des terres ; car, chaque année, il s'approche, vers les mois de février et mars, des rivages septentrionaux de l'Europe pour la ponte ou la fécondation de ses œufs. S'il survient de grandes tempêtes pendant son séjour auprès des côtes, il s'éloigne de la surface des eaux et cherche dans le sable du fond de la mer, ou au milieu des plantes marines qui tapissent ce sable, un asile contre les violentes agitations des flots. Lorsque les ondes sont calmées, il sort de sa retraite sous-marine et reparaît encore tout couvert ou d'algue ou de limon.

Un assez grand nombre d'æglefins restent même auprès des terres pendant l'hiver, ou s'avancent, pendant cette saison, vers les rivages auprès desquels ils trouvent plus aisément que dans les grandes eaux la nourriture qui leur convient. M. Noël m'écrit que, depuis 1766, les pêcheurs anglais des côtes d'York ont été frappés de l'exactitude avec laquelle ces gades se

1. *Kallior, Kallie, Kaljor, Kollia*, en Suède. — *Koll*, en Danemark. — *Haddock*, en Angleterre. — *Èglefin, Egrefin*, par quelques auteurs français. — *Gade ânon*. Daubenton, Encyclopédie méthodique. — Bonnaterre, planches de l'Encyclopédie méthodique.

« Gadus dorso tripterygio, ore cirrato, corpore albicante, etc. » Artedi, gen. 20, syn. 36, spec. 64. — *Æglefinus, Ægrefinus*. Belon, *Aquat.*, p. 127. — « Tertia asellorum species, æglefinus. » Gesner, *Aquat.*, p. 86, 100, et (Germ.) fol. 40, *a*. — « Tertia asellorum species Rondeletii, asellus major. » Aldrov., lib. III, cap. I, p. 282.

Asellus minor, Schonev., p. 18. — Willughby, p. 170, tab. L, membr. 1, n. 2. — Ray, p. 55, n. 7. — *Fauna suecic.*, p. 306. — Muller, *Prodrom. Zool. danic.*, p. 42, n. 348. — *Gadus kolja*, It. scan. 325. — It. Wgoth, 178. — Bloch, pl. 62.

« Gadus dorso tripterygio, maxilla inferiore breviore... linea laterali altra, etc. » Gronov., Mus. 1, p. 21, n. 59; *Zooph.*, p. 99, n. 321. — « Callarias barbatus ex terreo albicans, etc. » Klein, *Miss. pisc.*, 5, p. 6, n. 2. — « Callarias asellus minor. » Jonston, *De piscib.*, p. 1, tab. 1, fig. 1. — *Schell fisch*. Anders, *Island.*, p. 79. — *Hadock*. Pennant, *Brit. zool.*, 3, p. 179. — *Ègrefin*. Rondelet, première partie, liv. IX, chap. x, édition de Lyon, 1558. — *Èglefin*. Valmont de Bomare, *Dictionnaire d'histoire naturelle*.

sont montrés dans les eaux côtières, vers le 10 décembre. L'étendue du banc qu'ils forment alors est d'environ trois milles en largeur, à compter de la côte et de quatre-vingts milles en longueur, depuis Flamboroughead jusqu'à l'embouchure de la Fine, au-dessous de Newcasle. L'espace marin occupé par ces poissons est si bien connu des pêcheurs, qu'ils ne jettent leurs lignes que dans ce même espace, hors de la circonférence duquel ils ne trouveraient pas d'æglefin et ne pêcheraient le plus souvent, à la place, que des squales attirés par cet immense banc de gades, dont ces cartilagineux sont très avides.

Lorsque la surface de la mer est gelée auprès des rivages, les pêcheurs profitent des fentes ou crevasses que la glace peut présenter dans un nombre d'endroits plus ou moins considérable de la croûte solide de l'Océan, pour prendre facilement une plus grande quantité de ces poissons. Ces gades ont, en effet, l'habitude de se rassembler dans les intervalles qui séparent les différentes portions de glaces, non pas, comme on l'a cru, pour y respirer l'air très froid de l'atmosphère, mais pour se trouver dans la couche d'eau la plus élevée, par conséquent dans la plus tempérée, et dans celle où doivent se réunir plusieurs des petits animaux dont ils aiment à se nourrir.

Si les pêcheurs de ces côtes voisines du cercle polaire ne rencontrent pas à leur portée des fentes naturelles et suffisantes dans la surface de l'Océan durcie par le froid, ils cassent la glace et produisent, dans l'enveloppe qu'elle forme, les anfractuosités qui leur conviennent.

C'est aussi autour de ces vides naturels ou artificiels qu'on voit des phoques chercher à dévorer des æglefins pendant la saison rigoureuse.

Mais ces gades peuvent être la proie de beaucoup d'autres ennemis. Les grandes morues les poursuivent, et, suivant Anderson, que nous avons déjà cité, la pêche des æglefins, que l'on fait auprès de l'embouchure de l'Elbe, a donné le moyen d'observer, d'une manière très particulière, combien la morue est vorace, et avec quelle promptitude elle digère ses aliments. Dans ces parages, les pêcheurs d'æglefins laissent leurs hameçons sous l'eau pendant une marée, c'est-à-dire pendant six heures. Si un æglefin est pris dès le commencement de ces six heures, et qu'une morue se jette ensuite sur ce poisson, on trouve en retirant la ligne, au changement de la marée, que l'æglefin est déjà digéré. La morue est, à la place de ce gade, arrêtée par l'hameçon. Ce fait mérite d'autant plus quelque attention, qu'il paraît prouver que c'est particulièrement dans l'estomac et dans les sucs gastriques qui arrosent ce viscère, que réside cette grande faculté, si souvent remarquée dans les morues, de décomposer avec rapidité les substances alimentaires. Si, au contraire, la morue n'a cherché à dévorer l'æglefin que peu de temps avant l'expiration des six heures, elle s'opiniâtre tellement à ne pas s'en séparer, qu'elle se laisse enlever en l'air avec sa proie.

L'æglefin, quoique petit, est aussi goulu et aussi destructeur que la morue, au moins à proportion de ses forces. Il se nourrit non seulement de serpules, de mollusques, de crabes, mais encore de poissons plus faibles que lui, et particulièrement de harengs. Les pêcheurs anglais nomment *haddock-meat*, c'est-à-dire *mets de haddock* ou *æglefin*, les vers qui pendant l'hiver lui servent d'aliment, surtout lorsqu'il ne rencontre ni harengs ni œufs de poisson.

Il a cependant l'ouverture de la bouche un peu plus petite que celle des animaux de son genre; un barbillon pend à l'extrémité de sa mâchoire inférieure, qui est plus courte que celle de dessus. Ses yeux sont grands ; ses écailles petites, arrondies, plus fortement attachées que celles de la morue. La première nageoire du dos est triangulaire; elle est d'ailleurs bleuâtre, ainsi que les autres nageoires; la ligne latérale voisine du dos est noire, ou tachetée de noir; l'iris a l'éclat de l'argent; et cette même couleur blanchâtre ou argentée règne sur le corps et sur la queue, excepté leur partie supérieure, qui est plus ou moins brunâtre[1].

La qualité de la chair des æglefins varie suivant les parages où on les trouve, leur âge, leur sexe et les époques de l'année où on les pêche ; mais on en a vu assez fréquemment dont la chair était blanche, ferme, très agréable au goût et très facile à faire cuire. En mai et dans les mois suivants, celle des æglefins de moyenne grandeur est quelquefois d'autant plus délicate, que le frai de ces gades a lieu en hiver, et que par conséquent ils ont eu le temps de réparer leurs forces, de recouvrer leur santé et de reprendre leur graisse.

LE GADE BIB[2]

Gadus luscus, Penn., Gmel., Cuv.

De même que l'æglefin, le gade bib habite dans l'Océan d'Europe. Sa longueur ordinaire est de trois ou quatre décimètres. L'ouverture de sa bouche est petite, sa mâchoire inférieure garnie d'un barbillon, son anus plus rapproché de la tête que de l'extrémité de la queue, sa seconde nageoire dorsale très longue, et le premier rayon de chacune des nageoires jugulaires

1. | | |
|---|---|
| A la première nageoire dorsale | 16 rayons. |
| A la seconde | 20 — |
| A la troisième | 19 — |
| A chacune des pectorales | 19 — |
| A chacune des jugulaires | 6 — |
| A la première de l'anus | 22 — |
| A la seconde | 21 — |
| A celle de la queue, qui est fourchue | 27 — |

2. *Bib, Blinds,* sur les côtes d'Angleterre. — Mus. Ad. Fr. 2, p. 60. — « Gadus... ossiculo pinnarum ventralium, primo, in setam longam producto. » Artedi, gen. 21, syn, 35. — *Asellus fuscus.* Ray, *Pisc.*, p. 54.

Willughby, *Ichtiol.*, p. 169. — *Gade bibe.* Daubenton, Encyclopédie méthodique. — Bonnaterre, planches de l'Encyclopédie méthodique. — *Bib. Brit. zoolog.*, 3, p. 146, tab. 60.

terminé par un filament[1]. Ses écailles sont très adhérentes à la peau et plus grandes à proportion de son volume que celles mêmes de la morue. Sa partie supérieure est jaunâtre ou couleur d'olive, et sa partie inférieure argentée. Sa chair est exquise.

Ses yeux sont voilés par une membrane, comme ceux des autres gades; on a même cru que le bib pouvait à volonté enfler cette pellicule diaphane et former ainsi une sorte de poche au-dessus de chacun ou d'un seul de ses organes de la vue. N'aurait-on pas pris les suites de quelque accident pour l'effet régulier d'une faculté particulière attribuée à l'animal? Quoi qu'il en soit, c'est de cette propriété vraie ou fausse que viennent le nom de *borgne* et celui d'*aveugle* donnés au gade dont nous parlons.

LE GADE SAIDA[2]

Gadus Saida, Lepech., Linn., Gmel., Cuv.

LE GADE BLENNIOIDE[3]

Gadus blennioides, Penn., Linn., Gmel., Lacép., Cuv.

Ces deux gades ont la nageoire de la queue fourchue. Le premier a été découvert par le savant Lepéchin, et le second par le célèbre Pallas.

Le saida a les deux mâchoires armées de dents aiguës et crochues; deux rangées de dents garnissent le palais, et l'on voit auprès du gosier deux os lenticulaires hérissés de petites dents. La mâchoire inférieure est plus avancée que la supérieure, tandis que, dans la morue, l'æglefin et le bib, celle de dessus est plus longue que celle de dessous. Chaque opercule branchial présente trois lames, l'une triangulaire et garnie de deux aiguillons, l'autre elliptique, et la dernière figurée en croissant. La ligne latérale est droite et voisine du dos. Les nageoires dorsales et celles de l'anus sont triangulaires[4].

1. A la première nageoire dorsale .... 13 rayons.
A la seconde .... 23 —
A la troisième .... 10 —
A chacune des pectorales .... 11 —
A chacune des jugulaires .... 6 —
A la première de l'anus .... 31 —
A la seconde .... 18 —
A celle de la queue, qui est fourchue .... 17 —

2. Lepéchin, *Nov. Comment. petropol.* 18, p. 512. — *Gade saida.* Bonnaterre, planches de l'Encyclopédie méthodique.

3. Pallas. *Spicileg. zoolog.* 8, p. 47, tabl. 5, fig. 2. — *Gade blennoïde.* Bonnaterre, planches de l'Encyclopédie méthodique.

4. A la première nageoire du dos du saida, de .... 10 à 11 rayons.
A la seconde .... 16 à 17 —
A la troisième .... 20 —
A chacune des pectorales .... 16 —
A chacune des jugulaires .... 6 —
A la première nageoire de l'anus .... 18 —
A la seconde .... 20 —
A celle la queue, de .... 20 à 26 —

Le quatrième rayon de la troisième dorsale, le cinquième de la première de l'anus et le second des jugulaires sont terminés par un long filament.

Une couleur obscure règne sur la partie supérieure de l'animal, qui, d'ailleurs, est parsemée de points noirâtres distribués irrégulièrement. Des points de la même nuance relèvent l'éclat argentin des opercules, les côtés du poisson sont bleuâtres. Sa partie inférieure est blanche, et le sommet de sa tête, très noir.

Le saida ne dépasse guère en longueur deux ou trois décimètres. Sa chair est peu succulente, mais cependant très fréquemment mangeable. Il habite la mer Blanche au nord de l'Europe.

Dans une autre mer également intérieure, mais bien éloignée des contrées hyperboréennes, se trouve le blennioïde. Ce dernier gade vit en effet dans la Méditerranée; mais comme il n'a presque jamais plus de trois décimètres de longueur et qu'il n'est pas d'un goût très exquis, il n'est pas surprenant qu'il ait été dans tous les temps très peu recherché des pêcheurs et qu'il ait échappé aux observateurs de l'ancienne Grèce, à ceux de l'ancienne Rome, et même aux naturalistes modernes, jusqu'à Pallas, qui en a le premier publié la description, ainsi que nous venons de le dire[1].

Il a beaucoup de rapports avec le merlan et peut avoir été souvent confondu avec ce dernier poisson. Ses écailles sont petites; la couleur de la partie supérieure de son corps et de sa queue est argentée; toutes les autres portions de la surface de l'animal sont d'un blanc d'argent, excepté les nageoires, sur lesquelles on voit des teintes jaunâtres ou dorées.

Les lèvres sont doubles et charnues; les dents très petites et inégales; la ligne latérale est courbée vers la tête. Le premier rayon de chacune des nageoires jugulaires est divisé en deux; et comme il est plus long que les autres rayons, il paraît, au premier coup d'œil, composer toute la nageoire. Dès lors on croit ne devoir compter que deux rayons dans chacune des jugulaires du gade que nous décrivons, et de là vient la dénomination de *blennioïde*, qui lui a été donnée, parce que la plupart des blennies n'ont que deux rayons à chacune des nageoires que l'on voit sous leur gorge.

1.

A la membrane branchiale du blennioïde	6	rayons.
A la première nageoire dorsale	10 à 11	—
A la seconde	17	—
A la troisième	16	—
A chacune des pectorales	19	—
A chacune des jugulaires	5	—
A la première de l'anus	27	—
A la seconde	19	—
A celle de la queue	27	—

LE GADE CALLARIAS[1]

Gadus Callarias, LINN., GMEL., BL., LACÉP., CUV.

LE GADE TACAUD[2]

Gadus barbatus, LINN., GMEL., CUV. — *Gadus Tacaud*, LACÉP.

LE GADE CAPELAN[3]

Gadus minutus, BL., LINN., GMEL. — *Gadus Capellanus*, LACÉP.

Le callarias habite non seulement dans la partie de l'Océan qui baigne les côtes de l'Europe boréale, mais encore dans la Baltique. Il se tient fréquemment à l'embouchure des grands fleuves, dans le lit desquels il remonte même quelquefois avec l'eau salée. Il est rare qu'il ait plus de trois décimètres de longueur et qu'il pèse plus d'un kilogramme. Il se nourrit de vers marins, de crabes, de petits mollusques, de jeunes poissons; sa chair est tendre et d'un goût très agréable; quelquefois elle est très blanche, d'autres fois elle est verte. Ascagne rapporte qu'on attribue cette dernière nuance au séjour que le callarias fait souvent près des rivages au-dessus de

1. *Sma torsk*, en Suède. — *Græs torsk*, en Danemark. — *Dorsch*, par les Allemands. — *Cod, Cod fish*, en Angleterre. — *Gade narvaga*. Daubenton, Encyclopédie méthodique. — Bonnaterre, planches de l'Encyclopédie méthodique. — *Fauna suecica*, 307. — Bloch, pl. 63.
« Gadus, dorso tripterygio, ore cirroso, colore vario, etc. » Artedi, gen. 20, spec. 63, syn. 35. — *Asellus varius*, vel *striatus*, Schonev., p. 19. — Willughby, p. 172, tab. L, memb. 1, fig. 1. — Ray, p. 54, n. 5. — *Asellus varius*. Jonston, tab. 46, fig. 7. — Roberg. *Dissert. de pisc. Upsal.*, p. 14.
Gadus callarias, torsk. Ascagne, pl. 4. — Gronov. Mus. 1, p. 21, n. 58; *Zooph.*, p. 99, n. 319. — *Gadus balthicus, torsk*, It. Oel., 87. — *Gadus callarias balthicus*, It. scan. 220. — *Callarias barbatus*, etc. Klein, *Miss. pisc.*, 5, p. 6, n. 5; et p. 7, n. 7. — « Piscis... Russis nawaga dictus. » Koelreuter, *Nov. Comment. petrop.*, 14, 1, p. 484. — *Muschebout* et *Léopard*. Rondelet, première partie, liv. IX, chap. XII. — *Muschebout*. Valmont de Bomare, *Dictionnaire d'histoire naturelle*.
2. *Pouting Pout, Whiting pout*, en Angleterre. — *Fico*, à Rome. — *Fauna suecica*, 311. — « Gadus linea excavata pone caput. » It. Wgoth., 178. — Strom. sondm. 316, n. B. — « Gadus... longitudine ad latitudinem tripla. » Artedi, gen. 21, syn. 37, spec. 65.
Asellus mollis latus. Lister, apud Willughby, p. 22. — Ray, p. 55, n. 9. — *Asellus barbatus*, Charleton, p. 121. — Bloch, pl. 165. — *Gade tacaud*. Daubenton, Encyclopédie méthodique. — Bonnaterre, planches de l'Encyclopédie méthodique. — Gronov., Mus. 1, p. 21, n. 160; *Zooph.*, p. 99, n. 320. — « Callarias barbatus, dilute olivacei coloris, etc. » Klein, *Miss. pisc.*, 5, p. 6, n. 3.
Whitting. pout. Brit. zool., 3, p. 348. — *Gadus titling*, Ascagne, pl. 5. — *Tacaud*. Duhamel, *Traité des pêches*, seconde partie, section première, chap. V, art. 1, p. 136, pl. 23, fig. 2. — *Morue molle*. Valmont de Bomare, *Dictionnaire d'histoire naturelle*.
3. *Mollo*, à Venise. — *Poor, Power*, dans le comté de Cornouailles. — *Gade capelan*. Daubenton, Encyclopédie méthodique. — *Gade capelan*. Bonnaterre, planches de l'Encyclopédie méthodique. — « Gadus... corpore sesquiunciali, ano in medio corporis. » Artedi, gen. 21, syn. 36. — *Capelan*. Rondelet, première partie, liv. VI, chap. XII. « Anthiæ secunda species. » Gesner, p. 56; Icon. anim., p. 211 (Germ.), fol. 13. — « Asellus mollis minor, *seu* asellus omnium minimus. » Willughby, p. 171, tab. L.
Ray, p. 56, n. 10. — Bloch, pl. 67, fig. 1. — *Capelan*. Valmont de Bomare. *Dictionnaire d'histoire naturelle*. — « Callarias barbatus corpore contracto, *et* Callarias... omnium minimus, etc. » Klein, *Miss. pisc.* — *Poor*. *Brit. zool.*, 3, p. 185, n. 77, t. XXX.

ces sortes de prairies marines formées par des algues qui se pressent sur un fond sablonneux. Nous avons vu les tortues franches devoir la couleur verte de leur chair à des plantes marines plus ou moins verdâtres; mais ces tortues en font leur nourriture, et l'on n'a point observé que, dans aucune circonstance, le callarias préférât, pour son aliment, des végétaux aux substances animales. Le nombre, la forme et la distribution, ainsi que la disposition de ses dents, empêchent de le présumer. Sa mâchoire supérieure est, en effet, garnie de plusieurs rangs de dents aiguës ; on n'en voit quelquefois qu'un rang à la mâchoire de dessous, mais il y en a au palais; de plus, l'ouverture de la bouche est très grande.

Les écailles qui recouvrent le callarias sont petites, minces et molles ; la ligne latérale est large et voisine du dos; elle est, d'ailleurs, tachetée, et voici la nuance des couleurs des autres parties de l'animal. La tête est grise avec des taches brunes, l'iris jaunâtre; la partie supérieure de l'animal, grise et tachetée de brun comme la tête ; la partie inférieure est blanche, et l'on remarque un ton plus ou moins brunâtre sur toutes les nageoires [1]. Mais ce qu'il faut observer et ce qui a fait donner au gade dont nous parlons le nom de *variable*, c'est qu'il est de ces teintes du callarias qui varient avec l'âge ou avec les saisons. Les nageoires et même le dessous de l'animal sont quelquefois rougeâtres ; le ventre n'est pas toujours sans petites taches ; celles du corps et de la queue des callarias encore jeunes sont souvent dorées, au lieu d'être brunes; pendant l'hiver, on voit les taches brunâtres de la tête acquérir, sur presque tous les individus de l'espèce que nous décrivons, une couleur d'un beau noir [2].

Le tacaud est remarquable par la hauteur de son corps qui égale à peu près le tiers de sa longueur ; les lèvres renferment des portions cartilagineuses ; la mâchoire inférieure présente neuf ou dix points de chaque côté ; les yeux sont grands et saillants, les ouvertures branchiales étendues, les écailles petites et fortement attachées; l'anus est voisin de la gorge; la ligne latérale se fléchit vers le bas au-dessous de la seconde nageoire dorsale [3].

1. On a compté, dans un callarias, 53 vertèbres et 18 côtes.

2.

A la première nageoire dorsale du callarias	15	rayons.
A la seconde	16	—
A la troisième	18	—
A chacune des pectorales	17	—
A chacune des jugulaires	6	—
A la première de l'anus	18	—
A la seconde	17	—
A celle de la queue	26	—

3.

A la première nageoire dorsale du tacaud	13	—
A la seconde	19	—
A la troisième	18	—
A chacune des pectorales	18	—
A chacune des jugulaires	6	—
A la première de l'anus	25	—
A la seconde	17	—
A celle de la queue	30	—

L'iris est argenté ou couleur de citron ; le dos d'un verdâtre foncé ; les côtés sont d'un blanc rougeâtre ; la nageoire de la queue est également d'un rouge pâle ; toutes les autres sont olivâtres et bordées de noir ; une tache noire paraît souvent à la base des pectorales, et une teinte très foncée fait aisément distinguer la ligne latérale.

Le tacaud parvient à une longueur de cinq ou six décimètres ; il s'approche des rivages au moins pendant la saison de la ponte ; il s'y tient dans le sable, ou au milieu de très hauts fucus, à des profondeurs quelquefois très considérables au-dessous de la surface de la mer. Il vit de crabes, de saumons, de blennies. Sa chair est blanche et bonne à manger, mais souvent un peu molle et sèche. On le trouve dans l'océan de l'Europe septentrionale.

Le capelan vit dans les mêmes mers que le tacaud et le callarias ; mais il habite aussi dans la Méditerranée. Il en parcourt les eaux en troupes extrêmement nombreuses, il en occupe pendant l'hiver les profondeurs, et, vers le printemps, il s'y rapproche des rivages pour déposer ou féconder ses œufs au milieu des graviers, des galets ou des fucus. Il est très petit et surpasse à peine deux décimètres en longueur. On voit au bout de sa mâchoire inférieure, comme à l'extrémité de celle du callarias et du tacaud, un assez long filament. La ligne latérale est droite ; le ventre très caréné, c'est-à-dire terminé longitudinalement en en-bas par une arête presque aiguë; l'anus placé à peu près à une égale distance de la tête et de l'extrémité de la queue. Son dos est d'un jaune brunâtre, et tout le reste de son corps d'une couleur d'argent plus ou moins parsemée de points noirâtres ; l'intérieur de son abdomen est noir. Il se nourrit de crabes, d'animaux à coquille et d'autres petits habitants de la mer. Les pêcheurs le recherchent peu pour la bonté de sa chair, mais il est la proie des grands poissons ; il est même fréquemment dévoré par plusieurs espèces de gades. C'est parce qu'on a vu souvent des morues, des æglefins et des callarias suivre avec constance des bandes de capelans qui pouvaient leur fournir une nourriture copieuse et facile à saisir, qu'on a donné à ces derniers gades le nom de *conducteurs des callarias, des æglefins et des morues* [1].

1. A la première nageoire dorsale du capelan........ 12 rayons.
A la seconde........ 19 —
A la troisième........ 17 —
A chacune des pectorales........ 14 —
A chacune des jugulaires........ 6 —
A la première de l'anus........ 27 —
A la seconde........ 17 —
A celle de la queue........ 18 —

LE GADE ROUGE

Gadus ruber, Lacép.

LE GADE NÈGRE ET LE GADE LUBB

Gadus niger, Lacép. — *Gadus Lubb*, Lacép.

Nous avons dit, à la fin de l'article du gade morue, que nous adoptions l'opinion de M. Noël au sujet du gade rouge, et que nous regardions avec lui ce dernier poisson comme une variété de la morue proprement dite ; mais depuis la publication de cet article, M. Noël a fait un voyage dans la Grande-Bretagne ; il a observé en Écosse un très grand nombre de gades rouges ; il m'a envoyé les résultats de ses recherches. Nous avons examiné ce travail avec beaucoup d'attention, et nous pensons maintenant, ainsi que cet habile naturaliste, que les gades rouges forment une espèce distincte de celle des gades morues.

Les gades rouges sont très communs dans la mer qui baigne les îles du nord-ouest de l'Écosse. La fermeté de leur chair leur a fait donner le nom de *gades rochers*. Ils parviennent souvent à une longueur de plus d'un mètre. Ils ont le ventre large ; la tête longue ; des dents petites et aiguës aux mâchoires, à l'entrée du palais, dans le voisinage de l'œsophage ; un barbillon ; une sorte de rainure auprès de la nuque ; une caudale élevée ; la ligne latérale courbée et blanche. M. Noël m'écrit qu'on prend de ces poissons à Fécamp, à Dieppe et à Boulogne ; qu'on les y nomme *merluches* et *petites Merluches ;* mais qu'ils n'y présentent pas ordinairement les teintes rouges qui ont fait donner à leur espèce le nom qu'elle porte.

Le gade nègre a été vu par M. Noël, dans les eaux de l'île de Bute en Écosse, dans le frith de Solway, à Liverpool, dans la rivière de Mersey. Il est long de deux ou trois décimètres ; sa mâchoire inférieure est garnie d'un barbillon ; deux filaments assez longs distinguent chaque jugulaire ; la première dorsale ne renferme qu'un rayon qui est articulé.

Il ne faut pas confondre le gade nègre avec des morues nommées *noires*, qui ne sont qu'une variété de la morue ordinaire et dont la peau est en effet noire ou noirâtre [1]. Ces morues noires habitent dans le lac de Strome, en Mainland, une des îles de Shetland, à un mille ou environ du détroit qui fait communiquer ce lac avec la mer. On les y pêche dans les endroits dont l'eau est entièrement douce. Leur chair est de très bon goût, ce qui prouve la facilité avec laquelle on pourrait acclimater, dans des eaux non salées, des morues et d'autres gades, ainsi que plusieurs autres poissons que l'on ne rencontre encore que dans la mer [2].

1. Notes manuscrites communiquées par M. Noël, de Rouen.
2. Voyez le Discours intitulé : *Des effets de l'art de l'homme sur la nature des poissons.*

Le *lubb* aime les eaux du Cattégat et les lacs salés de la côte de Bohus en Suède[1]. Il est encore inconnu des naturalistes, ainsi que le gade nègre. Son corps est presque conique, sa queue aplatie, sa longueur de plus d'un mètre[2]. Les deux mâchoires sont presque également avancées ; on voit à la mâchoire inférieure un barbillon court et délié. L'œil est grand, l'iris jaune. Les mâchoires, le palais et les environs de l'œsophage sont garnis de dents; la langue est lisse, blanche et charnue ; la ligne latérale, d'abord courbe et ensuite droite ; la couleur générale plus ou moins brune ou verdâtre. Une bande noirâtre s'étend le long de la nageoire du dos et borde souvent celle de l'anus ; une bandelette blanche et une bandelette noire relèvent les nuances de la caudale.

LE GADE COLIN [3]

Gadus carbonarius, Linn., Gmel., Bl., Cuv. — *Gadus Colinus*, Lacép.

LE GADE POLLACK

Gadus Pollachius, Linn., Gmel., Cuv., Lacép.

LE GADE SEY

Gadus virens, Ascan.; Lacép., Cuv.

Ces trois poissons appartiennent au second sous-genre des gades; ils

1. Notes manuscrites de M. Noël.

2. A la membrane branchiale du gade rouge........ 7 rayons.
A la première dorsale........ 13 —
A la seconde........ 19 —
A la troisième........ 18 —
A chaque pectorale........ 18 —
A chaque jugulaire........ 6 —
A la première nageoire de l'anus........ 19 —
A la seconde........ 17 —
A la nageoire de la queue........ 54 —
A la membrane des branchies du gade nègre........ 7 —
A la seconde nageoire du dos........ 60 —
A chaque pectorale........ 20 —
A chaque jugulaire........ 4 —
A la caudale........ 26 —
A la membrane branchiale du gade lubb........ 7 —
A la dorsale........ 103 —
A chaque pectorale........ 21 —
A chaque jugulaire........ 5 —
A la nageoire de la queue........ 36 —

3. *Colefish*, dans plusieurs parties septentrionales de l'Angleterre. — *Raw pollack*, dans plusieurs parties méridionales de l'Angleterre. — *Gade colin*. Daubenton, Encyclopédie méthodique. — *Id*. Bonnaterre, planches de l'Encyclopédie méthodique. — « Gadus dorso tripterygio, imberbis, maxilla inferiore longiore, linea laterali recta. » Artedi, gen. 20, syn. 34. — Bloch, pl. 66.

« Callarias imberbis, capite et dorso, carbonis instar, nigricantibus. » Klein, *Miss. pisc.*, 5, p. 8, n. 2. — *Piscis colfish Anglorum*. Belon, *Aquat.*, p. 133. — *Colfish Anglorum*. Gesner, *Aquat.*, p. 89 (Germ.), fol. 41, *a*, Icon. anim., p. 79.

Asellus niger carbonarius, Schonev., p. 19. — *Asellus niger*, seu *Carbonarius*, Charlet, p. 121. — *Asellus niger*, Aldrov., lib. III, cap. VII, p. 28. — *Asellus niger*, sive *Mollis nigri-*

ont trois nageoires dorsales, et leurs mâchoires sont dénuées de barbillons; plusieurs ressemblances frappantes rapprochent d'ailleurs ces trois espèces. Voyons ce qui les sépare et commençons par décrire le colin.

Il ne faut pas confondre ce poisson avec des individus de l'espèce de la morue que des pêcheurs partis de plusieurs ports occidentaux de France ont souvent appelés *colins*, parce qu'ils les avaient pris dans une saison trop avancée pour qu'on pût les faire sécher.

Le vrai colin a ordinairement près d'un mètre de longueur ; sa tête est étroite, l'ouverture de sa bouche petite, son museau pointu ; ses écailles sont ovales, et ses nageoires jugulaires très peu étendues[1].

On l'a nommé *poisson charbon* ou *charbonnier*, à cause de ses couleurs. En effet, la teinte olivâtre qu'il présente dans sa jeunesse se change en noir lorsqu'il est adulte ; les nageoires sont entièrement noires, excepté celle de la queue qui n'est que brune, et les deux premières dorsales, ainsi que les pectorales, dont la base est un peu olivâtre; une tache noire très marquée est placée au-dessous de chaque nageoire pectorale ; la bouche est même noire dans son intérieur. Ces nuances, si voisines de celles du charbon, paraissent d'autant plus foncées que la ligne latérale est blanche, que les opercules brillent de l'éclat de l'argent, et que la langue a aussi la blancheur de ce métal.

On trouve le colin non seulement dans l'Océan d'Europe, mais encore dans la mer Pacifique. Dès le mois de février et de mars, il s'approche des côtes d'Angleterre pour y déposer ou féconder des œufs, qui ont la couleur et la petitesse des grains de millet, et desquels sortent, au bout de quelques mois, de petits poissons que l'on dit assez bons dans leur jeunesse.

On le pêche non seulement avec des haims, mais encore avec différentes sortes de filets, tels que des verveux[2], des guideaux[3], des demi-folles[4], des trémaux[5], etc.

cans. Willughby, p. 168, tab. L, m. 1, n. 3. — Ray, p. 54, n. 3. — *Coalfish. Brit. zool.*, 3, p. 152, n. 7.

1. A la première nageoire dorsale du colin........................ 14 rayons.
A la seconde........................ 19 —
A la troisième........................ 20 —
A chacune des pectorales........................ 21 —
A chacune des jugulaires........................ 6 —
A la première de l'anus........................ 25 —
A la seconde........................ 20 —
A celle de la queue........................ 26 —

2. Le *verveux*, ou *vermier*, est un filet en forme de manche, et à l'entrée duquel on ajoute un second filet intérieur, nommé *goulet*, terminé en pointe, ouvert dans son extrémité de manière à laisser pénétrer le poisson dans le premier filet, mais propre d'ailleurs à l'empêcher d'en sortir.

3-4-5. Le *guideau* est aussi un filet en forme de manche ; il va en diminuant depuis son embouchure jusqu'à son extrémité. On peut le tendre sur un châssis qui en maintient l'embouchure ouverte. Le plus souvent cependant on se contente d'enfoncer dans le sable, à la basse mer, des piquets sur lesquels on attache deux traverses, l'une en haut et l'autre en bas, ce qui produit à peu près le même effet qu'un châssis. Pour que le poisson soit entraîné dans la manche,

Lorsque la morue est abondante près des côtes du Nord, on y recherche très peu les colins ; mais lorsqu'on y pêche un petit nombre de morues, on y sale les colins, qu'il est assez difficile de distinguer de ces dernières après cette préparation.

Le pollack[1] a, comme le colin, la nageoire de la queue fourchue et la mâchoire inférieure plus avancée que la supérieure ; mais la ligne latérale est droite dans le colin et courbe dans le pollack[2]. Ce dernier poisson habite, comme le colin, dans les mers septentrionales de l'Europe ; il se plaît dans les parages où la tempête soulève violemment les flots. Il voyage par troupes extrêmement nombreuses, cherche moins les asiles profonds, paraît plus fréquemment à la surface de l'Océan que la plupart des autres gades, et sait cependant aller chercher dans le sable des rivages l'ammodyte appât, dont il aime à se nourrir. Sa longueur ordinaire est de cinq décimètres. Sa couleur, qui est d'un brun noirâtre sur le dos, s'éclaircit sur les côtés, y devient argentée et se change, sur la partie inférieure de l'animal, en blanc pointillé de brun ; l'iris, d'ailleurs, est jaune, avec des points noirs ; chaque écaille est petite, mince, ovale et liserée de jaune ; les nageoires pectorales sont jaunâtres, les jugulaires couleur d'or, et celles de l'anus olivâtres et pointillées de noir.

On prend, toute l'année, des pollacks sur plusieurs des rivages occidentaux de France ; on y en trouve souvent de pris dans les divers filets pré-

on oppose au courant l'embouchure du guideau ; mais la force de l'eau, qui en parcourt toute la longueur, comprime tellement les poissons qui s'y renferment, que les gros y sont tués et les petits réduits en une espèce de bouillie. Les piquets sur lesquels on tend le guideau portent le nom d'*étaliers*. Quelquefois ils sont longs de près de trois mètres ; d'autres fois ils ne s'élèvent que de dix ou douze décimètres, et alors le guideau est beaucoup plus petit. De là sont venues les expressions de *guideau à hauts étaliers* et de *guideau à bas étaliers*.

Nous avons placé une courte description de la *demi-folle* dans l'article de la *Raie bouclée*.

Le *trémail* est un filet composé de trois *nappes*, dont deux, qui sont de fil fort et à grandes mailles, se nomment *hamaux*, et dont la troisième, qui flotte entre les deux autres, est d'un fil fin, à petites mailles, et s'appelle *toile* ou *flue*.

1. *A whitting pollack*, en Angleterre. — *Lyr*, dans plusieurs contrées du Nord. — *Lyr bleh, Lerbleking*, dans plusieurs parties de la Suède. — *Gade lieu*. Daubenton, Encyclopédie méthodique. — *Id*. Bonnaterre, planches de l'Encyclopédie méthodique. — *Fauna suecica*, p. 312. — Müller, *Prodrom. Zool. dan.*, p. 42, n. 353.

Gadus lyrblek, It. Wgoth., p. 177. — « Gadus dorso tripterygio, imberbis, maxilla inferiore longiore, linea laterali curva. » Artedi, gen. 20, syn. 35. — *Asellus whithing pollachius*, Willughby, p. 167. — Ray, p. 53, n. 2. — *Gadus pollachius*, Ascagne, cah. 3, pl. 20. — Gronov. Mus. 1, n. 57. — Bloch, pl. 68. — *Gelbes kohlmaul*. Walbaum, *Schr. der Berl. naturf.*, p. 147. — *Pollack. Brit. zool.*, 3, p. 154, n. 8.

2. A la membrane des branchies du pollack........................ 7 rayons.
A la première nageoire dorsale.............................. 13 —
A la seconde.............................. 18 —
A la troisième.............................. 19 —
A chacune des pectorales.............................. 19 —
A chacune des jugulaires.............................. 6 —
A la première de l'anus.............................. 28 —
A la seconde.............................. 19 —
A celle de la queue.............................. 42 —

parés pour la pêche d'autres espèces de poissons ; mais, de plus, il y a sur ces côtes des endroits où, vers le printemps, il est très recherché. On s'est servi pendant longtemps, pour le prendre, de petits bateaux portant une ou deux voiles carrées et montés de six ou huit hommes. On jetait à la mer des lignes dont chacune était garnie d'un haim amorcé avec une sardine, ou avec un morceau de peau d'anguille. Comme le bateau, qui était sous voile, voguait rapidement et que les pêcheurs secouaient continuellement leurs haims, les pollacks, qui sont voraces, prenaient l'appât pour un petit poisson qui fuyait, se jetaient sur cette fausse proie et restaient accrochés à l'hameçon.

Le sey[1] ressemble beaucoup au pollack ; il a même été confondu pendant longtemps avec ce dernier gade ; mais il en diffère par plusieurs caractères, et principalement par les dimensions de ses mâchoires, qui sont toutes les deux également avancées, trait de conformation qui le sépare aussi de l'espèce du colin ; sa ligne latérale est droite, et la couleur de sa partie supérieure est verdâtre[2].

Les seys sont très nombreux pendant toute l'année sur les côtes de Norvège. Ils y sont l'objet d'un commerce assez étendu ; voilà pourquoi ils y ont été observés assez fréquemment et avec assez de soin pour qu'on leur ait donné, selon leur âge, les cinq noms différents que nous avons rapportés dans la troisième note de cet article, et pour que l'on ait su que communément ils avaient cent trente-cinq millimètres au bout d'un an, quatre cent trente-trois millimètres à la fin de la troisième année, et six cent quarante-neuf millimètres après la quatrième.

Pendant l'été, ils y recherchent beaucoup une variété de hareng nommée *brisling* ; on les y a souvent pêchés avec un filet fait en forme de nappe carrée, interrompu dans son milieu par une sorte de sac ou d'enfoncement, et attaché par les coins à quatre cordes qui aboutissent à autant de bateaux. Ce filet n'est point garni de *flottes*, ni de *lest* ; le poids du fil dont il est formé, et des cordes qui le bordent, suffit pour le maintenir. Quand les pêcheurs croient avoir pris une quantité suffisante de seys, ils se rapprochent du filet et en retirent, avec un *manet*[3], les poissons qui sont au fond du sac placé au milieu de la nappe.

1. A l'âge d'un an, *Mort* ; à l'âge de deux ans, *Palle* ; à l'âge de trois ans, *Trœrin* ; à l'âge de quatre ans, *Sey* ou *Graasey* ; dans la vieillesse, *Ufs*, sur plusieurs côtes boréales de l'Europe. — *Gade sey*. Daubenton, Encyclopédie méthodique. — *Id*. Bonnaterre, planches de l'Encyclopédie méthodique. — *Fauna suecica*, p. 309. — Müller, *Prodrom. Zool. dan.*, p. 43, n. 354. — Gronov., *Act. Upsal.*, 1742, p. 90. — *Gadus virens* et *Sey*, Ascagne, cah. 3, pl. 21.

2.

A la première nageoire du dos du sey	13	rayons.
A la seconde	20	—
A la troisième	19	—
A chacune des pectorales	17	—
A chacune des jugulaires	6	—
A la première de l'anus	24	—
A la seconde	20	—
A celle de la queue, qui est fourchue	40	—

3. Voyez, pour la description du manet, l'article de la *Trachine vive*.

LE GADE MERLAN [1]

Gadus Merlangus, Linn., Gmel., Bl., Lacép. Cuv.

De toutes les espèces de gades, le merlan est celle dont le nom et la forme extérieure sont le mieux connus dans une grande partie de l'Europe, et particulièrement dans la plupart des départements septentrionaux de France. La morue même n'y est pas un objet aussi familier, à tous égards, que le poisson dont il est question dans cet article; on l'y nomme souvent, on la sert sur toutes les tables, et cependant sa véritable figure y est ignorée dans les endroits éloignés des rivages de la mer, parce qu'elle n'y parvient presque jamais que préparée, salée ou séchée, altérée, déformée et souvent tronquée. Le merlan, au contraire, est transporté entier dans ces mêmes endroits; la grande consommation qu'on en a faite l'a mis si souvent sous les yeux et l'a fait examiner si fréquemment, qu'il a frappé l'imagination des personnes même les moins instruites, et que ses attributs, principalement sa couleur, sont devenus des sujets de proverbes vulgaires. Les nuances qu'il présente sont en effet très brillantes : presque tout son corps resplendit de la blancheur de l'argent; l'éclat de cette couleur est relevé, au lieu d'être affaibli, par l'olivâtre qui règne quelquefois sur le dos, par la teinte noirâtre qui distingue les nageoires pectorales ainsi que celle de la queue, et par une tache noire que l'on voit sur quelques individus, à l'origine de ces mêmes pectorales.

Tout le monde sait d'ailleurs que le corps du merlan est allongé et revêtu d'écailles petites, minces et arrondies; que ses nageoires dorsales sont au nombre de trois; qu'il n'a pas de barbillons; que sa mâchoire supérieure est plus avancée que l'inférieure. Il nous suffira d'ajouter, relativement à ses formes extérieures, que cette même mâchoire d'en haut est armée de plusieurs rangs de dents, dont les antérieures sont les plus longues; qu'on n'en voit qu'une rangée à la mâchoire d'en bas, qui d'ailleurs montre de chaque côté neuf ou dix points ou très petits enfoncements; que l'on aperçoit sur le palais deux os triangulaires, et auprès du gosier quatre os arrondis ou allon-

1. *Hwitling*, en Suède et en Danemark. — *Whiting*, en Angleterre. — *Gade merlan*. Daubenton, Encyclopédie méthodique. — *Id*. Bonnaterre, planches de l'Encyclopédie méthodique. — *Fauna suec.*, 310. — *Gadus hoitling*, It. scan. 326, tab. 2, fig. 2. — It. Wgoth., p. 176. — « Gadus dorso tripterygio, ore imberbi,.... maxilla superiore longiore. » Artedi, gen. 19, syn. 34, spec. 62. — « Secunda asellorum species, merlangus. » Gesner., *Aquat.*, p. 65, et Germ., fol. 40, 2.

Asellus candidus primus, Schonev., p. 17. — *Asellus minor alter*, Aldrov., lib. III, cap. III, p. 287. — *Asellus minor et mollis*, Charleton, p. 121. — *Asellus mollis*. Jonston, *Pisc.*, tab. 2, fig. 3. — *Asellus mollis major*, seu *albus*. Willughby, p. 170, tabl. L, m. 1, fig. 5. — Ray, p. 55, n. 8. — *Molenaer*, Mus. 1, p. 20, n. 55; *Zooph.*, p. 98, n. 316. — Bloch, pl. 65. — « Callarias imberbis, Gronov. argentei splendoris, etc. » Klein, *Miss. pisc.*, 5, p. 8, n. 3, tab. 3, fig. 2.

Merlan, Rondelet, première partie, liv. IX, chap. IX, édit. de Lyon, 1558. — *Whiting*. *Brit. zool.*, 3, p. 155, n. 9. — *Merlan*. Valmont de Bomare, *Dictionn. d'histoire naturelle*.

gés, lesquels sont tous les six hérissés de petites dents ou aspérités; et enfin que la ligne latérale est presque droite[1].

Si nous jetons maintenant un coup d'œil sur l'intérieur du merlan, nous verrons que ce poisson a cinquante-quatre vertèbres. Nous en avons compté cent seize dans l'anguille; mais aussi, quelque allongé que soit le merlan, il présente une forme bien éloignée de celle que forme le corps très délié des murènes.

Le cœur a la figure d'un quadrilatère, avec des angles très obtus. L'oreillette est grande, ainsi que l'aorte.

L'estomac est allongé, assez large, un peu recourbé vers le pylore, autour duquel est un très grand nombre d'appendices intestinaux, ou de petits *cæcums,* formant une sorte de couronne. Le canal intestinal proprement dit est presque de la longueur de l'animal; il se réfléchit vers le diaphragme, va de nouveau vers la queue, se recourbe du côté de l'œsophage et tend ensuite directement vers l'anus, où il parvient très élargi.

Le foie, dont la couleur est blanchâtre, se divise en deux lobes principaux : le droit est court et étroit; le second très long et répandu dans une grande partie de l'abdomen.

La vésicule du fiel communique par un canal avec le foie, et, par un canal plus grand, avec le tube intestinal auprès des appendices.

Un viscère triangulaire et analogue à la rate est situé au-dessous de l'estomac.

Les reins, d'une couleur sanguinolente et étendus le long de l'épine du dos, se déchargent dans une vessie urinaire double, voisine de l'anus, et que l'on a souvent trouvée remplie d'une eau claire.

La vessie natatoire est visqueuse, longue, simple, attachée à l'épine du dos. Le canal pneumatique, par lequel elle communique à l'extérieur, part de la partie la plus antérieure de cette vessie et aboutit à l'œsophage.

Enfin, on voit dans les femelles deux ovaires très longs et remplis, lors de la saison convenable, d'un très grand nombre de petits œufs ordinairement jaunâtres.

Le merlan habite dans l'Océan qui baigne les côtes européennes. Il se nourrit de vers, de mollusques, de crabes, de jeunes poissons. Il s'approche souvent des rivages, et voilà pourquoi on le prend pendant presque toute l'année; mais il abandonne particulièrement la haute mer, non seulement

1.
A la membrane des branchies	7	rayons.
A la première dorsale	16	—
A la seconde	18	—
A la troisième	19	—
A chacune des pectorales	20	—
A chacune des jugulaires	6	—
A la première de l'anus	30	—
A la seconde	20	—
A celle de la queue	31	—

lorsqu'il va se débarrasser du poids de ses œufs ou les féconder, mais encore lorsqu'il est attiré vers la terre par une nourriture plus agréable et plus abondante, et lorsqu'il y cherche un asile contre les gros animaux marins qui en font leur proie. Comme ces diverses circonstances dépendent des saisons, il n'est pas surprenant que, suivant les pays, le temps de le pêcher avec succès soit plus ou moins avancé. On a préféré pour cet objet, sur certaines côtes de France, les mois de janvier et de février, et sur plusieurs de celles d'Angleterre ou de Hollande, on a choisi les mois de l'été.

On le trouve très gras lorsque les harengs ont déposé leurs œufs et qu'il a pu en dévorer une grande quantité[1]. Mais, excepté dans le temps où il fraye lui-même, sa chair écailleuse est agréable au goût; elle n'a pas de qualité malfaisante, et, comme elle est molle, tendre et légère, on la digère avec facilité. Elle est un des aliments que l'on peut donner avec le moins d'inconvénient à ceux qui éprouvent un grand besoin de manger, sans avoir cependant des sucs digestifs très puissants.

Dans quelques endroits de l'Angleterre et des environs d'Ostende de Bruges et de Gand, on a fait sécher et saler des merlans après les avoir vidés, et on les a rendus, par cette préparation, au moins suivant le témoignage de plusieurs observateurs, un mets très délicat.

On a écrit qu'il y avait des merlans hermaphrodites. On en a vu, en effet, dont l'intérieur présentait en même temps un ovaire rempli d'œufs, et un corps assez semblable, au premier coup d'œil, à la laite des poissons mâles; mais cet aspect n'est qu'une fausse apparence; l'on s'est assuré que cette prétendue laite n'était que le foie, qui est très gros dans tous les merlans, et particulièrement dans ceux qui sont très gras.

On prend quelquefois des merlans avec des filets, et notamment avec celui que l'on a nommé *drège*, et dont nous avons fait connaître la forme dans l'article de la *trachine vive*. Le plus souvent, néanmoins, on pêche le gade dont nous parlons avec une vingtaine de lignes, dont chacune, garnie de deux cents hameçons, est longue de plus de cent mètres, et qu'on laisse au fond de l'eau environ pendant trois heures.

Au reste, non seulement la qualité de la chair du merlan varie suivant les saisons et les parages qu'il fréquente, mais encore ses caractères extérieurs sont assez différents, selon les eaux qu'il habite, pour qu'on ait compté dans cette espèce plusieurs variétés remarquables et constantes. Nous pouvons en donner un exemple, en rapportant une observation très intéressante qui nous a été transmise au sujet des merlans que l'on trouve sur les côtes du département de la Seine-Inférieure, par un naturaliste habile et très zélé, M. Noël, de Rouen, que j'ai déjà eu occasion de citer dans cet ouvrage.

Cet ichtyologiste m'a écrit[2] qu'on apercevait une assez grande diffé-

1. Lettre de M. Noël, de Rouen, à M. de Lacépède, du 12 novembre 1799.
2. *Idem.*

rence entre les merlans que l'on prend sur les fonds voisins d'Yport et des Dalles, près de Fécamp, et ceux que l'on pêche depuis la pointe de l'Ailly jusqu'au Tréport et au delà. Les merlans d'Yport et des Dalles sont plus courts; leur ventre est plus large, leur tête plus grosse, leur museau moins aigu; la ligne que décrit leur dos, légèrement courbée en dedans, au lieu d'être droite; la couleur des parties voisines du museau et de la nageoire de la queue plus brunâtre; la chair plus ferme, plus agréable et plus recherchée.

M. Noël pense, avec raison, qu'on doit attribuer cette diversité dans les qualités de la chair, ainsi que dans les nuances et les formes extérieures, à la nature des fonds au-dessus desquels les merlans habitent et, par conséquent, à celle des aliments qu'ils trouvent à leur portée. Auprès d'Yport et de Fécamp, les fonds sont presque tous de rochers, tandis que ceux des eaux de l'Ailly, de Dieppe et du Tréport sont presque tous de vase ou de gravier. En général, M. Noël pense que le merlan est plus petit et plus délicat sur les bas-fonds très voisins des rivages, que sur les bancs que l'on trouve à de grandes distances des côtes.

LE GADE MOLVE[1]

Gadus Molva, Linn., Gmel., Cuv., Lacép.

LE GADE DANOIS[2]

Gadus danicus, Lacép.

De tous les gades, la molve est celui qui parvient à la longueur la plus considérable, surtout relativement à ses autres dimensions et plus particulièrement à sa largeur : elle surpasse souvent celle de vingt-quatre décimètres ; et voilà pourquoi elle a été nommée, dans un grand nombre de contrées et par plusieurs auteurs, le *gade long.* Elle habite à peu près dans les mêmes mers que la morue. Elle se trouve abondamment, comme ce gade, autour de la Grande-Bretagne, auprès des côtes de l'Irlande, entre les Hébrides, vers le comté d'York. On la pêche de la même manière, on lui donne les mêmes préparations; comme cette espèce présente un grand volume et, d'ailleurs, est douée d'une grande fécondité, elle est, après la morue et le hareng, un des poissons les plus précieux pour le commerce et les plus utiles à l'industrie.

1. *Langa,* en Suède. — *Lenge,* en Allemagne. — *Ling*, en Angleterre. — *Gade lingue.* Daubenton, Encyclopédie méthodique. — *Id.* Bonnaterre, planches de l'Encyclopédie méthodique. — « Gadus dorso dipterygio, ore cirrato, maxilla superiore longiore. » Artedi, gen. 22, syn. 36. — *Molva major,* Charleton, p. 121. — *Asellus longus,* Schonev., p. 18. — *Asellus longus.* Willughby, p. 175, tab. L, m. 2, n. 2.

Ray, p. 56. — *Faun. suecic.* 312. — Müller, *Prodrom. Zool. dan.*, p. 41, n. 343. — *Gadus longa,* It. Wgoth. 177. — Bloch, pl. 69. — *Enchelyopus.* Klein, *Miss. pisc.*, 4, p. 58. — Belon, *Aquat.*, p. 135. — Gesner, *Aquat.*, p. 95; Icon. anim., p. 78. — *Ling. Brit. zool.*, 3, p. 160.

2. Müller, *Prodrom. zool. dan.*, p. 42. — *Gade danois.* Bonnaterre, planches de l'Encyclopédie méthodique.

Dans les mers qui baignent la Grande-Bretagne, elle jouit principalement de toutes ses qualités, depuis le milieu de février jusque vers la fin de mai, c'est-à-dire dans la saison qui précède son frai, lequel a lieu dans ces mêmes mers aux approches du solstice. Elle aime à déposer ses œufs le long des marais que l'on y voit à l'embouchure des rivières.

Elle se nourrit de crabes, de jeunes ou petits poissons, notamment de pleuronectes plies.

Sa chair contient une huile douce, facile à obtenir par le moyen d'un feu modéré, et plus abondante que celle que peuvent donner la morue ou les autres gades.

Sa couleur est brune par-dessus, blanchâtre par-dessous, verdâtre sur les côtés. La nageoire de l'anus est d'un gris de cendre; les autres sont noires et bordées de blanc; on voit de plus une tache noire au sommet de chacune des dorsales[1].

Les écailles sont allongées, petites et fortement attachées; la tête est grande, le museau un peu arrondi, la langue étroite et pointue.

Le gade danois n'est pas dénué de barbillons, non plus que la molve; comme la molve, il n'a que deux nageoires sur le dos et appartient par ce double caractère au troisième sous-genre des gades. Sa mâchoire inférieure est plus avancée que la supérieure, ce qui le sépare de la molve; et sa nageoire de l'anus renferme jusqu'à soixante-dix rayons, ce qui le distingue de toutes les espèces comprises dans le sous-genre où nous l'avons inscrit, et même de tous les gades connus jusqu'à présent. On en doit la première description au savant Müller, auteur du *Prodrome de la zoologie danoise.*

LE GADE LOTE[2]

Gadus Lota, Linn., Gmel., Cuv., Lacép.

La lote mérite une attention particulière des naturalistes. Elle présente

1. A la membrane des branchies de la molve .... 7 rayons.
A la première nageoire dorsale .... 15 —
A la seconde .... 63 —
A chacune des pectorales .... 19 —
A chacune des jugulaires .... 6 —
A celle de l'anus .... 59 —
A celle de la queue, qui est arrondie .... 38 —

2. *Motelle, Barbotte,* dans quelques départements de France. — *Barbot, Burbot, Eel pout,* en Angleterre. — *Putael,* dans la Belgique ou France septentrionale. — *Alraupe, Olruppe, Trüsch, Treischen, Rutten,* en Allemagne.— *Aalquabbe, Franske giedder,* en Danemark. — *Lake,* en Suède et en Norvège. — *Nalim,* en Russie.

Gade lote. Daubenton, Encyclopédie méthodique. — *Id.* Bonnaterre, planches de l'Encyclopédie méthodique. — *Gadus lota,* Ascagne, cah. 3, 5, pl. 28. — *Lote.* Valmont de Bomare, *Dictionn. d'histoire naturelle.* — *Fauna suecica,* 315. — Müller, *Prodrom. Zool. danic.*, p. 41, n. 343. — Kœlruter, *Nov. Comment. petropol.*, 19, p. 424. — Meidinger, *Icon. piscium austral.*, t. VIII. — Bloch, pl. 70.

« Gadus dorso dipterygio, ore cirrato, maxilla æqualibus. » Artedi, gen. 28, syn. 38. — « Silurus cirro unico in mento. » Artedi, spec. 107. — *Lote.* Rondelet, deuxième partie des poissons

tous les caractères génériques qui appartiennent aux gades; elle doit être inscrite dans le même genre que ces poissons; elle y a toujours été comprise; elle fait véritablement partie de leur famille. Cependant, par un de ces exemples qui prouvent combien les êtres animés sont liés par d'innombrables chaînes de rapports, elle s'écarte des gades par des différences très frappantes dans les formes, dans les facultés, dans les habitudes, dans les goûts, et ne s'éloigne ainsi de ses congénères que pour se rapprocher non seulement des blennies, qui par leur nature touchent aux gades de très près, mais encore de plusieurs apodes osseux, particulièrement des murènes et des anguilles.

Comme ces derniers apodes, la lote a le corps très allongé et serpentiforme. On voit sur son dos deux nageoires dorsales, mais très basses et très longues, ainsi que celle de l'anus; elles ressemblent à celles qui garnissent le dos et la queue des murènes. Les écailles qui la recouvrent sont plus facilement visibles que celles de ces mêmes murènes; mais elles sont très minces, molles, très petites, quelquefois séparées les unes des autres; et la peau à laquelle elles sont attachées est enduite d'une humeur visqueuse très abondante, comme celle de l'anguille. Aussi échappe-t-elle facilement, de même que ce dernier poisson, à la main de ceux qui la serrent avec trop de force et veulent la retenir avec trop peu d'adresse; elle glisse entre leurs doigts, parce qu'elle est perpétuellement arrosée d'une liqueur gluante. Elle se dérobe encore à ses ennemis, parce que son corps, très allongé et très mobile, se contourne avec promptitude en différents sens et imite si parfaitement toutes les positions et tous les mouvements d'un reptile, qu'elle a reçu plusieurs noms donnés depuis longtemps aux animaux qui rampent.

La lote est, de plus, d'une couleur assez semblable à celle de plusieurs murènes ou de quelques murénophis. Elle est variée, dans sa partie supérieure[1], de jaune et de brun; le blanc règne sur sa partie inférieure.

Au lieu d'habiter dans les profondeurs de l'Océan ou près des rivages de la mer, comme la plupart des osseux apodes ou jugulaires, et particulièrement comme tous les autres gades connus jusqu'à présent, elle passe sa vie

des lacs, chap. XVIII. — *Barbote*, chap. XIX. — Aldr., lib. V, cap. XLVI, fol. 648. — *Lota* et *Mustella fluviatilis*, Willughby, p. 125. — Ray, p. 67. — *Lota Gallis dicta*, Gesner, p. 599. — *Lota Gallorum*. Jonston, lib. III, tit. 3, cap. XI, p. 168, tab. 29, fig. 10.

Strinsia, sive *Botatrissa*. Belon, *Aquat.*, p. 302 — *Claria fluviatilis*, p. 304. — *Borbotha*, Cub., lib. III, cap. XII, fig. 72, B. — *Borbocha*, Magni (Olai), lib. XX, cap. XX. — *Bottatria* et *Triseus*. Salvian., fol. 213, *a*, ad iconem, et B. — *Atropa*. Hildegard., lib. I, part. 4, cap. XXV. — Gronov., Mus. 1, p. 21, n. 61; *Zooph.*, p. 97, n. 313. — *Enchelyopus subcinereus*, etc. Klein, *Miss. pisc.*, 4, p. 57, n. 13, tab. 15, fig. 2. — *Barbot. Brit. zool.*, 3, p. 163, n. 14.

1. Sa ligne est droite.

On compte à sa première nageoire dorsale		14	rayons.
—	à la seconde	68	—
—	à chacune des pectorales	20	—
—	à chacune des jugulaires	6	—
—	à celle de l'anus	67	—
—	à celle de la queue, qui est arrondie	36	—

dans les lacs, dans les rivières, au milieu de l'eau douce, à de très grandes distances de l'Océan ; ce nouveau rapport avec l'anguille n'est pas peu remarquable.

On la trouve dans un très grand nombre de contrées, non seulement en Europe et dans les pays les plus septentrionaux de cette partie du monde, mais encore dans l'Asie boréale et dans les Indes.

Elle préfère, le plus souvent, les eaux les plus claires; et afin qu'indépendamment de sa légèreté, les animaux dont elle fait sa proie puissent plus difficilement se soustraire à sa poursuite, elle s'y cache dans des creux ou sous des pierres; elle cherche à attirer ses petites victimes par l'agitation du barbillon ou des barbillons qui garnissent le bout de sa mâchoire inférieure, et qui ressemblent à de petits vers : elle y demeure patiemment en embuscade, ouvrant presque toujours sa bouche, qui est assez grande, et dont les mâchoires, hérissées de sept rangées de dents aiguës, peuvent aisément retenir les insectes aquatiques et les jeunes poissons dont elle se nourrit[1].

On a écrit que, dans quelques circonstances, la lote était *vipère*, c'est-à-dire que les œufs de cette espèce de gade éclosaient quelquefois dans le ventre même de la mère, et par conséquent avant d'avoir été pondus. Cette manière de venir à la lumière n'a été observée dans les poissons osseux que lorsque ces animaux ont réuni un corps allongé, délié et serpentiforme à une grande abondance d'humeur visqueuse, comme la lote. Au reste, elle supposerait dans ce gade un véritable accouplement du mâle et de la femelle et lui donnerait une nouvelle conformité avec l'anguille, les blennies et les silures.

La lote croît beaucoup plus vite que plusieurs autres osseux ; elle parvient jusqu'à la longueur d'un mètre, et M. Valmont de Bomare en a vu une qu'on avait apportée du Danube à Chantilly, et qui était longue de plus de douze décimètres.

Sa chair est blanche, agréable au goût, facile à cuire; son foie, qui est très volumineux, est regardé comme un mets délicat. Sa vessie natatoire est très grande, souvent égale en longueur au tiers de la longueur totale de l'animal, un peu rétrécie dans son milieu, terminée par deux prolongations dans sa partie antérieure, formée d'une membrane qui n'est qu'une continuation du péritoine, attachée par conséquent à l'épine du dos, de manière à ne pouvoir pas en être séparée entière, et employée dans quelques pays à faire de la colle, comme la vessie à gaz de l'acipensère huso.

Ses œufs sont presque toujours, comme ceux du brochet et du barbeau, difficiles à digérer, plus ou moins malfaisants; et, par un dernier rapport avec l'anguille et la plupart des autres poissons serpentiformes, elle ne perd que difficilement la vie.

1. Il y a, auprès du pylore, 39 ou 40 appendices intestinaux.

LE GADE MUSTELLE [1]

Gadus Mustela, Linn., Gmel., Lacép., Cuv. — *Gadus tricirratus*, Bloch.

LE GADE CIMBRE [2]

Gadus cimbricus, Schn., Lacép., Cuv.

La mustelle a beaucoup de ressemblance avec la lote par l'allongement de son corps, la petitesse de ses écailles et l'humeur visqueuse dont elle est imprégnée ; mais elle n'habite pas, comme ce poisson, au milieu de l'eau douce ; elle vit dans l'océan Atlantique et dans la Méditerranée. Elle y parvient jusqu'à la longueur de six décimètres. Elle s'y nourrit de cancres et d'animaux à coquille ; et pendant qu'elle est jeune, petite et faible, elle devient souvent la proie de grands poissons, particulièrement de quelques gades et de plusieurs scombres. Le temps de la ponte et de la fécondation des œufs de cette espèce est quelquefois retardé jusque dans l'automne, ou se renouvelle dans cette saison. La mustelle est blanche par-dessous, d'un brun jaunâtre par-dessus, avec des taches noires et d'un argenté violet sur la tête. Les nageoires pectorales et jugulaires sont rougeâtres ; les autres sont brunes avec des taches allongées, excepté la nageoire de la queue dont les taches sont rondes. On trouve cependant plusieurs individus sur lesquels la nuance et la figure de ces diverses taches sont constamment différentes, et même d'autres individus qui n'en présentent aucune. Il est aussi des mustelles qui ont quatre barbillons à la mâchoire supérieure, d'autres qui n'y en montrent que deux, d'autres encore qui n'y en ont aucun ; et ces diversités dans la forme, plus ou moins transmissibles par la génération, ayant été comparées, par plusieurs naturalistes, avec les variétés de couleurs que l'on peut remarquer dans l'espèce que nous examinons, ils ont cru devoir diviser les mus-

1. *Galea, Pesce moro, Donzellina, Sorge marina*, sur plusieurs côtes d'Italie. — *Gouderopsaro*, sur plusieurs rivages de la Grèce. — *Whistle fish*, en Angleterre. — *Krullquappen*, auprès de Hambourg et dans quelques autres contrées septentrionales.

« Gadus mustella, Gadus tricirratus *b*, et Gadus russicus *g*. » Linné, édition de Gmelin. — *Gade mustelle.* Daubenton, Encyclopédie méthodique. — *Id.*, Bonnaterre, planches de l'Encyclopédie méthodique. — *Gade la brune*, id. — Bloch, pl. 165. — ***Mustelle.*** Valmont de Bomare, *Dictionnaire d'histoire naturelle.* — Müller, *Prodrom. Zoolog. dan.*, p. 42, n. 345. — « Gadus dorso dipterygio, cirris maxillæ superioris quatuor; inferioris uno. » Mus. Ad. Fr. 1.

« Gadus dorso dipterygio, sulco ad pinnam dorsi primam, ore cirrato. » Artedi gen. 22, syn. 37. — « Galea Venetorum, *seu* Asellorum altera species. » Belon. — « Mustella vulgaris, *et* Mustella marina tertia. » Gesner, p. 89, 90 et 103 (Germ.), fol. 41, B, et 42, A. — ***Mustelle vulgaire.*** Rondelet, première partie, liv. IX, chap. XIV. — Aldrov., lib. III, cap. VIII, fol. 290. — Willughby, p. 121. — Ray, p. 67, n. 1. — *Mustela.* Jonst., lib. I, tit. 1, cap. I, A, 2, tab. 1, fig. 4. — ***Mustela altera***, Schonev., p. 49. — *Mustella marina tertia.*

Gronov., *Zooph.*, n. 314 ; Mus. 1, p. 21, n. 2 ; *Act. ups.*, 1742, p. 93, tab. 3. — *Spoted whistle fish*, et *Brow whistle fish. Brit. zoolog.*, 3, p. 164, n. 15, et 165, n. 16. — « Enchelyopus cirris tribus, altero e mento, etc. » Klein, *Miss. pisc.*, 4, p. 57, n. 14. — Walbaum, *Schrif. der Berl. naturf. ges.*, 5.

2. *Gade cimbre.* Bonnaterre, planches de l'Encyclopédie méthodique.

telles en trois espèces, la première distinguée par quatre barbillons placés à une distance plus ou moins petite des narines, la seconde par deux barbillons situés à peu près de même, et la troisième par l'absence de tout barbillon à la mâchoire supérieure. Mais après avoir cherché à peser les témoignages et à comparer les raisons de cette multiplication d'espèces, nous avons préféré l'opinion du savant professeur Gmelin et nous ne considérons l'absence ou le nombre des barbillons de la mâchoire d'en haut, ainsi que les dissemblances dans les teintes, que comme des signes de variétés plus ou moins permanentes dans l'espèce de la mustelle.

Au reste, ce gade a toujours un barbillon attaché vers l'extrémité de la mâchoire inférieure, soit que la mâchoire supérieure en soit dénuée, ou en montre deux, ou en présente quatre. De plus, la langue est étroite et assez libre dans ses mouvements. La ligne latérale se courbe vers les nageoires pectorales et s'étend ensuite directement jusqu'à la queue. Mais ce qu'il ne faut pas passer sous silence, c'est que la première nageoire dorsale est composée de rayons si petits et si courts, qu'il est très difficile de les compter exactement et qu'ils disparaissent presque en entier dans une sorte de sillon ou de rainure longitudinale. Un seul de ces rayons, le premier ou le second, est très allongé, s'élève par conséquent beaucoup au-dessus des autres ; et c'est cette longueur ainsi que l'excessive brièveté des autres qui ont fait dire à plusieurs naturalistes que la première dorsale de la mustelle ne comprenait qu'un rayon[1].

La première nageoire du dos est conformée de la même manière dans le gade cimbre, qui ressemble beaucoup à la mustelle ; néanmoins on trouve dans cette même partie un des caractères distinctifs de l'espèce du cimbre. En effet, le rayon, qui seul est très allongé, se termine dans ce gade par deux filaments placés l'un à droite et l'autre à gauche, et disposés horizontalement comme les branches de la lettre T[2].

De plus, on compte sur les mâchoires de la mustelle cinq, ou trois, ou un seul barbillon. Il y en a quatre sur celles du cimbre : deux de ces derniers filaments partent des environs des narines ; le troisième pend de la lèvre supérieure ; et le quatrième, de la lèvre inférieure.

1. A la membrane branchiale de la mustelle........................ 5 rayons.
1 rayon très allongé et plusieurs rayons très courts à la première nageoire dorsale.
A la seconde.. 56 rayons.
A chacune des pectorales........................ 18 —
A chacune des jugulaires........................ 6 —
A celle de l'anus.. 46 —
A celle de la queue.. 20 —

2. 1 rayon très allongé et plusieurs rayons très courts à la première nageoire dorsale du gade cimbre.
A la seconde.. 48 rayons.
A chacune des pectorales........................ 16 —
A chacune des jugulaires........................ 7 —
A celle de l'anus.. 42 —
A celle de la queue.. 25 —

Le cimbre habite dans l'océan Atlantique, et particulièrement dans une partie de la mer qui baigne les rivages de la Suède. Il a été découvert et très bien décrit par M. Strussenfeld[1].

LE GADE MERLUS[2]

Gadus Merluccius, Linn., Bl., Cuv., Lacép.

Ce poisson vit dans la Méditerranée ainsi que dans l'Océan septentrional; et voilà pourquoi il a pu être connu d'Aristote, de Pline et des autres naturalistes de la Grèce ou de Rome, qui, en effet, ont traité de ce gade dans leurs ouvrages. Il y parvient jusqu'à la grandeur de huit ou dix décimètres. Il est très vorace : il poursuit, par exemple, avec acharnement, les scombres et les clupées ; cependant, comme il trouve assez facilement de quoi se nourrir, il n'est pas, au moins fréquemment, obligé de se jeter sur des animaux de sa famille. Il ne redoute pas l'approche de son semblable. Il va par troupes très nombreuses, et par conséquent il est l'objet d'une pêche très abondante et peu pénible. Sa chair est blanche et lamelleuse ; dans les endroits où l'on prend une grande quantité d'individus de cette espèce, on les sale ou on les sèche, comme on prépare les morues, les seys et d'autres gades, pour pouvoir les envoyer au loin. Les merlus sont ainsi recherchés dans un grand nombre de parages; mais dans d'autres portions de la mer où ils ne peuvent pas se procurer les mêmes aliments, il arrive que leurs muscles deviennent gluants et de mauvais goût; ce fait était connu dès le temps de Galien. Au reste, le foie du merlus est presque toujours un morceau très délicat.

Ce poisson est allongé, revêtu de petites écailles, blanc par-dessous, d'un gris plus ou moins blanchâtre par-dessus ; c'est à cause de ces couleurs comparées souvent à celle de l'âne, qu'il a été nommé *anon* par Aristote,

1. Mémoires de l'Académie de Stockholm, t. XXXIII, p. 46.

2. *Merluzo, Asello, Asino, Nasello*, en Italie. — *Hake*, en Angleterre. — Bloch, pl. 154. — *Gade grand Merlus.* Daubenton, Encyclopédie méthodique. — *Id.* Bonnaterre, planches de l'Encyclopédie méthodique. — Le *grand Merlus.* Duhamel, *Traité des pêches*, seconde partie, sect. 1, chap. I, pl. 24.

Merlu et *Merluche.* Valmont de Bomare, *Dictionnaire d'histoire naturelle.* — Mus. Ad. Fr. 2, p. 60. — *Faun. suecic.* 314. — Forsk., *Faun. arabic.*, p. 19. — Gronov., *Zooph.*, p.397, n. 315. — Müll., *Prodrom. Zool. danic.*, p. 41, n. 342. — Ot. Fabric., *Faun. groenl.*, p. 148. « Gadus dorso dipterygio, maxilla inferiore longiore. » Artedi, gen. 22, syn. 36.

Lysing, Strom. sondm. 295. — *Asellus primus*, sive *Merlucius*, Ray, p. 56. — *Asellus primus Rondeletii*, sive *Merlucius.* Willughby, p. 174, tab. L, m. 2, n. 1. — *Onos*, Arist., lib. VIII, cap. XV; et lib. IX, cap. 37. — *Onos, gados*, Athen., lib. VII, p. 315. — *Thalattios*, Ælian, lib. V, cap. XX, p. 276 ; lib. IX, cap. XXXVIII. — Oppian, Hal., lib. I, p. 5; et lib. II, p. 59. — *Asellus.* Pline, *Hist. mundi*, lib. IX, cap. XVI et XVII. — *Asellus.* Ovid., v. 131. Varro, lib. IV, *De lingua latina.* — Jov., cap. XX, p. 87.

Merlus. Rondelet, première partie, liv. IX, chap. VIII. — Salv., fol. 73. — « Merluccius, aselus, et primum de merlucio. » Gesner, p. 84, 97. Icon. anim., p. 76; et (Germ.) fol. 39, B. — *Merluccius.* Belon, *Aquat.*, p. 123. — *Asellus alter*, etc. Aldrov., lib. III, cap. II, p. 286. — *Asellus fuscus*, Charlet, p. 122. — *Hake, Brit. zool.*, 3, p. 156, n. 10. — Jonston, *De piscibus*, p. 7, tab. 1, fig. 3.

Oppien, Athénée, Élien, Pline et d'autres auteurs anciens ou modernes. Le mot d'*anon* est même devenu, pour plusieurs naturalistes, un mot générique qu'ils ont appliqué à plusieurs espèces de gades.

La tête du merlus est comprimée et déprimée ; l'ouverture de sa bouche, grande ; sa ligne latérale plus voisine du dos que du bas-ventre, et garnie auprès de la tête de petites verrues dont le nombre varie depuis cinq jusqu'à neuf ou dix ; des dents inégales, aiguës, et dont plusieurs sont crochues, garnissent les mâchoires, le palais et le gosier[1].

J'ai trouvé dans les papiers de Commerson une courte description d'un gade à deux nageoires, sans barbillons, et dont tous les autres caractères conviennent au merlus. Commerson l'a vu dans les mers australes, ce qui confirme mes conjectures sur la possibilité d'établir dans plusieurs parages de l'hémisphère méridional des pêches abondantes de morues et d'autres gades.

Le merlus est si abondant dans la baie de Galloway, sur la côte occidentale de l'Irlande, que cette baie est nommée dans quelques anciennes cartes la baie des *Hakes*, nom donné par les Anglais aux merlus.

LE GADE BROSME[2]

Gadus Brosme, Linn., Gmel., Penn., Cuv., Lacép.

Nous avons maintenant sous les yeux le cinquième sous-genre des gades. Les caractères qui le distinguent sont un ou plusieurs barbillons, avec une seule nageoire dorsale. On ne peut encore rapporter qu'une espèce à ce sous-genre, et cette espèce est le brosme.

Ce gade préfère les mers qui arrosent le Groenland ou l'Europe septentrionale.

Il a la nageoire de la queue en forme de fer de lance et quelquefois une longueur de près d'un mètre. La couleur de son dos est d'un brun foncé ; ses nageoires et sa partie inférieure sont d'une teinte plus claire ; on voit sur ses côtés des taches transversales[3].

1. A la membrane des branchies .... 7 rayons.
A la première nageoire du dos .... 10 —
A la seconde .... 39 —
A chacune des pectorales .... 12 —
A chacune des jugulaires .... 7 —
A celle de l'anus .... 37 —
A celle de la queue .... 20 —

2. *Gadus brosme*. Ascagne, *Icon. rerum natural.*, tab. 17. — Müller, *Prodrom. Zool. danic.*, p. 41, n. 341. — *Brosme*, Pontoppid. Norveg. 2, p. 178. — Strom. sondm. 1, p. 272, tab. 1, fig. 19. — *Kaila*. Olafs., *Island.*, p. 358, tab. 27. — *Gade brosme*. Bonnaterre, planches de l'Encyclopédie méthodique.

3. A la nageoire du dos du brosme .... 100 rayons.
A chacune des pectorales .... 20 —
A chacune des jugulaires .... 5 —
A celle de l'anus .... 60 —
A celle de la queue .... 30 —

QUARANTE-NEUVIÈME GENRE

LES BATRACHOÏDES

La tête très déprimée et très large; l'ouverture de la bouche très grande; un ou plusieurs barbillons attachés autour ou au-dessous de la mâchoire inférieure.

ESPÈCES.	CARACTÈRES.
1. BATRACHOÏDE TAU.	Un grand nombre de filaments à la mâchoire inférieure; trois aiguillons à la première nageoire dorsale et à chaque opercule.
2. BATRACHOÏDE BLENNIOÏDE.	Un ou plusieurs barbillons au-dessous de la mâchoire d'en bas; les deux premiers rayons de chaque nageoire jugulaire terminés par un long filament.

LE BATRACHOIDE TAU [1]

Batrachoïdes Tau, LACÉP. — *Batrachus Tau*, SCHN., CUV.
— *Lophius Bufo*, MITCHILL.

Nous avons séparé le tau des gades, et le blennioïde des blennies, non seulement parce que ces poissons n'ont pas tous les traits caractéristiques des genres dans lesquels on les avait inscrits en plaçant le dernier parmi les blennies et le premier parmi les gades, mais encore parce que des formes très frappantes les distinguent de toutes les espèces que peuvent embrasser ces mêmes genres, au moins lorsqu'on a le soin nécessaire de n'établir ces cadres que d'après les principes réguliers auxquels nous tâchons toujours de nous conformer. Nous avons de plus rapproché l'un de l'autre le tau et le blennioïde, parce qu'ils ont ensemble beaucoup de rapports; nous les avons compris dans un genre particulier, et nous avons donné à ce genre le nom de *batrachoïde*, qui désigne la ressemblance vague qu'ont ces animaux avec une grenouille, en grec, *batrachos*, et qui rappelle, d'ailleurs, les dénominations de *grenouiller* et de *raninus*, appliquées par Linné, Daubenton et plusieurs autres célèbres naturalistes au blennioïde.

Le tau habite dans l'océan Atlantique, comme presque tous les gades, dans le genre desquels on avait cru devoir le faire entrer; mais on l'y a pêché à des latitudes beaucoup plus rapprochées de l'équateur que celles où l'on a rencontré la plupart de ces poissons. On l'a vu vers les côtes de la Caroline, où il a été observé par le docteur Garden, et d'où il a été envoyé en Europe.

Ses formes et ses couleurs, qui sont très remarquables, ont été fort bien décrites par le célèbre ichtyologiste et mon savant confrère le docteur Bloch.

Il est revêtu d'écailles molles, petites, minces, rondes, brunes, bordées de blanc et arrosées par une mucosité très abondante, comme celles de la

1. *Expausançon.* — Bloch, pl. 6, fig. 2 et 3. — *Gade tau.* Bonnaterre, planches de l'Encyclopédie méthodique.

lote et de la mustelle. Le dos et les nageoires sont tachetés de blanc ou d'autres nuances.

La tête est grande et large, le museau très arrondi. Les yeux, placés vers le sommet de cette partie et très rapprochés l'un de l'autre, sont gros, saillants, brillants par l'éclat de l'or que présente l'iris et entourés d'un double rang de petites verrues. Entre ces organes de la vue et la nuque s'étendent transversalement une fossette et une bande plus ou moins irrégulière, de couleur jaune, sur les deux bouts de laquelle on peut observer quelquefois une tache ronde et très foncée.

Les dents sont aiguës. Il n'y en a que deux rangées de chaque côté de la mâchoire inférieure ; mais la mâchoire d'en haut, qui est beaucoup plus courte, en montre un plus grand nombre de rangs. Une double série de ces mêmes dents hérisse chaque côté du palais.

Plusieurs barbillons sont placés sur les côtés de la mâchoire supérieure ; un grand nombre d'autres filaments sont attachés à la mâchoire d'en bas et disposés à peu près en portion de cercle.

Chaque opercule, composé de deux lames, est de plus armé de trois aiguillons.

Le tau a deux nageoires dorsales ; la première est soutenue par trois rayons très forts et non articulés. Celle de la queue est arrondie.

Le *tau* a été nommé ainsi à cause de la ressemblance de la bande jaune et transversale qu'il a auprès de la nuque, avec la traverse d'un *t* grec, ou *tau*[1].

Le dessin qui représente ce poisson, et que nous avons fait graver, en donne une idée très exacte.

LE BATRACHOIDE BLENNIOIDE [2]

Batrachoïdes blennioïdes, Lacép. — *Gadus Raninus*, Mull. — *Blennius Raninus*, Gmel. — *Phycis Ranina*, Bloch.

Ce batrachoïde a un ou plusieurs barbillons au-dessous de la mâchoire inférieure. Les deux premiers rayons de chacune de ses nageoires jugulaires sont beaucoup plus longs que les autres ; ce qui, au premier coup d'œil, pourrait faire croire qu'il n'en a que deux dans chacune de ses

1. A la membrane branchiale du tau .... 6 rayons.
A la première dorsale .... 3 —
A la seconde .... 23 —
A chacune des pectorales .... 20 —
A chacune des jugulaires .... 6 —
A celle de l'anus .... 13 —
A celle de la queue .... 12 —

2. *Fauna suecica*, 316. — *Blenne grenouiller*. Daubenton, Encyclopédie méthodique. — *Id.* Bonnaterre, planches de l'Encyclopédie méthodique. — Müll., *Prodrom. Zool. danic.*, n. 359. — Strom. I, sondm., p. 359.

nageoires, comme la plupart des blennies, dans le genre desquels on l'a souvent placé, et de qui m'a engagé à lui donner le nom spécifique de *blennioïde*. On le trouve dans les lacs de la Suède, où il paraît qu'il est redouté de tous les poissons moins forts que lui, qui s'écartent le plus qu'ils peuvent des endroits qu'il fréquente. Quoiqu'il tienne, pour ainsi dire, le milieu entre les gades et les blennies, il n'est pas bon à manger [1].

C'est avec toute raison, ce me semble, que le professeur Gmelin regarde comme une simple variété de cette espèce qu'il rapporte au genre des blennies, un poisson de l'Océan septentrional, dont voici une très courte description [2].

Il est d'un brun très foncé. Ses nageoires sont noires et charnues ; son iris est jaune ; une mucosité abondante, semblable à celle dont le tau est imprégné, humecte ses écailles, qui sont petites. Sa tête, très aplatie, est plus large que son corps ; l'ouverture de sa bouche très grande ; chaque mâchoire armée d'un double rang de dents acérées et *rougeâtres*, suivant plusieurs observateurs ; la langue épaisse, musculeuse, arrondie par devant ; le premier rayon de chaque nageoire jugulaire terminé par une sorte de fil délié ; et le second rayon des mêmes nageoires prolongé par un appendice analogue, mais ordinairement une fois plus long que ce filament.

CINQUANTIÈME GENRE

LES BLENNIES

Le corps et la queue allongés et comprimés ; deux rayons au moins et quatre rayons au plus à chacune des nageoires jugulaires.

PREMIER SOUS-GENRE

DEUX NAGEOIRES SUR LE DOS ; DES FILAMENTS OU APPENDICES SUR LA TÊTE

	ESPÈCES.	CARACTÈRES.
1.	Blennie lièvre.	Un appendice non palmé au-dessus de chaque œil ; une grande tache œillée sur la première nageoire du dos.
2.	Blennie phycis.	Un appendice auprès de chaque narine ; un barbillon à la lèvre inférieure.

SECOND SOUS-GENRE

UNE SEULE NAGEOIRE DORSALE ; DES FILAMENTS OU APPENDICES SUR LA TÊTE

	ESPÈCES.	CARACTÈRES.
3.	Blennie méditerranéen.	Deux barbillons à la mâchoire supérieure et un à l'inférieure.
4.	Blennie gattorugine.	Un appendice palmé auprès de chaque œil, et deux appendices semblables auprès de la nuque.

1. A la membrane branchiale........ 7 rayons.
A la nageoire dorsale........ 66 —
A chacune des nageoires pectorales........ 22 —
A chacune des jugulaires........ 6 —
A celle de l'anus........ 60 —
A celle de la queue........ 30 —

2. Gmelin, édit. de Linné, article du *Blennius raninus*. — Müll., *Prodrom. Zool. danic.*, p. 15, tab. 45. — Dansk, *Vidensk. Selsk. Skrift.*, 12, p. 291.

5. BLENNIE SOURCILLEUX.	Un appendice palmé au-dessus de chaque œil; la ligne latérale courbe.
6. BLENNIE CORNU.	Un appendice non palmé au-dessus de chaque œil.
7. BLENNIE TENTACULÉ.	Un appendice non palmé au-dessus de chaque œil; une tache œillée sur la nageoire du dos.
8. BLENNIE SUJÉFIEN.	Un très petit appendice non palmé au-dessus de chaque œil; la ligne latérale courbe; la nageoire du dos réunie à celle de la queue.
9. BLENNIE FASCÉ.	Deux appendices non palmés entre les yeux; quatre ou cinq bandes transversales.
10. BLENNIE COQUILLADE.	Un appendice cutané et transversal.
11. BLENNIE SAUTEUR.	Un appendice cartilagineux et longitudinal; les nageoires pectorales presque aussi longues que le corps proprement dit; deux rayons seulement à chacune des nageoires jugulaires.
12. BLENNIE PINARU.	Un appendice filamenteux et longitudinal; trois rayons à chacune des nageoires jugulaires.

TROISIÈME SOUS-GENRE

DEUX NAGEOIRES DORSALES; POINT DE BARBILLONS NI D'APPENDICES SUR LA TÊTE

ESPÈCES.	CARACTÈRES.
13. BLENNIE GADOÏDE.	Un filament au-dessous de l'extrémité antérieure de la mâchoire d'en bas; deux rayons seulement à chacune des nageoires jugulaires.
14. BLENNIE BELETTE.	Point de filament à la mâchoire inférieure; trois rayons à la première nageoire du dos; deux rayons seulement à chacune des nageoires jugulaires.
15. BLENNIE TRIDACTYLE.	Un filament au-dessous de l'extrémité antérieure de la mâchoire inférieure; trois rayons à chacune des nageoires jugulaires.

QUATRIÈME SOUS-GENRE

UNE SEULE NAGEOIRE DORSALE; POINT DE BARBILLONS NI D'APPENDICES SUR LA TÊTE

ESPÈCES.	C A TÈRES.
16. BLENNIE PHOLIS.	Les ouvertures des narines tuberculeuses et frangées; la ligne latérale courbe.
17. BLENNIE BOSQUIEN.	La mâchoire inférieure plus avancée que la supérieure; l'ouverture de l'anus à une distance à peu près égale de la gorge et de la nageoire caudale; la nageoire de l'anus réunie à celle de la queue et composée environ de dix-huit rayons.
18. BLENNIE OVIPARE.	Les ouvertures des narines tuberculeuses, mais non frangées; la ligne latérale droite; la nageoire de l'anus réunie à celle de la queue et composée de plus de soixante rayons.
19. BLENNE GUNNEL.	Le corps très allongé; les nageoires du dos, de la queue et de l'anus, distinctes l'une et l'autre; celle du dos très longue et très basse; neuf ou dix taches rondes, placées chacune à demi sur la base de la nageoire dorsale, et à demi sur le dos du blennie.

20.	BLENNIE POINTILLÉ.	Les nageoires jugulaires presque aussi longues que les pectorales; une grande quantité de points autour des yeux, sur la nuque et sur les opercules.
21.	BLENNIE GARAMIT.	Quelques dents placées vers le bout du museau plus crochues et plus longues que les autres.
22.	BLENNIE LUMPÈNE.	Des taches transversales; trois rayons à chaque nageoire jugulaire.
23.	BLENNIE TORSK.	Un barbillon à la mâchoire inférieure; les nageoires jugulaires charnues et divisées chacune en quatre lobes.

LE BLENNIE LIÈVRE [1]

Blennius ocellaris, BL., CUV., LINN., GMEL. — *Blennius Lepus*, LACÉP.

L'homme d'état ne considérera pas avec autant d'intérêt les blennies que les gades; il ne les verra pas aussi nombreux, aussi grands, aussi bons à manger, aussi salubres, aussi recherchés que ces derniers, faire naître, comme ces mêmes gades, des légions de pêcheurs, les attirer aux extrémités de l'Océan, les contraindre à braver les tempêtes, les glaces, les brumes, et les changer bientôt en navigateurs intrépides, en ouvriers industrieux, en marins habiles et expérimentés; mais le physicien étudiera avec curiosité tous les détails des habitudes des blennies; il voudra les suivre dans les différents climats qu'ils habitent; il désirera connaître toutes les manières dont ils viennent à la lumière, se développent, croissent, attaquent leur proie ou l'attendent en embuscade, se dérobent à leurs ennemis par la ruse, ou leur échappent par leur agilité. Nous ne décrirons cependant d'une manière étendue que les formes et les mœurs des espèces remarquables par ces mêmes mœurs ou par ces mêmes formes; nous n'engagerons à jeter qu'un coup d'œil sur les autres. Où il n'y a que peu de différences à noter, et, ce qui est la même chose, peu de rapports à saisir, avec des objets déjà bien observés, il ne faut qu'un petit nombre de considérations pour parvenir à voir clairement le sujet de son examen.

Le blennie lièvre est une de ces espèces sur lesquelles nous appellerons pendant peu de temps l'attention des naturalistes. Il se trouve dans la Médi-

1. *Lebre de mare*, dans plusieurs départements méridionaux de France. — *Mesoro*, dans quelques contrées d'Italie. — *Butterfly fish*, en Angleterre. — *Blenne lièvre*. Daubenton, Encyclopédie méthodique. — *Id.* Bonnaterre, planches de l'Encyclopédie méthodique. — Bloch, pl. 165, fig. 1.

Lièvre marin vulgaire. Valmont de Bomare, *Dictionnaire d'histoire naturelle*. — Mus. Ad. Fr., 2, p. 62. — Cetti, *Pisc. sard.*, p. 112. — Brunn., *Pisc. massil.*, p. 15, n. 35. « Blennius... macula magna in pinna dorsi. » Artedi, gen. 26, syn. 44. — *Blennos*, Oppian, lib. I, fol. 108, 35, ed. Lippii. — *Blennius*, Pline, lib. XXXII, cap. IX. — *Blennus*, Salvian., fol. 218. — Belon, *Aquat.*, p. 210. — Gesner (Germ.), fol. 3, *a*; et *Aquat.*, p. 126, 147; *Icon. anim.*, p. 9. — *Blennus Bellonii, melius depictus*, Aldrov., lib. II, cap. XXVIII, p. 203.

Willughby, p. 131, tab. H, 3, fig. 2. — Ray, p. 72, n. 13. — *Blennus pinniceps*. Klein, *Miss. pisc.*, 5, 31, n. 1. — *Scorpoïdes*. Rondelet, première partie, liv. VI, chap. XX. — *Lièvre marin du vulgaire*. Id. — Jonston, *Pisc.*, 75, tab. 19, fig. 5.

terranée ; sa longueur ordinaire est de deux décimètres. Ses écailles sont très petites, enduites d'une humeur visqueuse ; et c'est de cette liqueur gluante dont sa surface est arrosée que vient le nom de *blennius* en latin, et de *blennie* ou de *blenne* en français, qui lui a été donné ainsi qu'aux autres poissons de son genre, tous plus ou moins imprégnés d'une substance oléagineuse ; le mot *blennos*, en grec, signifiant *mucosité*.

Sa couleur générale est verdâtre, avec des bandes transversales et irrégulières d'une nuance de vert plus voisine de celle de l'olive ; ce verdâtre est, sur plusieurs individus, remplacé par du bleu, particulièrement sur le dos. La première nageoire dorsale est, ou bleue comme le dos, ou olivâtre avec de petites taches bleues et des points blancs ; et indépendamment de ces points et de ces petites gouttes bleues, elle est ornée d'une tache grande, ronde, noire, ou d'un bleu très foncé, entourée d'un liséré blanc, imitant une prunelle entourée de son iris, représentant vaguement un œil ; et voilà pourquoi le blennie lièvre a été appelé *œillé ;* et voilà pourquoi aussi il a été nommé poisson papillon (*butterfly fish*, en anglais).

Sa tête est grosse ; ses yeux sont saillants ; son iris brille de l'éclat de l'or. L'ouverture de sa bouche est grande ; ses mâchoires, toutes les deux également avancées, sont armées d'un seul rang de dents étroites et très rapprochées. Un appendice s'élève au-dessus de chaque œil ; la forme de ces appendices, qui ressemblent un peu à deux petites oreilles redressées, réunie avec la conformation générale du museau, ayant fait trouver par des marins peu difficiles plusieurs rapports entre la tête du lièvre et celle du blennie que nous décrivons, ils ont proclamé ce dernier *lièvre marin*, et d'habiles naturalistes ont cru ne devoir pas rejeter cette expression.

La langue est large et courte. Il n'y a qu'une pièce à chaque opercule branchial ; l'anus est plus près de la tête que de la nageoire caudale, et la ligne latérale plus voisine du dos que du ventre.

On compte sur ce blennie deux nageoires dorsales ; mais ordinairement elles sont si rapprochées l'une de l'autre, que souvent on a cru n'en voir qu'une seule [1].

Pour ajouter au parallèle entre le poisson dont nous traitons et le vrai lièvre de nos champs, on a dit que sa chair était bonne à manger. Elle n'est pas, en effet, désagréable au goût ; mais on y attache peu de prix. Au reste, c'est à cet animal qu'il faut appliquer ce que Pline rapporte de la vertu que l'on attribuait de son temps aux cendres des blennies, pour la guérison ou le soulagement des maux causés par la présence d'un calcul dans la vessie [2].

1. A la première nageoire du dos........ 11 rayons.
A la seconde........ 15 —
A chacune des pectorales........ 12 —
A chacune des jugulaires........ 2 —
A celle de l'anus........ 16 —
A celle de la queue, qui est arrondie........ 11 —

2. Chapitre déjà cité dans cet article.

LE BLENNIE PHYCIS [1]

Phycis Tinca, Schn. — *Phycis mediterraneus*, Laroc., Cuv. — *Blennius Phycis*, Linn., Gmel.

Ce poisson est un des plus grands blennies ; il parvient quelquefois jusqu'à la longueur de cinq ou six décimètres. Un petit appendice s'élève au-dessus de l'ouverture de chaque narine, et sa mâchoire inférieure est garnie d'un barbillon. Ce dernier filament, ses deux nageoires dorsales et son volume le font ressembler beaucoup à un gade ; mais la forme de ses nageoires jugulaires, qui ne présentent que deux rayons, le place et le retient parmi les vrais blennies.

Les couleurs du phycis sont sujettes à varier suivant les saisons. Dans le printemps, il a la tête d'un rouge plus ou moins foncé ; presque toujours son dos est d'un brun plus ou moins noirâtre ; ses nageoires pectorales sont rouges, et un cercle noir entoure son anus [2].

On trouve ce blennie dans la Méditerranée[3].

LE BLENNIE MÉDITERRANÉEN [4]

Blennius mediterraneus, Lacép.

Cette espèce a été jusqu'à présent comprise parmi les gades sous le nom de *méditerranéen* ou de *monoptère ;* mais elle n'a que deux rayons à chacune de ses nageoires jugulaires, et dès lors nous avons dû l'inscrire parmi les blennies. Nous l'y avons placée dans le second sous-genre, parce qu'elle a des barbillons sur la tête, et que son dos n'est garni que d'une seule nageoire.

Elle tire son nom de la mer qu'elle habite. Elle vit dans les mêmes eaux salées que le gade capelan, le gade mustelle et le gade merlus, avec lesquels elle a beaucoup de rapports. Indépendamment des deux filaments

1. *Mole*, dans quelques départements méridionaux de France. — *Molere*, en Espagne. — *Phico*, en Italie. — *Blenne mole*. Daubenton, Encyclopédie méthodique. — *Id*. Bonnaterre, planches de l'Encyclopédie méthodique. — *Phycis*, Artedi, gen. 84, syn. 111. — *La Moule*. Rondelet, première partie, liv. VI, chap. x.

Gesner, *Aquat.*, p. 718. — Willughby, *Ichtyol.*, p. 205. *Tinca marina*. Ray, *Pisc.*, p. 75. et p. 164, f. 8. — *Lesser hake*. *Brit.*, *zool.*, 3, p. 158, n. 11. — *Lest hake*, Ibid., p. 160, n. 12.

2. Quinze appendices intestinaux sont disposés autour du pylore.

3.

A la membrane branchiale	7	rayons.
A la première dorsale	10	—
A la seconde	61	—
A chacune des pectorales	15	—
A chacune des jugulaires	2	—
A celle de l'anus	57	—
A celle de la queue, qui est arrondie	20	—

4. Mus. Ad. Fr. 2, p. 60. — *Gade monoptère*. Daubenton, Encyclopédie méthodique. — *Id*. Bonnaterre, planches de l'Encyclopédie méthodique.

situés sur sa mâchoire d'en haut, il en a un attaché à la mâchoire inférieure[1].

LE BLENNIE GATTORUGINE[2]

Blennius palmicornis, PENN., CUV. — *Blennius Gattorugine*, LACÉP.

Le gattorugine habite dans l'océan Atlantique et dans la Méditerranée. Il n'a guère plus de deux décimètres de longueur ; aussi ne se nourrit-il que de petits vers marins, de petits crustacés et de très jeunes poissons. Sa chair est assez agréable au goût. Ses couleurs ne déplaisent pas. On voit sur sa partie supérieure des raies brunes, avec des taches, dont les unes sont d'une nuance claire, et les autres d'une teinte foncée. Les nageoires sont jaunâtres. Il n'y en a qu'une sur le dos dont les premiers rayons sont aiguillonnés[3], et les derniers très longs. La tête est petite ; les yeux sont saillants et très rapprochés du sommet de la tête ; l'iris est rougeâtre. Deux appendices palmés paraissent auprès de l'organe de la vue, et deux autres semblables sur la nuque. Les mâchoires, également avancées l'une et l'autre, sont garnies d'un rang de dents aiguës, déliées, blanches et flexibles. La langue est courte ; le palais lisse ; l'opercule branchial composé d'une seule lame ; l'anus assez voisin de la gorge, et la ligne latérale droite ainsi que rapprochée du dos.

LE BLENNIE SOURCILLEUX[4]

Blennius superciliosus, BL., CUV., LACÉP.

Les mers de l'Inde sont le séjour habituel de ce blennie. Comme presque tous les poissons des contrées équatoriales, il a des couleurs agréables

1. A la nageoire du dos .... 54 rayons.
A chacune des pectorales .... 15 —
A chacune des jugulaires .... 2 —
A celle de l'anus .... 44 —

2. *Blenne gattorugine*. Daubenton, Encyclopédie méthodique. — *Id*. Bonnaterre, planches de l'Encyclopédie méthodique. — Mus. Ad. Fr. 1, p. 68 ; et 2, p. 61. — « Blennius pinnulis duabus ad oculos, pinna ani ossiculorum 23. » Artedi, gen. 26, syn. 44. — « Blennius pinnis superciliorum palmatis, etc. » Brunn., *Pisc. massil.*, p. 27, n. 37. — « Blennius capite cristato ex radio inermi, etc. » Gronov., *Zooph.*, p. 76, n. 264.
Willughby, *Icht.*, p. 132, tab. H, 2, fig. 2. — Ray, *Pisc.*, 72, n. 14. — *Gattorugine, Brit. zool.*, 3, pl. 168, n. 2.

3. A la nageoire dorsale, articulés .... 14 rayons.
— — non articulés .... 16 —
A chacune des pectorales .... 14 —
A chacune des jugulaires .... 2 —
A celle de l'anus .... 23 —
A celle de la queue .... 13 —

4. *Blenne sourcilleux*. Daubenton, Encyclopédie méthodique. — Id. Bonnaterre, planches de l'Encyclopédie méthodique. — « Blennius pinnulis ocularibus brevissimis palmatis, etc. » *Amœnit. acad.* 1, p. 317. — Gronov., Mus. 2, n. 172, tab. 5, fig. 5 ; *Zooph.*, p. 75, n. 258. — Bloch, p. 168. — *Blennius varius*, etc., Séba, mus. 3, tab. 30, fig. 3. — *Indinnischer gottorugina*, Seeligm. Voegel. 8, tab. 72.

et vives[1] ; un jaune plus ou moins foncé, plus ou moins voisin du brillant de l'or, ou de l'éclat de l'argent, et relevé par de belles taches rouges, règne sur tout son corps. Il se nourrit de jeunes crabes et de petits animaux à coquille; et dès lors nous ne devons pas être surpris, d'après ce que nous nous avons déjà indiqué plusieurs fois, que ce sourcilleux présente des nuances riches et bien contrastées. Plusieurs causes se réunissent pour produire sur ces téguments ces teintes distinguées : la chaleur du climat qu'il habite, l'abondance de la lumière qui inonde la surface des mers dans lesquelles il vit et la nature de l'aliment qu'il préfère, et qui nous a paru être un des principes de la brillante coloration des poissons. Mais quoique ce blennie, exposé aux rayons du soleil, puisse paraître quelquefois parsemé, pour ainsi dire, de rubis, de diamants et de topazes, il est encore moins remarquable par sa parure que par ses habitudes. Ses petits sortent de l'œuf dans le ventre de la mère et viennent au jour tout formés. Il n'est pas le seul de son genre dont les œufs éclosent ainsi dans l'intérieur de la femelle. Ce phénomène a été particulièrement observé dans le blennie que les naturalistes ont nommé pendant longtemps le *vivipare*. Nous reviendrons sur ce fait, en traitant, dans un moment, de ce dernier poisson. Considérons néanmoins déjà que le sourcilleux, que sa manière de venir à la lumière lie, par une habitude peu commune parmi les poissons, avec l'anguille, avec les silures, et peut-être avec le gade lote, a, comme tous ces osseux, le corps très allongé, recouvert d'écailles très menues et enduit d'une mucosité très abondante.

Au reste, sa tête est étroite; ses yeux sont saillants, ronds, placés sur les côtés et surmontés chacun d'un appendice palmé et divisé en trois qui lui a fait donner le nom qu'il porte. L'ouverture de la bouche est grande; la langue courte, le palais lisse; la mâchoire d'en haut aussi avancée que l'inférieure et hérissée d'un rang extérieur de grosses dents et de plusieurs rangées de dents intérieures plus petites et très pointues; l'opercule branchial composé d'une seule lame, ainsi que dans presque tous les blennies; la ligne latérale courbe; l'anus large comme celui d'un grand nombre de poissons qui se nourrissent d'animaux à têt ou à coquille, et d'ailleurs plus voisin de la gorge que de la nageoire caudale. Tous les rayons de la nageoire du dos sont des aiguillons, excepté les cinq ou six derniers.

1. A la nageoire du dos.. 44 rayons.
A chacune des pectorales.. 14 —
A chacune des jugulaires.. 2 —
A celle de l'anus.. 28 —
A celle de la queue.. 12 —

LE BLENNIE CORNU[1]

Blennius cornutus, LINN., LACÉP.

LE BLENNIE TENTACULÉ[2]

Blennius tentacularis, LINN., CUV. — *Blennius tentaculatus*, LACÉP.

LE BLENNIE SUJÉFIEN[3]

Blennus sujefianus, LACÉP. — *Blennius simus*, LINN.

LE BLENNIE FASCÉ[4]

Blennius fasciatus, LINN., BL.

Le cornu présente un appendice long, effilé, non palmé, placé au-dessus de chaque œil; une multitude de tubercules à peine visibles et disséminés sur le devant ainsi que sur les côtés de la tête; une dent plus longue que les autres de chaque côté de la mâchoire inférieure; une peau visqueuse parsemée de points ou de petites taches roussâtres. Il vit dans les mers de l'Inde et a été décrit, pour la première fois, par l'immortel Linné[5].

Le tentaculé, que l'on pêche dans la Méditerranée, ressemble beaucoup au cornu; il est allongé, visqueux, orné d'un appendice non palmé au-dessus de chaque œil, coloré par points ou par petites taches très nombreuses. Mais indépendamment que ces points sont d'une teinte très brune, on voit sur la nageoire dorsale une grande tache ronde qui imite un œil, ou, pour mieux dire, une prunelle entourée de son iris. De plus, le dessous de la tête montre trois ou quatre bandes transversales et blanches; l'iris est argenté avec des points rouges; des bandes blanches et brunes s'étendent sur la nageoire de l'anus; les dents sont très peu inégales; et enfin, en passant sous silence d'autres dissemblances moins faciles à saisir avec précision, le tentaculé paraît différer du cornu par sa taille, ne parvenant guère qu'à une longueur moindre d'un décimètre. Au reste, peut-être, malgré ce que nous venons d'exposer et l'autorité de plusieurs grands naturalistes, ne faudrait-il regarder le tentaculé que comme une variété du cornu, produite par la différence des eaux de la Méditerranée à celles des mers de l'Inde. Quoi qu'il

1. *Blenne cornu*. Daubenton, Encyclopédie méthodique. — *Id*. Bonnaterre, planches de l'Encyclopédie méthodique. — Mus. Ad. Fr., 2, p. 61. *Amœnit. acad.* 1, p. 316.

2. « Blennius radio supra oculos simplici, pinna dorsali integra, antice inoculata. » Brunn., *Pisc. massil.*, p. 26, n. 36. — *Blenne nébuleuse*. Bonnaterre, planches de l'Encyclopédie méthodique.

3. Sujef, *Act. petropolit.* 1779, 2, p. 198, tab. 6, fig. 2, 4.

4. Bloch, pl. 162, fig. 1. — *Blenne perce-pierre*. Bonnaterre, planches de l'Encyclopédie méthodique.

5. A la nageoire dorsale du blennie cornu........................ 34 rayons.
A chacune des pectorales........................ 15 —
A chacune des jugulaires........................ 2 —
A celle de l'anus........................ 26 —
A celle de la queue........................ 12 —

en soit, c'est Brunnich qui a fait connaître le tentaculé, en décrivant les poissons des environs de Marseille[1].

Le sujéfien a un appendice non palmé au-dessus de chaque œil, comme le cornu et le tentaculé; mais cet appendice est très petit. Nous lui avons donné le nom de *sujéfien*, parce que le naturaliste Sujef en a publié la description. Il parvient à la longueur de plus d'un décimètre. Son corps est menu; l'ouverture de sa bouche placée au-dessous du museau; chacune de ses mâchoires garnie d'une rangée de dents très courtes, égales et très serrées; son opercule branchial composé de deux pièces; sa nageoire dorsale précédée d'une petite élévation ou loupe graisseuse, et réunie à celle de la queue, qui est arrondie[2].

Les mers de l'Inde, qui sont l'habitation ordinaire du cornu, nourrissent aussi le fascé. Ce dernier blennie est enduit d'une mucosité très gluante. Sa partie supérieure est d'un bleu tirant sur le brun, sa partie inférieure jaunâtre; quatre ou cinq bandes brunes paraissent sur plusieurs nageoires; celle de la queue, qui d'ailleurs est arrondie, montre une couleur grise[3].

Deux appendices non palmés s'élèvent entre les yeux; la tête, brune par-dessus, jaunâtre par-dessous et assez petite; l'ouverture branchiale très grande; celle de l'anus un peu rapprochée de la gorge, et la ligne latérale peu éloignée du dos.

LE BLENNIE COQUILLADE[4]

Blennius Galerita. — Blennius Coquillad, Lacép.

On pêche ce poisson dans l'Océan d'Europe, ainsi que dans la Méditer-

1. A la nageoire du dos du tentaculé .... 34 rayons.
A chacune des pectorales .... 14 —
A chacune des jugulaires .... 2 —
A celle de l'anus .... 25 —
A celle de la queue .... 11 —

2. A la nageoire dorsale du blennie sujéfien .... 27 —
A chacune des pectorales .... 15 —
A chacune des jugulaires .... 2 —
A celle de l'anus .... 17 —
A celle de la queue .... 15 —

3. A la nageoire du dos du fascé .... 29 —
A chacune des pectorales .... 13 —
A chacune des jugulaires .... 2 —
A celle de l'anus .... 19 —
A celle de la queue, qui est arrondie .... 11 —

4. *Blenne coquillade.* Daubenton, Encyclopédie méthodique. — *Id.* Bonnaterre, planches de l'Encyclopédie méthodique. — « Blennius crista capitis transversa, cutacea. » Artedi, gen. 27, syn. 44. — *Coquillade.* Rondelet, première partie, liv. VI, chap. XXI. — *Alauda cristata*, idem. — *Galerita*, id. — Aldrov., lib. 1, cap. XXV, p. 114. — Jonston, tab. 17, fig. 3.

Charlet., p. 137. — *Galerita*, Ray, p. 73. — *Alauda cristata*, sive *Galerita*, Gesner, p. 17, 20 (Germ.), fol. 4, *a*. — Willughby, *Ichtyol.*, p. 134. — *Adonis.* Belon, *Aquat.*, p. 219. — *Crested blenny*, *Brit. zool.*, 3, p. 167. — Strom. sondm. 322. — *Blennus galerita.* Ascagne. pl. 19. — *Brosme toupée*, id.

ranée. Il n'a pas ordinairement deux décimètres de longueur. Sur sa tête paraît un appendice cutané, transversal, un peu mobile, et auquel on a donné le nom de *crête*. Il habite parmi les rochers des rivages. Il échappe facilement à la main de ceux qui veulent le retenir, parce que son corps est délié et très muqueux. Sa partie supérieure est brune et mouchetée, sa partie inférieure d'un vert foncé et noirâtre. On a comparé à une émeraude la couleur et l'éclat de sa vésicule du fiel. Sa chair est molle[1]. Il vit assez longtemps hors de l'eau, parce que, dit Rondelet, l'ouverture de ses branchies est fort petite; ce qui s'accorde avec les idées que nous avons exposées dans notre premier discours sur les causes de la mortalité des poissons au milieu de l'air de l'atmosphère. D'ailleurs on peut se souvenir que nous avons placé parmi ceux de ces animaux qui vivent avec plus de facilité hors de l'eau les osseux et les cartilagineux, qui sont pénétrés d'une plus grande quantité de matières huileuses propres à donner aux membranes la souplesse convenable.

LE BLENNIE SAUTEUR[2]

Blennius saliens, Lacép., Cuv.

Nous avons trouvé une description très détaillée et très bien faite de ce blennie dans les manuscrits de Commerson, que Buffon nous a confiés dans le temps, en nous invitant à continuer son immortel ouvrage. On n'a encore rien publié relativement à ce poisson, que le savant Commerson avait cru devoir inscrire dans un genre particulier et nommer l'*altique sauteur*. Mais il nous a paru impossible de ne pas le comprendre parmi les blennies, dont il a tous les caractères généraux, et avec lesquels l'habile voyageur qui l'a observé le premier a trouvé lui-même qu'il offrait les plus grands rapports. Nous osons même penser que si Commerson avait été à portée de comparer autant d'espèces de blennies que nous, les caractères génériques qu'il aurait adoptés pour ces osseux auraient été tels, qu'il aurait renfermé son sauteur dans leur groupe. Nous avons donc remplacé la dénomination d'*altique sauteur* par celle de *blennie sauteur*, et réuni dans le cadre que nous mettons sous les yeux de nos lecteurs ce que présentent de plus remarquable les formes et les habitudes de ce poisson.

Ce blennie a été découvert auprès des rivages, et particulièrement des récifs de la Nouvelle-Bretagne, dans la mer du Sud. Il y a été observé en juillet 1768, lors du célèbre voyage de notre confrère Bougainville. Commer-

1. A la nageoire du dos.......... 60 rayons.
A chacune des pectorales.......... 10 —
A chacune des jugulaires.......... 2 —
A celle de l'anus.......... 36 —
A celle de la queue.......... 16 —

2. « Alticus saltatorius, pinna spuria in capitis vertice; seu pinnula longitudinali pone oculos cartilaginea; seu alticus desultor, occipite cristato, ore circulari deorsum patulo. » Commerson, manuscrits déjà cités.

son l'y a vu se montrer par centaines. Il est très petit, puisque sa longueur totale n'est ordinairement que de soixante-six millimètres, sa plus grande largeur de cinq, et sa plus grande hauteur de huit.

Il s'élance avec agilité, glisse avec vitesse, ou, pour mieux dire, et pour me servir de l'expression de Commerson, vole sur la surface des eaux salées; il préfère les rochers les plus exposés à être battus par les vagues agitées, et là, bondissant, sautant, ressautant, allant, revenant avec rapidité, il se dérobe en un clin d'œil à l'ennemi qui se croyait près de le saisir, et qui ne peut le prendre que très difficilement.

Il a reçu un instrument très propre à lui donner cette grande mobilité. Ses nageoires pectorales ont une surface très étendue relativement à son volume; elles représentent une sorte de disque lorsqu'elles sont déployées, et leur longueur, de douze millimètres, fait que, lorsqu'elles sont couchées le long du corps, elles atteignent à très peu près jusqu'à l'anus. Ce rapport de forme avec des pégases, des scorpènes, des trigles, des exocets et d'autres poissons volants devait lui en donner un d'habitude avec ces mêmes animaux et le douer de la faculté de s'élancer avec plus ou moins de force.

La couleur du blennie sauteur est d'un brun rayé de noir, qui se change souvent en bleu clair rayé ou non rayé, après la mort du poisson.

On a pu juger aisément, d'après les dimensions que nous avons rapportées, de la forme très allongée du sauteur; mais, de plus, il est assez comprimé par les côtés pour ressembler un peu à une lame.

La mâchoire supérieure étant plus longue que l'inférieure, l'ouverture de la bouche se trouve placée au-dessous du museau.

Les yeux sont situés très près du sommet de la tête, gros, ronds, saillants, brillants par leur iris, qui a la couleur et l'éclat de l'or; auprès de ces organes, on voit sur l'occiput une crête ou un appendice ferme, cartilagineux, non composé de rayons, parsemé de points, long de quatre millimètres ou environ, arrondi dans son contour et élevé non pas transversalement, comme celui de la coquillade, mais longitudinalement.

Deux lames composent chaque opercule branchial.

La peau du sauteur est enduite d'une mucosité très onctueuse.

Commerson dit qu'on n'aperçoit pas d'autre ligne latérale que celle qui indique l'intervalle longitudinal qui règne de chaque côté entre les muscles dorsaux et les muscles latéraux[1].

1. Au moins, à la membrane des branchies........................ 5 rayons.
Articulés à la nageoire du dos.................................. 35 —
A chacune des pectorales... 13 —
Mous et filiformes à chacune des jugulaires.................... 2 —
A celle de l'anus.. 26 —
A celle de la queue, qui est lancéolée.......................... 10 —

LE BLENNIE PINARU[1]

Blennius Pinaru, Lacép. — *Blennius pilicornis*, Cuv.

Le pinaru ressemble beaucoup au blennie sauteur. Il habite, comme ce dernier poisson, dans les mers voisines de la Ligne. Un appendice longitudinal s'élève entre ses yeux, de même qu'entre ceux du sauteur; mais cette sorte de crête est composée de petits filaments de couleur noire. De plus, le sauteur, ainsi que le plus grand nombre de blennies, n'a que deux rayons à chacune de ses nageoires jugulaires; le pinaru a ses nageoires jugulaires soutenues par trois rayons[2].

La ligne latérale de ce dernier osseux est d'ailleurs courbe vers la tête et droite dans le reste de sa longueur. On le trouve dans les deux Indes.

LE BLENNIE GADOIDE[3]

Blennius gadoïdes, Lacép.

LE BLENNIE BELETTE[4]

Blennius mustelaris, Linn. — *Blennius mustela*, Lacép.

LE BLENNIE TRIDACTYLE[5]

Blennius tridactylus, Lacép.

Ces trois poissons appartiennent au troisième sous-genre des blennies; ils ont deux nageoires sur le dos, et on ne voit pas de barbillons ni d'appendices sur la partie supérieure de leur tête.

Le gadoïde a été découvert par Brunnich. Ce naturaliste l'a considéré comme tenant le milieu entre les gades et les blennies; c'est pour désigner cette position dans l'ensemble des êtres vivants que je lui ai donné le nom de *gadoïde*. Il a été compris parmi les gades par plusieurs célèbres naturalistes; mais la nécessité de former les différents genres d'animaux, conformément au plus grand nombre de rapports qu'il nous est possible d'en-

1. *Blenne pinaru*. Daubenton, Encyclopédie méthodique. — *Id*. Bonnaterre, planches de l'Encyclopédie méthodique. — Gronov. Mus. 1, n. 75. — *Pinaru*. Ray, *Pisc.*, p. 73.

2.

A la membrane branchiale	3	rayons.
A la nageoire du dos	26	—
A chacune des pectorales	14	—
A chacune des jugulaires	3	—
A celle de l'anus	16	—
A celle de la queue, qui est arrondie	11	—

3. Brunn., *Pisc. massil.*, p. 24, n. 34. — *Gade à deux doigts*. Bonnaterre, planches de l'Encyclopédie méthodique.

4. « Blennius pinna dorsali anteriore triradiata. » Mus. Ad. Frid. 1, p. 69. — « Blennius pinna dorsi anteriore triradiata, posteriore 40. » *Ibid.* — *Blenne belette*. Daubenton, Encyclopédie méthodique.

5. *Trifurcated*. Pennant, *Zoolog. Brit.*, t. III, p. 196. — *Gade trident*. Bonnaterre, planches de l'Encyclopédie méthodique.

trevoir et de les indiquer par des traits précis et faciles à distinguer, nous a forcés d'exiger, pour les deux familles des blennies et des gades, des caractères d'après lesquels nous avons dû placer le gadoïde parmi les blennies.

Ce poisson habite dans la Méditerranée. Il est mou, étroit, légèrement comprimé. Sa longueur, analogue à celle de la plupart des blennies, ne s'étend guère au delà de deux décimètres. Sa mâchoire inférieure est plus courte que la supérieure, marquée de chaque côté de sept ou huit points ou petits enfoncements, et garnie, au-dessous de son bout antérieur, d'un filament souvent très long.

On voit deux aiguillons sur la nuque ; la ligne latérale est droite.

L'animal est blanchâtre avec la tête rougeâtre. Des teintes noires règnent sur le haut de la première nageoire dorsale, sur les bords et plusieurs autres portions de la seconde nageoire du dos, sur une partie de celle de l'anus et sur celle de la queue[1].

Il est aisé de séparer de cette espèce de blennie celle à laquelle nous conservons le nom de *belette*. En effet, ce dernier poisson n'a point de filament au-dessous du museau, et on ne compte que trois rayons à sa première nageoire dorsale[2]. Il a été découvert dans l'Inde.

Le tridactyle a été considéré jusqu'à présent comme un *gade ;* il a surtout beaucoup de ressemblance avec le gade mustelle et le cimbre. Il a, de même que ces derniers animaux, la première nageoire dorsale cachée presque en entier dans une sorte de sillon longitudinal, et composée de rayons qui tous, excepté un, sont extrêmement courts et difficiles à distinguer les uns des autres. Mais chacune de ses nageoires jugulaires n'est soutenue que par trois rayons, et cela seul aurait dû nous engager à le rapporter aux blennies plutôt qu'aux gades. Les nageoires jugulaires ou thoracines, ayant été comparées, aussi bien que les abdominales, aux pieds de derrière des quadrupèdes, les rayons de ces organes de mouvement ont été assimilés à des doigts ; et c'est ce qui a déterminé à donner au blennie que nous examinons le nom spécifique de *tridactyle* ou *à trois doigts.* D'ailleurs, dans cet osseux, les trois rayons de chaque nageoire jugulaire ne sont pas réunis par

1. A la membrane branchiale du blennie gadoïde........ 7 rayons.
A la première nageoire dorsale........ 10 —
A la seconde........ 56 —
A chacune des pectorales........ 11 —
A chacune des jugulaires........ 2 —
A celle de l'anus........ 53 —
A celle de la queue........ 16 —

2. A la première nageoire dorsale........ 3 rayons.
A la seconde........ 43 —
A chacune des pectorales........ 17 —
A chacune des jugulaires........ 2 —
A celle de l'anus........ 29 —
A celle de la queue........ 13 —

une membrane à leur extrémité, et cette séparation vers un de leurs bouts les fait paraître encore plus analogues aux doigts des quadrupèdes.

La tête du tridactyle est un peu aplatie. Ses mâchoires sont garnies de dents recourbées ; celle d'en bas présente un long barbillon au-dessous de son extrémité antérieure.

On voit au-dessus de chaque nageoire pectorale une rangée longitudinale de tubercules, qui sont, en quelque sorte, le commencement de la ligne latérale. Cette dernière ligne se fléchit très près de son origine, forme un angle obtus, descend obliquement et se coude de nouveau pour tendre directement vers la nageoire de la queue[1].

La couleur de la partie supérieure de l'animal est d'un brun foncé ; les plis des lèvres et des bords de la membrane branchiale sont d'un blanc très éclatant. Ce blennie habite dans les mers qui entourent la Grande-Bretagne; le savant auteur de la *Zoologie britannique* l'a fait connaître aux naturalistes.

LE BLENNIE PHOLIS[2]

Blennius Pholis, LINN., GMEL., LACÉP., CUV.

Les blennies dont il nous reste à traiter forment le quatrième sous-genre de la famille que nous considérons ; ils n'ont ni barbillons ni appendices sur la tête, et leur dos ne présente qu'une seule nageoire.

Le premier de ces poissons dont nous allons parler est le pholis. Cet osseux a l'ouverture de la bouche grande, les lèvres épaisses, la mâchoire supérieure plus avancée que l'inférieure et garnie, ainsi que cette dernière, de dents aiguës, fortes et serrées. Les ouvertures des narines sont placées au bout d'un petit tube frangé. La langue est lisse, le palais rude, l'œil grand, l'iris

1. A la membrane des branchies du blennie tridactyle.............. 5 rayons.
1 rayon très allongé et plusieurs autres rayons très courts à la première nageoire dorsale.
A la seconde.. 15 —
A chacune des pectorales.................................. 14 —
A chacune des jugulaires.................................. 3 —
A celle de l'anus.. 20 —
A celle de la queue....................................... 16 —

2. *Baveuse*, sur plusieurs côtes méridionales de France. — *Galeetto*, auprès de Livourne. — *Mulgranoo*, *Bulcard*, auprès des rivages de Cornouailles en Angleterre. — *Blenne baveuse*. Daubenton, Encyclopédie méthodique. — *Id.* Bonnaterre, planches de l'Encyclopédie méthodique. — Mus. Ad. Frid. 2, p. 62.

« Blennius maxilla superiore longiore, capite summo acuminato. » Artedi, gen. 27, syn. 45 et 116. — *Pholis*. Arist., lib. IX, cap. XXXVII. — Aldrov., lib. I, cap. XXV, p. 114 et 116. — Gesner, p. 18 et 714; et (Germ.), fol. 4, *a*, et 5, *a*. — Jonston, lib. I, tit. 2, cap. II, *a*, 1, tab. 17, n. 4; et tab. 18, fig. 2. — Charlet, *Onom.*, 137. — Willughby, *Ichtyol.*, p. 133 et 135, tab. H, 6, fig. 2 et 4. — Ray, p. 73, n. 17 et 74.

Perce-pierre. Rondelet, première partie, liv. VI, chap. XXII. — *Empetrum*, idem. — *Alauda non cristata*, id. — *Baveuse*, id., première partie, liv. VI, chap. XXIII. — *Pholis*, id. — Gronov., Mus. 2, n. 175; *Zooph.*, 76, n. 279. — Bloch, pl. 71, fig. 2. — *Smooth blenny*. *Brit. zool.*, 3, p. 169, n. 3.

rougeâtre, la ligne latérale courbe et l'anus plus proche de la gorge que la nageoire caudale[1].

La couleur du pholis est olivâtre avec de petites taches dont les unes sont blanches et les autres d'une teinte foncée.

Ce blennie vit dans l'Océan et dans la Méditerranée. Il s'y tient auprès des rivages, souvent vers les embouchures des fleuves ; il s'y plaît au milieu des algues ; il y nage avec agilité ; il dérobe aisément à ses ennemis son corps enduit d'une humeur ou bave très abondante et très visqueuse, qui lui a fait donner un de ses noms ; et quoiqu'il n'ait que deux décimètres de longueur, il se débat avec courage contre ceux qui l'attaquent, les mord avec obstination et défend de toutes ses forces une vie qu'il ne perd d'ailleurs que difficilement.

Il n'aime pas seulement à se cacher au-dessous des plantes marines, mais encore dans la vase ; il s'y enfonce comme dans un asile ou s'y place comme dans une embuscade. Il se retire aussi très souvent dans des trous de rocher, y pénètre fort avant, et de là vient le nom de *perce-pierre* qu'on a donné à presque tous les blennies, mais qu'on lui a particulièrement appliqué. Il se nourrit de très jeunes poissons, de très petits crabes ou d'œufs de leurs espèces ; il recherche aussi les animaux à coquille et principalement les bivalves, sur lesquels la faim et sa grande hardiesse le portent quelquefois à se jeter sans précaution à l'instant où il voit leurs battants entr'ouverts ; mais il peut devenir la victime de sa témérité, être saisi entre les deux battants refermés avec force sur lui. C'est ainsi que fut pris, comme dans un piège, un petit poisson que nous croyons devoir rapporter à l'espèce du blennie pholis, qui fut trouvé dans une huître au moment où l'on en écarta les deux valves, qui devait y être renfermé depuis longtemps, puisque l'huître avait été apportée à un très grand nombre de myriamètres de la mer, et que découvrit ainsi, il y a plus de vingt ans, dans une sorte d'habitation très extraordinaire, mon compatriote et mon ancien ami M. Saint-Amans, professeur d'histoire naturelle dans l'école centrale du département de Lot-et-Garonne, connu depuis longtemps du public par plusieurs ouvrages très intéressants, ainsi que par d'utiles et courageux voyages dans les hautes Pyrénées[2].

1.

A la membrane des branchies	7	rayons.
A la nageoire du dos	28	—
A chacune des pectorales	14	—
A chacune des jugulaires	2	—
A celle de l'anus	19	—
A celle de la queue	10	—

2. Voyez le *Journal de physique* du mois d'octobre 1778.

LE BLENNIE BOSQUIEN[1]

Blennius boscianus, Lacép.

M. Bosc, l'un de nos plus savants et plus zélés naturalistes, qui vient de passer plusieurs années dans les États-Unis d'Amérique, où il a exercé les fonctions de consul de la République française, a découvert dans la Caroline ce blennie, auquel j'ai cru devoir donner une dénomination spécifique qui rappelât le nom de cet habile naturaliste. M. Bosc a bien voulu me communiquer la description et le dessin qu'il avait faits de ce blennie : l'une m'a servi à faire cet article ; j'ai fait graver l'autre avec soin, et je m'empresse d'autant plus de témoigner ici ma reconnaissance à mon ancien confrère pour cette bienveillante communication, que, peu de temps avant son retour en Europe, il m'a fait remettre tous les dessins et toutes les descriptions dont il s'était occupé dans l'Amérique septentrionale relativement aux quadrupèdes ovipares, aux serpents et aux poissons, en m'invitant à les publier dans l'histoire naturelle dont cet article fait partie. J'aurai une grande satisfaction à placer dans mon ouvrage les résultats des observations d'un naturaliste aussi éclairé et aussi exact que M. Bosc.

Le blennie qu'il a décrit ressemble beaucoup au pholis dont nous venons de parler ; mais il en diffère par plusieurs traits de sa conformation, et notamment par la proportion de ses mâchoires, dont l'inférieure est la plus longue, pendant que la supérieure du pholis est la plus avancée ; d'ailleurs, l'anus du pholis est plus près de la gorge que de la nageoire caudale, et celui du bosquien est à une distance à peu près égale de ces deux portions du corps de l'animal[2].

La tête du bosquien est, en quelque sorte, triangulaire ; le front blanchâtre et un peu aplati ; l'œil petit, l'iris jaune ; chaque mâchoire garnie de dents menues, très nombreuses et très recourbées ; la membrane branchiale étendue et peu cachée par l'opercule ; le corps comprimé, dénué en apparence d'écailles, gluant, d'une couleur vert foncé, variée de blanc et relevée par des bandes brunes cependant peu marquées.

Les nageoires sont d'une teinte obscure et tachetées de brun. Les onze premiers rayons de celle du dos sont plus courts et plus émoussés que les autres. Ceux qui soutiennent la nageoire de l'anus se recourbent en arrière

1. *Blennius morsitans*, Bosc, manuscrits. « Blennius morsitans, capite crista nulla, corpore alepidoto, viridi fusco, alboque variegato, pinna anali radiis apice recurvis. Habitat in Carolina. » Note communiquée par L. Bosc.

2. A la nageoire du dos .... 30 rayons.
A chacune des pectorales .... 12 —
A chacune des jugulaires .... 2 —
A celle de l'anus .... 18 —
A celle de la queue .... 12 —

à leur extrémité; cette nageoire de l'anus et la dorsale touchent celle de la queue, qui est arrondie.

Le bosquien a près d'un décimètre de longueur totale ; sa hauteur est de vingt-sept millimètres et sa largeur de neuf.

Cette espèce, suivant M. Bosc, est très commune dans la baie de Charleston. Lorsqu'on veut la saisir, elle se défend en mordant son ennemi, comme la murène anguille, avec laquelle elle a beaucoup de ressemblance; c'est cette manière de chercher à sauver sa vie que M. Bosc a indiquée par le nom distinctif de *morsitans* qu'il lui a donné dans sa description latine, et que j'ai dû, malgré sa modestie, changer en une dénomination dictée par l'estime pour l'observateur de ce blennie.

LE BLENNIE OVOVIVIPARE[1]

Blennius viviparus, LINN., GMEL. — *Blennius ovoviviparus*, LACÉP.

De tous les poissons dont les petits éclosent dans le ventre de la femelle, viennent tous formés à la lumière et ont fait donner à leur mère le nom de *vivipare*, le blennie que nous allons décrire est l'espèce dans laquelle ce phénomène remarquable a pu être observé avec plus de soin et connu avec plus d'exactitude. Voilà pourquoi on lui a donné le nom distinctif de *vivipare*, que nous n'avons pas cru cependant devoir lui conserver sans modification, de peur d'induire plusieurs de nos lecteurs en erreur, et que nous avons remplacé par celui d'*ovovivipare*, afin d'indiquer que s'il n'éclôt pas hors du ventre de la mère, s'il en sort tout formé et déjà doué de presque tous ses attributs, il vient néanmoins d'un œuf, comme tous les poissons, et n'est pas véritablement vivipare, dans le sens où l'on emploie ce mot lorsqu'on parle de l'homme, des quadrupèdes à mamelles et des cétacés[2]. Voilà pourquoi nous allons entrer dans quelques détails relativement à la manière de venir au jour du blennie dont nous écrivons l'histoire, non seulement pour bien exposer tout ce qui peut concerner cet animal curieux, mais encore pour jeter un nouveau jour sur les différents modes de reproduction de la classe entière des poissons.

1. *Blenne vivipare*. Daubenton, Encyclopédie méthodique. — *Id.* Bonnaterre, planches de l'Encyclopédie méthodique. — *Fauna suecica*, 317. — « Müller, *Prodrom. Zoolog. Dan.*, t. XLIII, n. 358; et *Zoolog. danic.*, t. LVII. — Mus. Ad. Frid. 1, p. 69.

Tanglake. *Act. Stockh.*, 1748, p. 32, tab. 2. — Gronov., Mus. 1, p. 65, n. 145; *Zooph.*, p. 77, n. 265. — *Act. Upsal.*, 1742, p. 87. — Bloch, pl. 72.

« Blennius capite dorsoque fusco flavescente lituris nigris, pinna ani flava. » Artedi, syn. 45. — « Tertia mustelarum species vivipara et marina. » Schonev., p. 49 et 50. — « Mustela marina vivipara. » Id., tab. 4, fig. 2. — Jonston, *Pisc.*, p. 1, tab. 46, fig. 8. — « Mustela vivipara Schoneveldii. » Willughby, *Ichtyol.*, p. 122.—Ray, p. 69.—« Viviparous blenny. » *Brit. zool.*, 3, p. 172, n. 5, tab. 10.

2. On peut consulter à ce sujet ce que nous avons écrit dans le Discours sur la nature des serpents et dans le Discours sur la nature des poissons.

Mais auparavant montrons les traits distinctifs et les formes principales de ce blennie[1].

L'ouverture de sa bouche est petite, ainsi que sa tête; les mâchoires, dont la supérieure est plus avancée que l'inférieure, sont garnies de petites dents et recouvertes par des lèvres épaisses; la langue est courte et lisse comme le palais; deux os petits et rudes sont placés auprès du gosier; les orifices des narines paraissent chacun au bout d'un petit tube non frangé; le ventre est court, l'ouverture de l'anus très grande, la ligne latérale droite, la nageoire de l'anus composée de plus de soixante rayons et réunie à celle de la queue; et souvent cette dernière se confond aussi avec celle du dos.

Les écailles qui revêtent l'ovovivipare sont très petites, ovales, blanches ou jaunâtres et bordées de noir; du jaune règne sur la gorge et sur la nageoire de l'anus; la nageoire du dos est jaunâtre, avec dix ou douze taches noires.

La chair de ce blennie est peu agréable au goût; aussi est-il très peu recherché par les pêcheurs, quoiqu'il parvienne jusqu'à la longueur de cinq décimètres. Il est en effet extrêmement imprégné de matières visqueuses; son corps est glissant comme celui des murènes; ces substances oléagineuses, dont il est pénétré à l'intérieur ainsi qu'à l'extérieur, sont si abondantes, qu'il montre beaucoup plus qu'un grand nombre d'autres osseux cette qualité phosphorique que l'on a remarquée dans les différentes portions des poissons morts et déjà altérés[2]. Ses arêtes luisent dans l'obscurité, tant qu'elles ne sont pas entièrement desséchées; par une suite de cette même liqueur huileuse et phosphorescente, lorsqu'on fait cuire son squelette, il devient verdâtre.

L'ovovivipare se nourrit particulièrement de jeunes crabes. Il habite dans l'océan Atlantique septentrional, et principalement auprès des côtes européennes.

Vers l'équinoxe du printemps, les œufs commencent à se développer dans les ovaires de la femelle. On peut les voir alors ramassés en pelotons, mais encore extrêmement petits et d'une couleur blanchâtre. A la fin de mai ou au commencement de juin, ils ont acquis un accroissement sensible et présentent une couleur rouge. Lorsqu'ils sont parvenus à la grosseur d'un grain de moutarde, ils s'amollissent, s'étendent, s'allongent; et déjà l'on peut remarquer à leur bout supérieur deux points noirâtres qui indiquent la tête du fœtus et sont les rudiments de ses yeux. Cette partie de l'embryon se dégage la première de la membrane ramollie qui compose

1. A la membrane des branchies........................ 7 rayons.
A chacune des nageoires pectorales........................ 20 —
A chacune des jugulaires........................ 2 —
A celles du dos, de la queue et de l'anus, considérées comme ne formant qu'une seule nageoire........................ 148 —

2. Discours sur la nature des poissons.

l'œuf ; bientôt le ventre sort aussi de l'enveloppe, revêtu d'une autre membrane blanche et assez transparente pour qu'on puisse apercevoir les intestins au travers de ce tégument ; enfin la queue, semblable à un fil délié et tortueux, n'est plus contenue dans l'œuf, dont le petit poisson se trouve dès lors entièrement débarrassé.

Cependant l'ovaire s'étend pour se prêter au développement des fœtus ; il est, à l'époque que nous retraçons, rempli d'une liqueur épaisse, blanchâtre, un peu sanguinolente, insipide, et dont la substance présente des fibres nombreuses disposées autour des fœtus comme un léger duvet, et propres à les empêcher de se froisser mutuellement.

On a prétendu qu'indépendamment de ces fibres, on pouvait reconnaître dans l'ovaire des filaments particuliers qui, semblables à des cordons ombilicaux, partaient des tuniques de cet organe, s'étendaient jusqu'aux fœtus et entraient dans leur corps pour y porter vraisemblablement, a-t-on dit, la nourriture nécessaire. On n'entend pas comment des embryons qui ont vécu pendant un ou deux mois entièrement renfermés dans un œuf, et sans aucune communication immédiate avec le corps de leur mère, sont soumis tout d'un coup, lors de la seconde période de leur accroissement, à une manière passive d'être nourris, et à un mode de circulation du sang, qui n'ont encore été observés que dans les animaux à mamelles. Mais d'ailleurs les observations sur lesquelles on a voulu établir l'existence de ces conduits comparés à des cordons ombilicaux n'ont pas été convenablement confirmées. Au reste, il suffirait que les fœtus dont nous parlons eussent été, pendant les premiers mois de leur vie, contenus dans un véritable œuf et libres de toute attache immédiate au corps de la femelle, pour que la grande différence que nous avons indiquée entre les véritables vivipares et ceux qui ne le sont pas[1] subsistât toujours entre ces mêmes vivipares ou animaux à mamelles et ceux des poissons qui paraissent le moins ovipares, et pour que la dénomination d'*ovovivipare* ne cessât pas de convenir au blennie que nous décrivons.

Et cependant ce qui achève de prouver que ces filaments prétendus nourriciers ont une destination bien différente de celle qu'on leur a attribuée, c'est qu'à mesure que les fœtus grossissent, la liqueur qui les environne s'épuise peu à peu et, d'épaisse et de presque coagulée qu'elle était, devient limpide et du moins très peu visqueuse, ses parties les plus grossières ayant été employées à alimenter les embryons. Lorsque le temps de la sortie de ces petits animaux approche, leur queue, qui d'abord avait paru sinueuse, se redresse et leur sert à se mouvoir en différents sens, comme pour chercher une issue hors de l'ovaire. Si dans cet état ils sont retirés de cet organe, ils ne périssent pas à l'instant, quoique venus trop tôt à la lumière ; mais ils ne vivent que quelques heures ; ils se tordent comme de

1. Discours sur la nature des poissons.

petites murènes, sautillent et remuent plusieurs fois leurs mâchoires et tout leur appareil branchial avant d'expirer.

On a vu quelquefois dans la même femelle jusqu'à trois cents embryons, dont la plupart avaient plus de vingt-cinq millimètres de longueur[1].

Il s'écoule souvent un temps très long entre le moment où les œufs commencent à pouvoir être distingués dans le corps de la mère, et celui où les petits sortent de l'ovaire pour venir au jour. Après la naissance de ces derniers, cet organe devient flasque, se retire comme une vessie vide d'air; et les mâles ne diffèrent alors des femelles que par leur taille, qui est moins grande, et par leur couleur, qui est plus vive ou plus foncée.

Nous ne terminerons pas cet article sans faire remarquer que pendant que la plupart des poissons pélagiens s'approchent des rivages de la mer dans la saison où ils ont besoin de déposer leurs œufs, les blennies dont nous nous occupons, et qui n'ont point d'œufs à pondre, quittent ces mêmes rivages lorsque leurs fœtus sont déjà un peu développés, et se retirent dans l'Océan à de grandes distances des terres, pour y trouver apparemment un asile plus sûr contre les pêcheurs et les grands animaux marins qui à cette époque fréquentent les côtes de l'Océan, et à la poursuite desquels les femelles chargées du poids de leur progéniture pourraient plus difficilement se soustraire[2].

Je n'ai pas besoin d'ajouter que, les œufs de ces blennies éclosant dans le ventre de la mère et par conséquent devant être fécondés dans son intérieur, il y a un accouplement plus ou moins prolongé et plus ou moins intime entre le mâle et la femelle de cette espèce, comme entre ceux des squales, des syngnathes, etc.

LE BLENNIE GUNNEL[3]

Blennius Gunnellus, Linn., Gmel., Lacép.

Le gunnel est remarquable par sa forme comprimée ainsi que très allongée, et par la disposition de ses couleurs. Il est d'un gris jaunâtre et souvent d'un olivâtre foncé dans sa partie supérieure; sa partie inférieure est blanche, ainsi que son iris; la nageoire dorsale et celle de la queue sont jaunes; les pectorales présentent une belle couleur orangée, qui paraît aussi

1. Consultez particulièrement l'ouvrage de Schoneveld, cité si souvent dans cette Histoire.

2. Voyez le même ouvrage de Schoneveld.

3. *Gunnel*, d'où vient *gunnellus*, signifie en anglais *plat bord*, et désigne la forme très allongée et très comprimée du blennie dont il est question dans cet article. — *Butter fish*, sur quelques côtes d'Angleterre. — *Liparis*, dans quelques contrées d'Europe. — *Blenne gunnel*. Daubenton, Encyclopédie méthodique. — *Id*. Bonnaterre, planches de l'Encyclopédie méthodique.

Mus. Ad. Fr. 1, p. 69. — *Fauna succica*, 318. — Bloch, p. 65, fig. 1. — « Blennius maculis circiter decem nigris, etc. » Artedi, gen. 27, syn. 45. — Gronov., mus. 1, n. 77; *Zooph.*, p. 78, n. 267. — Willughby, *Ichtyol.*, p. 115, tabl. G, 8, fig. 3. — Ray, *Pisc.*, p. 144, n. 11. — *Gunellus*. Séba, mus. 3, p. 91, tab. 30, fig. 6. — *Brit. zoolog.*, 3, p. 171, n. 4, tab. 10.

sur la nageoire de l'anus, et qui y est relevée vers la base par des taches très brunes. Mais ce qui frappe surtout dans la distribution des nuances du gunnel, c'est que, le long de la nageoire dorsale, on voit de chaque côté neuf ou dix et quelquefois douze taches rondes ou ovales placées à demi sur la base de la nageoire, et à demi sur le dos proprement dit, d'un beau noir, ou d'une autre teinte très foncée, et entourées, sur plusieurs individus, d'un cercle blanc ou blanchâtre, qui les fait ressembler à une prunelle environnée d'un iris.

La tête est petite, ainsi que les nageoires jugulaires[1]. Des dents aiguës garnissent les mâchoires, dont l'inférieure est la plus avancée. La ligne latérale est droite; l'anus plus éloigné de la nageoire caudale que de la gorge.

Par sa forme générale, la petitesse de ses écailles, la viscosité de l'humeur qui arrose sa surface, la figure de ses nageoires pectorales, le peu de hauteur ainsi que la longueur de celle de son dos, et enfin la vitesse de sa natation, le gunnel a beaucoup de rapports avec la murène anguille; mais il n'a pas une chair aussi agréable au goût que celle de ce dernier animal. Il vit dans l'Océan d'Europe; il s'y nourrit d'œufs de poissons et de vers ou d'insectes marins; et il y est souvent dévoré par les cartilagineux et les osseux un peu grands, ainsi que par les oiseaux d'eau.

Nous croyons, avec le professeur Gmelin, devoir regarder comme une variété de l'espèce du gunnel un blennie qui a été décrit par Othon Fabricius dans la *Faune du Groenland*[2], et qui ne paraît différer d'une manière très marquée et très constante de l'objet de cet article que par sa longueur, qui n'est que de deux décimètres, pendant que celle du gunnel ordinaire est de trois ou quatre, par le nombre des rayons de ses nageoires[3], et par la couleur des taches œillées et rondes ou ovales de la nageoire du dos, dont communément cinq sont noires, et cinq sont blanchâtres ou d'un blanc éclatant.

LE BLENNIE POINTILLÉ

Blennius punctulatus.

La description de ce blennie n'a encore été publiée par aucun auteur.

1. A la nageoire dorsale ... 88 rayons.
A chacune des pectorales ... 10 —
A chacune des jugulaires ... 2 —
A celle de l'anus ... 43 —
A celle de la queue, qui est un peu arrondie ... 18 —

2. Ot. Fabr., *Faun. Groenl.*, p. 153, n. 110.

3. 7 rayons à la membrane des branchies du gunnel décrit par Othon Fabricius.
A la nageoire dorsale ... 50 rayons.
A chacune des pectorales ... 17 —
A chacune des jugulaires ... 4 —
A celle de l'anus ... 38 —
A celle de la queue ... 18 —

Nous avons vu dans la collection du Muséum d'histoire naturelle un individu de cette espèce; nous en avons fait graver une figure que l'on trouvera dans cette histoire.

La tête est assez grande et toute parsemée, par-dessus et par les côtés, de petites impressions, de pores ou de points qui s'étendent jusque sur les opercules et nous ont suggéré le nom spécifique de ce blennie. L'ouverture de la bouche est étroite; les lèvres sont épaisses; les dents aiguës et serrées; les yeux ronds et très gros; les écailles très facilement visibles; les nageoires pectorales ovales et très grandes; les jugulaires composées chacune de deux rayons mous, ou filaments, presque aussi longs que les pectorales. La ligne latérale se courbe au-dessus de ces mêmes pectorales, descend comme pour les environner et tend ensuite directement vers la queue. La nageoire du dos, qui commence à la nuque et va toucher la nageoire caudale, est basse; les rayons en sont garnis de petits filaments, et tous à peu près de la même longueur, excepté les huit derniers, dont six sont plus longs et deux plus courts que les autres. La nageoire de l'anus est séparée de la caudale, qui est arrondie[1]. Un grand nombre de petites taches irrégulières et nuageuses sont répandues sur le pointillé.

LE BLENNIE GARAMIT[2]

Blennius Garamit, Lacép. — *Gadus Salarias*, Forsk.

LE BLENNIE LUMPÈNE[3]

Blennius Lumpenus, Walb., Lacép.

LE BLENNIE TORSK[4]

Blennius Torsk, Lacép.

Le garamit a été placé parmi les gades; mais il a été regardé par Forskaël, qui l'a découvert, comme devant tenir le milieu entre les gades et les blennies; les caractères qu'il présente nous ont forcés à le comprendre parmi ces derniers poissons. Ses dents sont inégales; on en voit de placée vers le bout du museau, qui sont beaucoup plus longues que les autres et qui, par leur forme, ont quelque ressemblance avec les crochets des qua-

1. A la nageoire du dos .... 47 rayons.
A chacune des pectorales .... 17 —
A chacune des jugulaires .... 2 —
A celle de l'anus .... 29 —
A celle de la queue .... 13 —

2. *Gadus salarias*. Forsk., *Faun. arab.* — *Gadus garamit*, id. — *Gade garamit*. Bonnaterre, planches de l'Encyclopédie méthodique.

3. *Variété du blenne vivipare*. Daubenton, Encyclopédie méthodique. — *Blenne lumpène*. Bonnaterre, planches de l'Encyclopédie méthodique. — Müller, *Prodrom. Zool. dan.*, p. IX. — « Blennius cirris sub gula pinniformibus quasi bifidis, etc. » Artedi, syn. 45. — *Tangbrosme*, Strom. *Sondm.* 1, p. 315, n. 4. — Ot. Fabric., *Faun. Groenl.*, p. 151, n. 109.

4. Strom. *Sondm.* 1, p. 272. — Pennant, *Zoolog. Brit.*, 3, p. 203, n. 89. — *Gade torsk*. Bonnaterre, planches de l'Encyclopédie méthodique.

drupèdes carnassiers. Il présente diverses teintes disposées en taches nuageuses; la nageoire dorsale règne depuis la nuque jusqu'à la nageoire caudale. La ligne latérale est à peine visible et assez voisine du dos. Ce blennie est long de trois ou quatre décimètres. Il se trouve dans les eaux de la mer Rouge[1].

C'est dans celles de l'Océan d'Europe qu'habite le lumpène. Il y préfère les fonds d'argile ou de sable, s'y cache parmi les fucus des rivages et y dépose ses œufs vers le commencement de l'été. Ses écailles sont petites, rondes, fortement attachées. Sa couleur est jaunâtre sur la tête, blanchâtre avec des taches brunes sur le dos et les côtés, jaune et souvent tachetée sur la queue, blanche sur le ventre. Ses nageoires jugulaires, par leur forme et par leur position, ressemblent à des barbillons; elles comprennent chacune trois rayons ou filaments, dont le dernier est le plus allongé[2].

Le torsk préfère les mers qui arrosent le Groenland, ou celles qui bordent l'Europe septentrionale. Il présente un barbillon, et ce filament est au-dessous de l'extrémité antérieure de la mâchoire d'en bas. Ses nageoires jugulaires sont charnues et divisées en quatre appendices. Le ventre est gros et blanc; la tête brune; les côtés de l'animal sont jaunâtres; les nageoires du dos, de la queue et de l'anus, lisérées de blanc. Ce blennie parvient à la longueur de six ou sept décimètres et à la largeur d'environ un décimètre et demi[3].

CINQUANTE ET UNIÈME GENRE

LES OLIGOPODES

Une seule nageoire dorsale; cette nageoire du dos commençant au-dessus de la tête et s'étendant jusqu'à la nageoire caudale, ou à peu près; un seul rayon à chaque nageoire jugulaire.

ESPÈCE.	CARACTÈRES.
OLIGOPODE VÉLIFÈRE.	La nageoire du dos très élevée; celle de la queue fourchue

1.	A la membrane branchiale du garamit	6	rayons.
	A la nageoire dorsale	36	—
	A chacune des pectorales	14	—
	A chacune des jugulaires	2	—
	A celle de l'anus	26	—
	A celle de la queue	13	—
2.	A la nageoire dorsale du lumpène	63	—
	A chacune des pectorales	15	—
	A chacune des jugulaires	3	—
	A celle de l'anus,	41	—
	A celle de la queue	18	—
3.	A la membrane branchiale du torsk	5	—
	A la nageoire du dos	31	—
	A chacune des pectorales	8	—
	A celle de l'anus	21	—

L'OLIGOPODE VÉLIFÈRE[1]

Pteraclis velifera, Gronov., Cuv. — *Oligopodus veliferus*, Lacép. — *Coryphæna velifera*, Pall.

La position des nageoires inférieures ne permet pas de séparer les oligopodes des jugulaires, avec lesquels ils ont d'ailleurs un grand nombre de rapports. Nous avons donc été obligés de les éloigner des coryphènes, qui sont de vrais poissons thoracins, dans le genre desquels on les a placés jusqu'à présent et auxquels ils ressemblent en effet beaucoup, mais dont ils diffèrent cependant par plusieurs traits remarquables. On peut les considérer comme formant une des nuances les plus faciles à distinguer parmi toutes celles qui lient les jugulaires aux thoracins, et particulièrement les blennies aux coryphènes; mais on n'en est pas moins forcé de les inscrire à la suite des blennies sur les tables méthodiques par le moyen desquelles on cherche à présenter quelques linéaments de l'ordre naturel des êtres animés.

Parmi ces *oligopodes*, que nous avons ainsi nommés pour désigner la petitesse de leurs nageoires thoracines, et qui, par ce caractère seul, se rapprocheraient beaucoup des blennies, on ne connaît encore que l'espèce à laquelle nous croyons devoir conserver le nom spécifique de *vélifère*[2].

C'est au grand naturaliste Pallas que l'on en doit la première description. On lui avait apporté de la mer des Indes l'individu sur lequel cette première description a été faite. La forme générale du vélifère est singulière et frappante. Son corps, très allongé, très bas et comprimé, est, en quelque sorte, distingué difficilement au milieu de deux immenses nageoires placées, l'une sur son dos et l'autre au-dessous de sa partie inférieure, et qui, déployant une très grande surface, méritent d'autant plus le nom d'*éventail* ou de *voile*, qu'elles s'étendent, la première depuis le front et la seconde depuis les ouvertures branchiales jusqu'à la nageoire de la queue. D'ailleurs, elles s'élèvent ou s'abaissent de manière que la ligne que l'on peut tirer du point le plus haut de la nageoire dorsale au point le plus bas de la nageoire de l'anus surpasse la longueur totale du poisson. Chacune de ces deux surfaces latérales ressemble ainsi à une sorte de losange irrégulier et curviligne dans la plus grande partie de son contour. Et c'est à cause de ces deux voiles supérieure et inférieure, que l'on a mal à propos comparées à des rames ou à des ailes, que plusieurs naturalistes ont voulu attribuer à l'oli-

1. Pallas, *Spicil. zoolog.*, 8, p. 19, tab. 3, fig. 1. — *Coryphène éventail.* — Daubenton, Encyclopédie méthodique. — *Id.*, Bonnaterre, planches de l'Encyclopédie méthodique.

2.

A la membrane des branchies	7	rayons.
A celle du dos	55	—
A chacune des pectorales	14	—
A chacune des jugulaires	1	—
A celle de l'anus	51	—
A celle de la queue	22	—

gopode vélifère la faculté de s'élancer et de se soutenir pendant quelques moments hors de l'eau comme plusieurs pégases, scorpènes, trigles et exocets, auxquels on a donné le nom de *poissons volants*. Mais si l'on se rappelle les principes que nous avons exposés, concernant la natation et le vol des poissons, on verra que les nageoires du dos et de l'anus sont placées de manière à ne pouvoir ajouter très sensiblement à la vitesse du poisson qui nage ou à la force de celui qui vole qu'autant que l'animal nagerait sur un de ses côtés, comme les pleuronectes, ou volerait renversé sur sa droite ou sur sa gauche ; supposition que l'on ne peut pas admettre dans un osseux conformé comme le vélifère. Les grandes nageoires dorsale et anale de cet oligopode lui servent donc principalement, au moins le plus souvent, à tourner avec plus de facilité, à fendre l'eau avec moins d'obstacles, particulièrement en montant ainsi qu'en descendant, à se balancer avec plus d'aisance et à se servir de quelques courants latéraux avec plus d'avantages. De plus, il peut, en étendant vers le bas sa nageoire de l'anus et en pliant celle du dos, faire descendre son centre de gravité au-dessous de son centre de figure, se lester, pour ainsi dire, par cette manœuvre et accroître sa stabilité. Au reste, le grand déploiement de ces deux nageoires de l'anus et du dos ajoute à la parure que le vélifère peut présenter ; il place en effet, au-dessus et au-dessous de ses côtés, qui sont d'un gris argenté, une surface très étendue, toute parsemée de taches blanches ou blanchâtres, que la couleur brune du fond fait très bien ressortir.

La tête est couverte de petites écailles, la mâchoire inférieure relevée et garnie de deux rangées de dents; on n'en compte qu'un rang à la mâchoire supérieure. Les deux premiers rayons de la nageoire du dos sont très courts, à trois faces et osseux. Le premier de la nageoire de l'anus est aussi très court et osseux ; le second est également osseux, mais il est assez long. On voit de chaque côté du corps et de la queue plusieurs rangées longitudinales d'écailles grandes, minces, légèrement striées, échancrées à leur sommet et relevées à leur base par une sorte de petite pointe qui se loge dans l'échancrure de l'écaille supérieure. Le corps proprement dit est très court ; l'anus est très près de la gorge ; et voilà pourquoi la nageoire anale peut montrer la très grande longueur que nous venons de remarquer.

CINQUANTE-DEUXIÈME GENRE

LES KURTES

Le corps très comprimé et caréné par-dessus ainsi que par-dessous ; le dos élevé.

ESPÈCE.	CARACTÈRE.
KURTE BLOCHIEN.	Deux rayons à la membrane des branchies.

LE KURTE BLOCHIEN[1]

Kurtus indicus, BLOCH., GMEL., CUV. — *Kurtus blochianus*, LACÉP.

Ce poisson lie les jugulaires avec les thoracins par la grande compression latérale de son corps, qui ressemble beaucoup à celui des zées et des chétodons. Cette conformation lui donne aussi une grande analogie avec les stromatées, et c'est pour ces différentes raisons que nous l'avons placé à la fin de la colonne des jugulaires, comme nous avons mis les stromatées à la queue de celle des apodes. Le savant ichtyologiste Bloch nous a fait connaître cet animal, qu'il a inscrit dans un genre particulier et auquel nous avons cru devoir donner le nom de ce célèbre naturaliste.

Le blochien a le corps très étroit et très haut; de plus, une élévation considérable qui paraît sur le dos et qui ressemble à une bosse lui a fait attribuer par le zoologiste de Berlin la dénomination générique de *kurtus*, qui signifie *bossu*.

Sa tête est grande, son museau obtus; la mâchoire inférieure un peu recourbée vers le haut, plus avancée que la supérieure et garnie, ainsi que cette dernière, de plusieurs rangées de très petites dents; la langue courte et cartilagineuse; le palais lisse; l'œil gros; l'ouverture branchiale étendue; l'opercule membraneux; l'anus assez près de la gorge; la ligne latérale droite et la nageoire de la queue fourchue[2]. Il vit dans la mer des Indes; il s'y nourrit de crabes et d'animaux à coquille; dès lors, il est peu surprenant qu'il brille de couleurs très éclatantes. Sa parure est magnifique. Ses écailles ressemblent à des lames d'argent; l'iris est en partie blanc et en partie bleu; des taches dorées ornent le dos; quatre taches noires sont placées auprès de la nageoire dorsale; les pectorales et les jugulaires réfléchissent la couleur de l'or et sont bordées de rouge; les autres nageoires offrent une teinte d'un bleu céleste que relève un liséré d'un jaune blanchâtre.

CINQUANTE-TROISIÈME GENRE

LES CHRYSOSTROMES

Le corps et la queue très hauts, très comprimés, et aplatis latéralement de manière à représenter un ovale; une seule nageoire dorsale.

ESPÈCE.	CARACTÈRES.
CHRYSOSTROME FIATOLOÏDE.	La dorsale et l'anale en forme de faux; la caudale fourchue.

1. Bloch, pl. 169. — *Le bossu*. Bonnaterre, planches de l'Encyclopédie méthodique.

2. A la membrane des branchies..... 2 rayons.
A la nageoire du dos, articulés..... 16 —
— — non articulé..... 1 —
A chacune des pectorales..... 13 —
A chacune des jugulaires, articulés..... 5 —
— — non articulé..... 1 —
A celle de l'anus, articulés..... 30 —
— non articulés..... 2 —
A celle de la queue..... 18 —

LE CHRYSOSTROME FIATOLOIDE[1]

Chrysostromus fiatoloides, LACÉP.

Rondelet a donné la figure de cette espèce, qui a de très grands rapports avec le stromatée fiatole, mais qui doit être placée non seulement dans un genre différent, mais même dans un autre ordre que celui des stromatées, puisque ces derniers sont apodes, pendant que les chrysostromes ont des nageoires situées au-dessous de la gorge. Nous avons cependant indiqué cette analogie par le nom spécifique de *fiatoloïde* et par la dénomination générique de *chrysostrome*, qui vient du mot grec *chrusos* (*or*) et d'un autre mot grec *strôma* (*tapis*, *riche tapis*), d'où les anciens ont tiré le nom de *stromatée*.

Notre chrysostrome, dont la ressemblance avec la fiatole a si fort frappé les habitants de plusieurs rivages de la Méditerranée qu'ils lui ont appliqué le nom de ce dernier, se trouve particulièrement aux environs de Rome. Sa parure est magnifique. Des raies longitudinales interrompues et des taches de différentes grandeurs, toutes brillantes de l'éclat de l'or, sont répandues sur ses larges côtés et y représentent une sorte de tapis resplendissant. La mâchoire inférieure est un peu plus avancée que la supérieure et les lèvres sont grosses.

SECONDE SOUS-CLASSE

POISSONS OSSEUX

Les parties solides de l'intérieur du corps osseuses

PREMIÈRE DIVISION

POISSONS QUI ONT UN OPERCULE ET UNE MEMBRANE DES BRANCHIES

DIX-NEUVIÈME ORDRE DE LA CLASSE ENTIÈRE DES POISSONS

OU TROISIÈME ORDRE DE LA PREMIÈRE DIVISION DES OSSEUX

POISSONS THORACINS, OU QUI ONT DES NAGEOIRES INFÉRIEURES PLACÉES SOUS LA POITRINE ET AU-DESSOUS DES PECTORALES

CINQUANTE-QUATRIÈME GENRE

LES LÉPIDOPES

Le corps très allongé et comprimé en forme de lame; un seul rayon aux nageoires thoracines et à celle de l'anus.

ESPÈCE.	CARACTÈRE.
LÉPIDOPE GOUANIEN.	La mâchoire inférieure plus avancée que la supérieure.

1. *Fiatola*. Rondelet, part. 1, liv. V, chap. XXIV, édit. de Lyon, 1558.

LE LÉPIDOPE GOUANIEN[1]

Lepidopus argyreus, Cuv. — *Lepidopus gouanianus*, Lacép.

Cette espèce a été décrite, pour la première fois, par mon savant confrère le professeur Gouan, de Montpellier, qui l'a séparée, avec beaucoup de raison, de tous les genres de poissons adoptés jusqu'à présent. Le nom distinctif que j'ai cru devoir lui donner témoigne le service que M. Gouan a rendu aux naturalistes en faisant connaître ce curieux animal.

Cet osseux vit dans la Méditerranée. Il a de très grands rapports avec plusieurs apodes, particulièrement avec les leptures et les trichiures. Mais c'est le seul poisson dans lequel on n'ait observé qu'un seul rayon à la nageoire de l'anus, ni à chacune des nageoires inférieures que nous nommons *thoracines* pour toutes les espèces de l'ordre que nous examinons, parce qu'elles sont situées sur le thorax. Ces nageoires anale et thoracines du gouanien ont d'ailleurs une forme remarquable : elles ressemblent à une écaille allongée, arrondie dans un bout et pointue dans l'autre ; et c'est de là que vient le nom générique de lépidope, *lepidopus, pieds* ou *nageoires inférieures en forme d'écailles ou écailleux.*

La tête du gouanien est plus grosse que le corps et comprimée latéralement ; le museau pointu, la nuque terminée par une arête ; chaque mâchoire garnie de plusieurs rangs de dents nombreuses et inégales ; l'œil voilé par une membrane, comme dans plusieurs apodes et jugulaires ; l'opercule d'une seule pièce ; l'ouverture branchiale grande et en croissant[2] ; l'anus situé vers le milieu de la longueur totale ; la ligne latérale peu apparente ; la nageoire du dos très basse et très longue, mais séparée de celle de la queue, qui est lancéolée ; chaque écaille presque imperceptible ; la couleur générale d'un blanc argenté.

CINQUANTE-CINQUIÈME GENRE

LES HIATULES

Point de nageoire de l'anus.

ESPÈCE.	CARACTÈRES.
Hiatule gardénienne.	Des dents crochues aux mâchoires et des dents arrondies au palais.

1. Gouan, *Histoire des poissons*, p. 185. — *Lépidope jarretière.* Bonnaterre, planches de l'Encyclopédie méthodique.

2. A la membrane des branchies .... 7 rayons.
A la nageoire du dos .... 53 —
A chacune des nageoires inférieures ou thoracines .... 1 —
A celle de l'anus .... 1 —

LA HIATULE GARDÉNIENNE[1]

Hiatula gardeniana, Lacép. — *Labrus Hiatula,* Linn., Gmel.

On a compris jusqu'à présent dans le genre des labres le poisson décrit dans cet article ; mais les principes réguliers de classification, auxquels nous croyons devoir nous conformer, s'opposent à ce que nous laissions parmi des osseux qui ont une nageoire de l'anus plus ou moins étendue une espèce qui en est entièrement dénuée. Nous avons donc placé la gardénienne dans un genre particulier ; et comme dans chaque ordre nous commençons toujours par traiter des poissons qui ont le plus petit nombre de nageoires, nous avons cru devoir écrire le nom des hiatules presque en tête de cette colonne des thoracins : elles auraient même formé le premier genre de la colonne, si les lépidopes n'avaient pas une nageoire de l'anus extrêmement petite, réduite à un seul rayon, pour ne pas dire à une seule écaille, si de plus ils ne présentaient pas des nageoires thoracines également d'un seul rayon, et si d'ailleurs ils ne se rapprochaient pas de très près, par leur corps très allongé et par leurs formes très déliées, de la plupart des osseux apodes ou jugulaires.

Le nom distinctif de *gardénienne* indique que c'est au docteur Garden qu'est due la découverte de cette espèce, qu'il a vue dans la Caroline. On soupçonnera aisément qu'elle doit offrir beaucoup de traits communs avec les labres, parmi lesquels Linné et d'autres célèbres naturalistes l'ont comptée. Elle a, en effet, comme plusieurs de ces labres, les lèvres extensibles et les rayons simples de la nageoire dorsale garnis, du côté de la queue, d'un filament allongé.

Les dents qui hérissent les mâchoires sont crochues ; celles qui revêtent le palais sont arrondies de manière à représenter une portion de sphère. La nageoire du dos est noire dans sa partie postérieure ; l'opercule pointillé sur ses bords ; la couleur générale de l'animal variée par six ou sept bandes transversales et noires ; la ligne latérale droite ; la nageoire de la queue rectiligne[2].

CINQUANTE-SIXIÈME GENRE

LES CÉPOLES

Une nageoire de l'anus ; plus d'un rayon à chaque nageoire thoracine ; le corps et la queue très allongés et comprimés en forme de lame ; le ventre à peu près de la longueur de la tête ; les écailles très petites.

1. *Labre hiatule.* Daubenton, Encyclopédie méthodique. — *Id.* Bonnaterre, planches de l'Encyclopédie méthodique.

2.

A la membrane des branchies	5	rayons.
A la nageoire du dos, simples ou aiguillons	17	—
— — articulés	11	—
A chacune des nageoires pectorales	16	—
A chacune des thoracines, articulés	5	—
— — simple	1	—
A la nageoire de la queue	21	—

PREMIER SOUS-GENRE

POINT DE RAYONS SIMPLES OU D'AIGUILLONS UX ANAGEOIRES

ESPÈCES.	CARACTÈRES.
1. CÉPOLE TÆNIA.	Le museau très arrondi; la nageoire de la queue pointue.
2. CÉPOLE SERPENTIFORME.	Le museau pointu.

SECOND SOUS-GENRE

DES RAYONS SIMPLES OU AIGUILLONS AUX NAGEOIRES

ESPÈCE.	CARACTÈRES.
3. CÉPOLE TRACHYPTÈRE.	Les nageoires rudes; la ligne latérale formée par une série d'écailles plus grandes que les autres.

LE CÉPOLE TÆNIA [1]

Cepola Tænia, LINN., GMEL., LACÉP. — *Cepola rubescens*, LINN., CUV.

Presque tous les noms donnés à ce poisson désignent la forme remarquable qu'il présente ; les mots *ruban*, *bandelette*, *flamme*, *lame*, *épée*, montrent en quelque sorte à l'instant son corps très allongé, très aplati par les côtés, très souple, très mobile, se roulant avec facilité autour d'un cylindre, frappant l'eau avec vivacité, s'agitant avec vitesse, s'échappant comme l'éclair, faisant briller avec la rapidité de la flamme les teintes rouges qu'anime l'éclat argentin d'un grand nombre de ses écailles, disparaissant et reparaissant au milieu des eaux comme un feu léger, ou cédant à tous les mouvements des flots, de la même manière que les flammes ou banderoles qui voltigent sur les sommets des mâts les plus élevés obéissent à tous les courants de l'atmosphère. Les ondulations par lesquelles ce cépole exécute et manifeste ses divers mouvements sont d'autant plus sensibles, qu'il parvient à une longueur très considérable relativement à sa hauteur, et surtout à sa

1. *Spase* ou *épée*, dans plusieurs départements méridionaux de France. — *Flamme, Cavagiro, Freggia, Vitta.* — *Cépole ténia.* Daubenton, Encyclopédie méthodique. — Bloch, pl. 170. — *Tainia*, Arist., lib. II, cap. XIII. — Oppian, lib. I, p. 5. — Athen., lib. VII, p. 325.

Flambo. Rondelet, première partie, liv. II, chap. XVI. — *Seconde espèce de tænia*, ibid. chap. XVII. — *Tænia*, Gesner, p. 938 et (germ.) fol. 56, *a*; Icon. anim., p. 404. — *Tænia Rondelet*, et *tænia altera Rondelet.* Aldrov., lib. III, cap. XXX, p. 369 et 370. — Jonston, p. 23, tab. 6, fig. 1 et 2. — Charlet, *Onom.*, p. 126.

« Tænia prima Rondeletii. » Ray, p. 39. — « Tænia, ichtyopolis Romanis cepole dicta. » Willughby, *Ichtyol.*, p. 116. « Tænia altera Rondeletii. » *Id.*, p. 118.

Ruban de mer. Valmont de Bomare, *Dictionnaire d'histoire naturelle.* — *Flambeau*, ibid. — « Enchelyopus totus pallide rubans, in imo ventre albescens, etc. » Klein, *Miss. pisc.*, 14, p. 57, n. 10.

NOTA. — Nous croyons devoir prévenir nos lecteurs que lorsque nous citons, dans les différents articles de cette Histoire, les ouvrages dans lesquels les auteurs qui nous ont précédés ont traité des mêmes poissons que nous, et les dessins qu'ils ont donnés de ces animaux, nous n'entendons garantir en rien l'exactitude de leurs descriptions, ni celle des figures qu'ils ont publiées; notre but est seulement d'indiquer que leurs planches ou leurs observations se rapportent à telle ou telle des espèces dont nous nous sommes occupés.

largeur ; il n'est large que d'un très petit nombre de millimètres, et il a souvent plus d'un mètre de longueur. Le rouge dont il resplendit colore toutes ses nageoires. Cette teinte se marie d'ailleurs à l'argent dont il est, pour ainsi dire, revêtu, tantôt par des nuances insensiblement fondues les unes dans les autres, tantôt par des taches très vives ; et remarquons que la nourriture ordinaire de ce poisson si richement décoré consiste en crabes et en animaux à coquille.

Sa tête est un peu large ; son museau arrondi ; sa mâchoire supérieure garnie d'une rangée, et sa mâchoire inférieure de deux rangées de dents aiguës et peu serrées les unes contre les autres ; la langue petite, large et rude ; l'espace qui sépare les yeux, très étroit ; l'ouverture branchiale assez grande ; l'opercule composé d'une seule lame, et la place qui est entre cet opercule et le museau, percée de plusieurs pores ; la ligne latérale droite ; la nageoire dorsale très longue, de même que celle de l'anus ; et la caudale pointue[1].

Le corps du tænia est si comprimé et par conséquent si étroit, ses téguments sont si minces, et toutes ses parties si pénétrées d'une substance oléagineuse et visqueuse, que lorsqu'on le regarde contre le jour, il paraît très transparent et qu'on aperçoit très facilement une grande portion de son intérieur. Cette conformation et cette abondance d'une matière huileuse n'annoncent pas une saveur très agréable dans les muscles de ce cépole ; en effet, on le recherche peu. Il habite dans la Méditerranée et y préfère, dit-on, le voisinage des côtes vaseuses.

LE CÉPOLE SERPENTIFORME[2]

Cepola rubescens et *Cepola Tænia,* Linn., Gmel. — *Cepola serpentiformis,* Lacép.

Le tænia a le museau arrondi ; le serpentiforme l'a pointu. La nageoire caudale du tænia est pointue ; il paraît que celle du serpentiforme est fourchue. On a donc eu raison de ne pas les rapporter à la même espèce. On a comparé le second de ces cépoles à un serpent ; on l'a appelé *serpent de mer*

1. A la membrane des branchies .... 6 rayons.
A la nageoire du dos .... 66 —
A chacune des pectorales .... 15 —
A chacune des thoracines .... 6 —
A celle de l'anus .... 60 —
A celle de la queue .... 10 —

2. *Cépole serpent de mer.* Daubenton, Encyclopédie méthodique. — *Id.* Bonnaterre, planches de l'Encyclopédie méthodique. — Mus. Ad. Frid., 2, p. 63. — *Ophidium macrophthalmum, Syst. nat.*, X, 1, p. 259. — Brunn., *Pisc. Massil.*, p. 28, n. 39.

Tænia serpens rubescens dicta, Artedi, syn. 115. — *Serpens marinus rubescens.* Gesner (germ.), fol. 47, *b.* — *Autre serpent rouge.* Rondelet, première partie, liv. XIV, chap. VIII — *Murus alter, sive serpens rubescens Rondeletii.* Aldrovande, lib. III, cap. XXVIII, p. 367. — *Tæniæ potius species censenda.* Willughby, *Ichtyol.*, p. 118.

serpent rouge, serpent rougeâtre; et voilà pourquoi nous lui avons donné le nom distinctif de *serpentiforme*. Sa couleur est d'un rouge plus ou moins pâle, avec des bandes transversales, nombreuses, étroites, irrégulières et un peu tortueuses. L'iris est comme argenté; les dents sont aiguës, la nageoire du dos et celle de l'anus très longues et assez basses[1]. Le serpentiforme vit dans la Méditerranée, de même que le tænia.

LE CÉPOLE TRACHYPTÈRE

Cepola trachyptera, Linn., Gmel., Lacép.

C'est dans le golfe Adriatique, et par conséquent dans le grand bassin de la Méditerranée, que l'on a vu le trachyptère. Il préfère donc les mêmes eaux que les deux autres cépoles dont nous venons de parler. Ses nageoires présentent des aiguillons ou rayons simples et sont rudes au toucher. Sa ligne latérale est droite et tracée, pour ainsi dire, par une rangée d'écailles que l'on peut distinguer facilement des autres.

CINQUANTE-SEPTIÈME GENRE

LES TÆNIOÏDES

Une nageoire de l'anus; les nageoires pectorales en forme de disque et composées d'un grand nombre de rayons; le corps et la queue très allongés et comprimés en forme de lame; le ventre à peu près de la longueur de la tête; les écailles très petites; les yeux à peine visibles; point de nageoire caudale.

ESPÈCE.	CARACTÈRE.
Tænioïde hermannien.	Trois ou quatre barbillons auprès de l'ouverture de la bouche.

LE TÆNIOIDE HERMANNIEN

Tænioides Hermanni, Lacép. — *Cepola cœcula*, Bl., Schn. — *Gobioides rubicunda*, Buch.

Ce poisson, que nous avons dû inscrire dans un genre particulier, n'a encore été décrit dans aucun ouvrage d'histoire naturelle. Nous lui donnons un nom générique qui désigne sa forme très allongée, semblable à celle d'un ruban ou d'une banderole, et très voisine de celle des cépoles qui ont été appelés *tænia*. Nous le distinguons par l'épithète d'*hermannien*, pour donner au savant Hermann, de Strasbourg, une nouvelle preuve de l'estime des naturalistes et de leur reconnaissance envers un professeur habile qui concourt chaque jour au progrès des sciences et particulièrement de l'ichtyologie.

1. A la nageoire dorsale........ 69 rayons.
A chacune des pectorales........ 15 —
A chacune des thoracines........ 6 —
A celle de l'anus........ 62 —
A celle de la queue........ 12 —

Ce tænioïde, dont les habitudes doivent ressembler beaucoup à celles des cépoles, puisqu'il se rapproche de ces osseux par le plus grand nombre de points de sa conformation, et qui doit surtout partager leur agilité, leur vitesse, leurs ondulations, leurs évolutions rapides, en diffère cependant par plusieurs traits remarquables.

1° Ses yeux sont si petits qu'on ne peut les distinguer qu'avec beaucoup de peine et qu'après les avoir cherchés souvent pendant longtemps, on ne les aperçoit que comme deux petits points noirs; ce qui lui donne un rapport assez important avec les cécilies.

2° Il n'a point de nageoire caudale; et sa queue se termine, comme celle des trichiures, par une pointe très déliée, près de l'extrémité de laquelle on voit encore s'étendre la longue et très basse nageoire dorsale, qui part très près de la tête et tire son origine de la partie du dos correspondant à l'anus.

3° La nageoire anale est très courte.

Nous devons ajouter que la tête de l'hermannien est comme taillée à facettes, dont la figure que nous avons fait graver montre la forme, les dimensions et la place. La peau de l'animal, dénuée d'écailles facilement visibles, laisse reconnaître la position des principaux muscles latéraux; on voit des points noirs sur les pectorales, ainsi que sur la nageoire de l'anus, et des raies blanchâtres sur la tête; les barbillons, situés auprès de l'ouverture de la bouche, sont très courts et un peu inégaux en longueur.

CINQUANTE-HUITIÈME GENRE

LES GOBIES

Les deux nageoires thoracines réunies l'une à l'autre; deux nageoires dorsales.

PREMIER SOUS-GENRE

LES NAGEOIRES PECTORALES ATTACHÉES IMMÉDIATEMENT AU CORPS DE L'ANIMAL

	ESPÈCES.	CARACTÈRES.
1.	Gobie pectinirostre.	Vingt-six rayons à la seconde nageoire du dos; douze aux thoracines; presque toutes les dents de la mâchoire inférieure placées horizontalement.
2.	Gobie boddaert.	Vingt-cinq rayons à la seconde nageoire du dos; trente-quatre aux thoracines; les rayons de la première nageoire du dos filamenteux; le troisième de cette nageoire dorsale très long.
3.	Gobie lancéolé.	Dix-huit rayons à la seconde nageoire du dos; onze aux thoracines; la queue très longue et terminée par une nageoire dont la forme ressemble à celle d'un fer de lance.
4.	Gobie aphye.	Dix-sept rayons à la seconde nageoire du dos; douze aux thoracines; les yeux très rapprochés l'un de l'autre; des bandes brunes sur les nageoires du dos et de l'anus.
5.	Gobie paganel.	Dix-sept rayons à la seconde nageoire du dos; douze aux thoracines; la première dorsale bordée de jaune; la seconde et l'anale pourprées à leur base.

ESPÈCES.	CARACTÈRES.
6. Gobie ensanglanté.	Seize rayons à la seconde nageoire du dos; douze aux thoracines; les rayons des nageoires du dos plus élevés que la membrane; la bouche, la gorge, les opercules et les nageoires tachetés de rouge.
7. Gobie noir-brun.	Seize rayons à la seconde nageoire dorsale; douze aux thoracines; le corps et la queue bruns, les nageoires noires.
8. Gobie boulerot.	Quatorze rayons à la seconde nageoire dorsale; dix à chacune des thoracines; un grand nombre de taches brunes et blanches.
9. Gobie bosc.	Quatorze rayons à la seconde nageoire du dos; huit à chacune des thoracines; les quatre premiers rayons de la première dorsale terminés par un filament; le corps et la queue gris et pointillés de brun; sept bandes transversales d'une couleur blanchâtre.
10. Gobie arabique.	Quatorze rayons à la seconde nageoire du dos; douze aux thoracines; les cinq derniers rayons de la première dorsale deux fois plus élevés que la membrane et terminés par un filament rouge.
11. Gobie jozo.	Quatorze rayons à la seconde nageoire du dos; douze aux thoracines; les rayons de la première dorsale plus élevés que la membrane et terminés par un filament; les thoracines bleues.
12. Gobie bleu.	Douze rayons à la seconde nageoire du dos et aux thoracines; le dernier rayon de la seconde nageoire du dos deux fois plus long que les autres; le corps bleu; la nageoire de la queue rouge et bordée de noir.
13. Gobie plumier.	Douze rayons à la seconde nageoire du dos; six à chacune des thoracines; la mâchoire supérieure plus avancée que l'inférieure; point de tache œillée sur la première dorsale.
14. Gobie thunberg.	Douze rayons à la seconde nageoire du dos; les deux mâchoires également avancées; les écailles petites; les deux nageoires dorsales de la même hauteur; vingt-huit rayons à la nageoire de la queue.
15. Gobie éléotre.	Onze rayons à la seconde nageoire du dos; douze aux thoracines; dix à celle de l'anus; les deux nageoires dorsales de la même hauteur; la couleur blanchâtre.
16. Gobie nébuleux.	Onze rayons à la seconde nageoire du dos; douze aux thoracines; le second rayon de la première nageoire du dos terminé par un filament noir deux fois plus élevé que la membrane.
17. Gobie awaou.	Onze rayons à la seconde nageoire dorsale; six à chacune des thoracines; la mâchoire supérieure plus avancée; une tache œillée sur la première nageoire du dos.
18. Gobie noir.	Onze rayons à la seconde nageoire du dos; dix aux thoracines; six rayons à la première dorsale; le dernier de ces rayons éloigné des autres; la couleur noire.
19. Gobie lagocéphale.	Onze rayons à la seconde nageoire du dos; quatre à chacune des thoracines; la mâchoire supérieure très arrondie par devant; les lèvres épaisses.
20. Gobie menu.	Onze rayons à la seconde nageoire du dos; la couleur blanchâtre; des taches brunes; les rayons des nageoires du dos et de l'anus rayés de brun.

ESPÈCE.	CARACTÈRES.
21. Gobie cyprinoïde.	Dix rayons à la seconde nageoire du dos; douze aux thoracines; une crête triangulaire et noirâtre placée longitudinalement sur la nuque.

SECOND SOUS-GENRE

CHACUNE DES NAGEOIRES PECTORALES ATTACHÉE A UNE PROLONGATION CHARNUE

ESPÈCE.	CARACTÈRES.
22. Gobie schlosser.	Treize rayons à la seconde nageoire du dos; douze aux thoracines; les yeux très saillants et placés sur le sommet de la tête.

LE GOBIE PECTINIROSTRE[1]

Gobius pectinirostris, Lacép.

Les gobies n'attirent pas l'attention de l'observateur par la grandeur de leurs dimensions, le nombre de leurs armes, la singularité de leurs habitudes; mais le juste appréciateur des êtres n'accorde-t-il son intérêt qu'aux signes du pouvoir, aux attributs de la force, aux résultats en quelque sorte bizarres d'une organisation moins conforme aux lois générales établies par la nature? Ah! qu'au moins, dans la recherche de ces lois, nous échappions aux funestes effets des passions aveugles! Ne pesons pas les familles des animaux dans la balance inexacte que les préjugés nous présentent sans cesse pour les individus de l'espèce humaine. Lorsque nous pouvons nous soustraire avec facilité à l'influence trompeuse de ces préjugés si nombreux, déguisés avec tant d'art, si habiles à profiter de notre faiblesse, ne négligeons pas une victoire qui peut nous conduire à des succès plus utiles, à une émancipation moins imparfaite; et ne consultons dans la distribution des rangs, parmi les sujets de notre étude, que les véritables droits de ces objets à notre examen ainsi qu'à notre méditation.

Si les gobies n'ont pas reçu, pour attaquer, les formes et les facultés qui font naître la terreur, ils peuvent employer les manèges multipliés de la ruse et toutes les ressources d'un instinct assez étendu; s'ils n'ont pas, pour se défendre, des armes dangereuses, ils savent disparaître devant leurs ennemis et se cacher dans des asiles sûrs. Si leurs formes ne sont pas très extraordinaires, elles offrent un rapport très marqué avec celles des cycloptères et indiquent par conséquent un nouveau point de contact entre les poissons osseux et les cartilagineux. Si leurs couleurs ne sont pas très riches, leurs nuances sont agréables, souvent très variées, quelquefois même brillantes; s'ils ne présentent pas des phénomènes remarquables, ils fournissent des membranes qui, réduites en pâte, ou pour mieux dire en colle, peuvent servir dans plusieurs arts utiles. Si leur chair n'a pas une saveur exquise, elle est une nourriture saine, et, peu recherchée par le

1. *Gobie peigne*. Daubenton, Encyclopédie méthodique. — *Id*. Bonnaterre, planches de l'Encyclopédie méthodique. — Lagerstr. *Chin.*, 29, fol. 3. — *Apocryptes chinensis*, Osbeck, *It*. 130.

riche, elle peut fréquemment devenir l'aliment du pauvre. Enfin si les individus de cette famille ont un petit volume, ils sont en très grand nombre, et l'imagination qui les rassemble les voit former un vaste ensemble.

Mais ce ne sont pas seulement les individus qui sont nombreux dans cette tribu, on compte déjà dans ce genre beaucoup de variétés et même d'espèces. Et comme nous allons faire connaître plusieurs gobies dont aucun naturaliste n'a encore entretenu le public, nous avons eu plus d'un motif pour ordonner avec soin l'exposition des formes et des mœurs de cette famille. Nous avons commencé par en séparer tous les poissons qu'on avait placés parmi les vrais gobies, mais qui n'ont pas les caractères distinctifs propres à ces derniers animaux ; et nous n'avons conservé dans le genre que nous allons décrire que les osseux, dont les nageoires thoracines, réunies à peu près comme celles des cycloptères, forment une sorte de disque, ou d'éventail déployé, ou d'entonnoir évasé, et qui en même temps ont leur dos garni de deux nageoires plus ou moins étendues. Une considération attentive des détails de la forme de ces nageoires dorsales et thoracines nous a aussi servi, au moins le plus souvent, à faire reconnaître les espèces ; pour rendre la recherche de ces espèces plus faciles, nous les avons rangées, autant que nous l'avons pu, d'après le nombre des rayons de la seconde nageoire dorsale, dans laquelle nous avons remarqué des différences spécifiques plus notables que dans la première. Lorsque le nombre des rayons de cette seconde nageoire dorsale a été égal dans deux ou trois espèces, nous les avons inscrites sur notre tableau d'après la quantité des rayons qui composent leurs nageoires thoracines. Mais avant de nous occuper de cette détermination de la place des diverses espèces de gobies, nous les avons fait entrer dans l'un ou dans l'autre de deux sous-genres, suivant que leurs nageoires pectorales sont attachées immédiatement au corps ou que ces instruments de natation tiennent à des prolongations charnues.

Le pectinirostre est, dans le premier sous-genre, l'espèce dont la seconde nageoire dorsale est soutenue par le plus grand nombre de rayons : on y en compte vingt-six [1]. Mais ce qui suffirait pour faire distinguer avec facilité ce gobie et lui a fait donner le nom qu'il porte, c'est que presque toutes les dents qui garnissent sa mâchoire inférieure sont couchées de manière à être presque horizontales et à donner au museau de l'animal un peu de ressemblance avec un peigne demi-circulaire. Ce poisson vit dans les eaux de la Chine.

1.	A la membrane des branchies	5 rayons.
	A la première nageoire du dos	5 —
	A la seconde	26 —
	A chacune des pectorales	19 —
	Aux thoracines	12 —
	A celle de l'anus	26 —
	A celle de la queue	15 —

LE GOBIE BODDAERT [1]

Gobius Boddaerti, LINN., GMEL., CUV. — *Gobius Boddaert*, LACÉP.

On a dédié au naturaliste Boddaert cette espèce de gobie, comme un monument de reconnaissance, vivant et bien plus durable que tous ceux que la main de l'homme peut élever. Ce poisson osseux a été pêché dans les mers de l'Inde. Il parvient à peine à la longueur de deux décimètres. Il est d'un brun bleuâtre par-dessus et d'un blanc rougeâtre par-dessous. Des taches brunes et blanches sont répandues sur la tête ; la membrane branchiale et la nageoire de la queue présentent une teinte blanche mêlée de bleu ; sept taches brunes placées au-dessus de sept autres taches également brunes, mais pointillées de blanc, paraissent de chaque côté du dos ; un cercle noir entoure l'ouverture de l'anus. Quelques taches couleur de neige marquent la ligne latérale, le long de laquelle on peut d'ailleurs apercevoir de très petites papilles ; la première nageoire du dos est parsemée [2] de points blancs. Cinq ou six lignes blanches s'étendent en travers entre les rayons de la seconde.

Indépendamment des couleurs dont nous venons d'indiquer la distribution, le boddaert est remarquable par la longueur des filaments qui terminent les rayons de sa première nageoire dorsale, et particulièrement de celui que l'on voit à l'extrémité du troisième rayon. De plus, sa chair est grasse, son museau très obtus; ses lèvres sont épaisses, ses yeux un peu ovales et peu saillants ; et au delà de l'anus on distingue un petit appendice charnu et conique que l'on a mal à propos appelé *petit pied*, *pedunculus*, *pédoncule*, et sur l'usage duquel nous aurons plusieurs occasions de revenir.

LE GOBIE LANCÉOLÉ [3]

Gobius lanceolatus, LINN., GMEL., LACÉP.

Ce poisson est très allongé; la nageoire placée à l'extrémité de sa queue est aussi très longue ; elle est de plus très haute et façonnée de manière à imiter un fer de lance, ce qui a fait donner à l'animal le nom que nous lui avons conservé. Le docteur Bloch en a publié une figure d'après un dessin

1. Pallas, *Spicileg. zoolog.*, 8, p. 11, tab. 2, fig. 45. — *Gobie boddaert*. Bonnaterre, planches de l'Encyclopédie méthodique.

2. A la première nageoire du dos.......... 5 rayons.
A la seconde.......... 25 —
A chacune des pectorales.......... 21 —
Aux thoracines.......... 34 —
A celle de l'anus.......... 25 —
A celle de la queue.......... 18 —

3. Bloch, p. 38, fig. 1 et 6. — Gronov., *Zooph.*, p. 82, n. 277, tab. 4, fig. 4. — *Gobius oceanicus*. Pallas, *Spicileg. zoolog.*, 8, p. 4. — *Gobie lancette*. Bonnaterre, planches de l'Encyclopédie méthodique.

exécuté dans le temps sous les yeux de Plumier ; et la collection de peintures sur vélin que renferme le Muséum d'histoire naturelle présente aussi une image de ce même gobie peinte également par les soins du même voyageur et que nous avons cru devoir faire graver.

On trouve le lancéolé dans les fleuves et les petites rivières de la Martinique. Sa chair est agréable et il est couvert de petites écailles arrondies. La mâchoire supérieure est un peu plus avancée que l'inférieure. Deux lames composent l'opercule. L'anus est beaucoup plus près de la gorge que de la nageoire caudale. Les rayons de la première nageoire du dos s'élèvent plus haut que la membrane qui les réunit[1]. Les pectorales et celle de la queue sont d'un jaune plus ou moins mêlé de vert et bordées de bleu ou de violet ; on voit, de chaque côté de la tête, une place bleuâtre et dont les bords sont rouges ; une tache brune est placée à droite et à gauche près de l'endroit où les deux nageoires dorsales se touchent. La couleur générale de l'animal est d'un jaune pâle par-dessus et d'un gris blanc par-dessous.

LE GOBIE APHYE[2]

Gobius aphia, Linn., Gmel., Lacép., Riss.

Les eaux douces du Nil et les eaux salées de la Méditerranée, dans laquelle se jette ce grand fleuve, nourrissent le gobie aphye, dont presque tous les naturalistes anciens et modernes ont parlé et dont Aristote a fait mention. Il n'a cependant frappé les yeux ni par ses dimensions ni par ses couleurs ; les premières ne sont pas très grandes, puisqu'il parvient à peine à la longueur d'un décimètre ; et les secondes ne sont ni brillantes ni très variées. Des bandes brunes s'étendent sur ses nageoires dorsales et de l'anus ; sa teinte générale est d'ailleurs blanchâtre, avec quelques petites taches noires. Ses yeux sont très rapprochés l'un de l'autre. Il a été nommé *loche*

1. A la membrane des branchies........ 5 rayons.
A la première nageoire du dos........ 6 —
A la seconde........ 18 —
A chacune des nageoires pectorales........ 16 —
Aux thoracines........ 11 —
A celle de l'anus........ 16 —
A celle de la queue........ 20 —

2. *Marsio.* — *Pignoletti, Marsione,* sur plusieurs côtes de la mer Adriatique. — *Loche de mer,* dans plusieurs départements méridionaux de France. — *Gobie loche de mer.* Daubenton, Encyclopédie méthodique. — *Id.* Bonnaterre, planches de l'Encyclopédie méthodique. — *Gobius aphya et marsio dictus.* Artedi, gen. 29, syn. 47. — *Kobitès,* Arist., lib. VI, cap. XV.

Aphya Kobitis. Athen., lib. VII, p. 284, 285. — *Aphia cobitis.* Aldrov., lib. II, cap. XXIX, p. 211. — *Morsio Venetorum,* ibid., cap. XXXVIII, p. 213. — *Aphye de gouion.* Rondelet, première partie, liv. VII, chap. II, édition de Lyon, 1558. — *Aphua cobites.* Willughby, p. 207. — *Apua cobites,* Belon. — *Apua cobitis.* Gesner, p. 67 et (germ.) fol. 1, *a.* — *Morsio,* id. (germ.) fol. 1, *b.* Jonston, lib. I, tit. 3, cap. 1, *a,* 17. — *Apua gobites, gobionaria,* Charlet, p. 143. — *Gobionaria.* Gaz. Aristot. — Ray, p. 76. — *Aphie.* Valmont de Bomare, *Dictionnaire d'histoire naturelle.* — *Loche de mer,* ibid.

de mer, parce qu'il a de grands rapports avec le cobite appelé *loche de rivière*, et dont nous nous entretiendrons dans la suite de cet ouvrage[1].

LE GOBIE PAGANEL [2]

Gobius Paganellus, Lacép.

LE GOBIE ENSANGLANTÉ [3]

Gobius cruentatus, Linn., Gmel., Lacép., Cuv.

LE GOBIE NOIR BRUN [4]

Gobius bicolor, Linn., Gmel. — *Gobius nigrofuscus*, Lacép.

Le gobie paganel a été aussi nommé *goujon* ou *gobie de mer*, parce qu'il vit au milieu des rochers de la Méditerranée. Il parvient quelquefois à la longueur de vingt-cinq centimètres. Son corps est peu comprimé. Sa couleur générale est d'un blanc plus ou moins mêlé de jaune, ce qui l'a fait appeler *goujon blanc*, et au milieu duquel on distingue aussi quelquefois des teintes vertes; voilà pourquoi le nom grec de *chlôros*, *vert*, *d'un vert jaune*, lui a été donné par plusieurs auteurs anciens. Il a de plus de petites taches noires ; sa première nageoire dorsale est d'ailleurs bordée d'un jaune vif ; la seconde et celle de l'anus sont pourprées à leur base. La nageoire de sa queue est presque rectiligne. Il a de petites dents, la bouche grande, l'estomac assez volumineux, le pylore garni d'appendices ; et, selon Aristote, il se nourrit d'algues ou de débris de ces plantes marines. Sa chair est maigre et un peu friable. C'est près des rivages qu'il va déposer ses œufs, comme dans l'endroit où il trouve l'eau la plus tiède, suivant l'expression de Ron-

1.

A la première nageoire du dos	6	rayons.
A la seconde	17	—
A chacune des pectorales	18	—
Aux thoracines	12	—
A celle de l'anus	14	—
A celle de la queue	13	—

2. *Kôthous*, *Kôthounas*, *Kaulinai*. — *Paganello*, dans plusieurs contrées de l'Italie. — *Gobius linea lutea transversa*, etc. Artedi, gen. 29, syn. 46. — *Boulerot* ou *goujon de mer*. Rondelet, prem. part., liv. VI, chap. XVI, édit. de Lyon, 1558. — *Gobius albus*, Belon. — *Id.* Gesner, p. 393.

Gobius marinus maximus flavescens, id. (germ.), fol. 6, *b*. — *Paganellus*, id est *gobius major et subflavus*, id., p. 397. — *Gobius marinus Rondeletii*, Aldrov., lib. I, cap. XX, p. 96. — *Paganellus*, seu *gobius major ex Gesnero*, ibid., p. 95. — *Gobius secundus, paganellus Venetorum*, Willughby, p. 207. — *Id.* Ray, p. 75. — *Gobius paganellus*. Hasselquist, *It.*, 326. — *Gobie goujon de mer*. Daubenton, Encyclopédie méthodique. — *Id.* Bonnaterre, planches de l'Encyclopédie méthodique. — *Paganello*. Valmont de Bomare, *Dictionnaire d'histoire naturelle*.

3. Brunn., *Pisc. Massil.*, p. 30, n. 42. — *Gobie pustuleux*. Bonnaterre, planches de l'Encyclopédie méthodique.

4. Brunn., *Pisc. Massil.*, p. 30, n. 41. — *Gobie, goujon petit deuil*. Bonnaterre, planches de l'Encyclopédie méthodique.

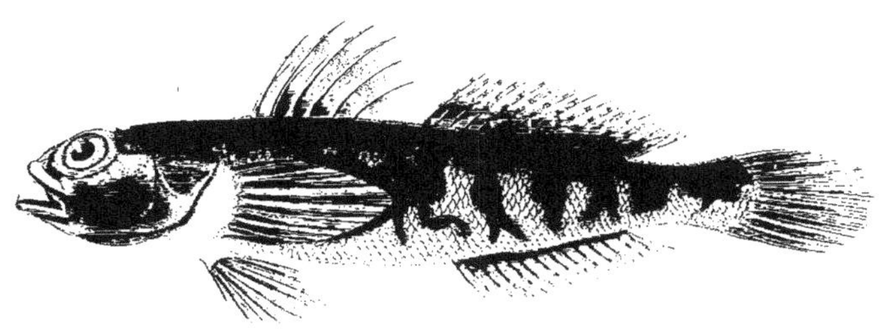

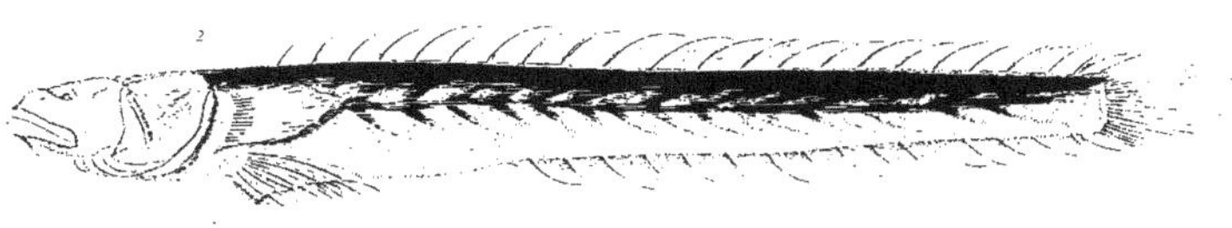

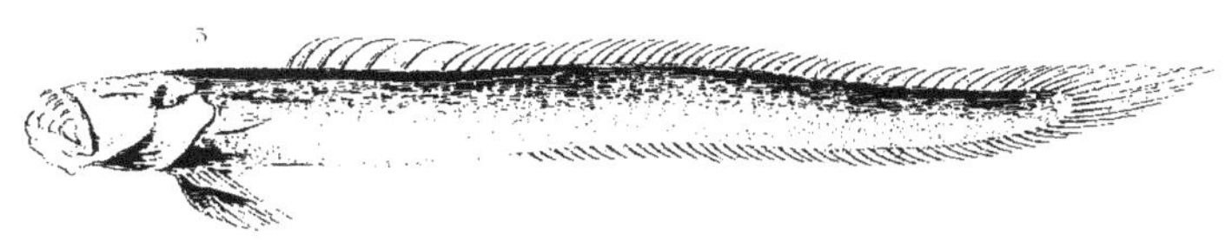

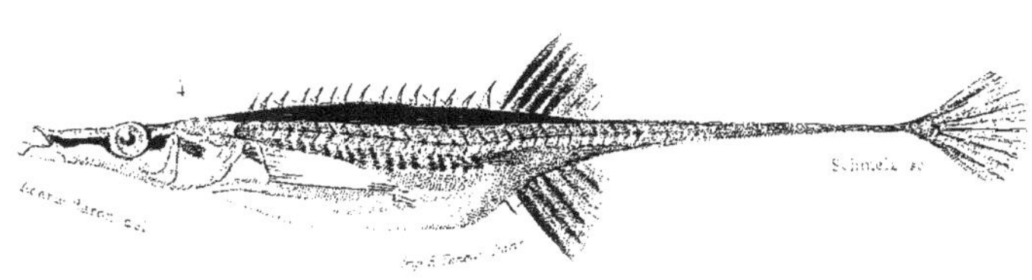

1 LE GOBIE ENSANGLANTÉ (Gobius cruentatus Lin

2 LE GOBIOIDE BROUSSONNET (Gobioides Broussonetii Lacep.)

3 LE TŒNIOIDE HERMANIEN (Tænioides cæcula Bloch)

4 L'EPINOCHETTE (Gasterosteus Spinachia Lin)

D'après le RÈGNE ANIMAL de Cuvier, édition V Masson

Garnier frères Editeurs

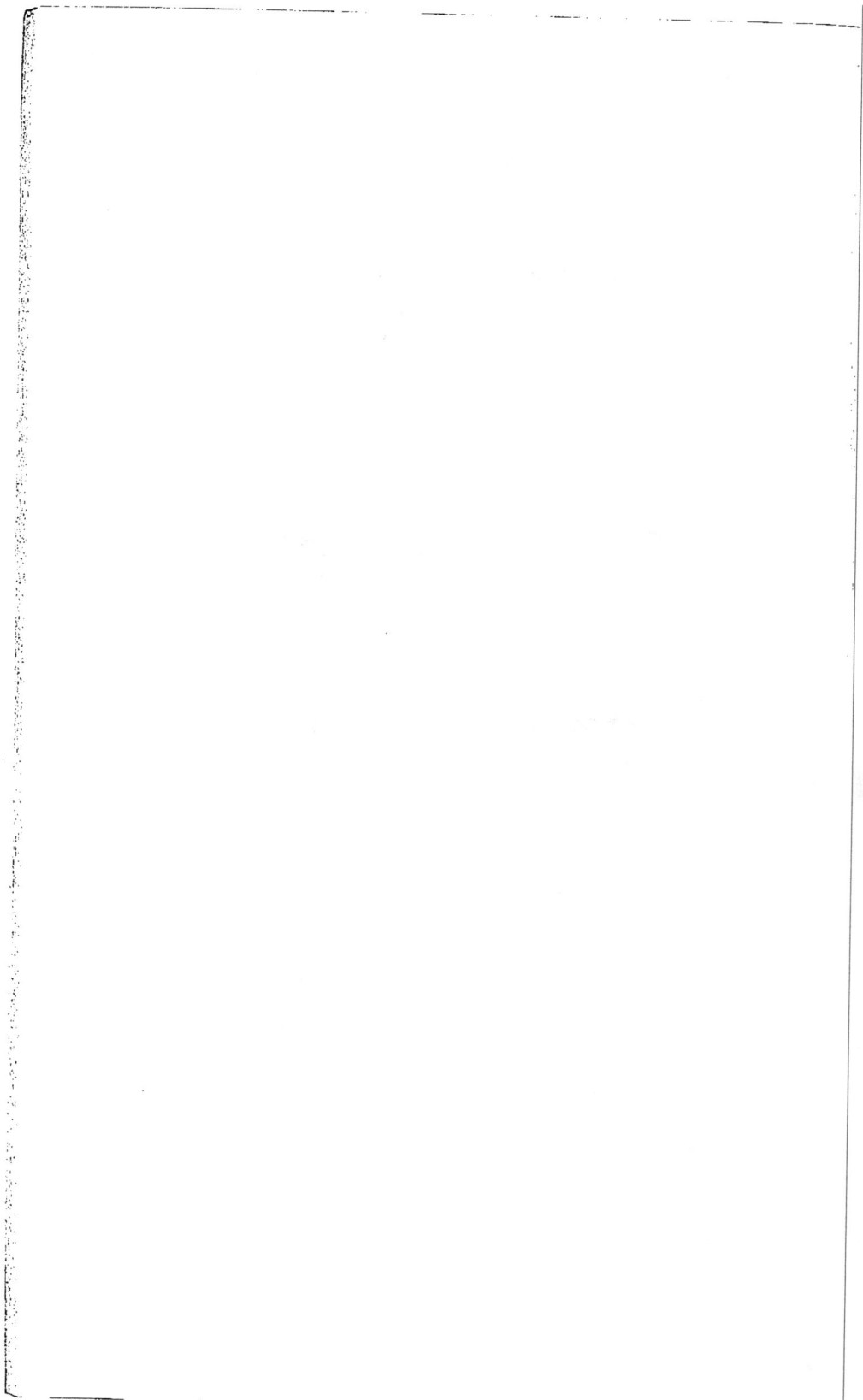

delet, l'aliment le plus abondant et l'abri le plus sûr contre les grands poissons. Ces œufs sont plats et faciles à écraser[1].

L'ensanglanté est pêché dans la Méditerranée, comme le paganel auquel il ressemble beaucoup ; mais les rayons de ses deux nageoires dorsales sont plus élevés que les membranes. D'ailleurs, sa bouche, ses opercules, sa gorge et plusieurs de ses nageoires présentent des taches d'un rouge couleur de sang, qui le font paraître pustuleux. Sa couleur générale est d'un blanc pâle, avec des bandes transversales brunes ; on trouve quelques bandelettes noires sur la nageoire de la queue, qui est arrondie ; les thoracines sont bleuâtres. Ce poisson a été très bien décrit par le naturaliste Brunnich[2].

Le nom du noir-brun indique ses couleurs distinctives. Il n'offre que deux teintes principales ; il est brun et toutes ses nageoires sont noires. Ses formes ressemblent beaucoup à celles de l'ensanglanté et par conséquent à celles du paganel. Il habite les mêmes mers que ces deux gobies, et c'est au savant cité dans la phrase précédente que l'on en doit la connaissance. Il n'a guère qu'un décimètre de longueur[3].

LE GOBIE BOULEROT[4]

Gobius niger, LINN., GMEL., LACÉP., CUV.

Le boulerot a été nommé *gobie* ou *goujon noir,* parce que sur son dos de couleur cendrée ou blanchâtre s'étendent des bandes transversales très

1. A la première nageoire du dos.................................. 6 rayons.
A la seconde.................................. 17
A chacune des pectorales.................................. 17 —
Aux thoracines.................................. 12 —
A celle de l'anus.................................. 16 —
A celle de la queue.................................. 20 —

2. A la membrane branchiale.................................. 5 —
A la première nageoire du dos.................................. 6 —
A la seconde.................................. 16 —
A chacune des pectorales.................................. 19 —
Aux thoracines.................................. 12 —
A celle de l'anus.................................. 15 —
A celle de la queue.................................. 15 —

3. A la première nageoire du dos.................................. 6 —
A la seconde.................................. 16 —
A chacune des pectorales.................................. 19 —
Aux thoracines.................................. 12 —
A celle de l'anus.................................. 15 —
A celle de la queue.................................. 17 —

4. *Boulereau.* — *Go, Goget, Zolero,* dans plusieurs contrées de l'Italie. — *Sea-gudgeon, Rock-fish,* en Angleterre. — *Trackos.* — *Gobie boulereau.* Daubenton, Encyclopédie méthodique. — *Id.* Bonnaterre, planches de l'Encyclopédie méthodique. — Mus. Ad. Frid. 1, p. 74; et 2, p. 64.

Müll., *Prodrom. zool. dan.*, p. 44, n. 364. — « Gobius e nigricante varius, etc. » Artedi, gen. 28, syn. 46. — *Kôbios.* Aristote, lib. II, cap. XVII; lib. VI, cap. XIII; lib. VIII, cap. II, XIII, XIX; et lib. IX, cap. II, XXXVII. — Ælian, lib. II, cap. L. — Athen., lib. VII, cap. XXXIX. — Oppian, lib. I, p. 7; et lib. II, p. 46. — *Gobio.* Pline, lib. IX, cap. LVII. — Columell., lib. VIII,

brunes, et que d'ailleurs il est parsemé de taches dont quelques-unes sont blanches ou jaunes, mais dont le plus grand nombre est ordinairement d'un noir plus ou moins foncé. On voit des teintes jaunâtres sur la partie inférieure et sur ses opercules. Sa longueur est communément de deux décimètres. Ses deux mâchoires, aussi avancées l'une que l'autre, sont armées chacune de deux rangs de petites dents ; sa langue est un peu mobile ; ses écailles sont dures. Ses nageoires thoracines[1], colorées et réunies de manière à présenter à certains yeux une ressemblance vague avec une sorte de barbe noire, lui ont fait donner le nom de *bouc,* en grec, *tragos.* Derrière l'anus paraît un petit appendice analogue à celui que nous avons remarqué ou que nous remarquerons dans un grand nombre d'espèces de gobies. Sa nageoire caudale est arrondie, et quelquefois cet instrument de natation et toutes les autres nageoires sont bleues.

Le boulerot se trouve non seulement dans l'océan Atlantique boréal, mais encore dans plusieurs mers de l'Asie. Vers le temps du frai, il se rapproche des rivages et des embouchures des fleuves. Il vit aussi dans les étangs vaseux qui reçoivent l'eau salée de la mer ; et lorsqu'on l'y pêche, il n'est pas rare de le trouver dans le filet, couvert d'une boue noire qui n'a pas peu contribué à lui faire appliquer le nom de *goujon noir.* Sa chair n'est pas désagréable au goût; cependant Juvénal et Martial nous apprennent que, sous les premiers empereurs de Rome et dans le temps du plus grand luxe de cette capitale du monde, il ne paraissait guère sur la table du riche et de l'homme somptueux.

LE GOBIE BOSC[2]

Gobius Bosc, LAUR., CUV. — *Gobius viridipallidus,* MITTCH.

Mon confrère M. Bosc a bien voulu me communiquer la description de ce poisson, qu'il a vu dans la baie de Charleston de l'Amérique septentrionale.

cap. VII. — Juvénal, *Satyr.* 11, 4. — *Gobio marinus.* Salvian, fol. 214, *b.* — *Gobio marinus niger.* Belon, *Aquat.*, p. 233. — Gesner, p. 393, 395, 469, et (germ.) fol. 6, *b.* — *Boulerot noir.* Rondelet, première partie, liv. VI, chap. XVII.

Aldrov., lib. I, cap. XX, p. 97. — Willughby, p. 206. — « Gobius marinus niger. » Ray, p. 76. — « Gobius, *vel* gobio niger. » Schonev., p. 36. — « Gobius, gobio, *et* cobio marinus. » Charlet, 135. — « Apocryptes cantonensis. » Osbeck, *It.*, 131. — Bloch, pl. 38, fig. 1, 2, 5.

« Eleotris capite plagioplateo, maxillis æqualibus, etc. » Gronov. Mus. 2, p. 17, n. 170 *Zooph.*, p. 82, n. 280. — « Gobio branchiarum operculis et ventre flavicantibus. » Klein, *Miss. pisc.*, 5, p. 27, n. 1. — *Gobius,* Séba, Mus. 3, tab. 29.

1. A la première nageoire du dos .... 6 rayons.
A la seconde .... 14 —
A chacune des pectorales .... 18 —
A chacune des thoracines .... 10 —
A celle de l'anus .... 12 —
A celle de la queue .... 14 —

2. « Gobius alepidoptus, corpore nudo, grisco, fasciis septem pallidis. » Bosc, manuscrit déjà cité.

Ce gobie a la tête plus large que le corps ; les deux mâchoires également avancées ; les dents très petites ; les yeux proéminents ; les orifices des narines saillants ; l'opercule branchial terminé en angle ; et les quatre premiers rayons de la première nageoire dorsale, prolongés chacun par un filament délié.

Il paraît sans écailles. Sa couleur générale est grise et pointillée de brun. Sept bandes transversales irrégulières, et d'une nuance plus pâle que le gris dont nous venons de parler, règnent sur les côtés et s'étendent sur les nageoires du dos, qui d'ailleurs sont brunes, comme les autres nageoires[1].

On ne distingue pas de ligne latérale.

Le gobie bosc ne paraît parvenir qu'à de très petites dimensions : l'individu décrit par mon savant confrère avait cinquante-quatre millimètres de long et treize millimètres de large.

On ne mange point de ce gobie.

LE GOBIE ARABIQUE[2]

Gobius arabicus, LINN., GMEL., LACÉP.

LE GOBIE JOZO[3]

Gobius Jozo, LINN., GMEL., LACÉP., CUV.

Forskael a découvert l'arabique dans la contrée de l'Asie indiquée par cette épithète. Les cinq premiers rayons de la première nageoire du dos de ce gobie sont deux fois plus longs que la membrane de cette nageoire n'est haute. Il n'est que de la longueur du petit doigt de la main ; mais sa parure est très agréable. L'extrémité des rayons dont nous venons de parler est rouge ; la couleur générale de l'animal est d'un brun verdâtre, relevé et di-

1. A la première nageoire dorsale........ 7 rayons.
A la seconde........ 14 —
A chacune des pectorales........ 18 —
Aux thoracines........ 8 —
A celle de l'anus........ 10 —
A celle de la queue, qui est lancéolée........ 18 —

2. Forsk., *Faun. arab.*, p. 23, n. 5. — *Gobie, goujon arabe.* Bonnaterre, planches de l'Encyclopédie méthodique.

3. *Gobius albescens.* — *Gobius flavescens.* — *Gobie, goujon blanc.* Daubenton, Encyclopédie méthodique. — *Id.* Bonnaterre, planches de l'Encyclopédie méthodique. — Mus. Ad. Frid. 2, p. 65. — Müll., *Prodrom. zool. dan.*, p. 44, n. 365. — « Gobius... ossiculis pinnæ dorsalis supra membranam assurgentibus. » Artedi, gen. 29, syn. 47. — *Kóbios leukos.* Aristote, lib. IX, cap. XXXVII. — *Kóbios leukoteros.* Athen., lib. VII, p. 309.

Boulerot blanc, Rondelet, première partie, liv. VI, chap. XVIII. (La figure est extrêmement défectueuse.) — *Goujon blanc*, ibid. — *Gobius albus.* Gesner, *Aquat.*, p. 396 et (germ.) fol. 6, *b*. — *Gobius albus Rondeletii*, Aldrov., lib. I, cap. XX, p. 97. — « Gobius tertius, jozo Romæ, Salviani, forte gobius albus Rondeletii. » Willughby, *Ichtyol.*, p. 207, n. 12, n. 4. — Ray, p. 76, n. 2.

Jozo, Salvian., fol. 213, *a*, ad iconem. — *Gobius albescens.* Gronov. Mus. 2, p. 23, n. 176 ; *Zooph.*, p. 81, n. 275. — Bloch, pl. 107, fig. 3. — « Gobio radiis in anteriore dorsi pinna, supra membranas connectentes altius assurgentibus. » Klein, *Miss. pisc.*, 5, p. 27, n. 3.

versifié par un grand nombre de points bleus et de taches violettes, dont plusieurs se réunissent les unes aux autres, et qui paraissent principalement sur toutes les nageoires. On devine aisément l'effet doux et gracieux que produit ce mélange de rouge, de vert, de bleu et de violet, d'autant mieux fondus les uns dans les autres, que plusieurs reflets en multiplient les nuances[1]. La peau de l'arabique est molle et recouverte de petites écailles fortement attachées. La nageoire de sa queue est pointue.

Nous plaçons dans cet article ce que nous avons à dire du jozo, parce qu'il a beaucoup de rapports avec le gobie dont nous venons de parler. Presque tous les rayons de sa première nageoire dorsale sont plus élevés que la membrane. Sa tête est comprimée ; ses deux mâchoires sont également avancées ; sa ligne latérale s'étend, sans s'élever ni s'abaisser, à une distance à peu près égale de son dos et de son ventre. Cette ligne est d'ailleurs noirâtre. L'animal est, en général, blanc ou blanchâtre, avec du brun dans sa partie supérieure ; ses nageoires thoracines sont bleues. On le trouve non seulement dans la Méditerranée, mais dans l'océan Atlantique boréal ; il y vit auprès des rivages de l'Europe, y dépose ses œufs dans les endroits dont le fond est sablonneux ; et quoique sa longueur ordinaire ne soit que de deux décimètres, il se nourrit, dit-on, de crabes et de poissons, à la vérité très jeunes et très petits. Sa chair, peu agréable au goût, ne l'expose pas à être très recherché par les pêcheurs ; mais il est fréquemment la proie de grands poissons, et notamment de plusieurs gades[2].

LE GOBIE BLEU[3]

Gobius cæruleus, Lacép.

Cette espèce est encore inconnue des naturalistes ; elle a été décrite par Commerson. Sa couleur est remarquable : elle est d'un bleu très beau, un peu plus clair sur la partie inférieure de l'animal que sur la supérieure ; cet azur règne sur toutes les parties du poisson, excepté sur la nageoire de la queue, qui est rouge, avec une bordure noire ; et comme ce gobie a tout au plus un décimètre ou à peu près de longueur, on croirait, lorsqu'il nage au

1. A la première nageoire dorsale.............................. 6 rayons.
A la seconde.............................. 14 —
A chacune des pectorales.............................. 16 —
Aux thoracines.............................. 12 —
A celle de l'anus.............................. 13 —
A celle de la queue.............................. 17 —

2. A la première nageoire dorsale.............................. 6 —
A la seconde.............................. 14 —
A chacune des pectorales.............................. 16 —
Aux thoracines.............................. 12 —
A celle de l'anus.............................. 14 —
A celle de la queue.............................. 16 —

3. « Gobio cæruleus, cauda rubra, nigro circumscripta. » Commerson, manuscrits déjà cités.

milieu d'une eau calme, limpide et très éclairée par les rayons du soleil, voir flotter un canon de saphir terminé par une escarboucle.

Il habite dans la mer qui baigne l'Afrique orientale, à l'embouchure des fleuves de l'île Bourbon, où la petitesse de ses dimensions, que nous venons d'indiquer, fait que les nègres mêmes dédaignent de s'en nourrir et ne s'en servent que comme d'appât pour prendre de plus grands poissons.

Le bleu a le museau obtus, la mâchoire inférieure garnie de dents aiguës et moins menues que celles de la supérieure ; les yeux ronds, saillants et plus éloignés l'un de l'autre que sur beaucoup d'autres gobies ; la première nageoire du dos, triangulaire et composée de rayons qui se prolongent par des filaments au-dessus de la membrane; la seconde nageoire dorsale terminée par un rayon deux fois plus long que les autres ; l'anus à une distance presque égale de la gorge et de la nageoire caudale, qui est arrondie[1] et les écailles petites et rudes.

LE GOBIE PLUMIER[2]

Gobius Plumieri, Bloch, Lacép., Cuv.

Le docteur Bloch a décrit ce gobie d'après des peintures sur vélin dues aux soins du voyageur Plumier. Le Muséum d'histoire naturelle possède des peintures analogues, dues également au zèle éclairé de ce dernier naturaliste. Nous avons trouvé parmi ces peintures du Muséum l'image du poisson nommé avec raison *gobie Plumier*, et nous avons cru devoir la faire graver.

Cet animal, qui habite dans les Antilles, est allongé, mais charnu, très fécond, d'une saveur agréable, et susceptible de recevoir promptement la cuisson convenable. Les écailles dont il est revêtu sont petites et peintes de très riches couleurs. Sa partie supérieure brille d'un jaune foncé ou de l'éclat de l'or ; ses côtés sont d'un jaune clair ; sa partie inférieure est blanche ; et toutes les nageoires[3] sont d'un beau jaune relevé très souvent par une bordure noire sur celles de la queue et de la poitrine. Quelques

1. A la membrane des branchies.................................. 4 rayons.
A la première nageoire du dos................................ 6 —
A la seconde.. 12 —
A chacune des pectorales...................................... 20 —
Aux thoracines.. 12 —
A celle de l'anus... 12 —
A celle de la queue... 14 —

2. Bloch, pl. 178, fig. 3. — *Gobie céphale*. Bonnaterre, planches de l'Encyclopédie méthodique.

3. A la première nageoire du dos................................ 6 rayons.
A la seconde.. 12 —
A chacune des pectorales...................................... 12 —
A chacune des thoracines...................................... 6 —
A celle de l'anus... 10 —
A celle de la queue... 14 —

autres nuances font quelquefois ressortir sur diverses parties du corps les teintes que nous venons d'indiquer.

La tête est grande ; le bord des lèvres charnu ; l'ouverture branchiale étendue ; l'opercule composé d'une seule lame ; la mâchoire supérieure beaucoup plus avancée que l'inférieure ; la ligne latérale droite ; la nageoire caudale arrondie ; et l'anus situé vers le milieu de la longueur du corps.

LE GOBIE THUNBERG[1]

Gobius Patella, THUNBERG, LACÉP.

Ce poisson, vu par Thunberg dans la mer qui baigne les Indes orientales, a beaucoup de rapports avec l'éléotre de la Chine. Sa longueur est de plus d'un décimètre. Plusieurs rangées de dents garnissent les mâchoires. Le museau est obtus. Les thoracines sont une fois moins longues que les pectorales ; la caudale est arrondie. On ne voit sur l'animal ni bandes ni taches ; la couleur générale est blanchâtre[2].

LE GOBIE ÉLÉOTRE[3]

Gobius Eleotris, LACÉP.

LE GOBIE NÉBULEUX[4]

Gobius nebulosus, LACÉP.

Les eaux de la Chine nourrissent l'éléotre, dont la couleur générale est blanchâtre, la seconde nageoire du dos aussi élevée que la première, et celle de la queue arrondie. Le corps est couvert d'écailles larges, arrondies et lisses ; l'on voit une tache violette sur le dos, auprès des opercules[5].

Le nébuleux a été découvert en Arabie par le Danois Forskael. A peine sa longueur égale-t-elle un décimètre. Ses écailles sont grandes, rudes et en

1. *Gobius patella.* Thunberg, *Voyage au Japon.*

2. A la première nageoire du dos .... 5 rayons.
A chaque pectorale .... 15 —
A la nageoire de l'anus .... 9 —

3. *Gobie éléotre.* Daubenton, Encyclopédie méthodique. — *Id.* Bonnaterre, planches de l'Encyclopédie méthodique. — Lagerstr., *Chin.* 28. — *Gobius chinensis.* Osbeck, *It.*, 260. — « Trachinus... pinnis ventralibus coadunatis. » *Amœnit. academ.*, 1, p. 311. — « Gobius albescens, pinnis utrisque dorsalibus altitudine æqualibus. » Gron., *Zooph.*, 276.

4. Forskael, *Faun. arab.*, p. 24, n. 6. — *Gobie nébuleux.* Bonnaterre, planches de l'Encyclopédie méthodique.

5. A la membrane des branchies de l'éléotre .... 5 rayons.
A la première nageoire du dos .... 6 —
A la seconde .... 11 —
A chacune des pectorales .... 20 —
Aux thoracines .... 12 —
A celle de l'anus .... 10 —
A celle de la queue .... 15 —

losange. La nageoire de la queue est arrondie ; et voici la distribution des couleurs dont ce gobie est peint[1].

Sa partie inférieure est d'un blanc sans tache ; la supérieure est blanchâtre, avec des taches brunes, irrégulières et comme nuageuses, que l'on voit aussi sur la base des nageoires pectorales, lesquelles sont d'ailleurs d'un vert de mer, et sur les dorsales, ainsi que sur la nageoire de la queue. Cette dernière, les dorsales et l'anale, sont transparentes; l'anale est, de plus, bordée de noir ; les thoracines présentent une teinte brûnâtre ; un filament noir et très long termine le second rayon de la première nageoire du dos.

LE GOBIE AWAOU [2]

Gobius ocellaris, Linn., Gmel., Cuv. — *Gobius Awaou*, Lacép.

C'est dans les ruisseaux d'eau douce qui arrosent la fameuse île de Taïti, au milieu du grand Océan équinoxial [3], que l'on a découvert ce gobie. Mon confrère l'habile ichtyologiste Broussonnet l'a vu dans la collection du célèbre Banks et en a publié une belle figure et une très bonne description. Cet awaou a le corps comprimé et allongé; des écailles ciliées ou frangées; la tête petite et un peu creusée en gouttière par-dessus ; la mâchoire d'en haut plus avancée que l'inférieure et hérissée de dents inégales; la mâchoire d'en bas garnie de dents plus petites ; plusieurs autres dents menues, aiguës et pressées dans le fond de la gueule au-dessus et au-dessous du gosier; la ligne latérale droite, et l'anus situé vers le milieu de la longueur de l'animal et suivi d'un appendice conique. Nous n'avons plus qu'à faire connaître les couleurs de ce gobie.

Son ventre est d'un vert de mer; des teintes obscures et nuageuses, noires et olivâtres sont répandues sur son dos ; une nuance verdâtre distingue les nageoires de la queue et de l'anus[4] ; des bandes de la même couleur

1. A la membrane branchiale du nébuleux........................ 7 rayons.
A la première nageoire du dos........................ 6 —
A la seconde........................ 11 —
A chacune des pectorales........................ 18 —
Aux thoracines........................ 12 —
A celle de l'anus........................ 11 —
A celle de la queue........................ 14 —

2. Broussonnet, *Icht. dec.*, 1, n. 2, tab. 2. — *Gobie awaou*, Bonnaterre, planches de l'Encyclopédie méthodique.

3. Nous employons avec empressement les dénominations de l'excellente et nouvelle nomenclature hydrographique, présentée, le 11 mai 1799, à l'Institut, par mon savant et respectable confrère M. Fleurieu.

4. A la membrane des branchies........................ 5 rayons.
A la première nageoire du dos........................ 6 —
A la seconde du dos........................ 11 —
A chacune des pectorales........................ 16 —
A chacune des thoracines........................ 6 —
A celle de l'anus........................ 11 —
A celle de la queue, qui est très arrondie........................ 22 —

et d'autres bandes brunes se montrent quelquefois sur leurs rayons et sur ceux de la seconde nageoire du dos ; les pectorales et les thoracines sont noirâtres. Au milieu de toutes ces teintes sombres, on remarque aisément une tache noire, assez grande, œillée et placée près du bord postérieur de la première dorsale.

LE GOBIE NOIR[1]

Gobius Commersonii, Nob. — *Gobius niger*, Lacép.

Ce gobie, dont nous avons vu la description dans les manuscrits de Commerson que Buffon nous a remis il y a plus de douze ans, est à peu près de la taille d'un grand nombre de poissons de son genre. Sa longueur n'égale pas deux décimètres et sa largeur est de trois ou quatre centimètres. Il présente sur toutes les parties de son corps une couleur noire, que quelques reflets bleuâtres ou verdâtres ne font paraître que plus foncée, et qui ne s'éclaircit un peu et ne tend vers une teinte blanchâtre, ou plutôt livide, que sur une portion de son ventre. Les écailles qui le revêtent sont très petites, mais relevées par une arête longitudinale ; sa tête paraît comme gonflée des deux côtés. Sa mâchoire supérieure, susceptible de mouvements d'extension et de contraction, dépasse et embrasse l'inférieure ; on les croirait toutes les deux garnies de petits grains plutôt que de véritables dents. La langue est courte et attachée dans presque tout son contour. L'intervalle qui sépare les yeux l'un de l'autre est à peine égal au diamètre de l'un de ces organes. Commerson a remarqué avec attention deux tubercules placés à la base de la membrane branchiale, et qu'on ne pouvait voir qu'en soulevant l'opercule. Il a vu aussi au delà de l'ouverture de l'anus, laquelle est à une distance presque égale de la gorge et de la nageoire de la queue, un appendice semblable à celui que nous avons indiqué en décrivant plusieurs autres gobies, et qu'il a comparé à un barbillon ou petit filament[2].

Le gobie noir habite dans la portion du grand Océan nommée par notre confrère Fleurieu grand golfe des Indes[3]. Il s'y tient à l'embouchure des petites rivières qui se déchargent dans la mer ; il préfère celles dont le fond est vaseux. Sa chair est d'une saveur très agréable, et d'ailleurs d'une qualité si saine, qu'on ne balance pas à la donner pour nourriture aux convalescents et aux malades que l'on ne réduit pas à une diète rigoureuse.

1. « Gobius totus niger, radiis pinnæ dorsi prioris sex, posteriore remotissimo, villo notabili ad anum. » Manuscrits de Commerson, déjà cités.

2.

A la membrane des branchies	4	rayons.
A la première nageoire du dos	6	—
A la seconde	11	—
A chacune des pectorales	15	—
Aux thoracines	10	—
A celle de l'anus	11	—
A celle de la queue, qui est un peu arrondie	15	—

3. Nouvelle nomenclature hydrographique, déjà citée.

LE GOBIE LAGOCÉPHALE[1]

Gobius lagocephalus, Pall., Linn., Gmel., Lacép.

LE GOBIE MENU[2]

Gobius minutus, Pall., Lacép.

LE GOBIE CYPRINOÏDE[3]

Gobius cyprinoides, Pall., Lacép.

Le lagocéphale ou *tête de lièvre* tire son nom de la forme de sa tête et de ses lèvres. Cette partie de sa tête est courte, épaisse et dénuée de petites écailles. On voit à la mâchoire inférieure quelques dents crochues plus grandes que les autres. La mâchoire supérieure est demi-circulaire, épaisse et recouverte par une lèvre double très avancée, très charnue et fendue en deux comme celle du lièvre; la lèvre d'en bas présente une échancrure semblable. Le palais est hérissé de dents menues et très serrées; les yeux, très rapprochés l'un de l'autre, sont recouverts par une continuation de l'épiderme. On voit un appendice allongé et arrondi au delà de l'anus, qui est aussi loin de la gorge que de la nageoire de la queue; cette dernière est arrondie : l'on ne distingue pas de ligne latérale; et la couleur générale de ce gobie, lequel est ordinairement de la longueur d'un doigt, est composée de gris, de brun et de noir[4].

Le menu, qui ressemble beaucoup à l'aphye, a la tête un peu déprimée; sa langue est grande; ses deux nageoires dorsales sont un peu éloignées l'une de l'autre; sa nageoire caudale est rectiligne; et ses teintes, aussi peu brillantes que celles du lagocéphale, consistent dans une couleur générale blanchâtre, dans des taches couleur de fer disséminées sur sa partie supérieure, et dans de petites raies de la même nuance ou à peu près répandues sur les nageoires de la queue et du dos[5].

On trouve dans les eaux de l'île d'Amboine le cyprinoïde, que l'on a ainsi nommé à cause du rapport extérieur que ses écailles grandes et un peu frangées lui donnent avec les cyprins, quoiqu'il ressemble peut-être

1. Pallas, *Spicil. zoolog.*, 8, p. 14, tab. 2, fig. 6 et 7. — Koelreuter, *Nov. Comm. petropol.*, 9, p. 428, fig. 3 et 4. — *Gobie tête de lièvre.* Bonnaterre, planches de l'Encyclopédie méthodique.

2. Pallas, *Spicileg. zoolog.*, 8, p. 4.

3. Pallas. *Spicil. zoolog.*, 8, p. 17, tab. 1, fig. 5. — *Gobie cyprinoïde.* Bonnaterre, planches de l'Encyclopédie méthodique

4. A la membrane des branchies du lagocéphale.................... 3 rayons.
A la première nageoire du dos.................... 6 —
A la seconde.................... 11 —
A chacune des pectorales.................... 15 —
A chacune des thoracines.................... 4 —
A celle de l'anus.................... 10 —
A celle de la queue.................... 12 —

5. A la première nageoire du dos du menu.................... 6 —
A la seconde.................... 11 —
A celle de l'anus.................... 11 —

beaucoup plus aux spares. Le professeur Pallas en a publié le premier une très bonne description. La partie supérieure de ce cyprinoïde est grise, et l'inférieure blanchâtre. Ses dimensions sont à peu près semblables à celles du menu. Il a la tête un peu plus large que le corps et recouverte d'une peau traversée par plusieurs lignes très déliées qui forment une sorte de réseau ; on voit entre les deux yeux une crête noirâtre, triangulaire et longitudinale, que l'on prendrait pour une première nageoire dorsale très basse; au-delà de l'anus, on aperçoit aisément un appendice allongé, arrondi par le bout, et que l'animal peut coucher, à volonté, dans une fossette[1].

LE GOBIE SCHLOSSER[2]

Periophthalmus Schlosseri, SCHN., CUV. — *Gobius Schlosseri*, LINN., GMEL., LACÉP.

C'est au célèbre Pallas que l'on doit la description de cette espèce, dont un individu lui avait été envoyé par le savant Schlosser, avec des notes relatives aux habitudes de ce poisson ; et le nom de ce gobie rappelle les services rendus aux sciences naturelles par l'ami de l'illustre Pallas.

Ce poisson est ordinairement long de deux ou trois décimètres. Sa tête est couverte d'un grand nombre d'écailles, allongée et cependant plus large que le corps. Les lèvres sont épaisses, charnues et hérissées, à l'intérieur, de petites aspérités ; la supérieure est double. Les dents sont grandes, inégales, recourbées, aiguës et distribuées irrégulièrement.

Les yeux présentent une position remarquable : ils sont très rapprochés l'un de l'autre, situés au-dessus du sommet de la tête et contenus dans des orbites très relevées, mais disposées de telle sorte que les cornées sont tournées l'une vers la droite et l'autre vers la gauche. Les écailles qui revêtent le corps et la queue sont assez grandes, rondes et un peu molles. On ne distingue pas facilement les lignes latérales. La couleur générale de l'animal est brun noirâtre sur le dos et d'une teinte plus claire sur le ventre[3].

1.

A la première nageoire du dos	6	rayons.
A la seconde	10	—
A chacune des pectorales	18	—
Aux thoracines	12	—
A celle de l'anus, articulés	9	—
— simple	1	—
A celle de la queue, qui est arrondie	15	—

2. *Cabos*. — Pallas, *Spicil. zoolog.*, 8, p. 3, tab. 1, fig. 1, 2, 3, 4. — *Gobius barbarus*, Linné. — *Gobie schlosser*. Daubenton, Encyclopédie méthodique. — *Id.* Bonnaterre, planches de l'Encyclopédie méthodique.

3.

A la membrane des branchies	3	rayons.
A la première nageoire du dos	8	—
A la seconde	13	—
A chacune des pectorales	16	—
Aux thoracines	12	—
A celle de l'anus	12	—
A celle de la queue	19	—

Les nageoires pectorales du schlosser sont, comme l'indiquent les caractères du second sous-genre, attachées à des prolongations charnues que l'on a comparées à des bras, et qui servent à l'animal non seulement à remuer ces nageoires par le moyen d'un levier plus long, à les agiter dès lors avec plus de force et de vitesse, à nager avec plus de rapidité au milieu des eaux fangeuses qu'il habite, mais encore à se traîner un peu sur la vase des rivages, contre laquelle il appuie successivement ses deux extrémités antérieures, en présentant très en petit, et cependant avec quelque ressemblance, les mouvements auxquels les phoques et les lamantins ont recours pour parcourir très lentement les côtes maritimes.

C'est par le moyen de ces sortes de bras que le schlosser, pouvant, ou se glisser sur des rivages fangeux, ou s'enfoncer dans l'eau bourbeuse, échappe avec plus de facilité à ses ennemis et poursuit avec plus d'avantage les faibles habitants des eaux, et particulièrement les cancres, dont il aime à faire sa proie.

Cette espèce doit être féconde et agréable au goût, auprès des côtes de la Chine, où on la pêche, ainsi que dans d'autres contrées orientales, puisqu'elle sert à la nourriture des Chinois qui habitent à une distance plus ou moins grande des rivages; et voilà pourquoi elle a été nommée par les Hollandais des grandes Indes *poisson chinois* (*chineesche vissch*).

CINQUANTE-NEUVIÈME GENRE

LES GOBIOÏDES

Les deux nageoires thoracines réunies l'une à l'autre; une seule nageoire dorsale; la tête petite; les opercules attachés dans une grande partie de leur contour.

ESPÈCES.	CARACTÈRES.
1. Le Gobioïde anguilliforme.	Cinquante-deux rayons à la nageoire du dos; toutes les nageoires rouges.
2. Le Gobioïde smyrnéen.	Quarante-trois rayons à la nageoire du dos; le bord des mâchoires composé d'une lame osseuse et dénuée de dents.
3. Le Gobioïde broussonnet.	Vingt-trois rayons à la nageoire du dos; le corps et la queue très allongés et comprimés; des dents aux mâchoires; les nageoires du dos et de l'anus très rapprochées de la caudale qui est pointue.
4. Le Goboioïde queue noire.	La queue noire.

LE GOBIOIDE ANGUILLIFORME[1]

Gobius anguillaris, Linn., Gmel. — *Gobioides anguilliformis*, Lacép.

C'est dans les contrées orientales, et notamment dans l'archipel de l'Inde à la Chine, ou dans les îles du grand Océan équatorial, que l'on

1. *Goujon anguillard*. Daubenton. Encyclopédie méthodique. — *Id*. Bonnaterre, planches de l'Encyclopédie méthodique.

trouve le plus grand nombre de gobies. Les mêmes parties du globe sont aussi celles dans lesquelles on a observé le plus grand nombre de gobioïdes. L'anguilliforme a été vu particulièrement dans les eaux de la Chine.

Comme tous les autres gobioïdes, il ressemble beaucoup aux poissons auxquels nous donnons exclusivement le nom de *gobie;* et voilà pourquoi nous avons cru devoir distinguer par la dénomination de *gobioïde*, qui signifie *en forme de gobie*, le genre dont il fait partie, et qui a été confondu pendant longtemps dans celui des gobies proprement dits. Il diffère néanmoins de ces derniers, de même que tous les osseux de son genre, en ce qu'il n'a qu'une seule nageoire dorsale, pendant que les gobies en présentent deux. Il a d'ailleurs, ainsi que son nom l'indique, de grands rapports avec la murène anguille, par la longueur de la nageoire du dos et de celle de l'anus, qui s'étendent presque jusqu'à celle de la queue; par la petitesse des nageoires pectorales, qui, de plus, sont arrondies, et surtout par la viscosité de sa peau, qui, étant imprégnée d'une matière huileuse très abondante, est à demi transparente.

La mâchoire inférieure de l'anguilliforme est garnie de petites dents, comme la supérieure; et toutes ses nageoires sont d'une couleur rouge assez vive[1].

LE GOBIOIDE SMYRNÉEN[2]

Gobioides smyrnensis, LACÉP.

Ce poisson a la tête grosse et parsemée de pores très sensibles; dès lors sa peau doit être arrosée d'une humeur visqueuse assez abondante.

Une lame osseuse, placée le long de chaque mâchoire, tient lieu de véritables dents : on n'a du moins observé aucune dent proprement dite dans la bouche de ce gobioïde.

Les nageoires pectorales sont très larges, et les portions de celle du dos sont d'autant plus élevées, qu'elles sont plus voisines de celle de la queue[3].

LE GOBIOIDE BROUSSONNET

Gobioides Broussonneti, LACÉP., CUV. — *Gobius oblongatus,* SCHN.

Nous dédions cette espèce de gobioïde à notre savant confrère M. Brous-

1. A la nageoire dorsale .... 52 rayons.
A chacune des pectorales .... 12 —
Aux thoracines .... 10 —
A celle de l'anus .... 43 —
A celle de la queue .... 12 —

2. *Nov. Comment. Petropolit.*, 9, tab. 9, fig. 5. — *Goujon smyrnéen.* Bonnaterre, planches de l'Encyclopédie méthodique.

3. A la membrane des branchies .... 7 rayons.
A la nageoire du dos .... 43 —
A chacune des pectorales .... 33 —
A celle de l'anus .... 29 —
A celle de la queue .... 12 —

sonnet ; et nous cherchons ainsi à lui exprimer notre reconnaissance pour les services qu'il a rendus à l'histoire naturelle et pour ceux qu'il rend chaque jour à cette belle science dans l'Afrique septentrionale, et particulièrement dans les États du Maroc, qu'il parcourt avec un zèle bien digne d'éloges.

Ce gobioïde, qui n'est pas encore connu des naturalistes, a les mâchoires garnies de très petites dents. Ses nageoires thoracines sont assez longues et réunies de manière à former une sorte d'entonnoir profond ; les pectorales sont petites et arrondies ; la dorsale et celle de l'anus s'étendent jusqu'à celle de la queue, qui a la forme d'un fer de lance ; elles sont assez hautes, et cependant l'extrémité des rayons qui les composent dépassent la membrane qu'ils soutiennent[1].

Le corps est extrêmement allongé, très bas, très comprimé, et la peau qui le recouvre est assez transparente pour laisser distinguer le nombre et la position des principaux muscles.

Un individu de cette belle espèce faisait partie de la collection que la Hollande a donnée à la nation française ; c'est ce même individu dont nous avons cru devoir faire graver la figure.

LE GOBIOIDE QUEUE NOIRE

Gobioides melanurus, Lacép. — *Gobius melanurus*, Linn., Gmel.

C'est à M. Broussonnet que nous devons la connaissance de ce gobioïde, qu'il a décrit sous le nom de *gobie à queue noire*, dont la queue est en effet d'une couleur noire plus ou moins foncée, mais que nous séparons des gobies proprement dits, parce qu'il n'a qu'une nageoire sur le dos.

SOIXANTIÈME GENRE

LES GOBIOMORES

Les deux nageoires thoracines non réunies l'une à l'autre ; deux nageoires dorsales ; la tête petite ; les yeux rapprochés ; les opercules attachés dans une grande partie de leur contour.

PREMIER SOUS-GENRE

LES NAGEOIRES PECTORALES ATTACHÉES IMMÉDIATEMENT AU CORPS DE L'ANIMAL

	ESPÈCES.	CARACTÈRES.
1.	Le Gobiomore gronovien.	Trente rayons à la seconde nageoire du dos ; dix aux thoracines ; celle de la queue fourchue.
2.	Le Gobiomore taiboa.	Vingt rayons à la seconde nageoire du dos ; douze aux thoracines ; six à la première dorsale ; celle de la queue arrondie.

1. A la nageoire du dos........ 23 rayons.
A chacune des nageoires thoracines........ 7 —
A chacune des pectorales........ 17 —
A celle de l'anus........ 17 —
A celle de la queue........ 16 —

2. Broussonnet, *Ichtyol. dec.*, 1.

ESPÈCE.	CARACTÈRES.
3. Le Gobiomore dormeur.	Onze rayons à la seconde nageoire du dos; huit à chacune des pectorales, ainsi qu'à celle de l'anus; la nageoire de la queue très arrondie.

SECOND SOUS-GENRE

CHACUNE DES NAGEOIRES PECTORALES ATTACHÉE A UNE PROLONGATION CHARNUE

ESPÈCE.	CARACTÈRES.
4. Le Gobiomore koelreuter.	Treize rayons à la seconde nageoire du dos; douze aux thoracines.

LE GOBIOMORE GRONOVIEN[1]

Gobiomorus Gronovii, Lacép. — *Nomeus Mauritii*, Cuv.

Les gobiomores ont été confondus jusqu'à présent avec les gobies et par conséquent avec les gobioïdes. Je les en ai séparés pour répandre plus de clarté dans la répartition des espèces thoracines, pour me conformer davantage aux véritables principes que l'on doit suivre dans toute distribution méthodique des animaux, et afin de rapprocher davantage l'ordre dans lequel nous présentons les poissons que nous avons examinés, de celui que la nature leur a imposé.

Les gobiomores sont en effet séparés des gobies et des gobioïdes par la position de leurs nageoires inférieures ou thoracines, qui ne sont pas réunies, mais très distinctes et plus ou moins éloignées l'une de l'autre. Ils s'écartent d'ailleurs des gobioïdes par le nombre de leurs nageoires dorsales; ils en présentent deux, et les gobioïdes n'en ont qu'une.

Ils sont cependant très voisins des gobies, avec lesquels ils ont de grandes ressemblances; et c'est cette sorte d'affinité ou de parenté que j'ai désignée par le nom générique de *gobiomore, voisin* ou *allié des gobies*, que je leur ai donné.

J'ai cru devoir établir deux sous-genres dans le genre des gobiomores, d'après les mêmes raisons et les mêmes caractères que dans le genre des gobies. J'ai placé dans le premier de ces deux sous-genres les gobiomores dont les nageoires pectorales tiennent immédiatement au corps proprement dit de l'animal, et j'ai inscrit dans le second ceux dont les nageoires pectorales sont attachées à des prolongations charnues.

Dans le premier sous-genre se présente d'abord le gobiomore gronovien[2].

1. Gronov., *Zooph.*, p. 82, n. 278. — *Cesteus argenteus*, etc. Klein, *Miss. pisc.*, 5, p. 24, n. 3. — *Mugil americanus*. Ray, *Pisc.*, p. 85, n. 9. — *Harder*. Marcgrave, *Brasil.*, lib. IV, cap. VI, p. 153.

2.

A la membrane des branchies	5	rayons.
A la première nageoire du dos	10	—
A la seconde	30	—
A chacune des nageoires pectorales	24	—
Aux thoracines	10	—

Ce poisson, dont on doit la connaissance à Gronovius, habite au milieu de la zone torride, dans les mers qui baignent le nouveau continent. Il a quelques rapports avec un scombre. Ses écailles sont très petites; mais, excepté celles du dos, qui sont noires, elles présentent une couleur d'argent assez éclatante. Des taches noires sont répandues sur les côtés de l'animal. La tête, au lieu d'être garnie d'écailles semblables à celles du dos, est recouverte de grandes lames écailleuses. Les yeux sont grands et moins rapprochés que sur la plupart des gobies ou des gobioïdes. L'ouverture de la bouche est petite. Des dents égales garnissent le palais et les deux mâchoires. La langue est lisse, menue et arrondie. La ligne latérale suit la courbure du dos. L'anus est situé vers le milieu de la longueur totale du poisson. Les nageoires thoracines sont très grandes, et celle de la queue est fourchue.

LE GOBIOMORE TAIBOA [1]

Gobiomorus Taiboa, Lacép. — *Eleotris strigatus,* Cuv.

C'est auprès du rivage hospitalier de la plus célèbre des îles Fortunées qui élèvent leurs collines ombragées et fertiles au milieu des flots agités de l'immense Océan équatorial, c'est auprès des bords enchanteurs de la belle île d'Otahiti, que l'on a découvert le taiboa, l'un des poissons les plus sveltes dans leurs proportions, les plus agiles dans leurs mouvements, les plus agréables par la douceur de leurs teintes, les plus richement parés par la variété de leurs nuances, parmi tous ceux qui composent la famille des gobiomores et les genres qui l'avoisinent.

Nous en devons la première description à M. Broussonnet, qui en a vu des individus dans la collection du célèbre président de la Société de Londres.

Le corps du taiboa est comprimé et très allongé; les écailles qui le recouvrent sont presque carrées et un peu crénelées. La tête est comprimée et cependant plus large que le corps. La mâchoire inférieure n'est pas tout à fait aussi avancée que la supérieure; les dents qui garnissent l'une et l'autre sont inégales. La langue est lisse, ainsi que le palais; le gosier hérissé de dents aiguës, menues et recourbées en arrière; la première nageoire du dos, composée de rayons très longs ainsi que très élevés; et la nageoire de la queue, large et arrondie [2].

1. Broussonnet, *Ichtyol. dec.*, 1, n. 1, tab. 1. — *Goujon taiboa.* Bonnaterre, planches de l'Encyclopédie méthodique.

2. A la membrane des branchies .... 6 rayons.
A la première nageoire dorsale .... 6 —
A la première nageoire du dos .... 20 —
A chacune des pectorales .... 20 —
Aux thoracines .... 12 —
A celle de l'anus .... 19 —
A celle de la queue .... 22 —

Jetons les yeux maintenant sur les couleurs vives ou gracieuses que présente le taiboa.

Son dos est d'un vert tirant sur le bleu, et sa partie inférieure blanchâtre ; sa tête montre une belle couleur jaune, plus ou moins mêlée de vert ; et ces nuances sont relevées par des raies et des points que l'on voit sur la tête, par d'autres raies d'un brun plus ou moins foncé, qui règnent auprès des nageoires pectorales, et par des taches rougeâtres situées de chaque côté du corps ou de la queue.

De plus, les nageoires du dos, de l'anus et de la queue offrent un vert mêlé de quelques teintes de rouge ou de jaune, et qui fait très bien ressortir des raies rouges droites ou courbées qui les parcourent, ainsi que plusieurs rayons qui les soutiennent, et dont la couleur est également d'un rouge vif et agréable.

LE GOBIOMORE DORMEUR[1]

Gobiomorus dormitor, LACÉP. — *Platycephalus dormitator*, BLOCH, SCHN. — *Eleotris dormitatrix*, CUV.

Les naturalistes n'ont encore publié aucune description de ce gobiomore, qui vit dans les eaux douces, et particulièrement dans les marais de l'Amérique méridionale ; nous en devons la connaissance à Plumier, et nous en avons trouvé une figure dans les dessins de ce savant voyageur. La mâchoire inférieure de ce poisson est plus avancée que la supérieure ; la nageoire de la queue est très arrondie ; le nombre des rayons de ses nageoires empêche d'ailleurs de le confondre avec les autres gobiomores. On l'a nommé *le dormeur*, sans doute à cause du peu de vivacité ou du peu de fréquence de ses mouvements.

LE GOBIOMORE KOELREUTER[2]

Gobiomorus Koelreuteri, LACÉP. — *Gobius Koelreuteri*, PALL. — *Periophtalmus Koelreuteri*, SCHN., CUV.

Le nom de cette espèce est un témoignage de gratitude envers un savant très distingué, le naturaliste Koelreuter, qui vit maintenant dans ce pays de Bade, auquel les vertus touchantes de ceux qui le gouvernent et leur zèle très éclairé pour le progrès des connaissances, ainsi que pour l'accroissement du bonheur de leurs semblables, ont donné un éclat bien doux aux yeux de l'humanité.

Ce gobiomore, dont les téguments sont mous et recouvrent une graisse assez épaisse, est d'un gris blanchâtre. Ses yeux sont très rapprochés et pla-

1. *Cephalus palustris*, dessins et manuscrits de Plumier, déposés à la Bibliothèque du roi. — *Asellus palustris*, ibid.

2. Koelreuter, *Nov. Comm. Petropolit.*, 8, p. 421. — *Goujon koelreuter*. Bonnaterre, planches de l'Encyclopédie méthodique.

cés sur le sommet de la tête ; ce qui lui donne un grand rapport avec le gobie schlosser, auquel il ressemble encore par la position de ses nageoires pectorales, qui sont attachées au bout d'une prolongation charnue très large auprès du corps proprement dit, et c'est à cause de ce dernier trait que nous l'avons inscrit dans un sous-genre particulier, de même que le gobie schlosser.

Les lèvres sont doubles et charnues ; les dents inégales et coniques ; la mâchoire supérieure en présente de chaque côté une beaucoup plus grande que les autres. La ligne latérale paraît comme comprimée ; l'anus est situé vers le milieu de la longueur totale du poisson, et la nageoire de la queue est un peu lancéolée.

La première nageoire dorsale est brune et bordée de noir ; on distingue une raie longitudinale et noirâtre sur la seconde, qui est jaunâtre et fort transparente[1].

On voit au delà et très près de l'anus du gobiomore koelreuter, ainsi que sur plusieurs gobies, et même sur des poissons de genres très différents, un petit appendice conique, que l'on a nommé *pédoncule génital*, qui sert en effet à la reproduction de l'animal, et sur l'usage duquel nous présenterons quelques détails dans la suite de cette histoire, avec plus d'avantage que dans l'article particulier que nous écrivons.

SOIXANTE ET UNIÈME GENRE

LES GOBIOMOROÏDES

Les deux nageoires thoracines non réunies l'une à l'autre ; une seule nageoire dorsale ; la tête petite ; les yeux rapprochés ; les opercules attachés dans une grande partie de leur contour.

ESPÈCE.	CARACTÈRES.
Le Gobiomoroïde pison.	Quarante-cinq rayons à la nageoire du dos ; six à chacune des thoracines ; la mâchoire inférieure plus avancée que la supérieure.

LE GOBIOMOROÏDE PISON[2]

Gobiomoroides Piso, Lacép. — *Gobius Pisonis,* Linn., Gmel. — *Eleotris Pisonis,* Cuv.

Les gobies ont deux nageoires dorsales ; les gobioïdes n'en ont qu'une,

1. A la membrane des branchies .... 2 rayons.
A la première nageoire dorsale .... 12 —
A la seconde .... 13 —
A chacune des pectorales .... 13 —
Aux thoracines .... 12 —
A celle de l'anus .... 11 —
A celle de la queue .... 13 —

2. Pison, *Ind.*, lib. III, p. 72. — *Amore pixuma.* Ray, *Pisc.*, p. 80, n. 1. — *Eleotris capite plagioplateo*, etc. Gronov. Mus., 2, p. 16, n. 168 ; *Zooph.*, p. 83, n. 279. — *Gobius Pisonis.* Linné, édition de Gmelin.

et voilà pourquoi nous avons séparé ces derniers poissons des gobies, en indiquant cependant, par le nom générique que nous leur avons donné, les grands rapports qui les lient aux gobies. Nous écartons également des gobiomores, dont le dos est garni de deux nageoires, les gobiomoroïdes, qui n'offrent sur le dos qu'un seul instrument de natation ; et néanmoins nous marquons, par le nom générique de ces gobiomoroïdes, les ressemblances très frappantes qui déterminent leur place à la suite des gobiomores.

Le pison a la mâchoire inférieure plus avancée que la supérieure ; sa tête est d'ailleurs aplatie : on le trouve dans l'Amérique méridionale.

En examinant dans une collection de poissons desséchés, donnée par la Hollande à la France, un gobiomoroïde pison, nous nous sommes assurés que les deux mâchoires sont garnies de plusieurs rangées de dents fortes et aiguës. L'inférieure a de plus un rang de dents plus fortes, plus grandes, plus recourbées et plus éloignées les unes des autres, que celles de la mâchoire supérieure.

La tête est comprimée aussi bien que déprimée, et garnie d'écailles presque semblables par leur grandeur à celles qui revêtent le dos. La nageoire de la queue est arrondie[1].

Le nom de cette espèce rappelle l'ouvrage publié par Pison sur l'Amérique australe, et dans lequel ce médecin a parlé de ce gobiomoroïde.

SOIXANTE-DEUXIÈME GENRE

LES GOBIÉSOCES

Les deux nageoires thoracines non réunies l'une à l'autre; une seule nageoire dorsale; cette nageoire très courte et placée au-dessus de l'extrémité de la queue, très près de la nageoire caudale; la tête très grosse et plus large que le corps.

ESPÈCE.	CARACTÈRES.
Le Gobiésoce testar.	Les lèvres doubles et très extensibles; la nageoire de la queue arrondie.

LE GOBIÉSOCE TESTAR[2]

Gobiesox cephalus, Lacép. — *Lepadogaster dentex*, Schn. — *Cyclopterus nudus*, Linn.

C'est à Plumier que l'on devra la figure de ce poisson encore inconnu des naturalistes, et que nous avons regardé comme devant appartenir à un genre nouveau. Celle que nous avons fait graver, et que nous publions dans cet ouvrage, a été copiée d'après un dessin de ce célèbre voyageur. Le *testar*

1. A la nageoire du dos........ 45 rayons.
A chacune des pectorales........ 17 —
A chacune des thoracines........ 6 —
A celle de l'anus........ 23 —
A celle de la queue........ 12 —

2. *Cephalus fluviatilis major*, vulgo *testar*. Dessins et manuscrits de Plumier, déposés à la Bibliothèque du roi.

habite l'eau douce ; on l'a observé dans les fleuves de l'Amérique méridionale. Le nom vulgaire de *testar*, qui lui a été donné, suivant Plumier, par ceux qui l'ont vu dans les rivières du nouveau monde, indique les dimensions de sa tête, qui est très grosse et plus large que le corps; elle est d'ailleurs arrondie par devant et un peu déprimée dans sa partie supérieure. Les yeux sont très rapprochés l'un de l'autre; les lèvres doubles et extensibles. On aperçoit une légère concavité sur la nuque, et l'on remarque sur le dos un enfoncement semblable ; le ventre est très saillant, très gros, distingué, par sa proéminence, du dessous de la queue. Il n'y a qu'une nageoire dorsale ; et cette nageoire, qui est très courte, est placée au-dessus de l'extrémité de la queue, fort près de la caudale. Nous verrons une conformation très analogue dans les ésoces; et comme d'ailleurs le testar a beaucoup de rapports avec les gobies, nous avons cru devoir former sa dénomination générique de la réunion du nom de *gobie* avec celui d'*ésoce*, et nous l'avons appelé *gobiésoce testar*.

La nageoire de l'anus, plus voisine encore que la dorsale de celle de la queue, est cependant située en très grande partie au-dessous de cette même dorsale ; la caudale est donc très près de la dorsale et de la nageoire de l'anus ; elle est de plus très étendue et fort arrondie[1].

La couleur générale de l'animal est d'un roux plus foncé sur le dos que sur la partie inférieure du poisson, et sur lequel on ne distingue ni raies, ni bandes, ni taches proprement dites. Au milieu de ce fond presque doré, au moins sur certains individus, les yeux, dont l'iris est d'un beau bleu, paraissent comme deux saphirs.

SOIXANTE-TROISIÈME GENRE

LES SCOMBRES

Deux nageoires dorsales; une ou plusieurs petites nageoires au-dessus et au-dessous de la queue ; les côtés de la queue carénés, ou une petite nageoire composée de deux aiguillons réunis par une membrane au-devant de la nageoire de l'anus.

ESPÈCES.	CARACTÈRES.
1. LE SCOMBRE COMMERSON.	Le corps très allongé; dix petites nageoires très séparées l'une de l'autre, au-dessus et au-dessous de la queue; la première nageoire du dos longue et très basse; la seconde courte, échancrée et presque semblable à celle de l'anus; la ligne latérale dénuée de petites plaques.
2. LE SCOMBRE GUARE.	Dix petites nageoires au-dessus et au-dessous de la queue; la ligne latérale garnie de petites plaques.
3. LE SCOMBRE THON.	Huit ou neuf petites nageoires au-dessus et au-dessous de la queue; les nageoires pectorales n'atteignant pas jusqu'à l'anus et se terminant au-dessous de la première dorsale.

1. A la nageoire du dos........ 8 rayons.
A chacune des pectorales........ 11 —
A chacune des thoracines........ 5 —
A celle de l'anus........ 4 ou 5 —
A la caudale........ 11 —

ESPÈCES.	CARACTÈRES.
4. Le Scombre germon.	Huit ou neuf petites nageoires au-dessus et au-dessous de la queue ; les nageoires pectorales assez longues pour dépasser l'anus.
5. Le Scombre thazard.	Huit ou neuf petites nageoires au-dessus et sept au-dessous de la queue; les pectorales à peine de la longueur des thoracines; les côtés et la partie inférieure de l'animal sans taches.
6. Le Scombre bonite.	Huit petites nageoires au-dessus et sept au-dessous de la queue; les pectorales atteignant à peine la moitié de l'espace compris entre leur base et l'ouverture de l'anus; quatre raies longitudinales et noires sur le ventre.
7. Le Scombre sarde.	Sept petites nageoires au-dessus et six au dessous de la queue; les pectorales courtes; la première dorsale ondulée dans son bord supérieur; deux orifices à chaque narine; trois pièces à chaque opercule; des écailles assez grandes sur la nuque, les environs de chaque pectorale et de la dorsale, et la base de la seconde nageoire du dos, de l'anale et de la caudale; quinze ou seize bandes transversales, courtes, courbées et noires de chaque côté du poisson.
8. Le Scombre alatunga.	Sept petites nageoires au-dessus et au-dessous de la queue; les pectorales très longues.
9. Le Scombre chinois.	Sept petites nageoires au-dessus et au-dessous de la queue; les pectorales courtes; la ligne latérale saillante, descendant au delà des nageoires pectorales et sinueuse dans tout son cours; point de raies longitudinales.
10. Le Scombre atun.	Six ou sept petites nageoires dorsales au-dessus et au-dessous de la queue; la mâchoire inférieure plus longue que la supérieure; la ligne latérale parallèle au dos jusque vers le commencement de la queue et s'élevant ensuite; le dos noir; le ventre brunâtre; point de taches ni de raies.
11. Le Scombre maquereau.	Cinq petites nageoires au-dessus et au-dessous de la queue; douze rayons à chaque nageoire du dos.
12. Le Scombre japonais.	Cinq petites nageoires au-dessus et au-dessous de la queue; huit rayons à chaque nageoire dorsale.
13. Le Scombre doré.	Cinq petites nageoires au-dessus et au-dessous de la queue; la partie supérieure de l'animal couleur d'or.
14. Le Scombre albacore.	Deux arêtes couvertes d'une peau brillante au-dessus de chaque opercule.

LE SCOMBRE COMMERSON

Scombre Commerson, Lacép. — *Cybium Commersonii,* Cuv.

Le genre des scombres est un de ceux qui doivent le plus intéresser la curiosité des naturalistes par leurs courses rapides, leurs longs voyages, leurs chasses, leurs combats et plusieurs autres habitudes. Nous tâcherons de faire connaître ces phénomènes remarquables en traitant en particulier du thon, de la bonite et du maquereau, dont les mœurs ont été fréquemment observées ; mais nous allons commencer par nous occuper du scombre Commerson et du guare, afin de mettre, dans l'exposition des formes et des actes principaux des poissons que nous allons considérer, cet ordre sans lequel on ne peut ni distinguer convenablement les objets, ni les comparer avec fruit, ni les graver dans sa mémoire, ni les retrouver facilement pour de nouveaux examens. C'est aussi pour établir d'une manière plus générale cet ordre, sans lequel, d'ailleurs, le style n'aurait ni clarté, ni force, ni chaleur, et de plus pour nous conformer sans cesse aux principes de distribution méthodique qui nous ont paru devoir diriger les études des naturalistes, que nous avons circonscrit avec précision le genre des scombres. Nous en avons séparé plusieurs poissons qu'on y avait compris, et dont nous avons cru devoir même former plusieurs genres différents ; nous n'avons présenté comme véritables *scombres*, comme semblables par les caractères génériques aux maquereaux, aux bonites, aux thons, et par conséquent aux poissons reconnus depuis longtemps pour des scombres proprement dits, que les thoracins qui ont, ainsi que les thons, les maquereaux et les bonites, deux nageoires dorsales et en outre une série de nageoires très petites, mais distinctes, placée entre la seconde nageoire du dos et la nageoire de la queue, et une seconde rangée d'autres nageoires analogues, située entre cette même nageoire de la queue et celle de l'anus. On a donné à ces nageoires si peu étendues et si nombreuses le nom de *fausses* nageoires ; mais cette expression est impropre, puisqu'elles ont les caractères d'un véritable instrument de natation, qu'elles sont composées de rayons soutenus par une membrane et qu'elles ne diffèrent que par leur figure et par leurs dimensions, des pectorales, des thoracines, etc.

Le nombre de ces petites nageoires variant suivant les espèces, c'est d'après ce nombre que nous avons déterminé le rang des divers poissons inscrits sur le tableau du genre. Nous avons présenté les premiers ceux qui ont le plus de ces nageoires additionnelles ; et voilà pourquoi nous commençons par décrire une espèce de cette famille, que les naturalistes ne connaissent pas encore, dont nous avons trouvé la figure dans les manuscrits de Commerson, et à laquelle nous avons cru devoir donner le nom de cet illustre voyageur, qui a enrichi la science de tant d'observations précieuses.

Ce scombre offre dix nageoires supplémentaires, non seulement très distinctes, mais très séparées l'une de l'autre, dans l'intervalle qui sépare la caudale de la seconde nageoire du dos ; dix autres nageoires conformées et disposées de même règnent au-dessous de la queue. Ces nageoires sont composées chacune de quatre ou cinq petits rayons réunis par une membrane légère, rapprochés à leur base et divergents à leur sommet.

Le corps et la queue de l'animal sont d'ailleurs extrêmement allongés, ainsi que les mâchoires qui sont aussi avancées l'une que l'autre et garnies toutes les deux d'un rang de dents fortes, aiguës et très distinctes. Le museau est pointu ; l'œil gros ; chaque opercule composé de deux lames arrondies dans leur contour postérieur; la première dorsale longue et très basse, surtout à mesure qu'elle s'avance vers la queue; la seconde dorsale échancrée par derrière, très courte et semblable à celle de l'anus; la caudale très échancrée en forme de croissant; la ligne latérale ondulée d'une manière peu commune et fléchie par des sinuosités d'autant plus sensibles qu'elles sont plus près de l'extrémité de la queue; et la couleur générale du scombre, argentée, foncée sur le dos et variée sur les côtés par des taches nombreuses et irrégulières. Nous n'avons besoin, pour terminer le portrait du *commerson*, que d'ajouter que les thoracines sont triangulaires comme les pectorales, mais beaucoup plus petites que ces dernières[1].

LE SCOMBRE GUARE[2]

Scomber guara, Lacép. — *Scomber cordyla*, Linn., Gmel.

C'est dans l'Amérique méridionale que l'on a observé le guare. Il a, comme le commerson, dix petites nageoires au-dessus ainsi qu'au-dessous de la queue. Mais indépendamment d'autres différences, sa ligne latérale est garnie de petites plaques plus ou moins dures et presque osseuses; l'on voit au-devant de sa nageoire de l'anus une petite nageoire composée d'une membrane et de deux rayons; ou, pour mieux dire, le guare présente deux nageoires anales, tandis que le scombre commerson n'en montre qu'une[3].

LE SCOMBRE THON[4]

Scomber Thynnus, Linn., Gmel., Bloch, Lacép., Cuv.

L'imagination s'élève à une bien grande hauteur, et les jouissances de l'esprit deviennent bien vives, toutes les fois que l'étude des productions de

1. A la première nageoire du dos........................ 18 rayons.
A chacune des thoracines........................ 5 ou 6 —

2. *Scombre guare*. Daubenton, Encyclopédie méthodique. — *Id.*, Bonnaterre, planches de l'Encyclopédie méthodique. — « Scomber linea laterali curva, tabellis osseis loricata. » Gronov., *Act. Upsal.*, 1750, p. 36. — « Scomber compressus, latus, etc. » Gronov., *Zooph.*, 307. — « Guara tereba. » Marcgrave, *Brasil.*, 172. — « Trachurus brasiliensis. » Ray, *Pisc.*, 93, pl. 346. — Scombre de Rottler, Bloch.

3. A la première nageoire du dos........................ 7 rayons.
A la seconde........................ 9 —
A chacune des pectorales........................ 15 —
A chacune des thoracines........................ 6 —
A la première de l'anus........................ 2 —
A la seconde........................ 14 —
A celle de la queue........................ 20 —

4. *Scomber thynnus*. — *Ton*, sur quelques rivages de France. — *Athon*, dans quelques départements méridionaux. — *Toun*, auprès de Marseille. — *Tonno*, sur les côtes de la Ligurie. — *Tunny fish, Spanish mackrell*, en Angleterre. — *Orcynus*. — *Albacore*, dans quelques contrées d'Europe. — *Talling talling*, aux Maldives. — *Scombre thon*. Daubenton, Encyclopédie méthodique. — *Id.*, Bonnaterre, planches de l'Encyclopédie méthodique.
Müll., *Prodrom.*, p. 47, n. 396. — « Scomber pinnulis supra infraque octo. » Brunn., *Pisc.*

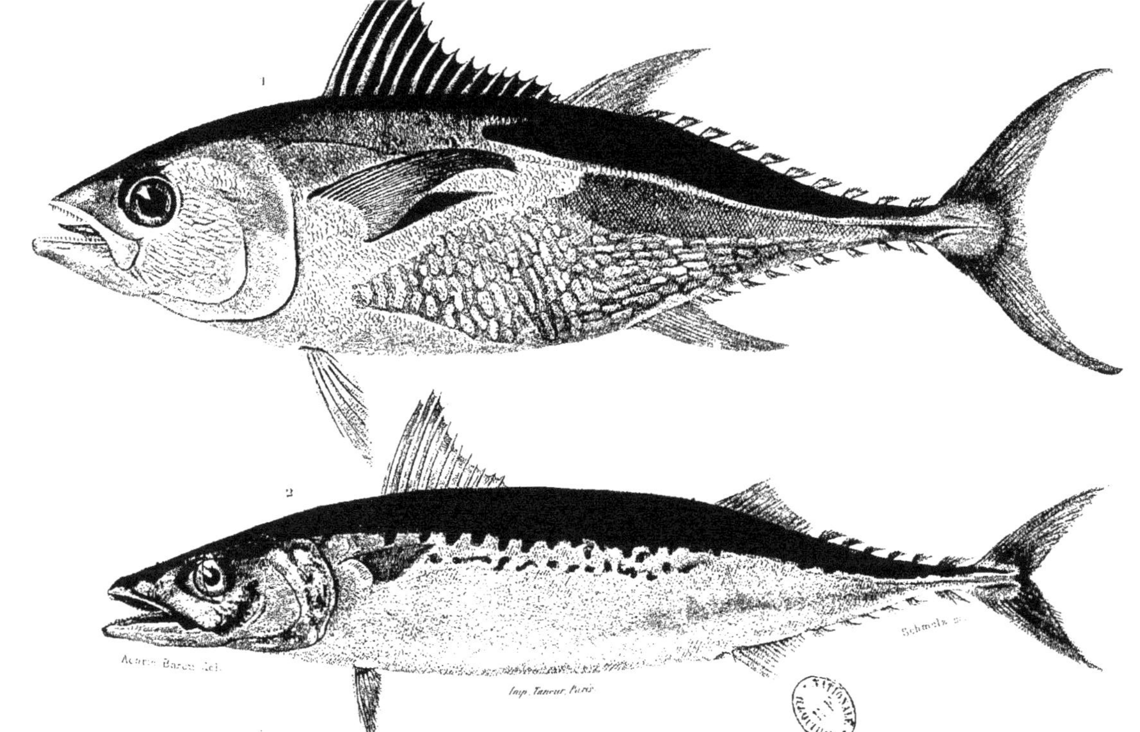

1 Le Scombre-Thon (Thynnus vulgaris, Cuv) — 2 Le Scombre-Maquereau (Scomber Scombrus, Lin.)

d'après le Règne animal de Cuvier, édition V. Masson

Garnier frères Editeurs

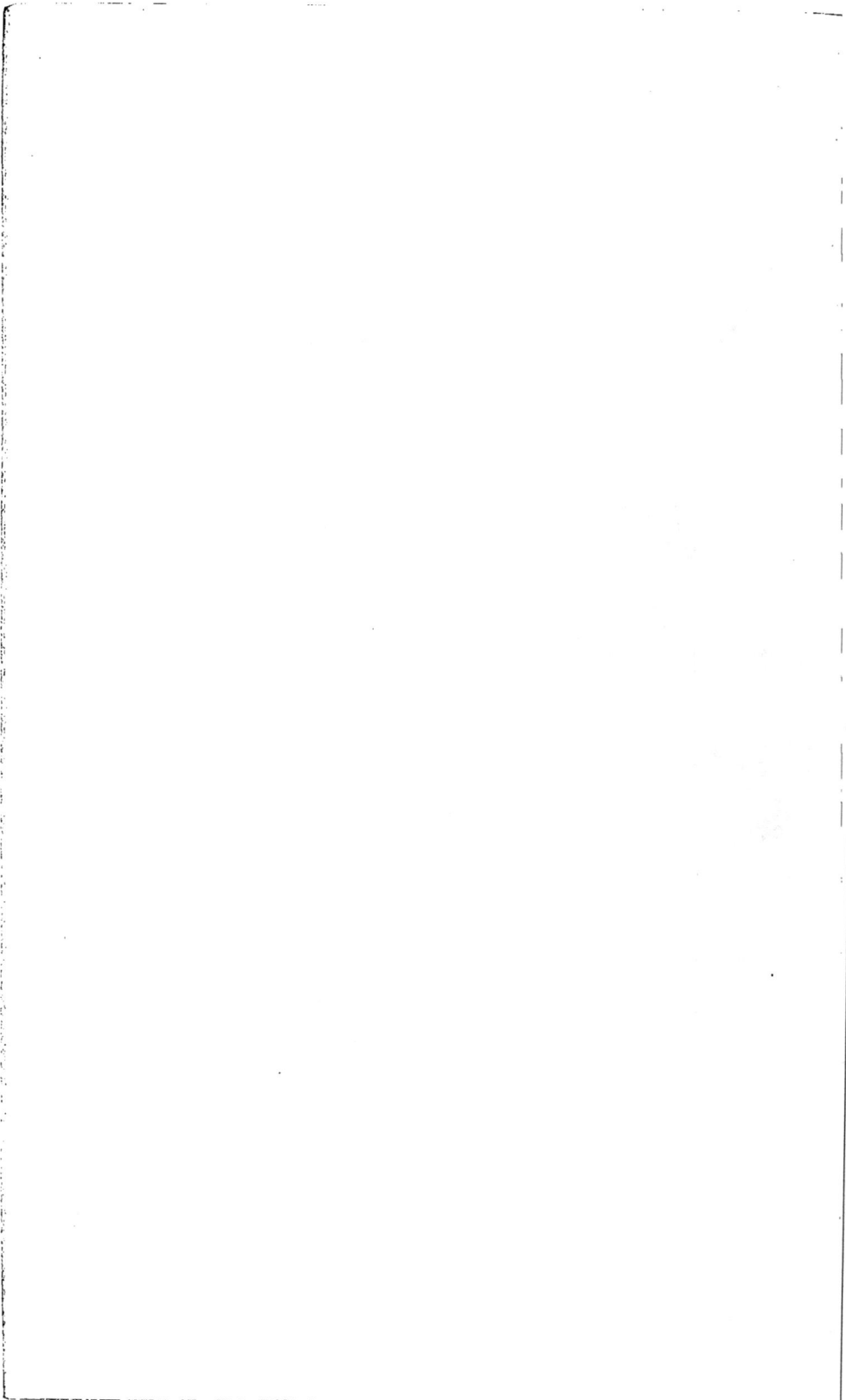

la nature conduit à une contemplation plus attentive de la vaste étendue des mers. L'antique Océan nous commande l'admiration et une sorte de recueillement religieux, lorsque ses eaux paisibles n'offrent à nos yeux qu'une immense plaine limpide. Le spectacle de ses ondes bouleversées par la tempête et de ses abîmes entr'ouverts au pied des montagnes écumantes formées par ses flots amoncelés nous pénètre de ce sentiment profond qu'inspire une grande et terrible catastrophe. Et quel ravissement n'éprouve-t-on pas lorsque ce même Océan, ne présentant plus ni l'uniformité du calme ni les horreurs des orages conjurés, mollement agité par des vents doux et légers, et resplendissant de tous les feux de l'astre du jour, nous montre toutes les scènes variées des courses, des jeux, des combats et des amours des êtres vivants qu'il renferme dans son sein! Ce sont principalement les poissons auxquels on a donné le nom de *pélagiques* qui animent ainsi par leurs mouvements rapides et multipliés la mer qui les nourrit. On les distingue par cette dénomination parce qu'ils se tiennent une grande partie de l'année à une grande distance des rivages. Et parmi ces habitants des parties de l'Océan les plus éloignées des côtes, on doit surtout remarquer les thons dont nous écrivons l'histoire.

Les divers attributs qu'ils ont reçus de la nature leur donnent une grande prééminence sur le plus grand nombre des autres poissons. C'est presque toujours à la surface des eaux qu'ils se livrent au repos ou qu'ils s'abandonnent à l'action des diverses causes qui peuvent les déterminer à se mouvoir. On les voit, réunis en troupes très nombreuses, bondir avec agilité, s'élancer avec force, cingler avec la vélocité d'une flèche. La vivacité avec laquelle ils échappent, pour ainsi dire, à l'œil de l'observateur est prin-

Massil., p. 70, n. 86. — « Scomber albicans, seu albecor. » Osb., *It.*, 60. (Il est inutile d'observer que ces noms d'*albicor*, ou d'*albecor*, *albacor*, *albacore* ont été donnés, par plusieurs voyageurs et par quelques naturalistes, à différentes espèces de scombres, ainsi que nous aurons de nouvelles occasions de le faire remarquer.) — « Scomber pinnulis octo seu novem in extremo dorso, sulco ad pinnas ventrales. » Artedi, gen. 31, syn. 49.

O thunnos. Aristote, lib. II, cap. XIII ; lib. IV, cap. X ; lib. V, cap. IX, X et XI ; lib. VI, cap. XVII ; lib. VIII, cap. II, XII, XIII, XV, XIX et XXX ; lib. IX, cap. II. — Ælian, lib. IX, cap. XLII, p. 549 ; lib., XV, cap. XIII, XVII, XXV ; et lib. XV, cap. III, V et VI. — Athen., lib. VII, p. 301, 302, 303, 319. — Oppian, *Hal.*, lib. II, p. 48. — *Thunnus.* Ovid., *Hal.*, v. 98. — Gaz. Arist. — Aldrov., lib. III, cap. XVIII, p. 313. — Jonston, lib. I, tit. 1, cap. II, *a*, 1, tab. 3, fig. 2. — *Thunnus*, sive *thynnus*, Belon. — Gesner, p. 957, 967, 1148 et (germ.) fol. 58, *b*. — Ray, p. 57.

Thunnus, vel *orcynus*, Schonev., p. 75. — *Thynnus.* Pline, lib. IX, cap. XV ; et lib. XXXII, cap. XI. — Solin. *Polyhist.*, cap. XVIII, XI. — Cuba, lib. III, cap. XCVI, fol. 92, *b*. — P. Jov., cap. VI, p. 52. — Wotton, lib. VIII, cap. CLXXXVI, fol. 163, *b*. — « Scomber... dentibus planis lanceolatis, maxilla superiore acutâ. » Lœfl., *Epist.* — « Scomber, pinnulis utrinque novem, dorso dipterygio, etc. » Gronov., *Zooph.*, 305. — Bloch, pl. 55.

« Thynnus pinnulis superioribus novem, inferioribus octo. » Browne, *Jamaic.*, 451. — « Coretta alba Pisonis. » Willughby, *Ichtyol.*, tab. M, 5, fig. 1. — « Thynnus, *seu* thunnus Belonii. » *Id.*, p. 176. — « Guara pucu. » Marcgrave, *Brasil.*, p. 178. — Piso, *Indic.*, p. 59.

« Thon, orkynos, grand thon. » Rondelet, part. 1, liv. VIII, chap. XII. — « Pelamis pinna dorsali secunda rubro aut flavo colore infecta, etc. » Klein, *Miss. pisc.*, 5, p. 12, n. 3. — « Gros thon, vrai thon. » Duhamel, *Traité des pêches*, part. 2, t. III, sect. 7, chap. II, art. 1, p. 190, pl. 5.

cipalement produite par une queue très longue, et qui, frappant l'onde salée par une face très étendue ainsi que par une nageoire très large, est animée par des muscles vigoureux et soutenue de chaque côté par un cartilage qui accroît l'énergie de ces muscles puissants[1].

Lorsque, dans certaines saisons, et particulièrement dans celle de la ponte et de la fécondation des œufs, une nécessité impérieuse les amène vers quelque plage, ils serrent leurs rangs nombreux et se pressent les uns contre les autres, et les plus forts ou les plus audacieux précédant leurs compagnons à des distances déterminées par les degrés de leur vigueur et de leur courage, pendant que des nuances différentes composent une sorte d'arrière-garde, plus ou moins prolongée, des individus les plus faibles et les plus timides, on ne doit pas être surpris que la légion forme une sorte de grand parallélogramme animé que l'on aperçoit naviguant sur la mer, ou qui, nageant au milieu des flots qui le couvrent encore et le dérobent à la vue, s'annonce cependant de loin par le bruit des ondes rapidement refoulées devant ces rapides voyageurs. Des échos ont quelquefois répété cette espèce de bruissement ou de murmure lointain, qui, se propageant alors de rocher en rocher et multiplié de rivage en rivage, a ressemblé à ce retentissement sourd, mais imposant qui, au milieu du calme sinistre des journées brûlantes de l'été, annonce l'approche des nuées orageuses.

Malgré leur multitude, leur grandeur, leur force et leur vitesse, ces éléments de succès dans l'attaque ou la défense, un bruit soudain a souvent suspendu une tribu voyageuse de thons au milieu de sa course ; on les a vus troublés, arrêtés et dispersés par une vive décharge d'artillerie ou par un coup de tonnerre subit. Le sens de l'ouïe n'est même pas, dans ces animaux, le seul que des impressions inattendues ou extraordinaires plongent dans une sorte de terreur : un objet d'une forme ou d'une couleur singulière suffit pour ébranler l'organe de leur vue, de manière à les effrayer et à interrompre leurs habitudes les plus constantes. Ces derniers effets ont été remarqués par plusieurs voyageurs modernes et n'avaient pas échappé aux navigateurs anciens. Pline rapporte, par exemple, que, dans le printemps, les thons passaient en troupes composées d'un grand nombre d'individus, de la Méditerranée dans le Pont-Euxin ou mer Noire ; que, dans le Bosphore de Thrace, qui réunit la Propontide à l'Euxin, et dans le détroit même qui sépare l'Europe de l'Asie, un rocher d'une blancheur éblouissante et d'une grande hauteur s'élevait auprès de Chalcédoine sur le rivage asiatique ; que l'éclat de cette roche, frappant subitement les légions de thons, les effrayait au point de les contraindre à se précipiter vers le cap de Byzance, opposé à la rive de Chalcédoine ; que cette direction forcée dans le voyage de ces scombres en rendait la pêche très abondante auprès de ce cap de Byzance,

1. Voyez, dans le Discours sur la nature des poissons, ce que nous avons dit de la natation de ces animaux.

et presque nulle dans les environs des plages opposées ; et que c'est à cause de ce concours des thons auprès de ce promontoire qu'on lui avait donné le nom de *chrusocéras*, ou de *corne d'or*, ou de *corne d'abondance*[1].

Ces scombres sont cependant très courageux dans la plupart des circonstances de leur vie. Un seul phénomène le prouverait : c'est l'étendue et la durée des courses qu'ils entreprennent. Pour en connaître nettement la nature, il faut rappeler la distinction que nous avons faite en traitant des poissons en général, entre leurs voyages périodiques et réguliers et ceux qui ne présentent aucune régularité ni dans les circonstances de temps ni dans celles de lieu. Les migrations régulières et périodiques des thons sont celles auxquelles ils s'abandonnent, lorsqu'à l'approche de chaque printemps, ou dans une saison plus chaude, suivant le climat qu'ils habitent, ils s'avancent vers la température, l'aliment, l'eau, l'abri, la plage qui conviennent le mieux au besoin qui les presse, pour y déposer leurs œufs ou pour les arroser de leur liqueur vivifiante, ou lorsqu'après s'être débarrassés d'un fluide trop stimulant ou d'un poids trop incommode, et avoir repris des forces nouvelles dans le repos et l'abondance, ils quittent les côtes de l'Océan avec les beaux jours, regagnent la haute mer et rentrent dans les profonds asiles qu'elle leur offre. Leurs voyages irréguliers sont ceux qu'ils entreprennent à des époques dénuées de tout caractère de périodicité, qui sont déterminés par la nécessité d'échapper à un danger apparent ou réel, de fuir un ennemi, de poursuivre une proie, d'apaiser une faim cruelle, et qui, ne se ressemblant ni par l'espace parcouru, ni par la vitesse employée à le franchir, ni par la direction des mouvements, sont aussi variables et aussi variés que les causes qui les font naître. Dans leurs voyages réguliers, ils ne vont pas communément chercher bien loin ni par de grands détours la vie qui leur est nécessaire ou la retraite pélagienne qui remplace cette rive pendant le règne des hivers. Mais dans leurs migrations irrégulières, ils parviennent souvent à de très grandes distances ; ils traversent avec facilité, dans ces circonstances, non seulement des golfes et des mers intérieures, mais même l'antique Océan. Un intervalle de plusieurs centaines de lieues ne les arrête pas ; et, malgré leur mobilité naturelle, fidèles à la cause qui a déterminé leur départ, ils continuent avec constance leur course lointaine.

Nous lisons, dans l'intéressante relation rédigée et publiée par le général Milet-Mureau du voyage de notre célèbre et infortuné navigateur La Pérouse[2], que des scombres, à la vérité de l'espèce appelée *bonite*, mais bien moins favorisés que les thons relativement à la faculté de nager avec vitesse et avec constance, suivirent les bâtiments commandés par cet illustre voyageur depuis les environs de l'île de Pâques jusqu'à l'île Mowée, l'une des îles Sandwich. La troupe de ces scombres ou le *banc* de ces poissons, pour

1. C'est pour rappeler ce même concours que les médailles de Byzance présentent l'image du thon.

2. Voyage de La Pérouse, rédigé par Milet-Mureau, in-4°, t. II, p. 129.

employer l'expression de nos marins, fit quinze cents lieues à la suite de nos frégates ; plusieurs de ces animaux, blessés par les *foènes* ou *tridents* des matelots français, portaient sur le dos une sorte de signalement qu'il était impossible de ne pas distinguer ; et l'on reconnaissait chaque jour les mêmes poissons qu'on avait vus la veille[1].

Quelque longue que puisse être la durée de cette puissance qui les maîtrise, plusieurs marins allant d'Europe en Amérique, ou revenant d'Amérique en Europe, ont vu des thons accompagner pendant plus de quarante jours les vaisseaux auprès desquels ils trouvaient avec facilité une partie de l'aliment qu'ils aiment ; et cette avidité pour les diverses substances nutritives que l'on peut jeter d'un navire dans la mer n'est pas le seul qui les retienne pendant un très grand nombre de jours auprès des bâtiments.

L'attentif Commerson a observé une autre cause de leur assiduité auprès de certains vaisseaux, au milieu des mers chaudes de l'Asie, de l'Afrique et de l'Amérique, qu'il a parcourues. Il a écrit, dans ses manuscrits, que dans ces mers dont la surface est inondée des rayons d'un soleil brûlant, les thons, ainsi que plusieurs autres poissons, ne peuvent se livrer, auprès de cette même surface des eaux, aux différents mouvements qui leur sont nécessaires sans être éblouis par une lumière trop vive ou fatigués par une chaleur trop ardente ; ils cherchent alors le voisinage des rivages escarpés, des rochers avancés, des promontoires élevés, de tout ce qui peut les dérober, pendant leurs jeux et leurs évolutions, aux feux de l'astre du jour. Une escadre est pour eux comme une forêt flottante qui leur prête son ombre protectrice : les vaisseaux, les mâts, les voiles, les antennes sont un abri d'autant plus heureux pour les scombres, que, perpétuellement mobile, il les suit, pour ainsi dire, sur le vaste Océan, s'avance avec une vitesse assez égale à celle de ces poissons agiles, favorise leurs manœuvres, ne retarde en aucune sorte aucun de leurs mouvements ; et voilà pourquoi, suivant Commerson, dans la zone torride et vers le temps des plus grandes chaleurs, les thons qui accompagnent les bâtiments se rangent, avec une attention facile à remarquer, du côté des vaisseaux qui n'est pas exposé aux rayons du soleil[2].

Au reste, cette habitude de chercher l'ombre des navires peut avoir quelque rapport avec celle de suspendre leurs courses pendant les brumes, qui leur est attribuée par quelques voyageurs. Ils interrompent leurs voyages pour plusieurs mois, aux approches du froid ; et, dès le temps de Pline, on disait qu'ils hivernaient dans l'endroit où la mauvaise saison les surprenait. On prétend que, pendant cette saison rigoureuse, ils préfèrent pour leur habitation les fonds limoneux. Ils s'y nourrissent de poissons ou d'autres animaux de la mer plus faibles qu'eux ; ils se jettent particulièrement sur les

1. Voyez ce que nous avons écrit sur la vitesse des poissons, dans notre Discours préliminaire sur la nature de ces animaux.

2. Nous parlerons encore de cette observation de Commerson, dans l'article du Scombre germon.

exocets et sur les clupées; les petits scombres deviennent aussi leur proie; ils n'épargnent pas même les jeunes animaux de leur espèce. Comme ils sont très goulus et d'ailleurs tourmentés, dans certaines circonstances, par une faim qui ne leur permet pas d'attendre les aliments les plus analogues à leur organisation, ils avalent souvent avec avidité, dans ces retraites vaseuses et d'hiver, aussi bien que dans les autres portions de la mer qu'ils fréquentent, des fragments de diverses espèces d'algues.

Ils ont besoin d'une assez grande quantité de nourriture, parce qu'ils présentent communément des dimensions considérables. Pline et les autres auteurs anciens qui ont écrit sur les thons les ont rangés parmi les poissons les plus remarquables par leur volume. Le naturaliste romain dit qu'on en avait vu du poids de quinze talents[1], et dont la nageoire de la queue avait de largeur, ou, pour mieux dire, de hauteur, deux coudées et un palme. Les observateurs modernes ont mesuré et pesé des thons de trois cent vingt-cinq centimètres de longueur et du poids de cinquante-cinq ou soixante kilogrammes; et cependant ces poissons, ainsi que tous ceux qui n'éclosent pas dans le ventre de leur mère, proviennent d'œufs très petits; on a comparé la grosseur de ceux du thon à celle des graines de pavot.

Le corps de ce scombre est très allongé et semblable à une sorte de fuseau très étendu. La tête est petite; l'œil gros; l'ouverture de la bouche très large; la mâchoire inférieure plus avancée que la supérieure et garnie, comme cette dernière, de dents aiguës; la langue courte et lisse; l'orifice branchial très grand; l'opercule composé de deux pièces; le tronc épais et couvert, ainsi que la queue, d'écailles petites, minces et faiblement attachées. Les petites nageoires du dessus et du dessous de la queue sont communément au nombre de huit[2]. Quelques observateurs en ont compté neuf dans la partie supérieure et dans la partie inférieure de cette portion de l'animal et, d'après ce dernier nombre, on pourrait être tenté de croire que l'on peut quelquefois confondre l'espèce du thon avec celle du germon, dont la queue offre aussi par-dessus et par-dessous huit petites nageoires; mais la proportion des dimensions des pectorales avec la longueur totale du scombre suffira pour séparer avec facilité les germons des poissons que nous tâchons de bien faire connaître. Dans les germons, ces pectorales s'étendent jusqu'au delà de l'orifice de l'anus, et, dans les thons, elles ne sont jamais assez grandes

1. Ce poids de quinze talents attribué à un thon nous paraît bien supérieur à celui qu'ont dû présenter les gros poissons de l'espèce que nous décrivons. En effet, le talent des Romains, leur *centum-pondium*, était égal, selon Paucton (*Métrologie*, p. 761), à 68 $\frac{49}{100}$ livres de France, poids de marc, et le petit talent d'Égypte, d'Arabie, etc., égalait 45 $\frac{65}{100}$ ou $\frac{66}{100}$ livres de France. Un thon aurait donc pesé au moins 675 livres, ce qui ne nous semble pas admissible.

2. A la première nageoire dorsale........ 15 rayons.
A la seconde........ 12 —
A chacune des pectorales........ 22 —
A chacune des thoracines........ 6 —
A celle de l'anus........ 13 —
A celle de la queue........ 25 —

pour y parvenir ; elles se terminent à peu près au-dessous de l'endroit du dos où finit la première dorsale. La nageoire de la queue est figurée en croissant ; nous avons fait remarquer son étendue dès le commencement de cet article.

Nous avons eu occasion, dans une autre portion de cet ouvrage[1], de parler de ces petits os auxquels on a particulièrement donné le nom d'*arêtes*, qui, placés entre les muscles, ajoutent à leur force, que l'on n'aperçoit pas dans toutes les espèces de poissons, mais que l'on n'a observés jusqu'à présent que dans ces habitants des eaux. Ces arêtes sont simples ou fourchues. Nous avons dit de plus que, dans certaines espèces de poissons, elles aboutissaient à l'épine du dos, quoiqu'elles ne fissent pas véritablement partie de la charpente osseuse proprement dite. Nous avons ajouté que dans d'autres espèces non seulement ces arêtes n'étaient pas liées avec la grande charpente osseuse, mais qu'elles en étaient séparées par différents intervalles. Les scombres et par conséquent les thons doivent être comptés parmi ces dernières espèces.

Telles sont les particularités de la conformation extérieure et intérieure du thon, que nous avons cru convenable d'indiquer. Les couleurs qui le distinguent ne sont pas très variées, mais agréables et brillantes : les côtés et le dessous de l'animal présentent l'éclat de l'argent ; le dessus a la nuance de l'acier poli ; l'iris est argenté, et sa circonférence dorée ; toutes les nageoires sont jaunes ou jaunâtres, excepté la première du dos, les thoracines et la caudale, dont le ton est d'un gris plus ou moins foncé.

Les anciens donnaient différents noms aux scombres qui sont l'objet de cet article, suivant l'âge, et par conséquent le degré de développement de ces animaux. Pline rapporte qu'on nommait *cordyles* les thons très jeunes qui, venant d'éclore dans la mer Noire, repassaient pendant l'automne, dans l'Hellespont et dans la Méditerranée, à la suite des légions nombreuses des auteurs de leurs jours. Arrivés dans la Méditerranée, ils y portaient le nom de *pélamides* pendant les premiers mois de leur croissance, et ce n'était qu'après un an que la dénomination de *thon* leur était appliquée.

Nous avons cru d'autant plus utile de faire mention ici de cet antique usage des Grecs ou Romains, que ces expressions de *cordyle* et de *pélamide* ont été successivement employées par plusieurs auteurs anciens et modernes dans des sens très divers ; qu'elles servent maintenant à désigner deux espèces de scombres, le *cuare* et la *bonite*, très différentes du véritable thon ; et qu'on ne saurait prendre trop de soin pour éviter la confusion, qui n'a régné que trop longtemps dans l'étude de l'histoire naturelle.

Des animaux marins très grands et très puissants, tels que des squales et des xiphias, sont pour les thons des ennemis dangereux, contre les armes desquels leur nombre et leur réunion ne peuvent pas toujours les défendre. Mais indépendamment de ces adversaires remarquables par leur force ou par leurs dimensions, le thon expire quelquefois victime d'un être bien petit et

1. Discours sur la nature des poissons.

bien faible en apparence, mais qui, par les piqûres qu'il lui fait et les tourments qu'il lui cause, l'agite, l'irrite, le rend furieux, à peu près de la même manière que le terrible insecte qui règne dans les déserts brûlants de l'Afrique, et le fléau le plus funeste des panthères, des tigres et des lions. Pline savait qu'un animal dont il compare le volume à celui d'une araignée, et la figure à celle du scorpion, s'attachait au thon, se plaçait auprès ou au-dessous de l'une de ses nageoires pectorales, s'y cramponnait avec force, le piquait de son aiguillon et lui causait une douleur si vive, que le scombre, livré à une sorte de délire et ne pouvant, malgré tous ses efforts, ni immoler ni fuir son ennemi, ni apaiser sa souffrance cruelle, bondissait avec violence au-dessus de la surface des eaux, la parcourait avec rapidité, s'agitait en tous sens et, ne résistant plus à son état affreux, ne connaissant plus d'autre danger que la durée de son angoisse, excédé, égaré, transporté par une sorte de rage, s'élançait sur le rivage ou sur le pont d'un vaisseau, ou bientôt il trouvait dans la mort la fin de son tourment [1].

C'est parce qu'on a bien observé dans les thons cette nécessité funeste de succomber sous les ennemis que nous venons d'indiquer, l'habitude du succès contre d'autres animaux moins puissants, le besoin d'une grande quantité de nourriture, la voracité qui les précipite sur des aliments de différente nature, leur courage habituel, l'audace qu'ils montrent dans certains dangers, la frayeur que leur inspirent cependant quelques objets, la périodicité d'une partie de leurs courses, l'irrégularité de plusieurs de leurs voyages pour les temps et pour les lieux, la durée de leurs migrations et la facilité de traverser d'immenses portions de la mer, qu'on a très bien choisi les époques, les endroits et les moyens les plus propres à procurer une pêche abondante des scombres qui nous occupent dans ce moment.

En effet, on peut dire en général qu'on trouve le thon dans presque toutes les mers chaudes ou tempérées de l'Europe, de l'Asie, de l'Afrique et de l'Amérique ; mais on ne rencontre pas un égal nombre d'individus de cette espèce dans toutes les saisons, ni dans toutes les portions des mers qu'ils fréquentent. Depuis les siècles les plus reculés de ceux dont l'histoire nous a transmis le souvenir, on a choisi certaines plages et certaines époques de l'année pour la recherche des thons. Pline dit qu'on ne pêchait ces scombres dans l'Hellespont, la Propontide et le Pont-Euxin, que depuis le commencement du printemps jusque vers la fin de l'automne. Du temps de Rondelet, c'est-à-dire vers le milieu du XVIe siècle, c'était au printemps, en automne, et quelquefois pendant l'été, qu'on prenait une grande quantité de thons près des côtes d'Espagne, et particulièrement vers le détroit de Gibraltar [2]. On s'occupe de la pêche de ces animaux sur plusieurs rivages de France

1. Rondelet a fait représenter sur la figure du thon qu'il a publiée le petit animal dont Pline a parlé.

2. On a quelquefois pris un assez grand nombre de thons auprès de Conil, village voisin de Cadix, pour qu'on ait écrit que la pêche de ces animaux donnait au duc de Medina Sidonia un

et d'Espagne voisins de l'extrémité occidentale de la chaîne des Pyrénées, depuis les premiers jours de juin jusqu'en novembre; et on regarde comme assez assuré sur les autres parties du territoire français qui sont baignées par l'Océan, que l'arrivée des maquereaux annonce celle des thons qui les poursuivent pour les dévorer.

Ces derniers scombres montrent en effet une si grande avidité pour les maquereaux, qu'il suffit, pour les attirer dans un piège, de leur présenter un leurre qui en imite grossièrement la forme. Ils se jettent avec la même voracité sur plusieurs autres poissons, et particulièrement sur les sardines; et voilà pourquoi une image même très imparfaite d'un de ces derniers animaux est, entre les mains des marins, un appât qui entraîne les thons avec facilité. On s'est servi de ce moyen avec beaucoup d'avantage dans plusieurs parages, et principalement auprès de Bayonne, ou un bateau allant à la voile traînait des lignes dont les haims étaient recouverts d'un morceau de linge ou d'un petit sac de toile en forme de sardine, et ramenait ordinairement plus de cent cinquante thons.

Mais ce n'est pas toujours une vaine apparence que l'on présente à ces scombres pour les prendre à la ligne: de petits poissons réels, ou des portions de poissons assez grands, sont souvent employés pour garnir les haims. On proportionne d'ailleurs la grandeur de ces haims, ainsi que la grosseur des cordes ou des lignes, aux dimensions et à la force des thons que l'on s'attend à rencontrer; de plus, en se servant de ces haims et de ces lignes, on cherche à prendre ces animaux de diverses manières, suivant les différentes circonstances dans lesquelles on se trouve : on les prend *au doigt*[1], *à la canne*[2], *au libouret*[3], *au grand couple*[4].

Mais parlons rapidement de procédés plus compliqués dont se compose les pêches des scombres thons faites de concert par un grand nombre de

revenu de 80,000 ducats. (Voyez les Lettres sur la Grèce de feu mon confrère M. Guys, t. Ier, p. 398, troisième édition.)

1. On nomme *pêche au doigt* celle qui se fait avec une ligne simple non suspendue à une perche.

2. On dit que l'on pêche à *la canne*, ou à *la cannette*, lorsqu'on se sert d'une canne ou perche déliée, au bout de laquelle on a *empilé un haim*, c'est-à-dire attaché la ligne, etc.

3. Le *libouret* est un instrument composé d'une corde ou ligne principale, à l'extrémité de laquelle est suspendu un poids de plomb. La corde passe au travers d'un morceau de bois d'une certaine longueur, nommée *avalette*. Ce morceau de bois est percé dans un de ses bouts, de manière à pouvoir tourner librement autour de la corde. Cette avalette est d'ailleurs maintenue, à une petite distance du plomb, par deux nœuds que l'on fait à la corde, l'un au-dessous et l'autre au-dessus de ce morceau de bois. Au bout de l'avalette opposé à celui que la corde traverse, on attache une ligne garnie de plusieurs *empiles* ou petites lignes qui portent des haims, et qui sont de différentes longueurs, pour ne point s'embarrasser les unes dans les autres. Cet instrument sert communément pour les pêches sédentaires, le poids de plomb portant toujours sur le fond de la mer ou des rivières. (Voyez, dans l'article de la Raie bouclée, la définition d'une empile.)

4. Un *couple* est un fil de fer un peu courbé, dont chaque bout porte une *pile* ou *empile*, ou petite ligne garnie de haims, et qui est suspendu par le milieu à une ligne principale assez longue, et tenue par des pêcheurs dont la barque va à la voile.

marins. Exposons d'abord celle qui a lieu avec des *thonnaires;* nous nous occuperons un instant, ensuite, de celle pour laquelle on construit des *madragues.*

On donne le nom de *thonnaire* ou *tonnaire* à une enceinte de filets que l'on forme promptement dans la mer pour arrêter les *thons* au moment de leur passage. On a eu pendant longtemps recours à ce genre d'industrie auprès de Collioure, où on le pratiquait, et où peut-être on le pratique encore chaque année, depuis le mois de juin jusqu'à la fin de septembre. Pour favoriser la prise des thons, les habitants de Collioure entretenaient, pendant la belle saison, deux hommes expérimentés qui, du haut de deux promontoires, observaient l'arrivée de ces scombres vers la côte. Dès qu'ils apercevaient de loin ces poissons qui s'avançaient par bandes de deux ou trois mille, ils en avertissaient les pêcheurs en déployant un pavillon, par le moyen duquel ils indiquaient de plus l'endroit où ces animaux allaient aborder. A la vue de ce pavillon, de grands cris de joie se faisaient entendre et annonçaient l'approche d'une pêche dont les résultats importants étaient toujours attendus avec une grande impatience. Les habitants couraient alors vers le port, où les patrons des bâtiments pêcheurs s'empressaient de prendre les filets nécessaires et de faire entrer dans leurs bateaux autant de personnes que ces embarcations pouvaient en contenir, afin de ne pas manquer d'aides dans les grandes manœuvres qu'ils allaient entreprendre. Quand tous les bateaux étaient arrivés à l'endroit où les thons étaient réunis, on jetait à l'eau des pièces de filets *lestées* et *flottées*, et on en formait une enceinte demi-circulaire, dont la concavité était tournée vers le rivage, et dont l'intérieur était appelé *jardin*. Les thons renfermés dans ce jardin s'agitaient entre la rive et les filets et étaient si effrayés par la vue seule des barrières qui les avaient subitement environnés, qu'ils osaient à peine s'en approcher à la distance de six ou sept mètres.

Cependant, à mesure que ces scombres s'avançaient vers la plage, on resserrait l'enceinte, ou plutôt on en formait une nouvelle intérieure et concentrique à la première, avec des filets qu'on avait tenus en réserve. On laissait une ouverture à cette seconde enceinte jusqu'à ce que tous les thons eussent passé dans l'espace qu'elle embrassait; et en continuant de diminuer ainsi, par des clôtures successives et toujours d'un plus petit diamètre, l'étendue dans laquelle les poissons étaient renfermés, on parvenait à les retenir sur un fond recouvert uniquement par quatre brasses d'eau : alors on jetait dans ce parc maritime un grand boulier[1], espèce de *seine*, dont le

1. On appelle *boulier*, sur la côte voisine de Narbonne et sur plusieurs autres côtes de la Méditerranée, un filet semblable à l'*aissaugue*, et formé de deux bras qui aboutissent à une manche. Son ensemble est composé de plusieurs pièces dont les mailles sont de différentes grandeurs. Pour faire les bras, on assemble, premièrement, douze pièces, dites *atlas*, dont les mailles sont de cinq centimètres en carré; secondement, quatorze pièces, dites de *deux doigts*, dont les mailles ont trente-sept millimètres en carré; et troisièmement, dix pièces de *pousal, pousaux, pouceaux*, dont les mailles ont près de deux centimètres d'ouverture. Tout cet assemblage a

milieu est garni d'une manche. Les thons, après avoir tourné autour de ce filet, dont les ailes sont courbes, s'enfonçaient dans la poche ou manche : on amenait, à force de bras, le boulier sur le rivage ; on prenait les petits poissons avec la main, les gros avec des crochets ; on les chargeait sur les bateaux pêcheurs, et on les transportait au port de Collioure. Une seule pêche produisait quelquefois plus de quinze mille myriagrammes de thons ; et pendant un printemps dont on a conservé avec soin le souvenir, on prit dans une seule journée seize mille thons, dont chacun pesait de dix à quinze kilogrammes.

Il est des parages dans la Méditerranée où l'on se sert, pour prendre des thons, d'un filet auquel on a donné le nom de *scombrière*, de *combrière*, de *courantille*, qu'on abandonne aux courants, et qui va pour ainsi dire au devant de ces scombres, lesquels s'engagent et s'embarrassent dans ses mailles. Mais hâtons-nous de parler du moyen le plus puissant de s'emparer d'une grande quantité de ces animaux si recherchés ; occupons-nous d'une des pêches les plus importantes de celles qui ont lieu dans la mer ; jetons les yeux sur la pêche pour laquelle on emploie la *madrague*. Nous en avons déjà dit un mot en traitant de la raie mobular ; tâchons de la mieux décrire. On a donné le nom de *madrague*[1] à un grand parc qui reste construit dans la mer, au lieu d'être établi pour chaque pêche, comme les thonnaires. Ce parc forme une vaste enceinte distribuée en plusieurs chambres, dont les noms varient suivant les pays ; les cloisons qui forment ces chambres sont soutenues par des flottes de liège, étendues par un lest de pierre et maintenues par des cordes dont une extrémité est attachée à la tête du filet, et l'autre amarrée à une ancre.

Comme les madragues sont destinées à arrêter les grandes troupes de thons au moment où elles abandonnent les rivages pour voguer en pleine mer, on établit entre la rive et la grande enceinte une de ces longues allées que l'on appelle *chasses* : les thons suivent cette allée, arrivent à la madrague, passent de chambre en chambre, parcourent quelquefois, de compartiment en compartiment, une longueur de plus de mille brasses, et parviennent enfin à la dernière chambre, que l'on nomme *chambre de la mort* ou *corpon*, ou *corpou*. Pour forcer ces scombres à se rassembler dans ce *corpou* qui doit leur être si funeste, on les pousse et on les presse, pour ainsi dire, par un filet long de plus de vingt brasses[2], que l'on tient tendu derrière ces poissons

depuis cent vingt jusqu'à cent quatre-vingts brasses de longueur. Quant au corps de la manche, qu'on nomme aussi *bourse* ou *coup*, il est composé de six pièces, dites de *quinze-vingts*, dont chaque maille a douze millimètres d'ouverture, et secondement, de huit pièces appelées de *brassade*, dont les mailles sont à peu près de huit millimètres. (L'*Aissaugue* ou *essaugue* est une sorte de seine ou de filet en nappe, en usage dans la Méditerranée, et qui a, au milieu de sa largeur, une espèce de sac ou de poche.)

1. Le mot de *madrague* ou de *mandrague* doit avoir été employé par des Marseillais descendus des Phocéens, à cause du mot grec *mandra*, qui signifie *parc, enclos, enceinte*.

2. On nomme ce filet *engarre*.

par le moyen de deux bateaux, dont chacun soutient un des angles supérieurs du filet, et que l'on fait avancer vers la chambre de la mort. Lorsque les poissons sont ramassés dans ce corpou, plusieurs barques chargées de pêcheurs s'en approchent, on soulève les filets qui composent cette enceinte particulière, on fait monter les scombres très près de la surface de l'eau, on les saisit avec la main, ou on les enlève avec des crocs.

La curiosité attire souvent un grand nombre de spectateurs autour de la madrague ; on y accourt comme à une fête ; on rassemble autour de soi tout ce qui peut augmenter la vivacité du plaisir ; on s'entoure d'instruments de musique. Quelles sensations fortes et variées ne font pas en effet éprouver l'immensité de la mer, la pureté de l'air, la douceur de la température, l'éclat d'un soleil vivifiant que les flots mollement agités réfléchissent et multiplient, la fraîcheur des zéphyrs, le concours des bâtiments légers, l'agilité des marins, l'adresse des pêcheurs, le courage de ceux qui combattent contre d'énormes animaux rendus plus dangereux par leur rage désespérée, les élans rapides de l'impatience, les cris de joie, les acclamations de la surprise, le son harmonieux des cors, le retentissement des rivages, le triomphe des vainqueurs, les applaudissements de la multitude ravie !

Mais nous, qui écrivons dans le calme d'une retraite silencieuse l'histoire de la nature, n'abandonnons point notre raison au charme d'un spectacle enchanteur ; osons, au milieu des transports de la joie, faire entendre la voix sévère de la philosophie ; et si les lois conservatrices de l'espèce humaine nous commandent des sacrifices sans cesse renouvelés de milliers de victimes, n'oublions jamais que ces victimes sont des êtres sensibles. Ne cédons à la dure nécessité que ce qu'il nous est impossible de lui ravir ; n'augmentons pas, par des séductions que des jouissances plus douces peuvent si facilement remplacer, le penchant encore trop dangereux qui nous entraîne vers une des passions les plus hideuses, vers une cruelle insensibilité. Effaçons, s'il est possible, du cœur de l'homme cette empreinte encore trop profonde de la féroce barbarie dont il a eu tant de peine à secouer le joug ; enchaînons cet instinct sauvage qui le porte encore à ne voir la conservation de son existence que dans la destruction ; que les lumières de la civilisation l'éclairent sur sa véritable félicité ; que ses regards avides ne cherchent jamais les horreurs de la guerre au milieu de la paix des plaisirs, les agitations de la souffrance à côté du calme du bonheur, la rage de la douleur auprès du délire de la joie ; qu'il cesse d'avoir besoin de ces contrastes horribles ; et que la tendre pitié ne soit jamais contrainte de s'éloigner, en gémissant, de la pompe de ses fêtes !

Au reste, il n'est pas surprenant que, depuis un grand nombre de siècles, on ait cherché et employé un grand nombre de procédés pour la pêche des thons : ces scombres, en procurant un aliment très abondant, donnent une nourriture très agréable. On a comparé le goût de la chair de ces poissons à celui des acipensères esturgeons, et par conséquent à celui du veau. Ils engraissent avec facilité, et l'on a écrit[1] qu'il se ramassait quelquefois une si grande quantité de substance adipeuse dans la partie inférieure de leur corps, que les téguments de leur ventre en étaient tendus au point d'être aisément déchirés par de légers frottements. Ces poissons avaient une grande valeur chez les Grecs et chez les autres anciens habitants des rives de la Méditerranée, de la Propontide, de la mer Noire ; et voilà pourquoi, dès une époque bien reculée, ils avaient été observés avec assez de soin pour que leurs habitudes fussent bien connues.

Les Romains ont attaché particulièrement un grand prix à ces scombres, surtout lorsque, asservis sous leurs empereurs, ils ont voulu remplacer par les jouissances du luxe les plaisirs de la gloire et de la liberté ; et comme nous ne croyons pas inutile aux progrès de la morale et de l'économie publique d'indiquer, à ceux qui cultivent ces sciences si importantes, toutes les particularités de ce goût si marqué que nous avons observé dans les anciens pour les aliments tirés des poissons, nous ne passerons pas sous silence les petits détails que Pline nous a transmis sur la préférence que les Romains de son temps donnaient à telle ou telle portion des scombres auxquels cet article est consacré. Ils estimaient beaucoup la tête et le dessous du ventre ; ils recherchaient aussi le dessous de la poitrine, qu'ils regardaient cependant comme difficile à digérer, surtout quand il n'était pas très frais ; ils ne faisaient presque aucun cas des morceaux voisins de la nageoire caudale, parce qu'ils ne les trouvaient pas assez gras ; et ce qu'ils préféraient à plusieurs autres aliments était la portion la plus proche du gosier ou de l'œsophage. Ces mêmes Romains savaient fort bien conserver les thons, en les coupant par morceaux et en les renfermant dans des vases remplis de sel ; ils donnaient à cette préparation le nom de *mélandrye* (*melandrya*), à cause de sa ressemblance avec des copeaux un peu noircis de chêne, ou d'autres arbres. Les modernes ont employé le même précédé.

Rondelet dit que ses contemporains coupaient les thons qu'ils voulaient garder par tranches ou *darnes*, et qu'on donnait à ces darnes imbibées de sel le nom de *thonnine* ou de *tarentella*, parce qu'on en apportait beaucoup de Tarente. Très souvent, au lieu de se contenter de saler les thons par des moyens à peu près semblables à ceux que nous avons exposés en traitant du gade-morue, on les marine après les avoir coupés par tronçons, et en les préparant avec de l'huile et du sel. On renferme les thons marinés dans des barils, et on distingue avec beaucoup de soin ceux qui contiennent la chair du ventre, préférée aujourd'hui par les Européens comme autrefois par les Romains, et nommée *panse de thon*, de ceux dans lesquels on a mis la chair du dos, que l'on appelle *dos de thon*, ou simplement *thonnine*[2].

1. Voyez Pline, liv. IX, chap. xv. Plusieurs auteurs modernes, et particulièrement Rondelet ont rapporté le même fait.

2. Les anciens faisaient saler les intestins du thon, ainsi que les œufs de ce scombre, qui servent encore de nos jours, sur plusieurs côtes, et particulièrement sur celles de la Grèce, à faire une sorte de *poutargue*. Consultez principalement, à ce sujet, Aulu-Gelle, liv. X, chap. xx.

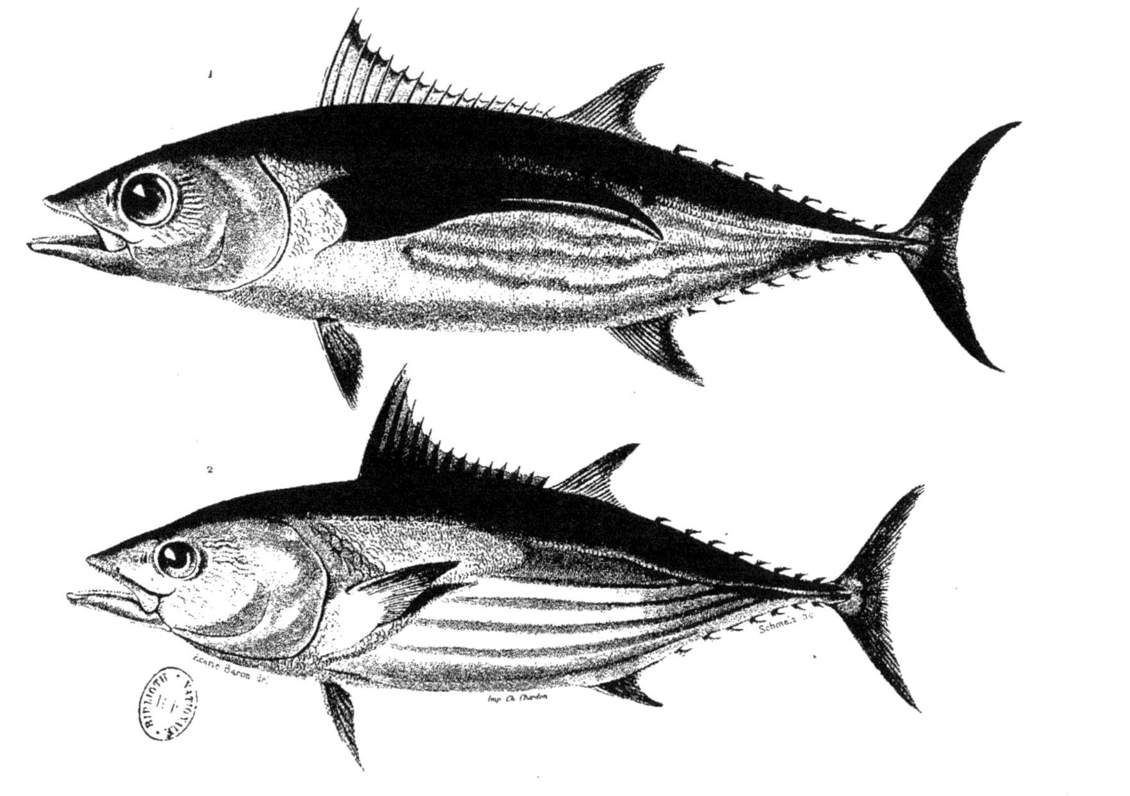

1 LE SCOMBRE GERMON (Thynnus ala-Longa-Linn.) — 2 LA BONITE (Thynnus Pelamys-Linn.)

d'après le RÈGNE ANIMAL de Cuvier, édition V. Masson

Garnier frères, éditeurs

Comme les thons sont ordinairement très gras, il se détache de ces poissons, lorsqu'on les lave et qu'on les presse pour les saler, une huile communément assez abondante, qui surnage promptement, que l'on ramasse avec facilité, et qui est employée par les tanneurs.

Il est des mers dans lesquelles ces scombres se nourrissent de mollusques assez malfaisants pour faire éprouver des accidents graves à ceux qui mangent de ces poissons sans avoir pris la précaution de les faire vider avec soin, et même pour contracter dans des portions de leurs corps altérées pendant longtemps par des substances vénéneuses, des qualités très funestes[1]: tant il semble que sur toutes ses productions, comme dans tous ses phénomènes, la nature préservatrice ait voulu placer un emblème de la prudence tutélaire, en nous montrant sans cesse l'aspic sous les fleurs, et l'épine sur la tige de la rose.

LE SCOMBRE GERMON[2]

Scomber Germo, Lacép. — *Scomber alatunga*, Linn., Gmel.

Cette espèce de scombre a été jusqu'à présent confondue par les naturalistes, ainsi que par les marins, avec les autres espèces de son genre. Elle mérite cependant à beaucoup d'égards une attention particulière, et nous allons tâcher de la faire connaître sous ses véritables traits, en présentant avec soin les belles observations manuscrites que Commerson nous a laissées au sujet de cet animal.

Le germon, dont la grandeur approche de celle des thons, a communément plus d'un mètre de longueur; et son poids, presque toujours au-dessus d'un myriagramme, s'étend quelquefois jusqu'à trois. Sa couleur est d'un bleu noirâtre sur le dos, d'un bleu très pur et très beau sur le haut des côtés, d'un bleu argenté sur le bas de ces mêmes côtés, et d'une teinte argentée sans mélange sur sa partie inférieure. On voit, sur le ventre de quelques individus, des bandes transversales; mais elles sont si fugitives, qu'elles disparaissent avec rapidité lorsque le scombre expire, et même lorsqu'il est hors de l'eau depuis quelques instants. L'animal est allongé et un peu conique à ses deux extrémités; la tête revêtue de lames écailleuses, grandes et brillantes; le corps recouvert, ainsi que la queue, d'écailles petites, pentagones ou plutôt presque arrondies.

Un seul rang de dents garnit chacune des deux mâchoires, dont l'inférieure est d'ailleurs plus avancée que la supérieure.

L'intérieur de la bouche est noirâtre dans son contour; la langue courte, un peu large, arrondie par devant, cartilagineuse et rude; le palais rabo-

1. Consultez, au sujet des poissons venimeux, le Discours sur la nature de ces animaux.

2. *Scomber germo*. — « Scomber (germo) pinnis pectoralibus ultra anum productis, pinnulis dorsalibus novem, ventralibusque totidem. » Manuscrits de Commerson, déjà cités. — *Germon*, par plusieurs navigateurs français. — *Longue oreille*, par d'autres navigateurs.

ceux comme la langue ; l'ouverture de chaque narine réduite à une sorte de fente ; chaque commissure marquée par une prolongation triangulaire de la mâchoire supérieure ; l'œil grand et un peu convexe ; l'opercule branchial composé de deux pièces dénuées d'écailles semblables à celle du dos, resplendissantes de l'éclat de l'argent, et dont la seconde s'étend en croissant autour de la première et en borde le contour postérieur.

On peut voir au-dessous de cet opercule une membrane branchiale blanchâtre dans sa circonférence et noirâtre dans le reste de sa surface ; un double rang de franges compose chacune des quatre branchies ; l'os demi-circulaire du premier de ces organes respiratoires présente des dents longues et fortes, arrangées comme celles d'un peigne ; l'os du second n'en offre que de moins grandes ; et l'arc du troisième ainsi que celui du quatrième ne sont que raboteux[1].

Les nageoires pectorales ont une largeur égale au douzième ou à peu près de la largeur totale du scombre ; leur longueur est telle qu'elles dépassent l'ouverture de l'anus et parviennent jusqu'aux premières petites nageoires du dessous de la queue. Elles sont de plus en forme de faux, fortes, raides, et, ce qu'il faut surtout ne pas négliger d'observer, placées chacune au-dessus d'une fossette ou d'une petite cavité imprimée sur le côté du poisson, de la même grandeur et de la même figure que cet instrument de natation, et dans laquelle cette nageoire est reçue en partie lorsqu'elle est en repos. Un appendice charnu occupe d'ailleurs, si je puis employer ce mot, l'aisselle supérieure de chaque pectorale.

Une fossette analogue est, pour ainsi dire, gravée au-dessous du corps pour loger les nageoires thoracines qui sont situées au-dessous des pectorales, et qui, presque brunes à l'intérieur, réfléchissent à l'extérieur une belle couleur d'argent.

La première nageoire dorsale s'élève au-dessus d'un sillon longitudinal dans lequel l'animal peut la coucher, et elle s'avance comme une faux vers la queue.

La seconde, presque entièrement semblable à celle de l'anus, au-dessus de laquelle on la voit, par sa rigidité, ses dimensions, sa figure et sa couleur, est petite et souvent rougeâtre ou dorée.

Les petites nageoires du dessus et du dessous de la queue sont triangulaires, et au nombre de huit ou neuf dans le haut ainsi que dans le bas. Ce nombre paraît être très constant dans les individus de l'espèce que je décris,

1. A la membrane des branchies........ 7 rayons.
A la première nageoire du dos........ 14 —
A la seconde........ 12 —
A chacune des pectorales........ 35 —
A chacune des thoracines........ 7 —
A celle de l'anus........ 12 —
A celle de la queue........ 30 —

puisque Commerson assure l'avoir toujours trouvé, et cependant avoir examiné plus de vingt germons.

La nageoire de la queue, découpée comme un croissant, est assez grande pour que la distance, en ligne droite, d'une extrémité du croissant à l'autre, soit quelquefois égale au tiers de la longueur totale de l'animal. Le thon a également, et de même que presque tous les scombres, une nageoire caudale très étendue ; et nous avons vu, dans l'article précédent, les effets très curieux qui résultent de ce développement peu ordinaire du principal instrument de natation.

La ligne latérale, fléchie en divers sens jusqu'au-dessous de la seconde nageoire du dos, tend ensuite directement vers le milieu de la nageoire caudale.

On voit enfin, de chaque côté de la queue, la peau s'élever en forme de carène longitudinale ; et cette forme est donnée à ce tégument par un cartilage qu'il recouvre, et qui ne contribue pas peu à la rapidité avec laquelle le germon s'élance au milieu de la surface des eaux.

Jetons maintenant un coup d'œil sur la conformation intérieure de ce scombre.

Le cœur est triangulaire, rougeâtre, assez grand, a un seul, mais très petit ventricule ; l'oreillette grande et très-rouge ; le commencement de l'aorte blanchâtre et en forme de bulbe ; le foie d'un rouge pâle, trapézoïde, convexe sur une de ses surfaces, hérissé de pointes vers une extrémité, garni de lobules à l'extrémité opposée, creusé à l'extérieur par plusieurs ciselures et composé à l'intérieur de tubes vermiculaires, droits, parallèles les uns aux autres et exhalant une humeur jaunâtre par des conduits communs ; la rate allongée comme une languette, noirâtre et suspendue sous le côté droit du foie ; la vésicule du fiel conformée presque comme un lombric, plus grosse par un bout que par l'autre, égale en longueur au tiers de la longueur totale du poisson, appliquée contre la rate et remplie d'un suc très vert ; l'estomac sillonné par des rides longitudinales ; le canal intestinal deux fois replié ; le péritoine brunâtre, et la vessie natatoire longue, large, attachée au dos et argentée.

Commerson a observé le germon dans le grand océan Austral, improprement appelé mer Pacifique, vers le vingt-septième degré de latitude méridionale et le cent troisième de longitude.

Il vit pour la première fois cette espèce de scombre dans le voyage qu'il fit sur cet océan avec notre célèbre navigateur et mon savant confrère Bougainville. Une troupe très nombreuse d'individus de cette espèce de scombres entoura le vaisseau que montait Commerson, et leur vue ne fut pas peu agréable à des matelots et à des passagers fatigués par l'ennui et les privations inséparables d'une longue navigation. On tendit tout de suite des cordes garnies d'hameçons, et on prit très promptement un grand nombre de ces poissons, dont le plus petit pesait plus d'un myriagramme et le plus gros plus de trois. A peine ces thoracins étaient-ils hors de l'eau qu'ils mouraient au milieu des tremblements et des soubresauts. Les marins, rassasiés de l'aliment que ces animaux leur fournirent, cessèrent d'en prendre ; mais les troupes de germons, accompagnant toujours le vaisseau, furent, pendant les jours suivants, l'objet de nouvelles pêches, jusqu'à ce que, les matelots se dégoûtant de cette sorte de nourriture, les pêcheurs manquèrent aux poissons, dit le voyageur naturaliste, mais non pas les poissons aux pêcheurs. Le goût de la chair des germons était très agréable et comparable à celui des thons et des bonites ; et quoique les matelots en mangeassent jusqu'à satiété, aucun d'eux n'en éprouva l'incommodité la plus légère.

Commerson ajoute à ce qu'il dit des germons une observation générale que nous croyons utile de rapporter ici. Il pense que tous les navires ne sont pas également suivis par des colonnes de scombres ou d'autres poissons analogues à ces légions de germons dont nous venons de parler ; il assure même qu'on a vu, lorsque deux ou plusieurs vaisseaux voguaient de conserve, les poissons ne s'attacher qu'à un seul de ces bâtiments, ne le jamais quitter pour aller vers l'autre, et donner ainsi à ce bâtiment favorisé une sorte de privilège exclusif pour la pêche. Il croit que cette préférence des troupes de poissons pour un navire dépend du plus ou moins de subsistance qu'ils trouvent à la suite de ce vaisseau, et surtout de la saleté ou de l'état extérieur du bâtiment au-dessous de sa ligne de flottaison. Il lui a semblé que les navires préférés étaient ceux dont la carène avait été réparée le plus anciennement, ou qui venaient de servir à de plus longues navigations ; dans les voyages de long cours, il s'attache sous les vaisseaux, des fucus, des goémons, des corallines, des pinceaux de mer et d'autres plantes ou animaux marins qui peuvent servir à nourrir les poissons et doivent les attirer avec force.

Au reste, Commerson remarque, ainsi que nous l'avons observé à l'article du thon, que, parmi les causes qui entraînent les poissons auprès d'un vaisseau, il faut compter l'ombre que le corps du bâtiment et sa voilure répandent sur la mer. Dans les climats très chauds, on voit, dit-il, pendant la plus grande chaleur du jour, ces animaux se ranger dans la place plus ou moins étendue que le navire couvre de son ombre.

LE SCOMBRE THAZARD[1]

Scomber Thazard, Lacép.

Ce nom de *thazard* a été donné à des ésoces, à des clupées et à d'autres scombres que celui dont nous allons parler ; mais nous avons cru devoir, avec Commerson, ôter cette dénomination à toute espèce de scombres, excepté à celle que nous allons faire connaître. La description de ce poisson n'a

1. *Tazo, Tazard.* — « Scomber immaculatus, pinnulis dorsalibus octo, ventralibus septem, pinnis pectoralibus ventrales vix excedentibus. » Commerson, manuscrits déjà cités.

encore été publiée par aucun naturaliste. Nous avons trouvé dans les papiers du célèbre compagnon de Bougainville une figure de ce thazard, que nous avons fait graver, et une notice des formes et des habitudes de ce thoracin, de laquelle nous nous sommes servis pour composer l'article que nous écrivons.

La grandeur du thazard tient le milieu entre celle de la bonite et celle du maquereau ; mais son corps, quoique très musculeux, est plus comprimé que celui du maquereau ou celui de la bonite.

Sa couleur est d'un beau bleu sur la tête, le dos et la portion supérieure des parties latérales ; elle se change en nuances argentées et dorées, mêlées de tons fugitifs, d'acier poli sur les bas côtés et le dessous de l'animal.

Au-dessous de chaque œil on voit une tache ovale, petite, mais remarquable, et d'un noir bleuâtre.

Les nageoires pectorales et les thoracines sont noirâtres dans leur partie supérieure et argentées dans l'inférieure ; la première nageoire du dos est d'un ton bleu brunâtre, et la seconde est presque brune[1].

Au reste, on ne voit sur les côtés du thazard ni bandes transversales ni raies longitudinales.

La tête, un peu conique, se termine insensiblement en un museau presque aigu.

La mâchoire supérieure, solide et non extensible, est plus courte que l'inférieure et paraît surtout moins allongée lorsque la bouche est ouverte. Les dents qui garnissent l'une et l'autre de ces deux mâchoires sont si petites que le tact seul peut en quelque sorte les distinguer. L'ouverture de la bouche est communément assez étroite pour ne pouvoir pas admettre de proie plus volumineuse que de petits poissons volants ou jeunes exocets.

Les commissures sont noirâtres ; l'intérieur de la gueule est d'un brun argenté ; la langue, assez large, presque cartilagineuse, très lisse et arrondie par devant, présente, dans la partie de sa circonférence qui est libre, deux bords dont l'un est relevé et dont l'autre s'étend horizontalement ; deux faces qui se réunissent en formant un angle aigu composent la voûte du palais, qui, d'ailleurs, est sans aucune aspérité. Chaque narine a deux orifices : l'antérieur est petit et arrondi, le postérieur plus visible et allongé. Les yeux sont très grands et sans voile.

L'opercule, composé de deux lames, recouvre quatre branchies, dont

1.

A la membrane des branchies	6	rayons.
A la première dorsale	9	—
A la seconde dorsale	12	—
A chacune des pectorales, articulés	22 ou 23	—
— 1 ou 2 aiguillons.		
A chacune des thoracines, articulés	5	—
— 1 aiguillon.		
A la nageoire de l'anus	12	—
A la nageoire de la queue	30	—

chacune comprend deux rangs de franges et est soutenue par un os circulaire dont la partie concave offre des dents semblables à celles d'un peigne, très longues dans le premier de ces organes, moins longues dans le second et le troisième, très courtes dans le quatrième.

La tête ni les opercules ne sont revêtus d'aucune écaille proprement dite; on ne voit de ces écailles que sur la partie antérieure du dos et autour des nageoires pectorales; celles qui sont placées sur ces portions du scombre sont petites et recouvertes par l'épiderme. La partie postérieure du dos, les côtés et la partie inférieure de l'animal sont donc dénués d'écailles, au moins de celles que l'on peut apercevoir facilement pendant la vie du poisson.

Les pectorales, dont la longueur excède à peine celle des thoracines, sont reçues chacune, à la volonté du thazard, dans une sorte de cavité comprimée sur le côté du scombre.

Nous devons faire remarquer avec soin qu'entre les nageoires thoracines se montre un cartilage *xiphoïde*, ou en forme de lame, aussi long que ces nageoires, et sous lequel l'animal peut les plier et les cacher en partie.

La première dorsale peut être couchée et comme renfermée dans une fossette longitudinale ; la caudale, ferme et roide, présente la forme d'un croissant très allongé.

Huit ou neuf petites nageoires triangulaires et peu flexibles sont placées entre cette caudale et la seconde dorsale; on en compte sept entre cette même caudale et la nageoire de l'anus.

De chaque côté de la queue, la peau s'élève en carène demi-transparente, renfermée par derrière entre deux lignes presque parallèles; et la vigueur des muscles de cette portion du thazard, réunie avec la rigidité de la nageoire caudale, indique bien clairement la force de la natation et la rapidité de la course de ce scombre.

On ne commence à distinguer la ligne latérale qu'à l'endroit où les côtés cessent d'être garnis d'écailles proprement dites ; composée vers son origine de petites écailles qui deviennent de plus en plus clairsemées, à mesure que son cours se prolonge, elle tend par de faibles ondulations, et toujours plus voisine du dos que de la partie inférieure du poisson, jusqu'à l'appendice cutané de la queue.

L'individu de l'espèce du thazard, observé par Commerson, avait été pris, le 30 juin 1768, vers le septième degré de latitude australe, auprès des rivages de la Nouvelle-Guinée, pendant que plusieurs autres scombres de la même espèce s'élançaient, à plusieurs reprises, à la surface des eaux, et derrière le navire, pour y saisir les petits poissons qui suivaient ce bâtiment.

Le goût de cet individu parut à Commerson aussi agréable que celui de la bonite; mais la chair de la bonite est très blanche, et celle de ce thazard était jaunâtre. Nous allons voir, dans l'article suivant, les grandes différences qui séparent ces deux espèces l'une de l'autre.

LE SCOMBRE BONITE[1]

Scomber Pelamys, Linn., Gmel., Cuv. — *Scomber Pelamides*, Lacép.

La bonite a été aussi appelée *pélamide*; mais nous avons dû préférer la première dénomination. Plusieurs siècles avant Pline, les jeunes thons qui n'avaient pas encore atteint l'âge d'un an étaient déjà nommés *pélamides*; et il faut éviter tout ce qui peut faire confondre une espèce avec une autre. D'ailleurs, ce mot *pélamide*, employé par plusieurs des auteurs qui ont écrit sur l'histoire naturelle, est à peine connu des marins, tandis qu'il n'est presque aucun récit de navigation lointaine dans lequel le nom de *bonite* ne se retrouve fréquemment.

Avec combien de sensations agréables ou fortes cette expression n'est-elle donc pas liée! Combien de fois n'a-t-elle pas frappé l'imagination du jeune homme avide de travaux, de découvertes et de gloire, assis sur un promontoire escarpé, dominant sur la vaste étendue des mers, parcourant l'immensité de l'Océan par sa pensée et suivant autour du globe, par ses désirs enflammés, nos immortels navigateurs! Combien de fois la mémoire fidèle ne l'a-t-elle pas retracée au marin intrépide et fortuné, qui, forcé par l'âge de ne plus chercher la renommée sur les eaux, rentré dans le port paré de ses trophées, contemplant d'un rivage paisible l'empire des orages qu'il a si souvent affrontés, rappelle à son âme satisfaite le charme des espaces franchis, des fatigues supportées, des obstacles écartés, des périls surmontés, des plages découvertes, des vents enchaînés, des tempêtes domptées! Combien de fois n'a-t-elle pas ému, dans le silence d'une retraite champêtre, le lecteur paisible, mais sensible, que le besoin heureux de s'instruire, ou l'envie de répandre les plaisirs variés de l'occupation de l'esprit sur la monotonie de la solitude, sur le calme du repos, sur l'ennui du désœuvrement, attachent, pour ainsi dire et par une sorte d'enchantement irrésistible, sur les pas des hardis voyageurs! Que de douces et de vives jouissances! Et pourquoi laisser échapper un seul des moyens de les reproduire, de les multiplier, de les étendre, d'en embellir l'étude de la science que nous cultivons?

Cette bonite, dont le nom est si connu, est cependant encore assez mal connue elle-même; heureusement Commerson, qui l'a observée en habile naturaliste dans ses formes et dans ses habitudes, nous a laissé dans ses manuscrits de quoi compléter l'image de ce scombre.

L'ensemble formé par le corps et la queue de l'animal, musculeux, épais

1. *Bonnet, Pélamide.* — *Scombre pélamide.* Daubenton, Encyclopédie méthodique. — *Id.* Bonnaterre, planches de l'Encyclopédie méthodique. » Scomber... lineis utrinque quatuor nigris. » Læfl., *It.*, 102. — *Bonite.* Valmont de Bomare, *Dictionnaire d'histoire naturelle.* — « Scomber pelamis, pinnulis superioribus octo, inferioribus septem tæniis ventralibus longitudinalibus quatuor nigris. » Commerson, manuscrits déjà cités.

Scomber, 2, var. *b*, Artedi, gen. 31, syn. 49. — *Scomber pulcher*, seu *bonite*, Osbeck, *It.*, 67. — *Pelamis Plinii*, Belon. — *Pelamis Belonii*, Willughby, p. 180. — Ray, 9, p. 58, n. 2. — *Pelamis cœrulea*, Aldrov., lib. III, cap. XVIII, p. 315. — Jonston, tab. 3, fig. 3.

et pesant, finit par derrière en cône. Le dessus de la tête, le dos, les nageoires supérieures, sont d'un bleu noirâtre; les côtés sont bleus; la partie inférieure est d'un blanc argentin ; quatre raies longitudinales un peu larges, et d'un brun noirâtre, s'étendent de chaque côté au-dessous de la ligne latérale et sur ce fond que nous venons d'indiquer comme argenté, et que Commerson a vu cependant brunâtre dans quelques individus; les nageoires thoracines sont brunes; celle de l'anus est argentée; l'intérieur de la gueule est noirâtre. Ce qui est assez remarquable, c'est que l'iris, le dessous de la tête et même la langue paraissent, suivant Commerson, revêtus de l'éclat de l'or.

Parlons maintenant des formes de la bonite.

La tête, ayant un peu celle d'un cône, est d'ailleurs lisse et dénuée d'écailles proprement dites. Un simple rang de dents très petites garnit la mâchoire supérieure, qui n'est point extensible, et l'inférieure, qui est plus avancée que celle d'en haut. L'ouverture de la bouche a la grandeur nécessaire pour que la bonite puisse avaler facilement un exocet.

La langue est petite, étroite, courte, maigre, relevée dans ses bords; la voûte du palais très lisse; l'orifice de chaque narine voisine de l'œil, unique, et fait en forme de ligne longue très étroite et verticale; l'œil très grand, ovale, peu convexe, sans voile; l'opercule branchial composé de deux lames arrondies par derrière, dénuées de petites écailles, et dont la postérieure embrasse celle de devant.

Des dents arrangées comme celles d'un peigne garnissent l'intérieur des arcs osseux qui soutiennent les branchies; elles sont très longues dans les arcs antérieurs.

Les écailles qui recouvrent le corps et la queue sont petites, presque pentagones et fortement attachées les unes au-dessus des autres.

Chacune des nageoires pectorales, dont la longueur est à peine égale à la moitié de l'espace compris entre leur base et l'ouverture de l'anus peut être reçue dans une cavité gravée, pour ainsi dire, sur la poitrine de l'animal, et dont la forme ainsi que la grandeur sont semblables à celles de la nageoire.

On voit une fossette analogue propre à recevoir chacune des thoracines, au-dessous desquelles on peut reconnaître l'existence d'un cartilage caché par la peau[1]. La nageoire de l'anus est la plus petite de toutes. La première

1. A la membrane branchiale .... 7 rayons.
A la première nageoire du dos, non articulés .... 15 —
A la seconde dorsale .... 12 —
A chacune des pectorales, articulés .... 26 ou 27 —
— 1 ou 2 aiguillons.
A chacune des thoracines, articulés .... 5 —
— 1 aiguillon.
A celle de l'anus .... 12 —
A celle de la queue .... 30 —

du dos, faite en forme de faux et composée uniquement de rayons non articulés, peut être couchée à la volonté de la bonite, et, pour ainsi dire, cachée dans un sillon longitudinal ; la seconde dorsale, placée presque au-dessus de celle de l'anus, est à peine plus avancée et plus grande que cette dernière. La nageoire de la queue paraît très forte et représente un croissant dont les deux cornes sont égales et très écartées.

Entre cette nageoire et la seconde du dos, on voit huit petites nageoires ; on n'en trouve que sept au-dessous de la queue ; mais il faut observer que, dans quelques individus, le dernier lobe de la seconde dorsale, et celui de la nageoire de l'anus ont pu être conformés de manière à ressembler beaucoup à une petite nageoire ; et voilà pourquoi on a cru devoir compter neuf petites nageoires au-dessus et une au-dessous de la queue de la bonite.

Les deux côtés de cette même queue présentent un appendice cartilagineux, un peu diaphane, élevé en carène et suivi de deux stries longitudinales qui tendent à se rapprocher vers la nageoire caudale.

La ligne latérale, à peine sensible dans son origine, fléchie ensuite plus d'une fois, devient droite et s'avance vers l'extrémité de la queue.

La bonite a presque toujours plus de six décimètres de longueur ; elle se nourrit quelquefois de plantes marines et d'animaux à coquille, dont Commerson a trouvé des fragments dans l'intérieur de plusieurs individus de cette espèce qu'il a disséqués ; le plus souvent néanmoins elle préfère des exocets ou des triures. On la rencontre dans le grand Océan, aussi bien que dans l'océan Atlantique ; mais on ne la voit communément que dans les environs de la zone torride : elle y est la victime de plusieurs grands animaux marins ; elle y périt aussi très fréquemment dans les rets des navigateurs, qui trouvent le goût de sa chair d'autant plus agréable que lorsqu'ils prennent ce scombre, ils ont été communément privés depuis plusieurs jours de nourriture fraîche. *Poisson misérable*, pour employer l'expression de Commerson, elle porte dans ses entrailles des ennemis très nombreux ; ses intestins sont remplis de petits *tænia* et d'ascarides ; jusque sous sa plèvre et sous son péritoine, sont logés des vers cucurbitains très blancs, très petits et très mous ; et son estomac renferme d'autres animaux sans vertèbres, que Commerson a cru devoir comprendre dans le genre des sangsues.

Avant de terminer cet article, nous croyons utile de bien faire connaître quelques-unes des principales différences qui séparent la bonite du thazard, avec lequel on pourrait la confondre. Premièrement, la bonite a sur le ventre des raies noirâtres et longitudinales qui manquent sur le thazard. Deuxièmement, son corps est plus épais et moins arrondi. Troisièmement, elle n'a pas, comme le thazard, une tache bleue sous chaque œil. Quatrièmement, elle est couverte, sur tout le corps et la queue, d'écailles placées les unes au-dessus des autres ; le thazard n'en montre d'analogues que sur le dos et quelques parties de sa surface. Cinquièmement, sa membrane branchiale est soutenue par sept rayons ; celle du thazard n'en comprend que six. Sixièmement, le nombre des rayons est différent dans les pectorales ainsi que dans la première dorsale de la bonite, et dans les pectorales ainsi que la première dorsale du thazard. Septièmement, le cartilage situé au-dessous des thoracines est caché par la peau dans le thazard ; il est découvert dans la bonite. Huitièmement, la queue est plus profondément échancrée dans la bonite que dans le thazard. Neuvièmement, la ligne latérale diffère dans ces deux scombres par le lieu de son origine et par ses sinuosités. Dixièmement, enfin, la couleur de la chair du thazard est jaunâtre.

Que l'on considère avec Commerson qu'aucun de ces caractères ne dépend de l'âge ni du sexe, et l'on sera convaincu avec ce naturaliste que la bonite est une espèce de scombre très différente de celle du thazard décrite pour la première fois par ce savant voyageur.

LE SCOMBRE SARDE [1]

Scomber sarda, Bloch, Lacép., Cuv.

Le scombre sarde habite non seulement dans la Méditerranée, mais encore dans l'Océan. On le pêche à la hauteur de France et à celle d'Espagne, mais très souvent à la distance de plusieurs myriamètres des côtes. On le prend non seulement au filet, mais encore à l'hameçon. Il est d'une voracité excessive. Son poids s'élève jusqu'à cinq ou six kilogrammes. Sa chaire est blanche et grasse. Il a la langue lisse, mais on peut voir, de chaque côté du palais, un os long, étroit et garni de dents petites et pointues. Son anus est deux fois plus près de la caudale que de la tête. La couleur générale du poisson varie entre le bleu et l'argenté. La première nageoire du dos est noirâtre ; les autres nageoires sont d'un gris mêlé quelquefois avec des teintes jaunes [2].

LE SCOMBRE ALATUNGA [3]

Scomber Alatunga, Linn., Gmel.

Ce scombre, dont les naturalistes doivent la première description au savant Cetti, auteur de l'*Histoire des poissons et des amphibies de la Sardaigne,*

1. *Bonite, Germon,* sur plusieurs côtes de France. — *Boniton,* dans plusieurs ports méridionaux de France. — *Bize,* en Espagne. — *Scale breast,* en Angleterre. — *Brust schuppe,* en Allemagne. — *Bize,* Rondelet, part. 1, liv. VIII, chap. XI. — *Scomber sarda,* Bloch, pl. 334.

2. A la membrane branchiale du scombre sarde...................... 6 rayons.
A chaque pectorale... 16 —
A la première nageoire du dos, aiguillonnés.................. 21 —
A la seconde... 15 —
A chaque thoracine, articulés................................ 5 —
— aiguillonné.................................... 1 —
A la nageoire de l'anus...................................... 14 —
A la caudale... 20 —

3. Cetti, *Pesc. e anf. di Sard.,* p. 198. — *Scomber alatunga.* Bonnaterre, planches de l'Encyclopédie méthodique.

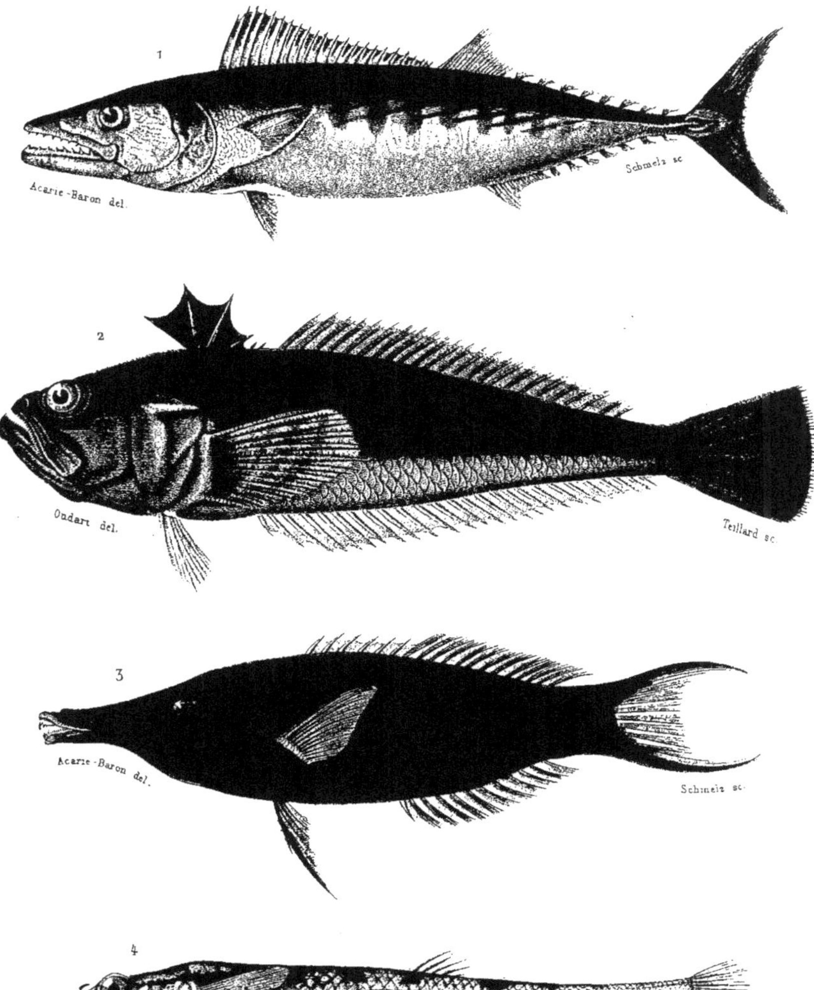

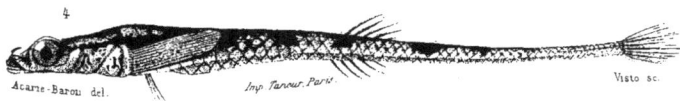

1 LE SCOMBRE-SARDE (Scomber-Sarda. Lin)

2 LA TRACHINE-VIVE (Trachinus-vipera. Cuv)

3 LE GOMPHOSE BLEU (Gomphosus cœruleus. Lacep)

4 L'ASPIDOPHOROÏDE (Aspidophoroides monopterigieus.)

d'après le RÈGNE ANIMAL de Cuvier édition V. Masson

Garnier frères Editeurs.

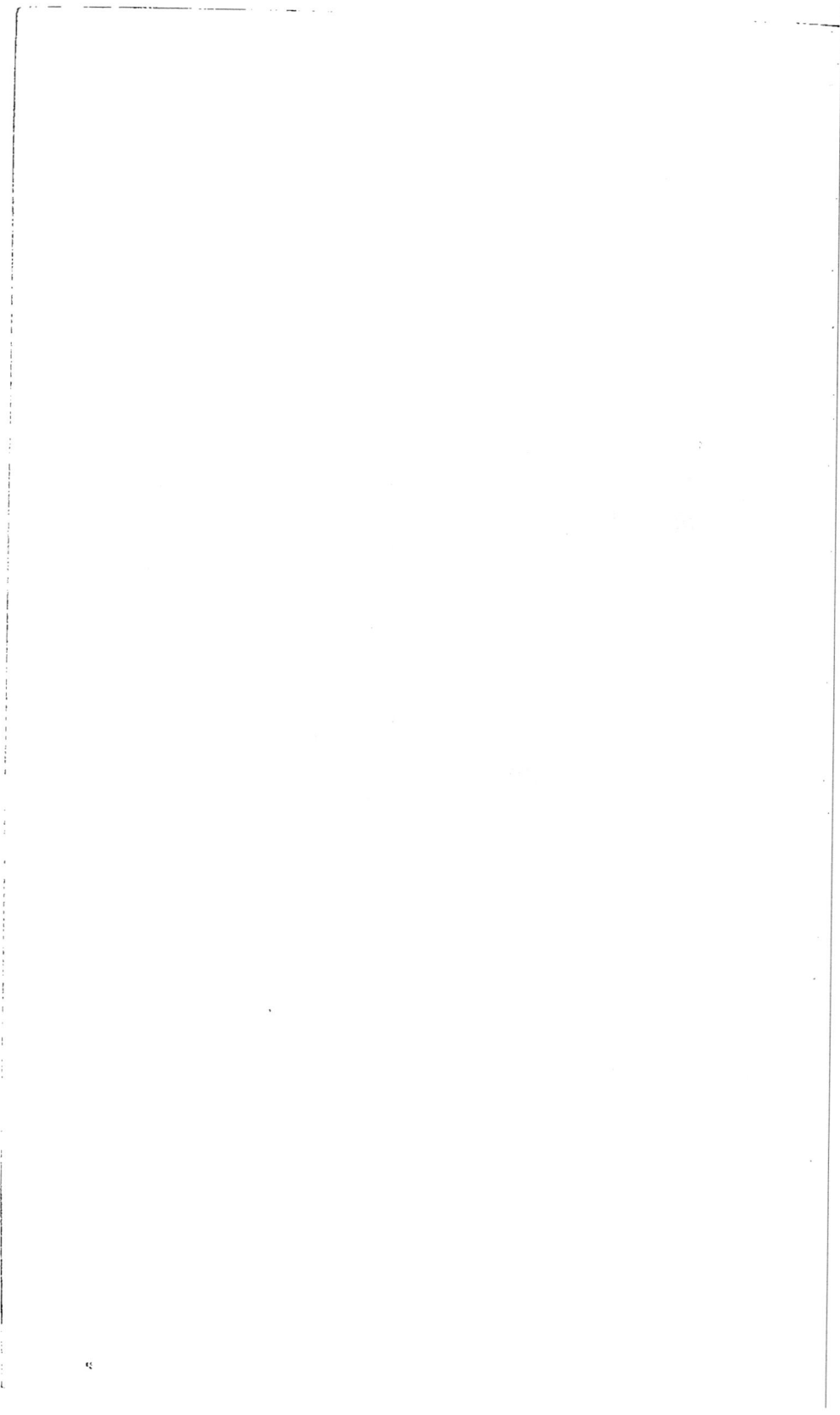

vit dans la Méditerranée comme le thon. On l'y voit, de même que ce dernier poisson, paraître régulièrement à certaines époques; et cette espèce se montre également en troupes nombreuses et bruyantes. Sa chair est blanche et agréable au goût. L'alatunga a d'ailleurs beaucoup de rapports dans sa conformation avec le thon ; mais il ne parvient ordinairement qu'au poids de sept ou huit kilogrammes. Il n'a que sept petites nageoires au-dessus et au-dessous de la queue; et ses nageoires pectorales sont si allongées, qu'elles atteignent jusqu'à la seconde nageoire dorsale. Au reste, il est aisé de voir que presque tous ses traits, particulièrement le dernier, le séparent de la bonite et du thazard, aussi bien que du thon; la longueur de ses pectorales ne peut le faire confondre dans aucune circonstance avec le germon, puisque le germon a huit ou neuf petites nageoires au-dessus ainsi qu'au-dessous de la queue, pendant que l'alatunga n'en a que sept au-dessous et au-dessus de cette même partie. Il est figuré dans les peintures sur vélin que l'on possède au Muséum d'histoire naturelle, et qui ont été faites d'après les dessins de Plumier, sous le nom de *thon de l'Océan (thynnus oceanicus)*, vulgairement *germon*.

Sa mâchoire inférieure est plus avancée que la supérieure, et sa ligne latérale tortueuse.

LE SCOMBRE CHINOIS

Scomber sinensis, LACÉP.

Ce scombre n'a encore été décrit par aucun naturaliste européen. Nous en avons trouvé une image très bien peinte dans le recueil chinois dont nous avons déjà parlé plusieurs fois : il est d'un violet argenté dans sa partie supérieure et rougeâtre dans sa partie inférieure. Sept petites nageoires sont placées entre la caudale et la seconde du dos : on en voit sept autres au-dessous de la queue. Les pectorales sont courtes; la caudale est très échancrée. La ligne latérale est saillante, sinueuse dans tout son cours; et indépendamment de son ondulation générale, elle descend assez bas après avoir dépassé les pectorales et se relève un peu ensuite. On n'aperçoit pas de raies longitudinales sur les côtés de l'animal.

LE SCOMBRE ATUN

Scomber Atun, LACÉP.

Le voyageur Euphrasen, en allant de Suède à Canton et de Canton en Suède, en 1782 et 1783, a vu près du cap de Bonne-Espérance, et dans les eaux de l'île de Java, le *scombre atun*, dont la longueur est quelquefois de plus d'un mètre; la tête comprimée; le museau allongé et pointu; la mâchoire supérieure garnie non seulement d'un rang de dents, mais encore de quatre dents aiguës et plus fortes, placées à son extrémité; l'œil ovale; l'iris cendré; la caudale fourchue[1].

LE SCOMBRE MAQUEREAU[2]

Scomber Scombrus, Linn., Gmel., Lacép., Cuv.

Lorsque nous avons voulu parcourir, pour ainsi dire, toutes les mers habitées par des régions nombreuses et rapides de thons, de germons, de thazards, de bonites et des autres scombres que nous venons d'examiner, nous n'avons eu besoin de nous élever par la force de la pensée qu'au-dessus des portions de l'Océan qu'environnent les zones torrides et tempérées. Pour connaître maintenant, observer et comparer tous les climats sous lesquels la nature a placé le scombre maquereau, nous devons porter nos regards bien plus loin encore. Que notre vue s'étende jusqu'au pôle du globe, jusqu'à celui autour duquel scintillent les deux ourses.

Quel spectacle nouveau, majestueux, terrible, va paraître à nos yeux! Des rivages couverts de frimas amoncelés et de glaces éternelles unissent, sans les distinguer, une terre qui disparaît sous des couches épaisses de neiges endurcies, à une mer immobile, froide, gelée, solide dans sa surface et surchargée au loin d'énormes glaçons entassés en montagnes sinueuses, ou élevés en pics sourcilleux. Sur cet Océan endurci par le froid, chaque année ne voit régner qu'un seul jour; et pendant ce jour unique, dont la durée s'étend au delà de six mois, le soleil, peu exhaussé au-dessus de la

1.

A la membrane branchiale du scombre atun	7	rayons.
A la première dorsale, aiguillonnés	20	—
A la seconde, articulés	10	—
A chaque pectorale	13	—
A chaque thoracine	6	—
A l'anale	10 ou 13	—
A la nageoire de la queue	22	—

2. *Auriol, Verrat*, sur plusieurs côtes méridionales de France. — *Makrill*, en Suède. — *Id.*, en Danemark. — *Makrel*, en Allemagne. — *Macarel*, en Angleterre. — *Macarello*, à Rome. — *Scombro*, à Venise. — *Lacerto*, à Naples. — *Cavallo*, en Espagne. — *Horreau*, dans quelques contrées européennes.

Scombre maquereau. Daubenton, Encyclopédie méthodique. — *Id.* Bonnaterre, planches de l'Encyclopédie méthodique. — *Maquereau.* Duhamel, *Traité des pêches*, part. 2, sect. 7, chap. I, pl. 1, fig. 1. — Bloch, pl. 54. — « Scomber pinnulis quinque. » *Faun. suecic.*, 339. — Müller, *Prodrom. zool. danic.*, p. 47, n. 395. « Scomber pinnulis quinque in extremo dorso, spina brevi ad anum. » Artedi, gen. 30, spec. 68, syn. 48.

O scombros, Arist., lib. VI, cap. XVII; lib. VIII, cap. XII. — Ælian, lib. XIV, cap. I, p. 798. — Athen., lib. III, p. 121. — Oppian, *Halieut.*, lib. I, fol. 108 et 109; et lib. III. — *Scomber*, Ovid., *Halieut.*, v. 94. — *Scomber.* Columell., lib. VIII, cap. XVII. — *Scomber.* Pline, lib. IX, cap. XV; lib. XXXI, cap. VIII; lib. XXXII, cap. XI. — *Maquereau*, Rondelet, part. 1, liv. VIII, chap. VII. — *Scombrus*, ibid. — *Scomber*, Gesner, 841, 1012 et (germ.) fol. 57. — *Scombrus*, id.

Schonev., p. 66. — Aldrov., lib. II, cap. LIII, p. 270. — Jonston, lib. I, tit. 3, cap. III, *a.* 1, punct. 6, p. 92, tab. 21, fig. 9, 11. — Willughby, p. 181. — *Mackrell.* Ray, p. 58. — *Scomber, scombrus*, Charlet, p. 147. — Wotton, lib. VIII, cap. CLXXXVIII, p. 166, *b.* — Salviani, fol. 239, *b*, 241, 242.

« Pelamis corpore castigato, etc. » Klein, *Miss. pisc.*, 5, p. 15, n. 5, tab. 4, fig. 1. — Gronov. Mus., 1, p. 34, n. 81; et *Zooph.*, p. 93, n. 304. — *Brit. zoolog.*, 3, p. 221, n. 1.

surface des mers, mais paraissant tourner sans cesse autour de l'axe du monde, élevant ou abaissant perpétuellement ses orbes, mais enchaînant toujours ses circonvolutions, commençant, toutes les fois qu'il répond au même méridien, un nouveau tour de son immense spirale, ne lançant que des rayons presque horizontaux et facilement réfléchis par les plans verticaux des éminences de glace, illuminant de sa clarté mille fois répétée les sommets de ces monts en quelque sorte cristallins, resplendissant sur leurs innombrables faces. Ne pénétrant qu'à peine dans les cavités qui les séparent, il rend plus sensible, par le contraste frappant d'une lumière éclatante et des ombres épaisses, cet étonnant assemblage des sommités escarpées et de profondes anfractuosités.

Cependant la même année voit succéder une nuit presque égale à ce jour. Une clarté nouvelle en dissipe les trop noires ténèbres : les ondes congelées renvoient, dispersent et multiplient dans l'atmosphère la lueur argentée de la lune qui a pris la place du soleil ; et la lumière boréale étalant, au plus haut des airs, des feux variés que n'efface ou ne ternit plus l'éclat radieux de l'astre du jour, répand au loin ses gerbes, ses faisceaux, ses flots enflammés, ses tourbillons rapides, et, dans une sorte de renversement remarquable, montre dans un ciel sans nuages toute l'agitation du mouvement, pendant que la mer présente toute l'inertie du repos. Une teinte extraordinaire paraît et dans l'air, et sur les eaux, et sur de lointains rivages ; un demi-jour, pour ainsi dire mystérieux et magique, règne sur un vaste espace immobile et glacé. Quelle solitude profonde! tout se tait dans ce désert horrible. A peine, du moins, quelques échos funèbres et sourds répètent-ils faiblement et dans le fond de l'étendue les gémissements rauques et sauvages des oiseaux d'eau égarés dans la nuit, affaiblis par le froid, tourmentés par la faim.

Ce théâtre du néant se resserre tout d'un coup; des brumes épaisses se reposent sur l'Océan, et la vue est arrêtée par de lugubres ténèbres. Cependant la scène va changer encore. Une tempête d'un nouveau genre se prépare. Une agitation intestine commence ; un mouvement violent vient de très loin, se communique avec vitesse de proche en proche, s'accroît en s'étendant, soulève avec force les eaux des mers contre les voûtes qui les compriment ; un craquement affreux se fait entendre ; c'est l'épouvantable tonnerre de ces lieux funestes ; les efforts des ondes bouleversées redoublent ; les monts de glaces se séparent, et, flottant sur l'Océan qui les repousse, errent se choquent, s'entr'ouvrent, s'écroulent en ruines, ou se dispersent en débris.

C'est dans le sein même de cet océan polaire, dont la surface vient de nous présenter l'effrayante image de la destruction et du chaos, que vivent, au moins pendant une saison assez longue, les troupes innombrables des scombres que nous allons décrire. Les diverses cohortes que forment leurs réunions renferment dans ces mers arctiques d'autant plus d'individus, que, moins grands que les thons et d'autres poissons de leur genre, n'atteignant guère qu'à une longueur de sept décimètres et doués par conséquent d'une force moins considérable, ils sont moins excités à se livrer les uns aux autres des combats meurtriers. Et ce n'est pas seulement dans ces mers hyperboréennes que leurs légions comprennent des milliers d'individus.

On les trouve également et même plus nombreuses dans presque toutes les mers chaudes ou tempérées des quatre parties du monde, dans le grand Océan, auprès du pôle antarctique, dans l'Atlantique, dans la Méditerranée, où leurs rassemblements sont d'autant plus étendus, et leurs agrégations d'autant plus durables, qu'ils paraissent obéir, avec plus de constance que plusieurs autres poissons, aux diverses causes qui dirigent ou modifient les mouvements des habitants des eaux.

Les évolutions de ces tribus marines sont rapides, et leur natation est très prompte, comme celle de presque tous les autres scombres.

La grande vitesse qu'elles présentent lorsqu'elles se transportent d'une plage vers une autre n'a pas peu contribué à l'opinion adoptée presque universellement jusqu'à nos jours, au sujet de leurs changements périodiques d'habitation. On a cru presque généralement, d'après des relations de pêcheurs rapportées par Anderson dans son *Histoire naturelle de l'Islande*, que le maquereau était soumis à des migrations régulières; on a pensé que les individus de cette espèce, qui passaient l'hiver dans un asile plus ou moins sûr auprès des glaces polaires, voyageaient pendant le printemps ou l'été jusque dans la Méditerranée. Tirant de fausses conséquences de faits mal vus et mal comparés, on a supposé la plus grande précision pour les temps et pour les lieux, dans l'exécution de ce transport successif et périodique de myriades de maquereaux depuis le cercle polaire jusqu'aux environs du tropique. On a indiqué l'ordre de leur voyage; on a tracé leur route sur les cartes, et voici comment la plupart des naturalistes qui se sont occupés de ces animaux les ont fait s'avancer de la zone glaciale vers la zone torride et revenir ensuite auprès du pôle à leur habitation d'hiver.

On a dit que, vers le printemps, la grande armée des maquereaux côtoie l'Islande, le Hittland, l'Écosse et l'Irlande. Parvenue auprès de cette dernière île, elle se divise en deux colonnes : l'une passe devant l'Espagne et le Portugal pour se rendre dans la Méditerranée, où il paraît qu'on croyait qu'elle terminait ses migrations; l'autre paraissait, vers le mois d'avril, auprès des rivages de France et d'Angleterre, s'enfonçait dans la Manche, se montrait en mai devant la Hollande et la Frise et arrivait en juin vers les côtes de Jutland. C'était dans cette dernière portion de l'océan Atlantique boréal que cette colonne se séparait pour former deux grandes troupes voyageuses : la première se jetait dans la Baltique, d'où on n'avait pas beaucoup songé à la faire sortir ; la seconde, moins déviée du grand cercle tracé pour la natation de l'espèce, voguait devant la Norvège et retournait, jusque dans les profondeurs ou près des rivages des mers polaires, chercher, contre les rigueurs de l'hiver, un abri qui lui était connu.

Bloch et M. Noël ont très bien prouvé qu'une route décrite avec tant de soin ne devait cependant pas être considérée comme réellement parcourue ; qu'elle était inconciliable avec des observations sûres, précises, rigoureuses et très multipliées, avec les époques auxquelles les maquereaux se montrent sur les divers rivages de l'Europe, avec les dimensions que présentent ces scombres auprès de ces mêmes rivages, avec les rapports qui lient quelques traits de la conformation de ces animaux à la température qu'ils éprouvent, à la nourriture qu'ils trouvent, à la quantité de l'eau dans laquelle ils sont plongés.

On doit être convaincu, ainsi que nous l'avons annoncé dans le *Discours sur la nature des poissons*, que les maquereaux (et nous en dirons autant, dans la suite de cet ouvrage, des harengs et des autres osseux que l'on a considérés comme contraints de faire périodiquement des voyages de long cours), que les maquereaux, dis-je, passent l'hiver dans les fonds de la mer plus ou moins éloignés des côtes dont ils s'approchent vers le printemps ; qu'au commencement de la belle saison, ils s'avancent vers le rivage qui leur convient le mieux, se montrent souvent comme les thons, à la surface de la mer, parcourent des chemins plus ou moins directs, ou plus ou moins sinueux, mais ne suivent point le cercle périodique auquel on a voulu les attacher, ne montrent point ce concert régulier qu'on leur a attribué, n'obéissent pas à cet ordre de lieux et de temps auquel on les a dits assujettis.

On n'avait que des idées vagues sur la manière dont les maquereaux étaient renfermés dans leur asile sous-marin pendant la saison la plus rigoureuse, et particulièrement auprès des contrées polaires. Nous allons remplacer ces conjectures par des notions précises. Nous devons cette connaissance certaine à l'observation suivante qui m'a été communiquée par mon respectable collègue, le brave et habile marin, le sénateur et vice-amiral Pléville-le-Peley. Le fait qu'il a remarqué est d'autant plus curieux, qu'il peut jeter un grand jour sur l'engourdissement que les poissons peuvent éprouver pendant le froid, et dont nous avons parlé dans notre premier Discours. Cet amiral nous apprend, dans une note manuscrite qu'il a bien voulu me remettre, qu'il a vérifié avec soin les faits qu'elle contient, le long des côtes du Groenland, dans la baie d'Hudson, auprès des rivages de Terre-Neuve, à l'époque où les mers commencent à y être navigables, c'est-à-dire vers le tiers du printemps. On voit dans ces contrées boréales, nous écrit le vice-amiral Pléville, des enfoncements de la mer dans les terres, nommées *barachouas*, et tellement coupés par de petites pointes qui se croisent, que dans tous les temps les eaux y sont aussi calmes que dans le plus petit bassin. La profondeur de ces asiles diminue à raison de la proximité du rivage, et le fond en est généralement de vase molle et de plantes marines. C'est dans ce fond vaseux que les maquereaux cherchent à se cacher pendant l'hiver, et qu'ils enfoncent leur tête et la partie antérieure de leur corps jusqu'à la longueur d'un décimètre ou environ, tenant leurs queues élevées verticalement au-dessus du limon. On en trouve des milliers enterrés ainsi à demi dans chaque *barachoua*, hérissant, pour ainsi dire, de leurs queues redressées le fond de ces bassins, au point que des marins, les apercevant pour la première fois auprès de la côte, ont craint d'approcher du rivage dans leur chaloupe, de peur de la briser contre une sorte particulière de banc ou d'écueil.

M. Pléville ne doute pas que la surface des eaux de ces barachouas ne soit gelée pendant l'hiver, et que l'épaisseur de cette croûte de glace et celle de la couche de neige qui s'amoncelle au-dessus, ne tempèrent beaucoup les effets de la rigueur de la saison sur les maquereaux enfouis à demi au-dessous de cette double couverture, et ne contribuent à conserver la vie de ces animaux. Ce n'est que vers juillet que ces poissons reprennent une partie de leur activité, sortent de leurs trous, s'élancent dans les flots et parcourent les grands rivages. Il semble même que la stupeur ou l'engourdissement dans lequel ils doivent avoir été plongés pendant les très grands froids ne se dissipe que par degrés : leurs sens paraissent très affaiblis pendant une vingtaine de jours, leur vue est alors si débile, qu'on les croit aveugles et qu'on les prend facilement au filet. Après ce temps de faiblesse, on est souvent forcé de renoncer à cette dernière manière de les pêcher; les maquereaux, recouvrant entièrement l'usage de leurs yeux, ne peuvent plus en quelque sorte être pris qu'à l'hameçon ; mais comme ils sont encore très maigres et qu'ils se ressentent beaucoup de la longue diète qu'ils ont éprouvée, ils sont très avides d'appâts, et on en fait une pêche très abondante.

C'est à peu près à la même époque qu'on recherche ces poissons sur un grand nombre de côtes plus ou moins tempérées de l'Europe occidentale. Ceux qui paraissent sur les rivages de France sont communément parvenus à leur point de perfection en avril et mai; ils portent le nom de *chevillés*, et sont moins estimés en juillet et août, lorsqu'ils ont jeté leur laite ou leurs œufs.

Les pêcheurs des côtes nord-ouest et ouest de la France sont de tous les marins de l'Europe ceux qui s'occupent le plus de la recherche des maquereaux et qui en prennent le plus grand nombre. Ils se servent, pour pêcher ces animaux, de *haims*, de *libourets*[1], de *manets*[2] faits d'un fil très délié, et que l'on réunit quelquefois de manière à former avec ces filets une *tessure* de près de mille brasses (deux mille cinq cents mètres) de longueur. Les temps orageux sont très souvent ceux pendant lesquels on prend avec le plus de facilité les scombres maquereaux, qui, agités par la tempête, s'approchent beaucoup de la surface de la mer et se jettent dans les filets tendus à une très petite profondeur; mais lorsque le ciel est serein et que l'Océan est calme, il faut les chercher entre deux eaux, et la pêche en est beaucoup moins heureuse.

1. Voyez l'explication du mot *libouret* à l'article du Scombre thon.

2. L'article de la Trachine vive renferme une courte description du *manet*.

C'est parmi les rochers que les femelles aiment à déposer leurs œufs; et comme chacun de ces individus en renferme plusieurs centaines de mille, il n'est pas surprenant que les maquereaux forment des légions très nombreuses. Lorsqu'on en prend une trop grande quantité pour la consommation des pays voisins du lieu de la pêche, on prépare ceux que l'on veut conserver longtemps et envoyer à de grandes distances, en les vidant, en les mettant dans du sel et en les entassant ensuite comme des harengs dans des barils.

La chair des maquereaux étant grasse et fondante, les anciens l'exprimaient, pour ainsi dire, de manière à former une sorte de substance liquide ou de préparation particulière à laquelle on donnait le nom de *garum*. Pline dit[1] combien ce *garum* était recherché non seulement comme un assaisonnement agréable de plusieurs mets, mais encore comme un remède efficace contre plusieurs maladies. On obtenait du *garum*, dans le temps de Belon et dans plusieurs endroits voisins des côtes de la Méditerranée, en se servant des intestins des maquereaux ; et on en faisait une grande consommation à Constantinople ainsi qu'à Rome, où ceux qui en vendaient étaient nommés *piscigaroles*.

C'est par une suite de cette nature de leur chair grasse et huileuse, que les maquereaux sont comptés parmi les poissons qui jouissent le plus de la faculté de répandre de la lumière dans les ténèbres[2]. Ils luisent dans l'obscurité, lors même qu'ils sont tirés de l'eau depuis très peu de temps; et on lit dans les *Transactions philosophiques de Londres* (année 1666, p. 116) qu'un cuisinier, en remuant de l'eau dans laquelle il avait fait cuire quelques-uns de ces scombres, vit que ces poissons rayonnaient vivement, et que l'eau devenait très lumineuse. On apercevait une lueur phosphorique partout où on laissait tomber des gouttes de cette eau, après l'avoir agitée. Des enfants s'amusèrent à transporter de ces gouttes qui ressemblaient à autant de petits disques lumineux. On observa encore le lendemain que, lorsqu'on imprimait à l'eau un mouvement circulaire rapide, elle jetait une lumière comparable à la clarté de la lune ; cette lumière égalait l'éclat de la flamme, lorsque la vitesse du mouvement de l'eau était très accélérée ; des jets lumineux très brillants sortaient alors du gosier et de plusieurs autres parties des maquereaux.

Mais avant de terminer cet article, montrons avec précision les formes du poisson dont nous venons d'indiquer les principales habitudes.

En général, le maquereau a la tête allongée, l'ouverture de la bouche assez grande, la langue lisse, pointue et un peu libre dans ses mouvements; le palais garni dans tout son contour de dents petites, aiguës et semblables à celles dont les deux mâchoires sont hérissées; la mâchoire inférieure un

1. *Hist. mundi*, lib. XXXI, cap. VIII.
2. Voyez la partie du Discours préliminaire relative à la phosphorescence des poissons.

peu plus longue que la supérieure, la nuque large, l'ouverture des branchies étendue, un opercule composé de trois pièces, le tronc comprimé; la ligne latérale voisine du dos, dont elle suit la courbure; l'anus plus rapproché de la tête que de la queue; les nageoires petites, et celle de la queue fourchue[1].

Telles sont les formes principales du scombre dont nous écrivons l'histoire ; ses couleurs ne sont pas tout à fait aussi constantes.

Le plus fréquemment, lorsqu'on voit ce poisson nager entre deux eaux et présenter au travers de la couche fluide qui le vernit, pour ainsi dire, toutes les nuances qu'il peut devoir à la rapidité de ses mouvements et à la prompte et entière circulation des liquides qu'il recèle, il paraît d'une couleur de soufre, ou plutôt on le croirait plus ou moins doré sur le dos; mais lorsqu'il est hors de l'eau, sa partie supérieure n'offre qu'une couleur noirâtre ondulée de bleu; de grandes taches transversales et d'une nuance bleuâtre sujette à varier s'étendent de chaque côté du corps et de la queue, dont la partie inférieure est argentée, ainsi que l'iris et les opercules des branchies. Presque toutes les nageoires sont grises ou blanchâtres.

Plusieurs individus ne présentent pas de grandes taches latérales; ils forment une variété à laquelle on a donné le nom de *Marchais* dans plusieurs pêcheries françaises, et qui est communément moins estimée pour la table que les maquereaux ordinaires.

Au reste, toutes ces couleurs ou nuances sont produites ou modifiées par des écailles petites, minces et molles.

Ajoutons que les vertèbres des scombres que nous décrivons sont grandes, et au nombre de trente ou trente et une. On compte dans chacun des côtés de l'épine dorsale onze ou douze côtes attachées aux vertèbres par des cartilages.

On peut voir par les détails dans lesquels nous venons d'entrer, que les formes et les armes des maquereaux ne les rendent pas plus dangereux que leur taille pour les autres habitants des mers. Cependant comme leurs appétits sont très violents et que leur nombre leur inspire peut-être une sorte de confiance, ils sont voraces et même hardis : ils attaquent souvent des poissons plus gros et plus forts qu'eux; et on les a même vus quelquefois se jeter avec une audace aveugle sur des pêcheurs qui voulaient les saisir ou qui se baignaient dans les eaux de la mer.

Mais s'ils cherchent à faire beaucoup de victimes, ils sont perpétuellement entourés de nombreux ennemis. Les grands habitants des mers les dévorent; et des poissons en apparence assez faibles, tels que les murènes et

1. A la première nageoire dorsale........ 12 rayons.
A la seconde........ 12 —
A chacune des pectorales........ 20 —
A chacune des thoracines........ 6 —
A celle de l'anus........ 13 —
A celle de la queue........ 20 —

les murénophis, les combattent avec avantage. Nous ne pouvons donc écrire presque aucune page de cette histoire sans parler d'attaques et de défenses, de proie et de dévastateurs, d'actions et de réactions redoutables, d'armes, de sang, de carnage et de mort. Triste et horrible condition de tant de milliers d'espèces condamnées à ne subsister que par la destruction, à ne vivre que pour être immolées ou prévenir leurs tyrans, à n'exister qu'au milieu des angoisses du faible, des agitations du plus fort, des embarras de la fuite, des fatigues de la recherche, du trouble des combats, de la douleur des blessures, des inquiétudes de la victoire, des tourments de la défaite! Combien tous ces affreux malheurs se seraient surtout accumulés sur la faible espèce humaine, si la sensibilité éclairée par l'intelligence et l'intelligence animée par la sensibilité n'avaient pas, par un heureux accord, fait naître la société, la civilisation, la science, la vertu! et combien ils pèseront encore sur sa tête infortunée, jusqu'au moment où la lumière du génie, plus généralement répandue, éclairera un plus grand nombre d'hommes sur leurs véritables intérêts et dissipera les illusions de leurs passions aveugles et funestes!

C'est au maquereau que nous croyons devoir rapporter le scombre qu'Aristote, Athénée, Aldrovande, Gesner et Willughby ont désigné par le nom de *colias*[1], que l'on pêche près des côtes de la Sardaigne, qui est souvent plus petit que le maquereau, qui en diffère quelquefois par les nuances qu'il offre, puisque, suivant le naturaliste Cetti, il présente un *vert gai* mêlé à de l'azur, mais qui d'ailleurs a les plus grands rapports avec le poisson que nous venons de décrire. Le professeur Gmelin lui-même, en l'inscrivant à la suite du maquereau, demande s'il ne faut pas le considérer comme ce dernier scombre encore jeune.

Au reste, quelques auteurs, et particulièrement Rondelet[2], ont appliqué cette dénomination de *colias* à d'autres scombres que l'on nomme *coguoils* auprès de Marseille, qui habitent dans la Méditerranée, qui s'y plaisent surtout dans le voisinage des côtes d'Espagne, qui sont plus grands et plus épais que le maquereau ordinaire, et que néanmoins Rondelet regarde comme n'étant qu'une variété de ce dernier poisson, avec lequel on le confond en effet très souvent.

Peut-être est-ce plutôt aux *coguoils* qu'aux maquereaux verts et bleus de Cetti qu'il faut rapporter les passages des anciens naturalistes, et principalement celui d'Athénée que nous venons de citer.

Quoi qu'il en soit, les *coguoils* ont la chair plus gluante et moins agréable que le maquereau ordinaire. Ils sont couverts d'écailles petites et

1. *Scomber colias*. Linné, édition de Gmelin. — *Kolias*. Aristote, *Hist. anim.*, V, 9; VIII, 13; et IX, 2. — *Id.*, Athenæus, *Deipnosoph.*, III, 118, 120; VII, 321. — *Colias*. Aldrov., *Pisc.* p. 274. — Gesn., *Aquat.*, p. 256. — Willughby, *Ichtyol.*, p. 182. — *Lacertus*. Klein, *Miss. pisc.*, 5, p. 122. — « Scomber læte viridis et azureus. » Cetti, *Pesce e anf. di Sard.*, p. 196.

2. Rondelet, première partie, liv. VIII, chap. VIII.

tendres ; une partie de leur tête est si transparente qu'on distingue, comme au travers d'un verre, les nerfs qui, du cerveau, aboutissent aux deux organes de la vue. Rondelet ajoute que, vers le printemps, ils jettent du sang aussi resplendissant que la liqueur de la pourpre.

Ce fait nous rappelle un phénomène analogue qui nous a été attesté par un voyageur digne d'estime, et sur lequel nous croyons utile d'appeler l'attention des observateurs.

M. Charvet m'a instruit, par deux lettres datées de Serrières, département de l'Ardèche, l'une le 11 octobre, l'autre le 7 novembre de l'an 1796, qu'en 1776 il était occupé dans l'île de la Guadeloupe, non seulement à faire une collection de dessins coloriés de plantes qu'il destinait pour le Jardin et le Cabinet d'histoire naturelle de Paris, et qui furent entièrement détruits par le fameux ouragan de septembre de cette même année 1776, mais encore à terminer avec beaucoup de soin des dessins de différentes espèces de poissons pour M. Barbotteau, habitant du Port-Louis, connu par un ouvrage intéressant sur les fourmis, et correspondant de Duhamel, qui publia plusieurs de ces dessins ichtyologiques dans le *Traité général des pêches*.

Les liaisons de M. Charvet avec les Caraïbes, chez lesquels il trouvait de l'ombrage et du repos lorsqu'il était fatigué de parcourir les rochers et les profondeurs des anses, lui procurèrent, de la part de ces insulaires, des poissons assez rares. Ces Caraïbes le dirigèrent, dans une de ses courses, vers une partie des rivages de l'île, sauvage, pittoresque et mélancolique, appelée *Porte d'Enfer*. Ce fut auprès de cette côte qu'il trouva un poisson dont il m'a envoyé un dessin colorié. Cet animal avait l'air si familier et si peu effrayé des mouvements de M. Charvet, qui se baignait, que cet artiste fut tenté de le saisir. A peine le tenait-il qu'une fente placée sur le dos du poisson s'entr'ouvrit et qu'il en sortit une liqueur d'un pourpre vif, assez abondante pour teindre l'eau environnante, en troubler la transparence, et donner à l'animal la facilité de s'échapper, au moment où l'étonnement de M. Charvet l'empêcha de retenir le poisson qu'il avait dans les mains. Cet artiste cependant prit de nouveau le poisson, qui répandit une seconde fois sa liqueur ; mais ce fluide était bien moins coloré et bien moins abondant qu'au premier jet, et cessa de couler, quoique l'animal continuât d'ouvrir et de fermer la fente dorsale, comme pour obéir à une grande irritation. Le poisson, rendu à la liberté, ne parut pas très affaibli. Un second individu de la même espèce, placé promptement sur une feuille de papier, la teignit de la même manière qu'une eau fortement colorée avec la laque ; néanmoins, après trois jours, la tache rouge était devenue jaune. Des affaires imprévues, une maladie grave, les suites funestes du terrible ouragan de septembre 1776 et l'obligation soudaine de repartir pour l'Europe empêchèrent M. Charvet de dessiner et même de décrire, pendant qu'il était encore à la Guadeloupe, le poisson à liqueur pourprée ; mais sa mémoire, fortement frappée des traits, de l'allure et de la propriété de cet animal, lui a donné la facilité de faire en France une description et un dessin colorié de ce poisson, qu'il a eu la bonté de me faire parvenir.

Les individus vus par ce voyageur avaient un peu plus de deux décimètres de longueur. Leurs nageoires pectorales étaient assez grandes. La nageoire dorsale était composée de deux portions longitudinales, charnues à leur base, terminées dans le haut par des filaments qui les faisaient paraître frangées, et appliquées l'une contre l'autre de manière à ne former qu'un seul tout, lorsque l'animal voulait tenir fermée la fente propre à laisser échapper la liqueur rouge ou violette. Cette fente, située à l'origine et au milieu de ces deux portions longitudinales de la nageoire dorsale, ne paraissait pas s'étendre vers la queue aussi loin que cette même nageoire ; mais le fluide coloré, en sortant par cette ouverture, suivait toute la longueur de la nageoire du dos et obéissait à ses ondulations.

La peau était visqueuse, couverte d'écailles petites et fortement adhérentes. La couleur d'un gris blanc plus ou moins clair faisait ressortir un grand nombre de petits points jaunes, bleus, bruns ou d'autres nuances. L'ensemble des formes de ces poissons et les teintes qu'ils présentaient étaient agréables à la vue. Ils se nourrissaient de petits mollusques et de vers marins, qu'ils cherchaient avec beaucoup de soin parmi les pierres du fond de l'eau, sans se détourner ni discontinuer leurs petites manœuvres avant l'instant où on voulait les saisir ; et la contraction qu'ils éprouvaient lorsqu'ils faisaient jaillir leur liqueur pourprée était apparente dans toute la longueur de leur corps, mais principalement vers l'insertion des nageoires pectorales.

Ces *teinturiers* de la Guadeloupe, car c'est ainsi que les nomme M. Charvet, cherchent un asile lorsque la tempête commence à bouleverser les flots ; sans cette précaution, ils résisteraient d'autant moins aux agitations de la mer et aux secousses des vagues impétueuses qui les briseraient contre les rochers, que leurs écailles sont fort tendres, leurs muscles très délicats, et leurs téguments de nature à se rider bientôt après leur mort.

Ces faits ne suffisent pas pour déterminer l'espèce ni le genre, ni même l'ordre de ces poissons. Plusieurs motifs doivent donc engager les naturalistes qui parcourent les rivages de la Guadeloupe à chercher des individus de l'espèce observée par M. Charvet, à reconnaître leur conformation, à examiner leurs habitudes, à constater leurs propriétés.

LE SCOMBRE JAPONAIS[1]

Scomber japonicus, Linn., Gmel., Lacép.

Ce scombre n'est peut-être qu'une variété du maquereau, ainsi que l'a

1. « Scomber cærulescens, pinnulis quinque spuriis. » Houttuyn, *Act. Haarl.*, 20, 2, p. 331, n. 18. — *Scombre du Japon.* Bonnaterre, planches de l'Encyclopédie méthodique.

soupçonné le professeur Gmelin. Nous ne l'en séparons que pour nous conformer à l'opinion de plusieurs naturalistes, en annonçant aux voyageurs notre doute à cet égard et en les invitant à le résoudre par des observations.

Ce poisson vit dans la mer du Japon. Sa longueur n'est quelquefois que de deux décimètres; ses mâchoires sont hérissées de petites dents; sa couleur générale est d'un bleu clair; sa tête brille de la couleur de l'argent; ses écailles sont très petites, et l'on a comparé l'ensemble de sa conformation à celle du hareng[1].

Houttuyn l'a fait connaître.

LE SCOMBRE DORE[2]

Scomber aureus, LACÉP.

Le nom de ce poisson annonce la riche parure que la nature lui a accordée et la couleur éclatante dont il est revêtu. Il est en effet resplendissant d'or sur une très grande partie de sa surface, et particulièrement sur son dos. Peut-être n'est-il qu'une variété du maquereau. Le professeur Gmelin a témoigné de l'incertitude au sujet de l'espèce de ce scombre, aussi bien qu'à l'égard de celle du japonais. Le doré s'éloigne cependant du maquereau beaucoup plus que ce japonais, non seulement par ses nuances, mais encore par quelques détails de sa conformation, et notamment par le nombre des rayons de ses nageoires.

Quoi qu'il en soit, on trouve le doré dans les mers voisines du Japon, ainsi qu'on y voit le scombre précédent, et il a été également découvert par Houttuyn.

Il n'a au-dessus et au-dessous de la queue que cinq petites nageoires comme le japonais et le maquereau, et on ne compte que six rayons à sa nageoire de l'anus[3].

Nous avons trouvé dans un des manuscrits de Plumier, déposés à la Bibliothèque royale, la figure d'un scombre nommé par ce naturaliste très petit scombre d'Amérique (*scomber minimus americanus*), et qui tient, à beaucoup d'égards, le milieu entre le doré et le maquereau. Des raies ondulent en divers sens sur le dos de ce poisson. Il n'a que cinq petites nageoires

1. A chacune des deux nageoires dorsales........ 8 rayons.
A chacune des pectorales........ 18 —
A chacune des thoracines........ 6 —
A celle de l'anus........ 11 —
A celle de la queue........ 20 —

2. Houttuyn, *Act. Haarl.*, 20, 2, p. 331, n. 19. — *Scombre doré*. Bonnaterre, planches de l'Encyclopédie méthodique.

3. A la première nageoire dorsale........ 9 rayons.
A chacune des pectorales........ 18 —
A chacune des thoracines........ 6 —
A celle de l'anus........ 6 —

au-dessus et au-dessous de la queue, onze rayons à la première dorsale, neuf à la seconde et cinq à la nageoire de l'anus,

LE SCOMBRE ALBACORE[1]

Scomber Albacorus, Lacép.

Le nom d'*albacore* ou d'*albicore* a été donné, ainsi que ceux de *germon*, de *thazard* et de *bonite* ou *pélamide*, à plusieurs espèces de scombres, ce qui n'a pas jeté peu de confusion dans l'histoire de ces animaux. Nous l'appliquons exclusivement, pour éviter toute équivoque, à un poisson de la famille dont nous traitons et dont Sloane a fait mention dans son *Histoire de la Jamaïque*.

Ce scombre, qui habite dans le bassin des Antilles, est couvert de petites écailles. L'individu décrit par Sloane avait seize décimètres de longueur et un mètre de circonférence à l'endroit le plus gros du corps. Ses mâchoires, longues de deux décimètres ou environ, étaient garnies chacune d'une rangée de dents courtes et aiguës. On pouvait voir, au-dessus des opercules, deux arêtes cachées en partie sous une peau luisante. On comptait, au-dessus et au-dessous de la queue, plusieurs petites nageoires séparées l'une de l'autre par un intervalle de cinq centimètres ou à peu près. La nageoire de l'anus se terminait en pointe et avait trente-deux centimètres de long et huit centimètres de haut. Celle de la queue était en croissant. Les deux saillies latérales et longitudinales de la queue avaient plus de deux centimètres d'élévation. Plusieurs parties de la surface de l'animal étaient blanches, les autres d'une couleur foncée.

SOIXANTE-QUATRIÈME GENRE

LES SCOMBÉROÏDES

De petites nageoires au-dessus et au-dessous de la queue; une seule nageoire dorsale; plusieurs aiguillons au-devant de la nageoire du dos.

ESPÈCES.	CARACTÈRES.
1. Le Scombéroïde noel.	Dix petites nageoires au-dessus et quatorze au-dessous de la queue; sept aiguillons recourbés au-devant de la nageoire du dos.
2. Le Scombéroïde commersonnien.	Douze petites nageoires au-dessus et au-dessous de la queue; six aiguillons au-devant de la nageoire du dos.
3. Le Scombéroïde sauteur.	Sept petites nageoires au-dessus et huit au-dessous de la queue; quatre aiguillons au-devant de la nageoire du dos.

1. Sloane, *Hist. of Jamaic.*, t. II, p. 11. — *Scombre albacore.* Bonnaterre, planches de l'Encyclopédie méthodique. — *Scomber albacares,* ibid.

LE SCOMBÉROIDE NOEL

Scomberoides Noelii, LACÉP.

Aucune des espèces que nous avons cru devoir comprendre dans le genre dont nous allons nous occuper n'est encore connue des naturalistes. Nous avons donné à la famille qu'elles composent le nom de *scombéroïde*, pour désigner les rapports qui la lient avec les scombres. Elle tient, à quelques égards, le milieu entre ces scombres, auxquels elle ressemble par les petites nageoires qu'elle montre au-dessus et au-dessous de la queue et entre les gastérostées, dont elle se rapproche par la série d'aiguillons qui tiennent lieu d'une première nageoire dorsale.

Nous nommons *scombéroïde Noël* la première des trois espèces que nous avons inscrites dans ce genre, pour donner une marque solennelle de reconnaissance et d'estime à M. Noël, de Rouen, qui mérite si bien chaque jour les remerciements des naturalistes par ses travaux, et dont les observations exactes ont enrichi tant de pages de l'histoire que nous écrivons.

Nous l'avons décrite d'après un individu desséché et bien conservé qui faisait partie de la collection cédée à la France par la Hollande et envoyée au Muséum d'histoire naturelle.

Ce poisson avait dix petites nageoires au-dessus de la queue[1] et quatorze au-dessous de cette même partie. Sept aiguillons recourbés en arrière et placés longitudinalement au delà de la nuque tenaient lieu de première nageoire du dos; deux aiguillons paraissaient au-devant de la nageoire de l'anus. Six taches ou petites bandes transversales s'étendaient de chaque côté de l'animal et lui donnaient, ainsi que l'ensemble de sa conformation, beaucoup de ressemblance avec le maquereau. La nageoire de la queue était fourchue.

LE SCOMBÉROIDE COMMERSONNIEN[2]

Scomberoides commersonianus, LACÉP. — *Lichia Commersonii*, CUV.

Ce scombéroïde, que nous avons décrit et fait graver d'après Commerson, est un poisson d'un grand volume. Sa hauteur et son épaisseur, assez grande relativement à sa longueur, doivent lui donner un poids considérable. On voit à la place d'une première nageoire dorsale six aiguillons re-

1.
A la nageoire du dos	9	rayons.
A chacune des pectorales	18	—
A chacune des thoracines, aiguillonné	1	—
— articulés	5	—
A la nageoire de l'anus	26	—
A celle de la queue	26	—

2. « Scomber pinnulis dorsi et ani duodecim circiter vix distinctis, spinis in anteriore dorso sex discretis, pone anum duabus; — vel maculis orbicularibus supra lineam lateralem utrinque sex ad octo, cæruleis. » Commerson, manuscrits déjà cités.

courbés, pointus et très séparés l'un de l'autre. On compte douze petites nageoires au-dessus et au-dessous de la queue[1]. La nageoire caudale est très fourchue. Deux aiguillons très distincts sont placés au-devant de la nageoire de l'anus; chaque opercule est composé de deux pièces. Les deux mâchoires sont garnies de dents égales et aiguës ; l'inférieure est plus avancée que la supérieure. De chaque côté du dos paraissent des taches d'une nuance très foncée, rondes, ordinairement au nombre de huit et inégales en surface ; la plus grande est le plus souvent située au-dessous de la nageoire dorsale ; le diamètre des autres est d'autant plus petit qu'elles sont plus rapprochées de la tête ou de la queue. Les nageoires pectorales ne sont guère plus étendues que les thoracines. On trouve le commersonnien dans la mer voisine du fort Dauphin de l'île de Madagascar.

LE SCOMBÉROIDE SAUTEUR[2]

Scomberoides saltator, Lacép. — *Lichia saliens*, Cuv. — *Scomber saliens*, Bloch.

Nous avons trouvé dans les manuscrits de Plumier, que l'on conserve à la Bibliothèque royale, un dessin de ce poisson que nous avons fait graver. Ce naturaliste le nommait *petite pélamide* ou *petite bonite*, vulgairement *le sauteur*. Nous avons conservé au scombéroïde que nous décrivons ce nom distinctif ou spécifique de *sauteur*, parce qu'il indique la faculté de s'élancer au-dessus de la surface des eaux, et par conséquent une partie intéressante de ses habitudes.

Cet animal a sept petites nageoires au-dessus de la queue, et huit autres nageoires analogues sont placées au-dessous. La dernière de ces petites nageoires, tant des supérieures que des inférieures, est très longue et faite en forme de faux.

La ligne latérale est un peu ondulée dans tout son cours ; elle descend d'ailleurs vers le ventre lorsqu'elle est parvenue à peu près au-dessus des nageoires pectorales. Deux aiguillons réunis par une membrane sont situés au-devant de la nageoire de l'anus. Deux lames composent chaque opercule. La mâchoire inférieure s'avance au delà de la supérieure. On compte neuf rayons à la nageoire du dos et à chacune des pectorales[3]. Cette nageoire dorsale et celle de l'anus sont conformées de manière à représenter une faux.

1. Ce nombre *douze* est expressément indiqué dans la description manuscrite de Commerson, à laquelle nous avons dû conformer notre texte, plutôt qu'au dessin que ce naturaliste a laissé dans ses papiers, que nous avons fait graver, et d'après lequel on attribuerait au scombéroïde que nous faisons connaître, dix petites nageoires supérieures et treize petites nageoires inférieures.

2. Pelamis minima, vulgo *sauteur*. Plumier, manuscrits déposés à la Bibliothèque du roi.

3. A chacune des thoracines .... 7 rayons.
A la nageoire de l'anus .... 13 —

Au lieu d'une première nageoire du dos, on voit quatre aiguillons forts et recourbés qui ne sont pas réunis par une membrane commune de manière à composer une véritable nageoire, mais qui, étant garnis chacun d'une petite membrane triangulaire qui les retient et les empêche d'être inclinés vers la tête, donnent à l'animal un nouveau rapport avec les scombres proprement dits.

On doit regarder comme une variété de notre scombéroïde sauteur le poisson que Bloch a décrit sous le nom de *scombre sauteur*, et dont il a donné la figure p. 335.

SOIXANTE-CINQUIÈME GENRE

LES CARANX

Deux nageoires dorsales; point de petites nageoires au-dessus ni au-dessous de la queue; les côtés de la queue relevés longitudinalement en carène, ou une petite nageoire composée de deux aiguillons et d'une membrane au-devant de la nageoire de l'anus.

PREMIER SOUS-GENRE

POINT D'AIGUILLON ISOLÉ ENTRE LES DEUX NAGEOIRES DORSALES

ESPÈCES.	CARACTÈRES.
1. LE CARANX TRACHURE.	Trente-quatre rayons à la seconde nageoire du dos; trente rayons à la nageoire de l'anus; la ligne latérale garnie de petites plaques dont chacune est armée d'un aiguillon.
2. LE CARANX AMIE.	Trente-quatre rayons à la seconde nageoire du dos; le dernier rayon de cette nageoire très long; vingt-quatre rayons à la nageoire de l'anus.
3. LE CARANX FASCÉ.	Trente rayons à la seconde dorsale; dix-neuf à la nageoire de l'anus; plusieurs bandes transversales, étroites, irrégulières, divisées souvent en deux, et d'une couleur brune.
4. LE CARANX CHLORIS.	Vingt-neuf rayons à la seconde nageoire du dos; vingt-huit à celle de l'anus; le corps élevé; l'ouverture de la bouche petite; la mâchoire inférieure plus avancée que la supérieure; la couleur générale d'un jaune verdâtre.
5. LE CARANX CRUMÉNOPHTHALME.	Vingt-huit rayons à la seconde dorsale; vingt-sept à la nageoire de l'anus; une membrane placée verticalement de chaque côté de l'œil et en forme de paupière; la couleur générale d'un bleu argenté.
6. LE CARANX QUEUE JAUNE.	Vingt-six rayons à la seconde nageoire dorsale; trente rayons à celle de l'anus; de très petites dents ou point de dents aux mâchoires.
7. LE CARANX GLAUQUE.	Vingt-six rayons à la seconde nageoire dorsale; le second rayon de cette nageoire très long; vingt-cinq rayons à la nageoire de l'anus.
8. LE CARANX BLANC.	Vingt-cinq rayons à la seconde nageoire du dos; vingt rayons à celle de l'anus; la queue non carénée latéralement; la couleur générale blanche; les côtés de la queue et la nageoire caudale jaunes.

ESPÈCES.	CARACTÈRES.
9. Le Caranx plumier.	Vingt-quatre rayons à la seconde nageoire du dos; vingt à celle de l'anus; les écailles qui recouvrent le corps et la queue grandes et lisses; celles qui garnissent la ligne latérale plus larges et armées chacune d'un piquant tourné vers la caudale; plusieurs nageoires jaunes ou couleur d'or.
10. Le Caranx klein.	Vingt-trois rayons à la seconde dorsale; vingt et un à la nageoire de l'anus; la mâchoire inferieure plus avancée que la supérieure; la partie postérieure de la ligne latérale garnie de lames très larges et armées chacune d'un piquant tourné vers la caudale; la couleur générale d'un brun mêlé de violet et d'argenté.
11. Le Caranx queue rouge.	Vingt-deux rayons à la seconde nageoire du dos; quarante rayons à celle de l'anus; une tache noire sur la partie postérieure de chaque opercule.
12. Le Caranx filamenteux.	Vingt-deux rayons à la seconde nageoire du dos; dix-huit à celle de l'anus; des filaments à la seconde nageoire du dos et à celle de l'anus.
13. Le Caranx daubenton.	Vingt-deux rayons à la seconde nageoire du dos; quatorze à celle de l'anus; les deux mâchoires également avancées; la ligne latérale rude, tortueuse et dorée.
14. Le Caranx très beau.	Vingt rayons à la seconde nageoire dorsale; dix-sept rayons à celle de l'anus; un grand nombre de bandes transversales et noires sur un fond couleur d'or.

SECOND SOUS-GENRE

UN OU PLUSIEURS AIGUILLONS ISOLÉS ENTRE LES DEUX NAGEOIRES DORSALES

ESPÈCES.	CARACTÈRES.
15. Le Caranx carangue.	Trois aiguillons garnis chacun d'une petite membrane et placés entre les deux nageoires dorsales; les pectorales allongées jusqu'à la seconde nageoire du dos.
16. Le Caranx perdau.	Vingt-neuf rayons à la seconde nageoire dorsale; vingt-quatre à celle de l'anus; la couleur générale argentée; des taches dorées; cinq bandes transversales brunes; un seul aiguillon isolé entre les deux nageoires du dos.
17. Le Caranx rouge.	Vingt-huit rayons à la seconde nageoire du dos; vingt-six à celle de l'anus; les pectorales allongées jusqu'au delà du commencement de l'anale; les deux mâchoires également avancées; deux orifices à chaque narine; la partie de la ligne latérale la plus voisine de la caudale, garnie de lames larges et armées chacune d'un piquant tourné en arrière; la couleur générale rouge; un seul aiguillon isolé entre les deux nageoires du dos.
18. Le Caranx gæzz.	Vingt-huit rayons à la seconde nageoire dorsale; vingt-cinq à celle de l'anus; une membrane luisante sur la nuque; la couleur générale bleuâtre; des taches dorées; un seul aiguillon isolé entre les deux nageoires dorsales.

ESPÈCES.	CARACTÈRES.
19. Le Caranx sansun.	Vingt-deux rayons à la seconde nageoire du dos; seize à celle de l'anus; les carènes latérales de la queue très relevées; la couleur générale argentée, éclatante et sans taches; un seul aiguillon isolé entre les deux nageoires du dos.
20. Le Caranx korab.	Vingt rayons à la seconde nageoire dorsale; dix-sept à celle de l'anus; la couleur générale argentée; le dos bleuâtre; un seul aiguillon isolé entre les deux nageoires du dos.

LE CARANX TRACHURE[1]

Scomber trachurus, Linn. — *Caranx trachurus*, Lacép., Cuv.

Les caranx sont très voisins des scombres; ils leur ressemblent par beaucoup de traits; ils présentent presque toutes leurs habitudes; ils ont été confondus avec ces osseux par le plus grand nombre des naturalistes, et il est cependant très aisé de les distinguer des poissons dont nous venons de nous occuper. Tous les scombres ont en effet de petites nageoires au-dessus et au-dessous de la queue; les caranx en sont entièrement privés. Nous leur avons conservé le nom générique de *caranx*, qui leur a été donné par Commerson, et qui vient du mot grec *kara*, lequel signifie *tête*. Ce voyageur les a nommés ainsi à cause de l'espèce de proéminence que présente leur tête, de la force de cette partie, de l'éclat dont elle brille, et d'ailleurs pour annoncer la sorte de puissance et de domination que plusieurs osseux de ce genre exercent sur un grand nombre de poissons qui fréquentent les rivages.

1. *Saurel, Sieurel, Sicurel*, dans plusieurs départements méridionaux de France. — *Gascon, Gascanet*, sur plusieurs rivages de France. — *Chicharou*, sur plusieurs côtes voisines de l'embouchure de la Garonne et de celle de la Charente. — *Maquereau bâtard*, dans plusieurs départements de France. — *Sauro*, aux environs de Rome. — *Pesce di Spagna, Paramia, Strombolo*, dans la Ligurie. — *Scad, Horse mackrell*, en Angleterre. — *Museken*, en Allemagne. — *Stocker*, dans quelques contrées du Nord.

Scombre gascon. Daubenton, Encyclopédie méthodique. — *Id.*, Bonnaterre, planches de l'Encyclopédie méthodique — Bloch, pl. 56. — *Sieurel*, ou *sicurel*. Valmont de Bomare, *Dictionnaire d'histoire naturelle*. — Mus. Ad. Frid., 1, p. 89; et 2, p. 90.

Hasselquist, *It.*, 363 et 407, n. 84. — Müll., *Prodrom. zool. danic.*, p. 47, n. 397. — *Amœnit. academ.*, 4, p. 249. — *Scomber linea laterali acuminata*, etc. Artedi, gen. 31, syn. 50. — *Trachouros*. Athen., lib. VII, p. 326. — *Id.*, Oppian, *Hal.*, lib. I, p. 5. — Galen, class. 2, fol, 30, *b*, — *Saurus*. P. Jove, c. XIX, p. 86. — Salvian, fol. 79, a. b. ad iconem.

Lacertus, trachurus. Belon. — *Lacertorum genus, quod trachurum Græci vocan'*, etc., Gesner, p. 467 et 552. — *Trachurus*, aut *lacertus privatim*. Id. (germ.), fol. 56, *b*. — *Sieurel*, Rondelet, première partie, liv. VIII, chap. VI. — *Trachurus*. Schonev., p. 75. — *Id.* Aldrov., lib. II, cap. LII, p. 268. — *Id.* Jonston, lib. I, tit. 3, c. III, art. 1, punct. 5, tab. 21, fig. 8. — Charlet, p. 143. — *Trachurus*. Willughby, p. 290, tab. S, 12, S, 22. — *Id.* Ray, p. 92, n. 8. — *Scomber linea laterali... omnino loricata*, etc. Gronov. Mus., 1, p. 34, n. 80; et *Zooph.*, p. 94, n. 308.

Ara. Kœmpfer, *Jap.*, 1, tab. 11, fig. 5. — Marcgrave, *Brasil.*, p. 150. — *Pis. Ind.*, p. 51. — *Brit. zoolog.*, 3, p. 225, n. 3. — *Scomber..... linea laterali..... loricata*, et *Act. Helvet.*, IV, p. 264, n. 156.

Parmi ces animaux voraces et dangereux pour ceux des habitants de la mer qui sont trop jeunes ou mal armés, on doit surtout remarquer le trachure. Sa dénomination, qui signifie *queue aiguillonnée*, vient du grand nombre de piquants dont sa ligne latérale est hérissée sur sa queue aussi bien que sur son corps ; chacun de ces dards est recourbé en arrière et attaché à une petite plaque écailleuse que l'on a comparée pour la forme à une sorte de bouclier ; la série longitudinale de ces plaques recouvre et indique la ligne latérale.

Lorsque l'animal agite vivement sa queue et en frappe violemment sa proie, non seulement il peut l'étourdir, l'assommer, l'écraser sous ses coups redoublés, mais encore la blesser avec ses pointes latérales, la déchirer profondément, lui faire perdre tout son sang. D'ailleurs, ce caranx parvient à une grandeur assez considérable, quoiqu'il ne présente jamais une longueur égale à celle du thon ; il n'est pas rare de le voir long d'un mètre.

On le trouve dans l'océan Atlantique, dans le grand Océan ou mer Pacifique, dans la Méditerranée ; partout il s'avance par grandes troupes, lorsqu'il s'approche des rivages pour déposer ses œufs ou sa liqueur fécondante. Sa chair est bonne à manger, quoique moins tendre et moins agréable que celle du maquereau. Du temps de Belon, les habitants de Constantinople recherchaient beaucoup le *garum* fait avec les intestins de ce poisson.

Les écailles qui couvrent le trachure sont petites, rondes et molles. Sa couleur générale est argentée. Un bleu verdâtre règne sur sa partie supérieure. L'iris brille d'un blanc rougeâtre. Une tache noire est placée sur chaque opercule. Les nageoires sont blanches[1], et une teinte noire distingue les premiers rayons de la seconde dorsale.

La caudale est en croissant ; l'ensemble de l'animal comprimé ; la tête grande ; la mâchoire inférieure recourbée vers le haut, plus longue que la supérieure et garnie, ainsi que cette dernière, de dents aiguës ; le palais rude ; la langue lisse ; chaque opercule composé de deux lames, et la nageoire de l'anus précédée d'une petite nageoire composée de deux rayons et d'une membrane.

1. A la première nageoire du dos .... 8 rayons.
A la seconde .... 34 —
A chacune des pectorales .... 20 —
A chacune des thoracines .... 6 —
A celle de l'anus .... 30 —
A celle de la queue .... 20 —

LE CARANX AMIE[1]

Scomber Amia, Linn., Gmel. — *Caranx Amia*, Lacép. — *Lichia Amia*, Cuv.[2].

LE CARANX QUEUE JAUNE[3]

Scomber chrysurus, Linn., Gmel. — *Caranx chrysurus*, Lacép.

Le nombre des rayons que présentent les nageoires du caranx amie peut servir à le distinguer des autres poissons de ce genre, indépendamment des caractères particuliers à cette espèce que nous venons d'exposer dans le tableau des caranx[4].

La queue-jaune habite dans la Caroline; elle y a été observée par Garden. Son nom vient de la couleur de sa queue, qui est d'un jaune plus ou moins doré, ainsi que quelques-unes de ses nageoires. Ses dents sont très petites, très difficiles à voir. On a même écrit que ses mâchoires étaient entièrement dénues de dents. Une petite nageoire à deux rayons est placée au-devant de celle de l'anus[5].

1. « Scomber dorso dipterygio, ossiculo ultimo pinnæ dorsalis, secundæ prælongo. » Artedi, gen. 31, syn. 51. — *Scombre amie*. Daubenton, Encyclopédie méthodique. — *Id*. Bonnaterre, planches de l'Encyclopédie méthodique.

Il est utile d'observer que les passages des auteurs et les figures des dessinateurs, rapportés par Artedi, et d'après lui par Daubenton, à leur scombre amie, sont relatifs, non pas à ce poisson, mais au caranx glauque, ou au centronote lyzan, ainsi que nous l'indiquerons en détail dans la synonymie des articles dans lesquels nous traiterons du glauque et du lyzan. Cette fausse application faite par Artedi a trompé aussi le professeur Bonnaterre, qui a fait graver, pour son scombre amie, une figure que Salvian a publiée pour un poisson nommé *amie*, mais qui cependant ne peut appartenir qu'à un centronote lyzan.

2. M. Cuvier rapporte le *Scomber Amia*, Linné, à ce poisson qu'il nomme *liche* ou *vadigo* (dans son genre Centronote); et il cite à son sujet Rondelet, p. 254, et Salviani, p. 121. Il remarque aussi (*Reg. anim.*, 1re édit.) qu'aucune des figures citées par Artedi et Linné ne peut lui être rapportée.

3. *Yellow tail* (queue jaune). Garden. — *Scombre queue jaune*. Daubenton, Encyclopédie méthodique. — *Id*. Bonnaterre, planches de l'Encyclopédie méthodique.

4. A la première nageoire du dos du caranx amie .... 5 rayons.
A la seconde .... 34 —
A chacune des pectorales .... 20 —
A chacune des thoracines .... 6 —
A celle de l'anus .... 24 —

5. A la première nageoire dorsale du caranx queue jaune .... 9 —
A la seconde .... 29 —
A chacune des pectorales .... 19 —
A chacune des thoracines .... 6 —
A celle de l'anus .... 30 —
A celle de la queue .... 22 —

LE CARANX FASCÉ[1]

Caranx fasciatus, Bloch, Lacép. — *Seriola fasciata*, Cuv.

LE CARANX CHLORIS[2]

Caranx Chloris, Bloch, Lacép. — *Seriola cosmopolita*, Cuv.

LE CARANX CRUMÉNOPHTHALME[3].

Scomber crumenophthalmus, Bloch. — *Caranx crumenophthalmus*, Cuv.

Remarquez les petites écailles qui revêtent le corps et la queue du fascé ; les dents pointues qui garnissent ses mâchoires, sa langue et son palais ; la courbure de la partie antérieure de sa ligne latérale ; les nuances de sa couleur générale et argentée ; les taches brunes de sa tête et de plusieurs de ses nageoires ; le jaune et le violet de ses thoracines ; le bleu de ses dorsales, de sa caudale et de la nageoire de l'anus[4].

L'absence de petites écailles sur la tête et les opercules du chloris ; la surface lisse de sa langue ; l'orifice unique de chacune de ses narines ; le peu de distance qui sépare son anus de sa gorge ; la longueur de ses pectorales, qui atteignent au delà du commencement de la nageoire de l'anus et sont, comme la caudale, rougeâtres à la base et violettes à l'extrémité ; la

1 Bloch, pl. 341.
2. *Le verdier*. — Bloch, pl. 339.
3. Bloch, pl. 343.
4.

A la membrane branchiale du caranx fascé	6	rayons.
A chaque pectorale	18	—
A la première nageoire du dos, aiguillonnés	7	—
A chaque thoracine, aiguillonné	1	—
— articulés	5	—
A la nageoire de l'anus, aiguillonnés et réunis par une membrane au-devant de la nageoire	2	—
A la nageoire de la queue	19	—

A la membrane branchiale du caranx chloris	6	rayons.
A chaque pectorale	16	—
A la première dorsale, aiguillonnés	7	—
A chaque thoracine, articulés	5	—
— aiguillonné	1	—
A la nageoire de l'anus, aiguillonnés et réunis par une membrane au-devant de la nageoire	2	—
A la nageoire de la queue	23	—

A la membrane branchiale du caranx cruménophthalme	6	rayons.
A chaque pectorale	20	—
A la première nageoire du dos, aiguillonnés	8	—
A chaque thoracine, articulés	5	—
— aiguillonné	1	—
A la nageoire de l'anus, aiguillonnés et réunis par une membrane au-devant de la nageoire	2	—
A la nageoire de la queue	18	—

nature de sa chair grasse, molle et très agréable aux habitants des rivages africains voisins d'Acara, auprès desquels on les trouve.

Les dimensions de la mâchoire supérieure du cruménophthalme, qui est plus courte que l'inférieure ; la surface unie de sa langue et de son palais ; les deux orifices de chacune de ses narines ; les lames larges et piquantes qui garnissent la partie postérieure de sa ligne latérale ; la couleur grise de ses nageoires ; et la blancheur ainsi que la délicatesse de la chair de ce poisson qui vit auprès de la côte de Guinée.

LE CARANX GLAUQUE [1]

Scomber glaucus, Linn., Gmel. — *Caranx glaucus*, Lacép.

Ce poisson, qu'Osbeck a vu dans l'océan Atlantique, auprès de l'île de l'Ascension, a été observé par Commerson dans le grand Océan, vers les rivages de Madagascar, et particulièrement dans les environs du fort Dauphin élevé dans cette dernière île. Il habite aussi dans la Méditerranée, où il était très connu du temps de Pline, et même de celui d'Aristote, qui avait entendu dire que ce caranx se tenait caché dans les profondeurs de la mer pendant les très grandes chaleurs de l'été. La couleur générale de cet osseux est indiquée par le nom qu'il porte : elle est en effet d'un bleu clair mêlé d'une teinte verdâtre, quelquefois cependant elle paraît d'un bleu foncé et semblable à celui que présente la mer agitée par un vent impétueux. La partie inférieure de l'animal est blanche. On voit souvent une tache noire à l'origine de la seconde nageoire dorsale et à celle de la nageoire de l'anus ; quatre autres taches noires, dont les deux premières sont les plus grandes, sont aussi placées ordinairement sur chaque ligne latérale.

Le second rayon de la seconde nageoire du dos est très haut, et le premier aiguillon de la première nageoire dorsale est tourné, incliné et même couché vers la tête. Une petite nageoire à deux rayons précède celle de l'anus [2].

La clair du glauque est blanche, grasse et communément de bon goût.

1. *Leccia*, sur les côtes de la Ligurie. — *Polanda*, en esclavon. — *Glaucos*, en grec. — *Derbio, Biche, Cabrole, Damo*, dans plusieurs départements méridionaux de France. — *Scombre glauque*. Daubenton, Encyclopédie méthodique. — *Id.* Bonnaterre, planches de l'Encyclopédie méthodique.

Scomber dorso dipterygio, ossiculo secundo pinnæ dorsalis altissimo. Artedi, gen. 32, syn. 31. — Mus. Ad. Frid., 2, p. 89. — *Scomber Ascensionis*. Osbeck. *It.*, 296. — *Derbio*. Rondelet, première partie, liv. VIII, chap. xv. — *Glaucus*. Pline, lib. IX, cap. xvi. — « Caranx linea laterali inermi, maculisque signata quatuor nigris, anterioribus duabus majoribus. » Commerson, manuscrits déjà cités. — *Glaucus (derbio)*. Valmont de Bomare, *Dictionnaire d'histoire naturelle*.

2. A la première nageoire du dos........ 7 rayons.
A la seconde........ 26 —
A chacune des pectorales........ 20 —
A chacune des thoracines........ 5 —
A celle de l'anus........ 25 —
A celle de la queue, qui est très fourchue........ 20 —

LE CARANX BLANC[1]

Scomber albus, LINN., GMEL. — *Caranx albus,* LACÉP.

LE CARANX QUEUE ROUGE[2]

Scomber Hippos, LINN. — *Caranx erythrurus,* LACÉP.

La mer Rouge nourrit le caranx blanc, que Forskael a décrit le premier, et dont la couleur générale, blanche ou argentée, est relevée par le jaune qui règne sur les côtés de l'animal et sur la nageoire caudale. Un rang de petites dents garnit chaque mâchoire. Chaque ligne latérale est revêtue, vers la queue, de petites pièces écailleuses. Les écailles proprement dites qui recouvrent ce caranx sont fortement attachées. La première nageoire du dos forme un triangle équilatéral[3].

On voit une petite nageoire composée de deux rayons au-devant de l'anus du blanc, aussi bien qu'au-devant de l'anus du caranx queue rouge. Ce dernier a été observé dans la Caroline par Garden et à l'île de Taïti par Forster. Il montre une tache noire sur chacun de ses opercules. Sa seconde nageoire du dos est rouge, comme celle de la queue; les thoracines et l'anale sont jaunes. La partie postérieure de chaque ligne latérale est comme hérissée de petites pointes. Les deux dents de devant sont, dans chaque mâchoire, plus grandes que les autres[4].

LE CARANX PLUMIER[5]

Scomber Plumierii, BLOCH. — *Caranx Plumierii,* LACÉP., CUV.

LE CARANX KLEIN[6]

Scomber Kleinii, BLOCH. — *Caranx Kleinii,* LACÉP., CUV.

La tête du caranx plumier est dénuée de petites écailles; l'orifice de

1. Forskael, *Faun. arab.*, p. 56, n. 75. — *Scombre sufnok.* Bonnaterre, planches de l'Encyclopédie méthodique.

2. *Scombre queue rouge.* Daubenton, Encyclopédie méthodique. — *Id.*, Bonnaterre, planches de l'Encyclopédie méthodique.

3. A la membrane des branchies du caranx blanc	8	rayons.
A la première nageoire dorsale	8	—
A la seconde	25	—
A chacune des pectorales	22	—
A chacune des thoracines	5	—
A celle de l'anus	20	—
A celle de la queue	17	—
4. A la première nageoire dorsale du caranx queue rouge	7	—
A la seconde	22	—
A chacune des pectorales	22	—
A chacune des thoracines	6	—
A celle de l'anus	40	—
A celle de la queue	30	—

5. Bloch, pl. 344.

6. Walen-Parcy, par les Tamules. Bl., pl. 347, fig. 2.

chacun de ses organes de l'odorat double ; la saillie de la partie postérieure de ses opercules pointue ; le bleu argenté de sa couleur générale se trouve relevé par des taches jaunes ; ses pectorales et ses thoracines sont azurées. Ce caranx vit dans la mer des Antilles,

Le caranx klein, du Coromandel, a la langue unie, le devant du palais rude, et l'arrière-palais lisse ; ses nageoires ont des nuances grises ; sa longueur n'excède guère trois décimètres ; sa chair a un goût peu agréable, et son tissu est presque toujours trop maigre[1].

LE CARANX FILAMENTEUX[2]

Caranx filamentosus, Lacép.

C'est au célèbre Anglais Mungo-Park que l'on doit la description de ce caranx, que l'on trouve en Asie, auprès des rivages de Sumatra. Le nom de *filamenteux*, que Mungo-Park lui a donné, vient des filaments qui garnissent la seconde nageoire dorsale, ainsi que celle de l'anus. La couleur générale de ce poisson est argentée, et son dos est bleuâtre ; ses écailles sont petites, mais fortement attachées. Le museau est arrondi ; l'œil grand ; l'iris jaune ; chaque mâchoire hérissée de dents courtes et serrées ; chaque opercule formé de trois lames dénuées d'écailles semblables à celles du dos ; la nageoire caudale fourchue ; la petite nageoire qui précède celle de l'anus, composée de deux rayons, dont l'antérieur est le moins grand. Les pectorales sont en forme de faux ; la première du dos peut être reçue dans une fossette longitudinale[3].

1. A chaque pectorale du caranx plumier........................ 15 rayons.
A la première dorsale, aiguillonnés........................ 7 —
A chaque thoracine........................ 6 —
A la nageoire de l'anus, aiguillonnés et réunis par une membrane au-devant de la nageoire........................ 2 —
A la caudale........................ 14 —

A la membrane branchiale du caranx klein........................ 5 —
A chaque pectorale........................ 16 —
A la première nageoire du dos, aiguillonnés........................ 7 —
A chaque thoracine, articulés........................ 5 —
— aiguillonné........................ 1 —
A la nageoire de l'anus, aiguillonnés et réunis par une membrane au-devant de la nageoire........................ 2 —
A la nageoire de la queue........................ 22 —

2. *Scomber filamentosus*. Mungo-Park, *Transact. de la Société linnéenne* de Londres, t. III.

3. A la membrane des branchies........................ 7 rayons.
A la première nageoire dorsale, aiguillonnés........................ 6 —
A la seconde nageoire du dos........................ 22 —
A chacune des pectorales........................ 19 —
A chacune des thoracines........................ 5 —
A celle de l'anus........................ 18 —
A celle de la queue........................ 22 —

LE CARANX DAUBENTON[1]

Caranx Daubentonii, LACÉP.

Nous consacrons à la mémoire de notre illustre ami Daubenton ce beau caranx représenté d'après Plumier dans les peintures sur vélin du Muséum d'histoire naturelle.

Ce caranx a ses deux nageoires dorsales très rapprochées : la première est triangulaire et soutenue par six rayons aiguillonnés ; la seconde est très allongée et un peu en forme de faux[2]. Deux aiguillons sont placés au-devant de la nageoire de l'anus. Les deux mâchoires sont également avancées. On voit, à chaque opercule branchial, au moins trois pièces, dont les deux dernières sont découpées en pointe du côté de la queue. La ligne latérale est tortueuse, rude et dorée. Des taches couleur d'or sont répandues sur les nageoires. La partie supérieure du corps est bleue, et l'inférieure argentée.

LE CARANX TRÈS BEAU[3]

Scomber speciosus, LINN., GMEL. — *Caranx speciosus,* LACÉP., CUV.

Ce poisson mérite son nom. Ses écailles, petites et faiblement attachées, brillent de l'éclat de l'or sur le dos et de celui de l'argent sur sa partie inférieure. Ces deux riches nuances sont variées par des bandes transversales, ordinairement au nombre de sept, d'un beau noir, et dont chacune est communément suivie d'une autre bande également d'un beau noir et transversale, mais beaucoup plus étroite. Les nageoires du dos sont bleues, et les autres jaunes.

Trois lames composent chaque opercule. Les nageoires pectorales, beaucoup plus longues que les thoracines, sont en forme de faux. Celle de la queue est fourchue.

Forskael a vu ce caranx dans la mer Rouge. Commerson, qui l'a observé dans la partie du grand Océan qui baigne l'île de France et la côte orientale d'Afrique, rapporte dans ses manuscrits que les deux individus de cette espèce qu'il a examinés n'avaient pas plus de six ou sept pouces (deux décimètres) de longueur, que les deux pointes de la nageoire caudale étaient

1. « Trachurus argento-cæruleus, aureis maculis notatus. » Manuscrits de Plumier

2. A la seconde nageoire du dos, aiguillonnés...................... 3 rayons.
— articulés...................... 19 —
A la nageoire de l'anus, aiguillonné...................... 1 —
— articulés...................... 13 —
La nageoire de la queue est fourchue.

3. Forskael, *Fauna arab.*, p. 54, n. 70. — *Scombre rim.* Bonnaterre, planches de l'Encyclopédie méthodique. — « Caranx fasciis transversis nigris alternatim angu tioribus caudæ apicibus atratis. » Commerson, manuscrits déjà cités.

très noires, que les deux mâchoires étaient à peu près également avancées, et qu'on ne sentait aucune dent le long de ces mâchoires.

Indépendamment de ces particularités dont les deux dernières ont été aussi indiquées par Forskael, Commerson dit que la membrane branchiale était soutenue par sept rayons; que la partie concave de l'arc osseux de la première branchie était dentée en forme de peigne; que la partie analogue des autres trois arcs ne présentait que deux rangs de tubercules assez courts; et que la ligne latérale était, vers la queue, hérissée de petits aiguillons et bordée, pour ainsi dire, d'écailles plus grandes que celles du dos[1].

LE CARANX CARANGUE[2]

Scomber Carungus, BLOCH. — *Caranx Carangua*, LACÉP.

Nous avons conservé à ce caranx le nom spécifique de *carangue*, qu'il a porté à la Martinique, suivant Plumier. La première nageoire du dos est soutenue par sept ou huit aiguillons. Deux aiguillons paraissent au-devant de celle de l'anus. La ligne latérale est courbe et rude; la partie supérieure du poisson bleue; l'inférieure argentée; et presque toutes les nageoires resplendissent de l'éclat de l'or.

LE CARANX FERDAU[3]

Scomber Ferdau, LINN., GMEL. — *Caranx Ferdau*, LACÉP.

LE CARANX GÆSS[4]

Scomber Gæss, LINN., GMEL. — *Caranx Gæss*, LACÉP.

LE CARANX SANSUN[5]

Scomber Sansun, LINN., GMEL. — *Caranx Sansun*, LACÉP.

LE CARANX KORAB[6]

Scomber Korab, LINN., GMEL. — *Caranx Korab*, LACÉP.

Ces quatre caranx composent un sous-genre particulier et distingué du

1. A la première nageoire dorsale, aiguillonnés............. 7 rayons.
A la seconde nageoire dorsale............................ 21 —
A chacune des pectorales............................... 22 —
A chacune des thoracines............................... 5 ou 6 —
A celle de l'anus, qui est précédée d'une petite nageoire à 2 rayons.. 21 —
A celle de la queue.................................... 17 —

2. *Caranx Carangua*. — *Carangue*. Peintures sur vélin, faites d'après les dessins de Plumier, et déjà citées.

3. Forskael, *Fauna arabica*, p. 55, n. 71. — *Scombre ferdau*. Bonnaterre, planches de l'Encyclopédie méthodique.

4. Forskael, *Fauna arabica*, pl. 56, n. 73. — *Scombre gæss*. Bonnaterre, planches de l'Encyclopédie méthodique.

5. Forskael, *Fauna arabica*, pl. 56, n. 74. — *Scombre bockos*. Bonnaterre, planches de l'Encyclopédie méthodique.

6. Forskael. *Fauna arabica*, pl. 55, n. 72. — *Scombre korab*. Bonnaterre, planches de l'Encyclopédie méthodique.

premier sous-genre par la présence d'un aiguillon isolé placé entre les deux nageoires dorsales. On les trouve tous les quatre dans la mer Rouge ou mer d'Arabie; ils y ont été observés par Forskael. Le tableau méthodique du genre *caranx* expose les différences qui les séparent l'un de l'autre; il nous suffira maintenant d'ajouter quelques traits à ceux que présente ce tableau.

Le ferdau montre un grand nombre de dents petites, déliées et flexibles; le sommet de la tête est dénué d'écailles proprement dites et osseux dans son milieu; l'opercule est écailleux, la ligne latérale presque droite. la nageoire caudale fourchue et glauque. Les pectorales, dont la forme ressemble à celle d'une faux, sont blanchâtres, et une variété de l'espèce que nous décrivons les a transparentes. On voit au-devant des narines un petit barbillon conique[1].

Le gæss, qui ressemble au ferdau, a une petite cavité sur la tête; il peut baisser et renfermer dans une fossette longitudinale sa première nageoire dorsale; sa nageoire caudale est très fourchue, et sa ligne latérale est courbe vers la tête et droite vers la queue[2].

Le sansun, qui a beaucoup de rapports avec le gæss et avec le ferdau, présente des ramifications sur le sommet de la tête; une rangée de dents arme chaque mâchoire; la mâchoire supérieure est d'ailleurs garnie d'une grande quantité de dents petites et flexibles, placées en seconde ligne. Les nageoires pectorales et les thoracines sont blanches; celle de l'anus et le lobe inférieur de la caudale sont jaunes; le lobe supérieur de cette même caudale est brun comme les dorsales, qui, d'ailleurs, sont bordées de noir[3].

Le korab a chaque mâchoire hérissée d'une rangée de dents courtes et comme renflées; la ligne latérale est ondulée vers la nuque et droite ainsi que marquée par des écailles particulières auprès de la queue. Les nageoires pectorales et les thoracines sont roussâtres, les dorsales glauques, l'anale

1.	A la première nageoire dorsale du ferdau, aiguillonnés....	6	rayons.
	A chacune des pectorales..................................	21	—
	A chacune des thoracines, aiguillonné....................	1	—
	— articulés....................	5	—
	A celle de la queue..................................	15 ou 16	—
2.	A la première nageoire dorsale du gæss, aiguillonnés......	7	—
	A chacune des pectorales, aiguillonné....................	1	—
	— articulés....................	20	—
	A chacune des thoracines, aiguillonné....................	1	—
	— articulés....................	5	—
	A celle de la queue..................................	18 ou 19	—
3.	A la première nageoire dorsale du sansun, aiguillonnés...	7	—
	A chacune des pectorales, aiguillonné....................	1	—
	— articulés....................	20	—
	A chacune des thoracines, aiguillonné....................	1	—
	— articulés....................	5	—
	A celle de la queue..................................	17 ou 18	—

transparente et comme bordée de jaune; le lobe inférieur de la caudale jaune, et le supérieur d'un bleu verdâtre[1].

LE CARANX ROUGE[2]

Scomber ruber, Bloch. — *Caranx ruber*, Lacép.

Le caranx rouge est remarquable par les dents qui hérissent son palais; sa langue très lisse et un peu libre dans ses mouvements; les deux ouvertures de chacune de ses narines; la facilité avec laquelle il perd les écailles qui recouvrent son corps et sa queue; les reflets argentés qui brillent sur ses côtés et le jaune mêlé de violet qui se montre sur ses nageoires[3]. On le pêche auprès de l'île de Sainte-Croix.

SOIXANTE-SIXIÈME GENRE

LES TRACHINOTES

Deux nageoires dorsales; point de petites nageoires au-dessus ni au-dessous de la queue; les côtés de la queue relevés longitudinalement en carène, ou une petite nageoire composée de deux aiguillons et d'une membrane, au-devant de la nageoire de l'anus; des aiguillons cachés sous la peau, au-devant des nageoires dorsales.

ESPÈCE.	CARACTÈRES.
Le Trachinote faucheur.	La seconde nageoire du dos et celle de l'anus représentent la forme d'une faux.

LE TRACHINOTE FAUCHEUR[4]

Trachinotus falcatus, Lacép., Cuv.

C'est dans la mer d'Arabie qu'habite ce poisson, que Forskael, en le découvrant, crut devoir comprendre parmi les scombres, mais que l'état actuel de la science ichtyologique et nos principes de distribution méthodique et

1. A la membrane branchiale du korab .... 8 rayons.
A la première nageoire dorsale, aiguillonnés .... 7 —
A chacune des pectorales, aiguillonné .... 1 —
— articulés .... 20 —
A chacune des thoracines, aiguillonné .... 1 —
— articulés .... 5 —
A celle de la queue .... 17 ou 18 —

2. Bloch, pl. 342.

3. A la membrane branchiale .... 6 rayons.
A chaque pectorale .... 15 —
A la première dorsale .... 7 —
A chaque thoracine .... 6 —
— aiguillonnés et réunis par une membrane au-devant de la nageoire de l'anus .... 2 —
A la caudale .... 17 —

4. « Scomber rhomboidalis, pinnâ secundâ dorsi et ani, falcatis. » Forskael, *Fauna arabica*, p. 57, n. 76. — *Scombre hogel*. Bonnaterre, planches de l'Encyclopédie méthodique.

régulière nous obligent à séparer de ces mêmes scombres et à inscrire dans un genre particulier. Nous donnons à cet osseux le nom générique de *trachinote*, qui veut dire *aiguillons sur le dos*, pour désigner l'un des traits les plus distinctifs de sa conformation. Cet animal a toujours en effet auprès de la nuque des aiguillons cachés sous la peau, et au-devant desquels un piquant très fort, couché horizontalement, est tourné vers le museau, et quelquefois recouvert par le tégument le plus extérieur du poisson. La première nageoire dorsale, dont la membrane n'est soutenue que par des rayons aiguillonnés et dont la peau recouvre quelquefois le premier rayon, peut se baisser et se coucher dans une fossette.

La seconde nageoire dorsale et celle de l'anus[1] ont la forme d'une sorte de faux ; et voilà d'où vient le nom spécifique que nous avons conservé au trachinote que nous décrivons.

Ce faucheur, dont la hauteur égale souvent la moitié de la longueur, est revêtu, sur le corps et sur la queue, d'écailles minces et fortement attachées ; on ne voit pas d'écailles proprement dites sur les opercules ; on n'aperçoit pas de dents aux mâchoires, mais on remarque des aspérités à la mâchoire inférieure ; la lèvre supérieure est extensible ; la ligne latérale est un peu ondulée ; les thoracines, plus longues que les pectorales, sont comme tronquées obliquement ; il y a au-devant de l'anus une petite nageoire à deux rayons.

La couleur générale de ce trachinote est argentée avec une teinte brune sur le dos. Une nuance jaunâtre paraît sur le front. La nageoire caudale est peinte de trois couleurs ; elle montre du brun, du glauque et du jaune ; les thoracines sont blanchâtres en dedans et dorées ou jaunâtres en dehors, ce qui s'accorde avec les principes que nous avons exposés au sujet des couleurs des poissons et même du plus grand nombre d'animaux ; les pectorales ne présentent qu'une nuance brune.

Il paraît, par une note très courte que j'ai trouvée dans les papiers de Commerson, que ce naturaliste avait vu auprès du fort Dauphin de Madagascar notre trachinote faucheur, qu'il regardait comme un caranx et auquel il attribuait une longueur d'un demi-mètre.

1. A la première nageoire dorsale, aiguillonnés........ 5 rayons.
A la seconde, aiguillonné........ 1 —
— articulés........ 19 —
A chacune des pectorales........ 18 —
A chacune des thoracines........ 6 —
A celle de l'anus, aiguillonné........ 1 —
— articulés........ 17 —
A celle de la queue, qui est fourchue........ 6 —

SOIXANTE-SEPTIÈME GENRE

LES CARANXOMORES

Une seule nageoire dorsale; point de petites nageoires au-dessus ni au-dessous de la queue; les côtés de la queue relevés longitudinalement en carène, ou une petite nageoire composée de deux aiguillons et d'une membrane au-devant de la nageoire de l'anus, ou la nageoire dorsale très prolongée vers celle de la queue; la lèvre supérieure très peu extensible ou non extensible; point d'aiguillons isolés au-devant de la nageoire du dos.

	ESPÈCES.	CARACTÈRES.
1.	Le Caranxomore pélagique.	Quarante rayons à la nageoire du dos.
2.	Le Caranxomore plumiérien.	Les pectorales une fois plus longues que les thoracines; la dorsale et l'anale en forme de faux.
3.	Le Caranxomore pilitschei.	Huit rayons aiguillonnés et seize rayons articulés à la nageoire du dos; trois rayons aiguillonnés et quatorze rayons articulés à celle de l'anus; la mâchoire inférieure plus avancée que la supérieure; un seul orifice à chaque narine; la couleur générale d'un violet argenté.
4.	Le Caranxomore sacrestin.	Dix rayons aiguillonnés et onze rayons articulés à la nageoire du dos; trois rayons articulés et huit aiguillonnés à la nageoire de l'anus; la mâchoire inférieure plus avancée que celle d'en haut et relevée au-dessous du sommet de cette dernière par une apophyse; deux orifices à chaque narine; les écailles bleuâtres et bordées de brun.

LE CARANXOMORE PÉLAGIQUE[1]

Scomber pelagicus, Linn. — *Cichla pelagica*, Bloch. — *Caranxomorus pelagicus*, Lacép., Cuv.

Les caranxomores diffèrent des caranx en ce qu'ils n'ont qu'une seule nageoire dorsale ; ils leur ressemblent d'ailleurs par un très grand nombre de traits, ainsi que leur nom l'indique.

Le nombre des rayons de la nageoire du dos distingue le pélagique auquel on ne doit avoir donné le nom qu'il porte que pour désigner l'habitude de se tenir fréquemment en pleine mer[2].

LE CARANXOMORE PLUMIÉRIEN[3]

Caranxomorus plumierianus, Lacép.

Parmi les peintures sur vélin du Muséum d'histoire naturelle, se trouve

1. Mus. Ad. Frid., 1, p. 72, tab. 30, fig. 3. — *Scombre monoptère*. Daubenton, Encyclopédie méthodique. — *Id.* Bonnaterre, planches de l'Encyclopédie méthodique.

2. A la nageoire dorsale du pélagique........ 40 rayons.
A chacune des pectorales........ 19 —
A chacune des thoracines........ 5 —
A la nageoire de l'anus........ 22 —
A celle de la queue, qui est très fourchue........ 20 —

3. « Trachurus maximus, squamis minutissimis. » Manuscrits de Plumier.

l'image de ce poisson, dont on doit le dessin au voyageur Plumier. Ce caranxomore parvient à une grandeur considérable et n'est couvert que d'écailles très petites. La nageoire dorsale ne commence que vers le milieu de la longueur totale de l'animal ; elle ressemble presque en tout à celle de l'anus, au-dessus de laquelle elle est située. La nuque présente un enfoncement qui rend le crâne convexe ; la ligne latérale est courbe et rude ; trois lames composent chaque opercule ; les mâchoires sont aussi avancées l'une que l'autre ; le dessus du poisson est bleu, et le dessous d'un blanc argenté et mêlé de rougeâtre.

LE CARANXOMORE PILITSCHEI [1]

Caranxomorus Pilitschei, Lacép.

Les écailles qui revêtent le corps et la queue de ce poisson sont minces et se détachent facilement ; sa ligne latérale suit d'assez près la courbure du dos ; sa caudale est fourchue ; il ne parvient que très rarement à la longueur de deux décimètres ; ses thoracines et la nageoire de sa queue sont jaunes ou dorées ; sa chair est grasse et d'un goût agréable ; on le trouve souvent en très grand nombre dans la mer et dans les embouchures des fleuves qui arrosent la côte de Malabar[2].

LE CARANXOMORE SACRESTIN [3]

Caranxomurus Sacrestinus, Lacép.

Commerson a laissé dans ses manuscrits une description de ce poisson qu'il a observé pendant son voyage avec notre collègue Bougainville et que les naturalistes ne connaissent pas encore. Les dimensions de ce caranxomore sont assez semblables à celle d'un scombre maquereau. Du jaunâtre distingue la dorsale et la nageoire de l'anus ; du rouge, les pectorales ; du jaune entouré de bleuâtre, les thoracines ; du noirâtre, la nageoire de la queue, qui est très fourchue.

Le museau est avancé ; chaque mâchoire armée de dents très courtes, très fines et très serrées ; la langue cartilagineuse et lisse ; le palais relevé

1. *Pilitschei,* en langue malabare. — *Scomber minutus.* Bloch, pl. 429, fig. 2.

2. A la membrane branchiale du caranxomore pilitschei .... 7 rayons.
A chaque pectorale .... 16 —
A chaque thoracine, articulés .... 5 —
— aiguillonné .... 1 —
A la caudale .... 24 —

3. « Sciænus è fusco cærulescens, pinnis flavescentibus, dorsali et anali retrorsum subulatis, caudâ nigrâ, in sinus marginibus, subflavescente. » Commerson, manuscrits déjà cités. — *Sacrestin.* Id.

par deux tubérosités ; le dessus du gosier garni, ainsi que le dessous, d'une élévation dure et hérissée de très petites dents ; l'œil grand ; chaque opercule composé de trois lames, dont la première est revêtue de petites écailles, la seconde ciselée, la troisième prolongée par un appendice jusqu'à la base des pectorales ; chaque côté de l'occiput strié ou ciselé ; le dernier rayon de la dorsale très allongé, de même que le second de chaque pectorale et le dernier de la nageoire de l'anus.

La chair du sacrestin est agréable au goût[1].

SOIXANTE-HUITIÈME GENRE

LES CÆSIO

Une seule nageoire dorsale ; point de petites nageoires au-dessus ni au-dessous de la queue ; les côtés de la queue relevés longitudinalement en carène, ou une petite nageoire composée de deux aiguillons et d'une membrane au-devant de la nageoire de l'anus, ou la nageoire dorsale très prolongée vers celle de la queue ; la lèvre supérieure très extensible ; point d'aiguillons isolés au-devant de la nageoire du dos.

	ESPÈCES.	CARACTÈRES.
1.	LE CÆSIO AZUROR.	L'opercule branchial recouvert d'écailles semblables à celles du dos et placées les unes au-dessus des autres.
2.	LE CÆSIO POULAIN.	Une fossette calleuse et une bosse osseuse au-devant des nageoires thoracines.

LE CÆSIO AZUROR[2]

Cæsio cærulaureus, LACÉP., CUV.

Cæsio est le nom générique donné par Commerson au poisson que nous désignons par la dénomination spécifique d'*azuror*, laquelle annonce l'éclat de l'or et de l'azur dont il est revêtu. Le naturaliste voyageur a tiré ce nom de *cæsio*, de la couleur bleuâtre, en latin *cæsius*, de l'animal qu'il avait sous ses yeux. En reconnaissant les grands rapports qui lient les *cæsio* avec les scombres, il a cru cependant devoir les en séparer. Et c'est en adoptant son opinion que nous avons établi le genre particulier dont nous nous occupons, que nous avons cherché à circonscrire dans des limites précises, et auquel nous avons cru devoir rapporter non seulement le *Cæsio* azuror décrit par Commerson, mais encore le poulain placé par Forskael, et d'après lui par

1. A la membrane branchiale du caranxomore sacrestin........... 7 rayons.
A chaque pectorale... 16 —
A chaque thoracine, articulés................................ 5 —
— aiguillonné................................ 1 —
A la nageoire de la queue.................................... 17 —

2. « Cæsio dorso cæruleo, tænia lineæ laterali superducta, flavescente deaurata, corpore subteriore argenteo, caudæ marginibus undique rubentibus. » Commerson, manuscrits déjà cités.

Bonnaterre, au milieu des scombres, et inscrit par Gmelin parmi les centrogastères.

L'azuror est très beau. Le dessus de ce poisson est d'un bleu céleste des plus agréables à la vue, et qui, s'étendant sur le côté de l'animal, y encadre, pour ainsi dire, une bande longitudinale d'un jaune doré, qui règne au-dessus de la ligne latérale, suit sa courbure et en parcourt toute l'étendue. La partie inférieure du *cæsio* est d'un blanc brillant et argenté.

Une tache d'un noir très pur est placée à la base de chaque nageoire pectorale, qui la cache en partie, mais en laisse paraître une portion, laquelle présente la forme que l'on désigne par le nom de *chevron brisé*.

La nageoire de la queue est brune et bordée dans presque toute sa circonférence d'un rouge élégant. L'anale est peinte de la même nuance que cette bordure. On retrouve la même teinte au milieu du brun des pectorales ; la dorsale est brune, et les thoracines sont blanchâtres.

L'or, l'argent, le rouge, le bleu céleste, le noir, sont donc répandus avec variété et magnificence sur le *cæsio* que nous considérons ; et des nuances brunes sont distribuées au milieu de ces couleurs brillantes, comme pour les faire ressortir et terminer l'effet du tableau par des ombres.

Cette parure frappe d'autant plus les yeux de l'observateur, qu'elle est réunie avec un volume un peu considérable, l'azuror étant à peu près de la grandeur du maquereau, avec lequel il a d'ailleurs plusieurs rapports.

Au reste, n'oublions pas de remarquer que cet éclat et cette diversité de couleurs, que nous admirons en tâchant de les peindre, appartiennent à un poisson qui vit dans l'archipel des grandes Indes, particulièrement dans le voisinage des Moluques, et par conséquent dans ces contrées où une heureuse combinaison de la lumière, de la chaleur, de l'air et des autres éléments de la coloration donne aux perroquets, aux oiseaux de paradis, aux quadrupèdes ovipares, aux serpents, aux fleurs des grands arbres et à celle des humbles végétaux l'or resplendissant du soleil des tropiques et les tons animés des sept couleurs de l'arc céleste.

L'azuror brillait parmi les poissons que les naturels des Moluques apportaient au vaisseau de Commerson, et le goût de sa chair était agréable.

Le museau de ce *cæsio* est pointu ; la lèvre supérieure très extensible ; la mâchoire inférieure plus avancée que celle de dessus, lorsque la bouche est ouverte ; chaque mâchoire garnie de dents si petites, que le tact seul les fait distinguer ; la langue très petite, cartilagineuse, lisse et peu mobile ; le palais aussi lisse que la langue ; l'œil ovale et très grand ; chaque opercule composé de deux lames, recouvert de petites écailles, excepté sur les bords, et comme ciselé par des rayons ou lignes convergentes ; la lame postérieure de cet opercule conformée en triangle ; cet opercule branchial placé au-dessus du rudiment d'une cinquième branchie ; la concavité des arcs osseux qui soutiennent les branchies, dentée comme un peigne; la nageoire dorsale très longue; et celle de la queue profondément échancrée[1].

LE CÆSIO POULAIN[2]

Scomber Equula, Forsk. — *Centrogaster Equula,* Gmel. — *Cæsio Equulus,* Lacép. — *Equula Caballa,* Cuv.

Ce poisson a une conformation peu commune.

Sa tête est relevée par deux petites saillies allongées qui convergent et se réunissent sur le front; un ou deux aiguillons tournés vers la queue sont placés au-dessus de chaque œil; les dents sont menues, flexibles et, pour ainsi dire, *capillaires* ou *sétacées;* l'opercule est comme collé à la membrane branchiale; on voit une dentelure à la pièce antérieure de ce même opercule; une membrane lancéolée est attachée à la partie supérieure de chaque nageoire thoracine; la dorsale et la nageoire de l'anus s'étendent jusqu'à celle de la queue, qui est divisée et présente deux lobes distincts; et enfin, au devant des nageoires thoracines, paraît une sorte de bosse ou de tubercule osseux, aigu et suivi d'une petite cavité linéraire et également osseuse ou calleuse. Ces deux callosités réunies, cette éminence et cet enfoncement ont été comparés à une selle de cheval; on a cru qu'ils en rappelaient vaguement la forme. Voilà d'où viennent les noms de *petit cheval,* de *petite jument,* de *poulain* et de *pouline,* donnés au poisson que nous examinons[3].

Au reste, ce *cæsio* est revêtu d'écailles très petites, mais brillantes de l'éclat de l'argent. Il parvient à la longueur de deux décimètres. Forskael l'a vu dans la mer d'Arabie, où il a observé aussi d'autres poissons[4] presque entièrement semblables au *poulain,* qui n'en diffèrent d'une manière très

1.

A la membrane branchiale	7	rayons.
A la nageoire du dos, aiguillonnés	9	—
— articulés	15	—
A chacune des pectorales	24	—
A chacune des thoracines	6	—
A celle de l'anus, aiguillonnés	2	—
— articulés	13	—
A celle de la queue	17	—

2. Forskael, *Fauna arabica,* p. 58, n. 77. — *Scombre petite jument.* Bonnaterre, planches de l'Encyclopédie méthodique.

3.

A la membrane des branchies	4	rayons.
A la nageoire du dos, aiguillonnés	8	—
— articulés	16	—
A chacune des pectorales	18	—
A chacune des thoracines, aiguillonné	1	—
— articulés	5	—
A la nageoire de l'anus, aiguillonnés	3	—
— articulés	15	—
A celle de la queue	17	—

4. « Scomber pinnis glaucis, margine flavis. » Forskael, *Fauna arab.,* p. 58. — *Scombre meillet.* Bonnaterre, planches de l'Encyclopédie méthodique.

sensible que par un ou deux rayons de moins aux nageoires dorsale, pectorale et caudale, ainsi que par la couleur glauque et la bordure jaune de ces mêmes nageoires, des thoracines et de celle de l'anus, et que nous considérerons, quant à présent et de même que les naturalistes Gmelin et Bonnaterre, comme une simple variété de l'espèce que nous venons de décrire.

SOIXANTE-NEUVIÈME GENRE

LES CÆSIOMORES

Une seule nageoire dorsale; point de petites nageoires au-dessus ni au-dessous de la queue; point de carène latérale à la queue, ni de petite nageoire au-devant de celle de l'anus; des aiguillons isolés au-devant de la nageoire du dos.

ESPÈCES.	CARACTÈRES.
1. LE CÆSIOMORE BAILLON.	Deux aiguillons isolés au-devant de la nageoire dorsale; le corps et la queue revêtus d'écailles assez grandes.
2. LE CÆSIOMORE BLOCH.	Cinq aiguillons isolés au-devant de la nageoire dorsale; le corps et la queue dénués d'écailles facilement visibles.

LE CÆSIOMORE BAILLON

Cœsiomorus Baillonii, LACÉP. — *Trachinotus Baillonii*, CUV.

Nous allons faire connaître deux cæsiomores ; aucune de ces deux espèces n'a encore été décrite. Nous en avons trouvé la figure dans les manuscrits de Commerson, et elle a été gravée avec soin sous nos yeux. Nous dédions l'une de ces espèces à M. Baillon, l'un des plus zélés et des plus habiles correspondants du Muséum d'histoire naturelle, qui rend chaque jour de nouveaux services à la science que nous cultivons, par ses recherches, ses observations et les nombreux objets dont il enrichit les collections publiques et dont M. de Buffon a consigné le juste éloge dans tant de pages de cette histoire naturelle.

Nous consacrons l'autre espèce à la mémoire du savant et célèbre ichtyologiste le docteur Bloch de Berlin, comme un nouvel hommage de l'estime et de l'amitié qu'il nous avait inspirées.

Le cæsiomore baillon a le corps et la queue couverts d'écailles assez grandes, arrondies et placées les unes au-dessus des autres. On n'en voit pas de semblables sur la tête ni sur les opercules, qui ne sont revêtus que de grandes lames. Des dents pointues et un peu séparées les unes des autres garnissent les deux mâchoires, dont l'inférieure est plus avancée que la supérieure. On voit le long de la ligne latérale, qui est courbe jusque vers le milieu de la longueur totale de l'animal, quatre taches presque rondes et d'une couleur très foncée. Deux aiguillons forts, isolés et tournés en arrière paraissent au-devant de la nageoire du dos, laquelle ne commence qu'au delà de l'endroit où le poisson montre la plus grande hauteur, et qui, conformée comme une faux, s'étend presque jusqu'à la nageoire caudale.

La nageoire de l'anus, placée au-dessous de la dorsale, est à peu près de la même étendue et de la même forme que cette dernière, et précédée de même de deux aiguillons assez grands et tournés vers la queue. La nageoire caudale est très fourchue ; les thoracines sont beaucoup plus petites que les pectorales.

LE CÆSIOMORE BLOCH

Cæsiomorus Blochii, Lacép. — *Trachinotus Blochii,* Cuv.

Ce poisson a beaucoup de ressemblance avec le baillon ; la nageoire dorsale et celle de l'anus sont en forme de faux dans cette espèce, comme dans le cæsiomore dont nous venons de parler; deux aiguillons isolés hérissent le devant de la nageoire de l'anus, la nageoire caudale est fourchue, et les thoracines sont moins grandes que les pectorales dans les deux espèces ; mais, les deux lobes de la nageoire caudale du bloch sont beaucoup plus écartés que ceux de la nageoire de la queue du baillon ; la nageoire dorsale du bloch s'étend vers la tête jusqu'au delà du plus grand diamètre vertical de l'animal ; cinq aiguillons isolés et très forts sont placés au-devant de cette nageoire du dos. La nuque est arrondie ; la tête grosse et relevée, la mâchoire supérieure terminée en avant, comme l'inférieure, par une portion très haute, très peu courbée et presque verticale ; deux lames au moins composent chaque opercule ; on ne voit pas de tache sur la ligne latérales qui de plus est tortueuse et enfin, les téguments les plus extérieurs du bloch ne sont recouverts d'aucune écaille facilement visible.

SOIXANTE-DIXIÈME GENRE

LES CORIS

La tête grosse et plus élevée que le corps; le corps comprimé et très allongé, le premier ou le second rayon de chacune des nageoires thoracines une ou deux fois plus allongé que les autres; point d'écailles semblables à celles du dos sur les opercules ni sur la tête, dont la couverture lamelleuse et d'une seule pièce représente une sorte de casqne.

ESPÈCES.	CARACTÈRES.
1. Le Coris aigrette.	Le premier rayon de la nageoire du dos une ou deux fois plus long que les autres ; l'opercule terminé par une ligne courbe; une bosse au-dessus des yeux.
2. Le Coris angulé.	Le premier rayon de la nageoire du dos un peu plus court que les autres, ou ne les surpassant pas en longueur; l'opercule terminé par une ligne anguleuse; point de bosse au-dessus des yeux.

LE CORIS AIGRETTE

Coris Aygula, Lacép.

Quelles obligations les naturalistes n'ont-ils pas au célèbre Commerson ! Combien de genres de poissons dont ses manuscrits nous ont présenté la description ou la figure, et qui, sans les recherches multipliées auxquelles son zèle n'a cessé de se livrer, seraient inconnus des amis des sciences naturelles! Il a donné à celui dont nous allons parler, le nom de *coris*, qui, en grec, signifie *sommet*, *tête*, etc., à cause de l'espèce de casque qui enveloppe et surmonte la tête des animaux compris dans cette famille. Cette sorte de casque, qui embrasse le haut, les côtés et le dessous du crâne, des yeux et des mâchoires, est formée d'une substance écailleuse, d'une grande lame, d'une seule pièce, qui même est réunie aux opercules, de manière à ne faire qu'un tout avec ces couvercles des organes respiratoires. L'ensemble que ce casque renferme, ou la tête proprement dite, s'élève plus haut que le dos de l'animal, dans tous les coris ; mais dans l'espèce qui fait le sujet de cet article, il est un peu plus exhaussé encore : le sommet du crâne s'arrondit de manière à produire une bosse ou grosse loupe au-dessus des yeux ; et le premier rayon de la nageoire dorsale, une ou deux fois plus grand que les autres, étant placé précisément derrière cette loupe, paraît comme une aigrette destinée à orner le casque du poisson.

Chaque opercule est terminé du côté de la queue par une ligne courbe. La lèvre supérieure est double ; la mâchoire inférieure plus avancée que la supérieure ; chacune des deux mâchoires garnie d'un rang de dents fortes, pointues, triangulaires et inclinées. La ligne latérale suit de très près la courbure du dos. Le premier rayon de chaque thoracine, qui en renferme sept, est une fois plus allongé que les autres. La nageoire dorsale est très longue, très basse et de la même hauteur dans presque toute son étendue. Celle de l'anus présente des dimensions bien différentes ; elle est beaucoup plus courte que la dorsale ; ses rayons, plus longs que ceux de cette dernière, lui donnent plus de largeur ; sa figure se rapproche de celle d'un trapèze. Et enfin la nageoire caudale est rectiligne, et ses rayons dépassent de beaucoup la membrane qui les réunit[1].

LE CORIS ANGULEUX

Coris angulatus, LACÉP.

Ce coris diffère du précédent par six traits principaux : son corps est beaucoup plus allongé que celui de l'aigrette ; le premier rayon de la nageoire dorsale ne dépasse pas les autres ; la ligne latérale ne suit pas dans toute son étendue la courbure du dos ; elle se fléchit en en-bas, à une assez petite distance de la nageoire caudale, et tend ensuite directement vers cette nageoire ; le sommet du crâne ne présente pas de loupe ou de bosse ; chaque

1. A la nageoire du dos........ 21 rayons.
A chacune des pectorales........ 11 —
A chacune des thoracines........ 7 —
A la nageoire de l'anus........ 14 —
A celle de la queue........ 10 —

opercule se prolonge vers la queue, de manière à former un angle saillant, au lieu de n'offrir qu'un contour arrondi; et les deux mâchoires sont également avancées[1].

SOIXANTE ET ONZIÈME GENRE

LES GOMPHOSES

Le museau allongé en forme de clou de masse; la tête et les opercules dénués d'écailles semblables à celles du dos.

	ESPÈCES.	CARACTÈRES.
1.	LE GOMPHOSE BLEU.	Toute la surface du poisson d'une couleur bleu foncé.
2.	LE GOMPHOSE VARIÉ.	La couleur générale mêlée de rouge, de jaune et de bleu.

LE GOMPHOSE BLEU[2]

Gomphosus cæruleus, LACÉP., CUV.

Commerson a laissé dans ses manuscrits la description de ce poisson qu'il a observé dans ses voyages, que nous avons cru, ainsi que lui, devoir inscrire dans un genre particulier, mais auquel nous avons donné le nom générique de *gomphos*, plutôt que celui d'*elops*, qui lui a été assigné par ce naturaliste. Le mot *gomphos* désigne, aussi bien que celui d'*elops*, la forme du museau de ce poisson, qui représente une sorte de clou ; et en employant la dénomination que nous avons préférée, on évite toute confusion du genre que nous décrivons, avec une petite famille d'abdominaux connue depuis longtemps sous le nom d'*elops*.

Le gomphose bleu est, suivant Commerson, de la grandeur du cyprin tanche. Toute sa surface présente une couleur bleue sans tache, un peu foncée et noirâtre sur les nageoires pectorales, et très claire sur les autres nageoires. L'œil seul montre des nuances différentes du bleu; la prunelle est bordée d'un cercle blanc, autour duquel l'iris présente une belle couleur d'émeraude ou d'aigue-marine.

Le corps est un peu arqué sur le dos et beaucoup plus au-dessous du ventre. La tête, d'une grosseur médiocre, se termine en devant par une prolongation du museau, que Commerson a comparée à un clou dont la longueur est égale au septième de la longueur totale de l'animal, et qui a quelques rapports avec le boutoir du sanglier. La mâchoire supérieure est un peu extensible, et quelquefois un peu plus avancée que l'inférieure : ce qui n'empêche pas que l'avant-bouche, dont l'ouverture est étroite, ne forme une sorte de tuyau. Chaque mâchoire est composée d'un os garni d'un seul

1. A la nageoire du dos........ 20 rayons.
A chacune des pectorales........ 15 —
A la nageoire de l'anus........ 15 —
A celle de la queue........ 10 —

2. « Elops, totus intense cæruleus; rostro subulato, capite et operculis branchiostegis, alepidotis. » Commerson, manuscrits déjà cités.

rang de dents très petites et très serrées l'une contre l'autre; et les deux dents les plus avancées de la mâchoire d'en haut sont aussi plus grandes que celles qui les suivent.

Tout l'intérieur de la bouche est d'ailleurs lisse et d'une couleur bleuâtre.

Les yeux sont petits et très proches des orifices des narines, qui sont doubles de chaque côté.

On ne voit aucune écaille proprement dite, ou semblable à celles du dos, sur la tête et sur les opercules du gomphose bleu. Ces opercules ne sont hérissés d'aucun piquant. Deux lames les composent : la seconde de ces pièces s'avance vers la queue en forme de pointe; et une partie de sa circonférence est bordée d'une membrane.

On voit quelques dentelures sur la partie concave des arcs osseux qui soutiennent les branchies.

La portion de la nageoire dorsale qui comprend des rayons aiguillonnés est plus basse que la partie de cette nageoire dans laquelle on observe des rayons articulés. La nageoire caudale forme un croissant dont les deux pointes sont très allongées.

La ligne latérale, qui suit la courbure du dos jusqu'à la fin de la nageoire dorsale, où elle se fléchit vers le bas pour tendre ensuite directement vers la nageoire caudale, a son cours marqué par une suite de petites raies disposées de manière à imiter des caractères chinois.

Les écailles qui recouvrent le corps et la queue du gomphose bleu sont assez larges, et les petites lignes qu'elles montrent les font paraître comme ciselées[1].

LE GOMPHOSE VARIÉ[2]

Gomphosus varius, Lacép., Cuv.

Sur les bords charmants de la fameuse île de Taïti, Commerson a observé une seconde espèce de gomphose, bien digne, par sa beauté ainsi que par l'éclat de ses couleurs, d'habiter ces rivages embellis avec tant de soin par la nature. Elle est principalement distinguée de la première par ces riches nuances qui la décorent ; elle montre un brillant et agréable mélange de rouge, de jaune et de bleu. Le jaune domine dans cette réunion de tons

1. A la membrane des branchies.......... 6 rayons.
A la nageoire du dos, articulés.......... 14 —
— aiguillonnés.......... 8 —
A chacune des pectorales.......... 14 —
A chacune des thoracines.......... 6 —
(Le second se prolonge en un filament.)
A la nageoire de l'anus, articulés.......... 12 —
— aiguillonnés.......... 2 —
A celle de la queue.......... 14 —

2. « Elops rubro, cæruleo et flavo variegatus. ». Commerson, manuscrits déjà cités.

resplendissants ; mais l'azur y est assez marqué pour être un nouvel indice de la parenté du varié avec le gomphose bleu.

SOIXANTE-DOUZIÈME GENRE

LES NASONS

Une protubérance en forme de corne ou de grosse loupe sur le nez; deux plaques ou boucliers de chaque côté de l'extrémité de la queue; le corps et la queue recouverts d'une peau rude et comme chagrinée.

	ESPÈCES.	CARACTÈRES.
1.	LE NASON LICORNET.	Une protubérance cylindrique, horizontale et en forme de corne au-devant des yeux; une ligne latérale très sensible.
2.	LE NASON LOUPE.	Une proéminence en forme de grosse loupe au-dessus de la mâchoire supérieure; point de ligne latérale visible.

LE NASON LICORNET[1]

Chætodon fronticornis, LINN., GMEL. — *Nason fronticornis*, LACÉP. — *Naseus fronticornis*, CUV.

Sans les observations de l'infatigable Commerson, nous ne connaîtrions pas tous les traits de l'espèce du licornet, et nous ignorerions l'existence du poisson loupe que nous avons cru, avec cet habile voyageur, devoir renfermer, ainsi que le licornet, dans un genre particulier, distingué par le nom de *nason*.

La première de ces deux espèces frappe aisément les regards par la singularité de la forme de sa tête; elle attire l'attention de ceux mêmes qui s'occupent le moins des sciences naturelles. Aussi avait-elle été très remarquée par les matelots de l'expédition dont Commerson faisait partie; ils l'avaient examinée assez souvent pour lui donner un nom; et comme ils avaient facilement saisi un rapport très marqué que présente son museau avec le front des animaux fabuleux auxquels l'amour du merveilleux a depuis longtemps attaché la dénomination de *licorne*, ils l'avaient appelé *la petite licorne*, ou le *licornet*, appellation que j'ai cru devoir conserver.

En effet, de l'entre-deux des yeux de ce poisson part une protubérance presque cylindrique, renflée à son extrémité, dirigée horizontalement vers le bout du museau et attachée à la tête proprement dite par une base assez large.

C'est sur cette même base que l'on voit de chaque côté deux orifices de narines, dont l'antérieur est le plus grand.

Les yeux sont assez gros.

Le museau proprement dit est un peu pointu; l'ouverture de la bouche

1. *Naseus fronticornis fuscus.* Commerson, manuscrits déjà cités. — *Licornet des matelots*, ibid. — Forskael, *Fauna arabica*, p. 63, n. 88. — *Chétodon unicorne.* Bonnaterre, planches de l'Encyclopédie méthodique.

étroite ; la lèvre supérieure faiblement extensible ; la mâchoire d'en haut un peu plus courte que celle d'en bas et garnie, comme cette dernière, de dents très petites, aiguës et peu serrées les unes contre les autres.

Des lames osseuses composent les opercules, au-dessous desquels des arcs dentelés dans leur partie concave soutiennent de chaque côté les quatre branchies [1].

Le corps et la queue sont très comprimés, carénés en haut ainsi qu'en bas et recouverts d'une peau rude, que l'on peut comparer à celle de plusieurs cartilagineux et notamment de la plupart des squales.

La couleur que présente la surface presque entière de l'animal est d'un gris brun ; mais la nageoire du dos, ainsi que celle de l'anus, sont agréablement variées par des raies courbes, jaunes ou dorées.

Cette même nageoire dorsale s'étend depuis la nuque jusqu'à une assez petite distance de la nageoire caudale.

La ligne latérale est voisine du dos, dont elle suit la courbure ; l'anus est situé très près de la base des thoracines, et, par conséquent, plus éloigné la nageoire caudale que de la gorge.

La nageoire de l'anus est un peu plus basse et presque aussi longue que celle du dos.

La caudale est échanrée en forme de croissant, et les deux cornes qui la terminent sont composés de rayons si allongés que, lorsqu'ils se rapprochent, ils représentent presque un cercle parfait, au lieu de ne montrer qu'un demi-cercle.

De plus, on voit auprès de la base de cette nageoire et de chaque côté de la queue deux plaques osseuses, que Commerson nomme de *petits boucliers*, dont chacune est grande, dit ce voyageur, comme l'ongle du petit doigt de l'homme et composée d'une lame un peu relevée en carène et échancrée par devant.

On doit apercevoir d'autant plus aisément ces deux pièces, qui forment un caractère remarquable, que la longueur totale de l'animal n'excède pas quelquefois trente-cinq centimètres. Alors le plus grand diamètre vertical du corps proprement dit, celui que l'on peut mesurer au-dessus de l'anus, est de dix ou onze centimètres ; la plus grande épaisseur du poisson est de quatre centimètres, et la partie de la corne frontale et horizontale, qui est entièrement dégagée du front, a un centimètre de longueur.

1. A la membrane des branchies.......... 4 rayons.
A la nageoire du dos, articulés.......... 30 —
et 6 aiguillons.
A chaque nageoire pectorale.......... 17 —
A chacune des thoracines, articulés.......... 3 —
et 1 aiguillon.
A la nageoire de l'anus, articulés.......... 30 —
et 2 aiguillons.
A la nageoire de la queue.......... 20 —

Commerson a vu le licornet auprès des rivages de l'île de France, et si les dimensions que nous venons d'indiquer d'après le manuscrit de ce naturaliste sont celles que ce nason présente le plus souvent dans les parages que ce voyageur a fréquentés, il faut que cette espèce soit bien plus favorisée pour son développement dans la mer Rouge ou mer d'Arabie. En effet, Forskael, qui l'a décrite et qui a cru devoir la placer parmi celles de la famille des chétodons, au milieu desquels elle a été laissée par le savant Gmelin et par M. Bonnaterre, dit qu'elle parvient à la longueur de cent dix-huit centimètres (une aune ou environ). Les licornets vont par troupes nom breuses dans cette même mer d'Arabie ; on en voit depuis deux cents jusqu'à quatre cents ensemble; et l'on doit en être d'autant moins surpris, que l'on assure qu'ils ne se nourrissent que des plantes qu'ils peuvent rencontrer sous les eaux. Quoiqu'ils n'aient le besoin ni l'habitude d'attaquer une proie, ils usent avec courage des avantages que leur donnent leur grandeur et la conformation de leur tête ; ils se défendent avec succès contre des ennemis dangereux. Des pêcheurs arabes ont même dit avoir vu une troupe de ces thoracins entourer avec audace un aigle qui s'était précipité sur ces poissons comme sur des animaux faciles à vaincre, opposer le nombre à la force, assaillir l'oiseau carnassier avec une sorte de concert et le combattre avec assez de constance pour lui donner la mort.

LE NASON LOUPE[1]

Acanthurus Nasus, SHAW. — *Naso tuberosus,* COMM., LACÉP. — *Naseus tuberosus,* CUV.

Cette espèce de nason, observée, décrite et dessinée, comme la première, par Commerson, qui l'a vue dans les mêmes contrées, ressemble au licornet par la compression de son corps et de sa queue et par la nature de sa peau rude et chagrinée ainsi que celle des squales. Sa couleur générale est d'un gris plus ou moins mêlé de brun, et par conséquent très voisine de celle du licornet ; mais on distingue sur la partie supérieure de l'animal, sur sa nageoire dorsale et sur la nageoire de la queue, un grand nombre de taches petites, lenticulaires et noires. Celles de ces taches que l'on remarque auprès des nageoires pectorales sont un peu plus larges que les autres, et, entre ces mêmes nageoires et les orifices des branchies, on voit une place noirâtre et très rude au toucher.

La tête est plus grosse, à proportion du reste du corps, que celle du licornet. La protubérance nasale ne se détache pas du museau autant que la corne de ce dernier nason ; elle s'étend vers le haut ainsi que vers les côtés ; elle représente une loupe ou véritable bosse. Un sillon particulier, dont la

1. *Licorne à loupe.* Commerson, manuscrits déjà cités. — « Naseus, naso ad rostrum connato, tuberiformi. » *Idem.*

couleur est très obscure, qui part de l'angle antérieur de l'œil et qui règne jusqu'à l'extrémité du museau, circonscrit cette grosse tubérosité; et c'est au-dessus de l'origine de ce sillon, et par conséquent très près de l'œil, que sont situés, de chaque côté, deux orifices de narines, dont l'antérieur est le plus sensible.

Les yeux sont grands et assez rapprochés du sommet de la tête; les lèvres sont coriaces; la mâchoire supérieure est plus avancée que l'inférieure, la déborde, l'embrasse, n'est point du tout extensible et montre, comme la mâchoire d'en bas, un contour arrondi et un seul rang de dents incisives.

Le palais et le gosier présentent des plaques hérissées de petites dents.

Chaque opercule est composé de deux lames.

Les arcs des branchies sont tuberculeux et dentelés dans leur concavité.

Les aiguillons de la nageoire du dos et des thoracines sont très rudes[1]; le premier aiguillon de la nageoire dorsale est d'ailleurs très large à sa base; la nageoire caudale est en forme de croissant, mais peu échancrée. On n'aperçoit pas de ligne latérale; mais on trouve, de chaque côté de la queue, deux plaques ou boucliers analogues à ceux du licornet.

Le nason loupe devient plus grand que le licornet; il parvient jusqu'à la longueur de cinquante centimètres.

SOIXANTE-TREIZIÈME GENRE

LES KYPHOSES

Le dos très élevé au-dessus d'une ligne tirée depuis le bout du museau jusqu'au milieu de la nageoire caudale; une bosse sur la nuque; des écailles semblables à celles du dos sur la totalité ou une grande partie des opercules qui ne sont pas dentelés.

ESPÈCE.	CARACTÈRES.
LE KYPHOSE DOUBLE BOSSE.	Une bosse sur la nuque; une bosse entre les yeux; la nageoire de la queue fourchue.

LE KYPHOSE DOUBLE BOSSE[2]

Kyphosus bigibbus, LACÉP.

Commerson nous a transmis la figure de cet animal. La bosse que ce poisson a sur la nuque est grosse, arrondie et placée sur une partie du corps tellement élevée que, si on tire une ligne droite du museau au milieu de la

1. A la membrane des branchies .... 4 rayons.
A la nageoire du dos, articulés .... 30 —
— aiguillonnés .... 5 —
A chacune des pectorales .... 17 —
A la nageoire de l'anus, articulés .... 28 —
et 2 aiguillons.
A la nageoire de la queue .... 16 —

2. Le nom générique *kyphose*, KYPHOSUS, que nous avons donné à ce poisson, vient du mot *kyphos*, qui en grec signifie *bosse*, aussi bien que *kyrtos*, expression dont Bloch a fait dériver le nom d'un genre de jugulaires, ainsi que nous l'avons vu.

nageoire caudale, la hauteur du sommet de la bosse au-dessus de cette ligne horizontale est au moins égale au quart de la longueur totale de ce thoracin. La seconde bosse, qui nous a suggéré son nom spécifique, est conformée à peu près comme la première, mais moins grande et située entre les yeux. La ligne latérale suit la courbure du dos, dont elle est très voisine. Les nageoires pectorales sont allongées et terminées en pointe. La longueur de la nageoire de l'anus n'égale que la moitié ou environ de celle de la nageoire dorsale. La nageoire de la queue est très fourchue. Des écailles semblables à celles du dos recouvrent au moins une grande partie des opercules[1].

SOIXANTE-QUATORZIÈME GENRE

LES OSPHRONÈMES.

Cinq ou six rayons à chaque nageoire thoracine; le premier de ces rayons aiguillonné, et le second terminé par un filament très long.

ESPÈCES.	CARACTÈRES.
1. L'Osphronème goramy.	La partie postérieure du dos très élevée; la ligne latérale droite; la nageoire de la queue arrondie.
2. L'Osphronème gal.	La lèvre inférieure plissée de chaque côté; les nageoires du dos et de l'anus très basses; celle de la queue fourchue.

L'OSPHRONÈME GORAMY[2]

Osphronemus Olfax, Comm., Cuv. — *Osphronemus Goramy*, Lacép.

Nous conservons à ce poisson le nom générique qui lui a été donné par Commerson, dans les manuscrits duquel nous avons trouvé la description et la figure de ce thoracin.

Cet osphronème est remarquable par sa forme, par sa grandeur et par la bonté de sa chair. Il peut parvenir jusqu'à la longueur de deux mètres ; et comme sa hauteur est très grande à proportion de ses autres dimensions, il fournit un aliment aussi copieux qu'agréable. Commerson l'a observé dans l'île de France, en février 1770, par les soins de Seré, commandant des troupes royales. Ce poisson y avait été apporté de la Chine, où il est indigène, de Batavia, où on le trouve aussi, selon l'estimable M. Cossigny[3]. On l'avait d'abord élevé dans des viviers, et il s'était ensuite répandu dans les

1. A la nageoire dorsale, articulés .... 12 rayons.
et 13 aiguillons.
A chacune des pectorales .... 13 ou 14 —
A chacune des thoracines .... 5 ou 6 —
A la nageoire de l'anus .... 14 ou 15 —

2. *Osphronemus olfax.* Commerson, manuscrits déjà cités. — *Poisson gouramie*, ou *gouramy*. Il faut observer que ce nom de *poisson gouramie* ou *gouramy*, ou *goramy*, a été aussi donné, dans le grand Océan, au trichopode mentonnier.

3. « Devectus e Sina, educatus primum in piscinis, etc. » Manuscrits de Commerson. — « Le poisson n'est pas extrêmement commun dans le Bengale. Il y a beaucoup d'étangs dans le pays. On pourrait en former des viviers. Il serait à propos d'y transplanter le *goramy*, cet excellent poisson que nous avons transporté de Batavia à l'île de France, et qui s'y est naturalisé. » *Voyage au Bengale*, etc., par M. Charpentier-Cossigny, t. Ier, p. 181.

rivières, où il s'était multiplié avec une grande facilité et où il avait assez conservé toutes ses qualités pour être, dit Commerson, le plus recherché des poissons d'eau douce. Il serait bien à désirer que quelque ami des sciences naturelles, jaloux de favoriser l'accroissement des objets véritablement utiles, se donnât le peu de soins nécessaires pour le faire arriver en vie en France, l'y acclimater dans nos rivières, et procurer ainsi à notre patrie une nourriture peu chère, exquise, salubre et très abondante.

Voyons quelle est la conformation de cet osphronème goramy.

Le corps est très comprimé et très haut. Le dessous du ventre et de la queue et la partie postérieure du dos présentent une carène aiguë. Cette même extrémité postérieure du dos montre une sorte d'échancrure qui diminue beaucoup la hauteur de l'animal, à une petite distance de la nageoire caudale; et lorsqu'on n'a sous les yeux qu'un des côtés de cet osphronème, on voit facilement que sa partie inférieure est plus arrondie et s'étend au-dessous du diamètre longitudinal qui va du bout du museau à la fin de la queue, beaucoup plus que sa partie supérieure ne s'élève au-dessus de ce même diamètre [1].

De larges écailles couvrent le corps, la queue, les opercules et la tête; et d'autres écailles plus petites revêtent une portion assez considérable des nageoires du dos et de l'anus. Le dessus de la tête, incliné vers le museau, offre d'ailleurs deux légers enfoncements. La mâchoire supérieure est extensible, l'inférieure plus avancée que celle d'en haut; toutes les deux sont garnies d'une double rangée de dents; le rang extérieur est composé de dents courtes et un peu recourbées en dedans; l'intérieur n'est formé que de dents plus petites et plus serrées.

On aperçoit une callosité au palais ; la langue est blanchâtre, retirée, pour ainsi dire, dans le fond de la gueule, auquel elle est attachée; les orifices des narines sont doubles; chaque opercule est formé de deux lames, dont la première est excavée vers le bas par deux ou trois petites fossettes, et dont la seconde s'avance en pointe vers les nageoires pectorales, et de plus est bordée d'une membrane.

On aperçoit dans l'intérieur de la bouche et au-dessus des branchies une sorte d'os ethmoïde, *labyrinthiforme*, pour employer l'expression de Commerson, et placé dans une cavité particulière. L'usage de cet os a paru au voyageur que nous venons de citer très digne d'être recherché, et nous

1. A la membrane des branchies.................................. 6 rayons.
A la nageoire du dos, articulés.................................. 12 —
et 13 aiguillons.
A chacune des pectorales.................................. 14 —
A chacune des thoracines, articulés.................................. 5 —
et 1 aiguillon.
A la nageoire de l'anus, articulés.................................. 20 —
et 10 aiguillons.
A la nageoire de la queue.................................. 16 —

nous en occuperons de nouveau dans notre *Discours sur les parties solides des poissons*.

La nageoire du dos commence loin de la nuque et s'élève ensuite à mesure qu'elle s'approche de la caudale, auprès de laquelle elle est très arrondie.

Chaque nageoire thoracine renferme six rayons. Le premier est un aiguillon très fort; le second se termine par un filament qui s'étend jusqu'à l'extrémité de la nageoire de la queue, ce qui donne à l'osphronème un rapport très marqué avec les trichopodes; mais dans ces derniers ce filament est la continuation d'un rayon unique, au lieu que, dans l'osphronème, chaque thoracine présente au moins cinq rayons.

L'anus est deux fois plus près de la gorge que de l'extrémité de la queue; la nageoire qui le suit a une forme très analogue à celle de la dorsale; mais, ce qui est particulièrement à remarquer, elle est beaucoup plus étendue.

On ne compte au-dessus ni au-dessous de la caudale, qui est arrondie, aucun de ces rayons articulés, très courts et inégaux, qu'on a nommés *faux rayons* ou *rayons bâtards*, et qui accompagnent la nageoire de la queue d'un si grand nombre de poissons.

Enfin la ligne latérale, plus voisine du dos que du ventre, n'offre pas de courbure très sensible.

Au reste, le goramy est brun avec des teintes rougeâtres plus claires sur les nageoires que sur le dos; et les écailles de ses côtés et de sa partie inférieure, qui sont argentées et bordées de brun, font paraître ces mêmes portions comme couvertes de mailles.

L'OSPHRONÈME GAL[1]

Labrus Gallus, Linn., Gmel. — *Osphronemus Gallus*, Lacép.

Forskael a vu sur les côtes d'Arabie cet osphronème, qu'il a inscrit parmi les scares, et que le professeur Gmelin a ensuite transporté parmi les labres, mais dont la véritable place nous paraît être à côté du goramy. Ce poisson est regardé comme très venimeux par les habitants des rivages qu'il fréquente; dès lors on peut présumer qu'il se nourrit de mollusques, de vers et d'autres animaux marins imprégnés de sucs malfaisants ou même délétères pour l'homme. Mais s'il est dangereux de manger de la chair du gal, il doit être très agréable de voir cet osphronème; il offre des nuances gracieuses, variées et brillantes, et ces humeurs funestes, dérobées aux regards par des écailles qui resplendissent des couleurs qui émaillent nos parterres, offrent une nouvelle image du poison que la nature a si souvent placé sous des fleurs.

1. *Scarus Gallus*. Forskael, *Fauna arab*,, p. 26, n. 11.

Le gal est d'un vert foncé et chacune de ses écailles étant marquée d'une petite ligne transversale violette ou pourpre, l'osphronème paraît rayé de pourpre ou de violet sur presque toute sa surface. Deux bandes bleues règnent de plus sur son abdomen. Les nageoires du dos et de l'anus sont violettes à leur base et bleues dans leur bord extérieur; les pectorales bleues et violettes dans leur centre; les thoracines bleues; la caudale est jaune et aurore dans le milieu, violette sur les côtés, bleue dans sa circonférence. L'iris est rouge autour de la prunelle et vert dans le reste de son disque.

Le rouge, l'orangé, le jaune, le vert, le bleu, le pourpre et le violet, c'est-à-dire les sept couleurs que donne le prisme solaire et que nous voyons briller dans l'arc-en-ciel, sont donc distribués sur le gal qui les montre d'ailleurs disposés avec goût et fondus les uns dans les autres par des nuances très douces.

Ajoutons, pour achever de donner une idée de cet osphronème, que sa lèvre inférieure est plissée de chaque côté; que ses dents ne forment qu'une rangée; que celles de devant sont plus grandes que celles qui les suivent et un peu écartées l'une de l'autre; que la ligne latérale se courbe vers le bas, auprès de la fin de la nageoire dorsale; et que les écailles sont striées, faiblement attachées à l'animal et membraneuses dans une grande partie de leur contour[1].

SOIXANTE-QUINZIÈME GENRE

LES TRICHOPODES

Un seul rayon beaucoup plus long que le corps à chacune des nageoires thoracines; une seule nageoire dorsale.

ESPÈCES.	CARACTÈRES.
1. Le Trichopode mentonnier.	La bouche dans la partie supérieure de la tête; la mâchoire inférieure avancée de manière à représenter une sorte de menton.
2. Le Trichopode trichoptère.	La tête couverte de petites écailles; les rayons des nageoires pectorales prolongés en très longs filaments.

LE TRICHOPODE MENTONNIER[2]

Trichopodus Mentum, Lacép.

C'est encore le savant Commerson qui a observé ce poisson, dont nous

1. A la membrane des branchies .... 5 rayons.
A la nageoire du dos, articulés .... 14 —
et 8 aiguillons.
A chacune des pectorales .... 14 —
A chacune des thoracines, articulés .... 5 —
et 1 aiguillon.
A la nageoire de l'anus, articulés .... 12 —
et 5 aiguillons.
A celle de la queue .... 15 —

2. *Gouramy*, ou *gouramie*.

avons trouvé un dessin fait avec beaucoup de soin et d'exactitude dans ses précieux manuscrits.

La tête de cet animal est extrêmement remarquable; elle est le produit bien plutôt singulier que bizarre d'une de ces combinaisons de formes plus rares qu'extraordinaires, que l'on est surpris de rencontrer, mais que l'on devrait être bien plus étonné de ne pas avoir fréquemment sous les yeux, et qui, n'étant que de nouvelles preuves de ce grand principe que nous ne cessons de chercher à établir, *tout ce qui peut être, existe,* méritent néanmoins notre examen le plus attentif et nos réflexions les plus profondes. Elle présente d'une manière frappante les principaux caractères de la plus noble des espèces, les traits les plus reconnaissables de la face auguste du suprême dominateur des êtres; elle rappelle le chef-d'œuvre de la création; elle montre en quelque sorte un exemplaire de la figure humaine. La conformation de la mâchoire inférieure, qui s'avance, s'arrondit, se relève et se recourbe, pour représenter une sorte de menton; le léger enfoncement qui suit cette saillie; la position de la bouche et ses dimensions; la forme des lèvres; la place des yeux et leur diamètre; des opercules à deux lames, que l'on est tenté de comparer à des joues; la convexité du front; l'absence de toute écaille proprement dite de dessus l'ensemble de la face, qui, revêtue uniquement de grandes lames, paraît comme couverte d'une peau; toutes les parties de la tête du mentonnier se réunissent pour produire cette image du visage de l'homme, aux yeux surtout qui regardent ce trichopode de profil. Mais cette image n'est pas complète. Les principaux linéaments sont tracés; mais leur ensemble n'a pas reçu de la justesse des proportions une véritable ressemblance; ils ne produisent qu'une copie grotesque, qu'un portrait chargé de détails exagérés.

Ce n'est donc pas une tête humaine que l'imagination place au bout du corps du poisson mentonnier; elle y suppose plutôt une tête de singe ou de paresseux; et ce n'est même qu'un instant qu'elle peut être séduite par un commencement d'illusion. Le défaut de jeu dans cette tête qui la frappe, l'absence de toute physionomie, la privation de toute expression sensible d'un mouvement intérieur, font bientôt disparaître toute idée d'être privilégié et ne laissent voir qu'un animal dont quelques portions de la face ont dans leurs dimensions les rapports peu communs que nous venons d'indiquer. C'est le plus saillant de ces rapports que j'ai cru devoir désigner par le nom spécifique de *mentonnier,* de même que j'ai fait allusion par le mot *trichopode* (pieds en forme de filaments) au caractère de la famille particulière dans laquelle j'ai pensé qu'il fallait l'inscrire.

Chacune des nageoires thoracines des poissons de cette famille, et par conséquent du mentonnier, n'est composée en effet que d'un rayon ou filament très délié. Mais cette prolongation très molle, au lieu d'être très courte et à peine visible, comme dans les monodactyles, est si étendue, qu'elle surpasse ou du moins égale en longueur le corps et la queue réunis.

Le mentonnier a d'ailleurs ce corps et cette queue très comprimés, assez hauts vers le milieu de la longueur totale de l'animal; la nageoire dorsale et celle de l'anus, basses et presque égales l'une à l'autre; la caudale rectiligne, et les pectorales courtes, larges et arrondies[1].

LE TRICHOPODE TRICHOPTÈRE[2]

Labrus trichopterus, Pall., Linn., Gmel. — *Trichopterus Pallasii*, Shaw. — *Trichogaster trichopterus*, Bloch. — *Trichopodus trichopterus*, Lacép., Cuv.

Ce trichopode est distingué du précédent par plusieurs traits que l'on saisira avec facilité en lisant la description suivante. Il en diffère surtout par la forme de sa tête, qui ne présente pas cette sorte de masque que nous avons vu sur le mentonnier. Cette partie de l'animal est petite et couverte d'écailles semblables à celles du dos. L'ouverture de la bouche est étroite et située vers la portion supérieure du museau proprement dit.

Les lèvres sont extensibles. La nageoire du dos est courte, pointue, ne commence qu'à l'endroit où le corps a le plus de hauteur et se termine à une grande distance de la nageoire de la queue. Il est à remarquer que celle de l'anus est, au contraire, très longue; qu'elle renferme, à très peu près, quatre fois plus de rayons que la dorsale; qu'elle touche presque la caudale; qu'elle s'étend beaucoup vers la tête, et que, par une suite de cette disposition, l'orifice de l'anus, qui la précède, est très près de la base des thoracines.

Ces dernières nageoires ne consistent chacune que dans un rayon ou filament plus long que le corps et la queue considérés ensemble[3]; de plus, chaque pectorale, qui est très étroite, se termine par un autre filament très allongé, ce qui a fait donner au poisson dont nous parlons le nom de *trichoptère*, ou d'*aile à filament*. Nous lui avons conservé ce nom spécifique; mais, au lieu de le laisser dans le genre des labres ou des spares, nous avons cru, d'après les principes qui nous dirigent dans nos distributions méthodiques, devoir le comprendre dans une petite famille particulière et le placer dans le même genre que le mentonnier.

Le trichoptère est ondé de diverses nuances de brun. On voit de chaque

1. A la nageoire du dos .... 18 rayons.
A chacune des thoracines .... 1 —
A la nageoire de l'anus .... 18 —

2. Pallas. *Spicil. zoolog.*, 8, p. 45. — *Sparus*, etc. Koelreuter, *Nov. Com. petropol.*, IX, p. 452, n. 7, tab. 10. — *Labre crin.* Bonnaterre, planches de l'Encyclopédie méthodique.

3. A la nageoire du dos, aiguillonnés .... 7 rayons.
et 4 aiguillons.
A chacune des pectorales .... 9 —
A chacune des thoracines .... 1 —
A la nageoire de l'anus, articulés .... 38 —
— .... 4 —
A celle de la queue, qui est fourchue .... 16 —

côté, sur le corps et sur la queue, une tache ronde, noire et bordée d'une couleur plus claire. Des taches brunes sont répandues sur la tête dont la teinte est, pour ainsi dire, livide; la nageoire de la queue, ainsi que celle de l'anus, sont pointillées de blanc.

Ce trichopode ne parvient guère qu'à un décimètre de longueur. On le trouve dans la mer qui baigne les grandes Indes.

SOIXANTE-SEIZIÈME GENRE

LES MONODACTYLES

Un seul rayon très court et à peine visible à chaque nageoire thoracine; une seule nageoire dorsale.

ESPÈCE.	CARACTÈRES.
LE MONODACTYLE FALCIFORME.	La nageoire du dos et celle de l'anus en forme de faux; celle de la queue en croissant.

LE MONODACTYLE FALCIFORME [1]

Monodactylus falciformis, LACÉP. — *Psettus Commersonii*, CUV.

Nous donnons ce nom à une espèce de poisson dont nous avons trouvé la description et la figure dans les manuscrits de Commerson. Nous l'avons placé dans un genre particulier que nous avons appelé *monodactyle*, c'est-à-dire *à un seul doigt*, parce que chacune de ses nageoires thoracines, qui représentent en quelque sorte ses pieds, n'a qu'un rayon très court et aiguillonné, ou, pour parler le langage de plusieurs naturalistes, n'a qu'un doigt très petit. Le nom spécifique par lequel nous avons cru devoir d'ailleurs distinguer cet animal nous a été indiqué par la forme de ses nageoires du dos et de l'anus, dont la figure ressemble un peu à celle d'une faux. Ces deux nageoires sont de plus assez égales en étendue et touchent presque la nageoire de la queue, qui est en croissant. L'anus est presque au-dessous des nageoires pectorales, qui sont pointues. La ligne latérale suit la courbure du dos, dont elle est peu éloignée. L'opercule des branchies est composé de deux lames, dont la postérieure paraît irrégulièrement festonnée. Les yeux sont gros. L'ouverture de la bouche est petite; la mâchoire supérieure présente une forme demi-circulaire et des dents courtes, aiguës et serrées; elle est d'ailleurs extensible et embrasse l'inférieure. La langue est large, arrondie à son extrémité, amincie dans ses bords, rude sur presque toute sa surface. On voit, de chaque côté du museau, deux orifices de narines, dont l'antérieur est le plus petit et quelquefois le plus élevé.

La concavité des arcs osseux qui soutiennent les branchies présente des protubérances semblables à des dents et plus sensibles dans les trois antérieurs. Le corps et la queue sont très comprimés, couverts d'écailles petites,

1. « Psettus spinis pinnarum ventralium loco duabus. » Commerson, manuscrits déjà cités.

arrondies et lisses, que l'on retrouve avec des dimensions plus petites encore sur une partie des nageoires du dos et de l'anus, et resplendissant d'une couleur d'argent, mêlée sur le dos avec des teintes brunes. Ces mêmes nuances obscures se montrent aussi sur la portion antérieure de la nageoire de l'anus et de celle du dos, ainsi que sur les pectorales, qui néanmoins offrent souvent une couleur incarnate. Le monodactyle falciforme ne parvient ordinairement qu'à une longueur de vingt-six centimètres[1].

SOIXANTE-DIX-SEPTIÈME GENRE

LES PLECTORHINQUES

Une seule nageoire dorsale; point d'aiguillons isolés au-devant de la nageoire du dos, de carène latérale, ni de petite nageoire au-devant de celle de l'anus; les lèvres plissées et contournées; une ou plusieurs lames de l'opercule branchial dentelées.

ESPÈCE.	CARACTÈRES.
LE PLECTORHINQUE CHÉTODONOÏDE.	Treize aiguillons à la nageoire du dos; de grandes taches irrégulières, chargées de taches beaucoup plus foncées, inégales et presque rondes.

LE PLECTORHINQUE CHÉTODONOIDE

Plectorhynchus chetodonoides, LACÉP. — *Diagramma chetodonoides*, CUV.

Le mot *plectorhinque* désigne les plis extraordinaires que présente le museau de ce poisson et qui forment, avec la dentelure de ses opercules, un de ses principaux caractères génériques. Nous avons employé de plus, pour cet osseux, le nom spécifique de *chétodonoïde*, parce que l'ensemble de sa conformation lui donne de très grands rapports avec les *chétodons*, dont l'histoire ne sera pas très éloignée de la description du plectorhinque. Ce dernier animal leur ressemble d'ailleurs par la beauté de sa parure. Sur un fond d'une couleur très foncée, paraissent, en effet, de chaque côté, sept ou huit taches très étendues, inégales, irrégulières, mais d'une nuance claire et très éclatante, variées par leur contour, agréables par leur disposition, relevées par des taches plus petites, foncées et presque toutes arrondies, qu'elles renferment en nombre plus ou moins grand. On peut voir aisément, par le moyen du dessin que nous avons fait graver, le bel effet qui résulte de leur figure, de leur ton, de leur distribution, d'autant plus qu'on aperçoit des taches qui ont beaucoup d'analogie avec ces premières, à l'extrémité de toutes les nageoires, et surtout de la partie postérieure de la nageoire du dos.

1. A la membrane des branchies .... 7 rayons.
A la nageoire du dos .... 33 —
A chacune des pectorales .... 17 —
A chacune des thoracines, aiguillonné .... 1 —
A la nageoire de l'anus .... 30 —
et 3 aiguillons.

Cette nageoire dorsale montre une sorte d'échancrure arrondie qui la divise en deux portions très contiguës, mais faciles à distinguer, dont l'une est soutenue par treize rayons aiguillonnés, et l'autre par vingt rayons articulés[1]. Les thoracines et la nageoire de l'anus présentent à peu près la même forme et la même surface l'une que l'autre : les deux premiers rayons qu'elles comprennent sont aiguillonnés, et le second de ces deux piquants est très long et très fort.

La nageoire caudale est rectiligne ou arrondie. Il n'y a pas de ligne latérale sensible. La tête est grosse, comprimée comme le corps et la queue, et revêtue, ainsi que ces dernières parties, d'écailles petites et placées les unes au-dessus des autres. Des écailles semblables recouvrent des appendices charnus auxquels sont attachées les nageoires thoracines, les pectorales et celle de l'anus.

L'œil est grand, l'ouverture de la bouche petite, le museau un peu avancé et comme caché dans les plis et les contours charnus ou membraneux des deux mâchoires.

Nous avons décrit cette espèce encore inconnue des naturalistes, d'après un individu de la collection hollandaise donnée à la France.

SOIXANTE-DIX-HUITIÈME GENRE

LES POGONIAS

Une seule nageoire dorsale; point d'aiguillons isolés au-devant de la nageoire du dos, de carène latérale, ni de petite nageoire au-devant de celle de l'anus; un très grand nombre de petits barbillons à la mâchoire inférieure.

ESPÈCE.	CARACTÈRES.
LE POGONIAS FASCÉ.	Les opercules recouverts d'écailles semblables à celles du dos; quatre bandes transversales et d'une couleur très foncée ou très vive.

LE POGONIAS FASCÉ

Pogonias fasciatus, LACÉP., CUV.

Nous donnons ce nom de *pogonias* à un genre dont aucun individu n'a encore été connu des naturalistes. Cette dénomination signifie *barbu* et désigne le grand nombre de barbillons qui garnissent la mâchoire inférieure et, pour ainsi dire, le menton de l'animal. Nous avons décrit et fait figurer l'espèce que nous distinguons par l'épithète de *fascé*, d'après un poisson très bien conservé, qui faisait partie de la collection du stathouder à la Haye, et qui se trouve maintenant dans celle du Muséum d'histoire naturelle.

1. A chacune des nageoires pectorales............................ 15 rayons.
A la nageoire de l'anus, articulés............................ 13 —
— aiguillonnés............................ 2 —
A celle de la queue............................ 18 —

Ce pogonias a la tête grosse, les yeux grands, la bouche large, les lèvres doubles; les dents des deux mâchoires aiguës, égales et peu serrées ; la mâchoire supérieure plus avancée que l'inférieure ; l'opercule composé de deux lames et recouvert d'écailles arrondies comme celles du dos, auxquelles elles ressemblent d'ailleurs en tout ; la seconde lame de cet opercule branchial terminée en pointe ; la nageoire du dos étendue depuis l'endroit le plus haut du corps jusqu'à une distance assez petite de l'extrémité de la queue, et presque partagée en deux portions inégales par une sorte d'échancrure cependant peu profonde ; un aiguillon presque détaché au-devant de cette nageoire dorsale et de celle de l'anus ; cette dernière nageoire très petite et inférieure même en surface aux thoracines, qui néanmoins sont moins grandes que les pectorales ; la caudale rectiligne ou arrondie ; les côtés dénués de ligne latérale ; la mâchoire inférieure garnie de plus de vingt filaments déliés, assez courts, rapprochés deux à deux, ou trois à trois, et représentant assez bien une barbe naissante[1].

Quatre bandes foncées ou vives, étroites, mais très distinctes, règnent de haut en bas de chaque côté du pogonias fascé ; de petits points sont disséminés sur une grande partie de la surface de l'animal.

SOIXANTE-DIX-NEUVIÈME GENRE

LES BOSTRYCHES

Le corps allongé et serpentiforme ; deux nageoires dorsales ; la seconde séparée de celle de la queue ; deux barbillons à la mâchoire supérieure ; les yeux assez grands et sans voile.

ESPÈCES.	CARACTÈRES.
1. Le Bostryche chinois.	La couleur brune.
2. Le Bostryche tacheté.	De très petites taches vertes sur tout le corps.

LE BOSTRYCHE CHINOIS

Bostrychus sinensis, Lacép.

C'est dans les dessins chinois dont nous avons déjà parlé que nous avons trouvé la figure de ce bostryche tacheté. Les barbillons que ces poissons ont à la mâchoire supérieure, et qui nous ont indiqué leur nom générique[2], les distingueraient seuls des gobies, des gobioïdes, des gobiomores et des gobiomoroïdes, avec lesquels ils ont cependant beaucoup de rapports par leur conformation générale. Nous ne doutons pas que ces osseux n'aient des nageoires au-dessous du corps et ne doivent être compris parmi les tho-

1. A la nageoire dorsale .... 33 rayons.
A chacune des pectorales .... 13 —
A chacune des thoracines .... 6 —
A celle de l'anus .... 18 —
A celle de la queue .... 19 —

2. *Bostrychos* en grec veut dire *filament*, *barbillon*.

racins, quoique la position dans laquelle ils sont représentés ne permette pas de distinguer ces nageoires. Au reste, si de nouvelles observations apprenaient que les bostryches n'ont pas de nageoires inférieures, ils n'en devraient pas moins former un genre séparé des autres genres déjà connus; il suffirait de les retrancher de la colonne des thoracins et de les porter sur celle des apodes. On les y rapprocherait des murènes, dont il serait néanmoins facile de les distinguer par la forme de leurs yeux et les dimensions ainsi que la position de leurs nageoires. Ajoutons que cette remarque relative à l'absence de nageoires inférieures et au déplacement qui en serait le seul résultat s'applique au genre des bostrychoïdes dont nous allons parler.

Le bostryche chinois est d'une couleur brune. On voit de chaque côté de la queue, et auprès de la nageoire qui termine cette partie, une belle tache bleue, entourée d'un cercle jaune vers le corps et rouge vers la nageoire. L'animal ne paraît revêtu d'aucune écaille facile à voir. Sa tête est grosse; l'ouverture de sa bouche arrondie; l'opercule branchial d'une seule pièce; la première nageoire dorsale très courte relativement à la seconde; celle de l'anus, semblable et presque égale à la première dorsale, se montre au-dessous de la seconde nageoire du dos; celle de la queue est lancéolée. Les mouvements et les habitudes du bostryche chinois doivent ressembler beaucoup à ceux des murènes.

LE BOSTRYCHE TACHETÉ

Bostrychus maculatus, Lacép. — *Ophicephalus maculatus*, Cuv.

Ce bostryche diffère du chinois par quelques-unes de ses proportions, par plusieurs de ces traits vagues de conformation que l'œil saisit et que la parole rend difficilement, et par les nuances ainsi que la disposition de ses couleurs. Il est, en effet, parsemé de très petites taches vertes.

QUATRE-VINGTIÈME GENRE

LES BOSTRYCHOÏDES

Le corps allongé et serpentiforme; une seule nageoire dorsale; celle de la queue séparée de celle du dos; deux barbillons à la mâchoire supérieure; les yeux assez grands et sans voile.

ESPÈCE.	CARACTÈRES.
Le Bostrychoïde oeillé.	La nageoire de l'anus basse et longue; celle du dos basse et très longue; une tache verte entourée d'un cercle rouge de chaque côté de l'extrémité de la queue.

LE BOSTRYCHOIDE ŒILLÉ

Bostrychoides oculatus, LACÉP.

Ce poisson est figuré dans les dessins chinois arrivés par la Hollande au Muséum d'histoire naturelle de France. Sa tête, son corps et sa queue sont couverts de petites écailles; sa tête est moins grosse que la partie antérieure du corps. Les nageoires pectorales sont petites et arrondies; celle de la queue est lancéolée. La couleur de l'animal est brune, avec des bandes transversales plus foncées et un très grand nombre de petites taches vertes. Une tache verte plus grande, placée dans un cercle rouge et semblable à une prunelle entourée de son iris, paraît de chaque côté de l'extrémité de la queue. La conformation générale de ce poisson doit faire présumer que sa manière de vivre, ainsi que celle des bostryches, a beaucoup de rapports avec les habitudes des murènes.

QUATRE-VINGT-UNIÈME GENRE

LES ÉCHÉNÉIS

Une plaque très grande, ovale, composée de lames transversales et placée sur la tête qui est déprimée.

ESPÈCES.	CARACTÈRES.
1. L'ÉCHÉNÉIS RÉMORA.	Moins de vingt et plus de seize paires de lames à la plaque de la tête.
2. L'ÉCHÉNÉIS NAUCRATE.	Plus de vingt-deux paires de lames à la plaque de la tête.
3. L'ÉCHÉNÉIS RAYÉ.	Moins de douze paires de lames à la plaque de la tête.

L'ÉCHÉNÉIS RÉMORA [1]

Echeneis Remora, LACÉP., CUV.

L'histoire de ce poisson présente un phénomène relatif à l'espèce humaine, et que la philosophie ne dédaignera pas.

Depuis le temps d'Aristote jusqu'à nos jours, cet animal a été l'objet d'une

1. *Rémore, Sucet, Arrête-bœuf, Pilote, Remeligo.* — *Sucking fish*, en Angleterre. — *Sugger*, dans plusieurs endroits de la Belgique et de la Hollande. — *Piexe pogador, Piexe pioltho*, en Portugal. — *Échène rémore*. Daubenton, Encyclopédie méthodique. — Bonnaterre, planches de l'Encyclopédie méthodique.

Echeneis remora. Commerson, manuscrits déjà cités. — Forskael, *Fauna arabica*, p. 19. — Bloch, pl. 172. — Artedi, gen. 15, syn. 28. — *Sucet* ou *rémore*. Duhamel, *Traité des pêches*, seconde partie, quatrième section, chap. IV, art. 6, p. 56, pl. 4, fig. 5. — *Rémore* ou *rémora*. Valmont de Bomare, *Dictionnaire d'histoire naturelle*. — *Echeneis*. Arist., lib. II, cap. XIV. — Ælian, lib. II, cap. XVII, p. 95. — Oppian, *Hal.*, lib. I, p. 9.

Echeneis. Pline, lib. IX, cap. XXV, et lib. XXXII, cap. I. — Wotton, lib. VIII, cap. CLXVI, fol. 149, *a*. — *Echeneis*. Cuba, lib. III, cap. XXIV. — Achandes. *Id.*, lib. III, cap. I, fol. 71, *a*. — *Echeneis*. Gesner, *Aquat.*, p. 440. — *Remora*, Aldrovande, lib. III, cap. XXII, p. 336. — Ray, p. 71. — Rondelet, *Hist. des poissons*, part. 1, lib. XV, chap. XVII. — *Echeneis remora*. Appendice du

attention constante ; on l'a examiné dans ses formes, observé dans ses habitudes, considéré dans ses effets. On ne s'est pas contenté de lui attribuer des propriétés merveilleuses, des facultés absurdes, des forces ridicules ; on l'a regardé comme un exemple frappant des qualités occultes départies par la nature à ses diverses productions ; il a paru une preuve convaincante de l'existence de ces qualités secrètes dans leur origine et inconnues dans leur essence. Il a figuré avec honneur dans les tableaux des poètes, dans les comparaisons des orateurs, dans les récits des voyageurs, dans les descriptions des naturalistes ; et cependant à peine, dans le moment où nous écrivons, l'image de ses traits, de ses mœurs, de ses effets, a-t-elle été tracée avec quelque fidélité. Écoutons, par exemple, au sujet de ce rémora, l'un des plus beaux génies de l'antiquité. « L'échénéis, dit Pline, est un petit poisson accoutumé à vivre au milieu des rochers ; on croit que lorsqu'il s'attache à la carène des vaisseaux, il en retarde la marche ; et de là vient le nom qu'il porte, et qui est formé de deux mots grecs, dont l'un signifie *je retiens*, et l'autre *navire*. Il sert à composer des poisons capables d'amortir et d'éteindre les feux de l'amour. Doué d'une puissance bien plus étonnante, agissant par une faculté morale, il arrête l'action de la justice et la marche des tribunaux ; compensant cependant ces qualités funestes par des propriétés utiles, il délivre les femmes enceintes des accidents qui pourraient trop hâter la naissance de leurs enfants. Lorsqu'on le conserve dans du sel, son approche seule suffit pour retirer du fond des puits les plus profonds l'or qui peut y être tombé[1]. »

Mais le naturaliste romain ajoute, avant la fin de la célèbre histoire qu'il a écrite, une peinture bien plus étonnante des attributs du rémora. Voyons comment il s'exprime au commencement de son trente-deuxième livre.

« Nous voici parvenus au plus haut des forces de la nature, au sommet de tous les exemples de son pouvoir. Une immense manifestation de sa puissance occulte se présente d'elle-même ; ne cherchons rien au delà, n'en espérons pas d'égale ni de semblable ; ici la nature se surmonte elle-même et le déclare par des effets nombreux. Qu'y a-t-il de plus violent que la mer, les vents, les tourbillons et les tempêtes ? Quels plus grands auxiliaires le génie de l'homme s'est-il donnés que les voiles et les rames ? Ajoutez la force inexprimable des flux alternatifs qui font un fleuve de tout l'Océan. Toutes ces puissances et toutes celles qui pourraient se réunir à leurs efforts sont enchaînées par un seul et très petit poisson qu'on nomme *échénéis*. Que les

Voyage à la Nouvelle-Galles méridionale, par Jean Whit, premier chirurgien de l'expédition commandée par le capitaine Philipp, p. 296, pl. 64, fig. 3.

Willughby, *Ichtyolog.*, append., p. 5, tab. 9, fig. 2. — *Echeneis. Amœnit. academ.*, 1, p. 603. — Gronov. Mus., 1, p. 12, n. 33 ; et *Zooph.*, p. 75, n. 256. — *Echeneis cærulescens, ore retuso.* Klein, *Miss. pisc.*, 4, p. 51, n. 1. — *Remora corpore tereti.* Petiver, *Gazoph.*, l. XLIV, tab. 12.

Adam Olearii, *Gottorsfische kunstkammer*, p. 42, tab. 25. — Belon, *Aquat.*, p. 440. — Sloan., *Jamaïc.*, 1, p. 8. — Catesby, *Caroline*, II, tab. 26. — Du Tertre, *Antill.*, 2, p. 209, 222. — *Remora*, Edwards, tab. 210, fig. infer.

1. Pline, liv. IX, chap. XXV.

vents se précipitent, que les tempêtes bouleversent les flots, il commande à leurs fureurs, il brise leurs efforts, il contraint de rester immobiles des vaisseaux que n'aurait pu retenir aucune chaîne, aucune ancre précipitée dans la mer, et assez pesante pour ne pouvoir pas en être retirée. Il donne ainsi un frein à la violence, il dompte la rage des éléments, sans travail, sans peine, sans chercher à retenir, et seulement en adhérant ; il lui suffit, pour surmonter tant d'impétuosité, de défendre aux navires d'avancer. Cependant les flottes armées pour la guerre se chargent de tours et de remparts qui s'élèvent pour que l'on combatte au milieu des mers comme du haut des murs.

« O vanité humaine ! un poisson très petit contient leurs éperons armés de fer et de bronze et les tient enchaînées ! On rapporte que, lors de la bataille d'Actium, ce fut un échénéis qui, arrêtant le navire d'Antoine au moment où il allait parcourir les rangs de ses vaisseaux et exhorter les siens, donna à la flotte de César la supériorité de la vitesse et l'avantage d'une attaque impétueuse. Plus récemment, le bâtiment monté par Caïus, lors de son retour d'Andura à Antium, s'arrêta sous l'effort d'un échénéis : alors le rémora fut un augure ; car à peine cet empereur fut-il rentré dans Rome, qu'il périt sous les traits de ses propres soldats. Au reste, son étonnement ne fut pas long, lorsqu'il vit que, de toute sa flotte, son quinquérème seul n'avançait pas ; ceux qui s'élancèrent du vaisseau pour en rechercher la cause trouvèrent l'échénéis adhérent au gouvernail et le montrèrent au prince indigné qu'un tel animal eût pu l'emporter sur quatre cents rameurs, et très surpris que ce poisson, qui dans la mer avait pu retenir son navire, n'eût plus de puissance jeté dans le vaisseau. Nous avons déjà rapporté plusieurs opinions, continue Pline, au sujet du pouvoir de cet échénéis que quelques Latins ont nommé *remora*. Quant à nous, nous ne doutons pas que tous les genres des habitants de la mer n'aient une faculté semblable. L'exemple célèbre et consacré dans le temple de Gnide ne permet pas de refuser la même puissance à des conques marines [1]. Et de quelque manière que tous ces effets aient lieu, ajoute plus bas l'éloquent naturaliste que nous citons, quel est celui qui, après cet exemple de la faculté de retenir des navires, pourra douter du pouvoir qu'exerce la nature par tant d'effets spontanés et de phénomènes extraordinaires ? »

Combien de fables et d'erreurs accumulées dans ces passages, qui d'ailleurs sont des chefs-d'œuvre de style ! Accréditées par un des Romains dont on a le plus admiré la supériorité de l'esprit, la variété des connaissances et la beauté du talent, elles ont été presque universellement accueillies pendant un grand nombre de siècles. Mais l'on n'attend pas de nous une mythologie ; c'est l'histoire de la nature que nous devons tâcher d'écrire. Cherchons donc uniquement à faire connaître les véritables formes et les habitudes du

1. Voyez, au sujet de ces coquilles, le chapitre xxv du livre IX de Pline.

rémora. Nous allons réunir, pour y parvenir, les observations que nous avons faites sur un grand nombre d'individus conservés dans des collections, avec celles dont des individus vivants avaient été l'objet, et que Commerson a consignées dans les manuscrits qui nous ont été confiés dans le temps par Buffon.

La longueur totale de l'animal égale très rarement trois décimètres. Sa couleur est brune et sans tache ; et ce qu'il faut remarquer avec soin, la teinte en est la même sur la partie inférieure et sur la partie supérieure de l'animal. Ce fait est une nouvelle preuve de ce que nous avons dit au sujet des couleurs des poissons, dans notre Discours sur la nature de ces animaux. En effet, nous allons voir, vers la fin de cet article, que, par une suite des habitudes du rémora et de la manière dont cet échénéis s'attache aux rochers, aux vaisseaux ou aux grands poissons, son ventre doit être aussi souvent exposé que son dos aux rayons de la lumière.

Les nageoires présentent quelques nuances de bleuâtre. L'iris est brun et montre d'ailleurs un cercle doré.

Une variété que l'on rencontre assez fréquemment, suivant Commerson, et que l'on voit souvent attachée au même poisson, et, par exemple, au même squale que les individus bruns, est distinguée par sa couleur blanchâtre.

Le corps et la queue sont couverts d'une peau molle et visqueuse, sur laquelle on ne peut apercevoir aucune parcelle écailleuse qu'après la mort de l'animal et lorsque les téguments sont desséchés ; l'ensemble formé par la queue et le corps proprement dit est d'ailleurs très allongé et presque conique.

La tête est très volumineuse, très aplatie et chargée dans sa partie supérieure d'une sorte de bouclier ou de grande plaque.

Cette plaque est allongée, ovale, amincie et membraneuse dans ses bords. Son disque est garni ou plutôt armé de petites lames placées transversalement et attachées des deux côtés d'une arête ou saillie longitudinale qui partage le disque en deux. Ces lames transversales, arrangées ainsi par paires, sont ordinairement au nombre de trente-six, ou de dix-huit paires ; leur longueur diminue d'autant plus qu'elles sont situées plus près de l'une ou de l'autre des deux extrémités du bouclier ovale. De plus, ces lames sont solides, osseuses, presque parallèles les unes aux autres, très aplaties, couchées obliquement, susceptibles d'être un peu relevées, hérissées, comme une scie, de très petites dents et retenues par une sorte de clou articulé.

Le museau est très arrondi, et la mâchoire inférieure beaucoup plus avancée que celle d'en haut, qui d'ailleurs est simple et ne peut pas s'allonger à la volonté de l'animal ; l'une et l'autre ressemblent à une lime, à cause d'un grand nombre de rangs de dents très petites qui y sont attachées.

D'autres dents également très petites sont placées autour du gosier, sur une éminence osseuse faite en forme de fer à cheval et attachée au palais et sur la langue, qui est courte, large, arrondie par devant, dure, à demi cartilagineuse et retenue en dessous par un frein assez court.

Au reste, l'intérieur de la bouche est d'un incarnat communément très vif ; l'ouverture de cet organe a beaucoup de rapports, par sa forme et par sa grandeur proportionnelle, avec l'ouverture de la bouche de la lophie baudroie.

L'orifice des narines est double de chaque côté.

Les yeux, placés sur les côtés de la tête et séparés par toute la largeur du bouclier, ne sont ni voilés ni très saillants.

Deux lames composent chaque opercule des branchies et une peau légère le recouvre.

La membrane branchiale est soutenue par neuf rayons [1].

Les branchies sont au nombre de quatre de chaque côté, et la partie concave de leurs arcs est denticulée.

Les nageoires thoracines offrent la même longueur, mais non pas la même largeur que les pectorales ; elles comprennent chacune six rayons ; le plus extérieur cependant touche de si près le rayon voisin, qu'il est très difficile de l'apercevoir.

La nageoire du dos et celle de l'anus présentent à peu près la même figure, la même étendue et le même décroissement en hauteur, à mesure qu'elles sont plus près de celle de la queue, qui est fourchue.

L'orifice de l'anus consiste dans une fente dont les bords sont blanchâtres.

La ligne latérale est composée d'une série de points saillants ; elle part de la base des nageoires pectorales, s'élève vers le dos, descend auprès du milieu du corps et tend ensuite directement vers la nageoire de la queue.

Telle est la figure du rémora, tracée d'après le vivant par Commerson, et dont j'ai pu vérifier les traits principaux, en examinant un grand nombre d'individus de cette espèce conservés avec soin dans diverses collections.

Ce poisson présente les mêmes formes dans les diverses parties, non seulement de la Méditerranée, mais encore de l'Océan, soit qu'on l'observe à des latitudes élevées, ou dans les portions de cet Océan comprises entre les deux tropiques.

Il s'attache souvent aux cétacés et aux poissons d'une très grande taille, tels que les squales et particulièrement le squale requin. Il y adhère très fortement par le moyen des lames de son bouclier, dont les petites dents lui

1. A la nageoire du dos........ 22 rayons.
A chacune des pectorales........ 25 —
A chacune des thoracines........ 6 —
A celle de l'anus........ 22 —
A celle de la queue........ 17 —
Vertèbres dorsales, 12.
— caudales, 15.

servent, comme autant de crochets, à se tenir cramponné. Ces dents, qui hérissent le bord de toutes les lames, sont si nombreuses et multiplient à un tel degré les points de contact et d'adhésion du rémora, que toute la force d'un homme très vigoureux ne peut pas suffire pour arracher ce petit poisson du côté du squale sur lequel il s'est accroché, tant qu'on veut l'en séparer dans un sens opposé à la direction des lames. Ce n'est que lorsqu'on cherche à suivre cette direction et à s'aider de l'inclinaison de ces mêmes lames, qu'on parvient aisément à détacher l'échénéis du squale, ou plutôt à le faire glisser sur la surface du requin et à l'en écarter ensuite.

Commerson rapporte[1] qu'ayant voulu approcher son pouce du bouclier d'un rémora vivant qu'il observait, il éprouva une force de cohésion si grande, qu'une stupeur remarquable et même une sorte de paralysie saisit son doigt et ne se dissipa que longtemps après qu'il eut cessé de toucher l'échénéis.

Le même naturaliste ajoute, avec raison, que, dans cette adhésion du rémora au squale, le premier de ces deux poissons n'opère aucune succion, comme on l'avait pensé ; et la cohérence de l'échénéis ne lui sert pas immédiatement à se nourrir, puisqu'il n'y a aucune communication proprement dite entre les lames de la plaque ovale et l'intérieur de la bouche ou du canal alimentaire, ainsi que je m'en suis assuré, après Commerson, par la dissection attentive de plusieurs individus. Le rémora ne s'attache, par le moyen des nombreux crochets qui hérissent son bouclier, que pour naviguer sans peine, profiter, dans ses déplacements, de mouvements étrangers et se nourrir des restes de la proie du requin, comme presque tous les marins le disent, et comme Commerson lui-même l'a cru vraisemblable. Au reste, il demeure collé avec tant de constance à son conducteur que lorsque le requin est pris, et que ce squale, avant d'être jeté sur le pont, éprouve des frottements violents contre les bords du vaisseau, il arrive très souvent que le rémora ne cherche pas à s'échapper, mais qu'il demeure cramponné au corps de son terrible compagnon jusqu'à la mort de ce dernier et redoutable animal.

Commerson dit aussi que lorsqu'on met un rémora dans un récipient rempli d'eau de mer plusieurs fois renouvelée en très peu de temps, on peut le conserver en vie pendant quelques heures, et que l'on voit presque toujours cet échénéis, privé de soutien et de corps étranger auquel il puisse adhérer, se tenir renversé sur le dos et ne nager que dans cette position très extraordinaire. On doit conclure de ce fait très curieux, et qui a été observé par un naturaliste des plus habiles et des plus dignes de foi, que lorsque le rémora change de place au milieu de l'Océan par le seul effet de ses propres forces, qu'il se meut sans appui, qu'il n'est pas transporté par un squale, par un cétacé ou par tout autre moteur analogue, et qu'il nage véri-

1. Manuscrits déjà cités.

tablement, il s'avance le plus souvent couché sur son dos, et par conséquent dans une position contraire à celle que presque tous les poissons présentent dans leurs mouvements. L'inspection de la figure générale des rémoras et particulièrement la considération de la grandeur, de la forme, de la nature et de la situation de leur bouclier doivent faire présumer que leur centre de gravité est placé de telle sorte qu'il les détermine à voguer sur le dos plutôt que sur le ventre. C'est ainsi que leur partie inférieure étant très fréquemment exposée pendant leur natation à une quantité de lumière plus considérable que leur partie supérieure, et d'ailleurs recevant également un très grand nombre de rayons lumineux, lorsque l'animal est attaché par son bouclier à un squale ou à un cétacé, il n'est pas surprenant que le dessous du corps de ces échénéis présente une nuance aussi foncée que le dessus de ces poissons.

Lorsque les rémoras ne sont pas à portée de se coller contre quelque grand habitant des eaux, ils s'accrochent à la carène des vaisseaux ; et c'est de cette habitude que sont nés tous les contes que l'antiquité a imaginés sur ces animaux et qui ont été transmis avec beaucoup de soin, ainsi que tant d'autres absurdités, au travers des siècles d'ignorance.

Du milieu de ces suppositions ridicules, il jaillit cependant une vérité : c'est que dans les instants où la carène d'un vaisseau est hérissée, pour ainsi dire, d'un très grand nombre d'échénéis, elle éprouve, en cinglant au milieu des eaux, une résistance semblable à celle que feraient naître des animaux à coquille très nombreux et attachés également à sa surface, qu'elle glisse avec moins de facilité au travers d'un fluide que choquent des aspérités, et qu'elle ne présente plus la même vitesse. Et il ne faut pas croire que les circonstances où les échénéis se trouvent ainsi accumulés contre la charpente extérieure d'un navire soient extrêmement rares dans tous les parages : il est des mers où l'on a vu ces poissons nager en grand nombre autour des vaisseaux et les suivre ainsi en troupes pour saisir les matières animales que l'on jette hors du bâtiment, pour se nourrir des substances corrompues dont on se débarrasse, et même pour recueillir jusqu'aux excréments. C'est ce qu'on a observé particulièrement dans le golfe de Guinée, et voilà pourquoi, suivant Barbot[1], les Hollandais qui fréquentent la côte occidentale d'Afrique ont nommé les rémoras *poissons d'ordures*. Des rassemblements semblables de ces échénéis ont été aperçus quelquefois autour des grands squales, et surtout des requins, qu'ils paraissent suivre, environner et précéder sans crainte, et dont on dit qu'ils sont alors les *pilotes;* soit que ces poissons redoutables aient, ainsi qu'on l'a écrit, une sorte d'antipathie contre le goût ou l'odeur de leur chair, et dès lors ne cherchent pas à les dévorer ; soit que les rémoras aient assez d'agilité, d'adresse ou de ruse, pour échapper aux dents meurtrières des squales, en cherchant, par exemple, un asile

1. *Histoire générale des voyages*, liv. III, p 242.

sur la surface même de ces grands animaux, à laquelle ils peuvent se coller dans les instants de leur plus grand danger aussi bien que dans les moments de leur plus grande fatigue. Ce sont encore des réunions analogues et par conséquent nombreuses de ces échénéis, que l'on a remarquées sur des rochers auxquels ils adhéraient comme sur la carène d'un vaisseau, ou le corps d'un requin, surtout lorsque l'orage avait bouleversé la mer, qu'ils craignaient de se livrer à la fureur des ondes, et que d'ailleurs la tempête avait déjà brisé leurs forces.

L'ÉCHÉNÉIS NAUCRATE[1]

Echeneis Naucrates, Linn., Bloch, Lacép., Cuv.

On trouve dans presque toutes les mers, et particulièrement dans celles qui sont comprises entre les deux tropiques, cette espèce d'échénéis, qui ressemble beaucoup au rémora, et qui en diffère cependant non seulement par sa grandeur, mais encore par le nombre des paires de lames que son bouclier comprend et par quelques autres traits de sa conformation. On lui a donné le nom de *naucrate* ou de *naucrates*, qui en grec signifie *pilote* ou *conducteur de vaisseau*. Les individus qui la composent parviennent quelquefois jusqu'à la longueur de vingt-trois décimètres, suivant des mémoires manuscrits cités par le professeur Bloch, et rédigés par le prince Maurice de Nassau, qui avait fait quelque séjour dans plusieurs contrées maritimes de l'Amérique méridionale. Le bouclier placé au-dessus de leur tête présente toujours plus de vingt-deux et quelquefois vingt-six paires de lames transversales et dentelées. D'ailleurs, la nageoire de la queue du naucrate, au lieu d'être fourchue comme celle du rémora, est arrondie ou rectiligne. De plus, les nageoires du dos et de l'anus, plus longues à proportion que sur le rémora, montrent un peu la forme d'une faux[2].

La figure de l'une de ces deux nageoires est semblable à celle de l'autre. L'ouverture de l'anus est allongée et située à peu près vers le milieu de la

1. *Echène succet.* Daubenton, Encyclopédie méthodique. — *Id.*, Bonnaterre, planches de l'Encyclopédie méthodique. — Bloch, pl. 171. — « Echeneis cauda integra, striis capitis vigenti quatuor. » Hasselquist, *It. Palest.*, 324, n. 68. — Gronov., *Zooph.*, p. 75, n. 252; et Mus., 1, p. 13, n. 34. — « Echeneis fuscus, pinnis posterioribus albo marginatis. » Browne, *Jamaïc.*, p. 443. « Echeneis, capite striis vigenti quinque, etc. » Commerson, manuscrits déjà cités. — « Echeneis in extremo subrotunda. » Séba, Mus., 3, tab. 33, fig. 2. — *Echeneis* vel *remora.* Aldrovand., *De Piscib.*, p. 335.

Jonst., *De Piscibus*, p. 16, tab. 4, fig. 3. — *Iperuquiba*, et *piraquiba*. Marcgrave, *Brasil.*, p. 180. — Willughby, *Ichtyol.*, p. 119, tab. G, 8, fig. 2. — *Remora imperati.* Ray, *Pisc.*, p. 7, n. 12. — *Remora.* Petiv., *Gazoph.*, tab. 44, fig. 12.

2. A la membrane des branchies .... 9 rayons.
A la nageoire du dos .... 40 —
A chacune des pectorales .... 20 —
A chacune des thoracines .... 4 ou 5 —
A celle de l'anus .... 40 —
A celle de la queue .... 16 —

longueur totale de l'échénéis ; et la ligne latérale, composée de points très peu sensibles, s'approche d'abord du dos, change ensuite de direction et tend vers la queue à l'extrémité de laquelle elle parvient.

Le naucrate offre des habitudes très analogues à celles du rémora ; on le rencontre de même en assez grand nombre autour des requins. Ses mouvements ne sont pas toujours faciles ; mais comme il est plus grand et plus fort que le rémora, il se nourrit quelquefois d'animaux à coquille et de crabes. Lorsqu'il adhère à un corps vivant ou inanimé, il faut des efforts bien plus grands pour l'en détacher que pour séparer un rémora de son appui.

Commerson, qui l'a observé sur les rivages de l'île de France, a écrit que ce poisson fréquentait très souvent la côte de Mozambique, et qu'auprès de cette côte on employait pour la pêche des tortues marines, et d'une manière bien remarquable, la facilité de se cramponner dont jouit cet échénéis. Nous croyons devoir rapporter ici ce que Commerson a recueilli au sujet de ce fait très curieux, le seul du même genre que l'on ait encore observé.

On attache à la queue d'un naucrate vivant un anneau d'un diamètre assez large pour ne pas incommoder le poisson et assez étroit pour être retenu par la nageoire caudale. Une corde très longue tient à cet anneau. Lorsque l'échénéis est ainsi préparé, on le renferme dans un vase plein d'eau salée, qu'on renouvelle très souvent, et les pêcheurs mettent le vase dans leur barque. Ils voguent ensuite vers les parages fréquentés par les tortues marines. Ces tortues ont l'habitude de dormir souvent à la surface de l'eau sur laquelle elles flottent, et leur sommeil est alors si léger que l'approche la moins bruyante d'un bateau pêcheur suffirait pour les réveiller et les faire fuir à de grandes distances, ou plonger à de grandes profondeurs. Mais voici le piège que l'on tend de loin à la première tortue que l'on aperçoit endormie. On remet dans la mer le naucrate garni de sa longue corde: l'animal, délivré en partie de sa captivité, cherche à s'échapper en nageant de tous les côtés. On lui lâche une longueur de corde égale à la distance qui sépare la tortue marine de la barque des pêcheurs. Le naucrate, retenu par ce lien, fait d'abord de nouveaux efforts pour se soustraire à la main qui le maîtrise; sentant bientôt cependant qu'il s'agite en vain et qu'il ne peut se dégager, il parcourt tout le cercle dont la corde est en quelque sorte le rayon, pour rencontrer un point d'adhésion et par conséquent un peu de repos. Il trouve cette sorte d'asile sous le plastron de la tortue flottante, s'y attache fortement par le moyen de son bouclier et donne ainsi aux pêcheurs, auxquels il sert de crampon, le moyen de tirer à eux la tortue en retirant la corde.

On voit tout de suite la différence remarquable qui sépare cet emploi du naucrate de l'usage analogue auquel on fait servir plusieurs oiseaux d'eau ou de rivage, et particulièrement des cormorans, des hérons et des butors. Dans la pêche des tortues faite par le moyen d'un échénéis, on n'a sous les yeux qu'un poisson contraint dans ses mouvements, mais conservant la même tendance, faisant les mêmes efforts, répétant les mêmes actes que lorsqu'il nage en liberté, et n'étant qu'un prisonnier qui cherche à briser ses chaînes, tandis que les oiseaux élevés pour la pêche sont altérés dans leurs habitudes et modifiés par l'art de l'homme, au point de servir en esclaves volontaires ses caprices et ses besoins. On a pu entrevoir dans deux de nos discours généraux[1] la cause de cette différence, qui mérite toute l'attention des physiciens.

L'ÉCHÉNÉIS RAYÉ[2]

Echeneis lineata, Schn., Lacép., Cuv.

Le naturaliste anglais Archibald Menzies a donné, dans le premier volume des *Transactions de la Société linnéenne* de Londres, la description de ce poisson, qui diffère des deux échénéis dont nous venons de parler par le nombre des lames qui composent sa plaque ovale. En effet, cet osseux n'a que dix paires de stries transversales, dans l'espèce de bouclier dont sa tête est couverte. D'ailleurs, sa nageoire caudale, au lieu d'être fourchue comme celle du rémora, ou rectiligne ou arrondie comme celle du naucrate, se termine en pointe. Sa mâchoire inférieure est plus longue que la supérieure. Les dents des deux mâchoires sont petites, ainsi que les écailles qui revêtent l'animal. La couleur générale est d'un brun foncé et relevée de chaque côté par deux raies blanches qui s'étendent depuis les yeux jusque vers le bout de la queue. L'échénéis rayé se trouve dans le grand Océan connu sous le nom de mer Pacifique; on l'y a vu adhérer à des tortues. L'individu décrit par l'auteur anglais avait treize centimètres de long[3].

QUATRE-VINGT-DEUXIÈME GENRE

LES MACROURES

Deux nageoires sur le dos; la queue deux fois plus longue que le corps.

ESPÈCES.	CARACTÈRES.
Le Macroure berglax.	Le premier rayon de la première nageoire dorsale dentelé par devant; les écailles aiguillonnées et relevées en carène.

1. Discours sur la nature des poissons et Discours sur la durée des espèces.
2. Archibald Menzies, *Transact. de la Société linnéenne* de Londres, t. Ier.
3. A la membrane branchiale .... 10 rayons.
A la nageoire dorsale .... 33 —
A chacune des pectorales .... 18 —
A chacune des thoracines .... 5 —
A la nageoire de l'anus .... 33 —
A celle de la queue .... 11 —

LE MACROURE BERGLAX[1]

Macrourus rupestris, Bloch, Cuv. — *Macrourus Berglax*, Lacép. — *Lepidoleprus cœlorhynchus*, Risso.

Auprès des rivages du Groenland et de l'Islande habite ce macroure que Bloch et Gunner ont cru, avec raison, devoir placer dans un genre particulier. La longueur de sa queue sépare sa forme de celle des autres poissons thoracins et donne un caractère particulier à ses habitudes, en accroissant l'étendue de son principal instrument de natation, et en douant cet osseux d'une force particulière pour se mouvoir avec vitesse au milieu des mers hyperboréennes. Long d'un mètre, ou environ, il fournit un aliment utile et quelquefois même abondant aux peuplades de ces côtes groenlandaises et irlandaises, si peu favorisées par la nature et condamnées pendant une si grande partie de l'année à tous les effets funestes d'un froid excessif. Son nom de *berglax* vient des rapports qu'il a paru présenter avec le saumon que l'on nomme *lachs* ou *lax* dans plusieurs langues du Nord, et des rochers au milieu desquels il séjourne fréquemment. Sa tête est grande et large ; ses yeux sont ronds et saillants ; les ouvertures des narines doubles de chaque côté ; et les deux mâchoires proprement dites, à peu près égales. Cependant le museau est très avancé au-dessus de la mâchoire supérieure, qui est armée ordinairement de cinq rangées de dents ; et la mâchoire inférieure, qui n'en montre que trois rangées, est garnie d'un filament ou barbillon semblable, par sa forme, sa nature et sa longueur, à celui de plusieurs gades. La langue est courte, épaisse, cartilagineuse, blanche et lisse comme le palais. Un opercule d'une seule pièce couvre une grande ouverture branchiale. L'anus est plus près de la tête que de l'extrémité de la queue. La ligne latérale se rapproche du haut du corps, dans une grande partie de sa direction. Deux nageoires s'élèvent sur le dos ; la seconde est réunie avec celle de la queue, qui touche aussi celle de l'anus[2] ; et les écailles qui recouvrent ce *macroure*, ou, ce qui est la même chose, ce poisson *à longue queue*, sont relevées par une arête qui se termine en pointe ou en aiguillon.

Présentant d'ailleurs un éclat argentin, ces écailles donnent une teinte très brillante au berglax, dont la partie supérieure montre néanmoins une couleur plus foncée ou plus bleuâtre que l'inférieure et les nageoires ajou-

1. *Macrourus rupestris*, Bloch, pl. 177. — *Coryphænoides rupestris*. Gunner, *Act. Nidros.*, 3. p. 13, tabl. 3, fig. 1. — Müller, *Prodrom. zool. dan.*, p. 43, n. 363. — *Id.*, Ot. Fabric., *Faun. Groenland.*, p. 154, n. 111. — *Ingmingoak*, ibid. — *Fiskligen brosme.* — *Ingminn iset*. Cranz, *Groenland.*, p. 110. — *Berglax*. Strom. Sondm., 1, p. 267.

2. A la membrane des branchies .... 6 rayons.
A la première nageoire du dos .... 11 —
A la seconde .... 124 —
A chacune des pectorales .... 19 —
A chacune des thoracines .... 7 —
A celle de l'anus .... 148 —

tent quelquefois à la parure de l'animal, en offrant une nuance d'un assez beau jaune et une bordure bleue qui fait ressortir ce fond presque doré.

La berglax fraye assez tard. On le pêche avec des lignes de fond[1] ; lorsqu'il est pris, il se débat violemment, agite avec force sa longue queue, anime ses gros yeux et se gonfle d'une manière assez analogue à celle que nous avons observée en parlant des tétrodons.

QUATRE-VINGT-TROISIÈME GENRE

LES CORYPHÈNES

Le sommet de la tête très comprimé et comme tranchant par le haut, ou très élevé et finissant sur le devant par un plan presque vertical, ou terminé antérieurement par un quart de cercle, ou garni d'écailles semblables à celles du dos ; une seule nageoire dorsale, et cette nageoire du dos presque aussi longue que le corps et la queue.

PREMIER SOUS-GENRE

LA NAGEOIRE DE LA QUEUE FOURCHUE

ESPÈCES.	CARACTÈRES.
1. Le Coryphène hippurus.	Soixante rayons ou environ à la nageoire du dos; plus de six rayons à la membrane des branchies; plus d'un rang de dents à chaque mâchoire; une seule lame à chaque opercule; des taches sur la plus grande partie du corps et de la queue.
2. Le Coryphène doradon.	Cinquante rayons ou environ à la nageoire du dos; six rayons à la membrane branchiale; des taches sur la partie supérieure du corps et de la queue.
3. Le Coryphène chrysurus.	Cinquante-huit rayons à la nageoire du dos; six rayons à la membrane des branchies; la langue osseuse dans le milieu et cartilagineuse dans les bords; un seul rang de dents à chaque mâchoire; deux lames à chaque opercule; des taches sur la plus grande partie du corps et de la queue.
4. Le Coryphène scombéroïde.	Cinquante-cinq rayons ou environ à la nageoire du dos; cette nageoire dorsale très festonnée au-dessus de la queue; la langue bisanguleuse par devant, osseuse dans son milieu et cartilagineuse dans ses bords; point de dents sur le devant du palais; point de taches sur le corps ni sur la queue.
5. Le Coryphène ondé.	Cinquante-quatre rayons ou environ à la nageoire du dos; la ligne latérale droite; des bandes transversales placées sur la nageoire dorsale et s'étendant sur le dos et les côtés où elles ondulent et se réunissent les unes aux autres.
6. Le Coryphène pompile.	Trente-cinq rayons ou environ à la nageoire du dos; la mâchoire inférieure plus avancée que la supérieure; la ligne latérale courbe; des bandes transversales et étroites.

1. Voyez ce que nous avons dit des lignes de fond dans l'histoire de la *murène congre*.

SECOND SOUS-GENRE

LA NAGEOIRE DE LA QUEUE EN CROISSANT

ESPÈCES.	CARACTÈRES.
7. Le Coryphène bleu.	Dix-neuf rayons ou environ à la nageoire du dos; les écailles grandes; toute la surface du poisson d'une couleur bleue.
8. Le Coryphène plumier.	Quatre-vingts rayons ou environ à la nageoire du dos; un grand nombre de raies étroites, courbes et bleues situées sur le dos.

TROISIÈME SOUS-GENRE

LA NAGEOIRE DE LA QUEUE RECTILIGNE

ESPÈCES.	CARACTÈRES.
9. Le Coryphène rasoir.	La partie supérieure terminée par une arête aiguë; des raies bleuâtres et croisées sur la tête et sur les nageoires.
10. Le Coryphène perroquet.	La nageoire dorsale commençant à l'occiput, composée de trente rayons ou environ et très basse, ainsi que celle de l'anus; la ligne latérale interrompue; des raies longitudinales et vivement colorées sur les nageoires.
11. Le Coryphène camus.	Trente-deux rayons à la nageoire du dos; la lèvre inférieure plus avancée que la supérieure.

QUATRIÈME SOUS-GENRE

LA NAGEOIRE DE LA QUEUE ARRONDIE

ESPÈCES.	CARACTÈRES.
12. Le Coryphène rayé.	L'extrémité antérieure de chaque mâchoire garnie de deux dents aiguës, très longues et écartées l'une de l'autre; les écailles grandes; la tête dénuée d'écailles semblables à celles du dos et présentant plusieurs bandes transversales.
13. Le Coryphène chinois.	La nageoire du dos très longue; celle de l'anus assez courte; la mâchoire inférieure plus avancée que la supérieure et relevée; de grandes écailles sur le corps et sur les opercules; la couleur générale d'un vert argentin.

CINQUIÈME SOUS-GENRE

LA NAGEOIRE DE LA QUEUE LANCÉOLÉE

ESPÈCE.	CARACTÈRES.
14. Le Coryphène pointu.	Quarante-cinq rayons à la nageoire du dos; la ligne latérale courbe.

ESPÈCES DONT LA FORME DE LA NAGEOIRE DE LA QUEUE N'EST PAS ENCORE CONNUE

ESPÈCES.	CARACTÈRES.
15. Le Coryphène vert.	La nageoire du dos, celle de l'anus et les thoracines garnies chacune d'un long filament.
16. Le Coryphène casqué.	Trente-deux rayons à la nageoire du dos; une lame osseuse sur le sommet de la tête.

LE CORYPHÈNE HIPPURUS [1]

Coryphæna Hippurus, Linn., Bloch, Lacép., Cuv.

De tous les poissons qui habitent la haute mer, aucun ne paraît avoir reçu de parure plus magnifique que les coryphènes. Revêtus d'écailles grandes et polies, réfléchissant avec vivacité les rayons du soleil, brillant des couleurs les plus variées, couverts d'or, pour ainsi dire, et resplendissant de tous les feux du diamant et des pierres orientales les plus précieuses, ils ajoutent d'autant plus, ces coryphènes privilégiés, à la beauté du spectacle de l'Océan, lorsque, sous un ciel sans nuages, de légers zéphyrs commandent seuls aux ondes, qu'ils nagent fréquemment à la surface des eaux, qu'on les voit, en quelque sorte, sur le sommet des vagues, que leurs mouvements très agiles et très répétés multiplient sans cesse les aspects sous lesquels on les considère, ainsi que les reflets éclatants qui les décorent, et que, voraces et audacieux, ils entourent en grandes troupes les vaisseaux qu'ils rencontrent, et s'en approchent d'assez près pour ne rien dérober à l'œil du spectateur de la variété ni de la richesse des nuances qu'ils étalent. C'est pour indiquer cette prééminence des coryphènes dans l'éclat et dans la diversité de leurs couleurs, ainsi que dans la vélocité de leur course et la rapidité de leurs évolutions, et pour faire allusion d'ailleurs à la hauteur à laquelle ils se plaisent à nager, que, suivant plusieurs écrivains, ils ont reçu le nom générique qu'ils portent, et qui vient de deux mots grecs dont l'un, *coruphê*, veut dire *sommet*, et l'autre, *nêo*, signifie *je nage*.

On a également prétendu que la dénomination de *coryphène*, employée dès le temps des anciens naturalistes, désignait une des formes les plus remarquables des poissons dont nous parlons, c'est-à-dire la position de leur nageoire dorsale, qui commence très près du haut de la tête. Quelque opinion que l'on adopte à cet égard, on ne peut pas douter que le nom particulier d'*hippurus*, ou de *queue de cheval*, donné à l'une des plus belles espèces de coryphène, ne vienne de la conformation de cette même nageoire dorsale, dont les rayons très nombreux ont quelques rapports avec les crins du cheval.

1. *Dorade*. — *Rondanino*, sur la côte de Gênes. — *Lampugo*, en Espagne. — *Dolphin*, en Angleterre. — *Dorado*, dans plusieurs autres endroits de l'Europe. — Bloch, pl. 174. — *Coryphène dofin*. Daubenton, Encyclopédie méthodique.

Bonnaterre, planches de l'Encyclopédie méthodique. — Osbeck, *It.*, 307. — « Coryphæna cauda bifurca, etc. » Artedi, gen. 15, syn. 28. — *Ippouros*, Arist., lib. VIII, cap. xv. — Oppian, lib. I, p. 8. — Athen., lib. VII, p. 304. — *Hippurus*, Ovide, v. 95. — Pline, lib. IX, cap. xvi; et lib. XXXII, cap. xi. — *Lampugo*. Rondelet, première partie, lib. VIII. cap. xviii, édition de Lyon, 1558. — *Hippurus*, ibid.

Gesner, p. 501 et 423. — (Germ.) fol. 44, a. — Icon. animal., p. 75. — Aldrov., lib. III, cap. xvii, p. 306. — Jonston, lib. I, tit. 1, cap. i, a, 6, tab. 1. — Charlet, p. 124.

Willughby, *Ichtyol.*, p. 213, tab. O, fig. 5. — Ray, p. 100, n. 1. — *Equisele*. Gaz, Arist., lib. IV, cap. x; et lib. VIII, cap. xv. — *Equiselis*, ibid. — « Hippurus pinnis branchialibus deauratis, etc. » Klein, *Miss. pisc.*, 5, p. 55, n. 1, 2.

Cet hippurus, qui est l'objet de cet article, parvient quelquefois jusqu'à la longueur d'un mètre et demi. Son corps est comprimé aussi bien que sa tête ; l'ouverture de sa bouche très grande ; sa langue courte; ses lèvres sont épaisses ; ses mâchoires garnies de quatre dents aiguës et recourbées en arrière. Un opercule composé d'une seule pièce couvre une large ouverture branchiale [1]; la ligne latérale est fléchie vers la poitrine et droite ensuite jusqu'à la nageoire caudale, qui est fourchue; les écailles sont minces, mais fortement attachées.

A l'indication des formes ajoutons l'exposition des nuances, pour achever de donner une idée de ce superbe coryphène. Lorsqu'il est vivant, dans l'eau et en mouvement, il brille sur le dos d'une couleur d'or très éclatante, mêlée à une belle teinte de bleu ou de vert de mer, que relèvent des taches dorées et le jaune doré de la ligne latérale. Le dessous du corps est argenté. Les nageoires pectorales et thoracines présentent un jaune très vif, à la splendeur duquel ajoute la teinte brune de leur base ; la nageoire caudale, qui offre la même nuance de jaune, est d'ailleurs bordée de vert ; celle de l'anus est dorée, et une dorure des plus riches fait remarquer les nombreux rayons de la nageoire dorsale, au milieu de la membrane d'un bleu céleste qui les réunit.

C'est ce magnifique assortiment de couleurs d'or et d'azur qui trahit de loin le coryphène hippurus, lorsque, cédant à sa voracité naturelle, il poursuit sans relâche les trigles et les exocets, dont il aime à se nourrir, contraint ces poissons volants à s'élancer hors de l'eau, les suit d'un regard assuré, pendant que ces animaux effrayés parcourent dans l'air leur demi-cercle, et les reçoit, pour ainsi dire, dans sa gueule, à l'instant où, fatigués d'agiter leurs nageoires pectorales et ne pouvant plus soutenir dans l'atmosphère leur corps trop pesant, ils retombent au milieu de leur fluide natal sans pouvoir y trouver un asile.

Non seulement les hippurus cherchent ainsi à satisfaire le besoin impérieux de la faim qui les presse, au milieu des bandes nombreuses de poissons moins grands et plus faibles qu'eux ; mais encore, peu difficiles dans le choix de leurs aliments, ils voguent en grandes troupes autour des vaisseaux, les accompagnent avec constance et saisissent avec tant d'avidité tout ce que les passagers jettent dans la mer, qu'on a trouvé dans l'estomac de ces poissons jusqu'à quatre clous de fer, dont un avait plus de quinze centimètres de longueur.

On profite d'autant plus de leur gloutonnerie pour les prendre, que

1. A la membrane des branchies	10 rayons.
A la nageoire du dos	60 —
A chacune des pectorales	20 —
A chacune des thoracines	6 —
A celle de l'anus	26 —
A celle de la queue	20 —

leur chair est ferme et très agréable au goût. Pendant le temps de leur frai, c'est-à-dire dans le printemps et dans l'automne, on les pêche avec des filets auprès des rivages, vers lesquels ils vont déposer ou féconder leurs œufs ; et dans les autres saisons, où ils préfèrent la haute mer, on se sert de lignes de fond [1], que la voracité de ces coryphènes rend très dangereuses pour ces animaux. Ce qui fait d'ailleurs que leur recherche est facile et avantageuse, c'est qu'ils sont en très grand nombre dans les parties de la mer qui leur conviennent, parce qu'indépendamment de leur fécondité, ils croissent si vite, qu'on les voit grandir d'une manière très prompte dans les nasses où on les renferme après les avoir pris en vie.

Ils vivent dans presque toutes les mers chaudes et même tempérées. On les trouve non seulement dans le grand Océan équatorial, improprement appelé mer Pacifique, mais encore dans une grande portion de l'océan Atlantique et jusque dans la Méditerranée.

LE CORYPHÈNE DORADON [2]

Coryphæna equiselis, Linn., Gmel. — *Coryphæna aurata,* Lacép. — *Coryphæna hippurus,* Cuv.

Nous conservons ce nom de *doradon* à un coryphène qui a plusieurs traits communs avec l'hippurus, mais qui en diffère par plusieurs autres. Il en est séparé par le nombre des rayons de la nageoire dorsale, qui n'en renferme que cinquante ou environ, par celui des rayons de la membrane des branchies, qui n'en comprend que six, pendant que la membrane branchiale de l'hippurus en présente sept et quelquefois dix, et de plus par la disposition des taches couleur d'or qui ne sont disséminées que sur la partie supérieure du corps et de la queue. D'ailleurs, en jetant les yeux sur une peinture exécutée d'après les dessins coloriés et originaux du célèbre Plumier, laquelle fait partie de la belle collection de peintures sur vélin déposées dans le Muséum d'histoire naturelle et qui représente avec autant d'exactitude que de vivacité les brillantes nuances du doradon, on ne peut pas douter que ce dernier coryphène n'ait chacun des opercules de ses branchies composé de deux lames, pendant que l'opercule de l'hippurus est formé d'une seule pièce. On pourra s'en assurer, en examinant la copie de cette peinture, que nous avons cru devoir faire graver [3]. Au reste, l'agilité, la voracité et les

1. Voyez, sur les lignes de fond, l'article de la *Raie bouclée* et celui de la *Murène congre.*

2. *Coryphène doradon.* Daubenton, Encyclopédie méthodique. — *Id.*, Bonnaterre, planches de l'Encyclopédie méthodique. — *Dorado.* Osbeck, *It.*, 308. — *Guaracapema.* Marcgrave, *Brasil.*, p. 160. — *Id.*, Piso, *Ind.*, p. 160. — Willughby, *Ichtyol.*, p. 214. — Ray, *Pisc.*, p. 100, n. 2.

3.

A la membrane des branchies	6	rayons.
A la nageoire dorsale	53	—
A chacune des pectorales	19	—
A chacune des thoracines	6	—
A celle de l'anus	23	—
A celle de la queue	20	—

autres qualités du doradon, ainsi que les diverses habitudes de ce poisson sont à peu près les mêmes que celles de l'hippurus. On le trouve également dans un grand nombre de mers chaudes ou tempérées.

LE CORYPHÈNE CHRYSURUS[1]

Coryphæna chrysurus, Lacép.

C'est dans la mer Pacifique, ou plutôt dans le grand Océan équatorial, que ce superbe coryphène a été vu par Commerson, qui accompagnait alors notre célèbre navigateur Bougainville. Il l'a observé sur la fin d'avril 1768, vers le 16 degré de latitude australe et le 170e de longitude. Au premier coup d'œil, on croirait devoir le rapporter à la même espèce que l'hippurus ; mais en le décrivant d'après Commerson, nous allons montrer aisément qu'il en diffère par un grand nombre de caractères.

Toute la surface de ce coryphène, et particulièrement sa queue, brille d'une couleur d'or très éclatante. Quelques nuances d'argent sont seulement répandues sur la gorge et la poitrine ; et quelques teintes d'un bleu céleste jouent, pour ainsi dire, au milieu des reflets dorés du sommet du dos. Une belle couleur d'azur paraît aussi sur les nageoires, principalement sur celle du dos et sur les pectorales ; elle est relevée sur les thoracines par le jaune d'une partie des rayons et sur celle de l'anus par les teintes dorées avec lesquelles elle y est mêlée ; mais elle ne se montre sur la nageoire de la queue que pour y former un léger liséré et pour y encadrer, en quelque sorte, l'or resplendissant qui la recouvre et qui a indiqué le nom du coryphène[2].

Ajoutons, pour achever de peindre la magnifique parure du chrysurus, que des taches bleues et lenticulaires sont répandues sans ordre sur le dos, le côté et la partie inférieure du poisson, et scintillent au milieu de l'or, comme autant de saphirs enchâssés dans le plus riche des métaux.

L'admirable vêtement que la nature a donné au chrysurus est donc assez différent de celui de l'hippurus, pour qu'on ne se presse pas de les confondre dans la même espèce. Nous allons les voir séparés par des caractères encore plus constants et plus remarquables.

Le corps du chrysurus, très allongé et très comprimé, est terminé dans le haut par une sorte de carène aiguë, qui s'étend depuis la tête jusqu'à la nageoire de la queue; et une semblable carène règne en dessous, depuis cette même nageoire caudale jusqu'à l'anus.

La partie antérieure et supérieure de la tête représente assez exacte-

1. « Coryphus chrysurus. » — « Undique deauratus; dorso, pinnis, guttulisque lateralibus, cæruleis, cauda ex auro flavescente. » Commerson, manuscrits déjà cités. — *Dorat de la mer du Sud*. Id.

2. *Chrysurus* signifie *queue d'or*.

ment un quart de cercle et se termine dans le haut par une sorte d'arête aiguë.

La mâchoire inférieure, qui se relève vers la supérieure, est un peu plus longue que cette dernière. Toutes les deux sont composées d'un os que hérissent des dents très petites, très courtes, très aiguës, assez écartées l'une de l'autre, placées comme celles d'un peigne et très différentes, par leur forme, leur nombre et leur disposition, de celles de l'hippurus.

On voit d'ailleurs deux tubercules garnis de dents très menues et très serrées auprès de l'angle intérieur de la mâchoire supérieure, trois autres tubercules presque semblables vers le milieu du palais, et un sixième tubercule très analogue presque au-dessus du gosier.

La langue est large, courte, arrondie par devant, osseuse dans son milieu et cartilagineuse dans ses bords. L'ouverture de la bouche est peu étendue; on compte de chaque côté deux orifices des narines; une sorte d'anneau membraneux entoure l'antérieur. Les opercules des branchies sont, comme la tête, dénués de petites écailles; ils sont de plus assez grands et composés chacun de deux pièces : celle de devant est arrondie vers la queue et celle de derrière se prolonge également vers la queue, en appendice quelquefois un peu recourbé.

Six rayons aplatis soutiennent de chaque côté une membrane branchiale au-dessous de laquelle sont placées quatre branchies très rouges, formées chacune de deux rangées de filaments allongés ; la partie concave de l'arc de cercle osseux de la première et de la seconde est garnie de longues dents arrangées comme celles d'un peigne; la concavité de l'arc de la troisième et de la quatrième ne présente que des aspérités.

La nageoire du dos, qui commence au-dessus des yeux et s'étend presque jusqu'à celle de la queue, comprend cinquante-huit rayons [1]; les huit premiers sont d'autant plus longs qu'ils sont situés plus loin de la tête ; la longueur des autres est au contraire d'autant moindre, quoique avec des différences peu sensibles, qu'ils sont plus près de la nageoire caudale.

L'anus est placé vers le milieu de la longueur totale de l'animal ; l'on voit, entre cet orifice et la base des nageoires thoracines, un petit sillon longitudinal.

La nageoire de la queue est fourchue, comme celle de tous les coryphènes du premier sous-genre ; la ligne latérale serpente depuis le haut de l'ouverture branchiale, où elle prend son origine, jusqu'auprès de l'extrémité des nageoires pectorales, et atteint ensuite la nageoire de la queue en ne se

1. A la membrane des branchies .... 6 rayons.
A la nageoire du dos .... 58 —
A chacune des pectorales .... 20 —
A chacune des thoracines .... 5 —
A la nageoire de l'anus .... 28 —
A celle de la queue .... 15 —

fléchissant que par de légères ondulations ; et enfin les écailles qui recouvrent le poisson sont allongées, arrondies à leur sommet, lisses et fortement attachées.

On a donc pu remarquer sept traits principaux par lesquels le chrysurus diffère de l'hippurus :

1° Le nombre des rayons n'est pas le même dans la plupart des nageoires de ces deux coryphènes ;

2° La membrane branchiale du chrysurus ne renferme que six rayons, il y en a toujours depuis sept jusqu'à dix à celle de l'hippurus ;

3° Le dos du premier est caréné, celui du second est convexe ;

4° L'ouverture de la bouche est peu étendue dans le chrysurus, elle est très grande dans l'hippurus ;

5° Les dents du chrysurus sont conformées et placées bien différemment que celles de l'hippurus ;

6° L'opercule branchial du chrysurus comprend deux lames, on ne voit qu'une pièce dans celui de l'hippurus ;

7° Nous avons déjà montré une distribution de couleurs bien peu semblable sur l'un et sur l'autre de ces deux coryphènes.

Ils doivent donc constituer deux espèces différentes, dont une, c'est-à-dire celle que nous décrivons, est encore inconnue des naturalistes ; car elle est aussi très distincte du coryphène doradon, ainsi qu'on peut facilement s'en convaincre en comparant les formes du doradon et celles du chrysurus.

Au reste, les habitudes du coryphène qui fait le sujet de cet article doivent se rapprocher beaucoup de celles de l'hippurus. En effet, Commerson ayant ouvert un chrysurus qui avait plus de sept décimètres de longueur, il trouva son estomac, qui était allongé et membraneux, rempli de petits poissons volants et d'autres poissons très peu volumineux. Il vit aussi s'agiter au milieu de cet estomac, et dans une sorte de pâte ou de chyme, plusieurs vers filiformes de la longueur de deux ou trois centimètres.

Ce voyageur rapporte, d'ailleurs, dans les manuscrits qui m'ont été confiés dans le temps par Buffon, que lorsque les matelots exercés à la pêche ont pris un chrysurus, ils l'attachent à une corde et le suspendent à la proue du vaisseau, de manière que l'animal paraît être encore en vie et nager à la surface de la mer. Ils attirent et réunissent, par ce procédé, un assez grand nombre d'autres chrysurus, qu'ils peuvent alors percer facilement avec une *fouine*[1].

Commerson ajoute que les chrysurus l'emportent sur presque tous les

1. La *fouine* est un peigne de fer attaché à un long manche. On donne aussi ce nom, ainsi que celui de *foène* et de *fouanne*, à une broche terminée par un dard. Quelquefois on ajuste ensemble deux, trois ou un plus grand nombre de lames, pour former une *fouanne*, ou *foène*, ou *fouine*. D'autres fois on emploie ces noms pour désigner une simple fourche. On attache l'instrument au bout d'une perche, et l'on s'en sert pour percer les poissons que l'on aperçoit au fond de l'eau, ou qui sont cachés dans la vase, les enfiler et les retirer.

poissons de mer par le bon goût de leur chair, que l'on prépare de plusieurs manières et particulièrement avec du beurre et des câpres.

LE CORYPHÈNE SCOMBÉROIDE [1]

Coryphæna scomberoides, Lacép.

Nous avons trouvé dans les manuscrits de Commerson la description de cette espèce de coryphène, que ce savant voyageur avait vue, au mois de mars 1768, dans la mer du Sud, ou, pour mieux dire, dans le grand Océan équatorial, vers le 18e degré de latitude australe et le 134e degré de longitude, par conséquent, à une distance de la ligne très peu différente de celle où il observa, un ou deux mois après, le coryphène chrysurus.

Le scombéroïde est d'une longueur intermédiaire entre celle du scombre maquereau et celle du hareng. Sa couleur totale est argentée et brillante ; mais elle n'est pure que sur les côtés et sur le ventre. Une teinte brune mêlée de bleu céleste est répandue sur le dos ; cette teinte s'étend aussi sur le sommet de la tête, où elle est plus foncée, plus noirâtre et mêlée avec des reflets dorés que l'on voit également autour des yeux et sur les lames des opercules.

Toutes les nageoires sont entièrement brunes, excepté les thoracines, dont la partie extérieure est blanche, et les pectorales, qui sont un peu dorées.

La mâchoire supérieure est plus courte que l'inférieure. Les os qui composent l'une et l'autre sont hérissés d'un si grand nombre de petites dents tournées en arrière, qu'ils montrent la surface d'une lime et qu'ils tiennent l'animal facilement suspendu à un doigt, par exemple, que l'on introduit dans la cavité de la bouche.

La langue a une figure remarquable ; elle ressemble en quelque sorte à un ongle humain ; elle est large, un peu arrondie par devant et néanmoins terminée par un angle à chaque bout de son arc antérieur ; de plus, elle présente dans son milieu un os presque carré et couvert de petites aspérités dirigées vers le gosier ; sa circonférence est formée par un cartilage qui s'amincit vers le bord. Un frein large et épais la retient par-dessous.

La voûte du palais est entièrement lisse, excepté l'endroit le plus voisin du gosier, où l'on voit de petites élévations osseuses et denticulées.

Deux lames arrondies par derrière, grandes et lisses, composent chaque opercule ; six rayons soutiennent la membrane branchiale ; et les branchies

1. « Coryphus argenteus. » — « Coryphus pinna dorsali longissima radiorum quinquaginta quinque, osse quadratulo in media lingua. — Et coryphus argenteus, immaculatus, pinnis fuscis, dorsali radiorum quinquaginta quinque, anali viginti quinque, cauda bifurca fuccescente. » Commerson, manuscrits déjà cités.

Osteoglossus, ostéoglosse, ou *languosseux de la mer du Sud.* Id. — *Petite dorade.* Id.

sont assez semblables, par leur nombre et par leur conformation, à celles du chrysurus.

La ligne latérale offre plusieurs sinuosités qui décroissent à mesure qu'elles sont plus voisines de la nageoire caudale.

Les nageoires thoracines sont réunies à leur base par une membrane qui tient aussi à un sillon longitudinal placé sous le ventre, et dans lequel le poisson peut coucher à volonté ces mêmes nageoires. Elles renferment chacune cinq ou six rayons.

Le dessous de la queue est terminé par une carène très aiguë.

La nageoire dorsale règne depuis l'occiput jusque vers l'extrémité de la queue ; elle est festonnée dans sa partie postérieure de manière à imiter les très petites nageoires que l'on voit sur la queue des scombres ; la nageoire de l'anus offre une conformation analogue. Ces traits particuliers au poisson que nous décrivons ne servant pas peu à le rapprocher des scombres, avec lesquels d'ailleurs on peut voir, dans cette histoire, que les coryphènes ont beaucoup de rapports, j'ai cru devoir nommer *scombéroïde* l'espèce que nous cherchons, dans cet article, à faire connaître des naturalistes[1].

Commerson vit des milliers de ces scombéroïdes suivre les vaisseaux français avec assiduité pendant plusieurs jours. Ils vivaient de très jeunes ou très petits poissons volants, qui, pendant ce temps, voltigeaient autour des navires comme des nuées de papillons, qu'ils ne surpassaient guère en grosseur ; et c'est à cause de la petitesse de leurs dimensions, qu'ils pouvaient servir de proie aux scombéroïdes, dont la bouche étroite n'aurait pas pu admettre des animaux plus gros. En effet, l'un des plus grands de ces coryphènes observés par Commerson n'avait qu'environ trois décimètres de longueur. Cet individu était cependant adulte et femelle.

Au reste, les ovaires de cette femelle, qui avaient une forme allongée, occupaient la plus grande partie de l'intérieur du ventre, comme dans les cyprins et contenaient une quantité innombrable d'œufs : ce qui prouve ce que nous avons déjà dit au sujet de la grande fécondité des coryphènes.

LE CORYPHÈNE ONDÉ[2]

Coryphæna fasciolata, PALLAS, LINN., GMEL. — *Coryphæna undulata,* LACÉP.

Pallas a décrit le premier cette espèce de coryphène. L'individu qu'il a observé et qui avait été pêché dans les eaux de l'île d'Amboine n'était long

1. A la membrane des branchies .... 6 rayons.
A la nageoire du dos .... 55 —
A chacune des pectorales .... 18 —
A chacune des thoracines .... 6 —
A celle de l'anus .... 25 —
A celle de la queue, qui est fourchue .... 15 —

2. Pallas, *Spicil. zoolog.*, 8, p. 23, tab. 3, fig. 2. — *Coryphène ondoyant.* Bonnaterre, planches de l'Encyclopédie méthodique.

que de cinq centimètres ou environ. Les formes et les couleurs de cet animal étaient élégantes : très allongé et un peu comprimé, il montrait sur la plus grande partie de sa surface une teinte agréable qui réunissait la blancheur du lait à l'éclat de l'argent ; une nuance grise variait son dos ; la nageoire dorsale et celle de l'anus étaient distinguées par de petites bandes transversales brunes ; les bandelettes de la première de ces deux nageoires s'étendaient sur la partie supérieure de l'animal, y ondulaient, pour ainsi dire, s'y réunissaient les unes aux autres, disparaissaient vers la partie inférieure du poisson ; et la nageoire de la queue, qui était fourchue, présentait un croissant très brun.

D'ailleurs, ce coryphène avait des yeux assez grands ; l'ouverture de sa bouche, étant très large, laissait voir facilement une langue lisse et arrondie par devant ; un opercule composé de deux lames non découpées couvrait de chaque côté un grand orifice branchial ; la ligne latérale était droite et peu proéminente[1].

LE CORYPHÈNE POMPILE[2]

Coryphæna Pompilus, LINN., GMEL., LACÉP. — *Centrolophus Pompilus*, CUV.

De tous les coryphènes du premier sous-genre, le pompile est celui dont la nageoire caudale est la moins fourchue et voilà pourquoi quelques naturalistes, et particulièrement Artedi, le comparant sans doute à l'hippurus, ont écrit que cette nageoire de la queue n'était pas échancrée. Cependant, lorsqu'on a sous les yeux un individu de cette espèce non altéré, on s'aperçoit aisément que sa nageoire caudale présente à son extrémité un angle rentrant. Les anciens ont nommé *pompile* le coryphène dont nous traitons dans cet article, parce que, se rapprochant beaucoup par ses habitudes de l'hippurus et du doradon, on dirait qu'il se plaît à accompagner les vaisseaux, et que *pompe* signifie en grec *pompe* ou *cortège*. Au reste, il ne faut pas être étonné qu'ils aient assez bien connu la manière de vivre de ce poisson osseux, puisqu'il habite dans la Méditerranée, aussi bien que dans plusieurs

1. A la membrane des branchies.................................. 6 rayons.
A la nageoire du dos.................................. 54 —
A chacune des pectorales.................................. 19 —
A chacune des thoracines.................................. 5 —
A celle de l'anus.................................. 27 —
A celle de la queue.................................. 17 —

2. *Coryphène lampuge*. Daubenton, Encyclopédie méthodique. — *Id*. Bonnaterre, planches de l'Encyclopédie méthodique. « Coryphæna... linea laterali curva. » Artedi, gen. 16, syn. 29. — *Pompilos*. Ælian, lib. II, cap. xv ; et lib. XV, cap. xxiii. — *Id*. Athen., lib. VII, p. 282, 283 et 284. — *Id*. Oppian, *Hal*., lib. 1, p. 8. — *Pompilus*. Ovid.

Pompilus. Pline, *Hist. mundi*, lib. XXXII, cap. xi. — *Pompile*. Rondelet, première partie, liv. VIII, chap. xiii. — *Chrusophrus*, par plusieurs auteurs anciens. — Gesner, p. 881, 753 ; et (Germ.) fol. 69, a, b. — Aldrovande, lib. III, cap. xix, p. 325. — Jonston, lib. I, tit. 1, cap. ii, *a*, 2, tab. 3, fig. 5. — Charlet, p. 124. — Willughby, p. 215. — Ray, p. 101.

portions chaudes ou tempérées de l'océan Atlantique et du grand Océan.

L'ouverture de la bouche du pompile est très grande ; sa mâchoire inférieure plus avancée que la supérieure et un peu relevée ; les côtés de la tête présentent des dentelures et des enfoncements ; la ligne latérale est courbe ; les nageoires pectorales sont pointues[1] ; des bandes transversales, étroites et communément jaunes, règnent sur les côtés. La dorure qui distingue un si grand nombre de coryphènes se manifeste sur le pompile au-dessus de chaque œil ; voilà pourquoi on l'a nommé *sourcil d'or*, en grec *Chrusophrus*.

LE CORYPHÈNE BLEU[2]

Coryphæna cærulea, Linn., Gmel., Lacép.

L'or, l'argent et l'azur brillent sur les coryphènes que nous venons d'examiner ; la parure de celui que nous décrivons est plus simple, mais élégante. Il ne présente ni argent ni or ; mais toute sa surface est d'un bleu nuancé par des teintes agréablement diversifiées et fondues par de douces dégradations de clarté. On le trouve dans les mers tempérées ou chaudes qui baignent les rivages orientaux de l'Amérique. Ses écailles sont grandes ; celles qui revêtent le dessus et les côtés de sa tête sont assez semblables aux écailles du dos. Une seule lame compose l'opercule des branchies, dont l'ouverture est très large ; la ligne latérale est plus proche du dos que de la partie inférieure de l'animal ; les yeux sont ronds et grands ; une rangée de dents fortes et pointues garnit chaque mâchoire[3].

LE CORYPHÈNE PLUMIER[4]

Coryphæna Plumieri, Bloch, Lacép.

Ce coryphène, que le docteur Bloch a fait connaître et qu'il a décrit d'après un manuscrit de Plumier, habite à peu près dans les mêmes mers que le bleu ; on le trouve particulièrement, ainsi que le bleu, dans le bassin des Antilles. Mais combien il diffère de ce dernier poisson par la magni-

1. A la nageoire dorsale........ 35 rayons.
A chacune des pectorales........ 14 —
A chacune des thoracines........ 6 —
A celle de l'anus........ 24 —
A celle de la queue........ 16 —

2. Bloch, pl. 176. — *Novacula cærulea*. Catesby, *Carol.*, tab. 18. — Coryphène rasoir bleu.

3. A la membrane des branchies........ 4 rayons.
A la nageoire du dos........ 19 —
A chacune des pectorales........ 14 —
A chacune des thoracines........ 5 —
A celle de l'anus........ 11 —
A celle de la queue........ 19 —

4. Bloch, pl. 175. — *Coryphène paon de mer*. Bonnaterre, planches de l'Encyclopédie méthodique.

ficence et la variété des couleurs dont il est revêtu! C'est un des plus beaux habitants de l'Océan. Tâchons de peindre son portrait avec fidélité.

Son dos est brun; et sur ce fond que la nature semble avoir préparé pour faire mieux ressortir les nuances qu'elle y a distribuées, on voit un grand nombre de petites raies bleues serpenter, s'éloigner les unes des autres et se réunir dans quelques points. Cette espèce de dessin est comme encadrée dans l'or qui resplendit sur les côtés du poisson et qui se change en argent éclatant sur la partie inférieure du coryphène. La tête est brune; mais chaque œil est situé au-dessous d'une sorte de tache jaune, au-dessus d'une plaque argentée et au centre de petits rayons d'azur. Une bordure grise fait ressortir le jaune des nageoires pectorales et thoracines; la nageoire de la queue, qui est jaune comme celle de l'anus, présente de plus des teintes rouges et un liséré bleu; et enfin une longue nageoire violette règne sur la partie supérieure du corps et de la queue[1]. Le coryphène plumier est d'ailleurs couvert de petites écailles; il n'a qu'une lame à chacun de ses opercules; il parvient ordinairement à la longueur d'un demi-mètre, et sa nageoire caudale est en croissant, comme celle du bleu.

LE CORYPHÈNE RASOIR[2]

Coryphæna novacula, Linn., Gmel., Lacép. — *Xirichthys novacula*, Cuv.

Ce poisson a sa partie supérieure terminée par une arête assez aiguë pour qu'on n'ait pas balancé à lui donner le nom que nous avons cru devoir lui conserver. Il habite dans la Méditerranée, et voilà pourquoi il a été connu des anciens et particulièrement de Pline. Il est très beau; on voit sur sa tête et sur plusieurs de ses nageoires des raies qui se croisent en différents sens et qui montrent cette couleur bleue que nous avons déjà observée sur les coryphènes; mais il est le premier poisson de son genre qui nous présente des nuances rouges éclatantes et relevées par des teintes dorées. Ce rouge resplendissant est répandu sur la plus grande partie de la surface de

1. A la membrane des branchies .... 4 —
A la nageoire du dos .... 77 —
A chacune des pectorales .... 11 —
A chacune des thoracines .... 6 —
A celle de l'anus .... 55 —
A celle de la queue .... 16 —

2. *Pesce pettine*, sur les côtes de la Ligurie. — *Rason*, sur plusieurs côtes d'Espagne. — *Coryphène rason*. Daubenton, Encyclopédie méthodique. — *Id*. Bonnaterre, planches de l'Encyclopédie méthodique. — « Coryphæna palmaris pulchre varia, dorso acuto. » Artedi, gen. 15, syn. 29. — *Novacula piscis*. Pline, *Hist. mundi*, lib. XXXII, cap. II. — *Rason*. Rondelet, première partie, liv. V, chap. XVII. — *Novacula*. Gesner, p. 628, 629 et 721; et (Germ.) fol. 32, a. — *Pesce pettine*. Salvian, fol. 217.

« Pecten Romæ, novacula Rondeletii. » Aldrovande, lib. II, cap. XXVII, p. 205. — *Pecten Romanorum*. Jonston, lib. I, tit. 3, cap. I, a, 15. — « Pesce pettine Salviani, novacula Rondelet. » Gesner, *Paralipom.*, p. 24. — Willughby, *Ichtiol.*, p. 214. — Ray, p. 101.

l'animal et il y est réfléchi par des écailles très grandes. La chair du rasoir est tendre, délicate et assez recherchée sur plusieurs rivages de la Méditerranée. Sa ligne latérale suit à peu près la courbure du dos, dont elle est très voisine; chacun de ses opercules est composé de deux lames, et, sa nageoire caudale étant rectiligne, nous l'avons placé dans le second sous-genre des coryphènes. Au reste, l'histoire de ce poisson nous fournit un exemple remarquable de l'influence des mots. On l'a nommé *rasoir* longtemps avant le siècle de Pline; à cette époque, où les sciences physiques étaient extrêmement peu avancées, cette dénomination a suffi pour faire attribuer à cet animal plusieurs des propriétés d'un véritable rasoir, et même pour faire croire, ainsi que le rapporte le naturaliste romain, que ce coryphène donnait un goût métallique et particulièrement un goût de fer à tout ce qu'il touchait.

LE CORYPHÈNE PERROQUET[1]

Coryphæna Psittacus, Linn., Gmel., Lacép. — *Xirichthys Psittacus,* Cuv.

La forme rectiligne que présente la nageoire caudale de ce poisson détermine sa place dans le troisième sous-genre des coryphènes. Sa ligne latérale est interrompue, et sa nageoire dorsale, assez basse et composée de trente rayons ou environ, commence à l'occiput[2].

Il a été observé par le docteur Garden dans les eaux de la Caroline. La beauté des couleurs dont il brille, lorsqu'il est animé par la chaleur de la vie ainsi que par les feux du soleil, a mérité qu'on le comparât aux oiseaux les plus distingués par la variété de leurs teintes, la vivacité de leurs nuances, la magnificence de leur parure, et particulièrement aux perroquets. Les lames qui recouvrent la tête montrent la diversité des reflets des métaux polis et des pierres précieuses; son iris, couleur de feu, est bordé d'azur; des raies longitudinales relèvent le fond des nageoires; et l'on aperçoit vers le dos, au milieu du tronc, une tache remarquable par ses couleurs aussi bien que par sa forme, faite en losange et présentant en quelque sorte toutes les teintes de l'arc-en-ciel, puisqu'elle offre du rouge, du jaune, du vert, du bleu et du pourpre.

1. *Coryphène perroquet.* Daubenton, Encyclopédie méthodique. — *Id.* Bonnaterre, planches de l'Encyclopédie méthodique.

2. A la nageoire du dos........ 30 rayons.
A chacune des pectorales........ 11 —
A chacune des thoracines........ 6 —
A celle de l'anus........ 16 —
A celle de la queue........ 14 —

LE CORYPHÈNE CAMUS[1]

Coryphæna sima, LINN., GMEL., LACÉP.

Le nombre des rayons de la nageoire dorsale et la prolongation de la mâchoire inférieure, plus avancée que la supérieure, servent à distinguer ce coryphène, qui habite dans les mers de l'Asie et qui, par la forme rectiligne de sa nageoire caudale, appartient au troisième sous-genre des poissons que nous considérons[2].

LE CORYPHÈNE RAYÉ[3]

Coryphæna lineata, LINN., GMEL., LACÉP. — *Xirichthys lineatus*, CUV.

Le docteur Garden a fait connaître ce poisson, qui habite dans les eaux de la Caroline. Ce coryphène a la tête rayée transversalement de couleurs assez vives ; d'autres raies très petites paraissent sur la nageoire du dos, ainsi que sur celle de l'anus[4]. Les écailles qui revêtent le corps et la queue sont très grandes. La tête n'en présente pas de semblables ; elle n'est couverte que de grandes lames. L'extrémité antérieure de chaque mâchoire est garnie de deux dents aiguës, très longues et écartées l'une de l'autre ; et la forme de la nageoire caudale, qui est arrondie, place le rayé dans le quatrième sous-genre des coryphènes.

LE CORYPHÈNE CHINOIS

Coryphæna sinensis, LACÉP. — *Latilus argenteus*, CUV.

Ce coryphène n'a pas encore été décrit. Nous en avons trouvé une figure coloriée et faite avec beaucoup de soin dans ce recueil de peintures chinoises qui fait partie des collections du Muséum d'histoire naturelle et que nous avons déjà cité plusieurs fois. Nous lui avons donné le nom de *coryphène chinois*, pour désigner les rivages auprès desquels on le trouve et l'ouvrage précieux auquel nous en devons la connaissance. Sa parure est riche et en même temps simple, élégante et gracieuse. Sa couleur est d'un

1. *Coryphène rechignée*. Bonnaterre, planches de l'Encyclopédie méthodique.

2. A la nageoire dorsale........ 32 rayons.
A chacune des pectorales........ 16 —
A chacune des thoracines........ 6 —
A celle de l'anus........ 9 —
A celle de la queue........ 16 —

3. *Coryphène rayée*. Bonnaterre, planches de l'Encyclopédie méthodique.

4. A la nageoire du dos........ 21 rayons.
A chacune des pectorales........ 11 —
A chacune des thoracines........ 6 —
A celle de l'anus........ 15 —
A celle de la queue........ 12 —

vert plus ou moins clair, suivant les parties du corps sur lesquelles il paraît; mais ces nuances agréables et douces sont mêlées avec des reflets éclatants et argentins.

Au reste, il n'est pas inutile de remarquer qu'en rapprochant par la pensée les diverses peintures chinoises que l'on peut connaître en Europe de ce qu'on a appris au sujet des soins que les Chinois se donnent pour l'éducation des animaux, on se convaincra aisément que ce peuple n'a accordé une certaine attention, soit dans ses occupations économiques, soit dans les productions de ses beaux-arts, qu'aux animaux utiles à la nourriture de l'homme ou propres à charmer ses yeux par la beauté de leurs couleurs. Ce trait de caractère d'une nation si digne de l'observation du philosophe ne devait-il pas être indiqué, même aux naturalistes?

Ce beau coryphène chinois montre une très longue nageoire dorsale; mais celle de l'anus est assez courte. La nageoire caudale est arrondie. De grandes écailles couvrent le corps, la queue et les opercules. La mâchoire inférieure est plus relevée et avancée que la supérieure, ce qui ajoute aux rapports du chinois avec le coryphène camus.

LE CORYPHÈNE POINTU[1]

Coryphæna acuta, Linn., Gmel., Lacép.

Le nom de *pointu* que Linné a donné à ce coryphène vient de la forme lancéolée de la nageoire caudale de ce poisson, et c'est à cause de cette forme que nous avons placé cet osseux dans un cinquième sous-genre. Cet animal, qui habite dans les mers de l'Asie, a quarante-cinq rayons à la nageoire du dos, et sa ligne latérale est courbe[2].

LE CORYPHÈNE VERT[3]

Coryphæna virens, Linn., Gmel. — *Coryphæna viridis*, Lacép.

LE CORYPHÈNE CASQUÉ[4]

Coryphæna clypeata, Linn., Gmel. — *Coryphæna galeata*, Lacép.

Nous avons divisé le genre que nous examinons en cinq sous-genres; nous avons placé les coryphènes dans l'un ou l'autre de ces groupes, suivant le degré d'étendue relative, et par conséquent de force proportionnelle, don-

1. *Coryphène pointu*. Bonnaterre, planches de l'Encyclopédie méthodique.

2.
A la nageoire du dos	45	rayons.
A chacune des pectorales	16	—
A chacune des thoracines	6	—
A celle de l'anus	16	—
A celle de la queue	14	—

3. *Coryphène verte*. Bonnaterre, planches de l'Encyclopédie méthodique.

4. *Coryphène à bouclier*. Bonnaterre, planches de l'Encyclopédie méthodique.

née à leur nageoire caudale, ou, ce qui est la même chose, à un de leurs principaux instruments de natation, par la forme de cette même nageoire, ou fourchue, ou en croissant, ou rectiligne, ou arrondie, ou pointue. Nous n'avons vu aucun individu de l'espèce du coryphène vert, ni de celle du coryphène casqué; aucun naturaliste n'a décrit ou figuré la forme de la nageoire caudale de l'un ni de l'autre de ces deux poissons ; nous avons donc été obligés de les présenter séparés des cinq sous-genres que nous avons établis, et de nouvelles observations pourront seules les faire rapporter à celle de ces petites sections à laquelle ils doivent appartenir. Tous les deux vivent dans les mers de l'Asie, tous les deux sont faciles à distinguer des autres coryphènes : le premier, par un long filament que présente chacune des nageoires du dos et de l'anus, ainsi que des thoracines[1]; le second par une lame osseuse située au-dessus des yeux, et que l'on a comparée à une sorte de bouclier ou plutôt de casque. On ignore la couleur du casqué; celle du vert est indiquée par le nom de ce coryphène[2].

QUATRE-VINGT-QUATRIÈME GENRE

LES HÉMIPTÉRONOTES

Le sommet de la tête très comprimé et comme tranchant par le haut, ou très élevé et finissant sur le devant par un plan presque vertical, ou terminé antérieurement par un quart de cercle, ou garni d'écailles semblables à celles du dos; une seule nageoire dorsale; et la longueur de cette nageoire du dos ne surpassant pas, ou surpassant à peine la moitié de la longueur du corps et de la queue pris ensemble.

	ESPÈCES.	CARACTÈRES.
1.	L'HÉMIPTÉRONOTE CINQ TACHES.	Vingt rayons ou environ à la nageoire du dos; l'opercule branchial composée de deux lames; cinq taches de chaque côté.
2.	L'HÉMIPTÉRONOTE GMELIN.	Quatorze rayons à la nageoire du dos; huit rayons à chacune des thoracines.

L'HÉMIPTÉRONOTE CINQ TACHES[3]

Coryphæna pentadactyla, LINN., GMEL. — *Hemipteronotus quinque maculatus*, LACÉP.

La brièveté de la nageoire dorsale et sa position à une assez grande dis-

1. A la nageoire du dos........ 26 rayons.
A chacune des pectorales........ 13 —
A chacune des thoracines........ 6 —
A celle de l'anus........ 13 —
A celle de la queue........ 16 —

2. A la nageoire du dos........ 32 —
A chacune des pectorales........ 14 —
A chacune des thoracines........ 5 —
A celle de l'anus........ 12 —

3. *Coryphène cinq taches.* Daubenton, Encyclopédie méthodique. — *Id.* Bonnaterre, planches de l'Encyclopédie méthodique. — « Coryphæna cauda æquali, pinna dorsi, radiis uno et viginti. » Bloch, pl. 173. — « Blennius, maculis quinque utrinque versus caput nigris. »

tance de l'occiput distinguent le cinq-taches, et les autres poissons qui appartiennen au genre que nous décrivons, des coryphènes proprement dits. Le nom générique d'*hémiptéronote*[1] désigne ce peu de longueur de la nageoire dorsale, et son rapport avec la nageoire du dos des coryphènes, qui est presque toujours une fois plus étendue. Les osseux que nous examinons maintenant ressemblent d'ailleurs, par beaucoup de formes et d'habitudes, à ces mêmes coryphènes avec lesquels on les a confondus jusqu'a présent. Le cinq-taches, le poisson le plus connu des hémiptéronotes, habite dans les fleuves de la Chine, des Moluques et de quelques autres îles de l'archipel Indien. Il y parvient communément à la longueur de six décimètres; sa tête est grande; ses yeux sont rapprochés l'un de l'autre, et par conséquent placés sur le sommet de la tête; l'ouverture de la bouche est médiocre; les deux mâchoires sont garnies d'une rangée de dents aiguës et présentent deux dents crochues plus longues que les autres; l'orifice branchial, qui est très grand, est couvert par un opercule composé de deux lames; la ligne latérale s'éloigne moins du dos que du ventre; l'anus est plus près de la gorge que de la nageoire caudale, qui est fourchue[2]; des écailles très petites couvrent les joues, et d'autres écailles assez grandes revêtent presque tout le reste de la surface du cinq-taches.

Voici maintenant les couleurs dont la nature a peint ces diverses formes.

La partie supérieure de l'animal est brune; les côtés sont blancs, ainsi que la partie inférieure; une raie bleue règne sur la tête; l'iris est jaune; des cinq taches qui paraissent de chaque côté du corps, la première est noire, bordée de jaune et ronde; la seconde est noire, bordée de jaune et ovale; les trois autres sont bleues et plus petites. Une belle couleur d'azur distingue la nageoire caudale et celle du dos, qui d'ailleurs montre un liséré orangé; deux taches blanches sont situées à la base des nageoires thoracines, lesquelles sont, comme les pectorales et comme celle de l'anus, orangées et bordées de violet ou de pourpre.

Du brun, du blanc, du bleu, du jaune, du noir, de l'orangé, du pourpre

Act. Stockh., 1740, p. 460, tab. 3, fig. 2. — « Ikan bandan jang swangi. » Valent. Amboin. 5, p. 308, fig. 67. — « Bandasche caratoeha. » *Id.*, p. 388, fig. 123. — « Rievier dolfyn. » *Id.*, p. 435, fig. 292. — « Oranje visch met vier vlakken. » Renard, *Pisc.*, 1, p. 23.

Banda. Id., 1, tab. 14, fig. 81. — *Ican banda.* Id., 2, tab. 2, fig. 6. — *Ican potou banda.* Id., tab. 23, fig. 112. — *Ican banda.* Ruysch, *Theatr. animal.*, p. 40, n. 8, tab. 20, fig. 8. — *Viif venger visch*, id est *piscis pentadactylos.* Willughby, Append., p. 7, tab. 8, fig. 2. — Ray, *Pisc.*, 150, n. 23.

1. *Hémiptéronote* vient de trois mots grecs qui signifient *moitié, nageoire* et *dos.*

2. A la membrane des branchies.................................. 4 rayons.
A la nageoire du dos.................................. 21 —
A chacune des pectorales.................................. 13 —
A chacune des thoracines.................................. 6 —
A celle de l'anus.................................. 15 —
A celle de la queue.................................. 12 —

et du violet composent donc l'assortiment de nuances qui caractérisent le cinq-taches, et qui est d'autant plus brillant qu'il est animé par le poli et le luisant argentin des écailles. Mais cette espèce est aussi féconde que belle : aussi va-t-elle par très grandes troupes; et comme d'ailleurs sa chair est agréable au goût, on la pêche avec soin; on en prend même un si grand nombre d'individus, qu'on ne peut pas les consommer tous auprès des eaux qu'ils habitent. On prépare de diverses manières ces individus surabondants; on les fait sécher ou saler; on les emporte au loin; et ils forment, dans plusieurs contrées orientales, une branche de commerce assez analogue à celle que fournit le gade morue dans les régions septentrionales de l'Europe et de l'Amérique.

L'HÉMIPTÉRONOTE GMELIN[1]

Coryphæna hemiptera, Linn., Gmel. — *Hemipteronotus Gmelini*, Lacép.

Cet hémiptéronote a la nageoire dorsale encore plus courte que le cinq-taches; ses mâchoires sont d'ailleurs à peu près également avancées. On le pêche dans les mers d'Asie; nous avons cru devoir lui donner un nom qui rappelât la reconnaissance des naturalistes envers le savant Gmelin, auquel ils ont obligation de la treizième édition du *Système de la nature*, par Linné.

QUATRE-VINGT-CINQUIÈME GENRE

LES CORYPHÉNOÏDES

Le sommet de la tête très comprimé et comme tranchant par le haut, ou très élevé en finissant sur le devant par un plan presque vertical, ou terminé antérieurement par un quart de cercle, ou garni d'écailles semblables à celles du dos; une seule nageoire dorsale; l'ouverture des branchies ne consistant que dans une fente transversale.

ESPÈCE.	CARACTÈRE.
Le Coryphénoïde houttuynien.	Vingt-quatre rayons à la nageoire du dos.

LE CORYPHÉNOIDE HOUTTUYNIEN[2]

Coryphæna branchiostega et *Coryphæna japonica*, Linn., Gmel. — *Coryphænoides Houttuynii*, Lacép.

On trouve dans la mer du Japon et dans d'autres mers de l'Asie ce poisson que l'on a inscrit parmi les coryphènes, mais qu'il faut en séparer, à cause de plusieurs différences essentielles, et particulièrement à cause de la forme de ses ouvertures branchiales, qui ne consistent chacune que dans une fente transversale. Nous le nommons *coryphénoïde*, pour désigner les rapports de conformation qui cependant le lient avec les coryphènes proprement dits;

1. *Coryphène à demi-nageoire*. Bonnaterre, planches de l'Encyclopédie méthodique.
2. Houttuyn, *Act. Haarl.*, 20, 2, p. 315. — *Coryphène branchiostège*. Bonnaterre, planches de l'Encyclopédie méthodique.

nous lui donnons le nom spécifique d'*houttuynien*, parce que le naturaliste Houttuyn n'a pas peu contribué à le faire connaître. Il n'a communément que deux décimètres de longueur; les écailles qui le revêtent sont minces; sa couleur tire sur le jaune[1].

QUATRE-VINGT-SIXIÈME GENRE

LES ASPIDOPHORES

Le corps et la queue couverts d'une sorte de cuirasse écailleuse; deux nageoires sur le dos; moins de quatre rayons aux nageoires thoracines.

PREMIER SOUS-GENRE

UN OU PLUSIEURS BARBILLONS A LA MACHOIRE INFÉRIEURE

ESPÈCE.	CARACTÈRES.
1. L'ASPIDOPHORE ARMÉ.	Plusieurs barbillons à la mâchoire inférieure; la cuirasse à huit pans; deux verrues échancrées sur le museau.

SECOND SOUS-GENRE

POINT DE BARBILLONS A LA MACHOIRE INFÉRIEURE

ESPÈCE.	CARACTÈRE.
2. L'ASPIDOPHORE LISIZA.	La cuirasse à huit ou plusieurs pans et garnie d'aiguillons.

L'ASPIDOPHORE ARMÉ[2]

Cottus cataphractus, LINN., GMEL. — *Aspidophorus armatus*, LACÉP. — *Aspidophorus europæus*, CUV.

Nous avons séparé des cottes les poissons osseux et thoracins dont le corps et la queue sont couverts de plaques ou de boucliers très durs disposés de manière à former un grand nombre d'anneaux solides, et dont l'ensemble compose une sorte de cuirasse, ou de fourreau à plusieurs faces longitudinales. Nous leur avons donné le nom générique d'*aspidophore*, qui veut dire *porte-bouclier*, et qui désigne leur conformation extérieure. Ils ont beaucoup de rapports, par les traits extérieurs qui les distinguent, avec les syn-

1. A la nageoire du dos.......... 24 rayons.
A chacune des pectorales.......... 14 —
A chacune des thoracincé.......... 6 —
A celle de l'anus.......... 10 —
A celle de la queue.......... 16 —

2. *A pogge*, dans le nord de l'Angleterre. — *Cotte armé*. Daubenton, Encyclopédie méthodique. — *Id*. Bonnaterre, planches de l'Encyclopédie méthodique. Bloch, pl. 38, fig. 3 et 4.

« Cottus cirris plurimis, corpore octogono. » Artedi, gen. 49, spec. 87, syn. 77. — *Cottus cataphractus*, Schonev., p. 30. — Jonston, lib. II, tit. 1, cap. IX, tab. 46, fig. 5 et 6. — Charlet, *Onom*., p. 152. — Willughby, *Ichtyolog*., p. 211. — Ray, p. 77. — *Fauna suecica*, 324. — Brünn., *Pisc. Massil*., p. 31, n. 43. — Müll., *Prodrom. Zoolog. danic*., p. 44, n. 43. — O. Fabric., *Fauna Groenland*., p. 155, n. 112. — Mus. Adol. Fr., 1, p. 70. Gronov. Mus., 1, p. 46, n. 105; et *Zooph*., p. 79, n. 271.

Act. Helv., 4, p. 262, n. 140. « Cottus cataphractus, rostro resimo, etc. » Klein, *Miss. pisc*. 4, p. 42, n. 1. — *Cottus cataphractus*. Séba, Mus. 3, p. 81, tab. 28, fig. 6. — *Pogge*. Pennant, *Brit. zoolog*., 3, p. 178, n. 2. tab. 11.

gnathes et les pégases. Nous ne connaissons encore que deux espèces dans le genre qu'ils forment; la plus anciennement, ainsi que la plus généralement connue des deux, est celle à laquelle nous conservons le nom spécifique d'*armé*, et qui se trouve dans l'océan Atlantique. Elle y habite au milieu des rochers voisins des sables du rivage; elle y dépose ou féconde ses œufs vers le printemps; et c'est le plus souvent d'insectes marins, de mollusques ou de vers, et particulièrement de crabes, qu'elle cherche à faire sa nourriture. La couleur générale de l'armé est brune par-dessus et blanche par-dessous. On voit plusieurs taches noirâtres sur le dos ou sur les côtés; d'autres taches noires et presque carrées sont répandues sur les deux nageoires du dos, dont le fond est gris; les nageoires pectorales sont blanchâtres et tachetées de noir. Cette même teinte noire occupe la base de la nageoire de l'anus.

Une sorte de bouclier ou de casque très solide, écailleux et même presque osseux, creusé en petites cavités irrégulières et relevé par des pointes ou des tubercules, garantit le dessus de la tête. Les deux mâchoires et le palais sont hérissés de plusieurs rangs de dents petites et aiguës; un grand nombre de barbillons garnissent le contour arrondi de la mâchoire inférieure, qui est plus courte que la supérieure; l'opercule branchial n'est composé que d'une seule lame; un piquant recourbé termine chaque pièce des anneaux solides dont se forme la cuirasse générale de l'animal; cette même cuirasse présente huit pans longitudinaux, qui se réduisent à six autour de la partie postérieure de la queue; la ligne latérale est droite; l'anus situé à peu près au-dessous de la première nageoire du dos; la nageoire caudale arrondie; les pectorales sont grandes, et les thoracines longues et étroites[1]. L'aspidophore armé parvient à une longueur de deux ou trois décimètres.

Nous pensons que l'on doit rapporter à cette espèce le poisson auquel Olafsen et Müller ont donné le nom de *cotte brodame*[2], et qui ne paraît différer par aucun trait important du thoracin qui fait le sujet de cet article.

L'ASPIDOPHORE LISIZA[3]

Cottus japonicus et *Phalangistes japonicus,* Pallas. — *Agonus japonicus,* Bloch, Schn. — *Aspidophorus Lisiza,* Lacép. — *Aspidophorus superciliosus,* Cuv.

Pallas a fait connaître ce poisson, qui vit auprès du Japon et des îles Kuriles, et qui a beaucoup de rapports avec l'armé.

1. A la première nageoire du dos, non articulés ..... 5 rayons.
A la seconde nageoire du dos, articulés ..... 7 —
A chacune des pectorales ..... 15 —
A chacune des thoracines ..... 3 —
A celle de l'anus ..... 6 —
A celle de la queue ..... 10 —

2. *Cottus brodamus.* Olafsen, *Isl.*, t. Ier, p. 589. — Müll., *Prodrom. Zoolog. danic.* — *Cotte brodame.* Bonnaterre, planches de l'Encyclopédie méthodique.

3. *Cottus japonicus.* Pallas, *Spicileg. zoolog.*, 7, p. 30. — *Cotte lisiza.* Daubenton, Encyclopédie méthodique. — *Id.* Bonnaterre, planches de l'Encyclopédie méthodique.

La tête de cet aspidophore est allongée, comprimée et aplatie dans sa partie supérieure, qui présente d'ailleurs une sorte de gouttière longitudinale. De chaque côté du museau, qui est obtus et partagé en deux lobes, on voit une lame à deux ou trois échancrures et garnie sur le devant d'un petit barbillon. Les bords des mâchoires sont hérissés d'un grand nombre de dents ; les yeux situés assez près de l'extrémité du museau et surmontés chacun par une sorte de petite corne ou de protubérance osseuse; les opercules dentelés ou découpés.

Une pointe ou épine relève presque toutes les pièces dont se composent les anneaux et par conséquent l'ensemble de la cuirasse, dans lesquels le corps et la queue sont renfermés. Ces pièces offrent d'ailleurs des stries disposées comme des rayons autour d'un centre; et les anneaux sont conformés de manière à donner à la cuirasse ou à l'étui général une très grande ressemblance avec une pyramide à huit faces, ou à un plus grand nombre de côtés qui se réduisent à cinq, six ou sept, vers le sommet de la pyramide.

La première nageoire du dos correspond à peu près aux pectorales et aux thoracines, et la seconde à celle de l'anus. Chacune des thoracines ne comprend que deux rayons ; ceux de toutes les nageoires sont, en général, forts et non articulés; l'orifice de l'anus est un peu plus près de la gorge que de la nageoire caudale.

Le fond de la couleur de l'aspidophore que nous décrivons est d'un blanc jaunâtre ; mais le dos, plusieurs petites raies placées sur les nageoires[1], une grande tache rayonnante située auprès de la nuque et des bandes distribuées transversalement ou dans d'autres directions sur le corps ou sur la queue offrent une teinte brunâtre.

La longueur ordinaire du lisiza est de trois ou quatre décimètres.

QUATRE-VINGT-SEPTIÈME GENRE

LES ASPIDOPHOROÏDES

Le corps et la queue couverts d'une sorte de cuirasse écailleuse; une seule nageoire sur le dos; moins de quatre rayons aux nageoires thoracines.

ESPÈCE.	CARACTÈRES.
L'Aspidophoroïde tranquebar.	Quatre rayons à chacune des nageoires pectorales et deux à chacune des thoracines.

1. A la membrane des branchies........ 6 rayons.
A la première nageoire du dos........ 6 —
A la seconde nageoire dorsale........ 7 —
A chacune des pectorales........ 12 —
A chacune des thoracines........ 2 —
A celle de l'anus........ 8 —
A celle de la queue........ 12 —

L'ASPIDOPHOROIDE TRANQUEBAR[1]

Agonus monopterygius, BLOCH, SCHN. — *Aspidophoroides Tranquebor,* LACÉP. — *Aspidophorus monopterygius,* CUV.

Les aspidophoroïdes sont séparés des aspidophores par plusieurs caractères et particulièrement par l'unité de la nageoire dorsale. Ils ont cependant beaucoup de rapports avec ces derniers; ce sont ces ressemblances que leur nom générique indique. Le tranquebar est d'ailleurs remarquable par le très petit nombre de rayons que renferment ses diverses nageoires, et ce trait de la conformation de ce poisson est si sensible, que tous les rayons de la nageoire du dos, de celle de l'anus, de celle de la queue, des deux pectorales et des deux thoracines ne montent ensemble qu'à trente-deux.

Cet aspidophoroïde vit dans les eaux de Tranquebar, ainsi que l'annonce son nom spécifique. Sa nourriture ordinaire est composée de jeunes cancres et de petits mollusques ou vers aquatiques. Il est brun par-dessus, gris sur les côtés. L'on voit sur ces mêmes côtés des bandes transversales et des points bruns, ainsi que des taches blanches sur la partie inférieure de l'animal, et des taches brunes sur la nageoire de la queue et sur les pectorales[2].

Sa cuirasse est à huit pans longitudinaux, qui se réunissent de manière à n'en former que six vers la nageoire caudale; les yeux sont rapprochés du sommet de la tête; la mâchoire supérieure, plus longue que l'inférieure, présente deux piquants recourbés en arrière; une seule lame compose l'opercule des branchies, dont l'ouverture est très grande; on aperçoit sur le dos une sorte de petite excavation longitudinale; la nageoire dorsale est au-dessus de celle de l'anus, et celle de la queue est arrondie.

QUATRE-VINGT-HUITIÈME GENRE

LES COTTES

La tête plus large que le corps; la forme générale un peu conique; deux nageoires sur le dos; des aiguillons ou des tubercules sur la tête ou sur les opercules des branchies; plus de trois rayons aux nageoires thoracines.

PREMIER SOUS-GENRE

DES BARBILLONS A LA MACHOIRE INFÉRIEURE

ESPÈCE.	CARACTÈRES.
1. LE COTTE GROGNANT.	Plusieurs barbillons à la mâchoire inférieure; cette mâchoire plus avancée que la supérieure.

1. Bloch, pl. 178, fig. 1 et 2. — *Cotte chabot de l'Inde.* Bonnaterre, planches de l'Encyclopédie méthodique.

2.

A la membrane des branchies	6	rayons.
A la nageoire du dos	5	—
A chacune des pectorales	14	—
A chacune des thoracines	2	—
A celle de l'anus	5	—
A celle de la queue	6	—

SECOND SOUS-GENRE

POINT DE BARBILLONS A LA MACHOIRE INFÉRIEURE

ESPÈCES.	CARACTÈRES.
2. Le Cotte scorpion.	Plusieurs aiguillons sur la tête; le corps parsemé de petites verrues épineuses.
3. Le Cotte quatre cornes.	Quatre protubérances osseuses sur le sommet de la tête.
4. Le Cotte raboteux.	La ligne latérale garnie d'aiguillons.
5. Le Cotte austral.	Des aiguillons sur la tête; des bandes transversales et des raies longitudinales.
6. Le Cotte insidiateur.	Deux aiguillons de chaque côté de la tête; des stries sur cette même partie de l'animal.
7. Le Cotte madégasse.	Deux aiguillons recourbés de chaque côté de la tête; un sillon longitudinal, large et profond entre les yeux; des écailles assez grandes sur le corps et sur la queue.
8. Le Cotte noir.	Un aiguillon de chaque côté de la tête; la mâchoire inférieure plus avancée que la supérieure; le corps couvert d'écailles rudes; la couleur générale noire ou noirâtre.
9. Le Cotte chabot.	Deux aiguillons recourbés sur chaque opercule; le corps couvert d'écailles à peine visibles.

LE COTTE GROGNANT[1]

Cottus grunniens, Linn., Gmel., Lacép. — *Batrachus grunniens*, Cuv.

Presque tous les cottes ne présentent que des couleurs ternes, des nuances obscures, des teintes monotones. Enduits d'une liqueur onctueuse qui retient sur leur surface le sable et le limon, couverts le plus souvent de vase et de boue, défigurés par cette couche sale et irrégulière, aussi peu agréables par leurs proportions apparentes que par leurs téguments, qu'ils diffèrent, dans leurs attributs extérieurs, de ces magnifiques coryphènes sur lesquels les feux des diamants, de l'or, des rubis et des saphirs scintillent de toutes parts, et auprès desquels on dirait que la nature les a placés, pour qu'ils fissent mieux ressortir l'éclatante parure de ces poissons privilégiés ! On pourrait être tenté de croire que, s'ils ont été si peu favorisés lorsque leur vêtement leur a été départi, ils en sont, pour ainsi dire, dédommagés par une faculté remarquable et qui n'a été accordée qu'à un petit nombre d'habitants des eaux, par celle de proférer des sons. Et en effet, plusieurs cottes comme quelques balistes, des zées, des trigles et des cobites, font entendre, au milieu de certains de leurs mouvements, une sorte de bruit particulier. Qu'il y a loin cependant d'un simple bruissement assez faible, très mono-

1. Bloch, pl. 179. — *Cotte grognard*. Daubenton, Encyclopédie méthodique. — *Id*. Bonnaterre, planches de l'Encyclopédie méthodique. — Mus. Adolph. Frid. 2, p. 65. — Gronov. Mus., 1, p. 46, n. 106; et *Zooph.*, p. 79, n. 269. — Séba, Mus. 3, p. 80, n. 4, tab. 23, fig. 4. — « Corystion capite crasso, ore ranæ amplo, etc. » Klein, *Miss. pisc.*, 4, p. 46, n. 8. Marcgrave, *Brasil.*, p. 78. — Willughby, *Ichtyol.*, p. 289, tab. S, 11, fig. 1; Append., p. 3, tab. 4, fig. 1. — *Nigui*. Ray, *Pisc.*, p. 92, n. 7; et p. 150, n. 7.

tone, très court et fréquemment involontaire, non seulement à ces sons articulés dont les nuances variées et légères ne peuvent être produites que par un organe vocal très composé, ni saisies que par une oreille très délicate, mais encore à ces accents expressifs et si diversifiés qui appartiennent à un
ˀd nombre d'oiseaux et même à quelques mammifères ! Ce n'est qu'un
ːnt que les cottes, les cobites, les trigles, les zées, les balistes, font
Ce n'est que lorsque, saisis de crainte ou agités par quelque autre
n vive, ils se contractent avec force, resserrent subitement leurs ca-
térieures, chassent avec violence les différents gaz renfermés dans ces
que ces vapeurs sortant avec vitesse et s'échappant principalement
ouvertures branchiales en froissent les opercules élastiques, et, par
ment toujours peu soutenu, font naître des sons, dont le degré d'élé-
st inappréciable, et qui par conséquent, n'étant pas une voix et ne
qu'un véritable bruit, sont même au-dessous du sifflement des rep-

i les cottes, l'un de ceux qui jouissent le plus de cette faculté de frôler et de bruire a été nommé *grognant*, parce que l'envie de rapprocher les êtres sans discernement et d'après les rapports les plus vagues, qui l'a si souvent emporté sur l'utilité de comparer leurs propriétés avec convenance, a fait dire qu'il y avait quelque analogie entre le grognement du cochon et le bruissement un peu grave du cotte. Ce poisson est celui que nous allons décrire dans cet article.

On le trouve dans les eaux de l'Amérique méridionale, ainsi que dans celles des Indes orientales. Il est brun sur le dos et mêlé de brun et de blanc sur les côtés. Des taches brunes sont répandues sur ses nageoires, qui sont grises, excepté les pectorales et les thoracines, sur lesquelles on aperçoit une teinte rougeâtre[2].

La surface du grognant est parsemée de pores d'où découle cette humeur visqueuse et abondante dont il est enduit, comme presque tous les autres cottes. Malgré la quantité de cette matière gluante dont il est imprégné, sa chair est agréable au goût ; on ne la dédaigne pas : on ne redoute que le foie, qui est regardé comme très malfaisant, que l'on considère même comme une espèce de poison. N'est-il pas à remarquer que, dans tous les poissons, ce viscère est la portion de l'animal dans laquelle les substances huileuses abondent le plus ?

La tête est grande, et les yeux sont petits. L'ouverture de la bouche est très large ; la langue lisse, ainsi que le palais ; la mâchoire inférieure plus

1. Voyez le Discours sur la nature des poissons.

2.

A la première nageoire du dos	3	rayons.
A la seconde	20	—
A chacune des nageoires pectorales	22	—
A chacune des thoracines	4	—
A celle de l'anus	16	—

avancée que la supérieure et hérissée d'un grand nombre de barbillons, de même que les côtés de la tête ; les lèvres sont fortes ; les dents aiguës, recourbées, éloignées l'une de l'autre et disposées sur plusieurs rangs. Les opercules, composés d'une seule lame et garnis chacun de quatre aiguillons, recouvrent des orifices très étendus. L'anus est à une distance presque égale de la gorge et de la nageoire caudale, qui est arrondie.

LE COTTE SCORPION [1]

Cottus Scorpius, Linn., Gmel., Lacép., Cuv.

C'est dans l'océan Atlantique et à des distances plus ou moins grandes du cercle polaire, que l'on trouve ce cotte remarquable par ses armes, par sa force, par son agilité. Il poursuit avec une grande rapidité, et par conséquent avec un grand avantage, la proie qui fuit devant lui à la surface de la mer. Doué d'une vigueur très digne d'attention dans ses muscles caudaux, pourvu par cet attribut d'un excellent instrument de natation, s'élançant comme un trait, très vorace, hardi, audacieux même, il attaque avec promptitude des blennies, des gades, des clupées, des saumons ; il les combat avec acharnement, les frappe vivement avec les piquants de sa tête, les aiguillons de ses nageoires, les tubercules aigus répandus sur son corps, et en triomphe le plus souvent avec d'autant plus de facilité, qu'il joint une assez grande taille à l'impétuosité de ses mouvements, au nombre de ses dards et à la supériorité de sa hardiesse. En effet, nous devons croire, en comparant tous les témoignages, et malgré l'opinion de plusieurs habiles naturalistes, que dans les mers où il est le plus à l'abri de ses ennemis, le cotte scorpion peut parvenir à une longueur de plus de deux mètres : ce n'est qu'auprès des côtes

1. *Caramassou*, à l'embouchure de la Seine. — *Scorpion de mer*, dans plusieurs départements de France. — *Rotsimpa, Skrabba, Skjalryta, Skialryta, Skiolrista, Pinulka*, en Suède. — *Fisksymp, Vid-kieft, Soë scorpion*, en Norvège. — *Kaniok kanininak*, dans le Groenland. — *Kurhahn*, dans la Poméranie. — *Donner krote*, dans la Livonie. — *Kamtscha*, dans la Sibérie. — *Ulk, Ulka*, en Danemark.

Wulk, dans quelques contrées du nord de l'Europe. — *Donderpad*, en Hollande. — *Posthoest, Posthoofdt*, dans la Belgique. — *Father-lasher*, sur plusieurs côtes d'Angleterre. — *Scolping*, à Terre-Neuve. — *Cotte scorpion de mer*. Daubenton, Encyclopédie méthodique. — *Id.*, Bonnaterre, planches de l'Encyclopédie méthodique. — Autre espèce de scorpion marin. Valmont de Bomare, *Dictionnaire d'histoire naturelle*. — *Fauna succica*, 323. — *Ulka*, It. Scan., 325.

« Cottus alepidotus, capite polyacantho, etc. » Mus. Adolph. Fr., 1, p. 70. — « Cottus alepidotus, capite polyacantho, etc. » Artedi, gen. 49, spec. 86, syn. 77. — « Scorpio marinus, *vel* scorpius nostras. » Schonev., p. 67. — *Scorpius marinus*. Jonston, tab. 47, fig. 4 et 5. — « Cottus scorpænæ Belonii similis. » Willughby, p. 138 ; et App., p. 25, tab. X, 15. — *Id.*, *et scorpius virginius*. Ray, p. 145, n. 12 ; et 142, n. 3. — Aldrovande, lib. II, cap. XXVII (pro. 23), p. 202

Gronov. Mus. 1, p. 46, n. 104 ; *Act. Helvetic.*, 4, p. 262, n. 139 ; et *Zooph.*, p. 78, n. 268. — Bloch, pl. 39. « Corystion capite maximo, et aculeis valde horrido. » Klein, *Miss. pisc.*, n. 4, p. 47, n. 11, tab. 13, fig. 2 et 3. — *Fisk sympen*. *Act. Nidros*, 2, p. 345, tab. 13, 14. — *Sea-scorpion*. Edw., *Glan.*, tab. 284. — Séba, Mus., 3, p. 81, tab. 28, fig. 5. — *Father-lasher*. *Brit. Zoolog.*, 3, p. 179, n. 3.

fréquentées par des animaux marins dangereux pour ce poisson, qu'il ne montre presque jamais des dimensions très considérables. L'homme ne nuit guère à son entier développement, en le faisant périr avant le terme naturel de sa vie. La chair de ce cotte, peu agréable au goût et à l'odorat, n'est pas recherchée par les pêcheurs; ce ne sont que les habitants peu délicats du Groenland, ainsi que de quelques autres froides et sauvages contrées du Nord, qui en font quelquefois leur nourriture. Tout au plus tire-t-on parti de son foie pour en faire de l'huile, dans les endroits où, comme en Norvège, par exemple, il est très répandu.

Si d'ailleurs ce poisson est jeté par quelque accident sur la grève, et que le retour des vagues, le reflux de la marée ou ses propres efforts, ne le ramènent pas promptement au milieu du fluide nécessaire à son existence, il peut résister pendant assez longtemps au défaut d'eau, la nature et la conformation de ses opercules et de ses membranes branchiales lui donnant la faculté de clore presque entièrement les orifices de ses organes respiratoires, d'en interdire le contact à l'air de l'atmosphère, et de garantir ainsi ces organes essentiels et délicats de l'influence trop active, trop desséchante, et par conséquent trop dangereuse, de ce même fluide atmosphérique.

C'est pendant l'été que la plupart des cottes scorpions commencent à s'approcher des rivages de la mer; mais communément l'hiver est déjà avancé, lorsqu'ils déposent leurs œufs dont la couleur est rougeâtre.

Tout le corps est parsemé de petites verrues en quelque sorte épineuses et beaucoup moins sensibles dans les femelles que dans les mâles.

La couleur de leur partie supérieure varie; elle est ordinairement brune avec des raies et des points blancs : leur partie inférieure est aussi très fréquemment mêlée de blanc et de brun. Les nageoires sont rouges avec des taches blanches; on distingue quelquefois les femelles par les nuances de ces mêmes nageoires, qui sont alors blanches et rayées de noir, et par le blanc assez pur du dessous de leur corps[1].

La tête du scorpion est garnie de tubercules et d'aiguillons; les yeux sont grands, allongés, rapprochés l'un de l'autre et placés sur le sommet de la tête; les mâchoires sont extensibles et hérissées, comme le palais, de dents aiguës; la langue est épaisse, courte et dure; l'ouverture branchiale très large; l'opercule composé de deux lames; la ligne latérale droite, formée communément d'une suite de petits corps écailleux faciles à distinguer malgré la

1. A la première nageoire du dos .... 10 rayons.
A la seconde .... 16 —
A chacune des pectorales .... 17 —
A chacune des thoracines .... 4 —
A celle de l'anus .... 12 —
A celle de la queue .... 18 —
Vertèbres dorsales, 8.
— lombaires, 2.
— caudales, 15.

peau qui les recouvre, et placée le plus souvent au-dessous d'une seconde ligne produite par les pointes de petites arêtes ; la nageoire caudale est arrondie et chacune des thoracines assez longue.

LE COTTE QUATRE CORNES[1]

Cottus quadricornis, LINN., GMEL., LACÉP., CUV.

Quatre tubercules osseux, rudes, poreux, s'élèvent et forment un carré sur le sommet de la tête de ce cotte; ils y représentent en quelque sorte quatre cornes, dont les deux situées le plus près du museau sont plus hautes et plus arrondies que les deux postérieures.

Plus de vingt apophyses osseuses et piquantes, mais recouvertes par une légère pellicule, se font aussi remarquer sur différentes portions de la tête ou du corps ; on en distingue surtout deux au-dessus de la membrane des branchies, trois de chaque côté du carré formé par les cornes, deux auprès des narines, deux sur la nuque et une au-dessus de chaque nageoire pectorale.

Le quatre-cornes ressemble d'ailleurs par un très grand nombre de traits au cotte scorpion : il présente presque toutes les habitudes de ce dernier; il habite de même dans l'océan Atlantique septentrional, particulièrement dans la Baltique et auprès du Groenland; également armé, fort, vorace, audacieux, imprudent, il nage avec d'autant plus de rapidité, qu'il a de très grandes nageoires pectorales[2] et qu'il les remue très vivement. Il se tient quelquefois en embuscade au milieu des fucus et des autres plantes marines, où il dépose des œufs d'une couleur assez pâle; dans certaines saisons il remonte les fleuves pour y trouver avec plus de facilité les vers, les insectes aquatiques et les jeunes poissons dont il aime à se nourrir.

On dit, au reste, que sa chair est plus agréable à manger que celle du scorpion; il ne parvient pas à une grandeur aussi considérable que ce dernier cotte. Les couleurs brunes et nuageuses que présente le dos du quatre-cornes sont plus foncées, surtout lorsque l'animal est femelle, que les nuances distribuées sur la partie supérieure du scorpion. Le dessous du corps du cotte que nous décrivons est d'un brun jaunâtre.

1. *Cottus quadricornis*. — *Horn simpa*, en Suède. — « Cottus scaber tuberculis quatuor corniformibus, etc. » Artedi, gen. 48, spec. 84. — *Cotte quatre cornes*. Daubenton, Encyclopédie méthodique. — *Id*. Bonnaterre, planches de l'Encyclopédie méthodique. — *Fauna suecica*, 321. — Mus. Adolph. Frid., 1, p. 70, tab. 32, fig. 4. — *Cottus scorpioides*. Ot. Fabric., *Fauna Groenland*., p. 157, n. 114.

2. A la première nageoire dorsale .... 9 rayons.
A la seconde .... 14 —
A chacune des pectorales .... 17 —
A chacune des thoracines .... 4 —
A celle de l'anus .... 14 —
A celle de la queue, qui est arrondie .... 12 —

Lorsqu'on ouvre un individu de cette espèce, on voit sept appendices ou *cæcums* auprès du pylore; quarante vertèbres à l'épine dorsale; un foie grand, jaunâtre, non divisé en lobes, situé du côté gauche plus que du côté droit, et adhérent à la vésicule du fiel qu'il recouvre; un canal intestinal recourbé deux fois; un péritoine noirâtre. Les poches membraneuses des œufs sont de la même couleur.

LE COTTE RABOTEUX [1]

Cottus scaber, Linn., Gmel., Lacép. — *Platycephalus scaber*, Cuv.

Ce poisson habite dans le grand Océan, et particulièrement auprès des rivages des Indes orientales, où il vit de mollusques et de crabes. C'est un des cottes dont les couleurs sont le moins obscures et le moins monotones : du bleuâtre règne sur son dos; ses côtés sont argentés; six ou sept bandes rougeâtres forment comme autant de ceintures autour de son corps; ses nageoires sont bleues [2]; on voit trois bandes jaunes sur les thoracines; et les pectorales présentent à leur base la même nuance jaune.

Les écailles sont petites, mais fortement attachées, dures et dentelées; la ligne latérale offre une rangée longitudinale d'aiguillons recourbés en arrière; quatre piquants également recourbés paraissent sur la tête, et indépendamment des rayons aiguillonnés ou non articulés qui soutiennent la première nageoire dorsale, voilà de quoi justifier l'épithète de *raboteux*, donnée au cotte qui fait le sujet de cet article.

D'ailleurs, la tête est allongée, la mâchoire inférieure plus avancée que la supérieure, la langue mince, l'ouverture de la bouche très grande, et l'orifice branchial très large.

LE COTTE AUSTRAL [3]

Cottus australis, J. White, Lacép. — *Apistes australis*, Cuv.

Nous plaçons ici la notice d'un cotte observé dans le grand Océan équinoxial, et auquel nous conservons le nom spécifique d'*austral*, qui lui a été donné dans l'Appendice du Voyage de l'Anglais Jean White à la Nouvelle-Galles méridionale. Ce poisson est blanchâtre; il présente des bandes transversales d'une couleur livide, et des raies longitudinales jaunâtres; sa tête

1. *Cottus scaber*. — *Cotte raboteux*. Daubenton, Encyclopédie méthodique. — *Id.* Bonnaterre, planches de l'Encyclopédie méthodique. — Bloch, pl. 180.

2.

A la membrane des branchies	6	rayons.
A la première nageoire du dos	8	—
A la seconde	12	—
A chacune des pectorales	18	—
A chacune des thoracines	6	—
A celle de l'anus	12	—
A celle de la queue	16	—

3. *Cottus australis*. Appendice du *Voyage à la Nouvelle-Galles méridionale*, par Jean White, premier chirurgien de l'expédition commandée par le capitaine Philipp, p. 265, pl. 52, fig. 1.

est armée d'aiguillons. L'individu de cette espèce dont on a donné la figure dans le Voyage que nous venons de citer n'avait guère qu'un décimètre de longueur.

LE COTTE INSIDIATEUR[1]

Cottus insidiator, Forsk., Linn., Lacép. — *Cottus Spatula*, Bloch. — *Batrachus indicus*, ibid. — *Platycephalus indicus*, ibid. — *Platycephalus insidiator*, Cuv.

Ce cotte se couche dans le sable ; il s'y tient en embuscade pour saisir avec plus de facilité les poissons dont il veut faire sa proie ; et de là vient le nom qu'il porte. On le trouve en Arabie ; il y a été observé par Forskael, et il y parvient quelquefois jusqu'à la longueur de six ou sept décimètres. Sa tête présente des stries relevées et deux aiguillons de chaque côté. Il est gris par-dessus et blanc par-dessous ; la queue est blanche[2] : l'on voit d'ailleurs sur cette même portion de l'animal une tache jaune et échancrée, ainsi que deux raies inégales, obliques et noires. De plus, le dos est parsemé de taches et de points bruns.

LE COTTE MADÉGASSE[3]

Cottus madagascariensis, Lacép. — *Platycephalus insidiator*, Cuv.

La description de ce cotte n'a point encore été publiée ; nous en avons trouvé une courte notice dans les manuscrits de Commerson, qui l'a observé auprès du fort Dauphin de l'île de Madagascar, et qui nous en a laissé deux dessins très exacts, l'un représentant l'animal vu par-dessus, et l'autre le montrant vu par-dessous.

Ce poisson, qui parvient à quatre décimètres ou environ de longueur, a la tête armée, de chaque côté, de deux aiguillons recourbés. De plus, cette tête, qui est aplatie de haut en bas, présente dans sa partie supérieure un sillon profond et très large, qui s'étend longitudinalement entre les yeux et continue de s'avancer entre les deux opercules, en s'y rétrécissant cependant. Ce trait seul suffirait pour séparer le madégasse des autres cottes.

D'ailleurs, son corps est couvert d'écailles assez grandes ; son museau arrondi, et la mâchoire inférieure plus avancée que la supérieure. Les yeux,

1. Forskael. *Fauna arab.*, p. 25, n. 8. — *Cotte raked*. Bonnaterre, planches de l'Encyclopédie méthodique.

2.

A la membrane des branchies	8	rayons.
A la première nageoire dorsale	8	—
A la seconde	13	—
A chacune des pectorales	19	—
A chacune des thoracines	6	—
A celle de l'anus	14	—
A celle de la queue	15	—

3. « Cottus spinis quatuor lateralibus retroversis, cauda variegata ; *vel* capite retrorsum tetracantho, sulco inter oculos longitudinali lato et profundo. » Commerson, manuscrits déjà cités.

très rapprochés l'un de l'autre, sont situés dans la partie supérieure de la tête ; les opercules sont pointillés ; la première nageoire du dos est triangulaire[1]; l'anus plus proche de la gorge que de la nageoire caudale. Cette dernière nageoire paraît, dans les deux figures du madégasse réunies au manuscrit de Commerson et que nous avons fait graver, paraît, dis-je, doublement échancrée, c'est-à-dire divisée en trois lobes arrondis ; ce qui donnerait une conformation extrêmement rare parmi celles des poissons non élevés en domesticité.

LE COTTE NOIR[2]

Cottus niger, Lacép.

Voici le précis de ce que nous avons trouvé dans les manuscrits de Commerson au sujet de ce cotte qu'il a observé et qu'il ne faut confondre avec aucune des espèces connues des naturalistes.

La grandeur et le port de ce poisson sont assez semblables à ceux du gobie noir ; sa longueur ne va pas à deux décimètres. La couleur générale est noire, ou d'un brun noirâtre ; la seconde nageoire du dos, celle de l'anus et celle de la queue sont bordées d'un liséré plus foncé ou pointillées de noir ; la première nageoire dorsale présente plusieurs nuances de jaune, et deux bandes longitudinales noirâtres ; et le noir ou le noirâtre se retrouve encore sur l'iris.

La tête, épaisse, plus large par derrière que la partie antérieure du corps et armée d'un petit aiguillon de chaque côté, paraît comme gonflée à cause des dimensions et de la figure des muscles situés sur les joues, c'est-à-dire au-dessus de la région des branchies. Le museau est arrondi ; l'ouverture de la bouche très grande ; la mâchoire inférieure plus avancée que la supérieure ; celle-ci facilement extensible ; chacune de ses deux mâchoires garnie de dents courtes, serrées et semblables à celles que l'on voit sur deux éminences osseuses placées auprès du gosier ; le palais très lisse, et tout le corps revêtu, de même que la queue, d'écailles très rudes au toucher.

LE COTTE CHABOT[3]

Cottus Gobio, Linn., Gmel., Lacép., Bloch, Cuv.

On trouve ce cotte dans presque tous les fleuves et tous les ruisseaux de

1. A la première nageoire du dos, aiguillonnés.............. 8 rayons.
A la seconde du dos, articulés.............................. 13 —
A chacune des pectorales, articulés......................... 12 —
A chacune des thoracines, articulés...................... 5 ou 6 —
La nageoire de l'anus est très étroite.

2. *Le petit cabot noir*. — « Cottus nigrans, squamosus, scaber, aculeo obscuro in capite utrinque. « Commerson, manuscrits déjà cités.

3. *Sten simpa*, *Sten lake*, en Suède. — *Bull-head*, *Millers thumb*, en Angleterre. — *Mes-*

l'Europe et de l'Asie septentrionale, dont le fond est pierreux ou sablonneux. Il y parvient jusqu'à la longueur de deux décimètres[1]. Il s'y tient souvent caché parmi les pierres, ou dans une espèce de petit terrier; lorsqu'il sort de cet asile ou de cette embuscade, c'est avec une très grande rapidité qu'il nage, soit pour atteindre la petite proie qu'il préfère, soit pour échapper à ses nombreux ennemis. Il aime à se nourrir de très jeunes poissons, ainsi que de vers et d'insectes aquatiques ; et lorsque cet aliment lui manque, il se jette sur les œufs des diverses espèces d'animaux qui habitent dans les eaux qu'il fréquente. Il est très vorace ; mais la vivacité de ses appétits est trop éloignée de pouvoir compenser les effets de la petitesse de sa taille, de ses mauvaises armes et de son peu de force ; et il succombe fréquemment sous la dent des perches, des saumons et surtout des brochets. La bonté et la salubrité de sa chair, qui devient rouge par la cuisson comme celle du saumon et de plusieurs autres poissons délicats et agréables au goût, lui donne aussi l'homme pour ennemi.

Dès le temps d'Aristote, on savait que, pour le prendre avec plus de facilité, il fallait frapper sur les pierres qui lui servaient d'abri, qu'à l'instant il sortait de sa retraite et que souvent il venait, tout étourdi par le coup, se livrer lui-même à la main ou au filet du pêcheur. Le plus souvent ce dernier emploie la *nasse*[2], pour être plus sûr d'empêcher le chabot de s'échapper. Il faut saisir ce cotte avec précaution lorsqu'on veut le retenir avec la main : sa peau très visqueuse lui donne en effet la faculté de glisser facilement entre les doigts. Cependant, malgré tous les pièges qu'on lui tend et

sore, *Capo grosso*, dans plusieurs contrées de l'Italie. — *Tête d'âne*, *ane*, dans plusieurs départements méridionaux de la France. — *Cotte Chabot*. Daubenton, Encyclopédie méthodique. — *Id*. Bonnaterre, planches de l'Encyclopédie méthodique.

Bloch, pl. 38, fig. 1 et 2. — Müll., *Prodrom. zoolog. danic.*, p. 44, n. 368. — Ot. Fabric., *Fauna Groenland.*, p. 159, n. 115. — « Cottus alepidotus, glaber, capite diacantho. » Artedi, gen. 48, spec. 82, syn. 76. — *Boitos* et *coitos*. Arist., lib. IV, cap. VIII. — *Cottus*. Gaza, Arist. — *Chabot*. Rondelet, *Des poissons de riviere*, chap. XXII.

« Cottus, seu gobio fluviatilis capitatus. » Gesn., p. 400, 401 et 477; et (germ.) fol. 162, *a*. — *Capitatus auctorum*. Cuba, lib. III, cap. XXXVIII, fol. 79, *b*. — *Citus*. Salvian, *Aquat.*, fol. 216. — Willughby, p. 137, tab. H, 3, fig. 3. — « Gobius fluviatilis, sive capitatus. — Aldrovande, lib. V, cap. XXVIII, p. 613. — « Gobius fluviatilis Gesneri. » Ray, p. 76. — *Gobius capitatus*. Jonston, lib. III, tit. 1, cap. X, *a*, 2, tab. 29. fig. XI. — *Gobio capitatus*. Charl., p. 157. — *Chabot*. Valmont de Bomare, *Dictionnaire d'histoire naturelle*.

« Cottus alepidotus, capite plagioplateo, lato, obtuso, etc. » Gronov. Mus. 2, p. 14, n. 166. — « Percis capite lævi, et brevis, etc. » Klein, *Miss. pisc.*, p. 43, n. 17. — « Gobius fluviatilis alter. » Belon, *Aquat.*, p. 321. « Gobio fluviatilis capitatus. » Marsigli, *Danub*, 4, p. 73, tab. 24, fig. 2. — *Bull-head*. *Brit. zoolog.*, 3, 177, t. XI. — *Rotzkolbe*. Meyer, *Thierb.*. 2, p. 4, tab. 12.

1. A la membrane des branchies .... 4 rayons.
A la première nageoire dorsale.................. 7 —
A la seconde.................. 17 —
A chacune des pectorales.................. 14 —
A chacune des thoracines.................. 4 —
A celle de l'anus.................. 12 —
A celle de la queue.................. 13 —

2. Voyez la description de la nasse dans l'article du *Pétromyzon lamproie*.

le grand nombre d'ennemis qui le poursuivent, on le trouve fréquemment dans plusieurs rivières. Cette espèce est très féconde. La femelle, plus grosse que le mâle, ainsi que celles de tant d'autres espèces de poissons, paraît comme gonflée dans le temps où ses œufs sont près d'être pondus. Les protubérances formées par les deux ovaires, qui se tuméfient, pour ainsi dire, à cette époque, en se remplissant d'un très grand nombre d'œufs, sont assez élevées et assez arrondies pour qu'on les ait comparées à des mamelles; comme une comparaison peu exacte conduit souvent à une idée exagérée, et une idée exagérée à une erreur, de célèbres naturalistes ont écrit que la femelle du chabot avait non seulement un rapport de forme, mais encore un rapport d'habitude, avec les animaux à mamelles, qu'elle couvait ses œufs et qu'elle perdait plutôt la vie que de les abandonner. Pour peu qu'on veuille se rappeler ce que nous avons écrit[1] sur la manière dont les poissons se reproduisent, on verra aisément combien on s'est mépris sur le but de quelques actes accidentels d'un petit nombre d'individus soumis à l'influence de circonstances passagères et très particulières. On a pu observer des chabots femelles et même des chabots mâles se retirer, se presser, se cacher dans le même endroit où des œufs de leur espèce avaient été pondus, les couvrir dans cette attitude et conserver leur position malgré un grand nombre d'efforts pour la leur faire quitter. Mais ces manœuvres n'ont point été des soins attentifs pour les embryons qu'ils avaient pu produire ; elles se réduisent à des signes de crainte, à des précautions pour leur sûreté ; et peut-être même ces individus auxquels on a cru devoir attribuer une tendresse constante et courageuse n'ont-ils été surpris que prêts à dévorer ces mêmes œufs qu'ils paraissaient vouloir réchauffer, garantir et défendre.

Au reste, les écailles dont la peau muqueuse du chabot est revêtue ne sont un peu sensibles que par le moyen de quelques procédés ou dans certaines circonstances ; mais si la matière écailleuse ne s'étend pas sur son corps en lames brillantes et facilement visibles, elle s'y réunit en petits tubercules ou verrues arrondies. Le dessous de son corps est blanc ; le mâle est, dans sa partie supérieure, gris avec des taches brunes ; et la femelle brune avec des taches noires. Les nageoires sont le plus souvent bleuâtres et tachetées de noir ; les thoracines de la femelle sont communément variées de jaune et de brun.

Les yeux sont très rapprochés l'un de l'autre. Des dents aiguës hérissent les mâchoires, le palais et le gosier ; mais la langue est lisse. Chaque opercule ne présente qu'une seule pièce et deux aiguillons recourbés. La nageoire caudale est arrondie.

On voit de chaque côté les deux branchies intermédiaires garnies, dans leur partie concave, de deux rangs de tubercules. Le foie est grand, non di-

1. Voyez le Discours sur la nature des poissons.

visé, jaunâtre et situé en grande partie du côté gauche de l'animal ; l'estomac est vaste. Auprès du pylore sont attachés quatre *cæcums* ou appendices intestinaux ; le canal intestinal n'est plié que deux fois ; les deux laites des mâles et les deux ovaires des femelles se réunissent vers l'anus et sont contenus dans une membrane dont la couleur est très noire, ainsi que celle du péritoine ; les reins et la vessie urinaire sont très étendus et situés dans le fond de l'abdomen.

On compte dans la charpente osseuse du chabot trente et une vertèbres ; et il y a environ dix côtes de chaque côté.

QUATRE-VINGT-NEUVIÈME GENRE

LES SCORPÈNES

La tête garnie d'aiguillons, ou de protubérances, ou de barbillons, et dépourvue de petites écailles ; une seule nagcoire dorsale.

PREMIER SOUS-GENRE

POINT DE BARBILLONS

ESPÈCES.	CARACTÈRES.
1. La Scorpène horrible.	Le corps garni de tubercules gros et calleux.
2. La Scorpène africaine.	Quatre aiguillons auprès de chaque œil ; la nageoire de la queue presque rectiligne.
3. La Scorpène épineuse.	Des aiguillons le long de la ligne latérale.
4. La Scorpène aiguillonnée.	Quatre aiguillons recourbés et très forts au-dessous des yeux ; les deux lames de chaque opercule garnies de piquants.
5. La Scorpène marseillaise.	Plusieurs aiguillons sur la tête ; un sillon ou enfoncement entre les yeux.
6. La Scorpène double filament.	La mâchoire inférieure repliée sur la mâchoire supérieure ; un filament double et très long à l'origine de la nageoire dorsale.
7. La Scorpène brachion.	La mâchoire inférieure repliée sur la supérieure ; point de filament ; les nageoires pectorales basses, mais très larges, attachées à une grande prolongation charnue et composées de vingt-deux rayons.

SECOND SOUS-GENRE

DES BARBILLONS

ESPÈCES.	CARACTÈRES.
8. La Scorpène barbue.	Deux barbillons à la mâchoire inférieure ; des élévations et des enfoncements sur la tête.
9. La Scorpène rascasse.	Des barbillons auprès des narines et des yeux ; la langue lisse.
10. La Scorpène mahé.	Cinq ou six barbillons à la mâchoire supérieure ; deux barbillons à chaque opercule.
11. La Scorpène truie.	Des barbillons à la mâchoire inférieure et le long de chaque ligne latérale ; la langue hérissée de petites dents.

ESPÈCES.	CARACTÈRES.
12. LA SCORPÈNE PLUMIER.	Quatre barbillons frangés à la mâchoire supérieure; quatre autres entre les yeux; d'autres encore le long de chaque ligne latérale; des piquants triangulaires sur la tête et les opercules.
13. LA SCORPÈNE AMÉRICAINE.	Deux barbillons à la mâchoire supérieure; cinq ou six à l'inférieure; la partie postérieure de la nageoire du dos, la nageoire de l'anus, celle de la queue et les pectorales très arrondies.
14. LA SCORPÈNE DIDACTYLE.	Deux rayons séparés l'un de l'autre auprès de chaque nageoire pectorale.
15. LA SCORPÈNE ANTENNÉE.	Des appendices articulés placés auprès des yeux; les rayons des nageoires pectorales de la longueur du corps et de la queue.
16. LA SCORPÈNE VOLANTE.	Les nageoires pectorales plus longues que le corps.

LA SCORPÈNE HORRIBLE[1]

Scorpæna horrida, LINN., GMEL., LACÉP., BLOCH. — *Synanceia horrida*, CUV.

On dirait que c'est dans les formes très composées, singulières, bizarres en apparence, monstrueuses, horribles, et, pour ainsi dire, menaçantes, de la plupart des scorpènes, que les poètes, les romanciers, les mythologues et les peintres ont cherché les modèles des êtres fantastiques, des larves, des ombres évoquées et des démons, dont ils ont environné leurs sages enchanteurs, leurs magiciens redoutables et leurs sorciers ridicules; ce n'est même qu'avec une sorte de peine que l'imagination paraît être parvenue à surpasser ces modèles, à placer ses productions mensongères au-dessus de ces réalités, et à s'étonner encore plus des résultats de ses jeux que des combinaisons par lesquelles la nature a donné naissance au genre que nous examinons. Mais si en façonnant les scorpènes la nature a donné un exemple remarquable de l'infinie variété que ses ouvrages peuvent présenter, elle a montré d'une manière bien plus frappante combien sa manière de procéder est toujours supérieure à celle de l'art; elle a imprimé d'une manière éclatante sur ces scorpènes, comme sur tant d'autres produits de sa puissance créatrice, le sceau de sa prééminence sur l'intelligence humaine; et cette considération n'est-elle pas d'une haute importance pour le philosophe? Le génie de l'homme rapproche ou sépare, réunit ou divise, anéantit, pour ainsi dire, ou reproduit tout ce qu'il conçoit; mais de quelque manière qu'il place à côté les uns des autres ces êtres qu'il transporte à son gré, il ne peut pas les lier complètement par cette série infinie de nuances insensibles,

1. Bloch, pl. 183. — *Scorpène crapaud*. Daubenton, Encyclopédie méthodique. — *Id.* Bonnaterre, planches de l'Encyclopédie méthodique. — « Perca alepidota, dorso monopterygio, capite cavernato tuberculato, etc. » Gronov., *Zooph.*, p. 88, n. 292, tab. 11, 12, 13, fig. 1. — « Ikan swangi bezar, de groote tovervisch. » Valent., *Ind.*, 3, p. 390, fig. 170. — « Ikan swangi touwa. » Renard, *Poiss.*, 1, pl. 39, fig. 199.

analogues et intermédiaires, qui ne dépendent que de la nature; le grand art des transitions appartient par excellence à cette nature féconde et merveilleuse. Lors même qu'elle associe les formes que la première vue considère comme les plus disparates, soit qu'elle en revête ces monstruosités passagères auxquelles elle refuse le droit de se reproduire, soit qu'elle les applique à des sujets constants qui se multiplient et se perpétuent sans manifester de changement sensible, elle les coordonne, les groupe et les modifie d'une telle manière, qu'elles montrent facilement à une attention un peu soutenue une sorte d'air général de famille, et que d'habiles dégradations ne laissent que des rapports qui s'attirent, à la place de nombreuses disconvenances qui se repousseraient.

La scorpène horrible offre une preuve de cette manière d'opérer qui est un des grands secrets de la nature. On s'en convaincra aisément, en examinant la description et la figure de cet animal remarquable.

Sa tête est très grande et très inégale dans sa surface : creusée par de profonds sinus, relevée en d'autres endroits par des protubérances très saillantes, hérissée d'aiguillons, elle est d'ailleurs parsemée, sur les côtés, de tubercules ou de callosités un peu arrondies et cependant irrégulières et très inégales en grosseur. Deux des plus grands enfoncements qu'elle présente sont séparés, par une cloison très inclinée, en deux creux inégaux et irréguliers; ils sont placés au-dessous des yeux, qui d'ailleurs sont très petits et situés chacun dans une proéminence très relevée et un peu arrondie par le haut; sur la nuque s'élèvent deux autres protubérances comprimées dans leur partie supérieure, anguleuses, et qui montrent sur leur côté extérieur une cavité assez profonde. Ces deux éminences, réunies avec celles des yeux, forment, sur la grande tête de l'horrible, quatre sortes de cornes très irrégulières, très frappantes et, pour ainsi dire, hideuses.

Les deux mâchoires sont articulées de manière que, lorsque la bouche est fermée, elles s'élèvent presque verticalement, au lieu de s'étendre horizontalement; la mâchoire inférieure ne peut clore la bouche qu'en se relevant comme un battant ou comme une sorte de pont-levis, et en dépassant même quelquefois en arrière la ligne verticale, afin de s'appliquer plus exactement contre la mâchoire supérieure. Quand elle est dans cette position et qu'on la regarde par devant, elle ressemble assez à un fer à cheval; ces deux mâchoires sont garnies d'un grand nombre de très petites dents, ainsi que le gosier. Le palais et la langue sont lisses; cette dernière est, de plus, large, arrondie et assez libre. On la découvre aisément, pour peu que la scorpène rabatte sa mâchoire inférieure et ouvre sa grande gueule; l'orifice branchial est aussi très large.

Les trois ou quatre premiers rayons de la nageoire du dos, très gros, très difformes, très séparés l'un de l'autre, très inégaux, très irréguliers, très dénués d'une véritable membrane, ressemblent moins à des piquants de nageoire qu'à des tubérosités branchues, dont le sommet néanmoins laisse dépasser la pointe de l'aiguillon[1]; la ligne latérale suit la courbure du dos.

Le corps et la queue sont garnis de tubercules calleux semblables à ceux qui sont répandus sur la tête; on en voit d'analogues, mais plus petits, non seulement sur les nageoires pectorales, qui sont très longues, mais encore sur la membrane qui réunit les rayons de la nageoire dorsale.

La nageoire de la queue est arrondie et rayée; la couleur générale de l'animal est variée de brun et de blanc. C'est dans les Indes orientales que l'on rencontre cette espèce, qui se nourrit de crabes et de mollusques, sur laquelle, au milieu des rapprochements bizarres en apparence et cependant merveilleusement concertés, des formes très disparates au premier coup d'œil, se liant par des dégradations intermédiaires et bien ménagées, montrant des parties semblables où l'on n'avait d'abord soupçonné que des portions très différentes, paraissent avoir été bien plutôt préparées les unes pour les autres que placées de manière à se heurter, pour ainsi dire, avec violence, mais dont l'ensemble, malgré ces sortes de précautions, repousse tellement le premier regard, qu'on n'a pas cru la dégrader en la nommant *horrible*, en l'appelant de plus *crapaud de mer* et en lui donnant ainsi le nom d'un des animaux les plus hideux.

LA SCORPÈNE AFRICAINE[2]

Scorpæna capensis, LINN., GMEL. — *Scorpæna africana*, LACÉP. — *Sebastes capensis*, CUV.

On rencontre auprès du cap de Bonne-Espérance et de quelques autres contrées de l'Afrique cette scorpène dont la longueur ordinaire est de quatre décimètres; elle est revêtue d'écailles petites, rudes et placées les unes au-dessus des autres comme les ardoises des toits[3].

1. A la membrane des branchies .... 5 rayons.
A la nageoire du dos, articulés .... 7 —
— non articulés .... 13 —
A chacune des pectorales .... 16 —
A chacune des thoracines .... 6 —
A celle de l'anus, articulés .... 6 —
— non articulés .... 3 —
A celle de la queue .... 12 —

2. Gronov. *Zooph.*, p. 88, n. 293.

3. A la membrane des branchies .... 6 rayons.
A la nageoire du dos, articulés .... 12 —
— non articulés .... 14 —
A chacune des pectorales .... 18 —
A chacune des thoracines, articulés .... 5 —
— non articulé .... 1 —
A la nageoire de l'anus, articulés .... 6 —
— non articulés .... 3 —
A celle de la queue .... 12 —

Les yeux sont situés sur les côtés de la tête, qui est grande et convexe; une prolongation de l'épiderme les couvre comme un voile transparent; l'ouverture de la bouche est très large; les deux mâchoires sont également avancées; deux lames composent chaque opercule; quatre pointes garnissent la supérieure; l'inférieure se termine en pointe du côté de la queue. Le dos est arqué ainsi que caréné.

LA SCORPÈNE ÉPINEUSE[1]

Scorpæna spinosa, Linn., Gmel., Lacép. — *Apistes longispinis*, Cuv.

Le corps de ce poisson est comprimé; des aiguillons paraissent sur sa tête; sa ligne latérale est d'ailleurs hérissée de pointes, et sa nageoire dorsale, plus étendue encore que celle de la plupart des scorpènes, règne depuis l'entre-deux des yeux jusqu'à la nageoire caudale.

LA SCORPÈNE AIGUILLONNÉE

Scorpæna aculeata, Lacép. — *Premnas unicolor*, Cuv.

La description de cette espèce n'a encore été publiée par aucun auteur; nous en avons vu des individus dans la collection de poissons secs que renferme le Muséum d'histoire naturelle. Quatre aiguillons recourbés vers le bas et en arrière paraissent au-dessous des yeux; ces pointes sont d'ailleurs très fortes, surtout la première et la troisième; des piquants garnissent les deux lames de chaque opercule; la partie des nageoires du dos et de l'anus[2], que des rayons articulés soutiennent, est plus élevée que l'autre portion; elle est de plus arrondie comme les pectorales et comme la nageoire de la queue.

LA SCORPÈNE MARSEILLAISE

Cottus massiliensis, Forsk., Linn., Gmel. — *Scorpæna massiliensis*, Lacép.

Ce poisson a beaucoup de rapports avec les cottes, parmi lesquels il a même été inscrit, quoiqu'il n'offre pas tous les caractères essentiels de ces derniers et qu'il présente tous ceux qui servent à distinguer les scorpènes. Il ressemble particulièrement au cotte scorpion, dont il diffère néanmoins

1. Ind. Mus., Linck., 1, p. 41.

2.

A la nageoire dorsale, articulés	18	rayons.
— non articulés	10	—
A chacune des pectorales	17	—
A chacune des thoracines, articulés	5	—
— non articulé	1	—
A la nageoire de l'anus, articulés	14	—
— non articulés	2	—
A celle de la queue	16	—

par plusieurs traits, et notamment par l'unité de la nageoire dorsale, qui est double au contraire sur le scorpion[1].

La tête du marseillais est armée de plusieurs piquants; un sillon est creusé entre ses deux yeux, et son nom indique la contrée arrosée par la mer dans laquelle on le trouve.

LA SCORPÈNE DOUBLE FILAMENT

Scorpæna bicirrata, LACÉP. — *Synanceia bicapillata*, CUV.

Nous devons la connaissance de ce poisson au voyageur Commerson, qui nous en a laissé une figure très exacte que nous avons cru devoir faire graver. Cet animal est couvert d'écailles si petites, que l'on ne peut les voir que très difficilement. La tête est grosse, un peu aplatie par-dessus, garnie de protubérances; la mâchoire inférieure est tellement relevée, repliée et appliquée contre la supérieure, qu'elle dépasse beaucoup la ligne verticale et s'avance du côté de la queue au delà de cette ligne, lorsque la bouche est fermée. Au reste, ces deux mâchoires sont arrondies dans leur contour. Les yeux sont extrêmement petits et très rapprochés; les nageoires très larges et assez longues pour atteindre jusque vers le milieu de la longueur totale de la scorpène. La nageoire de la queue est arrondie; celle de l'anus l'est aussi; d'ailleurs, elle est à peu près semblable à la portion de la nageoire du dos au-dessous de laquelle elle est située et qui est composée de rayons articulés. Les autres rayons de la nageoire dorsale sont au nombre de treize et comme très séparés les uns des autres, parce que la membrane qui les réunit est profondément échancrée entre chacun des aiguillons, qui, par une suite de cette conformation, paraissent lobés et lancéolés. Au-dessus de la nuque on voit s'élever et partir du même point deux filaments très déliés, d'une si grande longueur, qu'ils dépassent la nageoire caudale. C'est de ce trait particulier que j'ai cru devoir tirer le nom spécifique de la scorpène que je viens de décrire[2].

1. A la nageoire dorsale, articulés .... 10 rayons.
 — non articulés .... 12 —
 A chacune des nageoires .... 17 —
 A chacune des nageoires thoracines, articulés .... 5 —
 — — non articulé .... 1 —
 A la nageoire de l'anus, articulés .... 6 —
 — non articulés .... 3 —
 A la nageoire de la queue .... 12 —

2. A la nageoire du dos, articulés .... 7 —
 — aiguillonnés .... 13 —
 A chacune des pectorales .... 17 —
 A celle de l'anus .... 7 —
 A celle de la queue .... 14 —

LA SCORPÈNE BRACHION

Scorpæna Brachio, Lacép. — *Synanceia Brachio,* Cuv.

Nous allons décrire cette scorpène d'après un dessin très exact trouvé dans les papiers de Commerson, et que nous avons fait graver ; elle ressemble beaucoup à la scorpène double filament par la forme générale de la tête, la petitesse et la position des yeux, la conformation des mâchoires, la place de l'ouverture de la bouche, la situation de la mâchoire inférieure qui se relève et s'applique contre la supérieure de manière à dépasser du côté de la queue la ligne verticale, la nature des téguments qui ne présentent pas d'écailles facilement visibles, et l'arrondissement de la nageoire caudale. Mais elle en diffère par plusieurs caractères et notamment par les traits suivants : premièrement, elle n'a sur la nuque aucune sorte de filament ; secondement, l'échancrure que montre la membrane de la nageoire du dos, à côté de chacun des rayons aiguillonnés qui composent cette nageoire, est très peu sensible relativement aux échancrures analogues que l'on voit sur la scorpène à laquelle nous comparons le brachion ; troisièmement, chacune des nageoires pectorales forme comme une bande qui s'étend depuis le dessous de la partie antérieure de l'opercule branchial jusqu'auprès de l'anus, et qui, de plus, est attachée à une prolongation charnue et longitudinale, assez semblable à la prolongation qui soutient les nageoires pectorales de plusieurs gobies. C'est de cette sorte de bras que nous avons tiré le nom spécifique du poisson qui fait le sujet de cet article [1].

LA SCORPÈNE BARBUE [2]

Scorpæna barbata, Lacép. — *Scorpæna scrofa,* Cuv.

La tête de ce poisson est relevée par des protubérances et creusée dans d'autres endroits, de manière à présenter des cavités assez grandes. Deux barbillons garnissent la mâchoire inférieure ; les nageoires thoraciques sont réunies l'une à l'autre par une petite membrane ; la nageoire caudale est presque rectiligne [3].

1. A la nageoire du dos, articulés .... 7 rayons.
   — aiguillonnés .... 12 —
   A chaque nageoire pectorale .... 22 —
   A la nageoire de l'anus .... 9 —

2. *Scorpène barbue,* Bonnaterre, planches de l'Encyclopédie méthodique. — « Scorpæna capite cavernoso, cirris geminis in maxilla inferiore. » Gronov. Mus., *Ichtyolog.*, 1, p. 46.

3. A la nageoire du dos, articulés .... 10 rayons.
   — aiguillonnés .... 12 —
   A chacune des pectorales .... 15 —
   A celle de l'anus .... 6 —
   A celle de la queue .... 13 —

LA SCORPÈNE RASCASSE[1]

Scorpæna Porcus, Linn., Gmel., Lacép., Cuv.

La rascasse habite dans la Méditerranée et dans plusieurs autres mers. On l'y trouve auprès des rivages, où elle se met en embuscade sous les fucus et les autres plantes marines pour saisir avec plus de facilité les poissons plus faibles ou moins armés qu'elle ; lorsque sa ruse est inutile, que son attente est trompée et que les poissons se dérobent à ses coups, elle se jette sur les cancres, qui ont bien moins de force, d'agilité et de vitesse pour échapper à sa poursuite. Si dans ses attaques elle trouve de la résistance, si elle est obligée de se défendre contre un ennemi supérieur, si elle veut empêcher la main du pêcheur de la retenir, elle se contracte, déploie et étend vivement ses nageoires, que de nombreux aiguillons rendent des armes un peu dangereuses, ajoute par ses efforts à l'énergie de ses muscles, présente ses dards, s'en hérisse, pour ainsi dire, et, frappant avec rapidité, fait pénétrer ses piquants assez avant pour produire quelquefois des blessures fâcheuses, et du moins faire éprouver une douleur aiguë. Sa chair est agréable au goût, mais ordinairement un peu dure. Sa longueur ne dépasse guère quatre décimètres. Les écailles qui la recouvrent sont dures et petites.

La couleur de sa partie supérieure est brune, avec quelques taches noires ; du blanc mêlé de rougeâtre est répandu sur sa partie inférieure. Les nageoires sont d'un rouge ou d'un jaune faible et tacheté de brun, excepté les thoracines, qui ne présentent pas de tache, et les pectorales, qui sont grises.

La tête est grosse ; les yeux sont grands et très rapprochés ; l'iris est doré et rouge ; l'ouverture de la bouche très large ; chaque mâchoire hérissée, ainsi que le palais, de plusieurs rangs de dents petites et aiguës ; la langue courte et lisse ; l'opercule branchial garni d'aiguillons et de filaments, et la

1. *Scrofanello*, dans plusieurs contrées de l'Italie. — *Scorpène rascasse*. Daubenton, Encyclopédie méthodique. — *Id.*, Bonnaterre, planches de l'Encyclopédie méthodique. — Bloch, pl. 181. — « Zeus cirris supra oculos et nares. » Mus. Adolph. Frid. 1, p. 68. — « Scorpæna pinnulis ad oculos et nares. » Artedi, gen. 47, syn. 75. — *O Scorpios*. Aristote, lib. II, cap. XVII ; lib. V, cap. IX, X ; et lib. VIII, cap. XIII. — *Id.*, Athen., lib. VII, p. 320.

Scorpeno. Rondelet, première partie, liv. VI, chap. XIX, édit. de Lyon, 1558. — *Scorpius Rondeletii*. Aldrovande, lib. II, cap. XXIV, p. 196. — *Scorpius minor*. Jonston, *De piscibus*, p. 74, tab. 19, fig. 10. — *Scorpius minor*. Willughby, *Ichtyolog.*, p. 331, tab. X, 13, fig. 1. — *Scorpæna*, Id. — Ray, p. 142, n. 1. — *Scorpæna*. P. Jov., p. 23, 91. — Salvian, fol. 201 ad iconem, et fol. 202. — *Scorpæna*. Pline, lib. XXXII, cap. XI. — *Scorpio*. Cuba, lib. III, cap. 85, fol. 90, *a*. — Wotton, lib. VIII, cap. CLXXVIII, fol. 158, *b*. — *Scorpio*, vel *scorpis*, vel *scorpæna*, id est *scorpius minor*. Gesner, p. 847, 1018. et (germ.) fol. 45.

Scorpides, seu *scorpæna*. Charlet, p. 142. — *Scorpène*, ou *scorpion de mer*, ou *rascasse*. Valmont de Bomare, *Dictionnaire d'histoire naturelle*. — Hasselquist, *It.*, 330. — « Scorpæna.... cirris ad oculos naresque. » Brünn., *Pisc. Massil.*, p. 32, n. 44. — « Corystion sordide flavescens, etc. » Klein, *Miss. pisc.*, IV, p. 47, n. 13. — *Scorpæna*. Belon, *Aquat.*, p. 118.

partie antérieure de la nageoire dorsale soutenue par douze piquants très forts et courbés en arrière[1].

Huit appendices intestinaux sont placés auprès du pylore; l'estomac est vaste; le foie, blanc; la vésicule du fiel, verte; le tube intestinal, large.

Du temps de Rondelet, on croyait encore, avec plusieurs auteurs anciens, à la grande vertu médicinale du vin dans lequel on avait fait mourir une rascasse, et l'on ne paraissait pas douter que ce vin ne produisît des effets très salutaires contre les douleurs du foie et la pierre de la vessie.

LA SCORPÈNE MAHÉ[2]

Scorpæna Mahe, LACÉP. — *Scorpæna volitans*, LINN., GMEL. — *Pterois volitans*, CUV.

Commerson a laissé dans ses manuscrits une description de ce poisson. Toutes les nageoires de cette scorpène sont variées de plusieurs nuances; le corps ainsi que la queue présentent des bandes transversales qui ont paru à Commerson jaunes et brunes sur l'individu que ce voyageur a observé. Mais cet individu était mort depuis trop longtemps pour que Commerson ait cru pouvoir déterminer avec précision les couleurs de ces bandes transversales.

Le mahé est revêtu d'écailles petites, finement dentelées du côté de la nageoire caudale, serrées et placées les unes au-dessus des autres comme les ardoises qui recouvrent les toits. La tête est grande et garnie d'un grand nombre d'aiguillons. Les orbites, relevées et dentelées, forment comme deux crêtes au milieu desquelles s'étend un sillon longitudinal assez profond.

Les deux mâchoires ne sont pas parfaitement égales; l'inférieure est plus avancée que la supérieure, qui est extensible à la volonté de l'animal, et de chaque côté de laquelle on voit pendre trois ou quatre barbillons ou filaments molasses.

Des dents très petites et très rapprochées les unes des autres donnent d'ailleurs aux deux mâchoires la forme d'une lime. Un filament marque pour ainsi dire, la place de chaque narine.

L'opercule branchial est composé de deux lames : la première de ces deux pièces montre vers sa partie inférieure deux barbillons, et dans son bord postérieur, deux ou trois piquants; la seconde lame est triangulaire et son angle postérieur est très prolongé.

Le dos est arqué et carené; la ligne latérale se courbe vers le bas.

1. A la nageoire du dos, articulés .... 9 rayons et 12 aiguillons.
A chacune des pectorales .... 16 —
A chacune des thoracines, articulés .... 5 —
— — aiguillonné .... 1 —
A la nageoire de l'anus, articulés .... 5 —
— aiguillonnés .... 3 —
A la nageoire de la queue .... 18 —

2. « Scorpæna cirris pluribus ori circumpositis, corpore transversim fasciato, pinnis omnibus variegatis. » Commerson, manuscrits déjà cités.

La nageoire dorsale présente des largeurs très inégales dans les diverses parties de sa longueur. Les pectorales sont assez longues pour atteindre jusqu'à l'extrémité de cette nageoire dorsale. Celle de la queue est arrondie[1].

Commerson a vu cette scorpène dans les environs des îles Mahé, dont nous avons cru devoir donner le nom à ce poisson, et c'est vers la fin de 1768 qu'il l'a observée.

LA SCORPÈNE TRUIE[2]

Scorpæna scrofa, LINN., GMEL., BLOCH, LACÉP., CUV.

Cette scorpène est beaucoup plus grande que la rascasse ; elle parvient quelquefois jusqu'à une longueur de plus de quatre mètres ; aussi attaque-t-elle avec avantage non seulement des poissons assez forts, mais des oiseaux d'eau faibles et jeunes, qu'elle saisit avec facilité par leurs pieds palmés dans les moments où ils nagent au-dessus de la surface des eaux qu'elle habite. On la trouve dans l'océan Atlantique et dans d'autres mers, particulièrement dans la Méditerranée, sur les bords de laquelle elle est assez recherchée. Les écailles qui la couvrent sont assez grandes ; elles présentent une couleur d'un rouge blanchâtre, plus foncée et même presque brune sur le dos, et relevée d'ailleurs par des bandes brunes et transversales. La membrane des nageoires est bleue et soutenue par des rayons jaunes et bruns.

La tête est grande ; les yeux sont gros ; l'ouverture de la bouche est très large ; des dents petites, aiguës et recourbées hérissent la langue, le palais, le gosier et les deux mâchoires, qui sont également avancées ; des barbillons garnissent les environs des yeux, les joues, la mâchoire inférieure et la ligne latérale, qui suit la courbure du dos ; deux grands aiguillons et plusieurs

1. A la membrane des branchies .... 7 rayons.
A la nageoire du dos, articulés .... 11 —
— aiguillonnés .... 13 —
A chacune des pectorales .... 17 —
A chacune des thoracines, articulés .... 5 —
et 1 aiguillon.
A la nageoire de l'anus, articulés .... 9 —
et 3 aiguillons.
A celle de la queue .... 12 —

2. *Crabe de Biarritz.* — *Bezugo, Pesce cappone*, dans la Ligurie. — *Scrofano*, dans d'autres contrées de l'Italie. — *Scorpène truie.* Daubenton, Encyclopédie méthodique. — *Id.*, Bonnaterre, planches de l'Encyclopédie méthodique. — « Scorpæna tota rubens, cirris plurimis ad os. » Artedi, gen. 47, syn. 76.

Scorpio et *scorpio marinus.* Salvian, fol. 197, *a.* ad iconem, et fol. 199, 200, — *Scorpius major.* Gesner (germ.), fol. 44, *b.* — Willughby, p. 331. — Ray, p. 142, n. 2. — *Scorpio.* Charlet, p. 142. — Bloch, pl. 182. — *Autre scorpion de mer*, etc. Valmont de Bomare, *Dictionnaire d'histoire naturelle.* — « Perca dorso monopterygio, capite subcavernoso, aculeato, alepidoto, etc. » Gronov., *Zooph.*, p. 87, n. 297. — « Scorpæna corpore rubro, etc. » Brünn. *Pisc. Massil.*, p. 32, n. 45. — « Trigla subfusca nebulata, etc. » Browne, *Jamaic.*, p. 454, n. 3. — « Cottus squamosus, varius, etc. » Séba, Mus. 3, p. 79, n. 2, tab. 28, fig. 2. — *Scorpius major*, Jonston, *De piscibus*, p. 74, tab. 19, fig. 9.

petits piquants arment, pour ainsi dire, chaque opercule; et l'anus est plus près de la nageoire caudale que de la gorge[1].

LA SCORPÈNE PLUMIER[2]

Scorpæna Plumierii, Lacép. — *Scorpæna grandicornis*, Cuv.

Les manuscrits de Plumier, que l'on conserve dans la Bibliothèque royale de France, renferment un dessin fait avec soin de cette scorpène, à laquelle j'ai cru devoir donner un nom spécifique qui rappelât celui du savant voyageur auquel on en devra la connaissance. Le dessus et les côtés de la tête sont garnis, ainsi que les opercules, de piquants triangulaires, plats et aigus. Quatre barbillons ou appendices *frangés* s'élèvent entre les yeux; quatre autres barbillons d'une forme semblable, mais un peu plus petits, paraissent au-dessus de la supérieure ; un grand nombre d'appendices également frangés sont placés le long de la ligne latérale; les écailles ne présentent qu'une grandeur médiocre. La première partie de la nageoire dorsale est soutenue par des rayons non articulés et un peu arrondie dans son contour supérieur; celle de la queue est aussi arrondie; on voit quelques taches petites et rondes sur les thoracines. La couleur générale est d'un brun presque noir et dont la nuance est à peu près la même sur tout l'animal[3].

LA SCORPÈNE AMÉRICAINE[4]

Scorpæna americana, Linn., Gmel., Lacép.

La tête de ce poisson présente des protubérances et des piquants; d'ailleurs on voit deux barbillons à la mâchoire supérieure et cinq ou six à la mâchoire inférieure. Les quinze derniers rayons de la nageoire dorsale forment une portion plus élevée que la partie antérieure de cette même nageoire; cette portion est, de plus, très arrondie, semblable par la figure

1. A la membrane des branchies .... 6 rayons.
A la nageoire du dos, articulés .... 10 —
et 12 aiguillons.
A chacune des pectorales .... 19 —
A chacune des thoracines, articulés .... 5 —
et 1 aiguillon.
A la nageoire de l'anus, articulés .... 5 —
et 3 aiguillons.
A celle de la queue .... 12 —

2. « Scorpius niger cornutus. ». Manuscrits de Plumier, déposés à la Bibliothèque royale.

3. A la nageoire du dos, articulés .... 7 —
— aiguillonnés .... 12 —
A chacune des pectorales .... 9 —
A chacune des thoracines .... 5 ou 6 —
A la nageoire de l'anus, articulés .... 5 —
et 3 aiguillons.
A celle de la queue .... 10 —

4. *Diable de mer*. Duhamel, *Traité des pêches*, t. III, part. 2, p. 99, n. 7, pl. 2, fig. 5.

ainsi qu'égale par l'étendue à la nageoire de l'anus, et située précisément au-dessus de ce dernier instrument de natation. Les nageoires pectorales et la caudale sont aussi très arrondies[1]. Lorsque la femelle est pleine, son ventre paraît très gros, et c'est une suite du grand nombre d'œufs que l'on compte dans cette espèce, qui est très féconde, ainsi que presque toutes les autres scorpènes.

LA SCORPÈNE DIDACTYLE[2]

Scorpæna didactyla, Pallas, Linn., Gmel. — *Pelor obscurum*, Cuv.

La tête de cet animal, que Pallas a très bien décrit, présente les formes les plus singulières que l'on ait encore observées dans les poissons; elle ressemble bien plus à celle de ces animaux fantastiques dont l'image fait partie des décorations bizarres auxquelles on a donné le nom d'*arabesques* qu'à un ouvrage régulier de la sage nature. Les yeux gros, ovales et saillants, sont placés au sommet de deux protubérances très rapprochées ; on voit deux fossettes creusées entre ces éminences et le bout du museau ; des rugosités anguleuses paraissent auprès de ce museau et de la base des opercules.

Des barbillons charnus, découpés, aplatis et assez larges sont dispersés sur plusieurs points de la surface de cette tête, que l'on est tenté de considérer comme un produit de l'art ; deux de ces filaments, beaucoup plus grands que les autres, pendent, l'un à droite et l'autre à gauche de la mâchoire inférieure. Cette mâchoire est plus avancée que celle d'en haut ; l'une et l'autre sont garnies de dents, ainsi que le devant du palais et le fond du gosier; la langue montre des raies noires et de petits grains jaunes. On aperçoit de plus, auprès de chaque nageoire pectorale, c'est-à-dire de chacune de ces nageoires que l'on a comparées à des bras, deux rayons articulés, très longs, dénués de membranes, dans lesquels on a trouvé quelque analogie avec des doigts; et voilà pourquoi la scorpène dont nous parlons a été nommée *à deux doigts* ou *didactyle*. La nageoire de la queue est arrondie ; toutes les autres sont grandes ; celle du dos règne le long d'une ligne très étendue ; plusieurs de ses rayons dépassent la membrane proprement dite et sont garnis de lambeaux membraneux et déchirés ou découpés.

La peau de ce poisson, dénuée d'écailles facilement visibles, est enduite d'une humeur visqueuse. Cette scorpène parvient d'ailleurs à une longueur de trois ou quatre décimètres. Elle est brune avec des raies jaunes sur le dos et des taches de la même couleur sur les côtés, ainsi que sur sa partie inférieure. Des bandes noires sont distribuées sur la nageoire de la queue,

1. A la nageoire dorsale.. 33 rayons.
A chacune des pectorales.. 13 —
A celle de l'anus.. 16 —
A celle de la queue.. 13 —

2. Pallas, *Spicileg. zoolog.*, 7, p. 26, tab. 4, fig. 1, 3. — *Scorpène à deux doigts.* Bonnaterre, planches de l'Encyclopédie méthodique.

ainsi que sur les pectorales. Cet animal remarquable habite dans la mer des Indes[1].

LA SCORPÈNE ANTENNÉE[2]

Scorpæna antennata, Bloch, Lacép. — *Pterois antennata*, Cuv.

On pêche dans les eaux douces de l'île d'Amboine une scorpène dont Bloch a publié la description et dont voici les principaux caractères.

La tête est hérissée de filaments et de piquants de diverses grandeurs; au-dessus des yeux, qui sont grands et rapprochés, s'élèvent deux barbillons cylindriques, renflés dans quatre portions de leur longueur par une sorte de bourrelet très sensible, et qui, paraissant articulés et ayant beaucoup de rapports avec les antennes de plusieurs insectes, ont fait donner à l'animal dont nous parlons le nom de *scorpène antennée*. Au-dessous de chacun des organes de la vue, on compte communément deux rangées de petits aiguillons. Chaque narine a deux ouvertures situées très près des yeux. Les mâchoires, avancées l'une autant que l'autre, sont garnies de dents petites et aiguës. Des écailles semblables à celles du dos revêtent les opercules. Les onze ou douze premiers rayons de la nageoire du dos sont aiguillonnés, très longs et réunis uniquement près de leur base par une membrane très basse qui s'étend obliquement de l'un à l'autre, s'élève un peu contre la partie postérieure de ces grands aiguillons et s'abaisse auprès de la partie antérieure. La membrane des nageoires pectorales ne s'étend pas jusqu'au bord antérieur de la nageoire de l'anus; mais les rayons qui la soutiennent la dépassent et se prolongent la plupart jusqu'à l'extrémité de la nageoire caudale, qui est arrondie.

Une raie très foncée traverse obliquement le globe de l'œil. On voit d'ailleurs des taches assez grandes et irrégulières sur la tête, de petites taches sur les rayons des nageoires et des bandes transversales sur le corps, ainsi que sur la queue. La scorpène antennée vit communément de poissons jeunes ou faibles. Le goût de sa chair est exquis[3].

1. A la nageoire du dos, articulés .... 8 rayons.
   — aiguillonnés .... 16 —
   A chacune des pectorales .... 10 —
   A chacune des thoracines .... 6 —
   A celle de l'anus .... 12 —
   A celle de la queue .... 12 —
2. Bloch, pl. 185. *Scorpène à antennes*. Bonnaterre, planches de l'Encyclopédie méthodique.
3. A la membrane des branchies .... 6 rayons.
   A la nageoire du dos, articulés .... 12 —
   et 12 aiguillons.
   A chacune des pectorales .... 17 —
   A chacune des thoracines .... 6 —
   A la nageoire de l'anus, articulés .... 7 —
   et 3 aiguillons.
   A la nageoire de la queue .... 12 —

LA SCORPÈNE VOLANTE[1]

Scorpæna volitans, LINN., GMEL., LACÉP. — *Pterois volitans*, CUV.

Cette scorpène est presque le seul poisson d'eau douce qui ait des nageoires pectorales étendues ou conformées de manière à lui donner la faculté de s'élever à quelques mètres dans l'atmosphère, à s'y soutenir pendant quelques instants et à ne retomber dans son fluide natal qu'en parcourant une courbe très longue. Ces nageoires pectorales sont assez grandes dans la scorpène volante pour dépasser la longueur du corps; et d'ailleurs la membrane qui en réunit les rayons est assez large et assez souple entre chacun de ces longs cylindres pour qu'ils puissent être écartés et rapprochés l'un de l'autre très sensiblement; que l'ensemble de la nageoire qu'ils composent s'étende ou se rétrécisse à la volonté de l'animal; que le poisson puisse agir sur l'air par une surface très ample ou très resserrée; qu'indépendamment de l'inégalité des efforts de ses muscles, la scorpène emploie une sorte d'aile plus développée lorsqu'elle frappe en arrière contre les couches atmosphériques, que lorsque, ramenant en avant sa nageoire pour donner un nouveau coup d'aile ou de rame, elle comprime également en avant une partie des couches qu'elle traverse; qu'il y ait une supériorité très marquée du point d'appui qu'elle trouve dans la première de ces deux manœuvres à la résistance qu'elle éprouve dans la seconde, et qu'ainsi elle jouisse d'une des conditions les plus nécessaires au vol des animaux. Mais si la facilité de voltiger dont est douée la scorpène que nous décrivons lui fait éviter quelquefois la dent meurtrière des gros poissons qui la poursuivent, elle ne peut la mettre à l'abri des pêcheurs qui la recherchent et qui s'efforcent d'autant plus de la saisir que sa chair est délicieuse; elle la livre même quelquefois entre leurs mains en la faisant donner dans leurs pièges ou tomber dans leurs filets, lorsque, attaquée avec trop d'avantage ou menacée de trop grands dangers au milieu de l'eau, elle s'élance du sein de ce fluide dans celui de l'atmosphère.

C'est dans les rivières du Japon et dans celles d'Amboine que l'on a particulièrement observé ses précautions heureuses ou funestes et ses autres habitudes. Il paraît qu'elle ne se nourrit communément que de poissons très jeunes ou peu redoutables pour elle.

Sa peau est revêtue de petites écailles placées avec ordre les unes au-

1. *Scorpène volante*. Bonnaterre, planches de l'Encyclopédie méthodique. — *Gasterosteus volitans*. Linné, *Systema naturæ*, XII, p. 491, n. 9. — Bloch, pl. 184. — Gronov., Mus., 2, p. 33, n. 191; et *Zooph.*, 1, p. 89, n. 294. — *Pseudopterus*, etc. Klein, *Miss. pisc.*, 5, p 76, n. 1. « Cottus squamosus rostro bifido. » Séba, Mus. 3, p. 79, tab. 28, fig. 1.

Ikan swangi. Ruysch, *Theatr. anatomic.*, 1, p. 4, n. 1, tab. 3, fig. 1. — *Low.* Renard, *Poissons*, 1, pl. 6, fig. 41, p. 12; pl. 43, n. 215. — *Kalkoeven visch*, Valent., *Ind.*, III, p. 415, fig. 213. — *Amboynsche visch*. Nieuh., *Ind.*, II, p. 268, fig. 4. — Willughby, *Ichtyolog.*, Append., p. 1, tab. 2, fig. 3. — *Perca amboinensis*. Ray, *Pisc.*, p. 98, n. 26.

dessus des autres. Elle présente d'ailleurs des bandes transversales alternativement orangées et blanches, et dont les unes sont larges et les autres étroites. Les rayons aiguillonnés de la nageoire dorsale sont variés de jaune et de brun ; les autres rayons de la même nageoire noirs et tachés de jaune[1]; et les pectorales et les thoracines, violettes et tachetées de blanc. Des points blancs marquent le cours de la ligne latérale. L'iris présente des rayons bleus et des rayons noirs. Et quant aux formes de la scorpène volante, il suffira de remarquer que la tête, très large par devant, est garnie de barbillons et d'aiguillons ; que les deux mâchoires, également avancées, sont armées de dents petites et aiguës ; que les lèvres sont extensibles ; que langue est petite, pointue et un peu libre dans ses mouvements ; que de petites écailles sont placées sur les opercules ; et que la membrane qui réunit les rayons aiguillonnés de la nageoire du dos est très basse, comme la membrane analogue de la scorpène antennée.

QUATRE-VINGT-DIXIÈME GENRE

LES SCOMBÉROMORES

Une seule nageoire dorsale ; de petites nageoires au-dessus et au-dessous de la queue ; point d'aiguillons isolés au-devant de la nageoire du dos.

ESPÈCE.	CARACTÈRES.
LE SCOMBÉROMORE PLUMIER.	Huit petites nageoires au-dessus et au-dessous de la queue ; les deux mâchoires également avancées.

LE SCOMBÉROMORE PLUMIER[2]

Scomberomorus Plumierii, LACÉP. — *Scomber regalis*, BLOCH, pl. 333. — *Cybium regale*, CUV.

Les peintures sur vélin qui font partie de la collection du Muséum d'histoire naturelle renferment la figure d'un poisson représenté d'après un dessin de Plumier, et qui paraît avoir beaucoup de rapports avec la bonite. Le savant voyageur que nous venons de citer l'avait même appelé *bonite* ou *pélamis, petite et tachetée*, vulgairement *lézard*. Mais les caractères génériques que montrent les vrais scombres, et particulièrement la bonite, ne se retrouvant pas sur le poisson plumier, nous avons dû le séparer de cette famille. Les principes de distribution méthodique que nous suivons nous ont

1. A la membrane des branchies .... 6 rayons.
A la nageoire dorsale, articulés .... 12 —
et 12 aiguillons.
A chacune des pectorales .... 14 —
A chacune des thoracines .... 6 —
A la nageoire de l'anus, articulés .... 7 —
— aiguillonnés .... 3 —
A la nageoire de la queue, qui est arrondie .... 12 —

2. Il nous paraît que l'on doit regarder comme une variété de notre scombéromore plumier le poisson que Bloch a décrit sous le nom de *Scomber regalis* ou *Tassard*, et dont il a donné la figure, pl. 333.

même engagés à l'inscrire dans un genre particulier que nous avons nommé *scombéromore*, pour désigner les ressemblances qui le lient avec celui des scombres, et dont nous aurions placé la notice à la suite de l'histoire de ces derniers, si quelques circonstances ne s'y étaient opposées.

Le scombéromore plumier vit dans les eaux de la Martinique. Sa nageoire dorsale présente deux portions si distinctes par leurs figures, que l'on croirait avoir sous les yeux deux nageoires dorsales très rapprochées. La première de ces portions est triangulaire et composée de vingt rayons aiguillonnés; la seconde est placée au-dessus de celle de l'anus, à laquelle elle ressemble par son étendue, ainsi que par sa forme comparable à celle d'une faux. Huit petites nageoires paraissent au-dessus et au-dessous de la queue. Les couleurs de l'animal sont d'ailleurs magnifiques ; l'azur de son dos et l'argenté de sa partie inférieure sont relevés par les teintes brillantes de ses nageoires et par l'éclat d'une bande dorée qui s'étend le long de la ligne latérale et règne entre deux rangées longitudinales de taches irrégulières et d'un jaune doré.

QUATRE-VINGT-ONZIÈME GENRE

LES GASTÉROSTÉES

Une seule nageoire dorsale ; des aiguillons isolés ou presque isolés au-devant de la nageoire du dos ; une carène longitudinale de chaque côté de la queue ; un ou deux rayons au plus à chaque nageoire thoracine ; ces rayons aiguillonnés.

	ESPÈCES.	CARACTÈRES.
1.	LE GASTÉROSTÉE ÉPINOCHE.	Trois aiguillons au-devant de la nageoire du dos.
2.	LE GASTÉROSTÉE ÉPINOCHETTE.	Dix aiguillons au-devant de la nageoire du dos.
3.	LE GASTÉROSTÉE SPINACHIE.	Quinze aiguillons au-devant de la nageoire du dos.

LE GASTÉROSTÉE ÉPINOCHE[1]

Gasterosteus aculeatus, LINN., GMEL., BLOCH. — *Gasterosteus teraculeatus*, LACÉP. — *Gasterosteus leiurus* et *G. trachurus*, CUV.

LE GASTÉROSTÉE ÉPINOCHETTE

Gasterosteus Pungitius, LINN., GMEL. CUV.

LE GASTÉROSTÉE SPINACHIE

Gasterosteus Spinachia, LINN., GMEL., CUV.

C'est dans les eaux douces de l'Europe que vit l'épinoche. Ce gastérostée

1. *Skittspigg*, *Skittbar den storre*, en Suède. — *Steckle back*, *Banstickle*, *Sharpling*, en Angleterre. — *Épinarde*, dans quelques départements méridionaux de France. — *Gastré trois épines*. Daubenton, Encyclopédie méthodique. — *Id.* Bonnaterre, planches de l'Encyclopédie méthodique. — Bloch, pl. 53, fig. 3. — *Fauna suecica*, 336.

« Gasterosteus in dorso tribus. » Artedi, gen. 52, spec. 26, syn. 80. — Müller, *Prodrom.*

est un des plus petits poissons que l'on connaisse; à peine parvient-il à la longueur d'un décimètre; aussi a-t-on voulu qu'il occupât dans l'échelle de la durée une place aussi éloignée des poissons les plus favorisés, que sur celle des grandeurs. On a écrit qu'il ne vivait tout au plus que trois ans. Quelque sûres qu'aient pu paraître les observations sur lesquelles on a fondé cette assertion, nous croyons qu'elles ont porté sur des accidents individuels plutôt que sur des faits généraux; et nous regardons comme bien peu vraisemblable une aussi grande brièveté dans la vie d'un animal qui, dans ses formes, dans ses qualités, dans son séjour, dans ses mouvements, dans ses autres actes, dans sa nourriture, ne présente aucune différence très marquée avec des poissons qui vivent pendant un très grand nombre d'années. Et, d'ailleurs, ne reconnaît-on pas dans l'épinoche la présence ou l'influence de toutes les causes que nous avons assignées à la longueur très remarquable de la vie des habitants des eaux, et particulièrement des poissons considérés en général?

C'est dans le printemps que ce petit osseux dépose ses œufs sur les plantes aquatiques, qui les maintiennent à une assez grande proximité de la surface des lacs ou des rivières, pour que la chaleur du soleil favorise leur développement. Il se nourrit de vers, de chrysalides, d'insectes que les bords des eaux peuvent lui présenter, d'œufs de poissons; et, malgré sa faiblesse, il attrape quelquefois des poissons, à la vérité extrêmement jeunes, et venant, pour ainsi dire, d'éclore. Les aiguillons dont son dos est armé et le bouclier ainsi que les lames dont son corps est revêtu le défendent mieux qu'on ne le croirait au premier coup d'œil de l'attaque de plusieurs des animaux qui vivent dans les mêmes eaux que lui; mais ils ne le garantissent pas de vers intestinaux dont il est fréquemment la victime; ils ne le préservent pas non plus de la recherche des pêcheurs. On ne le prend pas cependant, au moins le plus souvent, pour la nourriture de l'homme, parce que son goût est rarement très agréable; mais comme cette espèce est grasse et féconde en individus, il est plusieurs contrées où l'on répand les épinoches par milliers dans les champs, sur lesquels elles forment, en se corrompant, un excellent fumier; ou bien on les emploie à engraisser, dans les basses-cours voisines des lacs qui leur ont servi d'habitation, des canards, des cochons et d'autres animaux utiles dans l'économie domestique.

On peut aussi exprimer de milliers d'épinoches une assez grande quantité d'huile bonne à brûler; nous ne devons pas oublier de faire remar-

Zoolog. danic., p. 47, n. 3. — Gronov., Mus. 1, p. 49, n. 111; *Zooph.*, p. 134, n. 405. — « Centriscus duobus in dorso armato aculeis, totidem in ventre. » Klein, *Miss. pisc.*, 4, p. 48, n. 2, tab. 14, fig. 4 et 5. — *Spinarella.* Belon, *Aquat.*, p. 327. — *Brit. zoolog.*, 3, p. 217, n. 1. — Willughby, *Ichtyol.*, 341. — Ray, *Pisc.*, 145. — *Épinoche.* Rondelet, *Des poissons de rivière*, chap. XXVII. — *Stichling* et *stachelfisch.* Wulff, *Ichtyolog.*, — *Épinoche.* Valmont de Bomare, *Dictionnaire d'histoire naturelle.*

quer qu'il est un grand nombre d'espèces de poissons, dédaignées à cause du goût peu agréable de leur chair, dont on pourrait tirer, comme de l'épinoche, un aliment convenable à plusieurs animaux, un engrais très propre à fertiliser nos campagnes, ou une huile très utile à plusieurs arts.

Les yeux de l'épinoche sont saillants, et ses mâchoires presque aussi avancées l'une que l'autre; chaque ligne latérale est marquée ou recouverte par des plaques osseuses placées transversalement, plus petites vers la tête ainsi que vers la queue, et qui, au nombre de vingt-cinq, de vingt-six ou de vingt-sept, forment une sorte de cuirasse assez solide. Deux os allongés, durs et affermis antérieurement par un troisième, couvrent le ventre comme un bouclier; et de là vient le nom générique de *gastérostée* que porte l'épinoche. Chaque thoracine est composée de deux rayons : le premier, grand, pointu et presque toujours dentelé, frappe aisément la vue; le second, blanc, très court, très mou, est difficilement aperçu.

Trois aiguillons, allongés et séparés l'un de l'autre, s'élèvent au-devant de la nageoire du dos : les deux premiers sont dentelés des deux côtés; le troisième l'est quelquefois, mais il est presque toujours moins haut que les deux premiers.

On compte trois lobes au foie, qui est très étendu, et dont le lobe droit est particulièrement très long. On ne voit pas de *cæcum* auprès du pylore; et le canal intestinal se recourbe à peine vers la tête, avant de s'avancer en ligne droite vers l'anus; ce qui doit faire présumer que les sucs digestifs de l'épinoche sont très actifs.

La vésicule natatoire est épaisse, simple, grande et attachée à l'épine du dos, dont cependant on peut la séparer avec facilité.

Au reste, l'iris, l'opercule branchial et les côtés de l'épinoche brillent de l'éclat de l'argent; ses nageoires, de celui de l'or; et sa gorge ainsi que sa poitrine montrent souvent celui du rubis[1].

L'épinochette[2] vit en troupes nombreuses dans les lacs et dans les mers de l'Europe; on la voit pendant le printemps auprès des embouchures des fleuves; et, suivant M. Noël, on la pêche dans la Seine, jusqu'au-dessus de

1. A la membrane des branchies de l'épinoche .... 3 rayons.
A la nageoire du dos .... 12 —
A chacune des pectorales .... 10 —
A chacune des thoracines .... 2 —
A celle de l'anus .... 9 —
A celle de la queue, qui est rectiligne .... 12 —

2. *Skittspigg den mindre*, en Suède. — *The lesser stickleback, The lesser sharpling*, en Angleterre. — *Gastré épinoche*. Daubenton, Encyclopédie méthodique. — Bloch, pl. 53, fig. 4. — *Fauna suecica*, 337.

« Gasterosteus aculeis in dorso tribus. » Artedi, gen. 52, spec. 97, syn. 80. — Gronov., Mus. 1, p. 50, n. 112; *Zooph.*, p. 134, n. 406. — « Centriscus spinis decem vel undecim, etc. » Klein, *Miss. pisc.*, 4, p. 48, n. 4. — *Spinarella pusillus*. Belon, *Aquat.*, p. 227. — Gesner, *Aquat.*, p. 8; Icon. anim., p. 428; Thierb., p. 160, *a*. — Ray, *Pisc.*, p. 145, n. 4. — « Pungitius, alterum genus. » Aldrov., *Pisc.*, p. 628. — *Lesser stickleback*. Willughby, *Ichtyolog.*, p. 342. — *The spined stickleback*. *Brit. zoolog.*, 3, p. 219, n. 2.

Quillebeuf. La spinachie[1] ne se trouve ordinairement que dans la mer. Elle est plus grande du double, ou environ, que l'épinoche, pendant que l'épinochette ne parvient communément qu'à la longueur d'un demi-décimètre. Cette épinochette est d'ailleurs dénuée de lames osseuses et même d'écailles facilement visibles; sa couleur est jaune sur son dos et blanche ou argentée sur sa partie inférieure[2].

La spinachie offre à peu près le même ton et la même disposition dans ses nuances que l'épinochette; mais ses côtés sont garnis de lames dures. Elle a de plus le museau avancé en forme de tube, l'ouverture de la bouche petite, et l'opercule ciselé en rayons[3].

QUATRE-VINGT-DOUZIÈME GENRE

LES CENTROPODES

Deux nageoires dorsales; un aiguillon et cinq ou six rayons articulés très petits à chaque nageoire thoracine; point de piquants isolés au-devant des nageoires du dos, mais les rayons de la première dorsale à peine réunis par une membrane; point de carène latéral e à la queue.

ESPÈCE.	CARACTÈRE.
Le Centropode rhomboïdal.	Le corps revêtu de petites écailles.

LE CENTROPODE RHOMBOIDAL[4]

Scomber rhombeus, Forsk. — *Centrogaster rhombeus*, Linn., Gmel. — *Centropodus rhombeus*, Lacép. — *Psettus rhombeus*, Cuv.

La conformation de ce poisson nous oblige à le placer dans un genre particulier. Il a été observé par Forskael dans la mer Rouge. Les petites écailles dont il est revêtu brillent comme des lames d'argent. Les nageoires

1. *Steinbicker*, dans plusieurs contrées de l'Allemagne. — *Ersskraper*, dans plusieurs pays du Nord. — *Gastré quinze épines*. Daubenton, Encyclopédie méthodique. — *Id.*, Bonnaterre, planches de l'Encyclopédie méthodique. — *Fauna suecica*, 338. — Gronov., Mus. 1, p. 50. n. 113; *Zooph.*, p. 134, n. 407. — Bloch, pl. 53, fig. 1. — *Gasterosteus pentagonus*. Mus., Ad. Frid., p. 34.

« Centriscus aculeis quindecim in dorso. » Klein, *Miss. pisc.*, 4, p. 48, n. 1. — « Aculeatus *vel* pungitius marinus longus. » Willughby, *Ichtyol.*, p. 340, tab. X, 13, fig. 2; Append., p. 23. — Ray, *Pisc.*, p. 145, n. 15. — *Fifteen spined stickleback. Brit. zoolog.*, 3, p. 220, n. 3.

2. A la nageoire du dos de l'épinochette .... 11 rayons.
A chacune des pectorales .... 10 —
A chacune des thoracines, dont la membrane est très blanche.... 2 —
A celle de l'anus .... 11 —
A celle de la queue .... 13 —

3. A la nageoire du dos de la spinachie .... 6 ou 7 —
A chacune des pectorales .... 10 —
A chacune des thoracines .... 2 —
A celle de l'anus .... 6 ou 7 —
A celle de la queue, qui est arrondie .... 12 —

4. Forskael, *Fauna arab.*, p. 58, n. 78. — *Scombre tabak*. Bonnaterre, planches de l'Encyclopédie méthodique.

sont blanches, excepté celle de la queue, qui est d'un vert bleuâtre; et la seconde dorsale est noire dans sa partie la plus élevée. Cette seconde nageoire du dos est d'ailleurs triangulaire et écailleuse dans sa partie antérieure, comme celle de l'anus, et basse ainsi que transparente dans le reste de son étendue. Les cinq rayons articulés qui, réunis avec un aiguillon, composent chacune des nageoires thoracines sont à peine visibles[1]. Une membrane assez peu large soutient les quatre ou cinq piquants qui forment la première dorsale. Les dents sont déliées et nombreuses; au-dessus du bout de la langue, on voit une callosité ovale et rude. La queue proprement dite est très courte; ce qui donne à chaque côté de l'animal une figure rhomboïdale.

QUATRE-VINGT-TREIZIÈME GENRE

LES CENTROGASTÈRES

Quatre aiguillons et six rayons articulés à chaque nageoire thoracine.

ESPÈCES.	CARACTÈRES.
1. Le Centrogastère brunatre.	La nageoire dorsale très longue; celle de la queue très peu fourchue; la couleur du dessus du corps brune.
2. Le Centrogastère argenté.	La nageoire de la queue fourchue; la couleur du dessus du corps argentée.

LE CENTROGASTÈRE BRUNATRE[2]

Centrogaster fuscescens, Linn., Gmel., Lacép. — *Siganus fuscescens*, Cuv.

LE CENTROGASTÈRE ARGENTÉ[3]

Centrogaster argentatus, Linn., Gmel., Lacép. — *Siganus argenteus*, Cuv.

Les mers qui arrosent le Japon nourrissent ces deux centrogastères dont on doit la connaissance au savant Houttuyn, et dont le nom générique vient des aiguillons que l'on voit au dessous de leur corps et qui composent une partie de leurs nageoires inférieures. Ces poissons ne parviennent qu'à une longueur très peu considérable : le brunâtre n'a pas ordinairement deux décimètres de long, et l'argenté n'en a qu'un. La mâchoire supérieure du premier est garnie de dents aiguës ; le second a sur la nuque une grande tache

1. A la membrane des branchies........................... 6 rayons.
A la première nageoire du dos........................... 4 ou 5 —
A la seconde........................... 32 —
A chacune des pectorales........................... 15 —
A chacune des thoracines........................... 6 —
A celle de l'anus........................... 34 —
A celle de la queue, qui est un peu arrondie........................... 16 —

2. Houttuyn, *Act. Haarl.*, XX, 2, p. 333, n. 21.

3. *Idem*, p. 334, n. 22.

brune et communément arrondie. Les notes suivantes[1] et[2] et le tableau de leur genre indiquent leurs autres traits principaux.

QUATRE-VINGT-QUATORZIÈME GENRE

LES CENTRONOTES

Une seule nageoire dorsale; quatre rayons au moins à chaque thoracine; des piquants isolés au-devant de la nageoire du dos; une saillie longitudinale sur chaque côté de la queue, ou deux aiguillons au-devant de la nageoire de l'anus.

ESPÈCES.	CARACTÈRES.
1. Le Centronote pilote.	Quatre aiguillons au-devant de la nageoire du dos; sept rayons à la membrane des branchies; vingt-sept rayons au moins à la nageoire dorsale.
2. Le Centronote éperon.	Quatre aiguillons au-devant de la nageoire du dos; six rayons à la membrane des branchies; vingt et un rayons à la nageoire dorsale.
3. Le Centronote acanthias.	Quatre aiguillons au-devant de la nageoire dorsale; trois rayons à la membrane des branchies.
4. Le Centronote glaycos.	Cinq aiguillons au-devant de la nageoire du dos; le premier tourné vers le museau et les autres inclinés vers la queue; la ligne latérale ondulée par petits traits.
5. Le Centronote argenté.	Sept aiguillons au-devant de la nageoire du dos; onze rayons à cette nageoire.
6. Le Centronote ovale.	Sept aiguillons au-devant de la nageoire du dos; vingt rayons à cette nageoire; six rayons à la membrane des branchies.
7. Le Centronote lyzan.	Sept aiguillons au-devant de la nageoire du dos; vingt et un rayons à cette nageoire; huit rayons à la membrane des branchies.
8. Le Centronote carolinin.	Huit aiguillons au-devant de la nageoire du dos; vingt-six rayons à cette nageoire dorsale; la ligne latérale droite.
9. Le Centronote gardénien.	Huit aiguillons au-devant de la nageoire du dos; trente-trois rayons à cette nageoire dorsale; point d'aiguillons au-devant de celle de l'anus; deux rayons seulement à chacune des pectorales.
10. Le Centronote vadigo.	Huit aiguillons au-devant de la nageoire du dos; plus de deux rayons à chacune des pectorales; la ligne latérale tortueuse.
11. Le Centronote nègre.	Huit aiguillons au-devant de la nageoire du dos; trente-trois rayons à cette nageoire; douze rayons à chaque pectorale; six rayons à chaque thoracine; la ligne latérale droite; la couleur générale noire.

1. A la nageoire du dos du brunâtre, articulés.................... 11 rayons.
   et 13 aiguillons.
   A chacune des pectorales.................................... 16 —
   A la nageoire de l'anus, articulés............................ 9 —
   et 7 aiguillons.
   A la nageoire de la queue.................................... 20 —
2. A la partie antérieure de la nageoire dorsale de l'argenté........ 8 aiguillons.
   A la nageoire de l'anus...................................... 2 —
   — .... 12 rayons.

LE CENTRONOTE PILOTE[1]

Gasterosteus ductor, LINN., GMEL. — *Scomber ductor*, BLOCH. — *Centronotus conductor*, LACÉP. — *Centronotus ductor*, CUV.

Presque toutes les espèces du genre des *centronotes*, ainsi que celui des *gastérostées* et celui des *centropodes*, ne renferment que d'assez petits individus. Le centronote dont nous traitons dans cet article parvient très rarement à la longueur de deux décimètres. Malgré les dards dont quelques parties de son corps sont hérissées, il ne pourrait donc se défendre avec succès que contre des ennemis bien peu redoutables, ni attaquer avec avantage qu'une proie presque invisible. Son espèce n'existerait donc plus depuis longtemps, s'il n'avait reçu l'agilité en partage : il se soustrait par des mouvements rapides aux dangers qui peuvent le menacer. D'ailleurs, sa petitesse fait sa sûreté et compense sa faiblesse. Il n'est recherché ni par les pêcheurs ni par les grands habitants des mers ; l'exiguïté de ses membres le dérobe souvent à leur vue ; le peu de nourriture qu'il peut fournir empêche qu'il ne soit l'objet des désirs des marins ou des appétits des squales. Il en est résulté pour cette espèce, cette sorte de sécurité qui dédommage le faible de tant de privations. Pressée par la faim, ne trouvant pas facilement à certaines distances des rivages les œufs, les vers, les insectes, les mollusques qu'elle pourrait saisir, elle ne fuit ni le voisinage des vaisseaux ni même la présence des squales, ou des autres tyrans des mers ; elle s'en approche sans défiance et sans crainte ; elle joue au-devant des bâtiments, ou au milieu des terribles poissons qui la dédaignent. Elle trouve dans les aliments corrompus que l'on rejette des navires ou dans les restes des victimes immolées par le féroce requin, des fragments appropriés par leur ténuité à la petitesse de ses organes ; elle précède ou suit avec constance la proue qui fend les ondes, ou des troupes carnassières de grands squales ; et frappant vivement l'imagination par la tranquillité avec laquelle elle habite son singulier asile, elle a été bientôt douée, par les amis du merveilleux, d'une intelligence particulière. On lui a attribué un instinct éclairé, une prévoyance remarquable, un attachement courageux ; on l'a revêtue de fonctions très extraordinaires ; on ne s'est arrêté qu'après avoir voulu qu'elle partageât avec les échénéis le titre

1. *Gastré pilote*. Daubenton, Encyclopédie méthodique. — *Id*. Bonnaterre, planches de l'Encylopédie méthodique. — Mus. Ad. Frid., 2, p. 88. — *Pilot fish*. Willughby, *Ichtyol.*, tab. Append., 8, fig. 2. — « Glaucus aculeatus, fasciatus, etc. » Klein, *Miss. pisc.*, 5, p. 31, n. 5. — *Le pilote*. Duhamel. *Traité des pêches*, part. 2, sect. 4, chap. IV, art. 5, p. 55, pl. 4, fig. 4, et pl. 9, fig. 3. — *Scomber ductor*. Hasselquist, *It.*, 336.

Osbeck, *It.*, 73, tab. 12, fig. 2 ; et *Act. Stockh.*, 1755, p. 71. — « Scomber fasciis quatuor cæruleo argenteis, aculeis quatuor ante pinnam dorsalem. » Lœfl. *It.* — « Scomber dorso monopterygio, pinnulis nullis, etc. » Gronov., *Zooph.*, 309. — *Pilote piscis*. — Ray, *Pisc.*, 156. — *Lootsmannekens*. Brünn. *It.*, 325, tab. 100. — Scombre pilote, *Scomber ductor*. Bloch, pl. 338.

de *conducteur du requin*, de *pilote des vaisseaux*. Nous avons été bien aises de rappeler cette opinion bizarre par le nom spécifique que nous avons conservé à ce centronote avec le plus grand nombre des auteurs modernes. Celui qui écrit l'histoire de la nature doit marquer les écueils de la raison, comme l'hydrographe trace sur ses cartes ceux où ont péri les navigateurs.

On voit sur le dos de ce petit animal, dont on a voulu faire le directeur de la route des énormes requins, ces aiguillons qui appartiennent à tous les poissons compris dans le quatre-vingt-onzième genre, et dont la présence et la position sont indiquées par le nom de *centronote*[1], que nous avons cru devoir leur donner ; mais on n'en compte que quatre au-devant de la nageoire dorsale du *pilote*. Les côtés de la queue de ce poisson sont relevés longitudinalement en carène. La ligne latérale est droite. Plusieurs bandes transversales et noires font ressortir la couleur de sa partie supérieure, qui présente des teintes brunes et des reflets dorés. Il paraît que le nombre de ces bandes varie depuis quatre jusqu'à sept. Les mâchoires, la langue et la partie antérieure du palais sont garnies de très petites dents[2].

LE CENTRONOTE ACANTHIAS[3]

Gasterosteus acanthias, Linn., Gmel., Lacép.

LE CENTRONOTE GLAUCOS[4]

Centronotus glaucos, Lacép., Risso. — *Lichia glauca*, Cuv.

Les mers qui arrosent le Danemark nourrissent, selon Pontoppidan, l'acanthias ; et la Méditerranée est la patrie du glaycos. Nous avons conservé ce nom grec *glaucos*, qui veut dire *glauque* (d'un bleu de mer), à un centronote décrit et figuré par Rondelet, et auquel, suivant ce naturaliste, les anciens avaient donné cette dénomination. Cette espèce a le corps allongé, les dents très pointues, la ligne latérale ondée à petits traits ; la partie supérieure du corps d'un bleu obscur, l'inférieure très blanche ; la chair grasse, ferme et de bon goût.

1. *Kentron*, en grec, signifie *aiguillon*, et *nôtos* signifie *dos*.
2. A la nageoire du dos........ 28 rayons.
   A chacune des pectorales........ 20 —
   A chacune des thoracines........ 6 —
   A celle de l'anus........ 17 —
3. Pontoppidan, *Naturg. Danaem.*, p. 188, n. 3.
4. *Troisième espèce de glaucus*. Rondelet, *Des poissons*. liv. VIII, chap. XVII.

LE CENTRONOTE ARGENTÉ[1]

Gasterosteus occidentalis, Linn., Gmel. — *Centronotus argenteus,* Lacép. — *Lichia occidentalis,* Cuv.

LE CENTRONOTE OVALE[2]

Gasterosteus ovatus, Linn., Gmel. — *Centronotus ovalis,* Lacép. — *Trachinotus ovatus,* Cuv.

LE CENTRONOTE LYZAN[3]

Scomber Lyzan, Forsk. — *Gasterosteus Lyzan,* Linn., Gmel. — *Centronotus Lyzan,* Lacép. — *Lichia Lyzan,* Cuv.

On pêche auprès des côtes de l'Amérique équinoxiale, l'argenté, dont la couleur est désignée par le nom spécifique que nous avons cru devoir lui donner[4], pendant que c'est dans les mers de l'Asie que vit l'ovale[5], dont l'aiguillon dorsal le plus antérieur est couché vers la tête, dont les mâchoires sont hérissées de petites dents, et dont le corps très comprimé, comme celui des chétodons, a indiqué par sa figure la dénomination spécifique de ce centronote.

Forskael a vu le lyzan sur les côtes de l'Arabie. Ce poisson est couvert d'écailles petites, lancéolées et resplendissantes comme des lames d'argent ; ses lignes latérales sont ondées vers l'opercule et droites auprès de la queue ; son dos est d'un brun mêlé de bleu[6].

1. *Gastré saure.* Daubenton, Encyclopédie méthodique. — *Id.*, Bonnaterre, planches de l'Encyclopédie méthodique. « Saurus argenteus cauda longitudinaliter striata. » Browne, *Jam.*, 452, tab. 46, fig. 2.

2. *Gastré ovale.* Daubenton, Encyclopédie méthodique. — *Id.*, Bonnaterre, planches de l'Encyclopédie méthodique.

3. *Scombre lyzan.* Bonnaterre, planches de l'Encyclopédie méthodique. — Forskael, *Fauna arabica,* p. 54, n. 69.

4. A chacune des nageoires pectorales de l'argenté.............. 7 rayons.
A chacune des thoracines.............. 6 —
A la nageoire de l'anus, articulés.............. 6 —
et 3 aiguillons.
A la nageoire de la queue.............. 16 —

5. A chacune des nageoires pectorales de l'ovale.............. 16 —
A chacune des thoracines.............. 6 —
A la nageoire de l'anus.............. 16 —
et 3 aiguillons.
A la nageoire caudale.............. 20 —

6. A chacune des nageoires pectorales du lyzan.............. 17 —
A chacune des thoracines.............. 5 —
et 1 aiguillon.
A la nageoire de l'anus.............. 18 —
et 3 aiguillons.

LE CENTRONOTE CAROLININ [1]

Gasterosteus carolinus, Linn., Gmel. — *Centronotus carolinus*, Lacép.

LE CENTRONOTE GARDÉNIEN [2]

Gasterosteus canadus, Linn. Gmel. — *Centronotus Gardenii*, Lacép. — *Elacates americana*, Cuv.

LE CENTRONOTE VADIGO [3]

Scomber Amia, Linn., Gmel. — *Centronotus Vadigo*, Lacép. — *Lichia Vadigo*, Cuv.

Le carolinin et le gardénien habitent la Caroline: le nom du premier indique leur pays ; celui du second, l'observateur qui les a fait connaître. C'est en effet le docteur Garden qui en envoya dans le temps la description à Linné. Ces deux poissons et le vadigo, qui se trouve dans la Méditerranée, se ressemblent par la forme de leurs nageoires du dos et de l'anus, qui présentent la figure d'une faux, et par celle de la nageoire de la queue, qui est fourchue ; mais indépendamment des dissemblances que nous n'avons pas besoin d'énumérer, le carolinin n'a que vingt-six rayons à la nageoire du dos[4], et le gardénien en a trente-trois [5]; celui-ci n'a que deux rayons à chacune des pectorales, et le vadigo y en présente un nombre bien plus grand, pendant que ses lignes latérales sont tortueuses et courbées vers le bas, au lieu d'être droites comme celles du carolinin. Au reste, l'aiguillon dorsal le plus antérieur du vadigo est incliné vers le museau.

LE CENTRONOTE ÉPERON [6]

Scomber Calcar, Bloch. — *Centronotus Calcar*, Lacép. — *Lichia Calcar*, Cuv.

LE CENTRONOTE NÈGRE

Scomber niger, Bloch. — *Centronotus niger*, Lacép. — *Naucrates niger*, Cuv.

Le corps et la queue de l'éperon paraissent dénués d'écailles. La mâ-

1. *Gastré crevalle*. Daubenton, Encyclopédie méthodique. — *Id.*, Bonnaterre, planches de Encyclopédie méthodique.

2. *Gastré canade*. Daubenton, Encyclopédie méthodique. — *Id.*, Bonnaterre, planches de l'Encyclopédie méthodique.

3. *Liche, Pélamide*, dans plusieurs départements méridionaux de France. — *Liche*, ou *seconde espèce de glaucus*. Rondelet, *Des poissons*, part. 1, liv. VIII, chap. XVI. — Scombre liche. *Scomber aculeatus*, Bloch, pl. 336, fig. 1.

4. A chacune des pectorales du carolinin.......................... 18 rayons.
A chacune des thoracines.......................... 5 —
A la nageoire de l'anus, articulés.......................... 24 —
et 3 aiguillons.
A celle de la queue.......................... 27 —

5. A la membrane des branchies du gardénien.......................... 7 —
A chacune des nageoires pectorales.......................... 2 —
A chacune des thoracines.......................... 7 —
A la nageoire de l'anus.......................... 26 —
A celle de la queue.......................... 20 —

6. Scombre éperon. *Scomber calcar*. Bloch, pl. 336, fig. 2.

choire inférieure dépasse celle de dessus. La langue est mobile, lisse et large. Chaque narine ne montre qu'un orifice. La ligne latérale est presque droite. Les thoracines peuvent être couchées dans une sorte de sillon. La couleur générale est argentée ; des teintes noires règnent sur le dos ; les nageoires sont bleuâtres. On trouve une grande quantité de centronotes éperons sur la côte de Guinée. Ils y présentent la grandeur du scombre maquereau, et leur chair n'est pas désagréable au goût.

Le centronote nègre[1] habite dans la partie de l'océan Atlantique qui sépare l'Afrique de l'Amérique méridionale. Barbot l'a trouvé auprès de la côte d'Or ; et Marcgrave, Pison et le prince Maurice de Nassau l'ont vu dans les eaux du Brésil. Il parvient à une longueur remarquable. Suivant Barbot, il a près de deux mètres de long; Marcgrave lui attribue une longueur de plus de trois mètres. Sa chair est d'ailleurs grasse, blanche et ferme : aussi est-il très recherché et préparé pour être envoyé au loin. Lorsqu'il est frais, on compare son goût à celui de l'anguille, et lorsqu'il est séché, à celui du saumon fumé. Il séjourne ordinairement dans la haute mer ; mais de temps en temps on voit des troupes nombreuses d'individus de cette espèce s'approcher des terres, préférer les fonds pierreux et y chercher les crustacés et les animaux à coquille, qui doivent servir à leur nourriture. Les nègres les prennent sur ces bas-fonds et les pêchent à la lueur de brandons allumés[2].

Le centronote nègre[3] a la peau lisse, aplatie et dénuée de petites écailles ; le museau arrondi ; l'ouverture de la bouche assez grande ; les dents petites ; la langue large et mobile ; deux orifices à chaque narine ; les écailles qui revêtent son corps et sa queue sont petites, lisses et minces. Sa couleur noire est relevée par le gris de la base et du milieu de ses thoracines, ainsi que par les nuances blanches et argentées qui resplendissent sur ses côtés.

QUATRE-VINGT-QUINZIÈME GENRE

LES LÉPISACANTHES

Les écailles du dos grandes, ciliées et terminées par un aiguillon; les opercules dentelés dans leur partie postérieure et dénués de petites écailles; des aiguillons isolés au-devant de la nageoire dorsale.

ESPÈCE.	CARACTÈRE.
LE LÉPISACANTHE JAPONAIS.	Quatre aiguillons au-devant de la nageoire du dos.

1. *Sefser*, sur les côtes d'Afrique. — *Ceixupira*, au Brésil. — *Stachlicher blauling*, par les Allemands. — *Negro mackrel*, par les Anglais. — *Scombre nègre*. Bloch, pl. 337.

2. A chaque pectorale du centronote éperon........................ 14 rayons.
A chaque thoracine, articulés........................ 5 —
— aiguillonné........................ 1 —
A la nageoire de l'anus, articulés........................ 20 —
— aiguillonné........................ 1 —
et 2 aiguillons réunis par une membrane.
A la nageoire de la queue........................ 13 —

3. A la nageoire de l'anus du centronote nègre........................ 21 —
A la caudale........................ 17 —

LE LÉPISACANTHE JAPONAIS[1]

Gasterosteus japonicus, Houtt., Linn., Gmel. — *Monocentris japonicus*, Bloch, Schn., Cuv. — *Lepisacanthus japonicus*, Lacép.

Le nom générique de cet animal désigne la forme particulière de ses écailles[2] ; et sa dénomination spécifique, les mers dans lesquelles on l'a vu. Houttuyn l'a fait connaître, et nous avons cru devoir le séparer des centronotes et des autres poissons avec lesquels on l'avait placé dans le genre des centrogastères, afin d'être fidèles aux principes de distribution méthodique que nous avons préférés. Le museau de cet osseux est arrondi ; ses mâchoires sont hérissées de petites aspérités, plutôt que garnies de dents proprement dites. Une fossette longitudinale reçoit et cache, à la volonté de l'animal, les piquants épais, forts, inégaux et isolés, que l'on voit au-devant de la nageoire du dos. Les rayons de chacune des thoracines sont réunis et allongés de manière à former un aiguillon peu mobile, rude et égal en longueur aux trois dixièmes, ou à peu près, de la longueur totale du poisson. Le japonais ne parvient d'ailleurs qu'à de très petites dimensions, il n'a pas un double décimètre de long, et sa couleur est jaune[3].

QUATRE-VINGT-SEIZIÈME GENRE

LES CÉPHALACANTHES

Le derrière de la tête garni, de chaque côté, de deux piquants dentelés et très longs ; point d'aiguillons isolés au-devant de la nageoire du dos.

ESPÈCE.	CARACTÈRE.
Le Céphalacanthe spinarelle.	Quatre rayons à chacune des thoracines.

LE CÉPHALACANTHE SPINARELLE[4]

Gasterosteus spinarella, Linn., Gmel. — *Cephalacanthus spinarella*, Cuv.

Ce céphalacanthe ne présente qu'une petite longueur. Sa tête, plus large que le corps et striée sur toute sa surface, est garnie par derrière de quatre grands aiguillons. Les deux supérieurs sont plus dentelés, plus larges et plus

1. *Gastré du Japon*. Bonnaterre, planches de l'Encyclopédie méthodique. — Houttuyn, *Act. Haarl.*, XX, 2, p. 329.

2. *Lepis* signifie *écaille*, et *acanthos*, *aiguillon*.

3.

A la membrane des branchies	5	rayons.
A la nageoire du dos	10	—
A chacune des pectorales	12	—
A celle de l'anus	9	—
A celle de la queue	22	—

4. *Cephales* veut dire *tête*, et *acanthos*, *aiguillon* ou *piquant*. — *Pungitius pusillus*. Mus. Adolph. Frid. 1, p. 74, tab. 32, fig. 5. — *Gastré spinarelle*. Daubenton, Encyclopédie méthodique. — *Id.* Bonnaterre, planches de l'Encyclopédie méthodique.

courts que les deux inférieurs. La spinarelle, qui vit dans l'Inde, a été placée dans le même genre que les gastérostées et les centronotes ; mais elle en diffère par trop de traits pour que nous n'ayons pas dû l'en séparer. L'absence d'aiguillons isolés au-devant de la nageoire dorsale aurait suffi pour l'éloigner de ces osseux. Nous l'avons donc inscrite dans un genre particulier qui précède immédiatement celui des dactyloptères, parmi lesquels on compte la pirapède dont la tête ressemble beaucoup à celle de la spinarelle.

QUATRE-VINGT-DIX-SEPTIÈME GENRE[1]

LES DACTYLOPTÈRES

Une petite nageoire composée de rayons soutenus par une membrane, auprès de la base de chaque nageoire pectorale.

	ESPÈCES.	CARACTÈRES.
1.	LE DACTYLOPTÈRE PIRAPÈDE.	Six rayons réunis par une membrane auprès de chaque nageoire pectorale.
2.	LE DACTYLOPTÈRE JAPONAIS.	Onze rayons réunis par une membrane auprès de chaque nageoire pectorale.

LE DACTYLOPTÈRE PIRAPÈDE[2]

Trigla volitans, LINN., GMEL. — *Dactylopterus Pirapeda*, LACÉP. — *Dactylopteris communis*, CUV.

Parmi les traits remarquables qui distinguent ce grand poisson volant et les autres osseux qui doivent appartenir au même genre, il faut compter particulièrement les dimensions de ses nageoires pectorales. Elles sont

1. A la membrane des branchies .... 3 rayons.
A la nageoire du dos .... 16 —
A chacune des pectorales .... 20 —
A chacune des thoracines .... 4 —
A celle de l'anus .... 8 —

2. *Volodor*, en Espagne. — *Rondire*, aux environs de Rome — *Rondola* ou *rondela*, sur les bords de l'Adriatique. — *Falcone*, à Malte et en Sicile, — *Flygande fisk*, en Suède. — *Swallow fish, Kite fish*, en Angleterre. — *Arondelle, Rondole, Chauve-souris, Ratepenade*, dans plusieurs départements méridionaux de France.

Trigle pirapède. Daubenton et Haüy, Encyclopédie méthodique. — *Id.* Bonnaterre, planches de l'Encyclopédie méthodique. — Bloch, pl. 351. — « Trigla capite parum aculeato, pinnula singulari ad pinnas ventrales. » Artedi, gen. 44, syn. 73. — Gronov. Mus. 1, n. 102. — « Trigla capite quatuor spondylis armato. » Browne, *Jam.*, 453. — Séba, Mus. 3, tab. 28, fig. 7. — *Miivipira* et *pirabebé.* Marcgrave, *Hist. Brasil.*, lib. IV, cap. XI, p. 162. — *Hirundo.* Pline, *Hist. mundi*, lib. IX, cap. XLIII, édit. de Deux-Ponts.

Milvus cirratus. Sloane, *Jamaic.*, t. II, p. 288. — *Mugil alatus Rondeletii.* Jacob. *Mus. reg.*, p. 1, fig. 3, *De piscib.*, parag. 39, tab. 2, n. 39. — *Uligende visc.* Valent. Amboin., *Pisc.*, t. III, tab. 52, E. — *Omopteros.* Klein, *Miss. pisc.*, 4, p. 44, n. 11. — *Hirundo aquatica.* Bont. *Ind. orient.*, p. 78. — *Hirundo Plinii.* Mus. Worm. 1, p. 266.

Gesner, p. 434, 514; (germ.) fol. 16, *b.* — Belon, *Aquat.*, 192. — Salvian, fol. 187. — Aldrovande, lib. II, cap. V, p. 141. — Jonston, lib. I, tit. 3, cap. I, *a.* 3, tab. 17, fig. 12. — Willughby, p. 283, tab. S, fig. 6. — Ray, p. 89. — *Xelidon.* Arist., lib. IV, cap. IX. — *Arondelle de mer.* Rondelet, première partie, liv. X, chap. I. — *Hirondelle de mer* ou *rondolle.* Valmont de Bomare, *Dictionnaire d'histoire naturelle.*

assez étendues pour qu'on ait dû les désigner par le nom d'*ailes;* et ces instruments de natation, et principalement de vol, étant composés d'une large membrane soutenue par de longs rayons articulés que l'on a comparés à des doigts comme les rayons des pectorales de tous les poissons, les ailes de la pirapède ont beaucoup de rapports dans leur conformation avec celles des chauves-souris, dont on leur a donné le nom dans plusieurs contrées. Nous avons cru devoir leur appliquer la dénomination générique de *dactyloptère,* qui a été souvent employée pour ces chauves-souris, aussi bien que celle de *cheiroptère,* et qui signifie *aile attachée aux doigts,* ou *formée par les doigts*[1].

La pectorale des pirapèdes est d'ailleurs double et présente par conséquent un caractère que nous n'avons encore vu que dans le lépadogastère gouan. A la base de cette aile, on voit en effet un assemblage de six rayons articulés réunis par une membrane, et composant par conséquent une véritable nageoire qu'il est impossible de ne pas considérer comme pectorale.

De plus, l'aile des poissons que nous examinons offre une grande surface; elle montre, lorsqu'elle est déployée, une figure assez semblable à celle d'un disque, et elle atteint le plus souvent au delà de la nageoire de l'anus et très près de celle de la queue. Les rayons qu'elle renferme étant assez écartés l'un de l'autre lorsqu'elle est étendue, et n'étant liés ensemble que par une membrane souple qui permet facilement leur rapprochement, il n'est pas surprenant que l'animal puisse donner aisément et rapidement à la surface de ses ailes cette alternative d'épanouissement et de contraction, ces inégalités successives, qui, produisant des efforts alternativement inégaux contre l'air de l'atmosphère et le frappant dans un sens plus violemment que dans un autre, font changer de place à l'animal lancé et suspendu, pour ainsi dire, dans ce fluide, et le douent véritablement de la faculté de voler[2].

Voilà pourquoi la pirapède peut s'élever au-dessus de la mer, à une assez grande hauteur, pour que la courbe qu'elle décrit dans l'air ne la ramène dans les flots que lorsqu'elle a franchi un intervalle égal, suivant quelques observateurs, au moins à une trentaine de mètres; et voilà pourquoi encore, depuis Aristote jusqu'à nous, elle a porté le nom de *faucon de la mer,* et surtout d'*hirondelle marine.*

Elle traverserait au milieu de l'atmosphère des espaces bien plus grands encore, si la membrane de ses ailes pouvait conserver sa souplesse au milieu de l'air chaud et quelquefois même brûlant des contrées où on la trouve; mais le fluide qu'elle frappe avec ses grandes nageoires les a bientôt desséchées, au point de rendre très difficile le rapprochement et l'écartement alternatifs des rayons. Alors le poisson que nous décrivons, perdant rapidement sa faculté distinctive, retombe vers les ondes au-dessus desquelles il

1. *Dactulos* veut dire *doigt,* et *pteron, aile.*
2. Voyez le Discours sur la nature des poissons.

s'était soutenu, et ne peut plus s'élancer de nouveau dans l'atmosphère que lorsqu'il a plongé ses ailes dans une eau réparatrice, et que, retrouvant ses attributs par son immersion dans son fluide natal, il offre une sorte de petite image de cet Antée que la mythologie grecque nous représente comme perdant ses forces dans l'air, et ne les retrouvant qu'en touchant de nouveau la terre qui l'avait nourri.

Les pirapèdes usent d'autant plus souvent du pouvoir de voler qui leur a été départi, qu'elles sont poursuivies dans le sein des eaux par un grand nombre d'ennemis. Plusieurs gros poissons, et particulièrement les dorades et les scombres, cherchent à les dévorer; et telle est la malheureuse destinée de ces animaux qui, poissons et oiseaux, sembleraient avoir un double asile qu'ils ne trouvent de sûreté nulle part, qu'ils n'échappent aux périls de la mer que pour être exposés à ceux de l'atmosphère, et qu'ils n'évitent la dent des habitants des eaux que pour être saisis par le redoutable bec des frégates, des phaétons, des mauves et de plusieurs autres oiseaux marins.

Lorsque des circonstances favorables éloignent de la partie de l'atmosphère qu'elles traversent des ennemis dangereux, on les voit offrir au-dessus de la mer un spectacle assez agréable. Ayant quelquefois un demi-mètre de longueur, agitant vivement dans l'air de larges et longues nageoires, elles attirent d'ailleurs l'attention par leur nombre, qui souvent est de plus de mille. Mues par la même crainte, cédant au même besoin de se soustraire à une mort inévitable dans l'Océan, elles s'envolent en grande troupes; lorsqu'elles se sont confiées ainsi à leurs ailes au milieu d'une nuit obscure, on les a vues briller d'une lumière phosphorique, semblable à celle dont resplendissent plusieurs autres poissons, et à l'éclat que jettent, pendant les belles nuits des pays méridionaux, les insectes auxquels le vulgaire a donné le nom de *vers luisants*. Si la mer est alors calme et silencieuse, on entend le petit bruit que font naître le mouvement rapide de leurs ailes et le choc de ces instruments contre les couches de l'air. On distingue aussi quelquefois un bruissement d'une autre nature, produit au travers des ouvertures branchiales par la sortie accélérée du gaz que l'animal exprime, pour ainsi dire, de diverses cavités intérieures de son corps, en rapprochant vivement leurs parois. Ce bruissement a lieu d'autant plus facilement que ces ouvertures branchiales, étant très étroites, donnent lieu à un frôlement plus considérable; et c'est parce que ces orifices sont très petits, que les pirapèdes, moins exposées à un dessèchement subit de leurs organes respiratoires, peuvent vivre assez longtemps hors de l'eau [1].

On rencontre ces poissons dans la Méditerranée et dans presque toutes les mers des climats tempérés; mais c'est principalement auprès des tropiques qu'ils habitent. C'est surtout auprès de ces tropiques qu'on a pu contempler leurs manœuvres et observer leurs évolutions. Aussi leur nom et

1. Discours sur la nature des poissons.

leur histoire ne sont-ils jamais entendus avec indifférence par ces voyageurs qui, loin de l'Europe, ont affronté les tempêtes de l'Océan et ses calmes souvent plus funestes encore. Ils retracent à leur souvenir leurs peines, leurs plaisirs, leurs dangers, leurs succès. Ils nous ramènent, nous qui tâchons de dessiner leurs traits, vers ces compagnons de nos travaux qui, dévoués à la gloire de leur pays, animés par un ardent amour de la science, dirigés par un chef habile, conduits par le brave navigateur Baudin, et réunis par les liens d'une amitié touchante ainsi que d'une estime mutuelle, quittent, dans le moment même où mon cœur s'épanche vers eux, les rivages de le u patrie, se séparent de tout ce qu'ils ont de plus cher et vont braver sur des mers lointaines la rigueur des climats et la fureur des ondes, pour ajouter à la prospérité publique par l'accroissement des connaissances humaines. Noble dévouement, généreux sacrifices! la reconnaissance des hommes éclairés, les applaudissements de l'Europe, les lauriers de la gloire, les embrassements de l'amitié, seront leur douce et brillante récompense.

Cependant quelles sont les formes de ces poissons ailés dont l'image rappelle des objets si chers, des entreprises si utiles, des efforts si dignes d'éloges?

La tête de la pirapède ressemble un peu à celle du céphalacanthe spinarelle. Elle est arrondie par devant et comme renfermée dans une sorte de casque ou d'enveloppe osseuse à quatre faces, terminée par quatre aiguillons larges et allongés, et chargée de petits points arrondis, disposés en rayons. La mâchoire supérieure est plus avancée que l'inférieure. Plusieurs rangs de dents très petites garnissent l'une et l'autre de ces deux mâchoires. L'ouverture de la bouche est large, ce qui donne à la pirapède un rapport de plus avec une hirondelle. La langue est courte, épaisse et lisse comme le palais. Le dessus du corps présente une surface presque plate. Les écailles qui couvrent le dos et les côtés sont relevées par une arête longitudinale.

Le rougeâtre domine sur la partie supérieure de l'animal, le violet sur la tête, le bleu céleste sur la première nageoire du dos et sur celle de la queue, le vert sur la seconde nageoire dorsale, et pour ajouter à cet élégant assortiment de bleu très clair, de violet, de vert et de rouge, les grandes ailes ou nageoires pectorales de la pirapède sont couleur d'olive et parsemées de taches rondes et bleues, qui brillent, pour ainsi dire, comme autant de saphirs, lorsque les rayons du soleil des tropiques sont vivement réfléchis par ces larges ailes étendues avec force et agitées avec vitesse [1].

1. A la membrane branchiale	7	rayons.
A la première nageoire du dos	6	—
A la seconde	8	—
A chacune des grandes nageoires pectorales	20	—
A chacune des petites	6	—
A chacune des thoracines	6	—
A celle de l'anus	11	—
A celle de la queue	12	—

On compte plusieurs appendices ou cæcums auprès du pylore, et les œufs que renferment les doubles ovaires des femelles sont ordinairement très rouges.

La chair des pirapèdes est maigre ; elle est aussi un peu dure, à moins qu'on ne puisse la conserver pendant quelques jours.

LE DACTYLOPTÈRE JAPONAIS[1]

Trigla alata, LINN., GMEL. — *Dactylopterus japonicus,* LACÉP.

On trouve dans les mers du Japon ce dactyloptère, qui, de même que la pirapède, a été inscrit jusqu'à présent dans le genre des trigles. Il a été décrit par Houttuyn. Il ne parvient guère qu'à la longueur d'un décimètre et demi. On voit deux aiguillons longs et aigus à sa mâchoire inférieure et au bord postérieur de ses opercules. On compte onze rayons à chacune de ses petites nageoires pectorales[2].

QUATRE-VINGT-DIX-HUITIÈME GENRE

LES PRIONOTES

Des aiguillons dentelés entre les deux nageoires dorsales ; des rayons articulés et non réunis par une membrane auprès de chacune des nageoires pectorales.

ESPÈCE.	CARACTÈRES.
LE PRIONOTE VOLANT.	Trois rayons articulés et non réunis par une membrane auprès de chacune des nageoires pectorales.

LE PRIONOTE VOLANT[3]

Trigla evolans? LINN., GMEL. — *Prionotus evolans,* LACÉP.

En comparant les caractères génériques des dactyloptères et des prionotes, on voit qu'ils diffèrent assez les uns des autres pour que nous ayons dû les séparer ; et cependant ils se ressemblent assez pour qu'on ait placé les prionotes, ainsi que les dactyloptères, parmi les trigles dont nous allons nous occuper. Ils sont liés particulièrement par la forme de leur tête et par une habitude remarquable. Le prionote que nous décrivons a la surface de sa tête ciselée de manière à représenter des rayons ; de plus, il a la faculté de s'élever dans l'atmosphère et de s'y soutenir pendant quelque temps, comme les dactyloptères. C'est cette dernière faculté qui lui a fait donner le

1. Houttuyn, *Act. Haarl.*. XX, 2, p. 336, n. 25.

2. A la première nageoire du dos.................................. 7 rayons.
A chacune des petites nageoires pectorales.................. 11 —
A chacune des thoracines.. 6 —
A celle de l'anus... 14 —
A celle de la queue.. 14 —

3. *Trigla volitans minor.* Browne, *Jamaïc.*, 453, tab. 47, fig. 3. — *Trigle le volant.* Daubenton, Encyclopédie méthodique. — *Id.* Bonnaterre, planches de l'Encyclopédie méthodique.

nom spécifique de *volant*. Nous avons cru d'autant plus devoir le désigner par le nom générique de *prionote*[1], qu'indépendamment de trois aiguillons dentelés qui s'élèvent entre les deux nageoires de son dos, le premier rayon de la seconde dorsale et les deux premiers de la première sont un peu dentelés par devant. Les pectorales sont assez longues pour atteindre à la moitié de la longueur du corps; et étant d'ailleurs très larges, elles forment des ailes un peu étendues, que leur couleur noire fait souvent distinguer à une grande distance.

La nageoire de la queue est fourchue[2].

QUATRE-VINGT-DIX-NEUVIÈME GENRE

LES TRIGLES

Point d'aiguillons dentelés entre les deux nageoires dorsales; des rayons articulés et non réunis par une membrane, auprès de chacune des nageoires pectorales.

PREMIER SOUS-GENRE

PLUS DE TROIS RAYONS ARTICULÉS AUPRÈS DE CHAQUE NAGEOIRE PECTORALE

ESPÈCE.	CARACTÈRE.
1. La Trigle asiatique.	Quatre rayons articulés auprès de chaque nageoire pectorale.

SECOND SOUS-GENRE

TROIS RAYONS ARTICULÉS AUPRÈS DE CHAQUE NAGEOIRE PECTORALE

ESPÈCES.	CARACTÈRES.
2. La Trigle lyre.	Les nageoires pectorales longues; la mâchoire supérieure prolongée en deux lobes dentelés; les orifices des narines tubuleux; la nageoire de la queue un peu en croissant.
3. La Trigle caroline.	Les nageoires pectorales longues; onze rayons à celle de l'anus; celle de la queue arrondie; six rayons à la membrane des branchies.
4. La Trigle ponctuée.	Les nageoires pectorales longues; celle de la queue arrondie; la tête allongée; le corps parsemé de petites taches rouges.
5. La Trigle lastoviza.	Les nageoires pectorales longues; les écailles qui garnissent le corps disposées en rangées transversales; la ligne latérale garnie d'aiguillons à deux pointes.
6. La Trigle hirondelle.	Les nageoires pectorales larges; quatorze rayons à la nageoire de l'anus; celle de la queue fourchue ou en croissant; la ligne latérale garnie d'aiguillons.
7. La Trigle pin.	Des lames ou feuilles minces et étroites attachées le long de la ligne latérale; la nageoire de la queue en croissant.

1. *Prion* signifie *scie*, et *notos* veut dire *dos*.

2.

A la membrane des branchies	8	rayons.
A la première nageoire du dos	8	—
A la seconde	11	—
A chacune des pectorales	13	—
A chacune des thoracines	6	—
A celle de l'anus	11	—
A celle de la queue	13	—

ESPÈCES.	CARACTÈRES.
8. LA TRIGLE GURNAU.	Les nageoires pectorales courtes; celle de la queue fourchue; la ligne latérale large et garnie d'aiguillons; des taches noires et des taches rouges sur le dos.
9. LA TRIGLE GRONDIN.	Les nageoires pectorales courtes; celle de la queue fourchue; la ligne latérale dénuée de larges écailles
10. LA TRIGLE MILAN.	Les nageoires pectorales courtes; celle de la queue fourchue; la ligne latérale divisée en deux vers la nageoire caudale.
11. LA TRIGLE MENUE.	La nageoire de la queue arrondie; deux arêtes ou saillies longitudinales sur le dos; les nageoires pectorales et thoracines très pointues; huit rayons à chacune de ces nageoires pectorales; vingt-quatre à la seconde nageoire du dos.

TROISIÈME SOUS-GENRE

MOINS DE TROIS RAYONS ARTICULÉS AUPRÈS DE CHAQUE NAGEOIRE PECTORALE

ESPÈCE.	CARACTÈRE.
12. LA TRIGLE CAVILLONE.	La nageoire de la queue lancéolée.

LA TRIGLE ASIATIQUE

Trigla asiatica, LINN., GMEL., LACÉP.

Les tableaux génériques montrent les différences qui séparent les trigles des prionotes et des dactyloptères. Mais si leurs formes extérieures ressemblent assez peu à celles de ces deux derniers genres pour que nous ayons dû les en séparer, elles s'en rapprochent beaucoup par leurs habitudes; et presque toutes ont, comme la pirapède, le pouvoir de voler dans l'atmosphère, lorsque la mer ne leur offre pas un asile assez sûr. Elles sont d'ailleurs, comme les dactyloptères et les prionotes, extrêmement fécondes; elles pondent souvent jusqu'à trois fois dans la même année, et c'est cette reproduction remarquable que plusieurs anciens Grecs ont voulu désigner par le nom de *trigle*, *trigla*, *triglis*, *triglos*, corrompu de *trigonos*, en latin *ter pariens* (qui produit trois fois[1]).

De même que les pirapèdes, elles volent et nagent en troupes nombreuses; elles montrent une réunion constante; et quoique la simultanéité des mouvements et des manœuvres de milliers d'individus ne soit pour ces animaux que le produit d'un danger redouté à la fois pour tous, ou d'un besoin agissant sur tous dans les mêmes moments, elles n'en présentent pas moins l'apparence de cette société touchante et fidèle qu'un sentiment mutuel fait naître et conserve. Peintes d'ailleurs de couleurs très vives, très variées, très agréables, elles répandent souvent l'éclat du phosphore. Resplendissantes dans leurs téguments, brillantes dans leur parure, rapides dans leur natation, agiles dans leur vol, vivant ensemble sans se combattre, pouvant s'aider sans se nuire, on croirait devoir les comprendre parmi les êtres

1. Voyez Oppien, 1, 590; et Élien, X, chap. I.

sur lesquels la nature a répandu le plus de faveurs. Mais les dons qu'elles ont reçus ne sont presque tous que des dons funestes; et, comme si elles avaient été destinées à donner à l'homme des leçons de sagesse et de modération, leur éclat les trahit et les perd ; la magnificence de leur parure les empêche de se dérober à la recherche active de leurs ennemis ; leur grand nombre les décèle lorsqu'elles fendent en troupes le sein des eaux salées ; leur vol les livre plus facilement à l'oiseau de proie, et leurs attributs les plus frappants auraient bientôt amené la destruction de leurs espèces, si une fécondité extraordinaire ne réparait sans cesse, par la production de nouveaux individus, la perte de ceux qui périssent victimes des tyrans des mers ou de ceux de l'atmosphère.

La première de ces trigles condamnées par la nature à tant de périls, à tant d'agitations, à tant de traverses, est, dans l'ordre que nous nous sommes prescrit, celle à laquelle j'ai donné avec Linné le nom d'*asiatique*.

On la trouve en général dans l'Océan, mais particulièrement dans les mers de l'Asie. Son corps est mince, sa couleur argentée, son museau proéminent, l'intérieur de sa bouche hérissé d'aspérités ; la première pièce de l'opercule branchial dentelée, et chaque nageoire pectorale conformée comme une sorte de faux[1].

LA TRIGLE LYRE[2]

Trigla Lyra, Linn., Gmel., Lacép., Bloch, Cuv.

Heureux nom que celui qui rappelle et le beau ciel et les beaux jours de la Grèce, et sa riante mythologie, et sa poésie enchanteresse, et l'instrument favori du dieu du génie, et cet Homère à qui le dieu avait remis sa lyre pour chanter la nature ! Non, je ne supprimerai pas ce nom magique qui fait naître tant d'idées élevées, qui retrace tant de doux souvenirs, pour le remplacer par un nom barbare. Le dieu qui inspire le poète est aussi celui des amants de la nature, et son emblème ne peut jamais leur être

1. A la première nageoire du dos .... 7 rayons.
A la seconde .... 16 —
A chacune des pectorales .... 18 —
A chacune des thoracines .... 6 —
A celle de l'anus .... 17 —
A celle de la queue .... 18 —

2. *Gronau, Rouget*, dans plusieurs départements de France. — *Boureau*, sur les rivages voisins des Pyrénées occidentales. — *Organie*, à Gênes. — *Pesce organo*, à Naples: — *Piper*, en Angleterre. — *Meer leyer* ou *see leyer*, en Allemagne. — *Trigle gronau*. Daubenton. Encyclopédie méthodique. — *Id*. Bonnaterre, planches de l'Encyclopédie méthodique.

« Trigla rostro longo diacantho, naribus tubulosis. » Artedi, gen. 46, gen. 74. — *Gronau* et *lyre*. Rondelet, première partie, liv. X, chap. VIII. — Gesner, p. 516 et (germ.) fol. 20, *b*. — Jonston, lib. I, tit. 3, cap. I, *a*. 3. — *Lyra prior Rondelet*. Aldrovande, lib. II, cap. VII, p. 146. — *Piper*. Ray, p. 89. — Bloch, pl. 350. — Willughby, *Ichtyol.*, p. 282. — *Brit. zoolog*. 3, p. 234, n. 3, tab. 14. — *Gronau* ou *grognaut*. Valmont de Bomare, *Dictionnaire d'histoire naturelle*.

étranger. Une ressemblance bien faible, je le sais, a déterminé les naturalistes grecs à décorer de ce nom l'être que nous allons décrire; mais toutes les fois que la sévérité de l'histoire le permet, ne nous refusons pas au charme de leur imagination agréable et féconde. Et d'ailleurs le poisson que nous voulons continuer d'appeler *lyre* a été revêtu de nuances assez belles pour mériter de paraître à jamais consacré, par sa dénomination pour ainsi dire mythologique, au dispensateur de la lumière qui colore en même temps qu'elle éclaire et vivifie.

Un rouge assez vif règne en effet sur tout le corps de la trigle que nous désirons faire connaître: il se diversifie dans la partie inférieure de l'animal en se mêlant à des teintes blanches ou argentées; la sorte de dorure qui distingue les rayons par lesquels la membrane des nageoires est soutenue ajoute à l'éclat de ce rouge que font ressortir d'ailleurs quelques nuances de vert ou de noir répandues sur ces mêmes nageoires. Ainsi les couleurs les plus brillantes, celles dont la poésie a orné le char radieux du dieu des arts et de la lumière, resplendissent sur le poisson que l'ingénieuse Grèce appela du nom de l'instrument qui fut cher à ce dieu.

Au bout du museau de la trigle que nous examinons s'avancent deux lames osseuses, triangulaires et dentelées ou plutôt découpées, de manière à montrer une image vague de cordes tendues sur une lyre antique.

La tête proprement dite est d'ailleurs arrondie et comme emboîtée dans une enveloppe lamelleuse qui se termine par derrière par quatre ou six aiguillons longs, pointus et très forts, qui présente d'autres piquants au-dessus des yeux, ainsi qu'à la pièce antérieure de chaque opercule, et dont presque toute la surface est ciselée et agréablement rayonnée.

De petites dents hérissent le devant du palais et les deux mâchoires, dont l'inférieure est la plus courte. Le corps et la queue sont couverts de petites écailles des aiguillons courts et courbés vers l'arrière garnissent les deux côtés de la fossette longitudinale dans laquelle l'animal peut coucher ses nageoires dorsales [1].

La trigle lyre habite dans l'océan Atlantique aussi bien que dans la Méditerranée. Elle y parvient quelquefois à la longueur de six ou sept décimètres. Sa chair est trop dure et trop maigre pour qu'elle soit très recherchée. On la pêche cependant de temps en temps, et lorsqu'elle est prise, elle fait entendre, par un mécanisme semblable à celui que nous avons exposé en traitant de plusieurs poissons, une sorte de bruissement que l'on a comparé à un sifflement proprement dit, et qui l'a fait nommer dans plu-

1. A la membrane des branchies .... 7 rayons.
A la première dorsale .... 9 —
A la seconde .... 16 —
A chacune des pectorales .... 12 —
A chacune des thoracines .... 6 —
A celle de l'anus .... 16 —
A celle de la queue .... 19 —

sieurs pays, et particulièrement sur quelques côtes d'Angleterre, *poisson siffleur* (*the piper, the fish piper*[1]).

LA TRIGLE CAROLINE[2]

Trigla carolina, LINN., GMEL., LACÉP.

LA TRIGLE PONCTUÉE[3]

Trigla punctata, BLOCH, LACÉP.

LA TRIGLE LASTOVIVA[4]

Trigla adriatica, LINN., GMEL. — *Trigla Lastoviva*, LACÉP. — *Trigla lineata*, LINN., GMEL., CUV.

Ces trois trigles ont les nageoires pectorales très longues et assez grandes pour s'élever au-dessus de la surface des eaux. Nous devons donc les inscrire parmi les véritables poissons volants. Voyons rapidement leurs traits principaux.

Dans ces trois espèces, la tête est comme ciselée et parsemée de figures étoilées ou rayonnantes qui ont un peu de relief. L'enveloppe lamelleuse qui la recouvre montre, dans la Caroline, deux petits piquants dentelés au-dessus de chaque œil, deux plus grands à la nuque, trois ou quatre à chaque opercule et un à chaque os claviculaire. Les écailles qui revêtent le dos sont petites et dentelées. La ligne latérale est droite et lisse, et le sillon longitudinal dans lequel l'animal peut coucher ses nageoires dorsales est bordé de côté d'aiguillons recourbés.

Une tache noirâtre qui occupe la moitié supérieure de l'œil donne à cet organe une apparence singulière. Une autre tache noirâtre paraît vers le haut de la première nageoire dorsale. Le corps et la queue sont jaunâtres avec de petites taches violettes, et les nageoires pectorales sont violettes avec quatre bandes transversales brunes et arquées[5].

1. La vessie natatoire est longue et simple.

2. *The smaller flying fish*, dans quelques contrées anglaises. — *Trigle Caroline*. Bonnaterre, planches de l'Encyclopédie méthodique. — *Trigle carolin* ou *caroline*. Bloch, pl. 352.

3. *Rubio volador*, en espagnol. — *Trigle ponctuée*. Bloch, pl. 353. — *Lyra alata*. Plumier, peintures sur vélin du Muséum d'histoire naturelle.

4. Brünn., *Pisc. Massil.*, p. 99. — *Trigle lastoviva*. Bonnaterre, planches de l'Encyclopédie méthodique. — *Brit. zoolog.* 3, p. 236, n. 5. — Ray, *Pisc.*, p. 165, f. 11. — *Imbriago*. Bloch, pl. 354. — *Autre espèce de surmulet-imbriaco*. Rondelet, première partie, liv. X, chap. IV.

5.

A la membrane branchiale de la caroline	6	rayons.
A la première nageoire du dos	9	—
A la seconde	12	—
A chacune des pectorales	13	—
A chacune des thoracines	6	—
A celle de l'anus	11	—
A celle de la queue	15	—

On trouve cette trigle, dont la chair est dure et maigre et la longueur d'un ou deux décimètres, aux environs de la Caroline et des Antilles. C'est dans les mêmes mers qu'habite la ponctuée, dont les couleurs sont plus vives, plus variées et plus gaies. Nous décrivons ces nuances d'après une peinture qui fait partie de celles du Muséum d'histoire naturelle, et dont on a dû à Plumier le dessin original. La partie supérieure de l'animal est d'un rouge clair et la partie inférieure d'un beau jaune. Les côtés et le dos sont parsemés de taches rondes, petites et d'un rouge foncé. Ces mêmes taches rouges se montrent sur les nageoires du dos et de l'anus, qui sont lilas ; sur celle de la queue, qui est bleue à sa base et jaune à son extrémité, et sur les ailes, qui sont également jaunes à leur extrémité et bleues à leur base.

La tête de la ponctuée est plus allongée que celle de la caroline[1].

Quant à la trigle lastoviva, elle est rouge par-dessus et blanchâtre par-dessous avec des taches et des bandes couleur de sang ou noirâtres placées sur le dos. Les ailes offrent souvent par-dessus quelques taches brunes, et par-dessous une bordure et des points bleus sur un fond noir. Les thoracines et l'anale sont blanches et quelquefois noires à leur sommet. Au reste, la ligne latérale de ce poisson est hérissée de piquants à deux pointes ; la mâchoire supérieure presque aussi avancée que l'inférieure ; le dessus des yeux garni de petites pointes, la nuque hérissée de deux aiguillons dentelés ; chaque opercule armé de deux aiguillons semblables ; l'os claviculaire étendu, pour ainsi dire, en épine également dentelée, et, de plus, longue, aiguë à son sommet et large à sa base ; et la fossette dorsale bordée, de chaque côté, de piquants à trois ou quatre pointes.

Ce beau poisson parvient quelquefois à la longueur d'un demi-mètre et habite dans la Méditerranée et dans l'océan Atlantique[2].

LA TRIGLE HIRONDELLE[3]

Trigla Hirundo, Linn., Gmel, Bloch., Lacép., Cuv.

La partie supérieure de ce poisson est d'un violet mêlé de brun, et l'inférieure d'un blanc plus ou moins pur et argentin. Il vit dans la Méditer-

1. A chacune des nageoires pectorales de la ponctuée.............. 13 rayons.
A chacune des thoracines.................................... 6 —
A celle de la queue... 12 —

2. A la première nageoire dorsale de la trigle lastoviva, aiguillonnés. 10 —
A la seconde.. 17 —
A chacune des pectorales.................................... 10 —
A chacune des thoracines.................................... 5 —
et 1 aiguillon.
A celle de l'anus.. 16 —
A celle de la queue... 13 —

3. *Cabote, Galline, Gallinette, Linette, Perlon, Grondin*, en France. — *Tigiega*, à Malte. — *Corsano* et *corsavo*, dans la Ligurie. — *Capone*, à Rome. — *Tub fish, Sapphirine gurnard*, en Angleterre. — *Knurr-hahn*, en Allemagne. — *Soe-hane* ou *knurr-hane*, en Danemark. — *Riot*,

ranée et dans les eaux de l'Océan. Il y devient assez grand, puisque sa longueur surpasse quelquefois deux tiers de mètre. Il nage avec une grande rapidité, ses pectorales pouvant lui servir de rames puissantes. Comme il habite les fonds de la pleine mer pendant une grande partie de l'année, on le prend ordinairement avec des lignes de fond ; et quoique sa chair soit dure, il est assez recherché dans plusieurs pays du Nord, particulièrement sur les rivages du Danemark où on le sale et on le sèche à l'air pour l'approvisionnement des vaisseaux[1].

Le bruissement qu'il fait entendre lorsqu'on le touche a paru aux anciens naturalistes grecs et romains avoir quelque rapport avec le croassement des corbeaux ; et voilà pourquoi ils l'ont nommé *corbeau de mer*.

LA TRIGLE PIN[2]

Trigla Cuculus, LINN., GMEL. — *Trigla Pini,* BLOCH, LACÉP.

Les lames ou feuilles minces, étroites et semblables à des feuilles de pin, qui garnissent les deux côtés de chaque ligne latérale, ont suggéré à Bloch le nom spécifique qu'il a donné à cette trigle lorsqu'il l'a fait connaître. Le museau de ce poisson est un peu échancré et terminé par plusieurs aiguillons ordinairement au nombre de six ou de huit. De petites dents hérissent les mâchoires. On aperçoit un os transversal et rude sur le devant du palais et quatre os rudes et ovales auprès du gosier. On voit un piquant au-dessus de chaque œil ou à la pièce antérieure de chaque opercule, deux à la pièce postérieure, et un aiguillon presque triangulaire et dentelé à chaque os claviculaire.

ouskarriot, knorrsoehane, soekok, en Norvège. — *Knorrhane, knoding, knot* ou *schmed,* en Suède.

Trigle hirondelle de mer. Daubenton, Encyclopédie méthodique. — *Id.* Bonnaterre, planches de l'Encyclopédie méthodique. — Mus. Ad. Frid. 2, p. 93. — Müll., *Prodrom. zoolog. danic.,* p. 47, n. 400. — *Fauna suecica,* 340. — It. Wgoth., p. 176. — « Trigla capite aculeato, appendicibus utrinque tribus, etc. » Artedi, gen. 44, syn. 73. — *Koraz.* Athen., lib. I, fol. 177. — *Hirundo prior.* Aldrovande, lib. III, cap. III, p. 135. — *Hirundo.* Willughby, p. 280. — Ray, *Pisc.,* p. 88.

Corvus. Pline, lib. XXXI, cap. XI. — Salvian, fol. 194, 195. — *Perlon.* Bloch, p. 60. — *Corystion ventricosus.* Klein, *Miss. pisc.,* 4, p. 45, n. 3. — *Corax.* Gesner, *Aquat.,* p. 299; Thierb., p. 21. — *Brit. zoolog.* 3, p. 235, n. 4. — *Corbeau de mer.* Rondelet, première partie, liv. X, chap. VI.

1. A la membrane des branchies........ 7 rayons.
A la première nageoire du dos........ 8 —
A la seconde du dos........ 15 —
A chacune des pectorales........ 12 —
A chacune des thoracines........ 6 —
A celle de l'anus........ 14 —
A celle de la queue........ 19 —

2. Bloch, pl. 355.

La fossette longitudinale du dos est bordée d'épines inclinées vers la queue[1]. Les écailles sont très petites, et toute la surface de l'animal réfléchit un rouge un peu foncé, excepté le dessous du corps et de la queue, qui est jaunâtre, et les nageoires du dos, de la poitrine, de la queue et de l'anus, qui sont d'un vert tirant sur le bleu.

LA TRIGLE GURNAU[2]

Trigla Gurnadus, Linn., Gmel., Bloch, Cuv.

LA TRIGLE GRONDIN[3]

Trigla Cuculus, Bloch, Cuv. — *Trigla grunniens*, Lacép.

La première de ces trigles présente une faculté semblable à celle que nous avons remarquée dans la lyre. Elle peut faire entendre un bruissement très sensible par le frôlement de ses opercules, que les gaz de l'intérieur de son corps font, pour ainsi dire, vibrer, en s'échappant avec violence lorsque

1. A la membrane des branchies .... 7 rayons.
A la première nageoire dorsale .... 9 —
A la seconde .... 19 —
A chaque nageoire pectorale .... 10 —
A chacune des thoracines .... 6 —
A celle de l'anus .... 16 —
A celle de la queue .... 18 —

2. *Bellicant*, *Gourneau*, dans plusieurs contrées de France — *Schmiedknecht*, dans le Holstein. — *See-hahn*, ou *kurre* ou *kurre-fish*, à Heiligeland. — *Knorhaan*, en Hollande. — *Tigiega* à Malte. — *Kirlanidsi-balück*, en Turquie. — *Trigle grondin*. Daubenton, Encyclopédie méthodique. — *Trigle grondeur*. Bonnaterre, planches de l'Encyclopédie méthodique.

« Trigla varia, rostro diacantho, aculeis geminis ad utrumque oculum. » Artedi, gen. 46, syn. 74. — Gronov. Mus. 1, p. 44, n. 101; *Zooph.*, p. 84, n. 283. — Brünn., *Pisc. Massil.*, p. 74, n. 90. — *Gurneau*. Bloch, pl. 58. — Charlet, *Onom.*, p. 139. « Corystion gracilis griseus, etc. » Klein, *Miss. pisc.*, 4, p. 40, n. 5, tab. 14, fig. 3. — *Coccyx alter*. Belon, *Aquat.*, p. 204. — *Grey gurnard*. *Brit. zoolog.*, 3, p. 231, n. 1. — Willughby, *Ichtyol.*, p. 279, tab. S, 2, fig. 4. — Ray, *Pisc.*, p. 86.

3. *Morrude*, *Rouget*, *Rouget grondin*, *Perlon*, *Galline*, *Rondela*, dans plusieurs départements de France — *Hunchem*, dans le nord de la France. — *Sehe-hanen*, dans plusieurs contrées du nord de l'Europe. — *The red gurnard*, *Ret chet*, en Angleterre. — *Cocchou*, aux environs de Naples. — *Cabriggia*, dans la Ligurie. — *Organt*, sur plusieurs côtes de l'Adriatique.

Trigle perlon. Daubenton, Encyclopédie méthodique. — *Id.*, Bonnaterre, planches de l'Encyclopédie méthodique. — Mus. Adolph. Frid., 2, p. 93. — « Trigla tota rubens, rostro parum bicorni, operculis branchiarum striatis. » Artedi, gen. 45, syn. 74. — *Rouget* et *rouget grondin*. Bloch, pl. 59. — *O coccuz*. Arist., lib. IV, cap. IX; et lib. VIII, cap. XIII. — Ælian, lib. X, cap. XI. — Oppian, lib. I, p. 5. — Athen., lib. VII, p. 308. — *Cuculus*. Gaz. Aristote. — *Morrude*, ou *Rouget*. Rondelet, première partie, liv. X, chap. II.

Gesner, p. 305 et 306, et (germ.) fol. 17, *b*. — Aldrovande, lib. II, cap. IV, p. 149. — Jonston, *Pisc.*, p. 64, tab. 17, fig. XI. — Willughby, p. 281. — Ray, p. 89. — « Cuculus minor. » Belon, *Aquat.*, p. 104. — « Cuculus lyræ species. » Schonev., p. 32. — *Lyra*. Charlet, p. 239. — « Corystion capite conico, etc. » Klein, *Miss. pisc.*, 4, p. 46, n. 6, tab. 4, fig. 4. — *Red gurnard*. *Brit. zool.*, 3, p. 233, n. 2.

l'animal comprime ses organes internes, et voilà d'où lui vient le nom de *gurnau* qu'elle porte. Ce gurnau a d'ailleurs plusieurs rapports de conformation avec la lyre, et, de plus, il ressemble beaucoup au grondin, qui est doué, comme la lyre, de la faculté de siffler ou de bruire.

Mais, indépendamment des différences indiquées sur le tableau du genre des trigles, et qui séparent le grondin du gurnau, le grondin a la tête et l'ouverture de la bouche plus petites que celles du gurnau. Celui-ci peut parvenir à la longueur d'un mètre[1], celui-là n'atteint ordinairement qu'à celle de trois ou quatre décimètres[2].

Les écailles qui revêtent le gurnau sont blanches ou grises et bordées de noir; des taches rouges et noires sont souvent répandues sur son dos; ses nageoires de la poitrine et de la queue offrent une teinte noirâtre; celles de l'anus et du dos sont d'un gris rougeâtre, la première dorsale est parsemée de taches blanches; les lames épaisses et larges qui recouvrent la ligne latérale sont noires et bordées de blanc.

Le grondin a les lames de ses lignes latérales blanches et bordées de noir; la partie supérieure de son corps et de sa queue, rouge et pointillée de blanc; la partie inférieure, argentée; les nageoires caudale et pectorales, rougeâtres; celle de l'anus, blanche; et les deux dorsales, blanches et pointillées d'orangé.

Au reste, le gurnau et le grondin ont tous les deux les thoracines blanches. Leur chair est très agréable au goût; celle du grondin est même quelquefois exquise. Ils habitent dans la Méditerranée; on les trouve aussi dans l'océan Atlantique, particulièrement auprès de l'Angleterre; c'est vers le commencement ou la fin du printemps que l'un et l'autre s'avancent et se pressent, pour ainsi dire, près des rivages pour y déposer leurs œufs, ou les arroser de la liqueur fécondante que la laite renferme[3].

1. A la première nageoire dorsale du gurnau .... 7 rayons.
   A la seconde .... 19 —
   A chacune des pectorales .... 10 —
   A chacune des thoracines .... 6 —
   A celle de l'anus .... 17 —
   A celle de la queue .... 9 —
2. A la première nageoire dorsale du grondin .... 10 —
   A la seconde .... 18 —
   A chacune des pectorales .... 10 —
   A chacune des thoracines .... 6 —
   A celle de l'anus .... 12 —
   A celle de la queue .... 15 —
3. On voit deux aiguillons auprès de chaque œil du grondin.

LA TRIGLE MILAN[1]

Trigla Milvus, LACÉP.

Plusieurs trigles ont reçu des noms d'oiseaux; on les a appelées *hirondelle, courou, milan*, etc. Il était en effet assez naturel de donner à des poissons ailés, qui s'élèvent dans l'atmosphère, des dénominations qui rappelassent les rapports de conformation, de facultés et d'habitudes, qui les lient avec les habitants de l'air. Aussi ces noms spécifiques ont-ils été composés par des observateurs et adoptés assez généralement, même dès le temps des anciens naturalistes; et voilà pourquoi nous avons cru devoir en conserver deux. La trigle milan a été aussi appelée, et même par plusieurs célèbres naturalistes, *lanterne* ou *fanal*, parce qu'elle offre d'une manière assez remarquable la propriété de luire dans les ténèbres, qui appartient non seulement aux poissons morts dont les chairs commencent à s'altérer et à se décomposer, mais encore à un nombre assez grand d'osseux et de cartilagineux vivants[2]. C'est principalement la tête du milan, et particulièrement l'intérieur de la bouche et son palais, qui brillent, dans l'obscurité, de l'éclat doux et tranquille que répandent, pendant les belles nuits de l'été des contrées méridionales, tant de substances phosphoriques vivantes ou inanimées.

Lorsque dans un temps calme, et après le coucher du soleil, plusieurs centaines de trigles milans, exposées au même danger, saisies du même effroi, emportées hors de leur fluide par la même nécessité d'échapper à un ennemi redoutable, s'élancent dans les couches les plus basses de l'air et s'y maintiennent pendant quelques instants en agitant leurs ailes membraneuses, courtes à la vérité, mais mues par des muscles puissants, c'est un spectacle assez curieux que celui de ces lumières paisibles qui, montant avec vitesse au-dessus des ondes, s'avançant, retombant dans les flots, dessinant dans l'atmosphère des routes de feu qui se croisent, se séparent et se réunissent, ajoutent une illumination aérienne, mobile, et perpétuellement variée, à celle qui repose, pour ainsi dire, sur la surface phosphorique de la mer. Au reste, les milans volant ou nageant en troupes offrent pendant le jour un coup d'œil moins singulier, mais cependant agréable par la vivacité, la disposition et l'harmonie de leurs couleurs. Le rouge domine fréquemment sur leur partie supérieure; et l'on voit souvent de belles taches noires, bleues ou

1. *Belugo*, c'est-à-dire *étincelle; Galline*, dans plusieurs départements méridionaux de France. — *Organo*, dans la Ligurie. — *Cocco*, dans les deux Siciles. — *Trigla lucerna*. Linné, édition de Gmelin. — *Trigle milan*. Daubenton, Encyclopédie méthodique. — *Id*. Bonnaterre, planches de l'Encyclopédie méthodique.

« Trigla rostro parum bifido, linea laterali, ad caudam bifurca. » Artedi, gen. 45, syn. 73. — *Milan marin*. Rondelet, première partie, liv. X, chap. VII. — Aldrov., lib. II, cap. LVIII, p. 281. *Lucerna, milvus* et *milvago*. Gesner, p. 497; et (germ.) folio 17, *a*. — *Lucerna Venetorum* Willughby, p. 281. — Ray, p. 88. — *Cuculus*. Salvian, fol. 190, 191. — Gronov., Mus. 1 n. 100; *Zooph.*, p. 284.

2. Voyez le Discours sur la nature des poissons.

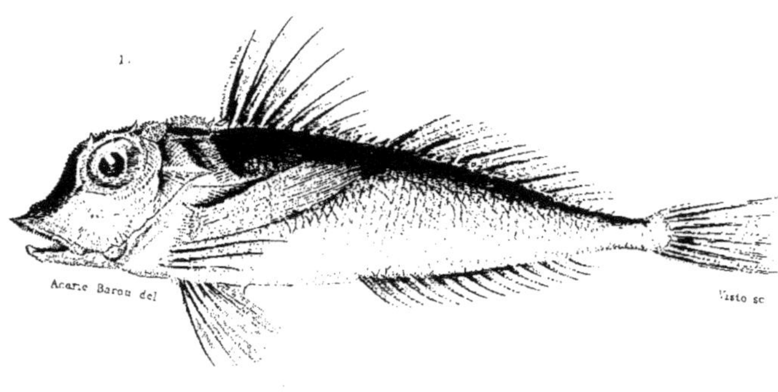

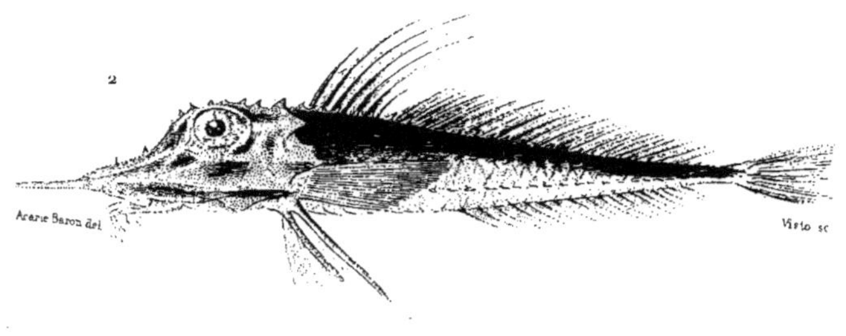

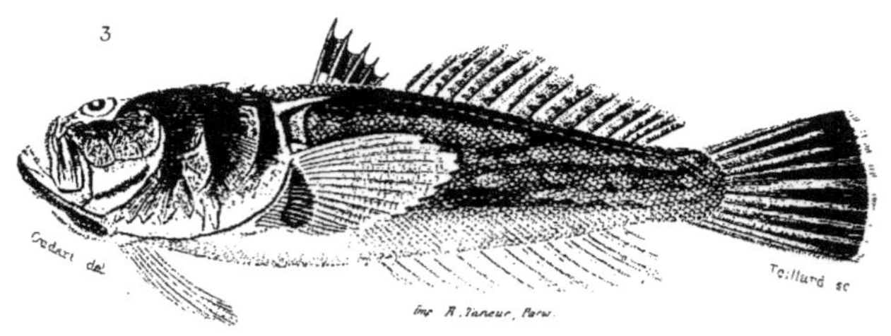

1. Le Trigle Cavillone (Trigla Aspera) — 2. Le Peristedion Malarmat (Peristedion Cataphractus)

3. L'Uranoscope Rat — (Uranoscopus Scaber)

d'après le Règne animal de Cuvier édition V. Masson

Garnier, frères, Éditeurs

jaunes, sur leurs grandes nageoires pectorales. Leur ligne latérale est garnie d'aiguillons, et divisée en deux vers la queue. On les trouve dans l'océan Atlantique aussi bien que dans la Méditerranée. Leur chair est presque toujours dure et sèche[1], et il se pourrait que ces milans ne fussent qu'une variété des trigles hirondelles.

LA TRIGLE MENUE[2]

Trigla minuta, LINN., GMEL., LACÉP.

Le nom de cette trigle désigne sa petitesse ; sa longueur n'égale ordinairement que celle du doigt. Les deux saillies longitudinales qui forment la fossette propre à recevoir les nageoires du dos lorsque l'animal les incline et les plie sont composées de petites lames un peu redressées et piquantes. Le museau est échancré et dentelé. On compte deux aiguillons au-dessus des yeux, deux autres aiguillons[3] et deux piquants plus forts que ces quatre premiers, auprès de l'occiput; une épine assez grande, à proportion des dimensions de l'animal, garnit la partie postérieure de chaque opercule.

On trouve la trigle menue dans les mers de l'Inde.

LA TRIGLE CAVILLONE[4]

Trigla Cavillone, LACÉP. — *Trigla aspera*, VIVIANI, CUV.

Rondelet a décrit cette trigle, dont il a aussi publié une figure gravée. N'ayant que deux rayons articulés et isolés à chaque nageoire pectorale, non seulement elle est séparée des espèces que nous venons de décrire, mais elle appartient même à un sous-genre particulier. On l'a appelée *cavillone* dans plusieurs départements français voisins de la Méditerranée, à cause de sa ressemblance avec une cheville que l'on y nomme *caville*. L'animal est en effet beaucoup plus gros vers la tête que vers la nageoire de la queue. Il est couvert d'écailles petites, mais dentelées, âpres et dures. La ligne latérale est très droite et très voisine du dos. On voit un piquant au-dessus de chaque œil, et six aiguillons très grands et un peu aplatis à la partie postérieure de cette sorte de casque ou d'enveloppe lamelleuse et ciselée, qui défend la tête.

1. A la première nageoire du dos........ 10 rayons.
A la seconde........ 17 —
A chacune des pectorales........ 10 —
A chacune des thoracines........ 6 —
A celle de l'anus........ 15 —

2. *La petite trigle*. Bonnaterre, planches de l'Encyclopédie méthodique.

3. A la première nageoire du dos, aiguillonnés........ 5 rayons.
A la seconde........ 24 —
A chacune des pectorales........ 8 —
A chacune des thoracines........ 6 —
A celle de l'anus........ 14 —
A celle de la queue........ 10 —

4. Autre espèce de surmulet, dite *cavillone*. Rondelet, première partie, liv. X, chap. V. — *Mullus asperus*. Id.

La cavillone est d'un très beau rouge, lequel fait ressortir la couleur de ses ailes, qui sont blanches par-dessus et d'un vert noirâtre par-dessous[1]. Ses dimensions sont ordinairement aussi petites que celles de la menue. Son foie est très long; mais son estomac est peu étendu, et son pylore garni d'un petit nombre d'appendices ou cæcums. La chair de cette trigle est dure et peu agréable au goût.

CENTIÈME GENRE

LES PÉRISTÉDIONS

Des rayons articulés et non réunis par une membrane auprès des nageoires pectorales; une seule nageoire dorsale; point d'aiguillon dentelé sur le dos; une ou plusieurs plaques osseuses au-dessous du corps.

ESPÈCES.	CARACTÈRES.
1. Le Péristédion malarmat.	Tout le corps cuirassé.
2. Le Péristédion chabrontère.	Deux plaques osseuses garnissent le dessous du corps.

LE PÉRISTÉDION MALARMAT[2]

Trigla cataphracta, Linn., Gmel. — *Peristedion Malarmat*, Lacép., Cuv.

Les plaques osseuses qui garnissent le dessous du corps des péristédions et y forment une sorte de plastron séparent ces poissons des trigles proprement dites et nous ont suggéré le nom générique que nous leur donnons[3]. Cette cuirasse est très étendue sur la partie inférieure du malarmat; elle la couvre en entier; elle se réunit avec celle qui défend la partie supérieure; ou, pour mieux dire, la totalité du corps et de la queue de cet osseux est renfermée dans une sorte de gaine composée de huit rangs de lames, qui la font paraître octogone. Chacune de ces lames est plus large que longue, irrégulièrement hexagone et relevée dans son milieu par un piquant recourbé vers l'arrière. Ces plaques ou lames dures sont d'autant moins grandes qu'elles sont placées plus près de la queue; on compte quelquefois plus de quarante pièces à chacune des rangées longitudinales, de ces lames aiguillonnées.

1. 7 rayons aiguillonnés à la première nageoire du dos, qui est triangulaire.

2. *Pesce capone, Pesce furca, Forchato, Pesce forcha*, en Italie. — *Scala feno*, dans la Ligurie. — *Gabel fisch, Panzerhalm*, en Allemagne. — *Roode duyvel visch*, en Hollande. — *Rochet*, en Angleterre. — *Ikan seytan mera*, et *ikan paring*, dans les Indes orientales. — *Olosteone*, en grec.

Bloch, pl. 349. — *Trigle malarmat*. Daubenton, Encyclopédie méthodique. — *Id.* Bonnaterre, planches de l'Encyclopédie méthodique. — Mus. Adolph. Fr. 2, p. 92. — « Trigla... corpore octogono. » Artedi, gen. 46, syn. 75. — « Lyra altera Rondeletii. » Aldrov., lib. II, cap. VII, p. 147. — *Id.* Willughby, p. 283. — *Id.* Ray, p. 89. — *Lyra*. Salvian, fol. 192, *b*, ad iconem, et 193. — *Malarmat*. Rondelet, première partie, liv. X, chap. IX.

Gesner, p. 517, 610; et (germ.) fol. 20, *b*. — Gronov., Mus. 1, n. 98. — *Malarmat*. Duhamel, *Traité des pêches*, part. 2, sect. 5, chap. V, p. 213, pl. 9, fig. 1 et 2. — *Id.* Valmont de Bomare, *Dictionnaire d'histoire naturelle*.

3. *Peristéthion*, en grec, signifie *pectoral*, *plastron*.

La tête est renfermée, comme celle de presque toutes les trigles, dans une enveloppe à quatre faces, dure, un peu osseuse, relevée par des arêtes longitudinales et parsemée de piquants dans sa partie supérieure. Le museau se termine en deux os longs et plats, dont l'ensemble ressemble assez à celui d'une fourche.

Les mâchoires sont dépourvues de dents proprement dites; le palais et la langue sont lisses. On voit à la mâchoire inférieure plusieurs barbillons très courts et deux autres barbillons longs et ramifiés.

Chaque opercule est composé d'une seule lame et terminé en pointe. L'anus est plus près du museau que de la nageoire caudale, qui est en croissant; on ne compte auprès de chaque nageoire pectorale que deux rayons articulés et libres; ce qui donne au malarmat un rapport de plus avec la trigle cavillone[1].

Presque tout l'animal est d'un rouge pâle, comme plusieurs trigles; les thoracines sont grises et les pectorales noirâtres.

Le malarmat habite non seulement dans la mer Méditerranée, mais encore dans celle qui baigne les Moluques. Il ne parvient guère qu'à la longueur de six ou sept décimètres. Et l'on doit croire que si le poisson nommé *cornuta* par Pline est le malarmat, il faut lire dans cet auteur, et avec Rondelet, que les cornes ou appendices du museau de cet osseux ont un demi-pied (*cornua semipedalia*), et non pas un pied et demi (*ses-quipedalia*). Nous devons même ajouter qu'il y aurait encore de l'exagération dans cette évaluation des appendices du malarmat, et que des *cornes* de deux décimètres de longueur supposeraient, dans les dimensions générales de ce poisson, une grandeur bien au-dessus de la réalité.

Le péristédion que nous décrivons se nourrit de mollusques, de vers marins et de plantes marines. Il se tient souvent au fond de la mer; quoique sa chair soit dure et maigre, on le pêche dans beaucoup d'endroits pendant toute l'année, particulièrement pendant le printemps. On le prend communément avec des filets. Il nage avec beaucoup de rapidité; et comme il est très vif dans ses mouvements, il brise fréquemment ses appendices contre les rochers ou d'autres corps durs.

La vessie natatoire est grande; ce qui ajoute à la facilité avec laquelle le malarmat peut se soutenir dans l'eau malgré la pesanteur de sa cuirasse. Le pylore est entouré de six petits cæcums.

1.

A la membrane branchiale	7	rayons.
A la première partie de la nageoire du dos, dont la membrane est plus basse que ces mêmes rayons	7	—
A la seconde partie de cette même nageoire	26	—
A chaque pectorale	12	—
A celle de l'anus	20	—
A celle de la queue	13	—

LE PÉRISTÉDION CHABRONTÈRE[1]

Peristedion Chabrontera, Lacép. — *Trigla hamata*, Bloch, Schn.

La chabrontère n'a, comme le malarmat, que deux rayons libres et articulés, auprès de chaque nageoire pectorale; son museau est fourchu, comme celui du malarmat; mais elle n'est pas renfermée dans une gaine octogone. Deux plaques osseuses défendent cependant la partie inférieure de son corps ; elles s'étendent depuis la poitrine jusqu'à l'anus. On compte plusieurs aiguillons droits ou recourbés au-dessus du museau, et on en voit trois au-dessus et trois autres au-dessous de la queue[2]. Toutes les nageoires, excepté la caudale, sont très longues, et d'un rouge éclatant.

On trouve la chabrontère dans la Méditerranée.

CENT UNIÈME GENRE

LES ISTIOPHORES

Point de rayons articulés et libres auprès des nageoires pectorales ni de plaques osseuses au-dessous du corps; la première nageoire du dos arrondie, très longue et d'une hauteur supérieure à celle du corps; deux rayons à chaque thoracine.

ESPÈCE.	CARACTÈRES.
L'Istiophore porte-glaive.	La mâchoire supérieure prolongée en forme de lame d'épée ; deux nageoires de l'anus.

L'ISTIOPHORE PORTE-GLAIVE[3]

Scomber Gladius, Brousson. — *Xiphias velifer*, Bloch, Schn. — *Xiphias platysterus*, Shaw. — *Istiophorus gladifer*, Lacép.

Marcgrave, Pison, Willughby, Rai, Jonston, Ruysch, mon savant confrère Broussonnet et feu le célèbre Bloch ont parlé de ce poisson très remarquable par sa forme, sa grandeur et ses habitudes. En effet, sa tête ressemble beaucoup à celle des xiphias ; il parvient, comme ces derniers, à une longueur de plus de trois mètres ; comme ces derniers encore, il jouit d'une grande force, d'une grande agilité, d'une grande audace; il attaque avec courage, et souvent avec avantage, des ennemis très dangereux. Cependant les xiphias appartiennent à l'ordre des apodes de la cinquième division, et le

1. Osbeck, *Fragm. ichtyol. Hispan.* — *Trigle chabrontère.* Bonnaterre, planches de l'Encyclopédie méthodique.

2. A la membrane des branchies.................. 7 rayons.
A la nageoire du dos.................. 26 —
A chacune des thoracines.................. 6 —
A celle de l'anus.................. 20 —

3. *Voilier, Brochet volant, Bécasse de mer*, par plusieurs auteurs ou voyageurs français. — *Schwerdt-makrebe*, par les Allemands. — *Ola* et *sword-fish*, par les Anglais. — *Zeyl-visch, Layer, Zee-nipp*, par les Hollandais des Indes orientales. — *Ikan tsjabelang jang terbang*, aux Indes orientales. — *Voilier, scomber gladius.* Bloch, pl. 345.

porte-glaive doit être inscrit dans la même division, à la vérité, mais dans l'ordre des thoracins.

La mâchoire supérieure de l'istiophore que nous décrivons est trois fois plus avancée que l'inférieure; très étroite, très longue, convexe par-dessus et pointue, elle ressemble à une épée, et a indiqué le nom spécifique de l'animal. Elle est garnie, ainsi que le palais et la mâchoire inférieure, de dents très petites dont on ne trouve aucun vestige sur la langue. La tête est menue; chaque opercule composé de deux lames ; le corps allongé, épais et garni, ainsi que la queue, d'écailles difficiles à voir au-dessous de la membrane qui les couvre; la ligne latérale courbe, et terminée par une saillie longue et dure; le dos noir ; chaque côté bleu ; le dessous du corps et de la queue argentin ; la couleur des pectorales et de l'anale noire ; et celle de la première nageoire dorsale, d'un bleu céleste parsemé de taches petites et d'un rouge brun[1].

Les pectorales sont pointues; la caudale est fourchue ; chaque nageoire thoracine ne présente que deux rayons longs, larges et un peu courbés ; on compte deux nageoires de l'anus ; elles sont toutes les deux triangulaires et à peu près de la même surface que la seconde dorsale, au-dessous de laquelle la seconde nageoire de l'anus se trouve placée.

Quant à la première dorsale, sa forme et ses dimensions sont très dignes d'attention. Elle s'étend depuis la nuque jusqu'à une petite distance de l'extrémité de la queue, elle est donc très longue. Elle est aussi très haute, sa hauteur surpassant la moitié de sa longueur. Son contour est arrondi ; et elle s'élève comme un demi-disque, ou plutôt comme une voile, qui a fait nommer l'animal *voilier*, et d'après laquelle nous lui avons donné le nom générique de porte-voile (*istiophorus*, istiophore[2]).

Le porte-glaive nage souvent à la surface de l'eau, au-dessus de laquelle sa nageoire dorsale paraît d'assez loin et présente une surface de quinze ou seize décimètres de long, sur huit ou neuf de haut. Il habite les mers chaudes des Indes orientales aussi bien que des occidentales. Le célèbre chevalier Banks l'a vu à Madagascar et à l'île de France. Il a pris à Surate un individu de cette espèce, qui avait plus de trois mètres de longueur, dont le plus grand diamètre du corps était d'un quart de mètre, et qui pesait dix myriagrammes.

Dans sa natation rapide, l'istiophore porte-glaive s'avance sans crainte,

1. A la membrane branchiale.................................... 7 rayons.
A la première nageoire dorsale.................................... 45 —
A la seconde.................................... 7 —
A chaque pectorale.................................... 15 —
A chaque thoracine.................................... 2 —
A la première de l'anus.................................... 9 —
A la seconde de l'anus.................................... 5 —
A celle de la queue.................................... 20 —

2. *Istion*, en grec, signifie *voile de navire*.

se jette sur de très gros poissons, ne recule pas devant l'homme et se précipite contre les vaisseaux, dans le bordage desquels il laisse quelquefois des tronçons de son arme brisée par la violence du choc. Il lutte avec facilité contre les ondes agitées, ne se cache pas à l'approche des orages, paraît même rechercher les tempêtes, pour saisir plus promptement une proie troublée, fatiguée et, pour ainsi dire, à demi vaincue par le bouleversement des flots. Voilà pourquoi son apparition sur l'Océan a été regardée par des navigateurs comme le présage d'un ouragan.

Il avale tout entiers des poissons longs de trois ou quatre décimètres. Lorsque, encore jeune, il ne présente qu'une longueur d'un mètre ou environ, sa chair n'est pas assez imbibée de graisse pour être indigeste ; de plus, elle est très agréable au goût.

CENT DEUXIÈME GENRE

LES GYMNÈTRES

Point de nageoire de l'anus; une seule nageoire dorsale; les rayons des nageoires thoracines très allongés.

ESPÈCE.	CARACTÈRES.
LE GYMNÈTRE HAWKEN.	Deux rayons à chaque nageoire thoracine.

LE GYMNÈTRE HAWKEN[1]

Gymnetrus Hawkenii, Bloch, Lacép.

Les poissons renfermés dans ce genre n'ayant pas de nageoire de l'anus, nous aurions inscrit les gymnètres à la tête des thoracins de la cinquième division, si l'espérance de recueillir de nouveaux renseignements au sujet de ces animaux ne m'avait fait différer jusqu'à ce moment l'impression de cet article.

Les gymnètres ont beaucoup de rapports avec les régalecs ; mais indépendamment de plusieurs différences qu'il est aisé d'apercevoir, et sans considérer, par exemple, que les régalecs ont deux nageoires dorsales et que les gymnètres n'en ont qu'une, ces derniers appartiennent à l'ordre des thoracins, et les régalecs à celui des apodes.

Le hawken a été ainsi nommé par reconnaissance pour l'ami des sciences naturelles (M. Hawken), qui a envoyé dans le temps un individu de cette espèce à Bloch, de Berlin.

Chaque nageoire thoracine de ce poisson est composée de deux rayons séparés l'un de l'autre et prolongés en forme de filament jusque vers le milieu de la longueur totale de l'animal. A son extrémité, chacun de ces rayons s'épanouit, s'élargit, se divise en six ou sept petits rayons réunis par une membrane et forme comme une petite palette arrondie.

1. Bloch, pl. 425.

L'ensemble du hawken est d'ailleurs serpentiforme, mais un peu comprimé ; la mâchoire inférieure dépasse la supérieure ; l'ouverture branchiale est grande ; on voit un petit enfoncement au-devant des yeux ; la nageoire dorsale commence au-dessus de ces derniers organes et s'étend jusqu'à la caudale, comme une bande à peu près également élevée dans tous ses points ; la caudale est en croissant ; toutes les nageoires sont couleur de sang ; le corps et la queue sont d'un gris bleu avec des taches et de petites bandes brunes disposées assez régulièrement.

L'individu décrit par Bloch avait été pris auprès de Goa. Il avait plus de huit décimètres de long et pesait près de cinq kilogrammes.

CENT TROISIÈME GENRE

LES MULLES

Le corps couvert de grandes écailles qui se détachent aisément; deux nageoires dorsales; plus d'un barbillon à la mâchoire inférieure.

ESPÈCES.	CARACTÈRES.
1. LE MULLE ROUGET.	Le corps et la queue rouges, même lorsqu'ils sont dénués d'écailles; point de raies longitudinales; les deux mâchoires également avancées.
2. LE MULLE SURMULET.	Le corps et la queue rouges; des raies longitudinales jaunes; la mâchoire supérieure un peu plus avancée que l'inférieure.
3. LE MULLE JAPONAIS.	Le corps et la queue jaunes; point de raies longitudinales.
4. LE MULLE AURIFLAMME.	Le dos comme bronzé; une raie longitudinale large et rousse de chaque côté de l'animal; une tache noire vers l'extrémité de la ligne latérale; la nageoire de la queue jaune et sans tache; les barbillons blancs; des dents petites et nombreuses.
5. LE MULLE RAYÉ.	Blanchâtre; cinq raies longitudinales de chaque côté, deux brunes et trois jaunes; la nageoire de la queue rayée obliquement de brun; les barbillons de la longueur des opercules; les écailles légèrement dentées.
6. LE MULLE TACHETÉ.	La tête, le corps, la queue et les nageoires rouges; trois taches grandes, presque rondes et noires, de chaque côté du corps; huit rayons à la première nageoire du dos; dix à celle de l'anus.
7. LE MULLE DEUX BANDES.	Une bande très foncée, transversale et terminée en pointe à l'origine de la première nageoire du dos; une bande presque semblable vers l'origine de la queue; la nageoire caudale divisée en deux lobes très distincts; la tête couverte d'écailles semblables à celles du dos; les barbillons épais à leur base et déliés à leur extrémité.
8. LE MULLE CYCLOSTOME.	Point de raies, de bandes ni de taches; l'extrémité des barbillons atteignant à l'origine des thoracines; l'ouverture de la bouche représentant une très grande portion de cercle; la ligne latérale parallèle au dos; huit rayons à la première dorsale.

ESPÈCES.	CARACTÈRES.
9. LE MULLE TROIS BANDES.	Trois bandes transversales, larges, très foncées et finissant en pointes; la tête couverte d'écailles semblables à celles du dos; l'extrémité des barbillons atteignant à l'extrémité des nageoires thoracines.
10. LE MULLE MACRONÈME.	Une raie longitudinale de chaque côté du corps; une tache noire vers l'extrémité de la ligne latérale; sept rayons à la première dorsale; l'extrémité des barbillons atteignant à l'extrémité des nageoires thoracines.
11. LE MULLE BARBERIN.	Une raie longitudinale de chaque côté du corps; une tache noire vers l'extrémité de la ligne latérale; huit rayons à la première dorsale; l'extrémité des barbillons n'atteignant que jusqu'à la seconde pièce des opercules; cette seconde pièce garnie d'un piquant recourbé.
12. LE MULLE ROUGEATRE.	Le corps et la queue rougeâtres; une tache noire vers l'extrémité de la ligne latérale; la seconde dorsale parsemée, ainsi que la nageoire de l'anus et celle de la queue, de taches brunes et faites en forme de lentilles.
13. LE MULLE ROUGEOR.	Le corps et la queue rouges; une grande tache dorée entre les nageoires dorsales et celle de la queue; des rayons dorés aboutissant à l'œil comme à un centre; les opercules dénués de piquants et non d'écailles semblables à celles du dos; les barbillons atteignant jusqu'à la base des thoracines et se recourbant ensuite; quatre rayons à la membrane des branchies.
14. LE MULLE CORDON JAUNE.	Le dos bleuâtre; une raie latérale et longitudinale dorée; la nageoire de la queue et le sommet de celles du dos jaunâtres; trois pièces à chaque opercule; un petit piquant à la seconde pièce operculaire; les opercules dénués d'écailles semblables à celles du dos; quatre rayons à la membrane des branchies; les barbillons recourbés et n'atteignant pas tout à fait jusqu'à la base des nageoires thoracines.

LE MULLE ROUGET[1]

Mullus barbatus, LINN., GMEL., BLOCH, CUV.

Avec quelle magnificence la nature n'a-t-elle pas décoré ce poisson! Quels souvenirs ne réveille pas ce mulle dont le nom se trouve dans les

1. *Barbet*, *Petit surmulet*, dans plusieurs contrées de France. — *Red surmulet*, *Smaller redbeard*, en Angleterre. — *Der kleine roth-bart*, *Die rothe sec barbe*, en Allemagne. — *Nagarey*, par les Tamules. — *Tekyr*, par les Turcs. — *Triglia*, en Italie. — *Triglia verace*, sur les rivages de la Ligurie. — *Barboni*, à Venise. — *Barbarin*, en Portugal.

Mus. Adolph. Frid. 2, p. 91. — Bloch, pl. 348, fig. 2. — *Mulet rouget*. Daubenton et Haüy, Encyclopédie méthodique. — *Id.* Bonnaterre, planches de l'Encyclopédie méthodique. — « Trigla capite glabro, cirris geminis in maxilla inferiore. » Artedi, gen. 43, syn. 73. — *H trigla*. Aristote, lib. II, cap. XVII; lib. IV, cap. XI; lib. V, cap. IX; lib. VI, cap. XVII; lib. VIII, cap. II, XIII; et lib. VI, cap. II, XXXVII. — *Trigle*. Ælian, lib. II, cap. XLI, p. 118; lib. IX, cap. LI, LXV, p. 557; et lib. X, cap. II.

Athen., lib. VII, p. 324. 325. — Oppian, lib. I, p. 5, 6. — Pline, lib. IX, cap. XVII, XVIII,

écrits de tant d'auteurs célèbres de la Grèce et de Rome! De quelles réflexions, de quels mouvements, de quelles images son histoire n'a-t-elle pas enrichi la morale, l'éloquence et la poésie! C'est à sa brillante parure qu'il a dû sa célébrité. Et en effet, non seulement un rouge éclatant le colore en se mêlant à des teintes argentines sur ses côtés et sur son ventre, non seulement ses nageoires resplendissent des divers reflets de l'or, mais encore le rouge dont il est peint, appartenant au corps proprement dit du poisson, et paraissant au travers des écailles très transparentes qui revêtent l'animal, reçoit par sa transmission et le passage que lui livre une substance diaphane, polie et luisante, toute la vivacité que l'art peut donner aux nuances qu'il emploie, par le moyen d'un vernis habilement préparé. Voilà pourquoi le rouget montre encore la teinte qui le distingue lorsqu'il est dépouillé de ses écailles ; et voilà pourquoi encore les Romains, du temps de Varon, gardaient les rougets dans leurs viviers, comme un ornement qui devint bientôt si recherché, que Cicéron reproche à ses compatriotes l'orgueil insensé auquel ils se livraient, lorsqu'ils pouvaient montrer de beaux mulles dans les eaux de leurs habitations favorites.

La beauté a donc été l'origine de la captivité de ces mulles; elle a donc été pour eux, comme pour tant d'autres êtres dignes d'un intérêt bien plus vif, une cause de contrainte, de gêne et de malheur. Mais elle leur a été bien plus funeste encore par un effet bien éloigné de ceux qu'elle fait naître le plus souvent ; elle les a condamnés à toutes les angoisses d'une mort lente et douloureuse; elle a produit dans l'âme de leurs possesseurs une cruauté d'autant plus révoltante qu'elle était froide et vaine.

Sénèque et Pline rapportent que les Romains, fameux par leurs richesses et abrutis par leurs débauches, mêlaient à leurs dégoûtantes orgies le barbare plaisir de faire expirer entre leurs mains un des mulles rougets, afin de jouir de la variété des nuances pourpres, violettes ou bleues, qui se succédaient depuis le rouge du cinabre jusqu'au blanc le plus pâle, à mesure que l'animal passant par tous les degrés de la diminution de la vie, et perdant peu à peu les forces nécessaires pour faire circuler dans les ramifications les plus extérieures de ses vaisseaux le fluide auquel il avait dû ses couleurs en même temps que son existence[1], parvenait enfin au terme de ses souffrances longuement prolongées. Des mouvements convulsifs marquaient seuls, avec les dégradations des teintes, l'approche de la fin des tourments

LI; et lib. XXXII, cap. X, XI. — Wotton, lib. VIII, cap. CXLIX, fol. 151, *b*. — P. Jov., cap. XVIII, p. 83. — *Mullus minor*. Salvian. — Schonev., p. 47. — Willughby, p. 285. — *Mullus*. Ray, p. 90. — *Mulus*, vel *mullus*. Cuba, lib. III, cap. LX, fol. 84, *b*. — *Mullus barbatus*. Varron, *Rustic.*, lib. III, cap, XVII. — Rondelet, première partie, liv. X, chap. III. — *Mullus barbatus*. Gesner, *Aquat.*, p. 565.

« Mullus Gesneri, qui minor Salviani dicitur. » Aldrovande, lib. II, cap. I, p. 131. — Belon, *Pisc.*, p. 170. — *Red surmulet*. *Brit. zool.*, 3, p. 227, n. 1. — *Surmulet*. Valmont de Bomare, *Dictionnaire d'histoire naturelle*.

1. Voyez le Discours sur la nature des poissons.

du rouget. Aucun son, aucun cri plaintif, aucune sorte d'accent touchant, n'annonçaient ni la vivacité des douleurs, ni la mort qui allait les faire cesser. Les mulles sont muets comme les autres poissons ; et nous aimons à croire, pour l'honneur de l'espèce humaine, que ces Romains, malgré leur avidité pour de nouvelles jouissances qui échappaient sans cesse à leurs sens émoussés par l'excès des plaisirs, n'auraient pu résister à la plainte la plus faible de leur malheureuse victime ; mais ses tourments n'en étaient pas moins réels ; ils n'en étaient pas moins les précurseurs de la mort. Et cependant le goût de ce spectacle cruel ajouta une telle fureur pour la possession des mulles, au désir raisonnable, s'il eût été modéré, de voir ces animaux animer par leurs mouvements et embellir par leur éclat les étangs et les viviers, que leur prix devint bientôt excessif : on donnait quelquefois de ces osseux leur poids en argent[1].

Le Calliodore, objet d'une des satires de Juvénal, dépensa 400 sesterces pour quatre de ces mulles. L'empereur Tibère vendit 4,000 sesterces un rouget du poids de deux kilogrammes, dont on lui avait fait présent. Un ancien consul, nommé Célère, en paya un 8,000 sesterces; et, selon Suétone, trois mulles furent vendus 30,000 sesterces. Les Apicius épuisèrent les ressources de leur art pour parvenir à trouver la meilleure manière d'assaisonner les mulles rougets; et c'est au sujet de ces animaux que Pline s'écrie : « On s'est plaint de voir des cuisiniers évalués à des sommes excessives. Maintenant c'est au prix des triomphes qu'on achète et les cuisiniers et les poissons qu'ils doivent préparer. »

Et que ce luxe absurde, ces plaisirs féroces, cette prodigalité folle, ces abus sans reproduction, cette ostentation sans goût, ces jouissances sans délicatesse, cette vile débauche, cette plate recherche, ces appétits de brute, qui se sont engendrés mutuellement, qui n'existent presque jamais l'un sans l'autre, et que nous rappellent les traits que nous venons de citer, ne nous étonnent point. De Rome républicaine il ne restait que le nom ; toute idée libérale avait disparu ; la servitude avait brisé tous les ressorts de l'âme ; les sentiments généreux s'étaient éteints ; la vertu, qui n'est que la force de l'âme, n'existait plus; le goût, qui ne consiste que dans la perception délicate de convenances que la tyrannie abhorre, chaque jour se dépravait ; les arts, qui ne prospèrent que par l'élévation de la pensée, la pureté du goût, la chaleur du sentiment, éteignaient leurs flambeaux ; la science ne convenait plus à des esclaves dont elle ne pouvait éclairer que les fers. Des joies fausses, mais bruyantes et qui étourdissent, des plaisirs grossiers qui enivrent, des jouissances sensuelles qui amènent tout oubli du passé, toute considération du présent, toute crainte de l'avenir, des représentations vaines de ces trésors trompeurs entassés à la place des vrais biens que l'on avait perdus, plusieurs re-

1. Des rougets ont pesé deux kilogrammes. Le kilogramme d'argent vaut à peu près deux cents francs.

cherches barbares, tristes symptômes de la férocité, dernier terme d'un courage abâtardi, devaient donc convenir à des Romains avilis, à des citoyens dégradés, à des hommes abrutis. Quelques philosophes dignes des respects de la postérité s'élevaient encore au milieu de cette tourbe asservie ; mais plusieurs furent immolés par le despotisme ; et dans leur lutte trop inégale contre une corruption trop générale, ils éternisèrent par leurs écrits la honte de leurs contemporains, sans pouvoir corriger leurs vices funestes et contagieux.

Les poissons dont le nom se trouve lié avec l'histoire de ces Romains dégénérés ont fixé l'attention de plusieurs écrivains. Mais comme la plupart de ces auteurs étaient peu versés dans les sciences naturelles, comme d'ailleurs le surmulet a été, ainsi que le rouget, l'objet de la recherche prodigue et de la curiosité cruelle que nous venons de retracer, et comme ces deux osseux ont les mêmes habitudes, et assez de formes et de qualités communes pour qu'on ait souvent appliqué les mêmes dénominations à l'un et à l'autre, on est tombé dans une telle confusion d'idées au sujet de ces deux mulles, que d'illustres naturalistes très récents les ont rapportés à la même espèce, sans supposer même qu'ils formassent deux variétés distinctes.

En comparant néanmoins cet article avec celui qui suit, il sera aisé de voir que le rouget et le mulet sont différents l'un de l'autre.

Le devant de la tête du rouget paraît comme tronqué, ou, pour mieux dire, le sommet de la tête de cet osseux est très élevé. Les deux mâchoires, également avancées, sont, de plus, garnies d'une grande quantité de petites dents. De très petites aspérités hérissent le devant du palais et quatre os placés auprès du gosier. Deux barbillons, assez longs pour atteindre à l'extrémité des opercules, pendent au-dessous du museau. Chaque narine n'a qu'une ouverture. Deux pièces composent chaque opercule, au-dessous duquel la membrane branchiale peut être cachée presque en entier[1]. La ligne latérale est voisine du dos ; l'anus plus éloigné de la tête que de la nageoire de la queue, qui est fourchue ; et tous les rayons de la première dorsale, ainsi que le premier des pectorales, de l'anale et des thoracines, sont aiguillonnés.

Les écailles qui recouvrent la tête, le corps et la queue se détachent facilement[2].

Le rouget vit souvent de crustacés. Il n'entre que rarement dans les rivières, et il est des contrées où on le prend dans toutes les saisons. On le

1. A la membrane branchiale	3	rayons.
A la première nageoire du dos	7	—
A la seconde	9	—
A chacune des pectorales	15	—
A chacune des thoracines	6	—
A celle de l'anus	7	—
A celle de la queue	17	—

2. L'estomac est composé d'une membrane mince ; vingt-six cæcums sont placés auprès du pylore ; le foie est divisé en deux lobes, et la vésicule du fiel petite.

pêche non seulement à la ligne, mais encore au filet. On ne devine pas pourquoi un des plus célèbres interprètes d'Aristote, Alexandre d'Aphrodisée, a écrit que ceux qui tenaient ce mulle dans la main étaient à l'abri de la secousse violente que la raie torpille peut faire éprouver[1].

On trouve le rouget dans plusieurs mers, dans le canal de la Manche, dans la Baltique près du Danemark, dans la mer d'Allemagne vers la Hollande, dans l'océan Atlantique auprès des côtes du Portugal, de l'Espagne, de la France, et particulièrement à une petite distance de l'embouchure de la Gironde, dans la Méditerranée, aux environs de la Sardaigne, de Malte, du Tibre et de l'Hellespont, et dans les eaux qui baignent les rivages des îles Moluques.

Quoique nous ayons vu que l'empereur Tibère vendit un rouget du poids de deux kilogrammes, ce mulle ne parvient ordinairement qu'à la longueur de trois décimètres. Il a la chair blanche, ferme et de très bon goût, particulièrement lorsqu'il vit dans la partie de l'Océan qui reçoit les eaux réunies de la Garonne et de la Dordogne.

LE MULLE SURMULET[2]

Mullus Surmuletus, Linn., Gmel., Lacép., Bloch, Cuv.

Des raies dorées et longitudinales servent à distinguer ce poisson du rouget. Elles s'étendent non seulement sur le corps et sur la queue, mais encore sur la tête, où elles se marient, d'une manière très agréable à l'œil, avec le rouge argentin qui fait le fond de la couleur de cette partie. Il paraît que ces nuances disposées en raies appartiennent aux écailles, et par conséquent s'évanouissent par la chute de ces lames, tandis que le rouge sur lequel elles sont dessinées, provenant de la distribution des vaisseaux sanguins près de la surface de l'animal, subsiste dans tout son éclat, lors même que le poisson est entièrement dépouillé de son tégument écailleux. Le brillant de l'or resplendit d'ailleurs sur les nageoires ; et c'est ainsi que les teintes les plus riches se réunissent sur le surmulet, comme sur le rouget, mais combinées dans d'autres proportions et disposées d'après un dessin différent.

L'ouverture de la bouche est petite ; la mâchoire supérieure un peu plus

1. Voyez l'*Histoire naturelle et littéraire des poissons*, par le savant professeur Schneider, p. 111.

2. *Barbarin, Rouget barbé, Mulet barbé*, dans plusieurs contrées de France. — *Tekyr*, en Turquie. — *Rothbart*, en Allemagne. — *Peter mænnchen, Goldecken*, dans le Holstein. — *Schmerbutten* et *baguntken*, près d'Erckernfœrde. — *Konig van der haaring*, en Hollande. — *Byenaneque* et *baart-mannetje*, dans les Moluques hollandaises. — *Ikan tamar*, en Chine.

Mulet surmulet. Bonnaterre, planches de l'Encyclopédie méthodique. — Bloch, pl. 57. — « Trigla capite glabro, lineis utrinque quatuor luteis, etc. » Artedi, gen. 43, syn. 72. — *Mullus major*. Salvian. — Mullus major ex Hispania missus. » Aldrov. lib. II, cap. 1, p. 123— « Mullus major noster et Salviani. » Willughby, p. 285, tab. S, 7, fig. 1. — Ray, p. 91, n. 2. — Brünn., *Pisc. Massil.*, p. 71, n. 88.

Surmulet. Belon, *Aquat.*, p. 176. — *Striped surmulet. Brit. zool.*, 3, p. 229, n. 2, tab. 13.

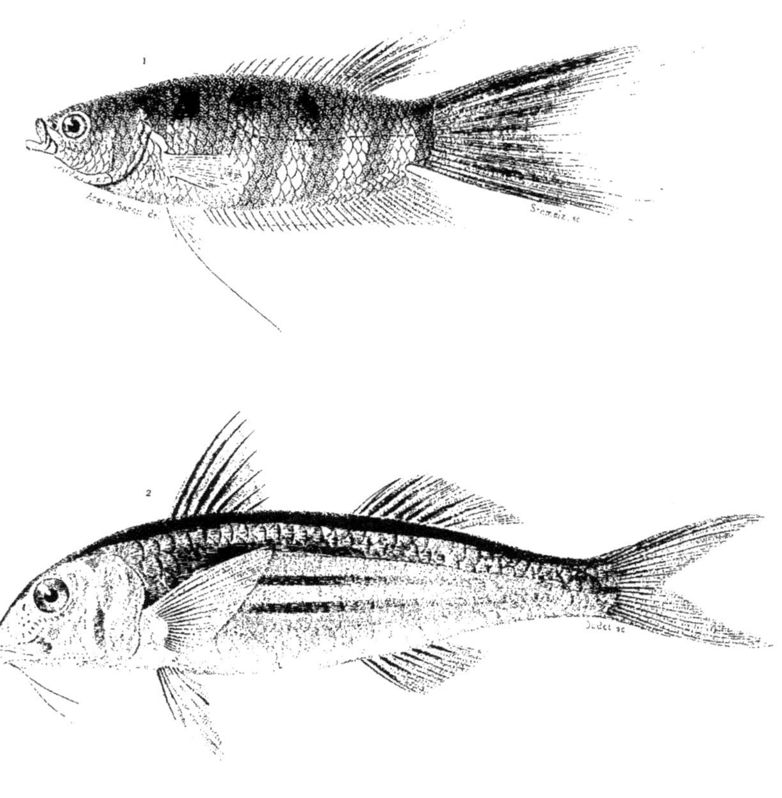

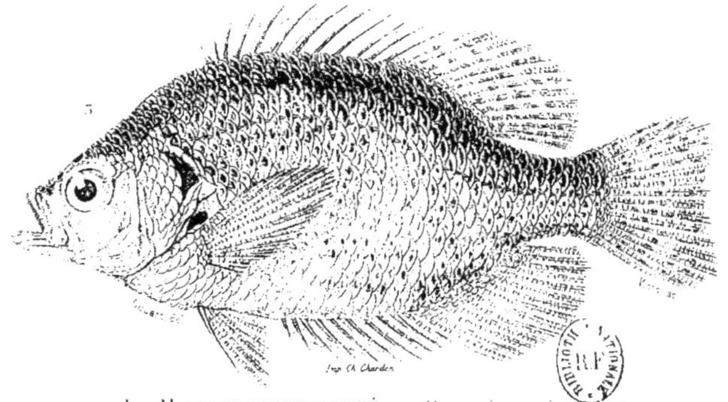

1 LE MACROPODE VERT DORÉ (Macropodus viridi-auratus)

2 LE MULLE-SURMULET (Mullus Surmuletus)

3 LE LABRE MACROLEPIDOTE (Centrarchus Sparoïdes Cuv.)

d'après le Règne animal de Cuvier, édition V. Masson

Garnier frères Éditeurs

avancée que l'inférieure ; et la ligne latérale parallèle au dos, excepté vers la nageoire caudale. Les deux barbillons sont un peu plus longs à proportion que ceux du rouget[1].

Le surmulet vit non seulement dans la Méditerranée et dans l'océan Atlantique boréal, mais encore dans la Baltique, auprès des rivages des Antilles, et dans les eaux de la Chine. Il y varie dans sa longueur depuis deux jusqu'à cinq décimètres; et quoique Juvénal ait écrit qu'un mulle qui paraît être rapporté à la même espèce que notre surmulet a pesé trois kilogrammes, on ne peut pas attribuer à un surmulet, ni à aucun autre mulle, le poids de quarante kilogrammes, assigné par Pline à un poisson de la mer Rouge, que ce grand écrivain regarde comme un mulle, mais qu'il faut plutôt inscrire parmi ces silures si communs dans les eaux de l'Égypte, dont plusieurs deviennent très grands, et qui, de même que les mulles, ont leur museau garni de très longs barbillons.

Le mulle surmulet a la chair blanche, un peu feuilletée, ferme, très agréable au goût, et, malgré l'autorité de Galien, facile à digérer, quand elle n'est pas très grasse. Nous avons vu, dans l'article précédent, qu'il était, comme le rouget, pour les Romains qui vivaient sous les premiers empereurs, un objet de recherche et de jouissance insensées. Aussi ce poisson avait-il donné lieu au proverbe : *Ne le mange pas qui le prend.* Les morceaux que l'on en estimait le plus étaient la tête et le foie.

Il se nourrit ordinairement de poissons très jeunes, de cancres et d'animaux à coquille. Galien a écrit que l'odeur de ce poisson était désagréable, quand il avait mangé des cancres ; et, suivant Pline, il répand cette mauvaise odeur, quand il a préféré des animaux à coquille. Au reste, comme le surmulet est vorace, il se jette souvent sur des cadavres, soit d'hommes, soit d'animaux. Les Grecs croyaient même qu'il poursuivait et parvenait à tuer des poissons dangereux ; et le regardant comme une sorte de chasseur utile, ils l'avaient consacré à Diane.

Les surmulets vont par troupes, sortent, vers le commencement du printemps, des profondeurs de la mer, font alors leur première ponte auprès des embouchures des rivières, et, selon Aristote, pondent trois fois dans la même année, comme d'autres mulles, et de même que plusieurs trigles.

On les pêche avec des filets, des louves[2], des nasses, et surtout à l'hameçon. Dans plusieurs contrées, lorsqu'on veut pouvoir les envoyer au loin sans qu'ils se gâtent, on les fait bouillir dans de l'eau de mer aussitôt

1.		
A la membrane des branchies	3	rayons.
A la première nageoire dorsale	7	—
A la seconde	9	—
A chacune des pectorales	35	—
A chacune des thoracines	6	—
A celle de l'anus	7	—
A celle de la queue	22	—

2. Voyez, relativement à la *louve*, l'article du *Pétromyzon Lamproie.*

après qu'ils ont été pris, on les saupoudre de farine, et on les entoure d'une pâte qui les garantit de tout contact de l'air.

Nous ne rapporterons pas le conte adopté par Athénée, au sujet de la prétendue stérilité des surmulets femelles, causée par de petits vers qui s'engendrent dans leur corps lorsqu'elles ont produit trois fois. Nous ne réfuterons pas l'opinion de quelques auteurs anciens qui ont écrit que du vin dans lequel on avait fait mourir des surmulets rendait incapable d'engendrer, et que ces animaux attachés crus sur une partie du corps guérissaient de la jaunisse. Nous terminerons cet article en disant que ces poissons ont le canal intestinal assez court et vingt-six cæcums auprès du pylore.

LE MULLE JAPONAIS[1]

Mullus japonicus, Houtt., Linn., Gmel., Lacép. — *Upeneus japonicus*, Cuv.

Ce poisson, qu'Houttuyn a fait connaître, ressemble beaucoup au rouget et au surmulet; mais il en diffère par la petitesse des dents dont ses mâchoires sont garnies, si même elles n'en sont pas entièrement dénuées. D'ailleurs il ne présente pas de raies longitudinales et sa couleur est jaune, au lieu d'être rouge. Il habite dans les eaux du Japon, ainsi que l'indique son nom spécifique[2].

LE MULLE AURIFLAMME[3]

Mullus Auriflamma, Forsk., Linn., Gmel., Lacép. — *Upeneus Auriflamma*, Cuv. — *Mullus Auriflamma*, Comm., Lacép. — *Mullus macronemus*, Lacép. — *Upeneus lateristriga*, Cuv.

Forskael a vu ce poisson dans la mer d'Arabie. Ajoutons à ce que nous en avons dit dans le tableau de son genre, que les côtés de sa tête sont tachés de jaune; que deux raies jaunes ou couleur d'or sont placées au-dessous de sa queue; que la même nuance distingue ses dorsales; que ses pectorales[4], son anale et ses thoracines sont blanchâtres; et enfin que les

1. Houttuyn, *Act. Haarl.*, XX, 2, p. 334, n. 23.

A la première nageoire du dos	7 rayons.
A la seconde	9 —

2. Forskael, *Fauna arab.*, p. 30, n. 19. — *Mulet ambir.* Bonnaterre, planches de l'Encyclopédie méthodique.

3. A la membrane des branchies .... 3 rayons.

4.

A la première nageoire du dos, aiguillonnés	7 —
A la seconde dorsale, articulés	9 —
— aiguillonné	1 —
A chaque pectorale	17 —
A chaque thoracine	6 —
A celle de l'anus, articulés	9 —
— aiguillonné	1 —
A celle de la queue	15 —

écailles dont il est revêtu sont membraneuses dans une partie de leur circonférence.

Un des dessins de Commerson, que nous avons fait graver, présente une variété de l'auriflamme.

LE MULLE RAYÉ[1]

Mullus vittatus, Forsk., Linn., Gmel., Lacép. — *Upeneus vittatus,* Cuv.

Les petites dents qui garnissent les mâchoires de ce mulle sont serrées les unes contre les autres. Ses nageoires pectorales, thoracines et anale sont blanchâtres; les dorsales présentent des raies noires sur un fond blanc. On peut voir les autres traits du rayé, dans le tableau de son genre. Ce poisson habite la mer d'Arabie[2].

LE MULLE TACHETÉ[3]

Mullus maculatus, Bloch, Lacép. — *Mullus surmuletus,* var. *b,* Linn., Gmel. — *Upeneus maculatus,* Cuv.

Margrave, Pison, Ruysch, Klein et le prince Maurice de Nassau, cité par Bloch, ont parlé de ce mulle, que le professeur Gmelin ne regarde que comme une variété du surmulet. On trouve le tacheté dans la mer des Antilles, et on le pêche aussi dans les lacs que le Brésil renferme. Ce poisson a dans certaines eaux, et particulièrement dans celles qui sont peu agitées, la chair tendre, grasse et succulente. Les deux mâchoires sont également avancées; l'ouverture de l'anus est placée vers le milieu de la longueur totale; une belle couleur rouge répandue sur presque tout l'animal est relevée par la teinte dorée ou jaune des barbillons, ainsi que du bord de la nageoire caudale, et par trois taches noires, presque rondes et assez grandes, que l'on voit de chaque côté sur la ligne latérale[4].

1. Forskael, *Fauna arabica*., p. 31, n. 20. — *Mulet rayé*. Bonnaterre, planches de l'Encyclopédie méthodique.

2. A la membrane des branchies .... 3 rayons.
A la première nageoire du dos, aiguillonnés .... 7 —
A la seconde dorsale, articulés .... 9 —
— aiguillonnés .... 1 —

3. *Sarmoneta*, en Espagne et en Portugal. — *Pirametara*, au Brésil. — Bloch, pl. 348, fig. 1. — Marcgr., *Brasil.*, 181. — Pison., *Ind.*, p. 60.

4. A la première nageoire du dos .... 8 rayons.
A la seconde .... 10 —
A chaque pectorale .... 15 —
A chaque thoracine .... 6 —
A celle de l'anus .... 10 —
A celle de la queue .... 19 —

LE MULLE DEUX BANDES

Mullus bifasciatus, LACÉP. — *Upeneus bifasciatus*, CUV.

LE MULLE CYCLOSTOME

Mullus cyclostomus et *Sciæna heptacantha*, LACÉP. — *Upeneus cyclostomus*, CUV.

LE MULLE TROIS BANDES

Mullus trifasciatus, LACÉP. — *Upeneus trifasciatus*, CUV.

LE MULLE MACRONÈME

Mullus macronemus, LACÉP., — *Mullus Auriflamma*, COMM., LACÉP.
— *Upeneus lateristriga*, CUV.

C'est d'après les observations manuscrites de Commerson, qui m'ont été remises dans le temps par Buffon, que j'ai inscrit parmi les mulles ces quatre espèces encore inconnues des naturalistes, et dont j'ai fait graver les dessins exécutés sous les yeux de ce célèbre voyageur.

Le tableau des mulles présente les traits principaux de ces quatre poissons ; disons uniquement dans cet article que le deux-bandes a les écailles de sa partie supérieure tachées vers leur base, et ses mâchoires garnies de petites dents[1]; que le cyclostome[2] a sa nageoire caudale non seulement fourchue comme celle de presque tous les mulles, mais encore très grande, et de petites dents à ses deux mâchoires[3]; que les opercules du trois-bandes sont composés chacun de deux pièces et ses deux nageoires dorsales très rapprochées[4]; que le macronème[5] a les thoracines beaucoup plus petites que les pectorales et une bande longitudinale très foncée sur la base de la seconde dorsale[6]; et enfin que de petites dents arment les mâchoires du macronème et du trois-bandes, qui l'un et l'autre ont, comme le cyclostome, la mâchoire inférieure plus avancée que la supérieure.

1. A la première dorsale du mulle deux bandes, aiguillonnés........ 7 rayons.
A la seconde dorsale, articulés........ 9 —
— aiguillonnés........ 1 —
A celle de l'anus........ 6 ou 7 —

2. La dénomination de *cyclostome* désigne la forme de la bouche : *cuclos* signifie *cercle*, et *stoma*, *bouche*.

3. A la première dorsale du cyclostome, aiguillonnés........ 8 rayons.
A la seconde, articulés........ 8 —
— aiguillonné........ 1 —
A celle de l'anus........ 7 ou 8 —

4. A la première bande du trois-bandes, aiguillonnés........ 7 —
A la seconde........ 9 —
A celle de l'anus........ 6 ou 7 —

5. *Macros* veut dire *long*, et *nema*, *fil*, *filament*, *barbillon*.

6. A la première dorsale du macronème, aiguillonnés........ 7 rayons.
A la seconde........ 8 ou 9 —
A celle de l'anus........ 7 ou 8 —

LE MULLE BARBERIN[1]

Mullus Barberinus, Lacép. — *Upeneus Barberinus*, Cuv.

LE MULLE ROUGEATRE[2]

Mullus rubescens, Lacép.

LE MULLE ROUGEOR[3]

Mullus chryserydros et *Sciæna ciliata*, Lacép. — *Mullus radiatus*, Shaw. — *Upeneus chryserydros*, Cuv.

LE MULLE CORDON JAUNE[4]

Mullus flavo-lineatus, Lacép. — *Mullus aureo-vittatus*, Shaw. — *Upeneus flavo-lineatus*, Cuv.

Voici quatre autres espèces de mulles, encore inconnues des naturalistes, et dont nous devons la description à Commerson.

Le barberin parvient jusqu'à la longueur de quatre ou cinq décimètres. Sa partie supérieure est d'un vert foncé, mêlé de quelques teintes jaunes; du rougeâtre et du brun règnent sur la portion la plus élevée de la tête et du dos; une raie longitudinale et noire s'étend de chaque côté de l'animal, dont la partie inférieure est blanchâtre; une tache noire, presque ronde et assez grande, paraît vers l'extrémité de chaque ligne latérale; et une couleur incarnate distingue les nageoires[5].

La mâchoire supérieure, extensible et un peu plus avancée que l'inférieure, est garnie, comme celle-ci, de dents aiguës, très courtes et clairsemées; la langue est cartilagineuse et dure; quelques écailles semblables à celles du dos sont répandues sur les opercules, au-dessous de chacun desquels Commerson a vu le rudiment d'une cinquième branchie; la ligne latérale, qui suit la courbure du dos, dont elle est voisine, est composée, comme celle de plusieurs mulles, d'une série de petits traits ramifiés du côté du dos et semblables aux raies d'une demi-étoile; et enfin, les écailles qui revêtent le corps et la queue sont striées en rayons vers leur base et finement dente-

1. « Mullus binis in mento cirris, tæniâ longitudinali nigrâ, ocelloque caudæ utrinque nigricante, etc. » Commerson, manuscrits déjà cités.

2. *Surmulet*. Commerson, manuscrits déjà cités. — « Mullus rubescens, maculâ supra caudæ basin nigrâ, pinnâ dorsi secundâ, anali, et caudâ fuscâ, lenticulatis. » *Id.*

3. « Mullus rubens, dorso inter pinnam cognominem et caudæ basin flavescente, lineis aureis circa oculos radiatis. » Commerson, manuscrits déjà cités.

4. « Mullus lineâ laterali flavo deauratâ, caudâ apicibusque pinnarum superiorum sublutescentibus. » Commerson, manuscrits déjà cités.

5.

A la membrane des branchies	3	rayons.
A la première nageoire du dos	7	—
A la seconde (le dernier est beaucoup plus long que les autres)	9	—
A chacune des pectorales	17	—
A chacune des thoracines	6	—
A celle de l'anus	7	—
A celle de la queue, qui est très fourchue	15	—

lées à leur extrémité, de manière à donner la même sensation qu'une substance assez rude, à ceux qui frottent le poisson avec la main, en la conduisant de la queue vers la tête.

Le barberin habite la mer voisine des Moluques, dont les habitants apportaient dans leurs barques un grand nombre d'individus de cette espèce au vaisseau sur lequel Commerson naviguait en septembre 1768.

Le rougeâtre, dont les principaux caractères sont exposés dans le tableau générique des mulles, parvient communément, selon Commerson, à la longueur de trois décimètres ou environ.

Il paraît que le rougeor ne présente pas ordinairement des dimensions aussi étendues que celles du rougeâtre, et que sa longueur ne dépasse guère deux décimètres. On le trouve pendant presque toutes les saisons, mais cependant assez rarement, auprès des rivages de l'île de France, où Commerson l'a observé en février 1770. Ses couleurs brillantes sont indiquées par son nom. Il resplendit de l'éclat de l'or et de celui du rubis et de l'améthyste. Un rouge foncé et assez semblable à celui de la lie du vin paraît sur presque toute sa surface. Une tache très grande, très remarquable, très dorée, s'étend entre les nageoires dorsales et celle de la queue, descend des deux côtés du mulle et représente une sorte de selle magnifique placée sur la queue de l'animal. Les yeux sont d'ailleurs entourés de rayons dorés et assez longs; des raies jaunes ou dorées sont situées obliquement sur la seconde dorsale et sur la nageoire de l'anus[1].

La mâchoire supérieure est extensible et un peu plus longue que l'inférieure; les deux mâchoires sont garnies de dents courtes, mousses, disposées sur un seul rang et séparées l'une de l'autre; la langue est attachée à la bouche dans tout son contour; des dents semblables à celles d'un peigne garnissent le côté concave de l'arc osseux de la première branchie; à la place de ces dents, on voit des stries dans la concavité des arcs osseux des autres trois organes respiratoires.

Sa chair est d'un goût agréable; mais celle du cordon-jaune est surtout très recherchée.

Ce dernier mulle paraît dans différentes saisons de l'année. Sa grandeur est à peu près égale à celle du rougeor. Sa partie supérieure est d'un bleu mêlé de brun, sa partie inférieure d'un blanc argentin; et ces nuances sont animées par un cordon ou raie longitudinale d'un jaune doré, qui règne de chaque côté de l'animal.

1. A la membrane des branchies du rougeor (le quatrième est très éloigné des autres)........ 4 rayons.
A la première nageoire dorsale........ 7 —
A la seconde........ 10 —
A chacune des pectorales........ 16 —
A chacune des thoracines........ 6 —
A celle de l'anus........ 8 —
A celle de la queue, qui est très fourchue........ 15 —

Ajoutons que le sommet des deux nageoires dorsales présente des teintes jaunâtres; qu'on voit quelquefois au-devant des yeux une ou deux raies obliques jaunes ou dorées; et que lorsque les écailles ont été détachées du poisson par quelque accident, les muscles montrent un rouge plus ou moins vif.

Les formes du cordon-jaune ont beaucoup de rapports avec celles du rougeor; mais ses dents sont beaucoup plus petites, et même à peine visibles[1].

CENT QUATRIÈME GENRE

LES APOGONS

Les écailles grandes et faciles à détacher; le sommet de la tête élevé; deux nageoires dorsales; point de barbillons au-dessous de la mâchoire inférieure.

ESPÈCE.	CARACTÈRE.
L'Apogon rouge.	Six rayons aiguillonnés à la première nageoire dorsale.

L'APOGON ROUGE[2]

Mullus imberbis, Linn., Gmel. — *Apogon ruber*, Lacép. — *Apogon rex Mullorum*, Cuv. — *Centropomus rubens*, Spinola.

Ce poisson vit dans les eaux qui baignent les rochers de Malte. Il est remarquable par sa belle couleur rouge. L'ouverture de sa bouche est grande; son palais et ses deux mâchoires sont hérissés d'aspérités[3]. On ignore pourquoi on l'a nommé *roi des mulles, des trigles* ou *des rougets*[4].

1. A la membrane des branchies du cordon-jaune .... 4 rayons.
A la première nageoire dorsale .... 7 —
A la seconde .... 8 —
A chaque pectorale .... 16 —
A chaque thoracine .... 6 —
A celle de l'anus .... 8 —
A celle de la queue, qui est fourchue .... 15 —

2. *Re di triglia*, à Malte. — *Mulet, roi des rougets*. Daubenton, Encyclopédie méthodique. — *Id.* Bonnaterre, planches de l'Encyclopédie méthodique. — « Trigla capite glabro, tota rubens, cirris carens. » Artedi, gen. 43, syn. 72. — « Mullus imberbis, sive rex mullorum. » Willughby, p. 286. — Ray, p. 91.

3. A la première dorsale .... 6 rayons.
A la seconde, articulés .... 8 —
— aiguillonnés .... 2 —
A chaque pectorale .... 12 —
A chaque thoracine .... 6 —
A la nageoire du dos articulés .... 8 —
— aiguillonnés .... 2 —
A celle de la queue, qui est échancrée .... 20 —

4. *Apogon* signifie *imberbe, sans barbe, sans barbillons*.

CENT CINQUIÈME GENRE

LES LONCHURES

La nageoire de la queue lancéolée; cette nageoire et les pectorales aussi longues au moins que le quart de la longueur totale de l'animal; la nageoire dorsale longue et profondément échancrée; deux barbillons à la mâchoire inférieure.

ESPÈCE.	CARACTÈRE.
LE LONCHURE DIANÈME.	Le premier rayon de chaque thoracine terminé par un long filament.

LE LONCHURE DIANÈME[1]

Lonchurus barbatus, BLOCH. — *Lonchurus dianema,* LACÉP.

C'est Bloch qui a fait connaître ce genre de poisson, auquel nous n'avons eu besoin que d'assigner des caractères précis, véritablement distinctifs et analogues à nos principes de distribution méthodique. La seule espèce que l'on ait encore inscrite parmi ces *lonchures,* ou *poissons à longue queue,* est remarquable par la longueur du filament qui termine le premier rayon de chaque thoracine[2]; et voilà pourquoi nous l'avons nommé *dianème,* qui veut dire *deux fils* ou *deux filaments.* L'individu que Bloch a vu lui avait été envoyé de Surinam. Le museau était avancé au-dessus de la mâchoire d'en haut; la tête comprimée et couverte en entier d'écailles semblables à celles du dos; la mâchoire supérieure égale à l'inférieure et garnie, comme cette dernière, de dents petites et pointues; l'os de chaque côté des lèvres, assez large; la pièce antérieure des opercules, comme dentelée; la ligne latérale, voisine du dos; et presque toute la surface de l'animal, d'une couleur brune mêlée de rougeâtre.

CENT SIXIÈME GENRE

LES MACROPODES

Les thoracines au moins de la longueur du corps proprement dit; la nageoire caudale très fourchue et à peu près aussi longue que le tiers de la longueur totale de l'animal; la tête proprement dite et les opercules revêtus d'écailles semblables à celles du dos; l'ouverture de la bouche très petite.

ESPÈCE.	CARACTÈRES.
LE MACROPODE VERT DORÉ.	Les écailles variées d'or et de vert; toutes les nageoires rouges; une petite tache noire sur chaque opercule.

1. *Lonchurus barbatus.* Bloch, p. 259.
2. A la membrane branchiale .... 5 rayons.
   A la nageoire dorsale .... 46 —
   A chacune des pectorales .... 15 —
   A chacune des thoracines .... 6 —
   A celle de l'anus .... 9 —
   A celle de la queue .... 18 —

LE MACROPODE VERT DORÉ

Macropodus viridiauratus, Lacép., Cuv.

Le vert-doré ne parvient qu'à de petites dimensions; il n'a ordinairement qu'un ou deux décimètres de long, mais il est très agréable à voir; ses couleurs sont magnifiques, ses mouvements légers, ses évolutions variées; il anime et pare d'une manière charmante l'eau limpide des lacs. Il n'est pas surprenant que les Chinois, qui cultivent les beaux poissons comme les belles fleurs, et qui aiment, pour ainsi dire, à faire de leurs pièces d'eau, éclairées par un soleil brillant, autant de parterres vivants, mobiles et émaillés de toutes les nuances de l'iris, se plaisent à le nourrir, à le multiplier et à multiplier aussi son image par une peinture fidèle.

Les petits tableaux ou peintures sur papier, exécutés en Chine avec beaucoup de soin, qui représentent la nature avec vérité, qui ont été cédés à la France par la Hollande, et que l'on conserve dans le Muséum d'histoire naturelle, renferment l'image du vert-doré vu dans quatre positions, ou dans quatre mouvements différents. Le nom spécifique de ce poisson indique l'or et le vert fondus sur sa surface et relevés par le rouge des nageoires. Ce rouge ajoute d'autant plus à la parure de l'animal, que ses instruments de natation présentent de grandes dimensions, particulièrement la nageoire caudale et les thoracines; et la longueur de ces thoracines, qui sont comme les pieds du poisson, est le trait qui nous a suggéré le nom générique de *macropode*, lequel signifie *long pied*.

Au reste, le vert-doré n'a pas de dents, ou n'a que des dents très petites. Chaque opercule n'est composé que d'une pièce; et sur la surface de cette pièce on voit une tache petite, ronde, très foncée, faisant de loin l'effet d'un vide ou d'un trou, et imitant l'orifice de l'organe de l'ouïe d'un grand nombre de quadrupèdes ovipares.

NOMENCLATURE

Des Labres, Cheilines, Cheilodiptères, Ophicéphales, Hologymnoses, Scares, Ostorhinques, Spares, Diptérodons, Lutjans, Centropomes, Bodians, Tænianotes, Sciènes, Microptères, Holocentres et *Persèques.*

Les poissons renfermés dans les dix-sept genres que nous venons de nommer forment bien plus de deux cents espèces et composent par leur réunion une tribu, à la description, à l'histoire de laquelle nous avons dû apporter une attention toute particulière. En effet, les caractères généraux par lesquels on pourrait chercher à la distinguer se rapprochent beaucoup de ceux des tribus ou des genres voisins. De plus, les espèces qu'elle comprend ne sont séparées l'une de l'autre que par des traits peu prononcés, de manière que depuis le genre qui précéderait cette grande et nombreuse tribu en la touchant immédiatement dans l'ordre le plus naturel, jusqu'à celui qui la suivrait dans ce même ordre en lui étant aussi immédiatement contigu, on peut aller d'espèce en espèce en ne parcourant que des nuances très rapprochées. Et comment ne s'avancerait-on pas ainsi, en ne rencontrant que des différences très peu sensibles, puisque les deux extrêmes de cette série se ressemblent beaucoup, sont placés, par conséquent, à une petite élévation l'un au-dessus de l'autre, et cependant communiquent ensemble, si je puis employer cette expression, par plus de deux cents degrés ?

Les divisions que l'on peut former dans cette longue série ne peuvent donc être déterminées qu'après beaucoup de soins, de recherches et de comparaisons; et voilà pourquoi presque tous les naturalistes, même les plus habiles, n'ayant pas eu à leur disposition assez de temps, ou de collections assez nombreuses, ont établi pour cette tribu des genres caractérisés d'une manière si faible, si vague, si peu constante, ou si erronée, que, malgré des efforts pénibles et une patience soutenue, il était quelquefois impossible, en admettant leur méthode distributive, d'inscrire un individu de cette tribu, que l'on avait sous les yeux, dans un genre plutôt que dans un autre, de le rapporter à sa véritable espèce, ou, ce qui est la même chose, d'en reconnaître la nature.

Bloch avait senti une partie des difficultés que je viens d'exposer ; il a proposé, en conséquence, pour les espèces de cette grande famille, plusieurs nouveaux genres, dont j'ai adopté quelques-uns ; mais son travail, à l'égard de ces animaux, m'a paru d'autant plus insuffisant, qu'il n'a pas traité de toutes les espèces de cette tribu connues de son temps; qu'il n'avait pas à classer les espèces dont je vais publier, le premier, la description; que les caractères génériques qu'il a choisis ne sont pas tous aussi importants qu'ils doivent l'être pour produire de bonnes associations génériques; et enfin, qu'ayant composé plusieurs genres pour la tribu qui nous occupe, longtemps après avoir formé pour cette même famille un assez grand nombre d'autres genres, sans prévoir, en quelque sorte, le besoin d'un supplément de groupes, il avait déjà placé, dans ses anciens genres, des espèces qu'il devait rapporter aux nouveaux genres qu'il voulait fonder.

Profitant donc des travaux de mes prédécesseurs, de l'avantage de pouvoir examiner d'immenses collections, des observations nombreuses que plusieurs naturalistes ont bien voulu me communiquer, et de l'expérience que j'ai acquise par plusieurs années d'étude et par les différents cours que j'ai donnés, j'ai considéré dans leur ensemble toutes les espèces de la tribu que nous avons en ce moment sous les yeux. Je l'ai distribuée en nouveaux groupes, et recevant certains genres de Linné et de Bloch, modifiant les autres ou les rejetant, y ajoutant de nouveaux genres, dont quelques-uns avaient été indiqués par moi dans mes cours et adoptés par mon savant ami et confrère M. Cuvier, dans ses *Éléments d'histoire naturelle*, donnant enfin à toutes ces sections des caractères précis, constants et distincts, j'ai terminé l'arrangement méthodique dont on va voir le résultat.

J'ai employé et circonscrit d'une manière nouvelle et rigoureuse les genres des labres, des scares, des spares, des lutjans, des bodians, des holocentres et des persèques. J'ai introduit parmi ces associations particulières le genre des ophicéphales, proposé récemment par Bloch. Séparant dans chaque réunion les poissons à deux nageoires dorsales de ceux qui n'en offrent qu'une, j'ai fait naître le genre des cheilodiptères dans le voisinage des labres, celui des diptérodons auprès des spares, celui des centropomes à la suite des lutjans, celui des véritables sciènes, que l'on a eu jusqu'ici tant de peine à reconnaître, à une petite distance des bodians. J'ai placé entre ces sciènes et les bodians le nouveau genre des *tænianotes*, qui forme un passage naturel des unes aux autres; j'ai inscrit le nouveau groupe des *cheilines* entre les labres et les cheilodiptères, celui des *hologymnoses* entre les ophicéphales et les scares, celui des *ostorhinques* entre les scares et les spares, celui des *microptères* entre les sciènes et les holocentres. J'ai distribué parmi les labres, parmi les lutjans, ou parmi les holocentres, les espèces appliquées par Bloch à ses genres des *johnius*, des *anthias*, des *épinéphèles*, et des *gymnocéphales*, qui m'ont paru caractérisés par des traits spécifiques plutôt que par des caractères génériques, et que, par conséquent, je n'ai pas cru devoir admettre sur mon tableau général des poissons.

Toutes ces opérations ont produit les dix-sept genres des *labres*, des *cheilines*, des *cheilodiptères*, des *ophicéphales*, des *hologymnoses*, des *scares*, des *ostorhinques*, des *spares*, des *diptérodons*, des *lutjans*, des *centropomes*, des *bodians*, des *tænianotes*, des *sciènes*, des *microptères*, des *holocentres*, et des *persèques*, dont nous allons tâcher de présenter les formes et les habitudes.

CENT SEPTIÈME GENRE

LES LABRES

La lèvre supérieure extensible; point de dents incisives ni molaires; les opercules des branchies dénués de piquants et de dentelure; une seule nageoire dorsale; cette nageoire du dos très séparée de celle de la queue, ou très éloignée de la nuque, ou composée de rayons terminés par un filament.

PREMIER SOUS-GENRE

LA NAGEOIRE DE LA QUEUE FOURCHUE OU EN CROISSANT

ESPÈCES.	CARACTÈRES.
1. LE LABRE HÉPATE.	Dix aiguillons et onze rayons articulés à la nageoire du dos; la mâchoire inférieure plus avancée que la supérieure; une tache noire vers le milieu de la longueur de la nageoire dorsale; des bandes transversales noires.
2. LE LABRE OPERCULÉ.	Treize aiguillons et sept rayons articulés à la nageoire du dos; une tache sur chaque opercule et neuf ou dix bandes transversales brunes.
3. LE LABRE AURITE.	Chaque opercule prolongé par une membrane allongée, arrondie à son extrémité et noirâtre.

ESPÈCES.	CARACTÈRES.
4. Le Labre faucheur.	Sept aiguillons à la nageoire dorsale; les premiers rayons articulés de cette nageoire et de celle de l'anus prolongés de manière à leur donner la forme d'une faux.
5. Le Labre oyène.	Neuf aiguillons et dix rayons articulés à la nageoire du dos; les deux lobes de la nageoire caudale lancéolés; les deux mâchoires égales; la couleur argentée.
6. Le Labre sagittaire.	La nageoire du dos éloignée de la nuque; les thoracines réunies l'une à l'autre par une membrane; la mâchoire inférieure plus avancée que la supérieure; cinq bandes transversales.
7. Le Labre cappa.	Onze aiguillons et douze rayons articulés à la nageoire du dos; un double rang d'écailles sur les côtés de la tête.
8. Le Labre lépisme.	Dix aiguillons et neuf rayons articulés à la nageoire du dos; une pièce ou feuille écailleuse de chaque côté du sillon longitudinal, dans lequel cette nageoire peut être couchée.
9. Le Labre unimaculé.	Onze aiguillons et dix rayons articulés à la nageoire du dos; une tache brune sur chaque côté de l'animal.
10. Le Labre bohar.	Dix aiguillons et quinze rayons articulés à la nageoire dorsale; les thoracines réunies l'une à l'autre par une membrane; deux dents de la mâchoire supérieure assez longues pour dépasser l'inférieure; la couleur rougeâtre avec des raies et des taches irrégulières blanchâtres.
11. Le Labru bossu.	Le dos élevé en bosse; les écailles rouges à leur base et blanches à leur sommet; deux dents de la mâchoire supérieure une fois plus longues que les autres.
12. Le Labre noir.	Dix rayons aiguillonnés et point de rayons articulés à la nageoire du dos; les pectorales falciformes et plus longues que les thoracines; la pièce antérieure de chaque opercule profondément échancrée.
13. Le Labre argenté.	Dix rayons aiguillonnés et quatorze rayons articulés à la nageoire dorsale; la lèvre inférieure plus longue que la supérieure; la pièce postérieure de chaque opercule anguleuse du côté de la queue.
14. Le Labre nébuleux.	Dix rayons aiguillonnés et dix rayons articulés à la nageoire dorsale; trois rayons aiguillonnés et sept rayons articulés à celle de l'anus; les rayons des nageoires terminés par des filaments.
15. Le Labre grisatre.	Onze rayons aiguillonnés et douze rayons articulés à la nageoire du dos; cette nageoire et celle de l'anus prolongées et anguleuses vers la caudale; une seule rangée de dents très menues.
16. Le Labre armé.	Un aiguillon couché horizontalement vers la tête, au-devant de la nageoire du dos; la ligne latérale droite; la couleur argentée.
17. Le Labre chapelet.	Onze rayons aiguillonnés et treize rayons articulés à la nageoire du dos; la mâchoire inférieure plus avancée que la supérieure; huit séries de taches très petites, rondes et égales sur chaque côté de l'animal; deux bandes transversales sur la tête ou la nuque; le dos élevé.

ESPÈCES.	CARACTÈRES.
18. Le Labre long museau.	Neuf rayons aiguillonnés et dix rayons articulés à la nageoire dorsale; le museau très avancé; chaque opercule composé de deux pièces dénuées d'écailles semblables à celles du dos.
19. Le Labre thunberg.	Douze rayons aiguillonnés et onze rayons articulés à la nageoire dorsale; tous ces rayons plus hauts que la membrane; la mâchoire inférieure un peu plus avancée que la supérieure; la courbure du dos et celle de la partie inférieure de l'animal, diminuant à la fin de la nageoire dorsale et de celle de l'anus.
20. Le Labre grison.	Onze rayons aiguillonnés et douze rayons articulés à la nageoire du dos; celle de la queue en croissant très peu échancré; deux grandes dents à chaque mâchoire; la couleur grisâtre.
21. Le Labre croissant.	Huit rayons aiguillonnés et quinze rayons articulés à la nageoire du dos; celle de la queue en croissant; une teinte violette sur plusieurs parties de l'animal.
22. Le Labre fauve.	Vingt-trois rayons à la nageoire du dos; douze à celle de l'anus; celle de la queue en croissant; tout le poisson d'une couleur fauve ou jaune.
23. Le Labre ceylan.	Neuf rayons aiguillonnés et treize rayons articulés à la nageoire dorsale; celle de la queue en croissant; la couleur générale de l'animal verte par-dessus et d'un pourpre blanchâtre par-dessous; des raies pourpres sur chaque opercule.
24. Le Labre deux bandes.	Neuf rayons aiguillonnés et douze rayons articulés à la dorsale; trois rayons aiguillonnés et onze rayons articulés à celle de l'anus; la caudale en croissant; deux bandes brunes et transversales sur le corps proprement dit.
25. Le Labre mélagastre.	Quinze rayons aiguillonnés et dix rayons articulés à la nageoire du dos; les thoracines allongées; la pièce antérieure de l'opercule seule garnie d'écailles semblables à celles du dos.
26. Le Labre malaptère.	Vingt rayons articulés et point de rayons aiguillonnés à la nageoire dorsale; douze rayons articulés à celle de l'anus; la tête dénuée d'écailles semblables à celles du dos.
27. Le Labre a demi rouge.	Douze rayons aiguillonnés et onze rayons articulés à la nageoire du dos; le sixième rayon articulé de la dorsale beaucoup plus long que les autres; la base de la partie postérieure de la dorsale garnie d'écailles; quatre dents plus grandes que les autres à la mâchoire supérieure; la partie antérieure de l'animal rouge et la postérieure jaune.
28. Le Labre tétracanthe.	Quatre rayons aiguillonnés et vingt et un rayons articulés à la nageoire dorsale; la lèvre supérieure large, épaisse et plissée; dix-huit rayons articulés à celle de l'anus; ces derniers rayons et les rayons articulés de la dorsale terminés par des filaments; trois rangées longitudinales de points noirs sur la dorsale; une rangée de points semblables sur la partie postérieure de la nageoire de l'anus; la caudale en croissant.

ESPÈCES.	CARACTÈRES.
29. LE LABRE DEMI-DISQUE.	Vingt et un rayons à la nageoire dorsale; cette nageoire festonnée ainsi que celle de l'anus ; la tête et les opercules dénués d'écailles semblables à celles du dos ; la seconde pièce de chaque opercule anguleuse; dix-neuf bandes transversales de chaque côté de l'animal ; une tache d'une nuance très claire et en forme de demi-disque à l'extrémité de la nageoire caudale qui est en croissant.
30. LE LABRE CERCLÉ.	Neuf rayons aiguillonnés et treize rayons articulés à la nageoire du dos; la tête et les opercules dénués d'écailles semblables à celles du dos; la seconde pièce de chaque opercule anguleuse; la caudale en croissant; vingt-trois bandes transversales de chaque côté de l'animal.
31. LE LABRE HÉRISSÉ.	Onze rayons aiguillonnés et douze rayons articulés à la dorsale; la caudale en croissant; six grandes dents à la mâchoire supérieure; la ligne latérale hérissée de petit piquants; douze raies longitudinales de chaque côté du poisson ; quatre autres raies longitudinales sur la nuque; le dos parsemé de points.
32. LE LABRE FOURCHE.	Neuf rayons aiguillonnés et dix rayons articulés à la nageoire du dos ; le dernier rayon de la dorsale et le dernier rayon de l'anale très longs; les deux lobes de la caudale pointus et très prolongés; la mâchoire inférieure plus avancée que la supérieure; de très petites dents à chaque mâchoire.
33. LE LABRE SIX BANDES.	Treize rayons aiguillonnés et dix rayons articulés à la dorsale; le museau avancé; l'ouverture de la bouche très petite; la mâchoire inférieure plus longue que la supérieure; six bandes transversales; la caudale fourchue.
34. LE LABRE MACROGASTÈRE.	Treize rayons aiguillonnés et quinze rayons articulés à la dorsale ; le ventre très gros ; des écailles semblables à celles du dos sur la tête et les opercules; la caudale en croissant; six bandes transversales.
35. LE LABRE FILAMENTEUX.	Quinze rayons aiguillonnés et garnis chacun d'un filament et neuf rayons articulés à la dorsale; l'ouverture de la bouche en forme de demi-cercle vertical; quatre ou cinq bandes transversales sur le dos.
36. LE LABRE ANGULEUX.	Douze rayons aiguillonnés et neuf rayons articulés à la dorsale; les rayons articulés de cette dorsale beaucoup plus longs que les aiguillonnés de cette même nageoire; les lèvres larges et épaisses; des lignes et des points représentant un réseau sur la première pièce de l'opercule; la seconde pièce échancrée et anguleuse ; cinq ou six rangées longitudinales de petits points de chaque côté de l'animal.
37. LE LABRE HUIT RAIES.	Onze rayons aiguillonnés et douze rayons articulés à la dorsale; trois rayons aiguillonnés et sept rayons articulés à la nageoire de l'anus; la caudale en croissant; les dents de la mâchoire supérieure beaucoup plus longues que celles de l'inférieure; la pièce postérieure de l'opercule anguleuse ; la tête et les opercules dénués d'écailles semblables à celles du dos; quatre raies un peu obliques de chaque côté du poisson.

ESPÈCES.	CARACTÈRES.
38. Le Labre moucheté.	Treize rayons aiguillonnés à la dorsale qui est très longue; cette dorsale, l'anale et les thoracines pointues; la caudale en croissant; la mâchoire inférieure plus avancée que la supérieure; l'ouverture de la bouche très grande, cinq ou six grandes dents à la mâchoire d'en bas et deux dents également grandes à celle d'en haut; toute la surface du poisson parsemée de petites taches rondes.
39. Le Labre commersonnien.	Neuf rayons aiguillonnés et seize rayons articulés à la nageoire du dos; les dents des deux mâchoires presque égales; un rayon aiguillonné et dix-sept rayons articulés à la nageoire de l'anus; le dos et une grande partie des côtés du poisson parsemés de taches égales, rondes et petites.
40. Le Labre lisse.	Quinze rayons aiguillonnés et treize rayons articulés à la dorsale; les rayons articulés de cette nageoire plus longs que les aiguillonnés; la mâchoire inférieure un peu plus avancée que la supérieure; les dents grandes, recourbées et égales; la ligne latérale presque droite; la caudale un peu en croissant; les écailles très difficilement visibles; cinq grandes taches ou bandes transversales.
41. Le Labre macroptère.	Vingt-huit rayons à la dorsale; vingt et un à l'anale; presque tous les rayons de ces deux nageoires longs et garnis de filaments; la caudale en croissant; une tache noire sur l'angle postérieur des opercules qui sont couverts, ainsi que la tête, d'écailles semblables à celles du dos.
42. Le Labre quinze épines.	Quinze rayons aiguillonnés et neuf rayons articulés à la nageoire dorsale; trois rayons aiguillonnés et neuf rayons articulés à celle de l'anus; la mâchoire supérieure plus avancée que l'inférieure; les dents petites et égales; l'opercule anguleux; six bandes transversales sur le dos et la nuque.
43. Le Labre macrocéphale.	Onze rayons aiguillonnés et neuf rayons articulés à la dorsale; trois rayons aiguillonnés et neuf rayons articulés à l'anale; la tête grosse; la nuque et l'entre-deux des yeux très élevés; la mâchoire inférieure plus avancée que la supérieure; les dents crochues égales et très séparées l'une de l'autre; la nageoire de la queue divisée en deux lobes un peu arrondis; les pectorales ayant la forme d'un trapèze.
44. Le Labre plumiérien.	Dix rayons aiguillonnés et onze rayons articulés à la dorsale; un rayon aiguillonné et neuf rayons articulés à la nageoire de l'anus; des raies bleues sur la tête; le corps argenté et parsemé de taches bleues et de taches couleur d'or; les nageoires dorées; une bande transversale et courbée sur la caudale.
45. Le Labre gouan.	Huit rayons aiguillonnés et onze rayons articulés à la dorsale; trois rayons aiguillonnés et treize rayons articulés à la nageoire de l'anus; chaque opercule composé de trois pièces dénuées d'écailles semblables à celles du dos et terminé par une prolongation large et arrondie; la ligne latérale insensible; un appendice pointu entre les thoracines; la caudale en croissant.

ESPÈCES.	CARACTÈRES.
36. LE LABRE ENNÉACANTHE.	Neuf rayons aiguillonnés et dix rayons articulés à la dorsale; la ligne latérale interrompue; six bandes transversales; deux autres bandes transversales sur la caudale qui est en croissant; deux ou quatre dents grandes, fortes et crochues à l'extrémité de chaque mâchoire; les écailles grandes.
47. LE LABRE ROUGES RAIES.	Douze rayons aiguillonnés et onze rayons articulés à la nageoire du dos; trois rayons aiguillonnés et douze rayons articulés à celle de l'anus; les dents du bord de chaque mâchoire allongées, séparées l'une de l'autre et seulement au nombre de quatre; la mâchoire supérieure un peu plus avancée que l'inférieure; onze ou douze raies rouges et longitudinales de chaque côté du poisson; une tache œillée à l'origine de la dorsale; une autre tache très grande à la base de la caudale qui est un peu en croissant.
48. LE LABRE KASMIRA.	Dix rayons aiguillonnés et quinze rayons articulés à la dorsale; trois rayons aiguillonnés et neuf rayons articulés à l'anale; la lèvre inférieure plus courte que la supérieure; les dents coniques; la pièce antérieure des opercules échancrée; la caudale en croissant; sept raies petites et bleues sur chaque côté de la tête; quatre raies plus grandes et bleues le long de chaque côté du corps.
49. LE LABRE SALMOÏDE.	Neuf rayons aiguillonnés et treize rayons articulés à la nageoire du dos; treize rayons à la nageoire de l'anus; l'opercule composé de quatre lames et terminé par une prolongation anguleuse; deux orifices à chaque narine; la couleur générale d'un brun noirâtre.
50. LE LABRE IRIS.	Onze rayons aiguillonnés et quatorze rayons articulés à la dorsale, sept rayons aiguillonnés et seize rayons articulés à l'anale; l'opercule composé de quatre lames et terminé par une prolongation anguleuse; la caudale un peu en croissant; une tache ovale, grande, noire et bordée de blanchâtre à l'extrémité de la nageoire du dos; une petite tache noire à l'angle postérieur de l'opercule.

SECOND SOUS-GENRE

LA NAGEOIRE DE LA QUEUE RECTILIGNE, OU ARRONDIE, OU LANCÉOLÉE

ESPÈCES.	CARACTÈRES.
51. LE LABRE PAON.	Quinze rayons aiguillonnés et dix-sept rayons articulés à la dorsale; le corps et la queue d'un vert mêlé de jaune et parsemé, ainsi que les opercules et la nageoire caudale, de taches rouges et de taches bleues; une grande tache brune auprès de chaque pectorale et une tache presque semblable de chaque côté de la queue.
52. LE LABRE BORDÉ.	Deux rayons aiguillonnés et vingt-deux rayons articulés à la nageoire du dos; la couleur générale brune; la dorsale et l'anale bordées de roux.
53. LE LABRE ROUILLÉ.	Deux rayons aiguillonnés et vingt-six rayons articulés à la nageoire du dos; trois aiguillons et quatorze rayons articulés à celle de l'anus; le corps et la queue couleur de rouille et sans tache.

ESPÈCES.	CARACTÈRES.
54. Le Labre œillé.	Quatorze rayons aiguillonnés et dix rayons articulés à la dorsale ; trois rayons aiguillonnés et dix rayons articulés à l'anale ; les dents égales ; les rayons de la nageoire du dos terminés par un filament ; une tache bordée auprès de la nageoire caudale.
55. Le Labre mélops.	Seize rayons aiguillonnés et neuf rayons articulés à la nageoire du dos ; les opercules ciliés ; l'anale panachée de différentes couleurs ; un croissant brun derrière les yeux ; des filaments aux rayons de la nageoire du dos.
56. Le Labre nil.	Dix-sept rayons aiguillonnés et treize rayons articulés à la dorsale ; les dents très petites et échancrées ; la couleur générale blanchâtre ; la dorsale, l'anale et la caudale nuageuses.
57. Le Labre louche.	Dix-huit rayons aiguillonnés et treize rayons articulés à la dorsale ; trois rayons aiguillonnés et onze rayons articulés à l'anale ; le dessus de l'œil noir ; toutes les nageoires jaunes ou dorées.
58. Le Labre triple tache.	Dix-sept rayons aiguillonnés et treize rayons articulés à la nageoire du dos ; trois aiguillons et neuf rayons articulés à celle de l'anus ; le corps et la queue rouges et couverts de grandes écailles ; trois grandes taches.
59. Le Labre cendré.	Quatorze rayons aiguillonnés et onze rayons articulés à la dorsale ; trois rayons aiguillonnés et dix rayons articulés à la nageoire de l'anus ; l'ouverture de la bouche étroite ; les dents petites, celles de devant plus longues ; des raies bleues sur les côtés de la tête ; une tache noire auprès de la caudale.
60. Le Labre cornubien.	Seize rayons aiguillonnés et neuf rayons articulés à la nageoire du dos ; trois rayons aiguillonnés et huit rayons à celle de l'anus ; le museau en forme de boutoir ; les premiers rayons de la dorsale tachetés de noir ; une tache noire sur la queue dont la nageoire est rectiligne.
61. Le Labre mêlé.	La partie inférieure de l'animal jaune ; la supérieure bleue avec des nuances brunes ou jaunes ; les dents antérieures plus grandes que les autres.
62. Le Labre jaunatre.	L'ouverture de la bouche large ; trois ou quatre grosses dents à l'extrémité de la mâchoire supérieure ; de petites dents au palais ; la mâchoire inférieure plus avancée que la supérieure et garnie d'une double rangée de petites dents ; un fort aiguillon à la caudale ; les écailles minces ; la couleur fauve ou orangée.
63. Le Labre merle.	Dix rayons aiguillonnés et garnis d'un filament et quinze rayons articulés à la dorsale ; la caudale rectiligne ; l'ouverture de la bouche médiocre ; les dents grandes et recourbées ; les mâchoires également avancées ; les écailles grandes ; la couleur générale d'un bleu tirant sur le noir.
64. Le Labre rône.	Seize rayons aiguillonnés et neuf rayons articulés à la nageoire du dos ; trois rayons aiguillonnés et six rayons articulés à celle de l'anus ; la caudale rectiligne ; la nageoire du dos s'étendant depuis la nuque jusqu'à une petite distance de la caudale ; les rayons de cette nageoire garnis

ESPÈCES.	CARACTÈRES.
64. LE LABRE RÔNE.	d'un ou de deux filaments; la partie supérieure du poisson d'un rouge foncé avec des taches et des raies vertes ; la partie inférieure d'un rouge mêlé de jaune.
65. LE LABRE FULIGINEUX.	Neuf rayons aiguillonnés et onze rayons articulés à la dorsale ; deux rayons aiguillonnés et neuf rayons articulés à l'anale ; la mâchoire supérieure un peu plus courte que l'inférieure ; les deux premières dents de chaque mâchoire plus allongées que les autres ; la tête variée de vert, de rouge et de jaune ; quatre ou cinq bandes transversales.
66. LE LABRE BRUN.	Sept rayons aiguillonnés et filamenteux et treize rayons articulés à la dorsale ; deux rayons aiguillonnés et onze rayons articulés à l'anale ; les deux dents de devant de chaque mâchoire plus longues que les autres ; des rugosités disposées en rayons auprès des yeux ; deux raies vertes, larges et longitudinales de chaque côté du corps ; des écailles sur une partie de la caudale qui est rectiligne ; des traits colorés et semblables à des lettres chinoises le long de la ligne latérale.
67. LE LABRE ÉCHIQUIER.	Neuf rayons aiguillonnés et filamenteux et treize rayons articulés à la dorsale ; deux rayons aiguillonnés et douze rayons articulés à la nageoire de l'anus ; les quatre dents antérieures de la mâchoire supérieure et les deux de devant de la mâchoire inférieure plus allongées que les autres ; la tête variée de rouge ; toute la surface du corps et de la queue peinte en petits espaces alternativement blanchâtres et d'un noir pourpré.
68. LE LABRE MARBRÉ.	Dix rayons aiguillonnés et treize rayons articulés plus longs que les aiguillonnés à la dorsale ; deux rayons aiguillonnés et six rayons articulés à l'anale ; les dents égales et écartées l'une de l'autre ; la nageoire caudale rectiligne ; la tête et les opercules dénués d'écailles semblables à celles du dos ; presque toute la surface de l'animal parsemée de petites taches foncées et de taches moins petites et blanchâtres, de manière à paraître marbrée.
69. LE LABRE LARGE QUEUE.	Vingt-six rayons à la nageoire du dos ; dix-neuf à celle de l'anus ; le museau petit et avancé ; les dents grandes, fortes et triangulaires ; dix rayons divisés chacun en quatre ou cinq ramifications à la caudale qui est rectiligne et très large, ainsi que très longue relativement aux autres nageoires ; un grand nombre de petites raies longitudinales sur le dos ; une tache sur la dorsale à son origine ; presque toute la queue, l'anale et l'extrémité de la nageoire du dos d'une couleur foncée.
70. LE LABRE GIRELLE.	Neuf rayons aiguillonnés et douze rayons articulés à la dorsale ; les deux dents de devant de la mâchoire supérieure plus grandes que les autres ; une large raie longitudinale dentelée, et d'un blanc jaunâtre de chaque côté du corps ; le plus souvent une raie bleue, étroite et longitudinale au-dessous de la raie dentelée ; la caudale arrondie.
71. LE LABRE PAROTIQUE.	Neuf rayons aiguillonnés et douze rayons articulés à la dorsale ; les dents de devant plus grandes que les autres ;

ESPÈCES.	CARACTÈRES.
71. LE LABRE PAROTIQUE.	les nageoires rousses; une tache d'un beau bleu sur chaque opercule.
72. LE LABRE BERGSNYLTRE.	Neuf rayons aiguillonnés et huit rayons articulés à la nageoire du dos; trois rayons aiguillonnés et sept rayons articulés à celle de l'anus; les rayons de la dorsale garnis de filaments; une tache noire sur la queue.
73. LE LABRE GUAZE.	Onze rayons aiguillonnés et seize rayons articulés à la dorsale; la caudale arrondie et composée de rayons plus longs que la membrane qui les réunit; la couleur brune.
74. LE LABRE TANCOÏDE.	Quinze rayons aiguillonnés et onze rayons articulés à la dorsale; trois rayons aiguillonnés et dix rayons articulés à l'anale; le museau recourbé vers le haut; la caudale arrondie; la couleur générale d'un rouge nuageux ou des raies nombreuses, rouges, bleues et jaunes.
75. LE LABRE DOUBLE TACHE.	Quinze rayons aiguillonnés et onze rayons articulés à la dorsale; quatre rayons aiguillonnés et huit rayons articulés à l'anale; des filaments aux rayons de la nageoire du dos et aux deux premiers rayons de chaque thoracine; l'anale lancéolée; l'extrémité de la dorsale en forme de faux; une grande tache sur chaque côté du corps et sur chaque côté de la queue de l'animal.
76. LE LABRE PONCTUÉ.	Quinze rayons aiguillonnés et dix rayons articulés à la nageoire du dos; quatre rayons aiguillonnés et huit rayons articulés à celle de l'anus; toutes les nageoires pointues, excepté la caudale qui est arrondie; la pièce postérieure de chaque opercule couverte d'écailles semblables par leur forme et égales par leur grandeur à celles du dos; la ligne laterale interrompue; de petites écailles sur une partie de la dorsale et de l'anale; plusieurs rayons articulés de la dorsale beaucoup plus allongés que les aiguillons de cette nageoire; un grand nombre de points, neuf raies longitudinales et trois taches rondes sur chaque côté du poisson.
77. LE LABRE OSSIFAGE.	Dix-sept rayons aiguillonnés et quatorze rayons articulés à la dorsale; trois rayons aiguillonnés et dix rayons articulés à la nageoire de l'anus.
78. LE LABRE ONITE.	Dix-sept rayons aiguillonnés et dix rayons articulés à la dorsale; trois rayons aiguillonnés et huit rayons articulés à l'anale; la caudale arrondie et jaune; la couleur générale brune; la partie inférieure de l'animal tachetée de gris et de brun; des filaments aux rayons de la nageoire dorsale.
79. LE LABRE PERROQUET.	Dix-huit rayons aiguillonnés et douze rayons articulés à la dorsale; trois rayons aiguillonnés et dix rayons articulés à la nageoire de l'anus; la couleur générale verte; le dessous du corps jaune; une raie longitudinale bleue de chaque côté du corps; quelquefois des taches bleues sur le ventre.
80. LE LABRE TOURD.	Dix-huit rayons aiguillonnés et quinze rayons articulés à la nageoire du dos; trois rayons aiguillonnés et douze rayons articulés à l'anale; le corps et la queue allongés; la partie supérieure de l'animal jaune avec des taches blanches ou vertes, et quelquefois avec des taches blanches et bordées d'or au-dessous du museau.

ESPÈCES.	CARACTÈRES.
81. LE LABRE CINQ ÉPINES.	Dix-neuf rayons aiguillonnés et six rayons articulés à la dorsale; cinq rayons aiguillonnés et huit rayons articulés à l'anale; des filaments aux rayons de la nageoire du dos; le corps et la queue bleus ou rayés de bleu.
82. LE LABRE CHINOIS.	Dix-neuf rayons aiguillonnés et cinq rayons articulés à la dorsale; cinq rayons aiguillonnés et sept rayons articulés à l'anale; des filaments aux rayons de la nageoire du dos; le sommet de la tête très obtus; la couleur livide.
83. LE LABRE JAPONAIS.	Dix rayons aiguillonnés et onze rayons articulés à la dorsale; trois rayons aiguillonnés et cinq rayons articulés à la nageoire de l'anus; des filaments aux rayons de la nageoire du dos; les opercules couverts d'écailles semblables à celles du corps; des dents petites et aiguës aux mâchoires; la couleur jaune.
84. LE LABRE LINÉAIRE.	Vingt rayons aiguillonnés et un rayon articulé à la nageoire du dos; quinze rayons à celle de l'anus; la dorsale très longue; le corps allongé; la tête comprimée; la couleur blanche ou blanchâtre.
85. LE LABRE LUNULÉ.	Neuf rayons aiguillonnés et onze rayons articulés à la dorsale; trois rayons aiguillonnés et neuf rayons articulés à la nageoire de l'anus; les écailles larges et striées en creux; les pectorales et la caudale arrondies; la ligne latérale interrompue; la couleur générale d'un brun verdâtre avec des bandes transversales plus foncées; le plus souvent en croissant, jaune et bordé de noir sur le bord postérieur de chaque opercule; deux taches jaunes sur la membrane branchiale qui est verte.
86. LE LABRE VARIÉ.	Dix-sept rayons aiguillonnés et treize rayons articulés à la dorsale; trois rayons aiguillonnés et douze rayons articulés à l'anale; les lèvres larges et doubles; la caudale un peu arrondie; le corps et la queue allongés; la couleur générale rouge; quatre raies longitudinales olivâtres et quatre autres bleues de chaque côté du poisson; la dorsale bleue à son origine, ensuite blanche, ensuite rouge; la caudale bleue en haut et jaune en bas.
87. LE LABRE MAILLÉ.	Quinze rayons aiguillonnés et dix rayons articulés à la nageoire du dos; trois rayons aiguillonnés et neuf rayons articulés à celle de l'anus; l'ensemble du poisson comprimé et ovale; la couleur verte avec un réseau rouge; une tache noire sur chaque opercule et sur la dorsale; des bandes et des filaments rouges à la nageoire du dos.
88. LE LABRE TACHETÉ.	Quinze rayons aiguillonnés et douze rayons articulés à la dorsale; trois rayons aiguillonnés et onze rayons articulés à l'anale; la couleur générale rougeâtre; un grand nombre de points blancs disposés avec ordre; des taches noires; une tache au milieu de la base de la caudale.
89. LE LABRE COCK.	La caudale arrondie; la partie supérieure nuancée de pourpre et de bleu foncé; l'inférieure d'un beau jaune.
90. LE LABRE CANUDE.	Des rayons aiguillonnés à la dorsale qui s'étend depuis la nuque jusqu'à la caudale; la gueule petite; les dents cré-

ESPÈCES.	CARACTÈRES.
90. LE LABRE CANUDE.	nelées ou lobées; la couleur générale jaune; le dos d'un rouge pourpre.
91. LE LABRE BLANCHES RAIES.	Neuf rayons aiguillonnés et onze rayons articulés à la dorsale; trois rayons aiguillonnés et dix rayons articulés à l'anale; une seule rangée de dents petites et aiguës à chaque mâchoire; les lèvres très épaisses; le corps allongé; la couleur générale jaunâtre; deux raies longitudinales blanches et très longues, et une troisième raie supérieure semblable aux deux premières, mais plus courte, de chaque côté de l'animal; la caudale arrondie.
92. LE LABRE BLEU.	Dix-sept rayons aiguillonnés et douze rayons articulés à la nageoire du dos; deux rayons aiguillonnés et douze rayons articulés à la nageoire de l'anus; la couleur générale bleue avec des taches jaunes et des raies bleuâtres; une grande tache bleue sur le devant de la dorsale; les thoracines, l'anale et la caudale bordées de la même couleur; les dents de devant plus longues que les autres.
93. LE LABRE RAYÉ.	Dix-sept rayons aiguillonnés et treize rayons articulés à la dorsale; trois rayons aiguillonnés et douze rayons articulés à l'anale; les dents de devant plus longues que les autres; le museau long; la nuque un peu relevée et convexe; le corps allongé; la caudale arrondie; le dos rougeâtre; les côtés bleus; la poitrine jaune; le ventre d'un bleu pâle; quatre raies vertes et longitudinales de chaque côté du poisson.
94. LE LABRE BALLAN.	Vingt rayons aiguillonnés et onze rayons articulés à la dorsale; trois rayons aiguillonnés et neuf rayons articulés à l'anale; la caudale arrondie; un sillon sur la tête; une petite cavité rayonnée sur chaque opercule; la couleur jaune avec des taches couleur d'orange.
95. LE LABRE BEQGYLTE.	Vingt rayons aiguillonnés et douze rayons articulés à la dorsale; trois rayons aiguillonnés et six rayons articulés à l'anale; la caudale arrondie; la tête allongée; les écailles grandes; les derniers rayons de la dorsale et de l'anale beaucoup plus longs que les autres; des taches sur les nageoires; des raies brunes et bleues disposées alternativement sur la poitrine.
96. LE LABRE HASSEK.	Point de rayons aiguillonnés aux nageoires; le corps très allongé; la ligne latérale droite ou presque droite; une raie longitudinale et mouchetée de noir de chaque côté de l'animal.
97. LE LABRE ARISTÉ.	Trente-deux rayons à la dorsale; vingt-cinq à l'anale; le corps comprimé et ovale; les écailles courtes et relevées chacune par deux arêtes; les dents éloignées l'une de l'autre; les deux de devant de la mâchoire inférieure plus avancées que les autres.
98. LE LABRE BIRAYÉ.	Neuf rayons aiguillonnés et douze rayons articulés à la dorsale; trois rayons aiguillonnés et onze rayons articulés à l'anale; toutes les nageoires pointues, excepté celle de la queue qui est arrondie; le dos rouge; les côtés jaunes

ESPÈCES.	CARACTÈRES.
98. Le Labre birayé.	deux raies longitudinales et brunes de chaque côté du poisson ; la supérieure placée sur l'œil ; des taches jaunes sur la caudale qui est violette ; le ventre rougeâtre.
99. Le Labre grandes écailles.	Neuf rayons aiguillonnés et treize rayons articulés à la nageoire du dos ; trois rayons aiguillonnés et treize rayons articulés à celle de l'anus ; les écailles grandes et lisses ; les mâchoires aussi avancées l'une que l'autre ; la tête courte et comprimée ; deux demi-cercles de pores muqueux au-dessous des yeux ; la caudale arrondie ; la couleur générale jaune.
100. Le Labre tête bleue.	Neuf rayons aiguillonnés et onze rayons articulés à la nageoire du dos ; deux rayons aiguillonnés et douze rayons articulés à celle de l'anus ; la caudale arrondie ; la ligne latérale interrompue ; les écailles grandes, rondes et minces ; les opercules terminés en pointe du côté de la queue ; le dos bleu ; les côtés argentés ; la tête bleue.
101. Le Labre a gouttes.	Point de rayons aiguillonnés ; dix-neuf rayons à la dorsale ; neuf à l'anale ; la caudale arrondie ; les écailles dures et couvertes d'une membrane ; le dos brun ; les côtés bleus ; le dessous blanchâtre ; la tête bleue ; des taches argentées sur la tête, les côtés et l'anale ; des taches jaunes sur la nageoire du dos.
102. Le Labre boisé.	Dix-sept rayons aiguillonnés et onze rayons articulés à la dorsale ; trois rayons aiguillonnés et neuf rayons articulés à la nageoire de l'anus ; la tête et les opercules presque entièrement dénués d'écailles semblables à celles du dos, excepté dans une petite place auprès des yeux ; les deux mâchoires également avancées ; plusieurs pores muqueux au-dessous des narines ; quatre rayons à la membrane branchiale qui est étroite ; les écailles petites et molles ; le corps allongé ; la caudale arrondie ; le dos violet ; les côtés argentés ; des taches imitant des compartiments de boiserie.
103. Le Labre cinq taches.	Quinze rayons aiguillonnés et dix rayons articulés à la dorsale ; trois rayons aiguillonnés et neuf rayons articulés à l'anale ; la tête garnie d'écailles semblables à celles du dos ; un demi-cercle de pores muqueux au-dessous de chaque narine ; la couleur générale d'un jaune mêlé de violet ; une tache sur le nez ; une tache sur l'opercule ; deux taches sur la dorsale et une cinquième sur la nageoire de l'anus.
104. Le Labre microlépidote.	Dix-sept rayons aiguillonnés et treize rayons articulés à la nageoire du dos ; trois rayons aiguillonnés et dix rayons articulés à la nageoire de l'anus ; les opercules garnis d'écailles semblables à celles du dos ; les écailles très petites ; la partie supérieure de l'animal d'un jaune brun et sans tache ; l'inférieure argentée ; la caudale arrondie.
105. Le Labre vieille.	Seize rayons aiguillonnés et treize rayons articulés à la dorsale ; trois rayons aiguillonnés et onze rayons articulés à l'anale ; six rayons à la membrane branchiale ; le museau

ESPÈCES.	CARACTÈRES.
105. Le Labre vieille.	dénué d'écailles semblables à celles du dos ; de petites écailles sur la caudale qui est arrondie ; la tête rougeâtre ; le dos couleur de plomb ; les côtés jaunes et tachés ; les thoracines, l'anale et la caudale bleuâtres et bordées de noir ; des taches arrondies et petites sur l'anale, la caudale et la dorsale.
106. Le Labre karut.	Onze rayons aiguillonnés et vingt-neuf rayons articulés à la dorsale qui présente deux parties très distinctes ; toute la tête couverte d'écailles semblables à celles du dos ; la caudale arrondie ; la partie supérieure du museau plus avancée que l'inférieure.
107. Le Labre anéi.	Neuf rayons aiguillonnés et vingt-quatre rayons articulés à la dorsale qui présente deux parties très distinctes ; toute la tête couverte d'écailles semblables à celles du dos ; la caudale arrondie ; la mâchoire inférieure plus avancée que la supérieure.
108. Le Labre ceinture.	Neuf rayons aiguillonnés et treize rayons articulés à la nageoire du dos ; seize rayons à celle de l'anus ; les deux dents de devant de chaque mâchoire plus grandes que les autres ; le museau pointu ; la partie antérieure de l'animal livide, la postérieure brune ; ces deux portions séparées par une bande ou ceinture blanchâtre ; des taches petites, lenticulaires et d'un noir pourpré sur la tête, la dorsale, l'anale et la caudale qui est arrondie.
109. Le Labre diagramme.	Onze rayons aiguillonnés et huit rayons articulés à la nageoire du dos ; un rayon aiguillonné et dix rayons articulés à celle de l'anus ; la mâchoire inférieure un peu plus avancée que la supérieure ; les deux dents de devant plus grandes que les autres ; deux lignes latérales ; la supérieure se terminant un peu au delà de la dorsale et s'y réunissant à la latérale opposée ; l'inférieure commençant à peu près au-dessous du milieu de la dorsale et allant jusqu'à la caudale qui est arrondie.
110. Le Labre hololépidote.	Onze rayons aiguillonnés et vingt-sept rayons articulés à la dorsale ; deux rayons aiguillonnés et dix rayons articulés à l'anale ; les dents de la mâchoire inférieure à peu près égales ; la tête et les opercules garnis d'écailles semblables à celles du dos ; chaque opercule terminé en pointe ; la caudale très arrondie.
111. Le Labre tænioure.	Vingt rayons à la nageoire du dos ; trois rayons aiguillonnés et onze rayons articulés à la nageoire de l'anus ; les dents des deux mâchoires grandes et séparées ; la tête et les opercules dénués d'écailles semblables à celles du dos ; les écailles grandes et bordées d'une couleur foncée ; point de ligne latérale facilement visible ; une bande transversale à la base de la caudale qui est arrondie.
112. Le Labre parterre.	Cinq rayons aiguillonnés et quinze rayons articulés à la dorsale qui est basse ; deux rayons aiguillonnés et onze rayons articulés à l'anale ; le museau avancé ; les dents de la mâchoire supérieure presque horizontales ; deux lignes latérales se réunissant en une vers le milieu de la nageoire

ESPÈCES.	CARACTÈRES.
112. Le Labre parterre.	du dos ; la caudale arrondie ; des taches sur la tête et les opercules qui sont dénués d'écailles semblables à celles du dos ; une ou deux taches à côté de chaque rayon de la dorsale et de l'anale ; la surface du corps et de la queue divisée par des raies obliques en losanges dont le milieu présente une tache.
113. Le Labre sparoïde.	Dix rayons aiguillonnés et douze rayons articulés à la dorsale ; dix rayons aiguillonnés et seize rayons articulés à l'anale qui est très grande ; la hauteur du corps égale ou à peu près à la longueur du corps et de la queue pris ensemble ; une concavité au-dessus des yeux ; la mâchoire inférieure plus avancée que la supérieure ; la tête et les opercules garnis d'écailles semblables à celles du dos ; la caudale arrondie ; des taches irrégulières ou en croissant, ou en larmes, répandues sans ordre sur chaque côté de l'animal.
114. Le Labre léopard.	Neuf rayons aiguillonnés et quatorze rayons articulés à la nageoire du dos ; deux rayons aiguillonnés et dix rayons articulés à la nageoire de l'anus ; l'ouverture de la bouche assez grande ; les deux dents de devant de chaque mâchoire plus grandes que les autres ; deux pièces à chaque opercule ; la caudale et les pectorales arrondies ; les rayons aiguillonnés de la dorsale plus hauts que la membrane ; point d'écailles facilement visibles ; une raie noire s'étendant depuis l'œil jusqu'à la pointe postérieure de l'opercule ; une bande très foncée placée sur la caudale ; des taches composées de taches plus petites et répandues sur la tête, le corps, la queue, la dorsale et l'anale, de manière à imiter les couleurs du léopard.
115. Le Labre malaptéronote.	Vingt et un rayons articulés à la nageoire du dos ; treize rayons à celle de l'anus ; la mâchoire inférieure un peu plus avancée que la supérieure ; les dents de devant de la mâchoire inférieure inclinées en avant ; la tête et les opercules dénués d'écailles semblables à celles du dos ; une tache foncée sur la pointe postérieure de l'opercule ; la ligne latérale fléchie en en-bas et formant ensuite un angle pour se diriger vers la caudale qui est arrondie ; trois bandes blanchâtres de chaque côté du poisson.
116. Le Labre diane.	Douze rayons aiguillonnés et dix rayons articulés à la dorsale ; deux rayons aiguillonnés et treize rayons articulés à la nageoire de l'anus ; la nageoire dorsale présentant trois portions distinctes ; la caudale arrondie ; la tête et les opercules dénués d'écailles semblables à celles du dos ; quatre grandes dents au bout de la mâchoire supérieure ; deux grandes dents au bout de la mâchoire inférieure ; une dent grande et tournée en avant à chaque coin de l'ouverture de la bouche ; un petit croissant d'une couleur foncée sur chaque écaille.
117. Le Labre macrodonte.	Treize rayons aiguillonnés et huit rayons articulés à la nageoire du dos ; trois rayons aiguillonnés et neuf rayons articulés à la nageoire de l'anus ; la caudale arrondie ; les

ESPÈCES.	CARACTÈRES.
117. Le Labre macrodonte.	derniers rayons de la dorsale et de l'anale plus longs que les premiers; les écailles assez grandes; la partie de la tête relevée; quatre dents fortes et crochues à l'extrémité de chaque mâchoire; une dent forte, crochue et tournée en avant auprès de chaque coin de l'ouverture de la bouche.
118. Le Labre neustrien.	Vingt rayons aiguillonnés et onze rayons articulés à la nageoire du dos; trois rayons aiguillonnés et sept rayons articulés à celle de l'anus; sept rayons à la membrane branchiale; la caudale arrondie; les dents égales, fortes et séparées l'une de l'autre; le dos marbré d'aurore, de brun et de verdâtre; les côtés marbrés d'aurore, de brun et de blanc.
119. Le Labre calops.	Douze rayons aiguillonnés et huit rayons articulés à la dorsale; treize rayons à l'anale; le premier et le dernier des rayons de la nageoire de l'anus articulés; l'œil très grand et très brillant; la ligne latérale droite; les écailles fortes et larges; la tête dénuée d'écailles semblables à celles du dos; une tache grande et brune au delà, mais auprès de chaque nageoire pectorale.
120. Le Labre ensanglanté.	Neuf rayons aiguillonnés et quinze rayons articulés à la nageoire du dos; les dents courtes, égales et séparées l'une de l'autre; la mâchoire inférieure plus avancée que la supérieure; l'œil très grand; la ligne latérale très voisine du dos; la hauteur de l'extrémité de la queue très inférieure à celle de la partie antérieure; la caudale arrondie; la couleur générale argentée avec des taches très grandes, irrégulières et couleur de sang.
121. Le Labre perruche.	Dix-huit rayons à la dorsale qui est très basse, et à peu près de la même hauteur dans toute sa longueur; l'ouverture de la bouche très petite; les deux mâchoires presque égales; le corps allongé; la caudale arrondie; la couleur générale verte; trois raies longitudinales et rouges de chaque côté de l'animal; une raie rouge et longitudinale sur la dorsale qui est jaune; une bande noire sur chaque œil; une bande rouge et bordée de bleu de l'œil à l'origine de la dorsale et sur le bord postérieur de chacune des deux pièces de l'opercule.
122. Le Labre keslik.	Huit rayons aiguillonnés et treize rayons articulés à la nageoire du dos; trois rayons aiguillonnés et douze rayons articulés à la nageoire de l'anus; la caudale rectiligne; l'opercule terminé par une prolongation arrondie à son extrémité; la ligne longitudinale qui termine le dos droite ou presque droite; des raies longitudinales jaunâtres et souvent festonnées; une tache bleue auprès de la base de chaque pectorale.
123. Le Labre combre.	Vingt rayons aiguillonnés et onze rayons articulés à la dorsale; trois rayons aiguillonnés et quatre rayons articulés à l'anale; la caudale lancéolée; l'opercule terminé par une prolongation arrondie à son extrémité; le dos rouge; une raie longitudinale et argentée de chaque côté de l'animal.

TROISIÈME SOUS-GENRE

LA NAGEOIRE DE LA QUEUE DIVISÉE EN TROIS LOBES

ESPÈCES.	CARACTÈRES.
124. Le Labre brasilien.	Neuf rayons aiguillonnés et quatorze rayons articulés à la nageoire du dos; trois rayons aiguillonnés et vingt-deux rayons articulés à la nageoire de l'anus; le premier et le dernier rayon de la caudale prolongés en arrière; deux dents recourbées et plus longues que les autres à la mâchoire supérieure; quatre dents semblables à la mâchoire inférieure; deux ou trois lignes longitudinales à la dorsale et à l'anale.
125. Le Labre vert.	Huit rayons aiguillonnés et douze rayons articulés à la dorsale; treize rayons à l'anale; le premier et le dernier rayon de la caudale très prolongés en arrière; les deux dents de devant de chaque mâchoire plus longues que les autres; les écailles vertes et bordées de jaune; presque toutes les nageoires jaunes et le plus souvent bordées ou rayées de vert.
126. Le Labre trilobé.	Vingt-neuf rayons à la nageoire du dos; dix-sept à celle de l'anus; la dorsale longue et basse; les dents grandes, fortes et presque égales les unes aux autres; la tête et les opercules dénués d'écailles semblables à celles du dos; la ligne latérale ramifiée, droite, fléchie ensuite vers le bas et enfin droite jusqu'à la caudale; des taches nuageuses.
127. Le Labre deux croissants.	Treize rayons aiguillonnés et treize rayons articulés à la dorsale qui présente deux portions distinctes; la tête dénuée d'écailles semblables à celles du dos; quatre grandes dents à chaque mâchoire; la mâchoire inférieure un peu plus avancée que la supérieure; une petite tache sur un grand nombre d'écailles; une grande tache de chaque côté de l'animal, auprès de l'extrémité de la dorsale.
128. Le Labre hébraïque.	Vingt et un rayons articulés à la nageoire du dos; treize rayons à la nageoire de l'anus; des raies imitant des caractères hébraïques ou orientaux sur la tête et les opercules qui sont dénués d'écailles semblables à celles du dos; une petite tache à la base d'un très grand nombre d'écailles; les pectorales d'une couleur très claire ou très vive, ainsi qu'une bande transversale située auprès de chaque opercule.
129. Le Labre larges raies.	Quarante-deux rayons presque tous articulés à la dorsale; quarante et un rayons articulés à l'anale; la dorsale et l'anale très longues; le corps allongé; la tête très allongée et dénuée, ainsi que les opercules, d'écailles semblables à celles du dos; un grand nombre de dents très petites et égales; une raie longitudinale sur la base de la nageoire du dos; une raie longitudinale, large et droite depuis la base de chaque pectorale jusqu'à la caudale.
130. Le Labre annelé.	Vingt et un rayons à la nageoire du dos; quinze rayons à celle de l'anus; les dents petites et égales; l'opercule terminé un peu en pointe; les écaillest rès difficiles à voir; dix-neuf bandes transversales, étroites, régulières, semblables et placées de chaque côté du poisson, de manière à se réunir avec les bandes analogues du côté opposé.

LE LABRE HÉPATE[1]

Labrus Hepatus, Linn., Gmel., Lacép. — *Lutjanus adriaticus*, Linn., Gmel. — *Holocentrus triacanthus*, Lacép. — *Holocentrus striatus*, Bloch. — *Holocentrus siagonotus*, Delaroche. — *Serranus Hepatus*, Cuv.

La nature n'a accordé aux labres ni la grandeur, ni la force, ni la puissance. Ils ne règnent pas au milieu des ondes en tyrans redoutables. Des formes singulières, des habitudes extraordinaires, des facultés terribles, ou pour ainsi dire, merveilleuses, un goût exquis, une qualité particulière dans leur chair, n'ont point lié leur histoire avec celle des navigations lointaines, des expéditions hardies, des pêches fameuses, du commerce des peuples, des usages et des mœurs des différents siècles. Ils n'ont point eu de fastueuse célébrité. Mais ils ont reçu des proportions agréables, des mouvements agiles, des rames rapides.

Toutes les couleurs de l'arc céleste leur ont été données pour leur parure. Les nuances les plus variées, les tons les plus vifs leur ont été prodigués. Le feu du diamant, du rubis, de la topaze, de l'émeraude, du saphir, de l'améthyste, du grenat, scintille sur leurs écailles polies; il brille sur leur surface en gouttes, en croissants, en raies, en bandes, en anneaux, en ceintures, en zones, en ondes; il se mêle à l'éclat de l'or et de l'argent qui y resplendit sur de grandes places, où il relève les reflets plus doux, les teintes obscures, les aires pâles, et, pour ainsi dire, décolorées. Quel spectacle enchanteur ne présenteraient-ils pas, si, appelés de toutes les mers qu'ils habitent et réunis dans une de ces vastes plages équatoriales, où un océan de lumière tombe de l'atmosphère qu'il inonde, sur les flots qu'il pénètre, illumine, dore et rougit, ils pressaient, mêlaient, confondaient leurs groupes nombreux, émaillés et éclatants, faisaient jaillir au travers du cristal des eaux et de dessus les facettes si multipliées de leur surface luisante, les rayons abondants d'un soleil sans nuages et présentaient dans toute la vivacité de leurs couleurs, avec toute la magie d'une variété presque infinie et par le pouvoir le plus étendu des contrastes, la richesse de leurs vêtements, la magnificence de leurs décorations et le charme de leur parure !

C'est en les voyant ainsi rassemblés, que l'ami de la nature, que le chantre des êtres créés, rappelant dans son âme émue toutes les jouissances que peut faire naître la contemplation des superbes habitants des eaux et environné, par les prestiges d'une imagination animée, de toutes les images riantes que la mythologie répandit sur les bords fortunés de l'antique Grèce, voudrait entonner de nouveau un hymne à la beauté. Une philosophie plus calme et plus touchante suspendrait cependant son essor poétique. Un pré-

1. *Labre hépate*. Daubenton et Haüy, Encyclopédie méthodique. — *Id.* Bonnaterre, planches de l'Encyclopédie méthodique. — « Labrus maxilla inferiore longiore, cauda bifurca, etc. » Artedi, gen. 35, syn. 53.

sent bien plus précieux, dirait-elle à son cœur, a été fait par la bienfaisante nature à ces animaux dont la splendeur et l'élégance plaisent à vos yeux. Ils ont le repos ; l'homme du moins ne leur déclare presque jamais la guerre. Si leur asile, où ils ont si peu souvent à craindre les filets ou les lignes des pêcheurs, est quelquefois troublé par la tempête, ils peuvent facilement échapper à l'agitation des vagues et aller chercher, dans d'autres plages, des eaux plus tranquilles et un séjour plus paisible.

Tous les climats peuvent en effet leur convenir. Il n'est aucune partie du globe où on ne trouve une ou plusieurs espèces de labres ; ils vivent dans les eaux douces des rivières du Nord et dans les fleuves voisins de l'équateur et des tropiques. On les rencontre auprès des glaces amoncelées de la Norvège et du Groenland et auprès des rivages brûlants de Surinam ou des Indes orientales; dans la haute mer et à une petite distance des embouchures des rivières; non loin de la Caroline et dans les eaux qui baignent la Chine et le Japon ; dans le grand Océan et dans les mers intérieures, la Méditerranée, le golfe de Syrie, l'Adriatique, la Propontide, le Pont-Euxin, l'Arabique ; dans la mer si souvent courroucée d'Écosse et dans celle que les ouragans soulèvent contre les promontoires austraux de l'Asie et de l'Afrique.

De cette dissémination de ces animaux sur le globe, de cette diversité de leurs séjours, de cette analogie de tant de climats différents avec leur bien-être, il résulte une vérité très importante pour le naturaliste, et que nous avons déjà plusieurs fois indiquée : c'est que les oppositions d'un climat à un autre sont presque nulles pour les habitants des eaux ; que l'atmosphère s'arrête, pour ainsi dire, à la surface des mers ; qu'à une très petite distance de cette même surface et des rivages qui contiennent les ondes, l'intérieur de l'Océan présente à peu près dans toutes les saisons et sous tous degrés d'élévation du pôle une température presque uniforme, dans laquelle les poissons plongent à volonté et vont chercher, toutes les fois qu'ils le désirent, ce qu'on pourrait appeler leur printemps éternel; qu'ils peuvent, dans cet abri plus ou moins écarté et séparé de l'inconstante atmosphère, braver et les ardeurs du soleil des tropiques et le froid rigoureux qui règne autour des montagnes congelées et entassées sur les océans polaires. Il est possible que les animaux marins aient des retraites tempérées au-dessous même de ces amas énormes de monts de glace flottants ou immobiles ; et que les grandes diversités que les mers et les fleuves présentent relativement aux besoins des poissons consistent principalement dans le défaut ou l'abondance d'une nourriture nécessaire, dans la convenance du fond et dans les qualités de l'eau salée ou douce, trouble ou limpide, pesante ou légère, privée de mouvement ou courante, presque toujours paisible ou fréquemment bouleversée par d'horribles tempêtes.

Il ne faut pas conclure néanmoins de ce que nous venons de dire, que toutes les espèces de labres aient absolument la même organisation ; les unes ont le dos élevé et une hauteur remarquable relativement à leur longueur, pendant que d'autres, dont le corps et la queue sont très allongés, présentent dans cette même queue une rame plus longue, plus étendue en surface, plus susceptible de mouvements alternatifs et précipités. La longueur, la largeur et la figure des nageoires offrent aussi de grandes différences, lorsqu'on les considère dans diverses espèces de labres. D'ailleurs plusieurs de ces poissons ont les yeux beaucoup plus gros que ceux de leurs congénères et conformés de manière à leur donner une vue plus fine, ou plus forte, ou plus délicate et plus exposée à être altérée par la vive lumière des régions polaires, ou par les rayons plus éblouissants encore que le soleil répand dans les contrées voisines des tropiques. De plus, la forme, les dimensions, le nombre et la disposition des dents varient beaucoup dans les labres, suivant leurs différentes espèces. Ceux-ci ont des dents très grandes, et ceux-là des dents très petites: dans quelques espèces ces armes sont égales entre elles, et dans d'autres très inégales; enfin lorsqu'on examine successivement tous les labres déjà connus, on voit ces mêmes dents tantôt presque droites, et tantôt très crochues, souvent implantées perpendiculairement dans les os des mâchoires et souvent inclinées dans un sens très oblique.

Il n'est donc pas surprenant qu'il y ait aussi de la diversité dans les aliments des différentes espèces que nous allons décrire rapidement; et voilà pourquoi, tandis que la plupart des labres se nourrissent d'œufs, de vers, de mollusques, d'insectes marins, de poissons très jeunes ou très petits, quelques-uns de ces osseux, et particulièrement le tancoïde qui vit dans la mer Britannique, préfèrent des crustacés ou des animaux à coquille, dont ils peuvent briser la croûte ou concasser l'écaille.

Au reste, si les naturalistes qui nous ont précédés ont bien observé les couleurs et les formes d'un assez grand nombre de véritables labres, ils se sont peu attachés à connaître leurs habitudes générales, qui, ne présentant rien de différent de la manière de vivre de plusieurs genres de thoracins osseux, n'ont piqué leur curiosité par aucun phénomène particulier et remarquable. Nous n'avons donc pu tirer de la diversité des mœurs de ces poissons, qu'un petit nombre d'indications pour parvenir à distinguer les espèces auxquelles ils appartiennent. Mais en combinant les traits de la conformation extérieure avec les tons et les distributions des couleurs, nous avons obtenu des caractères spécifiques d'autant plus propres à faire éviter toute équivoque, que la nuance et surtout les dispositions de ces mêmes couleurs m'ont paru constantes dans les diverses espèces de labres, malgré les différences d'âge, de sexe et de pays natal, que les individus m'ont présentées dans les nombreux examens que j'ai été à portée d'en faire. C'est ainsi que nous avons pu composer un tableau sur lequel on distinguera sans peine les signes caractéristiques des cent vingt-huit espèces de véritables labres que l'on devra compter d'après les recherches que j'ai eu le bonheur de faire.

La première de ces cent vingt-huit espèces qui se présente sur le tableau méthodique de leur genre est l'hépate. Ajoutons à ce que nous en avons dit dans ce tableau[1], que l'on trouve ce poisson dans la Méditerranée et dans quelques rivières qui portent les eaux au fond de l'Adriatique; que son museau est pointu; que son palais montre un espace triangulaire hérissé d'aspérités et que ses mâchoires sont garnies de petites dents.

LE LABRE OPERCULÉ[2]

Labrus operculatus, Linn., Gmel., Lacép.

Le L. Aurite, *L. Auritus*, Linn., Gmel.; *Pomotis vulgaris*, Cuv. — L. Faucheur, *L. falcatus*, Linn., Gmel., Lacép. — L. Oyène, *L. Oyena*, Forsk.; *Gerres oyena*, Cuv. — L. Sagittaire, *L. jaculatrix* et *Scarus Schlosseri*, Lacép.; *Toxotes jaculator*, Cuv. — L. Cappa, *Sciæna Cappa*, Linn., Gmel.; *L. Cappa*, Lacép. — L. Lépisme, *Sciæna Lepisma*, Linn., Gmel.; *L. Lepisma*, Lacép. — L. Unimaculé, *Sciæna unimaculata*, Linn., Gmel.; *L. unimaculatus*, Lacép. — L. Bohar, *Sciæna Bohar*, Forsk.; *L. Bohar*, Lacép.; *Diacope Bohar*, Cuv. — L. Bossu, *Sciæna gibba*, Forsk.; *L. gibbus*, Lacép.

L'operculé et le sagittaire habitent les mers qui baignent l'Asie et particulièrement le grand golfe de l'Inde; la mer d'Arabie nourrit l'oyène, le bohar et le bossu; la Méditerranée est le séjour du cappa et de l'unimaculé; c'est dans les eaux douces ou dans les eaux salées de l'Amérique septentrionale que vivent l'aurite et le faucheur. Les dents du faucheur sont aiguës; celles de l'oyène nombreuses et très courtes; l'unimaculé a quatre dents à la mâchoire d'en haut et six dents un peu grandes, ainsi que quelques

1. A chaque pectorale........................ 13 rayons.
A chacune des thoracines, articulés........................ 5 —
— aiguillonné........................ 1 —
A la nageoire de l'anus, articulés........................ 6 —
— aiguillonnés........................ 3 —

2. *Amœnit. academic.*, 4, p. 248. — *Labre mouche*. Daubenton et Haüy, Encyclopédie méthodique. — *Id.* Bonnaterre, planches de l'Encyclopédie méthodique. — *Labre aurite*. Daubenton et Haüy, Encyclopédie méthodique. — *Id.* Bonnaterre, planches de l'Encyclopédie méthodique. — *Labre faucheur*. Daubenton et Haüy, Encyclopédie méthodique. — *Id.* Bonnaterre, planches de l'Encyclopédie méthodique. — *Labre oyène*. Bonnaterre, planches de l'Encyclopédie méthodique. — Forskael, *Fauna. arab.*, p. 36, n. 29. — *Sciène sagittaire*. Bonnaterre, planches de l'Encyclopédie méthodique. — *Transact. philosoph.*, t. LVI, p. 187. — *Sciène daine*. Bonnaterre, planches de l'Encyclopédie méthodique. — *Id.* Daubenton et Haüy, Encyclopédie méthodique. — Mus. Ad. Frid., 2, p. 81.

Sciène lépisme. Bonnaterre, planches de l'Encyclopédie méthodique. — *Id.* Daubenton et Haüy, Encyclopédie méthodique. — *Sciène mouche*. Bonnaterre, planches de l'Encyclopédie méthodique. — *Id.* Daubenton et Haüy, Encyclopédie méthodique. — *Sciène bohar*. Bonnaterre, planches de l'Encyclopédie méthodique. — Forskael, *Fauna arab.*, p. 46, n. 48. — *Sciène nagil*. Bonnaterre, planches de l'Encyclopédie méthodique. — Forskael, *Fauna arab.*, p. 46, n. 48.

autres plus petites, à la mâchoire d'en bas. D'ailleurs, l'operculé[1] présente de petites taches noires sur le derrière de la tête; le faucheur, une couleur

1.

A chaque nageoire pectorale de l'operculé	16	rayons.
A chaque thoracine, articulés	5	—
— aiguillonné	1	—
A la nageoire de l'anus, articulés	13	—
— aiguillonnés	15	—
A celle de la queue	16	—
A la nageoire dorsale, de l'aurite articulés	11	—
— — aiguillonnés	10	—
A chacune des pectorales	15	—
A chacune des thoracines	6	—
A l'anale, articulés	10	—
— aiguillonnés	3	—
A la caudale	17	—
A la nageoire dorsale du faucheur, articulés	20	—
A chacune des pectorales	17	—
A chacune des thoracines	5	—
A l'anale, articulés	17	—
— aiguillonnés	3	—
A la caudale	20	—
A chacune des pectorales de l'oyène	15	—
A chacune des thoracines, articulés	5	—
— aiguillonné	1	—
A l'anale, articulés	7	—
— aiguillonnés	3	—
A la caudale	16	—
A la nageoire dorsale du sagittaire, articulés	11	—
— aiguillonnés	4	—
A chacune des pectorales	12	—
A chacune des thoracines, articulés	5	—
— aiguillonné	1	—
A l'anale, articulés	15	—
— aiguillonnés	3	—
A la caudale	17	—
A chacune des pectorales du cappa	16	—
A chacune des thoracines, articulés	5	—
— aiguillonné	1	—
A l'anale, articulés	10	—
— aiguillonnés	3	—
A la caudale	17	—
A chacune des pectorales du lépisme	11	—
A chacune des thoracines, articulés	5	—
— aiguillonné	1	—
A l'anale, articulés	8	—
— aiguillonnés	3	—
A la caudale	13	—
A chaque nageoire pectorale de l'unimaculé	15	—
A chacune des thoracines, articulés	5	—
— aiguillonné	1	—
A l'anale, articulés	9	—

argentée ; l'oyène, des nageoires d'un vert de mer, et quelquefois des raies rouges; le sagittaire, des nuances d'un jaune doré.

LE LABRE NOIR[1]

Sciæna nigra, FORSK. — *Labrus niger*, LINN., GMEL., LACÉP. — *Diacope nigra*, CUV.

LABRE ARGENTÉ, *Sciæna argentata*, Forsk., Linn., Gmel.; *L. argentatus*, Lacép.; *Diacope argentimaculata*, Cuv. — L. NÉBULEUX, *Sciæna nebulosa*, Linn., Gmel.; *L. nebulosus*, Lacép. — L. GRISATRE, *Sciæna cinerascens*, Linn., Gmel.; *L. cinerascens*, Lacép. — L. ARMÉ, *Sciæna armata*, Forsk.; *L. armatus*, Lacép. — L. CHAPELET, *L. Catenula*, Lacép.; *Chrysophris bifasciatus*, Cuv.; *Chætodon bifasciatus*, Forsk. — L. LONG MUSEAU, *L. longirostris*, Lacép. — L. THUNBERG, *L. Thunberg*, Lacép. — L. GRISON, *L. griseus*, Linn., Gmel., Lacép. — L. CROISSANT, *L. lunaris*, Linn., Gmel., Lacép.; *Julis lunaris*, Cuv.

On peut remarquer aisément que l'extrémité de chaque mâchoire du labre noir est dépourvue de dents et que son gosier est garni d'un très grand nombre de dents petites et effilées ; dans l'argenté, les dents sont d'autant plus grandes qu'elles sont plus éloignées du museau ; six grandes dents arment la mâchoire supérieure du chapelet ; et les deux mâchoires du thun-

A l'anale, aiguillonnés	3	rayons.
A la caudale	17	—
A la membrane branchiale du bohar	7	—
A chacune des pectorales	16	—
A chacune des thoracines, articulés	5	—
— aiguillonné	1	—
A l'anale, articulés	9	—
— aiguillonnés	3	—
A la caudale	17	—
A la membrane branchiale du bossu	6	—
A la nageoire du dos, articulés	5	—
— aiguillonnés	10	—
A chacune des pectorales	16	—
A chacune des thoracines, articulés	5	—
— aiguillonné	1	—
A l'anale, articulés	9	—
— aiguillonnés	3	—
A la caudale	17	—

1. *Sciène gatie*. Bonnaterre, planches de l'Encyclopédie méthodique. — Forskael, *Fauna arab.*, p. 47, n. 49. — *Sciène schaafen*. Bonnaterre, planches de l'Encyclopédie méthodique. — Forskael, *Fauna arab.*, p. 47, n. 50. — *Sciène bonkose*. Bonnaterre, planches de l'Encyclopédie méthodique. — Forskael, *Fauna arab.*, p. 51, n. 61.

Sciène tahmel. Bonnaterre, planches de l'Encyclopédie méthodique. — Forskael, *Fauna arab.*, p. 53, n. 66. — *Sciène galenfish*. Bonnaterre, planches de l'Encyclopédie méthodique. — Forskael, *Fauna arab.*, p. 53, n. 68. — *Sciæna fusca*. Thunberg, *Voyage au Japon*. — *Labre grison*. Daubenton et Haüy, Encyclopédie méthodique. — *Id.* Bonnaterre, planches de l'Encyclopédie méthodique. — Catesby, *Caroline*, t. II, p. 9, tab. 9. — *Labre croissant*. Daubenton et Haüy, Encyclopédie méthodique. — *Id.* Bonnaterre, planches de l'Encyclopédie méthodique. — Gronov. Mus. 2, n. 180, tab. 6, fig. 2.

berg en présentent chacune quatre plus grandes que les autres. La ligne latérale du croissant n'est courbe que jusqu'à la fin de la nageoire du dos. L'armé montre un aiguillon presque horizontal, tourné en avant et situé entre la tête et la dorsale, ce qui lui donne un rapport assez grand avec les cæsiomores, dont il diffère néanmoins par plusieurs traits et avec lesquels il serait impossible de le confondre, par cela seul que les cæsiomores ont au moins deux piquants entre la dorsale et le derrière de la tête[1].

Au reste, complétons ce que nous avons à faire connaître relativement aux couleurs des dix labres nommés dans cet article, en disant que le noir

1.

A la membrane branchiale du labre noir	7	rayons.
A chaque nageoire pectorale	16	—
A chacune des thoracines, articulés	5	—
— — aiguillonné	1	—
A l'anale, articulés	9	—
— aiguillonnés	3	—
A la caudale	17	—
A la membrane branchiale de l'argenté	7	—
A chaque nageoire pectorale	17	—
A chacune des thoracines, articulés	5	—
— aiguillonné	1	—
A l'anale, articulés	9	—
— aiguillonnés	3	—
A la caudale	18	—
A chaque nageoire pectorale du nébuleux	13	—
A chacune des thoracines, articulés	5	—
— aiguillonné	1	—
A la caudale	17	—
A la membrane branchiale du grisâtre	7	—
A chaque nageoire pectorale	18	—
A chacune des thoracines, articulés	5	—
— aiguillonné	1	—
A l'anale, articulés	11	—
— aiguillonnés	3	—
A la caudale	15	—
A la nageoire de l'anus du long-museau, articulés	7	—
— — aiguillonnés	3	—
A la membrane branchiale du thunberg	6	—
A chaque nageoire pectorale	15	—
A chacune des thoracines, articulés	5	—
— aiguillonné	1	—
A l'anale, articulés	8	—
— aiguillonnés	3	—
A la caudale	19	—
A chaque nageoire pectorale du croissant	17	—
A chacune des thoracines	6	—
A l'anale, articulés	14	—
— aiguillonnés	3	—
A la caudale	16	—

tire son nom d'un noir ordinairement foncé qui règne sur sa partie supérieure, et dont on voit des teintes au milieu des nuances blanchâtres et brunes de son ventre ; que les écailles de l'argenté sont brunâtres et bordées d'argent, et qu'une bandelette bleue paraît au-dessous de chaque œil de ce poisson ; que le nébuleux offre des taches nuageuses bleues et jaunâtres, et quelquefois des raies longitudinales inégales en largeur et de diverses nuances de rouge ou de violet ; que le grisâtre est d'un gris tirant sur le vert, avec des raies longitudinales jaunes et un liséré blanc autour des pectorales ; que la dorsale et l'anale de l'armé sont blanches et bordées de noir, pendant que sa caudale est brune et liśerée de blanc ; que l'on peut compter, sur chaque côté du long-museau, quatre ou cinq petites raies longitudinales et trois ou quatre séries de taches très petites et éloignées l'une de l'autre ; et enfin qu'une couleur brune ainsi qu'une bordure blanche distinguent les écailles du thunberg.

De ces dix labres, il en est deux, le *chapelet* et le *long-museau*, qui ne sont pas encore connus des naturalistes, et dont nous avons fait graver la figure d'après des dessins de Commerson. On les trouve dans le grand golfe de l'Inde et dans les mers voisines de ce golfe. C'est aussi dans ces mêmes mers, et particulièrement dans celle d'Arabie, qu'habitent le noir, l'argenté, le nébuleux, le grisâtre et l'armé ; les eaux salées qui mugissent si souvent autour des rivages orageux du Japon nourrissent le *thunberg*, auquel nous avons cru devoir, par reconnaissance, donner le nom de l'habile voyageur qui l'a observé et décrit. Le *grison* vit dans l'Amérique septentrionale, et le *croissant* préfère les eaux de l'Amérique méridionale, ainsi que celles des des grandes Indes.

LE LABRE FAUVE[1]

Labrus rufus, Linn., Gmel., Lacép.

Le Labre de Ceylan, *L. ceylanicus*, Linn., Gmel., Lacép. — L. Deux bandes, *L. bifasciatus*, Bloch., Lacép.; *Julis bifasciata*, Cuv. — L. Mélagastre, *L. melagaster*. Bloch, Lacép.; *Cheilinus melagaster*, Cuv. — L. Malaptère, *L. malapterus*, Bloch, Lacép.; *Julis malaptera*, Cuv. — L. a demi rouge, *L. semiruber*, Lacép. — L. Tétracanthe, *L. tetracanthus*, Lacép.; *Percis cancellata*, Cuv. — L. Demi-disque, *L. semidiscus*, Lacép.; *Julis semidiscus*, Cuv. — L. Cerclé, *L. doliatus*, Lacép.; *Julis doliata*, Cuv. — L. Hérissé, *L. hirsutus*, Lacép., Cuv.

Le fauve, qui parvient communément à la longueur de trois ou quatre

1. *Labre fauve*. Daubenton et Haüy, Encyclopédie méthodique. — *Id.* Bonnaterre, planches de l'Encyclopédie méthodique. — Catesby, *Carol.*, t. II, p. 11, tab. 11. — *Dschirau-malû*, par les Cinghalais. — *Papegaay-visch*, à Batavia. — J.-R. Forster, *Ind. zoolog.*, tab. 13, fig. 3. — *Labre à deux bandes*. Bloch, pl. 283. — *Labre mélagastre*. Bloch, pl. 296, fig. 1. — *Labre à nageoires molles*. Bloch, pl. 296, fig. 2. — *Labrus semiruber, semiflavus*. Commerson, manuscrits déjà cités. — *Labrus hemichrysus*. *Id.*

décimètres, est, sur toute sa surface, d'un roux plus ou moins mêlé de jaune ou d'orangé. Le ceylan, dont les dimensions sont ordinairement plus grandes que celles du fauve, a la tête bleue, la dorsale et l'anale violettes et bordées de vert, et la caudale jaune, rayée de rouge et bleue à la base. La partie supérieure du labre deux bandes est grise, sa tête violette, sa poitrine blanche, sa dorsale rougeâtre et bordée de bleu, ainsi que son anale; chacune de ses pectorales jaune, de même que les thoracines, et la caudale brune avec une grande tache bleue. Les écailles qui recouvrent le mélagastre sont variées de brun et de noir, excepté celles qui revêtent le ventre et qui sont noires comme les nageoires. La couleur générale du malaptère est d'un blanc rougeâtre, avec cinq taches noirâtres de chaque côté, et les nageoires nuancées de jaune et de bleu. Quatre rangées de taches presque rondes, à peu près égales et très rapprochées l'une de l'autre, paraissent sur chaque côté du tétracanthe, qui d'ailleurs a des points noirs répandus sur sa caudale. Le hérissé montre sur sa queue une large bande transversale.

Voilà ce que nous devions ajouter au tableau générique pour bien faire connaître les couleurs des dix labres que nous considérons maintenant.

Les trois derniers de ces labres, c'est-à-dire le hérissé, le cerclé et le demi-disque, dont nous avons fait graver la figure d'après les dessins de Commerson, et dont la description n'avait pas encore été publiée, habitent dans le grand golfe de l'Inde ou dans les mers qui communiquent avec ce golfe. Nous ignorons la patrie du tétracanthe que nous avons fait dessiner d'après un individu conservé dans de l'alcool, et qui faisait partie de la collection cédée par la Hollande à la France. Le demi-rouge, dont nous avons trouvé une description étendue dans les manuscrits de Commerson, fut vu par ce voyageur, en juin 1767, dans le marché aux poissons de la capitale du Brésil. Surinam est la patrie du mélagastre; la Caroline, et en général l'Amérique septentrionale, celle du fauve; Ceylan, celle du labre qui porte le nom de cette grande île, et que l'on dit bon à manger; les eaux des grandes Indes nourrissent le labre deux bandes, et celles du Japon, le malaptère [1].

1. A chaque nageoire pectorale du labre fauve...................... 17 rayons.
A chaque thoracine.. 6 —
A la caudale... 16 —

A la membrane branchiale du labre deux bandes................ 5 —
A chaque nageoire pectorale.................................... 12 —
A chaque thoracine, articulés.................................. 5 —
— aiguillonné.................................. 1 —
A la caudale... 13 —

A la membrane branchiale du mélagastre........................ 5 —
A chaque nageoire pectorale.................................... 12 —
A chaque thoracine, articulés.................................. 5 —
— aiguillonné.................................. —

Finissons cet article en parlant de quelques traits de la conformation de ces animaux que nous n'avons pas encore indiqués.

La mâchoire inférieure du fauve est plus longue que la supérieure ; les dents antérieures de la mâchoire d'en haut sont plus longues que les autres dans ce même poisson, dans le deux-bandes, dans le malaptère ; les dents des deux mâchoires sont presque égales les unes aux autres en longueur et en grosseur dans le mélagastre, dans le demi-disque, dans le cerclé. La ligne latérale du mélagastre est interrompue ; celle du tétracanthe est peu sensible ; celle du cerclé très droite pendant la plus grande partie de sa longueur. La base de la nageoire de l'anus du labre à demi rouge est revêtue d'écailles, comme une partie de la base de la nageoire du dos de ce même poisson [1].

A l'anale, articulés	5	rayons.
— aiguillonnés	3	—
A la caudale	19	—
A chaque nageoire pectorale du malaptère	12	—
A chaque thoracine	6	—
A la caudale	16	—
A la membrane branchiale du labre à demi rouge	5	—
A chaque nageoire pectorale	16	—
A chaque thoracine, articulés	5	—
— aiguillonné	1	—
A l'anale, articulés	13	—
— aiguillonnés	3	—
A la nageoire du dos, articulés du tétracanthe	18	—
A la nageoire de l'anus du demi-disque	14	—
A la caudale	13	—
A la nageoire de l'anus du cerclé	14	—
A la caudale	11	—
A la nageoire de l'anus du hérissé, articulés	9	—
— aiguillonnés	4	—
A la caudale	13	—

1. Commerson, dans la description manuscrite et latine que nous avons sous les yeux, dit que l'opercule du demi-rouge est composé de deux pièces et que le bord de la pièce antérieure est très légèrement dentelé. Les différentes comparaisons que nous avons été à même de faire des expressions employées par ce voyageur dans son manuscrit latin, avec les dessins exécutés sous sa direction, ou avec des individus des espèces qu'il avait décrites, nous ont portés à croire que ce naturaliste n'avait pas voulu indiquer autour de la lame antérieure de l'opercule du demi-rouge, une dentelure proprement dite et telle que celle qui caractérise le genre de nos lutjans. Si cependant des observations ultérieures faisaient reconnaître dans ce poisson mi-parti de rouge et de jaune une véritable dentelure operculaire, il serait facile de le retrancher du genre de nos labres et de le transporter dans celui des lutjans dont nous nous occuperons bientôt.

LE LABRE FOURCHE

Labrus Furca, LACÉP.

LE LABRE SIX BANDES, *Labrus sexfasciatus*, Lacép.; *Glyphisodon cœlestinus*, Solander, Cuv., *Chætodon saxatilis*, Bloch. — L. MACROGASTÈRE, *L. macrogaster*, Lacép.; *Chætodon bengalensis*, Bloch; *Glyphisodon bengalensis*, Cuv. — L. FILAMENTEUX, *L. filamentosus*, Lacép.; *Chromis filamentosus*, Cuv. — L. ANGULEUX, *L. angulosus*, Lacép.; *Sciæna Sammara*, Forsk.; *Holocentrum Sammara*, Cuv. — L. HUIT RAIES, *L. octovittatus* et *L. Kasmira*, Lacép.; *Holocentrus bengalensis* et *H. quinquelineatus*, Bloch; *Sciæna Kasmira*, Forsk.; *Diacope octolineata*, Cuv. — L. MOUCHETÉ, *L. punctulatus*, Lacép.; *Sernanus punctulatus*, Cuv. — L. COMMERSONNIEN, *L. Commersonii* et *Lutjanus microstomus*, Lacép.; *Sciæna Nageb*, Forsk.; *Pristipoma Commersonii*, Cuv. — L. LISSE, *L. lævis*, Lacép.; *Bodianus cyclostomus* et *Bod. melanoleucus*, Lacép.; *Plectropoma melanoleucum*, Cuv. — L. MACROPTÈRE, *L. macropterus*, Lacép.; *Ceptrarchus irideus*, Cuv.

Aucun de ces dix labres n'est encore connu des naturalistes; nous en avons fait graver la figure d'après les dessins trouvés parmi les manuscrits de Commerson, que Buffon nous remit lorsqu'il nous engagea à continuer l'histoire naturelle; et voilà pourquoi nous avons donné à l'un de ces poissons le nom de *labre commersonnien*. La patrie de ces dix espèces est le grand golfe de l'Inde; on peut aussi les trouver dans la partie du grand Océan qui est comprise entre la Nouvelle-Hollande et le continent de l'Amérique, ainsi que dans cette mer si souvent bouleversée par les tempêtes et qui bat la côte sud-est de l'Afrique et les rives de Madagascar. Leur forme et leurs caractères distinctifs sont trop bien représentés dans les planches que nous joignons à cette histoire pour que nous ayons besoin d'ajouter beaucoup de détails à ceux que renferme le tableau générique. On peut voir aisément que le macroptère, qui tire son nom de la grandeur de ses nageoires du dos et de l'anus[1], a la mâchoire inférieure un peu plus avancée que la supérieure, et vraisemblablement garnie, ainsi que cette dernière, de dents très petites ; que l'anguleux et le six-bandes doivent avoir des dents très fines ; que celles du filamenteux et du macrogastère sont très courtes et presque égales les unes aux autres ; que la ligne latérale de ce même macrogastère[2] est interrompue ; qu'une tache irrégulière et foncée et cinq ou six petits points blancs sont placés sur chaque côté de la nageoire[3] dorsale

1. *Macros* veut dire *long* ou *grand ;* et *pteron*, *aile* ou *nageoire*.

2. *Gaster* signifie *ventre*. On peut voir sur le tableau générique que le macrogastère a en effet le ventre très gros.

3. A la nageoire de l'anus du labre fourche, articulés .... 10 rayons.
— — aiguillonnés .... 2 —

A chaque pectorale du six-bandes .... 12 —
A l'anale .... 10 —

A chaque nageoire pectorale du macrogastère .... 10 —

de l'anguleux, et que la dorsale du huit-raies est bordée de noir ou de brun.

A l'anale	14	rayons.
A la caudale	11	—
A la nageoire caudale du filamenteux	15	—
A chaque nageoire pectorale de l'anguleux, un peu éloignés l'un de l'autre	6 ou 7	—
A l'anale, articulés	6	—
— aiguillonnés	3	—
A la caudale	14	—
A la nageoire caudale du huit-raies	16	—
A la nageoire caudale du moucheté	12 ou 13	—
A chaque nageoire pectorale du lisse	12	—
A l'anale	11	—
A la caudale	16 ou 17	—

FIN DU TOME TROISIÈME

TABLE DES MATIÈRES

CONTENUES DANS LE TROISIÈME VOLUME

FIN DE LA TABLE DU TROISIÈME VOLUME

Paris. — Typ. A. QUANTIN, rue Saint-Benoît, 7. — [1166]

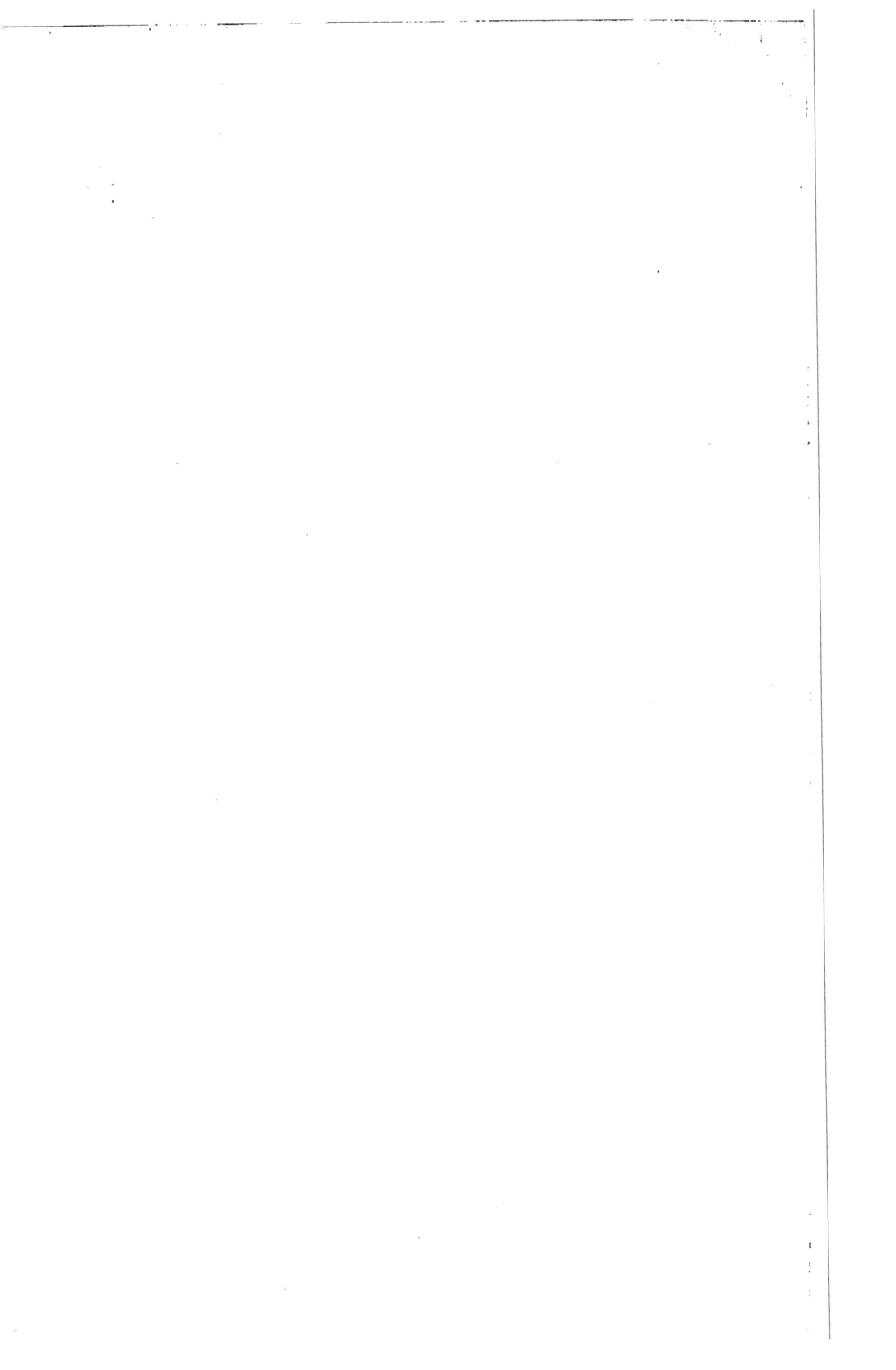

COLLECTION D'OUVRAGES

GRAND IN-8 JÉSUS A DEUX COLONNES

ornés de gravures sur acier, à 12 fr. 50 le volume

OEUVRES COMPLÈTES DE MOLIÈRE

1 beau volume grand in-8, orné de charmantes gravures sur acier, par F. Delannoy, dessins de G. Staal, et accompagné de notes explicatives, philologiques et littéraires, par M. Félix Lemaistre. 1 vol.

ŒUVRES DE P. ET TH. CORNEILLE

Précédées de la Vie de P. Corneille, par Fontenelle, et des Discours sur la poésie dramatique. Nouv. éd., orn. de grav. sur acier. 1 vol.

ŒUVRES DE J. RACINE

Avec un Essai sur la vie et les ouvrages de J. Racine, par Louis Racine; ornées de 13 vign., d'après Staal. 1 vol.

ŒUVRES COMPLETES DE BOILEAU

Avec une Notice par M. Sainte-Beuve, et les Notes de tous les commentateurs, illustrées de grav. sur acier d'après Staal. 1 vol.

ŒUVRES COMPLETES DE BEAUMARCHAIS

Nouvelle édition, précédée d'une notice par M. Louis Moland, revue et enrichie à l'aide des travaux les plus récents, gravures sur acier, dessins de Staal. 1 vol.

MORALISTES FRANÇAIS

Pascal, La Rochefoucauld, La Bruyère, Vauvenargues, avec portraits. 1 vol.

ŒUVRES COMPLETES DE LA FONTAINE

Avec des notes et une étude sur La Fontaine, par M. L. Moland. Nouvelle édition avec gravures sur acier d'après Staal. 1 vol.

ŒUVRES DE LESAGE

Gil Blas, Guzman d'Alfarache, Théâtre, précédées d'une introduction par C. A. Sainte-Beuve, vignettes sur acier, dessins de G. Staal. 1 vol.

PLUTARQUE

VIES DES HOMMES ILLUSTRES, traduites par Ricard, précédées de la vie de Plutarque, 14 gravures sur acier, 1 vol.

LE PLUTARQUE FRANÇAIS

Vies des hommes et des femmes illustres de la France. Édition revue, corrigée et augmentée, sous la direction de M. T. Hadot. 180 Biographies, autant de portraits sur acier, dessins de Ingres, Meissonier, etc. 6 vol. grand in-8. . . . . 96 fr.

ENCYCLOPÉDIE THÉORIQUE-PRATIQUE DES CONNAISSANCES UTILES

Composée de traités sur les connaissances les plus indispensables, ouvrage entièrement neuf, avec 1,500 grav. intercalées dans le texte. 2 vol. gr. in-8. 25 fr.

BIOGRAPHIE PORTATIVE UNIVERSELLE

Contenant 29,000 noms, suivie d'une table chronologique et alphabétique, par Lalanne, A. Delloye, etc. 1 vol. de 2,000 col. . . . . 8 fr.

UN MILLION DE FAITS

Aide-mémoire universel des sciences, des arts et des lettres, par MM. J. Aicard, L. Lalanne, Lud. Lalanne, etc. Un fort vol. in-18, 1,720 col., orné de grav. sur bois . . . . 9 fr.

DE L'EXPLOITATION DES CHEMINS DE FER

Leçons faites à l'École nationale des ponts et chaussées par F. Jacqmin, directeur de la Comp. des chemins de fer de l'Est. 2 vol. in-8 caval. . . . . 16 fr.

LES MACHINES A VAPEUR

Leçons faites en 1869-70 à l'École nationale des ponts et chaussées, par le même. 2 forts volumes grand in-8 cavalier. . . . . 16 fr.

TRAITÉ ÉLÉMENTAIRE DES CHEMINS DE FER

Par Auguste Perdonnet. 3e éd., considérablement augmentée. 4 très forts vol. in-8, avec 1,100 fig. tableaux, etc. . . . . 70 fr.

VOYAGE ILLUSTRÉ DANS LES DEUX MONDES

Par MM. F. Mornand et J. Vilbort, contenant 775 gravures. 1 vol. grand in-folio. . . . . 15 fr

---

9206. — Imprimerie A. Lahure, rue de Fleurus, 9, à Paris.

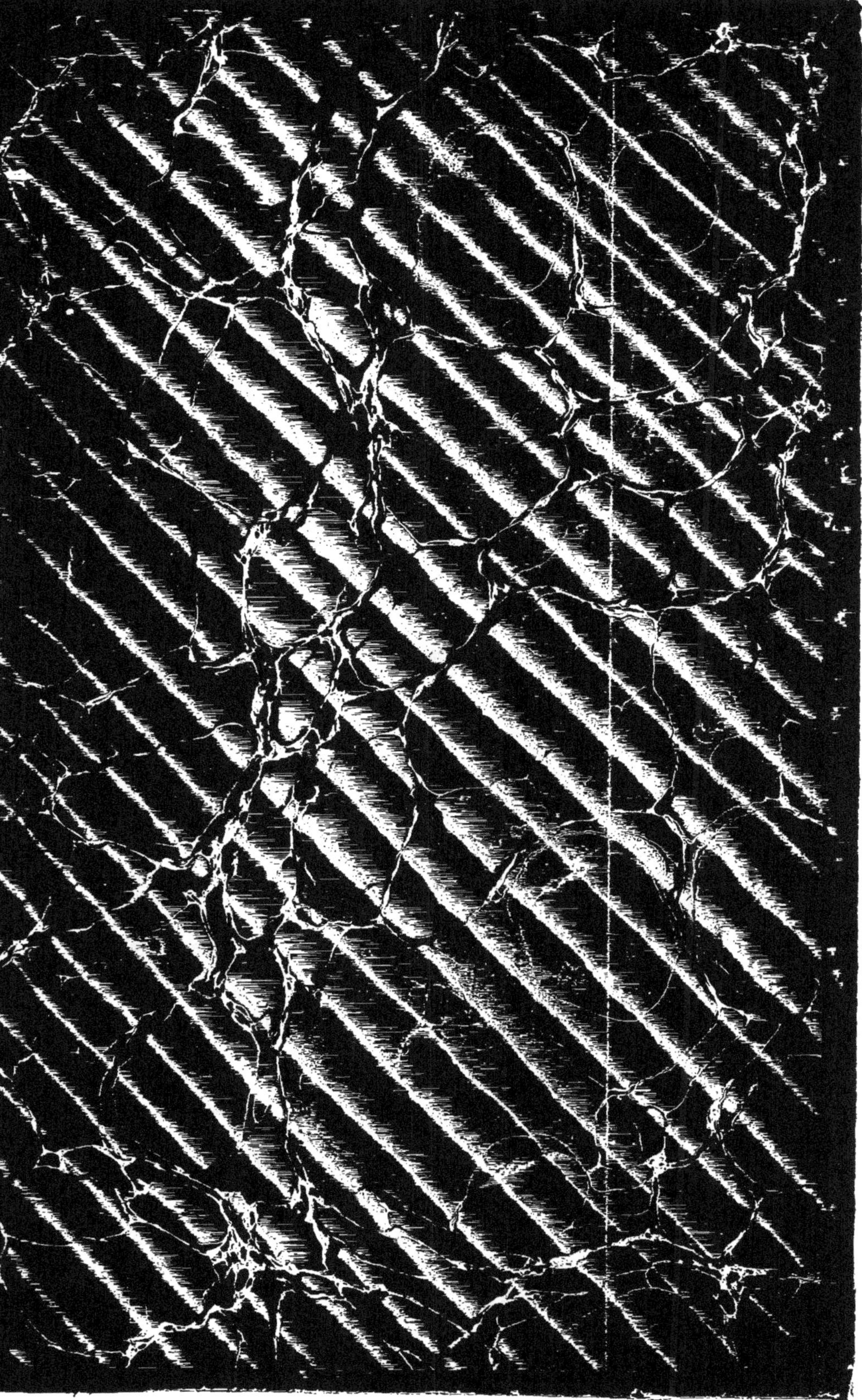

www.ingramcontent.com/pod-product-compliance
Lightning Source LLC
Chambersburg PA
CBHW031537210326
41599CB00015B/1923

9782012187641